石油化工职业技能培训教材

仪表维修工

（第二版）

中国石油化工集团有限公司人力资源部　组织编写

中国石化出版社
·北京·

内 容 提 要

《仪表维修工》为《石油化工职业技能培训教材》系列之一，涵盖石油化工生产人员《国家职业标准》中对该工种初级工、中级工、高级工、技师、高级技师五个级别的专业理论知识和操作技能的要求。主要内容包括石油化工企业常用的自动化仪表及控制系统的基本原理、操作方法、日常维护、故障判断与处理、安装施工工程等。

本书可作为石油化工等行业仪表运行与维护人员的职业技能培训教材，也可供相关领域的专业技术人员参考使用。

图书在版编目(CIP)数据

仪表维修工 / 中国石油化工集团有限公司人力资源部组织编写. — 2 版. — 北京 : 中国石化出版社, 2025. 7. —（石油化工职业技能培训教材）. — ISBN 978-7-5114-7855-9

Ⅰ. TE967. 07

中国国家版本馆 CIP 数据核字第 202575ZJ12 号

中国石化出版社出版发行

地址:北京市东城区安定门外大街 58 号

邮编:100011 电话:(010)57512500

发行部电话:(010)57512575

http://www. sinopec-press. com

E-mail:press@ sinopec. com

北京科信印刷有限公司印刷

全国各地新华书店经销

*

787 毫米×1092 毫米 16 开本 35. 5 印张 879 千字

2025 年 7 月第 2 版　2025 年 7 月第 1 次印刷

定价：119. 00 元

《石油化工职业技能培训教材》

编审指导委员会

编撰工作组

（以姓氏笔画顺序）

王瑾瑜　刘　野　杨　俊　李　强　汪　珺

张亚伟　胡金玉　赵旭飞　黄海峰

《仪表维修工》(第二版)

编审人员

主编：杨永红(燕山石化)

参编：孙明光(中燕建设)　许建国(天津石化)

关　力(中燕建设)　李　浩(中燕建设)

李　政(中燕建设)　马　珺(燕山石化)

翟冬凯(燕山石化)　牛立树(燕山石化)

薛秀莉(燕山石化)

审稿：侯振林(荆门石化)　李江平(安庆石化)

孔立新(燕山石化)　冯慧山(天津石化)

王　新(中燕建设)　周爱民(上海石化)

徐景新(燕山石化)

前　言

习近平总书记强调，要深入实施职工素质建设工程，引导广大劳动者终身学习、不断提高自身素质，努力建设一支知识型、技能型、创新型的劳动者大军。为进一步加强石油化工行业技能人才队伍建设，更好满足职业技能培训和等级认定的需要，在2007年组编出版的《石油化工职业技能培训教材》基础上，中国石油化工集团有限公司人力资源部开展了该丛书的修订增补工作。本次教材修编工作依照人力资源和社会保障部制定的石油化工生产人员《国家职业标准》的要求，坚持以企业发展、员工需求为导向，以实用好用、简明高效为原则，瞄准重点人才、关键岗位、主要专业、主体工种，紧密结合石油化工行业生产实际，以及技术进步、技术创新、新工艺、新设备、新材料、新操作方法等要求，力求为读者提供一套具有鲜明石油石化特色的高质量职业技能培训教材。

新版《仪表维修工》在第一版的基础上，以现行标准、规范、规程为依据，以专业技术新发展和专业管理新理念为指引，补充、删减、更新了部分内容。与第一版相比，本次修订更加贴合仪表自动化系统的应用实际，全面反映了仪表维修岗位工作内容的新变化。

由于石油化工技能培训教材涵盖的职业(工种)较多，同工种不同企业的生产装置也存在差别，编写难度较大，加之编写时间紧迫，不足之处在所难免，敬请各使用单位及个人对教材提出宝贵意见和建议，以便教材修订时补充更正。

《石油化工职业技能培训教材》编审指导委员会

二〇二五年五月

目　录

初级工、中级工篇

高级工篇

技师、高级技师篇

初级工、中级工篇

第1章　石油化工自动化概述

自动化技术的进步推动了石油化工生产方式的发展。在石油化工等流程工业中，由于采用了更加先进的自动化技术，使生产过程的安全环保指标、产品的产率和质量等都得到提高与改善。

石油化工自动化是石油化工生产过程自动化的简称。在石油化工生产装置上，配备必要的自动化仪表及自动控制装置，代替操作人员的部分直接劳动，使生产在不同程度上自动地进行，这种用自动化装置来操作、管理、控制石油化工生产过程的方法，称为石油化工自动化。为实现石油化工自动化而采用的技术，称为石油化工自动化技术。

1.1　石油化工自动化的意义

石油化工自动化的意义在于：

① 保证安全生产和节能环保，提高社会效益。借助完善的自动控制手段，可以防止或减少事故的发生或扩大，降低原料和能源消耗，减少污染物排放，有利于生产装置安全、绿色、高效运行。例如，机组控制系统可以避免因操作不当引起的离心式压缩机喘振，有效保护机体；加热炉出口温度控制系统可以提高燃料利用率，降低消耗，减少排放。

② 提高产品产量和质量，降低生命周期成本。在大规模工业生产过程中，人工操作结果受到操作人员个体体力、能力、情绪等诸多因素影响，难以最大限度地保证生产装置安全高效稳定运行。自动化装置代替人工操作，可以有效弥补人的不足、减少人的失误，提高操作的准确性，使生产过程在规定条件下进行，从而可以提高产品产量和质量，延长设备使用寿命，降低生产成本，实现优质高产。

③ 减轻劳动强度，改善劳动条件。多数石油化工生产过程是在高温、高压或低温、低压下进行，加工的原料和生产的产品很多都是易燃、易爆或有毒、有害物质。生产过程自动化可以使装置操作人员通过自动化装置来监控生产过程，从而减少直接从事危险操作的工作量。

④ 生产过程自动化的实现，能根本改变劳动方式，提高操作人员技术水平。

1.2　石油化工自动化技术的发展

在石油化工生产过程中，自动化仪表经历了气动仪表、电动仪表以及数字式仪表等发展阶段。控制系统的结构则经历了模拟电动、气动组合仪表控制、直接数字控制、数字调节器控制、集散控制系统，至控制功能更加分散的全数字化的现场总线控制系统。控制系统的操作形式由最初的基地式现场操作到中央控制室的仪表盘操作，进而发展到图形化集中式操作。

20 世纪 70 年代中期，大规模集成电路生产技术取得突破性进展，带动了计算机、网络通信、控制与显示技术的发展，1975 年美国霍尼韦尔(Honeywell)公司推出了第一套集散控制系统。集散控制系统的出现解决了石油化工生产过程对控制系统的要求问题，并将生产过程的信息纵向集成到企业管理层，为实现石油化工企业信息化和管控一体化奠定了基础。

20 世纪 90 年代，由于计算机网络技术的发展，现场总线技术在制造工业和流程工业自动化领域开始应用。现场总线技术解决了生产现场设备之间的数字通信问题，为实现石油化工生产过程的自动控制资源分散和自动化设备互可操作提供了保障。

随着以太网(Ethernet)的普及应用，在工业环境中使用以太网技术也越来越受重视。实时以太网是一种以标准以太网为基础的适用于工业环境的工业以太网技术。工业无线网络的应用，为真正实现生产装置区域控制网络全覆盖创造了条件。工业以太网很好地解决了适用于工业环境的不同安全等级的网络通信的实时性、网络安全以及生产执行系统(MES，Manufacturing Execution System)和企业资源管理系统(ERP，Enterprise Resources Planning)无缝集成等问题。

1.3 自动化仪表的分类

自动化仪表功能、品种繁多，其分类方法也很多，根据不同原则可以进行不同的分类，如：按照仪表使用功能分类、按照工作能源分类、按结构形式分类、按照使用场合分类、按照信号类型分类等，本书只针对前三种进行介绍。

1.3.1 按照仪表使用功能分类

根据仪表在石油化工自动化系统中的作用不同，可以分为五大类：

① 检测仪表(含计量仪表)　检测仪表的主要作用是获取现场信息，并进行适当的转换。在生产过程中，检测仪表用于测量某些工艺参数，如温度、压力、流量、物位、重量、间距等，并将其转换成电信号(电压、电流、频率等)，供显示仪表、控制仪表等使用。

② 在线分析仪表　指利用电化学、热力学、电磁学、光学等原理，连续测量物料中某些物质化学成分或某些物性的自动分析仪表。由于测量原理的不同，在线分析仪表又分为不同的具体类型。在线分析仪表本质上属于检测仪表，因其测量原理复杂多样，将其单列一类。

③ 显示仪表　显示仪表是以指针或数字形式显示被测变量的仪表，包括各类电动模拟、数字和智能显示仪表，如显示(报警)仪表、记录仪和巡检仪等。

④ 控制仪表　控制仪表可以根据需要对输入的信号进行各种运算(例如比例、积分、微分等)并输出计算结果。随着工业控制计算机的广泛应用，单元的控制仪表已逐渐被各种计算机控制系统的控制算法模块所代替。

⑤ 执行器　执行器可以接收控制仪表或控制系统的输出信号或直接指令，对生产过程进行操作或控制。执行器包括各种气动、电动、液动执行机构或控制阀及其附件。

1.3.2 按照仪表工作能源分类

按使用的能源，石油化工自动化仪表可以分为气动仪表、电动仪表和液动仪表。目前，常用的是前面两种，催化等装置中使用的液动滑阀就属于液动仪表。

① 气动仪表　这种类型的仪表以压缩空气作为能源，结构简单、直观，工作比较可靠，对于温度、湿度、电磁场、放射性等环境的抗干扰能力较强，能防火、防爆。

② 电动仪表　此种仪表以电流作为能源，信号之间联系比较方便，适于远距离传输和控制，便于与计算机联用。电动仪表在防火、防爆方面取得了较大进展，电动仪表的安全性大幅提高，应用更加广泛。

1.3.3　按照仪表结构形式分类

按照仪表的结构形式可以分为以下两类：

① 基地式仪表　此类仪表的特点是将测量、控制和显示各部分集中在一个单元内，形成一个整体，这种仪表适于现场就地检测与控制。

② 单元组合仪表　是指将参数的测量、显示、控制等各部分功能进行分解，能分别独立工作的单元仪表。这些单元之间以统一的标准信号互相联系，可以根据不同需要，方便地将各单元任意组合成各种控制系统，适应性和灵活性都较好。

按照仪表的使用场合，大致可分为室内仪表和室外仪表。

考虑到使用环境对仪表的防火、防爆、防雷和防腐蚀等方面的要求，按照防爆形式，防爆仪表可分为本质安全型(Intrinsic Safety)仪表(简称本安型仪表)、隔爆型仪表和增安型仪表等。

按照仪表安装形式，可以分为现场仪表、盘装仪表和架装仪表。

按照仪表是否引入微处理机从而具有一定的数据处理能力，可分为智能仪表与非智能仪表。

按照仪表信号的形式，可分为模拟仪表和数字仪表。

1.4　控制系统分类

控制系统应用广泛，类型繁多，分类方法多种多样。例如，按照有无反馈，可分为无反馈的开环控制系统和有反馈的闭环控制系统；按照控制规律，可分为位式控制系统、比例积分微分控制系统、前馈控制系统、自适应控制系统、模型预测控制系统等；按照被控变量的数据类型，可分为针对连续变化的模拟量为主的连续控制系统和针对离散变化的数字量(布尔量)为主的逻辑控制系统。

根据在生产过程自动化中的实际作用，一般将控制系统划分成自动检测、自动保护、自动操纵和自动控制等系统。

① 自动检测系统　系统利用各种检测仪表对生产过程主要工艺参数进行测量、指示或记录。它可以代替操作人员对工艺参数不断观察与记录，其作用相当于人的眼睛。

② 信号报警与联锁系统　它是生产过程中的一种预警和保护装置。当生产过程中某些工艺参数超过了允许范围时，信号报警系统将首先发出声光信号，提醒操作人员采取必要的调整措施。如果情况进一步恶化即将发生事故，信号联锁系统执行联锁动作，防止或减少事故的发生和扩大。

③ 自动操作及自动开停车系统　自动操作系统可以根据预先规定的步骤自动地对生产设备进行某种周期性操作。自动操作系统可以代替人工按照一定的时间顺序自动完成相关操作，减轻操作人员的重复性体力劳动。自动操作系统在间歇式生产过程中运用较多。自动开停车系统按照预先规定好的步骤，自动完成装置开车或停车过程。

④ 自动控制系统　生产过程中各种工艺条件随时都在变化。石油化工生产大多数是连续性生产，设备间相互关联，一个设备的工艺条件发生变化可能引起其他设备某些参数的波

动，导致偏离正常的工艺条件。自动控制系统对生产中的关键参数进行自动控制，使这些参数在受到外界干扰的影响而偏离正常状态时，自动回到规定的数值范围内。

随着计算机技术、通信技术的进步，出现了具有不同专用功能的各种计算机控制系统，常见的有集散控制系统(DCS，Distributed Control System)、可编程序逻辑控制器(PLC，Programmable Logic Controller)、安全仪表系统(SIS，Safety Instrumented System)、监控与数据采集系统(SCADA，Supervisory Control and Data Acquisition)、压缩机控制系统(CCS，Compressor Control System)、气体检测系统(GDS，Gas Detection System)等。计算机控制系统在各行各业的控制领域得到广泛应用，已成为控制系统主流。

第 2 章　测量基础知识

在工程技术或科学研究中，人们总是需要利用工具对某个参数进行测量，并随时都面临这样的问题：测量结果是否就是被测参数的真实值？它的可信赖程度究竟如何？采用什么样的测量方法和测量工具才能使测量结果最接近被测参数的真实值？本章重点介绍测量误差和常用测量仪器。

2.1　测量误差

2.1.1　测量过程与测量误差

测量过程是被测参数与相应的测量单位进行比较的过程，测量仪表就是实现这种比较的工具。

测量误差是指测量结果与被测量真值之差，即

测量误差=测量结果-真值

由测量所得到的被测量值或由测量所得到的赋予被测量的值即为测量结果，包括示值、未修正的和已修正的测量结果。

与给定的特定量的定义一致的值为真值，真值也可以解释为“在一定的时间、空间和环境状态下，某量的客观实际值”。

2.1.2　测量误差产生的原因

测量人员在一定环境中按一定方法，用测量设备测量被测参数值，其测量误差按产生的原因可分为装置误差、环境误差、人员误差和方法误差。

1. *装置误差*

计量装置是指为确定被测量值所必需的计量器具和辅助设备的总称。由计量装置本身所引起的计量误差称为装置误差。其来源有：

① 标准器误差。标准器是提供标准量值的器具，它们的量值(标称值)与其自身体现出来的客观量值之间有差异，从而使标准器自身带有误差。

② 仪器、仪表误差。仪器、仪表是指将被测的量转换成可直接观测的指示值或等效信息的计量器具，它们受到设计原理、制造与安装、调整与使用等多方面问题的影响而带有误差。

③ 附件误差。为测量创造一些必要条件，或使测量方便地进行的各种辅助器具，均属测量附件，它们均会引起误差。

2. *环境误差*

由于各种环境因素与测量所要求的标准状态不一致而造成的误差，如温度恒温不良、电磁屏蔽不良、振动等都会引起这种误差。

3. *人员误差*

测量人员由于受分辨能力、反应速度、固有习惯和操作熟练程度的限制，以及生理、心理上的原因所造成的误差，称为人员误差，如视差、观察误差、估读误差等。

4. *方法误差*

采用近似的或不合理的测量方法和计算方法而引起的误差叫作方法误差。

值得注意的是，以上各种误差来源有时是联合起作用的。在误差分析中，几个误差联合起作用时，可作为一个独立误差因素考虑，从而使误差合成得到简化。

2.1.3 测量误差的分类方法

按照测量误差产生的原因和规律，可将其分为系统误差、随机误差和粗大误差三类，分类情况如下：

- 误差
  - 系统误差
    - 按变化与否分
      - 恒定系统误差
        - 恒正系统误差
        - 恒负系统误差
      - 可变系统误差
        - 线性系统误差
        - 周期性系统误差
        - 复杂规律系统误差
    - 按掌握程度分
      - 已定系统误差
      - 未定系统误差
  - 随机误差
    - 前次随机误差(双向系统误差)
    - 本次随机误差
  - 粗大误差

1. *系统误差*

对同一被测参数进行多次重复测量时所出现的数值大小或符号(指正或负的误差)都相同的误差，或者虽不相同，但是按一定规律变化的误差，即为系统误差。例如由于仪器仪表刻度的不准确、标准量值的不准确而引起的误差。

按对系统误差掌握的程度可将系统误差分为：

① 已定系统误差，指符号和绝对值已经确定的系统误差；

② 未定系统误差，指符号和绝对值未经确定的系统误差。

发现系统误差有如下方法：

① 实验对比法，就是改变产生系统误差的条件，进行不同条件的测量，以发现已定系统误差。

② 残差校核法，即若测量数据集的前半组的残差和减去后半组的残差和显著不为零，则有理由认为存在系统误差。

③ 残差观察法，是根据测量数据集的各个残差大小和符号的变化规律，直接由误差数据或误差曲线图形来判断有无系统误差，这种方法适用于发现有规律变化的系统误差。

系统误差无法通过单纯增加测量次数来减少对测量结果的影响，但在找出产生误差的原因之后，可引入适当的修正值而加以消除。消除或减小系统误差的方法有：

① 从产生原因上消除。对测量装置要定期检定和维修，并在使用前调整到工作状态。防止测量过程中仪器零位的变动，测量开始和结束都要检查零位。同时，必须在规定的条件下测量，如果条件改变，应停止测量。

② 用修正值方法消除。修正值是指为消除系统误差用代数法加到测量结果上的值。此法是将测量器具的绝对误差检定出来，取与误差值大小相同、符号相反的值作为修正值。

2. 随机误差

随机误差也称偶然误差，是指测量结果与在重复性条件下对同一被测变量进行多次测量所得结果的平均值之差。

随机误差是由许多微小的、难以控制的或尚未掌握规律的变化因素所造成的。就单次测量而言，其误差值的出现纯属偶然，不具有任何确定的规律。但若反复测量的次数足够多，则可发现随机误差具有统计的规律性。随机误差的这种统计规律常被称为误差分布律。在测量误差理论中，最重要的一种分布是正态分布律，在有些情况下，随机误差还有均匀分布、三角形分布、偏心分布和反正弦分布等规律。

通过对测量数据的大量观察，人们总结出了大多数的随机误差所具有的三个特征，它常被称作随机误差公理，即

① 在一定测量条件下(指一定的计量器具、环境、被测对象和人员等)，随机误差的绝对值不会超过一定的界限；

② 小误差出现的机会比大误差出现的机会要多；

③ 测量次数足够多时，绝对值相等、符号相反的随机误差出现的机会相等，或者说它们出现的概率相等。

由③可知，在实际测量条件下对同一变量进行测量，当测量次数无限增加时，相应的随机误差的算术平均值将趋于零。

随机误差的上述三个特征，说明其分布实际上是有界限的和单一的峰值，且当测量次数无穷增加时，这类误差还具有对称性(相消性)。这种误差的分布规律称为正态分布。

3. 粗大误差

粗大误差又称过失误差或疏忽误差，是指明显超出规定条件下预期的误差。这种误差主要是人为造成的，如测量者的粗心或疲劳，在测量时看错了标记而测错，以及读数错误、记录错误；计量器具使用不正确等。此外，在测量过程中受环境条件的变化影响，或在实验中实验状况未达到预想的指标，以及使用有严重缺陷的仪器等，都有可能造成这种误差。

含有粗大误差的测得值会歪曲客观现象，严重影响测量结果的准确性。这类含有粗大误差的测得值也称为坏值或异常值，这些值必须设法从测量数据中找出来并加以剔除，以保证测量结果的正确性。

2.2 测量仪表的基本技术性能

仪表的性能指标是评价仪表性能好坏、质量优劣的主要依据，也是正确选用仪表以达到准确测量目的所必须具备和了解的知识。

2.2.1 误差

1. 绝对误差

绝对误差是指测量结果与被测量真值之差，即

$$\text{绝对误差}=\text{测量结果}-\text{被测量真值}$$

实际应用中，由于真值是无法得到的理论值，通常用准确度较高的标准表的测量值代替被测量真值。绝对误差有正负、有单位。注意不要与误差绝对值相混，后者只能表示偏离真值的大小，不能表示偏离方向(正、负)。

2. 相对误差

相对误差是指绝对误差与被测量真值的百分数，即

相对误差=(绝对误差/被测量真值)×100%

相对误差有正负、无单位，用百分数表示。

计算相对误差是为了对测量结果的准确程度进行比较和评价。

3. 引用误差

引用误差是一种简化的和实用方便的相对误差，常常应用于多挡和连续分度的仪器仪表。引用误差一般以仪表的量程为参照，用百分数表示，即

引用误差=(测量仪表的绝对误差/量程)×100%

量程指仪表刻度范围两极限之差的值。仪表的准确度等级就是按引用误差值确定的。

4. 基本误差

仪表在限定的量程范围内，在规定的工作条件下确定的误差为基本误差。基本误差的表示方式有两种：

① 用仪表的绝对误差值比测量值(刻度值)的百分数表示，称示值误差。

② 用仪表的绝对误差值比满量程值(测量上限或测量上、下极限之差)的百分数表示，称满量程误差或引用误差。

5. 附加误差

附加误差是指测量仪表在非标准条件下工作所增加的误差。它是由影响测量结果的因素存在和变化而引起的，如温度附加误差、压力附加误差等。

6. 算术平均误差

算术平均误差指被测量的多次测量误差的代数和(绝对值之和)除以测量次数而得的商。

设 δ_1，δ_2，…，δ_n 代表各次测量误差的绝对值，n 为测量次数，则算术平均误差为

$$\bar{\delta}=\frac{\delta_1+\delta_2+\cdots+\delta_n}{n}=\frac{\sum\delta_i}{n}$$

7. 标准偏差

对同一被测量值的一组测量结果中，单次测量的标准偏差(也称均方根误差)σ 是表示该次测量结果的分布特性的参数，其计算式为

$$\sigma=\sqrt{\frac{\Delta x_1^2+\Delta x_2^2+\cdots+\Delta x_n^2}{n}}=\sqrt{\frac{\sum\Delta x_i^2}{n}}$$

式中 Δx——单次测量的误差；

n——测量次数。

在实际测量中，一般用一组测量数据的算术平均值去代替被测量的真实值，因此有限次重复测量的标准偏差应按下式计算

$$\sigma=\sqrt{\frac{\sum(x_i-\bar{x})^2}{n}}$$

式中 $\bar{x}$——该组测量数据的算术平均值，$\bar{x}=\sum x_i/n$；

x_i——某次测量值；

n——测量次数，一般取 20 以上。

当对某一参数进行多次重复测量时，就会发现，与真实值相差越小的测量值出现的次数

越多。将测量误差的大小和出现的次数绘成图形，其结果为一条对称曲线，该曲线被称为误差的正态分布曲线(图1-2-1)。图中σ表示标准偏差。

假设正态分布曲线下的总面积为100%，图中带阴影部分的面积就代表误差落在$0\sim+\sigma$的概率。

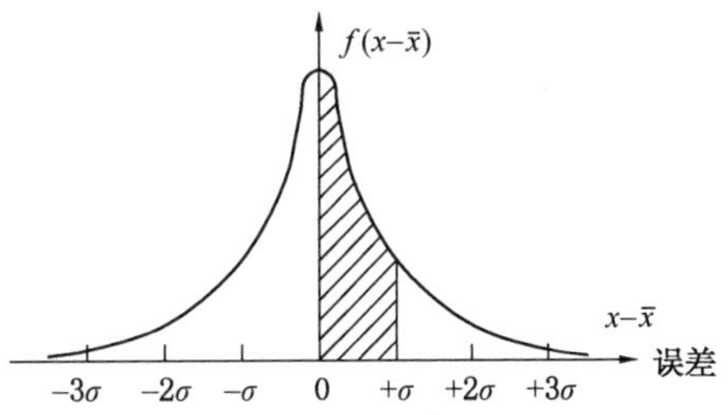

图1-2-1　测量误差分布情况

从公式可以算出，当对某一参数进行n次测量以后，误差在$-\sigma\sim+\sigma$时，曲线所包的面积为68.3%；误差在$-2\sigma\sim+2\sigma$时，曲线所包的面积为95.4%；误差在$-3\sigma\sim+3\sigma$时，曲线所包的面积为99.7%。因此，可近似地认为，对某一参数进行测量时，所可能产生的最大误差值等于3σ。

在石油化工生产条件下，由于被测参数往往处于不停地波动之中，仅能实现一次测量，这时只能认为一次测量的最大可能误差就是多次重复测量的最大误差，即认为最大可能误差在3σ范围内。

因此，可以得出结论：最大测量误差可以被用来确定被测值接近真实值的准确程度。如果求得了多次重复测量结果的标准偏差σ，就不难估计出测量值的最大可能误差3σ。在实际应用中，通常认为在正常情况下，一次测量的最大可能误差不会超过测量仪表规定的允许误差。

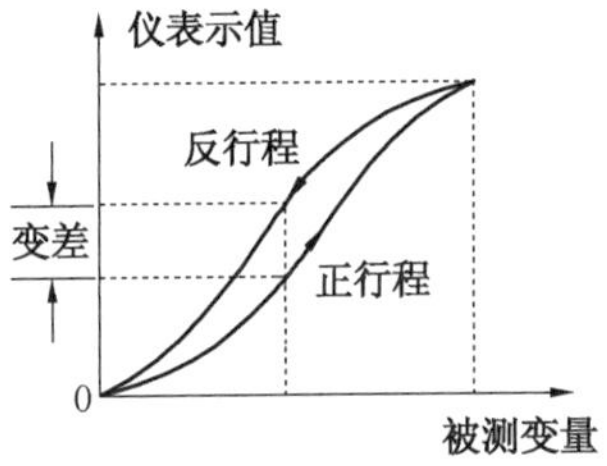

图1-2-2　测量仪表的变差

2.2.2　仪表变差

仪表变差亦称回差，指的是在规定条件下，用同一仪表对同一被测量在仪表的测量范围内进行正、反行程(被测参数由小到大和由大到小)测量时，两条测量值曲线间的最大差值，如图1-2-2所示。

在实际工作中，变差以最大差值对仪表满量程值的百分数的绝对值表示，即

$$\delta=\frac{|x_{正}-x_{反}|}{s_{上限}-s_{下限}}\times100\%$$

式中　δ——变差；

$|x_{正}-x_{反}|$——正、反行程测量的最大绝对差值；

$s_{上限}$、$s_{下限}$——测量仪表的量程上限、下限值。

2.2.3　仪表准确度

仪表的准确度是指对同一被测值进行多次测量，测量值偏离被测值的约定真值的程度。准确度反映了系统误差的影响，系统误差越小，准确度越高。

实际工作中，测量仪表在其刻度范围内各点读数的绝对误差，用测量仪表和标准仪表(准确度较高)同时对同一个参数进行测量时所得到的两个读数之差表示，而引用误差为绝对误差对测量仪表刻度范围的百分数，即

$$\delta=\frac{x-x_0}{刻度范围上限值-刻度范围下限值}\times100\%$$

式中　δ——引用误差；

x——测量仪表测得的被测参数的读数值；

x_0——标准仪表测得的被测参数的读数值；

$x-x_0=\Delta x$——绝对误差。

例如，某测温仪表的刻度范围为 0~500℃，在已知情况下，其绝对误差最大值 ΔT_{max} = 6℃，则其引用误差为

$$\delta_{max} = \frac{6}{500-0} \times 100\% = 1.2\%$$

仪表的准确度等级是按国家统一规定的允许误差大小划分的等级。仪表的允许误差是指在规定的使用条件下允许的引用误差的最大值。例如，某仪表的允许误差值为±1.5%，则该仪表的准确度等级为 1.5 级；若允许误差为±1%，则其准确度等级为 1 级。仪表的准确度等级常以圆圈内的数字标明在仪表的面板上，例如 ⓵.0 表示准确度等级为 1 级，该仪表称为 1 级表。仪表的准确度越高(准确度等级值越小)意味着仪表的系统误差和随机误差越小。

工业用仪表常用引用误差作为判断准确度等级的尺度，上述例子中，如果测温仪表的准确度为 1.5 级，则由于上面所求得的 $\delta_{max}=1.2\%$，小于其允许误差值±1.5%，故该仪表达到 1.5 级标准。

2.2.4 灵敏度

仪表灵敏度表示被测量的单位变化量引起的测量值的变化量。仪表灵敏度 S 可用仪表测量值变化量 ΔZ 与被测量的变化量 ΔX 之商来表示，即

$$S = \Delta Z/\Delta X$$

2.2.5 其他指标

除上述各个指标外，仪表还有以下常用指标：

① 分辨力　仪表能有效分辨的最小的示值。对于数字式仪表，分辨力是指数字显示器末位数字间隔所代表的被测参数变化量。

② 分辨率　指示仪表的分辨率，是指示仪表可有意义地区分所指示的两紧邻量值的能力。一般认为模拟式指示装置的分辨率为最小刻度间隔的一半；数字式指示装置的分辨率为最后一位的一个字。

③ 复现性(重复性)　测量的复现性是在不同测量条件下(如不同的方法、不同的计量器具、不同的观测者)，在不同的测量环境对同一被测量进行测量时，其测量结果的一致程度。复现性常用不确定度来估计。不确定度是由于测量误差的存在而对测量结果不能肯定的程度。不确定度可采用方差或标准差(取方差的正平方根)表示。

④ 稳定性　在规定的工作环境下，测量仪表的某些特性随时间保持不变的能力称为稳定性。常用仪表的零点漂移来衡量仪表的稳定性。如果仪表稳定性不好，则仪表的维护量会增大。

⑤ 可靠性　在规定的条件下和规定的时间内，仪表完成(保持)规定功能的能力称为仪表的可靠性。可靠性常用平均无故障时间(MTBF)表示。仪表可靠性高，则仪表的维护量就小；可靠性低，则仪表的维护量就大。

⑥ 线性度　线性度又称非线性误差，指线性刻度仪表的实际校准曲线与理论直线之间的最大偏差对仪表量程的百分数。通常希望仪表的校准曲线为直线(线性度为 0)。

⑦ 响应时间　被测量发生突变后，仪表指示值达到并保持其最终稳定值所需的时间为仪表的响应时间，也叫反应时间。响应时间反映了仪表动态特性的好坏。

2.3 常用仪器

检测和校验仪器是对现场检测仪表进行维修、校准时所使用的器具。性能优良的仪器是搞好仪表维修工作的基础，正确地使用和保养仪器是搞好仪表检维修工作的前提。

随着微处理器技术的不断发展，越来越多的数字式仪器取代了传统的指针式仪器。数字式仪器具有测量速度快、准确度高、耐冲击、耐振动、测量结果可以远传等优点，已被广泛运用到仪表的日常检维修工作中。

2.3.1 万用表

万用表是一种最基本的电量检测仪器，可用于测量交直流电压、直流电流、电阻等，每种测量功能有 3~5 挡量程。较复杂的万用表还可以测量交流电流、电容、电感、三极管 hFE 等。常用的万用表有指针式万用表和数字式万用表两种。

指针式万用表主要由三个部分组成：

① 指示表　是一块高灵敏的磁电式电流表，它是万用表进行各种电量测量的指示部分。

② 测量电路　由各种电量和不同量程的电路组成，把被测量变换成磁电式表头所能接收的直流电流。

③ 转换开关　用于切换测量电路，以便与指示表相配合进行各种测量而设置的多层多刀多掷开关。

数字式万用表主要由测量电路、转换开关、模数转换电路和液晶显示器四部分组成。

与指针式万用表相比，数字式万用表具有很多优点，如：增加了测量功能；减少了读数误差，提高了测量准确度；具有自动极性显示（直流量程测量）、溢出显示（最高位显示“1”）、自动调零等功能。

万用表可以测量多种电量，在测量前必须根据被测电量用转换开关进行选择，并将测量表笔插入相应的插孔内，尤其测量电流时，表笔的“+”端必须插入电流测量插孔内。测量电压、电流时，应预先估计最大值，并将转换开关切换到相应的量程挡。如不能估计合理的量程，则应置于最大量程挡，然后根据测量情况准确地选择量程挡。为防止万用表的损坏，在测量过程中，不允许拨动量程开关。

2.3.2 标准电流表

标准电流表用于测量仪表回路中的直流电流。

仪表检维修工作中常用的标准电流表是磁电式电流表，准确度等级为 0.2 和 0.5。它由永久磁钢、圆柱形铁芯、线圈、转动轴、游丝或吊丝、指针等组成。它利用可绕轴转动的载流线圈，在永久磁钢和圆柱形铁芯所形成的圆环形均匀磁场中所产生的力矩驱动指针偏转，从而测量通过线圈的电流强度。

磁电式电流表灵敏度较高，消耗功率极小，指针的刻度是线性的。其缺点是指针式指示易产生较大的读数误差，而且不能直接测量交流电流。

在使用标准电流表测量电流时，应当预先估计被测电流数值，选择量程合适的标准电流表，并将标准电流表串接在被测回路中，同时应当注意极性。

标准电流表属于精密仪器，其游丝等部件都非常灵敏，极易损坏。因此，在搬运时要轻拿轻放，使用时应避免超量程电流输入，不用时应将标准电流表的正负输入端子短接起来。

标准电流表作为标准计量仪器，必须定期进行标定。

2.3.3 标准电压表

仪表维修工作中，标准电压表用于测量仪表回路中的直流电压，现在广泛使用的是数字式电压表。

数字式电压表是将被测电压值经过模数转换电路，转换为标准的脉冲信号，然后用十进制计数器显示被测电压值。

常用的模数转换电路有电压–时间变换型和电压–频率变换型等。

电压–时间变换型(简称为 V–T 型)，主要是将被测电压的大小转换为时间间隔，电压越高，时间间隔越大，计数器记录的脉冲数越多，显示的数值也就越大。

V–T 型数字式电压表的准确度取决于表内标准脉冲发生器的频率稳定度和锯齿波发生器的线性度。由于这两方面的准确度都能得到保障，因此数字式电压表的准确度比较高。

电压–频率变换型(简称为 V–F 型)是将被测电压值转换为频率值，然后用频率显示测量结果。被测电压越高，转换后的频率也越高，显示的数值就越大。V–F 型数字式电压表的结构有很多类型，例如单积分、双积分等。

由于 V–F 型数字式电压表是将被测电压数值直接转换成频率信号，再与固定频率振荡器的输出频率进行混频后进行测量，因此这类数字式电压表的抗干扰能力强，分辨率高。

标准电压表作为标准计量器具，必须定期进行标定。

2.3.4 压力校验仪

压力校验仪是压力测量仪表的校验工具。压力校验仪有活塞式压力计和数字压力校验仪两种。

活塞式压力计其实只是一个压力信号发生器，需要根据被校验压力仪表的量程和准确度等级，选择不同的标准压力仪表或标准砝码才能进行校验。由于体形笨重、丝杠处易漏油等原因，主要用于维修间内的压力仪表校验。

数字压力校验仪集信号发生与数字压力显示于一体，轻便、耐用、准确度高，符合防爆要求，适用于在生产现场的压力仪表校验。数字压力校验仪由信号发生、压力检测和数字显示三部分组成。

压力信号发生：利用手动的方法用小型气泵加压，产生校验被测压力仪表需要的压力值。

压力检测：采用高准确度等级压力传感器、放大模块，将气泵所产生的压力信号进行精确测量并转换成标准的电气信号。

数字显示：将压力、电流、电压等被测参数的电气信号用模数转换器转换成数码信号，用液晶显示器显示。

数字压力校验仪采用微处理器，可使用仪表数据处理软件，具有数据收集、非线性修正、电路失调校正、自动零点校正、数字滤波、多种单位换算等功能。

数字压力校验仪采用交直流两种供电方式，在校验压力变送器时，可由校验仪向压力变送器供电。液晶显示器可显示压力的测量值和单位以及供电电压、压力变送器的输出电流等电量，方便安装现场的压力变送器校验。

为确保数字压力校验仪能够进行高准确度测量，应定期利用其自校准功能进行校准。数字压力校验仪属于标准计量仪器，必须定期进行检定。

2.3.5 数字频率仪

数字频率仪是数字仪表的一种，它是计算出被测电压在标准单位时间内变化次数的一种计数器。

数字频率仪一般由整形放大、秒信号发生器、控制门、计数器四部分组成，如图1-2-3所示。

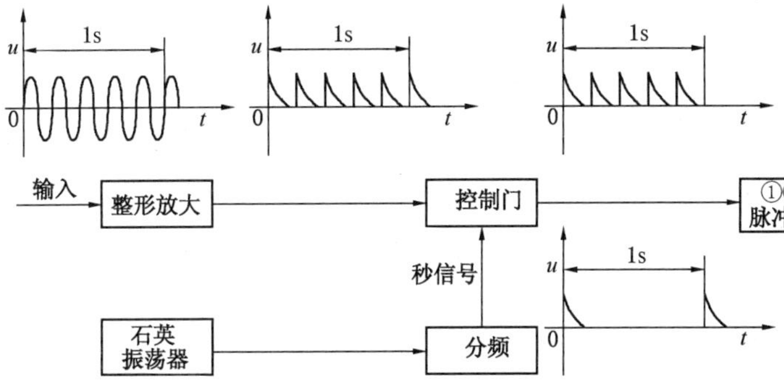

图 1-2-3　数字频率仪方框图

整形放大电路是将不同波形的被测电压转换为前沿陡峭的脉冲。整形后脉冲个数等于被测电压的变化次数。

秒信号发生器是一个标准的时间信号发生器，由一个石英振荡器和一组分频电路组成。分频电路将石英振荡器产生的稳定的频率信号转换为 1Hz 的秒信号。

频率仪的控制门有两个输入端，其中秒信号输入端控制另一个输入端信号是否从门电路输出。第一个秒信号到来时，允许被测信号脉冲通过；第二个秒信号到来时，将门关闭，不允许被测信号脉冲通过。两个秒信号间隔时间为 1s，通过的脉冲数就等于频率值。

计数器由累加器、译码和数码显示器三部分组成。计数器对控制门送来的脉冲进行累加计数，通过译码电路控制数码显示器，将累加的数值用数字形式显示出来。

各种数字频率仪只能工作在规定的被测电压范围内。被测电压太小，整形电路不工作，就不能测出频率数；被测电压太大，容易损坏频率仪或造成误动作。

数字频率仪的测量误差主要由石英振荡器的频率不稳定和控制门的开启不能与输入脉冲吻合造成。数字频率仪作为仪表检维修人员常用的检测工具，应定期进行标定，以保持其测量的准确度。

2.3.6　手持通信器

随着智能现场仪表被日益广泛地使用，手持通信器成为仪表维修人员必要的维修仪器。使用手持通信器，可以方便地在仪表安装现场对智能仪表进行各项调整和设定。

手持通信器也叫手持终端或手操器。使用手持通信器，可以对智能变送器的工位号、量程、零点等进行设定；能对变送器的线性特性进行调整；能选择变送器发生故障时将输出锁定在 20mA 以上、4mA 以下或故障发生前的值上，以便仪表维修人员及时发现故障，尽快维修；可以使变送器输出一个固定的标准信号和与它连接的记录仪、DCS 等进行联校；可以在线检查智能变送器的运行情况。

手持通信器可连接到变送器的接线端子或其他连接处(包括负载电阻的两端)。负载电阻和回路电阻之和应在 250~600Ω，太小了不能通信，太大了变送器无法工作。

手持通信器连到变送器回路时，变送器电源可以不关闭，但手持通信器的电源要关掉。如果将电源开着的手持通信器连到变送器回路，会打乱变送器的程序。

手持通信器和智能仪表之间的通信信号是数字信号，两根通信线没有极性。

罗斯蒙特(Rosemount)475是一款常用的手操器，支持可寻址远程传感器高速通道(HART, Highway Addressable Remote Transducer)协议和基金会现场总线(FF, Foundation Fieldbus)协议，可以对符合协议标准的设备进行组态、管理和维护。

2.3.7 回路校验仪

多功能回路信号校验仪是一种以微处理器为基础的多用途、便携式、交直流两用、数字显示的信号校验仪，适合在仪表安装现场进行仪表校验。它能作为信号发生器输出连续或阶梯 mA、V 及 mV、Ω 等直流标准信号给被校验仪表，还可以作为标准仪器准确地测量被校仪表输出的 mV、V、mA 值。通过 LCD 数字表头显示，使用操作方便。多功能回路信号校验仪由恒流源、恒压源、电阻源和测量电路、放大器、A/D 变换器和 LCD 显示器及供电系统组成，如图 1-2-4 所示。一般还配备必要的软件。

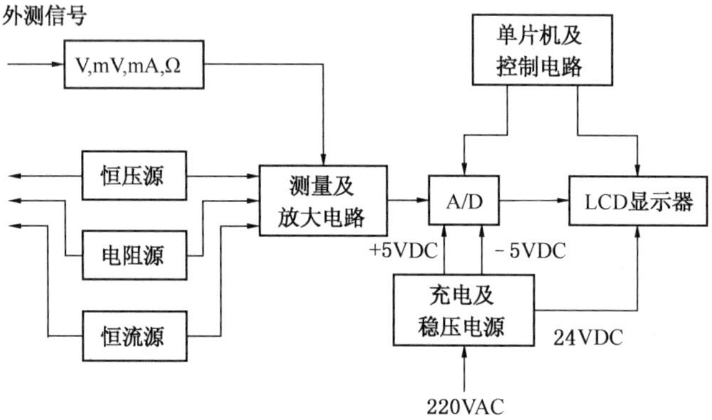

图 1-2-4 回路校验仪工作原理框图

2.4 仪表防护知识

2.4.1 防爆的基本知识

物质发生一种急剧的物理或化学变化，瞬间放出大量能量，同时产生巨大声响的现象为爆炸。爆炸的实质是压力的急剧上升，产生爆炸声和冲击波，结果使建筑物或设备遭到破坏。

根据引起爆炸的原因，爆炸可分为物理性爆炸和化学性爆炸两种：

物理性爆炸　是由物理变化引起的，物质因状态或压力发生突然变化而产生的爆炸现象称为物理爆炸，如容器内液体过热汽化引发的爆炸现象。

化学性爆炸　是由于物质发生剧烈的化学反应，产生高温、高压而引起的爆炸。化学性爆炸前后，物质的性质和成分均发生了根本的变化。化学性爆炸按爆炸时所发生的化学变化可分为：简单分解爆炸、复杂分解爆炸和爆炸性混合物爆炸三类。引起简单分解爆炸的物质在爆炸时并不一定发生燃烧反应，爆炸所需热量是由物质本身分解时产生的，这类物质非常危险，受到轻微振动就会引起爆炸，如叠氮铅、乙炔银、乙炔酮、碘化氮、氯化氮等；复杂分解爆炸伴有燃烧现象，燃烧所需的氧由爆炸物质分解产生，所有的炸药都属于这类物质；爆炸性混合物爆炸指可燃气体、蒸气及粉尘与空气混合遇明火发生的爆炸，爆炸混合物的爆炸需要一定的条件，如可燃物质的含量、氧气含量及明火源等，危险性较前两类低，危害性较大。

爆炸对生产具有很大的破坏力，其破坏的形式主要包括振荡、冲击波、碎片冲击、造成火灾等几种。

1. 爆炸极限

可燃性气体或蒸气与空气组成的混合物会发生爆炸的浓度极限值，称为爆炸极限。可燃性气体或蒸气与空气形成的混合物，遇明火能发生爆炸的最低浓度称为该气体或蒸气的爆炸下限；可燃气体或蒸气与空气形成的混合物遇明火能发生爆炸的最高浓度称为爆炸上限。混合物中可燃物浓度低于下限时因含有过量空气，空气的冷却作用会阻止火焰的蔓延；混合物中可燃物浓度高于上限时由于空气量不足，火焰也不能蔓延。所以，浓度低于下限或高于上限都不会发生爆炸。

气体混合物的爆炸极限一般用可燃气体或蒸气在混合物中的体积百分数来表示。部分气体和液体的爆炸极限见表 1-2-1。

表 1-2-1　部分气体和液体的爆炸极限

物质名称	爆炸极限/%		物质名称	爆炸极限/%		物质名称	爆炸极限/%	
	下限	上限		下限	上限		下限	上限
氢	4.0	75.6	邻二甲苯	1.0	7.6	丁烷	1.5	8.5
氨	15.0	28.0	氯苯	1.3	11.0	甲醛	7.0	73.0
一氧化碳	12.5	74.0	甲醇	5.5	36.0	乙醚	1.7	48.0
二硫化碳	1.0	60.0	乙醇	3.5	19.0	丙酮	2.5	13.0
乙炔	1.5	82.0	丙醇	1.7	48.0	汽油	1.4	7.6
氰化氢	5.6	41.0	丁醇	1.4	10.0	煤油	0.7	5.0
乙烯	2.7	34.0	甲烷	5.0	15.0	乙酸	4.0	17.0
苯	1.2	8.0	乙烷	3.0	15.5	乙酸乙酯	2.1	11.5
甲苯	1.2	7.0	丙烷	2.1	9.5	硫化氢	4.3	45.0

爆炸极限不是固定的，影响爆炸极限的因素主要有以下几点：

① 原始温度　爆炸性混合物的原始温度越高，爆炸极限的范围越大。

② 原始压力　一般情况下，压力越高，爆炸极限范围越大；压力降低，爆炸极限范围缩小。减压操作有利于减小爆炸的危险性。

③ 惰性介质及杂质　混合物中惰性介质的加入，可以缩小爆炸极限的范围，惰性介质的浓度高到一定数值可使混合物不发生爆炸。某些气体参加的反应中，杂质的存在会促使过程发生爆炸，如少量硫化氢的存在会降低水煤气和空气混合物的燃点，并因此促进其爆炸。

④ 容器　充装可燃物容器的材质、尺寸对物质爆炸极限均有影响。容器或管道直径越小爆炸极限的范围越小。

⑤ 点火源　点火源的能量、热表面的面积、与混合物的接触时间等，对爆炸极限均有影响。

⑥ 其他因素　光对爆炸也有影响。如氯与氢在黑暗中反应十分缓慢，在强光照射下就会发生爆炸。

2. 粉尘爆炸

粉尘在空气中达到一定浓度，遇明火会发生爆炸。粉尘爆炸的过程是粉尘的表面受辐射，温度逐渐升高，使粉尘粒子的表面分子受热分解或干馏，在粒子周围产生气体，这些气体与空气混合形成爆炸性混合物，同时发生燃烧，燃烧产生的热量又进一步促使粉尘粒子分解，不断放出可燃气体和空气混合而使火焰蔓延。粉尘爆炸实质是气体爆炸，其能量来自热辐射而非热传导。

影响粉尘爆炸的因素有以下几点：

① 物化性质　燃烧热越大、氧化速度越快、挥发性越大、越易带电，越易引起爆炸。

② 颗粒大小　粉尘越细、燃点越低，爆炸下限越小。粉尘粒子越干燥，其燃点越低。

③ 粉尘的浮游性　粉尘在空气中停留的时间越长，危险越大。

④ 粉尘与空气混合的浓度　粉尘与空气的混合和可燃气体、蒸气与空气的混合一样，也有上下限。粉尘混合物达到爆炸上限的情况通常只存在于设备内部或扬尘点附近，故一般粉尘混合物的爆炸极限以下限表示。需要注意的是，并不一定在场所的整个空间都形成有爆炸危险的浓度才会造成粉尘爆炸，一般只要粉尘在空间中成层地附着于墙壁、设备上就可能引起爆炸。

表 1-2-2 列出了部分粉尘的爆炸下限。

表 1-2-2　部分粉尘的爆炸下限

粉 尘 名 称	雾状粉尘	粉尘云	粉 尘 名 称	雾状粉尘	粉尘云
	爆炸下限/(g/m^3)	爆炸下限/(g/m^3)		爆炸下限/(g/m^3)	爆炸下限/(g/m^3)
铝	35~40	37~50	硫黄	35	
镁	20	44~59	红磷		48~64
锌	35	212~284	萘	2.5	28~38
铁	120	153~204	松香	12.6	
聚乙烯	20	26~35	脲醛树脂	70	
聚苯乙烯	15	27~37	醋酸纤维素	25	
聚氯乙烯		63~86	硬沥青	20	
聚丙烯	20	25~35	煤粉	35~45	
有机玻璃	20		煤焦炭粉		37~50
酚醛树脂	25	36~49	炭黑		36~45

2.4.2　防火的基本知识

1. 物质火灾危险性的评定

爆炸极限和自燃点是评定气体火灾爆炸危险性的主要指标。气体的爆炸极限范围越大，爆炸下限越低，其火灾爆炸危险性越大；气体的自燃点越高，其火灾爆炸危险性越小。另外，气体化学活泼性越强，火灾爆炸的危险性越大；气体在空气中的扩散速度越快，火灾蔓延扩展的危险性越大；相对密度大的气体易聚集不散，遇明火容易造成火灾爆炸事故；易压缩液化的气体遇热后体积膨胀，压力增大，容易发生火灾爆炸事故。

评定液体火灾爆炸危险的主要指标是闪点和爆炸温度极限。闪点越低，越易起火燃烧；爆炸极限范围越大，危险性越大；爆炸温度极限越低，危险性越大。另外，液体的饱和蒸气压越大，越易挥发，闪点也就越低，火灾爆炸的危险性越大；液体受热膨胀系数越大，危险性越大；液体流动扩散快，会加快其蒸发速度，易于起火蔓延；液体相对密度越小，蒸发速度越快，发生火灾的危险性越大；液体沸点越低，火灾爆炸危险性越大；同一类有机化合物，相对分子质量越小，火灾危险性越大。但相对分子质量大的液体，自燃点低，易自燃。

液体化学结构不同，危险性也不同，如烃的含氧衍生物中，醚、醛、酮、酯、醇、酸的危险性依次降低；不饱和化合物比饱和化合物危险性大；异构体比正构体危险性大等。

固体物质的火灾危险性主要取决于其熔点、燃点、自燃点、比表面积及热分解性等。固体的燃点、自燃点、熔点越低，危险性越大；同样的固体物质，比表面积越大，危险性越大；固体物质受热分解温度越低，危险性越大。

2. 石油化工生产中的火灾爆炸危险

石油化工生产中的火灾爆炸危险主要从物质的火灾爆炸危险性和工艺过程的火灾爆炸危险性两个方面分析。工艺过程的火灾爆炸危险性与装置规模、工艺流程和工艺条件有很大关系。一般来说，对同一个生产过程，生产装置的规模越大，火灾爆炸的危险性越大；工艺条件越苛刻，火灾爆炸的危险性越大，如高温高压条件。物质的火灾爆炸危险性如前所述。

为了更好地进行安全管理，对生产中的火灾爆炸危险性进行分类，以便采取有效的防火防爆措施。GB 50016—2014《建筑设计防火规范(2018 年版)》将生产的火灾危险性分为五类，见表 1-2-3。GB 50058—2014《爆炸危险环境电力装置设计规范》根据爆炸性气体混合物和爆炸性粉尘出现的频繁程度和持续时间将危险区域分为 6 个区，见表 1-2-4。GB/T 3836. 1—2021《爆炸性环境 第 1 部分：设备 通用要求》将爆炸性环境分为Ⅰ类(煤矿瓦斯气体环境)、Ⅱ类(除煤矿瓦斯气体环境之外的其他爆炸性气体环境)和Ⅲ类(除煤矿之外的爆炸性粉尘环境)。GB/T 3836. 11—2022《爆炸性环境 第 11 部分：气体和蒸气物质特性分类试验方法和数据》将Ⅱ类气体环境依据其最大试验安全间隙(MESG)和/或最小点燃电流比(MICR)分为ⅡA 类、ⅡB 类和ⅡC 类，见表 1-2-5，并将所有可燃性物质依据其自燃温度划分温度组别，见表 1-2-6。

表 1-2-3 生产的火灾危险性分类

生产的火灾危险性类别	使用或产生下列物质生产的火灾危险性特征
甲	①闪点小于 28℃的液体； ②爆炸下限小于 10%的气体； ③常温下能自行分解或在空气中氧化能导致迅速自燃或爆炸的物质； ④常温下受到水或空气中水蒸气的作用，能产生可燃气体并引起燃烧或爆炸的物质； ⑤遇酸、受热、撞击、摩擦、催化以及遇有机物或硫黄等易燃的无机物，极易引起燃烧或爆炸的强氧化剂； ⑥受撞击、摩擦或与氧化剂、有机物接触时能引起燃烧或爆炸的物质； ⑦在密闭设备内操作温度不小于物质本身自燃点的生产
乙	①闪点不小于 28℃但小于 60℃的液体； ②爆炸下限不小于 10%的气体； ③不属于甲类的氧化剂； ④不属于甲类的易燃固体； ⑤助燃气体； ⑥能与空气形成爆炸性混合物的浮游状态的粉尘、纤维、闪点不小于 60℃的液体雾滴
丙	①闪点不小于 60℃的液体； ②可燃固体
丁	①对不燃烧物质进行加工，并在高温或熔化状态下经常产生强辐射热、火花或火焰的生产； ②利用气体、液体、固体作为燃料或将气体、液体进行燃烧作其他用的各种生产； ③常温下使用或加工难燃烧物质的生产
戊	常温下使用或加工不燃烧物质的生产

表 1-2-4　爆炸危险区域划分

特　征	分区	特　征
爆炸性气体混合物的场所	0 区	连续出现或长期出现爆炸性气体混合物的环境
	1 区	在正常运行时可能出现爆炸性气体混合物的环境
	2 区	在正常运行时不太可能出现爆炸性气体混合物的环境，或即使出现也仅是短时存在的爆炸性气体混合物的环境
可燃性粉尘与空气形成的爆炸性粉尘混合物环境	20 区	空气中的可燃性粉尘云持续地或长期地或频繁地出现于爆炸性环境中的区域
	21 区	在正常运行时，空气中的可燃性粉尘云很可能偶尔出现于爆炸性环境中的区域
	22 区	在正常运行时，空气中的可燃性粉尘云一般不可能出现于爆炸性粉尘环境中的区域，即使出现，持续时间也是短暂的

表 1-2-5　爆炸性气体分类

级别	最大实验安全间隙(*MESG*)/mm	最小点燃电流比(*MICR*)
ⅡA	$MESG \geqslant 0.9$	$MICR > 0.80$
ⅡB	$0.5 < MESG < 0.9$	$0.45 \leqslant MICR \leqslant 0.80$
ⅡC	$MESG \leqslant 0.5$	$MICR < 0.45$

注：最大试验安全间隙指的是在规定的试验条件下，能够阻止爆炸通过宽度为 25mm 的接合面传播的最大间隙；最小点燃电流比指的是可燃性气体的最小点燃电流与实验室甲烷的点燃电流之比。

表 1-2-6　可燃性物质温度组别和自燃温度范围

组别	自燃温度 t/℃	组别	自燃温度 t/℃
T1	$450 < t$	T4	$135 < t \leqslant 200$
T2	$300 < t \leqslant 450$	T5	$100 < t \leqslant 135$
T3	$200 < t \leqslant 300$	T6	$85 < t \leqslant 100$

注：气体混合物的自燃温度是指使可燃性气体混合物点燃的(表面)最低温度。

2.4.3　防雷的基本知识

1. 雷电的概念及分类

雷电是自然界中的一种静电放电现象。当带正负电荷的云不断形成并积聚以后，若某处空间的电场强度达到足以击穿空气的程度，就能发生云间放电或对地放电。放电时发出闪光，且在放电通道中产生高温而使空气突然膨胀，发出霹雳雷声。

按照雷电的危害方式，雷电主要有直击雷、感应雷、球雷等。其中，直击雷危害性最大。当雷电击中树木和没有防雷装置的建筑物时，雷电流的数值在数百安至 200kA 范围，能使受击物体产生强烈的机械振动和热效应，进而使受击物内部水分蒸发或者分解出氢气和氧气而引起爆炸。各种雷击除能引起直接损害外，还能引起易燃、易爆物品着火、爆炸，损坏设备、设施，造成事故停车等。

易受雷击的物体有：

① 旷野孤立的或较高的物体；

② 金属屋面、砖木结构的建筑物；

③ 河边、湖畔、土山顶部的物体；

④ 地下水露头处、特别潮湿处、地下有导电矿藏处以及土壤电阻率较小处的物体；

⑤ 山谷风口处的物体；

⑥ 建筑物群中 25m 以上、高于其他建筑物的物体。

2. 防雷装置

防雷装置包括接闪器、引下线和接地装置、消雷装置。

接闪器和引下线、接地装置共同组成了建筑物的外部防雷装置，用以避免或减少闪电击中建筑物或其附近造成的物理损害和人身伤亡。

接闪器也称避雷器，是用于直接接受或承受雷击的金属物体和金属结构，如：接闪杆(旧称避雷针)、接闪带(线)、接闪网等。仪表应避免安装在室外设备、平台、建筑物等物体的顶端或突出位置而成为接闪物体。

引下线是雷电流进入大地前的通道，通常采用圆钢、扁钢或钢绞线。引下线应沿建筑物的外墙敷设，其路径应尽可能短而直。引下线应避开建筑物的出入口和行人容易接触到的地点以防止电击事故。

接地装置是接地体(也称接地极)和接地体之间连接导体的集合。防雷接地装置的作用是泄放雷电流。SH/T 3164—2021《石油化工仪表系统防雷设计规范》规定，仪表及控制系统防雷接地应最终接到电气接地装置。

消雷装置由顶部的电离装置、地下的地电荷收集装置以及两者之间的连接线组成。消雷装置是利用积云的感应作用，在其顶部的电离装置附近产生强电场，通过尖端放电使空气电离，产生向积云流动的电子流，使积云受到屏蔽和得到中和，以保持空气不被击穿，从而消除落雷条件，抑制雷击的发生。

3. 防雷措施

建筑物的防雷措施如下所述：

① 利用建筑物钢筋混凝土构件中的钢筋作为接地装置，最理想的是利用钢筋使建筑物成为一个防护笼，这样可以降低接地电阻和使各个局部位置上的电位均匀。

② 金属屋面及屋顶上部的金属天沟、旗杆、栏杆和室外疏散用安全梯等应可靠接地。

③ 在高山地区的建筑物，可能从横向对建筑物发生雷电放电，应采用接闪网等以防侧击。

2.4.4 防腐蚀的基本知识

1. 腐蚀与安全

腐蚀是指材料在周围介质的作用下所受到的破坏。引起破坏的原因可能是物理的、机械的、化学的、生物的等。

在石油化工生产中，所用原材料及中间产品、产品有些具有腐蚀性，这些腐蚀性物料对建筑物、机械设备、配管、阀门、仪表等，均会造成腐蚀性破坏，影响生产安全，危害人身安全，必须重视腐蚀与防护问题。

腐蚀机理分为化学腐蚀和电化学腐蚀。

① 化学腐蚀　指金属与周围介质发生化学反应而引起的破坏。常见的化学腐蚀如下：

金属氧化　指金属在干燥或高温气体中与氧反应所产生的腐蚀。

高温硫化　指金属在高温下与含硫(硫蒸气、二氧化硫、硫化氢等)介质反应形成硫化物的腐蚀过程。

渗碳　指某些碳化物(如一氧化碳、烃类等)与钢接触在高温下分解生成游离碳，渗入钢内部形成碳化物的腐蚀过程。

脱碳　指在高温下钢中渗碳体与气体介质(如水蒸气、氢、氧等)发生化学反应，引起渗碳体脱碳的过程。

氢腐蚀　指在高温高压下，氢引起钢组织化学变化，使其力学性能劣化的腐蚀过程。

② 电化学腐蚀　指金属与电解质溶液接触时，由于金属材料的不同组织及组成之间形成原电池，其阴、阳极之间所产生的氧化还原反应使金属材料的某一组织或组分发生溶解，最终导致材料失效的过程。

2. 腐蚀类型

① 全面腐蚀与局部腐蚀　在金属设备整个表面或大面积发生程度相同或相近的腐蚀，称为全面腐蚀。局限于金属结构某些特定区域或部位上的腐蚀称为局部腐蚀。

腐蚀的速度以设备单位面积上在单位时间内损失的质量表示，也可用每年金属被腐蚀的深度，即构件变薄的程度表示。根据金属的腐蚀速度，可以将金属材料的耐腐蚀性分为四级，见表 1-2-7。

表 1-2-7　金属材料耐腐蚀等级

等　级	腐蚀速度/(mm/a)	耐 腐 蚀 性	等　级	腐蚀速度/(mm/a)	耐 腐 蚀 性
1	<0.05	优良	3	0.5~1.5	可用，但腐蚀较严重
2	0.05~0.5	良好	4	>1.5	不适用，腐蚀严重

② 点腐蚀　又称孔蚀，指集中于金属表面个别小点上深度较大的腐蚀现象。金属表面由于露头、错位、介质不均匀等缺陷，使其表面膜的完整性遭到破坏，成为点蚀源。点蚀源的金属迅速被溶解形成孔洞，孔洞不断加深，直至穿透，造成不良后果。

防止点腐蚀的措施有：

A. 减少介质溶液中氯离子浓度，或加入有抑制点腐蚀作用的阴离子，如对不锈钢可加入 OH^-，对铝合金可加入 NO_3^-；

B. 减少介质溶液中氧化性离子，如 Fe^{3+}、Cu^{2+}、Hg^{2+}等；

C. 降低介质溶液温度，加大溶液流速；

D. 采用阴极保护；

E. 采用耐点腐蚀合金。

③ 缝隙腐蚀　指在电解液中，金属与金属、金属与非金属之间的窄缝内发生的腐蚀。在石油化工生产中，管道连接处、衬板及垫片处、设备污泥沉积处、腐蚀物附着处等，均易发生缝隙腐蚀。当金属保护层破损时，金属与保护层之间的破损缝隙也会发生腐蚀。

缝隙腐蚀是由于缝隙内积液流动不畅，时间长了会使缝内外由于电解质浓度不同构成浓差原电池，发生氧化还原反应。

防止缝隙腐蚀的措施有：采用抗缝隙腐蚀的金属或合金材料；采用合理的设计方案，避免连接处出现缝隙、死角等，降低缝隙腐蚀的程度；采用电化学保护；采用缓蚀剂保护。

④ 晶间腐蚀　指沿着金属材料晶粒间发生的腐蚀。这种腐蚀可以在材料外观无变化的情况下，使其完全丧失强度。

防止晶间腐蚀的措施主要是采用低碳不锈钢或采用合金材料。

⑤ 应力腐蚀　是指金属及合金在拉应力和特定介质环境的共同作用下，发生的腐蚀破坏。应力腐蚀外观一般没有任何变化，裂纹发展迅速且预测困难，极具危险性。发生应力腐蚀的金属材料主要是合金，纯金属较少。

防止应力腐蚀的措施有：合理设计结构，消除应力；合理选用材料；避免高温操作以及采用缓蚀剂保护。

⑥ 氢损伤　指由氢作用引起材料性能下降的一种现象，包括氢腐蚀与氢脆。氢腐蚀的原因是：在高温高压下，氢原子经化学吸附进入金属内部，破坏晶间结合力，在高应力作用下，导致微裂纹生成。氢脆是指氢溶于金属后残留于位错等处，当氢达到饱和后，对错位起钉扎作用，使金属晶粒滑移难以进行，造成金属出现脆性。

防止氢损伤的措施有：采用合金材料，使金属表面合金的防护膜阻止氢向金属内部扩散；避免高温高压同时操作；在气态氢环境中，加入适量氧气抑制氢脆发生。

⑦ 腐蚀疲劳　指材料在腐蚀环境中，受交变应力作用产生的破坏。

防止腐蚀疲劳的措施有：尽量避免低交变速率应力作用；尽量降低循环应力值及幅度；避免强腐蚀环境操作。

3. 腐蚀防护

① 正确选材　在选择材料时，除考虑一般技术经济指标外，还应考虑工艺条件及其在生产过程中的变化。要根据介质的性质、浓度、杂质、腐蚀产物、化学反应、温度、压力、流速等工艺条件，以及材料的耐腐蚀性能等，综合选择材料。

② 合理设计　在结构设计、连接形式上，应注意避免出现缝隙，还应尽量减少设备死角，消除积液对设备的腐蚀。

③ 电化学保护　分为阳极保护和阴极保护。

A. 阳极保护　在化学介质中，将被腐蚀的金属通以阳极电流，在其表面形成耐腐蚀性很强的钝化膜，保护金属不被腐蚀。

B. 阴极保护　有外加电流和牺牲阳极两种方法。外加电流是将被保护金属与直流电源负极连接，正极与外加辅助电极连接，通入电流，使腐蚀过程受到抑制。牺牲阳极又称护屏保护，是将更活泼的金属同被保护金属连接构成原电池，使该活泼金属成为阳极，反应过程中，阳极流出的电流可以抑制对被保护金属的腐蚀，而阳极则受到腐蚀，成为牺牲品。

④ 缓蚀剂　加入腐蚀介质中，能够阻止金属腐蚀或降低金属腐蚀速度的物质，称为缓蚀剂。缓蚀剂可在金属表面形成一层连续的保护性吸附膜，或在金属表面生成一层难溶化合物金属膜，阻止腐蚀反应过程，降低腐蚀速度，达到缓蚀的目的，从而保护金属材料。

⑤ 金属保护层　金属保护层是指用耐腐蚀性较强的金属或合金，覆盖于耐腐蚀性较差的金属表面形成的保护层。常用的金属保护层有金属衬、喷镀、热浸镀、表面合金化、电镀、化学镀以及离子镀等。

⑥ 非金属保护层　指采用非金属材料覆盖于金属或非金属设备或设施表面，防止腐蚀的保护层，分衬里和涂层两类。非金属衬里在石油化工设备中应用广泛。

⑦ 非金属设备　由于某些非金属材料具有优良的耐腐蚀性及相当好的物理机械性能，因此可以代替金属材料，加工制成各种防腐蚀设备。常用的有聚氯乙烯、聚丙烯、不透性石墨、陶瓷、玻璃以及玻璃钢、天然岩石、铸石等，可以制造设备、管道、管件、机器及部件、基本设施等。

第3章　过程检测仪表

为保证石油化工生产安全、稳定、连续、高效地进行，必须准确且及时地检测出生产过程中的各种过程参数，这些参数包括温度、压力、流量、物位、化学成分及物性等，完成这些检测任务的工具称为过程检测仪表。将过程参数转换为便于传送的信号的仪表叫传感器，输出为标准化信号的传感器称为变送器。本章主要介绍温度、压力、流量、物位、轴系检测仪表、成分及物性检测仪表以及安全栅。

3.1　温度检测及仪表

3.1.1　温度的表示方法

1. 温度

温度是表征物体冷热程度的物理量。物体的许多物理现象和化学性质都与温度有关。石油化工生产过程随时都有能量的变换和转化。温度的测量是确保产品质量和安全生产的关键环节。

温度不能直接测量，只能借助于冷热不同的物体之间的热交换以及物体的某些物理性质随冷热程度不同而变化的特征进行间接测量。根据热平衡原理，任意两个冷热程度不同的物体相接触，必然要发生热交换现象，当两者达到热平衡状态时，两个物体温度相等。通过对其中一个物体某一物理量(如液体的体积、导体的电量等)的测量，就可以定量地得出另一物体的温度数值，这就是接触测温法。还可利用热辐射原理和光学原理等进行非接触测温。

2. 温标

温标是用来衡量温度的标准尺度，用于统一温度的量值。温标规定了读数的起点(零点)和测量温度的基本单位。各种温度计的刻度数值均由温标确定。目前国际上采用较多的温标是摄氏温标和国际温标，我国法定温度测量单位也采用这两种温标。

① 摄氏温标　是将标准大气压下水的冰点定为零度，水的沸点定为100度。在0~100间分成100等份，每一等份为1摄氏度，单位为℃。

② 华氏温标　规定在标准大气压下，纯水的冰点为32度，沸点为212度，中间划分180等份，每一等份为1华氏度，单位为℉。

③ 热力学温标　又称开氏温标，是一种纯理论性温标。它规定分子运动停止时的温度为绝对零度，它是以热力学第二定律为基础，与测温物体的任何物理性质无关的一种温标，单位为K。

④ 国际温标　是一种能够用计算公式表示的既紧密接近热力学温标，使用又简便的温标，它是一个国际协议性温标。

根据国际温标规定，热力学温度是基本温度，它规定水的三相点热力学温度(固态、液态、气态三相共存时的平衡温度)为273.16K。将比水的三相点温度低0.01K的温度值定为0℃。

3.1.2　温度的检测方法

1. 应用热膨胀原理测温

利用液体或固体受热时产生热膨胀的原理，可以制成膨胀式温度计。玻璃温度计属于液体膨胀式温度计；双金属温度计属于固体膨胀式温度计。

双金属温度计中的感温元件采用两片线膨胀系数不同的金属片叠焊在一起并将一端固定而制成。当双金属片受热后，由于两金属片的膨胀长度不同而产生弯曲，如图 1-3-1 所示。温度越高，产生的线膨胀长度差越大，引起弯曲的角度就越大。利用弯曲变形的大小不同，表示出温度的高低不同。

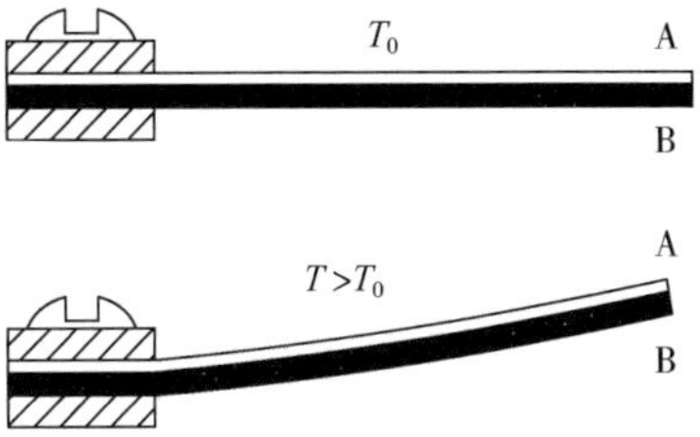

图 1-3-1　双金属温度计原理图

2. *应用压力随温度变化的原理测温*

利用封闭的气体、液体或某种液体的饱和蒸气受热时，其压力(或体积)会随着温度变化而变化的性质，可以制成压力式温度计。

一般称充以气体、液体或饱和蒸气的固定体积的容器为温包，这种温度计又称温包式温度计。

压力式温度计的测温系统是一个由温包、连接毛细管和弹簧管组成的、内部充有感温介质的封闭系统。温包受热后，所增加的压力(或体积)沿着毛细管传导到弹簧管，弹簧管的弹性变形经过传动机构使指针发生偏转，从而显示温度。

3. *应用热阻效应测温*

利用导体或半导体的电阻值随温度变化的性质，可以制成电阻式温度计。

4. *应用热电效应测温*

利用金属的热电性质，可以制成热电偶温度计。

5. *应用热辐射原理测温*

利用物体的辐射强度随温度变化的性质，可以制成辐射高温计。它是非接触测温仪表之一，由辐射感温器和其他配套的显示仪表组成。

3.1.3　测温仪表的分类

温度测量范围很广，测温元件种类很多。按工作原理分，有膨胀式、热电阻式、热电偶式和辐射式等。按测量方式分，有接触式和非接触式两类。

接触式测温可以直接测量被测物体的温度，简单、可靠、测量准确度高。测温元件与被测介质需要进行充分的热交换，会产生测温的滞后现象。受耐高温材料的限制，不能用于很高的温度测量。

非接触式测温只能测得被测物体的表观温度(光亮温度、辐射温度、比色温度等)，一般情况下，对被测物体表面发射率进行修正后才能得到真实温度。从原理上讲非接触法测温不受温度上限的限制，测温范围很广，反应速度一般也比较快。受到被测物体与仪表之间的距离及辐射通道上的烟雾、水汽、尘埃等其他介质的影响，测量准确度较低。

各种测温仪表的测温原理和基本特性见表 1-3-1。

3.1.4　热电偶温度计

热电偶温度计是以热电效应为基础，将温度变化转换为热电势变化进行温度测量的仪表。它测量准确度高，灵敏度高，稳定性和复现性较好，响应时间短，结构简单，使用方便，测温范围大，适用范围广，热电偶温度计可用于-200～1800℃范围内的温度测量，是目前使用最广泛的温度传感器。

热电偶种类繁多，可分为标准热电偶和非标准热电偶两大类。所谓标准热电偶是指国家标准规定了其热电势与温度的关系、允许误差，并有统一的标准分度表的热电偶，GB/T

16839.1—2018《热电偶 第1部分：电动势规范和允差》对R、S、B、J、T、E、K、N、C和A型10种热电偶做了规定。非标准热电偶则是在超高温、超低温等特殊测温条件下应用的热电偶。

高温热电偶适用于高温环境，最高温度可达2315℃。热电极采用铂/铑(R、S或B型)或钨/铼(G、C或D型)等材质，一般采用刚玉或耐高温合金钢材质护套，最高使用温度取决于热电极、绝缘层和护套三种材质的最高温度中的最低者。

表1-3-1 常用测温仪表的分类及性能

测量方式	仪表名称	测温原理	准确度等级范围	特点	测量范围/℃
接触式	双金属温度计	金属热膨胀变形量随温度变化	1~2.5	结构简单，读数方便，准确度较低，不能远传	-100~600 一般-80~600
	压力式温度计	气(汽)体、液体在定容条件下，压力随温度变化	1~2.5	结构简单可靠，可较远距离传送(<50m)，准确度较低，受环境温度影响大	0~600 一般0~300
	玻璃管液体温度计	液体热膨胀体积量随温度变化	0.1~2.5	结构简单，准确度高，读数不便，不能远传	-200~600 一般-100~600
	热电阻	金属或半导体电阻随温度变化	0.5~3.0	准确度高，便于远传	-258~1200 一般-200~650
	热电偶	热电效应	0.5~1.0	测温范围大，准确度高，便于远传，低温准确度差	-269~2800 一般-200~1800
非接触式	光学高温计	物体单色辐射强度及亮度随温度变化	1.0~1.5	结构简单，携带方便，不破坏对象温度场；易产生目测误差，外界反射、辐射会引起测量误差	200~3200 一般600~2400
	辐射高温计	物体辐射随温度变化	1.5	结构简单，稳定性好，光路上环境介质吸收辐射，易产生测量误差	100~3200 一般700~2000

1. 热电偶的结构

热电偶是测温元件，它由两种不同材料的导体焊接而成。焊接的一端插入被测介质中感受被测温度，称为热电偶的工作端(热端)，另一端与导线相连，称为自由端(冷端)。

为适应各种测温需要，热电偶有不同的外形。基本结构由热电极、绝缘子、保护套管和接线盒组成。

① 热电极 组成热电偶的两根热电偶丝(导体)称为热电极。热电极的直径由材料的价格、机械强度、电导率、热电偶的使用条件和测量范围等决定。贵金属热电极丝的直径一般为0.3~0.65mm，普通金属热电极一般为0.5~3.2mm。长度由安装条件及插入深度而定，一般为50~500mm，特殊情况下更长。

② 绝缘子 用于保证热电偶两极之间及热电极与保护套管之间的电气绝缘。

③ 保护套管 作用是保护热电极不受化学腐蚀和机械损伤。

④ 接线盒 热电偶接线盒的主要作用是将热电偶的参考端引出，供热电偶和导线连接。

热电偶结构类型较多，主要有普通型热电偶和铠装热电偶。铠装热电偶与普通型热电偶不同的是热电极与金属保护管之间被氧化镁材料填实，三者成为一体，经整体复合拉伸工艺加工而成的。热电偶具有一定的挠性，动态特性好，体积小。

2. 热电现象及测温原理

将两种不同的金属或半导体连接成图 1-3-2 所示的闭合电路，如果两个接点的温度不同（$T>T_0$），则在回路内会产生电动势，这种现象称为热电现象，这个电动势称为热电势，它由接触电势和温差电势两部分组成。

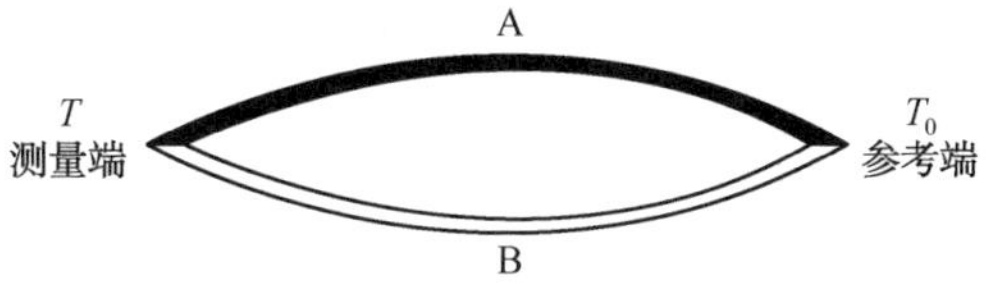

图 1-3-2　热电偶测温原理

两种不同的金属，它们的自由电子密度也不同。当两种不同的金属导体 A 和 B 接触时，在它们的交界处会形成电动势，这就是接触电势。接触电势的大小与温度高低及导体中的电子密度有关。温度越高，接触电势越大，两种导体电子密度的比值越大，接触电势也越大。

同一导体由于两端的温度不同，自由电子的密度也不同，就会在导体的两端形成电动势，这就是温差电势。温差电势的大小与导体两端的温度差及导体材料的性质有关。温差越大，温差电势就越大。

对于 A、B 两种导体构成的热电偶回路，总热电势包括两个接触电势和两个温差电势，即

$$E_{AB}(T,\ T_0)=E_{AB}(T)-E_{AB}(T_0)+E_B(T,\ T_0)+E_A(T,\ T_0)$$

式中　$E_{AB}(T)$，$E_{AB}(T_0)$——温度分别为 T 和 T_0 时，A、B 导体的接触电势，mV；

$E_A(T,\ T_0)$——A 导体两端温度分别为 T 和 T_0 时的温差电势，mV；

$E_B(T,\ T_0)$——B 导体两端温度分别为 T 和 T_0 时的温差电势，mV。

由于温差电势远小于接触电势，因此常常把它忽略不计，这样闭合回路中的总的热电势 $E_{AB}(T,\ T_0)$为

$$E_{AB}(T,\ T_0)=E_{AB}(T)-E_{AB}(T_0)$$

由此说明热电势 $E_{AB}(T,\ T_0)$等于热电偶两接点热电势的代数和。当 A、B 导体材料确定后，热电势是接点温度 T 和 T_0 的函数差。如果一端温度 T_0 保持不变，即 $E_{AB}(T_0)$为常数，则热电势 $E_{AB}(T,\ T_0)$就成为另一端温度 T 的单值函数，与热电偶的结构无关。这样，如果 T 是被测温度，那么只要测出热电势的大小，就能判断测温点的温度，这就是利用热电现象测量温度的原理。

热电偶一般都是在自由端温度为 0℃时进行分度的。因此，当自由端温度不为 0℃而为 T_0 时，则热电势与温度之间的关系为

$$E_{AB}(T,\ T_0)=E_{AB}(T,\ 0)-E_{AB}(T_0,\ 0)$$

式中，$E_{AB}(T,\ 0)$和 $E_{AB}(T_0,\ 0)$相当于热电偶的工作端温度分别为 T 和 T_0，而自由端为 0℃时产生的热电势。

3. 中间导体定律

利用热电偶测量温度时，必须用某些仪表来测量热电势的数值，而检测仪表往往会远离测温点。由于热电极本身不便于敷设，贵金属热电偶也很不经济，这时就需要将热电偶的两极延长到检测仪表或者将热电偶回路的自由端 T_0 断开，接入连接导线 C，将热电势引到检测仪表处，如图 1-3-3 所示。

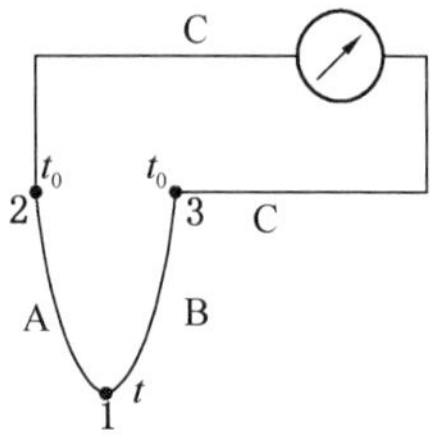

图 1-3-3 热电偶测温系统连接图

根据能量守恒原理可知：多种金属组成的闭合电路中，尽管它们的材料不同，但只要各接点温度相等，则闭合回路中的总热电势等于零。在保证引入导体的两端温度相同的前提下，同样可得

$$E_{AB}(T,\ T_0)=E_{AB}(T)-E_{AB}(T_0)$$

可见，在热电偶回路中接入第三种导体，只要保证引入导体的两端温度相同，则对原热电偶所产生的热电势数值无影响，这就是中间导体定律。

根据中间导体定律，用廉价的导体将热电偶的自由端引到检测仪表，以保证温度测量的准确性。

4. 补偿导线与冷端温度补偿

为了准确地测量温度，需要把热电偶的冷端延伸到温度比较稳定的地方。热电特性与所配用的热电偶非常接近的、为延伸测温热电偶热电极的导体，称作补偿导线。

不同热电偶所配用的补偿导线不同，补偿导线有正、负极之分。常见的热电偶补偿导线见表 1-3-2。

表 1-3-2 常用的热电偶补偿导线

型 号	热电偶分度号	线芯材料		绝缘层颜色	
		正 极	负 极	正 极	负 极
SC	S(铂铑$_{10}$-铂)	SPC(铜)	SNC(铜镍)	红	绿
KC	K(镍铬-镍硅)	KPC(铜)	KNC(康铜)	红	蓝
KX	K(镍铬-镍硅)	KPX(镍铬)	KNX(镍硅)	红	黑
EX	F(镍铬-康铜)	EPX(镍铬)	ENX(铜镍)	红	棕
JX	J(铁-康铜)	JPX(铁)	JNX(铜镍)	红	紫
TX	T(铜-康铜)	TPX(铜)	TNX(铜镍)	红	白

各种热电偶的分度表都是在冷端温度 $T_0=0$℃的条件下得到的热电势与温度之间的关系。但实际应用中冷端温度一般不是 0℃，会使测量结果产生较大的误差，必须对冷端温度的影响进行补偿。一般冷端温度补偿可以采用以下几种方法：

① 冰点法　把热电偶的冷端置于能保持温度为(0±0.02)℃，冰水两相共存的冰点槽内。冰点槽的设置条件十分苛刻，冰点法一般在实验室或热电偶标定作精密测量时使用。

② 计算修正法　在实际使用中，冷端温度不是 0℃而是 T_0时，测得热电偶回路中的热电势为 $E(T,\ T_0)$，可采用下式进行修正，即

$$E(T,\ 0)=E(T,\ T_0)+E(T_0,\ 0)$$

式中　$E(T,\ 0)$——冷端为 0℃，测量端为 T 时的热电势，mV；

$E(T,\ T_0)$——冷端为 T_0，测量端为 T 时的热电势，mV；

$E(T_0,\ 0)$——冷端为 0℃，测量端为 T_0 时的热电势，即冷端温度不为 0℃时热电势校正值，mV。

用计算补偿法来补偿冷端温度变化的影响，适用于实验室或临时测温，对于工业生产的连续测量是不实用的。

③ 仪表零点校正法　当热电偶冷端温度比较恒定，配用的显示仪表零点调整又较方便时，就可以采用调整显示仪表机械零点的方法来实现冷端温度补偿。此方法简单实用，工业生产中经常应用，不过这种方法有一定的误差，特别是当热电偶的热电势与温度关系的非线性程度严重，或者室温经常变化时，误差更大。

④ 补偿电桥法　补偿电桥法是采用不平衡电桥产生的直流毫伏信号，来补偿热电偶因冷端温度变化而引起的热电势变化，又称为冷端补偿器，这种方法补偿准确度较高。

温度变送器、温度数显仪等温度仪表，其线路本身具有自动补偿功能，不需要外加冷端温度补偿器。

5. 热电偶常见故障的分析

热电偶温度计种类多，使用范围广，结构简单，常见故障主要为温度信号发生“漂移”以及温度示值偏低。

热电偶或补偿导线发生断路时，热电偶热端的热电势就不能传送到显示仪表，使显示仪表的示值产生“漂移”。

热端温度产生的热电势减少或冷端温度产生的热电势增加，会使显示仪表的示值较实际温度值偏低。

热电偶发生轻度或中度损坏时(见表 1-3-3)，在相同温度下，产生的热电势往往偏小。

表 1-3-3　补偿导线损坏情况一览

损坏程度	从颜色观察电极		损坏程度	从颜色观察电极	
	铂铑-铂	镍铬-镍铝/镍铬-考铜		铂铑-铂	镍铬-镍铝/镍铬-考铜
轻　度	呈灰白色，有少量光泽	有白色泡沫	较严重	呈黄色，硬化	有绿色泡沫
中　度	呈乳白色，没有光泽	有黄色泡沫	严　重	呈黄色，脆，有麻面	碳化，成糟渣

热电偶的插入深度不够时，热电偶的热端所感受到的温度，就不是被测点温度，仪表的示值往往会偏低。

热电偶套管在介质的冲刷下，发生磨损，出现裂缝产生渗漏时，介质与热电偶直接接触，会加快热电偶的腐蚀、变质与损坏。有的介质会在热电偶的热端产生结垢，使得仪表示值偏低或滞后。

若导电介质渗入保护套管，使热电偶发生短路，其稳定性变差，因此仪表示值就呈现出不稳定状态。

补偿导线若发生短路，也即产生了一个新的热端，显示仪表只能显示此热端的温度，这个热端不在被测设备或管道内，所测得的温度远远小于实际温度。

冷端温度发生变化，补偿过度或补偿不力时，会产生测量误差。

当补偿导线与热电偶的正负端接反时，在接触处就会产生新的接触电势，接触电势会随着环境温度等因素变化，它会抵消热端的接触电势，使仪表示值偏低。

当热电偶与补偿导线在接线盒内接触不良，如接线松动，接触面产生氧化层等，也就相当于在热电偶的冷端产生了一个随环境温度等因素变化的新的不稳定的接触电势，这个接触电势的存在使显示仪表的示值不稳定。

3.1.5　热电阻温度计

在中低温区，一般使用热电阻温度计来测量温度。

1. 热电阻测温原理

热电阻温度计是基于金属导体或半导体电阻值与温度呈一定函数关系的原理实现温度测量的。其关系式为

$$R_T = R_0[1 + \alpha(T - T_0)]$$

式中 R_T——温度为 T 时的电阻值，Ω；

R_0——温度为 T_0(通常为 0℃)时的电阻值，Ω；

α——电阻温度系数，1/℃。

可见，温度的变化，导致了导体电阻的变化，测出电阻值就测出了相应的温度。

2. 热电阻的种类及结构

各种金属导体都可以作为热电阻材料用于温度测量，但在实际中应用最广的是铂、铜两种金属材料。用这两种金属材料制作的热电阻分别叫铂电阻和铜电阻。

铂电阻由纯铂丝绕制而成，其使用温度范围为-200～850℃。铂电阻的特点是准确度高，性能可靠，抗氧化性能好，物理化学性能稳定。最常用的铂电阻为 Pt100，它的 R_0 为 100Ω。

铜电阻一般用于-50～150℃范围的温度测量。它的特点是电阻温度系数大，电阻值与温度之间基本为线性关系，其缺点是体积较大，电阻率低，易氧化。常用的铜电阻有 Cu50 和 Cu100 两种，其 R_0 分别为 50Ω 和 100Ω。

热电阻按结构可以分成普通热电阻和铠装热电阻两大类。

普通热电阻是由电阻体、保护套管、引线和接线盒组成。电阻体就是将电阻丝双线无感缠制在绝缘骨架上，绝缘密封而成；引线用于将感温元件引到接线盒；保护套管的作用与热电偶保护套管相同。

铠装热电阻由电阻体、引线、绝缘粉末及保护套管整体拉制而成。其特点是：外形尺寸小，响应速度快，抗振，可挠，使用方便。

3. 热电阻温度计常见故障的分析

热电阻温度计的故障主要为断路和短路。

电阻体的电阻丝断路时，整个测量回路开路，显示仪表将指示最大值。

热电阻的保护套管损坏，介质进入保护套管，热电阻发生局部短路时，将引起电阻值减少，仪表示值偏低，甚至指示零下。

热电阻的引线与连接电缆接触不良时，测量回路的电阻值不稳定，导致仪表示值不稳定。

热电阻通过连接电缆采用两线制、三线制或四线制与显示仪表相连，连接电缆的故障也会使显示仪表工作不正常。

3.1.6 温度变送器

热电偶、热电阻是温度检测的一次元件，它将温度信号转换成热电势及电阻信号。温度变送器是将热电势及电阻信号转换为 4～20mA 或其他标准信号的装置。

1. 温度变送器的分类

根据安装位置的不同，温度变送器可分为盘装式温度变送器、一体化温度变送器和分体式温度变送器。根据信号处理手段的不同，可分成模拟温度变送器和智能温度变送器。

(1) 一体化温度变送器

一体化温度变送器是一种安装在测温现场的温度变送器，它可以省去补偿导线和线路电

阻的匹配，大大提高测量回路的抗干扰能力，减少了信号传递失真。一体化温度变送器的组件模块化，限压限流，温度转换模块体积小，可以安装在热电偶或热电阻的接线盒内，维护工作量很小。

一体化温度变送器有整体式温度变送器和分体式温度变送器两种。整体式温度变送器将热电偶或热电阻等测温元件和温度转换模块制成一体，直接输出4~20mA或其他标准信号。有的一体化温度变送器还包括显示表头，实现了温度传感、变送和显示一体化。分体式温度变送器可以根据需要将温度变送器和测温元件分开安装。

一体化温度变送器由测量电路、电压放大器、稳压电路、电压电流转换、非线性校正环节和反极性保护等组成。图1-3-4为一体化模拟温度变送器的原理框图。被测热电阻 *R* 或热电偶TC的电势经测量电路转换为相应的电压信号，此电压信号经过电压放大器的放大，最后经过电压电流转换，输出4~20mA直流电流信号。

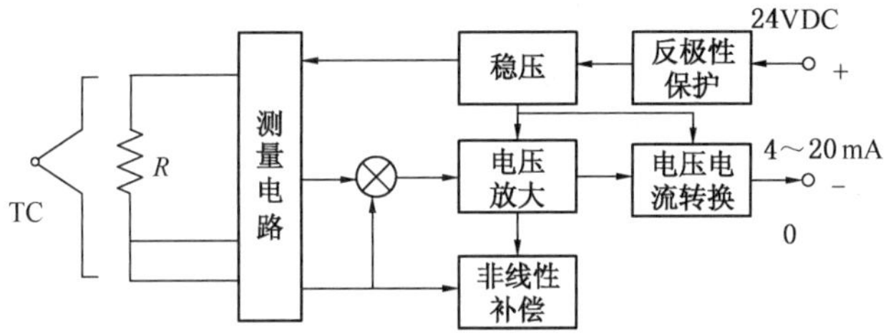

图1-3-4　一体化模拟温度变送器原理框图

被测温度与热电偶的热电势呈非线性关系，需要进行非线性补偿。补偿环节串接在电压放大器的反馈回路中，可以改变电压放大器的放大倍数。

稳压电路保证供给测量电路、放大器和转换器的电压稳定；反极性保护是一个二极管，防止电源接反后损坏仪表。

(2) 分体式温度变送器

分体式温度变送器可以和常用的各种热电偶、热电阻配合使用，将热电势或热电阻值转换成4~20mA、1~5VDC或其他标准信号输出，在石油化工生产过程中应用广泛。

分体式温度变送器的结构大体上可分为输入电路、放大电路和反馈电路，其原理如图1-3-5所示。

输入电路的功能主要是将温度检测元件的电势或电阻值转换成毫伏信号。热电偶温度变送器的输入电路主要是一个冷端温度补偿电桥，它的作用是实现热电偶冷端温度补偿和零点调整。热电阻温度变送器的输入电路具有线性化功能，用以补偿热电阻阻值变化与被测温度之间的非线性关系。

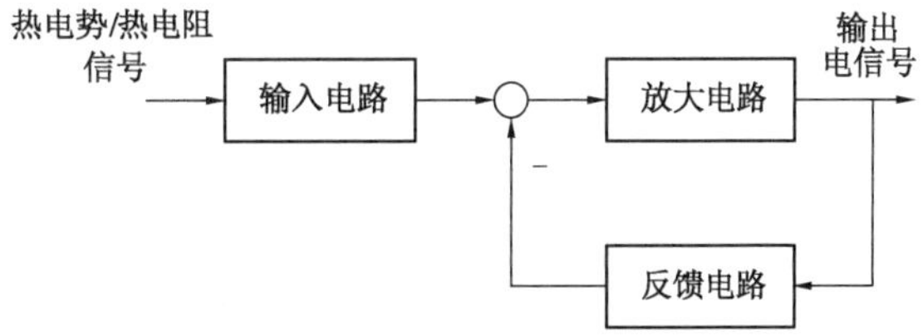

图1-3-5　分体式温度变送器原理框图

放大电路的功能是将由输入电路来的毫伏信号进行多级放大，将放大后的输出电压信号转换成具有一定负载能力的4~20mA或其他标准信号输出。

反馈电路的作用是使变送器的输出电信号与被测温度有一一对应关系。放大电路与反馈电路组成的负反馈电路，起着电压-电流转换器作用。

(3) 智能温度变送器

智能温度变送器采用微处理技术，功能更强，准确度更高，重量更轻，安装维护更方便。

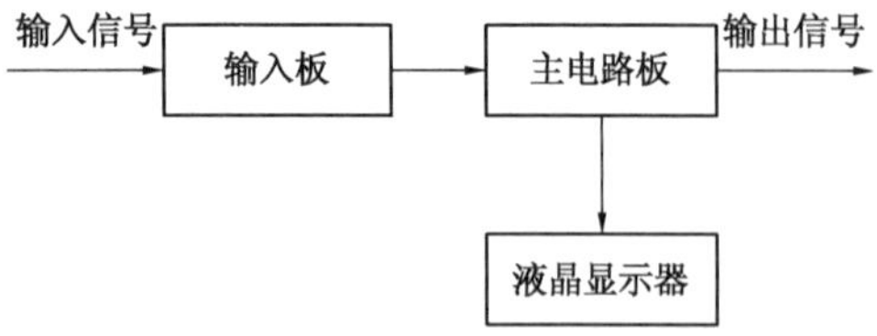

图 1-3-6 智能温度变送器基本构成框图

智能温度变送器主要由硬件和软件两部分组成，其硬件部分由输入板、主电路板和液晶显示器构成，如图 1-3-6 所示。

输入板由多路转换器、信号调理电路、A/D转换器和信号隔离部分组成，其作用是将由温度传感器来的输入信号转换成二进制的数字信号，传送到主电路板进行计算。

主电路板包括微处理器系统、通信控制器、信号整形电路、本机调整部分和电源部分。

液晶显示器用于显示主电路板中的相关数据。

软件部分由系统程序和功能模块两部分构成，系统程序使变送器的各硬件电路能够正常工作并实现所规定的功能，同时完成各组件之间的管理。功能模块给用户提供了各种功能，可以根据需要进行选择。

智能温度变送器的应用越来越广。智能温度变送器的信号传送有采用 HART 协议的，也有采用 FF 等其他协议的。

2. 温度变送器的校验

温度变送器的种类很多，校验的方法大同小异。下面为模拟温度变送器的校验方法。

(1) 热电偶温度变送器的校验

按照图 1-3-7 进行接线。其中：

E_b　标准毫伏信号发生器，准确度等级 0.2 级；

V　直流数字电压表，准确度等级 0.01 级；

mA　0~30mA 直流毫安表，准确度等级 0.1 级；

R　电阻 250Ω。

然后，按以下步骤调校：

① 检查确认接线无误，通电预热半小时。

② 根据温度变送器的量程范围查出对应的毫伏值。

③ 用标准毫伏信号发生器，给出输入信号的下限毫伏值，调整零点电位器使温度变送器的输出为 1V 或 4mA。

④ 用标准毫伏信号发生器给出输入信号的上限毫伏值，调整量程电位器，使温度变送器的输出为 5V 或 20mA。

⑤ 反复检查零点和量程，直到零点与量程的输出都在允许误差(0.5%)范围内。

⑥ 将量程范围分为五等份，即 0%、25%、50%、75%和 100%，找出相应的毫伏值，由标准毫伏信号发生器输入相应的毫伏信号，检查温度变送器的输出应为 1V、2V、3V、4V、5V 或 4mA、8mA、12mA、16mA、20mA。

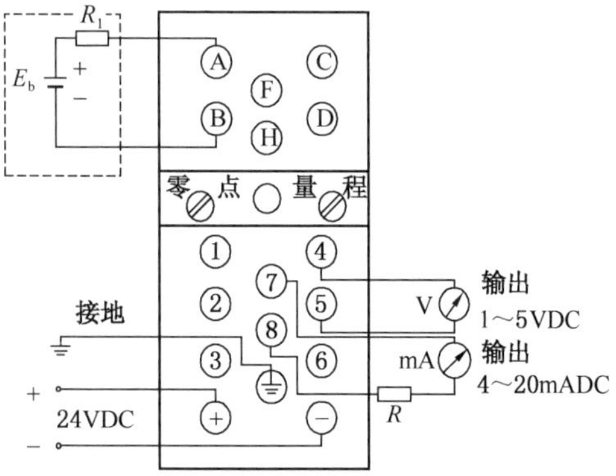

图 1-3-7 热电偶温度变送器校验接线图

⑦ 将毫伏值由小到大(即上行程)和由大到小(即下行程)变化，记录各点的输出，并计算出在各校验点的误差和变差。

⑧ 全部校验完成后，按规定填写校验记录，并断电，拆除标准仪器等。

(2) 热电阻温度变送器的校验

按照图 1-3-8 进行接线。其中：

mA　0~30mA 直流毫安表，准确度等级 0.1 级；

R_t　精密直流电阻箱，准确度等级 0.01 级；

V　直流数字电压表，准确度等级 0.01 级；

R　电阻 250Ω；

r_1、r_2、r_3　线路电阻 1Ω。

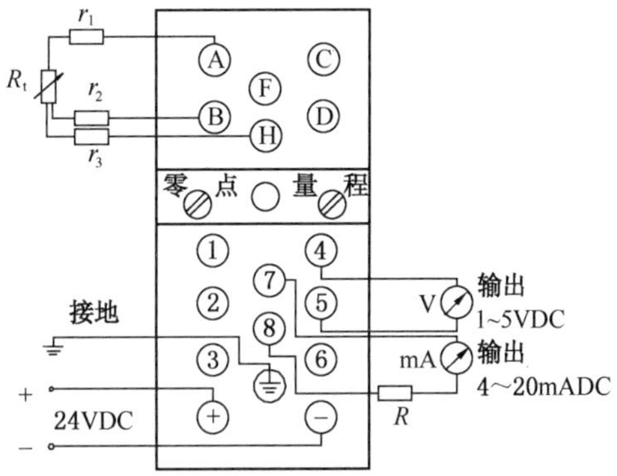

图 1-3-8　热电阻温度变送器校验接线图

热电阻温度变送器的校验步骤与热电偶温度变送器的校验基本相同，不同的是，热电阻温度变送器校验中，用电阻箱设定输入信号的上、下限电阻值，并据此调整变送器的零点和量程。

一体化温度变送器的校验比较简单，在现场进行校验时可以利用原信号电缆，从控制室供给 24V 直流电源，在变送器的信号端接入信号发生器，在输出端接入标准电流表或电压表。然后，根据温度变送器的测量范围输入相应的测量信号，读取其输出电流或输出电压。如偏差较大，可以反复调整温度变送器的零点和量程电位器，直至符合温度变送器的准确度要求。

3.2　压力检测及仪表

3.2.1　压力概念及其单位

垂直而均匀地作用在物体单位面积上的力称为压力，即

$$p = \frac{F}{S}$$

式中　p——压力，Pa；

F——垂直作用力，N；

S——受力面积，m^2。

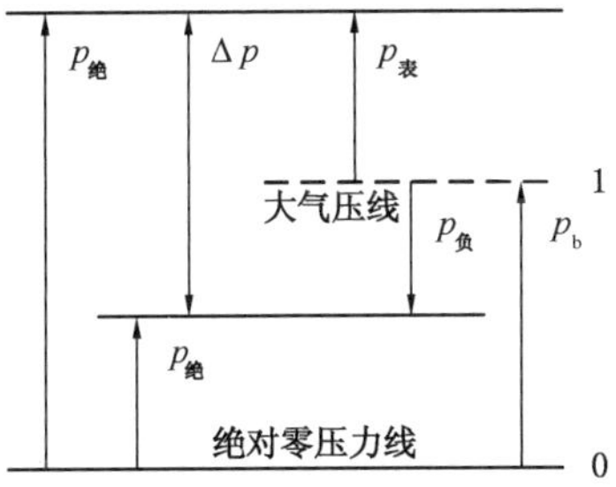

图 1-3-9　各种压力术语关系示意图

从上式可知，压力与承受力的面积成反比，而与所受的作用力成正比。

3.2.2　压力的表示方法

在工程技术中，对压力的测量有表压、绝压、差压、负压或真空度之分，其关系如图 1-3-9 所示。

① 绝压　即绝对压力 $p_{绝}$，是相对于绝对真空所测得的压力，即从完全真空的零压力开始所测得的压力。它是液体、气体或蒸汽所处空间的全部压力。

② 大气压力　就是地球表面上的空气重量所产生的压力，即围绕地球的大气层的重力对地球表面单位面积上所产生的压力。它随某一地点离海平面的高度、所处纬度和气象情况而变化。用符号 p_b 表示。

③ 标准大气压　在纬度45°海平面，当温度为0℃、重力加速度为9.80665m/s²、水银密度为13595.11kg/m³ 时，760mm 水银柱所产生的压力为101.325kPa，此压力称为标准大气压，用 $p_{标}$ 或 p_N 表示。

④ 表压 $p_{表}$　表压是高于大气压力的绝对压力与大气压力之差，是相对于大气压力的压力。一般压力仪表，若无特殊装置，其零点压力就是大气压力。所以

$$p_{绝} = p_{表} + p_b$$

工程上所用的压力指示值，大多为表压(绝对压力计的指示值除外)，即

$$p_{表} = p_{绝} - p_b$$

⑤ 负压(真空表压力)$p_{负}$　也叫真空度。当绝对压力小于大气压力时，大气压力与绝对压力之差(即比大气压力低的表压)称为负压，即

$$p_{负} = p_b - p_{绝}$$

⑥ 差压 Δp　两个压力之间的差值称为差压。

⑦ 静压　不随时间变化的压力叫静压。把每秒钟变化量小于压力计分度值1%以下或每分钟变化量小于压力计分度值5%以下的压力认为是静压。

⑧ 动压　随时间的变化超过静压所规定的限度的压力叫动压。

工程上经常用表压来表示压力的大小，除特别说明外，均指表压。

3.2.3　弹性元件

弹性元件是一种测压敏感元件，常用作仪表的基本组成元件。当测压范围不同时，所用的弹性元件也不一样，常用的弹性元件的结构如图1-3-10所示。

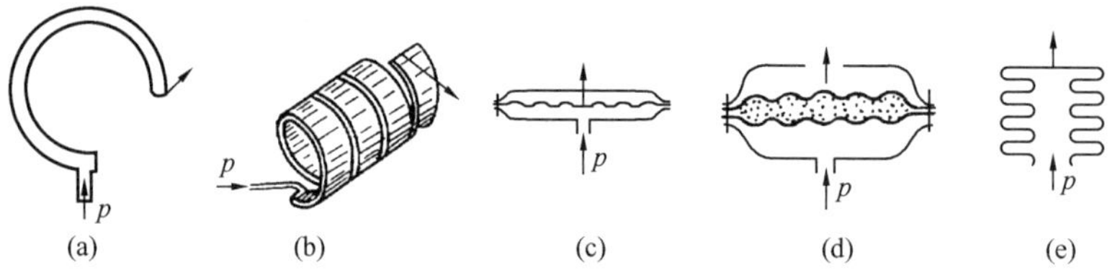

图1-3-10　弹性元件示意图

① 弹簧管式弹性元件　其测压范围较宽，可测量高达1000MPa的压力。单圈弹簧管是弯成圆弧形的金属管子，它的截面做成扁圆形或椭圆形，如图1-3-10(a)所示。当通入压力后，它的自由端就会产生位移。这种单圈弹簧管自由端位移较小，因此能测量较高的压力。为了增加自由端的位移，可以制成多圈弹簧管，如图1-3-10(b)所示。

② 薄膜式弹性元件　根据其结构不同还可以分为膜片与膜盒等。它的测压范围较弹簧管式低。图1-3-10(c)为膜片式弹性元件，它是由金属或非金属材料制成的具有弹性的一张膜片(有平膜片与波纹膜片两种形式)，在压力作用下能产生变形。有时也将两张金属膜片做成一膜盒，内充液体(例如硅油)，如图1-3-10(d)所示。

③ 波纹管式弹性元件　是一个周围为波纹状的薄壁金属筒体，如图1-3-10(e)所示。这种弹性元件易于变形，而且位移很大，常用于微压与低压的测量(一般不超过1MPa)。

3.2.4 弹簧管压力仪表

弹簧管压力仪表的测量范围广，品种规格多。根据仪表的测压元件，可分为单圈弹簧管压力仪表与多圈弹簧管压力仪表。除普通弹簧管压力仪表外，还有氨用压力仪表、氧气压力仪表等。它们的外形与结构基本上是相同的，只是所用的材料有所不同。

1. 测压原理

如图 1-3-11 所示，弹簧管 1 是压力仪表的测量元件。图中所示为单圈弹簧管，它是一根弯成 270°圆弧的椭圆截面的空心金属管。管子的自由端 B 封闭，管子的另一端固定在接头 9 上。当通入被测压力后，椭圆形截面在压力的作用下，将趋于圆形，而弯成圆弧形的弹簧管也随之产生向外挺直的扩张变形。由于变形，使弹簧管的自由端 B 产生位移。输入压力越大，产生的变形也越大。输入压力与弹簧管自由端 B 的位移成正比，只要测得 B 点的位移量，就能反映压力的大小，这就是弹簧管压力仪表的基本测量原理。

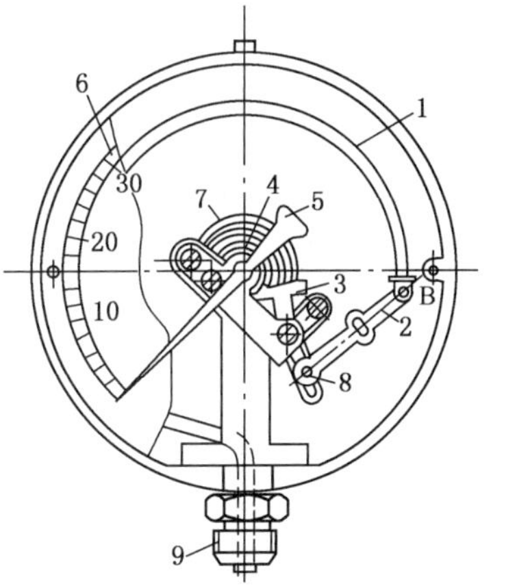

图 1-3-11 弹簧管压力仪表结构图

1—弹簧管；2—拉杆；3—扇形齿轮；4—中心齿轮；5—指针；6—面板；7—游丝；8—调整螺钉；9—接头

游丝 7 用来克服因扇形齿轮和中心齿轮间的传动间隙而产生的仪表变差。改变调整螺钉 8 的位置(即改变机械传动的放大系数)，可以调整压力仪表量程。

2. 传动放大机构

如图 1-3-11 所示，弹簧管自由端 B 的位移量一般很小，直接显示有困难，必须通过放大机构才能指示出来。具体的放大过程如下：弹簧管自由端 B 的位移通过拉杆 2 使扇形齿轮 3 做逆时针偏转，指针 5 通过同轴的中心齿轮 4 的带动而做顺时针偏转，在面板 6 的刻度标尺上显示出被测压力的数值。弹簧管自由端 B 的位移与被测压力之间具有正比关系，弹簧管压力仪表的刻度标尺是线性的。

3. 压力仪表的校验

压力仪表的校验，就是比较被校压力仪表和标准压力仪表在相同的压力作用下的指示值。所选择的标准表的绝对误差一般应小于被校表绝对误差的 1/3，它的误差可以忽略，认为标准表的读数就是真实压力的数值。被校表对于标准表的读数误差，不大于被校表的规定误差，则认为被校表合格。

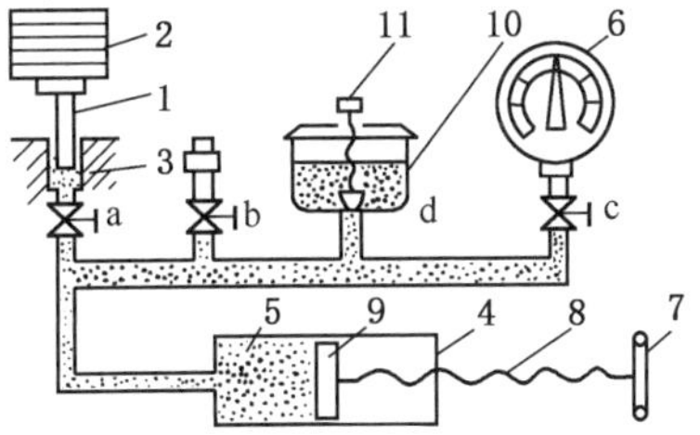

图 1-3-12 活塞式压力计

1—测量活塞；2—砝码；3—活塞柱；4—螺旋压力发生器；5—工作液；6—压力仪表；7—手轮；8—丝杠；9—工作活塞；10—油杯；11—进油阀

a、b、c—切断阀；d—进油阀

常用的校验仪器是活塞式压力计，其结构原理如图 1-3-12 所示。通过手轮 7 旋转丝杠 8，推动螺旋压力发生器 4 中的工作活塞 9 挤压工作液 5，经工作液传压给测量活塞 1。工作液一般采用洁净的变压器油等。

测量活塞 1 上端的托盘上放有砝码 2，测量活塞 1 插入活塞柱 3 内，下端承受螺旋压力发生器通过工作液传递的压力 p。当测量活塞 1 下端所受压力 p 与测量活塞 1 本身、托盘以及砝码 2 的重力相等时，测量活塞 1 将稳定在活塞柱 3 内的某一平衡位置上。这时的力平衡关系为

$$pA = W + W_1$$

$$p = \frac{1}{A}(W + W_1)$$

式中　A——测量活塞1的截面积；

W，W_1——砝码和测量活塞(包括托盘)的质量；

p——被测压力。

一般活塞截面积是知道的($A = 1\text{cm}^2$ 或 0.1cm^2)，可以计算出被测压力 p 的数值。如果把被校压力仪表6上的指示值与这一准确的标准压力值 p 相比较，便可知道被校压力仪表的误差大小。也可以在b阀上接上标准压力仪表(其准确度等级为0.35级或更高)，由压力发生器改变工作液压力，比较被校表和标准表上的指示值，完成校验。

4. 电接点压力仪表

在石油化工生产过程中，常常需要把压力控制在某一范围内，当压力低于或高于给定范围时，就会超越正常工艺条件，甚至可能发生危险。采用带有报警或控制触点的电接点信号压力仪表，能在压力偏离给定范围时，及时发出信号，以提醒操作人员注意或通过中间继电器实现压力的自动控制。

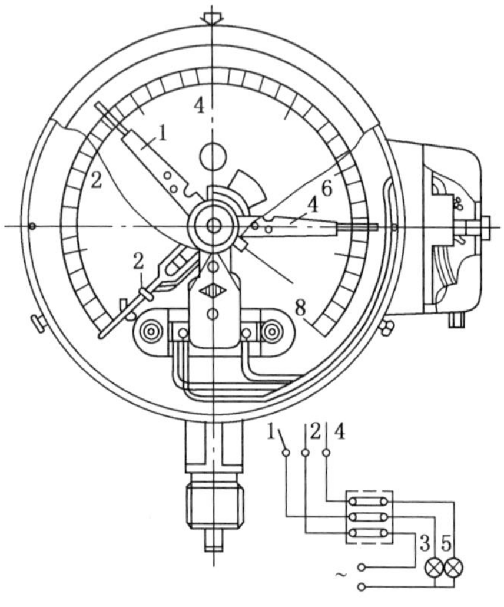

图1-3-13　电接点压力仪表

1、4—静触点；2—动触点；

3—绿色信号灯；5—红色信号灯

图1-3-13是电接点信号压力仪表的结构和工作原理示意图。压力仪表指针上有动触点2，表盘上另有两根可调节的指针，上面分别有静触点1和4。当压力超过上限给定数值(由静触点4的指针位置确定)时，动触点2和静触点4接触，红色信号灯5的电路被接通，使红灯发亮。若压力低到下限给定数值(由静触点1的指针位置确定)时，动触点2与静触点1接触，接通了绿色信号灯3的电路。静触点1、4的位置可根据需要灵活调节。

3.2.5　压力差压变送器

石油化工企业大量使用压力差压变送器，压力差压变送器在压力、液位和流量参数测量中占据重要的地位。

压力差压变送器是直接与被测介质接触的现场仪表，在高温、高压、腐蚀、振动、冲击等恶劣环境中工作。普通型压力差压变送器采用力平衡原理，结构复杂，体积较大。智能压力差压变送器以微处理器为核心、数字技术为基础，具有准确度高、可靠性高、稳定性好、量程比宽、能进行远程通信、能进行现场组态、自诊断功能以及良好的性能价格比等特点。最常见的智能压力差压变送器有美国罗斯蒙特3051系列、美国霍尼韦尔ST3000系列以及日本横河(Yokogawa)EJA系列等。

1. 电容式压力差压变送器

(1) 电容式压力差压变送器的工作原理

电容式差压变送器的结构如图1-3-14所示。变送器采用完全密封的 δ 室结构作为传感元件，无机械运动部件，可靠性高。它的结构可以有效地保护测量膜片，当差压过大并超过允许测量范围时，测量膜片将平滑地贴靠在玻璃(绝缘体)凹球面上，不易损坏，过载后的恢复特性很好，提高了过载承受能力。与力矩平衡式相比，它没有杠杆传动机构等，尺寸紧凑，密封性与抗振性好，测量准确度高。

电容式差压变送器的工作原理如图 1-3-15 所示，δ 室(膜盒)主要是由测量室(隔离膜片)、测量(传感)膜片和固定电容极板组成。测量膜片把测量室分隔成左右两个，即正压室和负压室，两室间空腔中充满填充液(一般是硅油)。被测介质的高低压力经过导压管分别引至 δ 室的正压室和负压室，作用于隔离膜片上，填充液把两隔离膜片的压力信号送到中心测量膜片上。中心测量膜片是一个张紧的弹性元件，作用在其上的两侧压力差使其产生相应变形，其变形位移与所测压力差成正比，这个位移使电容极板产生电容变化，电子线路检测到这一电容变化并放大，转换成对应的电信号(如 4~20mA 电流信号、HART 协议信号、现场总线信号)，供其他仪表使用。

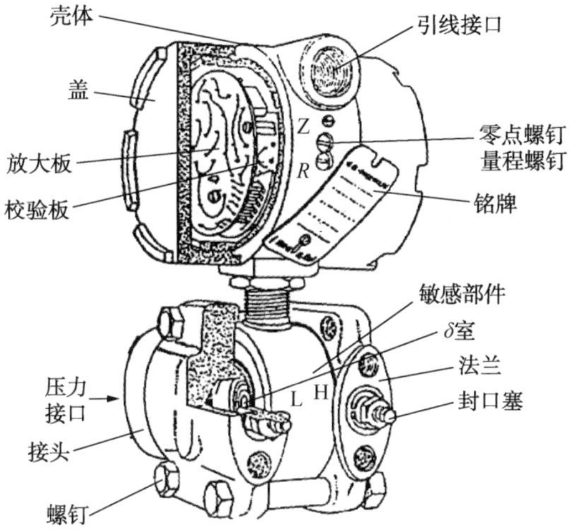

图 1-3-14　电容式差压变送器结构示意图

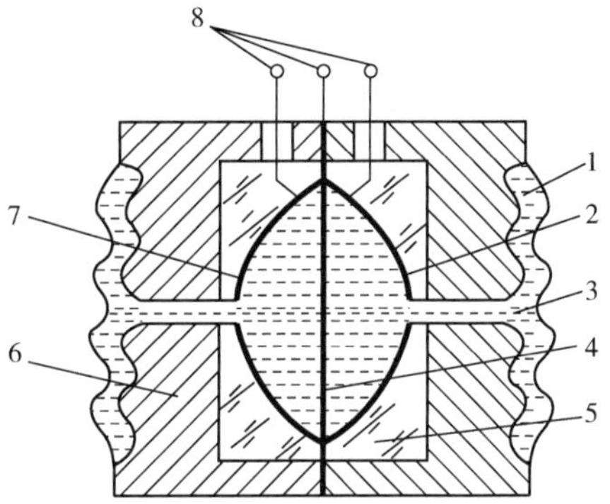

图 1-3-15　电容式差压变送器工作原理图

1—测量室；2、7—固定电极；3—填充液；
4—测量膜片；5—玻璃刚性绝缘体；
6—基座；8—引线

压力变送器的工作原理与差压变送器基本相同，不同的是压力变送器的负压室始终为常压。3051 变送器是应用较广的电容式压力差压变送器。

(2) 3051 智能差压变送器的结构与校验

3051 智能差压变送器的结构如图 1-3-16 所示，其校验分为以下三步进行：

第一步，重设量程。在所需压力下设定变送器的零点和量程。

第二步，传感器微调。调整工厂特性化曲线，补偿安装产生的影响，使变送器在特定压力范围内具有最佳性能。

第三步，模拟输出微调。调整模拟输出，使之与工厂标准或者控制回路相匹配。

实际工作中的校验分离线校验和在线校验两种情形。离线校验的主要任务是设定量程点、工程单位、输出形式及阻尼值等参数，进行传感器微调和模拟输出微调；在线校验的任务是对变送器的参数进行在线修改。

需要注意的是，智能变送器一般提供线性和平方根两种输出方式，平方根输出用于流量测量，可使变送器输出信号与流量成正比。在平方根输出方式下，必须进行小信号切除处理，以免因输入值接近零而产生极高的放大倍数。3051 智能差压变送器的小信号切除点一般选压力输入满刻度的 0.8%或流量输出满刻度的 9%处。

2. 扩散硅式差压变送器

（1）扩散硅式差压变送器的结构与原理

扩散硅式差压变送器传感器结构如图 1-3-17 所示。工艺介质经 HP 和 LP 输入口分别进入变送器的正压室和负压室，加至挠性的金属隔离膜片上，介质的压力通过隔离膜片和不可压缩的填充液传递到扩散硅传感器的正、反两面，引起扩散硅晶片形变，晶片的电阻值亦相应地变化，电阻值的变化与压差成正比。电阻值的变化由传感器芯片上的惠斯登电桥检出，经电子线路处理转换成一个对应的 4~20mA 的模拟信号输出。

由于半导体传感器（扩散硅晶片）的输入输出范围宽，变送器的量程比可做得比较大，并且准确度高、重复性好。

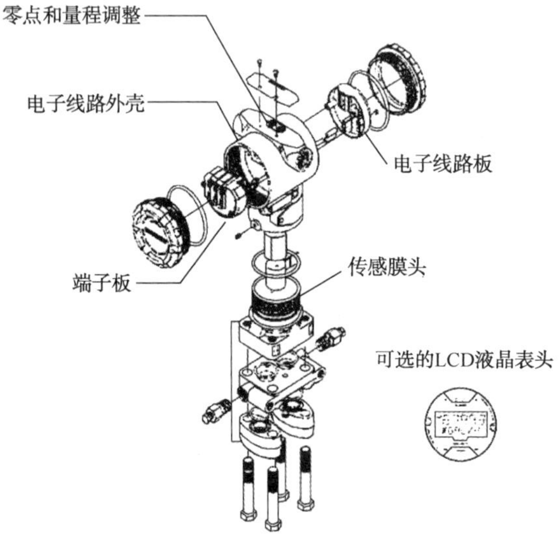

图 1-3-16　3051 智能差压变送器结构图

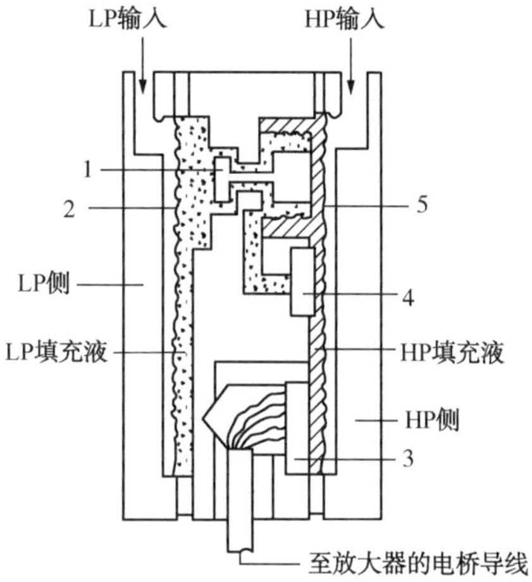

图 1-3-17　扩散硅式传感器结构图

1—超载保护装置；2、5—膜片；
3—玻璃密封体；4—扩散硅传感器

（2）ST3000 差压变送器的结构与校验

ST3000 差压变送器是典型的扩散硅式差压变送器，分解结构如图 1-3-18 所示。

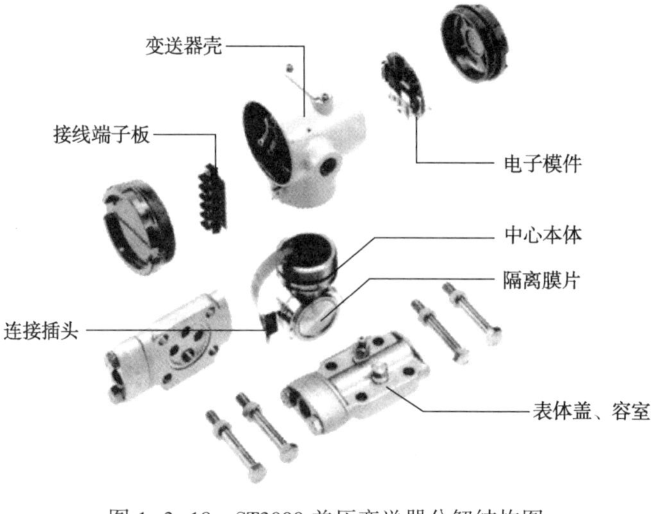

图 1-3-18　ST3000 差压变送器分解结构图

当变送器安装完毕后，在投运之前应在过程测量实际状态下对变送器进行校验。对于ST3000系列智能变送器，校验中要用到的仪器有输入信号源、电压表(包括精密电阻器)、毫安表以及霍尼韦尔智能现场通信器SFC。

校验步骤如下：

第一步，按图1-3-19所示接线完毕后，进行通信试验，确认通信器组态正确。

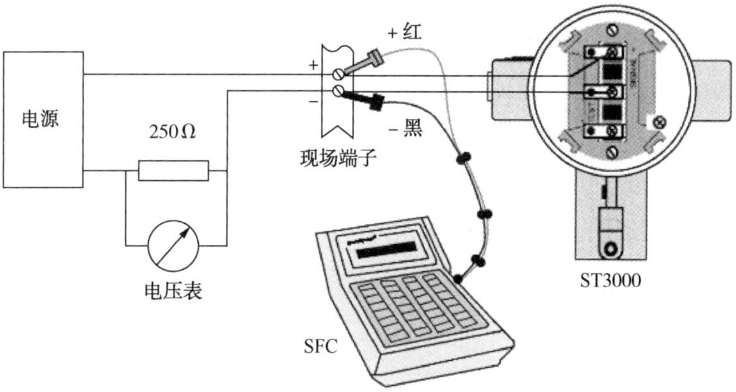

图1-3-19　ST3000智能变送器校验连接图

第二步，调整输出信号的0%点和100%点。

第三步，量程范围的设定：对于量程的上限值(URV)和下限值(LRV)的设定有键设定和输入压力设定两种。键设定指直接在SFC上键入上、下限值，输入压力设定是根据输入压力设定上、下限值。

需要注意的是，当改变LRV时，量程范围不变，URV随之改变。所以，同时改变LRV和URV应从LRV开始。

3. 振弦式差压变送器

(1) 振弦式差压变送器的结构与原理

振弦式差压变送器的基本结构如图1-3-20所示。振弦密封于保护管中，一端固定，另一端与膜片相连。低压作用在膜片1上，高压作用在膜片8上，两个膜片与基座之间充有硅油，并且经导管7相通，借助硅油传递压力并提供适当的阻尼，以防止出现振荡。硅油仅存在于膜片与基座之间，保护管6内并无硅油，对振弦的振动没有妨碍。

振弦传感器的工作原理如图1-3-21所示。振动元件是一根张紧的金属丝，称为振弦。它放置在磁场中，一端固定在支承上，另一端与测量膜片相连，并且被拉紧，具有一定的张力T，张力的大小由被测参数所决定。在差压的作用下，振弦的张力会改变，差压增大，振弦的张力增大，进而会引起振弦的振动频率变化。测得振动频率的大小，则可知被测压差的大小。

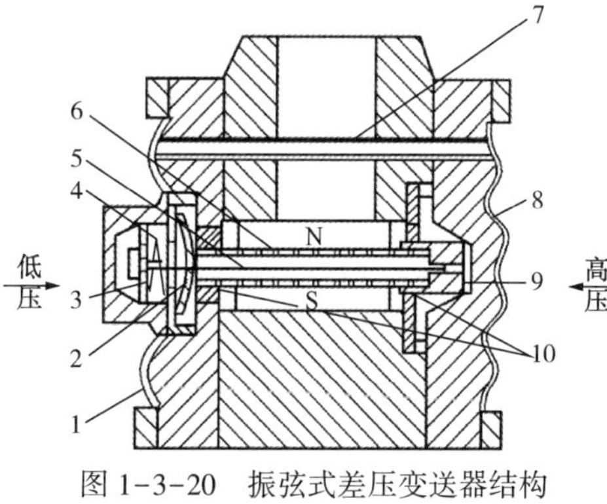

图1-3-20　振弦式差压变送器结构

1、8—膜片；2—弹簧片；3—垫圈；4—过载保护弹簧；5—振弦；6—保护管；7—导管；9—固定件；10—绝缘衬垫

由于振弦置于磁场中，在振动时会感应出

电势，感应电势的频率就是振弦的振动频率，测量感应电势的频率即可得振弦的振动频率，从而可知张力的大小。振弦式差压变送器通过振动频率反映压差值大小。

（2）EJA 差压变送器的结构与校验

EJA 差压变送器采用单晶硅谐振传感器，是利用振动检测差压的变送器。其核心部分为在一单晶硅芯片上采用微电子机械加工技术，分别在芯片表面的中心和边缘放置两个形状、大小完全一致的 H 形状的谐振梁，且处于微型真空腔中，使其既不与充灌液接触，又确保振动时不受空气阻尼影响。谐振梁结构如图 1-3-22 所示。

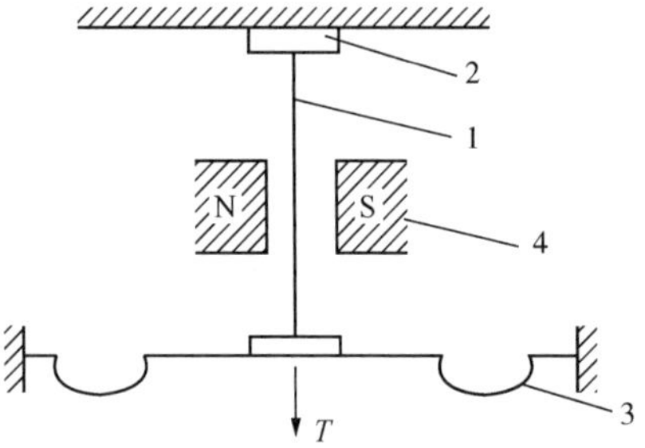

图 1-3-21　振弦传感器工作原理图

1—振弦；2—支承；

3—测量膜片；4—永久磁铁

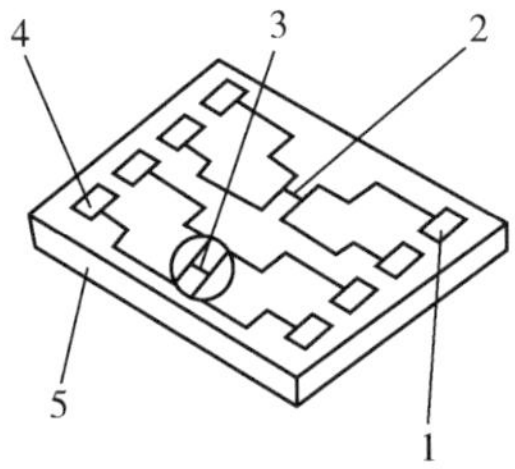

图 1-3-22　谐振梁结构

1—检测电极；2—中心谐振梁；

3—边缘谐振梁；4—激励电极；5—硅片

当硅片受到压力作用时，将产生应变和应力，两个谐振梁也伴随硅片产生相应的应力。由于在硅片上所处的位置不同，两个 H 形状的谐振梁分别感受到不同应变作用，中心谐振梁因受压缩力而频率减小，边缘谐振梁因受张力而频率增大。通过测量两个谐振梁的频率之差，即可得到被测介质的压力或差压，如图 1-3-23 所示。

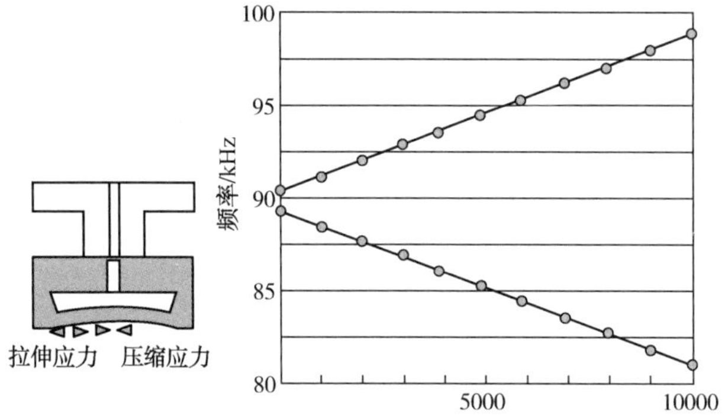

图 1-3-23　由差压形成的谐振的频率变化

图 1-3-24 为谐振梁振动原理图。硅谐振梁处于由永久磁铁提供的磁场中，通过激振线圈 A 的交变电流 i 激发 H 形硅梁振动，并由拾振线圈 B 感应后送入自动增益放大器。放大器一方面输出频率，另一方面将交流电流信号反馈给激振线圈 A，形成一个正反馈闭环自激系统，从而维持硅梁连续等幅振动。

EJA 差压变送器在短期维修或排除故障后，按下列步骤进行校验，检查仪表运行状况及准确度。

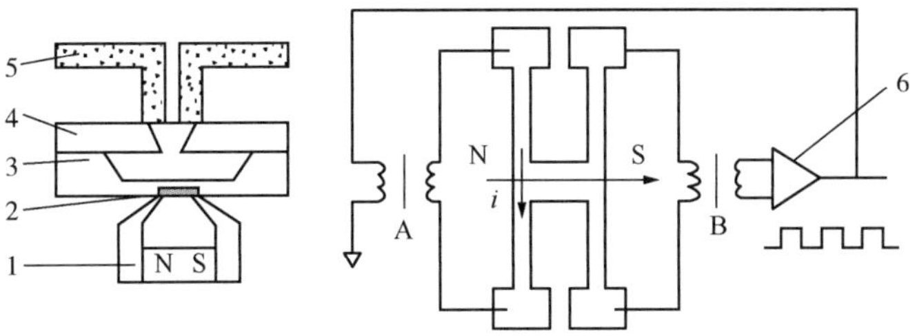

图 1-3-24　谐振梁振动原理图

1—永久磁铁；2—谐振子；3—硅膜片；4—硅基底；5—通压力部分；6—放大器；

A—激振线圈；B—拾振线圈

① 按图 1-3-25 连接好各仪表。值得注意的是，测量范围的 0%点是 0kPa 或正迁移时(正迁移后零点)，参考气压应加在高压侧，如图 1-3-25 所示(低压侧通大气)。测量范围的 0%点为负迁移时(负迁移后零点)，参考气压加在低压侧。

② 向变送器提供测量范围的 0%、50%、100%参考气压，校正误差(数字电压表读数与参考气压间误差)。将压力(差压值)由 0%增至 100%，再由 100%减至 0%，检查误差是否符合准确度要求。

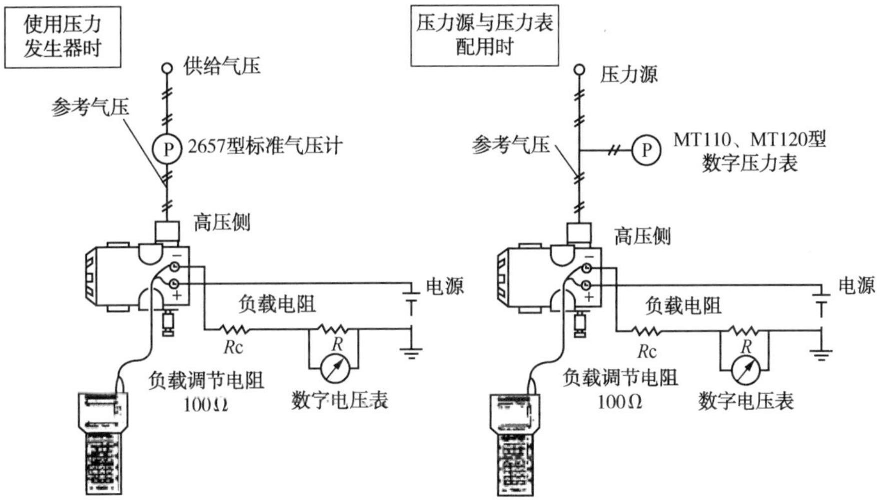

图 1-3-25　EJA 变送器校验连接图

3.3　流量检测及仪表

3.3.1　流量及流量的表示方法

单位时间内通过管道横截面的流体体积或质量称为流量，也叫瞬时流量。其表达式为

$$q_v = \frac{dV}{dt} = vA \text{ 或 } q_m = \frac{dm}{dt} = \rho vA$$

式中　q_v——体积流量，m^3/s；

q_m——质量流量，kg/s；

V——流体体积，m^3；

m——流体质量，kg；

t——时间，s；

ρ——流体密度，kg/m^3；

v——管道内平均流速，m/s；

A——管道横截面面积，m^2。

在一段时间内流过管道的流体的总和称为总量，也称累计流量。累计流量在数值上等于瞬时流量对时间的积分，其表达式为

$$Q_v = \int q_v dt \text{ 或 } Q_m = \int q_m dt$$

式中 Q_v——累计体积流量，m^3；

Q_m——累计质量流量，kg。

流量测量的方法很多，分别用于不同的场合和不同的测量目的。这些测量方法基于多种不同的测量原理，利用各种不同的输出信号变化来反映流体流量的变化。专门测量流体流量的仪表叫流量计。

根据流量计采用的物理原理，常用的流量测量仪表可分为以下几类：

① 力学原理 应用伯努利定律的差压式、浮子式；应用动量定理的可动管式、冲量式；应用牛顿第二定律的直接质量式；应用流体阻力原理的靶式；应用动量守恒原理的叶轮式；应用流体振动原理的涡街式、旋进式；应用动压原理的皮托管式、均速管式；应用分割流体体积原理的容积式等。

② 热学原理 热分布式、热散效应式和冷却效应式等。

③ 声学原理 超声式、声学式(冲击波式)等。

④ 电学原理 电磁式、电容式、电感式和电阻式等。

⑤ 光学原理 激光式和光电式等。

⑥ 原子物理原理 核磁共振式和核辐射式等。

⑦ 其他 标记法等。

3.3.2 差压式流量计

差压式流量计利用节流装置测量流体的流量。这种测量方法是石油化工应用最广泛的流量测量方法，是仪表运行、维护人员必须掌握的测量方法。

1. 测量原理

如图 1-3-26 所示，当充满管道的流体流经管道内的节流件时，流束将在节流件处形成局部收缩，因而流速增加，静压力降低。这种在节流件前后管壁处流体的静压力产生差异的现象称为节流现象。管道中流体流量越大，节流件前后产生的压差越大。

根据流体力学中的伯努利方程和流体连续性方程式可推导得出流量与压差之间的定量关系式，被称为流量基本方程式。即

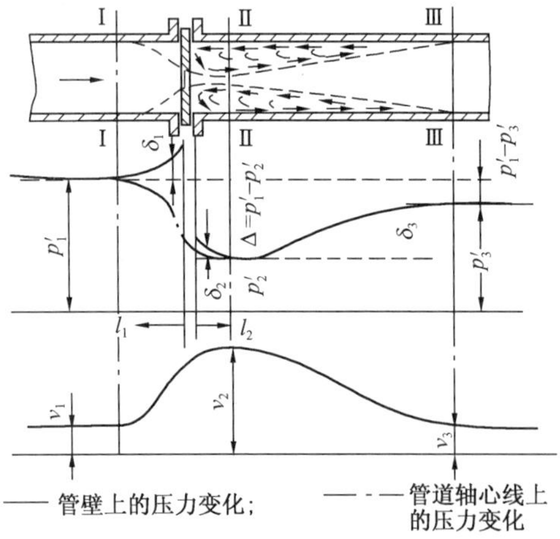

图 1-3-26 节流件附近流速和压力分布

$$q_v = C \cdot \varepsilon \cdot F\sqrt{\frac{2}{\rho}\Delta p} \text{ 或 } q_m = C \cdot \varepsilon \cdot F\sqrt{2 \cdot \rho \cdot \Delta p}$$

式中 q_v——体积流量，m^3/s；

q_m——质量流量，kg/s；

C——流量系数；

ε——膨胀系数，对不可压缩的液体来说，常取 $\varepsilon=1$；

F——节流装置的开孔截面积，m^2；

Δp——节流装置前后的压差，Pa；

ρ——节流装置前的流体密度，kg/m^3。

在流量基本方程式中，C 是一个受许多因素（如节流装置形式或管道内流体的物理性质等）影响的综合性参数，其值可通过查阅有关设计手册或由实验方法确定。在进行节流装置的设计计算时，针对特定条件，选择一个 C 值来计算，计算结果只能应用在一定条件下，一旦条件改变，就必须另行计算。例如，按小负荷情况计算的孔板，用来测量大负荷时的流体流量，就会引起较大的误差，必须加以修正。

由流量基本方程式还可以看出，流量与压差 Δp 的平方根成正比，用这种流量计测量流量时，如果不作开方处理，流量标尺刻度是不均匀的。为使标尺刻度均匀，便于读数，一般要做开方计算。

常用的节流件有孔板、喷嘴、文丘里管以及楔形节流件、V 形锥节流件等，因孔板、喷嘴、文丘里管等节流装置应用广泛，其结构、尺寸、加工要求、取压方法、使用条件等已经标准化，标准化的节流装置称为“标准节流装置”。

2. 差压式流量计分类

（1）按产生差压的作用原理分类

① 节流式　依据流体通过节流件使部分压力能转变为动能以产生差压的原理工作，如孔板流量计、文丘里管流量计等。

② 动压头式　依据动压转变成静压的原理工作，如皮托静压管流量计、均速管流量计等。

③ 水利阻力式　依据流体阻力产生差压的原理工作，如层流流量计等。

④ 离心式　依据弯曲管或环形管产生离心力原理形成的差压而工作，如弯头流量计、环形管流量计等。

⑤ 动压增益式　依据动压放大原理工作，如皮托-文丘里管流量计等。

⑥ 射流式　依据流体射流撞击产生差压的原理工作，如射流式差压流量计等。

（2）按结构形式分类

① 标准孔板　又称同心直角孔板，孔板是一块加工成圆形同心的具有锐利直角边缘开孔的薄板。标准孔板有三种取压方式：法兰、角接和径距取压。

② 标准喷嘴　标准喷嘴有两种：ISA1932 喷嘴和长径喷嘴。ISA1932 喷嘴由两段圆弧形收缩段和圆筒形段组成，其取压方式为角接取压。长径喷嘴由椭圆廓形收缩段与圆筒形段组成，其取压方式为径距取压。

③ 经典文丘里管　经典文丘里管由入口圆筒段、圆锥收缩段、圆筒形喉部和圆锥扩散段组成。经典文丘里管有三种结构形式：具有粗铸收缩段的文丘里管、具有机械加工收缩段的文丘里管和具有粗焊钢板收缩段的文丘里管。其上游取压口在收缩段前 0.5D（D 为入口段

内径)处，下游取压口在圆筒形喉部的中心(距收缩段 0.5d，d 为喉部内径)。

④ 文丘里喷嘴　文丘里喷嘴由 ISA1932 喷嘴、喉部和扩散段组成。扩散段类似文丘里管的扩散段。文丘里喷嘴上游取压口与 ISA1932 喷嘴相同，下游取压口在喉部中央。

⑤ 1/4 圆孔板　1/4 圆孔板与标准孔板的差别只在于孔口形状，它由一个与对称轴线垂直的端面 A、半径为 r 的 1/4 圆构成的入口截面以及喷嘴出口等组成。其取压方式有角接取压和法兰取压两种。

⑥ 锥形入口孔板　锥形入口孔板与标准孔板的形状类似，相当于一块倒装的标准孔板，采用角接取压法。

(3) 按用途分类

① 标准节流装置　ISO 5167：2000《用差压装置测量流体流量》或 GB/T 2624—2006《用安装在圆形截面管道中的差压装置测量满管流体流量》中所指的标准节流装置，包括孔板、喷嘴和文丘里喷嘴、文丘里管。在设计、制造、安装及使用方面皆遵循标准规定，可不必个别校准而使用。

② 低雷诺数节流装置　如 1/4 圆孔板、锥形入口孔板及双重孔板等。

③ 脏污流用装置　如圆缺孔板、偏心孔板及楔形孔板等。

④ 低压损装置　如道尔管、罗洛斯管、通用文丘里管、弯头及环形管等。

⑤ 小管径装置　如内藏孔板和一体化流量变送器等。

⑥ 宽范围度装置　如线性孔板等。

⑦ 临界流装置　如临界流文丘里喷嘴等。

3. 节流装置的取压方式

由流量基本方程式可知，节流件前后的差压p_1-p_2是计算流量的关键数据，取压方法相当重要。就孔板而言，主要有三种取压方式，分别是角接取压、法兰取压和径距取压。其中，法兰取压方式应用较多，如图 1-3-27 所示。

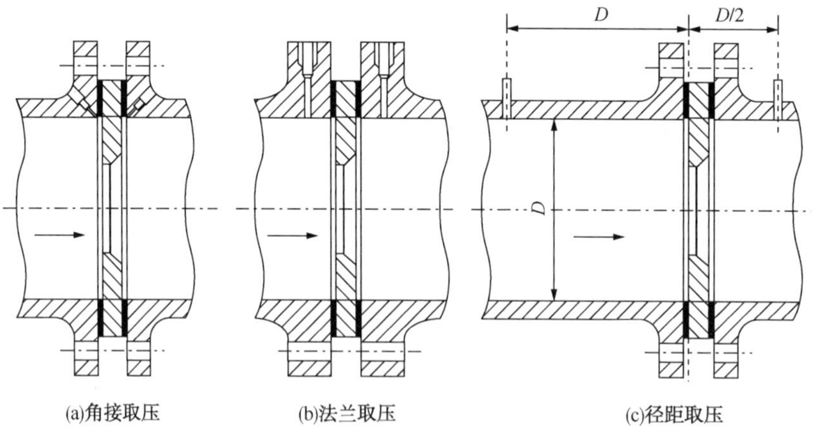

图 1-3-27　常用的取压方式

角接取压法就是在节流件前后两端面与管壁的夹角处取压。角接取压方法包括环室取压和单独钻孔取压。

环室取压法能得到较好的测量准确度，但是加工制造和安装要求严格，当由于加工和现场安装条件的限制，达不到预定的要求时，其测量准确度仍难保证。所以，在实际应用时，

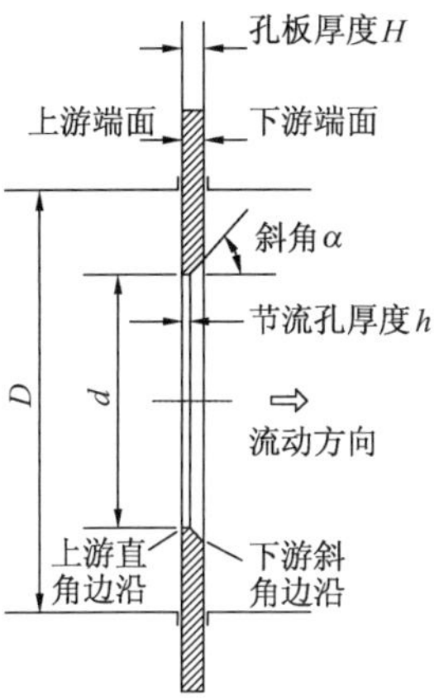

图 1-3-28　标准孔板轴向截面示意图

为了加工和安装方便，常使用单独钻孔取压，特别是对大口径管道。

法兰取压法就是在夹紧节流件的两片法兰上开孔取压。

径距取压法根据管道直径 D 确定取压位置，即上游取压孔中心至孔板上游端面的间距为 D，下游取压孔中心至孔板上游端面间距为 $D/2$。

4. 标准孔板的结构及使用

标准孔板轴向截面如图 1-3-28 所示。孔板开孔的上游侧边沿是锐利的直角。标准孔板对尺寸和公差、光洁度等都有详细规定，其中孔径与管道直径之比 d/D 在 0.2~0.8，d 不小于 12.5mm，节流孔厚度 $h=(0.005\sim0.02)D$，孔板厚度 $H<0.05D$，锥面的斜角 $\alpha=30°\sim45°$。具体数值可参阅设计手册。

标准孔板结构简单、安装方便。孔板的缺点是流体经过孔板后压力损失大，当工艺管道上不允许有较大的压力损失时，便不宜采用。标准喷嘴和标准文丘里管的压力损失较孔板小，但结构比较复杂，不易加工。实际应用中仍多采用孔板。

标准节流装置仅适用于测量管道直径大于 50mm，雷诺数在 $10^4\sim10^7$ 的流体(雷诺数为表征流体流动情况的无量纲数，用 Re 表示)，流体应当清洁，充满全部管道，不发生相变。为保证流体在节流装置前后为稳定的流动状态，在节流装置的上、下游必须配置一定长度的直管段。

节流装置将管道中流体流量的大小转换为相应的差压大小，这个差压由导压管引出，传递到相应的差压变送器，实现差压信号的远传，以便于集中显示和控制。

5. 楔形节流装置的结构及测量原理

采用楔形节流装置的流量计称为楔形流量计。楔形节流件是悬挂(镶嵌)在管道中的一块“楔”形金属块，使管道形成半“月”形流通截面。楔形节流件也叫楔形流量检测元件，一般是由两块平板按一定夹角要求焊制而成，差压在楔形检测元件两侧按某一固定距离要求引出，如图1-3-29所示。

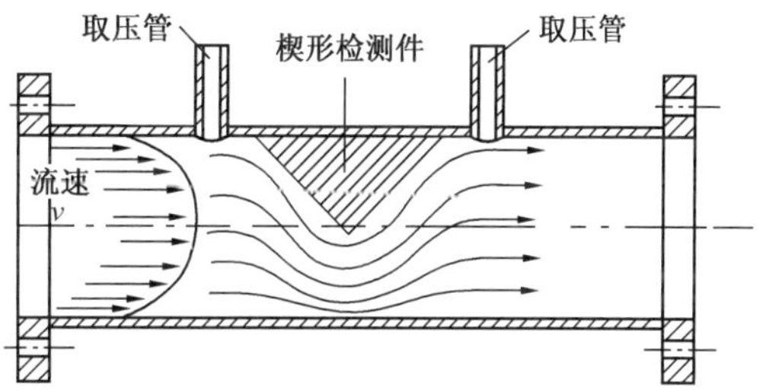

图 1-3-29　楔形流量计结构原理图

楔形流量计的流量公式为

$$q_v=\frac{C\varepsilon}{\sqrt{1-m^2}}m\frac{\pi D^2}{4}\sqrt{\frac{2\Delta p}{\rho}}$$

式中　q_v——体积流量，m^3/s；

C——流量系数；

ε——膨胀系数；

m——流通面积与管道截面积之比，即 $m=A/\left(\frac{\pi D^2}{4}\right)$，其中 A 为流通面积；

D——管道内径，m；

Δp——楔形元件前后的差压，Pa；

ρ——被测流体密度，kg/m^3。

楔形流量计具有如下特点：

① 与孔板相比，楔形流量计的压损较小。

② 楔形流量计的检测元件与孔板相比，入口边缘不锐利，使其具有良好的耐磨性，传感器使用寿命较长。

③ 楔形流量计的检测元件上游侧为倾斜的，具有导流作用，当流体中含有杂质或固体物质时，不会沉积在检测元件周围，具有自清洗作用。

④ 适用于低雷诺数流量测量，量程比较宽。雷诺数在 400～10000 之间的测量误差小于 3%。

⑤ 安装使用方便，运行成本较低。

⑥ 适用范围较广，可用于各种液体、气体和蒸汽的流量测量，特别适合于高黏度流体、含有悬浮颗粒的流体和污水的流量测量。

6. V 锥节流装置的结构与工作原理

采用 V 锥节流装置的流量计称为 V 锥流量计，如图 1-3-30 所示。V 锥节流件是一个悬挂在管道中央的具有一定锥角的尖圆锥体。流体从锥体顶部方向流入，从底部方向流出，在锥体安装处产生节流，通过锥体前后的差压来测量流量。在锥体上游流体尚未收缩处取正压 p_1，在锥体底部取负压 p_2。

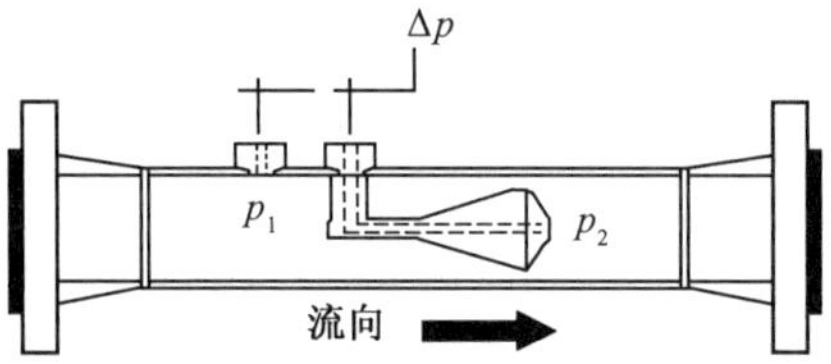

图 1-3-30　V 锥流量计结构及原理简图

V 锥流量计的流量计算公式为

$$q_v = \frac{C\varepsilon}{\sqrt{1-\beta^4}} \frac{\pi}{4} d^2 \sqrt{\frac{2\Delta p}{\rho}}$$

式中　q_v——体积流量，m^3/s；

ε——膨胀系数；

C——流量系数；

Δp——差压，$\Delta p = p_1 - p_2$，Pa；

ρ——被测介质密度，kg/m^3；

d——节流件的等效开孔直径，m；

β——直径比，V 锥流量计的等效 $\beta = \sqrt{\frac{(D^2 - d_V^2)}{D^2}} = \frac{\sqrt{(D^2 - d_V^2)}}{D}$，其中 D 表示管道内径，m；d_V 表示 V 锥的最大外径，m。

V 锥流量计具有如下特点：

① 悬挂在管道中心的锥体可以使管道中心处的流速减慢，使管壁附近的流速加快，从而改善上游速度分布，起到自整流作用，达到流速“均匀化”的效果，即使在低流速时仍能产生足够的差压，同时缩短了直管段的长度，如图 1-3-31 所示。

② 流体逐渐接近 V 锥时，管道中央流速越来越慢，管壁附近逐渐加快，没有积垢死角，易黏结的杂质不会粘在 V 锥上，具有自清洁功能。

③ 流体通过流量计时在锥面产生边界层效应，使流体不能直接冲击其下游边缘，自动保护了锥体的外形尺寸，无须重复标定，具有长期的稳定性。

④ 具有降噪功能，量程得以向低限扩展。

⑤ 与孔板相比，压力损失小，能耗小。

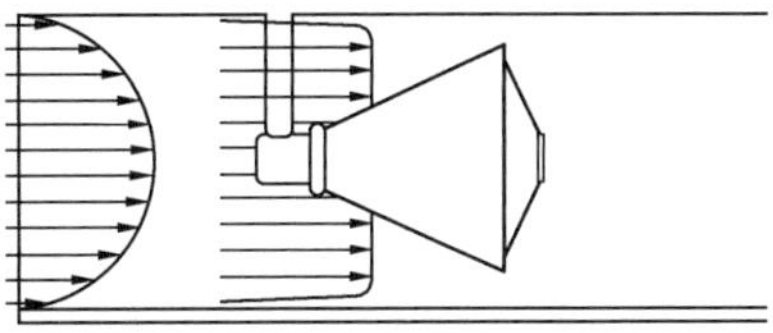

图 1-3-31　V 锥对流速自整流作用图

⑥ 适用范围广，适用于贸易计量，尤其适用于各种洁净/脏污流体、低静压/低流速流体、高温高压流体和腐蚀性流体等的测量。

⑦ V 锥流量计的缺点是尚未标准化，产品需要逐台做性能测试或检定。

7. *差压式流量计的连接*

采用节流元件的差压式流量计，为了准确地测量差压，除了正确安装节流件和取压装置外，还要正确安装导压管。如果导压管安装不正确，即使选用了高准确度的差压变送器，也测不到准确的差压值，影响节流装置的运行。敷设导压管的总原则是：应使所传送的差压信号不因管路而发生额外误差，能保证节流装置的安全运行。差压式流量计与节流元件的连接如图 1-3-32 所示。

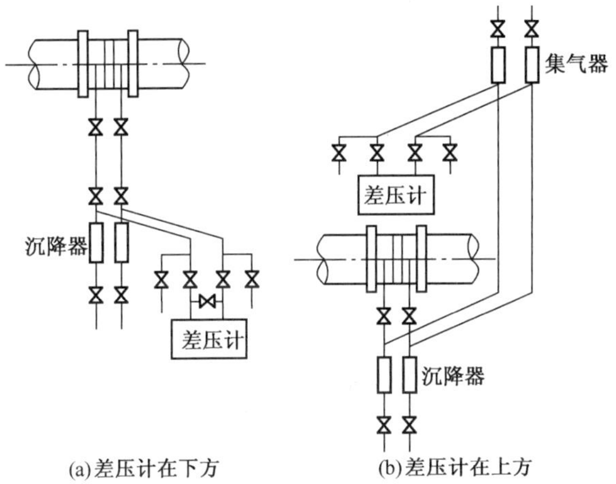

图 1-3-32　差压式流量计与节流元件连接示意图

敷设导压管时，应注意：

① 导压管应按最短距离敷设。导压管越长，其内径应越大。对于清洁的气体、水蒸气和水，内径可小一些，而对于黏性流体，尤其是脏污介质，导压管内径应大一些。

② 导压管应垂直或倾斜安装，以便能及时排出气体(测量液体介质时)或凝液(测量气体介质时)。当传送距离较大时，导压管应分段倾斜，并在各最高点和最低点分别装设集气器(或排气阀)和沉降器(或排污阀)。

③ 导压管应带有阀门等必要的附件，以便能在主设备运行的条件下冲洗导压管、现场调试差压计以及在导压管发生故障时与主设备隔离。

④ 应能防止有害物质(如高温介质、腐蚀性介质等)进入差压计。在测量高温蒸气时使用冷凝器，在测量腐蚀性介质时使用隔离容器。如果导压管中介质有凝固和冻结的可能，应沿导压管设置保温或加热装置，并注意防止导压管加热不均或局部汽化造成的误差。

⑤ 被测介质为液体时，应防止气体进入导压管；被测介质为气体时，应防止液体或脏污物进入导压管。

将差压计的引压管线上的阀及正负压室间的平衡阀制造成专门的阀门组件，这就是实际应用中的三阀组或五阀组，如图 1-3-32(a)所示。

8. *差压式流量计的投运*

差压式流量计的投运主要是三阀组或五阀组的操作，以三阀组为例，一般情况下的操作顺序如下：

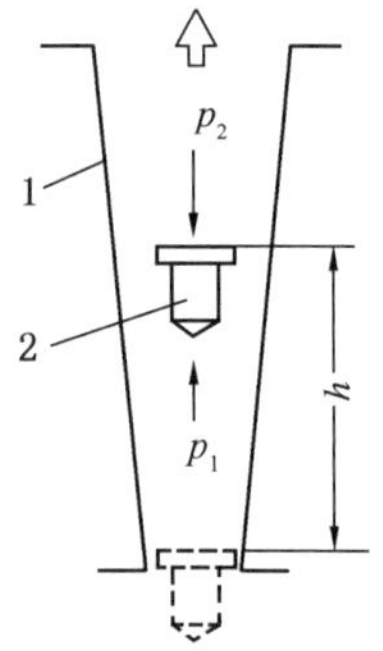

图 1-3-33 转子流量计工作原理
1—锥管；2—转子

① 打开平衡阀；

② 打开一次阀(如孔板根部阀)；

③ 缓慢打开正压阀，同时关闭平衡阀；

④ 打开负压阀。

差压式流量计投运操作完成。

如果需要停运，其仪表三阀组操作的顺序与上述相反。

差压式流量计投运时应注意不能让导压管和冷凝罐内的冷凝液或隔离液流失；不可使测量元件(膜盒或波纹管)受热或单向受压。

3.3.3 转子流量计

转子流量计的工作原理如图 1-3-33 所示。它是由一段向上扩大的圆锥形管子 1 和密度大于被测流体密度能随被测介质流量大小而做上下浮动的转子(又称浮子)2 组成。流体由锥管下方进入，穿过转子与锥管壁之间的圆环形空隙，从上方流出。转子就是一个节流元件，环形空隙就相当于节流流通面积。由节流原理可知：流体流经环形空隙时，因为流通面积突然变小，流体受到了节流作用，转子前后的流体静压力就产生了 $\Delta p=p_1-p_2$ 的压力差，在 Δp 的作用下，转子受到一个向上的推力作用，使之上浮；同时，转子还受到一个向下的力(自身重力与介质浮力之差)的作用，使之下沉。当二者达到平衡时，转子就稳定在某一高度(位置)上。转子在锥管中的高度和通过的流量有对应关系。

体积流量 q_v 的基本方程式为

$$q_v = C\varepsilon F\sqrt{\frac{2gV_f(\rho_f-\rho)}{\rho A_f}}$$

式中 q_v——体积流量，m^3/s；

C——仪表的流量系数，因转子形状而异；

ε——气体膨胀系数，对不可压缩的液体来说，常取 $\varepsilon=1$；

F——节流装置的开孔截面积，m^2；

g——当地重力加速度，m/s^2；

V_f——转子体积，如有延伸体亦应包括，m^3；

ρ_f——转子材料密度，kg/m^3；

ρ——被测流体密度，如为气体是在转子上游横截面上的密度，kg/m^3；

A_f——转子工作直径(最大直径)处的横截面积，m^2。

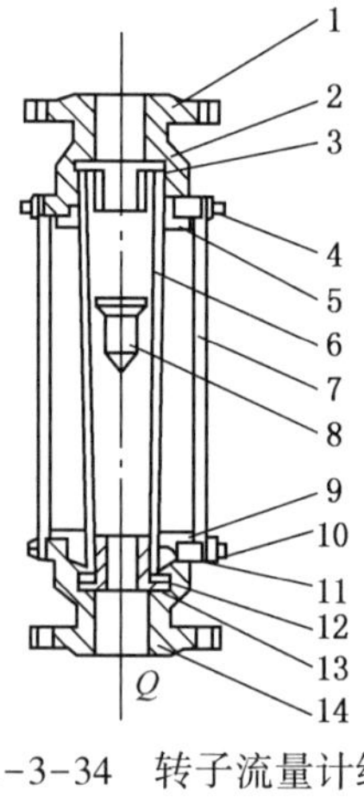

图 1-3-34 转子流量计结构
1—上基座；2—上止挡；3、12—O 形垫圈；4—环形垫圈；5—上压紧密封盖；6—锥管；7—支板；8—转子；9—下压紧密封盖；10—支板螺栓；11—球形垫圈；13—下止挡；14—下基座

转子流量计的结构如图 1-3-34 所示，除转子与锥管外，还装有支柱或护板等保护性零部件。为使转子不致卡死在锥管内，常在下部设有转子座，上部设有限制器。为使转子能在锥管中心自由、灵活地上下浮动，避免与管壁摩擦影响测量准确度，一般采取两个办法：一是在转子圆盘边缘上开有一条条斜的流道，流体自下而上流过转子时，使转子不断旋转，就可保持转子处于锥管中心位置；二是在锥管中心装上一根导向杆，使它穿过转子中心，转子就只能沿导向杆在锥管中心上下浮动。

3.3.4 旋涡流量计

旋涡流量计是一种应用流体振荡原理测量流量的流量计。在特定的流动条件下，一部分流体动能转化为流体振动，其振动频率与流速(流量)有确定的比例关系，依据这种原理工作的流量计称为流体振动流量计。目前应用较多的流体振动流量计有两类：涡街流量计和旋进旋涡流量计。

1. 涡街流量计测量原理

涡街流量计是利用流体力学中卡门涡街的原理制成的。在流动的流体中插入一个非流线型柱状物(如圆柱体、三角柱体、矩形柱体、六面柱体等，以下简称旋涡发生体)，则在旋涡发生体下游会产生两列不对称且有规律的旋涡，如图 1-3-35 所示。该旋涡在柱体的侧后方产生、分开，形成旋涡列，通常称为卡门涡街或卡门涡列。

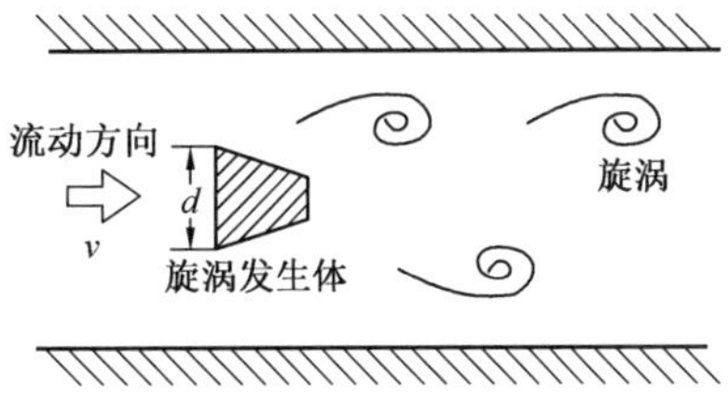

图 1-3-35 旋涡发生原理图

由于旋涡之间相互影响，旋涡列一般是不稳定的，但卡门从理论上证明了当两旋涡列之间的距离和同列的两个旋涡之间的距离之比为 0.281 时，非对称的旋涡列就能保持稳定。此时，有下述关系

$$f = Stv/d$$

式中 f——旋涡发生频率，Hz；

St——斯特劳哈尔数；

v——流体的流速，m/s；

d——旋涡发生体迎流面宽度，m。

上式表明，在旋涡发生体宽度 d 和斯特劳哈尔数 St 为定值时，旋涡发生的频率 f 与流体的平均流速 v 成正比，而与流体的温度、压力、密度、成分、黏度等无关。

涡街流量计有以下不同的分类方式：

① 按传感器连接方式：法兰连接型和对夹安装型。

② 按检测方式：热敏式、应力式、应变式、超声式、电容式、振动体式等。

③ 按用途：普通型、防爆型、高温型、耐腐蚀型、低温型等。

涡街流量计的传感器结构由四部分组成：旋涡发生体、旋涡检出器、转换器和仪表表体。

旋涡发生体可分为单旋涡发生体和多旋涡发生体两大类。单旋涡发生体是最常用的结构，它由圆形、矩形和三角形等组成，也可由这些基本型组成复合型。多旋涡发生体则由单旋涡发生体组合，它对提高涡街强度、稳定性及降低下限雷诺数有一定作用。

旋涡检出器有 5 种检测旋涡的方式：用设置在旋涡发生体内的检测元件直接检测发生体两侧的差压；在旋涡发生体上开设导压孔，在导压孔中装检测元件，检测发生体两侧的差压；检测旋涡发生体周围的交变环流；检测旋涡发生体背面交变的差压；检测尾流中的旋涡列。

转换器把涡街信号转换成电信号，信号需经放大、滤波、整形等处理得到与流量成比例的脉冲信号，同时转换成 4~20mA 标准模拟信号。

仪表表体依据使用的压力、温度及流体性质(腐蚀性)确定结构及材料，其对测量准确度有重要的影响。它与前后测量管组成一个测量系统。

涡街流量计有如下主要特点：

① 结构简单牢固，安装维护方便。

② 适用流体种类多，液、气、蒸汽及部分混相流皆可应用。

③ 准确度较高，一般可达±1%。

④ 测量范围宽，可达 10 : 1 或 20 : 1，甚至更大。

⑤ 压损小(为孔板流量计的 1/3~1/2)。

⑥ 输出与流量成正比的脉冲信号，适于总量计量，无零点漂移。

⑦ 在一定雷诺数范围内，输出信号不受流体物性(密度、黏度)及组分的影响，仪表系数仅与旋涡发生体形状及尺寸有关，可以在一种典型介质中校准，用于各种介质。

⑧ 价格适中，在新型流量计中是属于价格便宜的仪表。

⑨ 不适于低雷诺数($Re \leqslant 2\times10^4$)测量，对高黏度、低流速、小口径的使用有局限性。

2. 旋进旋涡流量计测量原理

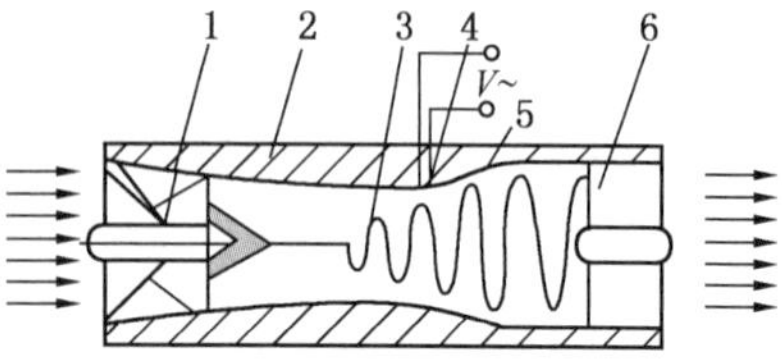

图 1-3-36 旋进旋涡流量计测量原理

1—螺旋叶片；2—文丘里收缩段；3—旋涡；4—热敏电阻；5—扩大段；6—导直叶片

图 1-3-36 为旋进旋涡流量计的测量原理图。流经旋进旋涡流量计的流体，流过一组螺旋叶片后被强制旋转，形成旋涡。旋涡的中心速度很高，称为涡核，它的外围是环流。在文丘里收缩段，涡核与流量计的轴线相一致。当进入扩大段后，涡核就围绕着流量计的轴做螺旋状进动。该进动是贴近扩大段的壁面进行的，进动频率和流体的体积流量成比例。涡核的频率通过热敏电阻来检测。热敏电阻由检测放大器供给电流加热，使热敏电阻的温度始终高于流体的温度，每当涡核经过热敏电阻一次，热敏电阻就被冷却一次。热敏电阻的温度随着涡核的进动频率而做周期性的变化，该变化又促使热敏电阻的阻值也做周期性变化。这一阻值变化经检测放大器处理后转换成电压信号，即可获得与体积流量成比例的电脉冲信号传送到显示仪表，以实现瞬时流量的指示和总量的计算。

与涡街流量计相比，旋进旋涡流量计压力损失大得多，为涡街流量计的 4~5 倍；旋进旋涡流量计抗来流干扰能力强，即所需直管段长度要比涡街流量计短得多，一般上游侧取 5*D*(*D* 为管道内径)，下游侧取 1*D* 即可。

3. 旋涡频率的检测方法

旋涡流量计可采用不同的检测方式及检测元件，如表 1-3-4 所示。

表 1-3-4 旋涡频率的检测方法

检测对象	检 测 方 式	检测元件
流速变化	发热元件受旋涡作用而引起的温度变化	热线或热敏电阻
	音速变化	超声波
压力变化	压差产生力的变化	膜片+压电元件
		膜片+电容
	位移	膜片+电感
		球+电感
	旋涡发生体产生变形	应变测量
	旋涡发生体产生应力	压电元件

热敏电阻和热线是旋涡流量计出现以来最早使用的检测元件。这种检测元件的缺点是当检测元件被流体污染后，检测灵敏度会降低，甚至无信号输出；热线机械强度很低；热敏电阻存在热滞后。另外，该检测元件的频率响应范围小，使流量计的测量范围较窄。虽然信号处理电路简单，但由于存在上述缺点，目前很少使用。

利用超声波作为检测元件的旋涡流量计，是将超声波发射源和超声波接收器按一定位置安装在壳体或管道上，当旋涡通过超声波射线束时，接收器接收到的超声波线束速度发生变化，检出速度变化的频率作为旋涡的频率信号，通过电子线路处理后输出能够远传的信号。由于结构复杂，没有被广泛应用。

以膜片+电容、膜片+压电元件作为检测元件的旋涡流量计，通过旋涡产生交变压力差作用于膜片上，使其电容量发生变化或压电元件的诱导电荷量发生变化，其变化的频率取决于旋涡的频率，通过电子线路处理后输出。利用这种检测元件的旋涡发生体工艺结构比较复杂，放置检测元件的部位机械强度差，在使用过程中容易损坏。

以膜片+电感、球+电感作为检测元件的旋涡流量计，通过导压孔将旋涡产生的压力变化传递到膜片或球的上下方，旋涡的交替产生使膜片或球沿上下方向移动，通过电感元件产生交变的感应电动势，其交变频率即为旋涡的频率，通过电子线路放大后输出电脉冲信号。

旋涡流量计的缺点是：当安装流量计的管道振动时，膜片或球均产生位移，将使流量计输出噪声信号，膜片在测量气体、液体时不能通用，且膜片或球的寿命极短，通常使用几个月就要更换膜片或球。

压电元件作为检测元件应用到旋涡流量计上已越来越广泛，尤其是应用应力检测方式。其特点是结构简单，如能把检测元件密封安装在旋涡发生体内部，则检测元件不接触被测流体，目前采用压电元件作为检测元件的旋涡流量计，其封装方式和结构各有不同。

3.3.5 椭圆齿轮流量计

椭圆齿轮式流量计的工作原理如图 1-3-37 所示。两个椭圆齿轮具有相互滚动进行接触旋转的特殊形状。p_1 和 p_2 分别表示入口压力和出口压力，由于 $p_1>p_2$，下方齿轮在两侧压力差的作用下，产生的合力矩使其逆时针方向旋转，为主动轮；上方齿轮因合力矩为 0，不产生旋转力矩，是从动轮，由下方齿轮带动，顺时针方向旋转，如图 1-3-37(a)。在图 1-3-37(b)位置时，两个齿轮均在差压作用下产生旋转力矩，继续旋转。旋转到图 1-3-37(c)位置时，上方齿轮变为主动轮，下方齿轮则成为从动轮。继续旋转，直到与图 1-3-37(a)相同位置，完成一个循环。一次循环动作排出四个由齿轮与壳壁间围成的新月形空腔的流体体积，该体积称作流量计的“循环体积”。

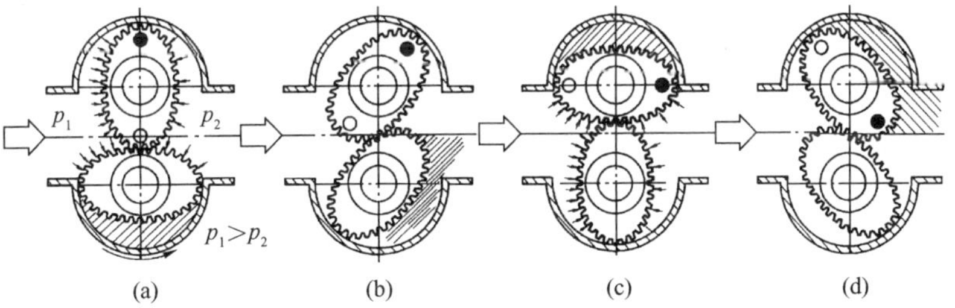

图 1-3-37　椭圆齿轮流量计工作原理

若流量计的“循环体积”为 V，一定时间内齿轮转动次数为 n，则在该时间内流过流量计的流体体积为 q_v，则 $q_v=nV$。

椭圆齿轮流量计的结构分为计量、密封连接和表头三个部分。

① 计量部分　一般由计量室(常设计在壳体上)、椭圆齿轮和计量室盖组成。这三者之间构成的几何空间就决定了该椭圆齿轮流量计的基本排量。因此，计量部分的设计、加工和装配，都要求较高。

② 密封连接部分　其作用是既要将椭圆齿轮的转动传给表头，又要防止流体进入表头。常用的密封连接机构有两种：一种是出轴密封机构；另一种是磁钢连接机构。前者转动阻力

矩较大，只适合于大口径流量计用。后者转动阻力矩较小，适合于中、小口径流量计用。

③ 表头　采用机械式或电子式的计算机构，计算流经仪表的流体总量及瞬时流量，并通过信号转换器实现流量信号的远距传输，供显示仪表或计算机系统使用。

对于口径小于 10mm 的微小流量椭圆齿轮流量计，常采用将磁钢埋在齿轮内与装在盖板上的“干簧管”或“霍尔开关”等磁感应装置，直接组成一个信号发讯器，将代表单位体积流量的脉冲信号传输给显示仪表进行流量计算。

3.3.6　超声波流量计

1. 超声波流量计测量原理

超声波流量计按测量原理分类，有时差法、多普勒效应法、波束偏移法、相关法和噪声法。目前用得最多的是前两种，其检测原理分别如下：

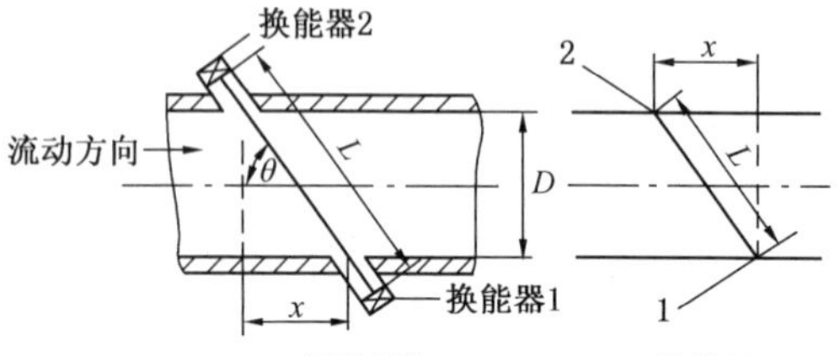

(a) 原理结构　(b) 简化图

图 1-3-38　时差法超声波流量计原理

(1) 时差法

声波在流体中传播，顺流方向声波传播速度会增大，逆流方向则减小，同一传播距离就有不同的传播时间。利用传播速度之差与被测流体流速之关系求取流速，称为时差法。

如图 1-3-38 所示，超声波逆流从换能器 1 送到换能器 2 的传播速度被流体流速 v_m 减慢，反之，超声波顺流从换能器 2 传送到换能器 1 的传播速度则被流体流速加快，据此可推导出

$$v_m = 1/2x(1/t_{21} - 1/t_{12})$$

式中　v_m——流体通过换能器 1、2 之间声道上线平均流速，m/s；

x——传播路径的轴向分量，m；

t_{12}，t_{21}——从换能器 1 到换能器 2 和从换能器 2 到换能器 1 的传播时间，s。

时差法所测量和计算的流速是声道上的线平均流速，而计算流量所需是流通横截面的面平均流速，二者的数值是不同的，其差异取决于流速分布状况，必须用一定的方法对流速分布进行补偿。对于夹装式换能器仪表，还必须对折射角受温度变化进行补偿，才能精确地测得流量。体积流量

$$q_v = \frac{v_m}{K}\frac{\pi D^2}{4}$$

式中　K——流速分布修正系数，即声道上线平均流速 v_m 和面平均流速 v 之比，$K=v_m/v$；

D——管道内径，m。

K 是单声道通过管道中心(即管轴对称流场的最大流速处)的流速(分布)修正系数。它随管道雷诺数的变化而变化，所以要精确测量时，必须对 K 值进行动态自行补偿。

(2) 多普勒(效应)法

多普勒(效应)法超声波流量计利用移动源所发射声波产生多普勒频移现象来测量流量。

如图 1-3-39 所示，发射换能器向流体发出频率为 f_0 的连续超声波，经照射域内液体中散射体悬浮颗粒或气泡散射，散射的超声波产生多普勒频移，接收换能器收到频率为 f_1 的超声波。可推导得出

$$q_v = \frac{\pi D^2 v}{8K\cos\theta} \cdot \frac{f_0 - f_1}{f_0}$$

式中 q_v——体积流量，m^3/s；

D——管道内径，m；

K——流速分布修正系数；

v——超声波在流体中的速度，m/s；

θ——超声波传播方向与流体流动方向的夹角；

f_0——发出的超声波频率，1/s；

f_1——接收到的超声波频率，1/s。

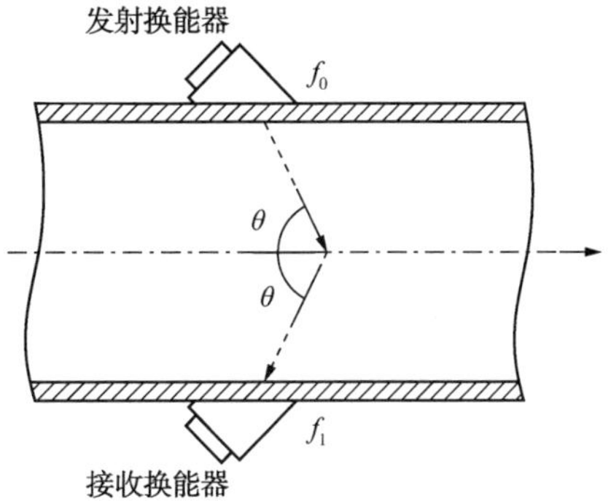

图 1-3-39　多普勒法超声波流量计原理

2. 超声波流量计的特点

超声波流量计有以下优点：

① 超声波流量计可作非接触测量。外夹式换能器超声波流量计无须停流截管，安装维护方便，这是超声波流量计在工业用流量仪表中的独特优点，可用作非固定安装的便携测量，适用于流量的在线标定和巡检测量。

② 该流量计为无流动阻挠测量，无额外压力损失。

③ 流量计的仪表系数是可通过实际测量管道及声道等几何尺寸计算求得的，一般不需做实流校验。

④ 适用于大型圆形管道和矩形管道，且原理上不受管径限制，其造价基本上与管径无关。

⑤ 多普勒超声波流量计可测量固相含量较多或含有气泡的液体。

⑥ 可测量非导电性液体，在无阻挠流量测量方面是对电磁流量计的一种补充。

⑦ 某些时差法超声波流量计附有测量声波传播时间的功能，即可测量液体声速以判断所测液体类别。例如，油船泵送油品上岸，可核查所测量的是油品还是仓底水。

超声波流量计有以下缺点：

① 时差法超声波流量计只能用于清洁液体和气体，不能测量悬浮颗粒和气泡超过某一范围的液体；多普勒法超声波流量计只能用于测量含有一定异相的液体。

② 外夹式换能器的超声波流量计，不能用于带衬里或结垢太厚的管道，不能用于衬里(或锈层)与内管壁剥离(若夹层夹有气体会严重衰减超声信号)或锈蚀严重(改变超声传播路径)的管道。

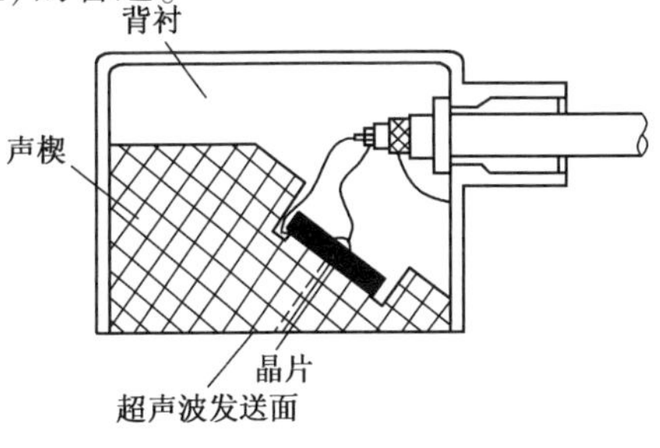

图 1-3-40　外夹式安装声楔和晶片一体换能器

③ 多普勒法超声波流量计测量准确度不高。

3. 超声波流量计结构

超声波流量计按换能器(超声波探头)安装方式分为可移动安装(如便携式)和固定安装两种方式，分别如图 1-3-40、图 1-3-41 所示。

3.3.7　电磁流量计

1. 电磁流量计的基本原理和结构

电磁流量计是测量导电液体流量的仪表，其基本原理是法拉第电磁感应定律，即导体在磁场中做切割磁力线运动时，在导体两端将产生感应电动势。如图 1-3-42 所示，导电液体在垂直于磁场的非磁性测量管内流动，在与流动方向垂直的方向上，产生与流量成比例的感应电动

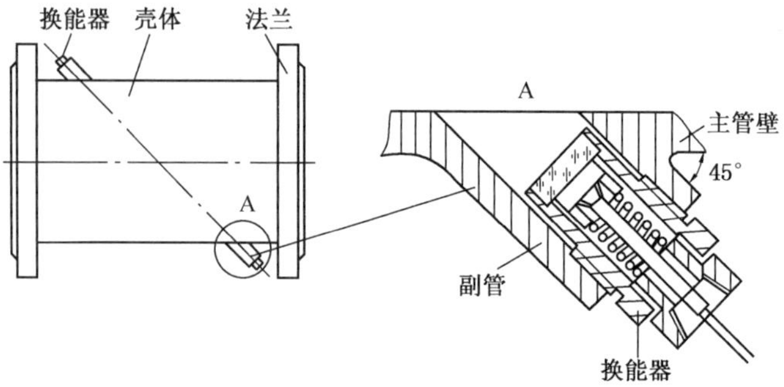

图 1-3-41　带管段式插入管壁换能器的超声波流量传感器

势，电动势的方向遵循“右手定则”，其值为

$$E = kBDv$$

式中　E——感应电动势，即流量信号，V；

k——系数；

B——磁感应强度，T；

D——测量管内径，m；

v——平均流速，m/s。

若液体的体积流量为 q_v（m^3/s），且 $q_v = \pi D^2 v/4$，则

$$E = [4kB/(\pi D)]q_v = Kq_v$$

其中，K 为仪表常数，$K = 4kB/(\pi D)$。

电磁流量计一般由流量传感器和转换器两部分组成，传感器典型结构如图 1-3-43 所示。测量管上下有励磁线圈，通励磁电流后产生磁场穿过测量管，在装在测量管内壁并与液体接触的电极上，产生感应电动势，转换器对感应电动势进行转换以便远传。转换器还提供励磁电流。

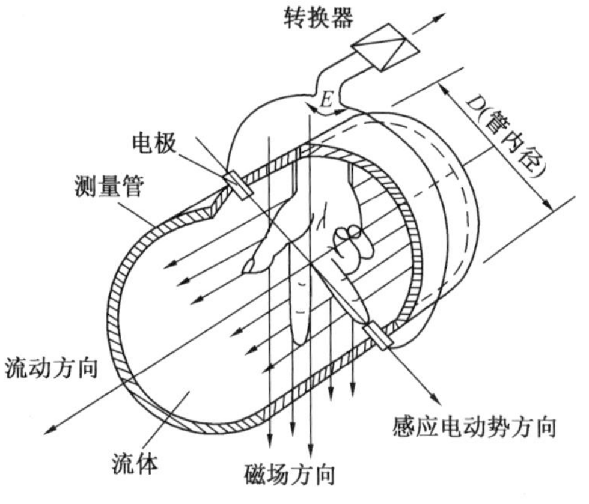

图 1-3-42　电磁流量计测量原理

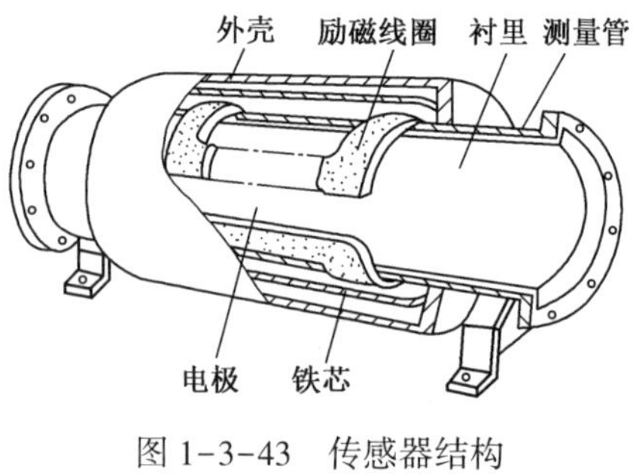

图 1-3-43　传感器结构

2. 抗干扰

电磁流量计的干扰主要有 90°干扰和同相干扰两类。90°干扰也称正交干扰，是指相位上与流量信号相差 90°的信号，干扰信号一是由“变压器效应”引起，二是由工作环境中的交变磁场产生涡流电流引起。同相干扰也称共模干扰或共变干扰，是指在某一瞬间同时出现在

两个电极上，并且幅值和相位都一致的干扰信号。同相干扰信号的来源很复杂，主要有静电感应和绝缘电阻、管道上的杂散电流，以及液体中混有金属块等。

抑制和消除90°干扰的方法有两种：一是传感器调零法，用来消除“变压器效应”引起的90°干扰，即人为地造成一个与90°干扰幅值相同、相位相反的信号去抵消干扰信号，或是让引出线组成的闭合回路与磁场交链的磁通所形成的电流之代数和为零；二是转换器90°干扰抑制法，就是把转换器主放大器输出端的90°干扰信号分离出来，反馈到输入端，以抵消输入的90°干扰信号。

抑制和减少同相干扰通常采用以下几种方法：

① 将电极和励磁线圈在几何形状、尺寸以及性能参数上做得均衡对称，并分别进行严格屏蔽，以减少电极与励磁线圈之间分布电容的影响，同时均衡地提高两电极的绝缘电阻。

② 安装良好的、单独的接地线，不能连接在动力设备等公用接地线或上下水管道上。另外，要保证传感器与转换器间的地线连接良好。

③ 有金属物块附在电极上或电极附近的管壁上时，及时清洗可减少同相干扰。

④ 降低传感器的励磁电压，也能减少同相干扰。

此外，在转换器的前置放大级设置差动放大电路或在转换器前置差动放大级中增加恒流源，可以有效地消除或抑制同相干扰信号。

3.3.8 质量流量计

在石油化工生产中，有时需要测量流体的质量流量。质量流量是指在单位时间内，流经封闭管道截面处流体的质量。用来测量质量流量的仪表统称为质量流量计。

质量流量计的示值不需要理论的或人工经验的修正，其输出信号只与流体的质量流量成比例，而与流体的物性(如温度、压力、黏度、密度等)及环境条件(如温度、湿度、大气压等)无关。

质量流量计一般可分为直接式(内补偿式)与推导式(外补偿式)两类。直接式质量流量计又可分为科氏力式、热力式、动量式和差压式等几种；推导式质量流量计又可分为温度压力补偿式和密度补偿式两种。在此，只对科氏力式、热力式质量流量计的工作原理和结构进行介绍。

1. 科氏力质量流量计

(1) 科氏力质量流量计的工作原理

科里奥利质量流量计(简称科氏力质量流量计)是利用流体在直线运动的同时处于一旋转系中，产生与质量流量成正比的科里奥利力原理制成的一种直接式质量流量计。

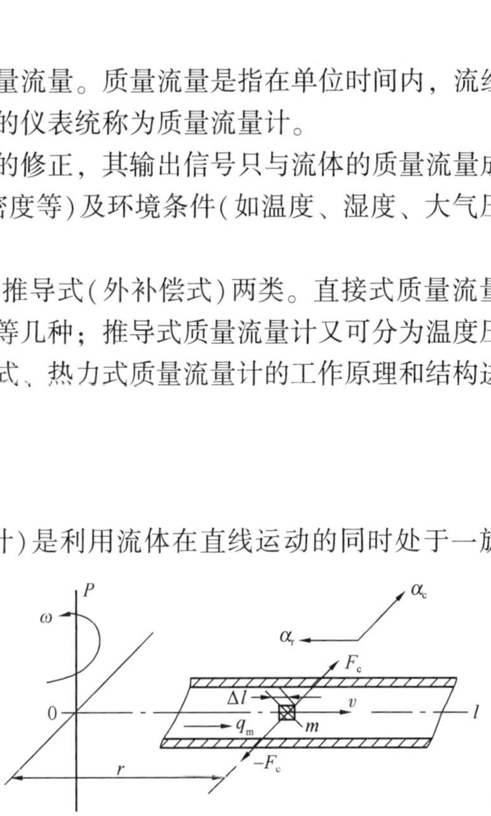

图1-3-44 科里奥利力分析图

如图1-3-44所示，当质量为m的质点以速度v在对P轴做角速度ω旋转的管道内移动时，质点受两个分量的加速度及其力的作用：法向加速度即向心力加速度α_r，其量值等于$\omega^2 r$，方向朝向P轴；切向加速度α_c即科里奥利加速度，其量值等于$2\omega v$，方向与α_r垂直。由于复合运动，在质点的α_c方向上作用着科里奥利力$F_c = 2\omega v m$。

当密度为ρ的流体在旋转管道中以恒定速度v流动时，任何一段长度Δl的管道都将受

到一个ΔF_c的切向科里奥利力，可以据此测得质量流量为

$$q_m = \frac{\Delta F_c}{2\omega\Delta l}$$

式中 q_m——质量流量，kg/s；

Δl——管道长度，m；

ΔF_c——管道所受的切向科里奥利力，N；

ω——流体在管道中的旋转角速度，1/s。

通过旋转运动产生科氏力是困难的，一般以管道振动产生科氏力，即由两端固定的薄壁测量管，在其中点处施加谐振或接近谐振的频率（或其高次谐波频率）激励，管内流动的流体产生科氏力，使测量管中点前后两半段产生方向相反的挠曲，用光学或电磁学方法检测挠曲程度，以求得质量流量。

另外，因流体密度会影响测量管的振动频率，而密度与频率有固定的关系，因此科氏力质量流量计也可测量流体密度。

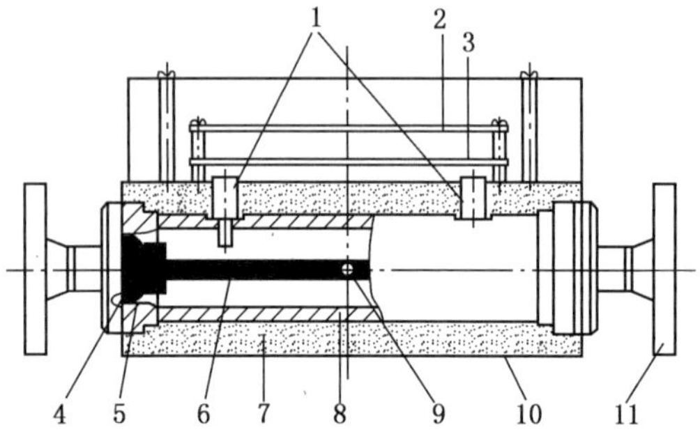

图 1-3-45 双直管型质量流量传感器结构示意图

1—信号检测器；2—电源板；3—放大器板；4—垫圈；5—联管器；6—测量管；7—发泡材料；8—支承管；9—电磁驱动器；10—壳体；11—法兰

（2）科氏力质量流量计的结构

科氏力质量流量传感器的测量管有各种不同的结构形式（约有 30 种）。按照测量管的形状可分为直管型和弯管型两种结构。

直管型质量流量计的测量管是直管，其特点是整个传感器结构紧凑，体积小，重量轻，便于安装，气体易于排出测量管，也便于较黏液体的排空。但由于其振动系统刚度大，谐振频率高，信号处理比较困难。为了不使谐振频率过高，管壁必须较薄，以致其耐磨及抗腐蚀性变差，如图 1-3-45 所示为双直管型质量流量传感器的一种典型结构的示意图。

U 形（弯管）科氏力质量流量计的机械结构如图 1-3-46 所示，两根几何形状和尺寸完全相同的 U 形测量管 2 平行地固定在支承管 1 上，两测量管在电磁激励器 4 的激励下，以其固有的频率振动，两测量管的振动相位相反。由于测量管的振动效应，U 形管的进、出侧所受的科氏力方向相反，U 形管发生扭转，其扭转程度与 U 形管框架的扭转刚性成反比，而与管内瞬时质量流量成正比。位于检测管的进流侧和出流侧的两个电磁检测器，在每个振动周期检测两次输出一个脉冲，其脉冲宽度与测量管的微位移（即瞬时质量流量）成正比。累计测得的脉冲数量，即可获得一定时限内质量流量的总量。

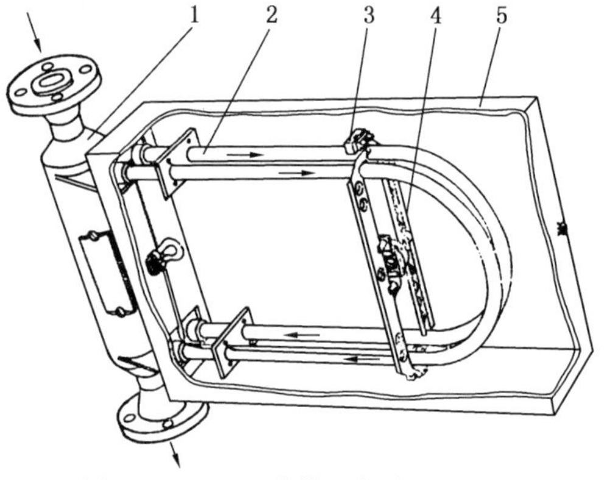

图 1-3-46 U 形科氏力质量流量计

1—支承管；2—测量管；3—电磁检测器；4—电磁激励器；5—壳体

（3）科氏力质量流量计的特点

科氏力质量流量计的优点如下：

① 科氏力质量流量计，直接测量质量流量，有很高的测量准确度。

② 可测量流体范围广泛，包括各种高黏度液体、含有固形物的浆液、含有微量气体的液体、有足够密度的中高压气体。

③ 测量管的振动幅度小，可视作非活动件，测量管路内无阻碍件和活动件。

④ 对迎流流速分布不敏感，无上下游直管段要求。

⑤ 对流体黏度不敏感，流体密度变化对测量值的影响微小。

⑥ 可做多参数测量，如同期测量密度，并由此派生出测量溶液中溶质所含的浓度等。

科氏力质量流量计的缺点如下：

① 科氏力质量流量计的零点不稳定，易形成零点漂移，影响其准确度。

② 不能用于测量低密度介质如低压气体；液体中含气量超过一定限值会显著影响测量值。

③ 对外界振动干扰较为敏感，为防止管道振动影响，大部分型号的流量传感器对安装要求较高。

④ 不能用于较大管径，目前限于公称直径 *DN*200mm 以下。

⑤ 测量管内壁磨损腐蚀或沉积结垢会影响测量准确度，尤其对薄壁测量管更为显著。

⑥ 压力损失较大。

⑦ 大部分科氏力质量流量计重量和体积较大。

⑧ 价格贵。

2. 热力式质量流量计

热力式质量流量计是利用传热原理检测流量的仪表，即利用流动中的流体与外加热源之间的热量交换关系来测量流量的仪表。热力式质量流量计主要用于测量气体的质量流量。

(1) 热力式质量流量计的原理和结构

热力式质量流量计有两类，即利用流动流体传递热量改变测量管壁温度分布的热传导式流量计和热消散(冷却)式流量计。

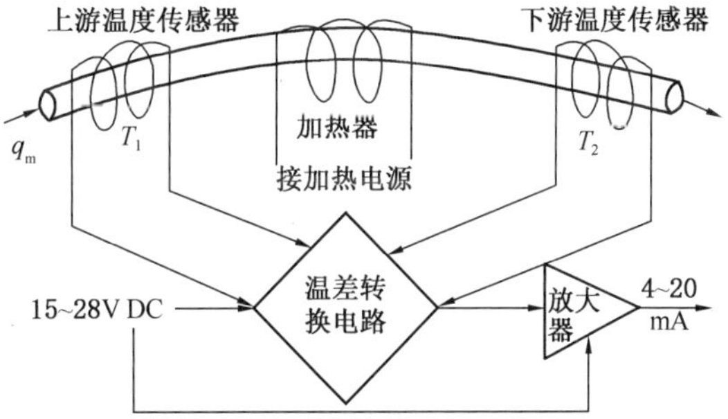

图 1-3-47　热传导式质量流量计原理图

图 1-3-47 所示为热传导式质量流量计，它通过测量管道中上下游温度差，然后计算出流量值。加热电源给位于薄壁测量管道中间点的加热器提供持续稳定的电流。加热器上下游的测量管外壁各有一组兼作加热器和检测元件的绕组，它们组成惠斯登电桥，由恒流电源供给恒定热量，并将热量传导给管内气体。气体不流动时，上下游的温度相等。当有气体通过测量管道时，管道上游温度下降，下游气体吸收了热量温度上升，故 $T_2>T_1$。T_1 与 T_2 间的温差与气体质量流量的关系为

$$q_m = K \cdot \frac{A}{c_p} \cdot \Delta T$$

式中　q_m——质量流量，kg/s；

ΔT——上下游温差，$\Delta T=T_2-T_1$，K；

c_p——被测气体的比热容，kJ/(kg · K)；

A——测量管绕组(即加热系统)热传导系数；

K——仪表常数。

图 1-3-48 为热消散(冷却)式质量流量计的一种，它利用热扩散原理实现流体质量流量测量。

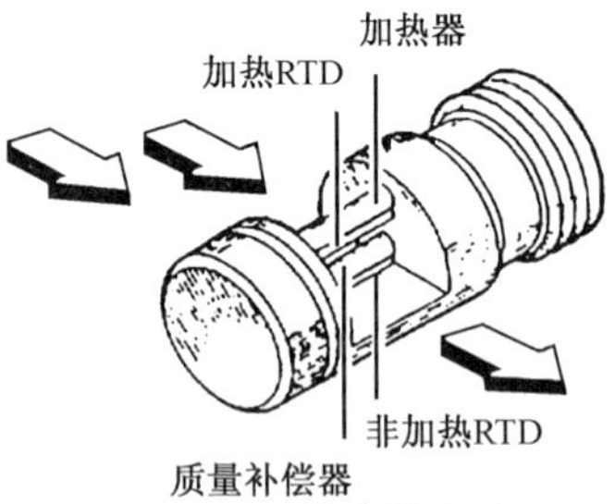

图 1-3-48 热消散式质量流量计工作原理

热消散式质量流量计的测量传感器由两个温度检测元件铂热电阻(RTD)组成：一个是未被加热的 RTD，它连续不断地测量气体介质的温度 T_1，作为惠斯登电桥的参比臂；另一个是带有低功率加热源的加热 RTD，它被加热到高于介质的温度 T_2，作为惠斯登电桥的测量臂。两个 RTD 的温差为 $\Delta T=T_2-T_1$。当气体流量为零时，ΔT 最大。有气体流过时，由于气体带走部分热量，测量臂传感器被冷却，使 T_2 温度下降。若要保持 ΔT 不变，就要提高测量臂 RTD 的供电电流。气体流动越快，带走热量越多，即气体流速(流量)与增加的热量存在固定的函数关系，这就是恒温差原理。气体质量流量与温差之间的关系为

$$q_m = A \cdot \rho \cdot K \cdot \left(\frac{q_v}{\Delta T}\right)^{1.87}$$

式中 q_m——质量流量，kg/s；

ρ——气体密度，kg/m^3；

ΔT——温差，K；

q_v——体积流量，m^3/h；

A——管道流通面积，m^2；

K——仪表常数。

(2) 热力式质量流量计的特点

热力式质量流量计有以下特点：

① 适用于多种气体的低流量测量，量程比宽；热导式可测量低流速微小流量，热消散式适于中、高流速测量。

② 可以直接测量气体质量流量，无须其他附加设备，如压力、温度补偿。

③ 结构简单，无可动部件，无阻塞问题，压力损失小。

④ 操作简单方便，且通用性强，传感器可以互换。

⑤ 响应较慢。

⑥ 被测介质组分变化较大时，因热容值和热导率变化，测量值会受到较大影响。

在大管径、低流速、间歇流量、流量变化范围大的情况下，可以通过一个分流阀，让一小部分气体流入测量管道，通过测量管中微小流量测量计算出总管道中的流量。

3.4 物位检测及仪表

在容器或设备中液体介质的高度叫液位；固体粉末或颗粒状物质的堆积高度叫料位；液体-液体或液体-固体的分界面叫界面。液位、料位和界面的测量统称为物位测量。液位、料位和界面的测量仪表分别称为液位计、料位计和界面计，统称为物位计。

3.4.1 物位检测仪表的分类

物位测量的目的在于准确地知道容器或设备中所储藏物质的容量或质量。为了满足生产过程中各种条件和要求，测量物位的仪表种类很多。按工作原理的不同，物位仪表可以分为以下几种类型：

直读式物位仪表　利用连通管原理制成。这类仪表中主要有玻璃管液位计、磁翻板液位计等。

浮力式物位仪表　应用浮力原理制成。如浮筒式液位计、磁翻板式液位计等。

差压式物位仪表　它是利用物位的变化引起某定点的压力变化的原理进行物位测量。

电气式物位仪表　将物位的变化转换成电量的变化，通过测量该电量来测知物位。

核辐射式物位仪表　核辐射线透过物料时，其强度会随着介质层厚度而变化，利用这一特性实现物位的测量。

声波式物位仪表　物位的变化会引起声阻抗的变化，因此声波的遮断和声波反射距离也会不同，测出这些变化就可以测知物位。

光学式物位仪表　利用物位对光波的遮断和反射原理工作的物位仪表。

3.4.2 浮力式液位计

浮力式液位计是利用浮力原理测量液位的，测量漂浮在液体上的浮子高度的液位计称为恒浮力式液位计，测量浸没在液体中的浮子所受浮力的液位计称为变浮力式液位计。

1. 恒浮力式液位计

恒浮力式液位计是利用被测介质对浮子的浮力不随液位的变化而变化的原理工作的。根据生产的不同需要，恒浮力式液位计有浮球液位计、磁浮子液位计及浮子钢带液位计等。

浮球液位计有内浮式和外浮式之分。内浮式是将浮球直接安装于容器内部，而外浮式是在容器外安装一个与容器连通的浮球室进行测量，见图 1-3-49。

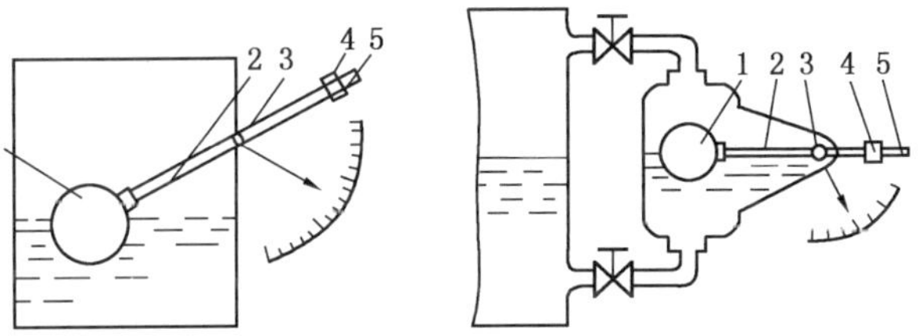

(a) 内浮式　　(b) 外浮式

图 1-3-49　浮球式液位计

1—浮球；2—连杆；3—转动轴；4—平衡重物；5—杠杆

浮球是一个空心球，测量时浮球的一部分浸没在被测液体中，系统满足力矩平衡。当液位升高时，杠杆 5 做顺时针转动。在转动轴上安装一个指针，指示杠杆 5 的角位移，测出液位的高低，也可利用其他方法将此位移转换为标准信号或接点信号输出，从而构成浮球液位计或浮球液位开关。

浮球液位计结构简单，测量范围较窄。

2. 浮筒式液位计

浮筒式液位计是一种应用变浮力原理测量液位的典型仪表，其测量部件是浮筒。常用结构又分为位移平衡式和力平衡式两种，这里介绍位移平衡式浮筒液位计。

位移平衡式浮筒液位计的测量部分如图 1-3-50 所示。导向管浸入液体部分的侧壁有导

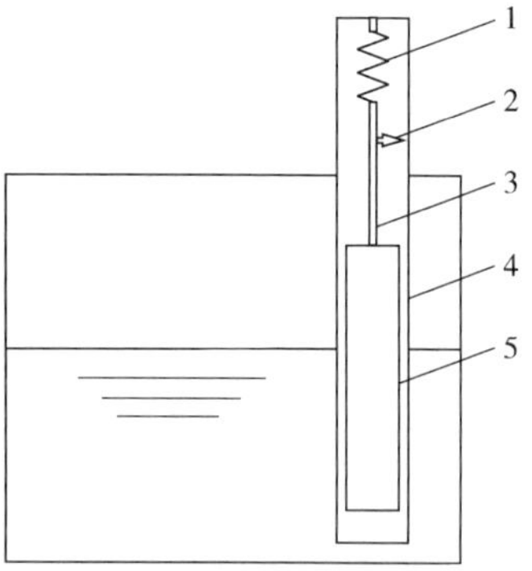

图 1-3-50　位移平衡式浮筒液位计测量部分示意图

1—弹簧；2—指针；3—连接杆；4—导向管；5—浮筒

液孔，使浮筒部分没入液体中。液位稳定不变时，浮筒等部件的重力与浮筒所受浮力、弹簧的弹力相互平衡。当液位发生变化时，浮筒所受浮力随之变化，原有的力平衡被打破，浮筒沿液位变化方向发生位移，带动弹簧伸缩，导致弹力变化。弹簧弹力的变化与浮筒的位移成正比、方向相反，当弹力的变化量与浮力的变化量相等时，浮筒受力达到新的平衡。

通过测量固定在连接杆上的指针位置的变化，可以测量液位的变化。

3. 浮筒式液位计的校验

浮筒式液位计的校验常采用挂重法或灌液法。

（1）挂重法校验浮筒液位计

在检修期间或在维修室常可采用挂重法。挂重法就是用挂在杠杆处的砝码变化表示在测量过程中浮筒由于液位升降而产生的浮力变化。

挂重法校验的步骤如下：

① 取下浮筒，称其重量 W_1。

② 决定液位的起始点、中间点和满量程点，即液位的高度 H。

③ 计算液位起始点、中间点和满量程点的浮力

$$F=\frac{\pi D^2}{4}H\rho$$

式中　D——浮筒的平均直径，m；

H——液位高度，m；

ρ——被测介质的密度，kg/m^3。

④ 通过计算 $W=W_1-F$ 就可以得出液位起始点、中间点和满量程点时杠杆的挂重 W_0、W_{50}和 W_{100}，及对应的测量信号。

⑤ 在杠杆的挂钩处逐一挂上 W_0、W_{50}和 W_{100}对应的砝码，看浮筒液位计的输出是否符合准确度要求。如误差大，则可以调整浮筒液位计的量程和零点，直到符合准确度要求。

（2）灌液法校验浮筒液位计

浮筒液位计在安装现场常采用灌液法校验。由于在现场校验时常用水代替介质，因此必须作修正。

灌液法校验浮筒液位计的步骤如下：

① 关闭液位计的引压阀，打开放空和排污阀，卸去浮筒室内的压力和介质。

② 从液位计底部连接一透明塑料管，并与浮筒液位计并排放置。

③ 浮筒液位计的零位确认。缓慢地从塑料管中注入水，注意观察仪表的输出，当仪表的输出有一微小增加时，此时塑料管内液柱的高度即为实际零位。反复数次，以确认其真实性。

④ 根据介质和水的密度，计算出 50%、100%量程时灌水的高度 h_{50}和 h_{100}。

⑤ 在塑料管上做好 0%、50%、100%的标志。

⑥ 从塑料管上部缓慢灌入水，到达 0%、50%、100%的标志点，看浮筒液位计的输出是否符合准确度要求。如误差大，则反复调整浮筒液位计的量程和零点，直至达到仪表的准确度要求。

例如：某浮筒液位计测量范围为 0~1600mm，被测介质密度 $\rho_{介}=800kg/m^3$，当用水进行灌液法校验时，测量液位 100%时的灌水高度为：

$$h_{100}=\frac{\rho_{介}}{\rho_{水}}\times H\times 100\% = \frac{800}{1000}\times 1600\times 100\% = 1280mm$$

依此可逐一计算出其他校验点应灌水的高度。

灌水法校验方法简便，适用于安装现场不拆卸浮筒液位计时的调校。但是该方法校验准确度较低，尤其是当零位确认不准或浮筒沾有污物时，更加难以保证校验的准确度。

3.4.3 差压式液位计

1. 工作原理

容器内的液位高度改变时，液柱对某定点产生的静压也发生相应变化，这就是差压式液位计的工作原理。工业生产中差压一般用差压变送器测量。

差压式液位计原理如图 1-3-51 所示，根据流体静力学原理可知

$$\Delta p = p_A - p_B = H\rho g$$

式中 Δp——差压式液位计两端的压差，Pa；

p_A，p_B——A 处和 B 处的压力，Pa；

H——液位高度，m；

ρ——液体介质密度，kg/m^3；

g——重力加速度，m/s^2。

通常，被测介质的密度是已知的，差压式液位计两端的压差与液体的高度成正比。测量压差就可以得知容器内液位的高度。

对于受压密封容器，用差压变送器测量液位，可平衡气相压力 P_0 的静压作用，差压变送器负压端接容器的气相；测量敞口容器液位时，差压变送器的负压端直接接大气，这时也可直接用压力变送器。

2. 零点迁移

用差压变送器测量容器内的液位时，由于安装位置不同，常常会存在零点迁移问题。

如图 1-3-52(a)所示，当变送器的安装高度与容器下部的取压位置在同一高度，而且被测介质的气相部分不会冷凝时，差压变送器两端的压差 $\Delta p=H\rho g$，此时无迁移。

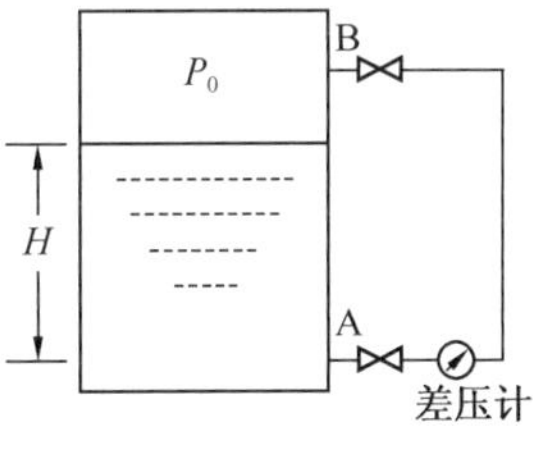

图 1-3-51 差压式液位计原理图

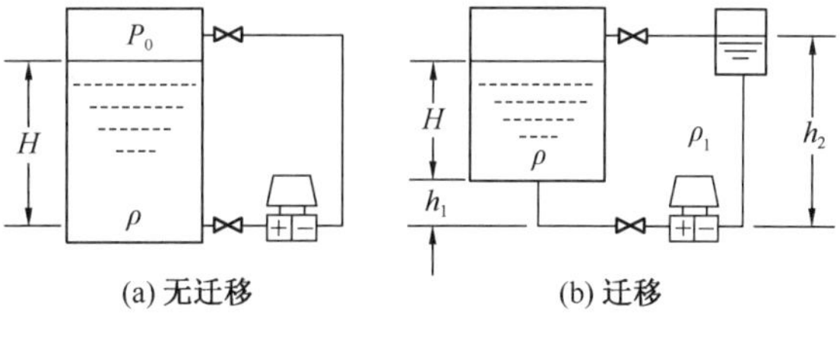

图 1-3-52 差压变送器测量液位时的安装情况

差压变送器测量液位如图 1-3-52(b)所示，为防止被测介质遇冷在负导压管产生凝液，或被测介质的液体或气体进入负导压管产生堵塞或腐蚀，常常在负导压管的顶部安装有隔离罐，并使隔离罐和负导压管内充满某种与被测介质不混合的液体(称为隔离液)，这样就可以保证变送器的负压室液柱高度的恒定。

若差压变送器安装在容器的下部，正导压管内会有被测介质形成一个固定的液柱，此时正、负压室间的压差为

$$\Delta p = p_+ - p_- = H\rho g + h_1\rho g - h_2\rho_1 g$$

式中　Δp——变送器正、负压室的压差，Pa；

H——被测液位的高度，m；

ρ，ρ_1——液体介质和隔离液的密度，kg/m^3；

h_1——变送器正压室到容器底的高度，m；

h_2——负压室隔离液面到变送器的高度，m；

g——重力加速度，m/s^2。

作用在负压室的由隔离液所引起的使仪表零点向负方向移动的固定压力，称作负迁移；作用在正压室的，由于变送器低于容器底部，而由被测介质液柱产生的使仪表零点向正方向移动的附加压力，称作正迁移。在正常测量中，正、负迁移都应当是常量，这样正负压室两端的压差就只与液位高度 H 成正比。

当 $H=0$ 时，正、负压室两端有压差 $h_1\rho g-h_2\rho_1 g$，这就是迁移量。

迁移不仅改变了零点位置同时也改变了测量范围的上下限，相当于测量范围的平移，但是它不改变量程大小。例如，某差压变送器测量液位时，测量范围为0~5000Pa，对应的变送器输出为4~20mA，这是无迁移的情况，如图1-3-53中曲线a所示。若该变送器安装时存在负迁移2000Pa，即 $H=0$ 时，变送器两端的固定差压为 $\Delta p=-2000$Pa，调整迁移使输出为4mA；当液面最高时，变送器两端压差 $\Delta p=(5000-2000)$Pa$=3000$Pa，也就是说 Δp 从-2000Pa变化到3000Pa变送器输出从4mA变化到20mA，维持了原来的量程，只是向负方向迁移了一个固定的压差，如图1-3-53曲线b所示。正迁移的情况与负迁移的情况一样，只是在变送器的两端产生了一个固定的正压差，如2000Pa，使变送器的量程维持不变，只是向正方向迁移了一个固定的压差，如图1-3-53的曲线c所示，其固定的差压为2000Pa。

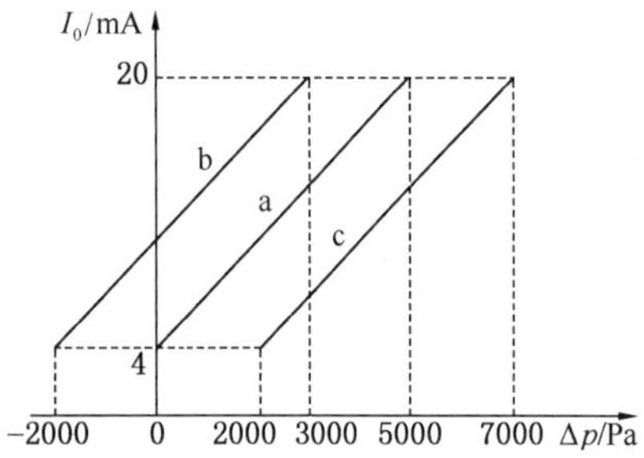

图1-3-53　正负迁移示意图

3. 界面测量

界面测量是液面测量的一种特殊形式。界面测量的对象是两种液体的分界面高度，不是某一种液位的高度。测量界面时，容器内可能会充满液体，也可能未充满液体。容器内是两种不相溶的液体，它的密度不是单一的。

例如，用双法兰差压液位计测量某容器的界面，如图1-3-54所示。已知容器压力为 p，$h_1=200$cm，轻组分液体密度 $\rho_1=0.8$g/cm^3，重组分液体密度 $\rho_2=1.1$g/cm^3。法兰液位计毛细管内硅油密度 $\rho_0=0.95$g/cm^3，可用以下方法求仪表的量程和迁移量：

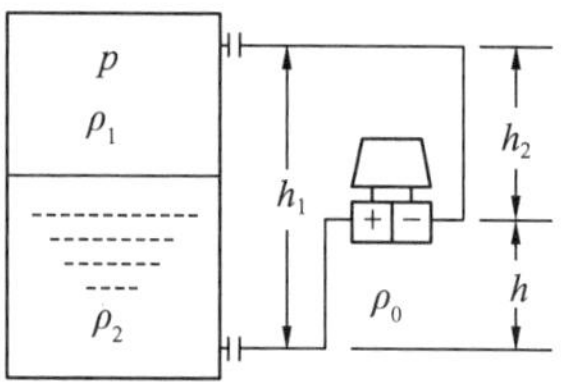

图1-3-54　界面测量

（1）量程计算

界面为最低时，即轻组分液体充满容器时

$$p_1 = h_1\rho_1 g = 200 \times 0.8 \times 980.7 \times \frac{100}{1000} = 15691.2(\text{Pa})$$

界面为最高时，重组分液体充满容器时

$$p_2 = h_1\rho_2 g = 200 \times 1.1 \times 980.7 \times \frac{100}{1000} = 21575.4(\text{Pa})$$

此时，仪表量程为

$$\Delta p = p_2 - p_1 = 21575.4 - 15691.2 = 5884.2(\text{Pa})$$

故仪表的量程范围为 15691.2~21575.4Pa

(2) 仪表迁移量的计算

界面为 0 时仪表正、负压室的压力为

$$p_+ = p + h_1\rho_1 g - h\rho_0 g = p + 15691.2 - h \times 0.95 \times 980.7 \times \frac{100}{1000}$$

$$= p + 15691.2 - 93.17h$$

$$p_- = p + (h_1 - h)\rho_0 g = p + 200 \times 93.17 - 93.17h$$

$$= p + 18633.3 - 93.17h$$

可以得出仪表的迁移量为 $p=p_+-p_-=-2942.1(\text{Pa})$

由于 $p_+<p_-$，因此是负迁移。

由以上的计算可知仪表迁移后的量程范围为 12749.1~18633.3Pa。

4. *法兰式差压变送器*

在测量具有腐蚀性介质、含有结晶颗粒或者黏度大、易凝聚等液体的液位时，常使用法兰式差压变送器。法兰式差压变送器按其结构形式分为单法兰和双法兰两种，法兰的构造又有平法兰和插入式法兰两种。

法兰式差压变送器的测量膜盒采用法兰与容器上的法兰连接，并直接与被测液体接触。当被测液位变化时，膜盒的敏感膜片上所受的压力也发生了变化，通过毛细管内的硅油将这个压力变化传递到变送器的变送部分，输出相应的信号。

3.4.4 雷达式物位计

雷达式物位计是采用微波技术的物位检测仪表，它作为一种非接触式的物位仪表，目前已广泛应用于石油化工行业，尤其是大型储罐的物位测量。

雷达式物位计的基本原理如图 1-3-55 所示。雷达式物位计采用高频振荡器作为微波发生器，发生器产生的微波用波导管将它引到辐射天线，并向下射出。当微波遇到障碍物，例如液体的液面时，部分被吸收，部分被反射回来，被同一天线接收。雷达波由天线发出到接收到由被测面来的反射波的时间 Δt 与物位的关系为

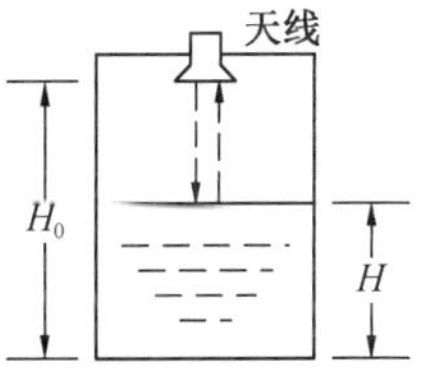

图 1-3-55 雷达式物位计示意图

$$H = H_0 - \frac{c}{2}\Delta t$$

式中 Δt——雷达波由发射到接收的时间间隔，s；

H——物位高度，m；

H_0——天线距罐底高度，m；

c——电磁波传播速度，300000km/s。

可见，只要测得时间间隔 Δt，就可以计算出物位的高度 H。

电磁波的传播速度很快，要精确地测量雷达波的往返时间是比较困难的。目前雷达探测器对时间的测量有微波脉冲法(PTFO)和连续波调频法(FMCW)两种。

雷达式物位计的测量原理和微波的传播特性有关，介质的相对介电常数、液体的湍动和气泡等被测物体的特性都会使微波信号衰减，严重时甚至不能工作。每种雷达式物位计都有

一个最小的相对介电常数，在选用雷达式物位计时，先要考虑物料的相对介电常数，以使雷达式物位计能正常工作。不同的雷达式物位计对最小相对介电常数的要求是不同的，一般在1.5~2之间。

当被测介质的相对介电常数低于产品所要求的最小值时，应该使用导波管来提高反射回波的能量，以确保测量的准确度。导波管还可以消除容器的形状导致的多重回波所产生的干扰影响。在测量浮顶罐和球罐的液位时，一般使用导波管。

雷达式物位计的微波具有良好的定向辐射性，在传输过程中受火焰、灰尘、烟雾及强光的影响极小，可以用来连续测量腐蚀性液体、高黏度液体和有毒液体的液位。它没有可动部件、不接触介质、没有测量盲区，而且测量准确度几乎不受被测介质的温度、压力、相对介电常数的影响，在易燃、易爆等恶劣工况下仍能应用。

3.4.5 放射性物位计

当放射线通过一定厚度的介质时，部分粒子因克服阻力与碰撞动能消耗被吸收，另一部分粒子则透过介质。射线的透射强度随着通过的介质层厚度的增加而减弱。入射强度为 I_0 的放射源，随介质厚度而呈指数规律衰减，即

$$I = I_0 e^{-\mu H}$$

式中 I_0——放射源的入射强度，Sv。

μ——介质对放射线的吸收系数；

H——介质层的厚度，m；

I——穿过介质后的射线强度，Sv。

不同介质吸收射线的能力不一样，一般来说固体吸收能力最强，液体次之，气体则最弱。当放射源已经选定，被测的介质不变时，I_0 与 μ 都是常数，只要测定通过介质后的射线强度 I，就可知道介质的厚度(液位和料位的高度) H。

目前大多数放射性物位计采用产生 γ 射线的铯(Cs137)和钴(Co60)作放射源。

图1-3-56是放射性物位计的原理示意图。放射源射出强度为 I_0 的射线，接收器用来检测透过介质后的射线强度 I，再配以显示仪表就可以指示物位的高低了。

由此可知，仪表的放射源发射稳定的射线 I_0，接收器接收到 I，是保证仪表测量准确的关键。

工业核辐射仪表常用的射线接收器有闪烁接收器、电离室接收器、盖革计数管等。闪烁接收器的接收效率高，可以减低仪表射源的强度，其工作寿命也较长；缺点是成本高，稳定性稍差，抗振性差。电离室接收器结构比较牢固，性能稳定，工作寿命长；缺点是接收效率低，仪表射源强度较高。计数管接收器成本低，结构简单，便于维修；缺点是接收效率低，工作寿命短。

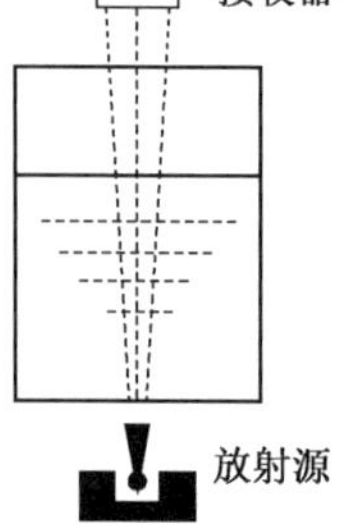

图1-3-56 放射性物位计原理示意图

放射源的强度是不断衰减的，例如，Cs137每年衰减2.3%，Co60每月衰减1%。因此，当放射源的强度减弱到不能保证仪表正常工作时需要更换。

γ 射线物位计根据物位测量的不同需要，共有3种基本类型：固定安装连续指示型、物位跟踪连续指示型和物位报警开关型。其中，固定安装连续指示型根据射源的分布可分为单点源式、多点源式和线状源式；根据安装形式可分为内装式、外装式。一般物位测量可选用固定安装连续指示型。物位量程较小时选单点源式；设备直径大，应选内装式；2m以上的较大量程应选用多点源式(测量准确度低)或线

状源式(准确度高)。

这种物位测量仪表由于核辐射线的突出特点，即能够透过如钢板等固体物质，能够完全不接触被测物质，适用于高温、低温、高压容器、强腐蚀、剧毒、有爆炸性、黏滞性、易结晶或沸腾状态的介质的物位测量，还可以测量高温融熔金属的液位。核辐射线特性不受温度、湿度、压力、电磁场等影响，可在高温、烟雾、尘埃、强光及强电磁场等环境下工作。它可以测量液位，也可以测量料位，还可以测量液体的界面和液体与固体的分界面。

放射线对人体有害，在使用工业核仪表时应当注意以下事项：

① 安装地点除应满足工艺和仪表的要求外，应当尽量置于人员很少接近的地方，并设置明显标志。

② 安装时，应先安装机械设备和接收器并初步调试正常，然后再安装射源；安装射源时应将射源容器关闭，使用时再打开。

③ 接收器一般不能在高于50℃的环境下正常工作，当放射线料位计需要在高温环境使用时，必须进行冷却处理。

④ 检修时应关闭射源容器。需要带源检修时，应制定操作步骤，动作正确迅速，尽量缩短时间，防止不必要的照射。

⑤ 必须加强射源的管理。更换射源应由专业人员进行；废旧射源应交专门的放射性废物存放处理单位处理。

3.4.6 超声波物位计

超声波物位计也是非接触测量仪表。只要分界面的声阻不同，超声波物位计液位、料位均可测量。在腐蚀性介质、黏稠介质等环境的物位测量中使用较多。

1. 测量原理

声波可以在气体、液体、固体中传播，并具有一定的传播速度。声波在穿过介质时会被吸收而衰减，气体吸收最强衰减最大，液体次之，固体吸收最少衰减最小。声波在穿过不同介质的分界面时会产生反射，反射波的强弱决定于分界面两边介质的声阻抗，两介质的声阻差别越大，反射波越强。根据超声波从发射至接收到反射回波的时间间隔与物位高度之间的关系，就可以进行物位测量。

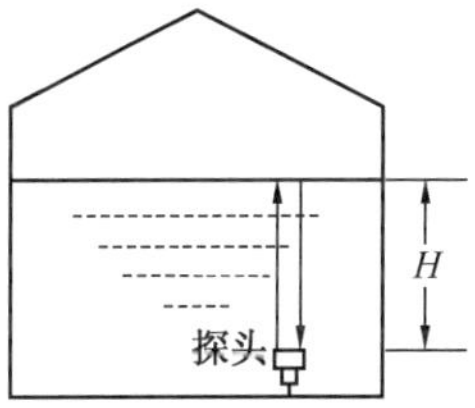

图 1-3-57　超声波测量原理

如图 1-3-57 所示，超声波物位测量有如下关系：

$$H = \frac{1}{2}v\Delta t$$

式中　H——超声波发射器到物料界面的距离，m；

v——超声波的传播速度，m/s；

Δt——超声波从发射至接收到反射回波的时间间隔，s。

对于一定介质，v 是已知的，只要测得时间 Δt 即可确定距离 H，即得知被测物位的高度。

2. 测量方法

应用超声波进行物位测量，通常都用超声波换能器来实现发射和接收超声波，通过转换，实现物位测量。实际应用中可以采用多种方法：根据传声介质的不同，有气介式、液介式和固介式；根据探头的工作方式，有自发自收的单探头方式和收、发分开的双探头方式。它们相互组合就可得到不同的测量方法。

图 1-3-58 是超声波测量液位的几种基本方法，其中：(a)是单探头液介式测量方法；(b)是单探头气介式测量方法；(c)是单探头固介式测量方法；(d)是双探头液介式测量方法。

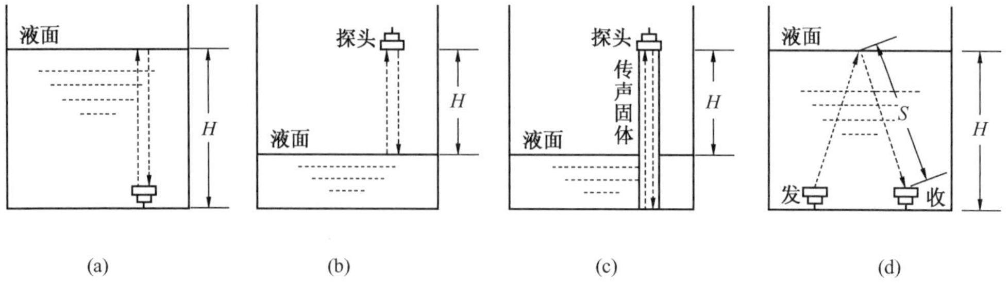

图 1-3-58　脉冲回波式超声波液位计的基本方案

3. 应用注意事项

超声波物位计在使用中应当注意以下事项：

① 超声波是利用声速特性，采用回声测距的方法进行物位测量。由于声波的传播速度与介质的密度、温度有关，在应用前必须进行校正，以保证测量的准确度，或者选择带温度补偿的超声波物位测量系统。

② 不同的传输介质对超声波的吸收率不同，若传输介质对超声波的吸收率太高，可选用量程大一级的换能器，以保证全量程测量。

③ 超声波换能器的发射面采用有机塑料(如 Teflon)或金属(如铝)封装，选型时一定要清楚传输介质对换能器的腐蚀程度。

④ 安装换能器一定要垂直对准料面，安装位置应避开加料口，离罐壁一定距离，以防波束打到料面以外的其他目标上，造成超声干扰太大或检测出虚假料位。

⑤ 超声波换能器在发射超声波时，其波束都是圆锥状的，角度一般为 6°~15°。使用中要注意避免保护套(或安装套)产生干扰。

⑥ 换能器到控制显示单元之间用同轴电缆连接，且不应超过厂家的规定长度。

3.4.7　电容式物位计

电容式物位计由电容物位传感器和检测电容的电路组成，它适用于各种导电、非导电液体的液位或粉末状料位的测量，传感器部分结构简单，使用方便，应用范围较广。

1. 测量原理

电容式物位传感器是根据圆筒形电容器原理进行工作的，结构如图 1-3-59 所示。由两个长度为 L，半径分别为 R 和 r 的同轴圆柱极板组成的电容器，物料填充在两圆筒极板之间，其介电常数为 ε，物料高度 H 的变化会引起电容量 C 的变化，且成正比，即

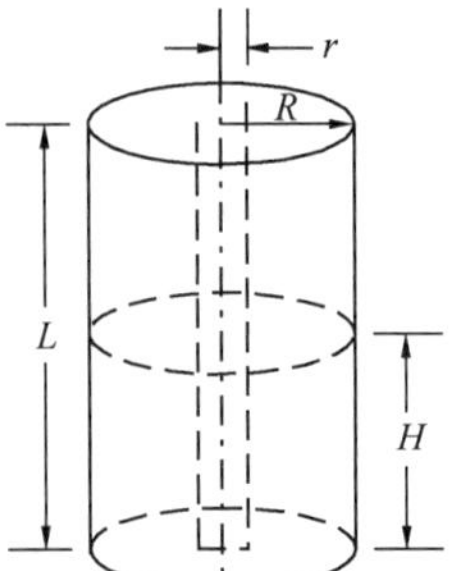

图 1-3-59　电容式物位传感器测量原理

$$C=\frac{2\pi\varepsilon H}{\ln\dfrac{R}{r}}$$

式中　C——电容器的电容量，F；

H——物位的高度，m；

ε——物料的介电常数，F/m；

R，r——圆柱极板的半径，m。

2. 液位的测量

对非导电介质液位测量的电容式液位计的传感器如图 1-3-60 所示，它用一个充电极作为内电极 1，用与内电极绝缘的同轴金属圆筒作为外电极 2，外电极上开有孔和槽，以便被测液体自由流动，内外电极间用绝缘材料 3 进行绝缘固定。

液位变化会引起电容的变化，即

$$C=\frac{2\pi(\varepsilon-\varepsilon_0)}{\ln\frac{R}{r}}H=SH$$

式中 ε_0——空气介电常数，F/m；

ε——被测液体的介电常数，F/m；

S——仪表的灵敏度。$(\varepsilon-\varepsilon_0)$越大，灵敏度越高。在制作电容传感器时使 R 接近于 r，也可提高仪表的灵敏度。

3. 料位的测量

对于非导电固体物料的料位测量，采用电极棒和容器壁组成电容器的两极，如图 1-3-61所示。还可以用电容物位计测量导电和非导电液体及两种介电常数不同的非导电液体之间的界面。

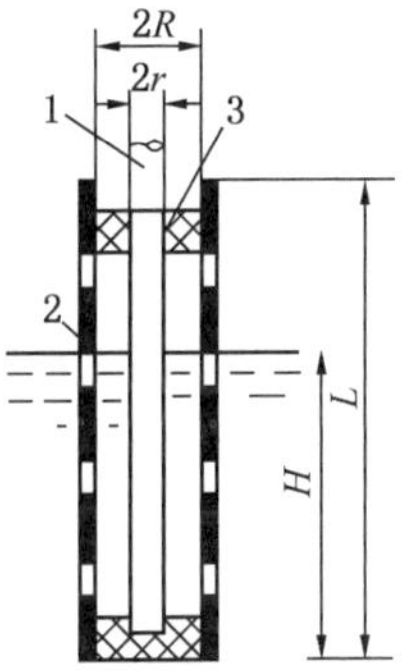

图 1-3-60　非导电液位测量

1—内电极；2—外电极；3—绝缘材料

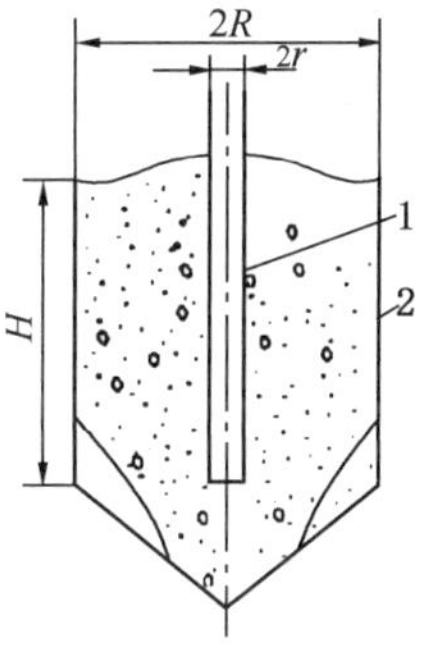

图 1-3-61　非导电料位测量

1—金属内电极；2　容器壁

电容物位计结构简单，电容量变化较小，需要较复杂的电子线路来实现准确测量。要及时修正介质浓度、湿度对介电系数的影响，以保证测量的准确性。

3.4.8　音叉物位开关

音叉物位开关结构简单，稳定可靠；抗干扰能力强；灵敏度很高，广泛用于对液位、固体粉尘和小颗粒物料的料位进行测量、控制和报警联锁。

音叉物位开关由音叉和电子电路两部分组成。在音叉底部有两组压电晶体陶瓷片，其中一组为驱动片，另一组为检测片。驱动片利用逆压电效应将交变电压变换成交变力，驱动振动膜和音叉产生振动；检测片利用压电晶体的压电效应，将音叉和振动膜的振动变换成电压信号。

当音叉没有触及物位时，音叉受激振动，电子线路输出为无物位信号；当物位升高触及音叉，则振动停止，电子线路输出有物位信号。音叉物位开关的输出信号是干接点的开关量信号。

校验音叉物位开关时要将叉股向上放置。通电观察音叉端部振动，用手轻触音叉端部时应有颤抖感。当按压音叉端部强迫它停止振动后，输出接点的通断应发生改变。振、停反复多次，音叉物位开关的输出接点都有相应的变化，则表明该音叉物位开关工作正常，校验合格。

音叉物位开关在使用中要注意的是：不要让音叉的端部粘上物料，影响音叉的振动，产生误动作。在安装、拆卸和搬运时不能敲击、碰撞音叉。

3.5 成分及物性检测仪表

成分及物性检测仪表又称在线分析仪表，是用于工业生产中连续或周期性检测物质化学成分或某些物性的自动分析仪表。

按照使用目的分类，成分及物性检测仪表一般可分为三类：

① 生产过程监控类：主要用于测量物料组成或某些物性，保证生产过程正常运行，提高产品的产量和质量，如红外分析仪表、氧分析仪表、在线色谱分析仪表、馏程分析仪表等。

② 装置和人身安全检测类：主要用于测量环境气体中可燃气体或有毒气体浓度，当可燃气体和有毒气体的浓度达到报警限值时报警，以便操作人员采取措施，如可燃气体报警仪、有毒气体报警仪、氧气报警仪等。

③ 环境监测类：用于环境气体和水质监测，主要包括空气和废气在线监测仪表、污染源和环境水质在线监测仪表等。

按工作原理分类，在线分析仪表可分为电化学式分析仪表、热学式分析仪表、磁学式分析仪表、光学式分析仪表、色谱式分析仪表、射线式分析仪表、物性测量仪表等。

3.5.1 在线氧分析仪表

在线氧分析仪表广泛应用于石油化工行业中混合气体内氧含量的检测。按照测量原理不同，氧分析仪表一般可分为顺磁式氧分析仪表、氧化锆式氧分析仪表、电化学式氧分析仪表和激光式氧分析仪表。

1. 顺磁式氧分析仪表

任何物质在外界磁场的作用下都会被磁化，不同的物质受磁化的程度不同，一般用磁化强度 M 来表示：

$$M=kH$$

式中 M——磁化强度，A/m；

H——外磁场强度，A/m；

k——物质的体积磁化率。

k 的物理意义是在单位磁场强度作用下，单位体积物质的磁化强度。体积磁化率 $k>0$ 称为顺磁性物质，在外磁场中会被吸引；体积磁化率 $k<0$ 称为逆磁性物质，在外磁场中被排斥。k 的绝对值越大，吸引力或排斥力越大。

氧气是顺磁性物质，能够被磁场吸引，且其体积磁化率比其他气体大得多，当被测气体处于磁场中时，如有氧分子存在，就会迅速地向磁场方向移动，顺磁式氧分析仪表就是根据这一特性制成的测量气体中氧含量的仪器。

在含氧的混合气体（含有大量 NO、NO_2 等氮氧化物除外）中，除氧以外其余各组分的体积磁化率都很小，混合气体的体积磁化率基本上取决于氧的体积磁化率及其体积分数。氧的体积磁化率在一定温度下是已知的固定值，因此只要能测得混合气体的体积磁化率，就可以得到混合气体中氧的体积分数。

气体的体积磁化率还与温度、压力有关。顺磁性气体的体积磁化率与压力成正比，与热力学温度的平方成反比。因此在气体压力增高时，氧气的体积磁化率相应增大；而气体温度升高时，氧气的体积磁化率急剧下降。

按照工作原理不同，顺磁式氧分析仪表分为三种类型，分别是热磁式氧分析仪表、磁力机械式氧分析仪表和磁压式氧分析仪表。

（1）热磁式氧分析仪表

热磁式氧分析仪表是基于氧气的体积磁化率大且其磁化率随温度升高而急剧降低的特性制成的。

氧气在不均匀磁场中受到吸引而流向磁场较强处，在该处设置热敏元件进行加热，使此处氧的温度升高而磁化率下降，磁场吸引力减小，受后面磁化率较高的未被加热的氧分子推挤而排出磁场，由此形成"热磁对流"或"磁风"。被测气体中氧含量越高，形成的"磁风"越强，带走热敏元件的热量就越多，热敏元件的阻值变化就越大，测量桥路的输出变化就越大，即测量桥路输出信号的变化量就反映了被测气体中氧含量的多少。

热磁式氧分析仪表由发送器（检测器）、测量电路及显示单元组成，其检测器热磁对流的形式有内对流和外对流两种。

内对流式热磁氧分析仪表检测器的热敏元件与被测气体之间是隔绝的，通过薄壁石英玻璃管进行热交换，热磁对流在热敏元件内部进行，热敏元件不与被测气体直接接触，不会与被测气体发生任何化学反应，也不会受到被测气体的污染和侵蚀，因此结构简单，但热量传递受到一定影响，增加了测量滞后时间，灵敏度也较低。

外对流式热磁氧分析仪表检测器的热敏元件与被测气体之间直接接触换热，热磁对流在热敏元件外部进行，测量滞后小，灵敏度高，但结构比较复杂，不利于制造和调整，并且需要参比气。

热磁式氧分析仪表的特点：选择性高，响应时间快，稳定性好，测量范围广，在0~100%O_2范围内均可测量。

使用注意事项：

① 被测气体中不能含有NO、NO_2等磁导率较高的组分，否则分析仪表会产生较大的测量误差。

② 由于气体的导热系数对热敏元件的散热有影响，如果被测气体中含有导热性较大的气体（如H_2），将产生较大的干扰。若干扰气体含量稳定，可在校正时进行补偿修正，若干扰气体含量经常变化应预先清除，以免影响测量的准确性。

③ 被测气体的温度直接影响热敏元件的温度，对氧含量的测量有直接影响，因此被测气体的温度不能变化太大，要降到分析仪表的工作范围内。

④ 对流式热磁氧分析仪表对样品气的流量较为敏感，因此样品预处理系统中最好能设置稳流装置，保证样品气流量的稳定。

（2）磁力机械式氧分析仪表

磁力机械式氧分析仪表是利用氧在磁场中被吸引并产生相应的密度梯度的特性制成的。工作原理和结构如图1-3-62所示。在一个相对密闭的气室中，装有两对非均匀磁场的磁极，它们磁场强度的梯度正好相反。通过金属带将两个体积相等的空心球（俗称哑铃，内充纯氮气或氩气）悬置于两对磁极的间隙中，空心球可以金属带为轴转动。在哑铃与金属带交点处装一面反射镜，将一束稳定光聚集在反射镜上，经反射后光射在一对差动连接的光电池上。当样品气进入气室后，气体中氧分子被磁场吸引，向磁场靠拢，这样磁场强的区域氧分子密度就较大，磁场弱的区域氧分子密度较小，从而在磁场强弱的梯度方向上产生一个正比于氧含量的压力差，这个压力差使空心球受到一个推力的作用而发生偏转，带动反射镜也发生偏转，使得两块光电池的光照不相等，因此产生电流，该电流与被测气体中的氧含量成正比，经放大后作为信号输出。

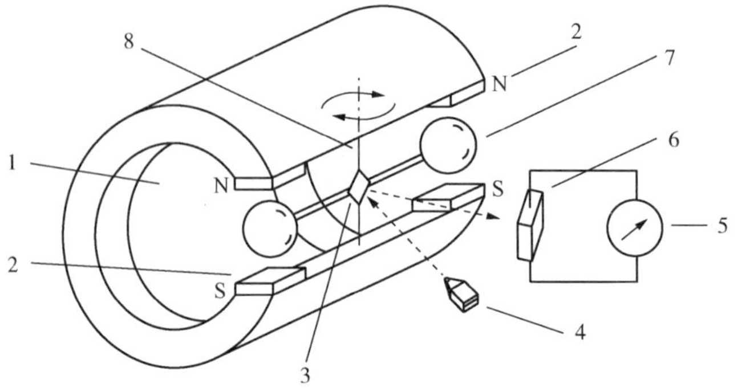

图 1-3-62　磁力机械式氧分析仪表工作原理和结构示意图

1—密闭气室；2—磁极；3—反射镜；4—光源；5—电流表；6—光电池；7—空心球体；8—金属带

磁力机械式氧分析仪表的特点：测量室内无热源存在，不受被测气体导热性变化、密度变化等影响，在0~100%O_2范围内线性刻度，测量准确度较高，测量误差可低至±0.1% O_2；灵敏度高，不仅可以用于常量氧的测量，还可用于微量氧(O_2‰级)的测量，常用于生产过程中联锁控制。

使用注意事项：

① 磁力机械式氧分析仪表对测量室内的系统压力较为敏感，因此，不仅要保证分析仪表进口压力的稳定，还要保证分析仪表出口压力的稳定。

② 在样品预处理的过程中需要除去一些会对测量带来严重干扰的强顺磁性气体、较强逆磁性气体、水分及杂质。

③ 振动会削弱磁性材料的磁场强度，因此分析仪表安装位置应避开振源，或采取必要的防振措施，防止振动干扰。

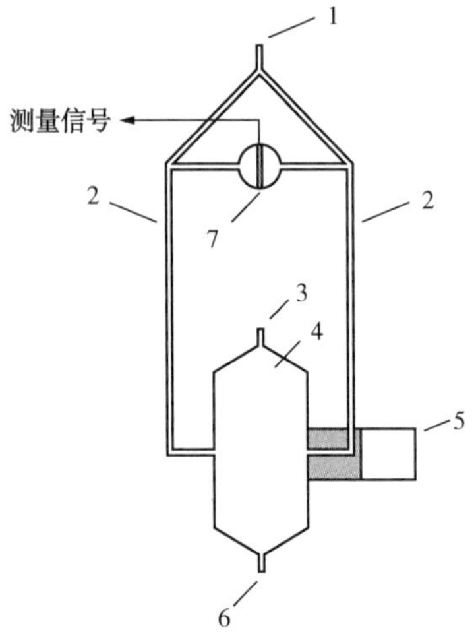

图 1-3-63　磁压式氧分析仪表工作原理图

1—参比气入口；2—参比气通道；3—样品气入口；4—测量室；5—电磁铁；6—混合气出口；7—微电流传感器

(3) 磁压式氧分析仪表

磁压式氧分析仪表是根据被测气体在磁场作用下压力的变化来测量氧含量的。

不同氧含量的两种气体处于同一磁场时，它们之间会产生一个压力差，这个压力差同这两种气体氧含量的差值成正比。如果一种气体为氧含量已知的参比气，测出压差即可知另一气体(样品气)中氧的含量。

图 1-3-63 为磁压式氧分析仪表工作原理示意图。样品气从入口 3 进入测量室 4，参比气经入口 1 进入后分两

路经参比气通道 2 进入测量室 4，在参比气的两个通道之间有微电流传感器 7。测量开始前，两路参比气压力相等，微电流传感器无信号输出。当电磁铁 5 通电励磁时，其周围形成一个磁场，导致样品气中的氧分子被吸引，朝磁场强度较大的右侧运行，并推动参比气逆时针流动，穿过微电流传感器 7 并产生输出信号。当电磁铁 5 断电去磁时，磁场消失，由于参比气的设定压力比样品气高，参比气右通道中的气体反向顺时针流回测量室，微电流传感器 7 产生与之前相反的输出信号。当采用一定频率的通断电流对电磁铁反复励磁和消磁时，便可以测得交流波动信号，信号波动的幅值正比于样品气中的氧气含量。

使用注意事项：

① 当用空气作为参比气时，必须使用新鲜干燥的空气，否则会给仪表带来较大的测量误差。

② 参比气一般用纯氮、空气和纯氧。参比气与样品气中的氧含量之差最好不超过 50%(体)。当测量范围为 0～x%O_2(测量下限 O_2 为 0)时，用 N_2作参比气；当测量范围为 x%～100%O_2(测量上限 O_2为 100%)时，用 O_2作参比气；当测量范围在 21%O_2附近时(如 20%～30%O_2时)，用空气作参比气。

③ 零位校准时需通入参比气体(或通入和参比气体组成相同的零点气)，量程校准和其他氧分析仪表相同。

2. 氧化锆式氧分析仪表

氧化锆式氧分析仪表广泛应用于烟气或炉膛中氧含量的监测，对燃烧过程中所产生的烟气含氧量进行快速、准确的在线检测及分析，以实现低氧燃烧控制，达到节能减排、减少环境污染的目的。

(1) 工作原理

氧化锆式氧分析仪表是利用氧化锆管在高温下，由于管内外氧分压不同而形成氧浓差电池来进行测量的。

如图 1-3-64 所示，在一块氧化锆两侧分别附以多孔的铂电极，并使其处于 650℃以上时，如果一侧通入参比气体(空气)，其氧分压为p_1(已知)，一侧通入被测气体，其氧分压为p_2(未知)，两侧气体中的含氧量不同，那么在两电极间就会产生电动势，此电动势是由于固体电解质两侧气体的含氧浓度不同而产生的，故称为氧浓差电势。此电势的大小与氧化锆两侧的氧分压和工作温度呈函数关系，符合能斯特(Nernst)方程：

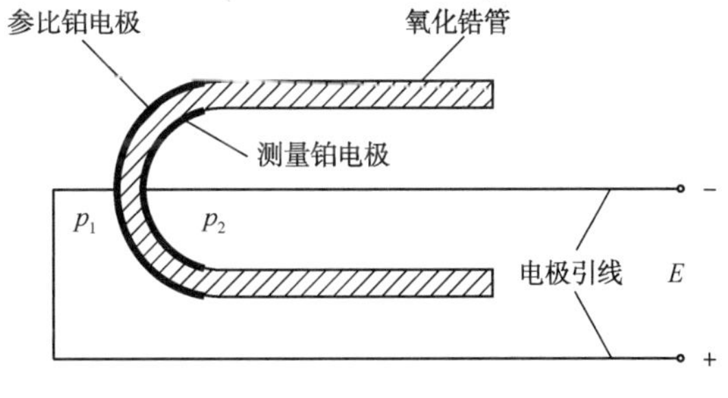

图 1-3-64　氧化锆原理图

$$E=\frac{RT}{NF}\ln\frac{p_1}{p_2}$$

式中　E——氧浓差电池电势，mV；

R——理想气体常数；

T——绝对温度，K；

N——参加反应的电子数(对氧而言，N=4)；

F——法拉第常数；

p_1——参比气体(一般为空气)氧分压，Pa；

p_2——被测气体氧分压，Pa。

当氧化锆处的温度被加热至750℃时，上式可变成：

$$E=50.74\lg\frac{p_1}{p_2}$$

即如果把氧化锆元件加热到规定的温度(750℃)，被测气体中的氧分压和参比气中的氧分压之比的对数与电动势 E 成正比，因而只要测得电动势 E，就可知被测气体中的氧分压，也即含氧量。

(2) 结构组成

氧化锆式氧分析仪表主要由探头和变送器两大部分组成。

探头主要由检测元件氧化锆、加热炉、热电偶等组成。氧化锆是探头的核心部件，由它产生氧浓差电势，加热炉的作用是提供氧化锆正常工作所需的温度(一般为750℃)，热电偶用于氧化锆工作温度检测。

变送器对来自氧探头的氧电势信号进行数据处理，得出氧含量，同时系统可实行氧电势、探头温度、校正系统数值的显示，并对加热炉进行恒温控制，且辅以断偶、超温保护等功能，确保系统可靠工作。

根据氧化锆探头的结构形式和安装形式不同，氧化锆分析仪表一般分为直插式、抽吸式。

(3) 特点

氧化锆式氧分析仪表具有结构简单、响应时间短(0.1～0.2s)、测量范围宽(10^{-6}～10^{-2})、使用温度高(600～1200℃)、运行可靠、安装方便、维护量小等特点。

(4) 使用注意事项

① 由于锆管是陶瓷烧结体，安装、使用时必须避免剧烈振动，以免损坏锆管。

② CO、H_2、CH_4等可燃及还原性气体在高温下会消耗掉一部分氧，从而使氧含量测量值偏低，应选择无这些气体的地点安装。

③ 连接点、焊点、阀门等处的不严密，会导致空气中的氧反渗进入管道及氧分析仪表内部，从而得出含氧量偏高的结果，因此要保证氧化锆分析仪表气路严密。

④ 新投用或装置检修后分析仪表重新送电后，宜预热24h后再进行标准气校准。这是因为探头内会存在一些吸附水分或可燃性物质，开机后，在高温下，会出现吸附水分蒸发、可燃性物质燃烧，将消耗参比侧电池中的参比空气，导致参比空气的氧含量低于正常值20.6%，会出现检测器信号偏低，甚至出现负信号，造成投用后测量的氧含量值偏高，甚至大于20.6%的现象。所以应等到检测器内部的水分和可燃性物质被新鲜空气置换干净后，才能使测量准确。

⑤ 校准时，不宜使用纯 N_2作为零点气，通常零点气宜为满量程的10%，因为纯 N_2校验吹扫时间太长，又不易吹到位。

3. 燃料电池式氧分析仪表

燃料电池式氧分析仪表是一种电化学式氧分析仪表，利用氧在电池电极上发生反应产生电流的方法测定气体中的氧含量，其结构简单、操作简便、实用性强，广泛用于微量氧和常量氧分析。

(1) 工作原理和结构

燃料电池是此类氧分析仪表的传感器，主要由阴极、阳极和电解质等组成。燃料电池的阴极一般采用对氧有催化还原活性的金属材料，例如铂、银、金、铑等，其中银应用得较多，阳极一般采用不能极化且能与氧发生化学反应的材料，如铅、铜、镉、碳等，铅应用得较多；燃料电池中电解质的主要作用是传递电极反应所需的离子，以及能够导电并隔离两极的反应物质。

图 1-3-65 所示的燃料电池式氧分析仪表原理图中，燃料电池传感器由银阴极+铅阳极+KOH 碱性电解液组成，被测气体经过渗透膜进入薄层电解质，气样中的氧在电池中进行下述电化学反应：

银阴极　　　　　$O_2+2H_2O+4e^- \longrightarrow 4OH^-$

铅阳极　　　　　$2Pb+4OH^- \longrightarrow 2PbO+2H_2O+4e^-$

电池的综合反应　$O_2+2Pb \longrightarrow 2PbO$

此反应是不可逆的，OH^-离子流产生的电流与气样中的氧浓度成正比，在没有氧存在时不会发生反应，也不会产生电流，传感器具有绝对零点。阳极的铅（Pb）在反应中不断地变成氧化铅，直至铅电极耗尽为止，因而电池需要定期更换。

燃料电池式传感器种类很多，根据电解质的状态可分为液态和固态（糊状）；根据电解质的性质可分碱性和酸性；而根据样品气与燃料电池的接触方式可分为裸露式与隔膜式。

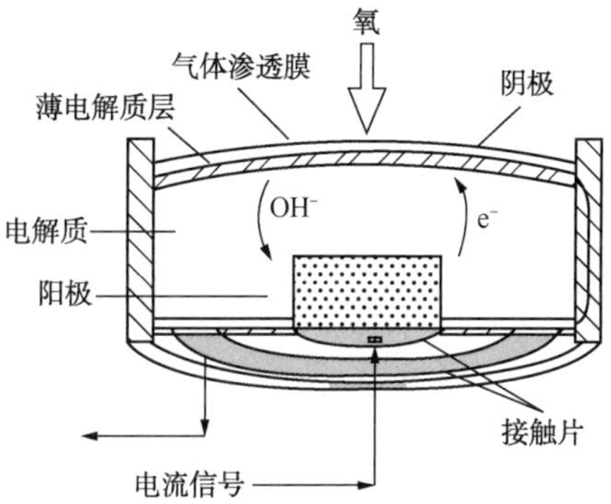

图 1-3-65　燃料电池式氧分析仪表原理图

燃料电池式氧分析仪表主要由采样及样品预处理系统、传感器、信号处理及显示单元组成。

（2）性能特点

使用过程中无须更换电解质、清洗电极，当传感器失效时，只需更换即可；测量下限可达 0.1×10^{-6}，适合于微量氧的检测，如氮、氩、氦等高纯气体中微量氧含量的测量。

（3）使用注意事项

① 燃料电池为消耗型检测器，其使用寿命取决于流经传感器的氧累计量。阳极在测量中不断反应消耗，一旦耗尽，燃料电池即失效，须更换。

② 当燃料电池中电解质为碱性时，不适用于酸性气体检测；当电解质为酸性时，不适用于碱性气体检测。

③ 当工作温度低于 0℃时，为防止电解液冻结而使导电性能降低，必须进行加热或保温处理。

④ 隔膜式燃料电池在使用过程中应避免发生样品气超压或压力突变的现象，这些都将可能造成渗透膜破裂，进而造成传感器立即失效。

⑤ 燃料电池的测量信号不但与样品气中的氧浓度有关系，还与样品气的压力成正比。因此必须使燃料电池尽可能处于稳压状态，读数才能够准确。

⑥ 取样管道应进行严格的泄漏检查，防止因取样管道泄漏造成环境空气中氧分子渗入取样管道，从而改变样品气中氧含量。

⑦ 当样品气中氧含量超过分析仪表的最大设计量程或分析仪表停用时，应封闭燃料电池或通入氧含量较低的气体将传感器保护起来，以防空气中的氧渗透到传感器，造成燃料电池不必要的消耗。

4. 激光式氧分析仪表

激光式氧分析仪表属于激光式气体分析仪表，该类型气体分析仪表是利用半导体激光光谱吸收技术(DLAS，Diode Laser Absorption Spectroscopy)来测得气体的浓度。

(1) 测量原理

半导体激光器发射的特定波长的激光束穿过被测气体时，被测气体对激光束进行吸收，导致激光强度衰减(激光强度的衰减与被测气体的浓度成正比)，通过测量激光强度衰减情况，从而测得被测气体的浓度。

与传统红外光谱技术相同，DLAS 技术本质上是一种吸收光谱技术，通过分析光被气体的选择吸收来获得气体浓度。但它采用的半导体激光光源的光谱，宽度远小于气体吸收谱线的展宽，因此 DLAS 技术是一种高分辨率的吸收光谱技术。

(2) 组成

激光式气体分析仪表主要由发射单元、接收单元、信息处理单元及吹扫单元等组成。

发射单元发射出特定频率的激光，激光束通过被测气体后到达接收单元，激光束的能量被气体分子吸收而发生衰减，被接收单元中的传感器接收，接收单元将检测到的信号传送到中央处理单元，中央处理单元进行光谱计算，完成对被测气体氧含量测定并输出相应的信号，发射单元通常还支持被测气体温度、压力信号输入，实时获取被测气体的温度和压力变化，实现高准确度测量。吹扫单元可对发射单元、接收单元光学视窗进行连续、稳定的吹扫保护，降低光学视窗被污染的可能性，同时减少用户维护工作量。

(3) 性能特点

直接安装，无须采样，也无须样品气处理系统，恶劣环境适应能力强，具有测量准确、响应快速、维护量小、操作简单等特点。

(4) 使用注意事项

① 安装位置需选在一段直管道上，在测量点前、后的直管道长度应满足分析仪表的使用要求，一般测量点前直管道长度为管道直径的 2 倍(最好 5 倍)以上，在测量点后的直管道长度为管道直径的 0.5 倍(最好 2 倍)以上。

② 激光分析仪表的光学视窗一般用石英玻璃制成，进行维护时只需用干净的擦镜布或擦镜纸擦拭，使视窗表面无明显污迹即可。

③ 在完成光路调整之后，要将光路调节机构上的紧固螺栓锁紧，防止因振动等造成松动。

④ 因为未对样品气进行处理，须考虑介质对设备材质的腐蚀问题。

3.5.2 红外线气体分析仪表

气体检测分析仪表种类较多，红外线气体分析仪表是其中一种，具有灵敏度高、反应速度快、监测范围宽、分析准确度高、稳定性好、使用寿命长等优点，在石油化工领域应用广泛。

(1) 工作原理

红外线是电磁波谱中的一段，波长在 0.8~400μm 之间，红外线气体分析仪表主要利用其中介于 1~25μm 之间的一小段光谱。各种多原子的气体，对红外线的辐射能具有一定的吸收能力，但不是在红外波段的整个频谱范围内都吸收，而是对波长具有选择性，即某一种气体只对某一段或某几段红外线光谱的辐射能具有吸收能力，这些波段称为特征吸收波段。不同的气体具有不同的特征吸收波段，如 CO_2气体能吸收的红外线波长(又称为特征吸收波长)为 2.78μm、4.26μm，CH_4的特征吸收波长为 3.3μm 和 7.65μm。

红外线被气体吸收后，其强度将会减弱，根据朗伯-比尔定律：

$$I=I_0 e^{-KCL}$$

式中 I——红外线被吸收后的射线强度，W；

I_0——红外线被吸收前的射线强度，W；

K——被测组分的吸收系数；

C——被测组分的浓度，mol/L；

L——光线通过被测组分的长度，cm。

即红外线被介质吸收后强度的减弱程度与介质的特性和浓度呈指数关系，当I_0、K、L一定时，辐射强度的变化只与被测组分的浓度 C 有关。因此采用红外线分析仪表分析气体含量，就是使红外线通过装在一定长度容器内的被测气体，测定通过气体后的红外线辐射强度 I，然后根据朗伯-比尔定律，确定被测气体的浓度。当 KCL 很小时，上式可以近似为线性关系，即

$$I=I_0(1-KCL)$$

因此，测出红外线通过待测组分后的平均光强度 I，就能知道待测组分的浓度。为保证分析仪表的读数与浓度呈线性关系，当待测组分的浓度较大时，选用较短的气室；而当待测组分的浓度较小时，选用较长的气室。

气体分子对红外光的选择性吸收和朗伯-比尔定律是红外气体分析的基础。

气体吸收了红外线光谱辐射能后，一部分可转变成热能，使气体分子的温度或压力升高，这种温度或压力的变化可以直接或间接地检测出来，进而测得被测组分的含量。

（2）类型和结构

红外线气体分析仪表可分为分光型和非分光型两种，工业领域在线应用以非分光型红外气体分析仪表为主。非分光型红外气体分析仪表将光源的连续光谱全部投射到样品气上，由待测组分吸收其特征波长的红外线。

分析仪表主要由光学系统、检测器和测量电路组成，光学系统包括红外辐射光源、反射体、切光装置、测量气室、参比气室、滤波气室等部件。常用的检测器有薄膜检测器、微电流检测器，这两种检测器都是靠压力差工作的，这个压力差来源于测量光路和参比光路红外辐射的能量差。测量电路的作用是将检测器电参数的变化转换成电压或电流输出。

图 1-3-66 是非分光型红外分析仪表的结构简图，其工作过程：由辐射光源的灯丝发出一定波长范围的红外线，同步电机带动的切光片周期性断续遮挡光源，使其转变成脉冲式红外线，其频率在 3~25Hz。设计时使穿过测量气室和参比气室的光能量基本相等。参比气室密封的是不吸收红外线的气体，如氮气，其作用是保证两束红外线的光学长度相等，即几何长度加上通过的窗口数相等，以免造成系统误差。气室的一半是测量气室，另一半是参比气室，经过参比气室的红外线，波长和范围基本不变；经过测量气室的红外线，因测量气室中的待测组分按照其特征吸收波长吸收相应的红外线，其光强会减弱。在切光片的交替作用下，测量引起的检测器内的压力变化（待测组分吸收红外线能量后，气体分子的热运行加强，产生热膨胀，形成压力变化），这个压力差被检测并送到前置放大器进行处理，输出的电流大小就代表了待测组分含量的大小。

另外，当有干扰组分存在时，红外线分析还要设置滤波气室，气室内充以起干扰作用的气体，同时在参比气室充以干扰组分代替氮气，这样两个红外线光束通过滤波气室及参比气室后，把干扰组分能吸收的红外线全部吸收掉，最后进入检测器的两束红外线能量的差值，

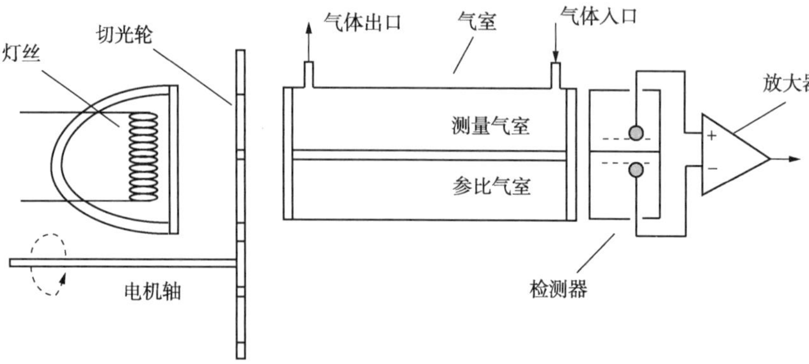

图 1-3-66 非分光型红外分析仪表结构简图

只是由经过参比气室没有被待测组分所吸收的红外线，与测量气室中被待测组分吸收后的红外线两者之差值，此差值大小与待测组分含量多少成正比。

模块式多组分红外线分析仪表将多个检测器模块组装在一个壳体内，共用一个信号处理平台，可以实现一台分析仪表进行多组分分析的功能，大大降低了仪器的制造成本。适用于混合气体中多组分测量(如烟气排放监测)，或者取样点比较集中的场合。参与控制或对工艺操作有重要作用的关键组分，不宜采用这种模块式多组分红外线分析仪表。

（3）特点

① 测量多种气体，如 CO、CO_2、NO、NO_2、NH_3等无机物，CH_4、C_2H_4等烷烃、烯烃和其他烃类及有机物都可用红外线分析仪表进行测量。

② 测量范围宽，可分析气体上限达 100%，下限达 10^{-6}级的浓度。

③ 灵敏度高，能分辨出气体浓度的微小变化。

④ 测量准确度高，一般在量程的±2%，有些分析仪表达到或优于±1%，且稳定性好。

⑤ 反应快，从读数 0 到所测气体浓度的 90%所用时间(T90)一般在 10s 以内。

⑥ 有良好的选择性，特别适合于多组分混合气体中某一待测组分的测量。

（4）使用注意事项

① 非分光型红外分析仪表不能测量单原子的惰性气体和具有对称结构无极性的双原子分子气体(N_2、H_2、O_2、Cl_2等)的含量。

② 样品处理系统运行要正常，应定期清洗或更换过滤器，每天检查样品气的流量、压力、温度是否符合要求，保证进入分析仪表的样品气清洁、干燥、无腐蚀性，样品管线无泄漏。

③ 采样单元的窗口清洁应利用脱脂棉、镜头纸、洗涤剂或合适的溶剂，避免使用腐蚀性的清洗化合物，以防损坏光学表面；窗口应保持光学清洁，即无污垢、划痕、灰尘、指纹等。

④ 定期对分析仪表进行零点和量程校准；若仪器长时间处于停机状态，应断电，并将进气阀置于切断位置。

3.5.3 可燃及有毒气体探测器

在石油化工等生产过程中，可燃气体和有毒气体探测器能够有效对危险场所的可燃气体和有毒气体泄漏情况进行实时检测并发出报警信号，在保障人身安全和生产安全方面发挥着重要作用。

可燃及有毒气体探测器有固定式、移动式和便携式，本节仅介绍固定式。

1. 可燃及有毒气体探测器组成

可燃及有毒气体探测器由气体检测器、放大器及信息处理单元、报警单元和供电单元等组成。

① 气体检测器　又称传感器，可将可燃气体、有毒气体的浓度变换成电信号，送放大器及信息处理单元。

按采样方式不同，可分为扩散式和吸入式两种结构，扩散式是指被测气体自然扩散进入检测器内，这种结构最为普遍，但其反应速度较慢，测量结果易受风向、风速等环境条件和安装位置的影响。吸入式检测器带有一个吸入采样装置，该装置主要用于被测气体采样并对样品进行必要的预处理，如过滤、除水、冷却降温、去除有害组分及干扰组分等，这种结构的检测器反应速度快，且不受环境条件的影响，缺点是有效检测范围(覆盖面)较小，且结构复杂，成本较高。

② 放大器及信息处理单元　对检测器检测的电信号进行放大、信息处理、显示，并送入声光报警单元。

③ 报警单元　接收放大器及信息处理单元的信号，通过扬声器、光报警器进行声、光报警。

④ 供电单元　提供检测器、放大器及信息处理器、声光报警器正常工作的电源。

2. 气体检测器类型及工作原理

(1) 催化燃烧式检测器

该类型检测器由检测元件(通常为铂丝)和补偿元件配对构成测量电桥，利用催化燃烧的热效应原理，在一定温度条件下，可燃气体在检测元件载体表面及催化剂的作用下发生无焰燃烧，燃烧热使铂丝线圈温度升高，其电阻值也相应增大，使平衡电桥失去平衡，输出不平衡电压，此电压与可燃性气体浓度相对应。

催化燃烧型检测器广泛应用于可燃气体报警器中，输出值在 0～100% LEL(Lower Explosion Limit，爆炸下限)范围内与可燃性气体浓度成正比。

(2) 红外线吸收式检测器

红外线吸收式检测器是基于某些气体对某一频段红外线有明显吸收能力，当被测气体(云)通过红外线光路，气体将吸收部分红外线，通过测量红外线能量的减少，达到检测气体浓度的目的。

红外线吸收式检测器主要用于可燃气体检测报警，同催化燃烧式检测器几乎可测所有可燃性气体相比，红外线吸收式检测器只适用于碳氢化合物测量。

(3) 半导体气敏式检测器

半导体气敏式检测器采用了灵敏度较高的气敏半导体元件为检测元件，在测量电路中，半导体气敏元件作为平衡电桥的测量臂，当有被测气体通过气敏元件的表面时，其电阻值随被测气体浓度变化而变化，从而使电桥失去平衡，输出和被测气体浓度成正比的不平衡电压，由此可测得被测气体的浓度。

半导体气敏式检测器可用于低浓度可燃气体和一些有毒气体(如苯、二甲苯等)的检测，其成本较低、使用寿命较长(3~5 年)，但灵敏度低、定量精确度低(≥±10%量程)，受湿度影响较大，易受其他气体的干扰。

（4）电化学式检测器

电化学式检测器以定电位电解式检测器应用最广，其传感器是由电解质溶液和电极构成的化学电解池，被测气体通过渗透膜扩散到工作电极表面，在工作电极上发生氧化（或还原）反应，同时在反电极上发生还原（或氧化）反应，氧化还原反应产生的电流与被测气体的浓度成正比，对电流进行分析处理就能得到被测气体的浓度。

有毒气体探测报警器大部分使用电化学式检测器，由于不同气体电解电位不同，因此这类型检测器选择性好、灵敏度高，可以检测数十种毒性气体。

（5）光致电离式检测器

光致电离式检测器（PID，Photo Ionization Detectors）也称为光离子化检测器，其基本原理是被测气体分子在高能量紫外线照射下发生电离，形成相等数量的正、负离子，检测器检测到离子化气体电荷并将其转化为电流信号，电流强度反映了被测气体组分的浓度。

光致电离式检测器用于有毒气体检测，其准确度高、抗干扰性强，可以测量出含 C_1 ~ C_{10}（如萘）的大多数挥发有机化合物的蒸气浓度。缺点是结构复杂，成本较高，环境湿度和粉尘对测量效果影响较大，传感器使用寿命较短（一般为 1~2 年）。

3. 可燃气体和有毒气体检测报警系统

可燃气体和有毒气体检测报警系统 GDS 由可燃气体或有毒气体探测器、现场警报器、报警控制单元等组成。GB/T 50493—2019《石油化工可燃气体和有毒气体检测报警设计标准》中明确规定可燃气体和有毒气体检测报警系统应独立于其他系统设置。

现场警报器包括区域报警器和气体探测器自带的一体化声、光报警器。区域报警器按照生产设施及储运设施的装置或单元在现场分区域进行报警；气体探测器自带的一体化声、光报警器在该探测器检测到超过报警值的可燃或有毒气体时进行报警。

报警控制单元的主要作用包括：接收可燃气体和有毒气体探测器的输出信号，显示气体浓度并发出声、光报警，具有相对独立、互不影响的报警功能，能区分和识别报警场所位号；为可燃气体和有毒气体探测器及其附件供电，并具有记录、存储和显示功能等。

3.5.4 环境监测分析仪表

环境监测领域的在线分析仪表主要用于固定污染源废气废液的连续排放监测、环境空气质量的连续监测、水环境监测包括地表水和废水排放的监测等，提供了“控源减排”、环境保护等重要监测信息数据。

1. 烟气排放连续监测系统

固定污染源烟气排放连续监测系统（CEMS，Continuous Emission Monitoring System）是为适应固定污染源废气排放监测、污染物排放监管以及总量减排核算等国家环境管理需求而安装使用的一种污染物排放连续监测计量分析仪器。

（1）CEMS 的组成

CEMS 由颗粒物监测单元、气态污染物（SO_2、NO_x）监测单元、烟气参数监测单元、数据采集与处理单元组成，可以测量烟气中颗粒物浓度、气态污染物浓度、烟气参数（温度、压力、流速或流量、湿度、含氧量等），同时计算烟气中污染物排放速率和排放量，显示（或打印）和记录各种数据和参数，形成相关图表，并通过数据、图文等方式传输至管理部门。

1）颗粒物监测单元

颗粒物监测单元采用粉尘仪实时测量烟气中颗粒物的浓度，检测技术主要有原位式的光透射法、光散射法、接触电荷转移法，以及抽取式的光散射法、β射线法等，其中以高灵敏度、实时性好、能很好适应低浓度、超低浓度监测的光散射法颗粒物监测仪应用最为广泛。

光学透射法是根据可见光通过含有烟尘的烟气时，光强因烟尘的吸收和散射作用减弱这一特性，通过测定光束穿过烟气前后的光强比值来定量烟尘浓度。透射法颗粒分析仪表有单光程和双光程两种结构形式，单光程颗粒分析仪表的发射器和接收器分置于烟道两侧，测量光一次穿过烟道；双光程颗粒分析仪表的发射器和接收器置于烟道同一侧，反射器置于另一侧，测量光两次穿过烟道。该类型颗粒分析仪表测量范围宽，可达 $0\sim100g/m^3$，适合于燃煤锅炉等较高浓度烟尘测量，但对测量光路准直度要求极高，否则会产生较大的测量误差，且光学窗口污染后误差大，须设吹扫单元，定期用压缩空气对光路进行吹扫，减少颗粒物沉积造成的光强衰减。

光学散射法是根据红外光射向烟气时，烟尘对光产生散射，经烟尘散射的光强在一定范围内与烟尘浓度成正比的特性，测量散射光来定量烟尘浓度。根据接收器与光源所呈角度的大小，散射法测尘仪可分为前散射、后散射、90°散射三种结构形式，其中后散射式测尘仪应用较多。其测量范围一般为 $0\sim200mg/m^3$，适合于低浓度烟尘测量，灵敏度和测量准确度高，安装比较容易，同样光学窗口污染后误差较大，须设置反吹系统并经常维护。

透射法粉尘仪和散射法粉尘仪是测量点工况条件下的浓度，与测量点烟气的温度、压力和湿度有关，根据我国污染物排放标准，须换算成标准状态(0℃、101.3kPa)下干烟气的含尘量，此外，实测的烟尘排放浓度，还须按 GB/T 16157—1996《固定污染源排气中颗粒物测定与气态污染物采样方法》的规定进行过量空气系数折算。

近年来，为了解决烟气超低排放后通常需要在饱和湿烟气条件下准确测量低浓度颗粒物的难题，抽取式烟尘仪安装数量迅速增加，其技术路线是：将烟气从烟道抽取至一个测量腔室，通过加热或稀释的方法将烟气维持在露点温度以上，使待测烟气不含液态雾滴，从而对光学法烟尘仪不再产生干扰，然后再采用光散射原理或β射线方法进行颗粒物浓度的测量。

2）气态污染物监测单元

气态污染物监测单元用于测量气态 SO_2 和 NO_x 浓度，样品采样方式可分为完全抽取式、稀释抽取式和直接测量式，常用的检测方法有非分散红外吸收法、紫外吸收法、紫外荧光法和化学发光法(NO_x)。

完全抽取式：用采样泵直接抽取烟气样品送入分析仪表进行测量，样品在到达分析仪表之前经冷凝除湿，分析仪表测得的是干基样品中的污染物浓度。我国排放标准以干基排放的气态污染浓度计，所以目前国内安装的 CEMS 采样方式以完全抽取式居多。

稀释抽取式：用干燥、清洁的仪表空气作为动力源和稀释气，通过喷射泵抽取烟气样品并对其进行稀释，将稀释后的样品送入分析仪表进行测量，分析结果再折算回未稀释烟气中的浓度，分析仪表测得的是湿基样品中的污染物浓度。

直接测量式：是将分析仪表安装在烟道上(或烟道旁路上)，对烟气中的污染物直接进行测量的方式。它不需要抽取采样在烟道外进行分析，分析仪表测得的是湿基样品中的污染物浓度。

完全抽取式和直接测量式大多采用非分散红外分析仪表和紫外分光光度计，稀释抽取式则采用紫外荧光法 SO_2 分析仪表和化学发光法 NO_x 分析仪表。

非分散红外分析仪表可以测量烟气中多种组分的浓度，但不能测 NO_2 含量，所以需要用转换炉将 NO_2 转化为 NO，用 NO 的质量浓度反映 NO_x 的质量浓度，该方法要求 NO_2 在转化为

NO 过程中的转化率不小于 95%。

紫外吸收法可以同时测量 SO_2、NO 和 NO_2的质量浓度，无须 NO_2转换炉，而且该方法不受水分子光谱段的干扰，因此测量准确度较高。

紫外荧光法 SO_2分析仪表和化学发光法 NO_x分析仪表检测准确度高，可以达到 10^{-9}级的水平，适用于超低排放浓度的环境中 SO_2和 NO_x的浓度测量，且采样时不需要全程高温伴热，没有冷凝水析出，有利于节能降耗，降低运行和维护费用。

3）烟气参数监测子系统

烟气参数监测子系统是 CEMS 必不可少的重要组成部分，用于污染物排放浓度状态的转换、折算以及污染物排放速率、排放量的计算。烟气参数包括烟气温度、压力、流速或流量、湿度、含氧量等。CEMS 的测量准确性，不仅取决于污染物排放浓度在线分析系统的准确性，也取决于烟气参数在线监测数据的准确性。

烟气温度：是参与污染物浓度状态转换计算的重要参数，通常采用热电阻值或热电偶值。

烟气压力：用于污染物、流量的工况与标准状态之间的转换，一般采用压力变送器进行测量。

烟流速(流量)测量：用于排放速率和排放量的计算，是烟气参数的一个重要物理量，其测量准确度直接影响污染物排放总量的准确度。国内 CEMS 配套的烟气流速仪常用的有 S 形皮托管及平均压差皮托管(均速管)流量计、热式质量流量计及超声波流量计。采用皮托管法测量时，烟气流速应不小于 5m/s。

含氧量测量：含氧量是计算污染物排放折算浓度的重要参数，也是环境监督执法中判断污染物排放是否超标的重要参数。如前所述，常用的含氧量分析仪表主要有电化学式氧分析仪表、氧化锆分析仪表、顺磁式氧分析仪表。

烟气湿度测量：用于污染物干基浓度和湿基浓度的转换计算。常用的烟气湿度在线测量方法主要有电容法湿度传感器测定法和干湿氧测定法。

4）系统控制及数据采集处理子系统

系统控制及数据采集处理子系统控制 CEMS 系统的自动操作，采集并处理数据，计算烟气中污染物排放速率和排放量，显示、打印和记录各种数据和参数，形成相关图表，并通过数据、图文等方式传输至管理部门。

该子系统的硬件组成包括工控机、信号输入/输出模块、PLC、打印机、数据传输模块等。

（2）CEMS 的结构

CEMS 的结构一般包括取样和样品处理系统、测量分析系统、辅助系统，各组成部分的作用如下。

取样和样品处理系统：对烟道或烟囱内的烟气进行采集和传输，并在不改变污染物组成的前提下对烟气进行处理以满足后续分析测量的要求。

测量分析系统：对烟气中的各种参数进行准确测量和显示。

辅助系统：保障 CEMS 长期和自动监测的稳定性、准确性的辅助设备，一般包括反吹系统、排气排水系统、校准校验系统等。组成 CEMS 的分析仪表一般集成并安装在分析小屋内，并配置空调、通风换气、可燃和有毒气体检测报警等系统。

典型的完全抽取式 CEMS 系统构成如图 1-3-67 所示。

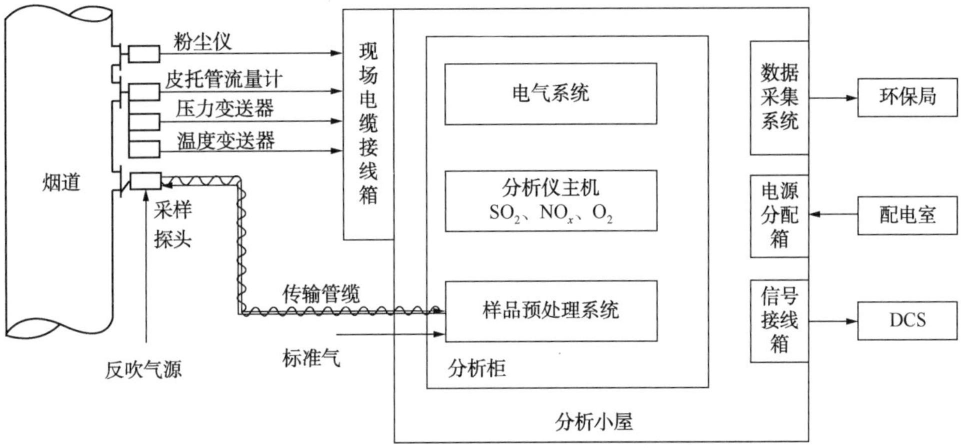

图 1-3-67　CEMS 构成示意图

2. 非甲烷总烃连续监测系统

石油化工行业使用非甲烷总烃(NMHC)作为挥发性有机物(VOCs)排放的综合控制指标，以满足 VOCs 废气排放监督和管理的需求。

非甲烷总烃通常是指除甲烷以外的所有可挥发的碳氢化合物。由于甲烷在大气有机化合物中占 70%~80%，又不参与光化学反应，对环境影响小，且自然环境中因生物代谢所产生的甲烷远大于人为排放，因此，对 VOCs 的排放监测和控制通常排除甲烷。

非甲烷总烃连续监测系统(NMHC-CEMS，Nonmethane Hydrocarbons Continuous Emission Monitoring System)为连续监测固定污染源废气中非甲烷总烃排放浓度和排放量的在线分析系统，该系统由非甲烷总烃监测单元、废气参数监测单元、数据采集与处理单元组成。系统测量废气中非甲烷总烃浓度、废气参数(温度、压力、流速或流量、湿度等)，对于含氧量参与污染物折算浓度计算的要同时测量含氧量，计算废气中污染物排放速率和排放量，显示和打印各种参数、图表，并通过数据、图文等方式传输至管理部门。

从结构上看，NMHC-CEMS 主要包括样品采集和传输装置、预处理设备、分析仪表、数据采集和传输设备以及其他辅助设备等。

NMHC-CEMS 测量非甲烷总烃通常采用气相色谱氢火焰离子化法，其原理是：样品经取样和预处理系统后进入气相色谱仪，分别在总烃色谱柱和甲烷色谱柱进行分离，然后分离出的待测有机组分依次被送入氢火焰离子检测器，在氢气和空气燃烧的火焰中被电离成带正电荷的离子和电子，其产生的微电流信号由信号放大器输出到色谱数据处理系统，然后根据总烃与甲烷的含量之差，即可测得非甲烷总烃含量。

3. 总有机碳测定仪

总有机碳(TOC，Total Organic Carbon)是以碳的含量表示水中有机物质的总量，结果以碳的浓度(mg/L)表示。水的 TOC 值越高，说明水中有机物含量越高，因此 TOC 是评价水质有机污染的指标。TOC 测定仪广泛用于污水排放和地表水自动、连续监测，及时、准确地掌握污水和地表水水质及其变化情况。

测定 TOC 的方法主要有直接燃烧氧化-NDIR 法(Non-Dispersive InfraRed，非分散红外法)和紫外/过硫酸盐催化氧化-NDIR 法两种，其中直接燃烧氧化-NDIR 法应用较广。

（1）直接燃烧氧化-NDIR 法

将溶液中有机碳经氧化转化为二氧化碳，在消除干扰物质后由检测器测得二氧化碳含量。利用有机碳之间碳含量的对应关系，对溶液中的 TOC 进行定量测定，又分为差减测定法和直接测定法。

差减测定法：将试样连同净化气体分别导入高温燃烧管和低温反应管中，经高温燃烧管的试样被高温催化氧化，其中的有机碳和无机碳均转化为二氧化碳，经低温反应管的试样被酸化后，其中的无机碳分解成二氧化碳，两种反应管中生成的二氧化碳被导入非分散红外检测器。在特定波长下，一定质量浓度范围内二氧化碳的红外线吸收强度与其质量浓度成正比，由此可对试样总碳和无机碳进行定量测定，总碳与无机碳之差即为 TOC，其测量流程如图 1-3-68 所示。

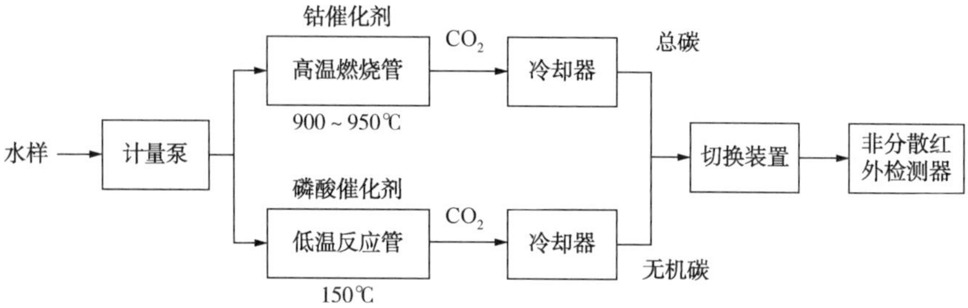

图 1-3-68　直接燃烧氧化-NDIR 法 TOC 测定仪测量流程

直接测定法：将均匀水样在曝气池内曝气除去无机碳，然后样品被送入装有金属催化剂的石英燃烧管中，样品中所有的有机物在高温燃烧管内完全燃烧成 CO_2 和 H_2O，去除气流中的水分后用非分散红外检测器测量二氧化碳含量，其含量与样品中的 TOC 成正比。

（2）紫外/过硫酸盐催化氧分-NDIR 法

在 95℃ 下用紫外/过硫酸盐氧化分解处理水样中的有机物，使其生成二氧化碳和水，通过气液分离和冷凝器排除水，余下二氧化碳用载气夹带至非分散红外检测器检测。这种方法的缺点是样品的氧化率不太稳定，使用不当会产生测量误差。

TOC 分析仪表主要由进样装置、反应器、气液分离器、非分散红外二氧化碳检测器、数据处理单元等组成。

3.6　轴系检测仪表与设备状态检测

石油化工生产中有大量的转动设备，如透平、压缩机、鼓风机等。这些设备的运行状况直接关系到生产装置的安全状况。为了确保大型转动设备的安全运行，必须对大型转动设备的运行状态进行监测、评估潜在风险，从而使设备在理想工况运行。

大型转动设备的运行状态主要通过转动轴的径向振动、轴向位移、转速和轴温等轴系参数反映出来，检测这些参数的仪表统称轴系检测仪表，其构成的检测系统称传感器系统。

基于传感器系统获取的原始数据，完成数据采集与处理、设备状态分析等任务，对大型转动设备提供连续的状态监测与保护的系统，称为设备状态监测系统。

3.6.1　轴系参数的检测

1. 传感器系统

传感器系统是将转动设备的位移量、振动量等转换为电量的机电转换装置。

传感器分为接触传感器和非接触传感器两种。接触传感器有速度传感器、加速度传感器等，这类传感器多用于非固定安装，只测取缸体机壳振动，其特点是传感器直接和被测物体接触。

非接触传感器不直接和被测物体接触，可以固定安装，直接监测转动部件的运行状态。非接触传感器种类很多，最常用的是永磁式趋近传感器和电涡流式趋近传感器(也称射频式趋近传感器)。电涡流式趋近传感器测量范围宽，动态响应好，长线传输抗干扰能力强，不受介质影响，结构简单，应用广泛。

下面介绍电涡流传感器系统的组成、特征和参数测量方法。

(1) 电涡流传感器系统的组成

典型的电涡流传感器系统主要包括传感器(又称探头)、延伸电缆和前置放大器(简称前置器)三部分，如图 1-3-69 所示。配置一套测量系统时，可选探头的型号较多。延伸电缆和前置放大器需根据探头来配套，型号变化较少。

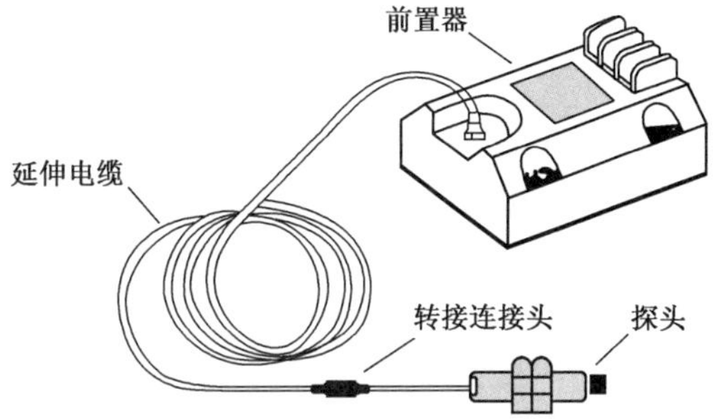

图 1-3-69　电涡流传感器系统的组成

探头通常由线圈、头部、壳体、高频电缆、高频接头组成，如图 1-3-70 所示。其中线圈是探头的核心，它是整个传感器系统的敏感元件，线圈的物理尺寸和电气参数决定传感器系统的线性量程以及探头的电气参数稳定性。

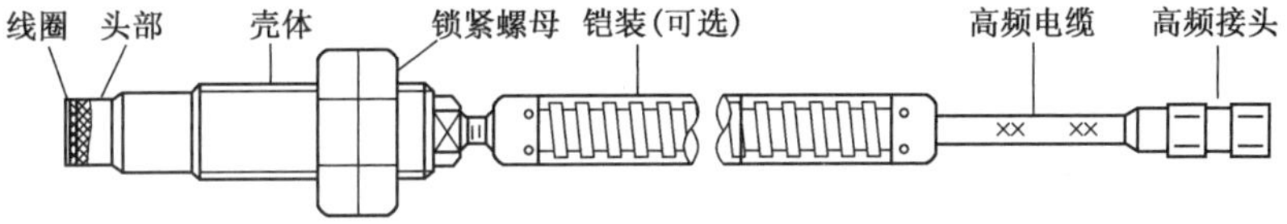

图 1-3-70　探头的结构

延伸电缆用于连接探头和前置器，其长度应根据前置器与安装在设备上的探头间的距离来选定。本特利内华达公司(Bently Nevada)传感器系统电缆总长度应为 5m 或 9m。

前置器实际上是一个电子信号处理器：一方面前置器为探头线圈提供高频电源以产生磁场；另一方面，前置器感受探头与被测金属导体间的间隙，产生随该间隙变化的输出电压或电流信号。前置器常有两种输出方式：一种是未经进一步处理的，在直流电压上叠加交流信号的“原始信号”，这是进行状态监测与故障诊断所需要的信号；另一种是经过进一步处理得到的 4~20mA 或 1~5V 的标准信号。

本特利内华达的轴系仪表采用负电压形式进行信号传送，以电源正极为信号的基准。

(2) 电涡流传感器的工作原理

根据麦克斯韦尔电磁场理论，传感器线圈中通入由前置器提供的 1~2MHz 的高频电流之后，线圈周围会产生高频磁场，该磁场穿过靠近它的转轴金属表面时，会在其中感应产生一个电涡流。根据楞次定律，这个变化的电涡流又会在它周围产生一个电涡流磁场，其方向和原线圈磁场的方向刚好相反，这两个磁场相叠加，将改变原线圈的阻抗。

在磁导率、激励电流强度、频率等参数不变的情况下，线圈阻抗与探头顶部到被测金属表面间隙之间呈比例关系。

只要设置一个测量变换电路，测出阻抗的变化，并转换成电压或电流输出，再用二次表显示出来，就可以反映间隙的变化。其输出与输入的关系为

$$U = K(X - X_0) + U_0$$

式中 U——前置器的输出电压，V；

U_0——测量范围下限 X_0 对应的电压值，V；

X——探头和观测面的间隙，mm；

X_0——测量范围下限，mm；

K——转换系数（ϕ5mm 探头为-7.87V/mm）。

本特利内华达公司的探头有几种规格，其中 ϕ5mm 及 ϕ8mm 探头是测量轴位移、轴振动的常用探头，其线性范围为 0.5～2.5mm，转换系数为 7.87V/mm，其特性曲线如图1-3-71所示。

电涡流传感器在检测径向振动的同时又能检测轴向位移，其检测原理基于电涡流传感器探头测出的与瞬时位移量 $X(t)$ 成正比的输出信号，包含有反映初始间隙的直流分量 X_0 和反映振动间隙的交流分量 $S(t)$，如图 1-3-72 所示。

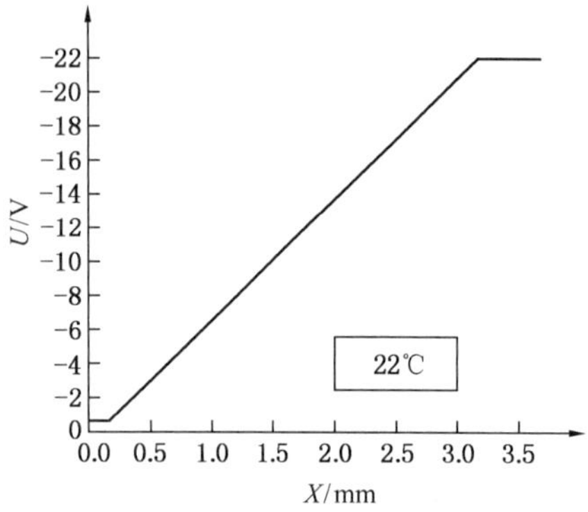

图 1-3-71　与位移成正比的输出信号

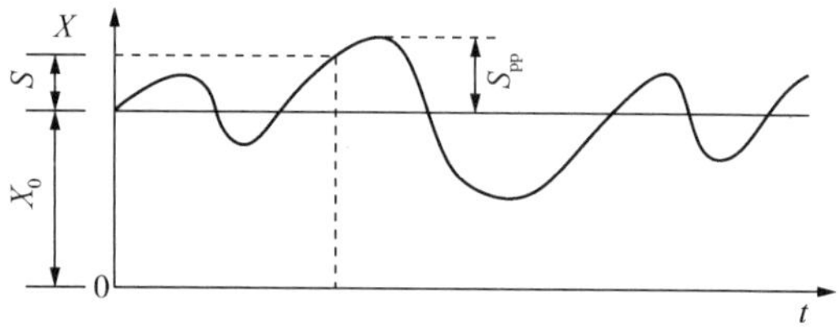

图 1-3-72　振动参数典型特性

径向振动测量的作用是将其交流分量的峰值（S_{pp}）进行放大，并输出信号以反映出径向振动状况。

轴向位移测量的作用主要是将其直流分量进行放大，输出信号反映出转动设备轴向位置状况。

（3）电涡流传感器的特征

电涡流传感器系统的输出电压信号 U 正比于探头端部与被测导体表面之间的距离 X，由于边缘效应等原因，间隙和输出电压之间的实际关系曲线如图1-3-73所示，在其低端（低于 A 点）和高端（高于 B 点）呈非线性关系。

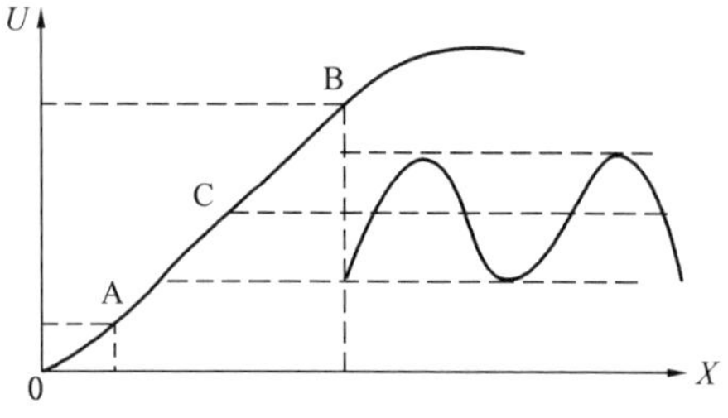

图 1-3-73　传感器的探头曲线

要准确测量轴的振动位移变化量，必须让探头工作在线性段，轴位移探头的零位间隙点和径向振动探头的静态电压（直流偏置电压）设置在线性段的中点（图 1-3-73 中 C 点），以确保测量结果在整个测量范围内的准确性。另外，必须对新探头作特性曲线，对旧探头也应进行适当的抽查。

(4) 传感器测量的基本参数

① 振动参数：

振动参数主要包括振幅、频率、相角等。振幅是振动强度的标志，通过对振幅大小的分析判断设备是否运行正常。振动的频率表示为设备转速的倍数，通过对机壳振动频率的分析，帮助判定故障发生的类型。

在测量轴振动时，要把探头安装、固定在轴承壳上，使探头与轴承成为一体，所测得结果实际是轴相对于机壳的振动。

轴在垂直方向与水平方向的振动并没有必然的联系，应在垂直和水平方向各装一个探头，用以分别测量垂直和水平方向的振动。径向振动探头安装如图 1-3-74 所示。

② 位移参数：

位移参数有轴的径向位移(偏心度)、轴向位移(位移量)、胀差、机壳膨胀等。径向位移的变化反映轴承磨损、负荷变化的状态，轴向位移反映止推轴承的相对位移。

轴在运行中，各种因素都会使轴在轴向有所移动，如果位移量过大，轴与轴承发生摩擦，后果将不堪设想。位移参数测量探头的安装如图 1-3-75 所示。

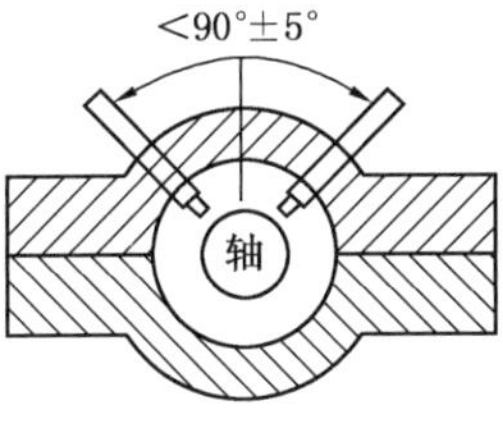

图 1-3-74　轴径向振动测量

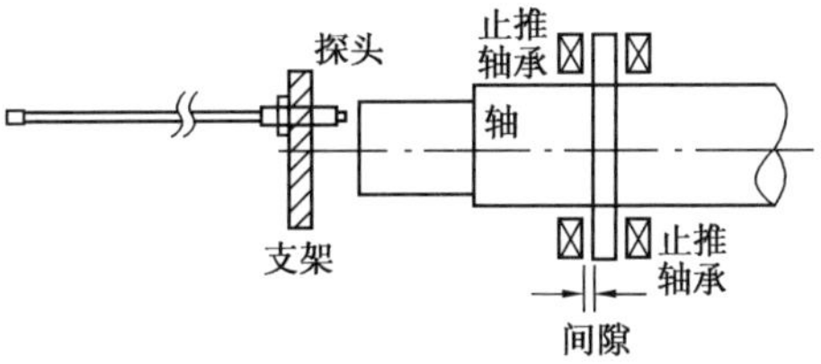

图 1-3-75　轴向位移测量

③ 轴转速参数：

转速是描述设备运行状态的重要参数之一，转速的变化与设备运行状态有着密切的关系，它不仅表明了设备的负荷，而且当设备发生故障时，转速也会发生变化。通过分析振动与转速的关系，预先计算出设备的临界转速，并避免设备在临界转速附近运行。根据设备运行的状态，进行超速联动保护，防止发生超速飞车。

在轴上开一个键槽或装一个键，当探头探测到一个键槽或一个键时，前置放大器输出一个负脉冲或正脉冲，这样两个脉冲为一转，根据频率的变化就可以测得转速的变化。转速测量探头的安装如图 1-3-76 所示。

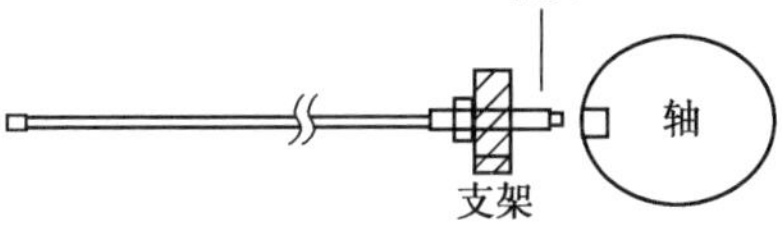

图 1-3-76　转速测量探头

④ 其他测量参数：

大型转动设备除了需要测量上述参数外，还要测量以下参数：

胀差　指轴和机壳体之间的热膨胀差。胀差过大，转动设备的动、静件之间可能发生摩擦，容易造成事故。在运行过程中，尤其是在设备启动、停机过程中，应对胀差进行监测。胀差测量一般用在高转速的汽轮机上。

键相位　其测量方法及其测量探头的安装方法和转速测量相似。通过对振动信号和键相位器检测的频率进行分析，可得出轴不平衡质量点位置。引起相位角变化的原因一般有叶片丢失或积垢、轴变形、轴裂纹等。

轴心轨迹　是轴心上一点相对于轴承座的运动轨迹。通过对轴心轨迹的分析，可判断出轴变形的性质、轴不平衡质量点位置、轴承油膜的不稳定等故障。

轴温　与轴承润滑油温度一致。轴温的高低关系到轴承油膜的稳定性，要对轴温进行检测，将其控制在适当的范围内。

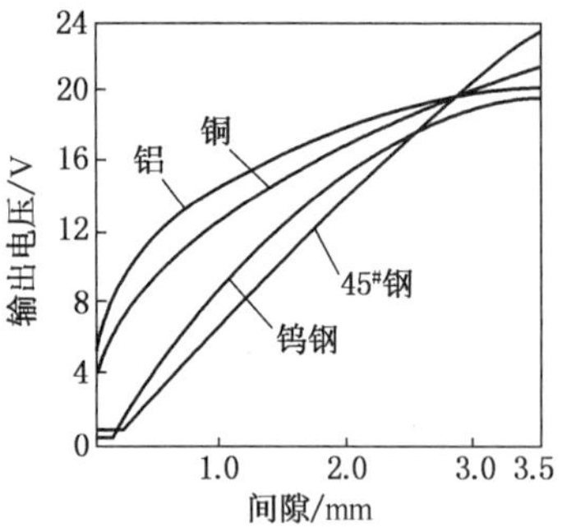

图 1-3-77　不同材料对应的响应曲线

2. 传感器的校验

(1) 传感器探头的样块选择

被测金属导体的磁导率、电导率、尺寸因子对测量结果有影响，除了探头、延伸电缆、前置器决定传感器系统的性能外，被测体的性能参数也会影响整个系统的性能。

影响系统性能的被测体性能参数包括被测物体表面尺寸、厚度、表面加工状况、材料等。探头对 45#钢、铝、铜、钨钢的响应曲线如图 1-3-77 所示。在校验探头及前置器时，所采用的样块材质必须与机轴的材质一致或相近，才能准确地得到探头的特征曲线，以便确定探头精确的(理想的)零点间隙值，作为电气调整的依据。

延伸电缆和前置器与探头是配套的，应一起校验，单独更换延伸电缆和前置器都会引起测量误差。测量不同的材质或更换探头、延伸电缆或前置器时，都应对系统进行重新校验，以保证测量准确度。

(2) 传感器的校验

校验传感器时要使用专用校验仪器 TK-3。探头的校验分静态校验和动态校验。

① 探头的静态校验：

按图 1-3-78 所示连接好测试设备。在测试台上调整主轴千分尺，使样块与探头的间隙为 0.5mm。将探头插入测试台探头架上，调整探头，直至输出电压为(-3.0±0.2)V 时为止。调千分尺至间隙为 0.2mm，然后再往回调至 0.25mm，以消除千分尺的回差，记下此时的输出电压值。然后，调整千分尺，使间隙每次增加 0.25mm，直至 2.25mm，记下各点的输出电压值。把间隙为 2.25mm 时对应的电压值减去间隙为 0.25mm 时对应的电压值，并将此电压变化的绝对值除以 2mm，其商等于系统平均比例因子 7.87V/mm 或 200mV/mil(误差不大于 5%)，则表示传感器静态校验合格，校验结束。

② 探头的动态校验：

如图 1-3-79 所示连接好测试设备，把具有刻度盘的千分尺安装在摇臂架上，转动一定位置，测量其与转子斜面盘(模拟振动)的间隙大小。把探头安装在摇臂架上固定好，调整振幅范围(50~250μm)。用数字万用表测量其电压输出值或用示波器观察输出波形，所测结果与标准值相比，求出其误差。

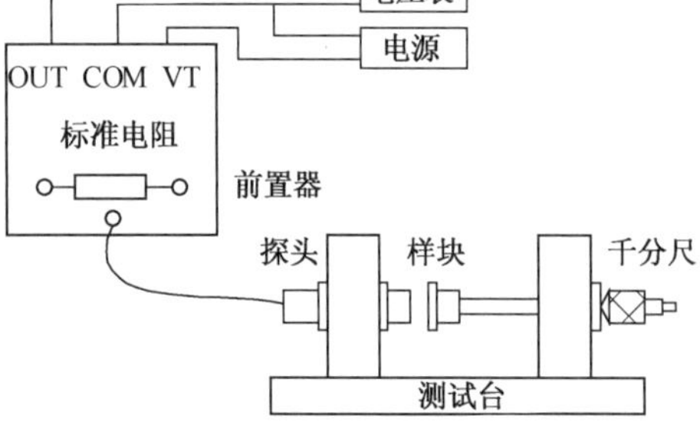

图 1-3-78　探头静态校验连接图

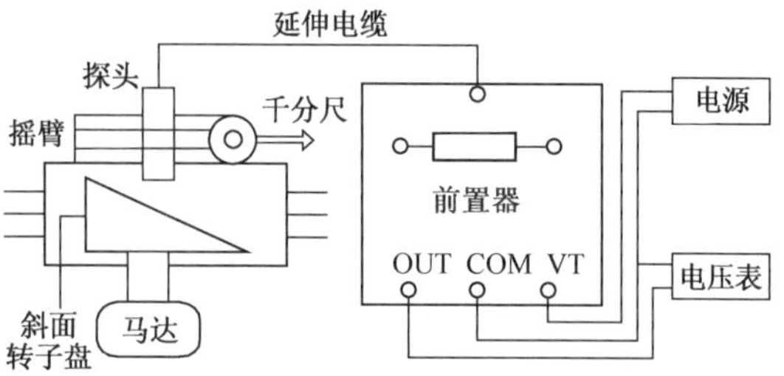

图 1-3-79　探头动态特性测试连接图

（3）零点间隙的选择

轴位移、轴振动等参数的测量是非接触性测量，轴与传感器探头之间总会保持一个静态的间隙，这个间隙被称作零点间隙，此时的输出电压为零点间隙值。从特性曲线上看，只要在特性曲线的线性范围内选取任何一个值都可以作为零点间隙。在实际使用过程中，一般选取特性曲线线性范围的中间作为零点间隙。当轴上下或左右摆动时，测量范围从零点间隙向正、负方向可以移动的范围较大，且保持线性，同时也便于与对传感器信号进行转换的监测器的校验，一般都选定-10V输出点为零点间隙值。

传感器校验完成后，还需要对监测器进行校验。监测器可与探头和前置器一起校验，也可用其他信号源在监测器输入端外加信号进行校验。监测器除了要进行零点和量程校验，还要对报警值进行校验、确认。

3. 测量探头的安装

测量探头的安装正确与否，直接影响整个系统的测量准确度。探头的正确定位是精确测量的关键。

为了保证探头安装合适，提高探头的测量准确度，在调整探头间隙值时被测件的表面应保持静止不动。探头间隙可以机械调整，也可以电气调整。轴振动探头的安装间隙只需电气调整，而轴位移探头的安装间隙，最好先用机械调整，再用电气调整，这样会更有利于安装，如图 1-3-80 所示。

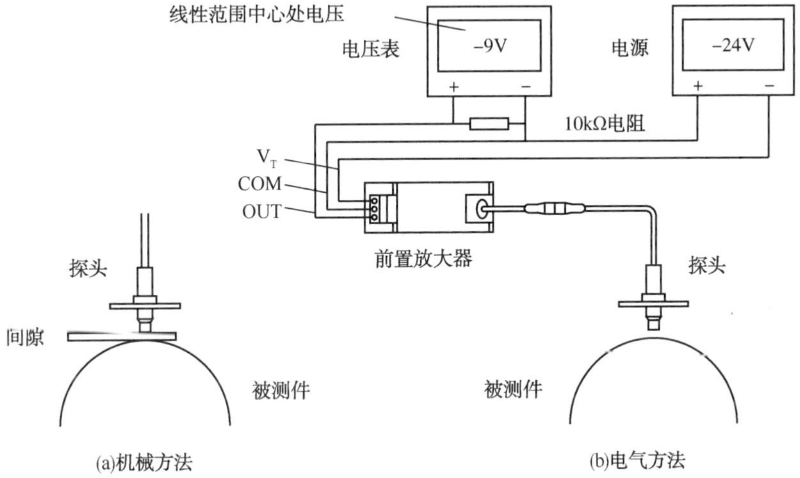

图 1-3-80　本特利内华达 3300XL8mm 探头静态间隙调整示意图

① 探头装入安装孔之前先把安装孔清理干净，以防导电碎物干扰电磁场而产生假信号。

② 将探头缓慢拧入安装孔，利用非金属塞尺对探头间隙进行机械调整。机轴应处在中心位置（即最大静态串动量的 1/2），其静态零点间隙值则根据响应曲线确定。

③ 在探头引线与延伸电缆、前置器连接后，探头间隙还可以进行电气调整。在前置器的输出端，接一块数字电压表，再接通电源，把探头慢慢拧入安装孔并观察前置器的输出电压。当拧入探头时，随着探头与被测面间隙减小，输出电压也随之减小。按前面介绍的校验方法，调好探头的静态间隙。

④ 当探头间隙调整合适后，用锁紧螺母固定好。

为防止因轴振动探头和轴位移探头尖端靠得太近导致线圈电流所产生的高频磁场相互干

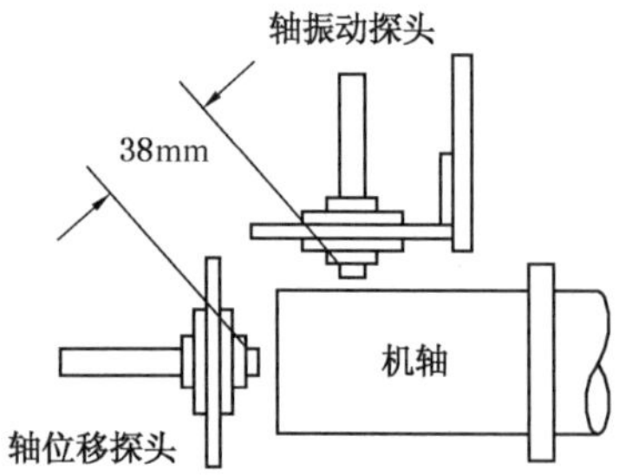

图 1-3-81　轴位移与轴振动探头间距示意图

扰，轴振动探头和轴位移探头的间距应大于 38mm，如图 1-3-81 所示。

轴振动、轴位移探头安装完后，必须对整个系统进行检查，一般应当检查以下内容：

① 探头和前置器的特性曲线图；

② 探头理想零点间隙电压值；

③ 相邻两探头尖端的距离；

④ 探头与前置器的相互配对；

⑤ 探头与联锁系统的联校；

⑥ 联锁系统的模拟试验。

3.6.2　设备状态监测与故障诊断

设备状态监测与故障诊断系统应用广泛，本特利内华达、康吉森(北京康吉森自动化技术股份有限公司，Triconex)、罗克韦尔(Rockwell)、和利时(北京和利时集团，HollySys)等公司都有相应的产品，其中，本特利内华达 3500 系列在线监测与保护系统(以下简称 3500 系统)是本特利内华达机架结构系统中技术成熟、功能强大、配置灵活的系统。下面以 3500 系统及本特利内华达的状态监控和诊断软件平台 System 1 为例分别介绍设备状态监测系统和故障诊断系统。

1. 设备状态监测系统

3500 系统采用模块化设计，将数据采集和通信功能集成到了机架中，其组件主要包括机架、电源、接口模块、监测器模块等，如有特殊需要，还可配置其他模块，如：键相模块、继电器模块、通信网关模块、显示装置、本质安全栅或电气隔离装置等。

机架用于安装各个功能模块，每个机架必须安装电源、接口模块及监测器模块，监测器模块的类型和数量根据实际需要而定。

电源为机架内各模块提供-24V 或-18V 直流工作用电。

监测器模块对传感器采集的轴振动、轴位移等模拟信号进行模数转换，便于软件系统分析、判断、存储和直观地呈现设备的运行状况。监测器模块对测量参数进行持续的监测，具有越限报警功能。

接口模块(包括瞬态数据接口模块和机架接口模块)用于将 3500 系统通过以太网与 System 1 相连，实现局域网内的数据存储、状态分析和故障诊断。

通信网关模块将 3500 系统接入工厂控制和自动化系统，获取必要的工艺数据，以更为有效地分析设备运行状态。

3500 系统的软件包括必需的机架组态软件和可选的操作者显示软件。机架组态软件用于对 3500 系统中的所有模块组态，操作者显示软件用于采集、分析和显示来自 3500 系统的数据。如果选配专用的显示装置，则不需要操作者显示软件及运行该软件的计算机。

3500 系统有自我检测和容错功能，提供多种冗余配置方案，如单工、双重化冗余(DMR，Dual Modular Redundancy)、三重化冗余(TMR，Triple Modular Redundancy)。当 3500 系统被用作安全仪表系统的一部分时，可为要求安全完整性等级(SIL，Safety Integrity Level)2 及以上级别的应用提供 TÜV 功能安全认证。

设备状态监测系统具有状态监测和保护功能。通过监测器模块对传感器信号进行持续监测，当信号达到或超过预设的报警点后，系统发出报警；当信号达到或超过危险报警点时，系统可输出联锁信号，对设备执行联锁保护。

2. 故障诊断系统

本特利内华达 System 1 状态监测与故障诊断软件平台主要用于设备运行状态监测、报警与系统事件的诊断，能够与本特利内华达在线的和手持式的状态监测与保护系统连接。

System 1 具有以下主要功能：

① 数据采集。通过以太网将来自本特利内华达检测系统的振动、位移、轴温和键相等数据传送至数据采集服务器。在开停车及机组升速过程中可对瞬态数据进行增加密度采样。

② 数据显示。通过客户端软件调用和显示设备总貌图、检测点当前值、事件以及各类数据图谱，包括瀑布图、轴心轨迹图、频谱幅值图、各倍频的正弦波曲线、棒图和趋势图等，为故障诊断专业人员提供分析工具。

③ 决策支持。根据用户内嵌的规则和知识，通过数据分析，发现设备运行故障、指示故障现象，分析可能原因，预测设备运行趋势，并生成处理方案，及时解决设备运行中存在的隐患问题，为大型设备长周期运行提供保障。

④ 事件管理。对系统硬件报警、软件报警以及设备故障或异常状态发出实时警示，告知相关人员事件性质和严重程度以及应对建议。所有事件信息由事件管理器存储。

⑤ 数据存储。提供组态数据库和历史数据库，组态数据库存放用户组态形成的数据，如设备、保护系统、传感器、数据采集服务器、报警管理设置等；历史数据库存放所收集和分析的设备运行数据，包括静态数据(间隙电压、过滤和全频振动数据等)和动态数据(波形等)。

⑥ 远程访问。支持通过互联网实现远程异地数据访问和状态诊断。

3.7 安全栅

3.7.1 安全栅的作用

石油化工生产因其原料和产品的易燃、易爆、强腐蚀性等特点及生产过程中的高温、高压等操作条件都给安全生产带来威胁。

在爆炸危险区域安装用电仪表及装置必须采用防爆型结构，常见防爆型结构如本质安全型、隔爆型、增安型、正压通风型等。石油化工装置广泛使用本质安全型仪表。

安全栅是介于现场设备与控制室设备之间的限制能量的模块，用来把控制室供给现场仪表的电能量限制在既不能产生引爆危险气体的火花，又不能产生引爆危险气体的仪表表面温度，从而消除引爆源，保证安全生产。

安全栅为在现场、仪表、控制系统和供电电源之间提供电气隔离，还要为测量仪表提供安全接口，在任何情况下(如短路、开路)，现场仪表的电压和电流都不应超过 30V 和 35mA。

3.7.2 安全栅的分类及选用

常用的安全栅分为齐纳式和隔离式两大类。

1. 齐纳式安全栅

齐纳式安全栅采用在电路回路中串联快速熔断丝、限流电阻和并联限压齐纳二极管的方法实现能量的限制，保证危险区仪表和安全区仪表信号连接时安全限能。

齐纳式安全栅包括无源齐纳安全栅与增强型齐纳安全栅。无源齐纳安全栅采用齐纳二极管来限制危险侧的电压，如果发生事故，可以通过熔断器可靠地限制短路电流。增强型齐纳安全栅除了能在安全区域对变送器电流进行放大并输出外，与无源齐纳安全栅相似，适宜向危险区域的负载提供电源。

齐纳式安全栅以其体积小、结构简单、可靠性高而被石油化工生产企业广泛应用。

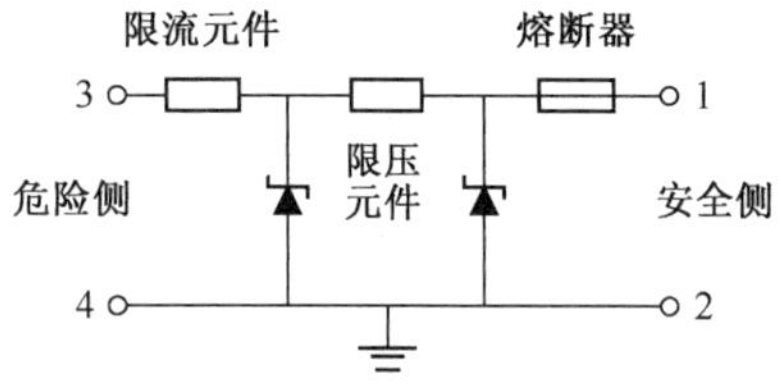

图 1-3-82　齐纳式安全栅原理图

（1）齐纳式安全栅的结构与工作原理

齐纳式安全栅是由限流元件(限流电阻)、限压元件(齐纳稳压管)和熔断器组成，如图1-3-82所示。为了保证安全栅的高可靠性，限流元件要有足够的功率，限压元件要双重化，熔断器采用快速熔断丝。

当回路电压低于齐纳式安全栅的安全限压值时，齐纳稳压管截止，漏电流为零；当回路电压等于安全限压值时，齐纳稳压管突然导通，漏电流跳升至足够大，使回路电压不超过安全限压值；当超过限压值的电压加在回路上时，虽然齐纳稳压管会导通，但如果没有熔断器，通过齐纳稳压管的电流会无限上升，使回路限压失败。一旦回路电压超过限压值时，熔断丝先于齐纳稳压管快速熔断。电阻用于限制电流，当电压被限制以后，适当选择电阻值，即可将回路电流限制在安全限流值以下。

（2）使用齐纳式安全栅的注意事项

齐纳式安全栅结构简单，应用广泛。正确使用齐纳式安全栅要注意以下几点：

① 接地问题　安全栅的功能与接地系统关系密切，接地系统能够将来自非危险区域仪表的危险能量进行释放。齐纳式安全栅各汇流排至工作接地汇总板之间的接地连接导线、接有齐纳式安全栅的工作接地汇总板与总接地板之间的接地连接导线均宜采用两根单独的导线。

② 电源问题　齐纳式安全栅对电源影响较大，易因电源的波动而造成安全栅的损坏。必须考虑电源的稳定度、负载的稳定度和电源的电冲击。安全栅一经电冲击，快速熔断器马上动作，熔断器是不可修复的。齐纳式安全栅接地汇流排应与直流电源负端相连接。

③ 齐纳式安全栅的限流元件会降低供给现场仪表的电压，甚至可能导致变送器或转换器不能正常工作，在选用安全栅时，应选用与 DCS 匹配的安全栅。

2. 隔离式安全栅

隔离式安全栅由限能电路、隔离单元和信号处理单元组成，有源隔离安全栅还包括电源。其隔离方式大致分为磁隔离和电隔离两种。

隔离式安全栅包括回路供电式隔离安全栅和有源隔离安全栅两种。其中，回路供电式安全栅工作所需的能源来自仪表信号回路的 4～20mA 电流，有变送器隔离栅、电气转换器隔离栅和电动阀驱动器隔离栅等类型；有源隔离安全栅需要单独提供 24VDC 电源。

隔离式安全栅能在符合本安型能量限制要求的同时，实现现场仪表、控制系统和供电电源三者之间的电气隔离。

（1）隔离式安全栅的特点

隔离式安全栅的主要特点有：

① 由于采用了三方隔离方式，无须设置专用系统接地线路，给设计及现场施工带来方便。

② 由于信号线路无须共地，使得检测和控制回路信号的稳定性和抗干扰能力增强，提高了整个系统的可靠性，允许现场仪表带电检修。

③ 隔离式安全栅具备更强的输入信号处理能力，能够接收并处理热电偶、热电阻、频率等信号。

④ 隔离式安全栅可输出两路相互隔离的信号，以提供给使用同一信号源的两台设备使用，并保证两设备信号互不干扰，同时提高所连接设备相互之间的电气安全绝缘性能。

考虑到设计、施工安装、调试及维护等因素，石油化工企业普遍采用隔离式安全栅。

(2) 隔离式安全栅的基本结构和工作原理

隔离式安全栅将信号通过隔离耦合器不失真地在危险侧和安全侧之间传送，并在本质安全侧进行能量限制(限压、限流)，以消除引爆源，防止易爆环境的工业现场爆炸事故的发生，其基本构成如图 1-3-83 所示。

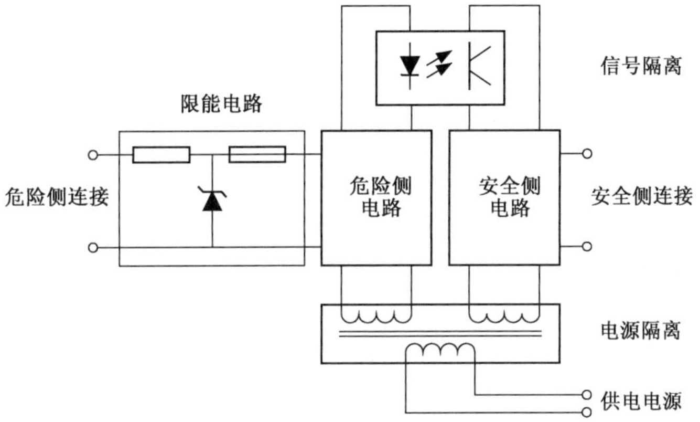

图 1-3-83　隔离式安全栅的基本构成

能量限制(限流、限压)电路与齐纳式安全栅的电路一样，通过采用串联具有高分断能力的快速熔断器和功率电阻限流，并联冗余齐纳二极管限压，使安全栅在本质安全侧能限制电能量、符合国家 Ex(ia)ⅡC 标准。

隔离单元分信号隔离和电源隔离两部分，信号隔离一般采用光电耦合隔离和电磁耦合隔离，电源隔离则采用电磁耦合隔离。电源的电磁耦合隔离由电源变压器实现。电源变压器负责将直流电源经过调制解调后为本安侧和非本安侧供电，同时采用两组绕制在电源变压器同一铁芯上的完全相同(匝数、电感系数、绕线方式、漏感和分布电容等)的线圈，得到幅值、相位相同的调制和解调信号，提供给危险侧和安全侧作为调制解调信号。信号变压器将 4~20mA 模拟信号进行隔离传送。

第4章 调节阀

调节阀也称执行器，是自动控制系统中的三个环节(检测器、控制器、执行器)之一。

调节阀由执行机构和调节机构两部分组成。执行机构是调节阀的驱动装置，它根据输入的控制信号的大小，产生相应的输出力或角位移，推动调节机构动作。调节机构是调节阀的调节部分，在驱动装置的作用下，调节机构的阀芯产生位移，去改变阀芯和阀座之间的流通面积，即阀门的开度发生变化，从而直接调节被调介质的流量，达到控制被调参数的目的。

4.1 调节阀的结构

调节阀分为气动调节阀、电动调节阀和液动调节阀三类。不同类型的调节阀使用不同类型的执行机构，不同的调节机构可与不同的执行机构相配合，以满足不同的需要。石油化工装置中以气动调节阀为主，在气动调节阀无法满足工况需求时，选用电动调节阀或液动调节阀。

4.1.1 调节阀的执行机构

1. 气动调节阀的执行机构

以压缩空气为动力源的调节阀称为气动调节阀。气动调节阀因执行机构简单、动作可靠、维修方便、防火防爆而被广泛应用。气动执行机构有薄膜式与活塞式两种形式。

(1) 气动薄膜执行机构

气动薄膜机构如图1-4-1所示。气动薄膜执行机构的气源压力范围在400~600kPa，经过滤器减压阀减压后供给阀门定位器作为工作气源。信号压力一般为20~100kPa。气动薄

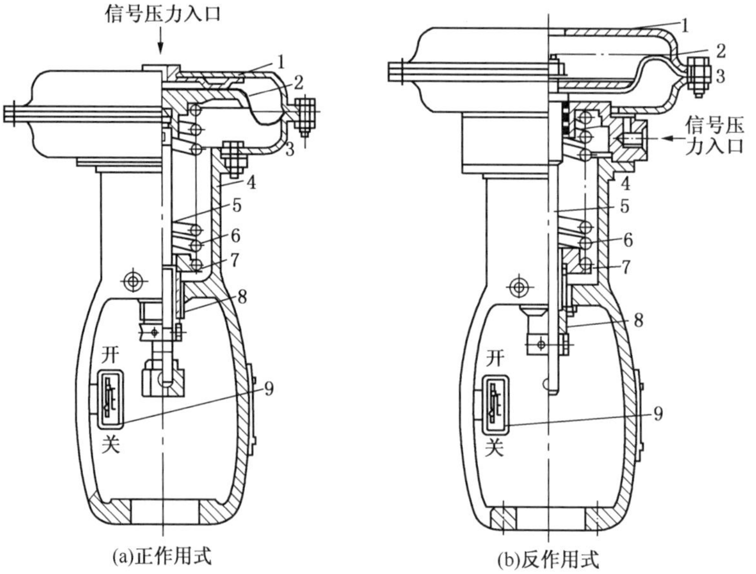

图1-4-1 气动薄膜执行机构

1—上膜盖；2—波纹薄膜；3—下膜盖；4—支架；5—推杆；6—压缩弹簧；7—弹簧座；8—调节件；9—行程标尺

膜执行机构有正作用和反作用两种形式之分。信号压力增加时推杆向下动作的叫正作用执行机构，信号压力增加时推杆向上动作的叫反作用执行机构。正、反作用执行机构均由上、下膜盖、波纹薄膜、推杆、支架、压缩弹簧、弹簧座、调节件、标尺等组成。执行机构上还可以带手轮机构，以便需要时进行就地手动操作。通过改变信号压力的引入方向，可以转换气动执行机构的正、反作用。

对于气动执行机构驱动的调节阀，如果信号压力越大阀门开度也越大，则称该调节阀为气开式(FC)。反之，称调节阀为气关式(FO)。

气动执行机构的输出特性是比例式的，即输出的位移量与输入的气压信号成正比。当信号压力通入薄膜气室时，在薄膜上产生一个推力，使推杆移动并压缩弹簧。当弹簧的反作用力与信号压力在薄膜上产生的推力相平衡时，推杆稳定在一个新的位置。信号压力越大，在薄膜上产生的推力就越大，则与它平衡的弹簧反作用力也越大，即推杆的位移量也越大。推杆的位移就是执行机构的直线输出位移，称为行程。在实际工作中，通过适当改变弹簧的预紧力以及信号的零点或量程范围，就可调整气动执行机构的行程或阀泄漏量。

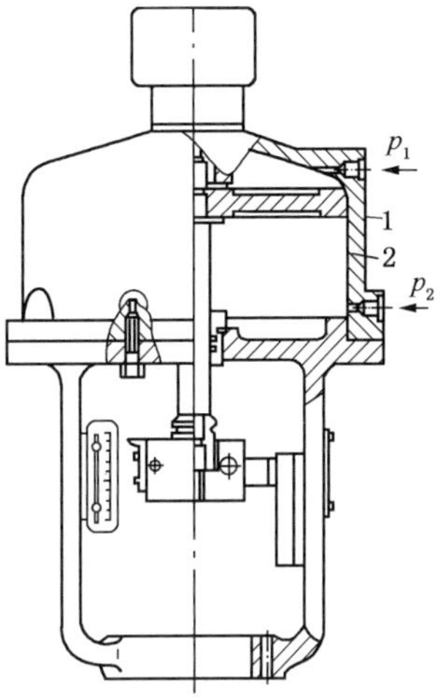

图 1-4-2　气动活塞式执行机构

1—活塞；2—气缸

(2) 气动活塞式执行机构

气动活塞式执行机构又称为气缸式执行机构，如图1-4-2所示。其活塞随气缸两侧的压差而移动。允许操作压力可达700kPa，输出推力大，适合于高静压、高压差、要求快速动作等场合。

气动活塞式执行机构分有弹簧式和无弹簧式两种。有弹簧式又称为单作用气缸执行机构，在气缸一侧输入可变信号，推动推杆做活塞运动。在气缸的另一侧装有一个弹簧，活塞运动使弹簧压缩产生相反力，当信号压力与弹簧力平衡时，推杆停止运动，此时阀门处于一个相对的开度。无弹簧式称为双作用气缸执行机构，它的活塞随气缸两侧的压差而移动。气缸两侧可输入一个固定信号、一个变动信号，或者各输入一个变动信号。

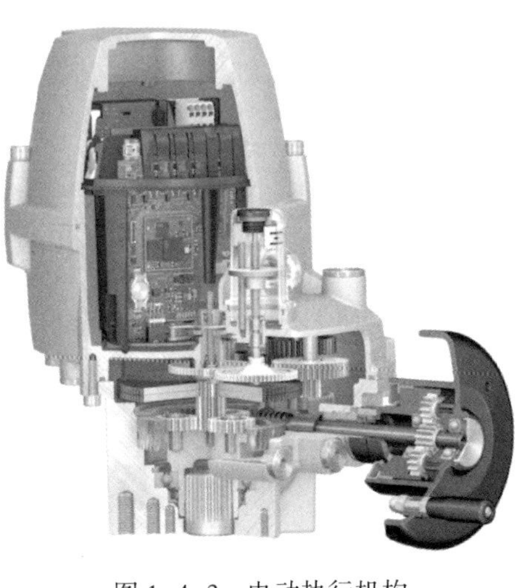
图 1-4-3　电动执行机构

气动活塞式执行机构的输出特性有比例式和两位式两种。所谓比例式是指输入信号压力与推杆的行程呈比例关系，必须带有阀门定位器。两位式是根据输入活塞的一侧或两侧操作压力的大小，活塞从高压侧被推向低压侧，从而使推杆由一个极端位置移到另一个极端位置，控制阀门的开关动作。

2. 电动调节阀的执行机构

电动调节阀采用电动执行机构(图 1-4-3)。电动调节阀具有动作较快、适于远距离的信号传送等优点，特别是智能式电动执行机构的面世，使得电动调节阀在石油化工生产中得到越来越广泛的应用。

电动调节阀的执行机构以电为动力，其电动执行机构接收 4~20mA 的输入信号，并将其转换成相应的输出力(直线位移)或输出力矩(角位移)，以推动调节机构动作。

电动执行机构由伺服放大器、伺服电机、位置发送器和减速器等组成。电动执行机构有直行程、角行程和多转式三种不同类型，下面分别说明这三种不同类型的电动执行机构的工作原理。

(1) 直行程电动执行机构

该类执行机构的输出轴输出大小不同的直线位移，通常用来推动单座、双座、三通、套筒等各种调节阀。图 1-4-4 所示为由丝杆和直齿轮构成的直行程执行机构的结构。当伺服电动机通电旋转时，经齿轮、螺母、丝杆的转动，变为丝杆上下的直线运动，输出杆得到直线位移输出。图中的限位柱在限位槽中上下运动，起到限位作用。在主轴带动轮系旋转的同时，带动弹性联轴节，弹性联轴节中的钢球带动多圈电位器，并发出相应的阀位信号。

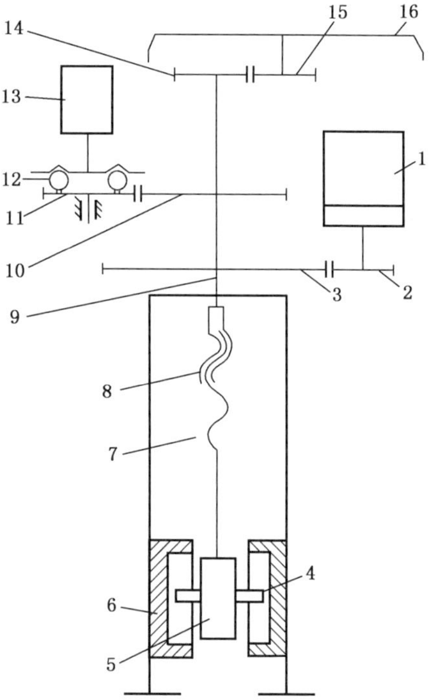

图 1-4-4　直行程执行机构结构示意图

1—伺服电动机；2、3、10、11、14、15—直齿轮；4—限位柱；5—输出杆；6—限位槽；7—丝杆；8—螺母；9—主轴；12—钢球；13—多圈电位器；16—手轮

(2) 角行程电动执行机构

这种执行机构的输出轴输出 360°以内的角位移，通常用来推动蝶阀、球阀、偏心旋转阀等转角式的调节机构。用于蝶阀和球阀等时，角位移为 90°。图 1-4-5 所表示的是一种少齿差行星轮减速的电动执行机构，它由伺服电动机、行星轮减速器、位置发信器等部分组成。当伺服电动机通电旋转时，带动行星轮减速器减速。在减速系统中，齿轮 2 和齿轮 3 是一对普通齿轮传动，经过一级变速之后，使偏心轴 6 旋转，从而带动摆轮 5(一个既有公转又有自转的摆轮)在内齿轮 4 中边啮合边滚动，摆轮的自转运动由销轴 9 和联轴节 8 引至输出轴 7 输出，达到减速的目的。

差动变压器中，由于凸轮 11 控制铁芯的位移变化，能产生与输出轴位置相对应的位置信号，作为阀位指示和位置反馈信号。

(3) 多转式电动执行机构

该类执行机构的输出轴输出大小不等的有效转数，主要用来开关闸阀、截止阀等多转式调节机构。图 1-4-6 所示是一种可人工切换手动/自动多转式执行机构，它由三相电动机、减速器、位置发信器和行程控制器等部分组成。当电信号送到电动机 1，电机旋转，通过斜齿轮 2、3 和蜗杆 4、蜗轮 5，使输出轴 6 转动；运动又从齿轮 11、12 和螺杆 14、螺母 15 带动差动变压器 18 铁芯移动，发出相应的阀位信号。当阀门到达极限位置的时候，通过行程开关 19 或 20 把电机电源切断，电机停止转动。这种执行机构只能控制行程，由于没有力矩控制装置，所以只适用于负载力矩不变或变化不大的场合。

电动执行机构可以自动操作，也可以手动操作。在信号中断时，自动操作机构脱开，利用手轮的动作转动手轮轴上的齿轮，通过减速器带动输出轴达到手动操作的目的。

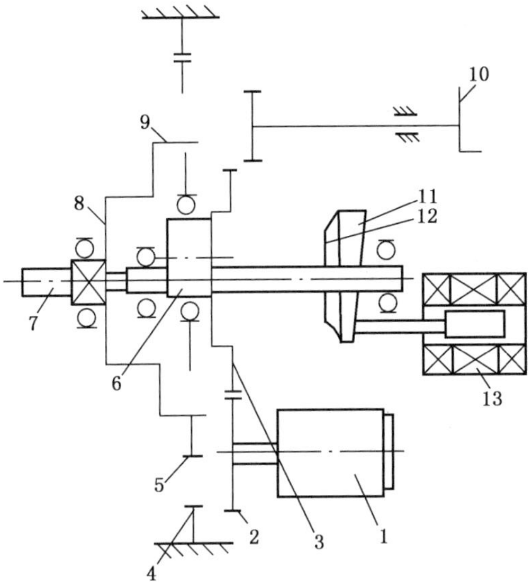

图 1-4-5　角行程执行机构结构示意图

1—伺服电动机；2、3—直齿轮；4—内齿轮；5—摆轮；6—偏心轴；7—输出轴；8—联轴节；9—销轴；10—手轮；11—凸轮；12—弹簧片；13—差动变压器

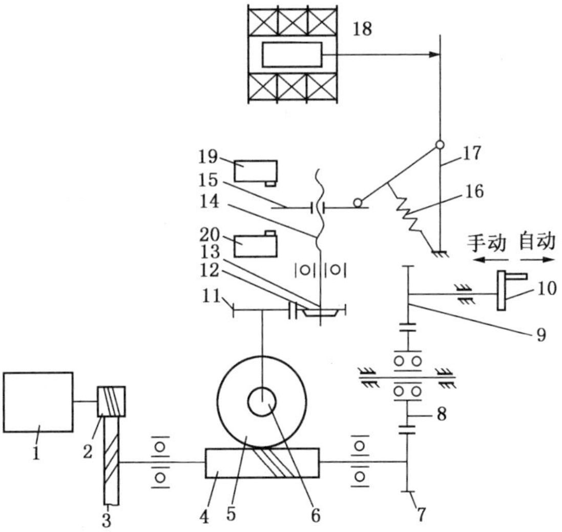

图 1-4-6　可人工切换手动/自动多转式执行机构结构示意图

1—电动机；2、3—斜齿轮；4—蜗杆；5—蜗轮；6—输出轴；7、8、9、11、12—齿轮；10—手轮；13—盘形弹簧；14—螺杆；15—螺母；16—弹簧；17—杠杆；18—差动变压器；19、20—行程开关

3. *液动调节阀的执行机构*

从原理上讲，只要把气动执行机构的动力源改为液压动力就可以变成液压执行机构。液压执行机构在调节阀中的应用不如气动、电动执行机构广泛。

液压执行机构实际上是一种液压缸，用在液动执行机构的液压缸主要有单活塞杆液压缸和摆动式液压缸。

（1）单活塞杆液压缸

图 1-4-7 所示为单活塞杆液压缸简图及油路的不同连接方式。图 1-4-7(a)(b) 为单腔进油，压力油分别进入缸的无杆腔和有杆腔，推动活塞移动。图 1-4-7(c) 为两腔进油的差动连接方式，当有杆腔和无杆腔同时通入压力油时，由于两腔有效面积不相等，无杆腔压力大于有杆腔使活塞向右运动，有杆腔排出的压力油循环进入无杆腔，活塞快速运动。差动连接输出的力比压力油进入无杆腔时的输出力要小。

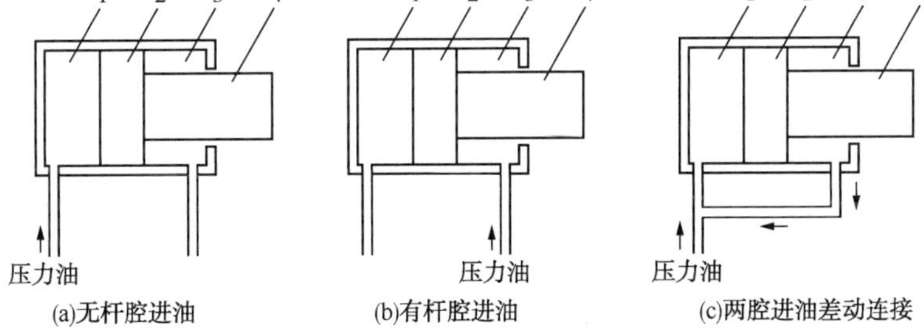

图 1-4-7　单活塞杆液压缸简图及油路的不同连接方式

1—无杆腔；2—活塞；3—有杆腔；4—活塞杆

图 1-4-8 为单活塞杆液压缸的结构图，它主要由缸筒 5、活塞 3、活塞杆 4、前后端盖 1 和 8 组成，通过四根长拉杆 6 串接在一起，并用螺母紧固，为了保证液压缸有可靠的密封性，在相应部位都装有密封件 2、7、9 等，为了防止活塞端面对端盖的撞击，在前后盖中都设置了由单向阀 11 和节流阀 10 组成的缓冲装置。

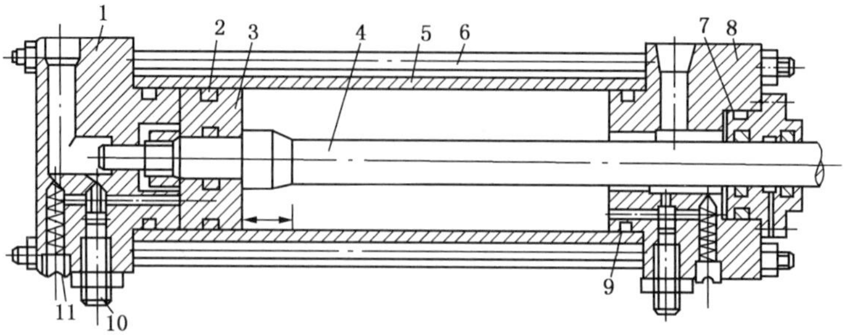

图 1-4-8　单活塞杆液压缸结构图

1、8—前后端盖；2、7、9—密封件；3—活塞；
4—活塞杆；5—缸筒；6—拉杆；10—节流阀；11—单向阀

(2) 摆动式液压缸

摆动缸可以实现摆动往复运动，其摆动角小于 360°。单叶片式及齿轮齿条式是比较常用的摆动缸。齿轮齿条式摆动缸是在两个活塞之间的活塞杆上做出齿条，齿条与齿轮啮合，将活塞杆的往复运动变为输出轴的旋转运动，如图 1-4-9(a) 所示。叶板式摆动缸是靠流体在缸体内推动叶板实现摆动的，如图 1-4-9(b) 所示。

在液压式执行机构中，用于蝶阀或球阀等调节阀时，要求的角行程只需 90°。因此，摆动缸的外形结构不必做成一个完整的圆筒，而可以做成图 1-4-10 所示的形状。

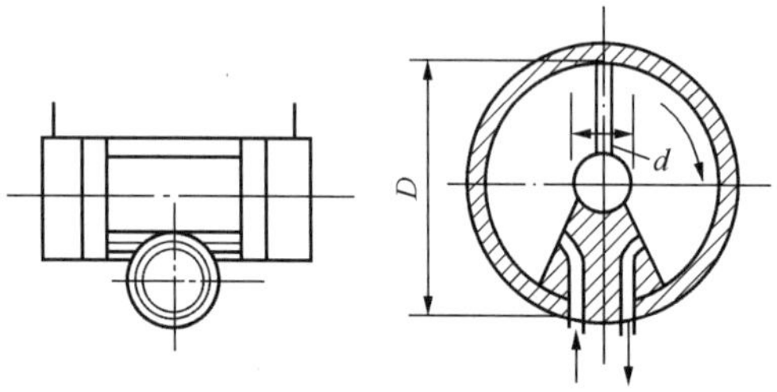

(a)齿轮齿条式　(b)叶板式

图 1-4-9　摆动缸结构图

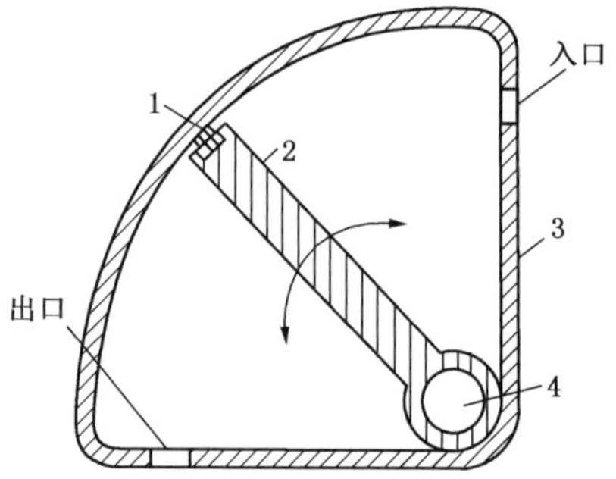

图 1-4-10　转式单叶板执行机构

1—叶板密封；2—叶板；3—壳体；4—阀轴

4.1.2　调节阀的调节机构

调节机构又称控制阀，它是一个可以改变局部阻力的节流元件。控制阀的阻力改变是由执行机构的推杆推动阀芯运动实现的。根据阀芯的运动形式，调节机构可分为直行程式和角行程式两大类。直行程式的调节机构有直通单座阀、直通双座阀、角形阀、套筒阀、隔膜阀、三通阀等；角行程式调节机构有蝶阀、凸轮挠曲阀(偏心旋转阀)和球阀等。

1. 直通阀的结构和应用

直通阀分为直通单座阀和直通双座阀两种类型。

图 1-4-11(a)表示常用的直通单座阀，它由上阀盖、下阀盖、阀体、阀座、阀芯、阀杆、填料和压板等零部件组成。阀芯和阀杆连在一起，上、下阀盖都装有衬套，为阀芯移动起导向作用，所以称为双导向。有的小口径单座阀则没有下面的导向机构，称为单导向。直通单座阀的阀体内只有一个阀芯和阀座。图 1-4-11(b)表示直通双座阀，其阀体内有两个阀芯和阀座，流体从左侧进入，通过阀座和阀芯后，由右侧流出。

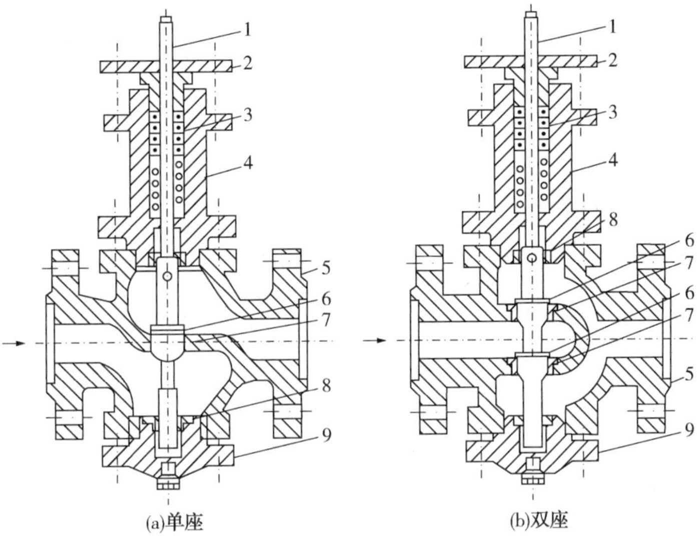

图 1-4-11 直通调节阀(双导向)

1—阀杆；2—压板；3—填料；4—上阀盖；5—阀体；6—阀芯；7—阀座；8—衬套；9—下阀盖

直通单座阀的特点是泄漏量小，甚至完全没有泄漏，结构上有调节型和切断型两种。调节型的阀芯为柱塞型，切断型的阀芯为平板型，适用于低差压场合。

双座阀比同口径的单座阀流通能力大 20%~25%。由于流体作用在上、下阀芯上的推力可以相互抵消，所以允许较大差压。因为制造上的原因，上、下阀芯不容易同时关闭，泄漏量较大。另外，阀体的流路较复杂，在高差压流体中使用时，对阀体的冲刷及汽蚀较严重，并且不适用于高黏度介质和含纤维介质的调节。

直通阀有正装和反装两种类型，当阀芯向下移动时，阀芯与阀座之间流通面积减小，称为正装；反之称为反装。图 1-4-11(a)所示为双导向正装调节阀，若将阀杆与阀芯的下端连接，则变为反装。对于阀的公称直径 $DN<25\text{mm}$ 的单导向阀芯通常采用正装方式，若要装配为气开式调节阀，则采用反作用执行机构。将双座阀阀芯倒装，阀杆与阀芯的下端连接，上、下阀座互换位置，可实现正装变反装，从而可改变调节阀作用方式。

2. 角形阀的结构和应用

如图 1-4-12 所示，角形阀的阀体为直角形结构，阀芯为单导向结构。它流路简单，阻力小，适用于高压差、高黏度、含有悬浮物和颗粒状物质流体的调节，可以避免结焦、堵塞，也便于自净和清洗。角形阀一般采用底进侧出，这可使调节阀有较好的稳定性。在高压差场合下，为了延长阀芯使用寿命，可采用侧进底出以降低对阀芯的磨损。但是侧进底出在开度小时易产生振荡，应避免在小开度使用。

3. 套筒阀的结构和应用

套筒阀的阀体与直通单座阀相似，但阀内有一个圆柱形导向套筒，阀芯在套筒中上下移动，如图 1-4-13 所示。套筒壁上开有一定形状的窗口(节流孔)，阀芯移动时，就改变了节流孔的面积，从而实现流量控制。根据流通能力大小的要求，套筒的节流孔可为四个、两个或一个。套筒阀分为单密封和双密封两种结构，前者类似于直通单座阀，适用于单座阀的场合；后者类似于直通双阀座，适用于双阀座的场合。

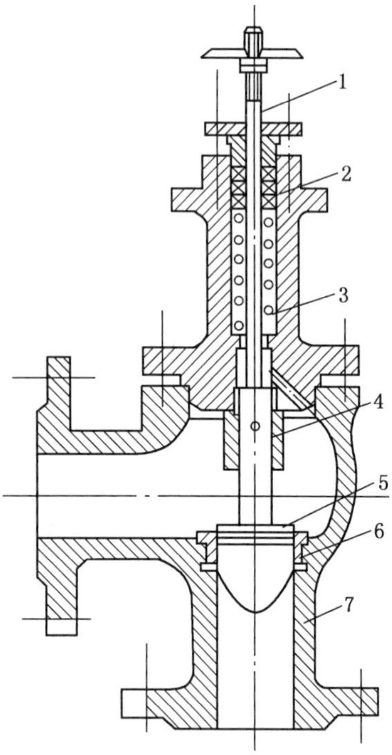

图 1-4-12　角形阀

1—阀杆；2—填料；3—阀盖；4—衬套；5—阀芯；6—阀座；7—阀体

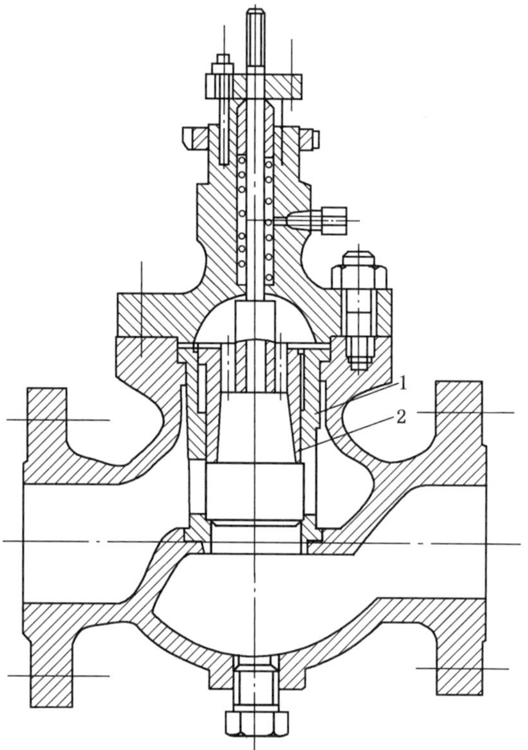

图 1-4-13　套筒阀

1— 套筒；2—阀芯

套筒阀稳定性好，不易振荡，阀芯不容易损坏。由于其阀座不用螺纹连接，维修方便，加工容易，通用性强。阀的允许压差大，能降低噪声。改变套筒节流孔的形状，就能获得不同的流量特性。

需要注意的是，套筒阀阀体内的零部件在组装时，必须将上阀盖-上阀盖密封垫片-套筒-阀座-阀体内阀座密封垫片依次压紧，否则会造成阀体外漏或内漏，也会在阀体内产生剧烈振荡而使调节阀无法正常工作。

4. 隔膜阀的结构和应用

隔膜阀用耐腐蚀衬里的阀体和耐腐蚀隔膜代替阀芯、阀座组件，利用隔膜的移动起调节作用，如图 1-4-14 所示。

隔膜阀的阀体采用铸钢或不锈钢并衬耐腐蚀或耐磨材料，隔膜材料为橡胶和聚四氟乙烯。隔膜阀耐腐蚀性能强，适用于强酸、强碱等强腐蚀性介质的调节。它结构简单，流路阻力小，流通能力较同口径的其他阀大。隔膜把流体与外界隔离，没有填料函流体也不会外漏。由于隔膜和衬里的限制，它的耐压性、耐温性较差，一般只适用于压力 1MPa 以下、温度 150℃以下的条件。它的流量特性接近快开特性，在 60%行程前近似为线性，60%后的流量变化不大。

5. 蝶阀的结构和应用

蝶阀由阀体、阀板、阀板轴和密封等部件组成，如图 1-4-15 所示。蝶阀压力损失小，结构简单紧凑，使用寿命长，适用于低压差、大口径、大流量气体和带有悬浮物流体的场合，一般泄漏量较大。它的流量特性在转角 70°前与等百分比特性相似，70°以后转矩增大，工作不稳定，特性变差。所以，蝶阀常在 0~70°转角范围之内使用。相比同口径其他调节阀，蝶阀重量轻，占空间位置小，制造大口径阀门时成本优势明显。为了改善阀门性能，扩展适用场合，在普通蝶阀的基础之上，又衍生出了多种蝶阀的变形产品，如高温蝶阀、防腐蚀蝶阀、偏心蝶阀等。

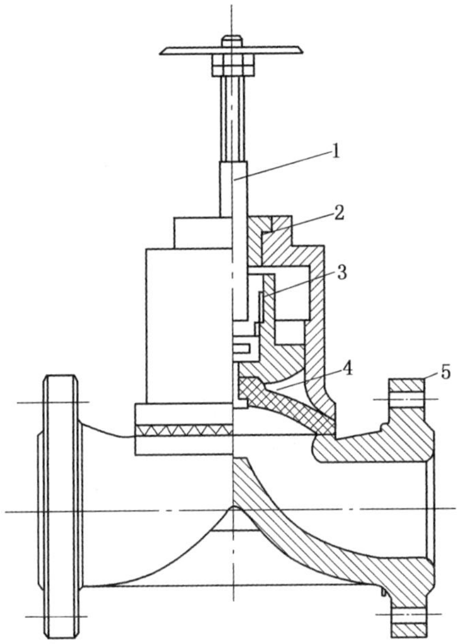

图 1-4-14　隔膜阀

1—阀杆；2—阀盖；3—阀芯；4—隔膜；5—阀体

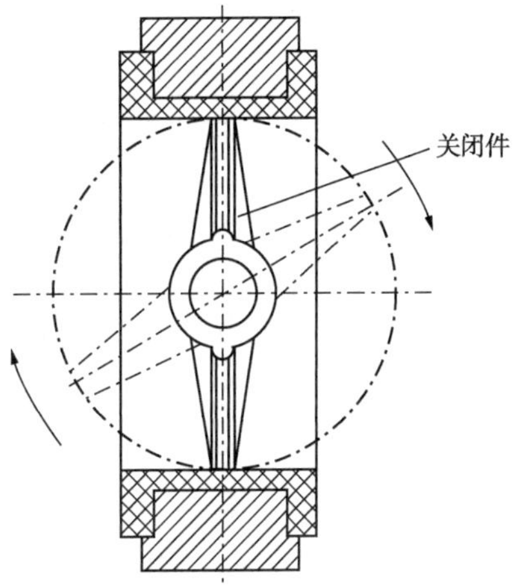

图 1-4-15　蝶阀(俯视)

6. 三通阀的结构和应用

三通阀的阀体有三个接管口，如图 1-4-16 所示。三通阀大多用于热交换器的温度控制、配比控制和旁路控制。在使用中应注意流体温差不宜过大，通常小于 150℃，否则会使三通阀产生较大应力而引起变形，造成连接处泄漏或损坏。三通阀有三通合流阀和三通分流阀两种类型。三通合流阀为流体由两个入口流进，合流后由一个出口流出；三通分流阀为流体由一个入口流进，分为两个出口流出。

7. 球阀的结构和应用

球阀的阀芯为球形，有 O 形和 V 形两种结构。O 形球阀的阀芯上有一个直径和管道直径相等的通孔，阀杆可带动阀芯在密封座中旋转，从全开位置到全关位置的转角为 90°，其结构如图 1-4-17(a) 所示。O 形球阀的流量特性为快开，一般作两位调节用。密封可靠，流通能力大，流体通过阀门没有方向性。

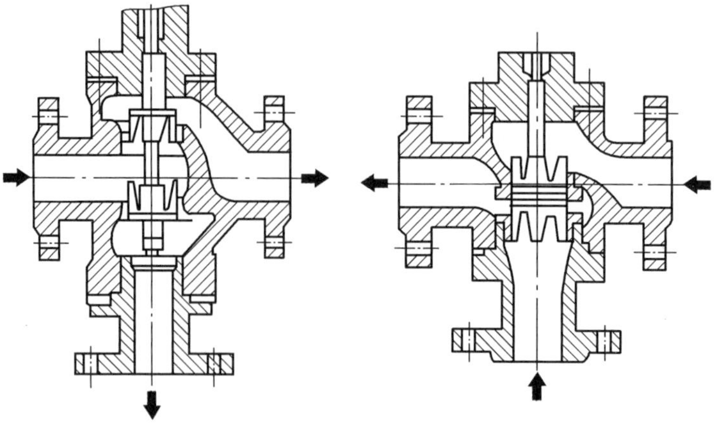

(a)分流　　(b)合流

图 1-4-16　三通阀

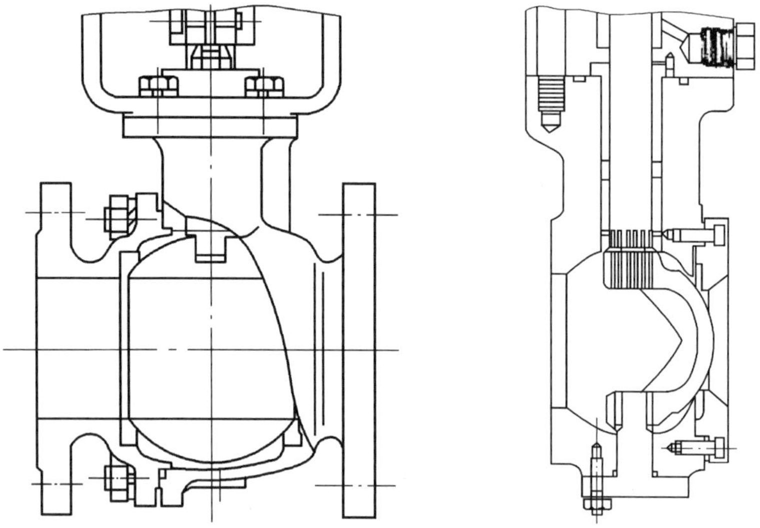

(a)O形球阀　　(b)V形球阀

图 1-4-17　球阀

V 形球阀的球体上有一个 V 形开口，随着球体的旋转，开口面积不断发生变化，但开口面的形状始终保持为 V 形。V 形球形阀芯在阀体内做 90°旋转，当 V 形球的球面旋转到与阀座的密封圈全部紧密接触时，阀门处于全关位置，其结构如图 1-4-17(b)所示。这种阀的 V 形口与阀座之间有剪切作用，可以剪断纤维状的流体，如纸浆、纤维、含颗粒的介质，关闭性能好；流量特性近似等百分比特性，可调比大。

球阀结构简单，维修方便。

8. 滑阀的结构和应用

滑阀是催化裂化装置的关键设备之一。滑阀按其用途可分为单动滑阀和双动滑阀。按阀体壁温可分为热壁式和冷壁式。在阀体的外部敷设隔热层，操作时阀体温度与内部零件的温度差不多，这种结构叫作热壁阀。隔热衬里敷设在阀体内部，阀壁温度不高于 350℃，这种结构叫作冷壁阀。

冷壁式单动滑阀主要由筒体、节流锥、阀座圈、导轨、阀板、阀盖和阀杆以及衬里等组成，如图 1-4-18 所示。阀体内壁采用耐磨、隔热双层衬里。节流锥为悬挂式，大端焊在阀体上，节流锥下部通过螺栓固定有阀座圈和导轨。阀板与导轨相对滑动。节流锥和阀座圈等可随阀体内温度变化而自由膨胀和收缩。

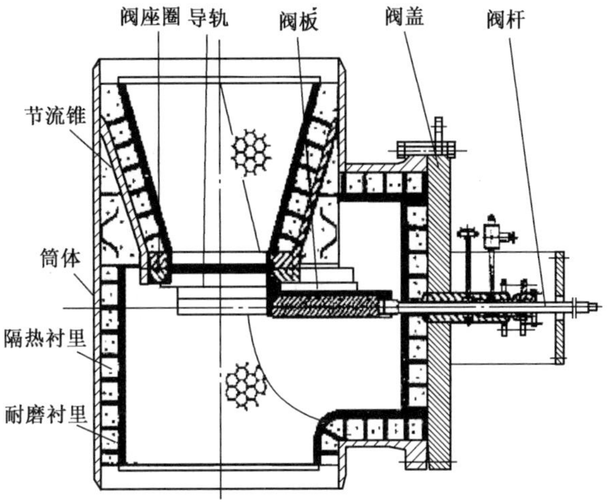

图 1-4-18　冷壁式单动滑阀

在阀杆的填料部位上，采取“双填料”结构，也叫串级密封，这样滑阀可以在操作状态下更换外层填料，而不必停车，进一步提高了滑阀的可靠性。在阀杆的制造工艺上，采用硬质合金喷焊技术，具有良好的抗磨和抗氧化性能，提高了阀杆的使用寿命。

无论是单动滑阀还是双动滑阀，在操作时都要受到高温催化剂的严重冲刷。为了减少这种磨损和冲刷，在阀板和导轨的滑动部分分别堆焊了硬质合金。在催化剂通过冲刷严重的阀板前和座圈阀口处全部衬有 20mm 厚的新型耐磨衬里，设有增强隔板来固定衬里，这种衬里比堆焊的硬质合金效果更好，因为堆焊的硬质合金在高温操作下，其硬度将随之降低，而耐磨衬里的性能却不会降低。

9. 三偏心蝶阀的结构和应用

三偏心蝶阀作为普通蝶阀的变形产品，保留了传统蝶阀优点而规避了其缺点。三偏心蝶阀在结构上有三个“偏移”，一是指阀门密封面中心线的偏移，二是指蝶阀轴中心线相对于管道中心的偏移，三是指阀体密封面所在锥面的中心线与管道中心线存在一个夹角，其结构如图 1-4-19 所示。这种“三偏移”设计能够最大限度地降低密封件和阀门底座的磨损，提高阀门的密封效果，保证零泄漏并延长阀门的使用寿命。

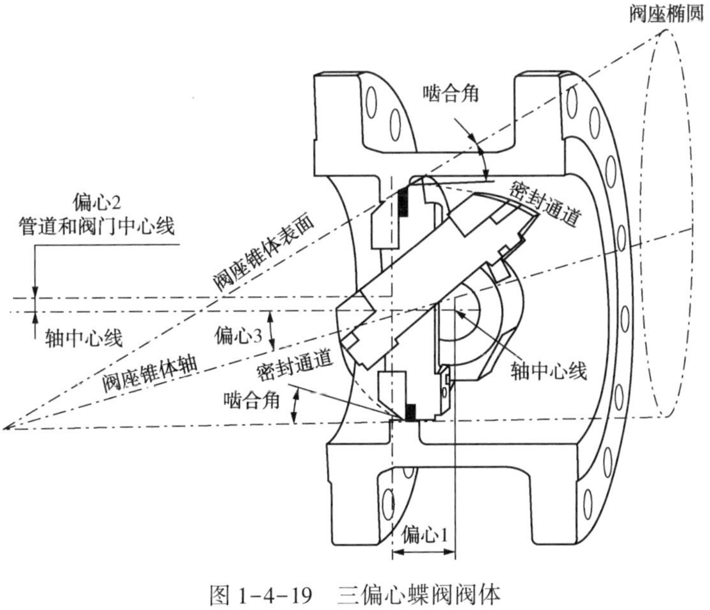

图 1-4-19　三偏心蝶阀阀体

三偏心蝶阀阀板形状为椭圆形锥体，其表面堆焊硬质合金，耐磨性极好，浮动式U形不锈钢阀座具有自动调整中心的功能。当阀门打开时，椭圆形圆锥体密封面阀板先脱离U形弹性阀座，然后再旋转；关闭时阀板旋转，在偏心轴的作用下阀板向弹性阀座进行自动调整中心，对阀座施压使阀座变形直到阀座与阀板椭圆形圆锥密封面紧密吻合。做到了阀门开关时蝶板不刮擦阀座，阀杆的扭矩通过蝶板直接传递至密封面，开启力矩小，从而杜绝了打开阀门时常见的跳跃现象。三偏心蝶阀从根本上改变了密封构造，不再是位置密封，而是扭力密封，这种密封结构解决了三偏心蝶阀金属阀座泄漏量大的问题，实现了真正的零泄漏。同时，由于金属阀座的选用和面密封的结构特性，耐高温高压的问题也迎刃而解。

在石化行业中，三偏心硬密封蝶阀拥有很多成功应用的案例。炼油厂催化裂化装置中，主风机出入口和放空阀、气压机出入口和放空阀、油浆泵出入口、烟气轮机入口和旁路、中低压蒸汽等处都有使用。乙烯装置裂解炉出口的清焦阀是石油化工行业中应用条件比较苛刻的一种阀，介质中含有的炭颗粒可能积聚在阀门的密封面上，在阀门关闭前需要用蒸汽吹扫阀门的密封面，把可能积聚在密封面上的炭颗粒吹扫掉，因此此处清焦阀可选用带蒸汽吹扫的三偏心金属密封蝶阀。液化石油气容易泄漏，储罐的进出口主阀使用三偏心金属密封蝶阀更可靠。高黏度的沥青、燃料油及需要熔融状态输送的物料(如硫等)管道可用带蒸汽夹套的三偏心金属密封蝶阀。加热炉的高温烟气管道需使用带衬里的三偏心金属密封蝶阀。气体分离及其他化工生产过程要求超低温、带散热鳍片的三偏心金属密封蝶阀，以适应超低温环境。

4.1.3 调节阀上阀盖的结构形式

上阀盖是指装在调节阀的执行机构与调节机构之间的部件，其中装有填料函，能适应不同的工作温度和密封要求。

常见的上阀盖有四种结构形式，见图1-4-20。

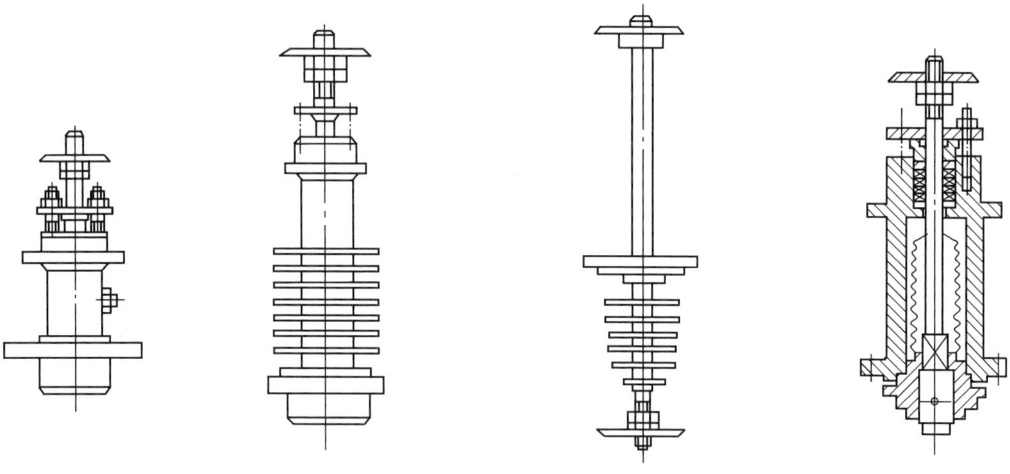

(a)普通型　(b)散(吸)热型　(c)长颈型　(d)波纹管密封型

图1-4-20　上阀盖外形图

普通型　适用于常温场合，工作温度一般为0~200℃。

散(吸)热型　适用于高温场合，工作温度一般高于200℃。

长颈型　适用于低温场合，工作温度为一般低于0℃。它的上阀盖增加了一段有足够长度的直颈，以保护填料在允许的低温范围不致冻结。颈的长短取决于温度的高低和调节机构口径的大小。

波纹管密封型　适用于有毒、易挥发或贵重的流体，可以避免介质的外漏，防止有毒、易爆介质外漏而发生危险。

上阀盖中的密封件主要有如下结构形式：

① 普通型　填料靠压盖压紧，结构简单实用，磨损之后还可以再调整并压紧。

② 带弹簧型　有压缩弹簧的作用力，使密封圈的密封性能更好。

③ 双层填料函　用于有热交换的上阀盖中，以保证密封的可靠性(图1-4-21)。

4.1.4　调节阀阀芯的结构形式

阀芯是阀内的关键零件，为了适应不同的需要，得到不同的阀门特性，阀芯的结构形式多种多样，但一般可分为直行程和角行程两大类。

1. 直行程阀芯

直行程阀芯的种类如图 1-4-22 所示。

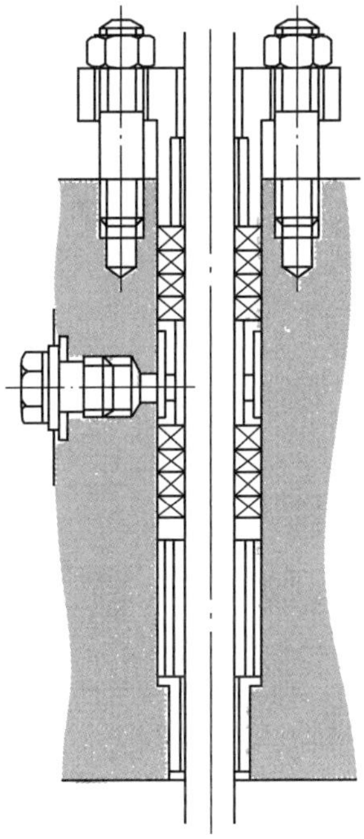

图 1-4-21　上阀盖双层填料密封函

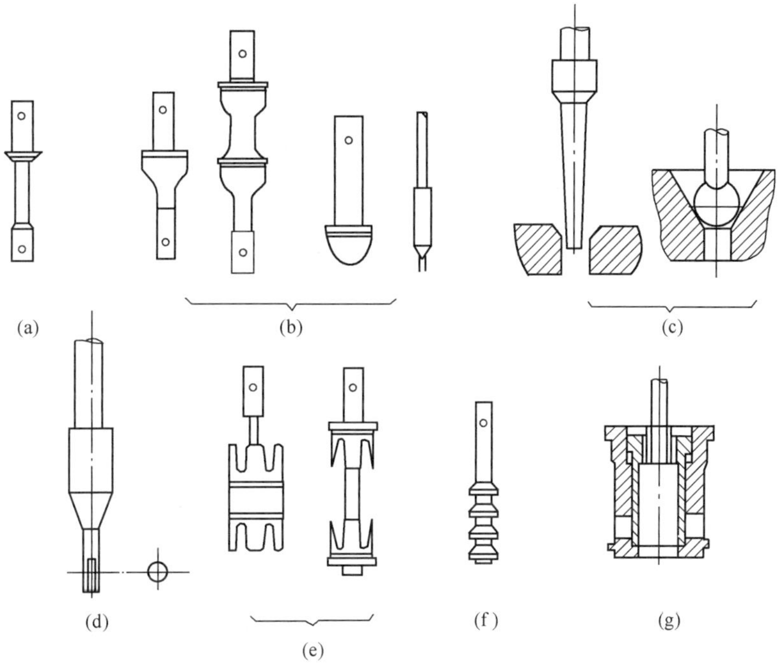

图 1-4-22　直行程阀芯

平板型阀芯[图 1-4-22(a)]的底面为平板形，其结构简单，加工方便，具有快开特性，可作两位调节用。

柱塞型阀芯[图 1-4-22(b)]可分为上、下双导向和上导向两种，左面两种为双导向，可以上、下倒装，以改变调节机构的正、反作用。右面两种阀芯为上导向，它用于角形阀和高压阀。对于小流量阀，可采用球形、针形阀芯[图 1-4-22(c)]，也可以在圆柱体上铣出小槽[图 1-4-22(d)]。

窗口型阀芯[图 1-4-22(e)]用于三通阀，左边为合流型，右边为分流型，由于窗口形状不同，阀门特性有直线、等百分比和抛物线三种。

多级阀芯[图 1-4-22(f)]把几个阀芯串接在一起，起到逐级降压的作用，用于高压差阀，可降低噪声。

套筒型阀芯[图1-4-22(g)]用于套筒阀，通过改变套筒窗口形状来改变阀的特性。

2. 角行程阀芯

这种阀芯通过旋转运动来改变它与阀座间的流通面积，如图1-4-23所示。图1-4-23(a)偏心旋转阀芯，用于偏心旋转阀。图1-4-23(b)蝶形阀板，用于蝶阀，有标准扁平阀板、翘曲阀板和带尾部的阀板三种，图中所示为标准扁平阀板。图1-4-23(c)球形阀芯，O形阀芯上钻有一个通孔，用于O形球阀；V形阀芯的扇形球芯上有V形口或抛物线口，两边支承在短轴上，用于V形球阀。

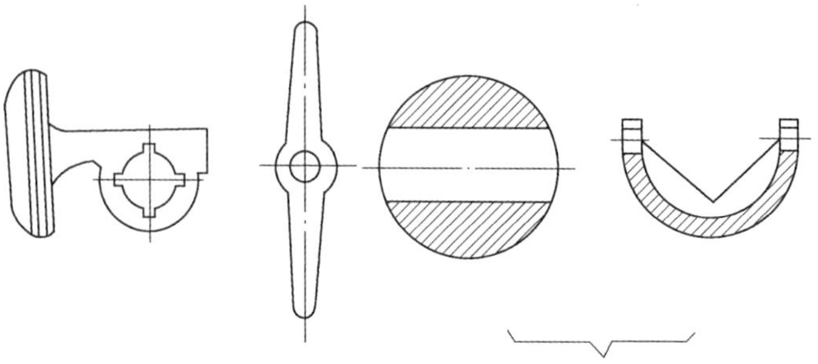

图1-4-23　角行程阀芯

4.2　调节阀的流量特性

调节阀的流量特性是指流体流过阀门的相对流量与相对位移(阀门的相对开度)间的关系，其数学表达式为

$$\frac{q}{q_{max}}=f\left(\frac{l}{L}\right)$$

式中　q/q_{max}——相对流量，调节阀在某一开度时的流量 q 与全开流量 q_{max} 之比；

l/L——相对位移，调节阀在某一开度时的阀芯位移 l 与全开位移 L 之比。

一般来说，改变调节阀的阀芯与阀座之间的流通面积，便可以控制流量。实际上，由于多种因素的影响，如在流通面积变化的同时，还发生阀前、阀后压差的变化，而压差的变化又将引起流量的变化。为了便于分析，先假定阀前、阀后的压差不变，然后再引申到真实情况进行研究。前者称为理想流量特性，后者称为工作流量特性。

流量特性不同于阀的结构特性。阀的结构特性是指阀芯位移与流体通过的截面积之间的关系，不考虑压差的影响，纯粹由阀芯大小和几何形状所决定。

4.2.1　调节阀的理想流量特性

理想流量特性又称为固有流量特性，有直线、等百分比(对数)、抛物线及快开等四种。

1. 直线流量特性

直线流量特性是指调节阀的相对流量与相对位移呈直线关系，有如下数学表达式：

$$\frac{q}{q_{max}}=\frac{1}{R}\left[1+(R-1)\ \frac{l}{L}\right]=\frac{1}{R}+\left(1-\frac{1}{R}\right)\frac{l}{L}$$

式中　$R=\frac{q_{max}}{q_{min}}$——阀门的可调比，当阀门结构一定时，$R$ 为常数；

q_{min}——阀门全关时的流量。

以不同的 l/L 代入上式，求出 q/q_{max} 的对应值，在直角坐标上得到一条直线，见图 1-4-24中的直线 2。直线特性调节阀的曲线斜率是常数，表示阀的放大系数。要注意的是，当可调比 R 不同时，特性曲线在纵坐标上的起点是不同的。为了便于分析和计算，假设 $R=\infty$，即可调比无穷大，则特性曲线以坐标原点为起点。

在小开度时，流量相对变化值大，灵敏度高，不易控制，甚至发生振荡；在大开度时，流量相对变化值小，调节缓慢。直线流量特性的阀芯形状如图 1-4-25 的直线 2 所示。

2. 等百分比流量特性

等百分比流量特性是指单位相对位移变化所引起的相对流量变化与此点的相对流量呈正比关系，即调节阀的放大系数是变化的，它随相对流量的增大而增大。

等百分比流量特性的数学表达式为

$$\frac{q}{q_{max}}=R^{\left(\frac{l}{L}-1\right)}$$

可见，相对位移与相对流量呈正比对数关系，所以也称为对数流量特性，在半对数坐标上可以得到一条直线，而在直线坐标上则得到一条对数曲线，如图 1-4-24 的曲线 4 所示。

在小开度时，调节阀放大系数小，调节平稳缓和；在大开度时，放大系数大，调节灵敏。从图 1-4-25 还可以看出，等百分比特性在直线特性下方，在同一位移时，直线流量特性阀比等百分比流量特性的调节阀通过的流量大。

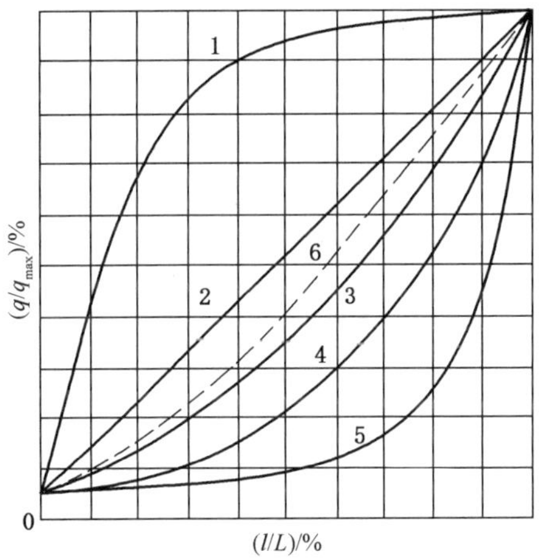

图 1-4-24　理想流量特性

1—快开；2—直线；3—抛物线；4—等百分比；5—双曲线；6—修正抛物线

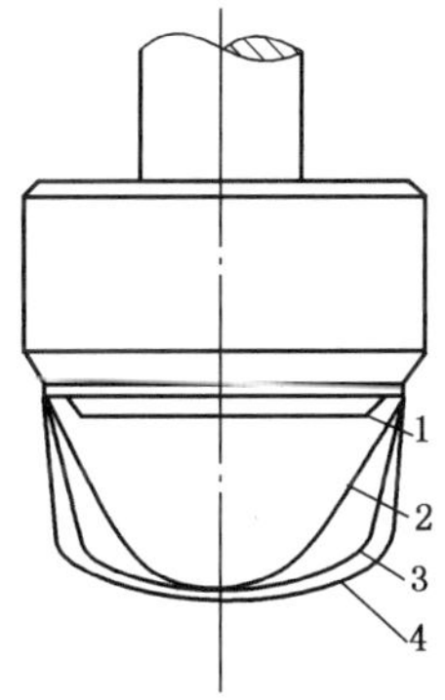

图 1-4-25　不同流量特性的阀芯形状

1—快开；2—直线；3—抛物线；4—等百分比

3. 抛物线流量特性

抛物线流量特性是指单位相对位移的变化所引起的相对流量变化与此点的相对流量值的平方根呈正比关系，即

$$\frac{q}{q_{max}}=\frac{1}{R}\left[1+\left(\sqrt{R}-1\right)\frac{l}{L}\right]^2$$

抛物线流量特性介于直线及等百分比曲线之间，如图 1-4-24 的曲线 3 所示。

为了弥补直线流量特性在小开度时调节性能差的缺点，在抛物线基础上派生出一种修正抛物线特性，如图 1-4-24 的曲线 6。它在相对位移 30%及相对流量 20%区间内为抛物线关系，在此以上的范围是线性关系。

抛物线特性的阀芯形状见图 1-4-25 的曲线 3 所示。

4. 快开流量特性

快开流量特性在开度较小时就有较大的流量，随开度的增长，流量很快就达到最大，此后再增加开度，流量变化很小，故称快开特性，其特性曲线如图 1-4-24 的曲线 1 所示。快开特性的数学表达式为

$$\frac{q}{q_{\max}}=\frac{1}{R}\left[1+(R^2-1)\ \frac{l}{L}\right]^{\frac{1}{2}}$$

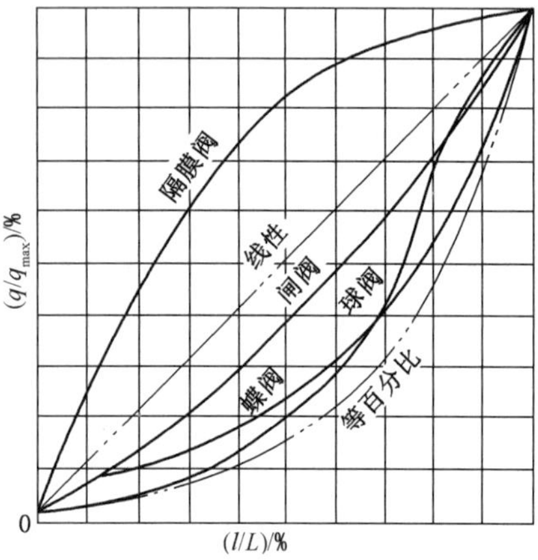

图 1-4-26 各种阀门的流量特性

快开特性的阀芯形状是平板形的，如图 1-4-25 的快开 1 所示，它的有效位移一般为阀座直径的 1/4，当位移再增大时，阀的流通面积就不再增大，失去调节作用。快开特性调节阀适用于快速启闭的切断阀或两位控制系统。

除上述流量特性外，还有一种较为少用的双曲线流量特性，如图 1-4-24 的曲线 5 所示。

各种阀门都有自己特定的流量特性，如图 1-4-26所示隔膜阀的流量特性接近于快开特性，蝶阀的流量特性接近于等百分比特性。选择阀门时应该注意各种阀门的流量特性。

对隔膜阀和蝶阀，由于它的结构特点，不可能用改变阀芯的曲面形状来改变其特性。因此，要改变其流量特性，只能通过改变阀门定位器反馈凸轮的外形来实现。

4.2.2 调节阀的工作流量特性

在实际工作中，调节阀和工艺设备、管道等串联或并联使用，流量随压力损失的变化而变化，理想流量特性因阀门前后压差的变化而变成工作流量特性。

1. 串联管道的工作流量特性

在图 1-4-27 所示的串联系统中，调节阀的工作流量特性为

$$\frac{q}{q_{\max}}=f\left(\frac{l}{L}\right)\sqrt{\frac{\Delta p_{\rm v}}{\Delta p_{\rm s}}}$$

式中 q——流过调节阀的流量；

f——调节阀的理想流量特性；

l/L——阀芯相对位移，$S=\Delta P_{\rm v}/\Delta P_{\rm s}$；

$\Delta p_{\rm s}$——系统的总压差；

$\Delta p_{\rm v}$——调节阀的压差。

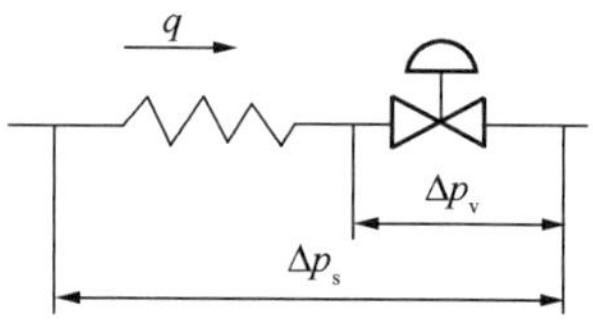

图 1-4-27 串联管道

若 $q_{\max}$表示管道阻力等于零时调节阀全开流量，q_{100}表示存在管道阻力时调节阀的全开流量，则可得到

$$\frac{q}{q_{max}}=f\left(\frac{l}{L}\right)\sqrt{\frac{1}{\left(\frac{1}{s}-1\right)f^2\left(\frac{l}{L}\right)+1}}$$

$$\frac{q}{q_{100}}=f\left(\frac{l}{L}\right)\sqrt{\frac{s}{(1-s)f^2\left(\frac{l}{L}\right)+s}}$$

式中　q ——流过调节阀的流量；

s——调节阀的阀阻比，$s=\Delta p_v/\Delta p_s$。

以上二式分别为串联管道以 q_{max}及 q_{100}作为参比值的工作流量特性。对于理想流量特性为直线及等百分比特性的调节阀，在不同的 s 值时，工作流量特性畸变情况如图 1-4-28 和图1-4-29所示。

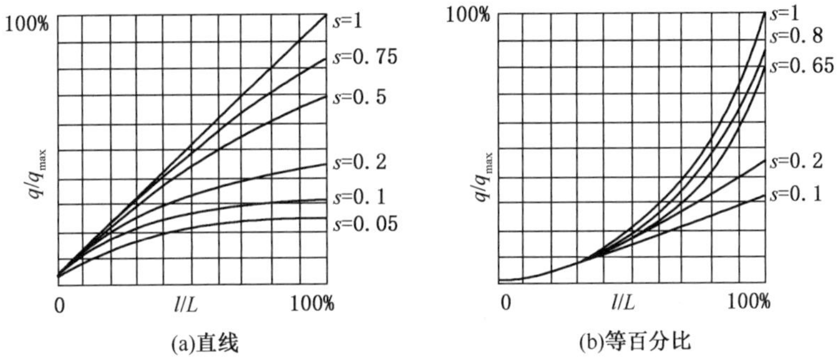

图 1-4-28　串联管道时调节阀的工作流量特性(以 q_{max}为参比值)

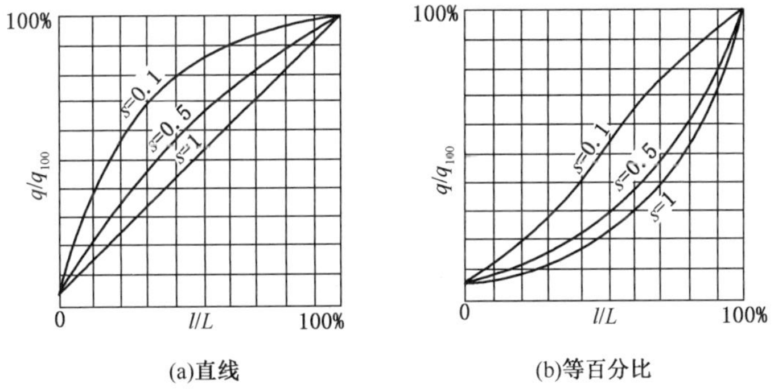

图 1-4-29　串联管道时调节阀的工作流量特性(以 q_{100}为参比值)

2. 并联管道的工作流量特性

有的调节阀装有旁路，便于手动操作和维护。当生产能力提高或其他原因引起调节阀的最大流量满足不了工艺生产的要求时，可以把旁路打开一些，这时调节阀的理想流量特性就成为工作流量特性。

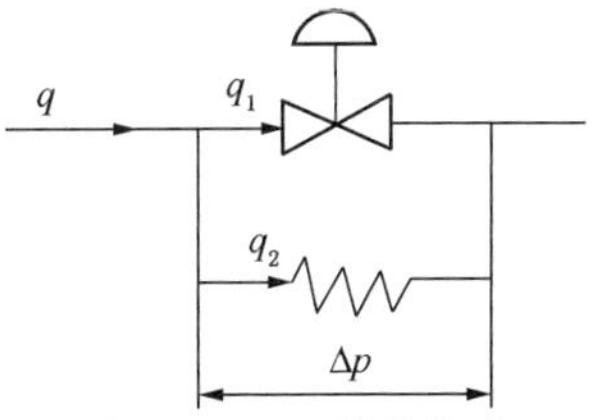

图 1-4-30　并联管道

在图 1-4-30 所示的并联管道中，有

$$\frac{q}{q_{max}}=Xf\left(\frac{l}{L}\right)+(1-X)$$

式中　q——并联管路道的总流量，即 $q=q_1+q_2$；

q_{max}——管道总流量的最大值；

f——调节阀的理想流量特性；

l/L——阀芯相对位移；

X——调节阀全开时最大流量 q_{1max} 和总管最大流量 q_{max} 之比，即 $X=\frac{q_{1max}}{q_{max}}$。

上式表示并联管道的工作流量特性。理想流量特性为直线及等百分比的调节阀，在不同的 X 值时，工作流量特性如图 1-4-31 所示。

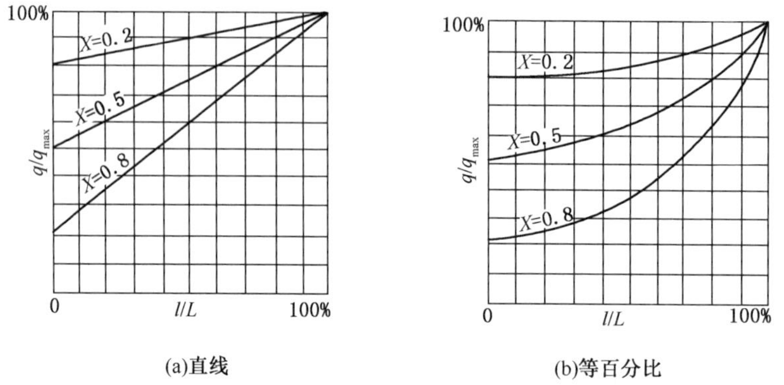

图 1-4-31 并联管道时调节阀的工作流量特性

由图 1-4-31 可以看出，并联管道中，阀本身的流量特性变化不大，但可调比降低了。实际应用中，为使调节阀有足够的调节能力，旁路流量不能超过总流量的 20%，即 X 值不能低于 0.8。

综合上述情况，可得到以下结论：

① 串、并联管道使理想流量特性发生畸变，串联管道的影响尤为严重；

② 串、并联管道使调节阀可调比降低，并联管道更为严重；

③ 串联管道使系统总流量减少，并联管道使系统总流量增加；

④ 串联管道调节阀开度小时放大系数增加，开度大时则减少，并联管道调节阀的放大系数在任何开度下总比原来的减少。

4.3 调节阀附件

4.3.1 阀门定位器

1. 气动阀门定位器

气动阀门定位器接收电气转换器（或气动调节器）的气压输出信号，然后产生与该输出信号成比例的气压信号，用以控制气动调节阀。气动阀门定位器按其工作原理可分成位移平衡式和力（力矩）平衡式两大类。下面介绍力（力矩）平衡式气动阀门定位器。

力（力矩）平衡式气动阀门定位器按力矩平衡原理工作，如图 1-4-32 所示。当通入波纹管 1 的信号压力增加时，使主杠杆 2 绕主杠杆支点 15 转动，挡板 13 靠近喷嘴 14，喷嘴背压经放大器 16 放大后，送入执行机构 8 的薄膜室，并使阀杆向下移动，带动反馈杆 9 绕凸轮支点 4 转动，反馈凸轮 5 也跟着做逆时针转动，通过滚轮 10 使副杠杆 6 绕支点 7 顺时针转动，并将反馈弹簧 11 拉伸，弹簧 11 对主杠杆 2 的拉力与信号压力作用在波纹管 1 上的力达到力矩平衡时仪表达到平衡状态。此时，一定的信号压力就对应一定的阀门位置。弹簧 12 是调零弹簧，调其预紧力可使挡板初始位置变化。弹簧 3 是迁移弹簧，在分程控制中用来改变波纹管对主杠杆作用力的初始值，以使定位器在接收不同输入信号范围（20～60kPa 或 60～100kPa）时，仍能产生相同的输出信号。

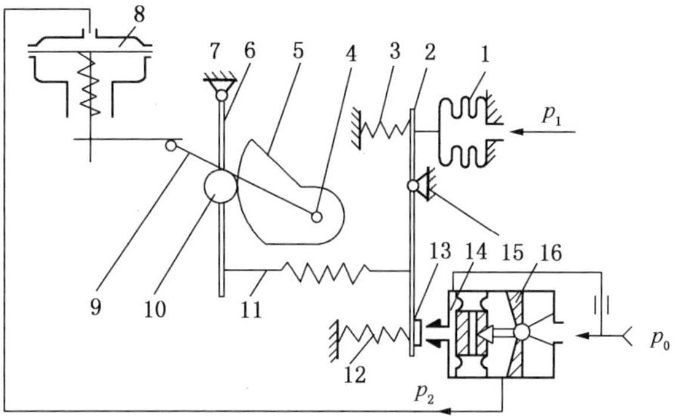

图 1-4-32　力矩平衡阀门定位器

1—波纹管；2—主杠杆；3—迁移弹簧；4—凸轮支点；5—反馈凸轮；6—副杠杆；7—支点；8—执行机构；9—反馈杆；10—滚轮；11—反馈弹簧；12—调零弹簧；13—挡板；14—喷嘴；15—主杠杆支点；16—放大器

改变定位器反馈杆的长度可实现行程调整。将正作用定位器中的波纹管从主杠杆的右侧换到左侧，调节调零弹簧，使定位器的起始输出压力为 100kPa，就能实现反作用调节。

2. 电-气阀门定位器

电-气阀门定位器输入信号为控制器来的 4～20mA 的直流电信号，输出为驱动气动调节阀的气压信号，同时具有电-气转换器和气动阀门定位器的作用。如图 1-4-33 所示。

图 1-4-34 表示一种双向电-气阀门定位器的工作原理。它是按力矩平衡原理工作的，它与气动阀门定位器有两个明显的区别，一个是把波纹管组件换成力矩马达，一个是把单作用放大器改为双作用放大器。当信号电流通入力矩马达 1 的线圈两端时，它与永久磁钢作用后，对主杠杆产生一个力矩，于是挡板靠近喷嘴，经放大器放大后的输出压力送入活塞式执行机构 2 的气缸，通过反馈凸轮拉伸反馈弹簧，弹簧对主杠杆的反馈力矩与输入电流作用在主杠杆上的力矩相平衡时，仪表达到平衡状态，此时，一定的输入电流就对应一定的阀门位置。

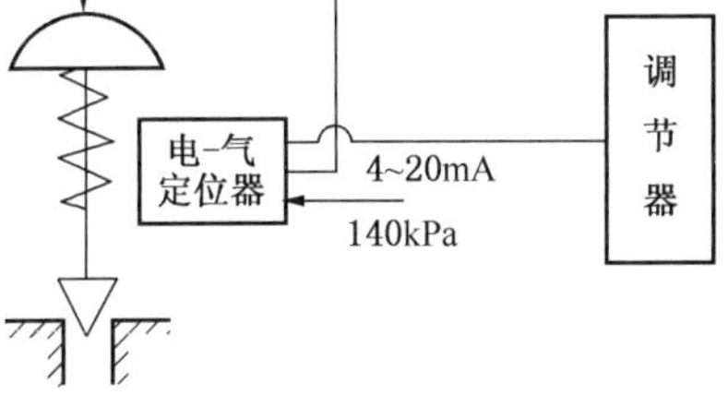

图 1-4-33　电-气阀门定位器作用示意图

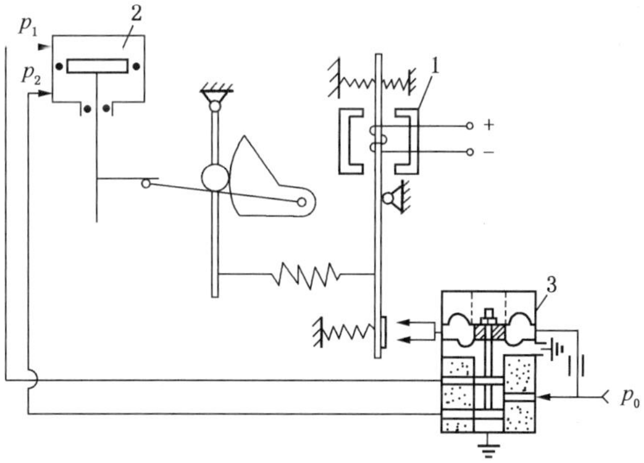

图 1-4-34　电-气阀门定位器

1—力矩马达；2—活塞式执行机构；3—双向放大器

3. 智能式阀门定位器

智能式阀门定位器结构如图 1-4-35 所示。从图中可以看出，它与常规电气阀门定位器的不同之处在于，执行机构的位置给定值与实际值的比较是在微处理器中进行的。微处理器将检测到的控制偏差，利用一个五通路插件传递给压电阀，使一定量的压缩空气经过压电阀进入气动执行机构的气室。如果控制偏差较大，则压电阀输出连续信号；如果偏差很小，则没有定位脉冲输出；如果偏差大小适中，则输出定位脉冲序列。

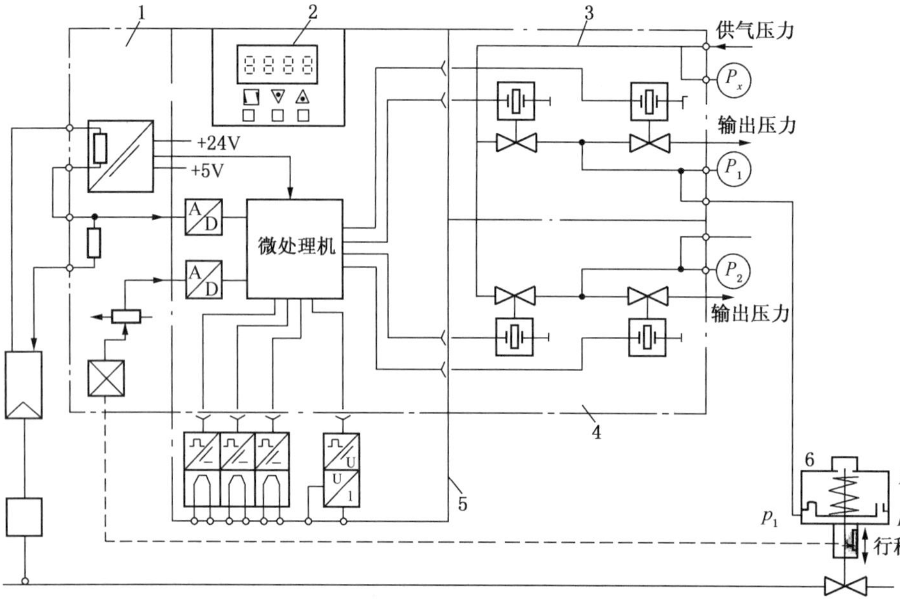

图 1-4-35　智能式阀门定位器结构示意图

1—输入信号接线；2—控制面板；3—第一压电式阀组件(单作用)；
4—第二压电式阀组件(双作用)；5—功能模块；6—单作用执行机构(弹簧返回)；7—双作用执行机构

在使用二线制电路时，智能定位器的工作电源全部取自 4~20mA 的电流信号。

智能式阀门定位器的工作参数可组态设置，包括：

① 输入电流范围(0~20mA 或 4~20mA)；

② 位置给定值的上升或下降特性；

③ 定位速度的限定(设定值的上升时间)；

④ 用于分程控制时，可调的初值和终值；

⑤ 阶跃响应、自适应或整定；

⑥ 作用方向，输出压力随设定值增大的上升、下降特性；

⑦ 输出压力范围；

⑧ 位置的最小值与最大值(报警值)；

⑨ 自动关闭功能；

⑩ 选择阀特性，包括直线、等百分比及其他特性。

4.3.2　电-气转换器

电-气转换器的作用是把控制器输出的电流信号转换成气压信号，送到气动执行机构或其他气动仪表上去。

图 1-4-36 是一种常见的电-气转换器的结构原理图。它由三大部分组成：电路部分，主要是测量线圈 4；磁路部分，由磁钢 5 构成，它产生永久磁场；气动力平衡部分，由喷嘴、挡板、功率放大器及正、负反馈波纹管和调零弹簧组成。

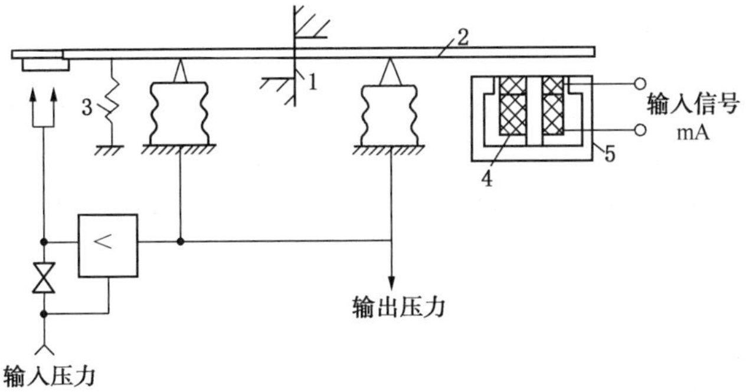

图 1-4-36 电-气转换器结构原理图

1—十字簧片；2—平衡杠杆；3—调零弹簧；4—测量线圈；5—磁钢

电-气转换器的动作原理是力矩平衡原理。当 4~20mA 的直流信号通入测量线圈之后，载流线圈在磁场中产生电磁力，该电磁力与正、负反馈力矩使平衡杠杆平衡，于是输出信号就与输入电流成为一一对应的关系，从而把电流信号变成对应的 20~100kPa 的气压信号。

4.3.3 电液伺服阀

电液伺服阀是电液执行机构的关键部件，主要由力矩马达和液压放大器组成。力矩马达是一种电磁元件，其作用是将输入的电信号转变成力或力矩。力矩马达按输出特性可分为角位移式和直线位移式。液压放大器包括前置放大器和功率放大器。前置放大器的作用是，当力矩马达或力马达输出的力矩或力不足以推动液压滑阀时，利用它将力矩或力加以放大。经常采用喷嘴挡板阀、射流管阀和滑阀作为前置放大器。功率放大器采用滑阀。

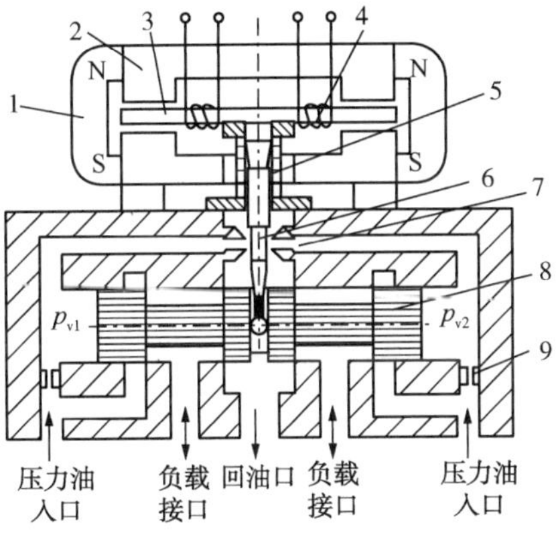

图 1-4-37 电液伺服阀结构原理图

1—永久磁铁；2—导磁体；3—衔铁；4—线圈；5—弹簧管；6—挡板；7—喷嘴；8—滑阀；9—固定节流孔

电液伺服阀的种类很多，图 1-4-37 所示为一种典型的电液伺服阀结构。力矩马达由一对永久磁铁 1、一对导磁体 2、衔铁 3、线圈 4 和弹簧管 5 组成。双喷嘴挡板阀构成了前置放大器；功率放大器为四边滑阀。衔铁 3、弹簧管 5 与喷嘴挡板阀的挡板 6 连接在一起，挡板末端为小球状，嵌放在滑阀 8 的中间凹槽内，构成反馈杆传递滑阀对力矩马达的反馈力。

其工作原理如下：当线圈中无信号电流输入时，衔铁、挡板和滑阀都处于中间对称位置，如图 1-4-37 所示。当线圈中有信号电流输入时，衔铁被磁化，与永久磁铁和导磁体形成的磁场，合成产生电磁力矩，使衔铁连同挡板发生偏转，挡板的偏转使两喷嘴与挡板之间的缝隙发生相反的变化，滑阀阀芯两端压力 P_{v1}、P_{v2} 也发生相反的变化，一个压力上升，另一个压力下降，从而推动滑阀阀芯移动。阀芯移动的同时使反馈杆产生弹性变形，对衔铁、挡板组件产生一反力矩。当作用在衔铁、挡板组件上的电磁力矩与弹簧管、反馈杆的反力矩达到平衡时，滑阀停止移动，保持在一定的开口上，并有相应的压力油流量经负载接口输出。由于衔铁、挡板的转角、滑阀的位移都与信号电流成比例变化，在负载压差一定时，阀的输出流量也与输入电流成比例。当输入信号电流反向时，输出油液的方向也发生改变。所以，这是一种流量控制电液伺服阀。

4.3.4 电磁阀

电磁阀由两个基本功能单元组成，即电磁线圈(电磁铁)和磁芯以及包含一个或几个孔的阀体。当电磁线圈通电或断电时，磁芯的运动将导致流体通过阀体或被切断。电磁线圈被直接装在阀体上，阀芯被封闭在密封管中，构成一个简洁、紧凑的组合。

电磁阀按结构分为浮动膜片式和活塞式，按动作方式分为直动式和先导式，按控制方式分为二通、三通、四通或五通，按线圈数量分为单线圈和双线圈。

1. 电磁阀的技术指标

电磁阀的常用技术指标有以下几个：

① C_v 值(流量系数)　电磁阀的 C_v 值与调节阀的 C_v 值一样，表示介质通过电磁阀的流通能力，它取决于以下三个因素：介质的最大和最小流量；介质通过阀门的最大和最小压差；介质的相对密度、温度和黏度。

② 电磁线圈外壳的密封等级　一般有传统的金属密封和整体模压的环氧树脂结构，在选用时要根据现场的实际使用条件即防水、防腐蚀、防爆及环境温度来选取相应的适用等级。

③ 最大操作压力差　最大操作压力差是指确保电磁线圈安全操作阀门时可承受的阀门入口与出口间的最大压力差。若阀门出口压力是未知的，可把入口压力当作最大差压。需要注意，同口径的电磁阀使用交流电驱动与使用直流电驱动其最大操作压力差是不同的。

④ 最小操作压力差　最小操作压力差是指开启阀门或保持阀门开启所需的最小压差。对于二通浮动活塞或浮动膜片阀来说，实际压差低于最小操作压力差时，阀门将开始关闭。

⑤ 安全操作压力　安全操作压力是指阀门可以承受的无损害的管路或系统压力。试验压力是安全工作压力的 5 倍。

⑥ 流体最高温度　阀门所允许使用的被控介质的最高工作温度。

⑦ 阀体材质　应确保不与介质起化学反应(腐蚀)。如果大气环境中含有腐蚀性气体，也须慎重选择阀体材质。

⑧ 动作时间　阀门从全闭到全开或反之的时间称为动作时间。它取决于阀门尺寸和操作形式、电力供给、流体性质、温度、入口压力和湿度等。

2. 电磁阀的选择

电磁阀应用广泛，合理选用是正确使用的关键。电磁阀应用场合参见表 1-4-1。

表 1-4-1　电磁阀结构与使用

序　号	阀 的 结 构	电磁阀的特点与使用场合
1	直接动作式电磁阀	适用于小口径与低压差场合
2	导阀动作直接连接方式的电磁阀	在工作压差很小或无压差的情况下也能可靠地开闭
3	导阀动作管道连接方式的电磁阀	工作行程短，功耗小，体积小，结构简单，是最常用的结构形式，适用于有一定工作压差的场合
4	自保持式电磁阀	瞬时通电，线圈温升低，功耗小，体积小，断电后阀门位置保持原位

可从以下三个方面选择电磁阀：

按使用介质或功能选用　电磁阀一般按使用介质及用途而标注名称，如可在蒸汽介质中使用的标为蒸汽电磁阀。如：二位二通电磁阀、二位三通电磁阀、高温电磁阀、真空电磁阀、防爆电磁阀、防水电磁阀、脉冲电磁阀、自锁电磁阀和组合电磁阀等。

按电磁阀工作原理选用　不同电磁阀适用于不同压力(压差)场合。

按电磁阀口径选用　一般电磁阀通径与工艺管道通径相同。在石油化工装置的联锁控制系统中，电磁阀一般用于操作仪表风去控制调节阀的动作。此时，电磁阀的通径也应与仪表风管的管径相同。若电磁阀上压降较大，在大口径时从节约与可靠性考虑，可选择比工艺管道通径小一挡的电磁阀。

除一般应考虑工作介质的温度、黏度、悬浮物、腐蚀性、压力、压差等因素外，选用电磁阀还必须考虑下列问题：

① 为防止线圈烧坏，应限制电磁阀每分钟通断的工作次数。

② 介质进入导阀前，一般应先经过过滤器防止杂质堵塞阀门。

③ 介质压力低于电磁阀的最小工作压力时，介质不能通过阀门，只有当介质压力大于最小工作压力时才能通过阀门。

④ 电磁阀有电开型(通电打开)和电闭型(通电闭合)两种，未特别说明的，一般为电开型。

⑤ 通常电磁阀是水平安装。若垂直安装，电磁阀将不能正常工作。

3. 电磁阀的动作原理

(1) 常闭式二通电磁阀的动作原理

二通阀有一个入口和一个出口与管线连接，可以使流体流过阀门或切断流体通道。

图 1-4-38 所示为直动式二通阀。在直动阀中，电磁线圈通电时，磁芯直接开启常闭的阀孔。开启阀门需要的力与孔尺寸及流体压力成正比。孔尺寸增大，所需要的力也增大。因此，要开启大孔，又要保持电磁线圈尺寸小，应选用先导式电磁阀。

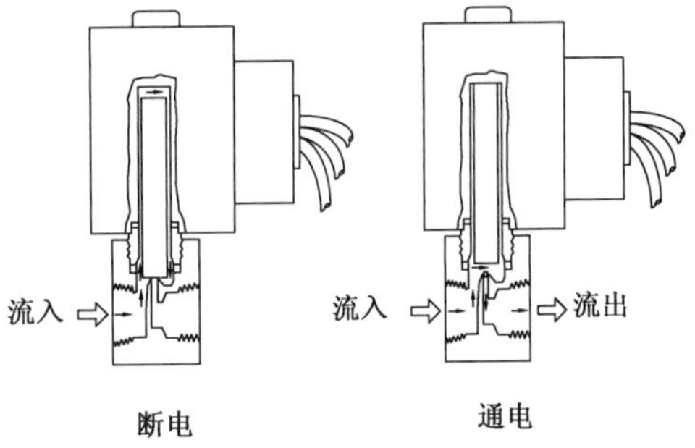

图 1-4-38　直动式二通阀

图 1-4-39 所示为先导式二通阀，这类阀门能借用管线压力来操作一个先导孔和一个旁通孔。电磁线圈断电时，先导孔关闭，管线的压力通过旁通孔施压于活塞或膜片的顶部，提供一个阀座力，严密关闭阀门。电磁线圈通电时，磁芯开启先导孔，通过阀的出口消除活塞或膜片的顶部压力，管线压力本身将膜片或活塞推离主孔，开启阀门。

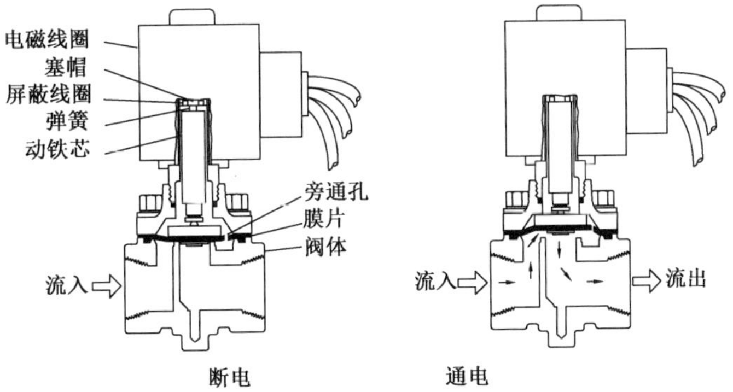

图 1-4-39　先导式二通阀

（2）常闭式三通电磁阀的动作原理

三通电磁阀有三个连接口与管线连接，图 1-4-40 为交替地向一个膜片阀或单动气缸施压或排压的三通电磁阀工作示意图，P 为压力口，A 为气缸口，T 为排气口。

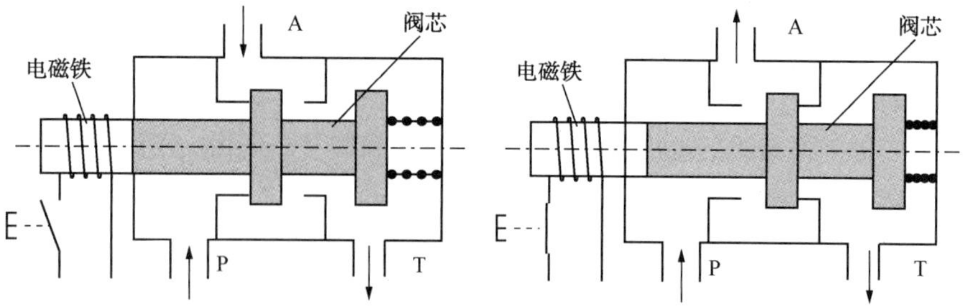

图 1-4-40　三通电磁阀

三通电磁阀有三种操作方式：

① 常闭　阀断电时，压力口关闭，而排气口连到气缸口；阀通电时，压力口连到气缸口，而排气口关闭。

② 常开　阀断电时，压力口连到气缸口，而排气口关闭，阀通电时，压力口关闭，而气缸口连到排气口。

③ 通用结构　允许阀连接成常闭或常开位置其中之一，或选择两种流体之一，或由一个口转换流动到另一个口。

（3）常闭式四通电磁阀的动作原理

四通电磁阀一般用于操作双动气缸，有四个或五个管线连接口，其中一个压力口、两个气缸口和一个或两个排气口，见图 1-4-41。在断电位置，压力连接到一个气缸口，另一个气缸口连到排气口。在通电位置，压力口和排气口被反向连到气缸口。

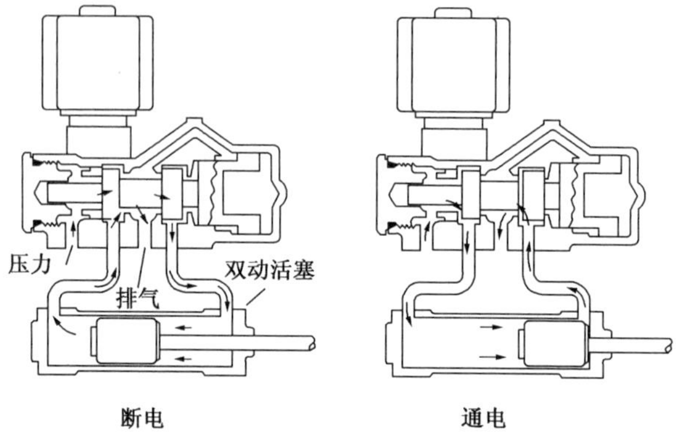

图 1-4-41　常闭式四通电磁阀

4. 电磁阀的应用举例

（1）直接用于控制

在一些要求不高的两位控制中常用电磁阀作执行装置，如卫生间的自动供水。工业上，作为直接控制用的电磁阀多用于不便操作处的排污或放空。

（2）用于联锁系统

电磁阀与气动调节阀可组装在一起用于联锁系统。图 1-4-42 所示为两位三通电磁阀在联锁系统中的应用。控制系统中被控制对象的被控变量在正常范围内波动时，电磁阀带电，控制器的输出信号经电气阀门定位器到气动薄膜调节阀膜头的道路畅通，正常工作。当联锁系统检测到异常信号并触发联锁时，联锁信号使电磁阀失电，将电气阀门定位器到调节阀膜头的通路切断，没有信号到执行机构，调节阀停留在使生产装置处于安全的状态。

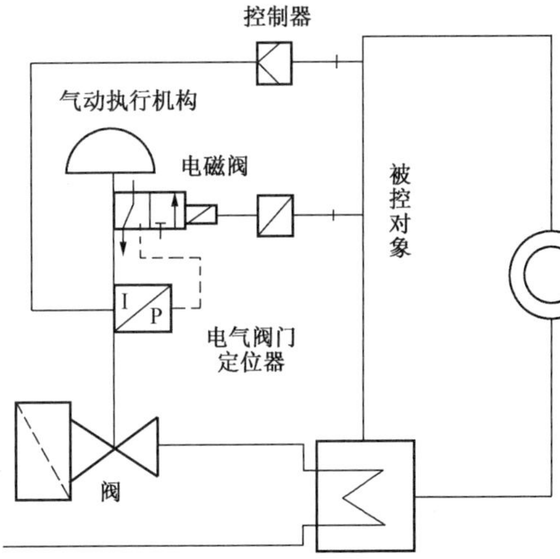

图 1-4-42　电磁阀的应用

在联锁系统中，电磁阀一般在通电情况下工作，即正常情况下电磁阀带电。这是为了避免电磁阀长期不动作，可能生锈而失灵，导致联锁要求动作时不能动作，从而造成事故。电磁阀长期通电可以防止卡住，同时，也比较容易判断出电磁阀是否故障，便于维修。

4.3.5　阀位回讯开关

阀位回讯开关主要应用于两位式阀门，是阀门位置显示和信号反馈的一种现场仪表，用以将阀门的开启或关闭位置以开关量形式接入控制器，实现对控制阀实际开关状态的监视。

阀位回讯开关种类繁多，应用较广的有：机械式行程开关、磁性开关和接近开关。

1. 机械式行程开关

机械式行程开关是通过装在阀杆上的挡板与阀杆行程两端的限位开关直接物理接触来检测阀门状态的机电装置。由于机械开关使用干触点，不具有极性或电压敏感性，因而没有电噪声、射频干扰、漏电流和电压降等电气缺陷。但是，由于阀门每次动作，限位开关都要与挡板碰撞，因此其使用寿命有限、故障率较高。此外，在防爆、防水和防腐蚀等方面，也有一定局限性。

常见机械式行程开关有直动式、滚动式、微动式和组合式等多种类型。开关形式可分：单刀双掷 SPDT、单刀单掷 SPST、双刀双掷 DPDT。

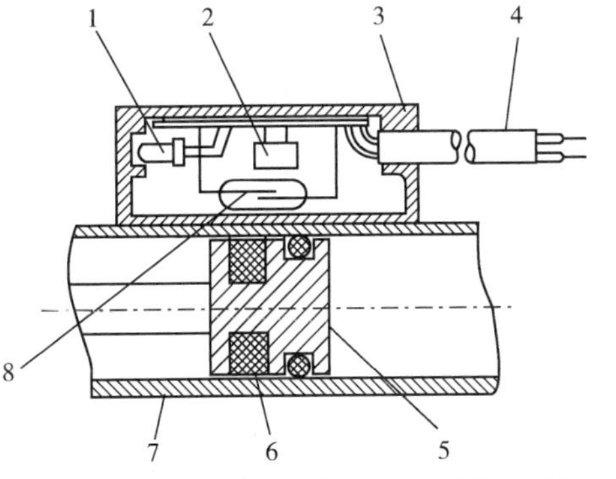

图 1-4-43　带磁性开关气缸结构原理图

1—指示灯；2—保护电路；3—开关外壳；4—导线；5—活塞；6—磁环(永久磁铁)；7—缸筒；8—舌簧开关

2. 磁性开关

磁性开关是通过感知周边磁场的变化来检测磁性目标位置的机电装置。磁感式阀门限位开关一般采用无源触点的电磁感应接近开关。

图 1-4-43 为驱动阀杆的带磁性开关的气缸结构图。磁性开关安装在气缸的缸筒外侧，缸筒必须是导磁性弱、隔磁性强的材料，如硬铝、不锈钢、黄钢等。在非磁性体的活塞上安装一个永久磁铁的磁环，随活塞移动的磁环靠近开关时，舌簧开关的两根簧片被磁化而相互吸引，触点闭合；当磁环远离开关后，簧片失磁，触点断开。触点闭合或断开时发出电信号(或使电信号消

失)。磁性开关内部一般还带有开关动作的指示灯和过电压保护电路，用树脂塑封在一个壳体内。

相较于机械式行程开关，磁性开关检测过程不发生物理碰撞、使用寿命长、故障率低。另外，磁性开关一般采用树脂封装，具有较好的防腐蚀和防水性能。但是在强磁场干扰和强振动场合不适用。

3. 接近开关

感应式接近开关是一种通过感知其能量场所受干扰大小来检测金属目标位置的装置。当目标物距离接近开关的感应面小于动作距离时，开关动作，从而检测目标物位置。感应式接近开关有电感式、电容式、霍尔式等多种类型，具有动作可靠、性能稳定、频率响应快、使用寿命长、抗干扰能力强以及防水、防振、耐腐蚀等特点。

接近开关作为阀位回讯开关使用时，一般采用两线制 namur 信号。namur 信号为世界上应用最广泛的本质安全的数字量输入和频率量输入的标准信号。其最早为德国标准(DIN19234)，后成为欧洲标准(EN50227，DINEN60947-5-6)。namur 信号为无源二线制，标称 8VDC 供电，1mA 和 3mA 开关信号。namur 型传感器均为本质安全防爆仪表，通常与隔离式安全栅配合使用。由隔离式安全栅给传感器提供 8VDC 电源，并检测其电流信号。检测点通常为≤1. 2mA 和≥2. 1mA，隔离式安全栅将此开关信号转换为继电器信号、有源或无源的 0~24V 晶体管开关信号。

对于普通干接点信号回路，当出现断路或短路故障时，不容易发现，造成虚假信号指示。由于 namur 开关信号存在微弱电流信号，根据电流信号的有无即可知道开关信号是否存在断路故障。好比两线制电流信号 4~20mA，由于信号下限不为零，容易判断线路是否开路。由于接近开关有常开和常闭两种，接近开关会产生大小不同的电流信号。假如是常闭型 namur 接近开关，电流信号通常在 2. 1~6mA，反之 0. 35~1. 2mA。一般低于 0. 35mA 电流认为线路存在开路故障，高于 6. 5mA 电流认为线路存在短路故障。

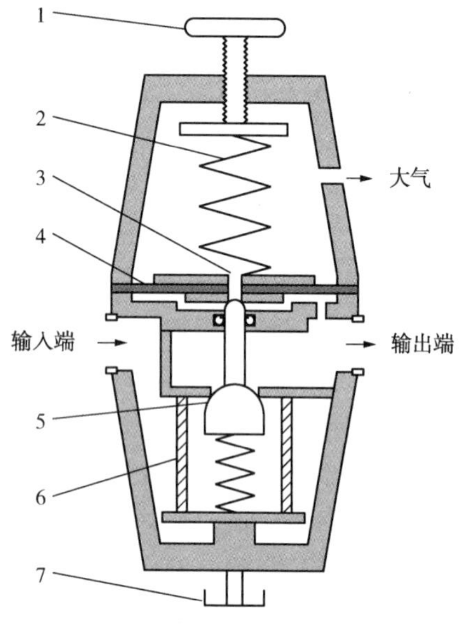

图 1-4-44　空气过滤减压器结构图

1—手轮；2—设定弹簧；3—排气口；4—膜片；5—给气阀；6—过滤器；7—排水阀

4. 3. 6　空气过滤减压器

空气过滤减压器是气动阀门的辅助装置之一，它将来自空气压缩机的仪表风，经过滤净化后，稳定在 0~0. 6MPa 范围内任一压力值，然后输出。

空气过滤减压器是按力平衡原理设计的，具有自动稳压功能。如图 1-4-44 所示。仪表风接到输入端后，通过过滤器(烧结金属)，滤除水、油、尘。旋转手轮后，在设定弹簧的压缩力作用下，给气阀打开，过滤后的仪表风流入输出侧。输出侧压力作用于膜片，膜片向上抬升，与设定弹簧的压缩力相平衡。若输出侧压力升高，作用在膜片的力大于设定弹簧的压缩力，排气口打开，多余的仪表风排入大气，使输出侧压力下降，给气阀关闭，从而保持输出侧压力一定。

4.4 调节阀的校验

调节阀的校验就是对调节阀各项指标进行测试与调整。本节以气动薄膜调节阀为例介绍调节阀的性能指标和常规校验方法。

4.4.1 调节阀的技术指标

气动薄膜调节阀的技术指标主要包括各项静特性(基本误差、回差、始终点偏差、额定行程偏差、死区等)，以及气密性、密封性、泄漏量、耐压强度和外观等项。所谓静态特性是指阀门行程和输入信号之间的静态关系。

气动薄膜调节阀的行程校验实际上就是调节阀静态特性的测试与调整。下面是各种静特性指标的基本含义(图 1-4-45 和图 1-4-46)。

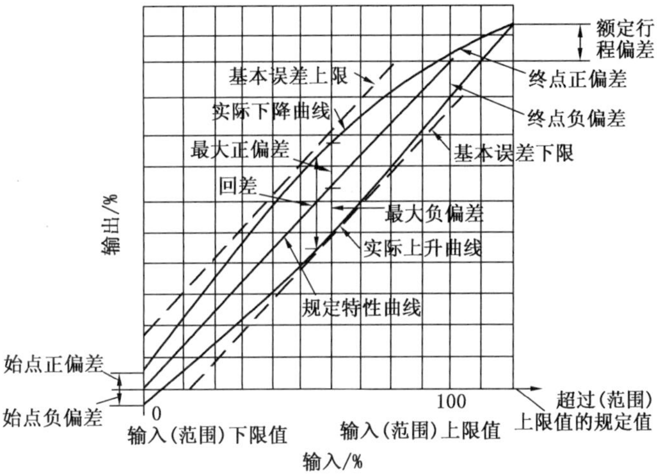

图 1-4-45 静特性偏差

① 基本误差 在规定的参比条件下，实际行程的特性曲线与规定行程的特性曲线之间的最大差值。

② 回差 同一输入信号上升和下降的两个相应行程值间的最大差值。

③ 始、终点偏差 始点偏差也称为零点误差，终点偏差也称为终点误差。仪表在规定的使用条件下工作时，当输入是信号范围的上、下限值时，调节阀的相应行程值的误差称为始、终点偏差。始、终点偏差用调节阀额定行程的百分数表示。

④ 额定行程偏差 仪表在规定的使用条件下工作时，输入超过信号范围上限值的规定值时的偏差，称为额定行程偏差。

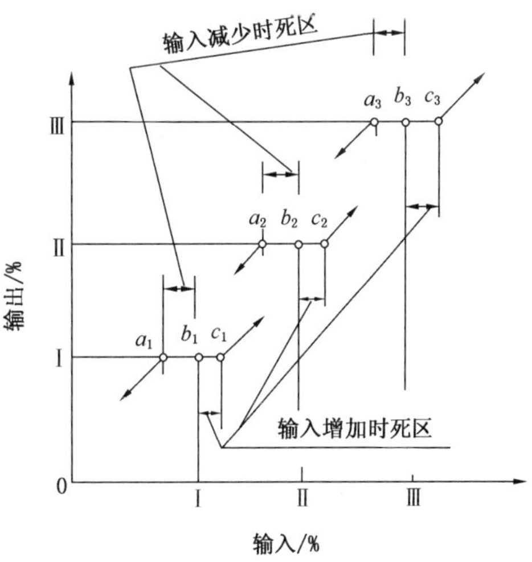

图 1-4-46 死区表示图

⑤ 死区　输入信号沿正反方向变化而不致引起行程有任何可觉察变化的区间。

4.4.2　调节阀的现场校验与调试

在生产现场，调节阀的校验项目主要包括基本误差、回差、始终点偏差、额定行程偏差和泄漏量等。

调节阀基本误差、回差、始终点偏差的校验方法：将输入信号平稳地按正反两个方向输入执行机构，测量各检测点的行程值，按规定的次数测试之后，计算相关偏差值。一般检测点至少要包括信号范围的0%、25%、50%、75%、100%这5个点，也可根据需要增加检测点。校验过程中，输入信号只能单向增大或减小，不允许输入信号超过设定点后又返回设定点。

调节阀额定行程偏差的校验方法：将全开信号(100%)输入执行机构，待调节阀阀杆停止移动后，输入信号范围120%的信号，测量阀杆再移动的行程。阀杆再移动的行程与额定行程之比即为额定行程偏差。

泄漏量的校验方法：调节薄膜气室压力，使调节阀全关；将温度为室温、压力相对恒定的水接入调节阀入口，调节阀出口端放空；用量杯测量出口端1min的漏水量，该水量即为调节阀的泄漏量。

调节阀在安装前，还要进行带压实验，以测试其密封性和耐压性。

密封性测试时，将1.1倍公称压力(*PN*)的室温水接入出口端封闭的调节阀，然后阀杆往复运动1~3次，并对填料函及上下阀盖与阀体的连接处连续观察至少5min，无渗漏现象为合格。

耐压性测试时，将1.5倍公称压力的室温水接入阀杆处于全开位置、出口端封闭的调节阀，使所有阀腔同时受压至少5min，无肉眼可见的渗漏现象为合格。

4.5　调节阀的维护

调节阀在运行中，应该保持清洁，尤其是阀的填料函部分和阀杆，并要注意填料函螺母的螺旋线不被污物堵塞和不被腐蚀。在高温高压下操作的阀，要用带有封闭阀的压油器，对于其余的阀，则不带封闭阀。

在气动薄膜调节阀的实际操作中，易发生下列故障。

① 当空气压力传至薄膜时，阀杆不动。这种现象的主要原因可能是薄膜破裂，或是润滑油、汽油等进入了气室，使薄膜受到了腐蚀。修理时，应将调节阀前后的截止阀关闭，打开副线阀，使工艺介质从副线通过，然后更换受损的薄膜。

② 当传至薄膜上的空气压力均匀改变时，阀杆和阀芯急骤移动。可能由于缺乏润滑脂或填料压盖过紧，填料函中的阀杆被卡住。要解决这个问题，可通过压油器往填料函中加润滑脂。如果问题仍然存在，可将填料函的螺母稍稍扭松，过程中，必须谨慎操作，勿使工艺介质渗透到填料函的外面。

③ 工艺介质通过填料函渗漏。为防止渗漏，应向填料函内加润滑脂。如这样不能消除渗漏，则应利用填料函螺母将填料压盖压紧。

如果经过加润滑脂及压紧填料压盖后，仍不能消除渗漏，则应利用副线使调节阀离线，更换填料函内的填料。如果阀杆被腐蚀，则应更换阀杆。在更换填料或阀杆前，必须通过排放阀释放阀体内的压力。

④ 从定位器送至调节阀的空气压力自最低值改变至最高值时，阀杆及阀芯不能从一个极限位置移至另一个极限位置。原因有下列几种：

A. 执行机构内弹簧被压得太紧，为克服弹簧的张力需要较高的空气压力。在此种情况下，可利用调整螺母逐渐放松弹簧直至阀芯能全程移动为止。

B. 弹簧太松，不能克服调节阀运动系统的摩擦力、重量及阀体内由工艺介质作用于阀芯的压力所产生的阻力，导致阀芯不能充分举起。在此情况下，须逐渐压紧弹簧至阀芯能充分举起为止。但弹簧压紧不要超过许可范围。

C. 阀芯下部落入固体物。应开启旁路阀，切除调节阀，取下调节阀阀体的下盖，去除阻碍阀芯移动的固体物，检查阀座及阀芯。

⑤ 调节阀内摩擦力过大可能引起滞后现象，影响调节性能。摩擦力加大的原因如下：

A. 使用了不适当的润滑脂；

B. 用压油器送入填料函内的润滑脂太多；

C. 填料压得太紧，致使填料函内压力太高；

D. 由于介质的压力作用于阀芯，使阀芯所受的压力太大；

E. 工艺介质的黏度高或介质中存在固体粒子，造成阀座与阀芯间的附加摩擦力。

另外，调节阀内的摩擦力与阀的实际操作温度有密切的关系。如果阀在过高的温度下操作，由于阀体受热，使填料函内的填料被干燥，阀杆与填料间的摩擦力会加大。

上述原因，都会造成调节不良。采用定位器可在一定程度上克服阀内的摩擦力。安装在调节阀上的定位器，在操作时必须保持清洁，连接部分应定期润滑。

冬季应注意检查仪表风的露点，防止调节阀停止工作。

第 5 章　自动控制系统基础知识

自动控制系统是克服各种干扰，保持被控对象稳定，或者使被控对象按照人们的意愿运动的装置，是各类检测仪表、指示仪表、控制仪表和执行器的综合运用。

5.1　自动控制系统概述

5.1.1　自动控制系统的组成

由自动化装置实现自动控制与人工操作的过程是相同的。操作人员在进行操作之前，首先需要用眼睛(或其他感官)去了解或感知操作对象的现状，然后对观察到的结果进行分析、判断，再根据判断结果指挥手去进行具体的操作。也就是说，人工操作共经历了感官的感知、大脑的思考和肢体的执行三个过程。自动化装置一般也包含了相应的三个部分，分别用来模拟人的操作。如图 1-5-1 所示，自动化装置的三个组成部分分别是：

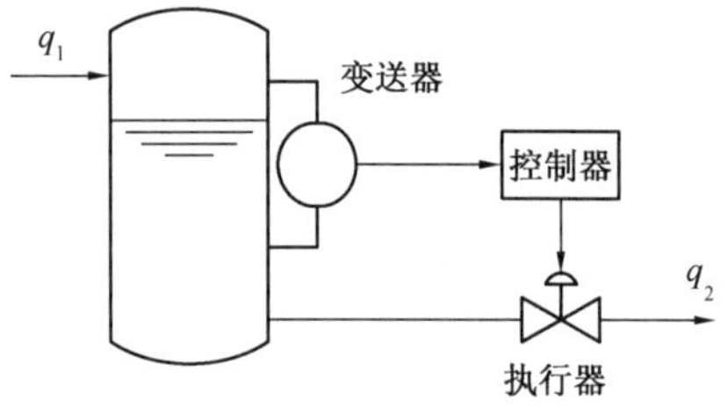

图 1-5-1　液位自动控制

① 测量元件与变送器　它的功能是测量液位并将液位的高低转化为一种特定的、统一的输出信号(如气压信号或电压、电流信号等)；

②自动控制器　它接收变送器送来的信号，与给定的液位高度相比较得出偏差，并按某种运算规律算出结果，然后将此结果用特定信号(气压或电流)发送出去；

③ 执行器　通常是各种调节阀，它能自动地根据控制器输出的信号改变阀门的开度。

由自动化装置与该装置控制的过程参数构成自动控制系统，需要控制的过程参数称为被控参数或被控变量。实际工作中，为方便起见，常把被控参数所在的设备叫作被控对象，简称对象，如各种塔器、反应器、换热器、泵和压缩机，以及各种容器、储槽。

5.1.2　自动控制系统的分类

自动控制系统有多种分类方法，可以按被控变量来分类，如温度、压力、流量、液位等控制系统，也可以按控制器具有的控制规律来分类，如比例、比例积分、比例微分、比例积分微分等控制系统。在分析自动控制系统特性时，最经常遇到的是将控制系统按照工艺过程需要控制的被控变量的给定值变化来分类，这样可将自动控制系统分为三类，即定值控制系统、随动控制系统和程序控制系统。

① 定值控制系统　所谓“定值”就是固定给定值的简称。定值控制系统的作用是通过设置固定不变的给定值，来保持被控制参数在一个生产指标上基本不变。图 1-5-2 所示就是一个流量定值控制系统，其目的是使流量维持不变。石油化工生产中使用的大都是定值控制系统。

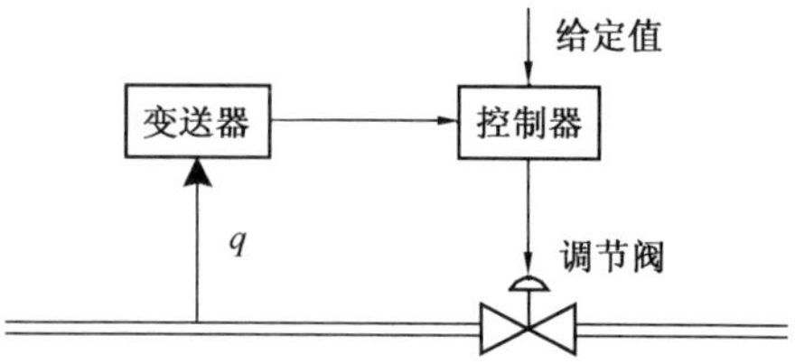

图 1-5-2　流量定值控制系统

② 随动控制系统　随动控制系统也叫自动跟

踪系统。这类系统的特点是给定值在不断地变化，而且这种变化不是预先规定好了的。随动系统的目的就是使所控制的工艺参数准确而快速地跟随给定值的变化而变化。串级控制系统中的副回路就是一个随动控制系统。

③ 程序控制系统　程序控制系统也叫顺序控制系统。这类控制系统的给定值也是变化的，但它的变化是由预先设定的程序决定的。

5.1.3　自动控制系统的方块图

在研究自动控制系统时，为了能更清楚地表示出一个自动控制系统中各个组成环节之间的相互影响和信号联系，一般用方块图来表示控制系统的组成。图 1-5-1 所示的液位自动控制系统可以用图 1-5-3 的方块图来表示。图中每个方块表示系统的一个组成部分，称为“环节”。两个方块之间用一条带有箭头的线条表示信号及其传输方向，箭头指向方块表示环节的输入信号，箭头离开方块表示环节的输出信号，线条旁的字母表示信号的名称或代码。

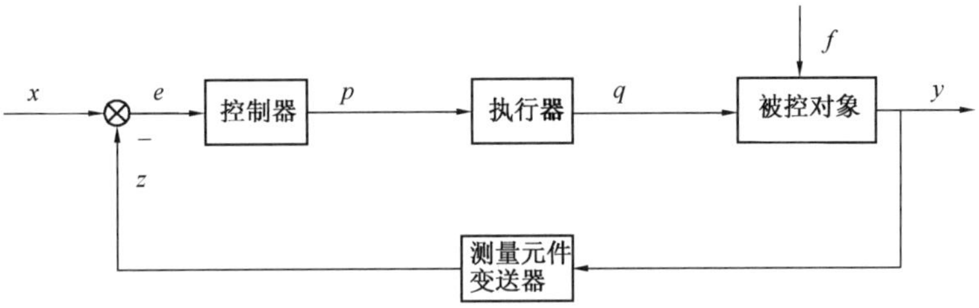

图 1-5-3　自动控制系统方块图

图中的“被控对象”方块表示图 1-5-1 的储槽，被控对象的输出信号液位就是生产中要保持稳定的变量，即被控变量，用 y 来表示。影响被控变量 y 的因素来自进料流量的改变，这种引起被控变量波动的外来因素，称为干扰作用(扰动作用)，用 f 表示。干扰作用是作用于被控对象的输入信号。影响液位变化的另一个因素是储槽的出料流量，而出料流量的改变是调节阀的开度变化引起的。如果用一方块表示执行器即调节阀，那么，调节阀开度即为“执行器”的输出信号 q。调节阀开度信号作用于被控对象。

储槽液位信号是测量元件及变送器的输入信号，而变送器的输出信号是测量值 z。测量值 z 进入比较机构(以⊗表示)，与工艺上希望保持的被控变量数值，即给定值 x 进行比较，得出偏差信号 e($e=x-z$)，并送往控制器。控制器根据偏差信号的大小，按一定的规律运算后，发出信号 p 送至执行器调节阀，使调节阀的开度 q 发生变化，从而改变出料流量以克服干扰对被控变量(液位)的影响。调节阀的开度变化起着控制作用。具体实现控制作用的变量叫作操作变量，图 1-5-2 中流过调节阀的出料流量就是操作变量。用来实现控制作用的物料一般称为操作介质，如流过调节阀的流体就是操作介质。

需要说明的是，比较机构实际上只是控制器的一个组成部分，而不是独立的仪表，在图中把它单独画出来，为的是能更清楚地说明其比较作用。

同一种形式的方块图可以代表不同的控制系统。如图 1-5-4 所示的蒸汽加热器温度控制系统，同样可以用图 1-5-3 的方块图来表示。这时被控对象是加热器，被控变量是出口物料的温度。干扰作用可能是进料流量、进料温度的变化、加热蒸汽压力的变化、蒸汽加热器内部传热系数或环境温度的变化等。操作变量是加热蒸汽量，加热蒸汽是操作介质。

方块图是抽象的示意图，方块图中的每一个方块都代表一个具体的装置。方块与方块之

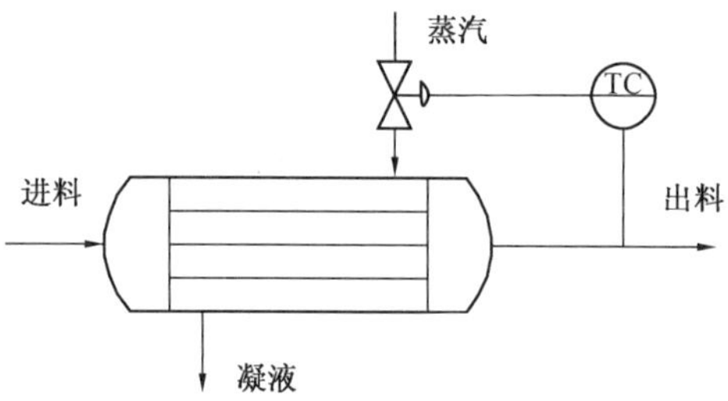

图 1-5-4　蒸汽加热器出口温度控制系统

间的连接线，只是代表方块之间的信号联系，并不代表方块之间的物料联系。方块之间连接线的箭头也只是代表信号作用的方向，不同于工艺流程图上的物料输送方向。例如对于调节阀来说，它是控制作用的执行者，控制着操作变量，从而把控制作用施加于被控对象去克服干扰的影响，以维持被控变量在给定值上，所以调节阀的输出信号在任何情况下都是指向被控对象的。然而，调节阀所控制的操作介质却可以是流入被控对象的(例图 1-5-4 中的加热蒸汽)，也可以是由被控对象流出的(例图 1-5-1 中的出口流量)。所以方块图上调节阀的引出线只是代表施加到被控对象的控制作用，并不是具体流入或流出被控对象的流体。如果这个物料确实是流入被控对象的，那么信号与流体的方向才是一致的。

自动控制系统的输出变量是被控变量，它经过测量元件和变送器后，又返回到系统的输入端，与给定值进行比较。这种把系统(或环节)的输出信号直接或经过一些环节重新返回到输入端的做法叫作反馈。具有反馈信号的系统叫作闭环系统。

反馈有正负之分。负反馈是指输入信号与反馈信号相减，产生偏差信号 $e=x-z$ 作为控制器的输入信号。负反馈能够使控制器的输入信号变小，最终使控制器处于稳定状态。正反馈是指输入信号与反馈信号相加，控制器的输入信号为 $e=x+z$。正反馈将使控制器的输入信号越来越大，最终导致控制器不稳定。在自动控制系统中一般都采用负反馈。

综上所述，自动控制系统是具有被控变量负反馈的闭环系统，它可以随时监测被控对象的情况，有针对性地根据被控变量的变化情况而改变控制作用的大小和方向，从而使系统的工作状态始终等于或接近于所希望的状态。

5.2　自动控制系统的过渡过程

当一个控制系统的输入信号恒定不变时，整个系统处于一种相对平衡的状态，系统的被控变量也保持不变，这种被控变量不随时间变化的平衡状态称为系统的静态，也称为稳态。如果系统的被控变量在输入变量的作用下随时间而变化，则系统处于一种不平衡状态，这种状态称为系统的动态。

一个系统在静态受干扰的影响，平衡被破坏，被控变量就会偏离原先保持的稳定值，导致系统各环节改变原来平衡时所处的状态，以产生一定的控制作用来克服相应的影响，并力图使系统达到新的平衡。系统由一个平衡状态过渡到另一个平衡状态的过程，称为系统的过渡过程。过渡过程期间，整个系统的各个环节和信号都处于变动状态之中。

稳态是暂时的、相对的和有条件的，而动态是普遍的、绝对的和无条件的。由于干扰是客观存在的，是不可避免的，干扰作用随时都会发生，控制系统要不断地克服干扰的影响，控制系统一直处于运动过程中。所以，研究自动控制系统的重点是要研究系统的动态。

5.2.1　过渡过程的基本形式

控制系统受干扰的作用而发生动态变化，其变化规律与干扰的形式至关重要。在研究控制系统时，其中最常用的干扰形式是阶跃干扰，如图 1-5-5 所示。

所谓阶跃干扰，就是干扰在某一瞬间 t_0，突然阶跃式地达到其最大值 f，并持续保持在 f 值。采取阶跃干扰的形式来研究自动控制系统是因为考虑到这种形式的干扰比较突然，它对被控变量的影响也较大，并且这种干扰的形式简单，易于实现，便于分析、实验和计算。

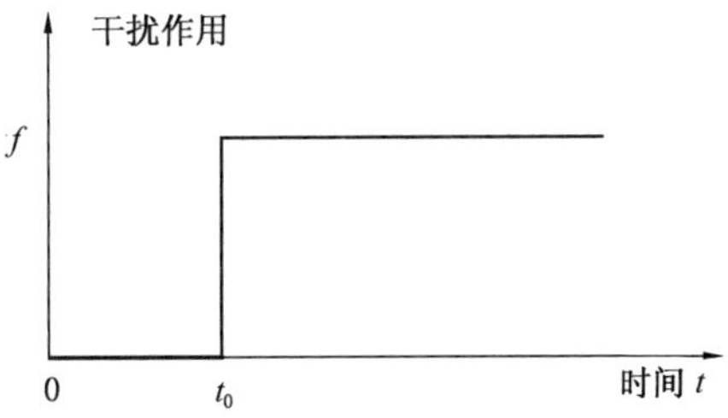

图 1-5-5　阶跃干扰作用

控制系统在阶跃干扰的作用下，其过渡过程的曲线叫作阶跃响应曲线。不同的控制系统有不同的阶跃响应曲线，其基本形式如图 1-5-6 所示。

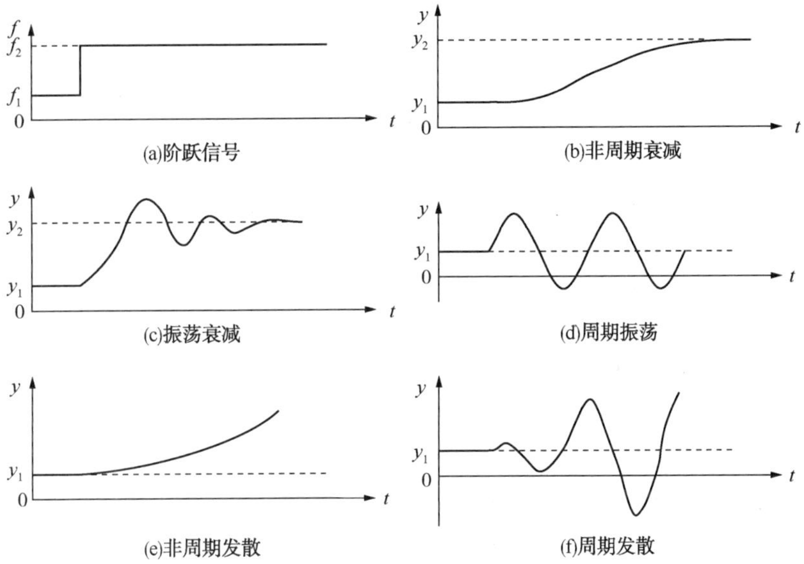

图 1-5-6　阶跃响应曲线的几种基本形式

图 1-5-6 中，(b)和(c)的阶跃响应曲线是衰减的，系统在经过过渡过程后进入了新的稳态，这样的系统是稳定的。(e)和(f)的曲线是发散的，系统不能稳定在某个值上，这样的系统是不稳定的。(d)的阶跃响应曲线不衰减，最后处于等幅振荡状态，系统是振荡的，介于稳定与不稳定之间。

发散的系统没有平衡状态，它最终将导致被控变量超越工艺允许范围，严重时会引起事故，这是生产上所不允许的。

振荡的系统一般也认为是不稳定的，但在某些控制质量要求不高的场合，如果允许被控变量在工艺许可的范围内振荡，那么这种系统也是可以接受的。

5.2.2　自动控制系统的品质指标

控制系统的过渡过程是衡量控制系统品质的依据。图 1-5-7 为用被控变量阶跃响应曲线说明过渡过程品质指标的示意图。图上横坐标 t 为时间，纵坐标 y 为被控变量。假定在时间 $t=0$ 之前，系统稳定，且被控变量等于给定值，即 $y=y_0$；在 $t=0$ 瞬间，施加阶跃干扰，系统进入过渡过程，y 逐渐稳定在最终稳定值 $y(\infty)$。

用阶跃响应曲线来衡量控制系统的品质时，常用到以下几个指标：

① 最大偏差或超调量　最大偏差是指在过渡过程中，被控变量 y 偏离给定值 y_0 的最大

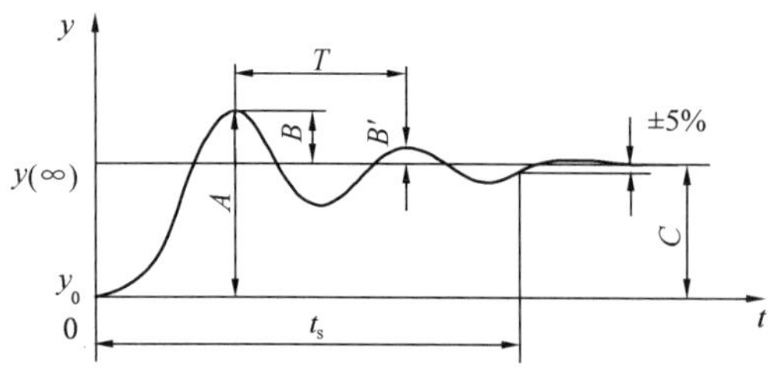

图 1-5-7　过渡过程品质指标示意图

幅度，在图 1-5-7 中以 A 表示。最大偏差越大，偏离的时间越长，表明系统离开规定的工艺参数指标就越远。最大偏差不能超过工艺对被控变量的规定，否则就可能影响产品质量或引发事故。

超调量是被控变量超出最终稳定值的最大幅度，在图 1-5-7 中用 B 表示。

② 衰减比　衰减比是前后两个相邻峰值的比，一般用 n 表示。在图 1-5-7 中衰减比为 $n=B:B'$。衰减比反映了系统过渡过程的振荡和衰减程度，体现了控制系统的稳定性。

衰减比等于 1，表示过渡过程为等幅振荡过程；衰减比小于 1，表示过渡过程为发散振荡过程；只有衰减比大于 1，过渡过程才是衰减过程。但如果衰减比很大，则接近于非振荡过程，过渡过程过于缓慢。一般来说，衰减比在4：1到10：1之间时，系统既有较快的响应速度，也有较高的稳定性。

③ 余差　余差是指过渡过程结束后，被控变量的最终稳态值 $y(\infty)$ 与给定值之间的偏差，在图 1-5-7 中以 C 表示。余差的值可正可负。余差的绝对值越小，说明被控变量越接近给定值，控制准确度越高。在实际生产中，余差不能超过工艺允许的范围。

④ 过渡时间　从阶跃干扰发生作用的时刻起，直到控制系统重新建立平衡时止，过渡过程所经历的时间叫过渡时间，用 t_s 表示。当被控变量进入稳态值附近的一个很小的允许范围并不再越出时，就认为被控变量已经达到新的稳态值，或者说控制系统建立了新的平衡，过渡过程结束。这个允许范围一般定为稳态值的±5%或±2%。过渡时间短，表示系统惯性小，响应快，能有效地克服干扰造成的影响，系统控制质量就高；反之，过渡时间长，则控制系统惯性大，响应慢，就可能使系统满足不了生产的要求。

⑤ 振荡周期或频率　通常把过渡过程的第一个波峰至第二个波峰之间的时间间隔叫作振荡周期，用 T 表示，其倒数则称为振荡频率。在衰减比相同的情况下，一般希望振荡周期短一些为好。

5.3　控制规律

控制系统受干扰的影响，其被控变量将偏离原来的给定值，产生偏差。控制器接收偏差信号输入后，其输出的控制信号随偏差的变化规律，就是控制器的控制规律。

控制器的基本控制规律有位式控制、比例控制(P)、积分控制(I)、微分控制(D)等多种形式，不同的控制规律有不同的适应范围，应根据生产要求来选用适当的控制规律。要选用合适的控制器，应先了解基本控制规律的特点与适用条件。

5.3.1　位式控制规律

位式控制以两位控制较为常用。两位控制的动作规律是当测量值大于给定值时，控制器的输出为最大(或最小)，当测量值小于给定值时，则输出为最小(或最大)，即控制器只有两个输出值，相应的控制机构只有开和关两个位置，又称开关控制。

理想的两位控制器其输出 p 与输入偏差 e 之间的关系为

$$p=\begin{cases}p_{\max} & e>0(\text{或}\,e<0)\\ p_{\min} & e<0(\text{或}\,e>0)\end{cases}$$

理想的两位控制特性如图 1-5-8 所示。由图可见，在输入偏差 $e=0$ 附近，两位控制系统的控制机构动作非常频繁，其中的运动部件(例如继电器、电磁阀等)容易损坏，难以保证系统安全可靠地运行。另外，实际生产中也不要求被控变量一定要维持在给定值，而允许被控变量在一定范围波动。所以，实际应用的两位控制器都有一个中间区。

具有中间区的两位控制，就是当被控变量的测量值上升到高于给定值某一数值(即偏差大于某一数值)后，控制器的输出变为最大；当被控变量的测量值下降到低于给定值某一数值(即偏差小于某一数值)后，控制器的输出变为最小；被控变量的测量值位于两者之间时，控制器的输出不变，其控制规律如图 1-5-9 所示。

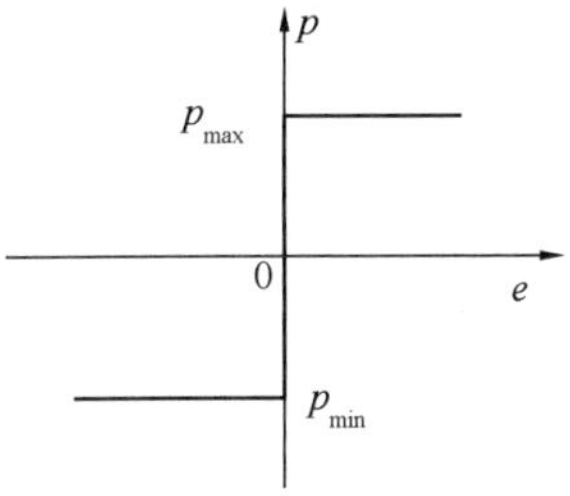

图 1-5-8　理想的两位控制特性

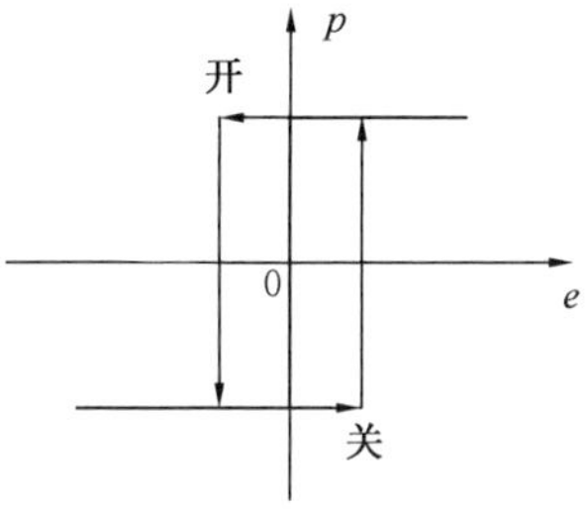

图 1-5-9　实际的两位控制特性

由于设置了中间区，当偏差在中间区内变化时，执行机构不会动作，执行机构动作的频度大为降低，延长了控制器中运动部件的使用寿命。

具有中间区的两位控制器的控制过程是一个等幅振荡的过程，如图 1-5-10 所示。两位控制过程一般采用振幅与周期作为品质指标，图1-5-10中振幅为 y_H-y_L，周期为 T。

如果工艺条件允许被控变量在一个较宽的范围内波动，控制器的中间区就可以宽一些，这样振荡周期较长，可使可动部件动作的次数减少，于是减少了磨损，也就减少了维修工作量，只要被控变量波动的上、下限在允许范围内，周期长更为有利。

两位控制器结构简单、易于实现，应用较普遍，例如仪表用压缩空气储罐的压力控制，恒温炉、管式炉的温度控制等。

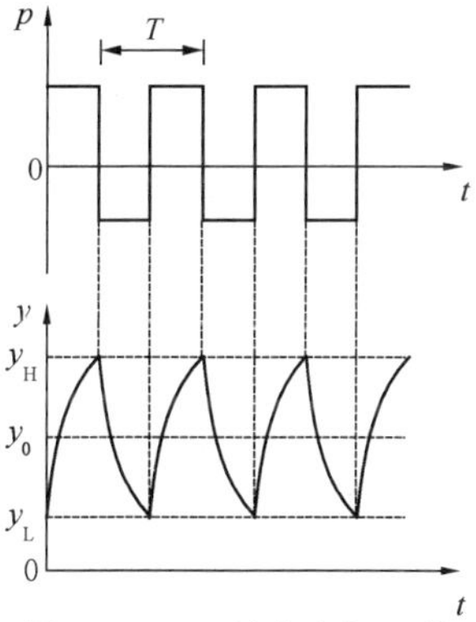

图 1-5-10　具有中间区的两位控制过程

5.3.2　比例控制规律

在两位控制系统中，两位控制器只有两个特定的输出值，被控变量不可避免地会产生持续的等幅振荡过程。为了避免这种情况，应该使执行器的动作位置(即控制器的输出值)与被控变量的偏差成比例，根据偏差的大小，控制器的输出值可以处于不同的位置，这样就有可能获得与被控对象负荷相适应的操作变量，从而使被控变量趋于稳定，达到平衡状态。如图 1-5-11 所示的液位控制系统，进水管调节阀的开度跟液位与给定值的偏差成比例，构成比例控制系统，简称 P。它相当于把位式控制的位数增加到无穷多位，于是变成了连续控制系统。图中浮球是测量元件，杠杆就是一个最简单的比例控制器。

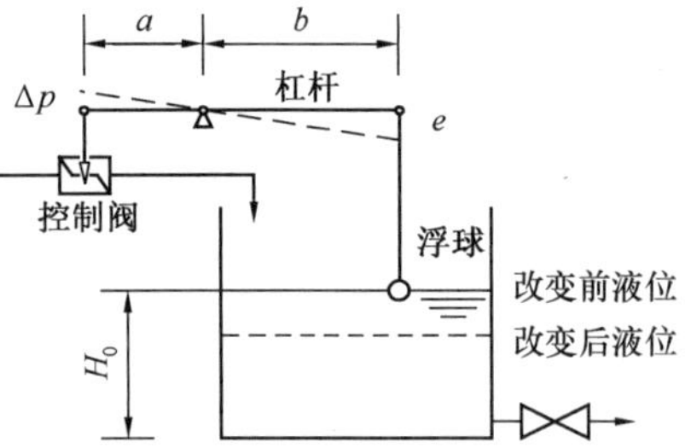

图 1-5-11　简单的比例控制系统示意图

图中，杠杆在液位改变前的位置用实线表示，改变后的位置用虚线表示；e 为杠杆右端的位移，也是被控变量与给定值间的偏差；Δp 是杠杆左端的位移，也表示调节阀的开度，可以得出

$$\Delta p=\frac{a}{b}e=K_{\mathrm{P}}e$$

式中，$K_{\mathrm{P}}=\dfrac{a}{b}$，为比例控制器的放大倍数，其大小可以通过改变杠杆支点的位置来调整。K_{P} 越大，比例控制作用越强。在该控制系统中，阀门开度的改变量与被控变量的偏差值成比例，这就是比例控制规律。

在比例控制器的实际应用中，习惯上使用比例度 δ 来表示比例控制作用的强弱。所谓比例度就是指控制器输入的相对变化量与相应的输出相对变化量之比的百分数。比例度 δ 与放大倍数 K_{P} 之间的关系为

$$\delta=\frac{e}{\Delta p}\times 100\%=\frac{1}{K_{\mathrm{P}}}\times 100\%$$

比例度 δ 越小，则放大倍数 K_{P} 越大，控制作用越强。反之亦然。不同比例度下，偏差与控制器输出间的关系如图 1-5-12 所示。

比例控制的优点是反应快，控制及时。控制输出与偏差输入成比例变化，偏差越大，输出的控制作用越强。比例控制的缺点是不能消除余差。

比例度对控制过程的影响如图 1-5-13 所示。图 1-5-13(a) 比例度大(放大倍数 K_{P} 小)，干扰产生后，控制器的输出变化较小，调节阀开度改变较小，被控变量的变化就很缓慢。当比例度减小(K_{P} 增大)时，在同样的偏差作用下，控制器输出增大，调节阀开度改变增大，被控变量变化也变得灵敏，开始有些振荡，余差不大，如图 1-5-13(b) 和图 1-5-13(c)。比例度再减小，调节阀开度改变更大，导致被控变量出现激烈的振荡，如图 1-5-13(d)。当比例度继续减小到某一数值时系统出现等幅振荡，这时的比例度称为临界比例度 δ_{K}，如图 1-5-13(e)。当比例度小于 δ_{K} 时，系统将出现发散振荡，如图 1-5-13(f)。生产过程中通常要求比较平稳而余差又不大的控制过程，例如图 1-5-13(c)。可见，比例度 δ 越大(即 K_{P} 越小)，过渡过程曲线越平稳，但余差也越大。比例度越小，则过渡过程曲线越振荡。比例度过小时就可能出现发散振荡。

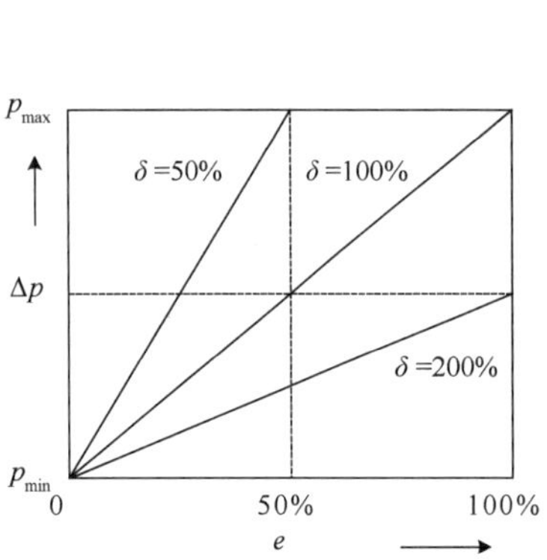

图 1-5-12　比例度示意图

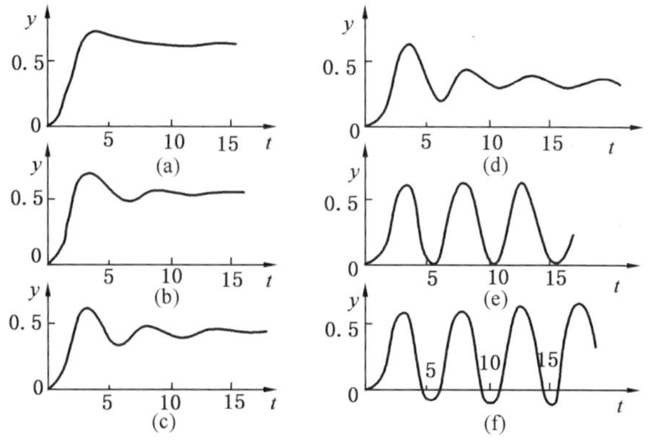

图 1-5-13　比例度对过渡过程的影响

一般地说，若被控对象的滞后较小、时间常数较大以及放大倍数较小时，控制器的比例度可以选得小些，以提高系统的灵敏度，使控制作用加快，过渡过程品质较好。反之，比例度就要选大些以保证稳定。

5.3.3 积分控制规律

比例控制不能完全消除余差，控制准确度不高。当工艺对控制要求较高时，就要在比例控制的基础上，增加能消除余差的积分控制作用，积分控制简称 I。

积分控制作用的输出变化量 Δp 与输入偏差 e 的积分成正比，即

$$\Delta p = K_{\mathrm{i}} \int e\mathrm{d}t = \frac{1}{T_{\mathrm{i}}} \int e\mathrm{d}t$$

或

$$\frac{\mathrm{d}(\Delta p)}{\mathrm{d}t} = K_{\mathrm{i}} e = \frac{1}{T_{\mathrm{i}}} e$$

式中，K_{i} 代表积分速度，1/s；T_{i} 表示积分时间，s。习惯上，常用积分时间来表示偏差累积的快慢。T_{i} 大表示偏差累积慢，积分作用弱；T_{i} 小表示偏差累积快，积分作用强。

从式中可以看出，只要偏差存在，控制器就一直有控制输出。如果偏差为阶跃，控制输出将按固定速度增长。偏差为零时，控制输出停在某一值上不再增加，见图 1-5-14。

积分控制输出信号的变化速度与偏差 e 及 K_{i} 成正比，而其控制作用是随着时间积累才逐渐增强的，所以控制动作缓慢，有时会控制不及时。当被控对象惯性较大时，被控变量将出现大的超调量，过渡时间也将延长，因此常常把比例与积分组合起来，这样控制既及时又能消除余差。比例积分控制特性如图 1-5-15 所示，其控制规律可用下式表示

$$\Delta p = K_{\mathrm{P}} e + K_{\mathrm{i}} \int e\mathrm{d}t$$

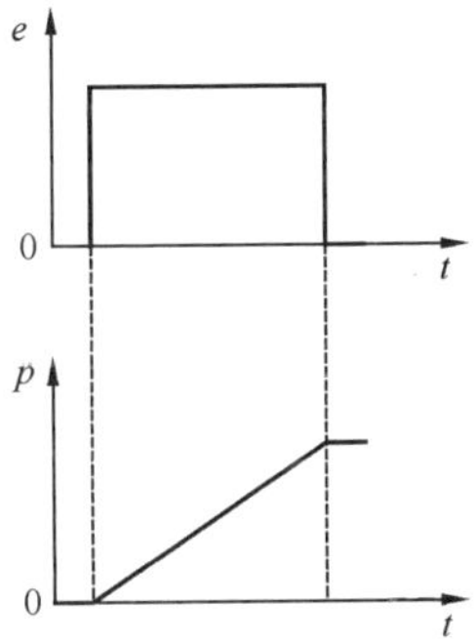

图 1-5-14 积分控制特性

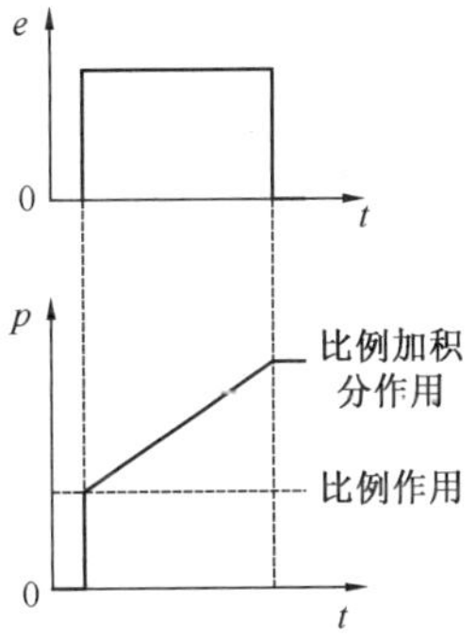

图 1-5-15 比例积分控制特性

图 1-5-16 表示在同一放大倍数下积分时间 T_{i} 对过渡过程的影响。图中(a)表示 T_{i} 过小，积分作用很强，余差消除能力很强，但过程振荡剧烈，稳定性差；(b)表示 T_{i} 适当，过程结束快，余差消除好；(c)表示 T_{i} 过大，积分作用不明显，余差消除很慢；(d)表示 T_{i} 趋于无穷大，积分作用消失，控制器只剩下比例控制。

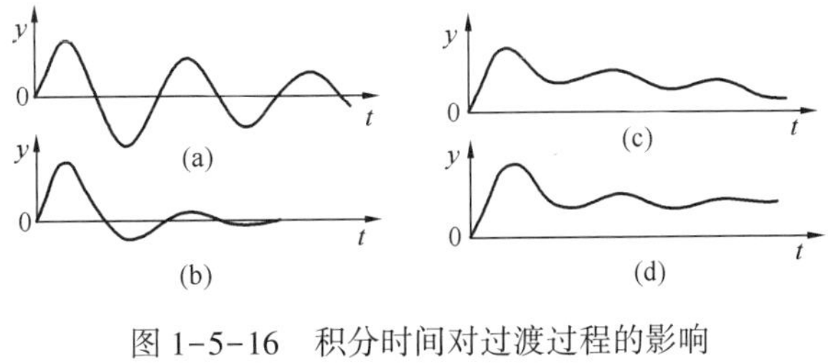

图 1-5-16 积分时间对过渡过程的影响

多数控制场合采用比例积分控制器，比例度和积分时间两个参数均可调整。当被控变量滞后很大时，如温

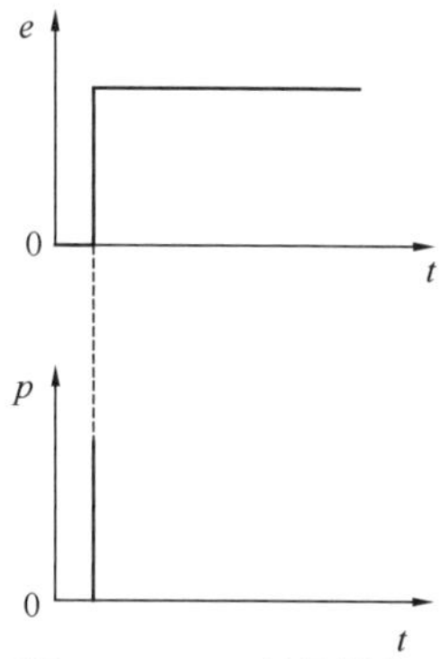

图 1-5-17 理想微分控制器特性

度信号，T_i 可选得大一些；对于流量、压力等变化较快的被控变量，T_i 则应选得小些。

5.3.4 微分控制规律

对于惯性较大的被控对象，需要控制器根据被控变量的变化趋势进行超前控制，以克服被控变量的滞后。微分控制规律控制器的输出信号与偏差信号的变化速度成正比，即

$$\Delta p = T_d \frac{de}{dt}$$

式中，T_d 为微分时间，s；de/dt 为偏差信号变化速度。微分控制规律简称 D。

此式为理想微分控制规律。理想微分控制器在阶跃输入下的特性如图 1-5-17 所示。在输入阶跃信号的瞬间，控制输出为无穷大，然后由于输入不再变化，输出立刻降为零。理想微分控制作用既难以实现，也不实用，所以不能单独使用这种控制器。

微分作用按偏差的变化速度进行控制，力图阻止被控变量的变化，有抑制振荡的效果，但如果加得过大，由于控制作用过强，反而会引起被控变量大幅度的振荡。微分作用的强弱用微分时间 T_d 来衡量。微分时间对过渡过程的影响见图 1-5-18。

由于微分控制比比例控制快，所以对惯性大的被控对象可用比例微分控制规律来改善控制品质，减小最大偏差，节省控制时间。比例微分控制规律为

$$\Delta p = K_P\left(e + T_d \frac{de}{dt}\right)$$

5.3.5 比例积分微分控制规律

比例积分微分控制(PID)规律为

$$\Delta p = K_P(e + \frac{1}{T_i}\int e dt + T_d \frac{de}{dt})$$

当有阶跃信号输入时，输出为比例、积分和微分三部分输出之和，如图 1-5-19 所示。这种控制器既能快速进行控制，又能消除余差，具有较好的控制性能。

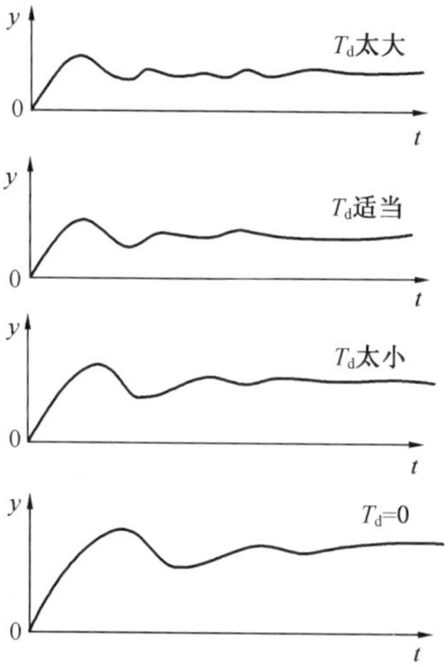

图 1-5-18 微分时间对过渡过程的影响

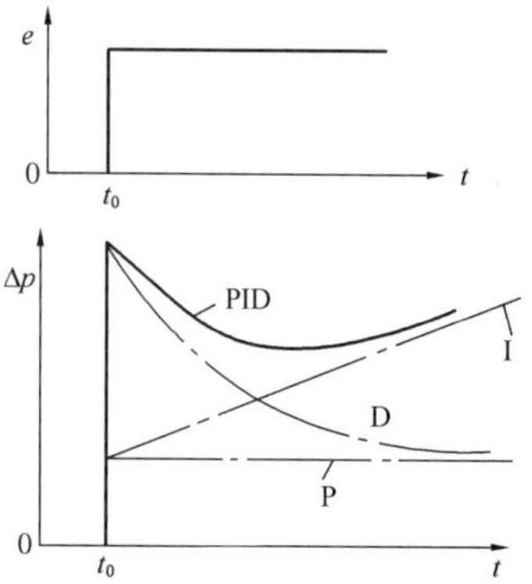

图 1-5-19 PID 控制器特性

5.4 简单控制系统

根据自动控制系统的结构和实现的控制功能，控制系统可分为简单控制系统和复杂控制系统。

所谓简单控制系统，通常是指由一个测量元件及变送器、一个控制器、一个执行器和一个被控对象所构成的闭环控制系统，也称为单回路控制系统。图 1-5-20 中的液位控制系统和温度控制系统都是简单控制系统的例子。

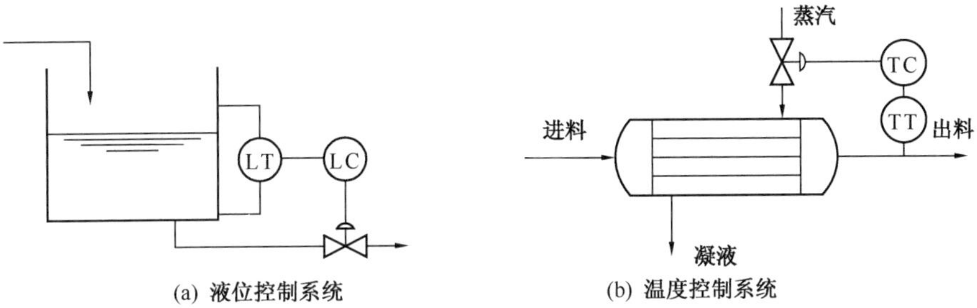

图 1-5-20　简单控制系统

在液位控制系统中，被控对象是储槽，被控变量是液位，变送器 LT 将反映液位高低的信号送往液位控制器 LC，控制器的输出信号送往执行器，改变调节阀开度使储槽输出流量发生变化以维持液位稳定。温度控制系统的情况与之相似。

简单控制系统由四个基本环节组成，即被控对象、测量元件与变送器、控制器和执行器，其典型方块图见图 1-5-21。对于不同被控对象的简单控制系统，尽管其具体装置与变量不同，但都可以用相同的方块图来表示，以便于研究其共性。

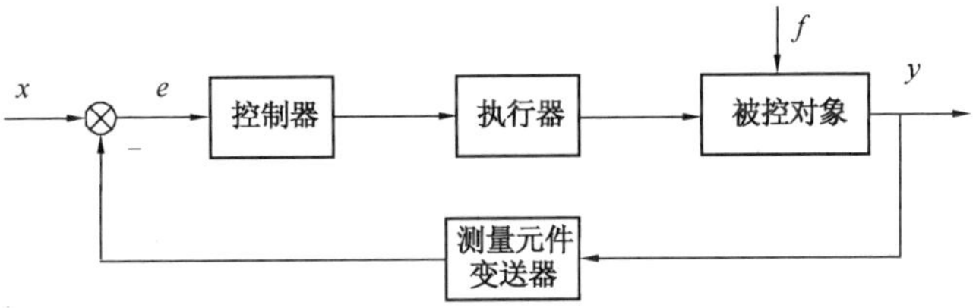

图 1-5-21　简单控制系统的方块图

简单控制系统的结构比较简单，所需的自动化装置数量少，投资低，操作维护也比较方便，在一般情况下都能满足控制质量的要求。因此，在工业生产过程中应用广泛。

5.4.1　简单控制系统各环节的作用方向

具有被控变量负反馈的闭环系统可以使偏高的被控变量降低，使偏低的被控变量升高。只有在控制作用对被控变量的影响与干扰作用的影响相反时，才能使被控变量值回到给定值，因此需要讨论控制作用的方向问题。

所谓作用方向，指的是输入变化后，输出的变化方向。如果某个环节的输入增加输出也增加，则称为“正作用”方向；如果输入增加输出减少，则称为“反作用”方向。

在控制系统中，控制器、被控对象、变送器和执行器各环节都有各自的作用方向。如果各环节的作用方向组合不当，可能使总的作用方向构成正反馈。那么，控制系统不但不能起控制作用，反而破坏了原来的稳定。所以，在系统投运前必须检查各环节的作用方向，以保证整个控制系统总的作用方向构成负反馈。

测量元件及变送器的作用方向一般都是“正”的，所以在考虑整个控制系统的作用方向时，可不考虑测量元件及变送器的作用方向，只需要考虑控制器、执行器和被控对象三个环节的作用方向，使它们组合后能起到负反馈的作用。

对于控制器，如果被控变量的值增加(或给定值减小)，控制器的输出也增加，称为“正作用”；如果测量值增加(或给定值减小)，控制器的输出减小，称为“反作用”。

对于执行器，以气动调节阀为例，它的作用方向取决于调节阀是气开阀还是气关阀。当控制器的输出信号(即执行器的输入信号)增加时，气开阀的开度增加，因而流过调节阀的流体流量也增加，故气开阀是“正”方向。同理，气关阀是“反”方向。气动调节阀的气开或气关形式主要根据工艺安全确定。

对于被控对象，其作用方向随具体对象的不同而各不相同。当操作变量增加时，被控变量也增加的被控对象属于“正作用”。反之，则属于“反作用”。

在一个控制系统中，被控对象的作用方向由工艺机理决定，执行器的作用方向根据工艺安全条件选定，而控制器的作用方向要根据被控对象及执行器的作用方向来确定，以使整个控制系统构成负反馈的闭环系统。下面以液位控制的不同实现方法为例加以说明：

图 1-5-22 是简单的液位控制系统的两种实现方法：(a)的操作变量为储槽的流出流量；(b)的操作变量为储槽的流入流量。对于(a)，执行器采用气开阀，一旦停止供气，阀门自动关闭，以免物料全部流走，故执行器是“正”方向。当调节阀开度增加时，液位是下降的，所以被控对象的作用方向是“反”。这时控制器 LC 的作用方向必须为“正”，才能使液位升高时 LC 输出增加，从而开大出口阀，使液位降下来。控制器作用方向验证如下：

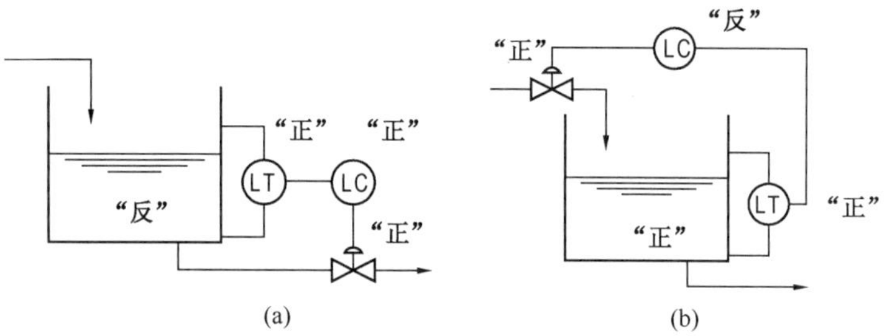

图 1-5-22　液位控制

液位↑ → 控制器输出↑ → 调节阀开度↑ → 流出流量↑ → 液位↓

对于(b)，执行器采用气开阀，执行器为“正”方向。调节阀开度增加时，液位上升，所以被控对象的作用方向是“正”。这时控制器 LC 的作用方向必须为“反”，才能使液位升高时 LC 输出减小，关小进口阀，使液位降下来。控制器作用方向验证如下：

液位↑ → 控制器输出↓ → 调节阀开度↓ → 流入流量↓ → 液位↓

控制器的正、反作用可以通过改变控制器上的作用方向开关进行选择。在计算机控制系统中，还可以在操作画面上选择测量信号、控制器、输出信号的方向。

5.4.2　简单控制系统的投运

控制系统投运一般按先启动测量仪表，再投运测量变送器和调节阀，最后将控制器从手动控制切换到自动控制的步骤进行。

① 变送器的投运　最常见的变送器有差压变送器、压力变送器、温度变送器。差压变送器开启或关闭时，须注意不要使变送器单向受压；压力变送器开启时，要缓慢进行，使压力测量值逐渐变化，避免变送器受压陡变；温度变送器打开开关，送上电源即可。

② 调节阀的投运　开车时，调节阀的投运有两种操作方法：一种是先不用调节阀，而

用人工操作旁路阀，然后过渡到调节阀手动遥控；另一种是一开始就用手动遥控调节阀。前一方法操作稍显复杂，其操作步骤如下：

A. 将控制器置于手动方式，手动调整控制器输出信号，使调节阀开度等于某中间值或已有的经验数值。

B. 如图 1-5-23 所示，进行现场就地操作。先开上游阀 1，再逐渐开下游阀 2，同时逐步关闭旁路阀 3，直到阀 2 全开为止。

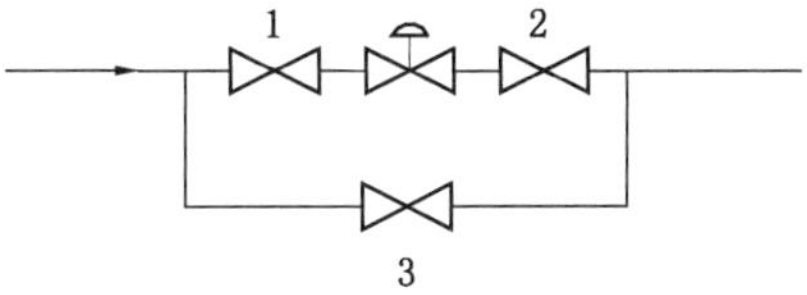

图 1-5-23　调节阀及旁路阀的连接

C. 观察被控变量值，手动改变控制器输出，使被控变量值等于设定值。

一般来说，当控制达到稳定，测量值等于设定值时，阀位开度应当在 10%~80%范围内。

③ 控制器的“手动”和“自动”切换　在控制器自动调节功能投入运行前，一般要先在“手动”方式下改变控制器的输出，待系统基本稳定后再切换到自动方式。切换操作要确保不使被控变量产生大的波动。几乎所有计算机控制系统都有自动输出信号跟踪手动输出信号(或在手动方式下，设定值自动跟踪测量值)的功能(即无扰动切换功能)，只要测量值基本稳定，可以直接从手动方式切换到自动方式。如果控制器没有自动跟踪功能，在测量值基本稳定后，须手动将自动输出值调整到手动输出值(或使设定值与测量值相同)，然后才能进行从手动方式到自动方式的切换操作。

5.4.3　简单控制系统的控制器参数整定

一个自动控制系统的控制质量，与被控对象、干扰、控制方案及控制器参数有密切的关系。控制系统组成之后，控制质量主要取决于控制器参数的整定。

所谓控制器参数的整定，就是按照已定的控制方案，求取使控制质量最好的控制器参数值。具体来说，就是确定最合适的控制器比例度 δ、积分时间 T_i 和微分时间 T_d。事实上，所谓“最合适”的控制器参数值不是唯一的，所有能使被控变量的过渡过程成 4∶1(或 10∶1)的衰减振荡过程的参数，都是“最合适”的控制器参数。

控制器参数整定的方法很多，主要有两大类：一类是理论计算的方法；另一类是工程整定法。理论计算的方法是根据已知的被控对象特性及控制质量的要求，通过理论计算得出控制器的最佳参数。工程整定法是在已经投运的实际控制系统中，通过试验或探索，来确定控制器的最佳参数。

工程整定法具有较高的实用价值，在实际生产过程中被广泛应用。常用的工程整定法有临界比例度法、衰减曲线法和经验试凑法。

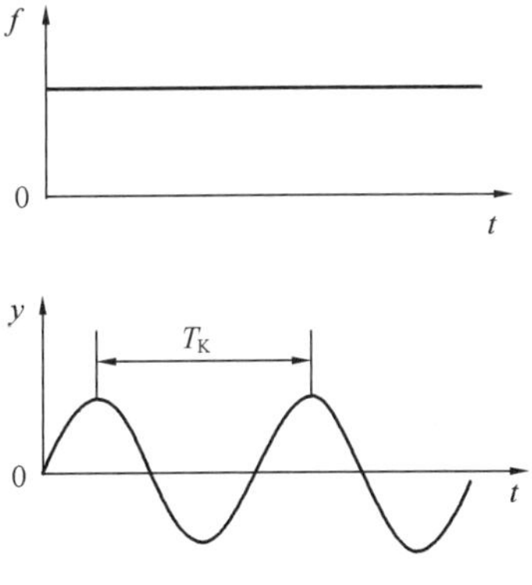

图 1-5-24　临界振荡过程

1. 临界比例度法

这是较常用的一种方法。它是先通过试验得到临界比例度 δ_K 和临界周期 T_K，然后根据经验总结出来的关系求出控制器各参数值，具体做法如下。

在闭环的控制系统中，先将控制器变为纯比例作用，即将 T_i 设为最大，将 T_d 设为 0。然后在阶跃干扰作用下，从大到小地逐渐改变控制器的比例度，直至系统产生等幅振荡(即临界振荡)，如图 1-5-24 所示，这时的比例度叫

临界比例度 δ_K，振荡周期为临界振荡周期 T_K。之后，按表 1-5-1 中的经验公式计算出控制器的各参数整定数值。

表 1-5-1 临界比例度法参数计算公式表

控制作用	比例度 δ/%	积分时间 T_i/min	微分时间 T_d/min
比例	$2\delta_K$		
比例+积分	$2.2\delta_K$	$0.85T_K$	
比例+微分	$1.8\delta_K$		$0.1T_K$
比例+积分+微分	$1.7\delta_K$	$0.5T_K$	$0.125T_K$

临界比例度法比较简单方便，容易掌握和判断，适用于一般的控制系统。但是对于临界比例度很小的系统不适用。

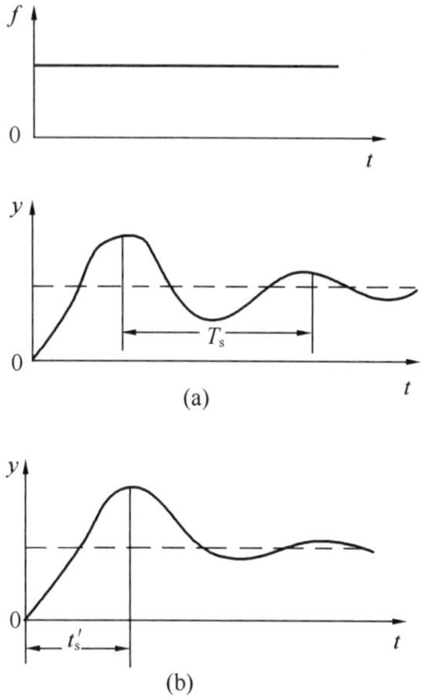

图 1-5-25 4∶1 和 10∶1 衰减振荡过程

临界比例度法是要使系统达到等幅振荡后，才能找出 δ_K 与 T_K，因此不适用于工艺上不允许产生等幅振荡的系统。

2. 衰减曲线法

衰减曲线法是通过使系统产生衰减振荡来整定控制器参数值的方法，具体做法如下：

在闭环的控制系统中，先将控制器变为纯比例作用，并将比例度预置在较大的数值上。系统稳定后，用改变给定值的办法加入幅度适当的阶跃干扰，然后从大到小改变比例度，观察被控变量记录曲线的衰减比，直至出现4∶1衰减比为止。见图 1-5-25(a)，记下此时的比例度 δ_s(称为 4∶1 衰减比例度)，从曲线上得到衰减周期 T_s。然后，根据表 1-5-2 中的经验公式，求出控制器的参数值。

实际工作中，不同的被控变量往往要求不同的控制质量指标，有时仍嫌 4∶1 衰减振荡过强，此时可采用 10∶1 衰减曲线法，10∶1 衰减曲线见图 1-5-25(b)。由于 10∶1衰减较快，振荡周期难以测量，因此使用上升时间 t'_s。记下此时的比例度 δ'_s和 t'_s，根据表1-5-3中的经验公式，可求出控制器参数值。

表 1-5-2 4∶1 衰减曲线法控制器参数计算表

控制作用	比例度 δ/%	积分时间 T_i/min	微分时间 T_d/min
比例	δ_s		
比例+积分	$1.2\delta_s$	$0.5T_s$	
比例+积分+微分	$0.8\delta_s$	$0.3T_s$	$0.1T_s$

表 1-5-3 10∶1 衰减曲线法控制器参数计算表

控制作用	比例度 δ/%	积分时间 T_i/min	微分时间 T_d/min
比例	δ'_s		
比例+积分	$1.2\delta'_s$	$2t'_s$	
比例+积分+微分	$0.8\delta'_s$	$1.2t'_s$	$0.47t'_s$

采用衰减曲线法必须注意以下几点：

① 施加的干扰幅值不能太大，要根据生产操作要求来定，一般为额定值的5%左右。

② 必须在工艺参数稳定时才能施加干扰，否则得不到正确的 δ_s、T_s 或 δ'_s 和 t'_s 值。

③ 对于反应快的系统，如流量、管道压力和小容量的液位等，要在记录曲线上得到严格的 4∶1 衰减曲线比较困难。一般以被控变量来回波动两次达到稳定，就可以近似地认为达到了 4∶1 衰减过程。

衰减曲线法对多种控制系统适用。但对于干扰频繁，记录曲线不规则等情况，由于不易得到准确的衰减比例度 δ_s 和衰减周期 T_s，使得这种方法难以应用。

3. 经验试凑法

经验试凑法是在长期的生产实践中总结出来的一种整定方法。它是根据经验先将控制器参数置于常见范围内(见表 1-5-4)，然后在闭环的控制系统中，改变给定值施加干扰，通过观察过渡过程曲线，对比例度 δ、积分时间 T_i 和微分时间 T_d 逐个凑试，以获得满意的过渡过程。

表 1-5-4 中给出的是一个大致范围，有时变动较大。如，流量控制系统的 δ 值有时在 200%以上，有的温度控制系统，由于滞后较大，T_i 可长达 15min 以上。

经验试凑法整定参数有以下两种方法。

第一种方法是先凑试比例度，再加入积分作用消除余差，最后加入微分作用以提高控制质量。

首先根据经验并参考表 1-5-4，选定 δ 的起始值，并把 T_i 设为最大，T_d 设为 0，将系统投入自动。改变给定值，观察被控变量过渡过程曲线。若曲线振荡频繁，说明比例作用过强，应加大 δ 值；若曲线衰减比大于 4∶1，则应适当减小 δ 值；若余差较大，且长时间不能消除，则应缩短 T_i，增强积分作用；若曲线衰减缓慢，则应加长 T_i，减弱积分作用；若曲线振荡得厉害，应减小 T_d，或者取消微分作用；若曲线最大偏差大且衰减缓慢时，应增加 T_d。

第二种试凑法是，先按表 1-5-4 中给出的范围取 T_i 的初始值，如需要微分作用，可取 $T_d=(1/4\sim1/3)T_i$，然后对 δ 进行凑试，凑试步骤与第一种方法相同。

表 1-5-4　控制器参数的经验数据表

控制对象	比例度 δ/%	积分时间 T_i/min	微分时间 T_d/min
流量	40~100	0.3~1	
温度	20~60	3~10	0.5~3
压力	30~70	0.4~3	
液位	20~80		

经验试凑法简单，适用于各种控制系统，因此应用广泛。但是此法主要是靠经验，在缺乏实际经验或过渡过程本身较慢时，往往较为费时。为了缩短整定时间，可以运用优选法，使每次参数改变的大小和方向都有一定的目的性。

在生产过程中，由于工艺操作条件或负荷都会有较大的变化，被控对象的特性也会因此而改变，所以，控制器参数需要经常整定，仪表人员必须掌握。

随着技术的进步，出现了不少 PID 参数自整定软件，一般都能与 DCS 系统相连，实现离线或在线的 PID 参数优化、整定，可以有效提升 PID 参数整定的效率和 PID 回路的品质。如，中控技术的 PID-Suite 软件包、和利时的自整定 PID 软件、横河的 TuneVP 软件包等。

5.5 自动信号报警联锁系统

在生产过程中，为确保生产过程安全可靠，防止事故的发生和扩大，广泛地采用自动信号报警与联锁保护系统。

自动信号报警与联锁保护是对生产过程进行自动监督并实现自动操纵的一种重要措施。当某些工艺变量(如压力、温度、流量、液位等)越限或运行状态发生异常情况时，以灯光和声响引起操作人员的注意，或自动停车或自动操纵执行机构，使生产过程自动处于安全状态，这是确保产品质量及设备和人身安全所必需的。

从结构上看，信号报警联锁保护系统通常由输入部分、逻辑部分和输出部分组成。

输入部分是由现场信号(包括工艺参数越限状态的检测信号和部分工艺参数测量信号)、控制盘开关、按钮、选择开关等组成。

逻辑部分由逻辑运算算法模块或设备组成，其作用是建立输入部分和输出部分的联系，是信号报警联锁保护系统的核心。逻辑运算通常由安全仪表系统 SIS、集散控制系统 DCS、可编程序逻辑控制器 PLC 以及继电器触点电路等实现。

输出部分包括各类驱动装置、电磁阀、电动机启动器以及声光报警器等。

从功能上看，信号报警联锁保护系统又可分为信号报警装置与联锁保护装置。

信号报警装置自动监测被监控对象的重要信号，并据此判断对象的工作状态。当对象的工作状态偏离规定的范围时，向操作人员发出声、光报警信息，并可接受操作人员的消音、确认、复位等操作。

联锁保护装置实质上是一种自动操纵保护系统。当某工艺变量发生越限(处于事故状态)或设备出现异常等极端情况时，联锁保护装置将受联锁信号的触发而引起联锁动作。联锁的结果通常是生产装置全流程或局部流程或单台设备停车。

组成信号报警联锁保护系统的基本环节大致有信号接收环节、光显示环节、音响环节、灯铃检查环节、消除音响及停止闪光环节、记忆环节、切换环节、互锁环节和执行环节等。在联锁保护系统中，执行环节的作用是按照系统发出的指令完成自动保护任务。常用的执行环节为电动阀、气动阀、液压阀、电磁阀、电磁启动器等。

信号报警联锁系统常用继电线路图表示，系统中常用元件的符号如表 1-5-5 所示。

识读信号报警联锁保护电路图应按如下步骤进行：

① 首先必须熟悉与信号报警联锁保护系统有关的工艺流程。

② 继电线路图展开后，一般是自上而下，自左向右看清每个单独电路的起始和结尾。

③ 当工艺变量正常时，要看清哪个继电器带电，哪个继电器不带电，并要同时看清每个继电器的所有触点哪个是打开的哪个是闭合的。

④ 当工艺变量越限时，要分清哪个继电器带电、哪个继电器不带电，并弄清各继电器触点位置的变化改变了哪个单独电路的通断状态，以及电路的通断状态的改变产生了什么作用(如引起灯亮、蜂鸣器响等)。

⑤ 故障排除后，即工艺变量恢复正常时，还要看清每个继电器及其触点又是怎样恢复到原来状态的。

表 1-5-5　报警联锁电路中常用元件符号(参照 IEC 标准)

名　称		文字符号	图形符号	名　称		文字符号	图形符号
继电器		R	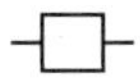 (继电器线圈)	手动操作开关(常开)		PB	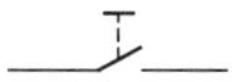
延时继电器		DR		自动复位手动按钮开关(常开)			
中间继电器		ZJ		信号灯	红色	RD	
触点	常开	ZJ-n (n 为触点编码)			绿色	GN	
	常闭		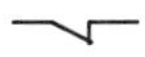		黄色	YE	
	切换		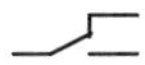		白色	WH	
延时闭合触点	常开				蓝色	BU	
	常闭		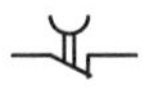	报警器		AL	
延时断开触点	常开			蜂鸣器		BZ	
	常闭			熔断器		FU	
非电量继电器触点	常开	X		变压器		B	
	常闭						

5.5.1　信号报警系统

常见的触点式信号报警系统可分为以下三种：一般信号报警系统、能区别瞬时原因的报警系统和能区别第一原因的报警系统。

1. 一般信号报警系统

当被监测的变量越限时，信号报警装置立即发出声光报警，一旦变量恢复正常，声光报警信号马上消失，这被称为一般信号报警系统。下面介绍带闪光的一般信号报警系统。

工艺要求某储槽液位保持在 80%以下，一旦液位高于 80%，报警系统立即发出声光报警信号。

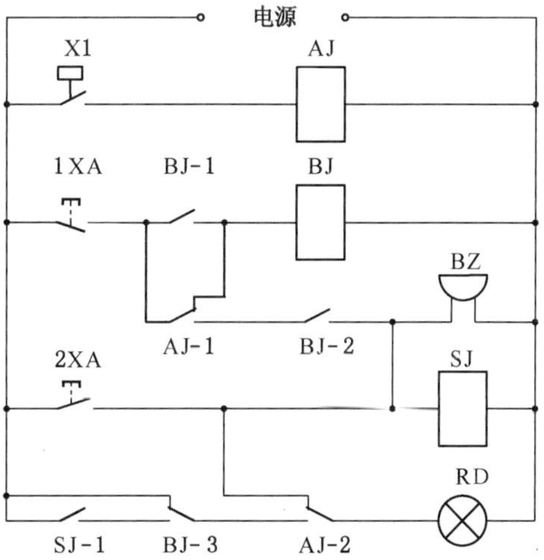

图 1-5-26　带闪光的信号报警电路图

如图 1-5-26 所示，X1 为液位常开接点。液位正常时，X1 处于断开位置，继电器 AJ 无电，AJ-1 和 AJ-2 接上接点；报警确认按钮 1XA 未按下，处于接通状态；继电器 BJ 经 1XA 和 AJ-1 带电，BJ-1 和 BJ-2 闭合，BJ-3 接下接点，BJ 实现自锁；蜂鸣器 BZ 和闪光继电器 SJ 无电，蜂鸣器不响，SJ-1 断开。此时，红色报警灯 RD 无电，不亮。

当液位达到 80%时，X1 闭合，AJ 带电，AJ-1 和 AJ-2 接下接点，蜂鸣器 BZ 和闪光继电器 SJ 经 1XA、AJ-1 和 BJ-2 带电，蜂鸣器响，SJ-1 闭合。RD 经 SJ-1、BJ-3 和AJ-2接通电路，闪光继电器控制 RD 电路，灯闪亮。

按下报警确认按钮 1XA，使 BJ、BZ 及 SJ 失电，报警声停止。同时，BJ-1、BJ-2 和 SJ-1断开，BJ-3 接上接点。RD 经 BJ-3 和 AJ-2 接通，不受闪光继电器控制，灯平光亮。1XA 自动复位后，BJ、BZ 及 SJ 仍维持失电状态，报警灯保持平光。

报警被确认后，一旦液位恢复正常，X1 断开，所有元件均恢复原始状态。

2XA 是报警灯和蜂鸣器的测试按钮。

将图 1-5-26 略作改动，移除闪光继电器 SJ 和 BJ-3 触点，即可变为不闪光的报警电路，在此不予赘述。

2. 区别瞬间原因的信号报警电路

能区别瞬间原因的信号报警电路用于区分报警的原因是工艺变量瞬间超限还是持续超限。

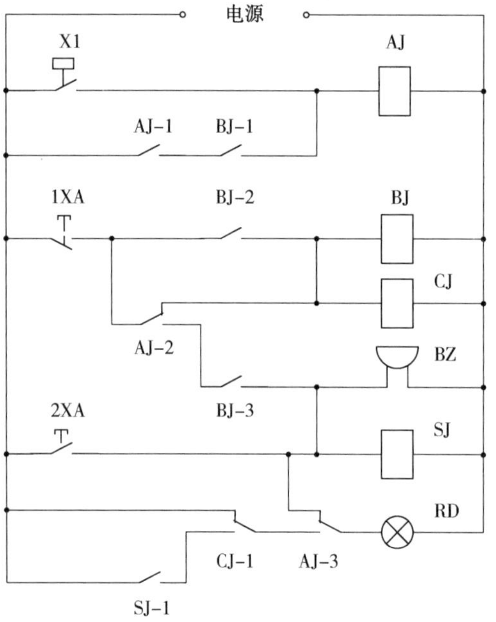

图 1-5-27　区别瞬间原因的信号报警电路

图 1-5-27 为能区别瞬间原因的信号报警电路。正常时，BJ、CJ 带电，BJ-1、BJ-2 和 BJ-3 闭合，BJ 通过 BJ-2 形成自锁，CJ-1 接下接点；AJ-2 和 AJ-3 接上接点；SJ-1断开。当报警发生时，X1 闭合，AJ 励磁，AJ-1 闭合，AJ 通过 AJ-1 和 BJ-1 形成自锁；AJ-2 和 AJ-3 接下接点，蜂鸣器 BZ 和闪光继电器 SJ 通过 1XA、AJ-2 和 BJ-3 带电，蜂鸣器 BZ 响，同时 SJ 励磁，使 SJ-1 闭合；报警灯 RD 经 SJ-1、CJ-1 和 AJ-3 带电，RD 闪光。如果报警信号在按确认按钮 1XA 之前恢复正常，由于 AJ、CJ 和 SJ 仍带电，所以 RD 仍然闪光，表明是瞬时报警。按确认按钮 1XA 后，BJ、CJ、SJ 同时失电，BZ 也消声。如果此时报警信号仍然存在，AJ 保持励磁状态，由于 CJ-1 接上接点，RD 经 AJ-3 和 CJ-1 带电，RD 平光。若 RD 在按 1XA 之后熄灭，则事故为瞬时报警。

2XA 为声光试验、检查按钮。

3. 区别第一原因的信号报警电路

在几个工艺变量几乎同时越限而引发报警时，要使用能区别第一原因(首先出现的报警信号)的报警系统，来区分第一原因与后来出现的报警信号，以便分析产生报警的根本原因。

图 1-5-28 为能区别第一原因的信号报警电路。图中，X1 和 X2 分别为两个事故信号。正常时，X1、X2 断开，AJ、BJ、ZJ 和 SJ 都不带电，常闭接点 1ZJ-1、1ZJ-2 和2ZJ-2闭合，1AJ-3、2AJ-3、1BJ-3 和 2BJ-3 接上接点，其余接点均断开。当事故 X1 发生后，1AJ 和

1BJ 励磁，1AJ－1、1BJ－1 和1BJ－2闭合，BZ 响，1AJ－3 和 1BJ－3 接下接点；同时 1ZJ 和 SJ 励磁，1ZJ－1 和 1ZJ－2 断开，SJ－1 闭合，报警灯 1RD 经 1AJ－3、1BJ－3和 SJ－1 接通并闪亮。如果事故 X2 紧接着发生，则 2AJ 励磁，2BJ 被 1ZJ－2 断开不励磁，2AJ－3接下接点，2BJ－3 仍接上接点，报警灯 2RD 接通，但只亮不闪。此时，1RD 闪亮，2RD 只亮不闪，由此可见，X1 为第一报警原因。按 1XA 确认后，报警声消除，但报警灯状态不变。

2XA 为声光试验、检查按钮。

5.5.2 信号联锁保护装置

一旦生产出现异常，发生信号报警，并需要自动采取处理措施时，信号报警装置就向联锁保护装置发出联锁信号，由联锁保护装置执行联锁动作，达到保护目的。

联锁保护装置必须具备正常运转事故联锁、联锁报警、联锁动作和运行状态显示等基本功能，还可根据实际需要，增加联锁复位、联锁预报警、联锁延时、联锁的投运和切除等附加功能。下面以精馏塔为例对联锁保护系统加以说明。

精馏塔是石油化工生产中广泛采用的重要设备，为了安全生产，需要在一些重要部位设置联锁保护回路。图 1－5－29(a)为精馏塔的带控制点流程图。根据工艺要求，塔的中段进料，塔底用蒸汽加热，使轻组分物质汽化上升至塔顶采出，而重组分物质则由于沸点高不易汽化从塔底排出。

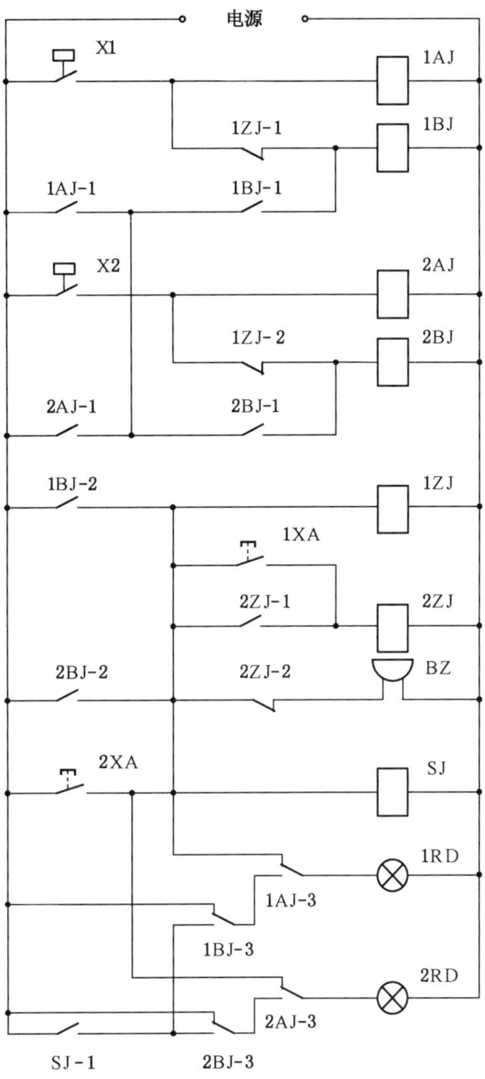

图 1－5－28　区别第一原因的信号报警电路

为了使精馏塔正常工作，要求塔压以及塔温维持一定数值。否则，当塔压越限时，将引起液泛事故。为此，采用如图 1－5－29(b)所示的塔压联锁保护电路，其中工艺触点 X 是带电接点压力仪表 PS 的常闭接点，YFJ 是延时继电器。正常情况下，YFJ 带电，其触点 YFJ－1 闭合，电路处于准备工作状态。当按下启动按钮 QA 后，则使继电器 ZJ 带电，其触点 ZJ－1 自锁，而触点 ZJ－2 就接通了电磁三通阀 SOV，此时 A－C 通 B 断，仪表风驱动气动薄膜调节阀工作，精馏塔即在温度自动控制下正常运行。

当塔压越限时(PS 动作)，工艺触点 X 断开，因而 YFJ 失电，YFJ－1 断开使 ZJ 失电，ZJ－2 断开使电磁三通阀失电，此时 B－C 通 A 断，仪表风来源中断，气动薄膜调节阀膜头上气压经 B 迅速放空，调节阀(气开式)关闭，停止蒸汽加热。

这里采用延时继电器 YFJ 是为了防止由偶然因素引起瞬时越限产生的误动作，而联锁开关 LK 则是为了摘挂联锁之用。

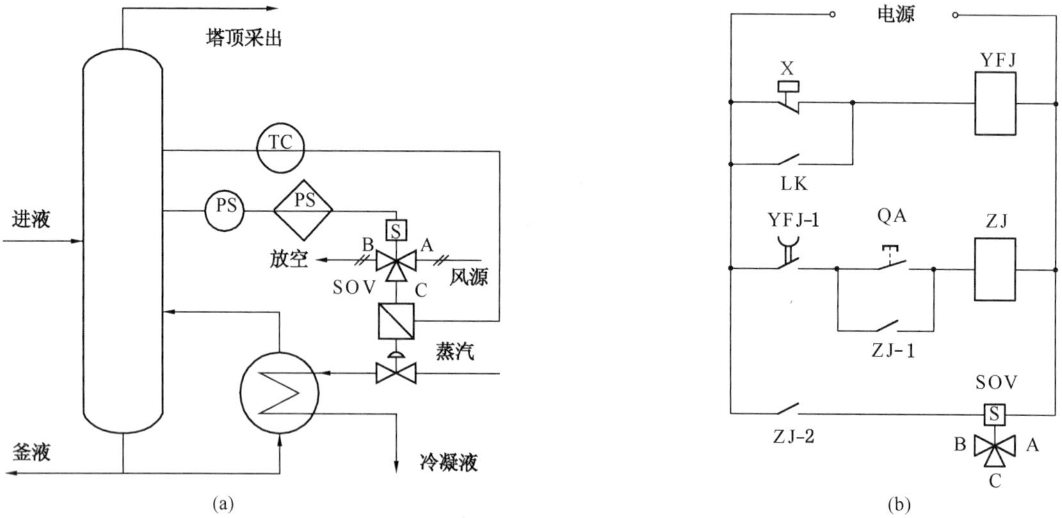

图 1-5-29　精馏塔塔压联锁保护系统

随着 SIS 的成熟与推广，重要的联锁保护功能主要在 SIS 上实现，为生产过程提供了更为可靠的安全保障。

第6章　计算机控制系统基本知识

随着现代工业的飞速发展，生产规模不断扩大，工艺过程愈趋复杂，工艺流程前后工序相互关联与制约更加紧密，热量平衡和物料平衡相互依赖，以利能源充分利用。为连续、安全、稳定生产，提高经济效益，石油化工生产对过程信息与控制管理提出了更高的要求，促进了不同类型计算机控制系统的广泛应用。目前，被广泛采用的计算机控制系统有 PLC、DCS、FCS、SIS、GDS、SCADA 等。

本章主要介绍 PLC 和 DCS 的基本概念。

6.1　可编程序控制器基本知识

可编程序逻辑控制器 PLC 常简称为可编程序控制器或可编程控制器，是以微处理器为基础的、高度集成化的、主要完成逻辑控制任务的工业控制装置，是计算机技术与工业控制技术相结合的产品。

6.1.1　可编程序控制器概述

国际电工委员会(IEC，International Electrotechnical Commission)曾于 1987 年 2 月颁发 PLC 标准草案第三稿。该草案中对 PLC 的定义：可编程序控制器是一种进行数字运算的电子系统，是专为在工业环境下的应用而设计的工业控制器，它采用了可编程序的存储器，用来在其内部存储执行逻辑运算、顺序控制、计时、计数和算术运算等操作的指令，并通过数字式或模拟式的输入和输出，控制各种类型机械或生产过程。PLC 及其外围设备，都按易于与工业控制系统集成、易于扩展的原则设计。

可编程序控制器从组成结构形式上可分为整体式和模块式。对于整体式 PLC(或称紧凑型 PLC)，所有部件都装在同一机壳内；对于模块式 PLC，各功能部件独立封装，称为模块或模板，各模块通过总线连接，安装在机架或导轨上。

PLC 是微机技术和继电器常规控制概念相结合的产物，是一种以微处理器为核心的用作控制的特殊计算机，因此它的组成部分与一般的微机装置类似。它主要由中央处理单元(CPU)、输入接口、输出接口、通信接口等部分组成，其中 CPU 是 PLC 的核心，IO 部件是连接现场设备与 CPU 的接口电路，通信接口用于与编程器和上位机连接。

下面简要介绍各功能部件：

(1) 中央处理单元(CPU)

同一般的微处理机一样，CPU 是 PLC 的主要部分，是整个系统的核心。它将各输入端的状态信息读入，并按照用户程序去处理，最后根据处理结果通过输出装置去控制外设。

一般的中型 PLC 都是双处理器系统，也就是在 CPU 中包括一个位处理器和一个字处理器。字处理器是主处理器，由它处理字节操作指令，控制系统总线，监视内部定时器、扫描时间，执行所有的编程器接口功能。位处理器也称从处理器，它的主要作用是负责快速处理位操作指令和在机器操作系统的管理下实现 PLC 编程语言向机器语言的转换。位处理器的采用，加快了 PLC 的扫描速度，使 PLC 能较好地满足实时控制的要求。

(2) 存储器

在 PLC 系统中，存储器主要存放系统程序、用户程序及工作数据。

系统程序是由 PLC 的制造厂家在研制系统时编制的，与机器的硬件组成有关，完成系统诊断、命令解释、功能子程序调用管理、逻辑运算、通信和各种参数设定等功能。

用户程序是随 PLC 的应用对象而定的，它是用户根据使用环境和生产工艺的控制要求来编写的。

工作数据是 PLC 在应用过程中经常变化、经常存取的一些数据。这部分数据存储在 RAM 中，以适应随机存取的要求。在 PLC 系统的工作数据存储区，开辟有输入输出数据映像区、计数器、定时器、辅助继电器等逻辑部件，这些部件的设定值和当前值是根据用户程序的初始设置和运行状况而确定的。根据需要，部分数据在停电时用后备电池维持现行状态。在掉电后可以保持数据的存储器区域称保持数据区。

(3) 输入/输出部件

输入/输出部件通常亦称为 IO 单元或 IO 模块，PLC 通过 IO 单元与工业生产过程现场相联系。通过 IO 接口可以检测被控对象或被控生产过程的各种参数，以这些现场数据作为 PLC 对被控对象进行控制的信息依据。同时，PLC 又通过 IO 接口将处理结果送给被控设备或工业生产过程，以实现控制。

PLC 提供了多种操作电平和驱动能力的 IO 单元，有各种各样功能的 IO 单元供用户选用。外部设备传感器和执行机构所需的信号电平是多种多样的，而 PLC 中 CPU 处理的信息只能是标准化的，所以 IO 单元需实现这种转换。IO 单元主要类型有数字量输入(DI)、数字量输出(DO)、模拟量输入(AI)、模拟量输出(AO)等。

通常 IO 单元上具有状态显示和 IO 接线端子排，运行状况直观，安装维护方便。

(4) 智能接口模块

为了满足复杂控制功能的需要，PLC 配有许多智能接口模块。因为智能接口模块是可编程序控制器系统的一个模块，所以它和控制器的 CPU 模块通过系统总线相连接，进行数据交换，并在 CPU 模块的协调管理下独立地进行工作。这里所说的独立是指智能模块的工作不参加巡回扫描过程，而是按照它自己的规律参与系统工作，即多数情况下的运算功能都是由它本身的 CPU 完成的。

(5) 编程装置和编程软件

PLC 是以顺序执行存储器中的程序来完成其控制功能的。根据生产工艺要求编制出的控制程序，通过一定方式输入 PLC，并经过编译调试修改后成为可执行的控制程序。编程装置的主要任务就是编辑程序、调试程序和监控程序的执行，还可以在线测试 PLC 的内部状态和参数，与 PLC 进行人机对话。

(6) 电源部件

PLC 配有开关式稳压电源，供内部电路使用。与普通电源相比，PLC 电源稳定性好、抗干扰能力强。有些机型还向外提供 24VDC 的稳压电源，用于对外部传感器供电，这就避免了由于电源污染或不合格电源产品而引起的故障。

(7) 外部设备

PLC 的外部设备有人-机交互装置、外存储器和 EPROM 写入器三种类型，分别用于实现操作人员与 PLC 控制系统之间的对话，长期保存各种信息，以及把用户程序写入

EPROM 中去。

6.1.2 西门子 S7-1200 的系统结构

SIMATIC S7-1200(简称 S7-1200)是德国西门子(Siemens)公司 SIMATIC 系列控制器产品之一，是一款模块化控制器，设计紧凑、功能强大，系统扩展十分方便，适合要求简单或高级逻辑、HMI 和网络功能的小型自动化系统。

S7-1200 控制器解决方案是专为“紧凑型”控制器类别设计的，由 S7-1200 控制器和 SIMATIC HMI 基本型面板组成，二者均可使用 SIMATIC STEP 7 Basic 工程软件进行编程。

S7-1200 的组件包括 CPU 模块、信号模块、通信模块，其中，CPU 模块是基本组件，信号模块扩展 CPU 模块的信号处理能力，通信模块扩展 CPU 模块支持的通信协议。如图 1-6-1所示。

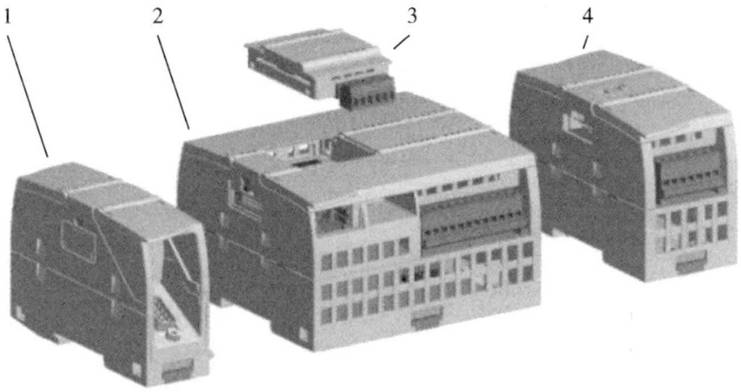

图 1-6-1　S7-1200 的组件

1—通信模块(CM)；2—CPU；3—信号板(SB)；4—信号模块(SM)

(1) CPU 模块

CPU 模块(简称 CPU)将微处理器、电源、数字量输入/输出电路、模拟量输入电路、PROFINET 接口、高速运动控制功能组合到一个设计紧凑的外壳中，具有输入/输出和逻辑运算功能。如图 1-6-2 所示。

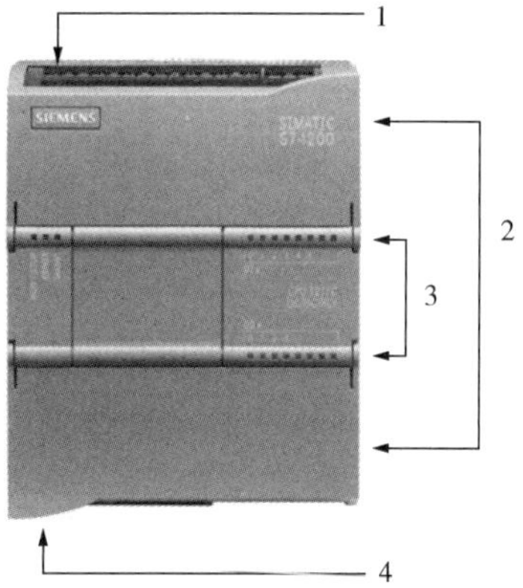

图 1-6-2　CPU 模块

1—电源接口；2—可拆卸用户接线连接器(保护盖下面)；3—板载 IO 的状态 LED；4—PROFINET 连接器(CPU 的底部)

微处理器是 CPU 的核心，它不断地采集输入信号，执行用户程序，刷新系统的输出，存储器用来储存程序和数据。

每个 CPU 都有本地板载 IO 处理功能，可以处理少量的数字量输入/输出和模拟量输入。另外，通过加装信号板 SB，可以扩展 CPU 的 IO 能力。SB 嵌装在 CPU 上，不改变 CPU 模块的外形和体积。

CPU 的 PROFINET 接口用于与编程计算机、HMI (人机界面)、其他 PLC 或设备通信，还可通过开放的以太网协议与第三方设备通信。

CPU 提供密码保护功能，可以对不同用户设置不同的 CPU 访问权限。

S7-1200 的 CPU 有 CPU 1211C、CPU 1212C 和 CPU 1214C 三种可选型号，不同型号的 CPU 具有不同的特征和功能，见表 1-6-1。

表 1-6-1　S7-1200 CPU 主要性能参数

CPU 参数	CPU 1211C	CPU 1212C	CPU 1214C
用户存储器 • 工作存储器 • 装载存储器 • 保持存储器	 • 25kB • 1MB • 2kB	 • 25kB • 1MB • 2kB	 • 25kB • 1MB • 2kB
本地板载 IO • 数字量 • 模拟量	 • 6 点输入，4 点输出 • 2 路输入	 • 8 点输入，6 点输出 • 2 路输入	 • 14 点输入，10 点输出 • 2 路输入
过程映像大小 • 输入 • 输出	 • 1024 个字节 • 1024 个字节	 • 1024 个字节 • 1024 个字节	 • 1024 个字节 • 1024 个字节
位存储器(M)	4096 个字节	4096 个字节	8192 个字节
信号模块扩展	无	2	8
信号板	1	1	1
通信模块	3	3	3
高速计数器 • 单相 • 正交相位	3 • 3 个，100kHz • 3 个，80kHz	4 • 3 个，100kHz 1 个，30kHz • 3 个，80kHz 1 个，20kHz	6 • 3 个，100kHz 3 个，30kHz • 3 个，80kHz 3 个，20kHz
脉冲输出	2	2	2
存储卡(选件)	有	有	有
实时时钟保持时间	通常为 10d，40℃时最少 6d		
实数运算执行速度	18μs/指令		
布尔运算执行速度	0.1μs/指令		
PROFINET 以太网通信端口	1	1	1

(2) 信号模块

信号模块(简称 SM)是对数字量输入模块、数字量输出模块、模拟量输入模块和模拟量输出模块的统称。在 S7-1200 中，西门子将这 4 种 IO 模块简称为 DI、DQ、AI 和 AQ(为避免字母“O”与数字“0”混淆，西门子用字母“Q”代替字母“O”)。

信号模块安装在 CPU 模块的右侧，扩展能力最强的 CPU 模块可以扩展 8 个信号模块，以增加 IO 数量。

DI 模块用来接收从按钮、选择开关、数字拨码开关、限位开关、接近开关、光电开关、压力开关、液位开关、流量开关、继电器等来的数字量输入信号。

DQ 模块用来控制接触器、电磁阀、电磁铁、指示灯、数字显示装置和报警装置等输出设备。

AI 模块用来接收电位器、测速发电机和各种变送器提供的连续变化的模拟量电流、电压信号，或者直接接收热电阻、热电偶提供的温度信号。

AQ 模块用来控制电动调节阀、气动调节阀、变频器等执行器。

信号模块除了传递信号，还有电平转换与隔离的作用。信号模块采用光耦合器、光敏晶闸管、小型继电器等隔离 S7-1200 的内部电路和外部电路。

(3) 通信模块

通信模块(简称 CM)安装在 CPU 模块的左侧，1 个 CPU 最多支持 3 个 CM。CM 有 RS232 和 RS485 两种，支持 USS 协议(Universal Serial Interface Protocol，通用串行接口协议)和 Modbus 通信协议，可连接点对点通信模块、Profibus 模块、工业远程通信模块、AS-i 接口模块和 IO-Link 模块等。

主要模块类型见表 1-6-2。

表 1-6-2 主要模块类型

模块		仅输入	仅输出	输入/输出组合
信号模块(SM)	数字量	8×DC 输入	8×DC 输出 8×继电器输出	8×DC 输入/8×DC 输出 8×DC 输入/8×继电器输出
		16×DC 输入	16×DC 输出 16×继电器输出	16×DC 输入/8×DC 输出 16×DC 输入/8×继电器输出
	模拟量	4×模拟量输入 8×模拟量输入	2×模拟量输出 4×模拟量输出	4×模拟量输入/2×模拟量输出
信号板(SB)	数字量	—	—	2×DC 输入/2×DC 输出
	模拟量	—	1×模拟量输出	—
通信模块(CM) • RS485 • RS232				

此外，HMI 面板作为与 S7-1200 配套的设备，可用于 S7-1200 组态。HMI 面板有多种可选尺寸，支持垂直安装；提供 RS-422/RS-485 接口、RJ45 以太网接口以及 USB 接口。USB 接口可连接键盘、鼠标或条形码扫描仪，可用 U 盘实现数据记录。

6.1.3 TIA 博途软件基本功能

TIA 博途(Totally Integrated Automation Portal)是西门子全集成自动化的工程设计软件平台，它将所有自动化软件工具集成在统一的开发环境中，是一款将所有自动化任务整合在一个工程设计环境下的软件，包括以下主要组件：

① STEP 7 用于西门子 PLC 硬件配置、通信组态、编程、测试、启动、运行、维护和诊断功能等。STEP 7 Basic(基本版)提供梯形图、结构化语言和功能块图编程，支持 S7-300/400、S7-1200/1500 等产品。STEP 7 Professional(专业版)比基本版增加了 SCL、Graph 以及仿真软件 PLCSIM。

② WinCC 用于西门子的 HMI、工业 PC 和标准 PC 的组态软件。WinCC 的基本版用于组态精简面板，STEP 7 集成了 WinCC 的基本版。WinCC 的精智版用于组态精简面板、精智面板和移动面板。WinCC 的高级版还可以组态 PC 单站，WinCC 的专业版还可以组态 SCADA 系统。高级版和专业版又分为开发工具和运行工具。

③ SIMATIC STEP 7 Safety 适用于故障安全自动化的工程组态系统，支持所有的 S7-1200F/1500F-CPU 和老型号 F-CPU。

④ SINAMICS Startdrive 适用于所有西门子驱动装置和控制器的工程组态平台，集成了硬件组态、参数设置以及调试和诊断功能，可以无缝集成到 SIMATIC 自动化解决方案中。

1. TIA 博途视图

(1) 门户视图与项目视图

TIA 博途提供两种不同的视图，即根据工具功能组织的面向任务的门户(Portal)视图和项目中各元素组成的面向项目的项目视图。门户视图提供项目任务的功能视图，并根据要完成的任务来组织工具。项目视图提供访问项目中任意组件的途径。两种视图间可以随时切换。

安装好 TIA 博途后，双击桌面上的博途软件执行文件图标，打开启动画面(Portal 视图)。在 Portal 视图中，通过打开现有的项目或创建新项目，可以打开该项目的项目视图，如图 1-6-3 所示。

项目视图中，包括项目树、详细视图、工作区、巡视窗口、任务卡、信息窗口和编辑器栏等区域，图 1-6-3 中分别用①~⑦标注。

图 1-6-3 项目视图

(2) 项目树

项目树(图 1-6-3 中标注①)以树形结构显示项目中的各组成部分，分为 4 个层次：项目、设备、文件夹和对象。可以用它访问项目中所有的设备和项目数据、添加新的设备、编辑已有的设备、打开处理项目数据的编辑器。

每个编辑器中的对象，都用文件夹以结构化的方式保存。

(3) 详细视图

详细视图(图 1-6-3 中标注②)显示在项目树中所选文件夹的详细信息，代表这些信息的地址可以被拖拽到应用程序需要设置地址的地址域，并替换原来的地址。

(4) 工作区

工作区(图 1-6-3 中标注③)为编程、组态的主要工作区域，可以同时打开多个编辑器，一般只显示一个编辑器。如果要一次显示两个编辑器，可使用“拆分编辑器”(Split editor)菜单命令或工具栏中的相应按钮。

编辑器栏(图 1-6-3 中标注⑦)中显示已打开的编辑器，点击编辑器名称可以切换工作区显示的编辑器。

用户可以将元素从一个编辑器拖拽到另一个编辑器中。如果在工作区同时打开程序编辑器和设备视图，将设备视图放大到200%或以上，可以将设备视图中模块上的IO点拖拽到程序编辑器，放置到相应指令的地址上，从而快速设置指令的地址，并自动在 PLC 变量表中创建相应的条目。同样，也可以将模块上的IO点拖拽到 PLC 变量表中。

图 1-6-3 的工作区显示的是“设备与网络”编辑器的“设备视图”选项卡，可以进行硬件组态。如果选中“网络视图”选项卡，将打开网络视图，可以组态网络。这时，可以从项目树中将需要的设备或模块拖拽到工作区的设备视图和网络视图中。

(5) 巡视窗口

巡视窗口(图 1-6-3 中标注④)，用来显示在工作区中所选对象的属性和信息，还可以用来设置对象的属性。巡视窗口有 3 个选项卡：

“属性”选项卡显示和修改在工作区中所选对象的属性。

“信息”选项卡显示所选对象和操作的详细信息，以及编译后的报警信息。

“诊断”选项卡显示系统诊断事件和组态的报警事件。

(6) 任务卡

任务卡(图 1-6-3 中标注⑤)包含按功能分组的各种程序指令。可以通过将指令从任务卡拖拽到程序段中的操作来创建程序。例如从库或硬件目录中选择对象，搜索与替代项目中的对象，将预定义的对象拖拽到工作区。

任务卡右侧有 4 个选项卡：硬件目录、在线工具、任务和库，每个选项卡的内容显示在目录窗格中。任务卡的下方是信息窗格(图 1-6-3 中标注⑥)，显示在目录窗格中所选对象的图形和简要描述。图 1-6-3 中的任务卡显示的是硬件目录。

2. 设备组态

设备组态的任务就是在设备视图和网络视图中生成各种设备和网络，将设备联网、模块插入 PLC 和分布式 IO 的机架，生成与实际系统硬件配置完全相同的虚拟系统。设备组态完成后，系统启动时，CPU 通过比较虚拟系统和实际系统的一致性，检测出可能的错误并进行报告。

设备组态在已有的项目中进行，主要有添加新设备和设置模块参数两大步骤。

(1) 创建新项目

如果系统中没有要组态的项目，则需要先创建项目。创建新项目时需设置保存项目的路径。

(2) 添加新设备

创建项目后，需“添加新设备”。“添加新设备”对话框如图 1-6-4 所示。

在硬件组态时，需要将 IO 模块或通信模块放置到工作区中机架的插槽内，CPU 只能插入机架的 1 号插槽，信号板安装在 CPU 模块内，信号模块安装在 CPU 右侧的 2~9 号槽，通信模块可以插入 CPU 左边的 3 个插槽(101~103)。

如果在已经组态的两个信号模块之间插入新的模块，插入点右边的所有信号模块将向右移动一个插槽的位置，新的模块被插入空出来的插槽。

设备视图的缩放级别为 200%及以上时，可以显示 IO 模块的各个 IO 通道。如果已经为通道定义了 PLC 变量，则显示 PLC 变量的名称。

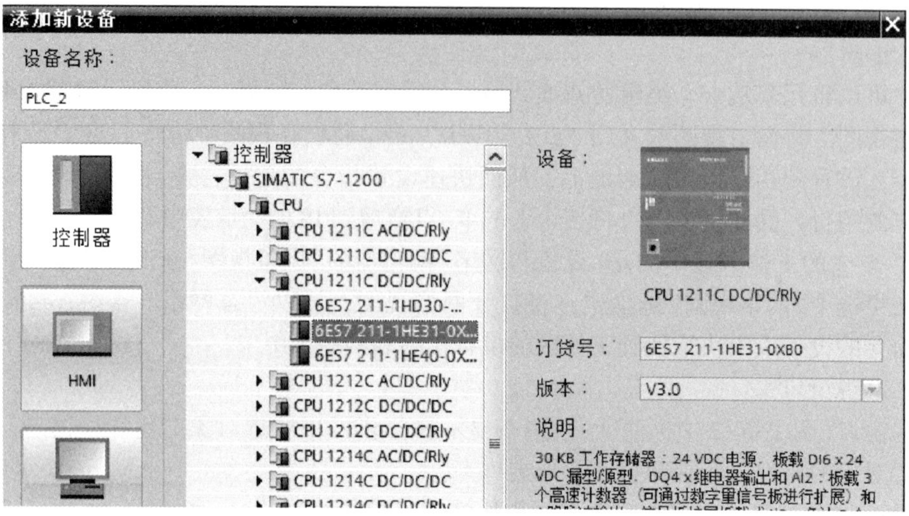

图 1-6-4 “添加新设备”对话框

图 1-6-3 所示为项目“混合进料控制”的机架 1 号插槽放置了 CPU，其型号为 CPU 1214C。

（3）设置设备参数

添加设备后，需设置其参数，即给参数赋值。TIA 博途为各种模块的参数预设了默认值，组态信号模块时，自动地分配它们的 IO 地址。一般可以采用默认值，只是在需要的时候更改参数设置即可。

在设备视图中选择设备后，可使用巡视窗口的“属性”选项卡设置设备参数。

模块的组态信息保存在 CPU 中，在 CPU 启动期间传送给对应的模块。更换故障模块后，不需要重新下载组态信息。

3. 组态 PROFINET 接口

CPU 的内置 PROFINET 端口用于与编程设备通信，借助 PROFINET 网络，CPU 可以与 HMI 面板或其他 CPU 通信。

下载项目前，要完成 CPU 和路由器(如果需要)的 IP 地址组态。

（1）组态网络连接

使用工作区的“网络视图”在各个设备之间创建网络连接。

在“网络视图”中选择一个设备上的网络端口，然后将连接拖拽到第二个设备的端口上，释放鼠标按钮即完成两个设备间的网络连接。

系统中存在多个子网时，子网必须连接到网络路由器上。

创建网络连接之后，使用巡视窗口的“属性”选项卡组态网络的参数，包括 IP 地址和时间同步。

（2）组态网络 IP 地址

每个设备必须有一个网内唯一的 IP 地址。

CPU 没有默认的 IP 地址，其 IP 地址需要手动分配。CPU 的 IP 地址必须与编程设备的 IP 地址和子网掩码兼容。一般使用默认的 IP 地址段和默认的子网掩码。如果该 CPU 需要和其他子网的设备通信，应勾选“使用 IP 路由器”复选框，然后输入路由器的 IP 地址。

在项目树中右键单击“在线访问”文件夹，从弹出的快捷菜单中选择“属性”命令，可打开编程设备的“属性”选项卡。

用单选框选中默认的选项“在项目中设置 IP 地址”，可以手动设置网络接口的 IP 地址和子网掩码。

用单选框选中“在设备中直接设定 IP 地址”，则从组态之外的其他服务获取 IP 地址。

(3) 组态网络时间同步

网络时间协议(NTP，Network Time Protocol)广泛应用于互联网的计算机时钟的时间同步，局域网内的时间同步可精确到 1ms。NTP 采用多重冗余服务器和不同的网络路径来保证时间同步的高准确度和高可靠性。

选中 CPU 的 PROFINET 接口，再选中巡视窗口的“属性>常规>时间同步”，勾选“通过 NTP 服务器启动同步时间”复选框。然后设置时间同步的服务器的 IP 地址，最多可以添加 4 个 NTP 服务器。更新间隔是 PLC 每次请求时钟同步的时间间隔(10s~24h)。

6.2 集散控制系统基本知识

6.2.1 集散控制系统概述

集散控制系统(DCS)也叫分散控制系统。1995 年国际标准化组织(ISO，International Standard Organization)为 DCS 系统作了如下定义：DCS 系统是一类满足大型工业生产和日益复杂的过程控制要求，从综合自动化角度出发，按功能分散、管理集中的原则构思，具有高可靠性指标，将计算机技术、通信技术、人机接口技术、IO 接口技术相结合，用于数据采集、过程控制和生产管理的综合控制系统。

从上述定义可以看出，DCS 的技术基础是微型计算机，应用对象是生产过程，技术特点是分散控制、集中操作和分级管理。

DCS 按控制功能或区域将处理器进行分散配置，每个带处理器的控制站控制装置的一部分，使控制功能得以分散，从而实现了危险分散，较好地解决了直接数字控制(DDC)危险性集中的问题。同时，DCS 还极大地改进了操作界面，实现了多种控制功能，将操作、管理与生产过程密切地结合了起来。

1. DCS 的组成

1975 年 11 月，美国霍尼韦尔发布 TDCS2000 系统，标志着 DCS 的诞生。此后，世界各国争相研发 DCS，形成了不同系列、不同代次的产品。虽然不同 DCS 产品各不相同，但都包含三个最基本的组成部分：现场控制站、人机接口(即操作站，包括工程师站和操作员站)和通信系统。

① 现场控制站是整个 DCS 系统的核心，系统主要的控制功能由它来完成。系统的性能、可靠性等重要指标也都要依靠现场控制站保证，因此对它的设计、生产及安装都有很高的要求。现场控制站的硬件一般都采用专门的工业级计算机系统，其中除了计算机系统所必需的运算器(主 CPU)、存储器，还包括了现场测量单元、执行单元的输入输出设备。在现场控制站内部，主 CPU 和内存等用于数据的处理、计算和存储的部分被称为逻辑部分，而现场 IO 则被称为现场部分，这两个部分是需要严格隔离的，以防止现场的各种信号，包括干扰信号对计算机的处理产生不利的影响。

② 人机接口从功能上，一般区分为实施过程监控的操作员站和完成系统组态、进行系统维护的工程师站，经由人机接口，操作员和工程师才能对生产过程及 DCS 系统本身的运行状态进行监视和操作。一般情况下，不需要特意区分操作员站和工程师站，二者统称为操

作站。

③ 通信网络连接 DCS 各组成部分，完成过程数据和操作指令在系统内部的传输，使各部分协调、有序地开展工作，确保系统整体功能的正常发挥。

2. DCS 的特点

经过几十年的不断发展，DCS 在世界范围内的过程控制领域得到了普遍应用，形成了以下不同于以往各种控制系统的技术特点：

① 相同或类似的构成　DCS 虽然品种繁多，但都是由操作站、控制站和数据通信总线等构成的。用户可依据自己被控系统的大小和需要，选用或配置不同类型、不同功能、不同规模的 DCS，配置灵活方便，易于扩展。

② 采用分级递阶结构　DCS 采用分级递阶结构，控制和故障相对分散，提高了系统长期连续运行的能力。分级递阶结构通常分为四级，分别为过程控制、优化控制、自适应控制和工厂管理。

③ 采用计算机技术　DCS 以微处理器为其技术基础，凝聚了计算机的先进技术，随计算机技术的发展而发展。DCS 中的现场控制单元、过程输入输出接口、人机界面站以及数据通信接口等均采用微处理器，有历史记录、数据运算、逻辑判断等功能，可以实现设备硬件、算法软件及通信网络的自诊断、自检测和自适应。

④ 丰富的功能软件包　DCS 具有丰富的功能软件包，能提供控制运算、过程监视、仿真测试、报警管理、信息检索和文档管理等软件，并随着技术的进步不断扩充。

⑤ 采用局部网络通信技术　通过高速数据通信总线，把检测、操作、监视、管理等部分有机地连成一个整体，传输实时控制信息，进行全系统信息综合管理。网络传输协议符合 IEEE 802.4、802.5 等标准，速率一般可达 5～10Mbps 甚至更高，响应时间仅为数百微秒，通信的可靠性和安全性得到保障。

⑥ 强有力的操作界面　操作站为 DCS 的主要操作界面，一般配备大屏幕显示器、专用集成键盘以及触摸屏、滚动球或鼠标等定位设备。有多种类型的过程操作画面，包括总貌、报警、控制组、点细目、趋势组、操作指导信息及用户流程图等画面；有丰富的打印输出功能，如标准报表打印、报警打印，班报、日报、月报等自由报表打印；有声光报警功能、语音输出功能、系统维护功能等。

⑦ 采用高可靠性的技术　DCS 的处理器、内部总线、电源等均采用冗余配置，重要的 IO 卡件也可按冗余配置。系统内部还有很强的自诊断功能，一般卡件都支持热插拔，从而提高了系统故障的诊断效率，缩短了故障修复时间。

⑧ 开放性与兼容性　DCS 借助 OPC、ActiveX、API 等接口技术，系统日益开放，扩展性、兼容性日益增强，可以方便地与优化控制系统、生产调度系统、安全仪表系统、机组控制系统、PLC、其他 DCS 等互联，因而成为企业生产经营管理活动中不可或缺的“信息集散地”。

总之，控制分散、危险分散，而操作和管理集中是 DCS 的基本设计思想。分级递阶的分布式结构，灵活、易变更、易扩展是 DCS 的特点。

3. DCS 的发展

自 1975 年以来，DCS 先后经历了初创、成熟、扩展等发展阶段，硬件结构和软件功能不断完善和强化，逐渐成为过程控制领域的主流系统，形成了以美、欧、日产品为主的 DCS 世界市场格局，具有代表性的系统主要有霍尼韦尔的 EPKS、横河的 CENTUM CS、艾默生过程管理(Emerson Process Management)的 Delta V、西门子的 PCS7 等。目前，DCS 被广泛应用于石化、化工、电力、制药、冶金、食品等多个行业。

我国 DCS 产品研发稍晚于西方，起步于 20 世纪 80 年代，经历了发展萌芽期(20 世纪 80 年代中期到 90 年代中期)、初步探索期(90 年代中期到 2000 年)和进口替代期(2000 年以后)三个发展阶段，国产 DCS 技术日益成熟，以中控技术(中控技术股份有限公司，SUPCON)、和利时为代表的 DCS 品牌在相当大的程度上具备了替代国外产品的实力。中国电子旗下 HD-DCS 实现了操作系统、芯片、平台软件和控制信息安全等全面国产化，并已得到应用。中核控制系统工程有限公司 2018 年发布核安全级 DCS 平台“龙鳞系统”、2023 年 9 月 24 日出厂供货非安全级控制系统“龙鳍平台”，则标志着国内完全自主知识产权的 DCS 实现了核电厂数字化仪表控制系统全覆盖(安全级+非安全级)，可以为核电站全厂自动控制提供完整解决方案。

随着新一代前沿技术的发展，未来 DCS 发展趋势将呈现大型化、智能化和便捷化等特点，更加有利于基于 DCS 构建跨区域、跨网络、跨平台的控制集群，形成生产运行层面的“智能中心”，普遍应用远程终端和移动终端进行过程监控与系统维护。

6.2.2 WebField ECS-700 系统结构与过程操作

WebField ECS-700(简称 ECS-700)系统是中控技术于 2007 年推出的控制系统，适用于大中型石油化工过程控制的 DCS 产品。

该系统具备完善的工程管理功能，包括多工程师协同工作、组态完整性管理、在线单点组态下载、组态和操作权限管理等。同时支持 Profibus、Modbus、FF、HART 等国际标准现场总线的接入和多种异构系统的综合集成。

1. 系统结构

ECS-700 系统由控制节点、操作节点以及系统网络组成，系统结构如图 1-6-5 所示。

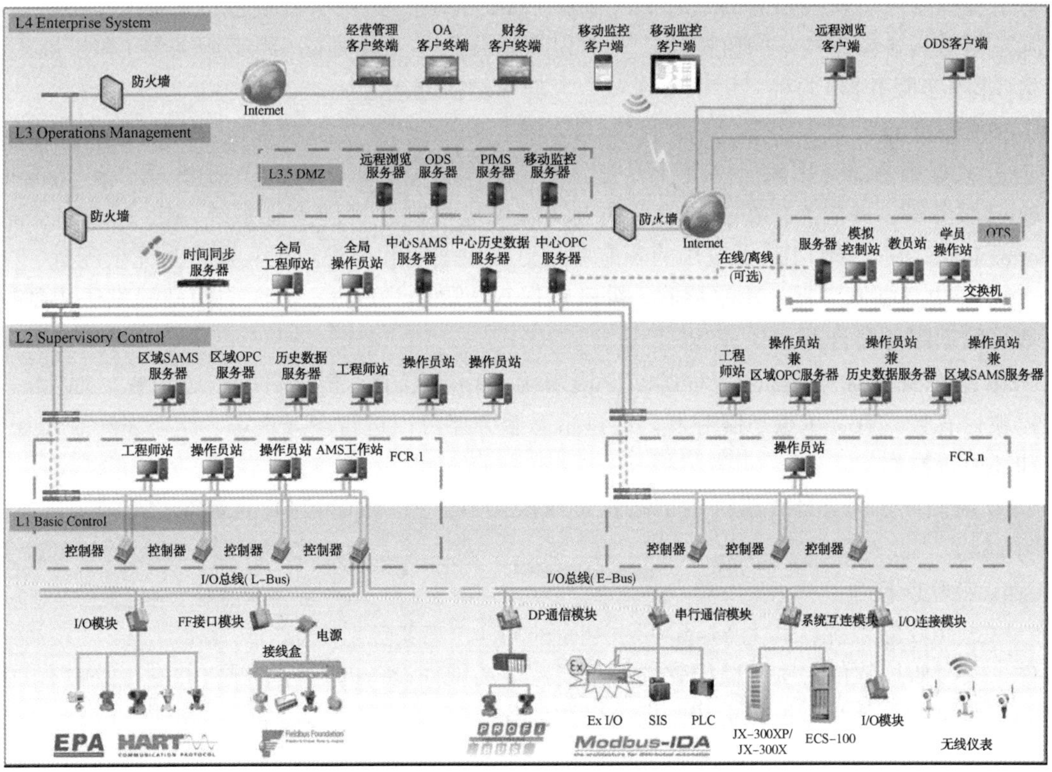

图 1-6-5 ECS-700 系统结构总貌图

ECS-700 系统由四层网络构成：

① 企业管理网连接各个管理节点，通过服务器从过程信息网中获取控制系统的信息，实现对生产过程的管理及远程控制。

② 过程信息网连接控制系统中所有的操作节点，如工程师站、操作员站、组态服务器、数据服务器等，实现操作节点间的历史数据、报警信息和操作记录等的传输。过程信息网可以选择单网配置、冗余配置或合并到过程控制网。

③ 过程控制网连接各操作节点和控制节点，在它们之间传输实时数据和各种操作指令。

④ IO 总线为控制站内部通信网络，分为本地 IO 总线(L-BUS)和扩展 IO 总线(E-BUS)。

2. 控制节点

控制节点是控制站及通过通信接口连接的其他设备的总称。控制站是系统的核心节点，负责采集现场 IO 数据，是完成控制运算的核心单元，具有实时控制整个工业过程的功能。

3. 操作节点

操作节点是系统的人机接口，主要包括工程师站、操作员站、数据服务器、组态服务器等。对于规模较小的系统，可以使用一台计算机同时集成多种站点的功能。

(1) 操作员站

操作员站运行 ECS-700 系统的实时监控软件，提供控制分组、历史趋势、报表、操作面板、诊断信息、报警、系统状态信息等监控画面。通过操作员站，可以获取过程信息和事件报警，并实现对现场设备的实时控制。

(2) 工程师站

工程师站通过安装相应的组态平台和系统维护工具，实现项目组态及系统维护功能。工程师站同时具备操作员站的监控功能。工程师站分为主工程师站(组态服务器)和扩展工程师站(非组态服务器)两种，用于实现多个工程师站协同组态。

(3) 服务器

① 数据服务器　用来提供报警历史记录、操作历史记录、事件序列(SOE，Sequence of Events)服务等，并向连接在过程信息网上实施先进控制、管理信息系统(MIS，Management Information System)及 ERP 等应用的各应用站点提供实时和历史数据。通常为冗余配置。

② 历史数据服务器　用来接收、处理和保存历史趋势数据，并向应用站提供历史数据，通常与数据服务器合并。

③ 组态服务器　又称主工程师站，用来统一存放整个工程项目的组态信息，通常一个工程项目有且只有一个组态服务器。通过组态服务器可以进行多人组态、组态发布、组态备份和还原等操作。

④ 时间同步服务器　提供用于同步其他操作节点系统时间的时间基准，其节点地址必须为 254。

4. 实时监控

ECS-700 的系统软件为 Visual Field(简称 VF)，主要包括系统结构组态软件、组态管理软件、实时监控软件。实时监控软件用于监控现场硬件设备的运行情况，并进行及时有效的控制。监控界面分为监控表头和监控画面两部分。

(1) 监控表头

监控表头包括工具栏、报警列表和状态栏三部分，如图 1-6-6 所示。

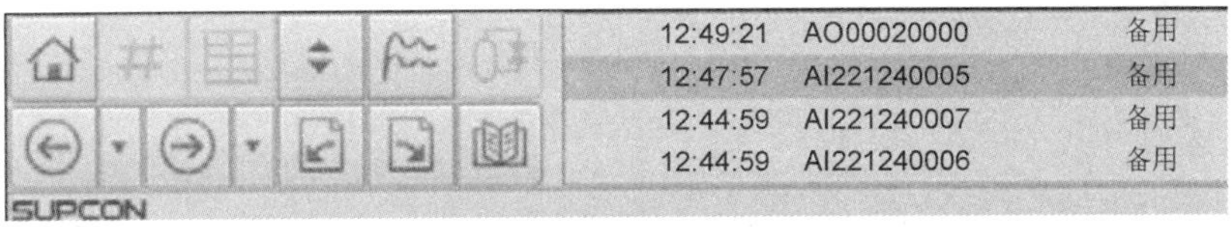

(a)左侧

(b)右侧

图 1-6-6 监控表头全貌

① 工具栏 工具栏分左右两个部分，列出了实时监控的主要操作功能，如图 1-6-7 所示。

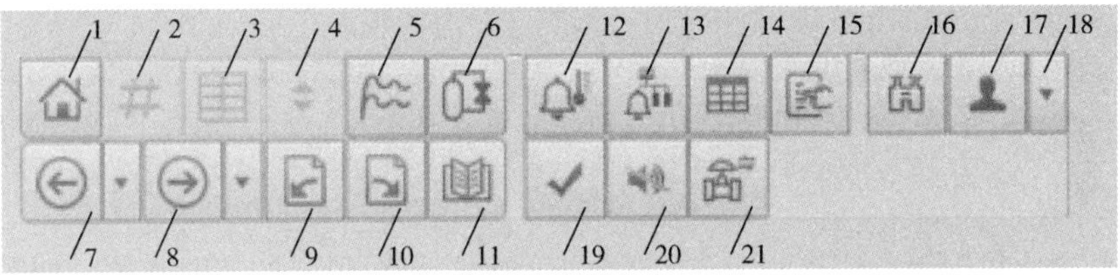

图 1-6-7 实时监控工具栏

1—首页；2—系统总貌；3—数据一览；4—控制分组；5—趋势画面；6—流程图；7—后退；8—前进；9—前页；10—后页；11—翻页；12—过程报警；13—系统报警；14—状态表；15—操作指导；16—查找；17—用户登录；18—下拉菜单；19—报警确认；20—报警静音；21—设备工况

② 报警列表 报警列表处于监控表头(见图 1-6-6)的中间位置，显示当前系统中最新的、优先级最高的报警信息。报警信息包括报警产生的时间、报警位号、位号描述、报警类型及位号实时值。通过报警列表的右键菜单可以进行调整报警列表的显示、报警确认以及弹出相关画面(如仪表面板、趋势、历史报警等)的操作。

③ 状态栏 状态栏处于监控表头(见图 1-6-6)的下方位置，用来显示实时监控系统的状态信息，包括当前计算机名、当前操作小组、当前用户、当前画面、当前画面类型、当前画面页码、当前屏幕、当前时间等。如图 1-6-8 所示。

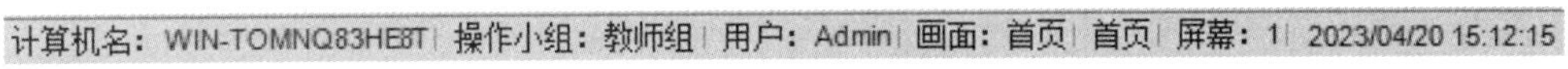

图 1-6-8 状态栏右边部分

(2) 监控画面

监控画面包括一系列用于过程监控、系统维护的显示界面，分别如下：

1) 首页

首页显示系统简介界面，可以自行组态流程图并命名为“index”，即可替换首页。

2) 总貌画面

总貌画面用于显示操作小组中的总貌画面信息，如图 1-6-9 所示。一幅总貌画面最多可显示 32 个信息块。信息块可以是数据，也可以是画面。

信息块中对应位号产生报警后，将按位号的报警等级显示其颜色并闪烁。

图 1-6-9　系统总貌画面

3）数据一览

数据一览画面根据组态信息和工艺运行情况，动态显示位号的实时数值，如图 1-6-10 所示。一页数据一览画面最多可显示 32 个位号信息，信息包括序号、位号、描述、数值和单位。

序号	位号	描述	数值	单位	序号	位号	描述	数值	单位
1	FIC101. PV	原料流量控制	0.0000	m^3/h	17	FIC203. PV	V101气相进...	0.0000	m^3/h
2	FIC102. PV	新鲜进料流量	0.0000	m^3/h	18	FIC205. PV	V101液相出...	0.0000	m^3/h
3	FI104	燃料气流量	0.0000	Nm^3/h	19	FI206	E104热油流量	0.0000	m^3/h
4	FI105	燃料油流量	0.0000	m^3/h	20	FIC208. PV	T101汽化总量	0.0000	m^3/h
5	FI107	E102冷却水...	0.0000	m^3/h	21	FIC209. PV	T101气化冷...	0.0000	m^3/h
6	FIC109. PV	补充氢流量...	0.0000	m^3/h	22	FIC211. PV	V102事故放...	0.0000	m^3/h
7	FIC110. PV	V101出口流...	0.0000	m^3/h	23	FIC214. PV	T102汽化总...	0.0000	m^3/h
8	FIC113. PV	E104热油流...	0.0000	m^3/h	24	FIC215. PV	T102汽化冷...	0.0000	m^3/h
9	FIC114. PV	T101内回流...	0.0000	m^3/h	25	FT216		####	
10	FI115	V102放空流量	4.0000	m^3/h	26	FIC219. PV	V104事故放...	0.0000	m^3/h
11	FIC116. PV	E107热油流量	0.0000	m^3/h	27	FI220	E103换热物...	0.0000	m^3/h
12	FIC118. PV	T101回流流...	0.0000	m^3/h	28	FI221	E103不换热...	0.0000	m^3/h
13	FIC119. PV	T103侧线采...	0.0000	m^3/h	29	FI222	E108冷却水...	0.0000	m^3/h
14	FIC120. PV	T102回流流量	0.0000	m^3/h	30	FI225	V102液相采...	0.0000	m^3/h
15	FIC121. PV	E106冷却水...	0.0000	m^3/h	31	FI229	V101返回V1...	0.0000	m^3/h
16	FT202	原料流量	0.0000	m^3/h	32				

图 1-6-10　数据一览画面

4）控制分组

控制分组用于显示操作小组中组态的控制分组信息，如图 1-6-11 所示。一幅控制分组画面最多可显示 16 个位号或 8 个功能块位号。

5）趋势画面

趋势画面根据组态信息和工艺运行情况，以一定的时间间隔记录数据点并动态更新。趋

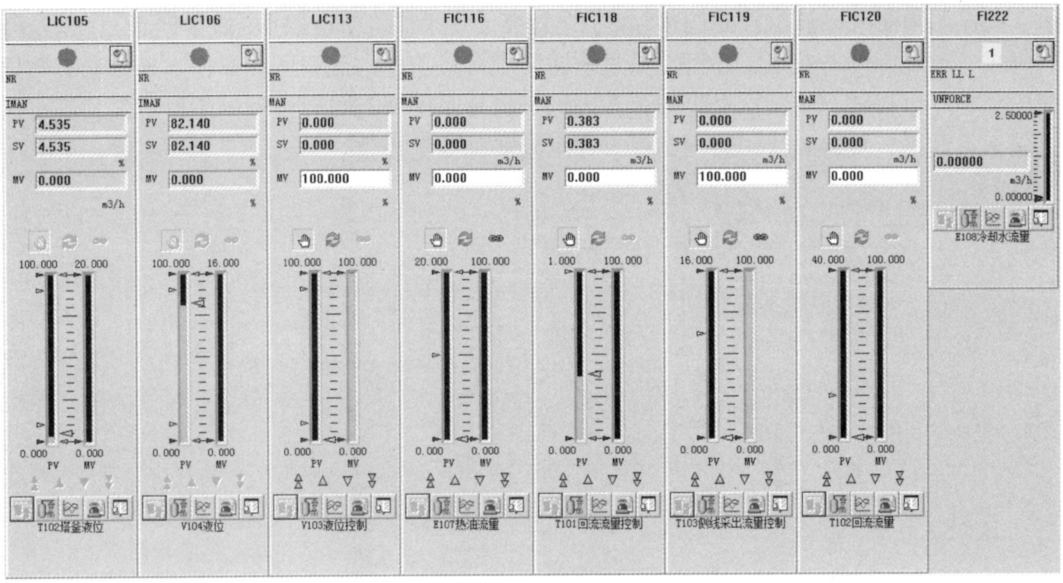

图 1-6-11　控制分组画面

势画面可以直观地显示数据的实时趋势，也可以查阅数据的历史趋势，并且可以进行多个数据的对比观察。

趋势画面有 1＊1、1＊2、2＊1 和 2＊2 等 4 种布局方式，采用 2＊2 布局时，每页趋势画面可显示 4 个趋势图。每个趋势图最多可显示 8 个趋势位号，趋势位号与趋势曲线通过颜色一一对应。图 1-6-12 为 1＊1 布局的趋势画面。

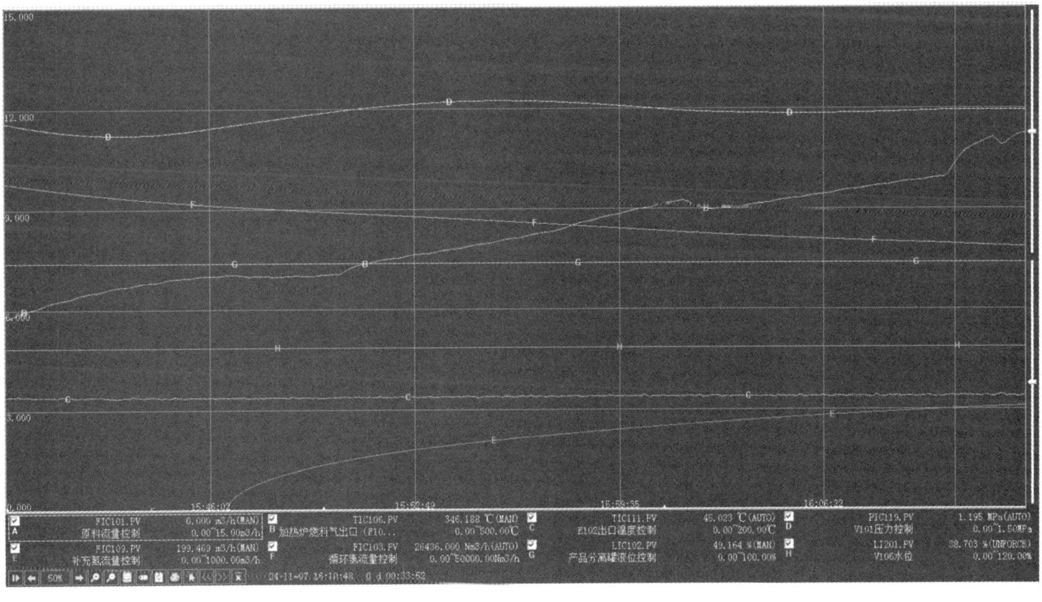

图 1-6-12　趋势画面

在趋势画面窗口还可以实现画面跳转、翻页、查询、趋势统计、添加自由页等功能。

6）流程图

流程图是工艺过程在实时监控画面上的仿真显示，是主要的监控画面之一。如图 1-6-13

所示，流程图画面可以显示静态图形（如工艺设备、流程）和动态数据（如数据点），以及颜色、闪烁、填充等动态效果，还可以通过按钮实现写值、弹出流程图等操作。如果动态数据对应的位号产生报警，将显示报警颜色并闪烁。流程图中所有包含位号的图形对象，都可以通过鼠标右键进行报警确认、弹出面板、弹出趋势画面等操作。

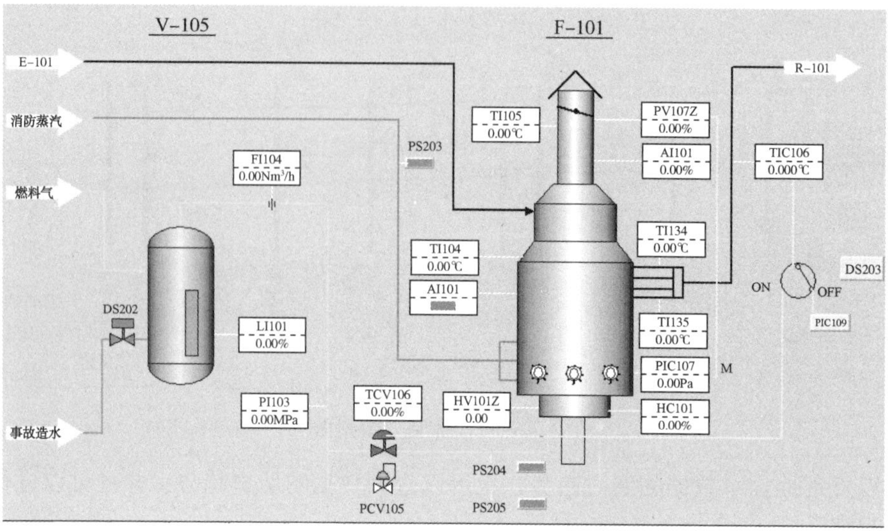

图 1-6-13　加热炉燃料气系统流程图画面

7）报表

报表是重要且常用的数据记录工具，用来记录重要的系统数据和现场数据，为工程技术人员进行系统查看或工艺分析提供参考。报表分为正在生成报表和已经生成报表。点击已经生成报表可以查看对应的报表页。

8）仪表面板和调整画面

仪表面板是仪表的基本信息和操作员日常操作命令的组合。通过仪表面板可以查看位号的所有状态，并支持跳转到位号关联的各种画面。在调整画面上，可以对位号的报警使能与关闭、报警限值修改、强制等进行操作。

仪表面板和调整画面可以通过位号选择器、控制分组画面、流程图等方式打开。不同类型的位号，其仪表面板和调整画面也不相同。IO 位号的仪表面板上可以显示位号名、位号描述、报警说明、报警等级及确认标识、实时值、柱状图、调整按钮等信息；功能块位号的仪表面板上还会显示测量值 PV、给定值 SV、输出值 MV 以及快增/快减、慢增/慢减按钮。PID 功能块的仪表面板及调整画面如图 1-6-14 所示。

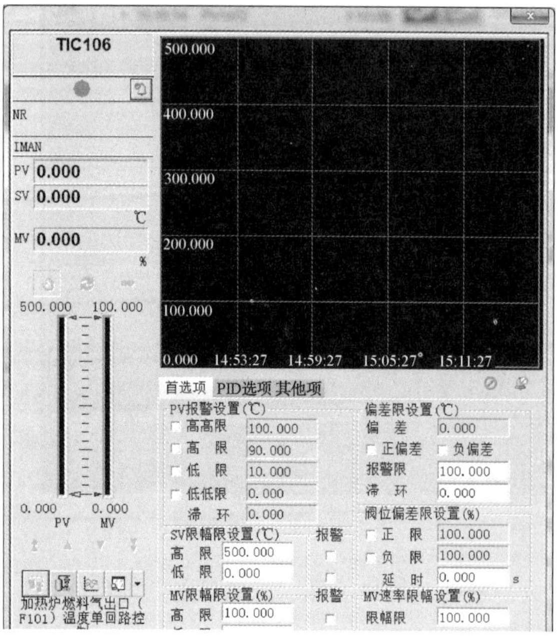

图 1-6-14　PID 位号调整画面

调整画面右上方显示该位号的测量值、设定值和输出值及其趋势曲线，下方有“首选项”“PID 选项”和“其他项”三个标签。

① 首选项　用于设置报警和限幅，可以进行各种报警或限幅的使能与禁止，以及修改报警限值或限幅值等参数。此处的设置立即生效，但须参数上载操作才能更换主控制器中的组态数据。

② PID 选项　可在线修改 PID 相关的参数，如比例、积分、微分、正反作用等。

③ 其他项　可设置输入/输出补偿、偏差报警相关参数，同时可查看跟踪值、执行机构反馈值等数据。

(3) 报警信息查看及管理

除了通过报警栏直接显示当前最新的报警信息，还可以通过过程报警、系统报警、历史报警、操作指导、报警面板等菜单分类查看各类报警信息，并进行报警确认等操作。

① 系统报警　用于显示整个控制系统当前的故障(控制器故障、网络通信故障等)信息，如图 1-6-15 所示。在该界面可以链接到系统状态诊断软件。

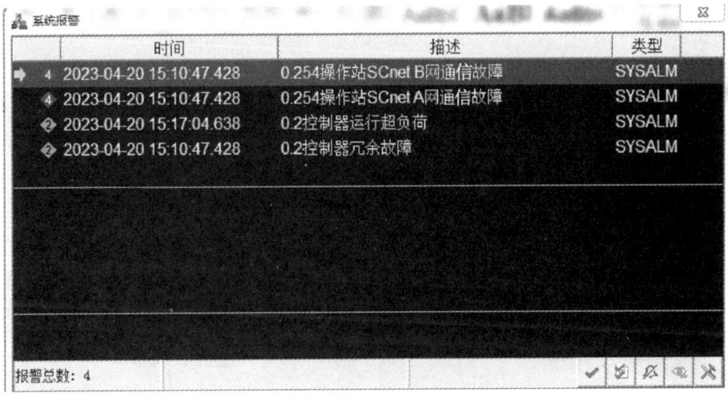

图 1-6-15　系统报警表

② 过程报警　显示当前操作小组所有过程报警信息，并按报警等级从高到低排序，如图 1-6-16 所示。可以进行选中报警确认、当前列表报警确认、冻结报警表、弹出面板、过滤显示等操作。

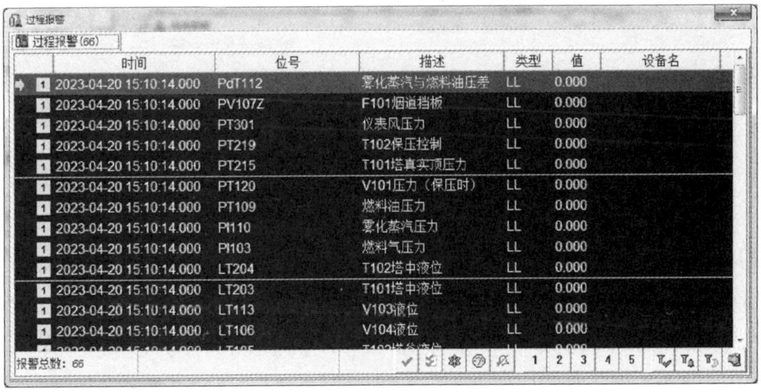

图 1-6-16　过程报警表

③ 历史报警　可以浏览、查询过程报警和系统报警的历史信息。

④ 操作指导　按照事件被触发的顺序显示指导信息，提示操作员关注生产状况。不同类型

的操作指导信息在不同的页签显示。操作指导信息产生后可进行确认、删除或跳转链接操作。

6.2.3 HOLLiAS MACS 系统结构与过程操作

HOLLiAS MACS 系统是和利时公司的大型综合控制系统，适用于大、中型石油化工、电力、核电行业过程控制。系统支持 FF、DeviceNet、CANbus、PA 等主流总线技术，智能化仪表可以方便地接入；采用成熟的先进控制算法，全面支持 IEC61131-3 标准，对控制系统实现计算机监控；支持 OPC 技术、ActiveX 技术，并且集成了 AMS 系统、RealMIS 系统、ERP 系统等。系统集成了众多知名厂家的典型控制系统的驱动接口，可在智能现场仪表设备、控制系统、企业资源管理系统之间进行无缝信息流传送，能方便地实现工厂智能化、管控一体化，为工厂自动控制和企业管理提供全面的解决方案。

本节以 HOLLiAS MACS V6.5(以下简称 M6)系统为例，介绍系统的结构和过程操作。

1. 系统结构

系统主要由管理网(MNET)、系统网(SNET)、控制网(CNET)以及网络上的操作员站、工程师站、历史站、现场控制站等设备构成。SNET 和 CNET 为系统的内部通信总线，都为冗余配置。其网络结构如图 1-6-17 所示。

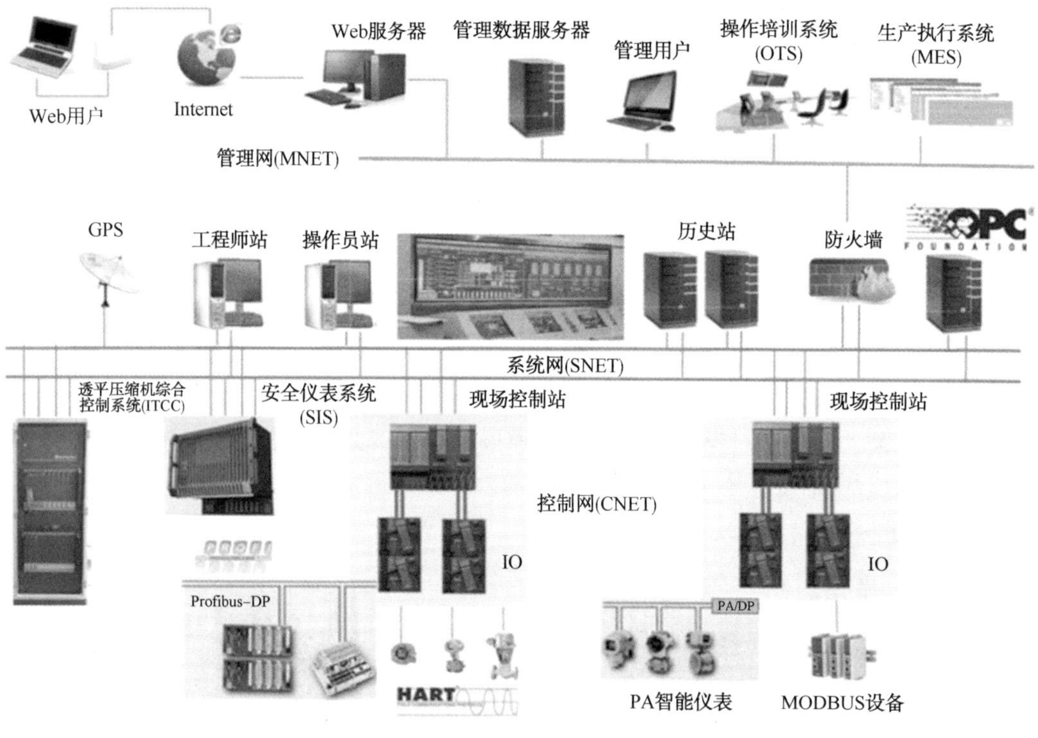

图 1-6-17 HOLLiAS MACS V6.5 系统网络结构图

MNET 由 100/1000M 以太网络构成，用于控制系统服务器与厂级信息管理系统、企业网、第三方管理软件等进行通信，实现数据的高级管理和共享。MNET 为可选网络。

SNET 由 100/1000M 高速冗余工业安全以太网络构成，用于连接工程师站、操作员站、现场控制站和历史站等站点，负责各站点间的数据传递，完成现场控制站的数据下装。支持星形、环形或总线形拓扑结构，符合 IEEE802.3 及 IEEE802.3u 标准，基于 TCP/IP 通信协议的点对点通信，传输速率为 10/100/1000Mbps 自适应。采用确定性实时的工业以太网协议，可在通信负荷变化时有效避免数据碰撞。传输介质为 5 类非屏蔽双绞线或光缆。

CNET 采用现场总线连接现场控制站中主控模块与 IO 模块及智能设备，实时、快速、高效地完成过程或现场通信任务。符合 IEC 61158 国际标准，支持星形、总线形拓扑结构。传输介质为屏蔽双绞线或光缆。

系统通过“项目”和“域”的设置，实现了系统规模可大可小、数据管理灵活方便。系统中，把有着共同任务的若干相关工程统称为一个项目，项目中的每个工程称作一个域。系统最多可创建 32 个项目，一个项目最多有 15 个域，每个域最多有 64 对冗余现场控制站以及 64 个操作员站、工程师站、历史站。

项目有多个域时，项目内部各域间可实现通信。不同项目间以及不同项目的域间不能通信。

2. 系统主要设备

系统的主要设备包括操作员站、工程师站、历史站和现场控制站等。

(1) 操作员站(OPS，Operator Station)

OPS 使用 Windows XP/7/10 操作系统，用于完成生产现场的监视和管理，主要有以下功能：

① 数据显示功能　面向操作者，以流程图、棒状图、数值表、曲线趋势、报表、按钮、对话框等方式提供工艺流程数据。

② 控制管理功能　操作者和工程师通过 OPS 的各种操作监视窗口对过程进行监控，对实时过程进行人工干预和修改，实现对生产过程相关的操作管理、报表管理、安全权限管理等任务。

③ 系统维护功能　通过 OPS 在线软件实时监控系统中所有硬件设备状态，当系统发生故障时，可以通过系统状态图、报警信息、日志信息或曲线趋势等观察到提示信息，并对发生的故障及时做出相应的反应和操作。

(2) 工程师站(ES，Engineer Station)

ES 用于完成系统组态、修改及下装，包括数据库、图形、控制算法、报表的组态，过程参数的配置，操作员站、现场控制站及过程 IO 模块的配置组态，数据下装和增量下装等。组态完成后，ES 可用作 OPS。

(3) 历史站(HIS，History Station)

HIS 用于完成系统历史数据的采集、存储与归档，并与工厂管理网络交换信息等。HIS 上运行多种服务：历史数据服务、实时数据服务、报表打印、报警和 IO 服务。HIS 一般为冗余配置，OPS 可兼作 HIS。

(4) 现场控制站(FCS，Field Control Station)

FCS 用于完成现场信号采集、控制和联锁控制算法、控制输出、通过系统网络将数据和诊断结果上传到 OPS 等功能。IO 模块用于信号采集与转换、工程单位变换、模块和通道级故障诊断，通过冗余的 IO 总线与主控制器单元交换信息。

3. OPS 的画面窗口类型

OPS 的监视与操作控制通过各种画面与窗口来完成，画面分为系统画面与用户画面，窗口分为系统窗口与用户操作窗口。

(1) 系统画面

系统画面主要是系统状态图与 IO 设备图，在系统状态图中能够显示所有的系统设备，包括 OPS、ES 和 HIS 的工作状态，IO 设备图显示工程中 FCS 的硬件信息。

(2) 用户画面

用户画面是用户建立的满足工程实际需要的画面，主要是流程图画面。流程图中一般包括静态图形和动态图形两部分。静态图形表示画面中不变化的信息，与数据库信息没有任何联系。动态图形是随数据库点实时值的变化而变化的图形单元，变化内容可以有颜色、大小、形状、数值等。

(3) 系统窗口

系统窗口主要有系统菜单区、状态信息显示区、快速报警条等内容。

系统菜单区由“图标+文字”的菜单按钮形式组成，从左到右依次为前翻、历史、后翻、流程图、总貌、组操作、参数、趋势、报警、日志、报表、查找、系统、登录、管理、打印、帮助等，部分按钮有下拉图标。如图 1-6-18 所示。

图 1-6-18　系统菜单区

状态信息显示区显示当前登录的用户名、权限级别、域号、登录时间、和利时图标以及系统时间。

快速报警条实时显示系统产生的工艺报警信息，可实现报警确认和报警消音的快捷操作。

(4) 用户操作窗口

用户操作窗口是用户可以操作、定义、灵活组态的窗口类型，主要包括操作面板、总貌窗口、组窗口、趋势窗口、报警窗口、日志窗口等。

1) 操作面板

操作面板是系统为 IO 数据以及功能块提供的特定操作窗口，用于显示仪表回路的主要参数和对部分参数进行修改。图 1-6-19 所示分别为 PIDA 操作面板和 MOT2 操作面板，其他类型测点的操作面板与此类似。

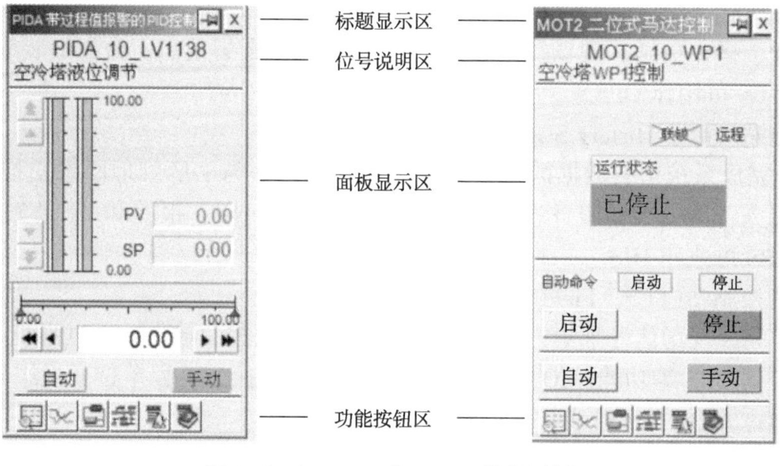

图 1-6-19　PIDA 与 MOT2 操作面板

操作面板由上至下分为 4 个区：标题显示区、位号说明区、面板显示区和功能按钮区。

① 标题显示区　显示模块类型、名称以及锁定按钮和关闭窗口按钮。当锁定按钮图标为时，表示该操作面板处于“未锁定状态”，单击该按钮可锁定操作面板；当锁定按钮图标为 X 时，表示该操作面板处于“锁定状态”，单击该按钮可解锁操作面板。

② 位号说明区　主要显示该点的点名以及点描述信息。

③ 面板显示区　此处显示信息随操作面板类型的不同而不同。一般来讲，它显示一些与对应测点类型相关的测点信息(如当前值、报警信息、工作模式等)，以及对该类型测点

的人机操作界面。

④ 功能按钮区　显示一系列带图标的按钮，便于用户对该点进行快捷操作。一般来讲，功能按钮区从左到右分别为点详细窗口、面板趋势、工艺流程图、控制逻辑图、报警确认和帮助，单击这些按钮，可打开相应页面。其中，控制逻辑图是该点被用到的全部控制逻辑回路图，控制逻辑回路在算法组态软件中的离线组态生成，系统自动将其转换为能在线显示的画面格式。

2）总貌窗口

集中显示与整个生产过程相关的各流程图画面的名称及报警状态，并可以通过窗口中的总貌按钮调用这些流程图画面，方便操作员了解和操作生产流程。如图 1-6-20 所示。

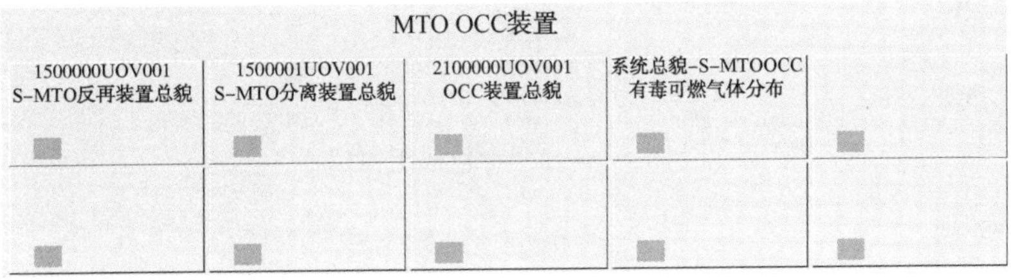

图 1-6-20　总貌窗口

3）组窗口

组窗口包括控制分组与参数成组两种窗口类型。

① 控制分组　通过分组的方式，将相互关联的测点变量编成一组，如工艺流程上相关测点和设备、需要同步控制的多个设备等，便于操作员统一查看和操作。如图 1-6-21 所示。

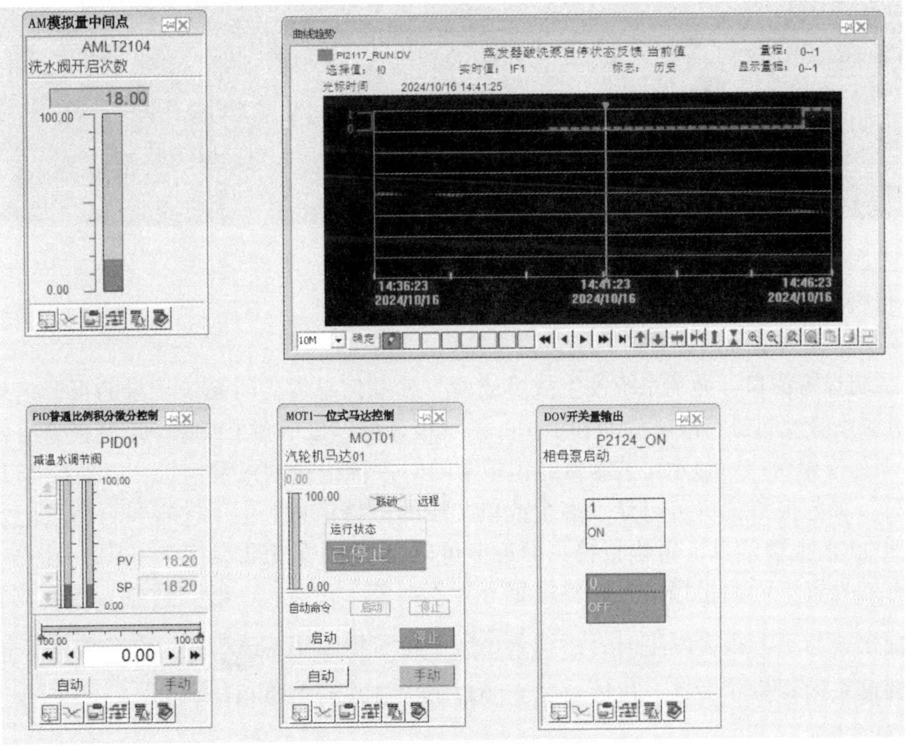

图 1-6-21　控制分组窗口

② 参数成组　为了方便操作人员对现场设备进行监视和操作，把一些相互之间具有某种联系的测点放在一个画面上，以列表方式进行集中显示，供操作人员集中监视和快速操作。如图 1-6-22 所示。

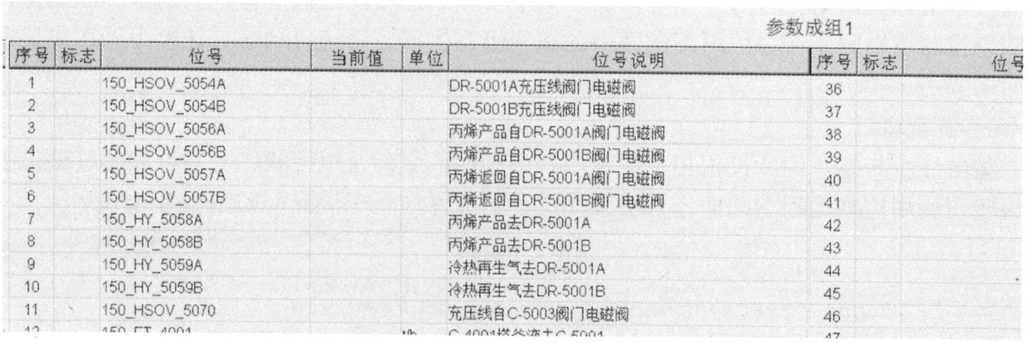

参数成组1

序号	标志	位号	当前值	单位	位号说明	序号	标志	位号
1		150_HSOV_5054A			DR-5001A充压线阀门电磁阀	36		
2		150_HSOV_5054B			DR-5001B充压线阀门电磁阀	37		
3		150_HSOV_5056A			丙烯产品自DR-5001A阀门电磁阀	38		
4		150_HSOV_5056B			丙烯产品自DR-5001B阀门电磁阀	39		
5		150_HSOV_5057A			丙烯返回自DR-5001A阀门电磁阀	40		
6		150_HSOV_5057B			丙烯返回自DR-5001B阀门电磁阀	41		
7		150_HY_5058A			丙烯产品去DR-5001A	42		
8		150_HY_5058B			丙烯产品去DR-5001B	43		
9		150_HY_5059A			冷热再生气去DR-5001A	44		
10		150_HY_5059B			冷热再生气去DR-5001B	45		
11		150_HSOV_5070			充压线自C-5003阀门电磁阀	46		

图 1-6-22　参数成组窗口

4）趋势窗口

趋势窗口用于查看测点按时间的走势信息，便于用户从时间纵向角度进行监测。一个趋势窗口最多可以显示 8 个测点趋势，方便用户做出测点信息的比较和分析。如图 1-6-23 所示。

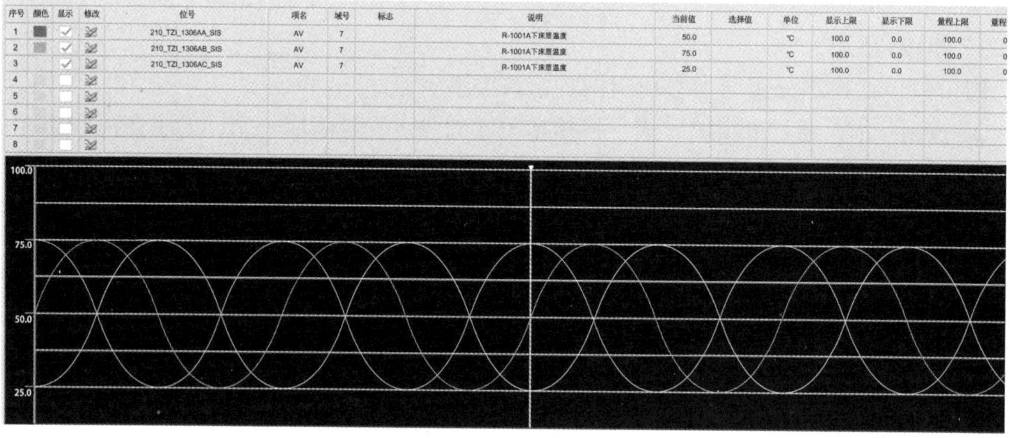

图 1-6-23　趋势窗口

5）报警窗口

报警窗口分为系统报警窗口和工艺报警窗口。

① 系统报警窗口　显示系统发生故障或者有诊断信息发生时系统记录的报警信息，以便维护人员对系统及时进行故障诊断和维护。系统报警可以显示多个或单个域的报警信息。

② 工艺报警窗口　显示工艺参数超出报警限时系统记录的报警信息，以便操作人员及时操作应对。工艺报警窗口可以显示多个或单个域的报警信息，但工艺报警页面只记录每个域最新的 5000 条报警信息，每幅报警页面最多可以显示 40 条报警信息。如图 1-6-24 所示。

为有效处置不同的报警信息，将报警分为不报警、普通、一般、紧急、特级 5 个级别。

系统报警与工艺报警发生时，系统菜单区中报警提示图标 报警 变为红色闪烁。报警确认后，报警提示图标停止闪烁，已恢复正常的报警记录从报警窗口中删除。

6）日志窗口

日志是指系统所记录的系统发生的全部事件信息。日志分为操作日志、事件顺序 SOE

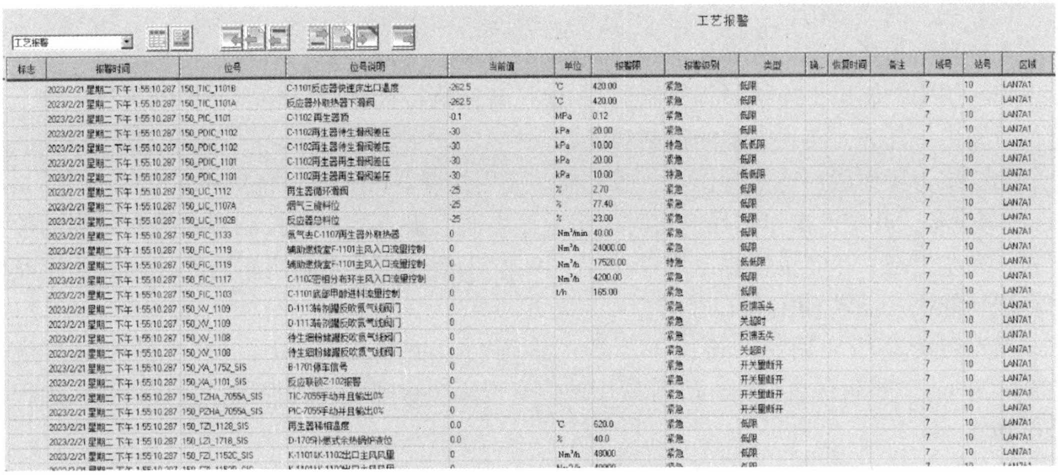

图 1-6-24　工艺报警窗口

日志和系统日志。

操作日志记录操作人员的各种操作动作以及操作结果。

SOE 日志以(亚)毫秒的分辨率记录开关量的变位信息，以分辨事故的发生时间。

系统日志记录系统所有设备的诊断信息以及故障信息。

6.2.4　其他 DCS 系统

1. 过程知识系统

过程知识系统(EPKS，Experion Process Knowledge System)是霍尼韦尔于 2002 年推出的过程自动化系统，它将操作人员与过程控制、经营和资产管理融合在一起，可提供嵌入式的决策支持和诊断技术以及独立于主控系统的系统安全环境，其体系结构如图 1-6-25 所示。

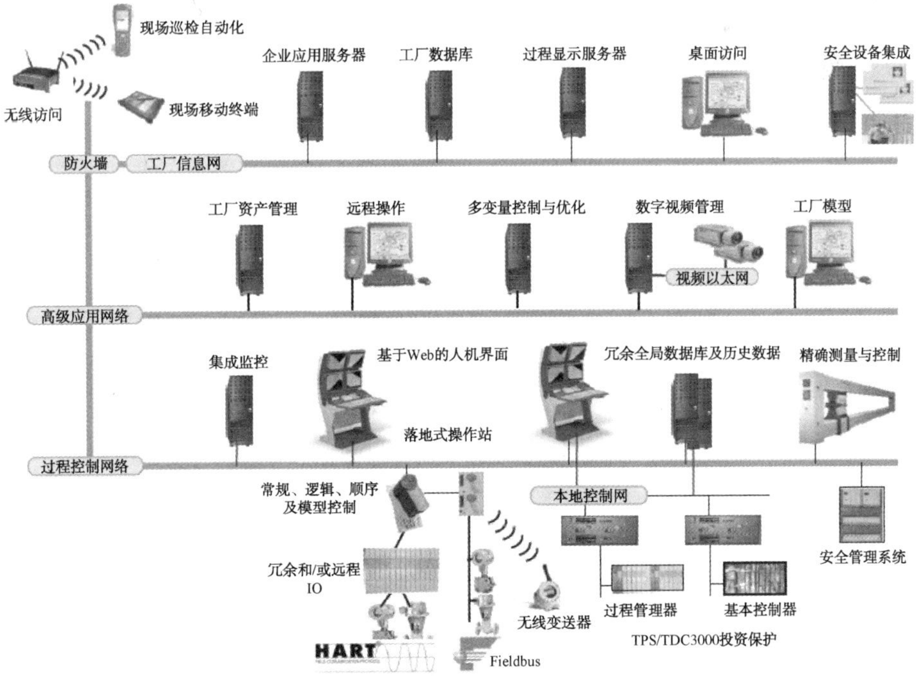

图 1-6-25　EPKS 体系结构图

（1）系统网络结构

系统网络包括4层，分别如下：

第一层为控制层，连接过程控制器与IO设备，执行检测信号输入、控制规律运算、控制信号输出等任务，实现基本的控制功能。

第二层为操作层，连接操作站、服务器、应用控制器(ACE，Application Control Environment)等设备，其中，操作站提供实时过程监控界面，服务器实现控制器与操作站间的数据交换、系统组态、存储系统数据库等功能，ACE具有与过程控制器相同的控制算法库及用户算法功能块、提供OPC接口。

第三层为高级应用层，连接工厂资产管理(Asset Management)、多变量控制与优化(Profit Suite)、过程仿真(UniSim)等应用站，实现资产管理、先进控制、过程仿真、远程操作等功能。

第四层为工厂管理层，连接工厂信息网相关设备，实现全厂管控一体化。

EPKS系统的第一层网络和第二层网络采用容错以太网(FTE，Fault Tolerant Ethernet)结构，构成过程控制网，过程的操作、监控等主要功能在其中完成。

（2）服务器

服务器是系统的组态设备和存储设备，核心部分是实时数据库，主要存储过程数据、历史数据、组态数据、用户数据、报警和事件、系统状态等信息，是控制层网络与操作层网络间的数据中继站。控制器与操作站之间的数据交换必须经由服务器完成。

服务器可选择冗余配置。一台非冗余服务器或一对冗余服务器最多可支持10个C200控制器或16个C300控制器。

（3）过程控制器及IO设备

EPKS可以使用C300、C200等多种过程控制器，下面以C300为例进行介绍，其结构框架如图1-6-26所示。

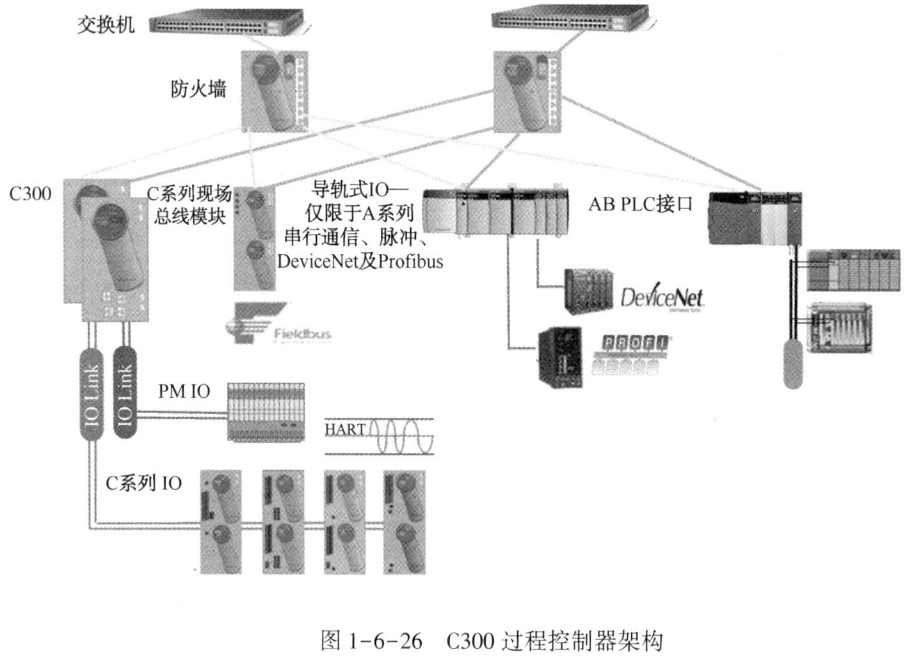

图1-6-26　C300过程控制器架构

1）C 系列卡件

霍尼韦尔 C 系列卡件是一个新型的控制器和 IO 卡件系列，卡件设计新颖，将处理器模块和接线端子安装在一个输入/输出端子组件（IOTA，Input/Output Termination Assembly）上，省去了卡件箱；采用斜向布局，有效增强了散热效果。C 系列卡件包括 C300 控制器、控制防火墙、IO 卡以及现场总线接口卡，既支持冗余，又支持热插拔。

2）控制防火墙

控制防火墙位于网络操作层与控制层之间，在控制器与服务器间安全地传输数据，实现上连（Uplink）信息控制、抑制广播信息风暴，并使控制器不受上层网络通信量的影响，提升控制性能。

每个防火墙提供 9 个 FTE 端口（1 个上行 8 个下行），可使用光缆或双绞线连接交换机，其中，多模光缆最长 2km，单模光缆最长 15km，5 类双绞线最长 100m。如图 1-6-27 所示。

3）C300 控制器

C300 控制器具有 4 项主要功能：

① 上位通信：通过 FTE 与控制防火墙通信，实现过程数据上传和操作指令接收。

② 点对点通信：通过 FTE 与其他控制器通信，实现控制器间的快速数据交换。

③ IO LINK 通信：通过 IO LINK，与 C 系列 IO 卡件和早期的 PMIO 卡件通信，实现过程数据采集与控制信号下发。

④ 控制执行环境（CEE，Control Execution Environment）：CEE 运行于控制器内存中，为常规控制、逻辑控制、顺序控制、批量控制等控制算法模块提供运算平台。C300 控制器的控制执行环境有 50ms 或 5ms 两种基本执行速率。

每个控制器有 2 个 IO LINK 接口，每个 IO LINK 接口只能分别连接 C 系列 IO 卡件或 PMIO 卡件。每组冗余或非冗余的 C 系列 IO 卡件和 PMIO 卡件计为 1 个 IO 单元（IOU，IO Unit），每套冗余或非冗余的 C300 控制器最多支持 64 个 IOU，每个 IO LINK 接口最多支持 40 个 IOU。如图 1-6-28 所示。

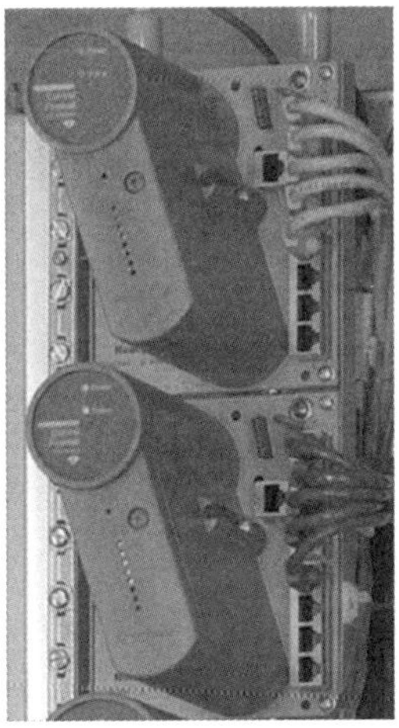

图 1-6-27　控制防火墙

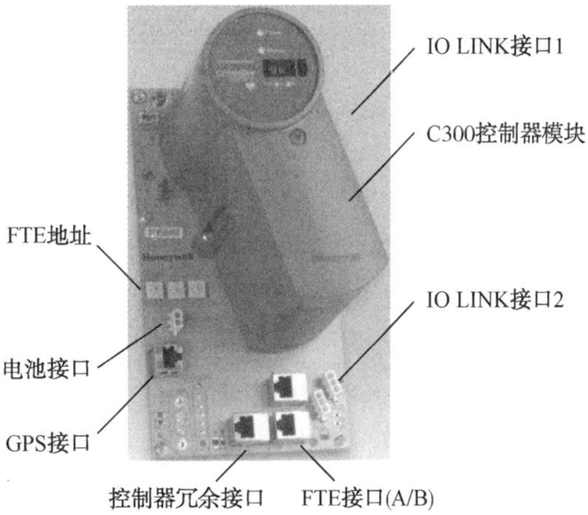

图 1-6-28　C300 控制器

4）IO 卡件

C 系列 IO 卡件提供多种类型的模拟量和数字量输入输出处理，如：AI-HART、AI-LL-MUX、AO-HART、DI-24、DI-HV、DO-24B 等，可满足生产中对各种常见模拟量信号和开关量信号的输入输出要求。

C 系列现场总线接口模块(FIM, Fieldbus Interface Module)提供与 FF 现场总线设备的接口，并通过 FTE 直接连接到控制防火墙。FIM 可以与 C300 控制器一起使用，也可单独使用。

此外，借助容错以太网桥(FTEB, Fault Tolerant Ethernet Bridge)，可将 A 系列 IO 卡件，如：串行接口、Profibus 接口、DeviceNet 接口以及脉冲输入等卡件，通过 FTEB 连接到控制防火墙，从而扩大系统对外部输入输出信号的适应面。

5）机柜

控制器机柜每面(正面或背面)纵向布置三列安装导轨，每列导轨最多可安装 12 个 6″(152mm)的卡件。机柜的纵向布置，配合 C 系列卡件的倾斜设计，有利于卡件自下而上的散热；汇线槽位于导轨两侧，有利于现场线缆的连接。如图 1-6-29 所示。

图 1-6-29　控制机柜

(4) 人机界面

操作站基于霍尼韦尔 HMIWeb 技术，是 EPKS 系统面向过程的单一窗口，有桌面操作站(ES-F)、控制台操作站(ES-C)和移动操作站三种可选类型。操作站有操作员、工程师和管理员三种属性，分别用于操作人员监视生产过程和系统运行状况、工程师进行系统组态及软件更新、维护人员跟踪系统运行并诊断系统故障。

操作站有 6 个安全等级，由高至低依次为：MNGR(管理员)、ENGR(工程师)、SUPV(班长)、OPER(操作工)、LVL2(观看和确认报警)和 LVL1(只能观看)。

1）过程监控与操作

过程监控与操作在操作站上进行。操作站可以连接通用的 12 功能键键盘、专用的操作员键盘或集成了 12 功能键键盘功能和操作员键盘功能的集成键盘。常用的监控操作画面包括：流程图画面、操作组画面、数据点细目画面、趋势画面以及报警与事件画面等。

2）系统维护

系统提供一系列设备状态信息画面，帮助工程师进行日常系统维护和异常状态下的原因分析。

3）系统组态

EPKS 系统的全部组态工作在组态工作室(Configuration Studio)软件中，通过调用不同的组态工具完成。组态工作室提供单一的集成任务窗口，避免了不同组态工具调用导致的组态工作的混乱和低效。

只有拥有 ENGR 或 MNGR 权限的用户，才能进行控制组态。

组态内容主要包括：定义系统名称、添加服务器、企业模型的组态(建立企业资产模型、报警组模型)、操作站/操作台组态、打印机组态、控制策略组态(包括控制器组态、IO 通道组态、控制回路组态、顺序控制回路组态等)、图形画面组态、操作组态和趋势组态、历史数据和事件归档组态、报告组态以及其他组态(如：第三方 SCADA 组态、MS Excel 数据交换组态、OPC 组态等)。

2. CENTUM VP 系统

CENTUM VP 是横河 2008 年推出的 CENTUM 系列 DCS 的第九代产品，其 2022 年发布的

CENTUM VP R6 集成了 CCC 压缩机控制算法。CENTUM VP 具有开放的网络结构和点对点的网络架构，支持与各种控制系统的集成，实现对工厂过程数据和设备数据的集中处理。其系统架构如图 1-6-30 所示。

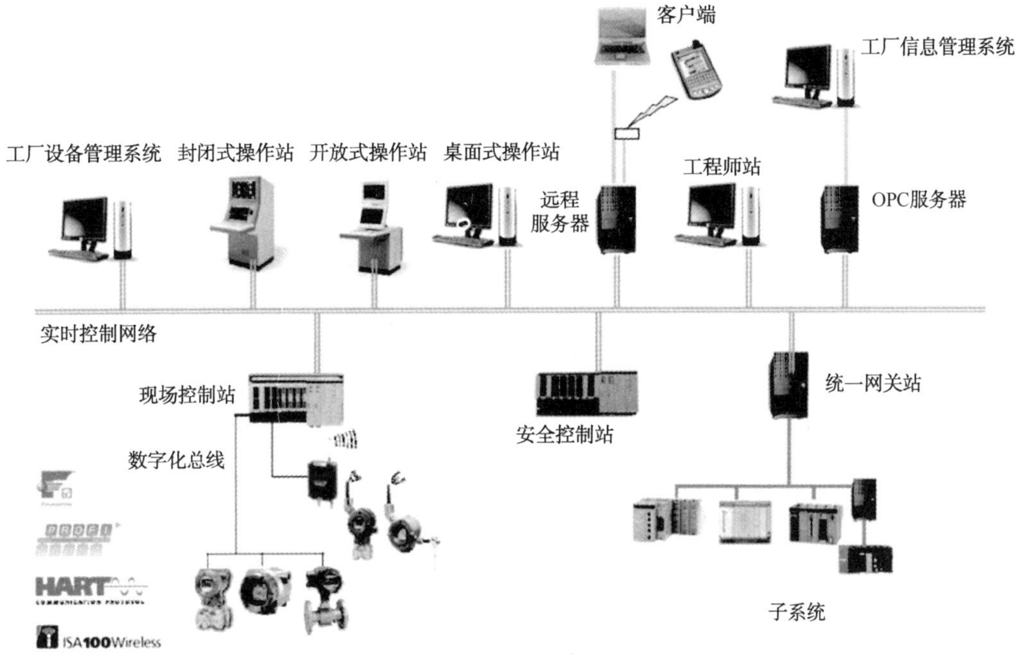

图 1-6-30　CENTUM VP 系统架构图

（1）系统网络及规模

系统网络主要包括实时控制网和信息管理网。

实时控制网 Vnet/IP 基于互联网协议支持 CENTUM VP 控制通信，通信速率可达 1Gbps。Vnet/IP 可连接操作站（HIS，Human Interface Station）、工程站（ENGS，Engineering Station）、现场控制站（FCS，Field Control Station）、安全控制站（SCS，Safety Control Station）、工厂设备管理系统（PRM，Plant Resource Manager）、OPC 服务器（Exaopc）、统一网关站（UGS，Unified Gateway Station）等操作、控制、管理、通信设备，实现各设备间的数据交换和过程数据的管理。其中，操作站和工程站合称人机界面（HMI，Human Machine Interface），可根据需要安装并运行于同一台计算机。

信息管理网基于以太网，通过 OPC 等通信协议，连接 CENTUM VP 与工厂管理系统，扩展 CENTUM VP 应用功能，实现对全工厂的监控和管理。

系统通过划分域的方式，既减轻了控制网络的负担，又扩大了系统规模。一个系统最多可以有 16 个域，每个域最多可以包含 64 个 HIS、FCS、SCS 等设备，在整个多域系统中最多可以有 256 个站，工位总数可以达到 1000000 个。

（2）FCS 及 IO 设备

1）FCS

FCS 在 CENTUM VP 中实现实时控制功能。FCS 由 CPU 模块、电源模块、通信模块、IO 模块等组件构成，各种类型模块都可以冗余配置。各模块分别安装在现场控制单元（FCU，Field Control Unit）节点和 IO 节点中。每个 FCS 都必须有一个 FCU 节点。不同的应用场合可选用不同类型的 FCU。

FCS 支持 FIO(现场网络 IO, Field Network IO)、N-IO(网络 IO, Network IO)和 RIO(远程 IO, Remote IO)多种 IO 节点。根据 IO 节点的类型，各节点之间需使用与之匹配的总线接口模块和总线类型连接。总线介质可以是专用电缆、光缆或双绞线。

FCS 的结构如图 1-6-31 所示。

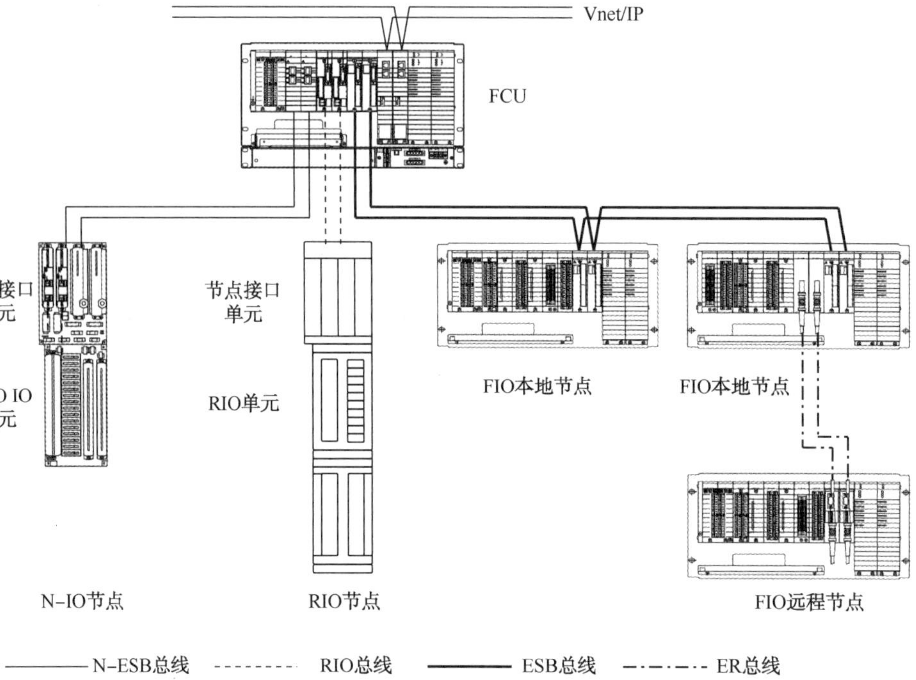

图 1-6-31 FCS 结构图

2) FCU 节点

FCU 节点是 FCS 必需的核心设备单元，为 FCS 提供常规控制、顺序控制、批量控制和复杂运算等控制功能，实现控制功能的每个算法块可单独定义 50ms 到 1s 的循环扫描周期。

FCU 节点共有 12 个插槽，最右侧 4 个用于安装电源模块和 CPU 模块，其余 8 个可根据需要安装总线接口模块和 IO 模块。图 1-6-32 为 FCU 节点示意图。

FCU 节点通过 CPU 模块连接 Vnet/IP，通过接到总线接口主模块上的总线与对应的 IO 节点连接。

3) FIO

FIO 是一个通过 ESB 总线或 ER 总线连接到 FCU 的 IO 系统。ESB 总线上的节点单元称为本地节点，ER 总线上的节点单元称为远程节点。每条 ESB 总线可以连接 9 个 IO 节点，1 个 FCU 节点最多可以连接 13 个 IO 节点；每条 ER 总线最多可以连接 8 个远程 IO 节点，1 个 FCU 节点最多可以连接 4 条 ER 总线。

每个节点都包括电源模块、总线接口模块和 IO 模块。每个节点共有 12 个插槽，最右侧 4 个用于安装电源模块和 ESB 总线接口从模块(对本地节点)或 ER 总线接口从模块(对远程节点)，其余 8 个可根据需要安装 ER 总线接口主模块和 IO 模块。图 1-6-33 为 FIO 的 IO 节点示意图。

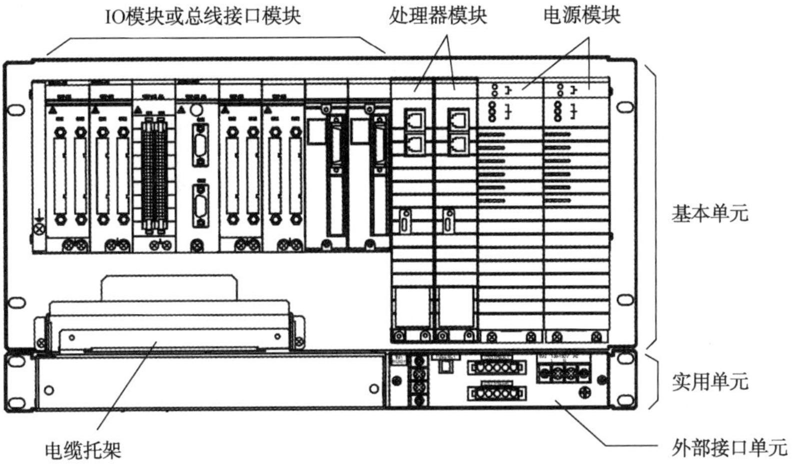

图 1-6-32　FCU 节点示意图

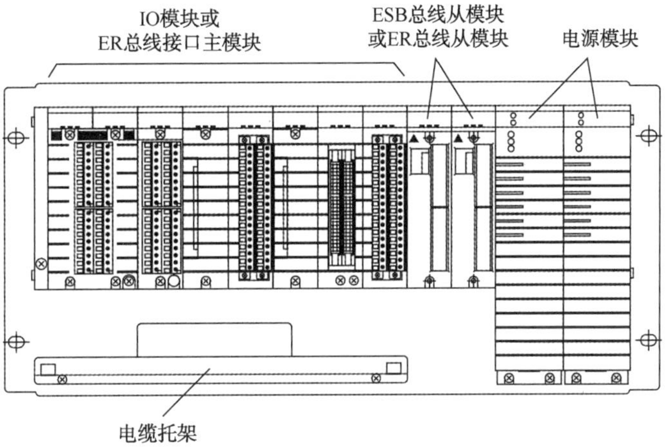

图 1-6-33　FIO 的 IO 节点示意图

FIO 的 IO 节点支持具有不同隔离类型的各种信号类型的 IO 模块，包括高电平和低电平的 AI、AO 模块，带 HART 通信功能的 AI、AO 模块，不同电压等级的 DI、DO 模块，以及 RS232、RS485、以太网、FF、Profibus-DP 等通信模块，能够满足各种控制需要。

图 1-6-34 是使用 FIO 的 FCS 机柜安装示意图。

4）N-IO

N-IO 节点由节点接口单元和 N-IO IO 单元组成，每个节点接口单元最多可连接 6 个 N-IO IO 单元。

节点接口单元主要由电源模块和 N-ESB 总线模块组成，主要作用：提供 FCU 与 N-IO IO 单元通信和节点接口单元间相互通信的接口功能，为 N-IO IO 单元供电。

N-IO IO 单元是可通过软件配置 IO 通道的智能 IO。N-IO IO 单元由通用 IO 模块、IO 适配器和 IO 接线端子组成。通用 IO 模块共有 16 个通道，每个通道都能处理模拟与数字 IO 信号。适配器作为信号转换器，支持对多种类型的 IO 信号进行转换。用户可以通过软件为每个通道选择其 IO 类型。N-IO 节点如图 1-6-35 所示。

图 1-6-34　FCS 机柜安装示意图

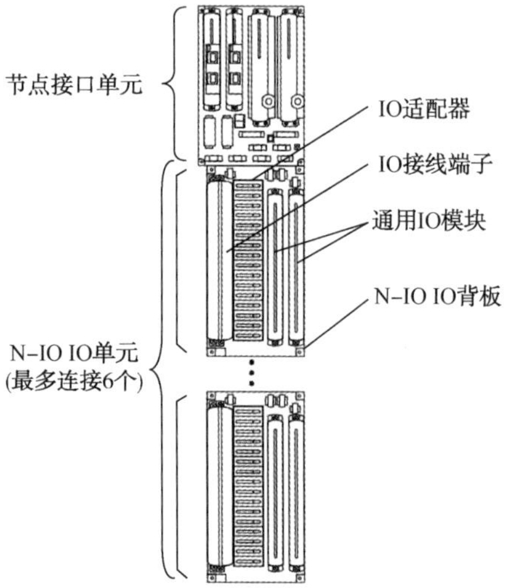

图 1-6-35　N-IO 节点示意图

5）RIO

RIO 节点由节点接口单元和 IO 单元组成，一般安装在远离中央控制室的装置现场，满足危险区域 ZONE 2 和腐蚀性气体区域使用要求。RIO 节点与 FCU 之间通过 RIO 总线连接，采用光缆作为传输介质时，传输距离最远可达 20km，因而可以减少信号电缆。

1 个 FCU 可以有 1 条 RIO 总线，并且最多可连接 8 个 RIO 节点。

（3）人机界面站

人机界面站 HIS 是 CENTUM VP 基于商用 PC 和 Windows 操作系统的通用操作站，为过程监控、系统组态、工程项目测试等提供易于理解的人机界面环境，有桌面式和机柜式两种形式，可选配专用操作键盘。

1）安全策略

通过设置操作站和用户的安全策略给不同身份的人员授予不同的操作权限。操作站的安全策略表示在 HIS 上允许操作和监视的范围，用户的安全策略表示用户具有的操作和监视范围，二者结合起来规定了特定用户在某个 HIS 上允许操作和监视的最终权限。系统默认的三种常见用户权限分别是：OFFUSER（操作工）、ONUSER（操作班长）和 ENGUSER（工程师），其中工程师和操作班长身份可以通过设置密码来进行权限保护，也可在专用操作键盘上使用特定的钥匙切换操作权限。

2）操作和监控通用功能

HIS 的操作和监控界面分为三个主要显示区域——系统消息提示框、浏览器栏和 HIS 桌面区域，其中，系统消息提示框以操作按钮的颜色和闪烁以及消息文本显示最新的报警信息，该显示区始终显示在显示器的顶部，不会被关闭或隐藏；浏览器栏以树形结构方式显示操作和监控窗口列表，为操作员提供导航工具，便于调用操作和监视窗口，在不用时可最小化到显示器的左侧；HIS 桌面区域显示各种操作和监控窗口。如图 1-6-36 所示。

3）操作和监控窗口

HIS 以不同的显示画面，提供丰富的操作和监控窗口，用于对生产装置运行状况的监视与调整，主要画面有：流程图画面、控制组画面、趋势画面、调整画面、过程报警画面等。

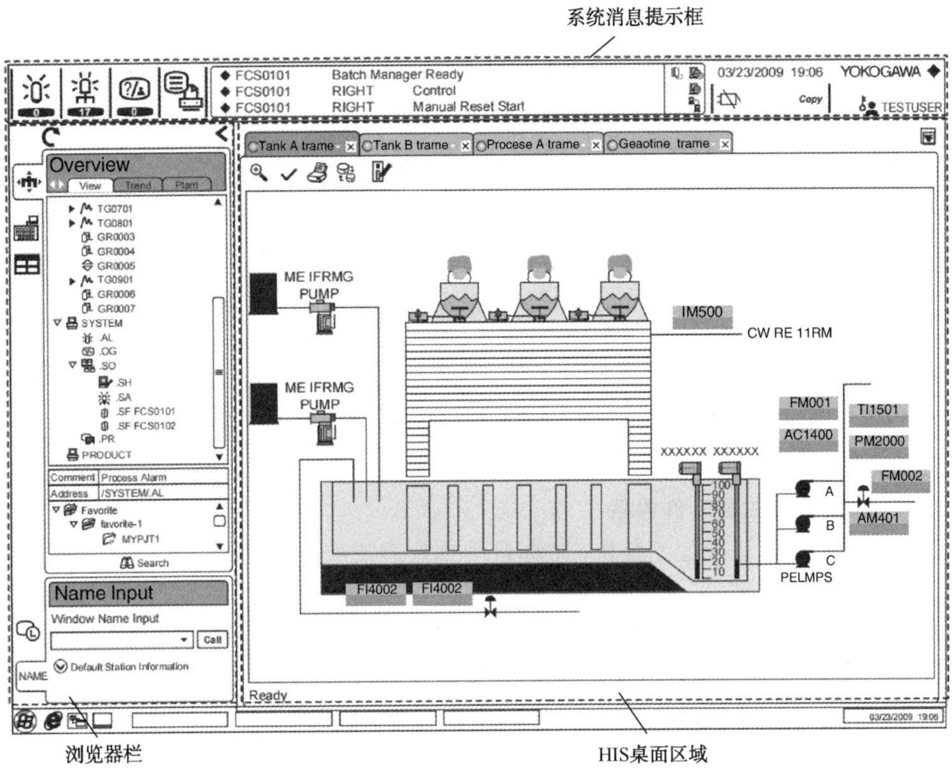

图 1-6-36 HIS 的操作和监控界面

4）系统维护窗口

系统维护窗口是为方便对 CENTUM VP 系统运行状态进行全面了解和维护，能清晰显示系统运行异常状态的一系列窗口，包括：系统状态总貌画面、系统报警画面、FCS 状态画面、HIS 状态画面等。

5）系统组态功能

系统组态主要包括物理设备组态、控制策略组态和图形组态等内容。系统组态需要 ENGUSER操作权限。所有系统组态工作都在工程师站或装有组态软件的 HIS 上的 System View 应用程序中进行。

第7章　自动化仪表的安装

石油化工生产过程的复杂性，对自动化仪表及控制装置的应用提出了更高的要求。这主要体现在每一种仪表都是针对具体应用而设计制造的，只有当安装环境与使用条件与设计规定吻合时，仪表才能发挥其正常的作用。因此，仪表的安装施工不能随意进行，必须遵循相关规程、符合相应标准。本章主要介绍仪表安装施工的主要内容、施工图的识读以及过程检测仪表和调节阀的安装要求和注意事项。

7.1　自动化仪表安装基本知识

7.1.1　仪表安装主要工作内容

石油化工自动化仪表及控制装置(简称自动化仪表或仪表系统)的安装与调试是生产装置安装不可缺少的组成部分。

从对石油化工过程参数进行测量与调节的原理及过程来看，自动化仪表的安装就是按顺序实施自动化仪表组成回路的过程。自动化仪表安装内容非常广泛，包括仪表设备、管、线、缆、盘、柜、台、桥架、支架及附件等安装。

自动化仪表用于石油化工生产过程中，需要评定仪表品质和质量指标及仪表组成回路系统的准确度，这个过程就是自动化仪表的“调试”。自动化仪表调试就是为了排除仪表和仪表安装组合后的回路系统存在的所有故障，核对、检查仪表性能指标和回路的各项指标是否符合规定或规范要求，以便使回路能顺利投入运行。

广义地说，自动化仪表工程的安装包含安装与调试两项工作。

7.1.2　仪表安装工作特点

自动化仪表及装置要完成检测或控制任务，其各个部件必须组成一个回路或组成一个系统。仪表安装就是把各个独立的部件(仪表、管线、电缆、附属设备等)按设计要求组成回路或系统，完成检测或控制任务。仪表安装有其特殊性，如工种多，技术要求严，与工艺联系密切，施工期短，安全技术突出等，正是这些特点构成了仪表安装工作的基础。

① 工种多　安装仪表设备，除需要有焊工、钳工、管工、电工和仪表工等主要工种外，还有土木、油漆等辅助工种。由于这个特点，要求仪表安装团队须按一定的比例配备这几方面的人员。

② 安装技术要求严　主要是由于仪表品种繁多，形式多样，以及安装对检测的准确性及系统运行质量有可能产生重大影响。例如，一次元件安装不符合技术要求时，有可能造成很大的检测误差。又如，在高压设备上的施工，任何马虎或不按规程办事所引起的生产事故损失可能更是无法估量。从控制系统本身而言，许多工厂由于仪表安装得不合理，而不能达到设计的预期目的。由于仪表型号众多，要求仪表安装人员必须具有仪表工作原理、使用方法、注意事项等基本知识，同时还要求他们对工艺也应有所了解，这对深刻领会仪表安装中的各项技术要求、设计意图会有很大帮助。

③ 与工艺联系密切　仪表是为工艺生产服务的，仪表的安装工作也只是整个安装工作的一个组成部分。在施工中工艺是主体，仪表安装要从属于工艺。每当它们之间发生矛盾

时，往往仪表就得让路。例如仪表管线与工艺管线相碰时就得改道。当然，在一些有关检测质量的重大原则上，例如孔板安装的直管段问题，仪表安装仍应坚持有关安装规范，要求工艺做出一定的让步，以满足仪表的技术要求。安装中若出现此类情况，仪表安装人员应主动与工艺安装人员取得密切联系，使他们能考虑到仪表的特殊要求，事先予以配合。

④ 施工期短　由于仪表安装在整个安装工程中处于从属地位，因此它在现场的施工期是不允许延长的。通常在主体安装完成70%之前，仪表施工往往还无法进入现场。但当仪表施工刚刚展开，工艺主体设备安装就已进入尾声。为了不影响工艺设备、管道的试压和试运转，必须催迫仪表安装工作加紧进行。如此看来，仪表安装的组织工作是极其重要的，特别是充分做好施工前的物资准备，制订合理的施工计划，有效调度施工期间技术力量，对保证安装质量，加快安装进度有很大的意义。

⑤ 安全技术突出　因为高空作业、露天作业、交叉作业多及其他原因，使得安全技术要求突出。

另外，除了工艺专业，仪表安装还与其他专业有着密切的联系。例如土建专业，仪表管线的穿孔及支承都要求土建时给以准备，才不致造成返工或影响施工进度。因此，安装工作必须有统一的领导和各方面的协作。

由于仪表安装工作有以上特点，要求仪表安装人员必须具有较广泛的知识以及熟练而全面的技能。

7.1.3 仪表安装术语

① 一次点(又称检测点)　指检测系统或控制系统中，直接与工艺介质接触的点。如压力检测系统中的取压点，温度检测系统中的热电偶、热电阻安装点等。一次点可以在工艺管道上，也可以在工艺设备上。

② 取源部件　通常指安装在一次点的仪表加工件。如压力检测系统中的取压短管，测温系统中的温度计管嘴。

③ 一次阀门　又称取压阀。指直接安装在取源部件上的阀门。如与取压短节相连的压力检测系统的阀门，与孔板正、负压室引出管相连的阀门等。

④ 一次仪表　现场仪表的一种。是指安装在现场且直接与工艺介质相接触的仪表。如弹簧管压力仪表、双金属温度计、差压变送器等。

⑤ 一次调校　通称单体调校。指仪表安装前的校验。按 GB 50093—2013《自动化仪表工程施工及质量验收规范》的要求，原则上每台仪表都要经过一次调校。只有一次调校符合设计或产品说明书要求的仪表，才能安装，以保证二次调校的质量。

⑥ 二次仪表　是仪表示值信号不直接来自工艺介质的各类仪表的总称。二次仪表的输入信号通常为变送器变换的标准信号。二次仪表接收的标准信号一般有两种，即气动信号(0.02~0.10MPa)和电动信号(4~20mA DC)。

⑦ 现场仪表　是安装在现场的仪表的总称，它包括所有一次仪表，也包括安装在现场的二次仪表。

⑧ 二次调校　又称联校、系统调校。指仪表现场安装结束后，控制室配管配线完成而且校验通过后，对整个检测回路或自动控制系统的检验，也是仪表交付正式使用前的一次全面校验。其校验方法通常是在检测环节上加一信号，然后仔细观察组成系统的每台仪表是否工作在误差允许范围内。如果超出允许范围，又找不出准确的原因，要对组成系统的全部仪表重新调试。二次调校通常是一个回路一个回路地进行，包括对信号报警系统和联锁系统的试验。

⑨ 仪表加工件　它是全部用于仪表安装的金属、塑料机械加工件的总称，它在仪表安装中占有特殊地位。

⑩ 带控制点流程图　用过程检测和控制系统设计符号来描述生产过程自动化内容的图纸。它详细地标出仪表的安装位置，是确定一次点的重要图纸，是自控方案和自动化水平的全面体现，也是自控设计的依据，并供施工安装和生产操作时参考。

7.1.4　仪表安装常用图形符号及文字代号

① 仪表安装常用图形符号见表 1-7-1。

② 仪表连接线的图形符号见表 1-7-2。

表 1-7-1　仪表安装常用图形符号

名　称	图　形　符　号	名　称	图　形　符　号
嵌在管道中的检测仪表（圈内应标注仪表位号）	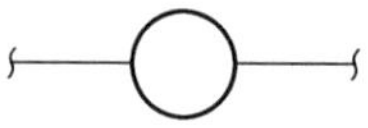	转子流量计	
就地安装仪表	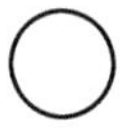	孔板	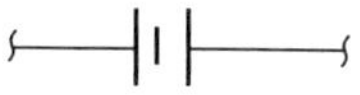
集中仪表盘面安装仪表	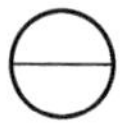	通用执行机构	
就地仪表盘面安装仪表		带气动阀门定位器的气动薄膜执行机构	
集中仪表盘后安装仪表	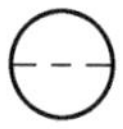	电磁执行机构	
就地仪表盘后安装仪表	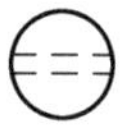	执行机构与手轮组合	
控制室盘面、台面、显示器画面安装及显示	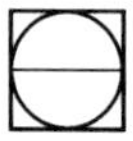	带弹簧的气动薄膜执行机构	
现场控制盘盈面、台面、显示器画面安装及显示	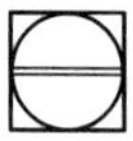	无弹簧的气动薄膜执行机构	
文丘里管及喷嘴		电动执行机构	
无孔板取压接头	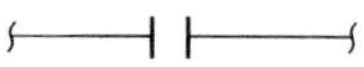	活塞执行机构	

名　　称	图 形 符 号	名　　称	图 形 符 号
带能源转换的阀门定位器的气动薄膜执行机构	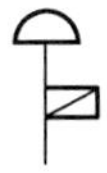	能源中断时控制阀开启	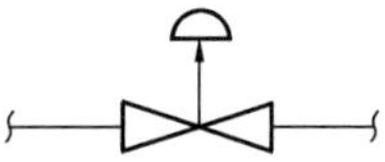
带人工复位装置的执行机构	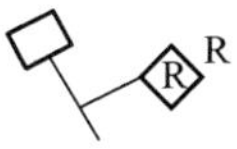	能源中断时控制阀关闭	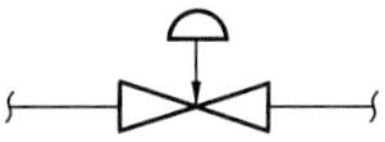
带远程复位装置的执行机构	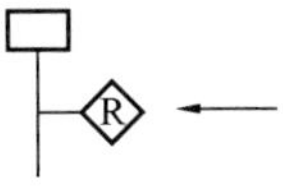	能源中断时控制阀保持原位置	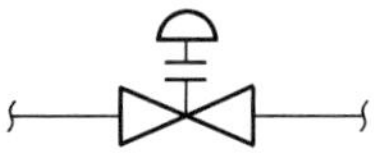
能源中断时控制阀保持原位置，允许向开启方向漂移	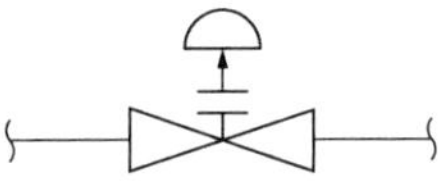	能源中断时控制阀保持原位移，允许向关闭方向漂移	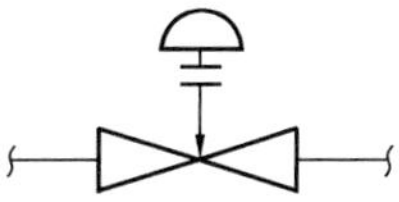

表 1-7-2　仪表连接线的图形符号

类　　别	图 形 符 号	备　　注
仪表与工艺设备、管道上测量点的连接线或机械连动线	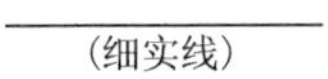（细实线）	
通用的仪表信号线		
连接线交叉	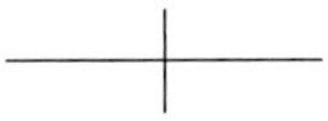	
连接线相接	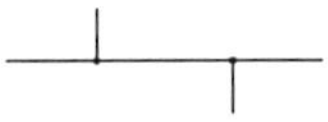	
表示信号的方向		
当有必要区分信号线的类别时		
气压信号线		短划线与细实线呈 45°角，下同
电信号线	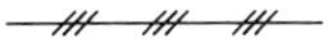 或---------	
导压毛细管		
液压信号线		
电磁、辐射、热、光、声波等信号线（有导向）		
电磁、辐射、热、光、声波等信号线（无导向）		
内部系统链（软件或数据链）		

续表

类　别	图 形 符 号	备　注
机械链		
二进制电信号	 或 	
二进制气信号		

③ 在控制流程图中，用来表示仪表的小圆圈的上半圆内，一般写有两位(或两位以上)字母，第一位字母表示被测变量，后继字母表示仪表的功能，常用被测变量和仪表功能的字母代号见表 1-7-3。

表 1-7-3　被测变量和仪表功能的字母代号

字母	首 位 字 母		后 继 字 母		
	被测变量	修饰词	读 出 功 能	输 出 功 能	修饰词
A	分析		报警		
C	电导率			控制	
D	密度	差			
E	电压(电动势)		检测元件		
F	流量	比率(比值)			
H	手动				高
I	电流		指示		
L	物位		灯		低
M	水分或湿度	瞬动			中，中间
P	压力，真空		连接或测试点		
Q	数量	积分，累积			
R	放射性		记录		
S	速度，频率	安全	开关，联锁		
T	温度		传送(变送)		
V	振动，机械监视			阀，挡板，百叶窗	
W	重量，力		套管		
X		X 轴			
Y	事件，状态	Y 轴		继动器，计算器，转换器	
Z	位置	Z 轴	驱动器，执行器		

注：使用时字母含义需在具体工程的设计图例中作出规定，第一位字母是一种含意，而作为后继字母，则为另一种含义。

7.1.5　仪表施工图的识读方法

1. 仪表施工图

自动化仪表工程设计人员，按照国家、地区规定的工程建设方针政策、设计规程、规范标准，结合工程建设地点的有关资料，如地质、地貌、水文、气象、交通、能源、资源等条件及建设项目、业主提出的具体要求和建议，在批准的初步设计或扩大初步设计的基础上，运用制图学原理，采用国家或行业统一规定图例、符号、字母、代号、线型、数字、文字，绘制出一系列图纸来表示拟建项目中仪表设备安装位置、仪表管道、仪表线路、敷设方式和走向，以及与其他专业(如电气、工艺设备、管道等专业)之间互相联系及其实际形状、尺寸、规格、型号、材质的图样，并进行安装施工和核算造价的整套图纸和必要的文字说明文件等，称为自动化仪表工程施工图(简称仪表施工图)。

仪表施工图是仪表安装中，用来表达和交流技术思想的重要工具。设计人员用它来体现设计构思，施工人员用它来进行安装施工，使用单位人员依据它来指导使用、维修和管理等，工程预算人员用它来核算工程造价，所以人们通常把仪表施工图称为仪表工程的通用“语言”。每一项工程仪表安装施工图，不仅给上述人员使用，而且还要供给工程建设各有关部门(如业主的上级单位，工程所在地的规划部门，档案文献管理部门等)使用。

施工图必须准确、工整、简洁、清晰、整齐，各有关部分必须前后统一，所有图例、符号、代号应符合国家有关规定和要求。

仪表施工图数量的多少，与工程的规模大小有直接的关系。大、中型工程的施工图，仪表设备多，检测、控制系统多，图纸数量就较多，一般多达上千张，而小工程的图纸一般只有几十张。仪表施工图按用途功能来划分，基本由五大部分组成，见图1-7-1。

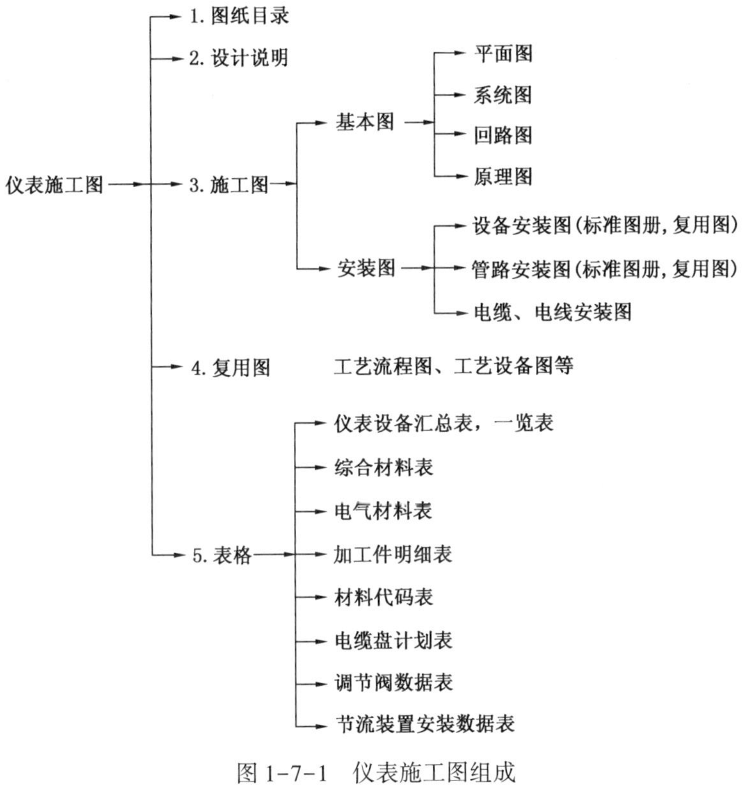

图1-7-1　仪表施工图组成

(1) 图纸目录

标明本套图纸组成情况的首页，称作“图纸目录”或简称“目录”。图纸目录主要标明本项工程由哪些图纸组成，以及各部分图纸的序号、名称、图号或编号、张次、张数、图幅、备注等栏目。

图纸目录的作用主要是便于查找图纸。图纸目录按工程项目大小和繁简程度，可以分为总目录和分目录。

为了与国际接轨，现施工图的文字一般用中英两种文字同时标出。

（2）设计说明(又称施工说明)

设计说明处于整套图纸的中心位置。凡在图纸上无法表示出来，而又必须使施工者了解的一切技术、质量、安全方面的问题，需要交代的所有事项，一般都需用文字加以说明，而设计说明也是设计人员充分表达其设计构思、设计原理的集中体现。

仪表专业施工图说明，没有统一的标准格式，因各工程项目具体情况不尽相同，有时差异较大，所以在设计说明交代的事项多寡不一，但一般情况下设计说明包括下列内容：

① 设计依据，设计文件的组成，批准机关，设计依据的有关工程合同，上级批准的文件等；

② 设计范围，本项工程的设计范围、合同、内容、供货范围等，尤其在中外合资或引进项目设计时，更要明确设计划分原则，中、外各方的设计范围等；

③ 明确执行规范标准的名称；

④ 明确工程性质：新建工程，扩建工程，或改建工程；

⑤ 施工要求，本工程的特点，施工中技术要求等；

⑥ 施工中安全、质量方面的要求，注意事项等；

⑦ 专业分工，专业施工配合问题；

⑧ 需要交代的其他问题。

（3）平面图

平面布置图习惯上简称平面图，是仪表施工图最全面、最具体反映出全局性安装内容的图纸。有仪表设备平面布置图、仪表电缆槽平面布置图、仪表管道平面布置图、仪表线路平面布置图等。总之确定安装位置、走向、敷设高度等都需用平面图来表示。

平面图中三要素是平面尺寸、图纸比例和标高。

① 平面尺寸　是以建(构)筑物的定位轴线为基准而标注的尺寸。

② 图纸比例　平面图中的尺寸，常进行放大或缩小，图上所画的尺寸与实物尺寸之比，叫作图纸的比例。图纸上所标注的比例，第一个数字表示图形尺寸，第二个数字表示实物对图形的倍数。例如1∶50，其含义就是说实物是图纸尺寸的50倍。

③ 标高　分为绝对标高和相对标高。绝对标高，亦称海拔高度；相对标高是假定以某处的高度作为标准高度(0高度)而计算出的高度。通常把厂房或建(构)筑物底层地面作为标高的零点，写作±0.00。

标高符号的尖端指在被表示高度的部位，横线上面注明标高。高于正负零的标高为正，但一般不注正号“+”如3.550；低于正负零的为负，但必须在数字前加负号“-”，如-0.250，表示比底层室内地面低0.25m。

标高符号尖端下面的引出线是表示物体高度的分界线。标高尺寸单位为m，一般注写到小数点后第三位。在总平面图中，可注写到小数点后第二位。总平面图室外地面标高符号，应用涂黑的三角形表示。

另外，平面图上还画有指北针符号、剖视图及剖切位置图。

（4）回路图

仪表回路图，是反映仪表回路组成的图，按仪表位号系列，反映检测和控制回路中由哪些仪表设备组成，及它们之间构成回路的连接关系。通过回路图很方便地了解整个回路情况。

（5）系统图

仪表系统图是按仪表系统划分，表示仪表系统整个情况的图纸，一般有仪表系统图、气源供气系统图、仪表伴热系统图、接地系统图等，反映组成仪表系统的仪表设备、仪表材料等构造系统的情况。

（6）原理图

要了解组成仪表检测、控制、联锁报警系统的控制原理，了解其内在的组成系统的基本原理，即它们按照哪些控制原理工作，输入、输出之间的关系，有什么控制规律等，均需通过原理图来掌握。

（7）安装图

仪表安装图反映仪表的安装形式、连接方式、仪表线路和安装材料等。有些仪表安装图采用的是标准安装图册或标注出标准图号，供施工使用。

所谓标准安装图册是由国家有关部门统一组织制定、颁发的在全国或某行业内执行的标准图册，有一定的通用性。设计、施工中经常选用其中的一些图，我们称为通用图或设计上采用复用形式选定。

（8）设备一览表

是描述仪表设备本身技术条件和使用条件详细的数据表。设备一览表中以仪表位号和检测参数按序排列，反映技术参数的有规格、型号、量程范围、数量、使用时的技术条件，如使用时的压力、温度、操作要求及联锁报警值数据等。

（9）综合材料表

是汇总了该工程仪表施工中所有的钢材、管材、非金属材料等主要施工材料和电缆槽、电缆、电线、补偿导线、防爆箱盒、按钮、接线端子等材料的汇总表。按材料的名称规格、型号、材质、数量、内容，详细列出材料，是仪表材料的主要图纸，是工程材料计划的主要依据。

（10）加工件明细表

仪表施工中最繁杂的材料就是各种加工件，包括法兰、接头、管件、大小头等，按照种类、材质、工作标准等列出有几十种之多。所以，设计图中仪表加工件都是按不同材质、种类、工作标准和仪表位号详细列出，以便在统计和使用中能确保准确无误。

（11）材料代码清单

为方便材料统计和汇总，采用代码清单来汇总材料。

（12）调节阀数据表

调节阀是仪表控制系统中的执行单元，有很重要的地位，不论何种先进软件和系统，最终都要通过执行单元——调节阀来发挥控制作用。为此，正确选用和使用是很重要的。调节阀数据表详细列出调节阀的各种数据，因此要认真核对数据表中的各种技术指标，以满足工程的需要。

（13）节流装置安装数据表

仪表工程中大量选用各种节流装置，根据节流装置的具体数据，就能确定施工要求。认真核对节流装置的各种技术数据，确保其准确无误。

2. 施工图的识读方法

（1）识图应具备的素质

审阅施工图是施工企业每个施工人员头等重要的工作，全面理解施工图内容，并能指导施工，是每个施工人员的基本功之一。怎样看图，没有一个固定模式，一般需从工程角度出发，结合图纸与现场实际反复看图几次，由粗看了解概况，到详看掌握细节，方能加深理解消化。

这要求看图者必须具备一定的素质，掌握仪表专业的施工程序，有一定的现场施工经验，尤其要掌握有关仪表图形、符号内容，这是看图的基础。相关专业如电气、工艺管道专业的内容也要掌握。看图时必须做记录，把重点和疑点记录下来，以备图纸会审时提出。总之看图、审图有个过程，经过几个反复和工程实际相结合，熟能生巧，逐步掌握施工图识图方法与技巧。

（2）识图步骤

对于仪表施工图，可按下述程序审视图纸：

阅视图纸目录→清点图纸张数→阅视设计说明→按图纸目录顺序看全部施工图→阅视复用图（带控制点流程图）→阅视相关标准安装图→阅视各种表格（设备一览表、材料一览表、加工件明细表等）。

（3）不同的施工人员，看图的侧重点不同

仪表工程施工人员因所负责的职责不同，看图审图时侧重点有所区别。

① 施工负责人　掌握施工的全局工作，要全面了解施工图的所有内容，重点了解施工进度、材料设备的情况，掌握工序交接、施工技术、质量要求、工程特点等，协调与其他专业配合。

② 施工技术人员　应了解主要的工程特点，施工技术质量方面详细标准要求，施工图中全面的施工程序，提出技术方案，解决施工技术问题。

③ 工程预算人员　侧重设备、材料的统计核对，为编制预算做准备。

④ 施工质量检查员（QC 工程师）　侧重工程特点，各行业施工标准要求，施工验收规范，进行质量控制。

⑤ 施工作业人员　是直接的施工者，应针对每项施工具体内容，详细按施工图或安装图施工，具体的有安装、配管、接线等图纸。

（4）识图方法

下面是常用的有共性的审阅施工图的方法：

首先，根据图纸目录，清点图纸数量，相关的复用图是否齐备，采用标准图是否给标准图号，以便查找，还是以复用图形式给出，所有的施工图是否一次性到齐。

其次，看图标。图标也可称图题，标明了该套图纸建设项目的名称、是什么图、什么设计阶段、图的比例、工程编号、设计单位名称、设计人、核对人等许多内容（见图纸目录一节介绍内容）。

最后，详细阅读设计说明。设计说明很重要，是整套图纸的核心，是设计人员反映设计思想、设计原则、设计要求最全面的文字介绍。看图时要有联想，与工程的属性、特点、施工程序联系起来，在头脑中有相应的工程概况，当然这是有一定施工经验者才能具有的素质。

在设计说明中一般能了解到如下内容：

① 工程名称、项目名称、工程属性　如石油、化工、冶金、轻工、发电等行业，不同的行业施工要求有区别；如为引进项目，设计上分工不同，应注意国外标准与国内标准及设计中的衔接问题。

② 工程性质　新建、扩建、改建、检修，施工程序有区别。

③ 技术要求　特殊的检测、控制系统，采用新型仪表等情况，要考虑到施工人员的学习、培训问题。

④ 执行施工规范　标准的名称，准备相应的技术资料、表格、形式等。

⑤ 质量、安全的要求　特殊行业，如石油化工须采取防火、防爆等安全措施。

⑥ 控制系统类型　是常规仪表，还是 DCS。

⑦ 与其他专业配合问题　如与电气、土建、工艺管道等协调施工中预留、预埋件、交叉作业等问题。

⑧ 其他有关事宜的介绍　如材料、设备供货问题，施工进度安排等。

3. 带控制点的工艺流程图

带控制点工艺流程图以下简称流程图，是反映工艺生产全部过程的图纸。仪表专业是为工艺生产服务的，因此所有的检测和控制系统都以工艺生产为对象。流程图是工艺生产操作的主要图纸，同时也是仪表专业的重要图纸，离开了工艺生产，仪表专业就失去了存在的意义，因此工艺生产与仪表是密不可分的。所有的仪表设备都是安装在工艺设备或管道上的，仪表专业人员必须了解生产操作流程，熟悉工艺流程图的内容，才能满足施工的要求。

(1) 工艺流程图内容

流程图是以示意性的图形表明工艺生产过程的全部设备及其名称和编号。

流程图中以粗实线和相应图例标明全部工艺管线及所有阀门和管件，并将管道的起点与去向分别用黑色箭头标注出来。在每条管上还标明了介质代号、管段编号、管路材料规格和管道等级。

在带有控制点的流程图上按统一规定的符号和图例，将全部仪表检测点、控制点、控制系统、联锁系统都绘制出来，因此是仪表专业确定一次点及仪表安装位置的关键图纸。

此外，有些流程图上还以表格形式详细地列出了每一种设备的编号、名称、规格、数量等，以便识图时能够图、表对照，一目了然。这种图样虽然内容详尽，但仍属于示意性展开图。

(2) 工艺流程图的识图

看流程图了解和掌握物料的工艺、流程，设备的数量、名称和编号、代号及所有工艺管线的编号、材质、规格、管件、阀门等。通过识图，确定仪表专业的检测点的安装位置，如在什么设备上、在哪个位置有仪表一次点；确定在设备的出、入口管线上压力等级是否相同；确认安装方向；确定仪表一次表，如节流装置、调节阀的安装方向与工艺管道介质的流向是否一致；了解仪表设备在工艺设备上安装配合问题，上下方有无障碍影响安装及应采取的措施等。

工艺设备上预留法兰、接口等预留件与仪表设备的配合、符合情况，及垫片的正确选用等都是看图时需要核对的内容。

要按仪表位号对检测和控制系统的内容逐个查看，以保证准确地选定仪表一次点。

看流程图应根据图面的管线起止点顺序进行。一般来讲，每条管线的起点布置在图面的左方或左上方，终点在图面的右方或右下方，因此看图时应从图纸的左上方开始，从左至右，从上至下，按顺时针转动方向，一条一条管线，一个一个设备地看，在相应的管线和设备上的仪表检测点，按位号和系统逐一阅视。

（3）按图纸的目录顺序，阅视所有的图纸，这个阶段属于泛读或通读，以便对整套施工图有大概了解。

下一步是详读。可从以下几个主线进行：

① 以流程图为主线，进行细致的阅视。流程图中所有的检测、控制系统的组成→仪表回路图→设备明细表→设备安装位置（仪表平面布置图）→仪表连接方式（仪表安装图，加工件明细表）。

② 平面图与其他图相结合的阅视。电缆槽平面布置图→相关工艺管架、管道图（确定位置）→电缆槽在整个厂房、装置中的空视图，从而确定走向。仪表安装中的平面安装任务，在仪表施工中占有重要位置，是整个施工安装任务的核心，一旦确定，仪表的整个大的施工框架基本形成。

③ 以电缆槽的就位为主线，即主电缆槽→分支电缆槽→仪表安装位置确定→保护管、导压管、气源管、伴热管确定→电缆敷设→仪表安装大部分完成。

（4）注意事项

① 仪表施工图审视时，必须反复多次地阅视，尤其是大型工程，工程量大，图纸数量也很大，要按总目录和分册目录校对阅读。

② 要带着问题看，要有记录，及时把发现的问题记录下来，要列出详细内容。

③ 要熟悉掌握图形、符号方面的内容。

④ 详细阅读设计说明书，全面理解设计构思、设计意图。

⑤ 要由粗到细，由浅入深，由简单到复杂，反复多次地看图→理解→消化→掌握，全部掌握施工内容，这是一项较艰苦、细致的工作。

⑥ 注意图中说明，所有的图都要看，不能有遗漏。

⑦ 注意互相对照，综合看图，尤其与其他专业衔接时更要仔细，注意专业配合、工种配合、工序配合问题。

⑧ 要掌握重要及特殊的技术质量方面的要求。

⑨ 针对不同的重点工程特点，按工程的特点进行阅视。如石油化工特点是易燃易爆、高温高压、具有腐蚀性等；电子工程主要是洁净度的特殊要求等。

⑩ 阅图时要把图纸串起来看，结合起来看，通过初审，首先在头脑中有较清晰的轮廓。要通过粗看建立起总的框架，然后分门别类，按系统进行阅图。细分可按下面详细了解工程情况：

了解总的设计原则、设计思想、设计要求；

了解仪表设备选型、仪表系统构成、仪表安装方面具体要求；

了解材料选用原则，有无特殊安装方面要求，如焊接、连接方面等；

了解工程进度安排，注意专业、工种交叉施工作业、配合问题等。

⑪ 以系统图与其他图相结合的形式来看图，即：

系统回路图与平面图相结合阅视；

系统图与安装图相结合阅视；

系统图与各种、各类表格图对照来看；

系统图与工艺流程图相结合，同时配合平面图来阅视。

7.2 过程检测仪表的安装

7.2.1 压力仪表的安装

1. 取压位置的选择

取压位置要具有代表性，应该能真实地反映被测压力的变化。因为测到的是静压信号，取压位置应按下述原则选择：

① 要选在被测介质直线流动的管段部分，不要选在管路拐弯、分叉、死角或其他易形成旋涡的地方。

② 取压位置的上游侧不应有突出管路或设备的阻力件(如温度计套管、阀门、挡板等)，否则应保证一定的直管段要求。

③ 测量液体压力时，取压点应在管道横截面下侧，使导压管内不积存气体，但也不宜取在最低部，以免沉淀物堵塞取压口；测量气体压力时，取压点应在管道横截面的上侧，使导压管内不积存液体。

2. 导压管的安装

导压管的安装要注意以下方面：

① 导压管口最好与设备连接处的内壁保持平齐，若一定要插入对象内部，管口平面应严格与流体流动方向平行。此外，导压管口端部要光滑，不应有凸出物或毛刺。

② 导压管内径一般为6~10mm，长度≤50m，对于水平安装的导压管应保证有1∶10~1∶20的倾斜度，以防导压管中积液(测气体时)或积气(测液体时)。

③ 取压点与压力仪表之间在靠近取压口处应安装切断阀，以备检修压力仪表时使用。导压管中介质为气体时，在导压管最低处要装排液阀；为液体时，在导压管最高处要装排气阀。

④ 如果被测介质易冷凝或冻结，必须增加保温伴热措施。

3. 注意事项

压力仪表的安装要注意以下方面：

① 压力仪表应安装在易观察和易维修处，力求避免振动和高温影响。

② 测量蒸汽压力或压差时，应装冷凝管或冷凝器，如图1-7-2(a)所示，以防止高温蒸汽直接与测压元件接触；对有腐蚀介质的测量，应加装充有中性介质的隔离罐，如图1-7-2(b)所示。另外，针对具体情况(高温、低温、结晶、沉淀、黏稠介质等)采取相应的防护措施。

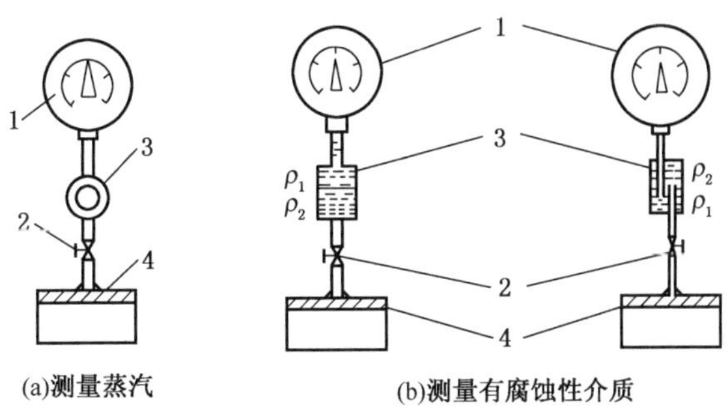

图1-7-2 压力仪表安装示意图

1—压力仪表；2—切断阀；3—隔离罐；4—生产设备；ρ_1、ρ_2—隔离液和被隔离介质的密度

③ 压力仪表的连接处根据压力高低和介质性质，必须加装密封垫片，以防泄漏。另外，要考虑介质性质的影响，如测量氧气时，不能使用浸油或有机化合物垫片；测量乙炔、氨介质时，不能使用铜垫片。

7.2.2 温度仪表的安装

温度仪表应按以下工序安装：

① 对工艺设备管道上的温度取源部件进行定位、开孔及取源部件的焊接；

② 保护套管及感温元件的安装及接线；

③ 有些温度取源部件需要安装在砌体或浇注体内，必须在施工过程中与有关专业密切配合。在砌筑或浇注时，及时将温度取源部件或温度计埋入；

④ 仪表安装(压力式温度计的安装还包括测温包安装、毛细管敷设等项)。

1. 测温元件的安装

接触式温度计测得的温度都是由测温元件决定的。在正确选择了测温元件和显示仪表之后，若不注意测温元件的正确安装，测量准确度将得不到保证。一般按下列要求进行安装：

(1) 正确选择测温点

由于接触式温度计的感温元件是与被测介质进行热交换而测量温度的，因此必须使感温元件与被测介质能进行充分的热交换，感温元件放置的方式与位置应有利于热交换的进行，不应把感温元件插至被测介质的死角区域。

(2) 测温元件应与被测介质充分接触

应保证足够的插入深度，尽可能使受热部分增加。对于管路测温，双金属温度计的插入长度必须大于敏感元件的长度；温包式温度计的温包中心应与管中心线重合；热电偶温度计保护管的末端应超过管中心线 5~10mm；热电阻温度计的插入深度在减去感温元件的长度后，应为金属保护管直径的 15~20 倍，非金属保护管直径的 10~15 倍。为增加插入深度，可采用斜插安装，当管径较细时，应插在弯头处或加装扩大管，如图 1-7-3(a)和(b)所示。根据生产实践经验，无论多粗的管道，温度计的插入深度为 300mm 已足够，但一般不应小于温度计全长的 2/3。

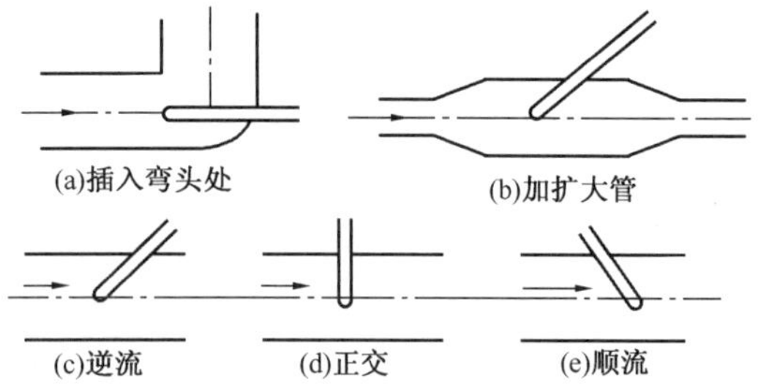

图 1-7-3 测温元件安装示意图

测温元件应迎着被测介质流向插入，至少要与被测介质流向成正交(呈 90°)安装，切勿与被测介质形成顺流，如图 1-7-3(c)(d)(e)所示。

(3) 避免热辐射，减少热损失

在温度较高的场合，应尽量减小被测介质与设备(或管壁)表面之间的温差。必要时可在测温元件安装点加装防辐射罩，以消除测温元件与器壁之间的直接辐射作用，避免热辐射所产生的测温误差。

如果器壁暴露于环境中，应在其表面加一层保温层，以减少热损失。为减少感温元件外露部分的热损失，必要时也应对测温元件外露部分加装保温层进行适当保温。

(4) 安装应确保正确、安全可靠

在高温下工作的热电偶，其安装位置应尽可能保持垂直，以防止保护管在高温下发生变形，当必须水平安装时，则插入深度不宜过长，且应装有用耐火黏土或耐热合金制成的支架，如图 1-7-4所示。

在介质具有较大流速的管道中，安装测温元件时必须倾斜安装，以免受到过大的冲蚀，若被测介质中有尘粒、粉物，为保护测温元件不受磨损，应加装保护屏。

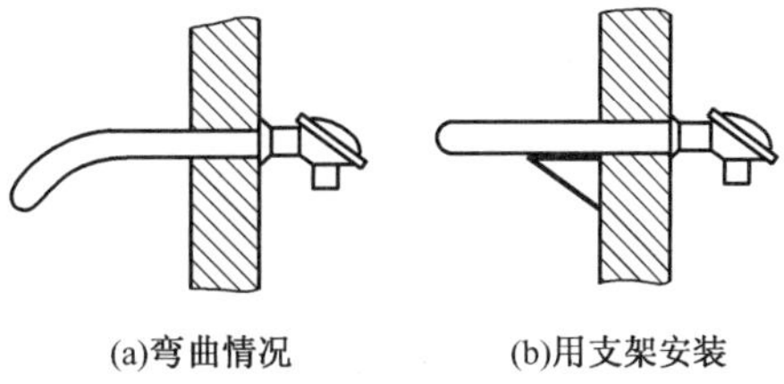

图 1-7-4　热电偶水平安装情况

凡在有压设备上安装测温元件，均必须保证其密封性，可采用螺纹连接或法兰连接。在选择测温元件插入深度 l 时，还应考虑连接头的长度 L，如图 1-7-5 所示，当介质工作压力超过 10MPa 时，还必须另外加装保护外套。薄壁管道上安装测温元件时，需在连接头处加装加强板。

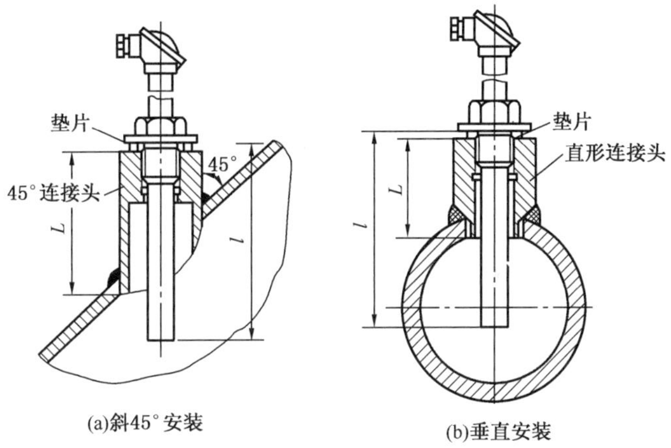

图 1-7-5　测温元件的插入深度

热电偶、热电阻接线盒面盖应向上密封，以免雨水或其他液体、脏物进入接线盒中而影响测量。接线盒的温度宜保持在 50℃以下，以免补偿导线超过规定温度范围。

在有色金属设备上安装时，凡与设备接触(电焊)以及与被测介质直接接触的部分，其有关部件(如连接头、保护外套等)均须与工艺设备同材质，以符合生产要求。

2. 压力温度计安装要求

对于充液体的压力式温度计，应使测温包与表计尽量处于一个水平面上，以减小由于静压引起的误差；毛细管安装应引直，每相隔 300mm 用扎头固定，毛细管最小弯曲半径不小于 50mm；温包应完全插入被测介质中，以减少因导热引起的误差。

7.2.3　流量仪表的安装

1. 差压式流量计的安装

(1) 节流装置的安装

节流装置应该安装在两段有恒定截面积的圆形直管段之间。应该在紧邻节流装置上游，管道内流体流动状态接近典型的充分发展的紊流流动状态(低雷诺数节流装置例外)，并且无旋涡的位置上安装节流装置。节流装置上、下游都应有直管段，其长度因节流装置的形式不同，要求不同，要根据国家标准确定。

环室取压的节流装置如图 1-7-6 所示；法兰取压的节流装置如图 1-7-7 所示。

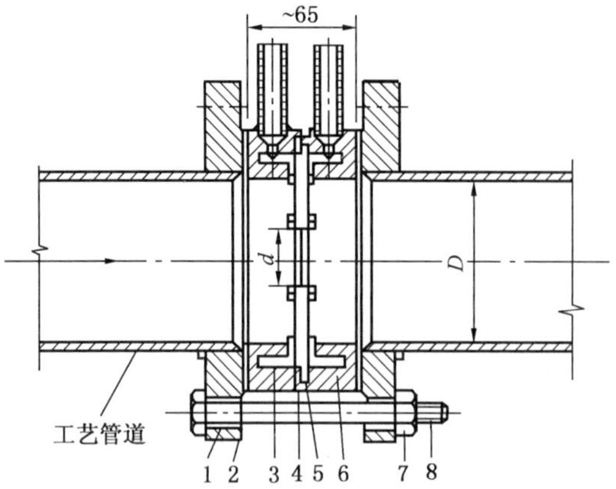

图 1-7-6　环室节流装置的安装

1—法兰；2—垫片；3—正环室；4—垫片；5—环室节流装置；6—负环室；7—螺母；8—螺栓

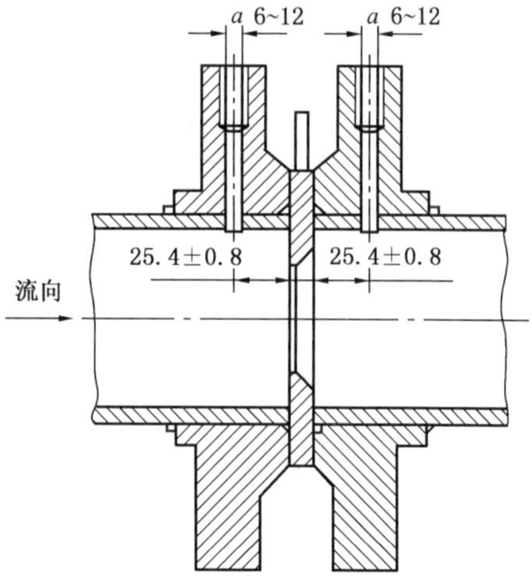

图 1-7-7　法兰节流装置的安装

孔板安装时，应注意节流孔锐边迎着流体方向。

(2) 差压信号管路的安装

被测流体的流量经节流装置转换差压信号，送到差压仪表，然后转换成电信号远传。

① 引压管　引压管应按被测流体的性质和参数选用耐用、耐腐蚀的材料制造。

引压管应垂直或倾斜敷设，其倾斜度不得小于 1∶10，对于黏度较高的流体，倾斜度还要大。引压管的最高点或最低点可分别安装集气器和排污阀。

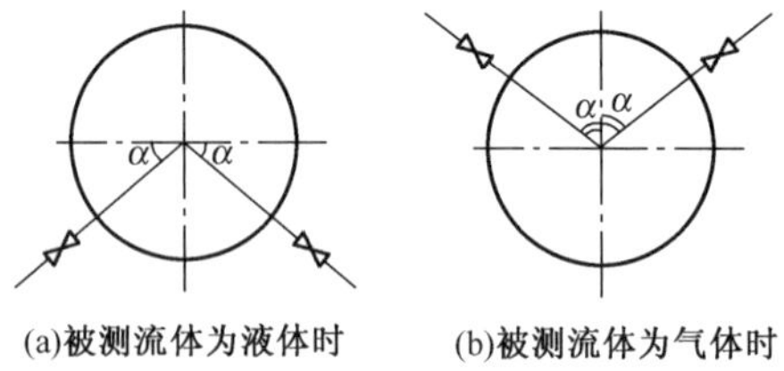

图 1-7-8　取压口位置示意图

为避免差压信号传送失真，正负压导管应尽量靠近敷设。需要伴热保温时，应与工艺管道采取相同措施。引压管要尽可能短。

② 取压口　当节流装置安装在水平管道时，取压口的位置选择如图 1-7-8 所示。主要考虑：当被测流体为液体时，防止有气体进入导压管；当被测流体为气体时，防止有液体进入导压管，并防止有固体颗粒堵塞导压口，α 角一般取 45°。

当安装节流装置的管道处于垂直状态时，取压口的位置在取压装置的平面上任意选择。

③ 冷凝器　冷凝器的作用是使导管中的被测蒸汽冷凝，并使正负压导管中的冷凝液面有相等的高度且保持恒定。测量蒸汽流量用的差压信号管道一般装冷凝器，冷凝器结构如图 1-7-9 所示。

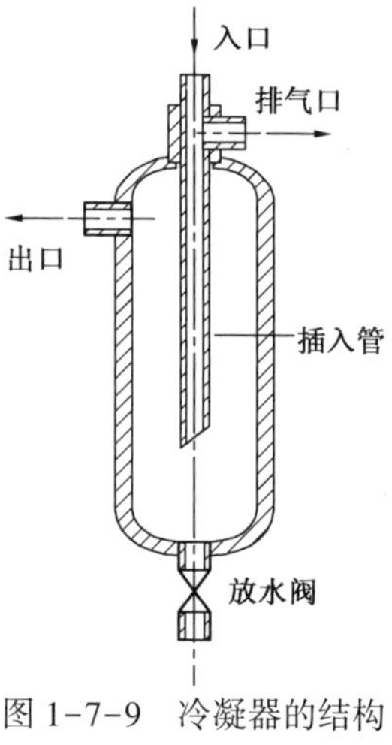

图 1-7-9　冷凝器的结构

在靠近节流件的信号管路上安装截断阀。信号管路上装有冷凝器时，应在靠近冷凝器的位置上装设截断阀。截断阀的流通面积不应小于导压管的流通面积，截断阀的结构应能防止在管路中聚集气体或液体，避免影响差压信号的传送。建议采用直孔截断阀。

④ 隔离罐和隔离液　对于高黏度、易腐蚀、易凝结、易析出固体物的被测流体，应采用隔离罐和隔离液，使被测流体不与差压计或差压变送器接触，防止破坏差压仪表的正常工作性能。常用的隔离液及其性质见表 1-7-4。

表 1-7-4　常用的隔离液及其性质

隔 离 液 种 类	20℃的密度 $\rho/(kg/m^3)$	冰点/℃	沸点/℃
甲基硅油	0.93～0.94①	-65	≥200
	0.95～0.96②	-60	>200
甘油酒石酸酯	1262	-17	290
甘油酒石酸酯和水混合物(体积比 1∶1)	1130	-22.5	106
邻苯二甲酸二酯	1074	-35	340
乙醇	789	-112	78
乙二醇	1113	-12	197
乙二醇和水混合物(体积比 1∶1)	1070	36	110

注：①②均为 25℃/25℃的密度值。

隔离器中隔离液的体积变化应大于差压仪表的全量程范围内的最大体积变化。正、负压的隔离器应安装在垂直安装的管道上，尽可能靠近取压口，并有相同的高度，具有同一液位。隔离器中的隔离液的最高液面和最低液面的位置应该是确定的。隔离器的尺寸大致是：直径为 100mm；长度为 250～300mm。

清洁液体、清洁干气和蒸汽的差压信号测量管路的安装方式如图 1-7-10、图 1-7-11 和图 1-7-12 所示。

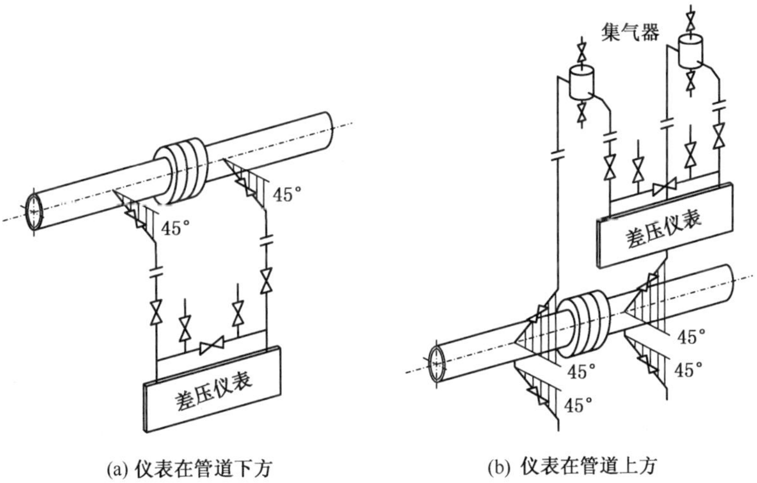

(a) 仪表在管道下方　　(b) 仪表在管道上方

图 1-7-10　清洁液体时的信号管路安装示意图

(3) 差压计的安装

首先，应考虑安装地点周围条件(例如温度、湿度、腐蚀性、振动等)，以及操作和维护是否方便。当现场安装的周围条件与差压计(或差压变送器)使用时的条件有明显差别时，或者不利于操作和维护时，应采取相应的预防措施或者改换安装地点。其次，当测量液体流量时或引压导管中为液体介质时，应使两根导压管路的液体温度相同，以免由于两根导压管中密度差别而引起附加的测量误差。

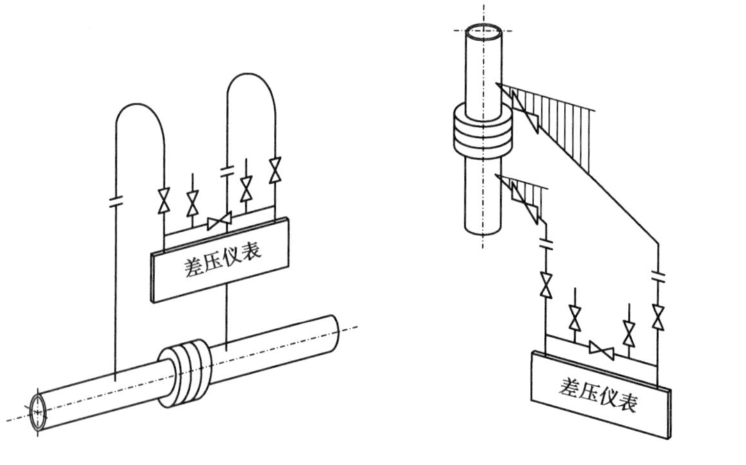

(a) 仪表在管道上方　　(b) 垂直管道，仪表在取压口下方

图 1-7-11　清洁干气时的信号管路安装示意图

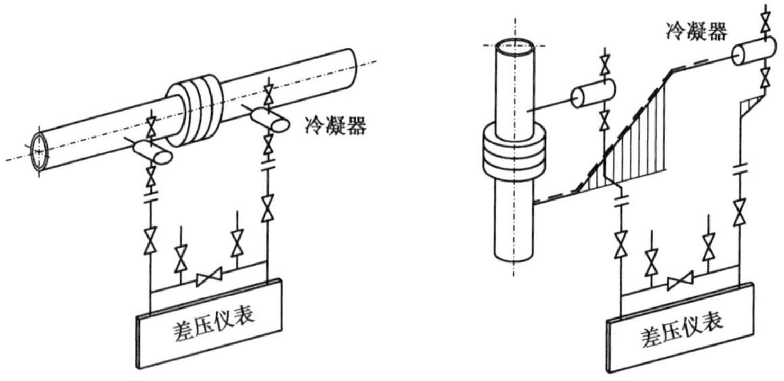

(a) 仪表在管道下方　　(b) 垂直管道，仪表在取压口下方

图 1-7-12　测量蒸汽时的信号管路安装示意图

2. 转子流量计的安装

转子流量计从结构特点上看，要求安装在垂直管道上，垂直度要求较严，否则势必影响测量准确度。第二个要求是流体必须从下向上流动。若流体从上向下流动，转子流量计便会失去功能。

转子流量计分为直标式、气动与电动三种形式。对于流量计本身，只要掌握上述两个要点，就会较准确地测定流量。

转子流量计是可变面积流量计，因为其流量的大小与转子的几何形状、转子的大小、重量、材质、锥管的锥度、被测流体的雷诺数等有关。虽然在锥管上有刻度，但还附有修正曲线，每一台转子流量计有其固有的特性，不能互换，特别是气、电远传转子流量计。如果转子流量计损坏，但其传动部分完好，也不能拿来就用，还需经过标定。

安装注意事项如下：

① 实际的系统工作压力不得超过流量计的工作压力；

② 应保证测量部分的材料、内部材料和浮子材质与测量介质相容；

③ 环境温度和过程温度不得超过流量计规定的最高使用温度；

④ 转子流量计必须垂直地安装在管道上，并且介质流向必须由下向上；

⑤ 流量计法兰的额定尺寸必须与管道法兰相同；

⑥ 为避免管道引起的变形，配合的法兰必须在自由状态对中，以消除应力；

⑦ 为避免管道振动和最大限度减小流量计的轴向负载，管道应有牢固的支架支撑；

⑧ 截流阀和控制流量都必须在流量计的下游；

⑨ 直管道要求在上游侧 $5D$，下游侧 $3D$（D 是管道内径）；

⑩ 用于测量气体流量的流量计，应在规定的压力下校准。如果气体在流量计的下游释放到大气中，转子的气体压力就会下降，引起测量误差。当工作压力与流量计规定的校准压力不一致时，可在流量计的下游安装一个阀门来调节所需的工作压力。

对危险地点的安装还应注意以下问题：

① 电源必须取自有可靠保证的安全电路的供电单元，或电源隔离变换器；

② 电源安装在危险场合外面或安装在一个适合的防爆罩子内；

③ 要检查转子流量计是否有防爆等级证明，不符合条件的流量计不能在危险场合安装。

3. 电磁流量计安装

电磁流量计安装注意事项如下：

① 电磁流量计，特别是对小于 DN100（4″）的小流量计，在搬运时受力部位切不可在信号变送器的任何地方，应在流量计的本体。

② 按要求选择安装位置，但不管位置如何变化，电极轴必须保持基本水平。

③ 电磁流量计的测量管必须在任何时候都是完全注满介质的。

④ 安装时，要注意流量计的正负方向或箭头方向应与介质流向一致。

⑤ 安装时要保证螺栓、螺母与管道法兰之间留有足够的空间，以便于装卸。

⑥ 对于严重污染的流体的测量，电磁流量计应安装在旁路上。

⑦ DN>200（8″）的大型电磁流量计要使用转接管，以保证对接法兰的轴向偏移，方便安装。

⑧ 最小直管段的要求为上游侧 $5D$，下游侧 $2D$。

⑨ 要避免安装在强电磁场的场所。

⑩ 受内衬材料和绝缘材料的温度限制，电磁流量计不能用于较高温度和低温介质测量。

水平管道安装电磁流量计时，应安装在有一些上升的管道部分，如图 1-7-13（a）。如果不可能，应保证足够的流速，防止空气、气体或蒸汽集积在流动管道的上部。

在敞开进料或出料时，流量计安装在低的一段管道上，如图 1-7-13（b）所示。

为避免因夹附空气和真空度降低损坏橡胶衬垫引起测量误差，可参照建议位置安装，见图 1-7-13（c）。

当管道向下且超过 5m 时，要在下游安装一个控制阀（真空），见图 1-7-13（d）。

在长管道中，控制阀和截流阀始终安装在流量计的下游，见图 1-7-13（e）。

流量计绝不可安装在吸入口一端，见图 1-7-13（f）。

4. 容积式流量计的安装

容积式流量计只能测量单相洁净的流体，被测介质为液体时，则不应含有气泡或固体颗粒，否则会使测量不准或使运动部件磨损、卡死甚至被损坏。为此必须在流量计上游设置合适的过滤器（图 1-7-14）及消气装置（图 1-7-15），一般小型流量计过滤器的金属网为 50~200目，大型的为 20~50 目，有效过滤面积应为连接管线截面积的 10~20 倍。消气器中的斜板用来使流体分散，便于液气分离，浮球阀的作用是控制气体排出保持一定的液位。

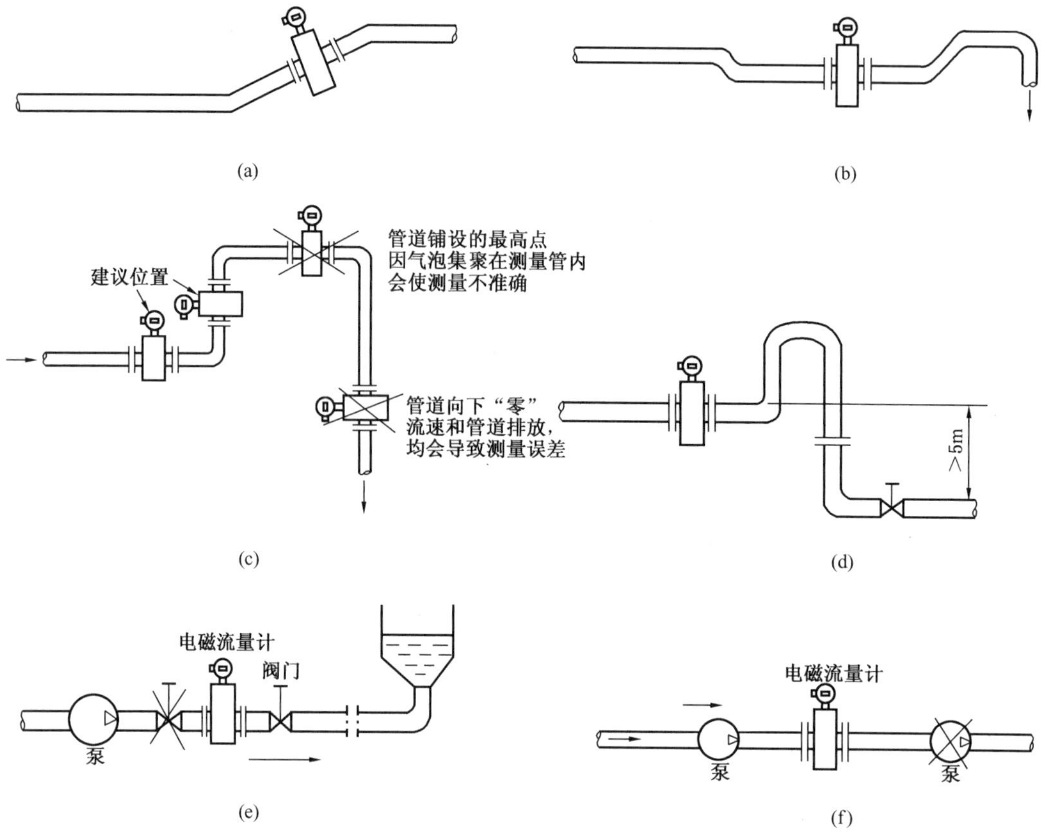

图 1-7-13　电磁流量计的安装

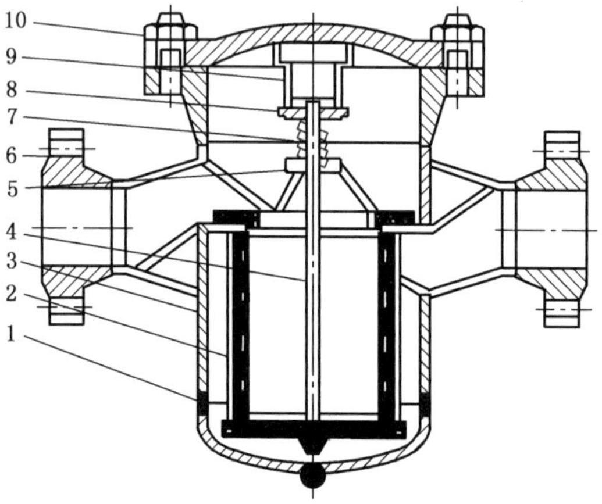

图 1-7-14　过滤器

1—螺帽；2—滤网；3—壳体；4—连杆；5—下弹簧座；

6—法兰；7—弹簧；8—上弹簧座；

9—支管；10—头盖

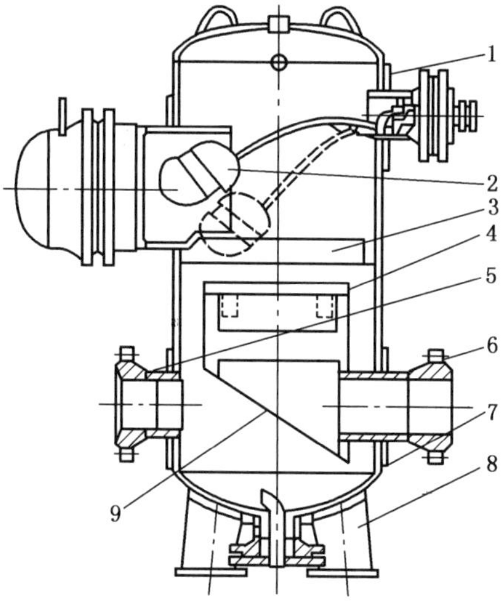

图 1-7-15　立式消气器

1—壳体；2—浮球阀；3—挡板；4—中间筒；

5—凹面对焊法兰；6—凸面对焊法兰；

7—排污管；8—支座；9—斜板

容积式流量计的运动部件和测量室内壁间的间隙很小，安装场所应该是振动很小、温度合适的地方，避免强磁场干扰。

容积式流量计一般都是体积较大，比较笨重，安装在水平管线上，少数口径较小的也允许安装在垂直管线上。为便于检修和维护，在安装管路上要设有副线和必需的阀门等。图 1-7-16是容积式流量计的配管方式，安装在水平管道时，流量计要安装在主管道上。

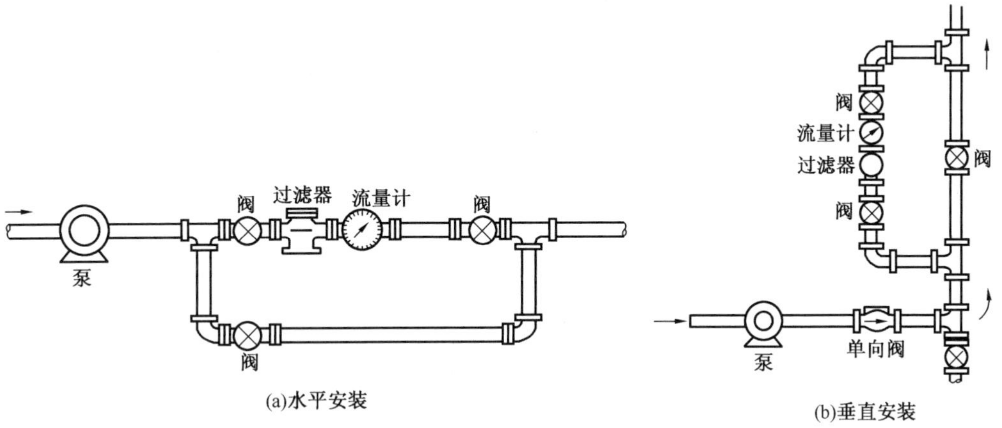

图 1-7-16　容积式流量计的配管方式

在垂直管道上安装时，一般安装在旁路上，为减少杂质沉淀，流量计上部的竖管要尽量短。根据容积式流量计的测量原理，流量计前后没有直管段要求。

流量计的安装一定要考虑到日常的维护和检修、校验的方便，并且要考虑到周围环境的情况。

5. 质量流量计的安装

科氏质量流量计的安装要点如下：

① 传感器的刚性和无应力支撑，如图 1-7-17 所示。

② 通常传感器是用两个金属紧固夹进行安装的，紧固夹固定到一个安装板或支柱上，如图 1-7-18 所示。L_1 可以与 L_2 相等，也可以不等。

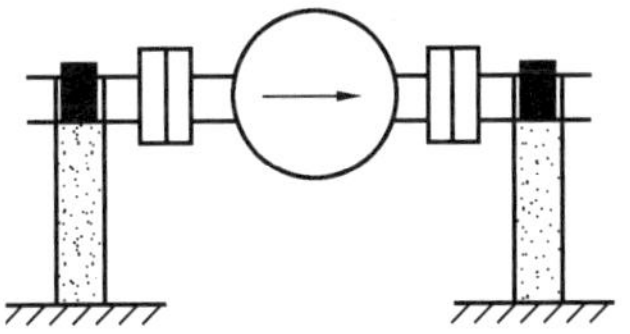

图 1-7-17　传感器的支撑

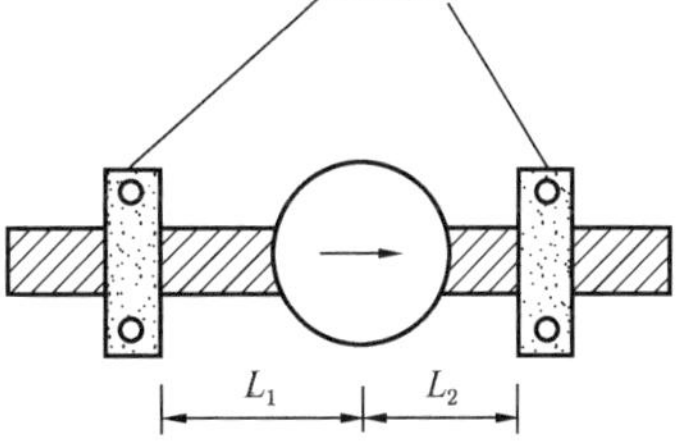

图 1-7-18　传感器的安装

③ 避免把传感器安装在管道的最高位置，因为气泡会聚集和滞留，在测量系统中引起测量误差。

④ 如果不能避免过长的下游管道(一般不大于 3m)，应多装一个通流阀。

⑤ 与输送泵的距离至少要大于传感器本身长度(两法兰之间距离)L 的 4 倍，如图 1-7-19 所示。如果泵引起多余的振动，必须用挠性管或连接管进行隔离。

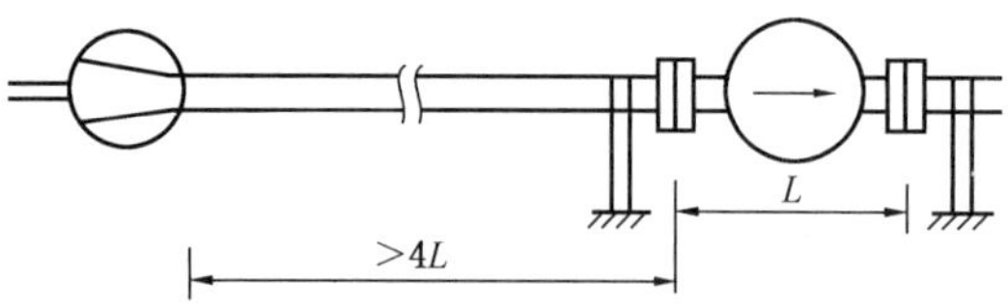

图 1-7-19　传感器与输送泵的距离

⑥ 控制阀、检查观察窗等附加装置都应安装在离传感器至少 1L 远处。

⑦ 垂直铺设管道，管道的刚度要足够支撑传感器。有时可以不在靠近传感器的地方安装支架，但必须使管道支撑得非常牢固。必要时，也要加支架，支架的距离为(1~2)L。

⑧ 支架不能安装在法兰或外壳上，一般离法兰的距离为 20~200mm。

⑨ 一般不使用挠性软管，只有在振动大的场合才使用。使用软管时，在隔一段(1~2)L 的刚性管后连接。

⑩ 质量流量计可以垂直安装，也可以水平安装。

6. 涡街流量计的安装

涡街流量计安装要求如下：

① 传感器安装应选择在直管段较长、振动较小的地方，当管道振动较大时，应对管道加设固定支撑；

② 如果管道上安装有手操阀、控制阀等，传感器安装位置应选择在阀门上游侧 5D 以上的直管段上；

③ 传感器的下游直管段长度通常在 5D 以上；

④ 传感器上游直管段长度依据上游管道配管条件决定，如图 1-7-20 所示。当上游管道上有调节(控制)阀门时，其上游直管段长度应在 20D 以上；

⑤ 当上游管道上有扩径管(或一个弯头)时，上游直管段长度应大于 10D；

⑥ 当上游管道上有缩径管时，上游直管段长度应不小于 5D。

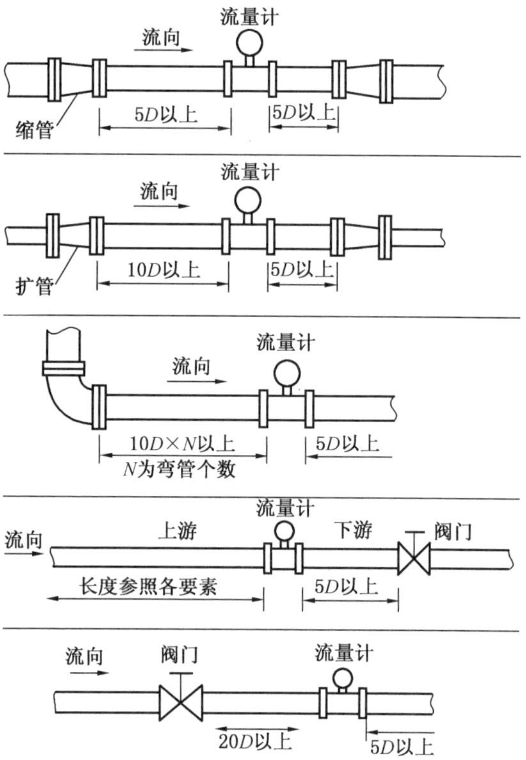

图 1-7-20　涡街流量计上、下游侧直管段长度示意图

对于蒸汽、气体流量的测量，由于涡街流量计是测速式流量计，测量的示值是体积流量，如果生产过程中温度、压力变化不大，可在流量计中设定温度、压力和密度，使流量计显示值为质量流量或标准体积流量。如果过程温度、压力波动较大，则显示值与实际值之间将会有较大误差，这时需进行温度、压力补偿。其温度、压力取源部件安装位置与涡街流量计之间的间距，如图1-7-21所示。

有关直管段的规定尚无统一标准，因产品的旋涡发生体外形及传感元件检测方式的差异，如果有产品使用说明书可参照说明书执行，或按施工图设计规定实施。

涡街流量计与工艺管道之间的连接，无论是分体型还是一体型，一般连接方式有插入式连接、法兰式连接和夹持式连接三种方式。

插入式连接方式多用于较大口径管道，插入式连接件有固定法兰式和法兰卡套组合式两种形式。法兰卡套组合式对旋涡发生体插入深度和方向调整比较方便，如图 1-7-22所示。

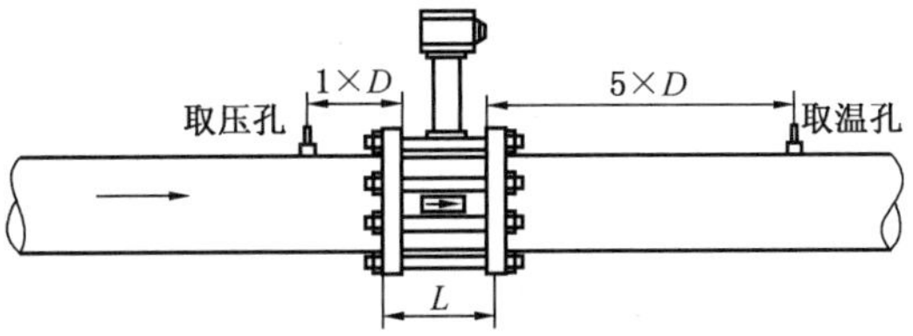

图 1-7-21　涡街流量计压力、温度补偿取源部件安装间距图

插入式安装方式应预制法兰连接短管，法兰规格、型式应与传感器部件法兰相符。法兰短管应垂直焊接于工艺管道的正上方，如图 1-7-23 所示。如果传感元件的插入深度结构为不可调节式结构，则法兰短管高度 *H* 应根据旋涡发生体中心定位于管道的轴心线位置来确定。法兰短管焊接时，法兰螺栓孔的方位必须满足发生体前端面迎着流体的流向，法兰短管的轴线与管道轴线垂直相交。

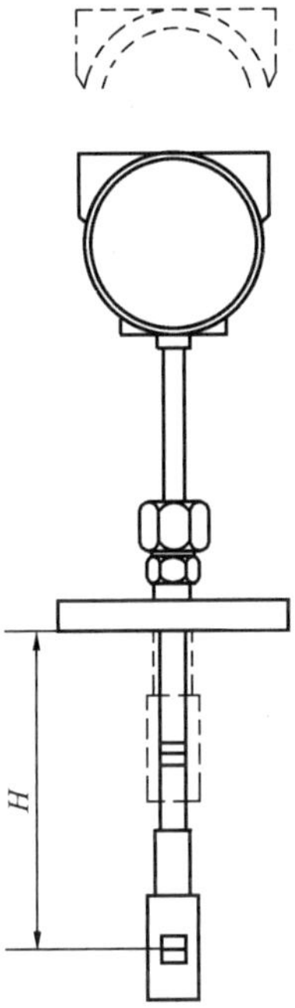

图 1-7-22　法兰卡套插入式

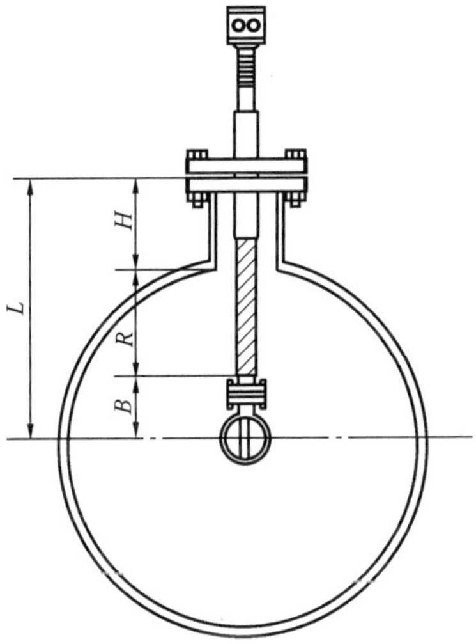

图 1-7-23　法兰插入式安装图

夹持式安装方式，安装传感器应注意安装方向，其传感器箭头标志方向应与流体流向一致，另外，传感器通道轴线应与管道轴线重合，并垂直于水平管道安装，如图 1-7-24 所示。

法兰式安装方式，工艺管道法兰螺栓孔方位应符合传感器在水平管道上垂直安装的方位，传感器外壳上的箭头标志方向应与流体流向一致，如图 1-7-25 所示。

法兰式、夹持式安装，密封垫片的内径不可小于管道内径，更不可垫偏。

涡街流量计初装后与工艺管道一起试压。但是，在管道吹扫之前应将传感器从管道上卸下来，采用临时管件取代之，如法兰盖、法兰短接等。在管道吹扫合格后方可把传感器正式装上。

转换器是涡街流量计的重要组成部分，安装形式比较简单，只需一根 2″钢管支撑，钢管垂直或水平焊接于金属板上，用 2″U 形螺栓把转换器卡设固定在支架上，如图 1-7-26 所

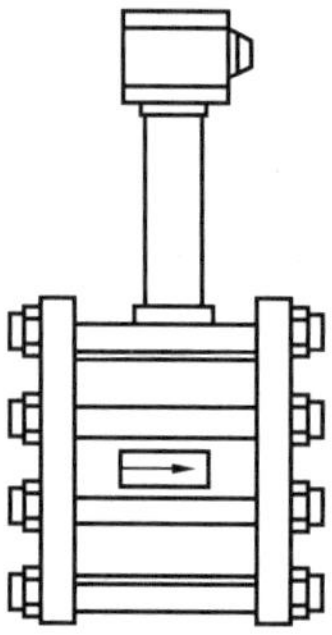

图 1-7-24　夹持式安装

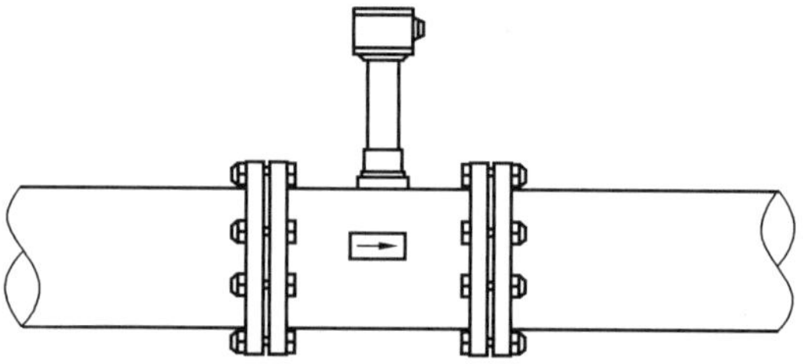

图 1-7-25　法兰式安装

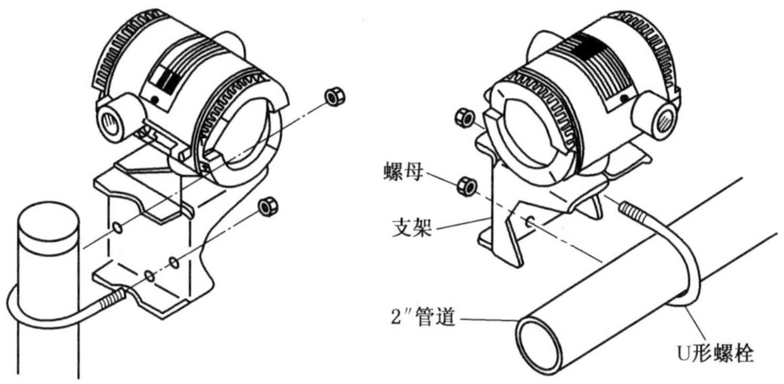

图 1-7-26　转换器安装图

示，为减小外部干扰，转换器安装的位置应尽可能靠近传感器，并便于维护的地方，传感器与转换器之间用设备自带专用屏蔽电缆连接起来，同时应将转换器外壳接地与传感器接地同点接地，接地点宜在传感器侧。

7.2.4　物位仪表的安装

物位测量技术发展很快，测量仪表品种繁多，其安装方法各异。对物位测量仪表的安装，应根据测量对象的特点及仪表类型及技术特性、使用条件有针对性地确定各自的安装方法。

物位计取源部件安装位置应选在物位变化灵敏、检测元件不受物料直接冲击的地方。

（1）浮筒液位计安装要求

浮筒液位计的安装高度应使正常液位或分界液位处于浮筒中心，并便于操作和维修。浮筒应垂直安装，其垂直度允许偏差为 2/1000。

（2）差压液位计安装要求

采用压力、差压式液位测量用的单室、双室及补偿式平衡容器均应垂直安装。

差压液位变送器安装高度应不高于液面下部取压口，但用法兰式差压变送器、吹气法及利用低沸点液体汽化传递压力的方法测量液位时可不受此限。

双法兰式差压变送器毛细管敷设时应加保护措施，弯曲半径应大于 50mm，安装地点的环境温度变化不得过大。否则，应采取隔热措施。

(3) 雷达式液位计安装要求

雷达液位计安装时，其法兰面应平行于被测液面，探测器及保护管应按设计和制造厂要求进行安装，一般插入罐体 3~5cm。

(4) 放射性物位计安装要求

放射性物位计安装前必须制定具体的安装方案，并应符合下列要求：

① 安装方案应符合使用说明书的要求；

② 安装中的安全防护措施必须符合现行的国家标准 GBZ 125—2009《含密封源仪表的放射卫生防护要求》的规定；

③ 安装工作应由经过放射源安全防护知识培训的人员专职负责；

④ 安装地点应设置管理区，应有明显的警戒标志。

7.2.5 分析仪表的安装

过程分析仪表系统主要有五个组成部分：取样与预处理装置、样品测量设备、显示及数据处理设备、样品排放及回收设施、能源供给及载体回收设施。如图 1-7-27 所示。其他辅助设施有标准气样装置、设备保护、隔离设施等。

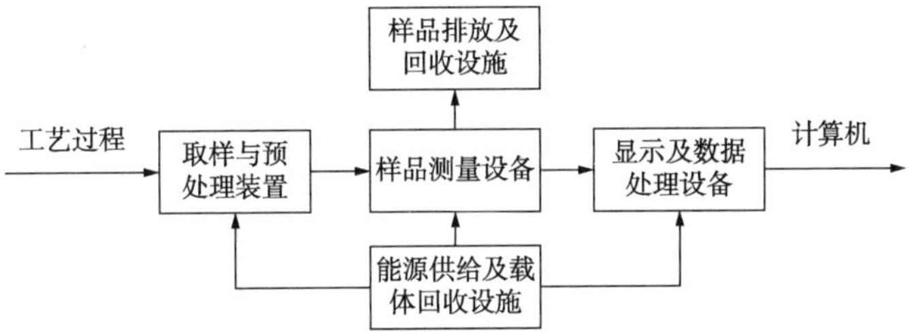

图 1-7-27 过程分析仪表系统组成

1. 取样与预处理装置的安装

取样与预处理装置是过程分析仪表系统的重要组成部分，是施工作业的主要施工内容。取样与预处理装置安装是否正确，关系到过程分析仪表的正常运行和使用寿命。取样与预处理装置结构多种多样，必须根据工艺介质状况和仪表对样品状况要求而确定，没有固定的模式。

取样部件的结构形式、取样点的选择、安装位置是过程分析仪表系统真实、实时、灵敏地反映被测样品的首要条件，样品的处理效果直接关系到分析仪表的准确性、可靠性和使用寿命。过程分析仪表系统对样品一般有以下几点要求：

① 样品应物相单一、洁净、有代表性、无有害成分。

② 样品的温度、压力、流速应符合分析仪表对样品的技术要求，并稳定。

③ 取样及预处理装置的管路和器件材质与样品不发生化学反应，不影响待测组分浓度。

④ 取样及预处理装置路径应尽量短，传输滞后小。

取样及预处理装置结构有简单与复杂之分，对于生产过程操作参数不特殊、介质工况较好的样品，往往只需调节压力或经过滤就能满足分析仪表的要求；对于生产过程操作参数、物流工况特殊的样品，必须经过较复杂的预处理才能使样品满足分析仪表的技术要求。

取样装置所取样品应具有真实性、代表性，取样部件的材质应具有一定的机械强度和化学稳定性。取样装置的结构形式应与所处工况条件相适应。对于特殊工艺条件的取样部件，由于结构、材质、工艺加工特殊，通常由分析仪表供货商成套提供。对于结构简单，制作工艺不复杂的取样部件，通常由施工单位现场制作。现场制作安装包括以下主要内容：

① 材质选择　取样部件材质必须适应工艺操作温度和工艺介质组分的化学性质。对于工艺操作参数一般、介质组分无腐蚀性且干燥的，通常采用 302、304 不锈钢管或碳钢无缝管。当操作温度约 800℃时，采用耐热合金钢。当操作温度达 1000℃以上时，则应采用特供陶瓷管材。对于含有腐蚀性组分的工艺介质，则应选择相应耐腐蚀性的不锈钢材或聚氯乙烯、聚四氟乙烯材质管材。

② 管材规格选择　管材规格关系到取源部件的灵敏性和强度。从理论上讲取样管内径越小越灵敏，管外径一般选择范围在 $\phi 6 \sim 25$mm。实际使用的管径还应依据工艺介质的流速、温度、洁净度和取样部件的结构形式、插入深度、机械强度等综合考虑。对于插入深度较深、工艺介质流速较快、操作温度也较高的工艺设备、管道，取样部件的管径应适当粗些，避免插入部分发生弯曲。对于工艺介质中含有雾状物质或水分，也应适当选择较大口径管材。至于防堵塞、防尘结构形式的取样管材，应依据结构形式来选择。

③ 结构形式　工艺工况的复杂性决定了取样部件结构形式的多样性。对于粉尘含量较高的介质工况，为了防止取样部件堵塞，经常采用过滤型取样部件，如多孔陶瓷、不锈钢丝编织物等多种过滤型取样部件。当操作压力接近大气压(微压)时，可采用蒸汽吸收型取样部件。

④ 取样装置与工艺设备、管道的连接方式　取样装置与工艺设备、管道的连接方式有两种：一种为固定式，即取源部件与工艺管道连接采取直接焊接方式，减少泄漏点，安装方便，仅适用于洁净工况场合；另一种为可拆卸式，可拆卸式取样部件通常采用法兰连接、螺纹连接或法兰-螺纹连接，该连接方式便于维护、清洗、更换取样部件。可拆卸式取样部件的安装应选用与工艺设备、管道相符的连接件。如采用法兰式连接，则应选用法兰的公称压力、材质、连接尺寸、密封形式均与工艺装置法兰一致的法兰盖，中心孔径应略大于取样部件的外径，以便实施焊接。

⑤ 取样装置安装位置的确定与安装　取样装置安装在《自动化仪表工程施工及质量验收规范》第 5.6 节中已有明确规定，即取样部件应安装在压力稳定、能灵敏反映真实成分变化和取得具有代表性的分析样品的位置。取样点的周围不应有层流、涡流、空气渗入、死角、物料堵塞和非生产过程的化学反应。实际工程中，取样部件的具体安装位置应以施工图为依据。

预处理装置的结构组成由工程设计和产品供应商确定，安装前应了解装置的结构组成、功能和安装要求。预处理装置器件的组装应按设计文件的要求进行。预处理器宜安装在靠近传感器，并便于操作和维护的位置。安装形式有架装式和箱内组装式，架装式大多安装在室内环境。各器件的相对位置根据预处理装置布置图确定，器件安装技术要求及其注意事项在前面有关章节中已经强调过，对于其他器件安装可参阅有关产品使用说明书。各器件之间的间距应力求紧凑，但必须便于拆卸组装和冷凝液的排放。

2. 样品输送管路的安装

样品输送管路不同于压力、流量检测的测量管路。样品输送管路内流体呈流动状态，管路各处所承受的压力、温度是变化的，且差异也较大。测量管内压力一般处于静压状态，管路各处的压力、温度基本相同。因此，管路的安装应根据具体用途、特点实施配管方案。

取样管路的材质在选用原则上依工艺物料而定。为了简便通用，设计部门一般选用 316 不锈钢，因该材质具有良好的耐腐蚀、耐高温特性，被公认为通用的材质。从费用考虑，也有选用 304 不锈钢或其他金属或非金属的管材。

取样管路的规格和长度应快速响应需要，对于气态样品，因黏度小宜选用小口径管，管路长度限制在 70m 范围内；对于液态样品，因黏度关系流速较慢，可采取快速环路措施，管路管径也应选用稍大口径的管材。管路长度宜短不宜长。气态取样管管径一般用 $\phi6\times1$，液态取样管管径一般为 $\phi8\times1$ 或 $\phi10\times1$，汽化样品的取样管管径宜采用 $\phi3\times0.5$ 管缆。无论是短距离输送还是长距离输送，设计规定样品输送滞后时间限制在 60s 以内，否则应采用快速环路系统。

样品输送管路的安装应符合仪表管道安装的一般规定，如管道安装位置、弯曲半径、管道排列、支架间距，包括脱脂要求、脱脂方法和检验。此外，还需注意如下事项：

① 取样管管内必须洁净、干燥、无油，经检查或处理合格后应封口保存。

② 管路弯道处应采用冷弯，不得用角形接头。

③ 管路接头处不宜用承插焊接。

④ 长距离管路宜选用长管材，尽量减少中间接头。

⑤ 从取样装置至气液分离器管段沿水平敷设时，应有一定的倾斜坡度，以利于气、液的分离与排放。

⑥ 无论是对口焊接，还是用卡套连接，管路管口必须处理平整、无毛刺。

⑦ 管路卡设不宜过紧。

⑧ 取样管路引至分析小屋或建筑物内必须按工程设计要求，采取防火防爆隔离措施的引入口，严格实施隔离措施。

⑨ 管路敷设完毕必须进行管路吹扫。由于预处理装置中器件较多，应根据器件布局实施从上至下分段吹扫，不可将管内杂质带入预处理装置器件内。

⑩ 严密性试验。分析仪表管路系统中阀门、器件较多，连接件也多，易出现泄漏，对于易燃、易爆、有毒样品的泄漏将会形成安全隐患。尤其是抽取式管路更不允许存在丝毫泄漏，泄漏点的存在将会造成样品的严重失真，因此，分析仪表管路系统的严密性是安装工作中必须慎重对待的问题。分析仪表管路系统的试压方案有别于仪表测量管路，同一系统的试验压力应区别对待，减压阀前与减压阀后的压力等级是有区别的。另外，减压阀后的试验压力等级还应全面了解预处理装置中各器件的额定工作压力，不可超限，否则会损坏相关器件。最重要的一点是，试压时输样管路必须与分析仪表隔离，严禁联试。试验介质应选用干燥空气或惰性气体。试验方法、试验压力、检验标准按照施工及验收规范和有关文件执行。再强调一点，在实施过程中应加强监督检查，尤其是在室内的管路接头。

3. 样品回收与排放设施的安装

分析仪表系统中样品的回收与排放是分析仪表检测系统中的一个重要环节，涉及环保和厂区安全。对于无毒、无害、非易燃易爆、无回收价值的气样可通过放空管路排放到室外；对于有毒有害、易燃易爆、有回收价值的样品，根据设计要求该回收则回收，该处理则应妥善处理。另外，样品回收与排放还关系到分析仪表测量室工作压力的稳定性，放空环境的气压波动、回收管路的压力变化，都会对分析仪表的测量产生影响。为减小或消除回收管路、排放管路压力变化给分析仪表带来的影响，一般都要采取必要的稳压措施。为了稳定回收管路的压力，通常在排放管与工艺(或公共)设备、管道之间安装一压力控制器，以稳定排放管内压力。

4. 分析仪表的安装与保护

分析仪表的安装形式与常规仪表类似，有在现场就地安装的，也有集中于室内安装的，有柜装式、盘装式、挂装式，也有座装式、架装式等。安装施工技术要求及验收标准与其他仪表基本相同。

分析仪表与常规仪表相比较有其特殊要求，多数分析仪表对工艺条件和环境的适应性较差，同时还涉及样品的排放问题，因此，对分析仪表的保护不仅仅是满足分析仪表使用条件要求，还涉及安全、卫生和保养等多方面的需要。

分析仪表的保护措施有 4 种：

① 保护箱或保护柜　大多数用于现场就地保护，一般安装在靠近取样装置和便于维护保养的位置。就地安装的好处是样品传输路径短、响应快。

② “棚”式保护　“棚”式保护也属于现场就地保护，适用于我国年平均气温较高的地区。“棚”式保护可遮蔽强烈日照，通风好，便于观察、维护。

③ 永久性建筑物　分析仪表安装在永久性建筑物内，例如：现场装置区内的平房里面安装分析仪表，有较好的通风、采暖条件，维护保养条件最佳。

④ 活动建筑物　指分析仪表专用小屋(即分析小屋)，此建筑物是可移动的整体，该建筑物在现场定位后也属于永久性建筑。这种组装式建筑是根据实际用途和需要量体裁衣设计、定制而成，设施齐全，管路、线路布局整齐美观，隔离可靠，对于集中安装是最佳选择，只是设备费用稍高。

分析小屋，对仪表专业而言是“超”大型设备，小屋内装多台设备和辅助设施，它的搬运和就位必须制定详细的施工方案。在小屋运至现场前，应做好安装前的准备工作，首先要根据设计施工平面布置图放线定位，房基础尺寸宜稍大于房底座尺寸，基础一般为混凝土，基础平面标高应高于场地建筑自然水平标高，具体高度根据当地降雨量和疏排水情况而定，一般应高 10~15cm。基础平面应有排水坡度，地坪上是否设置硬质覆盖物由设计人员确定。关于运输路况，车辆车身长度、宽度、吨位，吊车吊装吨位、吊装指挥、人员配备、安全检查等事宜都应落实到位，方可进行吊装和定位安装。小屋就位后还应调整其水平度。

7.3　调节阀的安装

调节阀的安装状况关系到操作性能和安全程度。调节阀应严格按照工程要求和控制系统要求进行安装。

在安装调节阀之前，应该检查调节阀的质量，从外观检查开始，再检查运输过程中零件和附件有无丢失，螺丝是否松动，有无合格证。必要时，进行静态特性的检查或专项检查。在运输过程中被损坏的调节阀严禁安装使用。

调节阀的品种、类型越来越多，工艺配管越来越复杂，安装难度越来越大。在安装时应注意如下准则：

（1）确保安全性

① 防止泄漏。

安装过程不允许阀门产生泄漏。调节阀在使用过程中，如果在填料函、法兰垫片等部位形成缝隙或小孔就可能产生泄漏。如果流体介质的操作条件非常苛刻，例如高温、高压、流体有腐蚀性，那么损坏将越来越严重，泄漏越来越厉害。

在安装过程中，填料的选择、密封方法的选择、压力的降低、用密封性好的阀门，都是安装人员必须考虑的因素。

② 安装放空阀或排放阀。

任何一个管路设计和安装，在切断时都会不可避免地积留带压流体。如果积聚流体的潜在能量有很大危险性，应在调节阀的每一侧安装放空阀和(或)排放阀。

对于积聚有高压物料的阀门，要安装两个放空阀或排放阀。在两个阀门之间只积聚少量物料，同时能逐步释放系统的压力，在这个过程中调节阀必须打开。

在切断阀之间积留的大量高压流体可能会积聚相当大的力量，如果在泄放调节阀压力的操作中粗心大意，可能发生人身伤害事故。在系统切断之后，阀门中的系统压力还可以再保持一段时间，如果此时要维修这个阀门并把它打开或取走，则必须有降低压力的安全措施和排出积聚的有害流体的措施。

要选择一个能够限制流量的放空阀，以保护操作人员。如果流体含有悬浮颗粒，容易堵塞放空阀，为了安全放空，安装在管道顶部放空处的阀门要用大尺寸的排放阀。

③ 确保管线的安全性。

管线中的砂粒、水垢、金属屑及其他杂质会损坏调节阀的内壁，使其关闭不严，在安装调节阀之前，全部安装管线和管件应吹扫并净化。

如果被排放的流体是危险气体，放空管线要连接到安全地点。即使是不可燃气体，仍然要用放空管导出，避免吹出的气体夹带铁锈或其他杂物而伤害操作人员。如果排放的流体是危险性液体，应将排放管接到安全的容器中。操作期间，阀门温度可能很高或很低，必须有预防措施，防止烫伤或冻伤操作人员。

在安装螺纹连接的管件时，要避免密封剂掉到安装管道中。尽量少用密封剂，头两扣螺纹不要涂密封剂。可采用聚四氟乙烯密封条代替密封剂进行密封。

(2) 确保使用性能

安装调节阀时，要尽量使其性能不受动态影响。阀门在管道中的最好安装方法如下。

① 阀门的入口为直管段，流体进入阀门的压力稳定，阀门在每一开度都能保证有稳定不变的流量。图 1-7-28 所示的装置有良好的流动方式；而图 1-7-29 的配管方法不好，调节阀中的流体流动不稳定。

② 在图 1-7-28 的阀前、阀后安装有压力仪表，压力仪表显示的压力是稳定、真实的。从检查流动状态及系统故障的角度看，压力的精确测量很重要，有利于判断阀门的运转特性及故障状况。

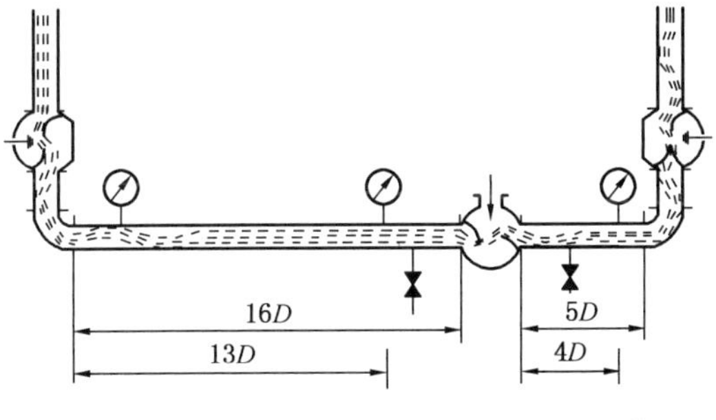

图 1-7-28　典型的上游和下游良好的配管

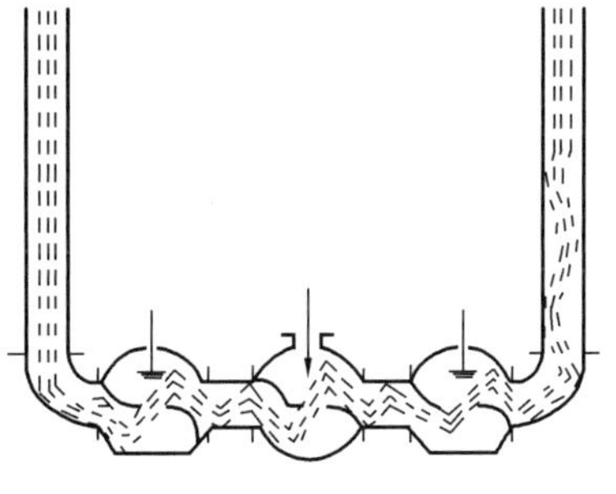

图 1-7-29　上游和下游不良的配管

③ 阀门入口的直管段越长，性能越好。直管段的经验长度一般是管道直径的 10~20 倍。

④ 阀门出口配管的直管段也要足够长，一般为管道直径的 3~5 倍。

（3）安装位置易于接近

调节阀安装时，必须考虑到调节阀在现场维修或拆卸，尤其是一些高位置的阀门，更需要留有维护调节阀所需的空间、间隙。安装位置应从以下角度考虑：

如果需要拆卸带有阀杆和阀芯的顶部组件，阀门的上方应留有足够的空间；如果需要拆卸底部法兰和阀杆、阀芯部件，阀门的底部应留空间。

如果需要拆卸阀门附件，如手轮、阀门定位器、保位阀等，阀门的侧面应留空间。

如果拆卸阀体法兰上的螺栓，应留有足够的空间。在设计用大小头连接调节阀入口和出口配管时必须考虑这个空间尺寸。如果是大口径阀，或者是高空管道上的阀，若不考虑这个问题，维修时装卸阀门将非常困难。

如图 1-7-30 所示，H_1 和 H_2 就是提供拆卸用的空间。一般 H_1 的最小值为 250mm，H_2 的最小值为 200mm。

大尺寸调节阀，例如一台有弹簧的气缸式执行机构大球阀，所占的空间很大，一方面要保证操作性能，另一方面要安装美观，如果这种阀门装在某些容器的附近，维修空间就更显重要。

球形阀和所有的直行程类阀门尽可能垂直安装，即执行机构应该装在阀的上方，这样的位置上阀盖连接件的弯曲位移和受到的应力最小，导向件的变形量最小。尽可能避免水平安装，如果不可避免，就一定要考虑到执行机构的重量、工作振动和作用力等因素的影响。

调节阀安装位置比较如图 1-7-31 所示，①是最佳安装位置，即垂直安装；⑤是最差位置，要尽量避免。

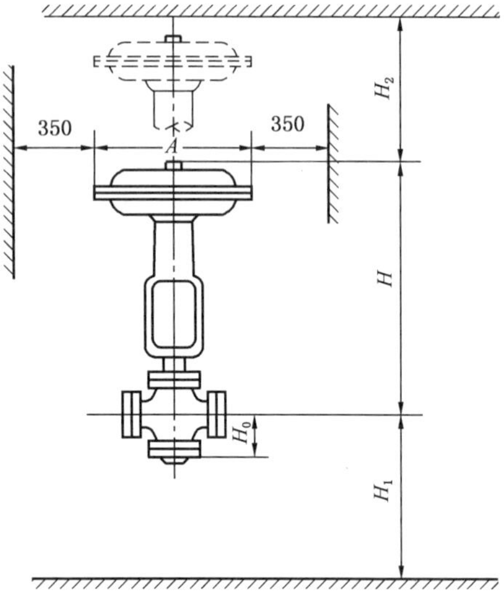

图 1-7-30 调节阀维修空间

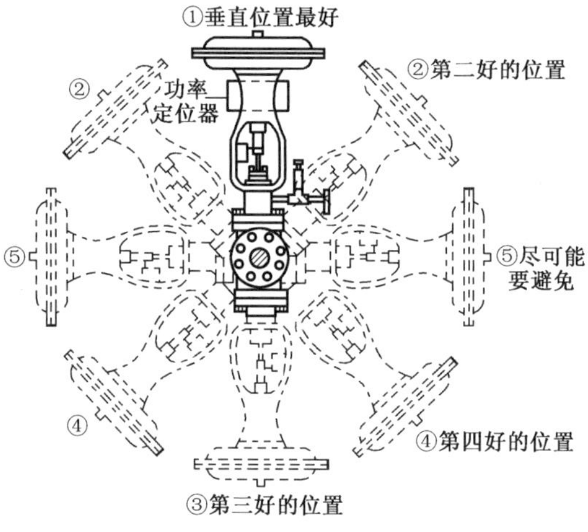

图 1-7-31 调节阀安装位置比较图

安装旋转式阀门时，阀杆水平安装是理想的位置，以防止管道低处的沉积物进入轴承。由于阀门关闭时流体中的固体颗粒沉积下来，因此球阀和蝶阀的打开方向要有利于排开这些固体，蝶阀的阀板和球芯转动时应该从底部向上转动（图 1-7-32）。旋转式阀门同样要装在有维修空间和维修方便的位置。

(4) 手动操作方便

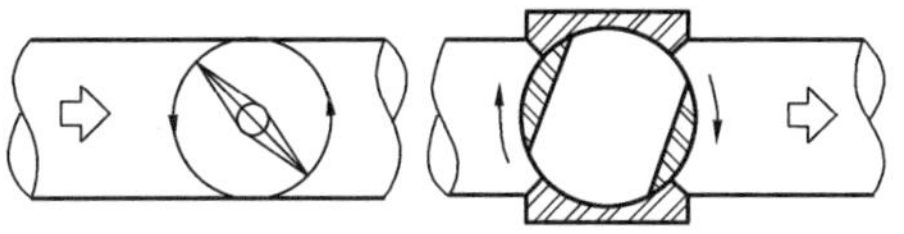

图 1-7-32　在水平管道中蝶阀和球阀的理想方向

① 阀门的安装位置要考虑操作方便。操作人员要能看到指示器的显示数据；能看到储罐的玻璃液位计，并能手动调节液位；能看到管道的压力仪表或阀杆位移刻度；能利用某些参数指示器来预估参数变化，例如利用蒸汽压力仪表的变化数据调节锅炉的给水量。

② 调节阀可有手轮机构，也可没有手轮机构，要根据实际情况选择旁路阀。旁路阀组合形式较多，现对图 1-7-33 所示的六种方案进行比较：

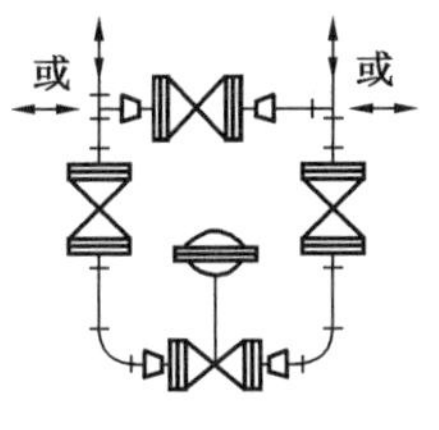

(a)方案A

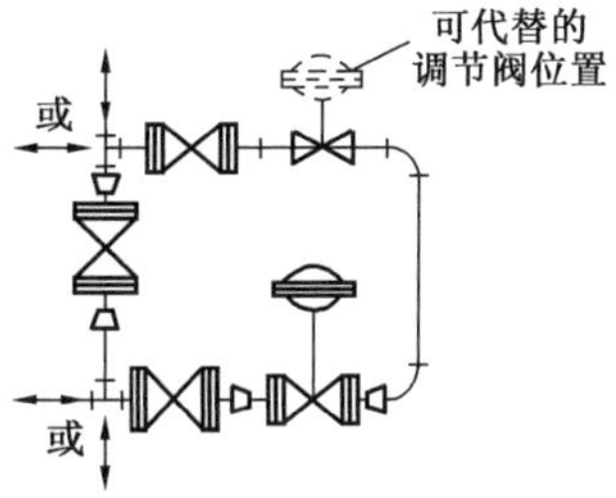

(b)方案B

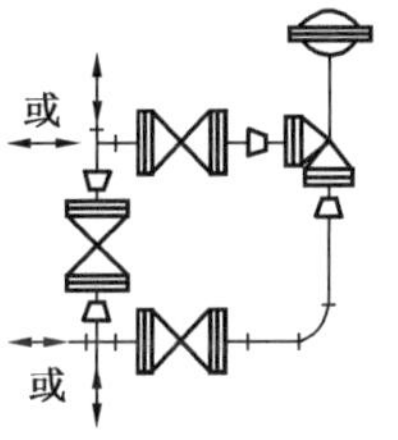

(c)方案C

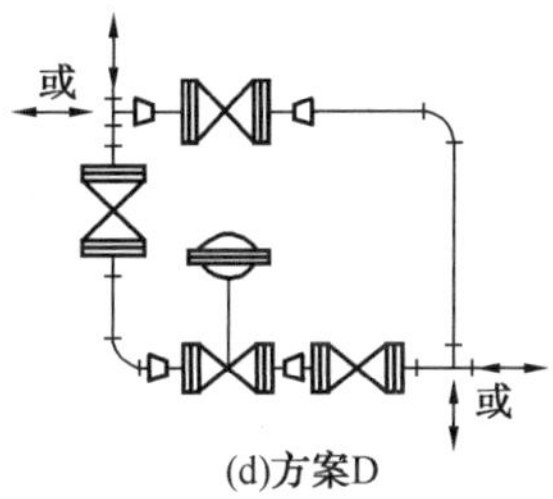

(d)方案D

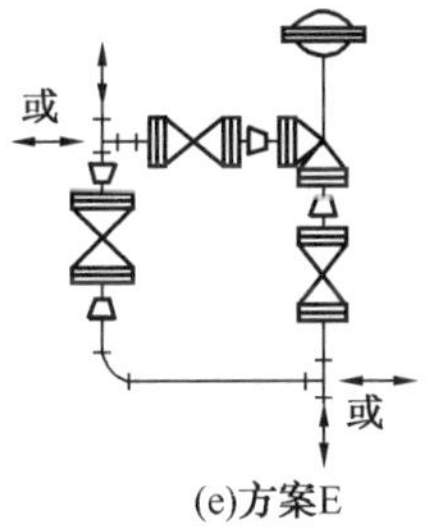

(e)方案E

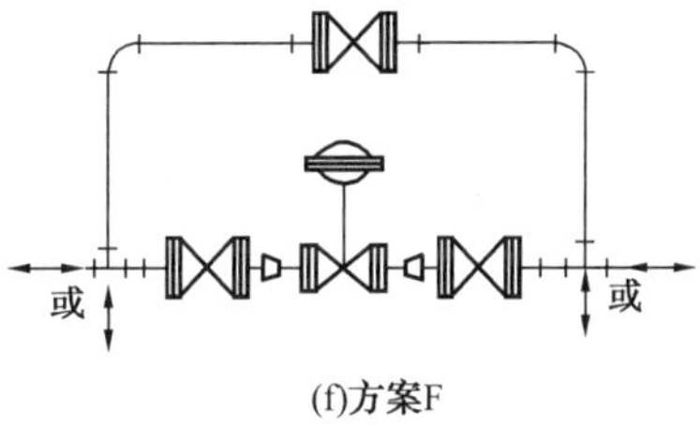

(f)方案F

图 1-7-33　旁路阀组合方案的比较

方案 A 比较好，布置紧凑，占地面积小，维修容易接近，系统易放空；

方案 B 推荐使用，调节阀容易接近，调节阀也可装于高位；

方案 C 经常用于角形阀，调节阀可自动排放；

方案 D 比较好，便于拆卸，能自动排放，但占地面积较大(相对方案 B 而言)；

方案 E 排列紧凑，但调节阀安装位置高，不易接近和装拆；

方案 F 是习惯采用的方案，推荐使用，旁路能自动放空，但由于两个切断阀与调节阀装于同一管线，占地面积较大，且安装拆卸较难。

高级工篇

第1章　石油化工自动化基本知识

运用石油化工自动化技术，建立石油化工自动控制系统的目的是使石油化工生产装置安全、稳定、高效地运行，为此，必须了解自动控制系统的被控对象，研究其动态特性，为建立控制系统提供依据。

本章结合石油化工生产过程的特点，主要介绍被控对象的类型和特性参数等基本概念，为学习自动控制系统奠定基础。

1.1　被控对象

自动控制系统是由被控对象、测量变送装置、控制器和执行器组成。系统的控制质量与组成系统的每一个环节的特性都有密切的关系，而且被控对象的特性对控制质量的影响很大。

在石油化工自动化中，常见的被控对象有各类换热器、精馏塔、流体输送设备和化学反应器等。此外，在一些辅助系统中，气源、热源及动力设备(如空压机、辅助锅炉、电动机等)也可能是被控对象。本章着重研究连续生产过程中各种被控对象的特性，因此有时也称研究过程的特性。

各种被控对象千差万别，有的被控对象很稳定，操作很容易；有的被控对象则不然，只要稍不小心就会超越正常工艺条件，甚至造成事故。有经验的操作人员往往很熟悉这些被控对象。在自动控制系统中，当采用一些自动化装置来模拟人工操作时，首先必须深入了解被控对象的特性，了解其内在规律，然后根据工艺对控制质量的要求，设计合理的控制系统，选择合适的被控变量和操作变量，选用合适的测量元件及控制器。在控制系统投入运行时，也要根据被控对象特性选择合适的控制器参数(也称控制器参数的工程整定)，使系统正常地运行。特别是一些比较复杂的控制方案设计，例如前馈控制、计算机优化控制等更是离不开被控对象特性的研究。

1.1.1　被控对象的通道

研究被控对象的特性，就是研究被控对象输入量与输出量之间的关系。在研究被控对象的特性时，一般将被控变量 y 看作被控对象的输出量，也叫输出变量，而将干扰作用 f 和控制作用 u 看作被控对象的输入量，也叫输入变量。干扰作用 f 和控制作用 u 都是引起被控变量 y 变化的因素。

由被控对象的输入变量至输出变量的信号联系称为通道。控制作用 u 至被控变量 y 间的通道称为控制通道；干扰作用 f 至被控变量 y 的通道称为干扰通道。在研究被控对象特性时，应预先指明被控对象的输入变量是什么，输出变量是什么，因为对于同一个被控对象，不同通道的特性可能是不同的，如图 2-1-1 所示。

1.1.2 被控对象的类型

在描述被控对象类型时，常常用"自衡性质"来区别自衡被控对象与非自衡被控对象两类不同被控对象。如图 2-1-2 所示，q_1 表示进入水槽的流量，q_2 表示离开水槽的流量，h 表示水槽中的水位高度，Δq_1、Δq_2 和 Δh 分别表示上述变量的增量。

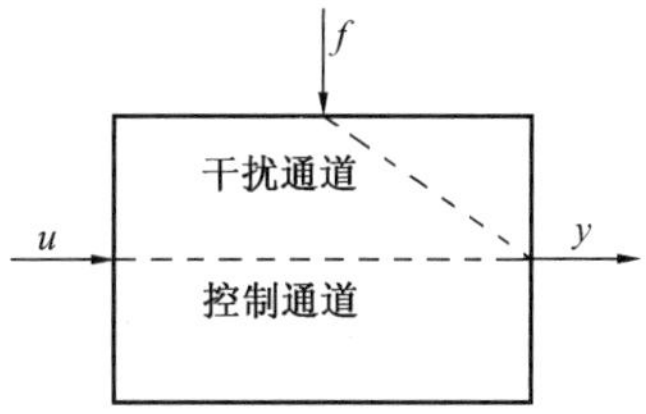

图 2-1-1 被控对象的输入输出量

在图 2-1-2(a)中，当 $q_1=q_2$ 时，水位稳定在 h 位置。若 q_1 增加 Δq_1，则水位上升。当水位上升时，虽然出口阀开度不变，但由于压头的升高，q_2 也将增加。直到水位上升到 $h+\Delta h$，$\Delta q_2=\Delta q_1$ 时，水位就稳定了。这种被控对象无须人工或自动装置改变出口阀的开度，即可自行达到新的平衡，即本身具备适应外界条件而自发地趋向平衡的被控对象，就是自衡被控对象。

在图 2-1-2(b)中，当 $q_1=q_2$ 时，水位稳定在 h 位置。若 q_1 增加 Δq_1，水位上升。由于水槽出口是泵而不是阀，泵出口流量即水槽出口流量 q_2 不受水位波动的影响，将稳定不变，故水位会无休止地上升，直到溢出。这种不具备适应外界条件而自发地趋向平衡的被控对象，是非自衡被控对象。

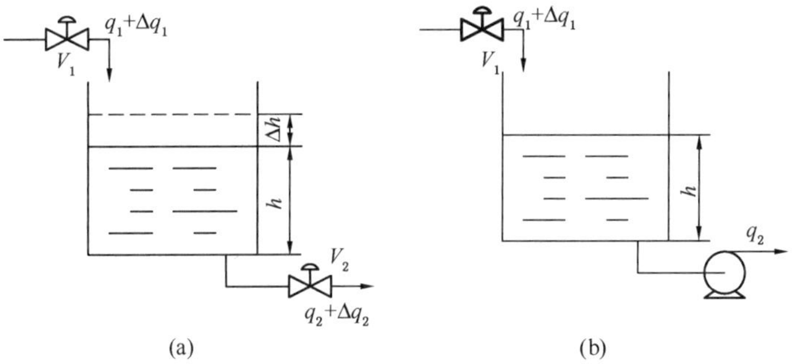

图 2-1-2 自衡被控对象与非自衡被控对象

1.2 被控对象特性参数

1.2.1 被控对象的容量与容量系数

被控对象都具有一定的容量，例如流体系统中的储罐或储槽，传热系统中的热容等。容量是指被控对象容纳物质或能量的能力，其作用相当于输入量与输出量之间的缓冲器。

描述被控对象容纳能力的参数称为被控对象的容量系数。容量系数可定义为

容量系数=被控对象容纳的物质或能量的变化量/输出的变化量

容量系数表示被控对象抵抗扰动的能力。对不同的被控对象，容量系数有不同的物理意义，如水箱的横截面积，电容器的电容量，热力系统的热容量等。水箱的横截面积越大，在相同流入量的情况下，水位上升得越慢；电路的电容量越大，在同样充电电流下，电压上升得越慢。可见，容量系数是影响被控对象动态特性的重要因素。

只有一个独立容量的被控对象称为单容被控对象，具有两个或两个以上独立容量的被控对象称为双容或多容被控对象。由两个串联水槽组成的被控对象就是典型的双容被控对象。

1.2.2 放大系数

对于如图 2-1-2(a)所示的简单水槽被控对象，当流入流量 q_1 发生一个阶跃变化后，液位 h 也会有相应的变化，并会稳定在某一新的位置上。如果将流量 q_1 的变化看作被控对象的输入，而液位 h 的变化看作被控对象的输出，那么在稳定状态时，被控对象一定的输入就对应着一定的输出，这种特性称为被控对象的静态特性。

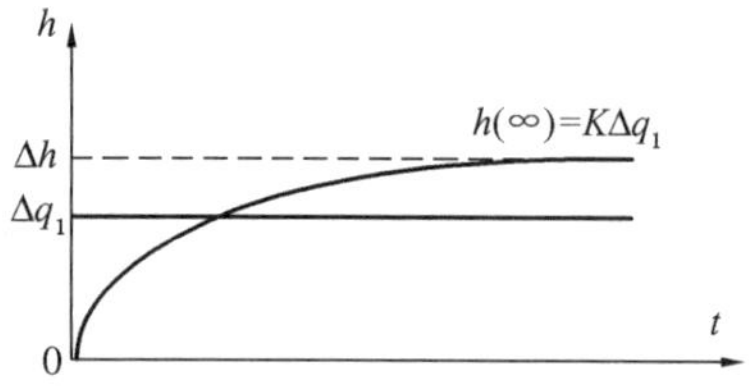

图 2-1-3 水槽液位阶跃响应

假定 q_1 的变化量用 Δq_1 表示，h 的变化量用 Δh 表示。在一定的 Δq_1 下，h 的变化情况如图 2-1-3 所示。在重新达到稳定状态后，一定的 Δq_1 对应着一定的 Δh 值，即 $\Delta h = K\Delta q_1$。

K 在数值上等于被控对象重新稳定后的输出变化量与输入变化量之比。或者说，如果输入变化量为 Δq_1，通过对象后就被放大了 K 倍变为输出变化量 Δh。因此，称 K 为被控对象的放大系数。由于 K 与输出参数变化过程无关，只与过程的初、终两点有关，所以它是表征被控对象静态特性的参数。利用放大系数可以获得任何幅度阶跃干扰下输出的静态响应。

被控对象的放大系数 K 越大，就表示被控对象的输入量有一定变化时，对输出量的影响越大。在工艺生产中，常常会发现有的阀门对生产影响很大，开度稍微变化就会引起被控对象输出量大幅度的变化，甚至造成事故；有的阀门则相反，开度的变化对生产的影响很小。这说明在一个设备上，各种量的变化对被控变量的影响是不一样的。换句话说，就是各种量与被控变量之间的放大系数有大有小。放大系数越大，被控变量对这个量的变化就越灵敏，这在选择自动控制方案时是需要考虑的。

下面以合成氨装置的一氧化碳变换过程为例来说明不同变量的变化对被控变量的放大系数是不相同的。图 2-1-4 所示的变换过程，是将一氧化碳和水蒸气在催化剂存在的条件下在变换炉中发生作用，生成氢气和二氧化碳，同时放出热量。该过程要求一氧化碳的转化率要高，蒸汽消耗量要少，催化剂使用寿命要长。生产上通常用变换炉一段反应温度作为被控变量，来间接地控制转换率和其他指标。

影响变换炉一段反应温度的因素很多，其中主要有冷激气流量、蒸汽流量和半水煤气流量。改变阀门 1、2、3 的开度就可以分别改变冷激气量、蒸汽量和半水煤气量的大小。如果改变冷激气量、蒸汽量和半水煤气量的百分数是相同的，那么变换炉一段反应温度的变化情况如图 2-1-5 所示。

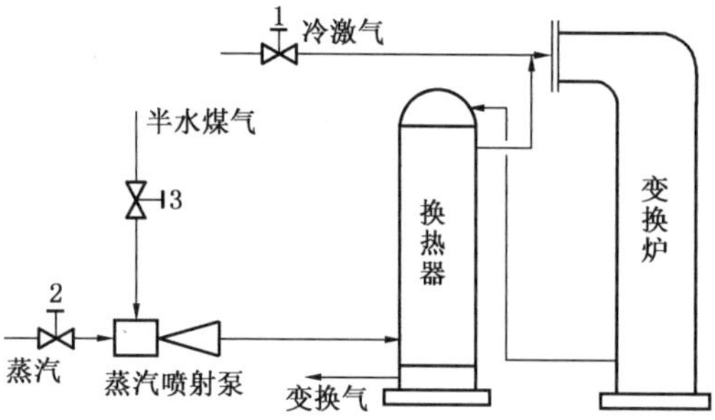

图 2-1-4 合成氨装置一氧化碳变换过程示意图

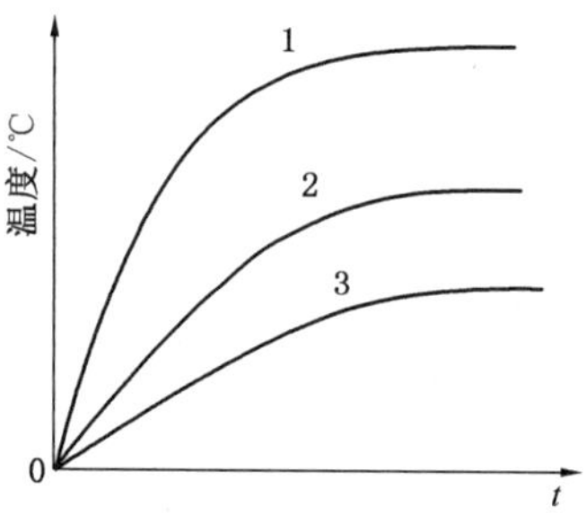

图 2-1-5 不同输入作用时的被控变量变化曲线

图 2-1-5 中，曲线 1、2、3 分别表示冷激量、蒸汽量、半水煤气量改变时的温度变化曲线。由该图可以看出，当冷激量、蒸汽量、半水煤气量改变的相对百分数相同时，稳定以后，曲线 1 的温度变化最大，曲线 2 次之，曲线 3 的温度变化最小。这说明冷激量对温度的相对放大系数最大，蒸汽量对温度的相对放大系数次之，半水煤气量对温度的相对放大系数最小。

1.2.3 时间常数

从大量的生产实践中发现，有的被控对象受到干扰后，被控变量变化很快，能迅速地达到稳定值；有的被控对象在受到干扰后惯性很大，被控变量要经过很长时间才能达到新的稳态值。

从图 2-1-6 中可以看到，截面积较大的水槽与截面积较小的水槽相比，当进口流量改变同样一个数值时，截面积小的水槽液位变化很快，并迅速趋向新的稳态值。而截面积大的水槽容量系数大，惰性大，液位变化慢，须经过较长时间才能稳定，新的稳态值也不相同。同样道理，夹套蒸汽加热的反应器与直接蒸汽加热的反应器相比，当蒸汽流量变化时，直接蒸汽加热的反应器内反应物的温度变化比夹套加热的反应器来得快。在自动化领域中，被控对象的这种特性用时间常数 T 来表示，时间常数越大，表示被控对象受到干扰作用后被控变量变化越慢，到达新的稳定值所需的时间越长。

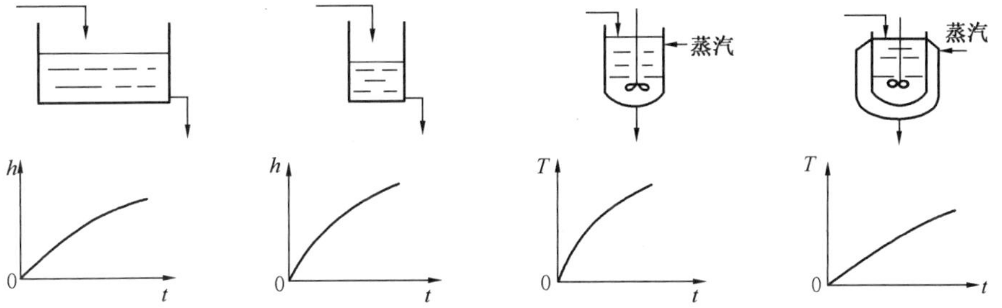

图 2-1-6　不同时间常数对象的响应曲线

下面结合图 2-1-2(a)所示的水槽例子，来说明放大系数 K 和时间常数 T 的物理意义。

根据前面的说明，简单水槽的被控对象特性可用一阶微分方程描述，这类被控对象称为一阶被控对象。简单水槽的特性可表示为

$$T\frac{\mathrm{d}h}{\mathrm{d}t}+h=Kq_1$$

式中，K 是被控对象的放大系数。

假定 q_1 为阶跃作用，即 $t<0$ 时，$q_1=0$；$t\geqslant 0$ 时，$q_1=A$，如图 2-1-7(a)所示。为了求得在 q_1 作用下 h 的变化规律，可以对上述微分方程式求解，得

$$h(t)=KA(1-\mathrm{e}^{-t/T})$$

上式就是被控对象在受到阶跃作用 $q_1=A$ 后，被控变量 h 随时间变化的规律，称为被控变量过渡过程的函数表达式。根据该式可以画出 $h-t$ 曲线，称为阶跃响应曲线，如图 2-1-7(b)所示。

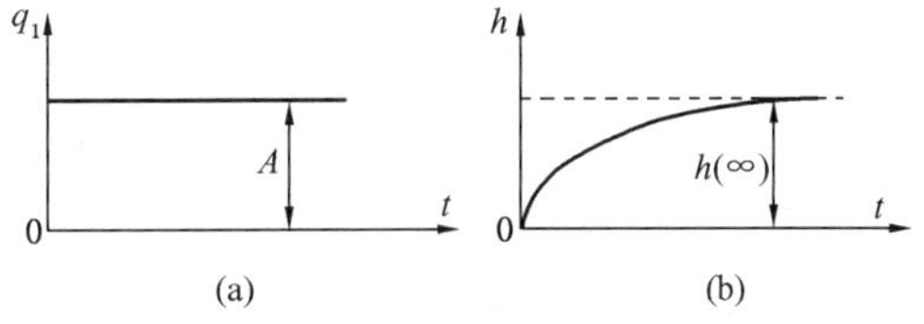

图 2-1-7　阶跃响应曲线

从图 2-1-7 可以看出，被控对象受到阶

跃作用后，被控变量就发生变化，当 $t\to\infty$ 时，被控变量不再变化而达到了新的稳态值 $h(\infty)$，此时

$$h(\infty)=KA \text{ 或 } K=\frac{h(\infty)}{A}$$

可见，K 是被控对象受到阶跃输入作用后，被控变量新的稳定值与所加的输入量之比，它表示被控对象受到输入作用后，重新达到平衡状态时的性能，不随时间而变，所以是被控对象的静态性能。对于简单水槽被控对象，放大系数 K 只与出水阀的阻力有关，当出水阀的开度一定时，放大系数就是一个常数。

当 $t=T$ 时，就可以求得

$$h(T)=KA(1-e^{-t/T})=0.632KA=0.632h(\infty)$$

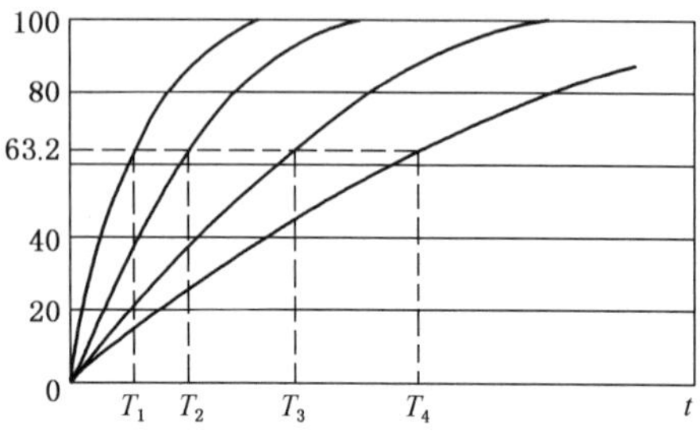

图 2-1-8　不同时间常数下的响应曲线

从式中可见，T 表示被控对象在阶跃输入情况下，被控变量达到新的稳态值的 63.2% 所需的时间，这个时间就是被控对象的时间常数。显然，时间常数越大，被控变量的变化就越慢，达到新的稳定值所需的时间就越长。在图 2-1-8 中，四条曲线分别表示时间常数为 T_1、T_2、T_3、T_4 的被控对象，在相同的阶跃输入作用下被控变量的响应曲线。显然，$T_1<T_2<T_3<T_4$。时间常数大的被控对象（例 T_4 所表示的被控对象），对输入的反应比较慢，可以认为它的惯性也比较大。

在输入作用加入的瞬间，图 2-1-2(a) 所示水槽水位 h 的变化速度为

$$\frac{dh}{dt}=\frac{KA}{T}e^{-t/T}$$

由上式可以看出，在过渡过程中，被控变量变化速度是越来越慢的，当 $t=0$ 时，有

$$\left.\frac{dh}{dt}\right|_{t=0}=\frac{KA}{T}=\frac{h(\infty)}{T}$$

当 $t\to\infty$ 时，有

$$\left.\frac{dh}{dt}\right|_{t\to\infty}=0$$

$t=0$ 时，h 变化的速度为其初始速度，也就是阶跃响应曲线在起始点时的切线斜率，如图 2-1-9所示。由于切线的斜率为$\frac{h(\infty)}{T}$，所以这条切线在新的稳定值 $h(\infty)$ 上截得的一段时间正好等于 T。因此，时间常数 T 的物理意义也可以理解为：当被控对象受到阶跃输入作用后，被控变量以初始速度变化到新的稳态值所需的时间。实际上，被控变量的变化速度是越来越小的。所以，被控变量达到新的稳态值所需要的时间，要比 T 长得多。理论上说，需要无限长的时间才能达到稳态值。从前面的推导可以看出，只有当 $t\to\infty$ 时，才有 $h=KA$。但是当 $t=3T$ 时，有

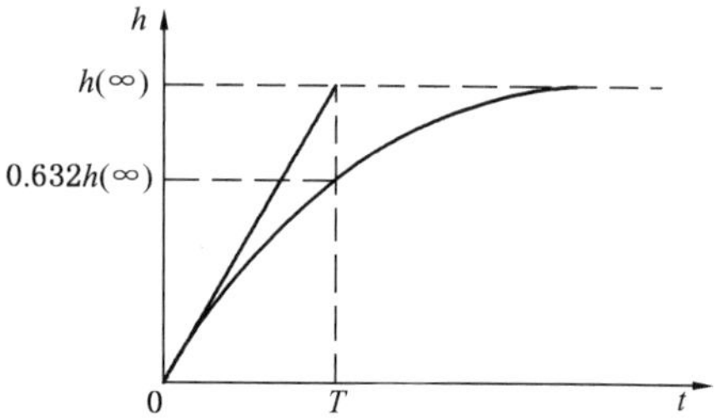

图 2-1-9　时间常数 T 的求法

$$h(3T) = KA(1 - e^{-3}) = 0.95KA = 0.95h(\infty)$$

也就是说，加入输入作用后，经过 $3T$ 时间，被控变量已经变化了全部变化量的95%。这时，可以近似地认为动态过程基本结束。所以，时间常数 T 是表示在输入作用下，被控变量完成其变化过程所需要的时间的一个重要参数。

1.2.4 被控对象的滞后

前面介绍的简单水槽被控对象在受到输入作用后，被控变量立即以较快的速度开始变化，这种被控对象用时间常数 T 和放大系数 K 两个参数就可以完全描述它们的特性。但是有的被控对象在受到输入作用后，被控变量却不是立即发生变化，这种现象称为滞后现象。根据滞后性质的不同，可分为两类，即传递滞后和过渡滞后。

1. 传递滞后

传递滞后又叫纯滞后，一般用 τ 表示。τ 的产生一般是由于介质的输送或能量的传递需要一段时间。从测量方面来说，由于测量点选择不当、测量元件安装不合适等原因也会造成传递滞后。

图 2-1-10 是一个蒸汽直接加热器。如果以进入加热器的蒸汽量 q 为输入量，实际测得的溶液温度 T 为输出量，并且测温点不是在槽内，而是在出口管道上，测温点离槽的距离为 L。那么，当加热蒸汽量增大时，槽内温度升高，然而槽内溶液流到管道测温点处还要经过一段时间 τ。所以，相对于蒸汽流量变化的时刻，实际测得的溶液温度 T 要经过时间 τ 后才开始变化。这段时间 τ 亦为纯滞后时间。由于测量元件或测量点选择不当引起纯滞后的现象在成分分析过程中尤为常见。安装成分分析仪表时，取样管线太长，取样点安装离设备太远，都会引起较大的纯滞后时间，这是在实际工作中要尽量避免的。

图 2-1-11 表示有纯滞后和无纯滞后的一阶阶跃响应曲线。x 为输入量，$y(t)$ 为无纯滞后时的输出量，$y_1(t)$ 为有纯滞后时的输出量。比较两条响应曲线，它们除了在时间轴上前后相差一个 τ 的时间外，其他形状完全相同。也就是说，纯滞后被控对象的特性是当输入量发生变化时，其输出量不是立即反映输入量的变化，而是要经过一段时间 τ 以后，才开始等量地反映无滞后时的输出量的变化。因此，有纯滞后的一阶被控对象可描述为

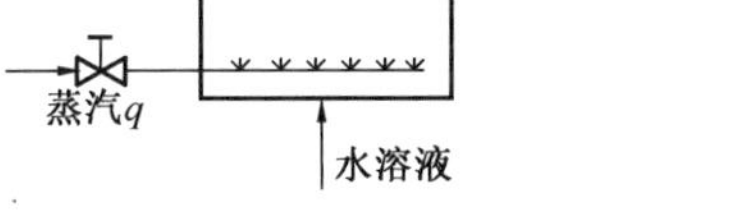

图 2-1-10 蒸汽直接加热器

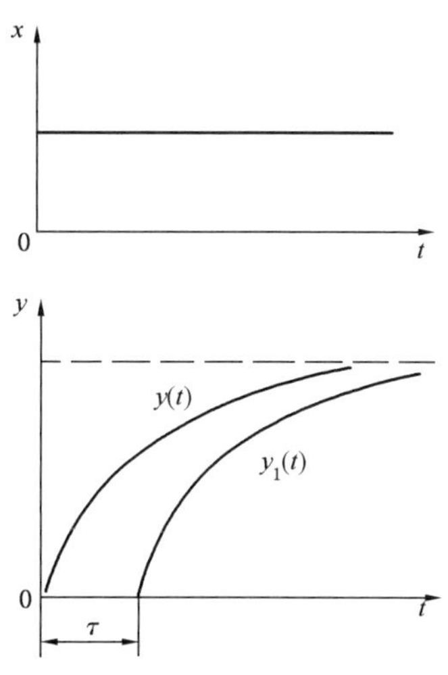

图 2-1-11 有、无纯滞后的一阶阶跃响应曲线

$$y_1(t)=\begin{cases}y(t-\tau) & t>\tau\\0 & t\leqslant\tau\end{cases}$$

2. 过渡滞后

有些被控对象在受到阶跃输入作用 x 后，被控变量 y 开始变化很慢，后来才逐渐加快，最后又变慢直至逐渐接近稳定值，这种现象叫容量滞后或过渡滞后，其响应曲线如图 2-1-12所示。

容量滞后一般是由于物料或能量的传递需要克服一定阻力。由两个水槽串联形成的被控对象就具有明显的容量滞后，如图 2-1-13 所示。

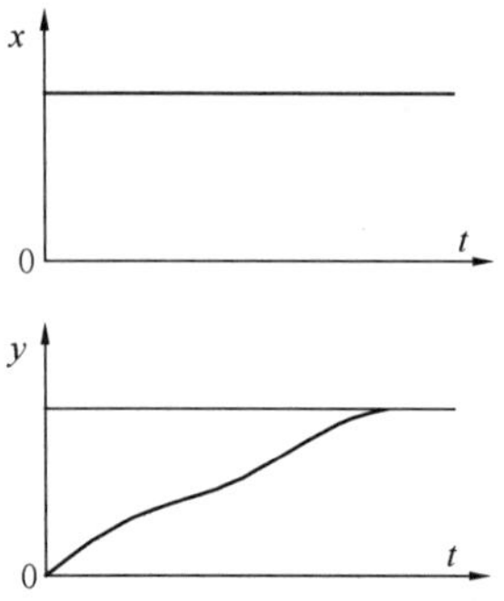

图 2-1-12　具有容量滞后被控对象的响应曲线

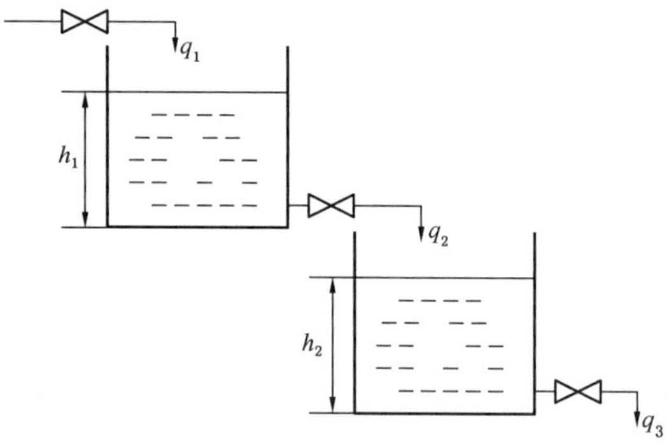

图 2-1-13　串联水槽被控对象

自动控制系统中，滞后的存在不利于控制。也就是说，系统受到干扰作用后，由于存在滞后，被控变量的特性不能立即反映出来，于是就不能及时产生控制作用，整个系统的控制质量就会受到严重的影响。所以，在设计和安装控制系统时，要尽量把滞后时间减到最小。例如，在选择控制阀与检测点的安装位置时，应选取靠近被控对象的有利位置。从工艺角度来说，应通过工艺改进，尽量减少或缩短那些不必要的管线及阻力，以利于减少滞后时间。

第 2 章　过程仪表选型

仪表的使用目的和安装环境多种多样，仪表的工作原理和适用范围也各不相同。仪表选型就是要在众多的仪表品种中，扬长避短，选择最合适的仪表。本章主要介绍温度、压力、流量、物位检测仪表以及调节阀的选型过程需要考虑的主要因素和基本方法。

2.1　过程变量的特点

石油化工生产过程中，大量的过程变量需要测量和控制。既有常温、常压等过程变量，也有高温、高压、低温、低压、易燃、易爆、高黏度及腐蚀性等介质的过程变量，过程变量的动态特性也不相同，有的变化缓慢有的变化迅速，因此，了解被测、被控过程变量的静态特性和动态特性是选好仪表的关键。

石油化工过程中最常用的测量和控制变量是温度、压力、流量和物位变量。

① 温度变量　温度是表征物体冷热程度的物理量，不能直接测量，只能借助于冷热不同的物体之间的热交换，以及物体的某些物理性质随冷热程度不同而变化的特性间接测量。根据测温的方式可把测温分为接触法与非接触法两类。

② 压力变量　石油化工过程都是在一定的压力条件下进行的，并且所处的条件也不相同。有的过程需要高压，例如高压聚乙烯要在 240MPa 以上的高压下生产；有的过程需要低压，甚至有的过程在真空条件下进行，例如炼油厂的减压装置在真空度 3~6kPa 的条件下操作。有些压力变量具有超高压、高度真空和脉动等特点，有时还需要测量高温、低温、强腐蚀及易燃易爆介质的压力。

③ 流量变量　流体形态有气体、液体、固体和两相流体，流体流动状态有层流、紊流和脉动流，流体本身有低黏度、高黏度及强腐蚀性等不同特性，流量范围从每秒数滴到每小时数百吨不等。控制流量还是控制温度、压力和物位等其他过程变量的手段。面对如此复杂的情况和要求，必须针对不同的情况采用不同的测量方法、测量仪表和控制阀。流量测量方法和仪表种类繁多，新的测量方法和新的仪表仍在不断涌现。

④ 物位变量　在石油化工过程的物位测量中，不仅有常温、常压、一般性介质的液位、料位、界面的测量，也常常会遇到高温、低温、高压、易燃易爆、黏性及多泡沫沸腾状介质的物位测量问题。

2.2　温度仪表

温度检测仪表种类繁多，不同的测量环境和测量要求要选用不同的测量方法和温度仪表。一般来讲，生产装置上较重要的温度点都需要集中监控，因此应选用远传式温度检测仪表；为使操作人员在现场巡检时能方便地检测温度点，应采用就地温度检测仪表。选择温度检测仪表时，应从以下方面着手。

2.2.1　就地温度仪表的选用

对于就地温度测量仪表，准确度等级一般选 1.5 级或 1 级。双金属温度计结构简单，价格低廉，维护方便，具有一定的耐振、耐冲击能力，是石油化工生产装置就地温度测量仪表的首选。

对于测量-80℃以下低温、无法近距离观察、有振动及精确度要求不高的温度，常采用压力式温度计。

辐射高温计因携带方便，常被用于临时高温测量。

玻璃温度计仅用于测量精确度较高、振动较小、无机械损伤、观察方便的特殊场合，如实验室。玻璃水银温度计易受损伤造成汞污染，一般不建议使用。

温度测量仪表的最高测量值不大于仪表测量范围上限值 90%，正常测量值在仪表测量范围上限值的 1/2 左右。压力式温度计测量值应在仪表测量范围上限值的 1/2~3/4。

2.2.2 温度检测元件的选用

远传式温度检测仪表主要使用热电偶和热电阻作为测温元件。热电偶适合一般场合，而热电阻适合测量准确度要求高，无振动的场合。热电偶和热电阻一般根据测温范围选用。

表 2-2-1 为常用热电偶的技术性能，表 2-2-2 为常用热电阻的技术性能。

表 2-2-1 常用热电偶的技术性能

热电偶名称	分度号	热电极材料		测温范围/℃	
		正热电极	负热电极	长期使用	短期使用
铂铑$_{30}$-铂铑$_{6}$	B	铂铑$_{30}$合金	铂铑$_{6}$ 合金	300~1600	1800
铂铑$_{10}$-铂	S	铂铑$_{10}$合金	纯铂	-20~1300	1600
镍铬-镍硅	K	镍铬合金	镍硅合金	-50~1000	1200
镍铬-铜镍	E	镍铬合金	铜镍合金	-40~800	900
铁-铜镍	J	铁	铜镍合金	-40~700	750
铜-铜镍	T	铜	铜镍合金	-40~300	350

表 2-2-2 常用热电阻的技术性能

名称		分度号	温度范围	温度为 0℃时的电阻 R_0/Ω	电阻比 R_{100}/R_0
标准热电阻	铂电阻	Pt10	-200~850/℃	10±0.01	1.385±0.001
		Pt50		50±0.05	1.385±0.001
		Pt100		100±0.1	1.385±0.001
	铜电阻	Cu50	-50~150/℃	50±0.05	1.428±0.002
		Cu100		100±0.1	1.428±0.002
	镍电阻	Ni100	-60~180/℃	100±0.1	1.617±0.003
		Ni300		300±0.3	1.617±0.003
		Ni500		500±0.5	1.617±0.003
低温热电阻	铟电阻		3.4~90K	100	
	铑铁热电阻		2~300K	20、50 或 100	$R_{4.2K}/R_{273K}$约为 0.07
	铂钴热电阻		2~100K	100	$R_{4.2K}/R_{273K}$约为 0.07

需要注意的是，不同热电偶需配用不同的补偿导线，常见补偿导线见表 1-3-2。测量设备、管道外壁、转动物体表面温度时，应选用表面热电偶或表面热电阻。在一个测温点需要

测量多点温度时，应选用多点式专用热电偶。测量流动的含固体硬质颗粒的介质时，应选耐磨热电偶。对测温元件有弯曲安装或快速响应要求时，应选用铠装热电偶、热电阻。

2.2.3 环境因素的考虑

温度仪表安装环境不同，采用的仪表接线盒也不同。根据不同的安装场所，可选用普通型、防溅型和防爆型接线盒。

在某些具有特殊介质或特殊测量场合，需要选用特殊的测温元件。例如：在爆炸危险场所，应选用隔爆型热电偶、热电阻；在温度大于 850℃，氢含量大于 5%的还原性气体、惰性气体及真空场所，应选用吹气热电偶或铼钨热电偶。

另外，要根据被测工艺介质的特性，选择性能稳定、抗腐蚀、抗氧化、价格又较便宜的保护套管。

2.3 压力仪表

压力仪表的选用要根据工艺生产过程对压力测量的要求，结合压力仪表品种性能及其他各方面的情况，主要从测量准确度、测量范围和材质等方面，加以分析选用。

2.3.1 压力仪表准确度的选用

压力仪表准确度是根据工艺生产上所允许的最大测量误差来确定的。一般来说，所选用的仪表准确度越高，则测量结果越精确、可靠。但不能认为选用的仪表准确度越高越好，因为越精密的仪表，价格越贵，操作和维护越费事。因此，在满足工艺要求的前提下，应尽可能选用准确度较低、价廉耐用的仪表。

对于安装在生产装置中的管道和设备上的就地压力仪表，宜选用径向无边、表壳直径为 100mm 或 150mm 的压力仪表。

当测量结果需要采用标准信号远程传输时，一般选用压力(差压)变送器。在易燃易爆危险场所，应选用隔爆型或本安型的压力变送器。测量微小压力或负压时，宜选用差压变送器。对黏稠、易结晶、含有固体颗粒的介质或腐蚀性介质，应选用法兰式压力变送器。在对测量准确度要求不高时，可选择电阻或电感式、霍尔效应式远传压力仪表。

2.3.2 压力仪表量程的选用

为了延长仪表使用寿命，避免弹性元件因受力过大而损坏，压力计的上限值应该高于工艺生产中可能的最大压力值。在测量稳定压力时，正常操作压力应为量程的 1/3～2/3；测量脉动压力时，正常操作压力应为量程的 1/3～1/2；测量压力大于 4MPa 时，正常操作压力应为量程的 1/3～3/5；测量机泵出口压力时，压力仪表的量程应接近或大于机泵出口最大压力。

为了保证测量值的准确度，所测的压力值不能太接近于仪表的下限值，一般被测压力的最小值不低于仪表满量程的 1/3。

2.3.3 压力仪表弹簧管材质的选用

压力仪表弹簧管材质的选用必须满足工艺生产的要求，根据被测介质的物理化学性能(如腐蚀性、温度高低、黏度大小、脏污程度、与某元素有特殊反应和易燃易爆性能等)和现场环境条件(如高温、电磁场、振动及现场安装条件等)，确定压力仪表有无特殊要求。总之，根据工艺要求正确选用压力仪表的弹簧管材质是保证仪表正常工作及安全生产的重要前提。

例如，普通压力计的弹簧管多采用铜合金，高压的也有采用碳钢的，而氨用压力计弹簧管的材料却都采用碳钢，不允许采用铜合金。由于氨气对铜的腐蚀性极强，所以普通压力计用于氨气压力测量时很快就要损坏。

氧气压力计与普通压力计在结构和材质上完全相同，只是氧用压力计禁油，因为油进入氧气系统易引起爆炸，所以氧气压力计在校验时，不能用变压器油作为工作介质，并且氧气压力计在存放中要严格避免接触油污。当必须采用现有的带油污的压力计测量氧气压力时，使用前必须用四氯化碳反复清洗，认真检查直到无油污时为止。

2.4 流量仪表

被测流体、被控对象状况复杂，流量测量仪表种类繁多，各种流量计各有特点，流量测量仪表的选用比较复杂。具体选用流量计时，应符合 SH/T 3005—2016《石油化工自动化仪表选型设计规范》等规范和标准的要求。

2.4.1 影响选用的因素和选用步骤

选用流量测量仪表之前，必须分析以下 5 个方面的因素：

① 仪表性能(技术指标)方面，包括准确度、重复性、线性、范围度、流量范围、压力损失、耐压等级、信号输出特性、电源要求、防爆等级、响应时间等。

② 被测流体特性方面，包括流体的温度、压力、密度、黏度、化学腐蚀性、磨损性、结垢、悬浮物、沉淀物、混相、相变(汽化、冷凝)、电导率、导热性、声速、比热容等。

③ 安装条件方面，包括管道布置、流动方向、检测件上下游直管段长度、管道口径、维修空间、电源、接地、辅助设备(过滤器、消气器等)安装等。

④ 环境条件方面，包括环境的温度、湿度、电磁干扰、安全性、防爆性、振动性等。

⑤ 性能价格比方面，包括仪表购置费、安装费、运行费(包括能耗费)、校验(检定)费、维修费、使用寿命、备品备件等。

流量测量仪表的选用一般按以下主要步骤进行：

① 依据上述影响仪表选用的 5 个方面的因素，初选可用仪表类型(最好选几种，方便选择)；

② 对初选类型进行资料和价格信息收集，为进一步分析、比较做准备；

③ 重复采用淘汰法，逐步将可用仪表类型集中到 1~2 种，然后再次从上述 5 个方面进行分析比较，最后确定一种仪表。

2.4.2 各种流量计的应用条件

流量测量仪表种类繁多，不同流量计对具体应用条件有不同的要求。常见流量计的应用条件如下：

(1) 容积式流量计选用要求

① 介质洁净、黏度较大；

② 对流量计测量准确度要求较高；

③ 量程比要求小于 10∶1；

④ 应配置过滤器。对含有少量气体的介质测量，应配置消气器。

（2）速度式流量计选用要求

① 洁净的气体和黏度不大的液体可选用涡轮或涡街流量计。

② 准确度要求较高，量程比不大于 10∶1 的可选用涡轮流量计。

③ 流体黏度较高，且含有少量固体颗粒时，可选用靶式流量计。

④ 具有导电性的(电导率大于 10μS/cm)水、污水及水溶液流体，对有耐腐蚀性和耐磨性要求的流体可选用电磁流量计和超声波流量计。

⑤ 介质为干净的气体或液体，雷诺数为 200~1000000 时，可选用差压式流量计，如标准节流装置、非标准节流装置、V 形内锥流量计、均速管流量计等。对于测量高黏度、低流速(雷诺数低至 100)的流体(如渣油、沥青等)可选用楔形流量计。

⑥ 对于流量不大，测量准确度要求不高于 1.5 级，量程比要求不大于 10∶1 的可选用转子流量计(恒压降式流量计)。

（3）质量流量计选用要求

① 需要直接精确测量流体质量流量或密度时，可选用质量流量计；

② 测量气体的质量流量时，气体密度必须在 $5kg/m^3$ 以上时，方可选科氏质量流量计，否则可选用热式质量流量计。

2.5 物位仪表

物位包括液位、界面和料位，选择合适的测量仪表是保证测量的准确性，确保安全生产的前提。

选用液位、界面测量仪表时，通常要考虑下列因素：

① 液位、界面的测量范围和准确度要求，仪表的显示方式和调节功能；

② 被测介质的特性，包括温度、压力、密度及介质是否脏污，是否含有固体颗粒，是否会汽化，是否有腐蚀性、结焦及黏稠等；

③ 在测量区域内介质是否有扰动；

④ 仪表安装场所，包括仪表安装的高度和防爆要求等；

⑤ 仪表的准确度等性能指标是否能满足测量要求，仪表日常维护量的大小。

对于大多数工艺被控对象的液位测量，可选用差压式液位计、浮筒式液位计和浮子式液位计。

差压式液位计是使用最多的液位、界面测量仪表，可用于大多数情况下的液位和界面测量。随着技术的进步，差压变送器性能不断提高，本身的维护量越来越少，但是与其配套的附件维护量较大。如果引压管内的介质是气体，工作时间长了，会冷凝析出液体，在引压管内形成小的液柱，液柱随气流的移动会引起变送器的零点漂移。如果被测介质有腐蚀性或含有颗粒或是黏性物质，则需要在引压管内灌注隔离液、装封液罐等。

浮筒式液位计适用于测量范围在 2000mm 以内，密度为 $0.5 \sim 1.5g/cm^3$ 的液体介质液面的测量；密度差为 $0.2g/cm^3$ 或以上的液体界面的测量。浮筒式液位计不适用于结晶、黏稠、含悬浮物介质的液位测量。浮筒式液位计结构比较复杂，机械零部件多，扭力管易损坏，因此仪表的维护工作量较大。

内浮筒液位变送器易受介质的冲击，因此适用于平稳液位的测量。

浮子式液位计一般较适用于大型储罐、清洁介质的液位测量。

对于腐蚀性、结晶、黏稠、易汽化和含悬浮物的介质，宜选用平法兰式差压变送器；对于高结晶、高黏性、高结胶性和沉淀性介质，宜选用插入式法兰变送器；当气相有大量冷凝液或沉淀物析出时，可选用双法兰式差压变送器。

当选用法兰式变送器测量液位或界面时，要考虑以下因素：

① 法兰变送器由于隔离膜片的弹性和非线性、毛细管的阻尼等问题，其准确度一般低于变送器本身的准确度；

② 由于法兰变送器内膜盒所填充的高温硅油最高温度为350℃，因此法兰变送器所测介质的温度要小于300℃；

③ 法兰变送器的膜盒尺寸应尽可能大，以减少隔离膜片的刚度，保证其线性；

④ 法兰变送器毛细管的长度应尽可能短，以减少环境温度的影响和缩短响应时间。

对于特殊工况如高温、低温、高压、高黏稠等介质的液位、界面测量，可考虑使用电容式、核辐射式、超声波式和雷达式等仪表。

选用料位测量仪表时，则要考虑物料的粒度、物料的导电性能、料仓的结构形式及测量要求等。通常可以利用电容式、核辐射式、雷达式等仪表。

2.6 调节阀

调节阀是重要的执行器，应用广泛，种类繁多，机械构造复杂。选型前，要认真分析控制过程，了解系统对调节阀的要求；选型时，要结合工艺要求，主要考虑结构、特性、材料、口径、作用方式等因素。这里主要介绍作用方式、执行机构、阀体结构和特性以及口径等方面需要考虑的因素。

2.6.1 作用方式的选择

由于气动执行机构有正、反两种作用方式，而阀也有正装和反装两种方式，因此实现气动调节阀的气开、气关就有四种组合方式，如图2-2-1和表2-2-3所示。

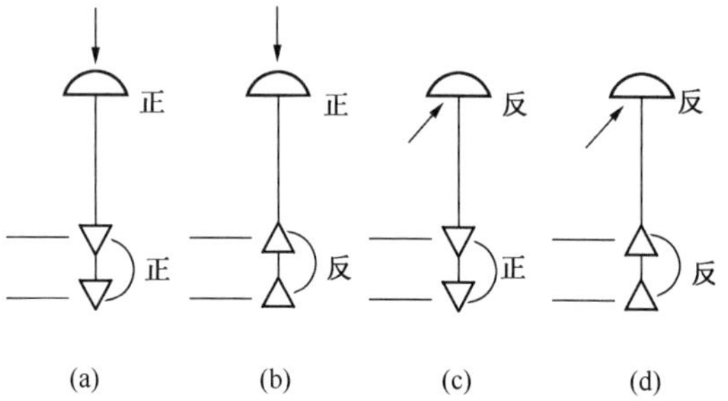

图2-2-1 组合方式图

对于双座阀和*DN*25以上的单座阀，推荐用图2-2-1(a)(b)两种形式，即执行机构采用正作用式，通过变换阀的正、反装来实现气关和气开。*DN*25以下的直通单座调节阀以及隔膜阀、三通阀等，由于阀只能正装，因此只有通过变换执行机构的正、反作用来实现气开或气关，即按图2-2-1(a)(c)的组合形式。

表2-2-3 气动执行器组合方式表

序号	执行机构	调节阀	气动执行器	序号	执行机构	调节阀	气动执行器
图2-2-1(a)	正	正	气关	图2-2-1(c)	反	正	气开
图2-2-1(b)	正	反	气开	图2-2-1(d)	反	反	气关

选择作用方式主要是选择气开或者气关。考虑的出发点主要有三个。

① 从工艺生产的安全角度考虑。考虑原则是信号压力中断时，应保证设备或操作人员的安全。如果阀门在信号中断时处于打开位置时危害性小，则应该选用气关式，反之则用气开式。例如，加热炉的燃料气或燃料油要采用气开式调节阀，没有压力信号时应切断进炉燃料，避免炉温过高而造成事故。对调节进入设备工艺介质流量的调节阀，若介质是易燃气体，应选用气开式，以防爆炸。

② 从介质的特性上考虑。如果介质为易结晶的物料，要选用气关式，以防堵塞。换热器通过调节载热体的流量来保持冷流体的出口温度，如果冷流体介质温度太高，会结焦或分离，影响操作或损坏设备，这时调节阀就要选择气开式。

③ 从保证产品质量、经济损失最小的角度考虑。在事故发生时，尽量减少原料及动力消耗，但要保证产品质量，例如，在蒸馏塔控制系统中，进料调节阀常用气开式，没有气压就关闭，停止进料，以免浪费；回流量调节阀则可用气关式，在没有气压信号时打开，保证回流量；当调节加热用的蒸汽量及塔顶产品时，也采用气开式。

2.6.2 执行机构的选择

1. 输出力

执行机构不论是何种类型，它的输出力都是用于克服负荷的有效力。而负荷主要是指不平衡力和不平衡力矩加上摩擦力、密封力、重量等力作用。为了使调节阀能正常工作，配用的执行机构要能产生足够的输出力来克服各种阻力，保证高度的密封或阀门的开启。

对双作用的气动、电液、电动执行机构，作用力的大小与它的运动方向无关。因此，选择执行机构的关键在于弄清最大的输出力或电机的转动力矩。

对于单作用气动执行机构，输出力与阀门开度有关，调节阀上出现的力也将影响运动特性，因此要求在整个调节阀的开度范围建立力平衡。

（1）气动薄膜式执行机构的输出力

对有弹簧的气动薄膜执行机构，根据调节阀不平衡力的方向性，执行机构输出力有两种不同的方向，设 $+F$ 表示执行机构向下的输出力，$-F$ 表示执行机构向上的输出力，如图2-2-2所示。无论是正作用式或反作用式的气动薄膜执行机构，它们的正向或反向输出力 $\pm F$ 均为信号压力 p 作用在薄膜有效面积 A_e 上的推力 pA_e 与弹簧的反作用力 F_s 之差。

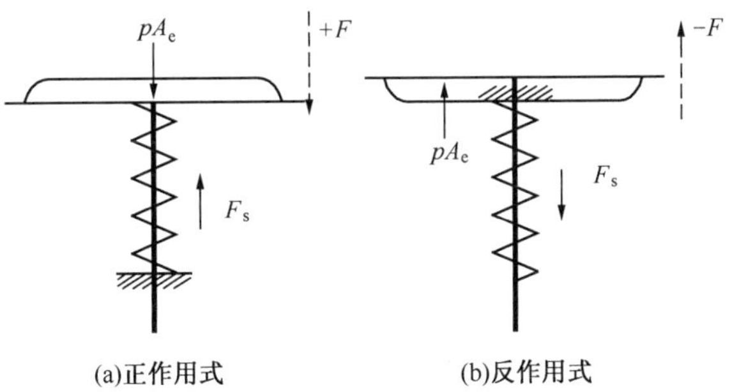

图 2-2-2　薄模式执行机构输出力

调节阀使用的弹簧有多种弹力范围，分别调整各种弹簧范围的启动压力，可使执行机构具有不同的输出力。不同的弹簧范围与不同有效面积的薄膜相配之后，可得到不同的输出力。表 2-2-4 为弹簧范围与输出力的关系。

表 2-2-4　气动薄膜执行机构的输出力

弹簧范围/10^5Pa	不同膜片有效面积时的输出力/N					
	$200cm^2$	$280cm^2$	$400cm^2$	$630cm^2$	$1000cm^2$	$1600cm^2$
0.8(0.2~1)	400	560	800	1260	2000	3200
1.6(0.4~2)	800	1120	1600	2520	4000	6400
0.4(0.2~0.6)	1200	1680	2400	3780	6000	9600
0.4(0.6~1)	1200	1680	2400	3780	6000	9600

(2) 活塞式执行机构的输出力

常见的活塞式执行机构有单向和双向两种作用方式。双向活塞式执行机构没有弹簧，它的输出力比薄膜执行机构大，常用来做大口径、高压差调节阀的执行机构。

活塞执行机构的输出力与活塞直径 D、最大的工作压力 p_0 和气缸效率 η 有关。一般地，p_0 和 η 都一定（p_0 = 500kPa，η = 0.9），因此输出力的大小主要决定于活塞直径（见表 2-2-5）。

表 2-2-5　活塞执行机构的输出力

活塞直径/mm	100	150	200	250	300	350
最大输出力/N	3530	7950	14140	22100	31800	43300

(3) 不平衡力和不平衡力矩

流体通过调节阀时，对阀芯产生使阀芯上下移动的轴向力和阀芯旋转的切向力。对于线行程调节阀来说，轴向力直接影响到阀芯位移与执行机构信号力的关系，因此阀芯所受到的轴向合力称为不平衡力。对于角行程调节阀，如蝶阀、球阀、偏心旋转阀等，影响其行程的是阀板轴受到的切向合力矩，称为不平衡力矩。如果工艺介质及调节阀都已确定，不平衡力或不平衡力矩主要与阀前压力和阀门前后的压差以及流体与阀芯的相对流向有关。

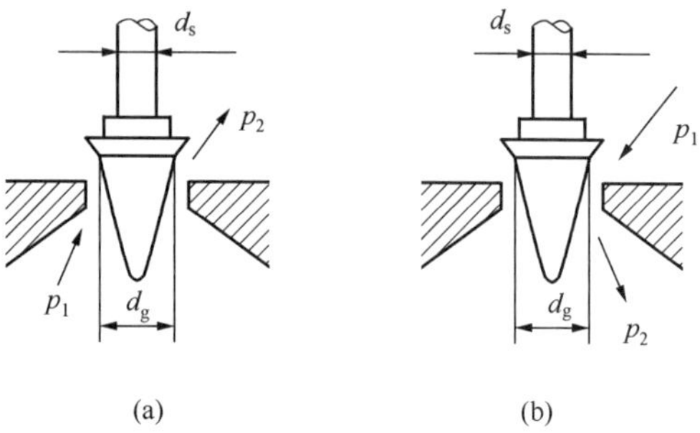

图 2-2-3　不同流向产生不同的平衡力

图 2-2-3 表示不同的流体流向产生的不平衡力不一样。(a)表示在流体流动时使阀芯打开，称为流开状态；(b)表示在流体流动时使阀芯关闭，称为流闭状态。

阀芯在全关位置时所受不平衡力最大，随着阀芯开启而逐渐变小。

(4) 允许压差的考虑

调节阀两端的压差增大时，其不平衡力或不平衡力矩也随之增大。当执行机构的输出力小于不平衡力时，它就不能在全行程范围内实现输入信号和阀芯位移的准确关系。由于对确定的执行机构，其最大输出力是固定的，故调节阀应限制在一定的压差范围内工作，这个压差范围就是允许压差。

执行机构的输出力用于克服不平衡力、压紧力、摩擦力和各种活动部件的重量。在正常润滑的情况下，摩擦力很小，各种活动部件的重量也不大。也就是说，执行机构的输出力只用来克服不平衡力和阀门全闭时的压紧力。但是，对一些口径较大的阀门，例如 *DN*200 笼式阀，其摩擦力较大，不能不考虑。

阀座压紧力的大小，决定于阀芯与阀座是硬密封接触，还是软密封接触。一般来说，对硬密封接触的调节阀，其阀座的压紧力要比软密封阀座的压紧力要大。

各种调节阀的不平衡力和允许压差计算公式见表 2-2-6。

表 2-2-6　各种调节阀的不平衡力和允许压差计算公式

调节阀形式	工作状态	不平衡力(力矩)计算公式	允许压差计算公式($p_2 \neq 0$)
直通单座、角形	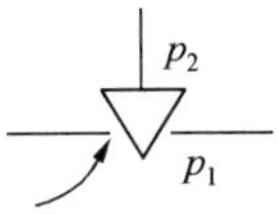	$F_t = \frac{\pi}{4}(d_g^2 \Delta p + d_s^2 p_2)$	$p_1 - p_2 = \frac{F - F_0 - \frac{\pi}{4} d_s^2 p_2}{\frac{\pi}{4} d_g^2}$
	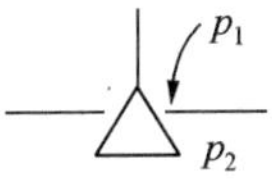	$F_t = -\frac{\pi}{4}(d_g^2 \Delta p - d_s^2 p_1)$	$p_1 - p_2 = \frac{F - F_0 + \frac{\pi}{4} d_s^2 p_1}{\frac{\pi}{4} d_g^2}$
直通双座	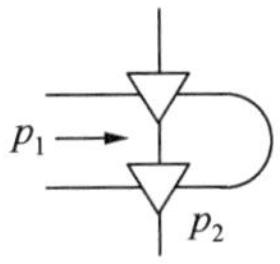	$F_t = \frac{\pi}{4}[(d_{g1}^2 - d_{g2}^2)\Delta p + d_s^2 p_2]$	$p_1 - p_2 = \frac{F - F_0 - \frac{\pi}{4} d_s^2 p_2}{\frac{\pi}{4}(d_{g1}^2 - d_{g2}^2)}$
	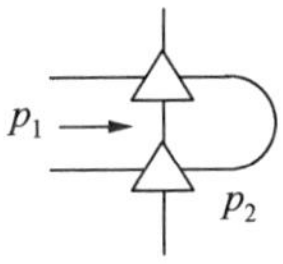	$F_t = -\frac{\pi}{4}[(d_{g1}^2 - d_{g2}^2)\Delta p - d_s^2 p_2]$	$p_1 - p_2 = \frac{F - F_0 + \frac{\pi}{4} d_s^2 p_2}{\frac{\pi}{4}(d_{g1}^2 - d_{g2}^2)}$
三通（合流）	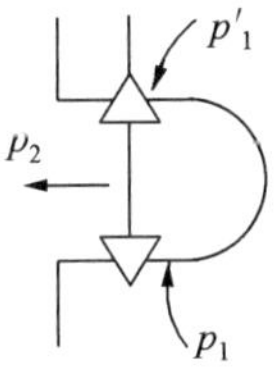	$F_t = \frac{\pi}{4}[d_g^2(p_1 - p'_1) + d_s^2 p'_1]$	$p_1 - p'_1 = \frac{\pm(F - F_0) - \frac{\pi}{4} d_s^2 p'_1}{\frac{\pi}{4} d_g^2}$
三通（分流）	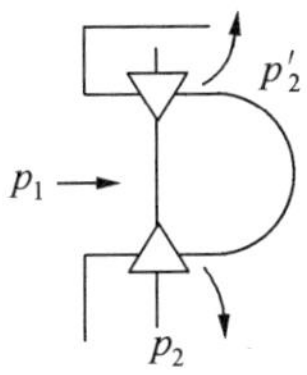	$F_t = \frac{\pi}{4}[d_g^2(p_2 - p'_2) + d_s^2 p'_2]$	$p_2 - p'_2 = \frac{\pm(F - F_0) - \frac{\pi}{4} d_s^2 p'_2}{\frac{\pi}{4} d_g^2}$
隔　膜	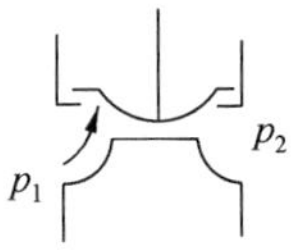	$F_t = \frac{\pi}{8} d_g^2 (p_1 + p_2)$	$p_1 + p_2 = \frac{F - F_0}{\frac{\pi}{8} d_g^2}$

续表

调节阀形式	工作状态	不平衡力(力矩)计算公式	允许压差计算公式($p_2 \neq 0$)
蝶　阀	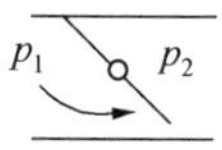	$M = \varepsilon D_g^3 \Delta p$	$p_1 - p_2 = \dfrac{M'}{D_g^2\left(\varepsilon D_g + Jf\dfrac{d}{2}\right)}$

注：d_g—阀芯直径，m；F—执行机构的输出力，N；ε—蝶阀的转矩系数；d_s—阀杆直径，m；F_0—全关时阀座的压紧力，N；J—推力系数；d_{g1}—双座阀的上阀芯直径，m；M—蝶阀的不平衡力矩，N·m；f—阀板轴与轴承的摩擦系数；d_{g2}—双座阀的下阀芯直径，m；M'—蝶阀的输出力矩，N·m；D_g—蝶阀口径，m。

2. 气动执行机构与电动执行机构的比较

石油化工企业使用最多的执行机构是气动执行机构，其次是电动执行机构，液动执行机构应用较少。这里通过对比气动和电动执行机构，从驱动能源、可靠性、安全性、经济性等方面说明如何选用执行机构。

从使用能源及输出力大小的角度，选用时可参考图 2-2-4，而从各项性能方面进行比较，可参考表 2-2-7。

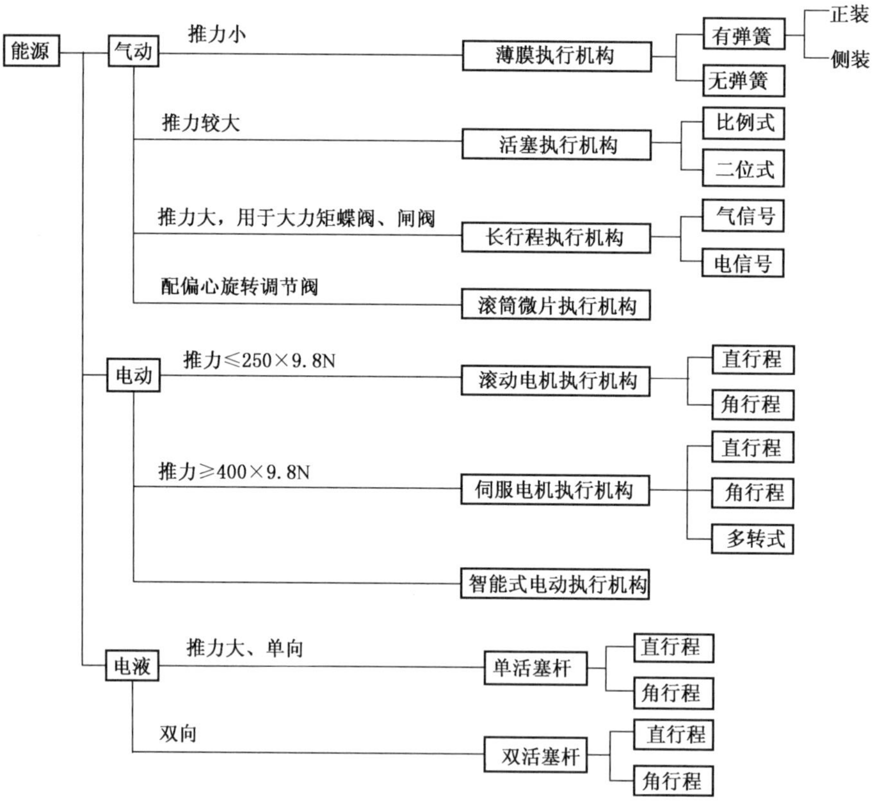

图 2-2-4　执行机构类型选择图

2.6.3　调节阀结构的选择

1. 工艺条件的考虑

选择阀门时，必须从工艺条件出发，针对具体情况进行具体分析。

表 2-2-7 电动执行机构与气动薄膜执行机构的比较

序号	比　较　项　目	气动薄膜执行机构	电动执行机构
1	可靠性	高(简单、可靠)	差(电器元件故障多)
2	驱动能源	另设气源装置	简单、方便
3	价　格	低	高
4	推　力	小	大
5	刚　度	小	大
6	防火防爆	好	差(增加防火、防爆装置)
7	工作环境温度范围	大(-40～+80℃)	小(-10～+55℃)

(1) 闪蒸和空化

闪蒸和空化除了影响流量系数的计算外，还造成振动、噪声和对材料的破坏。在空化作用的第一阶段(闪蒸阶段)，虽然阀门的出口压力保持在液体的饱和蒸气压之下，但阀内件却受到了侵蚀。由于阀芯和阀座环的接触线附近流体的速度最高，因此破坏也发生在这里。在空化的第二阶段，阀后压力升高到饱和蒸气压以上，由于气泡的突然破裂，产生强烈的汽蚀作用，对阀芯、阀座和阀体造成严重的破坏。

为降低空化产生的破坏作用，选择阀门应当考虑以下方法和措施：

① 从压差上考虑，一是选择压力恢复系数小的阀门，例如球阀、蝶阀等；二是将两个调节阀串联起来使用，或装限流孔板。

② 从材料上考虑，一般来说，材料越硬，抗蚀能力越强。应该考虑到阀芯、阀座易于更换。阀芯、阀座采用高硬度的材料，如司太立合金(一种含钨、铬、钴的合金，硬度Rc45)、硬化工具钢(Rc60)和钨碳钢(Rc70)等。

③ 从结构上考虑，采用特殊结构的阀芯、阀座，使高速液体在通过阀芯、阀座时每一点的压力都高于在该温度下的饱和蒸气压，避免发生汽蚀；或者使液体在通道间形成高度紊流，使阀内液体的动能转换为热能，减少气泡的形成。能够有效防止空化作用的特殊结构如图 2-2-5表示的多级阀芯结构和图 2-2-6 表示的多孔式结构。

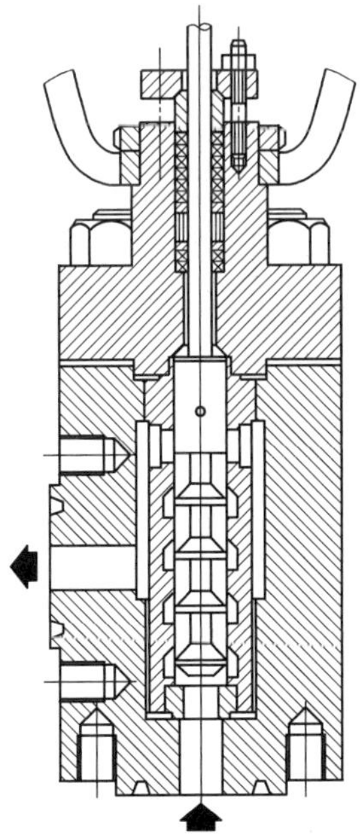

图 2-2-5　多级阀芯调节阀

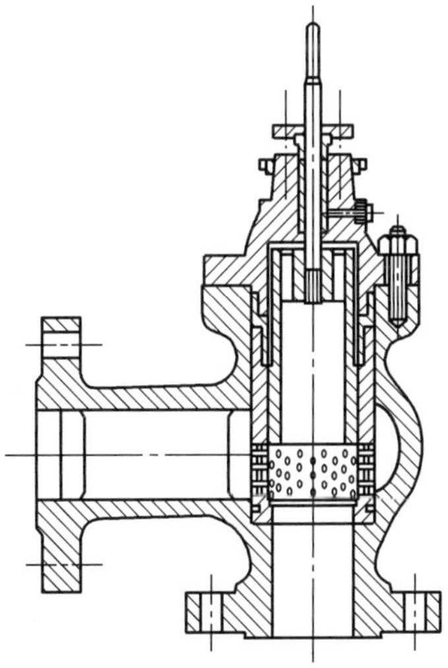

图 2-2-6　多孔式调节阀

(2) 磨损

阀芯、阀座和流体介质直接接触，磨损在所难免，有时还非常严重。根据物理学的理论，磨损破坏程度和颗粒的质量成正比，和流体的流速的平方成正比。减少磨损的措施和方法有：

① 流路要光滑。流线型的阀体结构能防止流体颗粒的直接冲击，能避免涡流并减少磨损。

② 采用坚硬的阀内件。阀内件越硬，抗磨能力越大。阀内件的结构要有利于保护接合面。图 2-2-7 是一个结构比较合理的例子，因为套筒能够沿着接合面分配磨蚀性流体。

③ 选择合适的材料。采用致密性高的陶瓷材料和特殊的表面处理，增加阀门的抗磨能力。

④ 选择合理的结构。在有磨损的工艺条件下，采用特殊的阀门结构，以保护接合面和排出口，如图 2-2-8 所示的弯管阀结构。

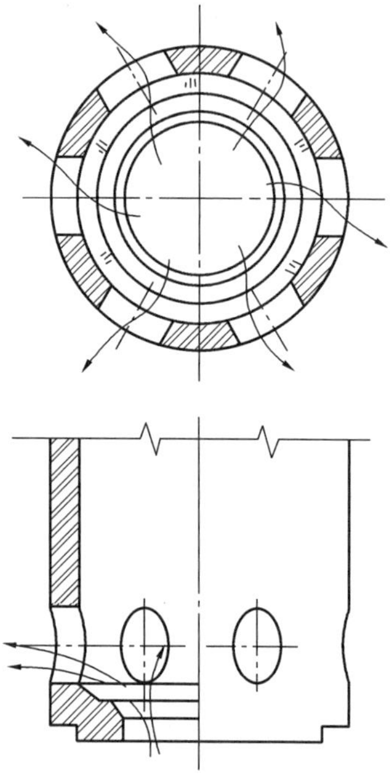

图 2-2-7　套筒结构

(3) 腐蚀

在腐蚀流体中操作的调节阀要求其结构越简单越好，以便于添加衬里。阀门类型的选择应能适用于所用的腐蚀介质。可选用隔膜阀、夹管阀(也叫夹紧阀，如图 2-2-9 所示)、加衬蝶阀、球阀等类型。

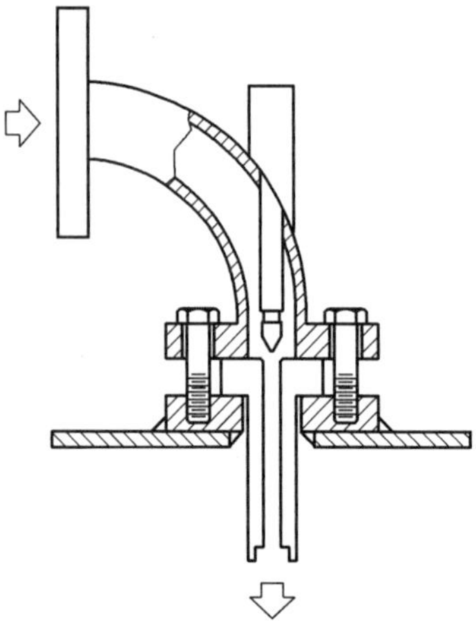

图 2-2-8　长弯管排浆阀

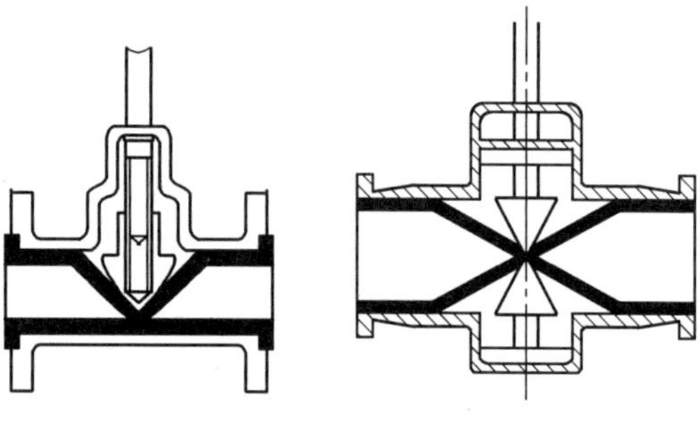

图 2-2-9　夹管阀

(4) 高压降

首先要确保调节阀阀芯、阀座表面的材料能经受流体的高速和大作用力的影响，其次导向要好，要保证流动平面的稳定。除动态力的影响外，还要消除造成执行机构不稳定的因素。最广泛使用的阀门是球形阀、角形阀或 Y 形阀。平衡式的阀内件能降低对执行机构的要求。没有平衡式阀内件时可以用流开式，因为它最为稳定。如果排出流体有侵蚀性，最好用流闭式。因为用流开式时，流体会破坏主要的零件。

在高压降的作用下，很容易使液体产生闪蒸和空化作用，因此要选用一些防空化调节阀。

(5) 高温

主要考虑采用具有高温强度的材料。所用材料不能因高温作用而黏结、塑变、蠕变。温度极高时，适用的阀型有球阀(包括角形阀和 Y 形阀)、蝶阀(高温蝶阀的工作温度可高达 450~1000℃)。阀体结构可考虑有散热片。阀内件采用热硬性材料。如果温度已超过金属的温度范围(1090~1200℃)，可考虑采用有陶瓷衬里的特殊阀门，还可以采用冷却套结构，使其内部金属保持在应力范围之内。

(6) 低温

当温度低于-30℃时，要保护阀内填料不冻结。在-100~-30℃范围内，要求材料不脆化，阀内件有足够的冷冲击强度。在极低温条件下，必须用特殊的手段保持阀门的热容量，使其免受冷载荷的作用。图 2-2-10 的结构有不锈钢上阀盖，装有高度绝缘的冷箱，从上阀盖可以取出阀芯和阀座，维修很方便。

球形阀、Y 形阀、角形阀、蝶阀、球阀可以利用特制的真空套，减少热传递。

(7) 黏性流体

对于黏性极高的液体，阀门的流路结构越简单越好，使容量损失不致太大。适用于黏性流体的阀门有全球阀、V 形球阀、蝶阀和隔膜阀等，还有偏旋阀。夹管阀的应用场合虽然有限，但用于极黏的泥浆液时性能却很好。

黏性流体有凝固、快速结晶、结冰等危险，所以在操作黏性流体时，可以利用有加热套的调节阀，如图 2-2-11 所示。如果是高温工作的调节阀，可采用耐热填料，例如石棉-石墨或石棉-聚四氟乙烯。

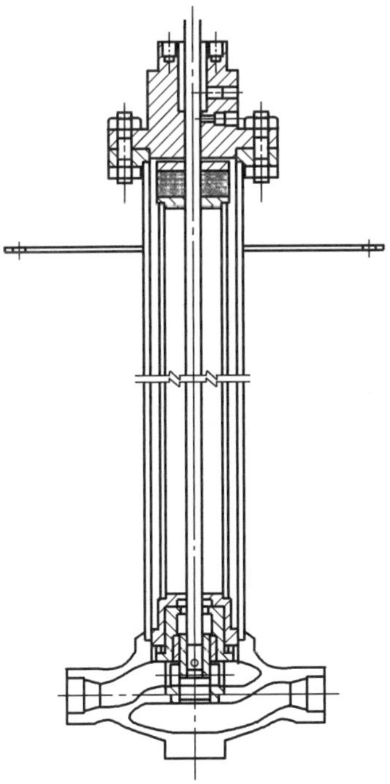

图 2-2-10　带冷箱的低温阀

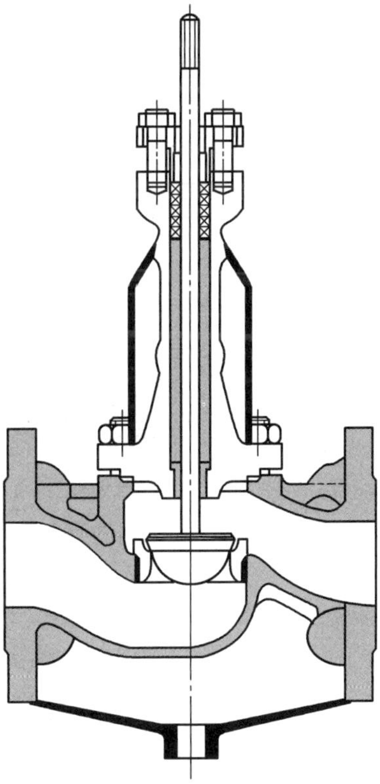

图 2-2-11　带加热套的调节阀

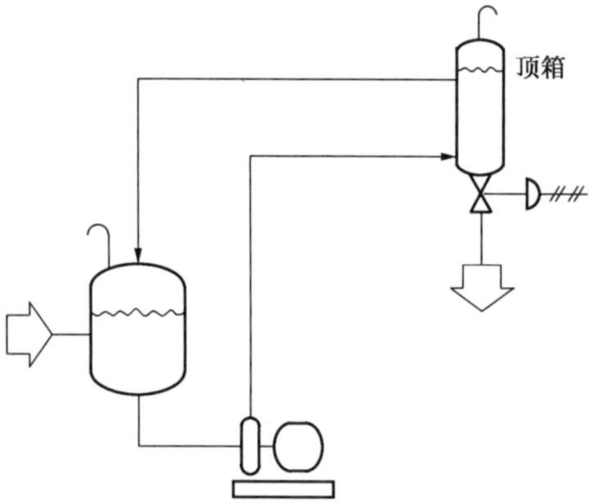

图 2-2-12　防堵的顶箱

(8) 堵塞

堵塞是固体颗粒或纤维物通过节流孔所造成的。在开度很小时，阀门会像过滤器一样被堵住。可调性最佳而且形状最理想的孔形是在所有开度时能成为方形或等边三角形(如一些 V 形球阀或 V 形柱塞阀)。采用顶箱(见图 2-2-12)或串联孔的办法可降低节流孔两侧的压降。标准的球阀有两个串联孔，虽然形状不理想，但在较低的流量和较小的颗粒时，能把颗粒挤碎。在颗粒较大而且流体又有磨蚀性的情况下，除了堵塞，还有磨损，选择阀门产生了双重难题。在用泵驱动时，可考虑变速驱动。

(9) 阀座泄漏

选择调节阀时，减少阀座泄漏量的最佳方法之一是采用弹性材料制造的软阀座，也可选用由聚四氟乙烯(TFE)或石墨加工的软密封座。如果调节阀阀芯、阀座要求金属-金属之间密封，为保证紧密关闭，应设计出密封斜角，同时执行机构的作用力要足够大。

(10) 小流量控制

小流量调节阀的流量系数 C 值在 10^{-5}~1.0。采用长销形结构阀芯(也称针形阀)，就可以得到很小的流量系数。若在该阀芯上铣出小槽或 V 形槽，可以得到更小的流量系数。图 2-2-13为针形阀芯小流量调节阀。

各种小流量调节阀的行程都很小，因此精确定位十分重要。对摩擦和空化的要求也比别的阀门严格。当 C 值变得很小时，计算 C 值已变得毫无意义。当改变流动条件或阀行程时，流过通道的流体会从层流变成瞬时紊流，因此计算过程成为试凑的过程。

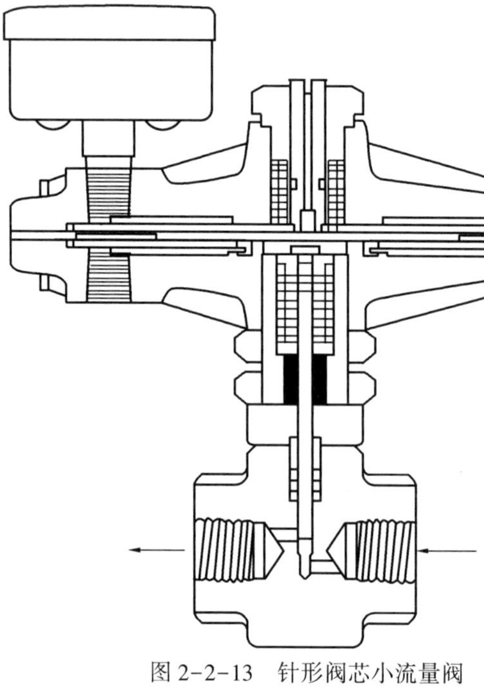

图 2-2-13　针形阀芯小流量阀

各种应用情况下阀门的选用可参见表 2-2-8。

表 2-2-8 调节阀选用参考表

序号	名　称	主　要　优　点	应用注意事项或特点
1	直通单座阀	泄漏量小	阀前后压差较小
2	直通双座阀	流量系数及允许使用压差比同口径单座阀大	耐压较低
3	波纹管密封阀	适用于介质不允许泄漏的场合，如氰氢酸、联苯醚有毒物	耐压较低
4	隔膜阀	适用于强腐蚀、高黏度或含有悬浮颗粒以及纤维的流体。在允许压差范围内可作切断阀用	耐压、耐温较低，适用于对流量特性要求不严的场合(近似快开)
5	小流量阀	适用于小流量和要求泄漏量小的场合	
6	角形阀	适用于高黏度或含有悬浮物和颗粒状物料	输入与输出管道呈角形安装
7	高压阀(角形)	结构较多级高压阀简单，用于高静压、大压差、有气蚀、空化的场合	介质对阀芯的不平衡力较大，必须选配定位器
8	多级高压阀	基本上解决以往调节阀在控制高压差介质时寿命短的问题	必须选配定位器
9	阀体分离阀	阀体可拆为上、下两部分，便于清洗。阀芯、阀体可采用耐腐蚀衬压件	加工、配装要求较高
10	三通阀	在两管道压差和温差不大的情况下能很好地代替两个二通阀，并可用作简单的配比调节	二流体的温差 $\Delta t<150$℃
11	蝶阀	适用于大口径、大流量和浓稠浆液及悬浮颗粒的场合	流体对阀体的不平衡力矩大，一般蝶阀允许压差小
12	套筒阀(笼式阀)	适用阀前后压差大和液体出现闪蒸或空化的场合，稳定性好，噪声低，可取代大部分直通单、双座阀	不适用于含颗粒介质的场合
13	低噪声阀	比一般阀可降低噪声 10~30dB，适用于液体产生闪蒸、空化和气体在缩流面处流速超过音速且预估噪声超过 95dB(A)的场合	流通能力为一般阀的 1/3~1/2，价格高
14	超高压阀	公称压力达 350MPa，是化工过程控制高压聚合釜反应的关键执行器	价格高
15	偏心旋转阀(凸轮挠曲阀)	流路阻力小，流量系数较大，可调比大，适用于大压差、严密封的场合和黏度大及有颗粒介质的场合。很多场合可取代直通单、双座阀	由于阀体是无法兰的，一般只能用于耐压小于 6.4MPa 的场合
16	球阀(O 形，V 形)	流路阻力小，流量系数大，密封好，可调范围大，适用于高黏度、含纤维、固体颗粒和污秽物体的场合	价格较高，O 形球阀一般作二位调节用。V 形球阀作连续调节用
17	卫生阀(食品阀)	流路简单，无缝隙、死角积存物料，适用于啤酒、番茄酱及制药、日化工业	耐压低
18	二位式二(三)通切断阀	几乎无泄漏	仅作位式调节用
19	低压降比(低 s 值)阀	在低 s 值时有良好的调节性能	可调比 $R\approx10$

续表

序号	名　　称	主　　要　　优　　点	应用注意事项或特点
20	塑料单座阀	阀体、阀芯为聚四氟乙烯，用于氯气、硫酸、强碱等介质	耐压低
21	全钛阀	阀体、阀芯、阀座、阀盖均为钛材，耐多种无机酸、有机酸	价格高
22	锅炉给水阀	耐高压，为锅炉给水专用阀	

2. 流量特性的选择

生产过程中常用的调节阀的理想流量特性有直线、等百分比和快开三种。抛物线流量特性介于直线与等百分比之间，一般可用等百分比特性来代替，而快开特性主要用于二位调节及程序控制中，因此，调节阀的特性选择实际上是指如何选择直线和等百分比流量特性。

调节阀流量特性的选择可以通过理论计算，但方法和过程都很复杂。因此，目前对调节阀流量特性的选择多采用经验准则，主要从如下三个方面来考虑：

(1) 从控制系统的控制质量分析并选择

图 2-2-14 表示一个换热器出口温度的自动控制系统，它是由被控对象(换热器)、变送器、控制器和调节阀等环节组成的。$K_1 \sim K_5$分别表示被控对象、调节阀、阀门定位器、控制器和变送器的放大系数。

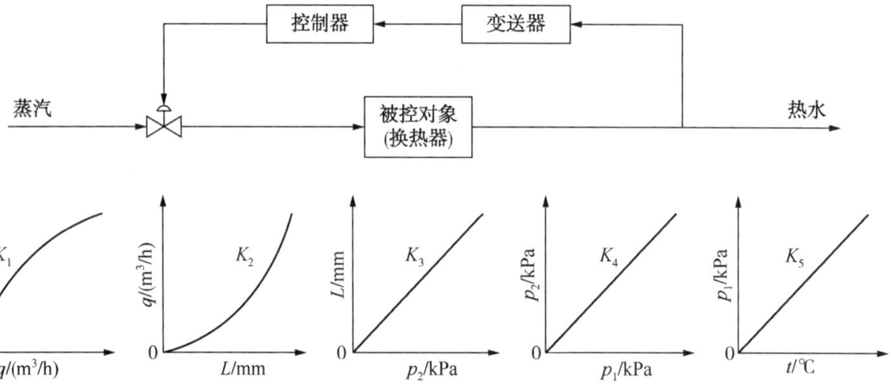

图 2-2-14　温度自动控制系统

在负荷变动的情况下，为使控制系统仍能保持预定的品质指标，希望总的放大系数在控制系统的整个操作范围内保持不变。通常，变送器、控制器(已经整定)和执行机构的放大系数是一个常数(如 $K_3 \sim K_5$)，但被控对象的放大系数总是随着操作条件、负荷的变化而变化(如 K_1)，所以被控对象的特性往往是非线性的。因此，要适当地选择阀门特性(如 K_2)，以阀的放大系数的变化来补偿被控对象放大系数的变化，使系统总的放大系数保持不变或近似不变，从而提高控制系统的质量。

对于放大系数随负荷的增大而变小的被控对象，假如选用放大系数随负荷加大而变大的等百分比特性调节阀，便能使两者抵消，合成的结果使总放大系数保持不变，近似于线性。当被控对象的放大系数为线性时，则应采用直线流量特性的阀门，使系统总的放大系数保持不变。对与传热有关的被控对象，当负荷增加而放大系数减小时选用等百分比特性调节阀比较合适。

(2) 从工艺配管情况考虑并选择

调节阀总是与管道、设备等连在一起使用，由于系统配管情况的不同，配管阻力的存在使调节阀的压降发生变化，因此阀的工作特性与阀的理想特性也不同，必须根据系统的特点来选择所需要的阀的工作特性，然后再考虑工艺配管情况选择相应的阀的理想特性。参见表 2-2-9。

表 2-2-9　考虑工艺配管状况表

配管状况	$s=0.6\sim1$		$s=0.3\sim0.6$		$s<0.3$
阀的工作特性	直线	等百分比	直线	等百分比	使用低 s
阀的理想特性	直线	等百分比	等百分比	等百分比	值调节阀

注：s 称为阀阻比。

从表 2-2-9 可以看出：当 $s=0.6\sim1$ 时，所选的理想特性与工作特性一致；当 $s=0.3\sim0.6$时，若要求工作特性是线性，理想特性应选等百分比的，这是因为理想特性为等百分比的阀，其工作特性此时已畸变为接近线性；当要求的工作特性为等百分比时，其理想特性曲线应比工作特性曲线更凹一些，此时可通过阀门定位器凸轮外廓曲线来补偿或采用双曲线特性来解决；当 $s<0.3$ 时，直线特性已严重畸变为快开特性，不利于调节，即使是等百分比理想特性，工作特性也已经严重偏离理想特性，接近于直线特性，虽然仍能调节，但它的调节范围已大大减小，所以一般不希望 s 值小于 0.3。

(3) 从负荷变化情况分析和选择

直线特性调节阀在小开度时流量的相对变化值大，过于灵敏，容易振荡，阀芯、阀座也易于破坏，在 s 值小、负荷变化幅度大的场合不宜采用。等百分比特性调节阀的放大系数随阀门行程的增加而增加，流量的相对变化值恒定不变。因此，它对负荷波动有较强的适应性，无论在全负荷或半负荷生产时都能很好地调节，从制造的角度也不困难。所以，在生产过程中等百分比特性调节阀是用得最多的一种。

根据控制系统的特点选择工作流量特性，可参考表 2-2-10。

如果由于缺乏某些条件，按表 2-2-10 选择工作流量特性有困难时，可按下述原则选择理想(固有)流量特性：

① 如果调节阀流量特性对系统的影响很小，可以任意选择；

② 如果 s 值很小或由于设计依据不足，阀口径选择偏大时，则应选择等百分比特性。

表 2-2-10　工作流量特性选择表

系统及被调参数	干　扰	流量特性	说　明
 流量控制系统	给定值	直　线	变送器带开方器
	p_1，p_2	等百分比	
	给定值	快　开	变送器不带开方器
	p_1，p_2	等百分比	
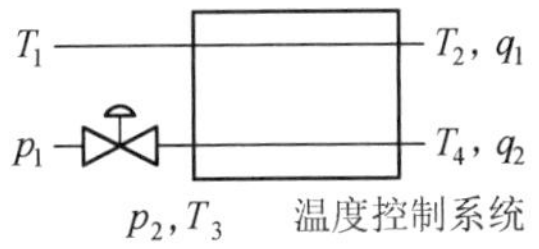 温度控制系统	给定值 T_1	直　线	
	p_1，p_2，T_1，T_2，q_1	等百分比	

续表

系统及被调参数	干扰	流量特性	说明
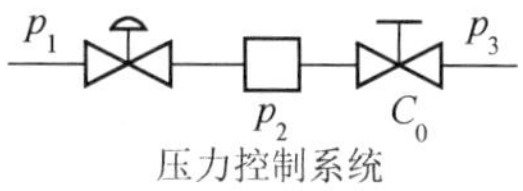 压力控制系统	给定值 p_1，p_3，C_0	直　线	液　体
	给定值 p_1，C_0	等百分比	气　体
	p_3	快　开	
液位控制系统 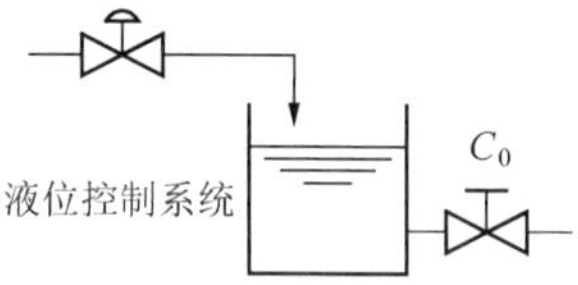	给定值	直　线	
	C_0	直　线	
液位控制系统 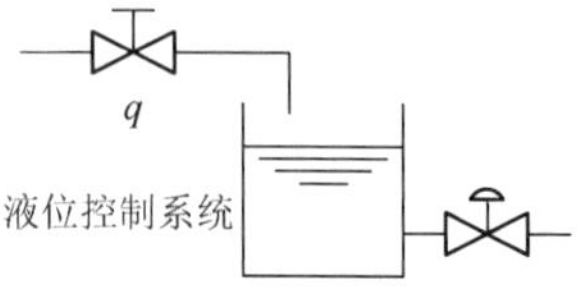	给定值	等百分比	
	q	直　线	

2.6.4 调节阀口径的选择

调节阀口径的选择和确定主要依据流量系数。从工艺提供数据到算出流量系数，到阀口径的确定，需经过以下几个步骤：

① 流量的确定。根据现有的生产能力、设备的负荷及介质的状况确定计算最大流量 q_{max} 和最小流量 q_{min}。

② 压差的确定。根据已选择的调节阀流量特性及系统特点选定阀阻比 s 值，然后确定计算压差。

③ 流量系数 C 的计算。根据工作情况判定介质的性质及阻塞流情况，选择合适的计算公式或图表，根据已确定的计算流量和计算压差，求取最大和最小流量时的 C_{max} 和 C_{min}。根据阻塞流情况，必要时进行噪声预估计算。

④ 流量系数 C 值的选用。根据已经求取的 C_{max}，进行放大或圆整，在所选用的产品型号标准系列中，选取大于 C_{max} 值并与其最接近的那一级 C 值。

⑤ 调节阀开度验算。一般要求最大计算流量时的开度不大于 90%，最小计算流量时的开度不小于 10%。

⑥ 调节阀实际可调比的验算。一般要求实际可调比不小于 10。

⑦ 阀座直径和公称直径的确定。验证合适之后，根据 C 值来确定。

下面简要说明上述的几个重要步骤。

1. 计算流量

在计算 C 值时要按最大流量 q_{max} 来考虑，如果不知道 q_{max} 值，可按正常流量进行计算。要注意裕量不能过大，如果过大地考虑裕量，将使计算的 C 值偏大，阀门口径选得偏大，这不但造成经济上的浪费，而且使阀门经常在小开度工作，可调比会减小，调节性能会降低，严重时甚至会引起振荡，导致阀门使用寿命大大降低。

在选择最大计算流量时，应根据被控对象负荷的变化及工艺设备的生产能力来合理确定。对于调节质量要求高的场合，更应从现有的工艺条件来选择最大流量。另外，还应当兼顾当前与今后在一定范围内扩大生产能力这两方面的因素，合理地确定计算流量。如果按近期的生产需要考虑，可选择最大流量。如果考虑扩大生产的需要，可选用阀内件可以更换即 C 值可以改变的调节阀。

另一方面，调节阀在制造时，C 值就有±(5~10)%的误差，调节阀所通过的动态最大流量大于静态最大流量。因此，最大计算流量可以取为静态最大流量的 1.15~1.5 倍。

当然，也可以参考泵和压缩机等流体输送机械的能力来确定最大计算流量。有时需要综合各种条件和方法来确定，如调节阀的上下游都有恒压点，调节阀装于风机或离心泵出口，阀下游有恒压点或者其他类型的工艺设备等。

2. 计算压差

要使调节阀能起到调节作用，就必须在阀前、阀后有一定的压差。阀上的压差占整个系统压差的比值越大，则调节阀流量特性的畸变就越小，调节性能能够得到保证。但是，阀前、阀后产生的压差越大，则阀上的压力损失越大，所消耗的动力也越多。因此，必须兼顾调节性能及能源消耗，合理地选择计算压差。系统总压差是指系统中包括调节阀、弯头、管路、节流装置、热交换器、手动阀等造成的压力损失。调节阀上的计算压差主要是根据工艺管路、设备等组成系统的压降及其变化情况来选择的。

对于气体介质，由于阻力损失较小，调节阀上压差所占的分量较大。

计算压差还要考虑到系统设备中静压经常波动影响阀上压差的变化，例如锅炉的给水系统、锅炉压力波动就会影响调节阀上压差的变化。

在计算三通阀时，计算流量是以三通阀分流前或合流后的总流量作为计算流量。而计算压差为三通阀的一个通道关闭，另一个通道流过计算流量时的阀两端压差。当用热交换器旁路控制系统时，取阀上计算压差等于热交换器的阻力损失。

必须注意，在确定计算压差时，要尽量避免空化作用和噪声。

3. 调节阀开度的验算

根据流量和压差计算得到 C 值，并按制造厂提供的参数选取调节阀的口径后，考虑到选用时要圆整，因此，对工作时的阀门开度应该进行验算。

一般来说，最大流量时调节阀的开度应在 90%左右。最大开度过小，说明调节阀选得过大，它经常在小开度下工作，可调比缩小，造成调节性能的下降和经济上的浪费。一般不希望最小开度小于 10%，否则阀芯和阀座由于开度太小，受流体冲蚀严重，特性变坏，甚至失灵。

不同的流量特性及其相对开度和相对流量的对应关系是不一样的，理想特性和工作特性又有差别，因此，验算开度应按不同特性进行。

4. 可调比 R 的验算

调节阀的理想可调比一般有 $R=30$ 和 $R=50$ 两种。考虑到在选用调节阀口径时对 C 值的圆整和放大，特别是调节阀最大开度和最小开度的限制，一般都会使可调比下降至 10 左右。此外，受工作流量特性畸变的影响，实际可调比 R' 会更小。调节阀实际可调的最大流量 q_{max} 等于或大于最小流量 q_{min} 的 5.5 倍。在一般生产中最大流量与最小流量之比为 3 左右。

当选用的调节阀不能同时满足工艺上最大流量和最小流量的调节要求时，除增加系统压力外，可以采用两个调节阀进行分程控制来满足可调比的要求。

第3章　自动控制系统

石油化工生产过程复杂程度高，不同生产装置、不同工况的主要工艺参数的动态特性各不相同，不同场合有不同的控制目的。例如，有时要求被控对象快速响应而放宽对控制准确度的要求，有时不要求快速响应而要求较高的控制准确度，这就对自动控制系统提出了不同的要求，适应不同情况的自动控制系统应运而生。

本章重点讲解各种控制系统的构成、特点、参数选择方法和适用范围等内容，并介绍加热炉、锅炉以及精馏塔的自动控制方案。

3.1　简单控制系统

简单控制系统由一个变送器、一个控制器、一个执行器和一个被控对象构成。简单控制系统只有一个被控变量和一个操作变量，是单变量控制系统。只有合理选择被控变量和操作变量，才能确保控制目的的正确实现。

3.1.1　被控变量的选择

在生产过程中，影响正常操作的因素很多，并非所有的影响因素都需要控制。被控变量是指需要借助自动控制系统保持恒定(或按一定规律变化)的变量。

根据被控变量与生产过程的关系，可分为两种控制形式：直接指标控制与间接指标控制。如果被控变量本身就是需要控制的工艺指标(温度、压力、流量、液位、组分等)，则称为直接指标控制；如果不能直接快速获取工艺指标(反应器中的组分等)的测量信号，则需要选取与直接质量指标有单值对应关系而又反应迅速的另一变量作为间接控制指标，这时称为间接指标控制。

在图2-3-1所示的蒸汽锅炉被控对象中，汽包水位过高，会使蒸汽带液，影响蒸汽质量；而水位过低，又易烧干而引起严重事故。液位是一个很容易测量的变量，所以在锅炉这个被控对象中可选汽包水位作为被控变量构成自动控制系统。

图2-3-2是精馏过程的示意图。它的工作原理是利用被分离物各组分的挥发度不同，通过在精馏塔内给被分离物施加一定的温度和压力，把混合物中各组分分离成较纯的产品。工艺上的质量指标通常是精馏塔塔顶产品的纯度，所以塔顶馏出物的组分 x_D 应作为被控变量。如果 x_D 的测量有困难，那么就不能以 x_D 作为被控变量进行直接指标控制，这时需要找一个与 x_D 有关的变量作为被控变量，进行间接指标控制。

以苯-甲苯二元系统的精馏为例，来讨论如何确定系统的被控变量。根据化工原理，当气液两相并存时，塔顶易挥发组分的浓度 x_D、塔顶温度 t_D、压力 p 三者之间有一定的关系。当压力恒定时，组分 x_D 和温度 t_D 之间存在单值对应关系，如图2-3-3所示。当温度恒定时，组分 x_D 和压力 p 之间也存在单值对应的关系，如图2-3-4所示。可见，在组分、温度、压力三个变量中，只要固定温度或压力中的一个，另一个变量就可以代替 x_D 作为被控变量。

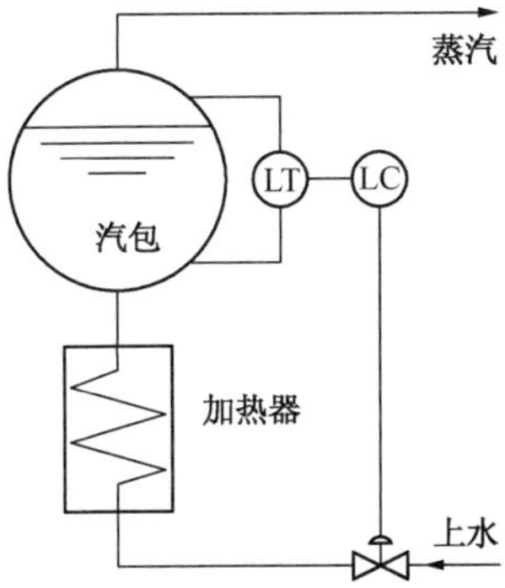

图 2-3-1　锅炉汽包水位控制系统

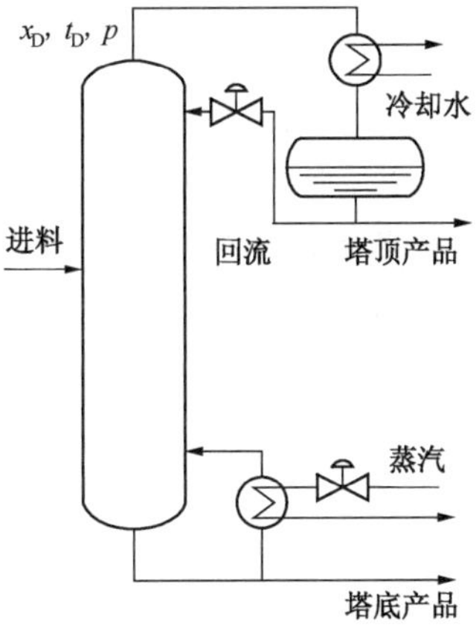

图 2-3-2　精馏过程示意图

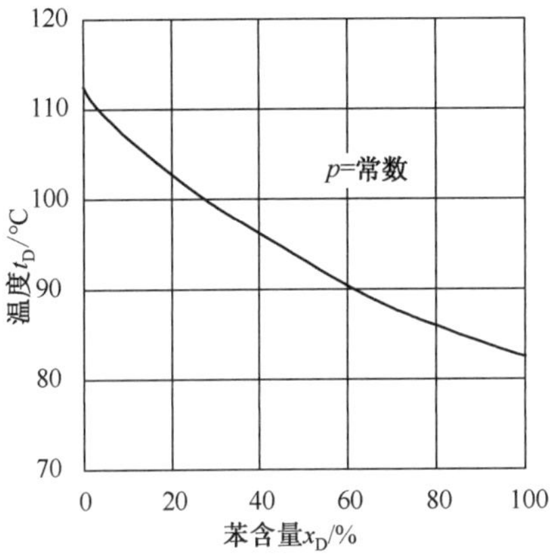

图 2-3-3　苯-甲苯溶液的 t_D-x_D 图

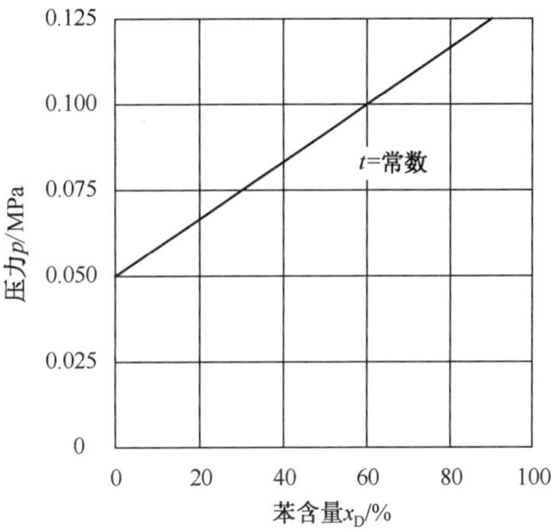

图 2-3-4　苯-甲苯溶液的 $p-x_D$ 图

从工艺合理性考虑，常常选择温度作为被控变量。这是因为：第一，在精馏塔操作过程中，压力往往需要固定。只有将塔操作在规定的压力下，才易于保证塔的分离纯度，保证塔的效率和经济性。如塔压波动，就会破坏原来的气液平衡，影响相对挥发度，使塔处于不良工况。同时，随着塔压的变化，往往还会引起与之相关的其他物料量的变化，影响塔的物料平衡，引起负荷的波动。第二，在塔压固定的情况下，精馏塔各层塔板上的压力基本上是不变的，这样各层塔板上的温度与组分之间就有一定的单值对应关系。由此可见，固定压力，选择温度作为被控变量是可能的，也是合理的。

实际应用中，还必须考虑所选变量要有足够的灵敏度。所以，选择温度作为被控变量时，为了提高温度的变化灵敏度，常常把测温点设在塔顶以下几板的灵敏板上，而不是设在塔顶。

综上所述，选择被控变量时，一般要遵循下列原则：

① 被控变量一定是反映工艺操作指标或操作状态的重要参数。

② 被控变量在操作过程中经常要受到干扰影响而变化，需要较频繁的调节。

③ 尽量采用直接指标作为被控变量。当无法获得直接指标信号时，可选择与直接指标

有单值对应关系的间接指标作为被控变量。

④ 被控变量应是独立可控(即可以调节)的。

⑤ 被控变量应有足够高的变化灵敏度。

⑥ 选择被控变量时，必须考虑工艺合理性和所采用仪表的性能。

3.1.2 操作变量的选择

被控变量确定后，就要选择恰当的操作变量来实现控制目的。

操作变量是指用来克服干扰对被控变量的影响，实现控制作用的变量。最常见的操作变量是管线中介质的流量，有时也用转速、电压等作操作变量。

一般来说，影响被控变量的外部因素有若干个。这些因素有些是可控的，有些是不可控的。原则上，应从若干个影响被控变量的因素中选择一个对被控变量影响显著而且可控性良好的因素作为操作变量，而其他未被选中的所有因素则视为系统的干扰因素，称为干扰变量。

操作变量与干扰变量都作用在被控对象上，都会引起被控变量的变化。操作变量由控制通道(操作变量影响被控变量的途径和方式)作用于被控对象，使被控变量恢复到给定值，起着校正作用。干扰变量由干扰通道(干扰变量影响被控变量的途径和方式)施加在被控对象上，起着破坏作用，使被控变量偏离给定值。它们对被控变量的影响都与被控对象特性有密切的关系。因此，在选择操作变量时，要认真分析被控对象特性，以提高控制系统的控制质量。

选择操作变量时，主要考虑如下原则：

① 操作变量应是工艺上允许且可以调节的变量。

② 应使控制通道的放大系数大一些，时间常数小一些，滞后尽量小，使控制作用对被控变量影响更显著、更灵敏，从而保证控制作用更及时有效。

③ 应使干扰通道的放大系数尽量小，时间常数尽量大，以抑制干扰作用的影响。还应让执行器尽量靠近干扰输入点，以尽量减小干扰的影响。

④ 在选择操作变量时，除了从自动控制角度考虑外，还要考虑工艺的合理性与生产的经济性。一般来说，不宜选择生产负荷作为操作变量，因为生产负荷直接关系到产品的产量，是不宜经常波动的。另外，从经济性考虑，应尽可能地降低物料与能量的消耗。

下面仍以精馏过程为例(图 2-3-2)加以说明。本例中，根据工艺要求，选择提馏段灵敏板的温度作为被控变量。

从工艺分析可知，影响提馏段灵敏板温度的因素主要有：进料流量、温度、成分；回流量、回流温度；加热蒸汽流量；冷凝器冷却水温度及塔压等。从工艺角度看，本例中回流量和加热蒸汽流量可控，其他均不可控，或工艺上不允许用这些变量去控制塔的温度。在这两个可控变量中，回流量对提馏段温度影响的时间常数大，而加热蒸汽量影响的时间常数小，所以蒸汽流量对提馏段温度影响比回流量对提馏段温度影响更及时、更显著。另外，从经济角度来看，调节蒸汽流量比调节回流量消耗的能量要小，所以应选择蒸汽流量作操作变量，其他变量为干扰变量。

在确定控制方案时，应设法使干扰到被控变量的通道长些，即时间常数要大一些。

简单控制系统中各环节相互串联，信号在各环节间顺序传递，必然产生一定的滞后。各环节处理信号的过程也会产生不同程度的滞后。例如，如果控制器输出信号管路过长(气信号)，或调节阀膜头内空间较大，必然使调节阀动作迟缓，并可能由此造成过渡过程振荡，以致过渡时间变长，稳定性变差，影响控制效果。

减小滞后对控制作用的影响大致有以下方法：

① 根据工艺特点，合理选定测量点的位置，减少纯滞后。如热交换器的温度点要选在紧靠出口的地方，精馏塔的温度测量点要选在灵敏板上等。

② 选取惯性小的测量元件，减小时间常数。也就是说测量元件反应要快，能及时跟上被测量的变化，减少动态误差。

③ 采用继动器和阀门定位器。对于气动仪表的信号传输，一般不应超过 300m，超过 150m 时就应加装继动器以减少传输时间。调节阀的膜头是个较大的气容，为减少容量滞后一般要加阀门定位器。

④ 从控制规律上采取措施。对于容量滞后，可以用微分作用改善其部分不良影响；对于纯滞后，微分作用也无能为力；对于要求较高的系统，则要采用复杂控制来改善整个系统的特性。

3.1.3 控制器控制规律的选择

目前工业上常用的简单控制系统控制器主要有三种控制规律：比例控制规律、比例积分控制规律和比例积分微分控制规律，分别简写为 P、PI 和 PID。

控制器控制规律的选择主要是根据被控对象的特性和工艺的要求来决定。

1. 比例控制器

比例控制器是具有比例控制规律的控制器。

比例控制器的特点：控制器的输出与偏差成比例。比例控制器的优点是克服干扰能力强、控制及时、过渡时间短。其缺点是会使系统产生余差。

比例控制器适用于控制通道滞后较小、负荷变化不大、工艺上没有无差要求的系统，例如液位控制，以及不太重要的压力控制系统。

2. 比例积分控制器

比例积分控制器（PI 控制器）是具有比例积分控制规律的控制器。

PI 控制器的特点：由于在比例作用的基础上加上积分作用，可以实现无余差控制；另一方面，比例积分控制器将使过渡过程超调量和振荡周期增大，稳定性变差，稳定时间也会加长。

在反馈控制系统中，PI 控制器是使用最普遍的控制器。对于控制通道滞后较小、负荷变化不大、工艺参数不允许有余差的系统，例如流量、压力和要求严格的液位控制系统，可选用 PI 控制器。

3. 比例积分微分控制器

比例积分微分控制器（PID 控制器）是具有比例积分微分控制规律的控制器。

PID 控制器的特点：微分作用使控制器的输出与偏差的变化速度成比例，对克服被控对象的滞后有显著的效果；积分作用可以消除余差。

PID 控制器适用于容量滞后较大、负荷变化大、控制质量要求较高的系统，应用最普遍的是温度控制系统与成分控制系统。

微分作用对纯滞后无效。对于滞后小、扰动频繁的系统，不宜引入微分作用。

目前，各类控制系统或控制仪表都提供 PID 控制功能。由于 PID 控制器中同时包含了比例、积分、微分三种作用，可以通过将微分时间置于 0 或将积分时间置于无穷大的方法，将控制器的控制规律改为 P 或 PI 控制。

3.2 串级控制系统

简单控制系统虽然能满足石油化工生产中大多数情况的控制需要，但是不能解决纯滞后较大、时间常数较大、干扰多而强烈的变量的控制问题。为了解决这些问题，在简单控制系统的基础上发展出了众多的复杂控制系统。

所谓复杂控制系统，是相对于简单控制系统而言。一般地，凡是由两个或两个以上测量变送器(或控制器、控制阀)组成的控制系统都可称为复杂控制系统。目前常用的常规复杂控制系统主要有串级、均匀、比值、分程、前馈-反馈、选择性控制系统等。

3.2.1 串级控制系统的组成

在石油化工生产中，一些被控对象的滞后和时间常数较大，工艺上却要求将变量控制在较高的准确度上。这时，可考虑采用串级控制系统。

把两个各自具有测量输入的控制器串接起来，其中具有独立给定值的控制器称为主控制器，它的输出可给被称为副控制器的另一个控制器做给定值，而副控制器的输出可给调节阀执行控制动作，这种结构的控制系统叫作串级控制系统。

串级控制系统可用图 2-3-5 所示的加热炉出口温度控制系统来说明。该系统的被控变量是炉出口温度，用燃料气作为操作变量，可以组成图 2-3-5(a)所示的简单控制系统。如果燃料气上游压力发生波动，即使燃料气阀门开度不变，也会影响燃料气流量，从而逐渐影响炉出口温度。由于加热炉炉管等热容较大，从操作变量到被控变量的时间常数较大，温度控制器发现偏差后再进行控制，显然不够及时，必然引起炉出口温度产生较大的动态偏差。如果改用图 2-3-5(b)所示的流量控制系统，虽然可以迅速克服阀前压力等扰动，但对炉出口温度来说是开环的，所以对进料负荷、燃料气热值变化等扰动就完全无能为力。把温度和流量两个控制器串接起来，流量控制器的设定值由温度控制器输出决定，即流量控制器的设定值不是固定的，如图 2-3-5(c)所示，这样既能迅速克服影响流量的扰动作用，又能使温度在其他扰动作用下也保持在设定值，这种系统就是串级控制系统。

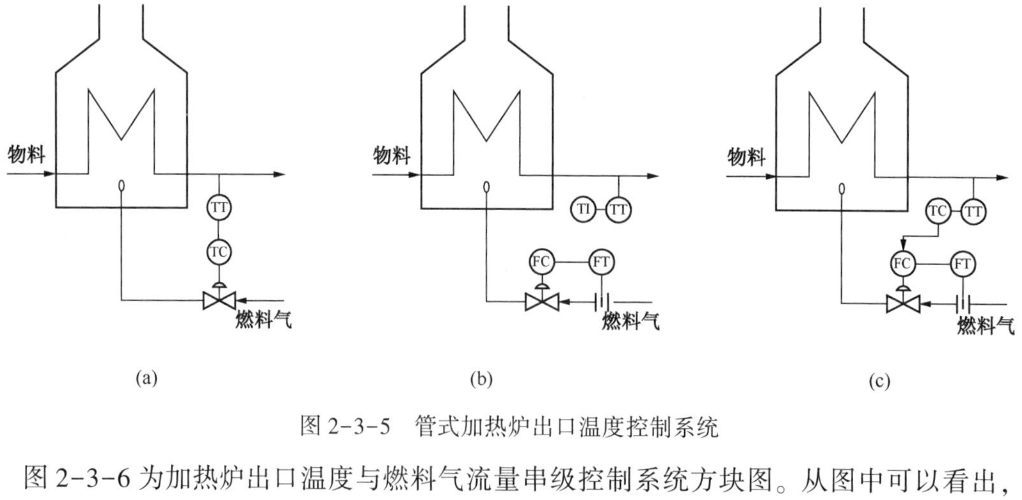

图 2-3-5 管式加热炉出口温度控制系统

图 2-3-6 为加热炉出口温度与燃料气流量串级控制系统方块图。从图中可以看出，在这个控制系统中，有温度控制器和流量控制器两个控制器，分别接收两个来自被控对象不同部位的测量信号炉出口温度和燃料气流量。其中，温度控制器的输出作为流量控制器的给定

值，而流量控制器的输出去控制执行器，以改变操作变量。

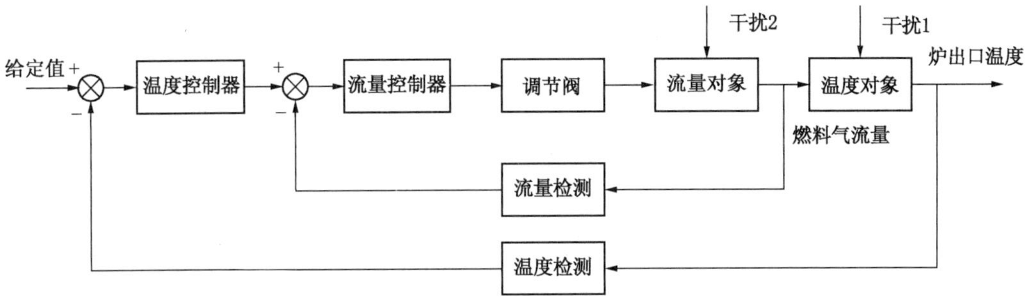

图 2-3-6　加热炉出口温度与燃料气流量串级控制系统方块图

串级控制系统中常用到几个名词。

主变量：是工艺控制指标，在串级控制系统中起主导作用的被控变量，如上例中的加热炉出口温度。

副变量：串级控制系统中为了稳定主变量或因某种需要而引入的辅助变量，如上例中的燃料气流量。

主对象：为主变量表征其特性的生产设备，反映了主变量与副变量之间的关系。如上例中从燃料气流量检测点到炉出口温度检测点间的工艺生产设备，主要是指燃料气烧嘴和炉内物料受热管道，图中标为温度对象。

副对象：为副变量表征其特性的工艺生产设备，如上例中执行器至燃料气流量检测点间的工艺生产设备，主要指燃料气管线部分，图中标为流量对象。

主控制器：按主变量的测量值与给定值的偏差进行工作的控制器，其输出信号为副变量给定值，如上例中的温度控制器。

副控制器：按副变量的测量值与给定值的偏差进行工作的控制器，其给定值来自主控制器的输出，如上例中的流量控制器。

副回路：由副变量的测量变送装置、副控制器、执行器和副对象所构成的闭环回路，亦称内回路、内环或副环。

主回路：由主变量的测量变送装置、主控制器、副回路和主对象构成的闭环回路，亦称外回路、外环或主环。

用上述名词，可画出串级控制系统的典型形式的方块图，如图 2-3-7 所示。

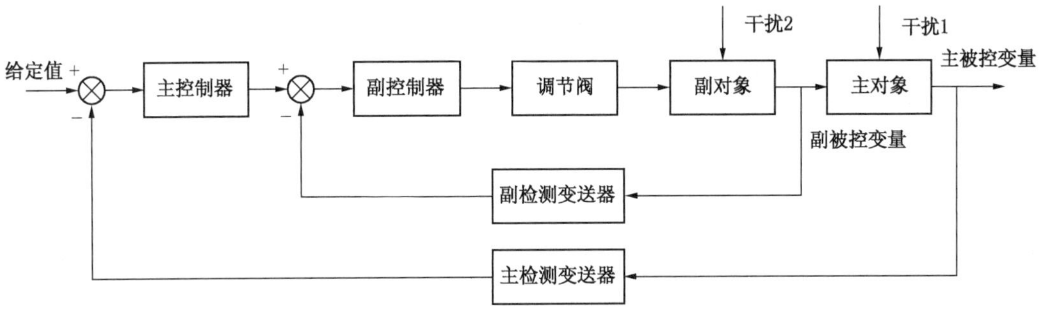

图 2-3-7　串级控制系统典型方块图

3.2.2 串级控制系统的特点与适用场合

串级控制系统从总体来看，仍然是一个定值控制系统，但是串级控制系统在结构上增加了一个随动的副回路，因此与单回路控制系统相比具有下列特点：

① 由于副回路的作用，使系统具有较强的克服干扰能力。串级控制系统对由副回路进入系统的干扰比由主回路进入系统的干扰有较强的抵抗能力。干扰经副对象进入副回路，在它影响到主变量之前，副控制器就开始动作，克服该干扰，因而削弱了这一干扰对主变量的影响，提高了控制质量。

另外，系统有主、副两个串联的控制器，其总的放大倍数远比只有一个控制器的单回路系统的放大倍数大，因而克服干扰能力强。

② 由于副回路的引入，改善了被控对象的特性。串级系统在结构上可以把整个副回路看作主回路的一个环节，或把副回路称为等效被控对象。由于副回路的作用，等效被控对象的时间常数减小了，因而改善了这部分被控对象的动态特性，使系统的反应速度加快，控制更为及时。如果是单回路系统，被控对象包括主对象和副对象两部分，因此整个被控对象容量滞后大、反应慢，使得控制不及时。

③ 由于增加了副回路，系统具有了一定的自适应能力。对于一个控制系统来说，控制器参数是在一定的负荷、一定的操作条件下，按一定的质量指标整定得到的。因此，一组控制器参数只能适应一定的负荷和操作条件。如果被控对象具有非线性，随着负荷和操作条件的改变，原先整定好的控制器参数就不再适用了，需要重新整定。如果仍用原先的参数，控制质量就会下降。这一问题，在单回路控制系统中是难以解决的。在串级控制系统中，主回路是一个定值系统，副回路却是一个随动系统。主控制器能够按照负荷或操作条件的变化而变化，从而不断改变副控制器的给定值，使其随负荷及操作条件的变化而变化，这就使串级控制系统对负荷的变化和操作条件的改变具有一定的自适应能力。

由于串级控制系统具有上述特点，使得它在实际生产中解决了许多简单控制系统所不能解决的控制问题。在工艺要求高、被控对象的滞后和时间常数大、干扰作用强而频繁、负荷变化大的场合，简单控制系统满足不了控制质量的要求时，可以采用串级控制系统，尤其当主要干扰来自执行器方面时，应用串级控制是很适宜的。

3.2.3 串级控制系统的工作过程

对于图 2-3-5(c)所示的加热炉出口温度的串级控制系统，在稳定工况下，炉出口温度和燃料气流量处于相对稳定状态，调节阀保持一定的开度。当干扰发生时，破坏了上述稳定状态，系统的主、副控制回路便开始克服干扰的工作。干扰可能作用在副回路，也可能作用在主回路，还可能同时作用于主、副回路。

如果干扰来自燃料气压力的变化(干扰 2)，即干扰作用于副回路，则干扰将首先影响到燃料气的流量，这时副控制器 FC 及时发出控制信号，以维持燃料气流量的稳定。如果干扰量不大，经过副回路的及时控制，一般不会影响到炉出口温度。如果干扰量幅度较大，虽经过副回路的及时控制，但还将影响到炉出口温度，此时由主回路进一步控制，副控制器的测量值与设定值两方面的变化加在一起，从而加速了克服干扰的控制过程，使主变量尽快地回到设定值。

由于副回路控制通道短，时间常数小，所以当干扰进入回路时，可以获得比单回路控制系统超前的控制作用，有效地克服燃料气压力变化对炉出口温度的影响，从而大大提高了控制质量。

如果加热炉的物料流量或入口温度发生了变化，即干扰作用于主回路，则由主控制器TC根据炉出口温度与其设定值的偏差，使其输出相应变化，去改变副控制器的设定值，使副控制器投入克服干扰的控制过程。

假如干扰使炉出口温度升高，主控制器TC的测量值升高，由于主控制器的给定值不变，那么TC的输出就会降低，副控制器FC的给定值也降低，导致FC输出降低，阀门开度也随之减小，于是燃料气流量减少，结果使炉出口温度降低至给定值。所以，在串级控制系统中，如果干扰作用于主对象，由于副回路的存在，可以及时改变副变量的数值，以达到稳定主变量的目的。

如果燃料气的压力以及物料的流量或温度同时发生变化，则干扰就同时作用于主、副回路。这时要分两种情况加以分析。

一种情况是，在两个干扰同时作用下，主、副变量按同一方向变化，即燃料气流量和炉出口温度同时升高或降低，此时主、副控制器对调节阀的控制方向是一致的，主、副回路控制作用的叠加，使系统的整体控制作用加大，克服干扰的能力增强。

另一种情况是，在两个干扰同时作用下，主、副变量朝相反方向变化，即一个升高，另一个降低。此时主、副控制器对调节阀的控制方向是相反的，两个干扰的作用事实上相互抵消，调节阀开度只要有较小的变化，即可将主变量稳定在设定值上。例如原料流量减小使炉出口温度增加，而燃料气压力降低使燃料气流量减小，燃料气流量减小正好符合维持炉出口温度不变的要求。

可见，串级控制系统中，由于主、副回路相互配合、相互补充，充分发挥了控制作用，大大提高了控制质量。

3.2.4　主副变量的选择

串级系统的主回路仍然是一个定值控制系统，主回路的确定与单回路控制系统的确定原则一致。由于串级系统比单回路系统多了一个副回路，因而确定副回路是关键。

所谓副回路的确定，就是根据生产工艺的具体情况，选择一个合适的副变量，从而构成一个以副变量为被控变量的副回路。

为了充分发挥串级系统的优势，确定副回路时应考虑以下原则：

① 主、副变量间应有一定的内在联系。

在串级控制系统中，副变量的引入往往是为了提高主变量的控制质量。因此，在主变量确定以后，选择的副变量应与主变量间有一定的内在联系。换句话说，在串级系统中，副变量的变化应在很大程度上能影响主变量的变化。

选择串级控制系统的副变量一般有两类情况：一类情况是选择的副变量就是操作变量本身，如图2-3-5(c)所示，以燃料气流量为副变量，燃料气流量就是控制炉出口温度的操作变量，这样做能及时克服副变量的波动，减少对主变量的影响；另一类情况是选择与主变量有一定关系的某一中间变量作为副变量，例如，加热炉的炉膛温度是燃料流量至炉出口温度通道的一个中间变量，可以将加热炉的炉膛温度作为副变量，由于炉膛温度相对于出口温度的滞后小、反应快，可以提前预报主变量出口温度的变化，因此控制炉膛温度对稳定加热炉出口温度有着显著的作用，如图2-3-8所示。

② 副回路应包括系统的主要干扰，并且尽可能包括更多的干扰。

串级控制系统的副回路具有反应速度快、抗干扰能力强(主要指进入副回路的干扰)的特点，因此，在确定副变量时，应将对主变量影响最大、变化最频繁最激烈的干扰包括在副

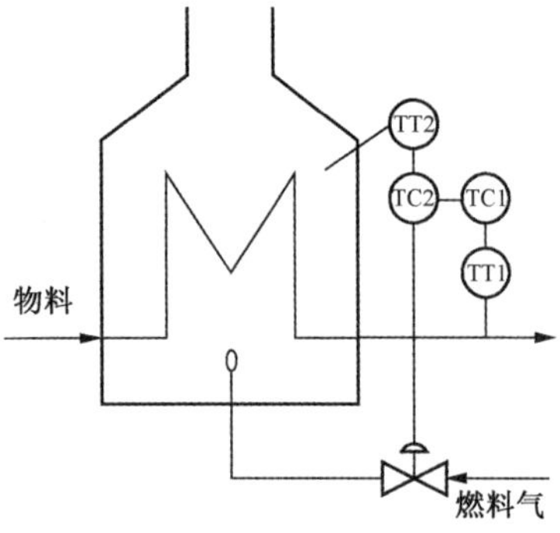

图 2-3-8　加热炉出口温度与炉膛温度串级控制方案

回路中，在不影响副回路快速性的前提下，还应包括更多的次要干扰。这样，在干扰影响到主变量之前，就能充分利用副回路的快速控制作用，将干扰的影响抑制在最低限度，从而确保主变量的控制质量。

在管式加热炉出口温度控制中，如果燃料气的压力或流量波动是主要干扰，采用图2-3-5(c)的方案是合理的。由于选择了燃料气流量为副变量，副对象的控制通道很短，时间常数很小，因此控制作用非常及时，能及时有效地克服由于燃料油压力波动对加热炉出口温度的影响。

但是，如果燃料气的压力或流量比较稳定，而被加热物料的流量或燃料气组分(或热值)的波动较大，就不宜采用图 2-3-5(c)所示的控制方案，因为这时主要干扰并没有被包括在副环中，副回路对干扰的抑制作用不大。此时，应采用图2-3-8所示的温度-温度串级控制系统，选择炉膛温度作为副变量。这样，被加热物料的流量以及燃料气组分(或热值)等变化的影响，都要首先影响到炉膛温度，而它们都被包围在副环内，因此，这种方案是合理的。

如果在生产过程中，除了主要干扰外，还有较多的次要干扰，或者系统的干扰较多且难以分出主要干扰与次要干扰，在这种情况下，选择副变量应考虑使副环尽量多地包括一些干扰。图 2-3-8 所示的控制方案比图 2-3-5(c)所示的控制方案，副回路包括的干扰更多一些，从这一点上来看，图 2-3-8 所示的串级控制方案更理想一些。

需要强调的是，副变量的作用是确保主变量的控制效果，不管如何选择副变量，都不应影响到副回路的快速响应性能，否则无法体现副回路的优点，不利于整个系统性能的提高。

③ 将被控对象中具有显著非线性或时变特性的部分包括在副回路中。

根据串级控制系统工作原理，串级控制系统具有一定的自适应能力。当操作条件或负荷变化时，主控制器可以适当地修改副控制器的给定值，使副回路在一个新的工作点上工作，以适应变化了的情况。因此，当被控对象具有非线性时，如能将非线性部分包含在副回路之中，可使系统控制质量在整个操作范围内不受负荷变化和控制阀特性变化等非线性的影响，有较强的适应能力。

④ 当被控对象纯滞后较大时，应使副回路尽量少包括或不包括纯滞后。

对于含有大纯滞后的被控对象，往往由于控制不及时而使控制质量变差。通过合理选择副变量，将纯滞后部分放到主对象中去，目的是提高副回路的快速抗干扰性能，及时对干扰采取控制措施，将干扰的影响抑制在最低限度内，从而提高主变量的控制质量。

需要指出的是，这种方法是有很大局限性的，即只有当纯滞后环节能够全部或大部分可以被纳入主对象中去时，这种方法才能有效地提高系统的控制质量，否则将不会获得很好的效果。

⑤ 主、副对象的时间常数应匹配。

为了发挥串级控制系统的副回路快速控制作用，副对象的时间常数应适当小一些。原则上，主、副对象的时间常数之比应在 3~10。在实际应用中，应根据被控对象的具体情况以及控制的要求而定。但是，副对象的时间常数不宜取得过大或过小，因为副对象的时间常数过大，就不能及时有效地克服进入副回路的干扰；反之，若副对象时间常数过小，会使副回路包含的扰动减少，对提高系统的工作频率帮助不大，不能发挥串级控制系统的优越性。此外，当主、副对象的时间常数比较接近时，一旦系统受到干扰，就有可能发生“共振”，也就是副回路产生振荡时，引起主回路也发生振荡。这时，系统轻则控制质量下降，重则导致系统的发散而无法工作，因此，必须设法避免共振的发生。解决的办法一是合理地选择主、副变量，使主、副对象的时间常数适当错开；二是从控制器参数整定上着手，把主控制器的参数放得“松”一些，即比例度适当大一些，积分时间也适当大一些，而微分时间适当小一些。

3.2.5 主副控制器的选择

1. 控制规律的选择

在串级控制系统中，主、副控制器所起的作用是不同的，主控制器起定值控制作用，而副控制器主要是起随动控制作用。

主变量是工艺操作的重要指标，允许波动的范围很小，一般要求无差控制，所以主控制器通常都选用比例积分控制规律。有时，控制对象控制通道容量滞后比较大，为了克服容量滞后，需要加入微分作用，因此要选择比例积分微分控制规律。

副变量的引入是为了提高和保证主变量的控制质量，一般允许在一定的范围内变化，并存在余差，因此副控制器一般采用比例控制规律。为了能够提高副回路的快速跟踪能力，副回路最好不带积分作用。但在实际应用中，考虑到串级控制系统有时需要断开主回路，让副回路单独工作，所以当副变量是流量或液体压力时，副控制器常采用比例积分控制规律。

2. 控制器正、反作用的选择

如同单回路控制系统，为了保证串级控制系统是负反馈作用方式，必须正确选取主副控制器的作用方向。

串级控制系统中的副控制器作用方向的确定原则与单回路控制系统的相同，即根据工艺安全等要求，选定执行器的信号开、信号关形式后，按照使副控制回路成为一个负反馈系统的原则来确定。

确定串级控制系统主控制器作用方向时，可把副回路当成一个等效环节来考虑，然后按选择单回路控制器作用方向的方法选择主控制器的作用方向即可。

例如，在图 2-3-8 所示的管式加热炉出口温度控制系统中，主、副变量的检测、变送单元都为“正”方向。根据工艺安全的要求，燃料气调节阀应为信号开式，即 TC2 的输出信号越大，阀位开度越大，燃料气流量也越大，炉膛温度升高，出口温度也升高，副控制器应为“反”作用。对于副回路等效环节，方向为“正”。那么，该系统控制器的作用方向可做如下验证：

炉出口温度↑→TC1 输入↓→TC1 输出↓→TC2 输入↓→TC2 输出↓→调节阀开度↓→炉膛温度↓→炉出口温度↓

可见，主、副控制器的作用方向是正确的。

在某些生产过程中，要求控制系统既可以进行串级控制，又可以实现主控制器驱动执行器单独工作。也就是说，执行器既能接受主控制器的输出又能接受副控制器的输出，并且无论在哪种方式，都必须保证主变量的稳定，这就要求主控时主控制器的输出与串级时副控制器的输出信号方向完全一致。如果副控制器为“反”作用，则主控制器在主控和串控时的作用方式都为“反”，不用改变；如果副控制器为“正”作用，则主控制器在主控和串控时的作用方式不相同，必须做相应的变换，以确保系统为负反馈。

3.2.6 串级控制系统的投运

目前较为普遍的串级控制系统的投运方法是先投副回路、后投主回路。这是因为在一般情况下，系统的主要干扰包含在副回路中，且副回路反应快、滞后小，如果副回路先投入自动，把副变量稳定好，这时主变量就不会产生大的波动，主回路再投运就比较容易了。另外，从主、副两个控制器的联系上看，主控制器的输出是副控制器的设定值，而副控制器的输出直接去控制调节阀，因此先投副回路，再投主回路，从系统结构上看也是合理的。

串级控制系统投运步骤大致如下：

① 主、副控制器都置于手动位置，先用副控制器进行手动操作；

② 副回路比较平稳后，把副控制器切入自动；

③ 副回路比较平稳后，把主控制器的输出调整到与副控制器给定值相适应的数值上，把副控制器切入串级；

④ 手动操作主控制器，使主变量接近于其设定值并待其比较平稳后，把主控制器切入自动。

上述投运方法称为二步投运法，此外还有主、副回路一次投运的一步投运法。二步投运法适用于主、副回路均要求波动较小，以及有无扰动切换要求的场合；一步投运法适用于副回路允许波动较大的场合。

在计算机控制系统组态串级控制系统时，一般都可选择主控制器的输出在副回路投入串级之前自动跟踪副回路的给定值，这使串级控制系统的投用以及操作方式切换都更加方便。

3.2.7 串级控制系统的参数整定

串级控制系统由主、副两个回路构成，其目的是保证主变量的控制质量。从主回路来看，这和简单定值控制系统是一致的，但从副回路看，则要求它能迅速地、准确地跟随主控制器的输出变化，因此应按随动控制系统要求来整定参数。

串级控制系统中有主、副控制器两组参数需要整定，各通道及回路之间有着密切联系，改变任何一个参数，对整个系统都有影响。特别是当主、副对象的时间常数相差不大时，动态联系更为密切，整定工作尤为不容易。

在工程中，串级控制系统使用的整定方法有逐步逼近法、两步整定法和一步整定法等。这些方法都是以简单控制系统整定方法为基础的。下面就此做一简单介绍：

(1) 逐步逼近法

在串级控制系统中，当主、副对象的时间常数相近，两回路联系密切时，可采用此法。

所谓逐步逼近法，就是在主回路断开的情况下，按简单控制系统的整定方法，先整定副控制器参数；然后投串级闭合主回路，整定主控制器参数。之后，对副控制器参数进行再次整定，如果主变量的过渡过程达到了控制品质指标，整定就告结束。否则，按照上述步骤重新整定主控制器的参数值，如此反复调试，直到过渡过程满意为止。这样，每循环一次，其整定参数值就与最佳参数值接近一步，最终可达目的。

逐步逼近法虽属简单易行，但是往往需要花费较多时间。

(2) 两步整定法

所谓两步整定法，就是先整定副控制器参数，再整定主控制器参数方法。整定过程是：

① 在工况稳定，主副控制器都在纯比例作用运行的条件下，将主控制器的比例度设置

为 100%，逐渐减小副控制器的比例度，找出副回路在某衰减比(如 4∶1 或 10∶1)下的比例度 δ_{s2} 和振荡周期 T_{s2}。

② 把系统投入串级，将副回路作为主回路的一个环节，用衰减曲线法整定主回路，求取主回路在与副回路同样衰减比下的比例度 δ_{s1} 和振荡周期 T_{s1}。

③ 根据上面得到的 δ_{s1}、T_{s1}、δ_{s2} 和 T_{s2}，按表 2-3-1 或表 2-3-2 中的经验公式计算主、副控制器的比例度、积分时间和微分时间。

④ 按“先副后主”和“先比例次积分后微分”的顺序，先投运副回路，再投运主回路，并把求取的参数值逐一设置在主、副控制器上。

表 2-3-1　4∶1 衰减曲线法控制器参数计算表

控制作用	δ/%	T_i/min	T_d/min
P	δ_s		
PI	$1.2\delta_s$	$0.5T_s$	
PID	$0.8\delta_s$	$0.3T_s$	$0.1T_s$

表 2-3-2　10∶1 衰减曲线法控制器参数计算表

控制作用	δ/%	T_i/min	T_d/min
P	δ'_s		
PI	$1.2\delta'_s$	$2T'_s$	
PID	$0.8\delta'_s$	$1.2T'_s$	$0.47T'_s$

⑤ 观察控制过程，并做必要的调整，直到获得满意的过渡过程。

两步整定法适用于主、副对象时间常数之比在 3~10 范围内，主、副回路之间动态联系很小的串级控制系统。该法比逐步逼近法简便，而且能够满足主变量和副变量的不同控制要求，应用较广。

(3) 一步整定法

一步整定法是对两步整定法的简化，在对主变量要求高、副变量要求不严格的串级控制系统中常用这种方法。

所谓一步整定法，就是根据副对象的特性按表 2-3-3 中的经验数据先确定副控制器比例度 δ_2，然后按简单控制系统的整定方法来整定主控制器参数。

一步整定法的依据是：在串级控制系统中，对主变量的要求比较严格，而副变量的设置主要是为了提高主变量的控制质量，对副变量本身没有很高的要求，因此在整定时不必把过多的精力花在副回路上。只要副控制器的参数值位于一个适当的范围内(表 2-3-3)，虽然该参数值不一定合适，但不会对主变量造成大的不利影响，所以，可以集中精力整定主回路，只要主变量达到规定的质量指标即可。

表 2-3-3　采用一步整定法时副控制器参数选择范围

副变量类型	副控制器比例度 δ_2/%	副控制器比例放大倍数 K_{p2}	副变量类型	副控制器比例度 δ_2/%	副控制器比例放大倍数 K_{p2}
温　度	20~60	5.0~1.7	流　量	40~80	2.5~1.25
压　力	30~70	3.0~1.4	液　位	20~80	5.0~1.25

这种整定方法，对主变量要求较高、允许副变量在一定范围内变化的串级控制系统，是很有效的。

3.2.8　串级控制系统的实际应用

串级控制系统适合于在工艺要求高、被控对象的滞后和时间常数大、干扰作用强而频繁、负荷变化大等场合下应用。下面以两个例子对此加以说明。

（1）串级控制系统应用于容量滞后较大的被控对象

当被控对象的容量滞后较大时，若采用简单控制，则系统的过程时间长，超调量大，控制质量往往难以满足生产要求。根据串级控制系统的特点，这时可以选择一个滞后较小的副变量，构成一个副回路，使等效被控对象的时间常数减小，以提高系统的工作频率，加快响应速度，提高控制质量。因此，对于很多以温度或成分作为被控变量的被控对象，其容量滞后往往比较大，而生产上对这些变量的控制质量要求又比较高，此时宜采用串级控制系统。

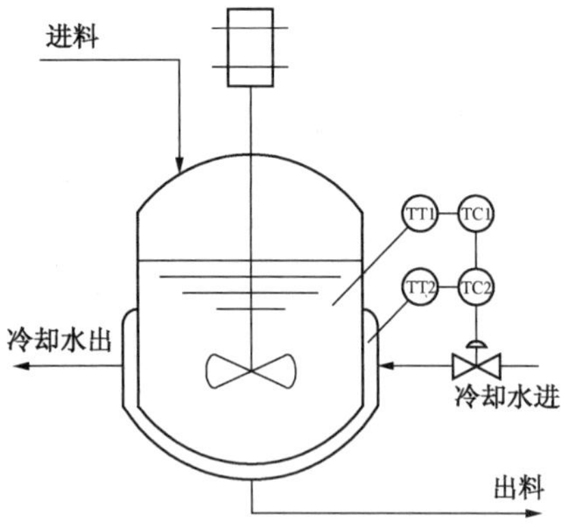

图 2-3-9　聚合釜内温度与夹套温度串级控制系统

如图 2-3-5 所示的管式加热炉被控对象，由于其时间常数大，且扰动因素多，显然简单控制系统很难满足工艺对炉出口温度的要求。若选择滞后很小的燃料气压力或滞后较小的炉膛温度作为副变量，构成炉出口温度对燃料气压力或对炉膛温度的串级控制系统，通过副回路的快速控制作用，可有效地克服各种干扰的影响，满足工艺要求。

又如图 2-3-9 所示的夹套式聚合釜的温度控制系统，反应物在釜中进行聚合反应，生成聚合物。为了保证产品质量，一般要求将反应温度控制在一个很小的范围内。反应温度多是通过改变夹套中流动的冷却水流量来控制，主要干扰来自冷却水流量和温度的变化。由于聚合釜容积大，即被控对象容量滞后较大，而聚合反应速度又较快，所以简单控制系统不能满足工艺要求。选择夹套水温度为副变量，以聚合釜内温度为主变量构成串级控制系统，可以有效改善被控对象特性，提高系统的控制品质。

（2）串级控制系统应用于扰动变化激烈而且幅度大的被控对象

串级控制系统对进入副回路的扰动有较强的克服能力，所以只要将变化激烈且幅度大的扰动包括在副回路之中，就可以大大减小这种扰动对主变量的影响。

如图 2-3-10 所示为某精馏塔塔釜温度与蒸汽流量串级控制系统。塔釜温度是保证产品分离纯度的重要指标，工艺要求其控制偏差≤1.5℃，在生产过程中，蒸汽压力有时变化幅度达 40%，对于这种扰动大、被控对象的时间常数也较大的情况，用简单控制系统时最大偏差可能达到 10℃，不能满足工艺要求。以蒸汽流量为副变量构成串级控制系统后，蒸汽压力波动对塔釜温度的影响得到了及时的克服，系统偏差显著减小，控制质量大为提高，满足了工艺要求。

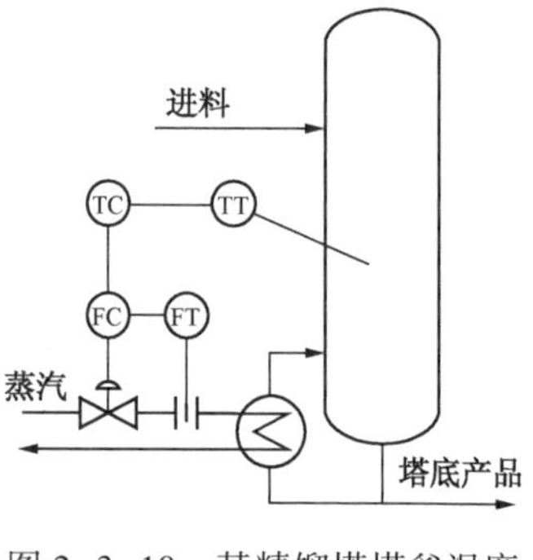

图 2-3-10　某精馏塔塔釜温度与蒸汽流量串级控制系统

3.3　分程控制系统

分程控制是由一个控制器的输出信号，分段控制两个或者两个以上的执行器，以满足某些控制要求。

典型的分程控制系统方块图如图 2-3-11 所示。

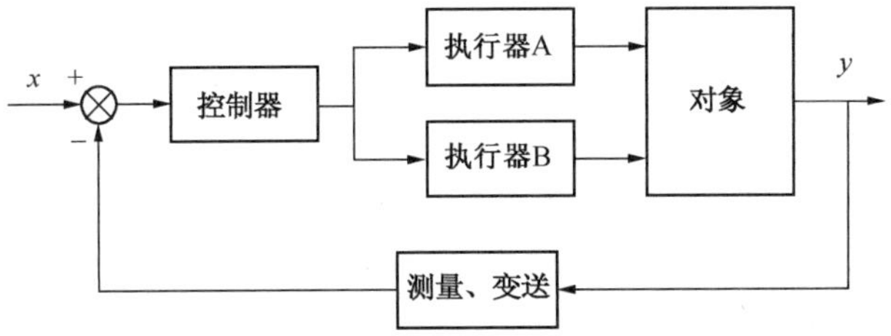

图 2-3-11　分程控制系统方块图

将控制器输出到执行器上的输出信号范围分成多个区间，每个信号区间对应于一个执行器，每个执行器在其信号区间里全行程工作，即信号区间的两端分别对应于执行器的全开和全关。

对于计算机控制系统，分程控制系统信号分段一般通过控制信号输出模块组态实现，也可以在执行器上实现，对气动调节阀而言，就是在调节阀的阀门定位器上实现。改变阀门定位器的量程和零点，就可以改变阀门定位器的输出范围。如果在图 2-3-11 所示的分程控制系统中采用两台气动调节阀作执行器，要求 A 阀的信号区间为 20～60kPa，B 阀的信号区间为 60～100kPa。通过调整两个调节阀上的阀门定位器，使 A 阀在 20～60kPa 的输入信号下走完全行程，使 B 阀在 60～100kPa 的输入信号下走完全行程。当控制器输出信号小于 60kPa 时，只有 A 阀随信号的变化改变开度，B 阀的开度不变；控制器输出信号超过 60kPa 时，A 阀的开度不变，B 阀的开度随信号的变化而变化。

3.3.1　分程控制系统的类型

在采用两个调节阀的分程控制系统中，根据调节阀的气开、气关形式，可以划分为同向动作和异向动作两类。分程阀同向或异向动作的选择，完全由生产工艺的需要来确定。

图 2-3-12 为同向调节阀的分程动作过程。其中，图(a)表示两个调节阀均为气开阀。随着调节阀输入信号从 20kPa 增大到 60kPa 时，A 阀从全关逐渐打开到全开，B 阀不动；信号从 60kPa 继续增大到 100kPa 时，A 阀保持全开，B 阀从全关逐渐打开到全开。图(b)表示两个调节阀均为气关阀，调节阀输入信号在 20～60kPa 时，A 阀从全开到全关，B 阀为全开；信号在 60～100kPa 时，A 阀保持全关，B 阀从全开到全关。

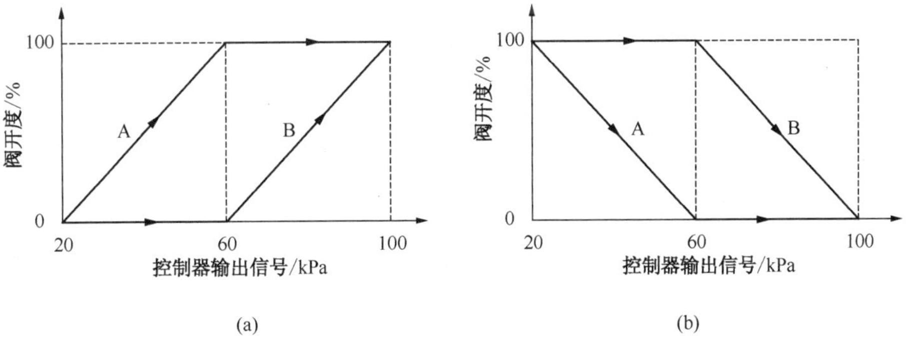

图 2-3-12　同向调节阀的分程动作过程

图 2-3-13 为异向调节阀的分程动作过程，即随着调节阀输入信号的增大或减小，一个调节阀开大，另一个调节阀则关小。

3.3.2　分程控制系统的应用

分程控制系统主要有以下几个方面的应用：

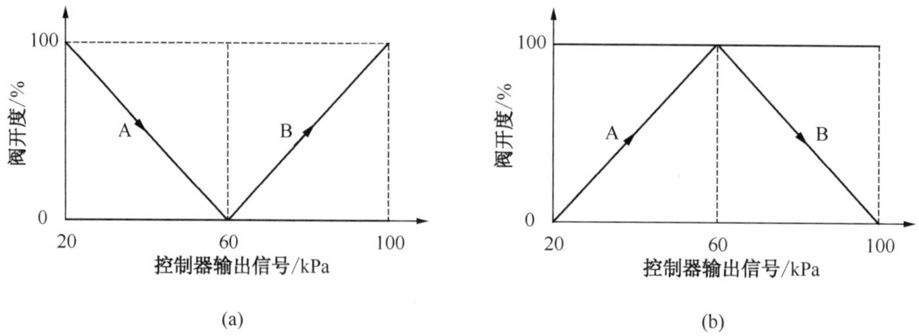

图 2-3-13　异向调节阀的分程动作过程

(1) 用于扩大执行器的可调范围，满足不同负荷下的控制要求

当生产负荷变化较大时，要求有较大范围的流量变化，但是执行器的作用范围是有限制的，只用一个执行器满足不了流量大范围变化的要求，这时可采用两个执行器并联安装的分程控制方案。

图 2-3-14 是乙烯裂解装置脱甲烷塔 4 号进料分离器(FA308)与脱甲烷塔(DA301)间压差分程控制系统示意图。裂解气在进入 4 号分离器 FA308 之前，已先后经 1 号、2 号和 3 号分离器分离。FA308 出来的气体中约含 72%(体积)的粗氢，粗氢在冷箱中冷却到-165℃，进入 FA309 进行气液相分离；液相主要为甲烷，进一步冷却后进入脱甲烷塔 DA301。FA309 出来的气相经冷箱回收冷量后进入甲烷化反应器 DC301，将其中的一氧化碳转化为甲烷和水，然后经水分离罐分出水，得到干燥的氢气产品。粗氢在回收冷量的过程中，将产生凝液，这些凝液依靠 FA308 与 DA301 间的压差流进 DA301。

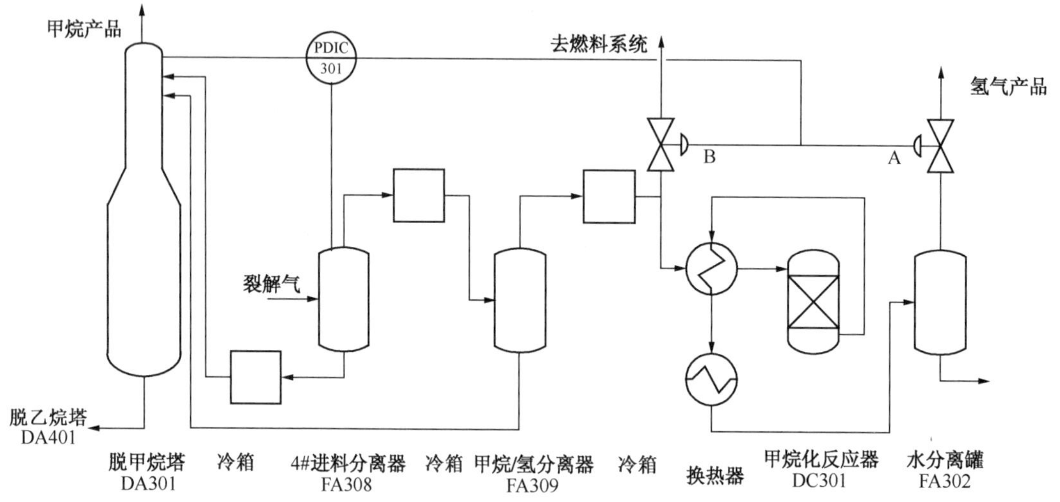

图 2-3-14　脱甲烷塔与进料分离器压差控制系统

FA308 与 DA301 间的压差由分程控制系统 PDIC301 控制，分程方式如图 2-3-12(a)所示。当压差升高时，控制器的输出信号增加，输出信号在 20~60kPa 范围内时，氢气阀 A 打开，FA308 压力下降，压差也降低。此时，去燃料系统的 B 阀不动作。A 阀全开仍不能使压差降到给定值时，B 阀逐渐打开，从而增强控制作用，扩大了调节阀的可调范围。

本系统中，控制器为正作用，A、B 阀均为气开阀。

(2) 增加控制手段，控制多种不同介质，以满足工艺生产的要求

工艺上有时需要用两种或两种以上的介质来控制一个被控变量，比较典型的就是反应器的温度控制。反应物进入反应器后，为了启动反应，往往需要在反应开始前给反应器加热，一旦达到反应温度，反应就开始进行并释放出大量的热，为了使反应稳定、持续地进行下去，这些热量必须及时带走。因此，在这种情况下，既要考虑反应前的预热问题，又要考虑反应过程中带走热量的问题。

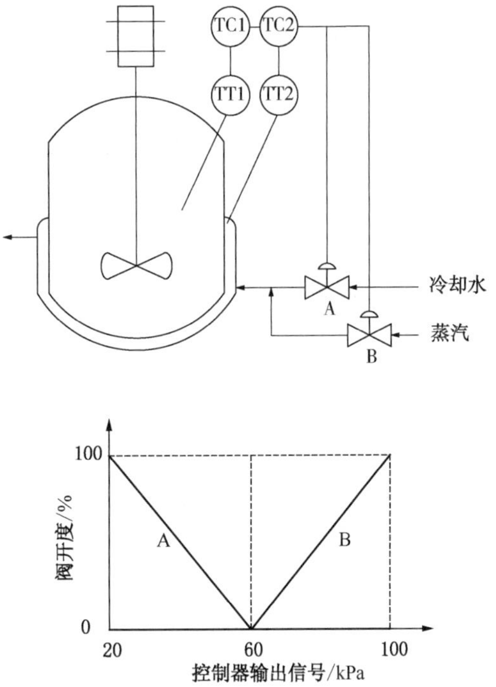

图 2-3-15　反应器分程控制系统

在图 2-3-15 所示的串级加分程控制系统中，利用 A、B 两个调节阀，分别控制冷水与蒸汽两种不同介质，以满足工艺上需要冷却和加热的不同需要。

该系统的工作过程如下：

在化学反应开始前的升温阶段，由于反应器内部温度低于要求的反应温度，控制器输出值较大(大于 60kPa)，因此冷却水阀 A 关闭，蒸汽阀 B 打开，由蒸汽进入反应器夹套为反应物加热，使反应物温度慢慢升高。

当反应物温度达到反应温度时，化学反应开始，随着反应热的不断释放，反应器内部温度将逐渐升高，控制器的输出逐渐减小。在此过程中，B 阀逐渐关闭。待控制器输出小于 60kPa 后，B 阀全关，A 阀则逐渐打开，夹套中的蒸汽逐渐被冷却水所取代，反应产生的热就不断被冷水所带走，从而达到维持一定的反应温度的目的。

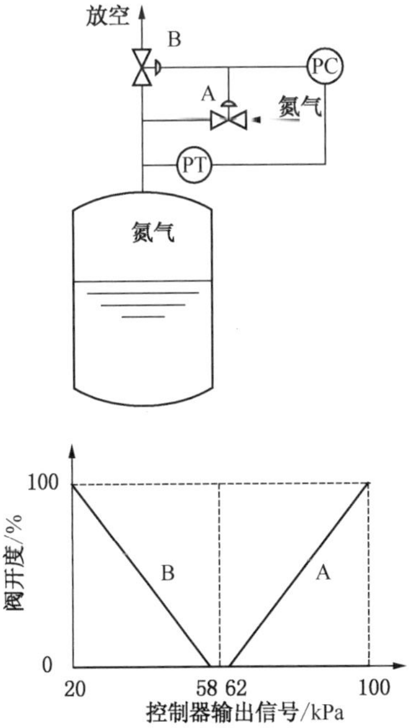

图 2-3-16　储罐氮封分程控制方案

本应用中，冷水阀 A 为气关阀，蒸汽阀 B 为气开阀，主、副控制器都选反作用。

(3) 确保生产状态和事故状态的安全

在各类石油化工装置中，有许多存放各种油品或石油化工产品的储罐。这些油品或石油产品不宜与空气长期接触，以避免被空气中的氧气氧化而变质，甚至引起爆炸。为此，常采取在罐顶充惰性气体 N_2 的方法，起到隔绝空气的作用，这种做法称为氮封。

氮封储罐要求储罐内氮气压力保持微正压。当储罐中的物料量发生增减时，氮封压力将随之变化，需要及时进行控制，以免储罐变形。为了维持氮封压力，可采用如图 2-3-16 所示的分程控制方案。

在该系统中，当储罐压力升高时，测量值将大于给定值，压力控制器 PC 的输出下降，A 阀关闭，而 B 阀将打开，通过放空泄出多余的氮气，使储罐内的压力降下

来。当储罐内压力降低时，控制器输出增大，此时 B 阀将关闭而 A 阀将打开，于是氮气被补入储罐，达到提高储罐的压力的目的。

为了防止储罐中压力在给定值附近变化时 A、B 两阀的频繁动作，可在两阀信号交接处设置一个不灵敏区，即将 B 阀的信号区间设为 20~58kPa，A 阀的信号区间设为 62~100kPa，当控制器输出压力在 58~62kPa 范围内时，A、B 两阀都处于全关位置。因为有了这个不灵敏区，控制过程趋于缓慢，系统更为稳定。

上述系统中，进气阀 A 为气开阀，放空阀 B 为气关阀，压力控制器 PC 为反作用。

3.3.3 分程控制中的几个问题

① 分程控制对阀门的泄漏等级要求较高，当分程控制的目的是扩大调节阀的可调范围、提高系统控制质量时尤为重要。当大小两个阀门并联工作时，如果大阀的泄漏量较大，小阀在小开度时将起不到控制作用。

② 要正确选择调节阀流量特性。在分程控制系统中，存在着控制作用从一个调节阀向另一个调节阀的过渡。如果各阀的流通能力相差较大，那么在分程点处将出现流量的突变，这在大小调节阀并联时尤其突出。解决的办法：如果要求分程控制的总体流量特性为直线，且总的可调范围不太大，可使用两个流通能力相同的线性阀门；如果要求总的可调范围较大，则可使用两个等百分比的阀门。

③ 分程控制系统本质上是简单控制系统，因此控制器的选择和参数整定，可参照简单控制系统处理。但是，当用于控制不同介质时，两个控制通道特性差异较大，控制器参数不能同时满足两个不同被控对象特性的要求，可以通过修改分程点位置，以改变两个控制通道的放大倍数的办法加以改进，否则只能根据正常情况下使用的阀门来整定控制器的参数，对使用另一台阀门时的操作要求，只要能在工艺允许的范围内即可。

3.4 前馈控制系统

此前所涉及的控制系统中，控制器都是基于被控变量与给定值之间的偏差来进行控制，都是属于反馈控制系统，是闭环控制系统。闭环控制能够将所有影响被控变量的干扰因素都包括在控制系统中，并由控制器来克服。正如前面所讨论的，闭环控制有很多优点，稳定性高，控制品质好，容易实现等。但是，反馈控制只有在被控变量偏离给定值产生偏差后，才进行控制，这就使得控制作用落后于干扰作用。特别是在干扰剧烈、频繁，被控对象滞后较大时，反馈控制系统的控制品质往往不能令人满意。

前馈控制是根据干扰的大小和性质来进行控制的。当干扰出现时，控制器立即根据干扰开始动作，改变操作变量的值，去补偿干扰对被控变量的影响，使被控变量不变化或少变化。由于控制作用与干扰作用同时施加到被控对象上，控制是在干扰产生影响之前而不是之后进行的，所以，相对于反馈控制而言，前馈控制更及时，理论上可以对干扰作用达到完全补偿的效果。前馈控制对滞后大、扰动大而频繁的被控对象有显著效果。前馈控制也叫干扰补偿，它属于开环控制。

在图 2-3-17 所示的换热器出口温度的反馈控制中，能对被控变量产生影响的干扰因素 f 包括进料流量 q_1 或温度的变化、蒸汽压力的变化等。不管是哪个干扰进入系统，只有当被控变量，即出口温度 T 发生变化后，反馈控制器才能输出一个控制信号，通过调节阀改变蒸汽流量 q_s，然后经过热交换过程，才使出口温度 T 缓慢恢复。对于这类滞后较大的被控对象，反馈控制的控制品质较差。可以看出，反馈控制不区分干扰的类型。

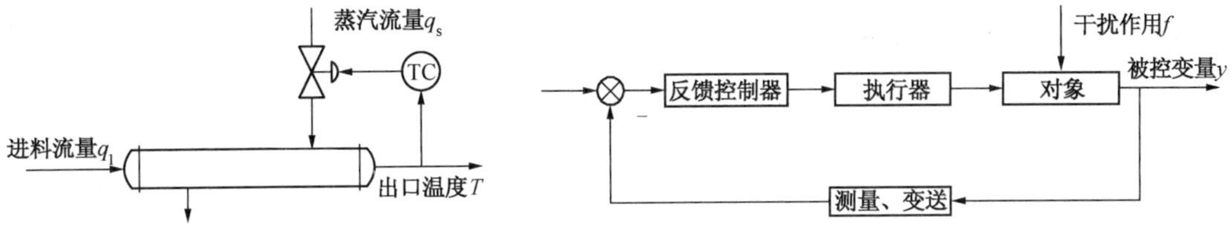

(a) 流程图　　(b)方块图

图 2-3-17　换热器的反馈控制

图 2-3-18 是根据进料流量 q_1 变化来控制换热器出口温度 T 的前馈控制系统。该系统中，前馈控制器根据进料流量的变化，输出一补偿信号去控制调节阀，改变蒸汽流量 q_s。如果控制器设计合理，蒸汽流量的改变量 Δq_s 对 T 的影响，刚好可以抵消进料流量变化量对 T 的影响。在前馈控制系统中，进料流量对 T 的影响存在两条通道：一是通过换热器的热交换过程(即被控对象)的干扰通道；二是通过前馈控制器和被控对象的控制通道。控制作用和干扰作用对被控变量的影响相反，迭加在一起可相互抵消，如图 2-3-19 所示。

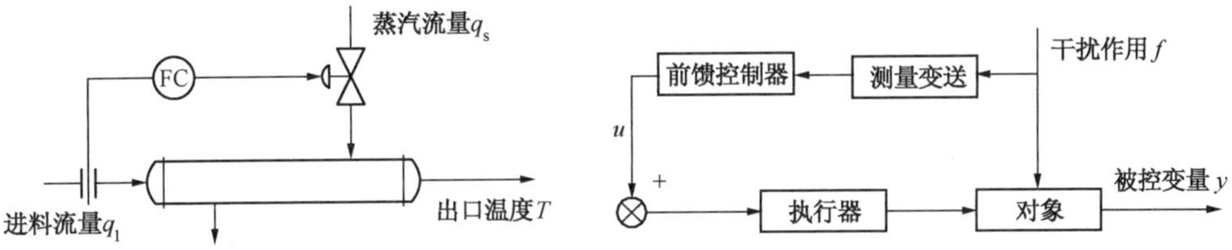

(a) 流程图　　(b)方块图

图 2-3-18　换热器的前馈控制

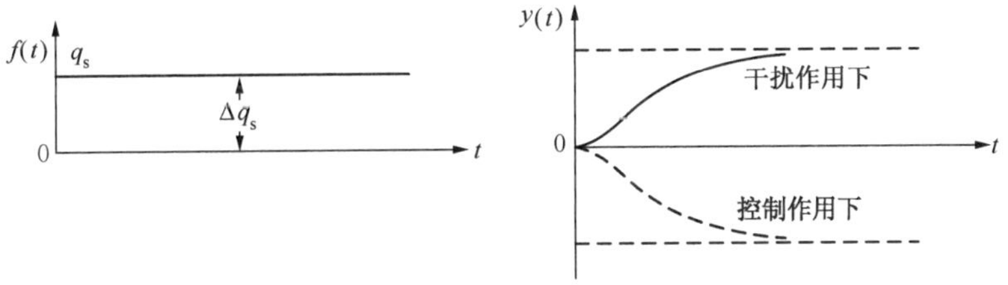

图 2-3-19　前馈控制系统的补偿过程

综上所述，前馈控制有以下几个特点：

① 前馈控制是根据干扰的变化产生控制作用的，其检测的信号是干扰量的大小，控制作用几乎与干扰作用同时产生，而不需等到偏差出现之后，所以比反馈控制更加及时、有效。

② 前馈控制属于“开环”控制系统。前馈控制不检测被控变量，因此，被控变量是否达到所希望的值不得而知。要想得到一个合适的前馈控制作用，必须对被控对象的特性做深入研究和彻底了解。从某种意义上来说，这一点是前馈控制的不足之处。

③ 前馈控制规律取决于被控对象特性，前馈控制器是“专用”的控制器。一般的反馈控制系统均采用通用类型的 PID 控制器，而前馈控制要针对不同的被控对象特性，设计具有不同控制规律的控制器。

④ 前馈控制只能克服可测的干扰变量对被控变量的影响。一种前馈作用只能克服一种干扰，这也是前馈控制系统的弱点。

3.4.1 前馈控制系统的类型

单纯的前馈控制分为静态前馈和动态前馈两类，实际生产中应用较多的是带反馈的前馈-反馈控制系统。

1. 静态前馈控制系统

所谓静态前馈控制系统，是指前馈控制器的输出与输入为静态关系，与时间无关。静态前馈在干扰作用下，前馈补偿作用只能最终使被控变量回到给定值，而不考虑补偿过程的偏差。

由于只按输入与输出的静态关系确定前馈控制作用，所以静态前馈的控制规律实际上是一个比例计算。例如，在图 2-3-18 中，当干扰信号进料流量 q_1 发生波动，其改变量为 Δq_1 时，前馈控制器的输出信号改变量 Δu 为

$$\Delta u = K_f \Delta q_1$$

式中，K_f 是前馈控制器的比例系数，该系数可通过被控对象的物料平衡和能量平衡关系求得。

静态前馈控制不含时间因子，实施简单，特别适合于控制通道与干扰通道的时间常数相差不大的场合。

2. 前馈-反馈控制

从理论上讲，前馈控制可以完全补偿干扰作用对被控变量的影响。但在实际生产中，每个变量都受到多个干扰的影响，为每个干扰都设置一个前馈控制通道是不现实也不经济的。另外，要在理论上达到对干扰的完全补偿就需要建立一个完善的控制通道模型，而这是比较困难的。此外，由于前馈控制是一个开环系统，缺乏对补偿效果的检验，如果前馈控制作用无法消除被控变量的偏差，系统也不能获得相关的信息而做进一步的校正。前馈控制的这些不足，正好是反馈控制的长处，若把二者结合起来，构成前馈-反馈控制系统，使前馈控制用来克服主要干扰，反馈控制用来克服其他的多种干扰，就能获得较理想的控制品质。

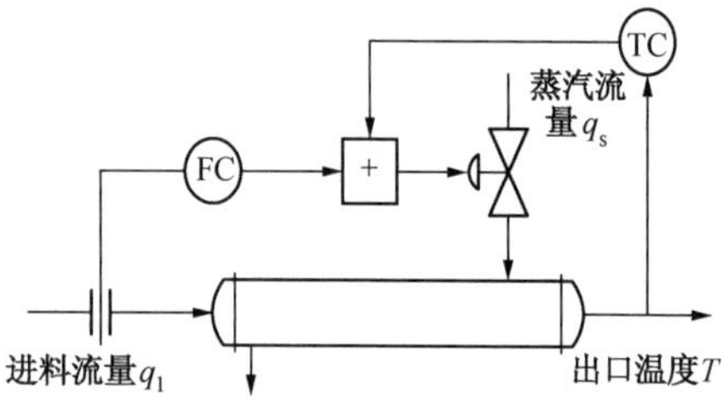

图 2-3-20　换热器的前馈-反馈控制

图 2-3-20 为换热器出口温度的前馈-反馈控制系统。控制器 FC 起前馈作用，用来克服由于进料量波动对出口温度的影响，温度控制器 TC 起反馈作用，用来克服其他干扰对出口温度的影响，前馈和反馈控制作用相加，共同改变加热蒸汽量，以使出口温度维持在给定值上。

图 2-3-21 是上述前馈-反馈控制系统的方块图。可以看出，前馈-反馈控制系统虽然也有两个控制器，但在结构上与串级控制系统是完全不同的。串级控制系统是由内、外两个反馈回路所组成；而前馈-反馈控制系统是由一个反馈回路和另一个开环的补偿回路叠加而成。

前馈控制具有的特点，使其适合于以下场合：

① 主要干扰是可测但是不可控的变量；

② 变化频繁且变化幅度大的干扰；

③ 扰动能对被控变量产生显著影响，仅采用反馈控制达不到控制要求；

④ 控制通道滞后大，反馈控制不及时，控制质量差的被控对象。

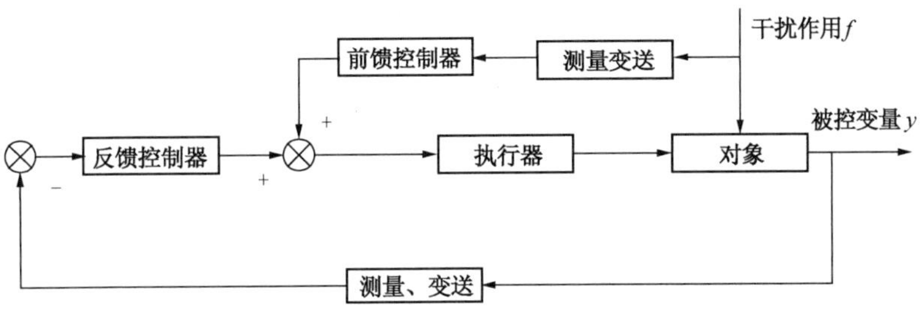

图 2-3-21　前馈-反馈控制系统方块图

3.4.2　前馈控制系统的参数整定

在许多工业过程控制中，静态前馈控制就可以获得很好的控制效果，所以其放大系数即前馈控制器比例系数 K_f 的整定十分重要。整定 K_f 的实用方法包括经验试凑法和实验获取法，分别叙述如下：

(1) 经验试凑法

将前馈控制系统投运，然后根据经验，将 K_f 值由小到大地改变，观察在干扰作用下系统的过渡过程曲线，直到获得满意的结果为止，见图 2-3-22。

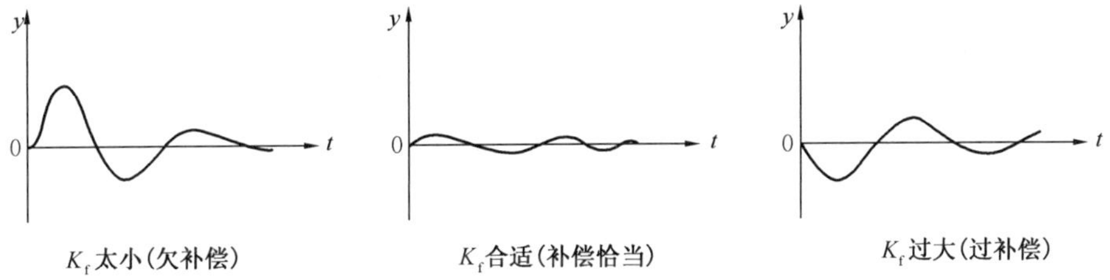

图 2-3-22　K_f 对过渡过程的影响

(2) 实验获取法

将前馈控制系统投运，分析在不同干扰量的作用下，控制作用的变化量。假设一个线性过程，当扰动量为 f_1 时，控制器输出的控制作用为 u_1，扰动量 f_2 对应于控制作用 u_2，如图 2-3-23 所示，则前馈控制器比例系数为

$$K_f = \frac{u_2 - u_1}{f_2 - f_1}$$

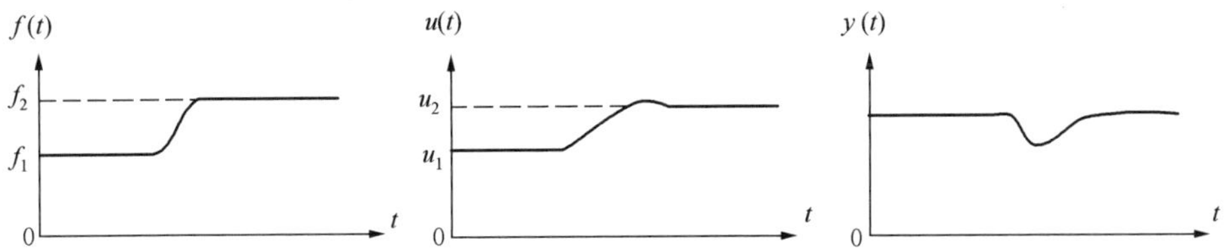

图 2-3-23　获取前馈静态比例系数的实验

3.5　比值控制系统

在石油化工生产过程中，工艺上常需要两种或两种以上的物料保持一定的比例关系，一旦比例失调，轻者将影响产品的产量和质量，重者引发生产事故。

例如，在以重油为燃料的燃烧炉中，为使燃料油均匀且充分燃烧，必须使进入炉膛的氧气(空气)流量与燃料油的流量之间保持一定的比例。若氧油比过低，燃料油燃烧不充分，不仅浪费燃料，还会导致烧嘴结焦加重，造成堵塞；若氧油比过高，则可能导致烧嘴或炉体损坏，严重时甚至引起炉子爆炸。

这种两个或两个以上参数之间保持一定比例关系的自动控制系统，称为比值控制系统。比值控制系统一般用于维持流量间的比例关系。

在需要保持比值关系的两种或多种物料中，处于主导地位的物料，称为主物料，主物料一般为生产中的不可控物料，表征主物料的参数称为主动量。其他物料都按主物料进行配比，随主物料而变化，称为从物料，从物料为可控物料，表征从物料的参数称为从动量。一般情况下，以生产中的主要物料为主物料，如燃料油，辅助物料为从物料，如蒸汽。

如果以 q_1 表示主动量，以 q_2 表示从动量，二者之间存在以下关系，即

$$q_2 = Rq_1$$

式中，R 为从动量与主动量的比值。

3.5.1 比值控制系统的类型

1. 开环比值控制系统

开环比值控制系统是最简单的比值控制方案。在图 2-3-24 所示的系统中，主动量 q_1 向控制器提供测量信号，控制器通过调节阀改变从动量 q_2，系统中没有反馈，所以是开环系统。当因干扰 q_1 发生变化时，流量控制器 FY 根据 q_1 的测量值与给定值的偏差以及安装在从物料管道上的执行器，来控制 q_2，以满足 $q_2=Rq_1$ 的要求。

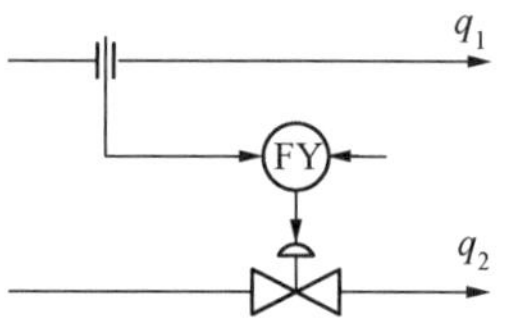

图 2-3-24 开环比值控制系统

这种方案的优点是结构简单，只需一台纯比例控制器就可实现，其比例度可以根据比值要求来设定。该控制器也可用比值器代替。

由于该系统根据主动量来控制调节阀的开度，而从动量没有反馈校正，所以当从动量因阀门两侧压差发生变化而波动时，系统发挥不了控制作用，也就保证不了从动量与主动量间的比值关系了。可见，这种比值控制本身无抗干扰能力，只适用于从动量较平稳且比值要求不高的场合，实际生产过程中很少采用。

2. 单闭环比值控制系统

为了克服作用于从动量上的干扰，可以在开环比值控制系统的基础上，为从动量增加一个闭环控制系统，构成单闭环比值控制系统，如图 2-3-25 所示，图 2-3-26 是其方块图。

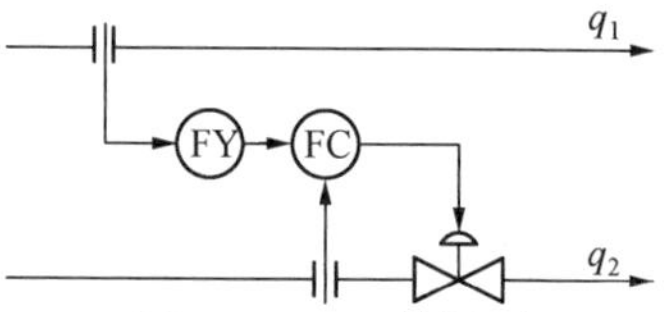

图 2-3-25 单闭环比值控制系统

单闭环比值控制系统与串级控制系统具有相类似的结构形式。尽管单闭环比值控制系统也有两个控制器，且副回路也是一个随动控制系统，但只有

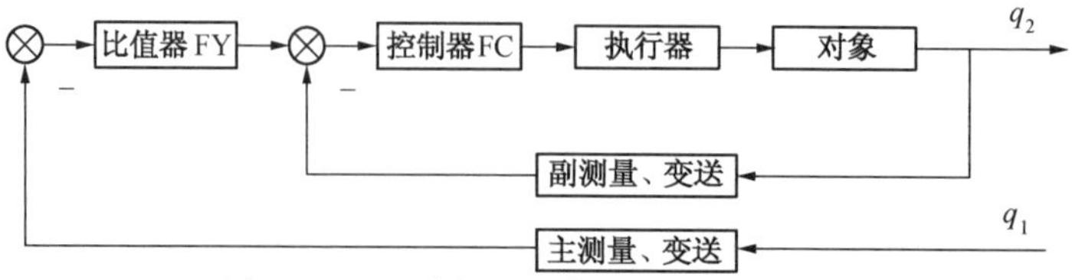

图 2-3-26 单闭环比值控制系统方块图

副回路是闭环，主回路却是开环。这是两者的根本区别。单闭环比值控制系统的主控制器实质上是一个比值器。

从图中可以看出，当主流量 q_1 变化时，变送器将其变化送至主控制器 FY。FY 按预先设置好的比值使输出成比例地变化，也就是成比例地改变从动量控制器 FC 的给定值，使副流量 q_2 跟随主流量 q_1 变化，当过渡过程结束，副流量与主流量间仍保持比例关系。当副流量受干扰发生变化时，副流量闭环系统发挥定值控制系统的作用，自动克服干扰。可见，不管干扰作用在主流量还是副流量，都能保持工艺要求的比例关系不变。

单闭环比值控制系统的优点是，结构形式比较简单，实施也比较方便。另外，它可以在克服从动量干扰的前提下，比较准确地维持从动量与主动量间的比例关系。其缺点是，主动量处于开环状态，不受控制，可能给生产带来不良影响。

3. 双闭环比值控制系统

如果要求主动量也有比较好的稳定性，就需要在单闭环比值控制方案的基础上，增加主动量闭环控制系统，使主、从动量都处于各自的闭环控制之中，形成双闭环比值控制系统，如图 2-3-27 所示，图 2-3-28 是其方块图。该系统可克服单闭环比值控制系统主流量不受控制、生产负荷(与总物料量有关)在较大范围内波动的不足。

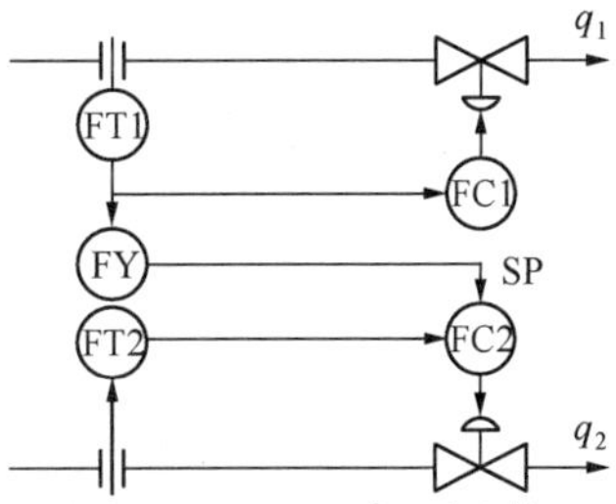

图 2-3-27　双闭环比值控制系统原理

从图中可以看出，两个流量控制器 FC1 和 FC2 分别用于保持主、副流量的稳定，比值器 FY 按比值系数 R 对 q_1 进行放大后作为副流量控制器的给定值，使副流量跟随主流量的变化而按比例变化。

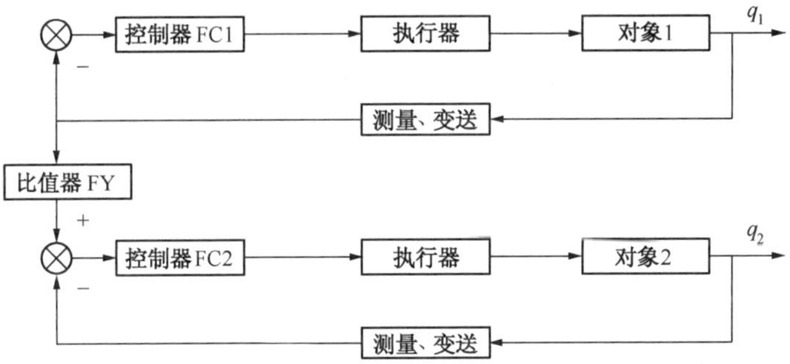

图 2-3-28　双闭环比值控制系统方块图

双闭环比值控制系统除了能比较准确地控制主、从动量这一优点外，另一个优点是提降负荷比较方便。只要缓慢地改变主动量控制器的给定值，就可以提降主动量，同时从动量也跟踪提降，并保持两者比值不变。

双闭环比值控制系统的缺点是结构相对复杂，使用的仪表较多，投资较大，系统调整比较麻烦。

双闭环比值控制系统适用于主、从动量干扰频繁，波动较大，且工艺上要求主、从动量都比较稳定，以及工艺上经常需要提降负荷的场合。

4. 变比值控制系统

上述几种比值控制方案都是定比值控制，比值系数确定后，在调节过程中不会改变。定比值控制可以实现主、从动量间的比值关系，但没有考虑具有比例关系的主、从动量对其他

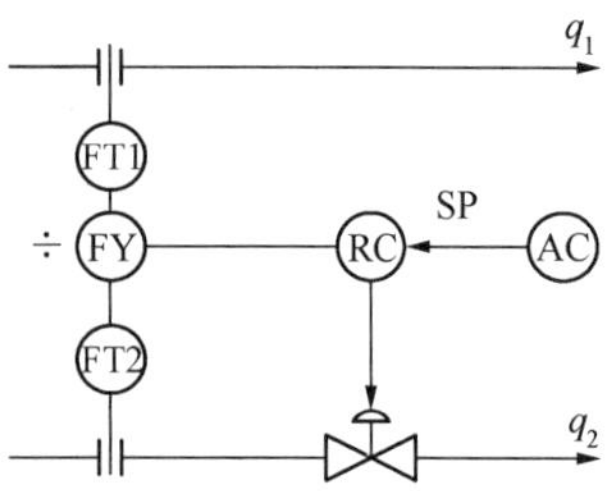

图 2-3-29　变比值控制系统
（除法方案）

变量的影响，从这一点上看，它是开环的。因此，在实际生产过程中，除了定比值控制方案外，有时要求主、从动量的比值能灵活地随第三变量的需要而改变，这就是变比值控制系统。

图 2-3-29 是加热炉的燃料与空气的变比值控制系统的示意图。在燃烧控制中，烟道气中的氧含量是最终的控制目标之一，燃料量 q_1 与空气量 q_2 的比值实际上是控制的手段，因此比值控制器的给定值由氧含量控制器给出。这里，燃料与空气的流量在除法器 FY 中做除法运算，得到它们的实际比值，并作为比值控制器 RC 的测量值，而 RC 的给定值则来自氧含量控制器 AC，最后通过调节空气流量 q_2 来使加热炉的烟道气氧含量恒定在规定的数值上。图 2-3-30 是该变比值控制系统的方块图。

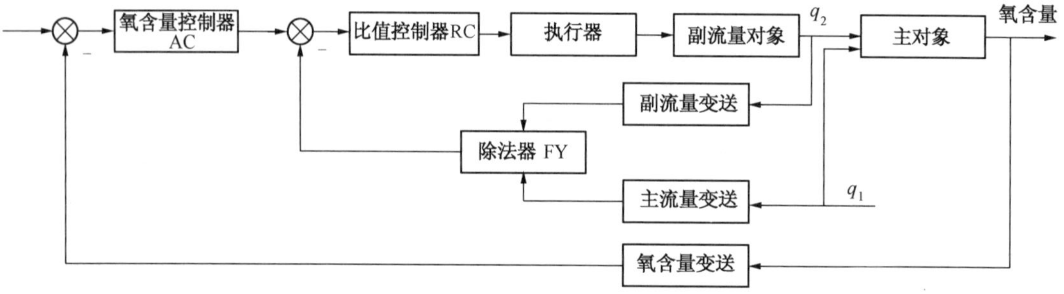

图 2-3-30　变比值控制系统方块图

从结构上看，变比值控制方案实际上是以烟道气氧含量控制为主回路、以燃料/空气的比值控制为副回路的串级控制系统。

图 2-3-29 是计算出主、从动量间的实际比值、采用比值控制器的除法方案，图2-3-31 是根据主动量和变比值计算出从动量给定值、采用从动量(流量)控制器的乘法方案。

3.5.2　比值的计算

比值控制系统是解决物料之间的流量比值问题，在比值控制系统实施时，会遇到比值系数的计算和设置问题。比值系数 R 与流量比值 r 是有区别的，但两者之间有着一一对应的关系。流量比值是指两种物料的实际重量流量或体积流量之比，即 $r=q_2/q_1$。比值系数是设置于比值运算单元(如比值器、乘法器、除法器或比值控制器等)中的参数。理论计算时，比值系数 R 等于从动量的测量信号与主动量的测量信号之比。控制系统是由过程检测、控制仪表和被控对象组成，各环节以统一的标准信号相联系，为了能正确地实现比值控制，必须将流量比值 r 换算成为比值运算单元上的比值系数 R 或与之相对应的某个信号，下面分两种情况来讨论比值系数 R 的计算。

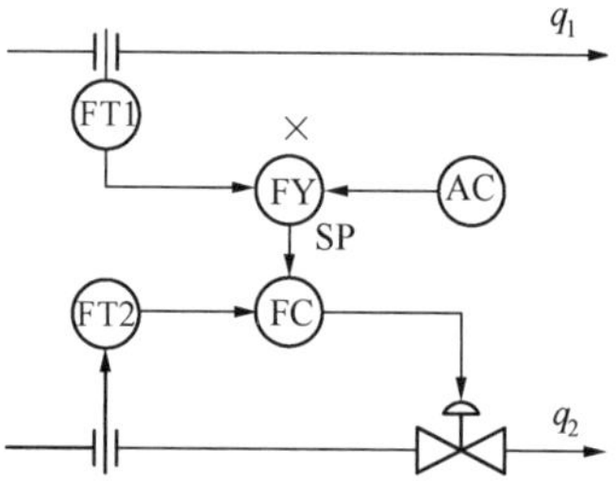

图 2-3-31　变比值控制系统
（乘法方案）

（1）采用线性流量检测单元

当流量的测量信号与实际流量间呈线性关系时，仪表比值系数 R 与主、副流量比值之间的关系为

$$R = \frac{F_2}{F_1} \cdot \frac{F_{1max}}{F_{2max}} = r\frac{F_{1max}}{F_{2max}}$$

式中　F_1、F_2——主、副流量的实际值；

F_{1max}、F_{2max}——主、副流量的最大值；

$r = F_2/F_1$——主、副流量之间的流量比值。

(2) 采用非线性流量检测单元

采用节流装置测流量而又未做开方处理时，流量与差压间为非线性关系，即

$$F = k\sqrt{\Delta p} \text{ 或 } \Delta p = \frac{1}{k^2}F^2$$

式中　Δp——差压信号；

k——节流装置的比例系数。

仪表比值系数 R 与流量比值 r 间的关系为

$$R = \frac{F_2^2}{F_1^2} \cdot \frac{F_{1max}{}^2}{F_{2max}{}^2} = r^2\left(\frac{F_{1max}}{F_{2max}}\right)^2$$

以上分析表明，仪表的比值系数 R 的大小与流量比值 r、实际流量与测量信号间的线性或非线性关系、测量仪表的量程相关，与其他因素无关。

3.5.3　比值控制系统的参数整定

比值控制系统在使用前，也必须进行投运和参数整定工作，其投运前的准备工作及投运步骤与简单控制系统相同。

在比值控制中，变比值控制系统因结构上是串级控制系统，因此主控制器可按串级控制系统整定；双闭环比值控制系统的主动量回路可按简单定值控制系统整定；而对于单闭环比值控制系统、双闭环比值控制系统的从动量回路、变比值控制系统的副回路来说是一个随动系统。工艺上要求从动量能迅速准确地跟随主动量的变化，并且越快越好，但也不希望发生振荡。因此，从动量在干扰或给定值作用下变化的过渡过程应是一个略有振荡或没有振荡的过程，并且超调量要尽可能地小，如图 2-3-32 所示。

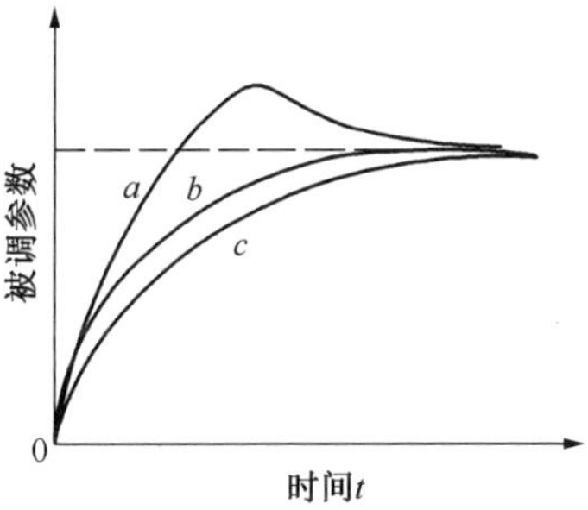

图 2-3-32　略有振荡或没有振荡的过程

3.6　均匀控制系统

在连续进行的石油化工生产中，每个生产设备都与其前后的生产设备紧密地联系在一起，前一设备的出料，往往是后一设备的进料，各设备的操作情况也是互相关联、互相影响的。在图 2-3-33 所示的连续精馏过程中，处于上游的塔 T1 的出料为下游的塔 T2 的进料。为了保证塔 T1 的稳定操作，必须保持其塔釜液位稳定，为此设有塔釜液位控制系统，T1 的出料由此变得不稳定。而对塔 T2 来说，从稳定操作要求出发，希望进料量尽量稳定，因而设有进料流量控制系统，从而导致 T1 的液位变得不稳。可见，两塔在供求关系上出现了矛盾，独立工作的 T1 塔釜液位控制系统与 T2 进料流量控制系统间无法协调工作，以同时满足塔 T1 对液位和塔 T2 对进料流量上的要求。

专为解决类似前后工序供求矛盾而组成的系统称为均匀控制系统。均匀控制的目的是使

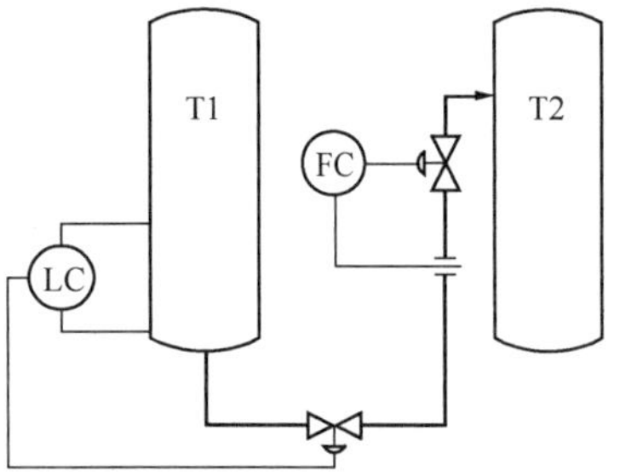

图 2-3-33　连续精馏的多塔分离过程

液位和流量两个被控变量尽可能地平稳。从工艺和设备上进行分析，塔釜有一定的容量，因此塔 T1 的液位可以不强求保持在某特定值上，而是允许在一定范围内波动。如果塔 T2 的进料做不到定值控制，至少可以使其缓慢变化，较之进料流量剧烈的波动则改善了很多。

均匀控制通常是对液位和流量两个变量的控制，适用于以下场合：

① 两个变量在干扰作用下都缓慢地变化。如果使某个参数保持在恒定值，则另一变量必然大幅度波动，如图 2-3-34(a)和(b)所示。图 2-3-24(c)所示的情况才符合均匀控制的要求，即两者在扰动下都有一定程度的波动，但波动都比较缓慢均匀。

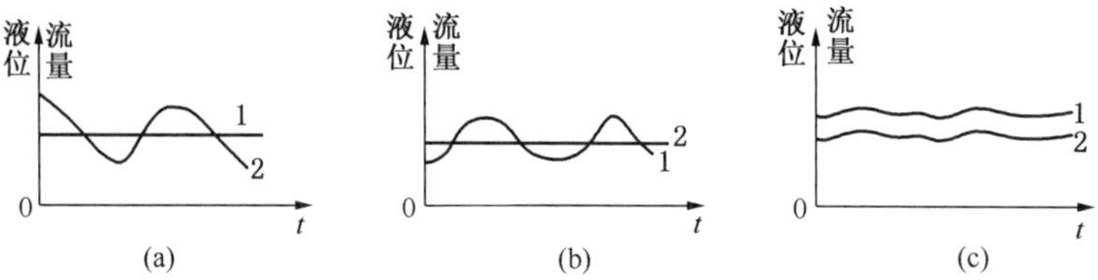

图 2-3-34　液位和流量变化过程

1—液位变化曲线；2—流量变化曲线

② 两个变量的波动应被限制在所允许的范围内。均匀控制要求在最大的扰动下，液位在规定的上下限内波动，流量在一定范围内渐变，以避免对下游流程产生较大的干扰。均匀控制允许的波动范围比定值控制允许的偏差大得多。

均匀控制并不是平均的意思。均匀控制对两个变量的控制要求，可以不分彼此，都做照顾；也可以侧重某一变量，即一个变量要求平稳些，另一个变量稍微波动些，具体应根据工艺的要求确定。

3.6.1　均匀控制系统的类型

1. 简单均匀控制系统

图 2-3-35 为两个精馏塔间的液位和流量简单均匀控制系统，外表看起来与简单的液位定值控制系统一样，但二者的控制目的不同。定值控制是通过改变排出流量来保持液位在给定值，而简单均匀控制是为了协调液位与排出流量之间的关系，允许它们都在各自许可的范围内缓慢地变化。

简单均匀控制系统中，控制器一般选纯比例控制规律，这是因为均匀控制系统所控制的变量允许有一定范围的波动，且对余差无要求。比例度一般大于 100%，在液位变化时，控制器的输出变化较小，流量只发生微小缓慢的变化。有时为了防止余差过大，则要选用比例积分作用。这时，积分时间也要放得大一些，一般在 10min 以上。均匀控制系统都不引入微分作用。

简单均匀控制系统结构简单，操作方便，适用于扰动不大，对流量的定值控制要求不高的场合。简单均匀控制系统的局限性在于，当塔内压力变化时，即使控制阀开度不变，流量

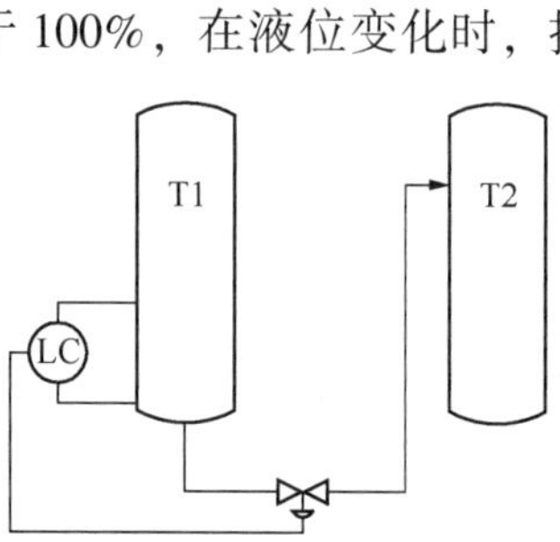

图 2-3-35　简单均匀控制

也会随阀前后压差变化而改变。等到流量改变反映到液位变化后，液位控制器才进行控制，显然不够及时，因而使控制质量变差。

2. 串级均匀控制系统

为了克服简单均匀控制的缺点，需要引入辅助变量，在简单均匀控制方案基础上增加一个流量副回路，构成串级均匀控制，见图 2-3-36。

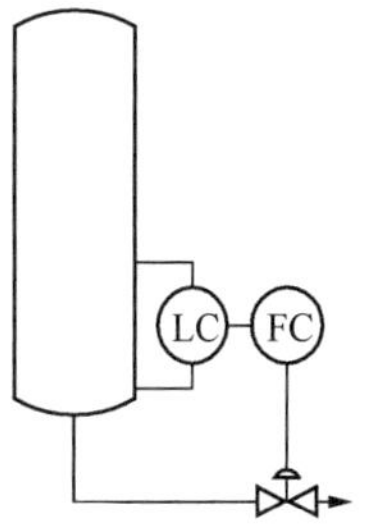

图 2-3-36 串级均匀控制

从图中可以看出，串级均匀控制在系统结构上与串级控制系统相同，即液位控制器 LC 的输出，作为流量控制器 FC 的给定值，用流量控制器的输出来操纵执行器。由于增加了副回路，可以及时克服自副变量引入的干扰，如塔内压力变化对流量产生的影响，使流量尽快回到给定值，并使前塔的液位保持稳定。在串级均匀控制系统中，两个变量之间并无主、次关系，但往往要求流量比液位平稳一些，所以主变量不一定起主导作用，这也是串级均匀控制与通常的串级控制的不同之处。

串级均匀控制系统的主、副控制器一般都选用纯比例控制规律。有时，在流量存在急剧变化的场合或液位存在“噪声”的场合，为了防止主变量的余差过大，或者为了获得较高的副变量控制质量，应引入积分作用，构成比例积分控制规律。

串级均匀控制系统能克服较大干扰的影响，使主、副变量都均匀平缓地变化，提高控制质量，因此串级均匀控制系统在生产过程中应用比较普遍。

3.6.2 均匀控制系统的参数整定

均匀控制系统在结构上与简单或串级控制系统相同，但控制目的不同。均匀控制系统的目的是使两个变量间的关系得到协调，该目的是通过控制器参数整定来实现的。在均匀控制系统中，参数整定的目的不是使变量尽快地回到给定值，而是要求变量在允许的范围内缓慢地变化。

在串级均匀控制系统中，流量控制器参数整定可按照一般串级控制系统的方法处理，液位控制器的参数设置是决定均匀控制系统过渡过程的关键因素。在此，主要讨论串级均匀控制系统中主控制器，即液位控制器的参数整定的经验方法。

这种方法的基本原则：根据经验，先把控制器参数放置在一个不会使液位超出允许波动范围的数值上，观察系统液位和流量运行记录曲线，再修正控制器参数，使液位最大波动接近允许范围，其目的是充分利用储罐或容器的缓冲作用，使输出流量尽可能平稳。具体步骤如下：

(1) 对于纯比例控制

先将比例度放置在不会引起液位超限的数值，例如 100%左右。

观察记录曲线，若液位的最大波动小于允许范围，则可增加比例度值，使液位的波动幅度再大些，而使流量更为平稳。

当发现液位的最大波动可能会超出允许范围时，则应减小比例度值。

(2) 对于比例积分控制

先按纯比例控制进行整定，得到液位最大波动接近允许范围时的比例度值。

适当增加比例度值后，加入积分作用。积分时间由大到小逐渐改变，使液位在每次扰动过后，都有恢复到设定值的趋势。

调小积分时间，直到流量记录曲线将要出现缓慢的周期性衰减振荡过程为止。大多数情况积分时间在几分钟到十几分钟之间。

3.7 选择性控制系统

控制系统中含有选择单元的系统，称为选择性控制系统。选择单元把逻辑算法引入控制系统，并根据逻辑计算的结果，从两个或多个控制输入中选择其中一个作为输出，从而适应不同的生产工况。

一般的控制系统在遇到不正常工况或特大干扰时，很可能无法适应，只能从自动控制改为手动控制。如果采用选择性控制系统，当生产操作条件即将但尚未达到危险极限时，可以用一个能控制不安全状况的控制器取代在正常工况下使用的控制器，使生产工况回到安全状态，然后再由正常工况下使用的控制器对生产过程进行正常控制。这种不需要人工干预或硬性停车而使生产过程恢复安全的控制系统也叫取代控制或超驰控制。

选择性控制系统中需要具有选择功能的自动选择器，自动选择器有高值选择器和低值选择器，其形式应根据工艺安全的需要来选取。

3.7.1 选择性控制系统的类型

在选择性控制系统中，自动选择器可以位于变送器与控制器之间，对多个检测信号进行选择，也可以位于控制器与执行器之间，对多个控制器输出进行选择。

(1) 选择器在变送器和控制器之间

这类选择性控制系统的特点是几个变送器共用一个控制器和一个执行器，其目的主要有：

① 选择最高或最低测量值，这类选择性控制系统主要是选择几个被控变量中最高或最低值，以满足生产需要。例如化学反应器中热点温度选择性控制系统，如图 2-3-37 所示，该反应器内装有固定催化剂层，为防止反应温度过高烧坏催化剂，在催化剂层的不同位置装设温度检测元件和变送器，其测量信号一起送往高选器 HS，选出最高的温度进行控制。这样，系统将一直按反应器的最高温度进行控制，从而保证催化剂层的安全。

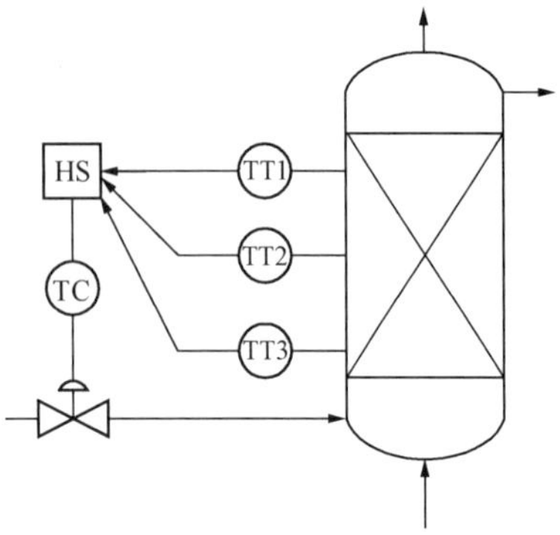

图 2-3-37　反应器热点温度选择性控制系统

② 按预先规定的原则来选择操作变量。在有些生产过程中，一个被控变量，若有几种操作变量可供选择，也可用选择性控制系统按不同工况来选择不同的操作变量。

例如加热炉有几种燃料时(图 2-3-38)，燃料 A 作为限值使用，燃料 B 作为补充使用。譬如，炼油厂可以规定加热炉要优先使用炼厂气，只是在负荷增加后，使用了炼厂气所能提供的最大限量仍感不足时，再以燃料油予以补充。

当对燃料 A 的需要量小于燃料 A 能提供的上限量 x_S 时，尽量用 A，燃料 B 调节阀关闭；当对燃料 A 的需要量大于 x_S 时，燃料 A 定值控制在 x_S，同时开燃料 B 调节阀，用燃料 B 来补充。图 2-3-38 中，炉出口温度 T 作为被控变量，是反映所需热量的一个指标，它作为温度控制器的测量信号，而温度控制器的输出信号 u_T 则作为低选器 LS 和加法器 Σ 的输入信号，经运算后的输出信号分别作为燃料 A 和燃料 B 流量控制器的设定值。低选器 LS 的输出

信号 u_S 一方面作为流量控制器 FC1 的设定，另一方面送往加法器，在加法器中运算时 u_S 取负号。

当工况正常时，温度控制器的输出为 u_T，且 $u_T<x_S$，经低选器后作燃料 A 流量控制器的设定值，此时温度控制器 TC 与流量控制器 FC1 构成串级控制系统。由于 $u_S=u_T$，所以由加法器送往燃料 B 流量控制器的设定值 $u_M=u_T-u_S=0$，燃料 B 调节阀全关。

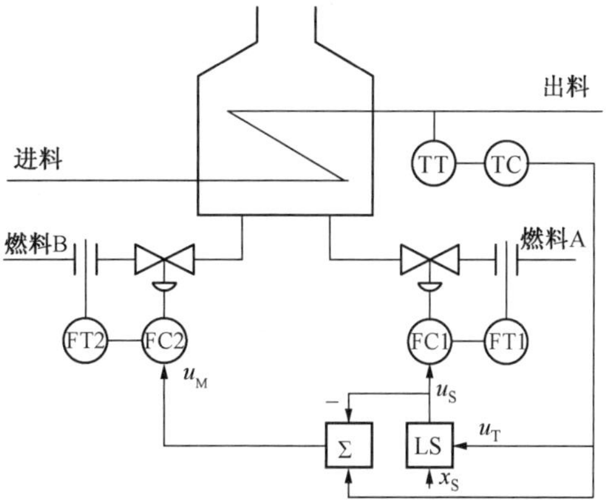

图 2-3-38　加热炉的选择性控制系统

当工况变化时，出现 $u_T>x_S$ 时，低选器选择 x_S 作为输出，使得 $u_S=x_S$，则 FC1 构成定值流量控制系统，燃料 A 将稳定在 x_S 值上。这时，由于 $u_M=u_T-u_S=u_T-x_S>0$，因此燃料 B 流量控制器 FC2 开始动作，打开燃料 B 调节阀来补充 A 的不足，使炉出口温度 T 保持一定。显然，此时 TC 和 FC2 构成了串级控制。可见，运用选择器可选择不同的操作变量。

（2）选择器在控制器与执行器之间

这类选择性控制系统的特点是两个或多个控制器共用一个执行器。这些控制器中，每个都只在特定的工况下工作，任何工况下都只有一个控制器工作，其他的则处于备用状态。在工况发生改变时，选择器根据逻辑计算结果选择某个控制器的输出，并用它去驱动执行器，从而实现不同工况下控制方案的自动切换。

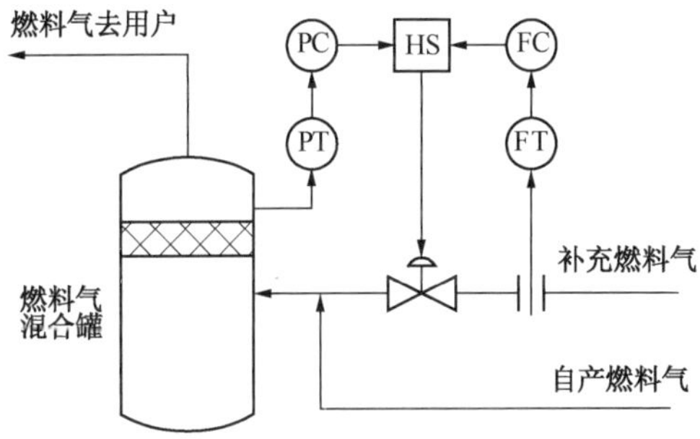

图 2-3-39　燃料气系统超弛选择性控制系统

图 2-3-39 所示为某乙烯裂解装置中燃料气系统超弛选择控制系统。

在乙烯裂解装置中，裂解炉、蒸汽过热炉和开车锅炉所用燃料气由装置自产燃料气和补充燃料气两部分构成。自产燃料气主要为甲烷富气，还有部分氢气及乙烷气体。为了有效地控制燃料气系统的压力，保证足够的燃料气量，从界区外引进 C_5 馏分或 C_4 液化气作为补充燃料气，它们在燃料气混合罐混合后被送往各用户。

为了保证各用户的燃烧正常，燃料气系统的压力必须维持恒定。

补充燃料气在流量定值控制器 FC 的控制下，根据燃料气负荷的需要，以一定的流量进入燃料气混合罐。为了实现在燃料气压力偏低时迅速加大补充燃料气流量，设置了该选择性控制系统。燃料气压力正常时，补充燃料气在 FC 定值控制作用下，以一定的流量进入混合罐，当压力低于压力控制器 PC 给定值、PC 输出高于 FC 输出时，则 PC 取代 FC，直接控制调节阀开度，加大补充燃料气流量，使压力回升。当压力恢复正常或控制流量较低而使流量控制器 FC 输出高于 PC 输出时，则控制器 FC 重新恢复正常工作状态。

该系统中，压力控制器 PC 为反作用 PI（比例加积分）控制器，流量控制器 FC 也为反作用 PI 控制器，调节阀为气开阀，选择器为高值选择器。

3.7.2 控制器的积分饱和

(1) 积分饱和的概念

对于具有积分作用的常规控制器，如果被控变量与给定值之间的偏差一直存在，由于积分的作用，控制器的输出将不断朝一个方向增大或减小，一直达到输出的极限值为止，这种现象称为积分饱和。产生积分饱和的条件有三：一是控制器具有积分作用；二是控制器处于开环工作状态或执行器发生故障，使系统失去了控制作用；三是控制器的输入偏差信号长期存在。

在选择性控制系统中，任何时候选择器只能选中多个控制器中的一个，将其输出送往执行器，构成闭环，而未被选中的控制器则处于开环状态。如果处于开环状态的控制器具有积分作用，在偏差长期存在的条件下，就会产生积分饱和。

当控制器处于积分饱和状态时，其输出可达到最大或最小的极限值，由于该极限值已超出执行器的有效输入信号范围，所以执行器也就停留在全开或全关的极限位置不再变化。如果此时该控制器被选择器选中，需要它取代另一个控制器对系统进行控制时，它却不能立即发挥作用。这种情况有时会给系统带来严重的后果，甚至会造成事故，因而必须设法防止。

积分饱和不是选择性控制系统特有的现象，只要满足产生积分饱和的三个条件，其他控制系统也会产生积分饱和问题。如用于控制间歇生产过程的控制器，当生产停下来而控制器未切入手动，重新开车时，控制器就会有积分饱和的问题，其他如系统出现故障、阀芯卡住、信号传送管线泄漏等都会造成控制器的积分饱和问题。

(2) 抗积分饱和措施

目前防止积分饱和的方法主要有以下两种：

① 限幅法　这种方法是通过一些专门的技术措施对积分反馈信号加以限制，从而使控制器输出信号被限制在工作信号范围之内。采用这种技术后，控制器就不会出现积分饱和的现象。

② 积分切除法　这种方法是当控制器处于开环工作状态时，将控制器的积分作用暂时切除，这样就不会使控制器输出一直增大到最大值或一直减小到最小值，也就不会产生积分饱和问题了。这种方法也叫 PI-P 法，即控制器处于闭环时，具有比例积分控制规律(PI)；控制器处于开环时，只具有比例控制作用(P)。

3.8 典型石油化工单元的控制方案

3.8.1 加热炉的自动控制

加热炉是一种传热设备。目前在石油化工生产中大多使用管式加热炉，其形式分为箱式、立式和圆筒式三大类，其功能是用来加热或者进行加热反应。对于加热炉，由于物料出口温度的高低直接影响下一工序的操作情况和产品质量(如炼厂常减压装置)，并且炉温过高会使物料在加热炉内分解，甚至结焦而烧坏炉管；对于加热-反应炉，其反应进行的程度(如转化率等)与温度密切相关。因此，不论加热炉的功能如何，对其温度必须严格控制。

由于管式加热炉的传热过程比较复杂，是传导、对流、辐射过程的组合，很难从理论上获得被控对象特性。因此，被控对象特性的求取一般可以通过定性分析和实验测试获得。从定性角度分析其传热过程：炉膛炽热火焰辐射给炉管，经传导、对流将热量传给工艺介质。

所以，加热炉有较大的时间常数和纯滞后时间，特别是炉膛，具有较大的热容量，故滞后更为显著，因此加热炉属于多容量的被控对象。根据实验测试，可以用一阶环节加纯滞后来近似描述加热炉的特性，其时间常数和纯滞后时间与炉膛容量大小及工艺介质停留时间有关。加热炉炉膛容量大、停留时间长的被控对象，其时间常数和纯滞后时间也大，反之亦然。

生产工艺上通常把加热炉物料出口温度作为控制指标，应选择该温度为控制系统的被控变量。而操作变量的选择，应考虑加热炉的被控对象特性和影响物料出口温度的干扰因素。

影响炉出口温度的因素有工艺介质进料的流量、温度和成分，燃料油（或气）流量、压力和热值，燃料油雾化情况，空气用量，喷燃器阻力、烟囱抽力，等等。这些干扰因素中，有的是可控的，有的是不可控的，应选可控的干扰因素作操作变量。一般选择燃料流量为操作变量。

根据工艺操作对炉出口温度的要求、干扰因素和被控对象的特性等具体情况，加热炉控制系统可采用简单控制系统或者复杂控制系统。

1. 单回路控制方案

图 2-3-40 是采用简单控制系统的加热炉控制示意图，其主要的控制回路 TC 是一个以炉出口温度为被控变量，以燃料油流量为操作变量的单回路控制系统。这个系统的特点：各主要干扰因素都包含在控制回路中，它通过温度控制器的作用，使各干扰因素对被控变量的影响得到有效的克服。由于该系统控制通道较长（包括炉膛、管壁和工艺介质等），测量滞后或传递滞后较大，所以控制作用不及时，容易造成炉出口温度波动等，控制质量不高。该方案仅适用于炉出口温度要求不十分严格，外来干扰缓慢且幅值小、炉膛容量不大的场合。

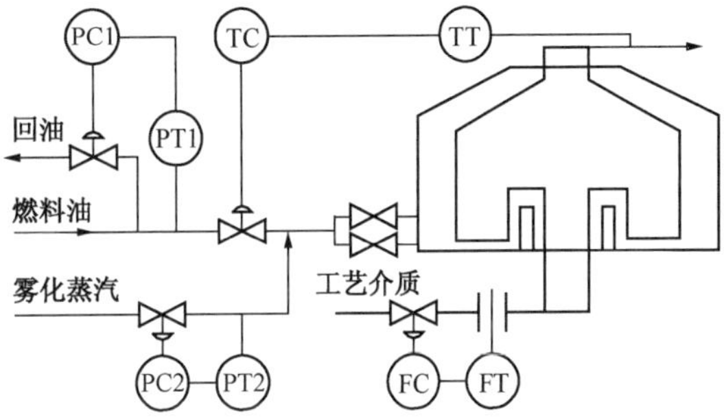

图 2-3-40　加热炉单回路控制系统示意图

为了保证加热炉平稳操作，本方案还同时设置三个辅助控制系统：

① 工艺介质进料流量定值控制系统 FC，以减少进料量波动的影响；

② 燃料油（或气）压力定值控制系统 PC1，一般采用控制回油量的方案；

③ 使用燃料油作燃料时，需加入雾化蒸汽，为此设有雾化蒸汽压力定值控制系统 PC2，以提高燃烧质量。

2. 串级控制方案

为弥补单回路控制方案的不足，加热炉大多采用串级控制方案。根据干扰因素以及炉子形式不同，可以选择不同的副变量构成不同的串级控制系统，主要的形式有以下几种：

① 炉出口温度对炉膛温度的串级控制；

② 炉出口温度对燃料油（或气）流量的串级控制；

③ 炉出口温度对燃料油（或气）阀后压力的串级控制。

图 2-3-41 是采用串级控制方案的加热炉控制示意图。图中的 3 个方案各有特点，要根据具体干扰和炉型的具体情况合理选择。

方案（a）对燃料热值、燃料油雾化、烟囱抽力等多种干扰有较强的抑制作用，适用于热负荷较大，而热强度较小，即不允许炉膛温度有较大波动；在同一个炉膛内有两组炉管，同时加热两种物料，在控制一组炉管的温度时，要求另一组较平稳等场合。

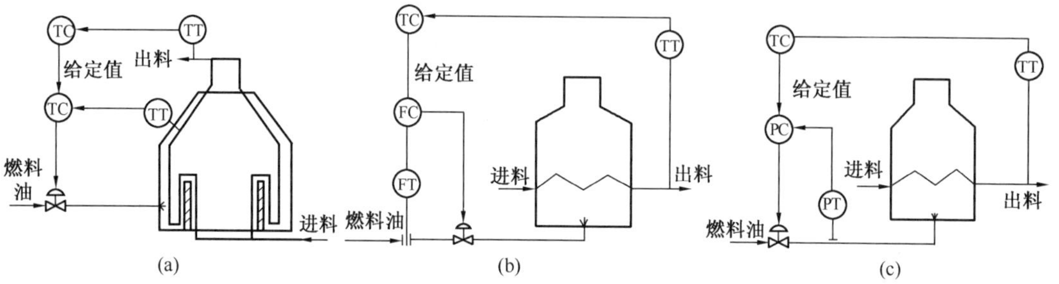

图 2-3-41　加热炉串级控制方案示意图

方案(b)和方案(c)都针对燃料输送中的干扰进行控制，方案(b)直接对燃料流量变化引入的干扰先行控制。如果加热炉所需燃料量较少或其输送管道较小，或者使用黏度较大的重质燃料油等流量测量比较困难的情况下，则应采用方案(c)。

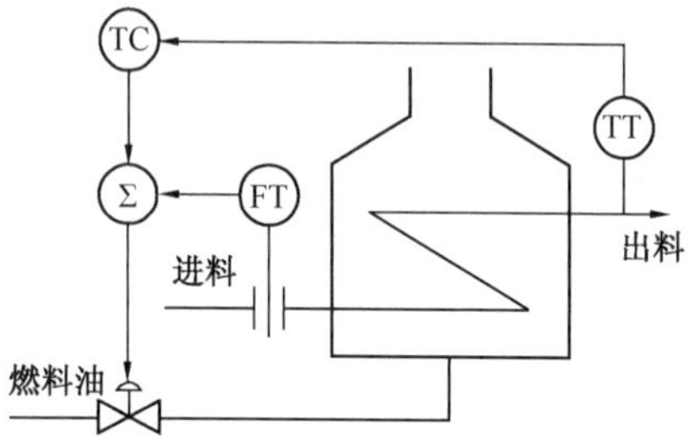

图 2-3-42　加热炉前馈-反馈控制方案示意图

3. 前馈-反馈控制方案

在加热炉的自动控制系统中，有时遇到生产负荷即进料流量、温度变化频繁，干扰幅度又较大，此时采用串级控制也难以满足生产要求，而采用如图 2-3-42所示的前馈-反馈控制系统，往往是行之有效的。前馈控制部分克服进料流量(或温度)的干扰作用，而反馈控制克服其余干扰作用。

4. 燃烧控制方案

控制加热炉工艺介质的炉出口温度是稳定工艺操作的需要。除此之外，对大型加热炉来说，还要考虑节能方面的要求，需要对燃料的燃烧情况即加热炉的热效率进行控制。常见的燃烧控制方案有空燃比控制方案、炉膛负压控制方案以及氧含量控制方案。

空燃比控制系统如图 2-3-43 所示，是空气流量和燃料流量构成的双闭环比值控制系统，在锅炉上应用广泛。

炉膛负压控制系统如图 2-3-44 所示。燃料在加热炉内燃烧，烟气自烟囱排出，会在炉膛内形成一定的负压，该负压间接反映了加热炉的热效率。该方案以炉膛负压为被控变量，以烟道挡板的开度为操作变量。炉膛负压控制系统只适用于自然通风的加热炉。

氧含量控制系统通过控制烟气中剩余氧的含量，能更有效地控制加热炉的燃烧情况。烟气中剩余氧含量越高说明燃料燃烧越完全。氧含量控制系统以烟气中的氧含量为被控变量，以送风机入口或引风机出口挡板开度为操作变量。考虑到有的加热炉漏风比较严重，烟气中的氧含量可能

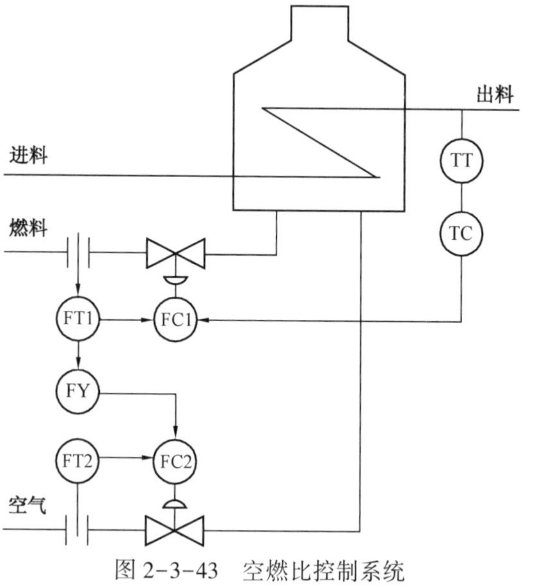

图 2-3-43　空燃比控制系统

是因漏风带入的，并不真实表示自进风口进入炉膛经燃烧后的剩余氧的含量，所以，有时需要在燃烧控制系统中加入一定量一氧化碳作为另一个被控变量，构成氧含量–一氧化碳含量控制系统。

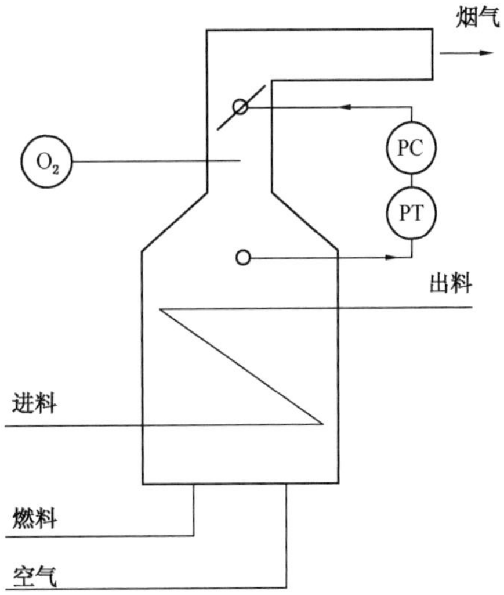

图 2–3–44　炉膛负压控制系统

3.8.2　锅炉的自动控制

锅炉是各种生产过程中重要的动力设备，生产的过热蒸汽通常为驱动汽轮机提供动力。锅炉的主要作用是提供合格的蒸汽。锅炉由燃烧燃料产生热量的“炉”和水吸收热量产生蒸汽的“锅”组成，如图 2–3–45 所示。锅炉的燃料种类很多，有煤、油、气及新型燃料水煤浆等，但锅炉的蒸汽发生系统和蒸汽处理系统却基本相同。

锅炉控制系统的任务是确保蒸汽参数符合工艺要求，其中包括蒸汽的温度、压力、流量等；维持汽包水位及炉膛压力在一定的范围内以保证设备安全运行；保证燃烧充分以提高生产的经济性及避免环境污染。所以，锅炉的主要控制系统包括燃烧控制系统、汽包水位控制系统、蒸汽温度控制系统等。

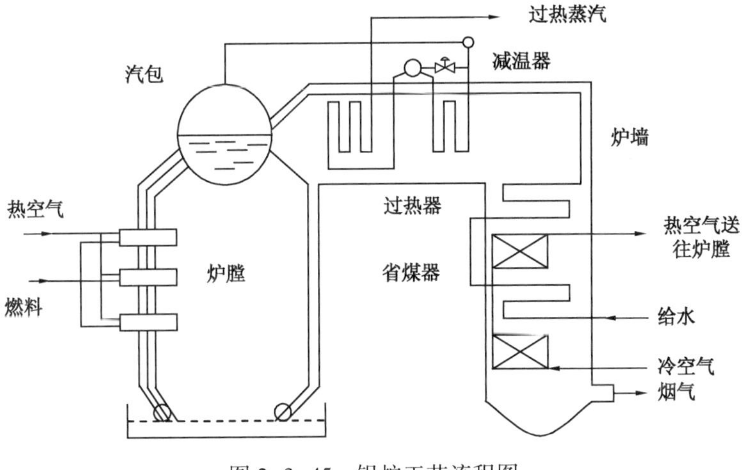

图 2–3–45　锅炉工艺流程图

1. 燃烧系统的控制方案

锅炉的燃烧控制与加热炉的燃烧控制方式基本相同，一般有空燃比控制、炉膛负压控制、风量控制以及氧含量控制等，这里介绍一种常见的节能双交叉燃烧控制系统。

双交叉燃烧控制系统是根据主蒸汽负荷对锅炉的燃烧系统进行调节，以达到稳定蒸汽母管压力的目的，其控制原理如图 2–3–46 所示。

双交叉燃烧控制系统实际上是以蒸汽母管压力控制为主回路，以燃料流量和空气流量控制并列为副回路的串级控制系统，两个并列的副回路又是带有一定逻辑功能的比值控制系统。逻辑功能通过高选器和低选器实现，其作用是根据蒸汽压力合理设置燃料和空气流量控制器的给定值，并维持适当的空燃比。

当负荷增加时，首先提高空气流量控制器的给定值，使空气流量增加，然后燃料流量控

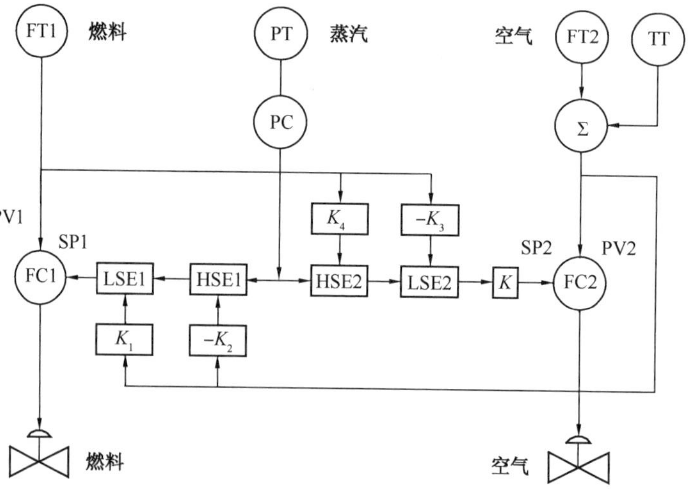

图 2-3-46　双交叉燃烧控制方案

制器的给定值随之上升；当负荷下降时，燃料流量控制器的给定值首先下降，使燃料流量减少，然后空气流量控制器的给定值也随之下降。

双交叉燃烧控制的好处在于，它不仅能保证在稳定工况时，空燃比处于最佳，而且在动态过程中，即使负荷不稳定，燃料流量信号干扰大，也能尽量维持空燃比在最佳值附近。

2. 汽包水位的控制方案

汽包水位的控制主要是调节给水流量，确保汽包内部的平衡，使进入锅炉的给水量与锅炉蒸发量相适应，维持汽包水位在工艺允许的范围内。

汽包本身没有自平衡能力，对干扰因素非常敏感。影响汽包水位的因素很多，其中主要有锅炉的蒸发量、给水量、燃料量，以及汽包储水量、水面下气泡体积等。锅炉汽包水位在受到扰动的情况下，会出现“虚假水位”现象，从而使水位控制变得困难。

图 2-3-47 表示锅炉蒸发量(D)对汽包水位的影响示意图。在给水量和燃料量不变的前提下，如果锅炉蒸发量突然增加 ΔD，从汽包储水角度看，汽包水位要下降(H_1)。但是，当蒸发量增加时，汽水混合物中的气泡容积增加，同时汽包中压力降低，使气泡膨胀，这两个因素导致水位上升(H_2)。所以，实际的水位变化曲线如 H 所示。可见，当锅炉蒸发量增加时，虽然蒸发量大于给水量，但一开始时水位不仅没有下降，反而迅速上升，这就是所谓“虚假水位”现象。当汽水混合物中气泡容积与负荷相适应达到稳定后，水位就主要决定于物质平衡。因给水量小于蒸发量，此时水位开始下降。图中的 τ_D 的大小由锅炉特性决定。一般水位达到最高所需要的时间为 30~40s。水容小的锅炉一般虚假水位现象较严重。

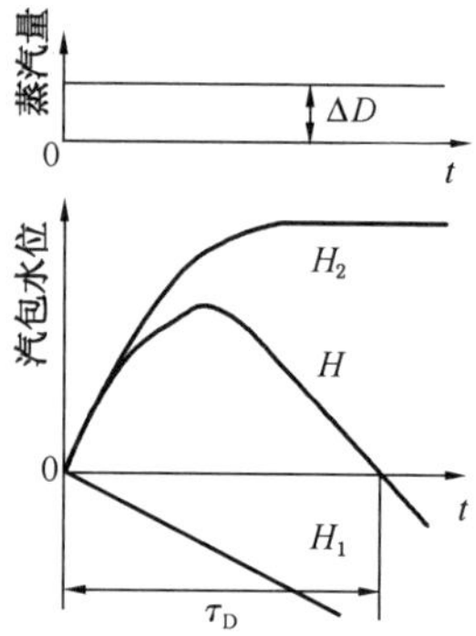

图 2-3-47　蒸汽量对水位的影响

在给水量增加 ΔG，燃料量和蒸发量不变的状态下，水位的过渡过程曲线如图 2-3-48 所示。图中 H_1 是采用沸腾式省煤器的锅炉的水位特性，H_2 是采用非沸腾式省煤器的锅炉的水位特性。锅炉采用沸腾式省煤器，会使水位特性的延迟和惯性大为增加。因为给水的焓值较低，当给水量突然增加时，如果热负荷不变，则省煤器的沸腾率降低，处于省煤器中的气泡容积减小，进入省煤器的给水首先必须填补因气泡减少所让出的空间，所以水位下降。

直到过了 τ_{G1} 以后，才能使流入汽包的水量增加，水位才开始上升。τ_{G1} 约为 100~200s。使用非沸腾式省煤器的 τ_{G2} 约为30~100s。

在实际生产中，根据锅炉的容量和产汽质量的要求，汽包水位控制可采用单冲量、双冲量和三冲量等三种控制系统。

所谓“冲量”是参数的意思，是锅炉自动控制中的专用术语。所谓多冲量控制系统，是指在控制系统中，有多个变量信号，经过一定的运算后，共同控制一台执行器，以使某个被控的工艺变量有较高的控制质量。

（1）单冲量水位自动调节系统

单冲量水位自动调节系统如图 2-3-49 所示，它是连续水位自动调节中最简单、最基本的一种形式。该系统是以汽包水位为被控变量，以给水流量为操作变量的单回路控制系统，它适用于负荷平稳，停留时间长的小型低压锅炉。控制器一般采用比例积分控制器。

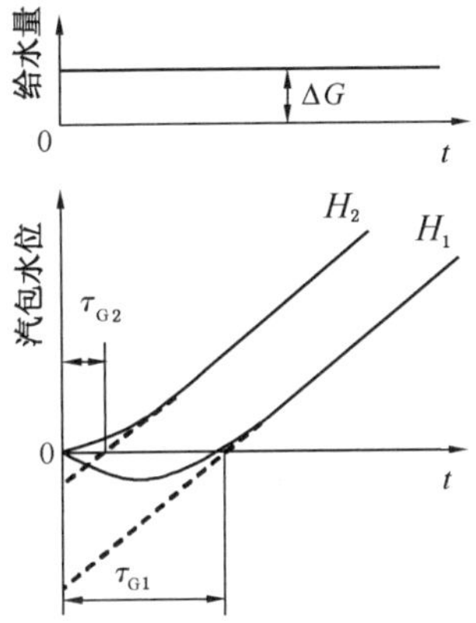

图 2-3-48　给水量对水位的影响

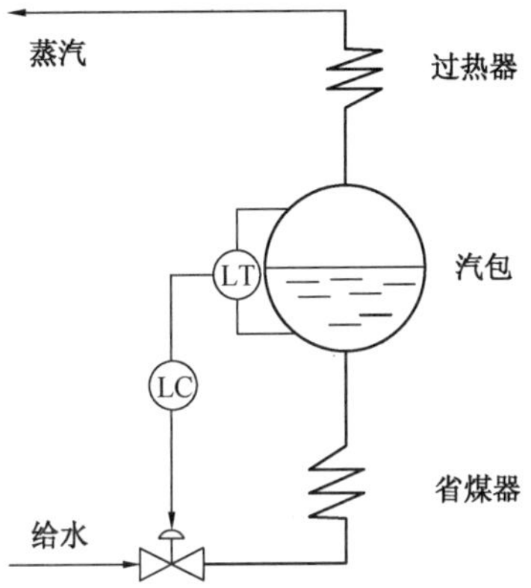

图 2-3-49　单冲量水位自动调节系统

单冲量水位控制系统结构简单，不能有效消除假水位的不利影响。

（2）双冲量水位自动调节系统

为了避免“假液位”引起的控制系统的误动作，可引入蒸汽流量构成双冲量控制系统，如图 2-3-50 所示。从其方块图（图 2-3-51）上看，双冲量控制系统实际上是一个前馈-反馈控制系统。当蒸汽负荷的变化引起液位大幅度波动时，蒸汽流量信号的引入起着超前的作用（即前馈作用），它可以在液位还未出现波动时使调节阀动作，从而减少因蒸汽负荷量的变化而引起的液位波动，改善控制品质。

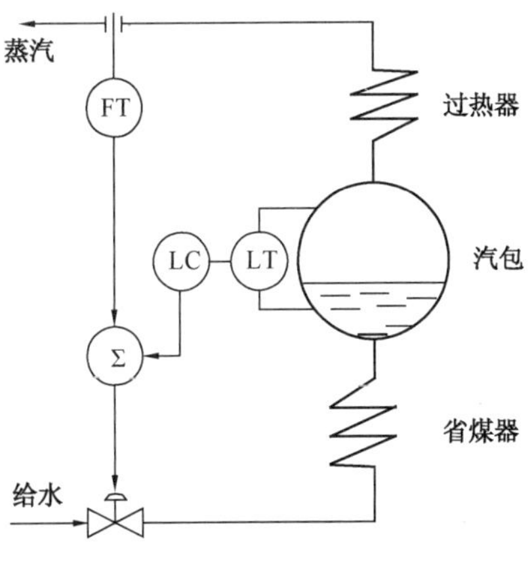

图 2-3-50　双冲量水位自动调节系统

双冲量水位自动调节系统的不足之处是不能克服给水系统的干扰，当给水量发生扰动时，控制显得缓慢不及时。双冲量水位自动调节系统适用于给水压力变化不大，额定负荷在 30t/h 以下的锅炉。

（3）三冲量水位自动调节系统

三冲量水位自动调节系统是在双冲量水位自动调节系统的液位、蒸汽流量信号外，再增加一个供水流

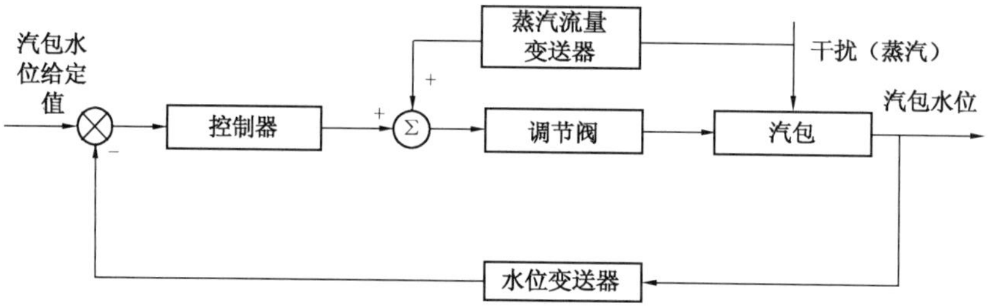

图 2-3-51　双冲量水位自动调节系统方块图

量的信号。该系统中，蒸汽流量前馈信号能克服因虚假水位引起的控制器误动作，改善负荷扰动下的控制质量；给水流量反馈信号能迅速消除给水流量的扰动，稳定给水量；水位主信号能消除各种内、外扰动对水位的影响，保证水位维持在允许的范围内。由于三冲量控制系统有上述特点，所以应用比较多，特别是在大容量、高参数的近代锅炉上，应用更为广泛，三冲量水位自动调节系统如图 2-3-52 所示。

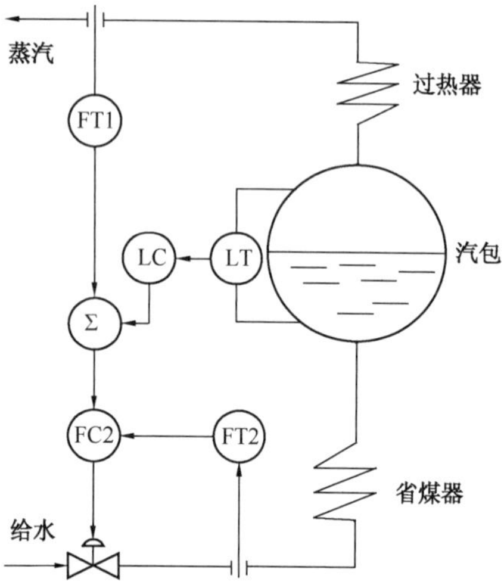

图 2-3-52　三冲量水位自动调节系统

三冲量水位自动调节系统比双冲量水位自动调节系统多了一个给水流量信号，实质上是前馈-串级控制系统。在这个系统中，汽包水位是被控变量，也是串级控制系统中的主变量，是工艺的主要控制指标；给水流量是串级控制系统中的副变量，引入这一变量的目的是利用副回路来快速消除给水压力变化对汽包液位的影响；蒸汽流量是作为前馈信号引入的，其目的是及时消除蒸汽负荷变化对汽包液位的影响。

三冲量水位自动调节系统可以采用比例积分控制器。

三冲量水位自动调节系统的方块图如图 2-3-53 所示。

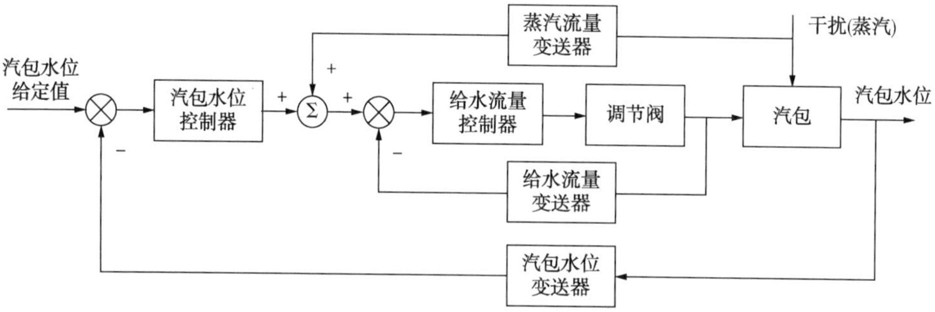

图 2-3-53　三冲量水位自动调节系统方块图

3. 过热蒸汽温度的控制方案

过热蒸汽温度控制系统的被控变量是过热器后的蒸汽温度，操作变量是减温水流量，其主要任务是维持过热器出口汽温在允许范围内，并使过热器管壁温度不超过允许温度，以便给用户提供合格的蒸汽。

锅炉的过热器是在高温高压条件下工作的。若过热汽温过高，容易烧坏过热器，也会影响后续工序的稳定运行；若过热汽温过低则会降低效率，也会使汽轮机最后几级的蒸汽湿度增加，引起叶片磨损。因此，必须调节过热汽温，使它不超过规定的范围。对于中压、高压锅炉，过热蒸汽温度的偏差不应超出额定值的±10℃。

过热蒸汽温度具有较大的纯滞后和较长的时间常数，且有自平稳能力。影响过热蒸汽温度的因素很多，如蒸汽负荷、炉膛热负荷、烟气温度、火焰中心位置、炉膛负压、送风量、减温水量等，通常以烟气侧的扰动和减温水扰动为控制过热蒸汽温度的操作变量。常用的控制方案有串级控制和双冲量控制两种方案。

(1) 过热蒸汽温度的串级控制系统

图 2-3-54 为过热蒸汽温度串级控制系统。在这个系统中，主被控变量为过热器出口温度，副被控变量为减温器出口温度，操作变量为减温水流量。副回路的作用是快速消除减温器自身的各种干扰，不要求完全消除余差。副控制器一般可选用纯比例控制器，当减温器后蒸汽温度惯性较大时，也可选用比例微分控制器。主回路的任务是维持过热器出口蒸汽温度恒定，主控制器一般选用比例积分控制器，当过热器的惯性较大时，也可选用比例积分微分控制器。

(2) 过热蒸汽温度的双冲量控制系统

图 2-3-55 所示是双冲量过热蒸汽温度控制系统。在该系统中，以减温器后的蒸汽温度作为前馈信号，以提前感知减温水流量的扰动作用。前馈信号经微分运算后与主信号过热蒸汽温度进入控制器，控制器通过执行器改变减温水流量，实现过热蒸汽温度的自动控制目的。

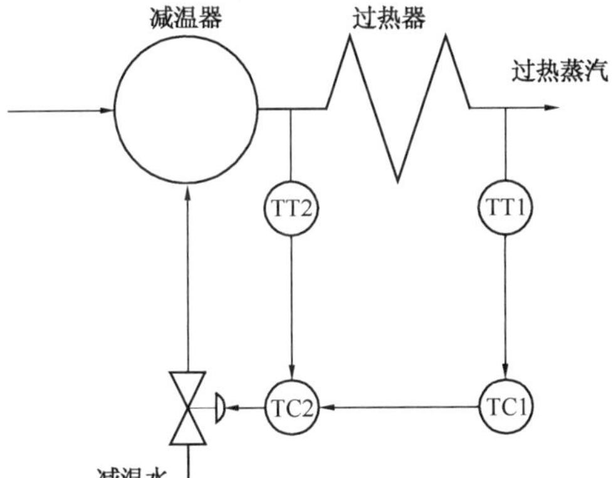

图 2-3-54　过热蒸汽温度的串级控制方案

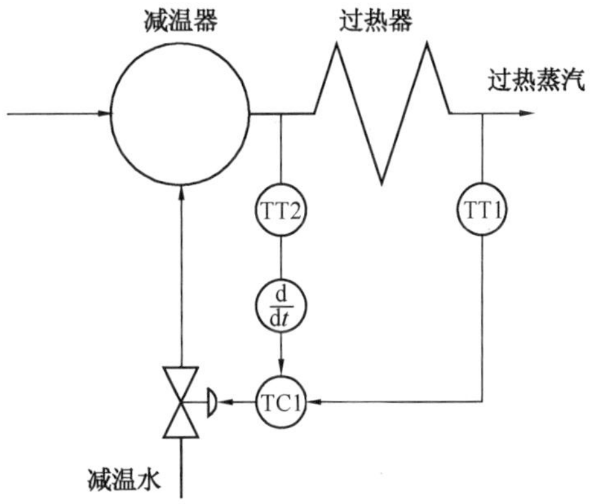

图 2-3-55　过热蒸汽温度的双冲量控制方案

该方案的特点：动态时，控制器根据减温器后的蒸汽温度的微分和过热器出口蒸汽温度两个信号动作；静态时，减温器后的蒸汽温度不变化，微分作用消失，过热器出口蒸汽温度保持在恒定值。

在实际运行过程中，减温器后的蒸汽温度高于相应的蒸汽饱和温度。如果减温器后始终保持在饱和温度，则检测的温度信号不变，前馈信号将不起作用（因其变化率为零），系统变成了单回路系统。所以，测量过热蒸汽温度的热电偶安装位置必须合理设置。

3.8.3　精馏塔的自动控制

蒸馏是把混合液进行分离，使之达到规定纯度的传热传质过程。精馏塔是蒸馏过程的关

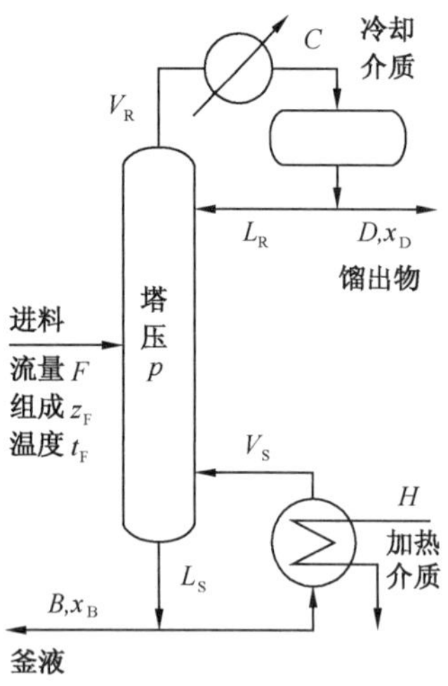

图 2-3-56　精馏塔示意图

键设备，是一个多输入多输出被控对象，由于它的通道多，动态响应迟缓，内在机理复杂，变量之间相互关联，控制要求较高。精馏塔的控制方案是在分析蒸馏过程特性，满足精馏塔对自动控制要求的基础上产生的。

1. 精馏塔的控制要求

(1) 控制指标

精馏塔的控制指标，应从产品的质量指标(产品纯度)、产品的产量(回收率)和能量消耗三方面来确定。图 2-3-56 是精馏塔示意图。

① 质量指标　精馏塔操作的质量指标是使塔顶或塔底的两个产品之一达到规定的纯度要求，而另一产品的成分也保持在规定的范围内。对二元组分精馏塔，产品质量指标的要求就是要使塔顶产品中的轻组分含量和塔底产品中的重组分含量符合规定的要求。对多元组分精馏塔，其产品质量指标的要求是使塔顶产品中的关键轻组分 x_D 和塔底产品中的关键重组分 x_B 的含量达到规定的要求。所谓关键组分，是对产品质量影响较大的组分。

② 产品产量　产品产量是精馏操作中需要达到的另外一个主要目标。在能耗一定的情况下，产品的纯度与产品的产量成反比。产品纯度增加，必然会使产品的产量减少。因此，在确保主要产品纯度的前提下，应尽可能提高产品的产量，低于或高于要求的纯度对生产都不利。

塔顶馏出液量 D 和釜液采出量 B 之和，基本上应等于进料量。塔内的蓄液量应保持在规定范围内。此外，控制塔内压力 p 稳定，对塔的平稳操作也是十分必要的。

③ 能量消耗　在精馏操作过程中，能量的消耗主要有再沸器的加热量 H、冷凝器的冷却量 C 以及精馏塔和一些附属设备的能量散失等。

能耗是不可避免的。一般在保证产品纯度的前提下，增加单位进料的能耗，可以提高产品的产量。但并不是单位进料能耗越高，产品回收率的增长就越多。当单位进料能耗增加到一定数值后，产品的回收率就增长不多了。因此，对能量消耗的要求应该是在保证产品质量和产量的前提下，尽可能低一些。

(2) 精馏塔的约束条件

为保证正常操作，必须服从某些约束条件。精馏过程的约束条件表明了精馏塔的操作限度。一般来说，精馏过程的约束条件有六种，即漏液限制、液泛限制、最大操作压力限制、再沸器加热限制、蒸气冷凝量限制、冷凝器冷却限制等。图 2-3-57 所表示的就是这六种限制曲线。图中横坐标 p 表示塔压；纵坐标 v 表示塔内气相速度。因为不同的精馏塔分离不同的混合物时，分离度 s 的等值曲线形状和相应的数值是不同的，所以图中没有标明坐标值，此图只作示意图用。

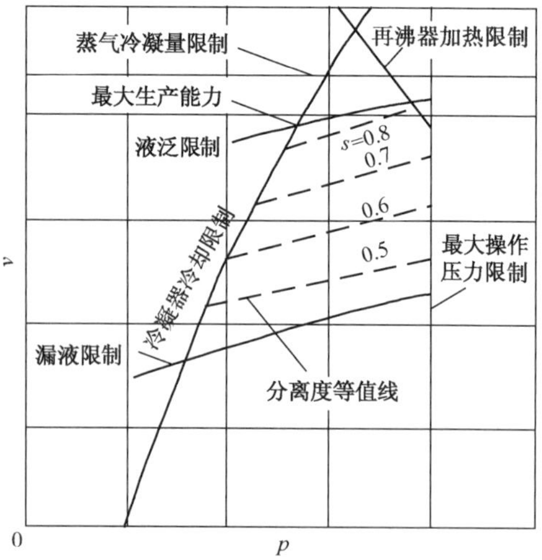

图 2-3-57　精馏塔的操作区

由图 2-3-57 可看出，上述各条限制曲线形成了一个操作区。在操作区内，精馏可正常进行，在操作区外精馏则不能正常进行。

（3）精馏塔的静态特性

精馏过程是建立在一定的物料平衡和能量平衡基础上的，各种干扰都通过物料平衡和能量平衡的形式影响塔的操作。要对各干扰因素实施有效的抑制，必须对精馏塔的静态特性和动态影响做深入的了解。为方便起见，下面以二元精馏塔为例进行分析。

1）物料平衡

一个精馏塔在正常操作中，不管是总的物料量还是任一组分的量，其进料与出料之间总是保持物料平衡关系的。根据物料平衡关系，可得

$$\frac{D}{F}=\frac{x_F - x_B}{x_D - x_B}$$

$$\frac{B}{F}=\frac{x_D - x_F}{x_D - x_B}$$

式中 F——塔的进料量；

D——塔顶馏出物流量；

B——塔底采出物流量；

x_F、x_D、x_B——分别是进料、塔顶馏出液及塔底采出液中轻组分的摩尔含量。

由上式可见，进料在产品中分配量(用 D/F 或 B/F 来表示)，是决定顶部和底部产品中轻组分含量 x_D 和 x_B 的关键因素。另外，进料组分 x_F 也是一个影响 x_D 和 x_B 的重要因素。

2）内部物料平衡

除了塔整体进出料之间的平衡外，在塔的内部也存在着物料平衡关系。为简化起见，这里以二元精馏塔及顶部和底部产品均是液相为例。图 2-3-58 所示为塔板 n 上的各项物料情况。在恒分子流假设的前提下，分析任意塔板 n(非进料板)的物料和热量衡算关系时，可知

$$L_{n-1} = L_n$$

$$V_{n+1} = V_n$$

式中 L_{n-1}——自上一塔板流下的液相的物质的量，kmol；

L_n——本塔板流下的液相的物质的量，kmol；

V_{n+1}——自下一塔板上升的气相的物质的量，kmol；

V_n——本塔板上升的气相的物质的量，kmol。

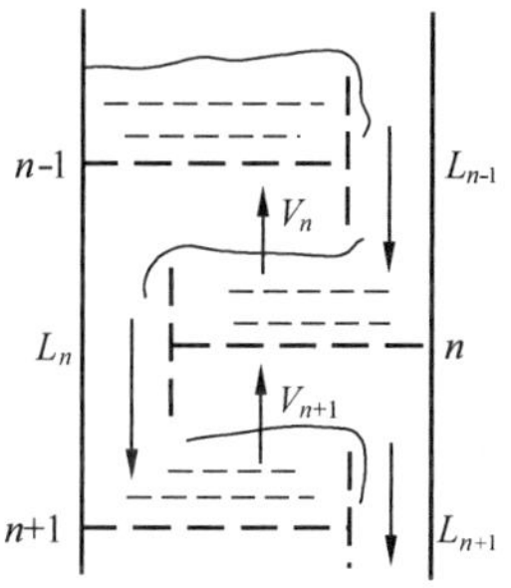

图 2-3-58　塔板 n 上各项物料情况

即在精馏段内，各塔板的 V 及 L 分别相等；如果回流液的温度等于沸点，则 $V=V_R$，$L=L_R$。在提馏段内各板的 V 及 L 也分别相等，$V=V_S$，$L = L_S$。V_R 表示出塔顶的气相的物质的量，kmol；L_R 表示塔顶回流液相的物质的量，kmol；L_S 表示出塔底的液相的物质的量，kmol；V_S 表示塔底循环的气相的物质的量，kmol。

对于进料板，其物料平衡关系为

$$F + L_R + V_S = L_S + V_R$$

如果是液相沸点进料，则有

$$L_S = L_R + F, \quad V_S = V_R$$

如果是气相沸点进料，则有

$$V_R = V_S + F, \quad L_S = L_R$$

如果在其他情况下进料，则需依据热量平衡关系做相应的修正。

对于精馏段(如图 2-3-59)，需包含塔顶冷凝器。对精馏段上任意塔板 j 以上做物料平衡计算，有

$$y_{j+1} = \frac{R}{R+1}x_j + \frac{1}{R+1}x_D$$

式中 y_{j+1}——自 $j+1$ 板来的气相中轻组分浓度，mol/L；

x_j——塔板 j 上液相中轻组分浓度，mol/L；

R——回流比，$R=L_R/V_R$。

上式反映了任一塔板的气相组分与上一塔板的液相组分之间的关系。如绘制在 $y-x$ 图上，就得到一条直线(图 2-3-60)，通常称为精馏段操作线，此线的斜率是 L_R/V_R。回流比 R 越大，斜率越大；在全回流时(即 $D=0$)，操作线将与对角线重合。同时，当塔顶气相在冷凝器内全部冷凝时，第一板的气相成分 $y_1=x_D$，因此操作线通过对角线上 $x=x_D$ 点。

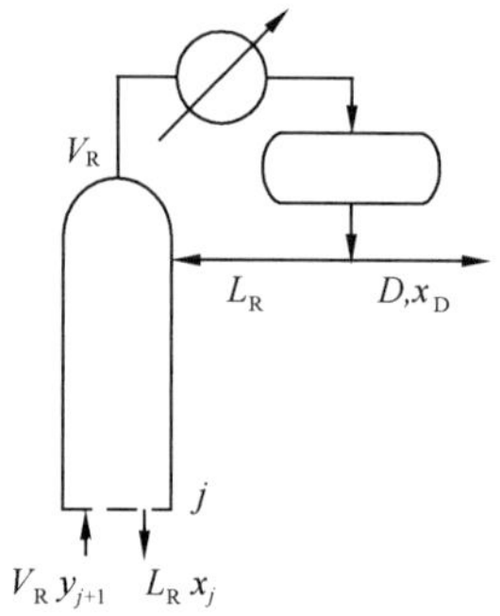

图 2-3-59 精馏段的物料平衡

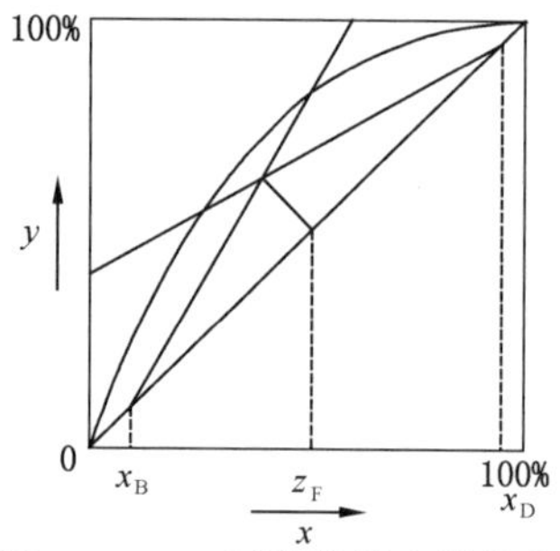

图 2-3-60 平衡曲线和操作线

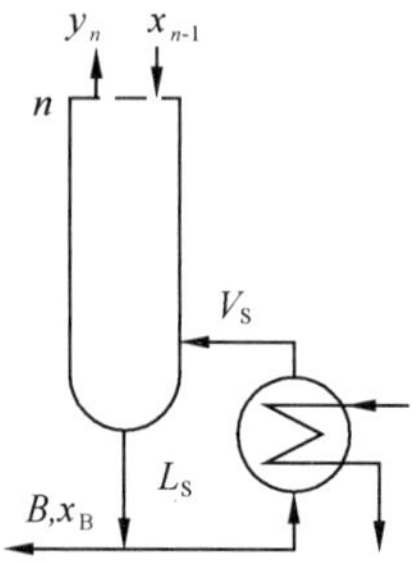

图 2-3-61 提馏段的物料平衡

对于提馏段(图 2-3-61)，应包含塔底再沸器。对提馏段中任意塔板 n 以下做物料平衡，有

$$y_n = \frac{L_S}{V_S}x_{n-1} - \frac{B}{V_S}x_B$$

上式同样表明了任一塔板的气相成分与上一塔板的液相成分间的关系。如绘制成提馏段操作线，则斜率为 L_S/V_S，并通过 $x=x_B$ 点。

3）能量平衡关系

在建立能量平衡关系时，首先要了解分离度的概念，所谓分离度是指精馏塔两端产品成分间的分离关系，即

$$s = \frac{x_D(1-x_B)}{x_B(1-x_D)}$$

在不是全回流的情况下，影响塔分离度 s 的因素很多，可用下式表示

$$s = f(\alpha,\ n,\ V/F,\ z_F,\ E,\ n_F)$$

式中 α——平均相对挥发度；

n——理论塔板数；

V/F——塔内上升蒸气 V 与进料流量 F 之比；

z_F——进料组分；

E——塔板效率；

n_F——进料板位置。

对一个既定塔，α，n，E，n_F 是一定的或变化不大的，而进料组分 z_F 的变化对 s 的影响相对于 V/F 的变化对 s 的影响也小得多，可以忽略。另外，如果 V/F 一定，则塔的分离度 s 就一定。因此

$$\frac{V}{F}=\beta\ln s \quad 或 \quad \frac{V}{F}=\beta\ln\frac{x_D(1-x_B)}{x_B(1-x_D)}$$

式中的 β 定义为塔的特性因子。对任意给定塔，β 可以用 V/F 除以分离度 s 的自然对数来求得。

式中，由于含有 V/F 项，它表示了塔的能量关系。

综上所述，对一个既定的精馏塔（包括进料组分 z_F 也一定），只要 D/F 和 V/F 保持一定（或 F 一定时，保持 D 和 V 一定），这个塔的分离结果 x_D 和 x_B 就可完全确定。

（4）精馏塔的动态特性

由于精馏塔是一个多变量的、时变的和非线性的被控对象，各变量之间又有相互关联影响，定量分析十分困难，这里只就几个主要的、对塔的动态影响比较大的变量做一简要的介绍。

1）回流罐和冷凝器

物料平衡的动态方程式为

$$\rho_D A_D\frac{dh_D}{dt}=V_R-L_R-D$$

式中 A_D——回流罐的横截面积，m^2；

ρ_D——馏出液的密度，kg/m^3；

V_R——顶部气相流量，kg/s；

L_R——塔顶回流量，kg/s；

h_D——回流罐液位高度，m。

由上式可以看出：回流罐的横截面积 A_D 越大，蓄液量就越多，D 变化引起 L_R 的变化滞后就越大。因为系统在静态时，回流量 L_R 等于顶部气相流量 V_R 与馏出液 D 之差，当 V_R 恒定时，控制 D 的大小实质上改变了回流量 L_R，即 $L_R=V_R-D$。

与系统静态时的物料平衡方程式 $L_R=V_R-D$ 相比，明显多了一项 $\rho_D A_D(dh_D/dt)$，这就意味着液位 h_D 的变化所引起的蓄液量的变化，同样会影响 L_R 和 D 之间的关系，为消除回流罐的滞后影响，必须控制液位恒定，即保持 h_D=常数。这样才能使 V_R 不变，L_R 及时跟踪 D 的变化以控制塔顶产品的成分。

2）塔釜和再沸器

物料平衡的动态方程式为

$$\rho_B A_B\frac{dh_B}{dt}=L_S-V_S-B$$

式中 A_B——塔釜的横截面积，m^2；

ρ_B——釜液的密度，kg/m^3；

V_S——再沸器的上升蒸气量，kg/s；

L_S——底部内回流量，kg/s；

h_B——塔釜液位高度，m。

要使上式保持静态时的关系，即 $B=L_S-V_S$，则塔底液位 h_B 也必须保持恒定，才能在 L_S 不变时，使 V_S 及时跟踪 B 的变化。这时采用改变 B 的大小来控制底部产品成分的方案尤其重要，否则将引起滞后而影响产品质量。

3）组分滞后的影响

回流量不变时，塔底上升蒸气量 V_S 对塔内各塔板间的组分的影响，需要经过一段时间才能到达塔顶。塔内的塔板数越多，组分滞后就越大。这表明，塔板上的组分平衡要等到影响组分的液相或气相流量稳定相当长时间后才能建立，因此，在精馏塔中采用及时补偿扰动的前馈-反馈控制要比只采用质量指标作为被控变量反馈控制的速度快。

4）回流滞后和上升蒸气的影响

回流滞后的影响是指塔顶回流量变化后，要经过一段时间才能影响到塔的底部，并且塔板数越多，回流滞后越大。

然而，上升蒸气速率变化的响应是非常快速的，塔底上升蒸气量的改变，只需几秒钟就可影响到塔顶。因此，除了顶部塔板外，要使塔内任何一点的气-液比发生变化，使用上升蒸气量(即改变再沸器加热量)要比用回流量快速得多。也就是说除测温点处于顶部塔板附近外，回流量不宜用作温度控制的操作变量，而再沸器的加热量由于对所有塔板的温度控制都比较快速，所以在实际生产中常用作温度控制系统的控制手段。

5）能量变化的影响

由于精馏塔是一个恒定容积的系统，当塔的能量平衡受到干扰时，塔压将会起变化，为使塔压恒定，需要采用移走或加入一定热量的方式，使全塔的能量达到新的平衡。

除了上面提到的五种动态影响外，冷凝器和再沸器的传热也存在动态滞后，在决定控制方案时都应重视这些滞后。

（5）干扰分析

影响精馏塔操作的因素很多，如图 2-3-62 所示，主要有以下几个方面：

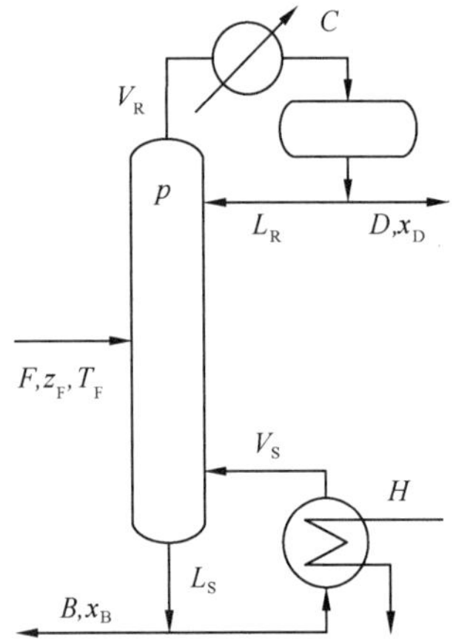

图 2-3-62　精馏塔操作影响因素

1）进料量的波动

进料量 F 发生波动，会影响塔的物料平衡和能量平衡，引起塔底或塔顶产品成分发生变化，进而影响产品的质量。

精馏塔的进料量 F 在许多情况下是由上游流程确定的，它的变化很难完全避免。只有当精馏塔位于整个工艺生产过程的起点时，才可采用定值控制使流量 F 维持恒定。比如，炼油生产中的常减压装置，其初馏塔的进料就是采用流量定值控制方案。一般情况下，可在上游流程采用液位与流量串级的均匀控制系统来控制其出料，以使塔的进料量变化平缓一些。

2）进料温度波动的影响

进料温度 T_F 的变化会影响塔底和塔顶产品组分的分布，进而影响产品的质量。对此，可采用温度定值控制系统使进料温度保持恒定，或通过改变再沸器的加热量来补偿由进料温度波动对产品质量的影响。进料温度一般是可控的。

3）进料成分波动的影响

进料成分 z_F 一般是不可控的，它的变化也是难以避免的，它是由原料或上游流程的生产情况确定的。

4）再沸器加热量波动的影响

再沸器加热量波动会使塔内上升蒸气量 V_S 发生变化，V_S 变化将会影响分离度 s，从而引起产品组分发生变化。上升蒸气量过大，甚至可能引起液泛。同时，塔的经济性和塔的效率也与再沸器加热量密切相关。为稳定精馏塔的操作，提高塔的效率，必须恒定再沸器的加热量。当再沸器的加热介质为蒸汽时，蒸汽压力波动往往是影响加热量的主要因素。此时，可设置蒸汽压力控制系统，也可在塔釜温度串级控制系统的副回路中予以克服。另外，对进入再沸器的蒸汽量，还可采用流量定值控制。

5）回流量和冷剂量的波动

回流量的减少，会使塔顶温度上升，从而使塔顶产品中重组分含量增加。因此，在正常操作中，除非要把回流量作为操作变量，否则总希望将它维持恒定。

冷剂压力的波动将引起进入冷凝器的冷剂量变化，这将会影响到回流量的变化。所以在一般情况下，对冷剂量也应作定值控制。

6）环境温度的变化

在精馏塔塔顶馏出物采用空气或冷却水降温的场合，塔顶馏出物的冷凝效果将随环境温度而变化，如果精馏塔采用外回流定值控制方案，就不能保证内回流恒定。所以，应该采用内回流控制的方案予以克服。内回流通常是指精馏段内上一层塔盘向下一层塔盘流下的液体量。内回流控制是指保持内回流为恒定值或按某一规律变化的控制方案。

2. 精馏塔的基本控制方案

影响精馏塔稳定运行的因素很多，有些是可控的，有些是不可控的。不可控的干扰因素最终将反映在塔顶馏出物与塔底采出液的成分变化上。可控的影响因素包括塔顶馏出物流量、塔底采出物流量、回流量、再沸器的加热量、冷凝器的冷却量，其影响都可以用定值控制加以克服，这些变量都可选作操作变量。

根据精馏塔的物料平衡和能量平衡关系，在其他参数不变的条件下，增加进入再沸器的加热量将使塔底采出量减少，塔顶采出量增多；增加回流量就使塔顶采出量减少，塔底采出量增多。所以，通常都是选择再沸器加热量和回流量作为操作变量。

最能反映精馏塔产品质量的指标是塔顶或塔底产品的成分。但是，目前用于测量产品质量的成分分析仪表滞后较大，反应缓慢，不能满足控制要求，因此大多是以塔顶或塔釜温度作为产品质量的间接指标。

（1）精馏段温度控制方案

当作为产品的塔顶馏出物 D 的纯度要求比塔底采出物 B 高，或进料全部是气相，或塔底提馏段塔板上的温度不能很好反映产品成分的变化时，一般采用以精馏段温度为间接产品质量指标进行控制的方案。

根据所选取的操作变量对塔的控制作用不同，控制方案可分为物料平衡控制系统和能量平衡控制系统两种形式。当选取的操作变量是塔顶馏出物 D 或塔底采出物 B 时，由于这两种物料是通过物料平衡关系间接影响塔的内部平衡从而起控制作用的，所以通常把它叫作物料平衡控制系统；当选取的操作变量是回流量 L_R、再沸器的加热量 H 或冷凝器的冷却量 C 时，由于这三个量是通过直接改变塔的能量平衡关系和改变塔内部的液化比关系，而起控制

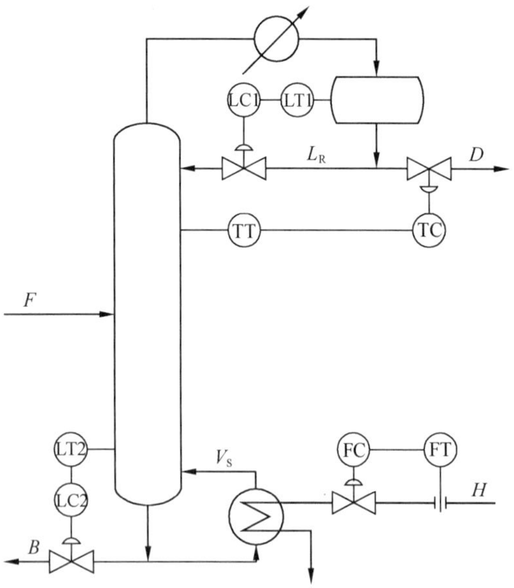

图 2-3-63　物料平衡控制方案(精馏段)

作用的，因此通常把它叫作能量平衡控制系统。上述两种控制系统基本形式的差别仅仅在于直接改变的是能量平衡关系还是物料平衡关系。

1）物料平衡控制方案

精馏段物料平衡的控制方案如图 2-3-63 所示。该方案以精馏段塔板温度作被控变量，以塔顶馏出液 D 作为控制产品质量的手段。同时，通过对再沸器加热量 H 的定值控制使 V_S 流量保持恒定。为克服回流罐的动态滞后以及塔釜液位变化对再沸器传热效果的影响，回流罐和塔釜都设有液位控制系统。

该方案的主要优点是物料与能量平衡之间关联最小；内回流在环境温度变化时基本保持不变。例如，再沸器的加热量受干扰而增加时，会引起塔内的上升蒸气量增加并使塔顶温度升高，上升蒸气量经冷凝器冷却后，使回流罐的液面上升，液位控制器则通过控制阀加大回流量使塔顶温度下降，从而克服了由塔内上升蒸气量的增加而对塔顶温度的影响。还有，在产品不合格时，温度控制器可自动关闭出料阀，自动切断产品，严格控制和防止不合格产品进入下游流程。

该方案的弱点是，温度控制回路的滞后比较大，这是因为从馏出液 D 的变化到温度的变化，要间接地通过液位控制回路来实现，回流罐的容积越大，滞后的影响也就越严重。因此该方案适用于馏出液 D 很小(或回流比较大)且回流罐容积适当的精馏塔。

2）能量平衡控制方案

精馏段能量平衡控制方案如图 2-3-64 所示，该方案是以精馏段塔板温度作被控变量，以回流量 L_R 作为控制产品质量的手段，对再沸器的加热量实行定值控制。回流罐和塔釜都设有液位控制系统。

该方案的优点是，控制作用滞后小，反应迅速，对克服进入精馏段的干扰和保证塔顶产品质量很有利，是精馏塔控制中最常用的方案之一。

该方案的弱点是，容易受环境温度变化的影响，特别是采用风冷式冷凝器时，当环境温度改变时，即使 L_R 没变，内回流也会变，从而影响了精馏塔的平稳操作。另外，物料与能量之间的关联较大。该方案适用于 $L_R/D<0.8$ 及某些需要减少滞后的精馏塔。

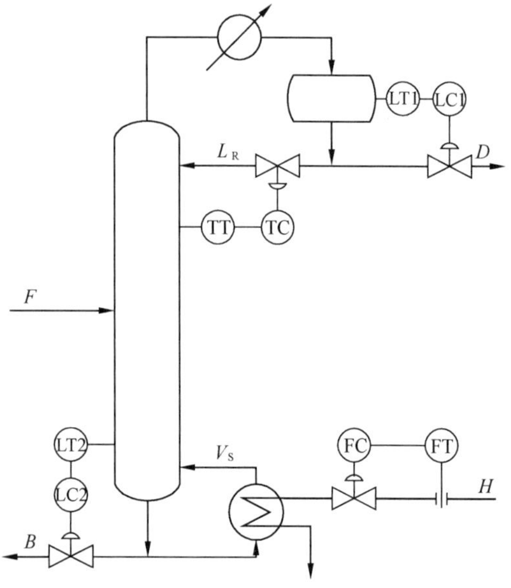

图 2-3-64　能量平衡控制方案(精馏段)

炼油厂中的常压塔和减压塔都是只有精

馏段的塔，是采用这种控制方案的例子。这两种塔在结构上都只有精馏段，都有侧线，并且每一侧线都有汽提装置；进料都来自加热炉，是两相混合物，其温度和流量都预先经过调节；在作用上都是把进料分离成几种不同馏程的产品，所以在工艺上和自动控制方案的选择上也很类似。图 2-3-65 就是常见的常压塔简化的控制流程(中段回流未绘出)。如果塔顶一线馏出物为主要产品，那么，常用的控制方案是塔顶温度 T_D 为被控变量，以回流量 L_R 为操作变量，并保持各侧线流量恒定。

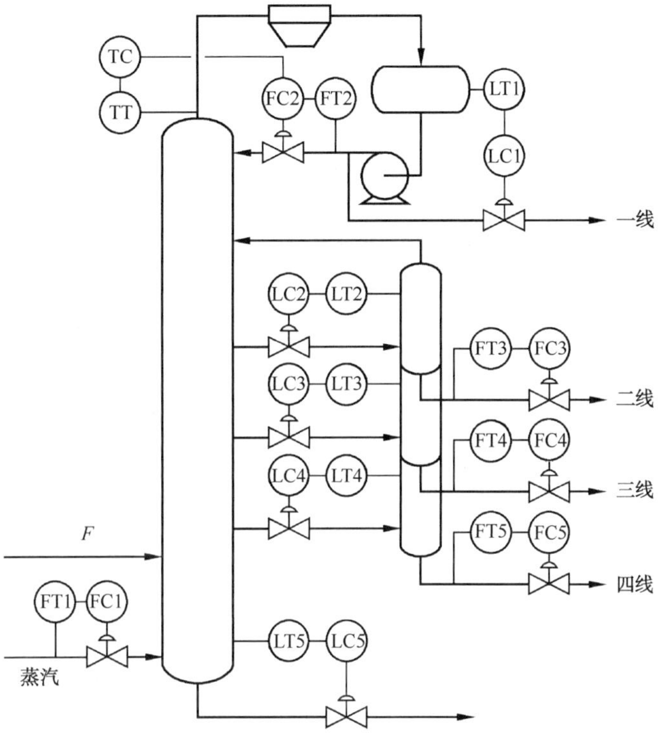

图 2-3-65　常压塔简化控制流程

(2) 提馏段温度控制方案

当塔底采出液的成分要求比塔顶高，且进料全部为液相，塔顶或精馏段塔板上的温度不能很好反映产品成分的变化，或实际操作回流比相对于最小回流比大好几倍时，一般采用以提馏段温度为间接产品质量指标进行控制的方案。常用的控制方案有两类。

1) 物料平衡控制方案

提馏段物料平衡控制方案如图 2-3-66所示，该方案以提馏段某层塔板的温度作被控变量，塔底采出量 B 作为控制产品质量的手段；利用定值控制使回流量 L_R 恒定；回流罐液位控制系统保证 $D=V_R-L_R$；塔釜液位控制器对再沸器加热蒸汽量进行控制，保持了 $V_S=L_S-B-\rho_B A_B \frac{dh_B}{dt}$的物料平衡关系。

该方案的优点是物料平衡与能量平衡关系之间的关联最小；当塔底采出量 B 不符合产品质量要求时，会自行暂停出料。缺点是滞后较大。该方案仅适用于 B 很小且 $B<20\% V_S$ 的塔。

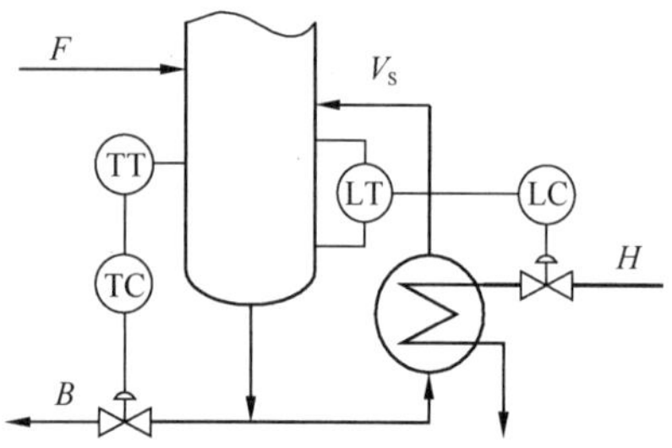

图 2-3-66　物料平衡控制方案(提馏段)

由于该方案温度的控制是通过改变塔底采出量 B 来实现的，如果塔底采出量是另一个塔或下一个工序的进料，它的变动可能对下一个工艺过程的操作产生扰动。此时，应采用能量平衡控制方案。

2）能量平衡控制方案

提馏段能量平衡控制方案如图 2-3-67 所示，该方案以提馏段某层塔板的温度作被控变量，以再沸器加热蒸汽量 H 为控制产品质量的手段。为克服塔底蓄液量的滞后和维持回流罐液面在一定范围内波动，塔底和回流罐都设置了液位控制系统。图 2-3-67(a)是对回流量进行定值控制，而图 2-3-67(b)是对回流比进行定值控制。以加热蒸汽量为操作变量的方案，优点是滞后小，反应迅速，有利于克服进入提馏段的干扰和保证塔底产品质量。该方案也是目前应用最广的精馏塔控制方案之一，仅在 $V_S/F \geqslant 2.0$ 时不适用。该方案的缺点是物料平衡与能量平衡关系之间存在一定的关联。

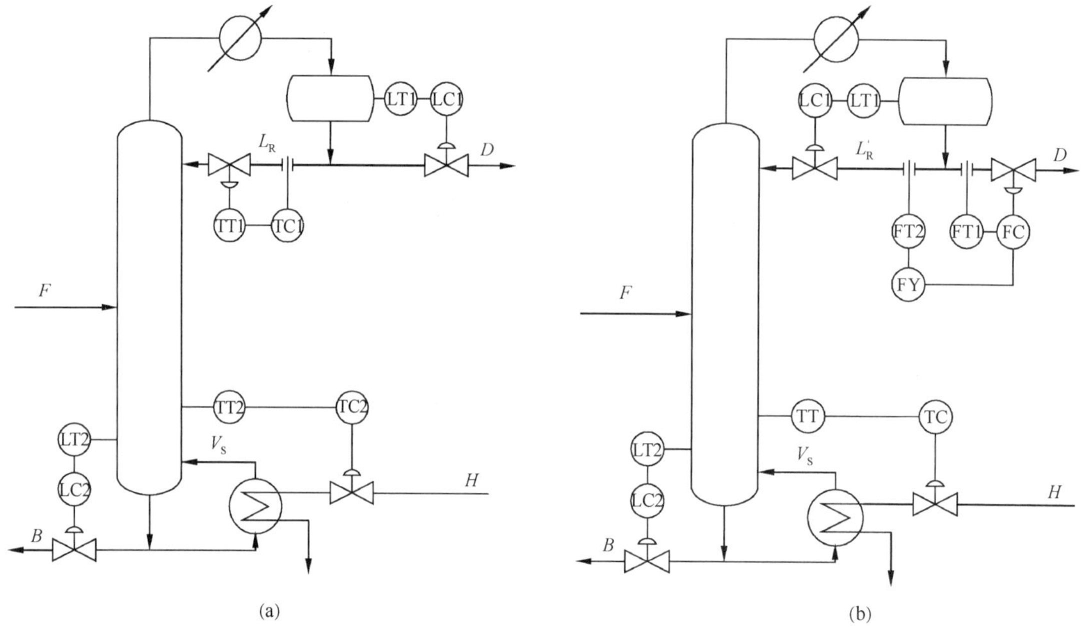

图 2-3-67　能量平衡控制方案(提馏段)

对比方案(a)和(b)可看出，由于方案(a)是保持回流量固定，如 F 减小，则必然增加能耗，如 F 增加，则可能出不合格产品。而方案(b)是保持回流比不变，如 F 减小，则 L_R 和 D 均相应减小，如 F 增加，则 L_R 和 D 相应增加，所以适应负荷变化的能力较强。

(3) 精馏塔的压力控制

精馏塔的操作大多是在塔内压力维持恒定的基础上进行的。在精馏操作过程中，塔压的波动会使塔内每层塔板间的气液相平衡关系发生改变，从而直接影响产品的质量和产量。所以，在精馏操作中，必须对压力进行控制，以保证精馏塔在某一恒定压力下工作。

根据被加工的物料性质和加工目的，精馏可在常压、减压及加压下操作。由于压力不同，精馏塔的压力控制方案也不同，但都是利用能量平衡的原理来完成的。

1）常压塔的压力控制

通常，常压塔对稳定塔顶压力的要求不高，一般只需在回流罐上设置一个通大气的管道来平衡压力，以保持塔内压力接近大气压即可。如果对塔顶压力的控制要求比较高，或工艺不允许把回流罐直接通大气，则需要专设压力控制系统，以维持塔压稍高于大气压，其方案类似加压塔控制方案。

2）加压塔的压力控制

加压塔是指精馏塔操作压力大于大气压的情况。在加压精馏过程中，压力的变化不仅会影响到产品的质量，还会影响到设备的安全。加压精馏塔控制方案主要根据塔顶馏出物状态（气相还是液相）及馏出物中不凝气含量的多少确定。

① 气相采出，且有大量不凝物。

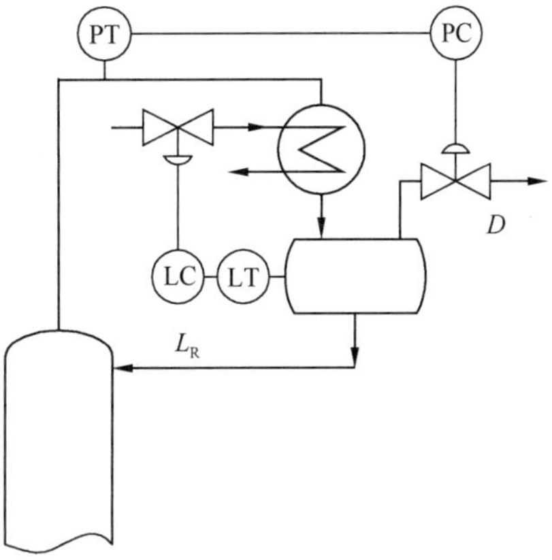

图 2-3-68　塔顶气相采出压力控制方案

图 2-3-68 所示的方案是气相出料的压力控制系统，适用于在塔负荷和进料组成不稳定，塔釜加热蒸汽有较大波动的情况。该方案通过控制塔顶气相产品的流量来维持塔压，并以冷凝器的冷剂量作为控制回流罐液位的手段，以保证足够的冷凝液作回流。若气相出料为下游流程进料，则可以采用压力-流量均匀控制系统。

该方案由于取压点选在塔顶，且气相流量较大，所以滞后小，控制灵敏。

② 液相采出，且馏出物中含有大量不凝物。

图 2-3-69（a）所示压力控制方案，适用于液相出料、塔顶气相中有大量不凝气体存在的情况。此方案的测压点在回流罐上，调节阀安装在气相排出管线上，采用改变气相排出量来保持压力恒定。由于塔顶有大量不凝气体存在，而不凝气体排出量的改变能很快改变系统的压力，所以滞后很小。这种方案适用于塔顶气体流经冷凝器的阻力变化不大的场合，回流罐压力可以间接代表塔顶压力，维持回流罐内压力即保证塔顶压力恒定。

若由于进料流量、成分、加热蒸汽等扰动引起冷凝器阻力变化，则回流罐压力不能代表塔顶压力，此时应采用图 2-3-69（b）所示的方案。

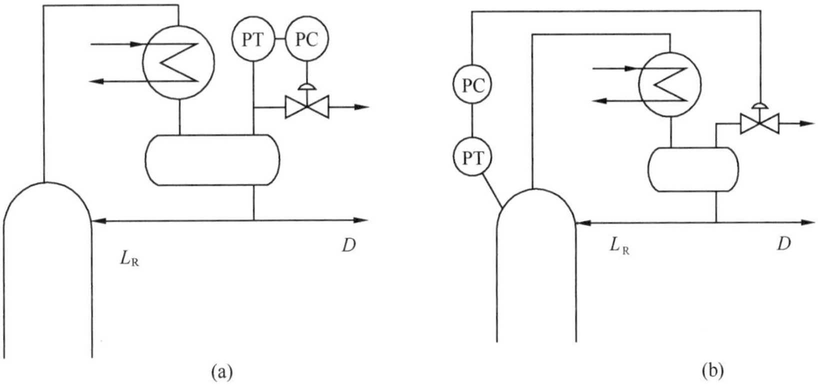

图 2-3-69　塔顶压力控制方案（馏出物中含有大量不凝物）

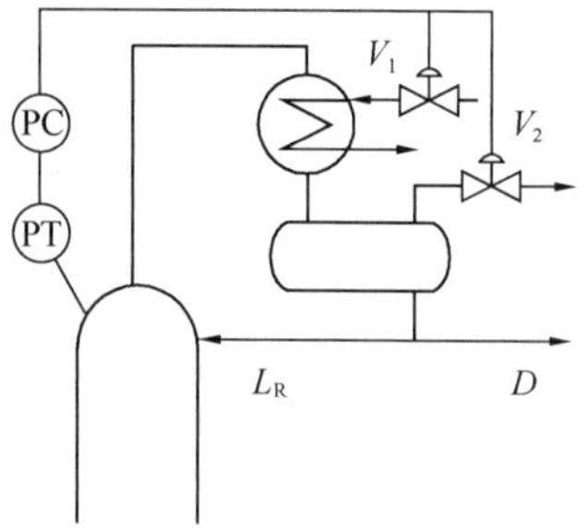

图 2-3-70　塔顶压力分程控制

③ 液相采出，且馏出物中含有少量不凝气。

当塔顶气相中只含少量不凝气体（其量小于气相总流量的 2%）时，或在塔的操作中，预计只有部分时间产生不凝气时，就不能采用控制不凝物排放量来保持塔顶压力，此时可采用图 2-3-70 所示的分程控制方案。

采用该方案，正常操作时，控制器输出信号小于 50%时，调节阀 V_1 工作，调节阀 V_2 关闭，分程控制系统通过控制冷剂量改变冷凝速度的方法，使塔顶压力维持在设定值上。随着操作时间的延长，不凝气体在冷凝器中逐渐积聚，引起压力升高，导致阀 V_1 控制失效。当控制器输出信号大于 50%时，阀 V_2 开启，排放积聚在冷凝器和回流罐中的不凝气体，使塔压恢复到原来的设定值上来。

④ 液相采出，且馏出物中含有微量不凝性气体。

当塔顶气体全部冷凝或只含微量不凝气体时，通常采用改变传热量的方法来控制塔压。如果传热量小于全部蒸气冷凝所需要的热量，则蒸气将积聚起来使塔压升高；反之传热量大，则压力降低。具体控制方案如图 2-3-71 所示。

图 2-3-71(a)是通过改变冷凝器的冷剂量来恒定塔压的控制方案，该方案最节约冷剂量。图 2-3-71(b)是以改变冷凝器传热面积为手段控制塔顶压力的方案，即让凝液部分浸没冷凝器，该方案反应较迟钝。图 2-3-71(c)是采用旁路的形式来控制塔顶压力，其实是改变气体进入冷凝器的推动力，该方案反应较灵敏，炼油厂中应用较多。

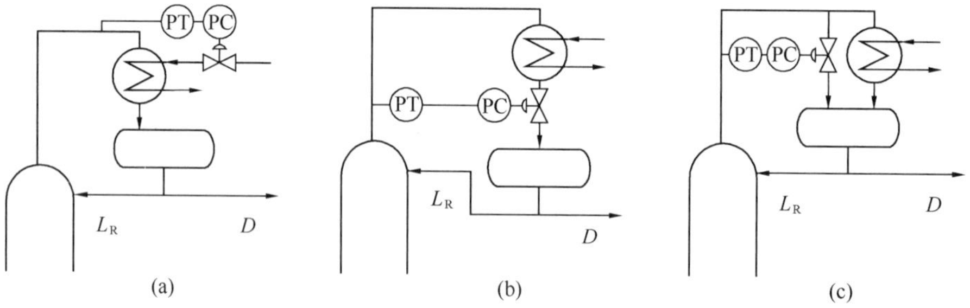

图 2-3-71　馏出物中含有微量不凝物的塔顶压力控制方案

图 2-3-72 所示是“浸没”式冷凝器压力控制方案。冷凝器一般在回流罐下 3~5m 处，这种控制方案通过控制 $\Delta p = p_1 - p_2$ 来改变传热面积。当 Δp 增加时，冷凝器内冷凝液液面下降，使气相冷凝面积增加，所以传热量增加，冷凝量增加，使塔压减小，因此，当 p_1 增加时，应增加 Δp，反之应减小 Δp。

3）减压塔的压力控制

减压塔用蒸汽喷射泵和电动真空泵来获得一定的真空度。图 2-3-73 是用蒸汽喷射泵来抽真空时的压力控制方案，入口蒸汽压力控制系统可消除蒸汽压力波动对真空度的影响。当塔顶真空度低于设定值时，空气调节阀开度关小，使塔内不凝性气体抽出量增加，以提高真空度。反之，则开大空气调节阀，用补充的空气量来维持压力。这种方案能有效地控制任何波动和扰动对塔顶压力的影响。

图 2-3-74 所示是采用电动真空泵的减压系统的压力控制方案，该方案是通过控制不凝气体抽出量来保证真空度恒定。

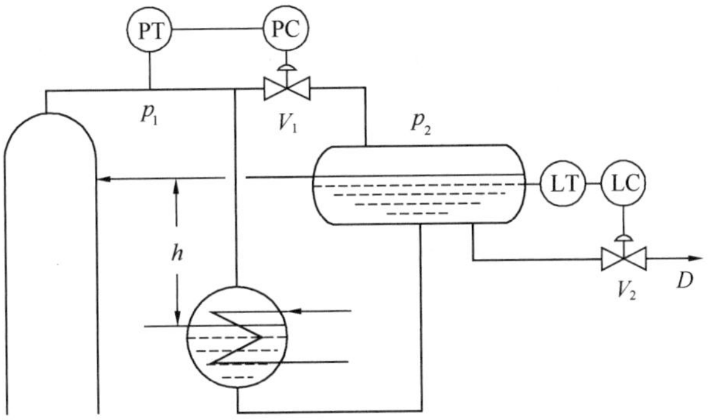

图 2-3-72 "浸没式"冷凝器压力控制方案

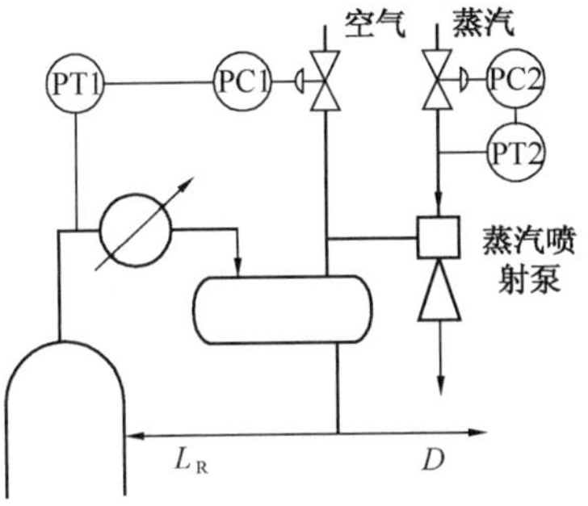

图 2-3-73 蒸汽喷射泵抽真空的压力控制

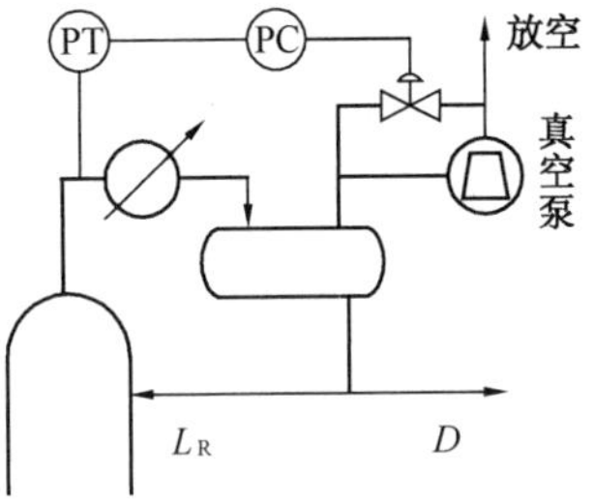

图 2-3-74 电动真空泵抽真空的压力控制

上述精馏塔塔压的控制都属于恒定塔压的控制系统。从节能的角度和传质的原理来看，这种恒定塔压控制的操作不是优化的操作。当塔压低时，混合物的相对挥发度高，为了获得相同纯度要求的分离效果所消耗的能量就小，或者说在相同的能耗下，精馏塔的处理量增大，产量提高。所以，在精馏塔的控制中，也可采用浮动塔压控制方案。

第4章　计算机控制系统

计算机控制系统的用户编程或组态决定了系统如何满足生产过程控制的需要，而系统的日常维护则在一定程度上决定着系统能否正确地实现既定的控制功能，从而保障企业生产安全、高效地进行。

本章以 SIMATIC S7-1200 为例介绍 PLC 的程序编制基础知识与系统维护基础知识，以中控技术 ECS 700 和和利时 MACS 为例介绍 DCS 的系统维护知识，以及 FCS、SIS 和 SCADA 的基本知识。

4.1　PLC 的编程基础与系统维护

4.1.1　PLC 编程基础

国际电工委员会 1993 年 12 月制定的工业控制系统编程语言标准 IEC 61131-3，规范了指令表(IL，Instruction List)、结构化文本(ST，Structured Text)、梯形图(LD，Ladder Diagram)、功能块图(FBD，Function Block Diagram)和顺序功能流程图(SFC，Sequential Function Chart)等 5 种编程语言。PLC 编程符合 IEC 61131-3 国际标准规范。

S7-1200 使用梯形图、功能块图和结构化控制语言(SCL，Structured Control Language)这三种编程语言。

1. 程序设计语言概述

(1) 梯形图程序设计语言

梯形图程序设计语言简称“梯形图”，是 PLC 使用最多的图形编程语言。梯形图与继电器电路图很相似，具有直观易懂的优点，熟悉继电器控制的人员很容易掌握，特别适合于数字量逻辑控制。

梯形图由触点、线圈和用方框表示的指令框组成。触点代表逻辑输入条件，例如外部的开关、按钮和内部条件等。线圈通常代表逻辑运算的结果，常用来控制外部的负载和内部的标志位等。指令框用来表示定时器、计数器或者数学运算等指令。

触点和线圈等组成的电路称为程序段。为方便程序编制和后期维护，每个程序段都可以有编号，添加标题、注释等信息。

梯形图按从上到下、从左到右的顺序排列。每个继电器线圈为一个逻辑行，即一层阶梯。每一个逻辑行起于左母线，然后是接点的各种连接，最后终止于继电器线圈。在分析梯形图的逻辑关系时，可以想象在梯形图的左右两侧有垂直的“电源线”，“电源线”之间有一个左正右负的直流电源电压，左右贯通的逻辑行中有“电流”流过。基于此，就可用继电器电路的术语和分析方法来理解和分析梯形图。

程序段内的逻辑运算按从左往右的方向执行，与“电流”的方向一致。如果没有跳转指令，程序段之间就按从上到下的顺序执行，执行完所有的程序段后，下一次扫描循环返回最上面的程序段，重新开始执行。

(2) 功能块图程序设计语言

功能块图程序设计语言是一种图形化的编程语言，使用类似于数字电路图的形式，用图形化符号代表函数或功能块，用连线代表数据信号流，通过功能块之间的连接关系表达控制逻辑。

在功能块图中，用类似于与门(带有符号“&”)、或门(带有符号“ > =1”)的方框来表示逻辑运算功能块，方框的左边为逻辑运算的输入变量，右边为输出变量，输入、输出端的小圆圈表示“非”运算，功能块被“导线”连接在一起，信号自左向右流动。功能块也可用来表示一些复杂的功能，例如数学运算等。

(3) 结构化文本程序设计语言

结构化文本程序设计语言是一种源于 Pascal 的高级编程语言，用结构化的描述语句来描述程序，适合数据管理、过程优化、配方管理、数学计算和统计任务等复杂的应用场合。

结构化文本程序设计语言除了包含 PLC 的典型元素(例如输入、输出、定时器和位存储器)，还包含高级编程语言中的表达式、赋值运算、运算符以及程序控制指令，如创建程序分支、循环或跳转等。使用结构化文本程序设计语言，需要有一定的计算机程序设计语言的知识和编程技巧，对编程人员的要求较高。

2. *梯形图的识读及常用指令*

下面以 SIMATIC S7-1200 为例介绍梯形图常用指令。S7-1200 梯形图中的常用符号见表 2-4-1。

表 2-4-1　梯形图常用符号

分类	助记符	说明	分类	助记符	说明
位逻辑指令	—|　|—	常开接点(地址)	位逻辑指令	—|P|—	扫描操作数的信号上升沿
	—|/|—	常闭接点(地址)		—|N|—	扫描操作数的信号下降沿
	—(　)—	输出线圈		—(P)—	在信号上升沿置位操作数
	—(R)—	复位输出		—(N)—	在信号下降沿置位操作数
	—(S)—	置位输出	计数器指令	CTD	减计数器
	SR	置位复位触发器		CTU	加计数器
	RS	复位置位触发器		CTUD	加-减计数器
	—(SET_BF)—	置位位域	定时器指令	TON	接通延时定时器
	—(RESET_BF)—	复位位域		TOF	关断延时定时器
	R_TRIG	检测信号上升沿		TP	脉冲定时器
	F_TRIG	检测信号下降沿		TONR	时间累加器
	P_TRIG	扫描 RLO 的信号上升沿			
	N_TRIG	扫描 RLO 的信号下降沿			

(1) 基本位指令

位逻辑指令处理数字“1”和“0”。对于接点与线圈，“1”表示动作或通电，“0”表示未动作或未通电。位逻辑指令扫描信号状态，并根据布尔逻辑对其进行组合，这些组合产生结果“1”或“0”，称为“逻辑运算结果”(RLO)。常用的基本位指令如下。

① —|　|—：常开接点(地址)。当输入状态为“1”时，输出为“1”；当输入状态为“0”时，输出为“0”。

② —|/|—：常闭接点(地址)。当输入状态为“0”时，输出为“1”；当输入状态为“1”时，输出为“0”。

③ —(　)—：输出线圈。当输入状态为“1”时，其逻辑操作结果就为“1”；当输入状态为“0”时，其逻辑操作结果就为“0”。

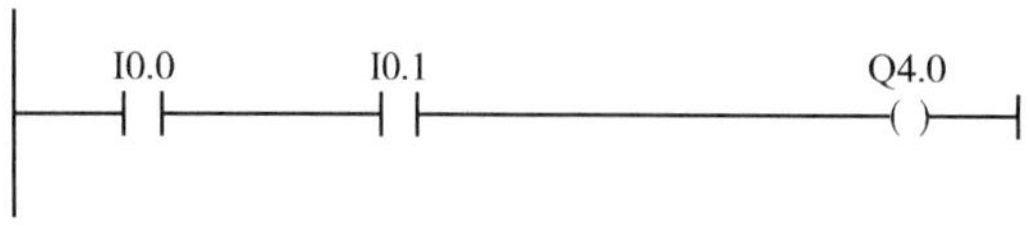

图 2-4-1　“与”逻辑

“与”逻辑操作。如果串联回路内的 I0. 0 和 I0. 1 的状态都为“1”，那么该回路的输出 Q4. 0 就为“1”(继电器触点接通)；如果 I0. 0 和 I0. 1 的状态有一个不为“1”，则输出 Q4. 0 就为“0”(继电器触点断开)。如图 2-4-1 所示。

“或”逻辑操作。“或”逻辑在梯形图中用并联的触点回路表示，如果 I0. 2 或 I0. 3 信号状态有一个为“1”，那么输出 Q4. 1 就为“1”；若 I0. 2 与 I0. 3 都为“0”，那么输出为“0”，输出断开。如图 2-4-2 所示。

“异或”逻辑操作。仅当输入信号 I0. 4 和 I0. 5 不同，即只有一个为“1”时，运算结果才为“1”并赋值给输出 Q4. 2。若两个信号相同(都是“1”或“0”)则 Q4. 2 为“0”。如图 2-4-3 所示。

图 2-4-2　“或”逻辑

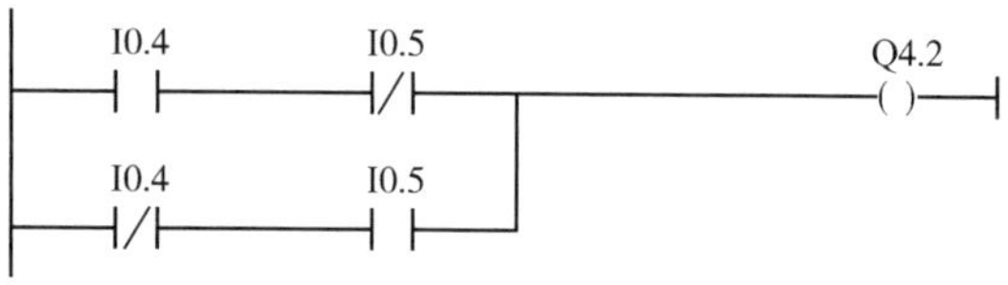

图 2-4-3　“异或”逻辑

④ —(S)—：线圈置位(Set)，将指定的地址置为“1”并保持。

⑤ —(R)—：线圈复位(Reset)，将指定的地址置为“0”并保持。

如图 2-4-4 所示，当 I0. 1 的常开触点接通，则 M2. 0 变为“1”并保持该状态，即使 I0. 1 的常开触点断开，M2. 0 仍保持“1”的状态；当 I0. 2 的常开触点接通，则 M3. 0 变为“0”并保持该状态，即使 I0. 2 的常开触点断开，M3. 0 仍保持“0”的状态。

⑥ SR：置位复位触发器。如果 S 输入 I0. 2 的信号状态为“1”，R 输入 I0. 3 的信号状态为“0”，则 SR 触发器置位，M3. 0 与 Q4. 1 均为“1”；如果 R 输入 I0. 3 的信号状态为“1”，无论 S 输入 I0. 2 的信号状态为“0”还是“1”，则 SR 触发器复位，M3. 0 与 Q4. 1 均为“0”；如果两个输入均为“0”，则触发器保持上一次的状态。如图 2-4-5 所示。

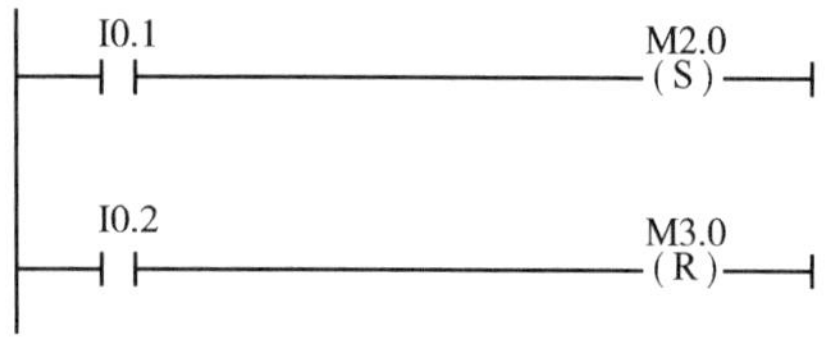

图 2-4-4　置位与复位

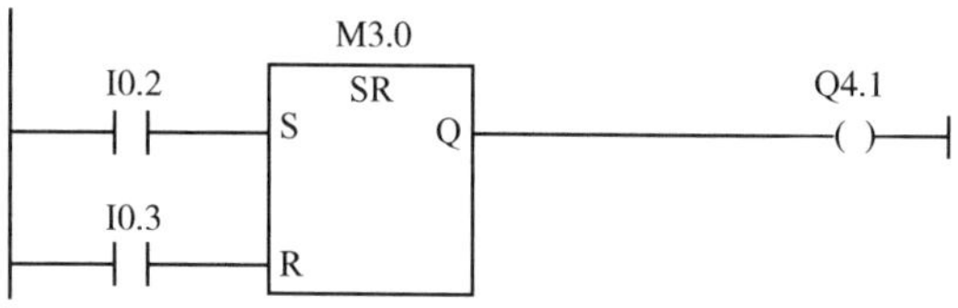

图 2-4-5　置位复位触发器

⑦ RS：复位置位触发器。如果 R 输入 I0. 5 的信号状态为“1”，S 输入 I0. 6 的信号状态为“0”，则 RS 触发器复位，M5. 0 与 Q4. 2 均为“0”；如果 R 输入 I0. 5 的信号状态为“0”，S 输入 I0. 6 的信号状态为“1”，则 RS 触发器置位，M5. 0 与 Q4. 2 均为“1”；如果两个输入均为“1”，则触发器置位；如果两个输入均为“0”，则触发器保持上一次的状态。如图 2-4-6 所示。

⑧ SET_BF：置位位域。将指定地址开始的若干连续的位地址置位(变为“1”并保持)。如图 2-4-7 所示，I0.1 的上升沿(从“0”变为“1”)使从 M2.0 开始的 4 个连续的位被置位为“1”并保持该状态不变。

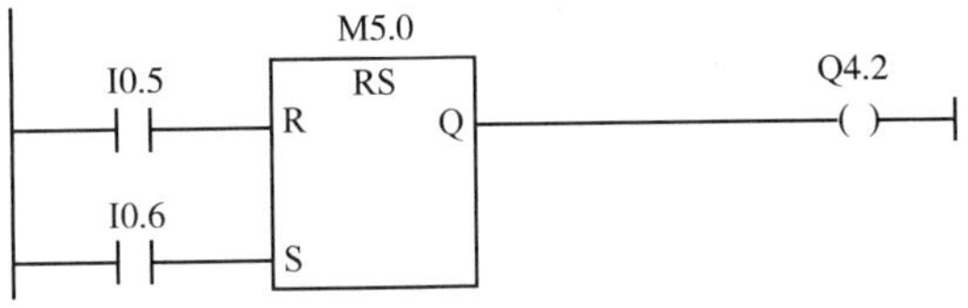

图 2-4-6　复位置位触发器

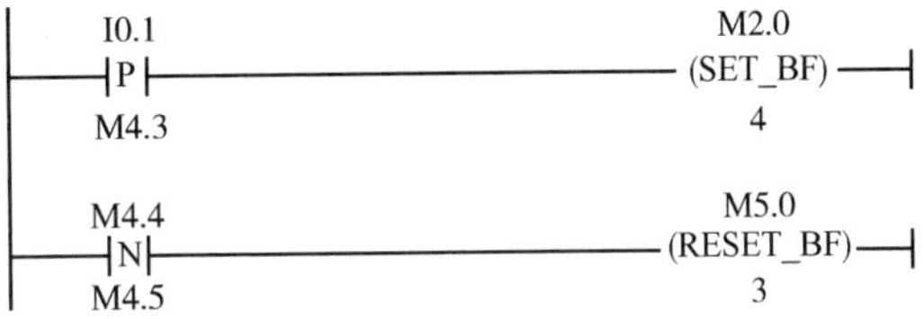

图 2-4-7　边沿检测触点与置位复位位域指令

⑨ RESET_BF：复位位域。将指定地址开始的若干连续的位地址复位(变为“0”并保持)。图 2-4-7 中 M4.4 的下降沿(从“1”变为“0”)使从 M5.0 开始的 3 个连续的位被复位为“0”并保持该状态不变。

(2) 定时器指令

定时器属于函数块，调用时需要指定配套的背景数据块，定时器的数据保存在背景数据块中。定时器没有编号，可以用背景数据块的名称(例如“T1”或“1 号电机启动延时”)作为其标识符。

定时器的输入 IN 为启动输入端，在输入 IN 的上升沿(从“0”变为“1”)，启动脉冲定时器 TP、接通延时定时器 TON 和时间累加器 TONR 开始定时。在输入 IN 的下降沿(从“1”变为“0”)，启动关断延时定时器 TOF 开始定时。

各定时器的输入参数 PT(Preset Time，预设时间)和输出参数 ET(Elapsed Time，定时开始后经过的时间，也称当前时间值)的数据类型为 32 位的 TIME 型，单位为 ms，最大定时时间为 T#24D_20H_31M_23S_647MS，D、H、M、S、MS 分别为日、小时、分、秒和毫秒。

Q 为定时器的位输出，可以不给 Q 和 ET 指定地址。各参数均可以使用 I(仅用于输入参数)、Q、M、D、L 存储区，IN 和 PT 可以使用常量。定时器指令可以放在程序段的中间或结束处。

1) 脉冲定时器 TP

脉冲定时器用于在 Q 端输出一个定宽脉冲，其宽度为预设时间 PT，如图 2-4-8 所示。

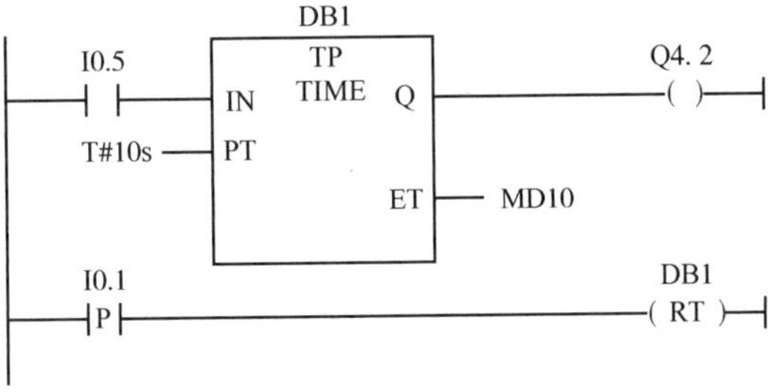

图 2-4-8　脉冲定时器

图 2-4-9 为脉冲定时器在不同情况下的波形图。IN 输入信号的上升沿启动定时，Q 变为“1”，当前时间 ET 从 0ms 开始不断增大。ET 达到 PT 预设的时间时，Q 变为“0”。如果 ET 达到 PT 值且 IN 输入信号为“1”，则当前时间 ET 保持不变(见波形 A)。如果 ET 达到 PT 值且 IN 输入信号为“0”，则当前时间 ET 变为 0s(见波形 B)。

IN 的脉冲宽度可以小于 PT，在 Q 为“1”期间，即使 IN 出现下降沿和上升沿，也不会影响脉冲的输出(见波形 B)。

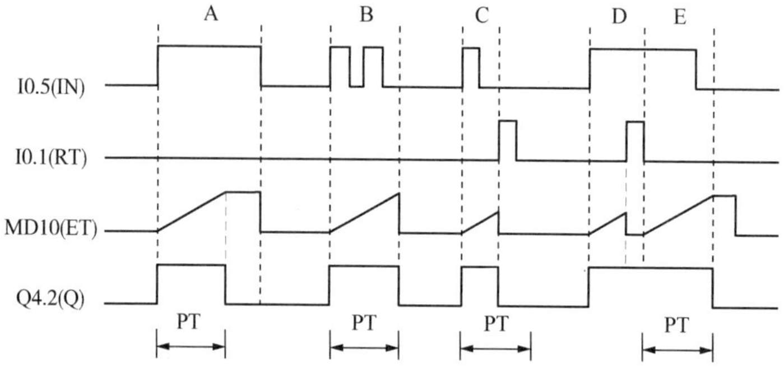

图 2-4-9　脉冲定时器波形图

图 2-4-8 中的 I0.1 为“1”时，复位线圈 RT 通电，与其关联的背景数据块 DB1 代表的定时器被复位。如果此时正在定时(即 Q 为“1”，ET 不为 0)，且 IN 输入信号为“0”，将使 ET 清零，Q 也变为“0”(见波形 C)。如果此时正在定时，且 IN 输入信号为“1”，将使 ET 清零，但是 Q 保持为“1”(见波形 D)。I0.1 变为“0”时，如果 IN 输入信号为“1”，将重新开始定时(见波形 E)。

2）接通延时定时器 TON

接通延时定时器用于将 Q 输出的置位操作延时 PT 指定的一段时间，如图 2-4-10 所示。

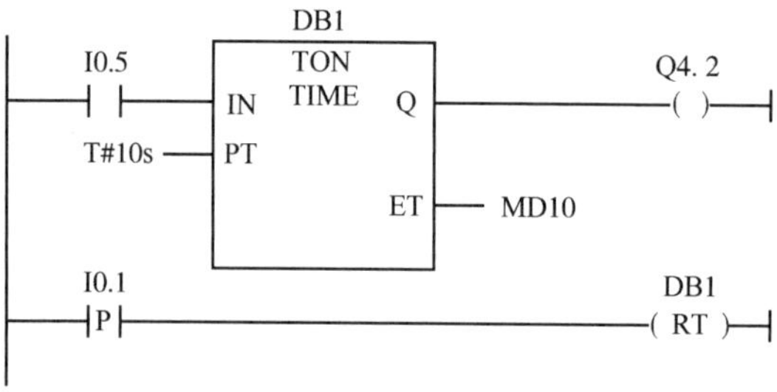

图 2-4-10　接通延时定时器

CPU 第一次扫描时，定时器 Q 被清零。IN 的输入电路由断开变为接通时开始定时。定时时间大于等于 PT 指定的设定值时，输出 Q 变为“1”，ET 保持不变。IN 端电路断开时，定时器被复位，ET 被清零，Q 变为“0”(见图 2-4-11 中的波形 A)。

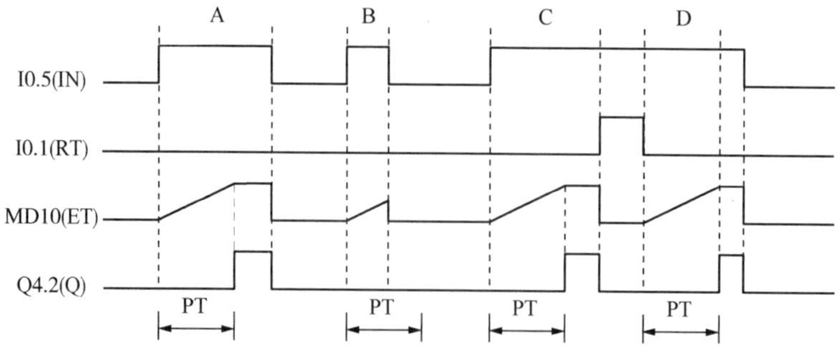

图 2-4-11　接通延时定时器波形图

如果 IN 在未达到 PT 设定的时间时变为“0”，Q 保持“0”不变(见波形 B)。

图 2-4-10 中的 I0.1 为“1”时，定时器复位线圈 RT 通电，定时器被复位，ET 被清零，Q 变为“0”(见波形 C)。I0.1 为“0”时，如果 IN 为“1”，将开始重新定时(见波形 D)。

3) 关断延时定时器 TOF

关断延时定时器用于将 Q 输出的复位操作延时 PT 指定的一段时间，如图 2-4-12 所示。关断延时定时器可以用于设备停机后的延时，例如大型变频电动机的冷却风扇的延时。

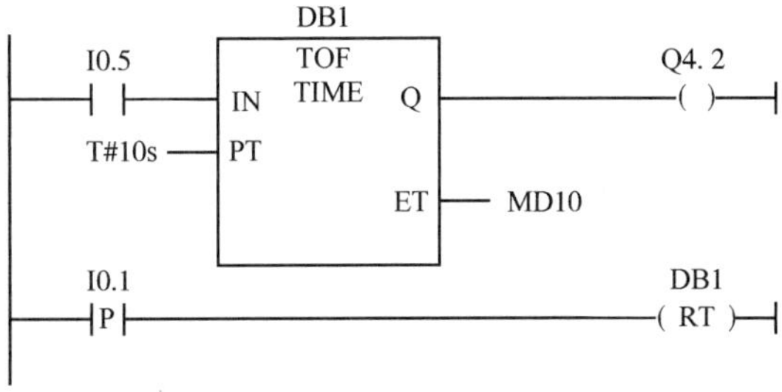

图 2-4-12 关断延时定时器

IN 输入电路接通时，输出 Q 为“1”，ET 被清零。IN 输入电路由接通变为断开时开始定时，ET 从 0 逐渐增大。ET 等于 PT 时，Q 变“0”，ET 保持不变，直到 IN 输入电路接通(见图 2-4-13 的波形 A)。

如果 ET 未达到 PT 预设的值，IN 就变为“1”，那么 ET 被清零，Q 保持“1”不变(见波形 B)。图 2-4-12 中的 I0.1 为“1”时，复位线圈 RT 通电。如果此时 IN 为“0”，则定时器 DB1 被复位，ET 被清零，Q 变为“0”(见波形 C)。如果复位时 IN 为“1”，则复位信号不起作用(见波形 D)。

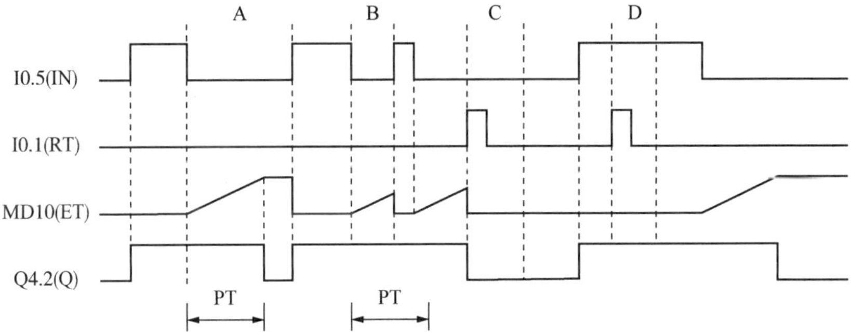

图 2-4-13 关断延时定时器波形图

(3) 计数器指令

计数器与定时器一样属于函数块，其数据保存在配套的背景数据块中，使用背景数据块的名称作标识符。

S7-1200 有 3 种计数器，分别是加计数器(CTU)、减计数器(CTD)和加减计数器(CTUD)，其最大计数频率受到 OB1 的扫描周期的限制。下面以 CTUD 计数器为例加以说明。

如图 2-4-14 所示的 CTUD 计数器，CU 和 CD 分别是加计数输入和减计数输入，在 CU 或 CD 由“0”变为“1”时，当前计数值 CV 被加 1 或被减 1。如果同时出现计数脉冲 CU 和 CD 的上升沿，那么 CV 保持不变。

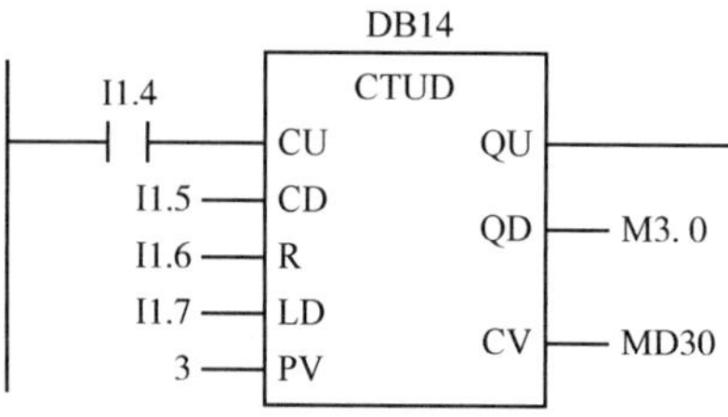

图 2-4-14　加减计数器

CV 大于等于预设值 PV 时，输出 QU 为 1，反之为 0。CV 小于等于 0 时，输出 QD 为 1，反之为 0。当 CV 达到指定的数据类型的上限值或下限值时不再增加或减少。

装载输入 LD 为“1”时，PV 被装入当前计数器值 CV，输出 QU 变为“1”，QD 被复位为“0”。

复位输入 R 为“1”时，计数器被复位，CV 被清零，QU 变为“0”，QD 被复位为“1”。R 为“1”时，CU、CD 和 LD 不再起作用。

3. 用户程序结构简介

S7-1200 的用户程序结构与 S7-300/400 基本相同。

根据 PLC 程序设计方法，有三种形式：线性化编程、模块化编程和结构化编程，采用不同设计方法的程序的结构形式如图 2-4-15 所示。

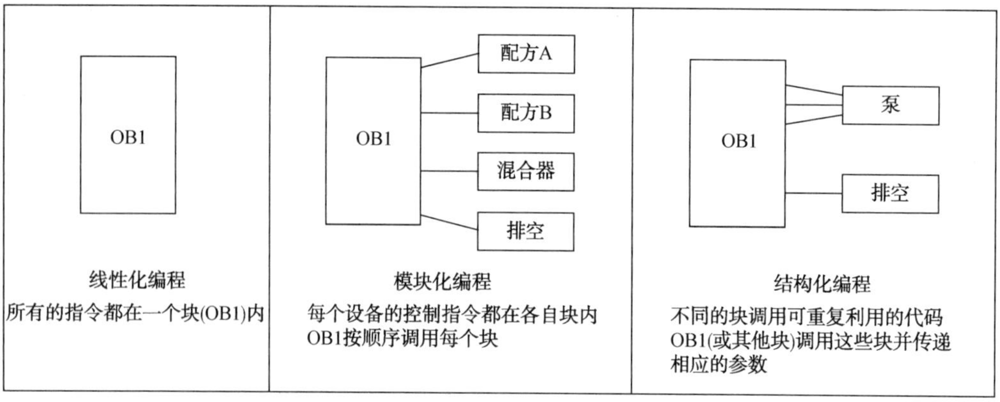

图 2-4-15　程序结构图

组织块(Organization Block，OB)是操作系统与用户程序的接口，它由操作系统调用，用于控制扫描循环和中断程序的执行、PLC 的启动和错误处理等。组织块的程序是用户编写的。

OB1 是用户程序中的主程序，CPU 循环执行操作系统程序，在每一次循环中，操作系统程序调用一次 OB1，因此 OB1 的程序也是循环执行的。如果没有中断事件出现，CPU 循环执行 OB1 和 OB1 所调用的块。

(1) 线性化编程

线性化编程具有不带分支的简单结构，一个简单的程序块包含程序的所有指令。线性编程类似于硬接线的继电器逻辑。

线性化程序描述了一条一条重复执行的一组指令。所有的指令在一个块内(通常是组织块)。块是连续执行的，在每个 CPU 扫描周期内都处理线性化程序。

线性化编程适于单人编程的工程。由于仅有一个程序文件，软件管理的功能相对简单。但是，由于所有的指令在一个块内，即使程序的某些部分并没有使用，每个扫描周期所有的程序也都要执行一次。此方法不能有效利用 CPU 资源。

另外，如果在程序中有多个设备，其指令相同，但参数不同，那么，采用线性化编程必须用不同的参数重复编写这部分程序。

(2) 模块化编程

模块化编程是把程序分成若干程序块，每个程序块含有一些设备和任务的逻辑指令。

组织块(OB1)决定控制程序各模块的执行。功能块完成不同的过程任务，例如：操作模式、诊断或实际控制程序，这些块相当于主循环程序的子程序。

在模块化编程中，主循环程序和被调用的块之间没有数据的交换。但是，每个功能被分成不同的模块，这就易于多人同时编程，而相互之间没有冲突。另外，把程序分成若干小的模块，也有利于对程序调试和查找故障。OB1 中的程序包含有调用不同块的指令。由于每次循环中不是所有的块都执行，只有需要时才调用有关的程序块，这样，CPU 将更有效地得到利用。

(3) 结构化编程

结构化程序把过程要求的类似或相关的功能进行分类，建立可用于几个任务的通用模块，例如：传送带系统中所有交流电机的通用逻辑控制块等。

对于通用模块，结构化程序不需要用不同地址重复编写这些指令，只需要在一个块中写程序，然后以参数形式把有关信息(例如，要操作的设备或数据的地址)传给程序块即可，实现了通用模块的重复利用。

(4) 用户程序中的块

程序编写要完成上述任务，还需要使用组织块(OB)、功能块(FB)、功能(FC)和数据块(DB)。

组织块(OB)：它是操作系统与用户程序的接口。可以把全部程序存在 OB1 中，让它连续不断地循环处理，也可以把程序放在不同的块中，由 OB1 在需要的时候调用这些程序块。除 OB1 外，操作系统根据不同的事件可以调用其他的 OB 块。

功能块(FB)：功能块是实现逻辑运算的子程序，需要为其分配存储器，以存储变量，即 FB 拥有自己的存储区——背景数据块(DB)。任何一个 FB 工作时，都需要一个背景数据块。临时变量存在局部堆栈中。保存在背景数据块内的数据，当功能块关闭时数据仍保持，而保存在局部堆栈中的数据不能保存。

功能(FC)：功能是类似于功能块的逻辑操作块，但是，其中不分配存储区。FC 不需要背景数据块。临时变量保存在局部堆栈中，直到功能结束。当 FC 执行结束时，使用的变量要丢失。

数据块(DB)：数据块是一个永久分配的存储区域，其中保存程序所需的数据或信息。数据块可读可写，是用户程序的一部分。

4.1.2 PLC 的安装与维护

1. PLC 的安装

PLC 应用广泛，其工作环境千差万别。为保证 PLC 工作的可靠性，尽可能地延长其使用寿命，PLC 安装环境应满足一些基本要求，如：环境温度为 0~55℃；环境相对湿度应在 35%~85%范围内；周围无易燃和腐蚀性气体；无过量的灰尘和金属微粒；避免过度的振动和冲击；不能受太阳光的直接照射或水的溅射等。

除满足以上环境要求，安装时还应注意以下几点：PLC 的所有单元必须在断电时安装和拆卸；在接触 PLC 前，应先释放人体所带静电；注意 PLC 机体周围的通风和散热条件，切勿将导线头、铁屑等杂物通过通风窗落入机体内。

（1）PLC 安装方式

PLC 主要有导轨和机架两种安装方式。一般来说，大型 PLC 多采用机架安装，中小型 PLC 多采用导轨安装。机架安装是将 PLC 各组件安装在特定的机架上，受系统结构、外形等因素影响，具有特殊性。导轨安装是将 PLC 各组件安装在导轨上，具有通用性。导轨安装一般使用标准的 DIN 导轨。

DIN 导轨安装是利用 PLC 底板上的 DIN 导轨安装杆将 PLC 各组件固定在 DIN 导轨上。安装时，PLC 组件与导轨槽对齐后向下推压即可。拆卸时，用螺丝刀向下轻按安装杆即可取下 PLC 组件。

（2）PLC 接线

PLC 的接线主要包括电源接线、接地、输入端子接线、输出端子接线及扩展单元接线等。

① 电源接线　PLC 使用直流 24V、交流 100～120V 或 200～240V 的工业电源。PLC 的外接电源使用截面积为 2.5mm^2以上的线缆。为避免电源电压波动过大造成的影响，须采取隔离变压器等有效措施，使 PLC 系统与电动设备的电源接线有效隔开。

② 接地　良好的接地是保证 PLC 正常工作的必要条件。PLC 的接地线应为专用接地线，其截面积为 4.0mm^2以上；接地电阻应小于 4Ω；PLC 接地应遵循单点接地原则。

③ 输入端子接线　外部设备的信号通过 PLC 输入端子接入 PLC。输入端子接线时，应注意以下几点：

A. 输入线尽可能远离输出线、高压线及电机等干扰源。

B. 交流型 PLC 的内藏式直流电源输出可用于输入；直流型 PLC 的直流电源输出功率不够时，可使用外接电源。

C. 切勿将外接电源加到交流型 PLC 的内藏式直流电源的输出端子上。

D. 切勿将用于输入的电源并联在一起，更不可将这些电源并联到其他电源上。

④ 输出端子接线　PLC 的输出信号通过输出端子与外部设备连接。输出端子接线时，应注意以下几点：

A. 输出线尽可能远离高压线和动力线等干扰源。

B. 各输出端均独立，故各输出端既可独立输出，又可采用公共端并接输出。当各负载使用不同电压时，采用独立输出方式；而各个负载使用相同电压时，可采用公共输出方式。

C. 当多个负载连到同一电源时，应使用短路片将其“COM”端短接起来。

D. 若输出端接感性负载时，需根据负载的不同情况接入相应的保护电路。在交流感性负载两端并接 RC 串联电路；在直流感性负载两端并接二极管保护电路；在带低电流负载的输出端并接一个泄放电阻以避免漏电流的干扰。保护器件应安装在距离负载 50cm 以外。

E. 如在 PLC 内部输出电路中没有保险丝，为防止因负载短路而造成输出短路，应在外部输出电路中安装熔断器或设计紧急停车电路。

2. PLC 的联校与投运

（1）联校条件

PLC 进行系统调试时，应具备下列条件：

① 有关仪表电缆、电气电缆均已安装、检查合格；

② 已制订详细的调试计划、调试步骤和调试报告格式；

③ 有关电气专业的设备已经具备接收和输出信号的条件；

④ 与 PLC 关联的现场检测仪表和执行机构已安装调试合格；

⑤ 有关工艺参数的整定值均已确认。

（2）上电检查

PLC 系统的上电检查应包括电源卡、CPU 卡、通信卡、存储器卡、IO 卡、编程器。在进行软件调试前，所有硬件应进行上电检查。上电检查应在设备安装、系统电源电缆接线、接地系统、供电系统按设计要求施工完毕并检查合格、盘内配线符合接线图纸要求、各路电源正负极之间无短路现象、正负极对地电阻符合接地标准要求后进行。

上电后，CPU 卡状态指示灯以及存储卡、IO 卡电源指示灯、状态指示灯应正常；将编程器与 CPU 连接，自诊断编程器应显示状态正常，使用编程器测试功能检查 PLC 系统的状态，调出梯形图和程序清单，并进行检查、核对。

（3）IO 检查

PLC 的 IO 检查在系统上电检查后进行。IO 检查分为模拟量输入、数字量输入、模拟量输出、数字量输出回路检查。

对模拟量输入回路，按 IO 地址分配表，在相应端子排上用精密信号发生器加入相应的模拟量信号，同时用编程器检查 PLC 所采集的数值，根据软件内部设定的量程来检查模拟量输入回路的准确度是否符合工艺操作的要求，对于有显示装置的系统，应按照屏幕上的显示值来检查 PLC 系统的准确度。

对模拟量输出回路，根据 PID 或其他算法的控制方式或手动给定输出值，检查模拟量输出回路相应端子上的信号。

对于数字量输入回路，根据 IO 地址表，在相应端子上短接，以检查数字量输入卡上相应发光二极管的变化，同时用编程器检查相应地址的“0”“1”状态。

对于数字量输出回路，根据 IO 地址表，使用强制输出功能，通过对应输出地址的强制开或关，观察相应地址发光二极管的变化，并从相应端子检查“0”“1”状态的变化。

设计为双冗余形式的 PLC 系统，还应检查冗余电源、主副 CPU、主副 IO 卡、主副通信卡等卡件的切换、互备性能。

此外，还要对备用电池保护功能、编程器连接与编程功能进行逐一检查确认。

（4）逻辑功能确认

对于开关量，使用编程器的测试功能，设定输入条件，根据梯形图或程序文件观察输出地址变化是否正确，以确认 PLC 的逻辑功能。对没有测试功能的 PLC，可通过短接相应地址的端子，模拟输入逻辑条件，输出地址上的变化应与梯形图或程序文件中所描述的一致。

对模拟量输入、输出回路，通过现场仪表输入模拟信号，观察有关的工艺报警指示和现场执行机构的动作是否符合梯形图的描述和实际工艺要求。对报警回路，应在现场仪表输入模拟信号引起现场仪表动作，观察报警显示。

对紧急停车回路，应按梯形图、因果关系表等的描述，在现场输入模拟停车信号，观察停车机构是否正确动作。对所有联锁回路，应按模拟联锁的工艺条件，检查联锁动作的正确性。

对于有开停顺序图的 PLC，应按照开停顺序图要求模拟工艺开停条件，并结合工艺操作手册，检查其顺控逻辑。

逻辑功能经检查确认无误后，需对系统软件和应用软件进行备份，备份内容主要包括：操作系统软件、梯形图控制组态文件、流程图组态文件等。

3. PLC 系统的维护

(1) 维护检查

每台 PLC 都有确定的检修时间，一般以每 6 个月至 1 年检修一次为宜。当外部环境条件较差时，可以根据情况把检修间隔缩短。定期检修的内容见表 2-4-2。

表 2-4-2　PLC 定期检修

序号	检修项目	检修内容	判断标准
1	供电电源	在电源端子处测量电压波动范围是否在标准范围内	电压波动范围：85%~110%供电电压
2	外部环境	环境温度 环境湿度 积尘情况	0~60℃ 最大 95%RH，25℃，无凝结 不积尘
3	输入输出用电源	在输入输出端子处测电压变化是否在标准范围内	以各输入输出规格为准
4	安装状态	各单元是否可靠固定 电缆的连接器是否完全插紧 外部配线的螺钉是否松动	无松动 无松动 无异常
5	寿命元件	电池、继电器、存储器	以各元件规格为准

(2) S7-1200 诊断方法

西门子 SIMATIC S7-1200 提供了多种诊断方法，例如：读取 CPU 等模块的状态指示灯、利用西门子博途(Portal)软件读取 CPU 等模块的诊断缓冲区、通过 OB 组织块或诊断指令获得诊断信息等。

CPU 模块有以下状态指示灯：

① 运行/停止指示灯：RUN/STOP。绿色常亮指示 RUN(运行)状态；黄色常亮指示 STOP(停止)状态；绿色和黄色交替闪烁指示 CPU 处于 STARTUP(启动)状态。

② 故障指示灯：ERROR。红色闪烁指示有错误，如 CPU 内部错误、存储卡错误或组态错误等；红色常亮指示硬件出现故障，如果固件中检测到故障，则所有指示灯闪烁。

③ 维护指示灯：MAINT。在每次插入存储卡时闪烁。然后 CPU 切换到 STOP 模式。在 CPU 切换到 STOP 模式后，执行将 CPU 切换到 RUN 模式或存储器复位(MRES)或 CPU 循环上电，以启动存储卡评估。

打开 CPU 模块底部端子块保护盖，可以看到两个指示 PROFINET 通信状态的指示灯：Link 指示灯(绿色，点亮指示连接成功)和 Rx/Tx 指示灯(黄色，点亮指示正在传输数据)。

CPU 模块和各数字量信号模块(SM)为每个数字量输入和输出提供了 IO 通道指示灯，通过点亮(绿色)或熄灭来指示相应通道的“1”或“0”状态。

诊断缓冲区是 CPU 系统存储器的一部分。诊断缓冲区包含由 CPU 或具有诊断功能的模块所检测到的错误信息，包括：CPU 的每次模式切换(例如：上电、切换到 STOP 模式、切换到 RUN 模式)和每次诊断中断等事件。第一条记录为最新的事件。诊断缓冲区最多记录 50 个条目。CPU 复位为工厂设置，会清空诊断缓冲区。

（3）故障排除

PLC 常见故障分析和常见处理方法见表 2-4-3。

表 2-4-3 PLC 故障分析与处理

问题	故障原因	处理方法
输出不工作	输出的电气浪涌使被控设备损坏 程序错误 接线松动或不正确 输出过载 输出被强制	当连接到感性负载时，需要接入抑制电路 修改程序 检查并重新接线 检查输出的负载 检查 CPU 是否有被强制的 IO
CPU ERROR（系统故障）灯亮	用户程序错误 电气干扰 元器件损坏	对于编程错误，检查指令的用法 检查接线，确保控制盘良好接地和高电压与低电压不并行引线；确认 DC24V 传感器电源的 M 端子接地 查出原因后，更换元器件
电源损坏	电源线引入过电压	把电源分析器连接到系统，检查过电压尖峰的幅值和持续时间，根据检查的结果给系统配置抑制设备
电子干扰问题	不合适的接地 在控制柜内交叉配线 对快速信号配置输入滤波器	纠正不正确的接地系统 纠正控制盘不良接地和高电压、低电压不合理的布线 把 DC24V 传感器电源的 M 端子接地 增加系统数据存储器中的输入滤波器的延迟时间
连接一个外部设备时通信网络损坏	如果所有的非隔离设备连到一个网络，而该网络没有一个共同的参考点，那么通信电缆中会出现一个干扰电流，造成通信错误或电路损坏	检查通信网络 更换隔离型 PC/PPE 电缆 当连接没有共同电气参考点的设备时，使用隔离型 RS-485 到 RS-485 中继器

PLC 出现故障时，需要按步骤规范进行检查、处理。特别是检查由外部设备故障造成的损坏，一定要查清故障原因，待故障排除以后再试运行。

4.2 集散控制系统基本构成与维护

4.2.1 WebField ECS-700 系统基本构成与维护

ECS-700 系统具有分域管理功能，用户可以根据系统规模，将 ECS-700 系统划分为一个或多个控制域和操作域。通过操作域可以实现对控制域数据的监控和操作。系统最多支持 60 个控制域和 128 个操作域，单工程最多可有 16 个操作域和 16 个控制域。每个控制域最多有 60 个控制节点，每个操作域最多有 60 个操作节点，单域支持位号数量为 65000 点。

ECS-700 系统由控制节点、操作节点以及系统网络组成。下面对控制节点（控制站）、操作节点和系统网络分别进行介绍。

1. 控制站

控制站主要由机柜、机架、IO 总线、供电单元和模块（包括控制器模块、IO 连接模块和各种信号输入输出模块等）组成。

（1）机柜

ECS-700 系统中的常用机柜按照功能可以分为系统柜、网络柜、配电柜、安全栅柜、继电器柜和混装柜。其中，系统柜处于核心地位。

常用的机柜型号是 CN011-S，采用正反面对称结构，如图 2-4-16 所示。正面上方安装控制单元、E-BUS 网络交换机，背面上方安装电源模块、配电单元等，其余空间放置机架、基座、模块及线槽。机柜下方通常安装工作地、保护地和屏蔽地的接地铜条。

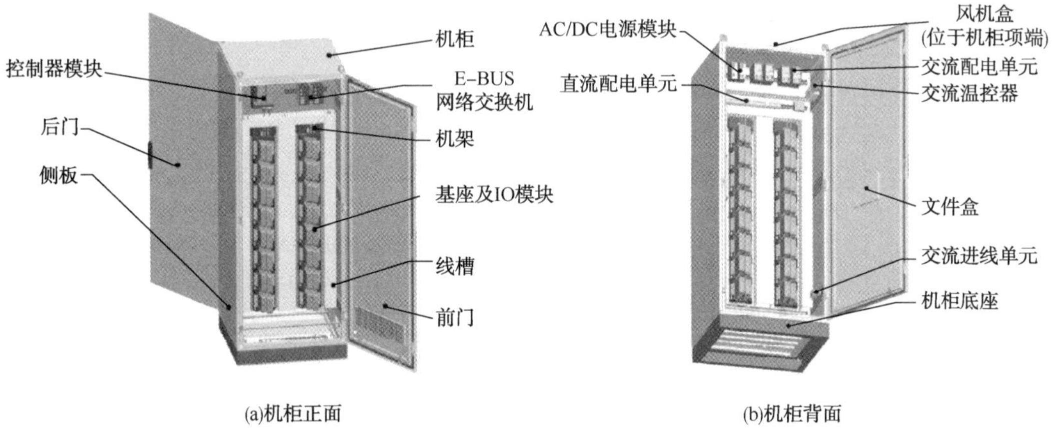

图 2-4-16　机柜结构图

（2）机架

机架由导轨和 PCB 板组成，是连接控制器和 IO 模块的桥梁。导轨用来安装 PCB 板，同时实现机架的安装。PCB 板提供机架与总线、模块与总线以及系统电源的接线端口，完成与 IO 模块基座、本地 IO 总线、系统电源的电气连接。

机架分为长机架和短机架两种，长机架可以安装 8 个 IO 基座，16 个 IO 模块；短机架可安装 4 个 IO 基座，8 个 IO 模块。机架一般纵向安装于机柜中，一个机柜最多安装 4 个机架。

机架 PCB 板最上方有设置机架地址的 JP 跳线、系统电源接线端子和机架通信接口，如图 2-4-17 所示。机架地址范围为 0~3，通过 JP 跳线来设置，跳线设置如图 2-4-18 所示。机架采用两路独立 24V 电源供电，V1+、V1-和 V2+、V2-分别对应两路电源接线端子。机架与控制器模块、机架与机架之间的通信接口为 4 个 DB15 接口。

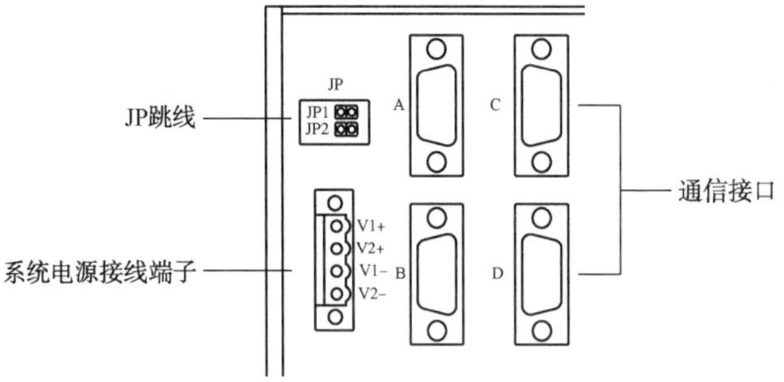

图 2-4-17　机架 PCB 板上方示意图

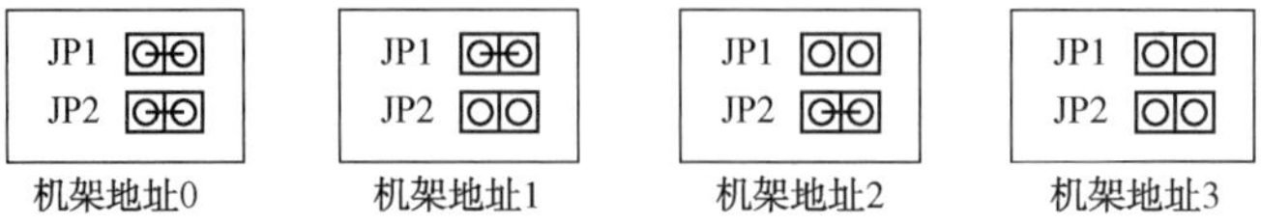

图 2-4-18　机架地址设置示意图

（3）控制器单元

控制器单元由一对冗余的控制器和一个基座组成，如图 2-4-19 所示。控制器是 ECS-700 系统的核心单元，向上通过过程控制网与操作节点相连，接收操作节点发出的管理信息，并向操作节点传递工艺装置的实时数据；向下通过 IO 总线完成与 IO 模块的信息交互。

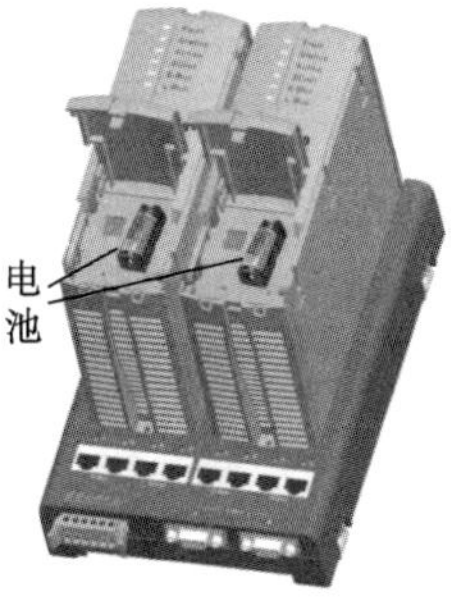

图 2-4-19　控制器单元

控制器负责处理、管理、运算整个控制站的数据。控制器的型号有 FCU712-S 和 FCU713-S。其主要性能指标对比见表 2-4-4。

表 2-4-4　FCU712-S 与 FCU713-S 性能对比

性能指标	FCU712-S	FCU713-S
最大 IO 总量	4000	4000
最大 AI/AO/DI/DO	2000/1000/4000/2000	2000/1000/4000/2000
最大自定义模拟量/整型量/开关量	2000/500/2000	3000/1000/5000
扩展节点	7	31
用户程序最多页数	200	500
冷启动时间	5s	24V 断电

控制器的正面上方是面板指示灯，下方为断电保护电池。

指示灯用于指示控制器的运行情况，提供硬件、组态、网络等故障诊断信息。共有 6 个指示灯，其具体含义见表 2-4-5。

表 2-4-5　控制器面板指示灯含义列表

指示灯	常态	其他状态	含义
Fault（红）	灭	亮	硬件故障
		闪	—
Status（绿）	亮	灭	—
		闪	无组态/组态更新过程/组态恢复过程/系统运行超时
Duplex（绿）	亮	灭	是否工作，亮为工作，灭为备用
SCnet（绿）	亮	灭	冗余网络均故障
		闪	模块 IP 地址冲突/单网故障
E-BUS（绿）	亮	灭	冗余网络均故障
		闪	单网故障
L-BUS（绿）	亮	灭	有一对或两对冗余总线故障
		闪	单条总线故障

当控制器突然断电后，将切换成断电保护电池供电，保证控制器中的组态数据、过程数据不丢失。另外，FCU713-S 控制器的断电保护电池提供自动充电、电池开关、组态备份/清除指示灯、离线组态清除等功能。

如果实时监控中的系统诊断软件出现“电池电压低”的报警，说明电池已达到使用寿命或已经损坏，应立即更换。更换时需要根据控制器型号使用厂家指定的电池，同时要在线更换。

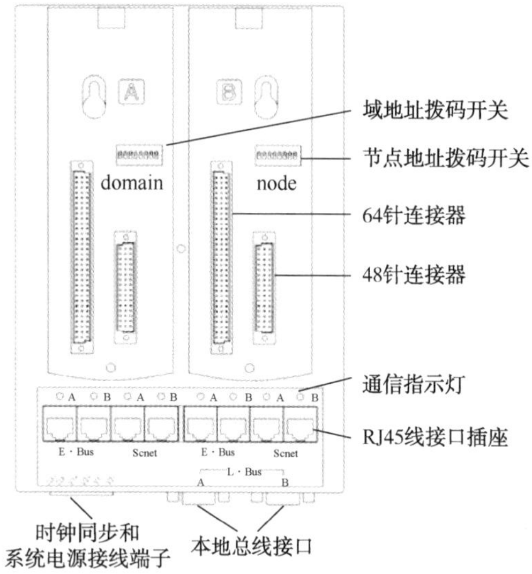

图 2-4-20 基座 MB712-S 结构简图

控制单元的基座型号为 MB712-S，其上最多可安装一对冗余的控制器模块，基座上设有域地址和节点地址拨码开关、64 针和 48 针连接器、通信指示灯、RJ45 线接口插座、本地总线接口、时钟同步和系统电源接线端子等，如图 2-4-20 所示。

地址拨码有 domain 和 node 两组，分别用来设置控制站的域地址（0～59）和节点地址（2～127），一对冗余配置的控制器仅需设置一个偶数的地址，系统自动将"偶数+1"的地址分配给另一个控制器。

基座上的通信指示灯分别指示扩展 IO 总线（E-BUS A、E-BUS B）和过程控制网（SCnetA、SCnetB）的工作状态；两对 RJ45 接口，分别连接 E-BUS 网络和 SCnet 网络。

本地 IO 总线接口通过 DB15 线连接到机架上的通信接口，实现控制器与系统柜内 IO 模块的直接通信。

时钟同步和系统电源共用一组接线端子，如图 2-4-21 所示。控制器基座采用两路冗余 24V 电源供电，V1+、V1-和 V2+、V2-分别对应两路系统电源接线端子。时钟同步端子 CLK+、CLK-用来接外部的时钟同步信号，多用于需要使用 SOE 的场合。对于控制器时钟准确度要求较低的场合，可选择使用 ECS-700 系统自带的 SNTP 协议同步即可。

（4）IO 连接模块单元

IO 连接模块单元由一对 IO 连接模块 COM711-S 和一个基座 MB722-S 构成，如图 2-4-22 所示，是扩展机柜的核心单元，用来实现控制器与扩展 IO 模块之间的通信。

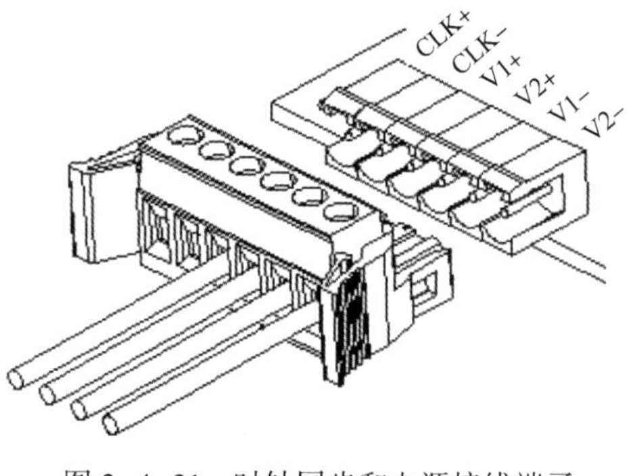

图 2-4-21 时钟同步和电源接线端子

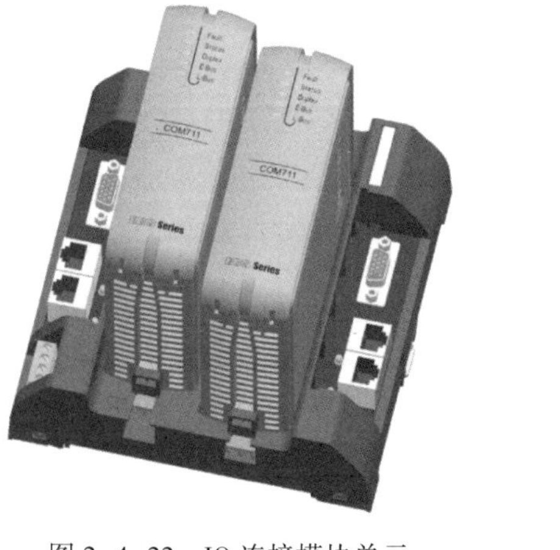

图 2-4-22 IO 连接模块单元

IO 连接模块带 5 个状态指示灯，用于查看模块的运行情况，其含义如表 2-4-6 所示。

表 2-4-6　IO 连接模块面板指示灯含义列表

指示灯	状态	含义
Fault(红)	亮	发生内部故障
	灭	正常
Status(绿)	亮	有组态
	闪	无组态
Duplex(绿)	亮	工作模块
	灭	备用模块
E-BUS(绿)	亮	正常
	闪	单路扩展 IO 总线故障/以太网地址冲突
	灭	两路扩展 IO 总线故障
L-BUS(绿)	亮	正常
	闪	单侧本地 IO 总线故障
	灭	两侧本地 IO 总线故障

基座 MB722-S 提供一对冗余 IO 连接模块对应的槽位，还可以设置地址、连接本地 IO 总线和扩展 IO 总线。如图 2-4-23 所示。

通过基座上的地址码跳线 J2 设置 IO 连接模块在 E-BUS 上的网络地址，地址范围是 1~7。

IO 连接模块通过连接 L-BUS，实现 IO 连接模块和本地 IO 模块的通信；通过连接 E-BUS，实现 IO 连接模块与控制器的通信。

注意：扩展机柜不支持 SOE 模块、脉冲信号输入(PI)模块，不支持设置快周期。

(5) IO 模块单元

IO 模块单元由 IO 模块和对应的基座组成。

IO 模块用来输入、转换和输出模拟的或数字的现场信号。除脉冲信号输入模块外，均支持冗余配置。所有 IO 模块支持热插拔，具有自诊断功能。

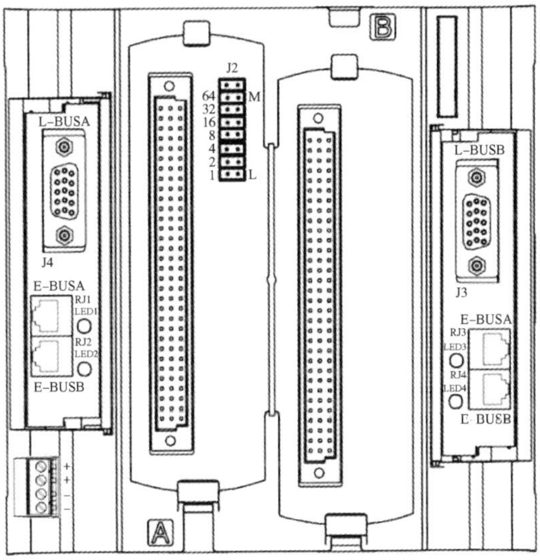

图 2-4-23　基座结构简图

IO 模块的种类较多，以适应现场不同场合的使用需要。ECS-700 系统常用的常规 IO 模块见表 2-4-7。

表 2-4-7　常用的常规 IO 模块列表

型号	模块名称	IO 通道数	描述
AI711-S	模拟信号输入模块	8	0~10mA、4~20mA、0~20mA 电流信号；0~5V、1~5V、-10~10V 电压信号 通道点点隔离；可冗余
AI722-S	热电偶输入模块	8	-20~80mV、-100~100mV 电压信号和 E、J、K、N、T、B、S、R 八种热电偶信号；通道点点隔离；可冗余

续表

型号	模块名称	IO 通道数	描述
AI731-S	热电阻输入模块	8	热电阻 Pt100、Cu50，常规电阻信号 1~400Ω、2~1000Ω，通道点点隔离；可冗余
AO711-S	电流信号输出模块	8	Ⅱ型(0~10mA)、Ⅲ型(4~20mA)、0~20mA 电流信号；通道点点隔离；可冗余
DI711-S	数字信号输入模块	16	24V 查询电压；无源触点或有源(24V)触点信号；通道分组隔离；可冗余
DO711-S	数字信号输出模块	16	晶体管输出及单触发脉宽输出；通道隔离；可冗余
DO712-S	数字信号输出模块	16	无源晶体管输出及单触发脉宽输出；通道隔离；可冗余

对于点数较多但空间有限的场合可选择高密度 IO 模块，信号通道数为同类常规 IO 模块的两倍。对于某些特殊的应用场合，还有支持 HART 协议的模块(如 AI711-H、AO711-H)、脉冲信号输入模块(PI711-S)、FF 接口模块(AM712-S/P)等。

IO 模块的外观和结构基本相同，如图 2-4-24 所示。

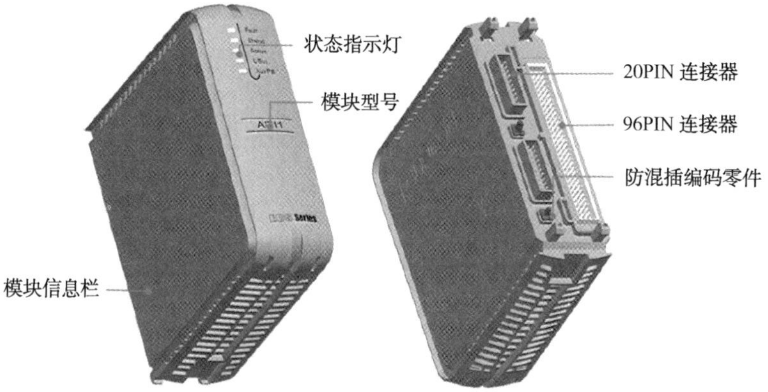

图 2-4-24　IO 模块简图

IO 模块的指示灯均相同，位于模块正面上方。指示灯可用于查看 IO 模块的运行情况，提供硬件、组态、网络等故障诊断信息，其具体含义见表 2-4-8。

表 2-4-8　IO 模块指示灯说明

LED 指示灯	Fault(红)	Status(绿)	Duplex(绿)	L-BUS(绿)	Supply(绿)
状态/意义	故障指示	运行指示	工作/备用	通信指示	辅助供电指示
灭	正常	—	备用	通信链路断开	辅助供电异常
亮	重故障	正常	工作	正常	正常
闪	—	无组态	—	地址冲突	—

IO 模块需要与配套的基座一起使用。根据是否直接连接现场信号线，分为直连基座和转接基座，转接基座通过转接端子板连接现场信号线；根据模块是否冗余配置，分为冗余基座和非冗余基座，可根据实际需要选择合适的基座。

2. 操作节点

（1）操作台

图 2-4-25　多媒体式操作台示意图

操作台为工程技术人员和操作人员进行工程组态、系统维护和过程监控的操作平台，有平面式操作台、组合式操作台和多媒体式操作台三种形式可供选用。其中，多媒体式操作台由工作单元模块、辅助单元模块、柜体单元模块及其他模块等拼装而成，如图 2-4-25 所示，可根据实际情况集中安装多个操作员站的硬件设备及配套装置。操作台各模块组合形式可设计成直线型、外弧型和内弧型。1 个操作台可以实现单操作站的双屏监控。

（2）操作员键盘

VF 系列软件配套使用的操作员键盘型号为 OP036-V，按键分布如图 2-4-26 所示。键盘通过 USB 接口与计算机相连，具有热插拔的特点，在 Windows 2000 及以上版本的操作系统下无须手动安装驱动程序。

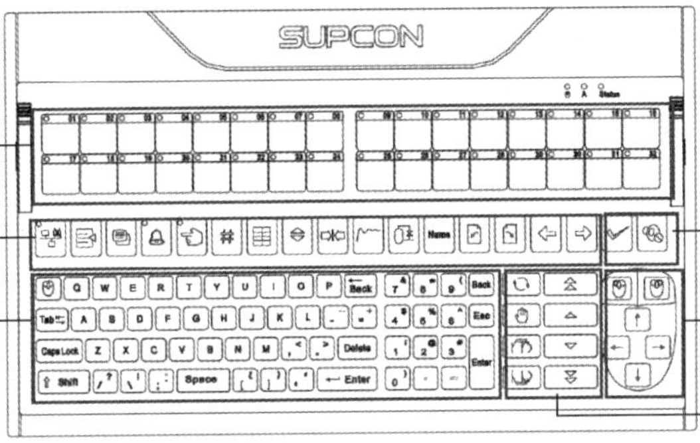

图 2-4-26　OP036-V 操作员键盘按键分布图

OP036-V 操作员键盘除标准输入键，还有以下指示和输入功能：

① LED 指示灯：键盘的右上角有三个指示灯，用于指示模拟鼠标、字母大小写和键盘状态。

② 自定义键：用于自定义启动应用程序或窗口调用，共有 32 个，每个按键设置 LED 指示灯及空白标签。

③ 页面跳转功能键和报警操作键：常用页面跳转功能键和报警操作键，如图 2-4-27 所示。

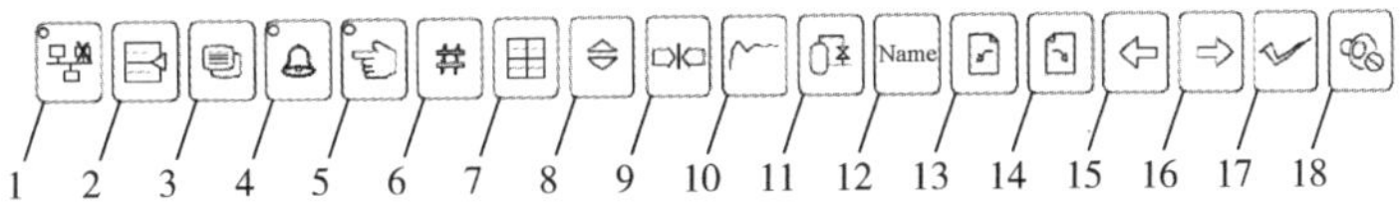

图 2-4-27　页面跳转键和报警操作键按键分布图

1—系统报警窗口；2—弹出菜单；3—画面切换；4—过程报警；5—切换到主画面；6—系统总貌；7—数据一览；8—控制分组；9　调整画面；10—趋势图；11—流程图；12—当前位号；13—上一页；14—下一页；15—后退；16—前进；17—报警确认；18—报警消音

④ 参数调整键：改变选定参数的值，包括回路状态、过程参数。改变连续参数的值时，有快、慢两种速度。如图 2-4-28 所示。

⑤ 光标移动键：模拟鼠标，用于光标移动和目标选择，如图 2-4-29 所示。

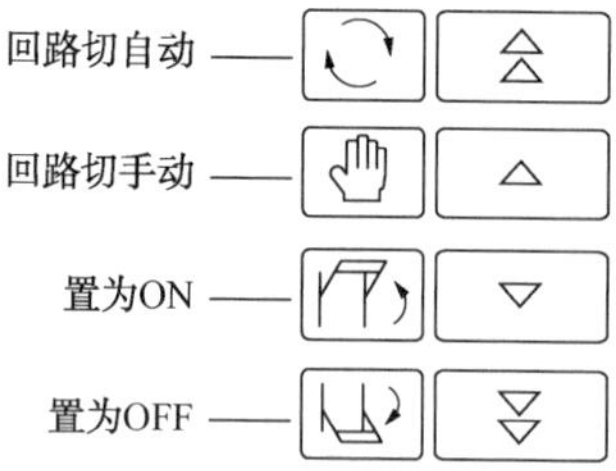

图 2-4-28　参数调整键

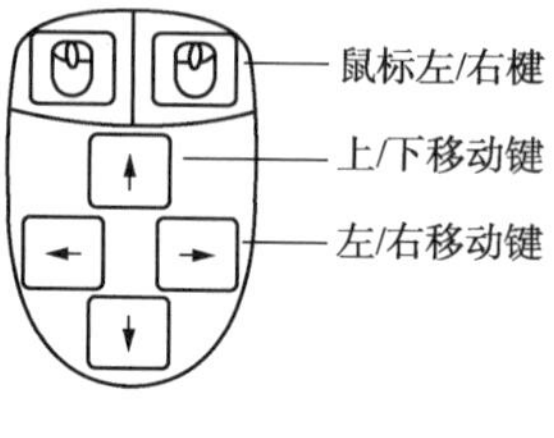

图 2-4-29　光标移动键

（3）软件狗

软件狗分操作员站软件狗和工程师站软件狗两种。操作员站软件狗保障监控软件持续运行；工程师站软件狗用于支持组态和监控软件的连续稳定运行，且提供组态下载与调试、控制器仿真等功能。对于系统需要的其他功能，如 OPC 软件的使用、报表修改编译等需要对软件狗进行额外授权。

3. 系统网络

ECS-700 系统的通信网络由下至上分为四层，分别是 IO 总线（IO BUS）、过程控制网（SCnet）、过程信息网（SOnet）、信息管理网（可选）。如图 2-4-30 所示。

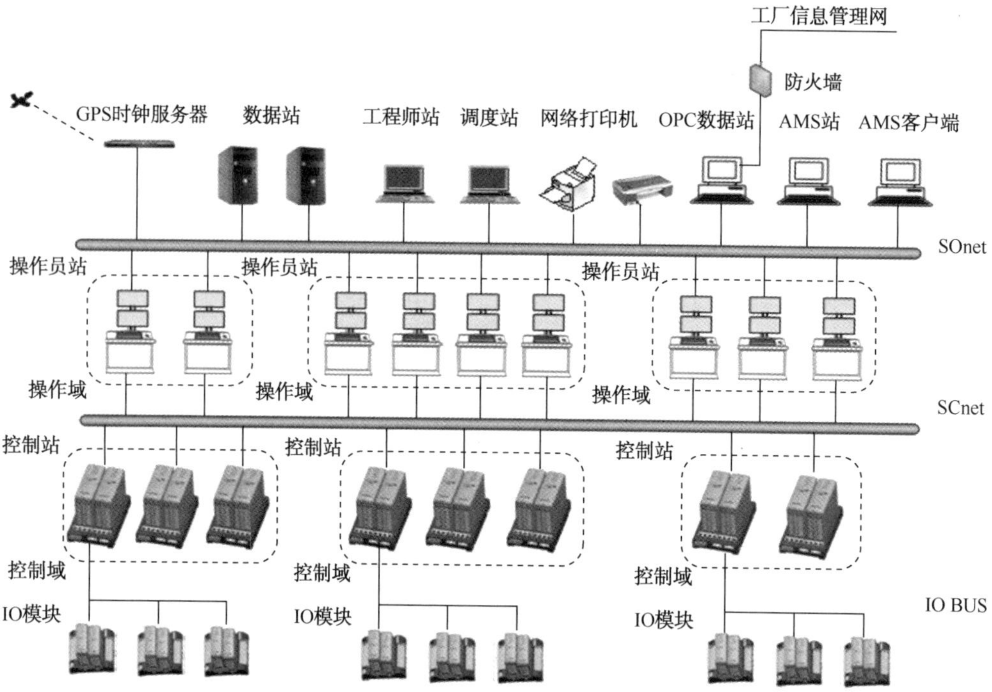

图 2-4-30　ECS-700 系统网络结构示意图

（1）IO 总线

IO 总线分为本地 IO 总线（L-BUS）和扩展 IO 总线（E-BUS），用于实现控制站内部的总线通信，均可冗余配置。

本地 IO 总线（L-BUS）用来实现控制器与本地机柜内的 IO 模块、IO 连接模块与扩展机柜中的 IO 模块之间的通信。本地 IO 总线采用 CAN BUS 总线标准，DB15 通信接口，通信速率为 4Mbps。

控制器与 IO 模块连接、IO 连接模块与 IO 模块连接分别如图 2-4-31、图 2-4-32 所示。冗余的通信线缆严格按照机架顺序连接控制器或 IO 连接模块和机架，最后一个机架需要安装 120Ω 的终端匹配电阻。

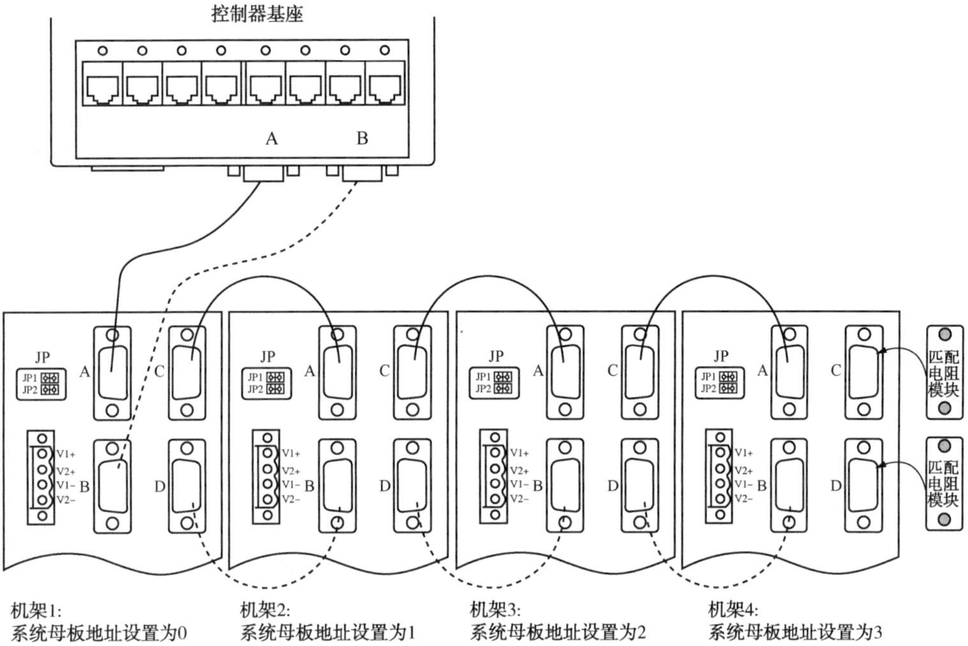

图 2-4-31 控制器与 IO 模块连接示意图

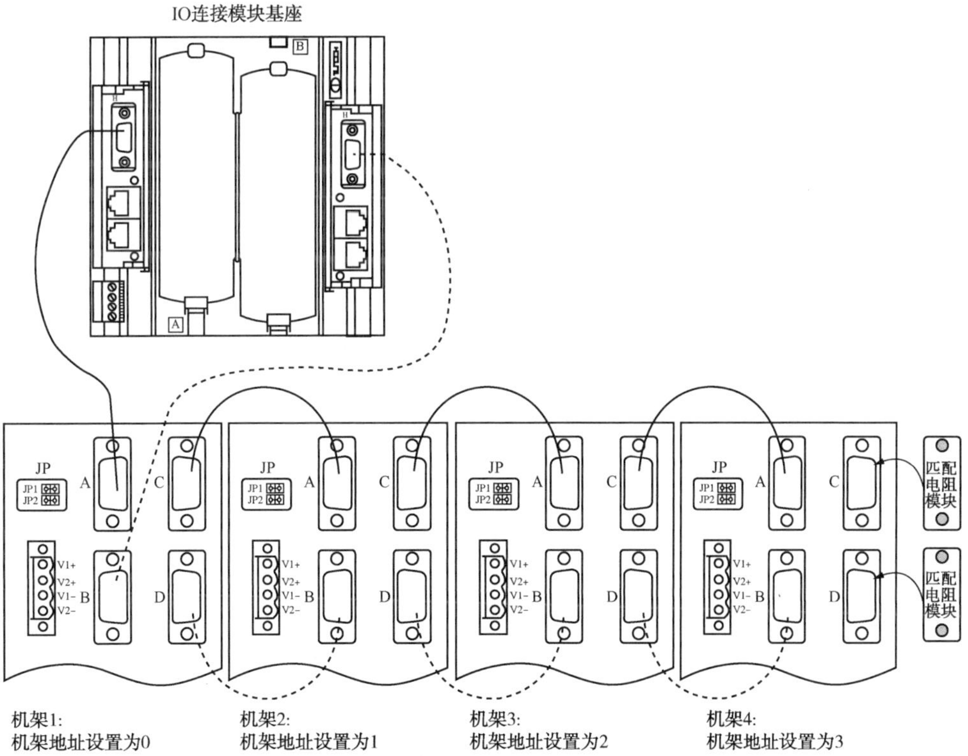

图 2-4-32 IO 连接模块与 IO 模块连接示意图

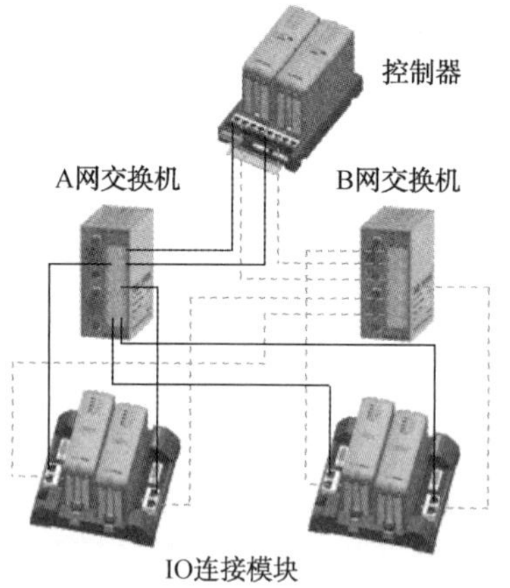

图 2-4-33　扩展 IO 总线连接示意图

扩展 IO 总线(E-BUS)用来实现控制器与 IO 连接模块、通信模块之间的通信连接。一对冗余的控制器最多可通过扩展 IO 总线连接 7 个(或 7 对冗余)IO 连接模块或者通信模块。扩展 IO 总线采用 TCP/IPUDP 总线标准、RJ45 通信接口，通信速率为 100Mbps。

将连接控制器的冗余扩展 IO 总线分别连接到扩展 IO 总线 A 网交换机和 B 网交换机，同时将连接各 IO 连接模块或者通信模块的冗余扩展 IO 总线也连接到 A 网交换机和 B 网交换机后，控制器即建立起与 IO 连接模块或者通信模块的物理连接，如图 2-4-33 所示。

(2) 过程控制网 SCnet

过程控制网用来实现控制节点和操作节点间的实时数据通信。过程控制网使用高速冗余工业以太网，采用 RJ45 通信接口，通信速率为 1000Mbps，网络拓扑结构为总线形结构或星形结构。应用于大规模控制系统时，可采用光缆环网构架。SCnet 连接如图 2-4-34 所示。

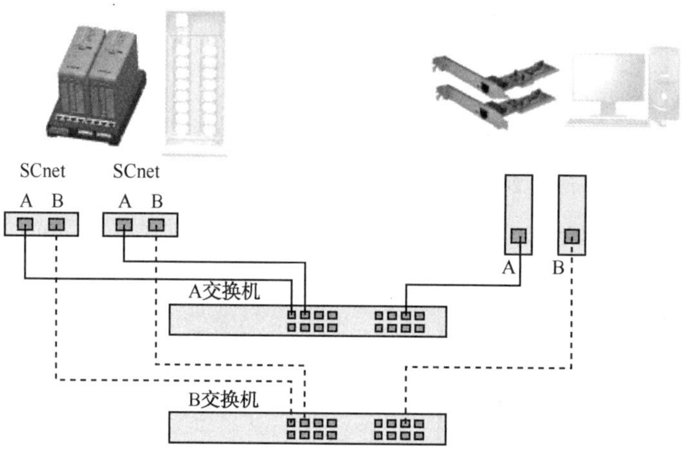

图 2-4-34　过程控制网连接示意图

过程控制网上各节点的网络地址为：172. 20/21. 域地址 . 节点地址，其中，20、21 分别代表 SCnetA、SCnetB；域地址范围是 0～59；控制节点地址范围是：2～127；操作节点的地址范围是 129～254。

控制器的地址通过控制器基座上的拨码开关设置。操作节点的地址通过网络连接设置，除 IP 地址，还应设置子网掩码 255. 255. 0. 0。

(3) 过程信息网 SOnet

过程信息网 SOnet 用来实现操作节点之间的历史趋势、历史报警、操作日志等数据查询以及全系统的组态管理，可选择与过程控制网合并或独立配置。

① 信息网合并　表示将信息网合并到过程控制网，通过过程控制网来实现操作节点之间的通信。无须配置相关硬件，但需要通过软件(VF3. 1_SP05_Hot01 及以上版本)进行相关的组态设置。

② 信息网独立　指信息网可以独立设置单网或冗余配置，需要配置相关的交换机和网

卡等设备。硬件连接方式及节点地址设置规范与过程控制网相似，即 IP 地址设置为 172.30/31. 域地址 . 节点地址，子网掩码为 255.255.0.0。

(4) 工厂管理网

工厂管理网采用以太网，用于工厂级的信息传送和管理，是实现全厂综合管理的信息通道，通常为可选项。

4. 系统软件

ECS-700 的 VF 系统软件主要由系统结构组态软件、组态管理软件、实时监控软件三部分组成。各软件的主要功能如下。

系统结构组态软件(VFSysBuilder)：通常安装在系统组态服务器(主工程师站)上，由具有工程管理权限的工程师负责构建和维护系统框架结构。

组态管理软件(VFExplorer)：通常安装在工程师站上，是系统组态的工作平台，关联控制站硬件组态软件、位号组态软件、控制方案组态软件、功能块组态软件和监控组态软件，支持离线下载、在线下载、在线组态、离线组态、多人组态和组态发布、单控制站组态备份和读取、仿真等功能。

实时监控软件：通常安装在操作员站上，用于操作员监视现场的运行情况，进行生产相关的操作和维护。

5. 系统维护

ECS-700 系统提供丰富的自诊断功能。主要有两种方式：一种是在硬件设备上提供各种 LED 状态指示灯，通过查看这些 LED 的状态，可以直观地识别模件的工作情况；另一种方式是通过操作站上的系统状态画面查看硬件设备的状态。

系统状态诊断主要分为两部分：实时状态监测和历史记录查询。实时状态监测的主要监测内容包括操作域、控制域、过程控制网、控制站、控制器、通信节点、IO 模块等系统部件的运行状态和通信情况。历史记录查询功能可对特定时间内控制站发生的故障进行查看，显示故障产生时间、设备、地址、诊断结果和恢复时间等信息。

在监控表头的菜单栏中选择“系统状态”命令，打开系统状态诊断画面，首先显示的是主视图，如图 2-4-35 所示。

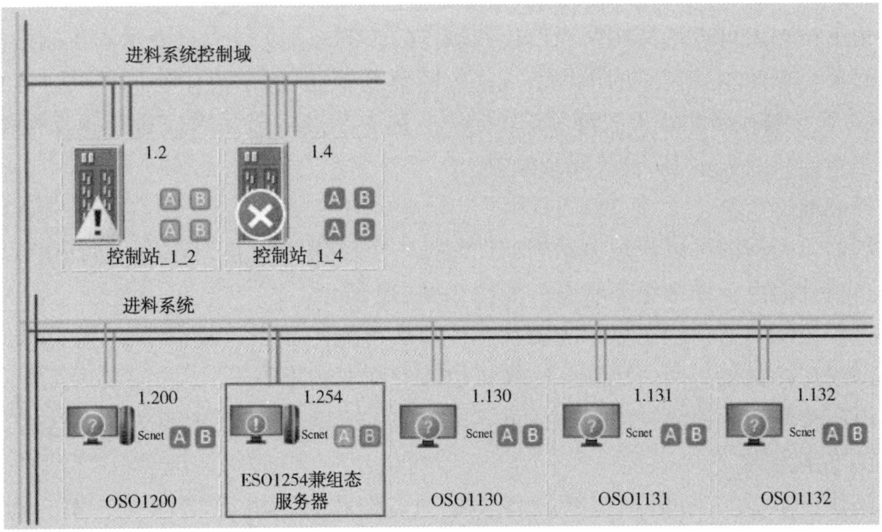

图 2-4-35　系统状态诊断画面主视图

主视图显示当前登录的操作域及操作域监控的控制域的整体诊断信息，上方为控制域状态，下方为操作域状态。A 和 B 分别代表 SCnetA 和 SCnetB 网络的状态，红色表示异常，绿色表示正常，灰色表示未知。

系统状态画面上还有控制站、控制器、通信节点、IO 模块等视图，双击对应图标可进入视图。视图中的不同状态标记代表不同的故障等级。故障等级分为 100、200、300 及 300 以上，故障等级 100 时视为正常，无对应图标显示。

部件处于严重故障状态(故障等级为 300 以上)；

部件处于无通信状态；

部件处于故障状态(故障等级为 200~300，不包括 300)；

部件处于未知状态。

(1) 控制站

控制站视图显示控制站内本地节点及远程节点的状态，如图 2-4-36 所示。

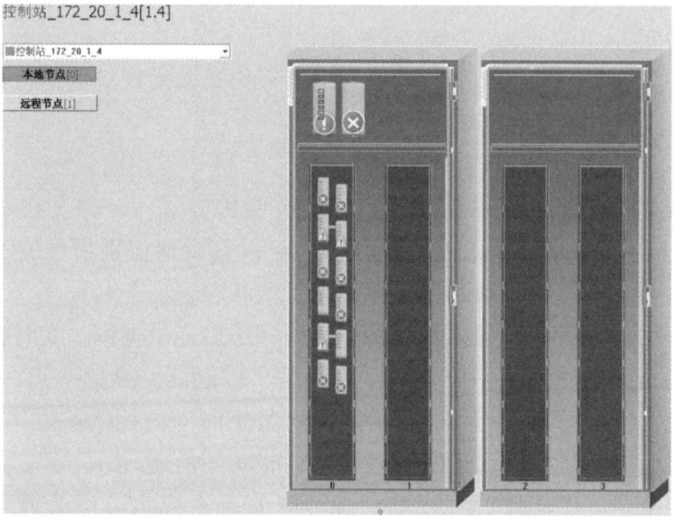

图 2-4-36　控制站整体信息显示

左上角下拉列表可以选择切换当前控制域内的控制站。0 号节点表示本控制站的本地节点，1~7 号节点表示本控制站的远程节点，故障节点以红色(节点中有部件处于严重故障状态)、黄色(节点中有部件处于故障状态)标注。选中节点将显示对应机柜正反机架上各 IO 模块的状态。连接线表示 IO 模块冗余配置。

(2) 控制器

主控制器诊断视图可以直观显示当前控制站中主控制器的工作情况，包括运行状态、IO 位号状态、统计信息、详细组态状态，如图 2-4-37 所示。

如果过程控制网通信状态显示故障状态，那么可能的原因有控制节点/操作节点地址设置错误、网线连接错误、网口故障、交换机故障、网卡故障等。

电源电压检测用于检测控制器中的可充电电池，故障时提示“电源故障：电池”。

(3) IO 连接模块

通信模块的状态诊断信息包括设备类型、工作状态、电源状态、L-BUS 通信状态、E-BUS通信状态等，图 2-4-38 为 IO 连接模块示例。

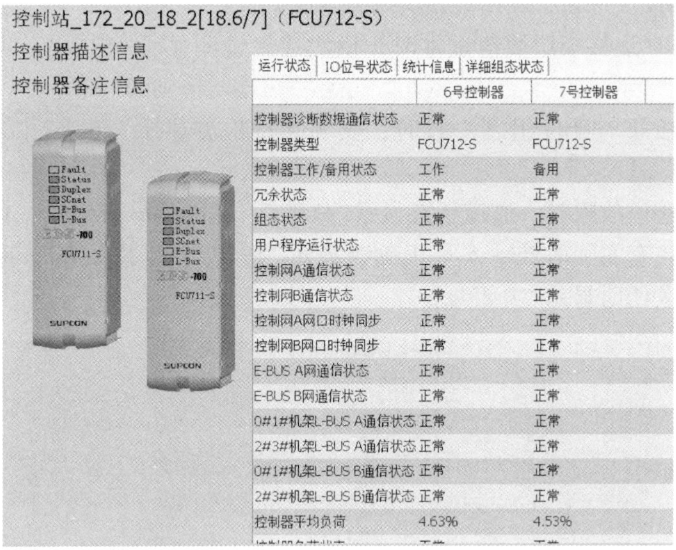

	6号控制器	7号控制器
控制器诊断数据通信状态	正常	正常
控制器类型	FCU712-S	FCU712-S
控制器工作/备用状态	工作	备用
冗余状态	正常	正常
组态状态	正常	正常
用户程序运行状态	正常	正常
控制网A通信状态	正常	正常
控制网B通信状态	正常	正常
控制网A网口时钟同步	正常	正常
控制网B网口时钟同步	正常	正常
E-BUS A网通信状态	正常	正常
E-BUS B网通信状态	正常	正常
0#1#机架L-BUS A通信状态	正常	正常
2#3#机架L-BUS A通信状态	正常	正常
0#1#机架L-BUS B通信状态	正常	正常
2#3#机架L-BUS B通信状态	正常	正常
控制器平均负荷	4.63%	4.53%

图 2-4-37　主控制器诊断视图

IO 连接模块的故障诊断要关注 L-BUS 和 E-BUS 的通信状态。

当 L-BUS 出现故障时，可能的原因有机架地址设置错误、DB15 线连接错误、线连接口针脚异常、DB15 线故障等。

当 E-BUS 出现故障时，可能的原因有 IO 连接模块地址设置错误、网线连接错误、网口故障、网线故障、交换机故障等。

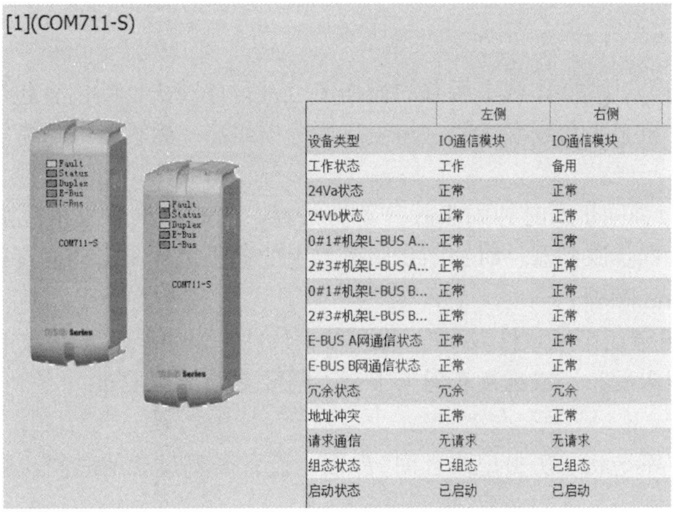

	左侧	右侧
设备类型	IO通信模块	IO通信模块
工作状态	工作	备用
24Va状态	正常	正常
24Vb状态	正常	正常
0#1#机架L-BUS A...	正常	正常
2#3#机架L-BUS A...	正常	正常
0#1#机架L-BUS B...	正常	正常
2#3#机架L-BUS B...	正常	正常
E-BUS A网通信状态	正常	正常
E-BUS B网通信状态	正常	正常
冗余状态	冗余	冗余
地址冲突	正常	正常
请求通信	无请求	无请求
组态状态	已组态	已组态
启动状态	已启动	已启动

图 2-4-38　IO 连接模块诊断视图

（4）IO 模块

IO 模块的状态诊断是对控制系统机架上安装的各个 IO 模块进行状态检测，将诊断数据上送解析并在系统状态视图中显示。以 AI711-S 为例，IO 模块状态诊断视图如图 2-4-39 所示。

模块故障等级分为重故障、轻故障和无故障三种。当模块的公共通道损坏时视为模块 IO 功能失效，此时显示重故障；当模块的某通道故障，但是不扩散，模块仍然可以工作时显示为轻故障；当模块一切正常时显示为无故障。

当 IO 模块与 IO 连接模块通信正常时，模块连接检测显示“正常”，当连接中断时显示“模块丢失”。

当安装的 IO 模块与硬件组态一致时，模块类型检测显示“匹配”，不一致时显示“不匹配”。

当 IO 模块的通道故障时，通道状态显示“故障”，比如信号未连接、信号线断线、通道损坏等；当 IO 模块有实际信号输入且正确时显示“正常”；当模块备用时通道状态显示为“----”；当通道关闭时显示“关闭”。

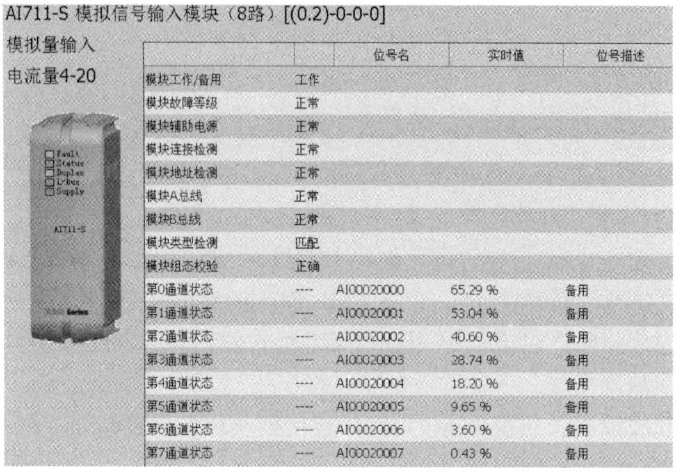

		位号名	实时值	位号描述
模块工作/备用	工作			
模块故障等级	正常			
模块辅助电源	正常			
模块连接检测	正常			
模块地址检测	正常			
模块A总线	正常			
模块B总线	正常			
模块类型检测	匹配			
模块组态校验	正确			
第0通道状态	----	AI00020000	65.29 %	备用
第1通道状态	----	AI00020001	53.04 %	备用
第2通道状态	----	AI00020002	40.60 %	备用
第3通道状态	----	AI00020003	28.74 %	备用
第4通道状态	----	AI00020004	18.20 %	备用
第5通道状态	----	AI00020005	9.65 %	备用
第6通道状态	----	AI00020006	3.60 %	备用
第7通道状态	----	AI00020007	0.43 %	备用

图 2-4-39　AI711-S IO 模块状态诊断视图

（5）操作节点

操作节点诊断是对本操作域中所有的操作节点进行诊断，诊断内容包括节点类型、软件版本、操作系统、组态磁盘剩余空间、与组态服务器组态一致性等。通常需要关注的故障诊断信息包括：

① 上下位机时钟同步及时钟同步服务器有效性：当时钟同步提示故障时，可能的原因有组态未设置时钟同步服务器、时钟同步服务器上的同步进程未启动或运行异常、连接时钟同步服务器的网络故障等。

② 与组态服务器组态一致性及下位机组态一致性：发生组态不一致的故障时，多数情况是组态已下载但未发布，或已发布但未下载，需要重新下载发布。

（6）历史记录

点击 [图标] 进入“系统状态历史记录查询”界面，设置需要过滤的时间、内容、故障等级等即可查询。

（7）其他常见问题

① 设备无法操作　通常需要确认操作权限、网络是否正常、现场设备是否正常。

② 数据显示异常　位号实时值显示“????”表示控制器通信异常，需要检查操作节点和控制节点的连接；位号实时值显示“####”，表示该位号不存在，需要检查位号是否下载或组态中是否存在。

③ 数据显示与现场信号不一致　可能的原因包括位号处于强制或仿真状态、位号组态设置错误、端子接线错误、现场信号有干扰、IO 模块或现场仪表等出现故障。

④ 历史趋势不能查询　可能的原因有位号未设置为趋势位号、历史数据服务器配置错误、历史数据服务器异常等。

4.2.2　HOLLiAS MACS 系统基本构成与维护

以 M6 系统为例，系统主要由系统网、控制网及网络上的人机界面站(OPS)、现场控制站(FCS)等设备构成，其网络基本结构如图 2-4-40 所示，下面对系统主要设备硬件、网络结构及系统维护等内容进行介绍。

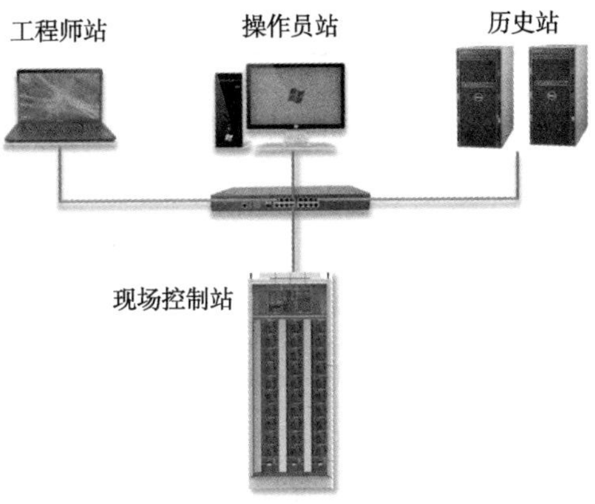

图 2-4-40　MACS 系统网络结构示意图

1. 现场控制站

M6 系统的 FCS 先后有 S 系列、F 系列和 K 系列产品。支持 K 系列 FCS 的系统兼容 S 系列和 F 系列硬件。这里以 K 系列为例介绍 FCS。

FCS 有两种重要的功能性模块，分别为主控单元和 IO 单元，它们体现了现场控制站的主要功能。

(1) 主控单元

主控单元一方面用于 IO 数据处理与程序运行，另一方面实现 FCS 与工程师站、操作员站、历史站的数据交换。主控单元是最重要的控制运算设备，所有汇聚到 FCS 的信息都要通过它进行处理，并且以毫秒级的速度运行工程师站为其编写的程序。

主控制器通过 IO-BUS 与 IO 设备相连，采用 Profibus-DP 协议实现现场数据的采集与控制数据的发送；通过以太网与上位机进行通信，实现过程数据与诊断数据的上传。

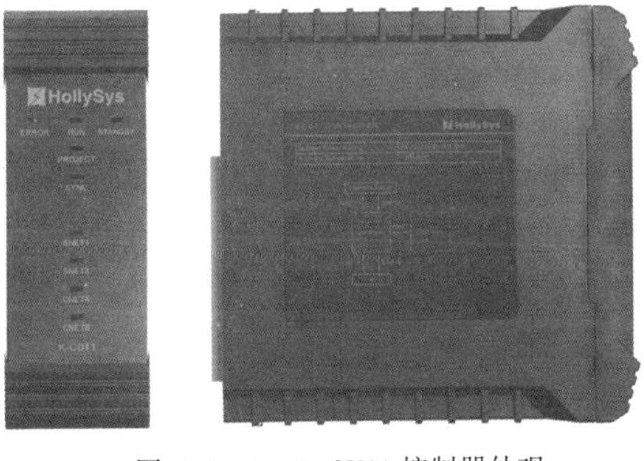

图 2-4-41　K-CU11 控制器外观

下面通过 K-CU11 主控制器来介绍主控制器的相关参数与功能。

K-CU11 为 K 系列大容量主控制器模块，采用主流 DCS 和安全平台广泛使用的 PowerPC 构架 CPU。软件版本适用于 MACS V6.5.4B2 及之后版本。K-CU11 控制器是 HOLLiAS MACS-K 系统的核心控制组成部分，适合于规模较大的现场应用场景。K-CU11 主控制器外观如图 2-4-41 所示，其主要性能指标见表 2-4-9。

表 2-4-9　K-CU11 控制器技术指标

指标	要求
功耗	系统电源：4W 现场电源：无
CPU	工业级 PowerPC 架构，32 位，主频 333MHz
程序存储 FLASH	16MB
内存	128MB
单个现场控制站可支持最大 IO 点数	1280

续表

指标	要求
单个现场控制站可支持最大周期通信点项数	20000
单个现场控制站可支持的最大模块数	100
EC 运算周期(ms)	100、200、500、1000
冗余控制器切换时间	<100ms
单站最多可共享的网络变量数量	100
单站最多可引用的网络变量数量	3938
网络变量最快响应时间	500ms
SOE 分辨率	1ms
单站 SOE 事件缓存最大数量	200 条
电池寿命	不少于 3 年，可在线更换
系统网(SNET)	2 路冗余，10/100Mbps，自适应
IO-BUS 总线	2 路冗余，通信速率 187.5kbps、500kbps、1.5Mbps 可组态配置，默认为 1.5Mbps
诊断	电源、时钟、内存以及其他控制器内部硬件诊断
	CPU 周围温度状态诊断
	掉电保护电池容量不足诊断
	系统网、控制网故障诊断
控制器安全	主从热备冗余，100Mbps
复位	外部按钮复位
重量	约 450g

主控制器的工作状态可以通过状态指示灯快速直观地了解，具体见表 2-4-10。

表 2-4-10 主控制器状态指示灯含义表

名称	颜色	状态	含义
RUN	绿	亮	正常运行
		灭	停止运行
STANDBY	黄	亮	主控单元为从
		灭	主控单元为主
ERROR	红	亮	主控故障或未完成初始化
		灭	主控单元正常运行
PROJECT	黄	亮	主控有工程
		闪	主机正在下载工程，从机正在冗余工程
		灭	主控没有工程
SYNC	绿	亮	主从同步链路正常
		闪	同步数据正常
		灭	主从同步链路故障或单主控

续表

名称	颜色	状态	含义
SNET1	黄	亮	系统网 1 链接正常
		闪	系统网 1 链接正常并有数据交换
		灭	系统网 1 故障
SNET2	黄	亮	系统网 2 链接正常
		闪	系统网 2 链接正常并有数据交换
		灭	系统网 2 故障
CNETA	黄	亮	控制器 A 网节点正常
		闪	控制器 A 网节点正常且有数据交换
		灭	控制器 A 网节点故障
CNETB	黄	亮	控制器 B 网节点正常
		闪	控制器 B 网节点正常且有数据交换
		灭	控制器 B 网节点故障

K-CU11 主控制器采用双冗余配置，一个控制器处于工作状态(主机)，另一个控制器处于备用状态(从机)。从机的 STANDBY 指示灯亮。两个冗余控制器间的组态、数据和运行周期一致。

主控制器底部有一个复位键(RESET)，用于对主控制器进行初始化。

主控制器下部有一个备用电池，提供掉电保护功能。当掉电保护功能开启时，如果主控制器突然掉电，工程文件以及部分需要掉电保护的关键数据会自动保存。掉电后重新上电时，如果掉电保护功能为启动状态，主控制器会自动加载控制器中存储的工程，同时将被设置为掉电保护的数据项恢复到掉电前的状态；如果掉电保护功能为关闭状态，主控制器会自动清空内部的工程和数据，并工作在无工程的状态下。

控制站之间通过硬校时线缆连接进行时间信息传递，硬校时线缆连接超过 330s 时，控制站会启动硬校时线缆断线报警功能。

主控制器具有多种诊断功能，包括：

① 硬件故障诊断：本机 Profibus-DP 通信收发器故障诊断、内部电源故障诊断、时钟诊断、冗余网连接状态诊断、控制网连接状态诊断、掉电保护 SRAM 诊断。

② 温度状态诊断(电路板温度高于 90℃报警)。

③ 掉电保护电池容量不足诊断(低于 2.8V 报警)。

此外，配合 IO-BUS 模块，主控制器还可获取控制柜内温度、电源状态等信息。

(2) IO 单元

IO 单元由 IO 模块、IO 底座和端子板组成。

1) IO 模块

IO 模块通过信号线直接连接现场设备，采集现场反馈信号，并输出控制信号；通过控制网络连接主控制器，将反馈信号上传给主控制器，并将主控制器的控制命令传送给现场设备。

IO 模块主要实现信号转换功能，按照信号类型分为模拟量 IO 模块和数字量 IO 模块两大类。M6 系统配套多种类型的 IO 模块，具体见表 2-4-11。

表 2-4-11　IO 模块类型

型号	信号类型	量程	说明
K-AI01	电流型	4~20mA	8 通道模拟量输入模块
K-AIH01	电流型	4~20mA	8 通道带 HART 模拟量输入模块
K-AI02	电流型	4~20mA	8 通道高性能模拟量输入模块
	电压型	0~10V	
K-AIH02	电流型	4~20mA	8 通道高性能带 HART 模拟量输入模块
	电压型	0~10V	
K-AI03	电流型	4~20mA	16 通道模拟量输入模块
K-AIH03	电流型	4~20mA	16 通道带 HART 模拟量输入模块
K-AO01	电流型	4~20mA	8 通道模拟量输出模块
K-AOH01	电流型	4~20mA	8 通道带 HART 模拟量输出模块
K-RTD01	Pt100	-200~850℃	8 通道热电阻输入模块
K-TC01	J 型	-210~1200℃	8 通道热电偶输入模块
	S 型	-50~1768℃	
	E 型	-270~1000℃	
	K 型	-270~1372℃	
	毫伏信号	-100~100mV	
K-SRT01	Pt100	-200~850℃	智能远程温度采集模块
	Cu50	-50~150℃	
	J 型	-210~1200℃	
	S 型	-50~1768℃	
	E 型	-270~1000℃	
	K 型	-270~1372℃	
	毫伏信号	-100~100mV	
K-DI01	干接点	RON：≤1kΩ@ 18VDC ROFF：≥100kΩ@ 30VDC	16 通道 24VDC 数字量输入模块
	湿接点	VON：15~30VDC 且≥3mA VOFF：0~5VDC 且≤1mA	
K-DI11	干接点	RON：≤1kΩ@ 42VDC ROFF：≥100kΩ@ 55VDC	16 通道 48VDC 数字量输入模块
	湿接点	VON：34~60VDC 且≥3mA VOFF：0~10VDC 且≤1mA	
K-DI03	干接点	RON：≤1kΩ@ 18VDC ROFF：≥100kΩ@ 30VDC	32 通道 24VDC 数字量输入模块
K-DI13	干接点	RON：≤1kΩ@ 42VDC ROFF：≥100kΩ@ 55VDC	32 通道 48VDC 数字量输入模块
K-DO01	晶体管输出	开状态电压：21VDC@ 20mA 关状态电压：0V(有负载)	16 通道 24VDC 数字量输出模块

型号	信号类型	量程	说明
K-DO02	MOS 管输出	通道侧供电电压范围：20.4～28.8VDC 带负载能力：Max.2A@单通道， 可带继电器或直接驱动电磁阀	8 通道 24VDC 高速数字量输出模块
K-SOE01	干接点	RON：≤1kΩ@18VDC ROFF：≥100kΩ@30VDC	16 通道 24VDCSOE 输入模块
	湿接点	VON：15～30VDC 且≥3mA VOFF：0～5VDC 且≤1mA	
K-SOE11	干接点	RON：≤1kΩ@42VDC ROFF：≥100kΩ@55VDC	16 通道 48VDCSOE 输入模块
	湿接点	VON：34～60VDC 且≥3mA VOFF：0～10VDC 且≤1mA	
K-PI01	干接点/二线制接近开关/PNP 型接近开关/NPN 型接近开关/ 三线制电流脉冲仪表/ 三线制电压脉冲仪表/ 四线制电压脉冲仪表	无源 RON：≤200Ω ROFF：≥10kΩ 有源 低电压挡(5/12V) VON：3～12VDC 且>5mA VOFF：0～1.5VDC 且<1mA 高电压挡(24V) VON：12～30VDC 且>5mA VOFF：0～3VDC 且<1mA	6 通道脉冲量输入模块
K-FC01	干接点(输入)	5mA±20%@24VDC，双端接入	汽轮机 DEH 测速模块
	干接点(输出)	0.4A@24VDC	
	电流型(输出)	0～25mA	
	脉冲输入	1Hz～30kHz	
K-SV01	干接点(输入)	5mA±20%@24VDC，双端接入	汽轮机 DEH 伺服模块
	干接点(输出)	0.4A@24VDC	
	电流型(输入)	0～25mA	
	电流型(输出)	0～25mA/±200mA	

IO 模块面板上有工作状态指示灯，用于快速识别当前工作状态。以 K-AI01 模块为例，其状态指示灯含义见表 2-4-12。

表 2-4-12　K-AI01 模块指示灯含义表

名称	功能	颜色	状态	含义
PWR	电源指示	绿	亮	模块系统电源正常(冗余使用时为主模块)
			闪	1. 冗余时为从模块 2. 模块现场电源故障
			灭	模块系统电源故障

<table>
<tr><th>名称</th><th>功能</th><th>颜色</th><th>状态</th><th colspan="2">含义</th></tr>
<tr><td rowspan="3">COM</td><td rowspan="3">通信指示</td><td rowspan="3">绿</td><td>亮</td><td colspan="2">与主控制器通信正常</td></tr>
<tr><td>闪</td><td colspan="2">模块硬件自检正常，但组态配置不正常</td></tr>
<tr><td>灭</td><td colspan="2">与主控制器通信不正常</td></tr>
<tr><td rowspan="2">ERR</td><td rowspan="2">故障指示</td><td rowspan="2">红</td><td>亮</td><td colspan="2">模块故障</td></tr>
<tr><td>灭</td><td colspan="2">模块正常</td></tr>
<tr><td rowspan="4">CHn
（n：1~8）</td><td rowspan="4">第 n 通道指示</td><td rowspan="4">黄</td><td>亮</td><td>通道回路正常</td><td rowspan="3">冗余使用时为主模块通道状态</td></tr>
<tr><td>慢闪</td><td>1. 现场信号>电量程高限
2. 现场信号<电量程低限</td></tr>
<tr><td>快闪</td><td>通道故障</td></tr>
<tr><td>灭</td><td colspan="2">通道被禁用或冗余模块时的从模块状态</td></tr>
</table>

2）IO 底座

按接口形式，IO 底座可分为接线端子型底座、DB37 插针型底座以及既有接线端子又有 DB37 插针的底座，如图 2-4-42 所示。接线端子用于直接连接现场信号线缆以及机柜内接线。DB37 接口用于连接端子板或安全栅，用于跨机柜接线。

按底座的功能，IO 底座可分为普通型底座和增强型底座。两者的区别在于普通型底座具有现场电源的快熔保险丝，用于保护现场电源。增强型底座不仅具有现场电源保险丝，还具有通道保险丝，具备每个通道抗 AC220V 的功能。

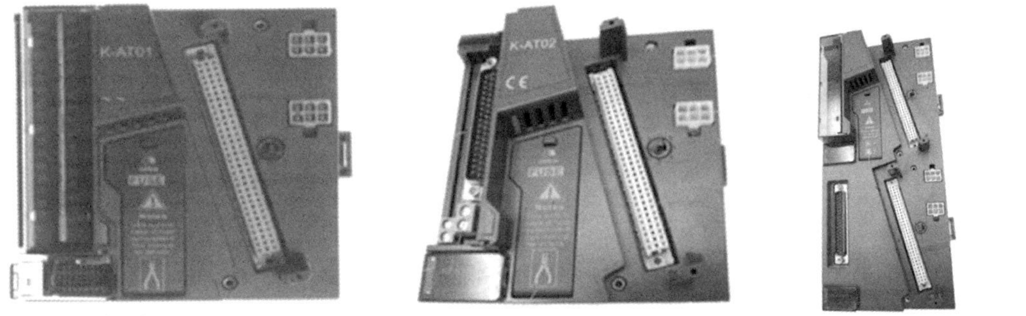

(a)非冗余接线端子型底座　(b)非冗余DB37插针型底座　(c)冗余接线端子+插针型底座

图 2-4-42　IO 底座示意图

3）端子板

端子板具有信号隔离、转换功能，当需要对输入信号隔离或转换时可选用端子板。端子板有接线端子和 DB37 接口，接线端子用于连接现场信号线缆到现场仪表，DB37 接口通过预制电缆连接到 IO 底座 DB37 接口。端子板如图 2-4-43 所示。

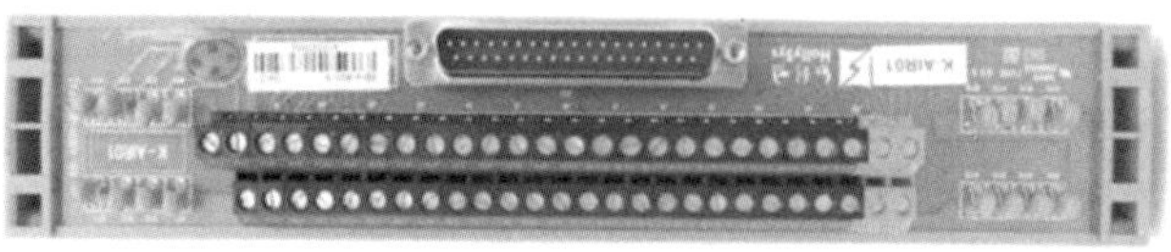

图 2-4-43　端子板示意图

2. 操作员站

(1) 操作员站(OPS)的功能

OPS 的主要功能是提供人机界面，用于对系统状态和工艺生产进行在线监视和控制。在生产过程中，OPS 始终需要与历史站(HIS)、现场控制站(FCS)进行实时数据交换。

OPS 一般采用工业计算机系统，其配置与常规的桌面系统相同，一般要求有大尺寸的显示器，每台 OPS 最多可使用 4 个显示器，可配置操作员站专用键盘或普通键盘来选择需要查看与操作的画面，同时拓宽操作员的观察范围。

OPS 以流程图、棒状图、数值表、曲线趋势、报表、按钮、对话框等方式提供生产过程的在线数据，执行操作人员发出指令并发送到 FCS。通过 OPS，操作员和工程师对过程系统进行工况监控、报警监视、趋势分析、报表及日志查询与打印等，还可以通过厂级监控的 MES 等网络将画面和数据提供给管理者。

OPS 还可以通过网络获取 HIS 和 FCS 的设备信息，把相应信息呈现在显示器画面上。

(2) 操作员站专用键盘

操作员站专用键盘是供操作员使用的键盘，它是特制的防水、防潮、密封的工业键盘，通过 USB 接口与主机相连接。操作人员可以通过专用键盘上的按键快速切换到所需画面或者快速完成其他一些操作。如图 2-4-44 所示。

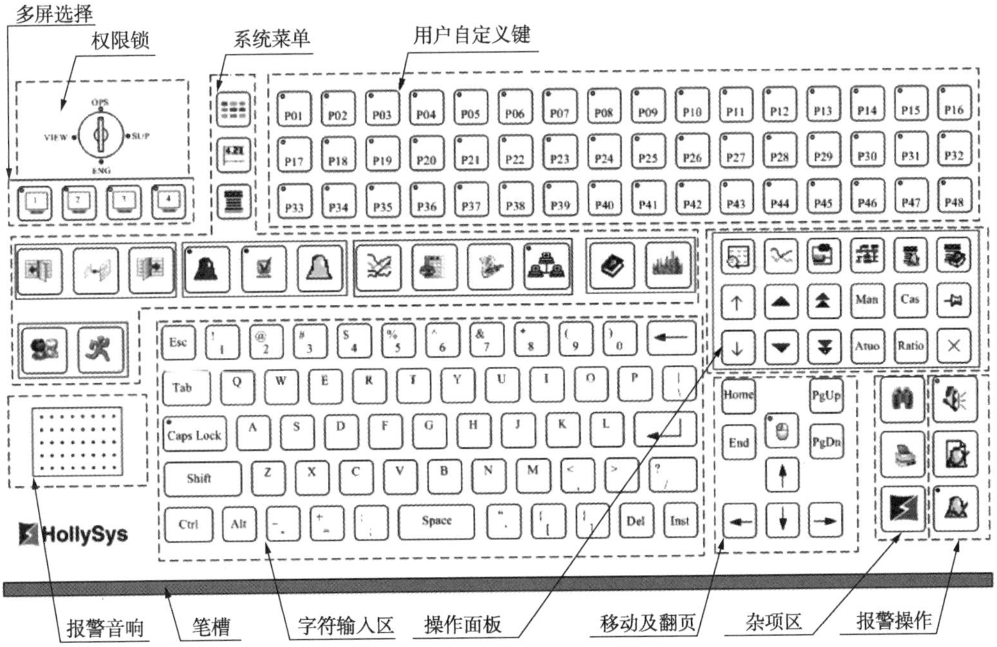

图 2-4-44 操作员站专用键盘

操作员站专用键盘的按键按功能分布在 9 个区域中。

1) 多屏选择区

共有 4 个按键。当操作员站配置多台显示器时，每个按键对应于 1 个显示器。这些按键可以使得专用键盘在不同的显示区域切换，以便操作多台显示器上的内容。

每个按键的左上角都有一个蓝色的指示灯。该指示灯用于指示相应的显示器是否被配置以及当前被操作人员使用鼠标或键盘操作的操作区位于哪个显示器。

2）权限锁

供操作人员使用钥匙登录系统（硬口令），以及选择当前登录系统用户的级别，包括四种权限：VIEW（监视员），OPS（操作员），SUP（值班长）和 ENG（工程师），分别对应用户 #KEYVIEW、#KEYOPS、#KEYMNGR、#KEYENG。

权限锁采用一锁三钥匙的方式。权限锁配置三种钥匙，这三种钥匙分别可以开启三种不同的权限级别，分别如下：

① 工程师钥匙。可以控制权限锁的四个权限位置：监视员、操作员、值班长和工程师级别。

② 值班长钥匙。可以控制权限锁的三个权限位置：监视员、操作员和值班长级别。

③ 操作员钥匙。可以控制权限锁的两个权限位置：监视员和操作员级别。

3）系统菜单区

该区域包括 6 组功能按键，用于显示系统功能操作菜单，其功能与画面上菜单区一致，分别是：系统功能、系统状态、辅助功能、报警功能、画面操作和系统登录。

4）用户自定义键

用户自定义键共有 48 个，每个键的功能由离线组态时定义，一般用于快速打开工艺流程图的快捷键。每个按键的左上角都有一个蓝色指示灯，指示相应的按键是否被定义（或系统默认定义）以及按键对应的流程图页面是否处于当前显示状态，指示灯常亮表示按键与流程图的对应关系已定义，指示灯闪烁表示按键关联的流程图当前处于被操作状态。

多屏显示时，对于每个显示屏，自定义按键的功能均相同。按键指示灯的状态（亮/灭/闪）与当前操作区的画面显示状态相关联。

5）操作面板

相关按钮与 OPS 在线监控软件的测点和模块操作面板的各操作按钮功能一致。

6）报警操作区

共有 3 个操作键，用于响应报警的相关操作：

① 确认多条报警信息：如果当前处于报警页面，则确认当前报警页面上未确认的报警信息；如果没有在报警页面，则确认快速报警条上显示的所有报警信息。

② 确认单条报警信息：如果当前处于报警页面，则确认报警页面上被选中的报警；如果没选中任何报警，则确认当前页面的第一条报警信息；如果没有在报警页面里，则确认快速报警条最左边的一条报警信息。

③ 报警消音：暂时关闭报警音响。报警消音按键的左上角有绿色指示灯，灯亮表示消音，当有新的报警发生时，指示灯自动灭。

7）杂项区

杂项区三个按键从上到下分别是查找、打印以及和利时介绍。

8）移动及翻页区

此区包括上、下、左、右 4 个焦点移动/切换键，Home、End、PgUp 和 PgDn 4 个翻页键和 1 个鼠标模式切换键。

按下鼠标模式切换键，系统会将翻页键和焦点切换/移动键定义为一个完整的鼠标功能。4 个移动键被重新定义为鼠标移动的 4 个方向，End 和 PgDn 键被重新定义为鼠标的左键和右键。

9）字符输入区

系统字符输入键盘，包括字母键、数字键、特殊符号键、控制功能键(如：回车键、退格键、上档键等)等 57 个按键。

3. 网络结构

M6 系统的内部网络有系统网络(SNET)和控制网(CNET)。如图 2-4-45 所示。

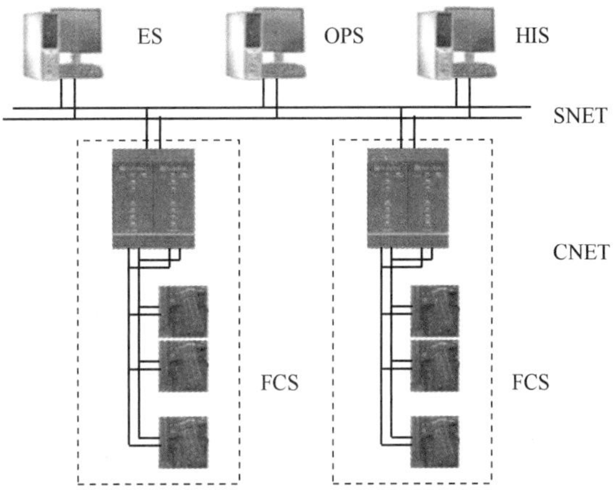

图 2-4-45　M6 系统网络结构

(1) 系统网络

系统网络(SNET)由 100Mbps 高速冗余网络构成，使用两台交换机连接 ES、OPS、HIS、FCS、网络打印机等设备，实现系统各设备间的信息传输与交换，如：ES 向 FCS 下装数据、HIS 与 FCS 之间进行实时数据通信。

SNET 支持 P-TO-P(Peer-To-Peer，点对点)、C/S(Client/Server，客户机/服务器)或 P-TO-P与 C/S 混合等 3 种网络结构。

ES、OPS、FCS 内配置 2 个速率为 100Mbps 的网卡，FCS 的控制器主控底板有冗余的 4 个 RJ45 接口，用于连接冗余的 SNET。

同一设备的 2 个网络接口分别连接在 128 网段和 129 网段的网络交换机上，其中，128 网段为 SNET A 网，129 网段为 SNET B 网，从而实现 SNET 冗余。如图 2-4-46 所示。

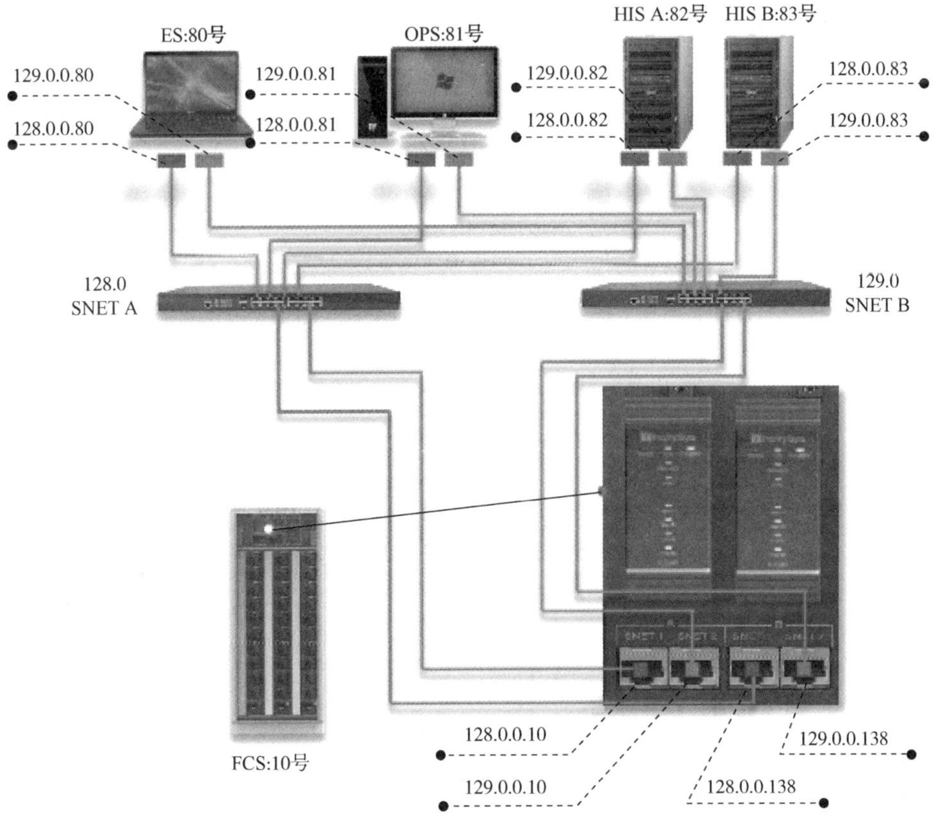

图 2-4-46　系统网络的连接

为方便管理与维护，划分了各站在 SNET 上的站号范围。ES、OPS、HIS 的站号范围为 80~111 和 208~239，FCS 主控单元 A 机的站号范围为 10~73，B 机的站号为 A 机站号+128，即 B 机的站号范围为 138~201。站号也是各站在 SNET 上的 IP 地址最后一段的序号，例如：80 号 ES 的 SNET 地址为：128. 0. 0. 80 和 129. 0. 0. 80，10 号 FCS 主控单元 A 的地址为 128. 0. 0. 10 和 129. 0. 0. 10，主控单元 B 的地址为 128. 0. 0. 138 和 129. 0. 0. 138。

（2）控制网

控制网(CNET)是 FCS 的内部网络，主要用于主控制器和 IO 模块之间的数据传递，采用带屏蔽的双绞铜线连接。

CNET 采用 Profibus-DP 现场总线协议，主控单元为 DP 主站，智能 IO 单元为 DP 从站。对于 K 系列硬件系统，一个 FCS 内 DP 从站即 IO 模块的地址范围为 10~109。同一个 FCS 内的 IO 模块地址是不能重复的，例如当 10 号 FCS 内有一个 IO 模块设定地址为 10，则其他 IO 模块的地址不能再设定为 10。

CNET 依托 IO-BUS 通信模块搭建。2 个 IO-BUS 通信模块通过 IO 总线，分别连接 IO 模块底座上的两个 CNET 接口，构成 CNET 互为冗余的 A 网和 B 网。

IO-BUS 通信模块用于连接主控制器与 IO 设备，实现二者之间的数据交换。主要有 K-BUS02、K-BUS03、K-BUS04 三种 IO-BUS 通信模块。

控制网通过不同型号的 IO-BUS 模块可组成星形或总线形结构。星形结构如图 2-4-47 所示，FCS 机柜中每一列的 IO 模块通过单独的总线电缆连接到 IO-BUS 通信模块上。总线形结构如图 2-4-48 所示，每列 IO 模块通过总线电缆与 IO-BUS 通信模块串联在一起。星形拓扑形式能够连接的 IO 模块最大数量为 100 块，优点是维护方便、网络节点故障时影响范围较小；总线形拓扑形式能够连接的 IO 模块最大数量为 30 块，优点是结构简单。

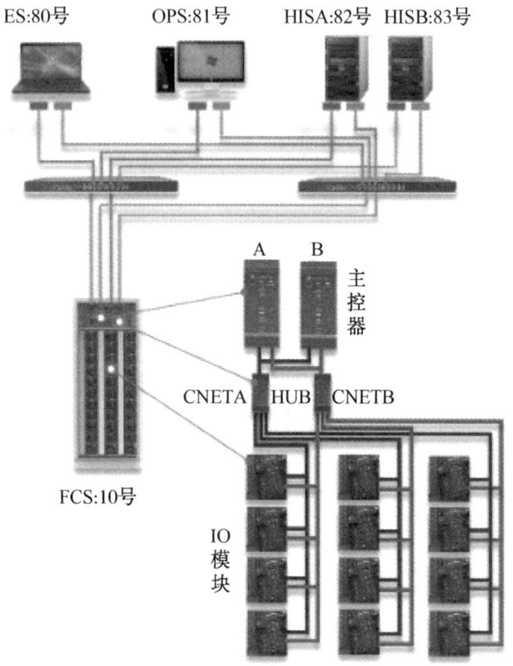

图 2-4-47　控制网星形结构示意图

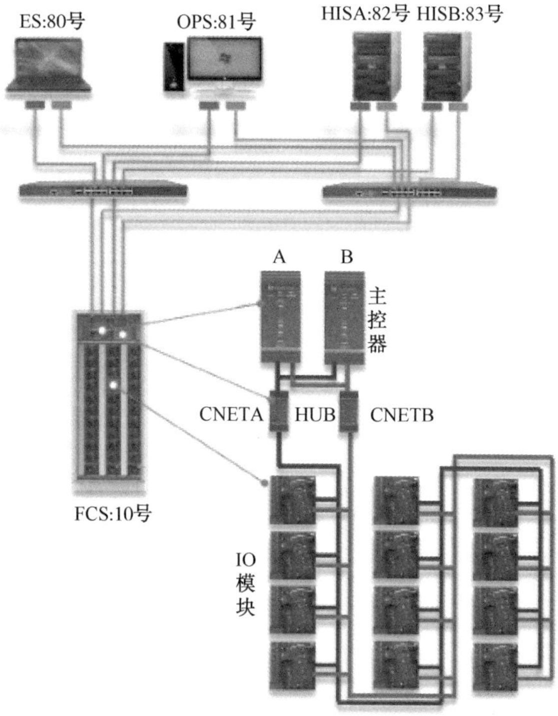

图 2-4-48　控制网总线形结构示意图

4. 系统维护

对 M6 系统进行维护时，主要通过两种方式了解设备工作状态：一种是通过查看模件上的 LED 指示灯识别硬件设备的工作状态；另一种是在操作站上的系统状态显示画面中查看硬件设备的工作状态。下面介绍设备状态诊断画面的主要内容。

具有自诊断功能的硬件设备主要有系统网络、系统站点、供电单元、IO 模块等。

通过 OPS 在线监控软件上部的系统菜单区，可以进入系统维护相关画面，了解系统的详细运行情况。

(1) 系统状态图

系统状态图是以图形方式显示 OPS、ES、HIS 和 FCS 等设备的运行状态，包括：操作站的运行状态、网络状态、主控单元运行状态等。

单击画面上系统菜单区的系统状态按钮 ，可进入系统状态图，如图 2-4-49 所示。

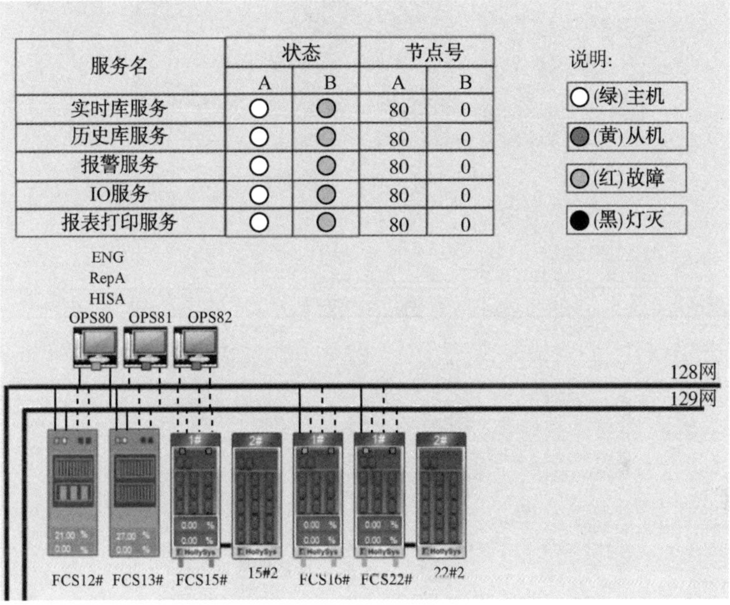

图 2-4-49 系统状态图

图 2-4-49 中，绿色(实线)连接线或圆圈代表节点正常或节点为主机且提供的服务正常，红色(虚线)连接线或圆圈代表故障。

单击系统状态图中相应设备的图标，可以打开此设备的详细信息。

单击系统状态图中的 FCS 图标，可以打开相应 FCS 的 IO 设备图(图 2-4-50)。IO 设备图显示当前控制站下所有的功能模块(FCS 内部的各类模块)的状态，并且用直观的颜色表示其对应的状态。IO 设备图还可对进柜电源的状态、各机柜内温度、风扇状态、柜门开关状态等进行监视。

单击 IO 设备图中的某一个模块，可弹出此模块详细信息。

(2) 系统报警窗口

通过系统菜单  图标右侧的下拉菜单可直接进入系统报警窗口，如图 2-4-51 所示。

系统报警窗口显示系统记录的系统报警信息，包括系统报警的标志、报警时间、位号、位号说明、报警级别、类型、确认时间、恢复时间等，为故障诊断和系统维护提供支持。

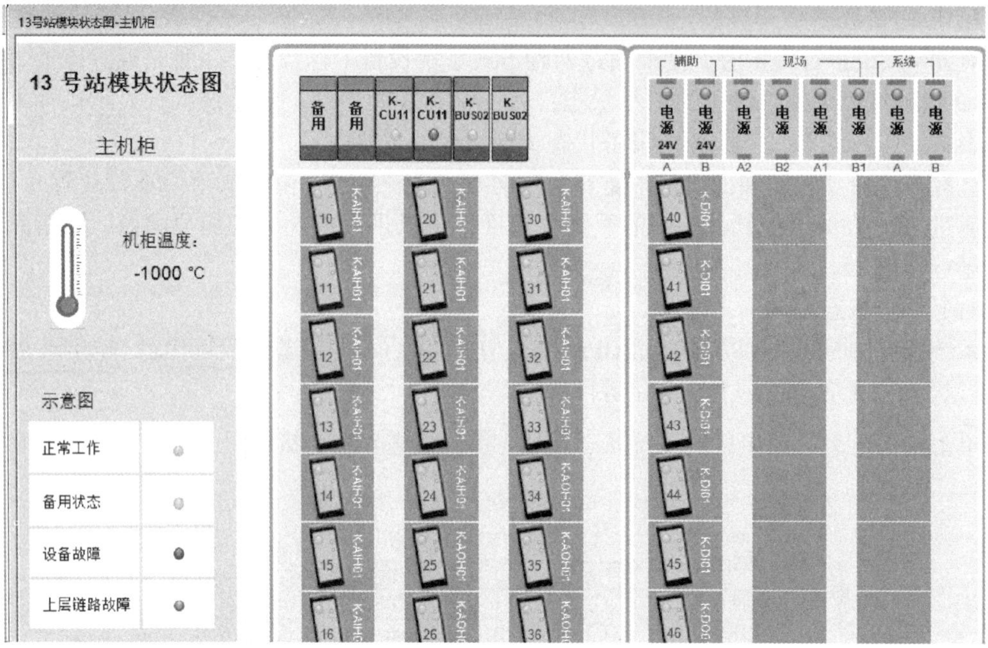

图 2-4-50　IO 设备图

系统报警

标志	报警时间	位号	位号说明	报警级别	类型	确认时间	恢复时间
	2022/1/2 15:35:39.502	FIO_KBUSIO_10_4	10,4,K-BUS02	紧急	辅助电源B未组态或K-BUS...		
SYS	2022/1/2 15:35:39.502	FIO_KBUSIO_10_4	10,4,K-BUS02	紧急	辅助电源A未组态或K-BUS...	2022/1/2 15:46:05.000	
	2022/1/2 15:35:39.502	FIO_KBUSIO_10_4	10,4,K-BUS02	紧急	现场电源B2未组态或K-BU...		
	2022/1/2 15:35:39.502	FIO_KBUSIO_10_4	10,4,K-BUS02	紧急	现场电源A2未组态或K-BU...		
	2022/1/2 15:35:39.502	FIO_KBUSIO_10_4	10,4,K-BUS02	紧急	现场电源B1未组态或K-BU...		
	2022/1/2 15:35:39.502	FIO_KBUSIO_10_4	10,4,K-BUS02	紧急	现场电源A1未组态或K-BU...		
SYS	2022/1/2 15:35:39.502	FIO_KBUSIO_10_4	10,4,K-BUS02	紧急	系统电源B未组态或K-BUS...	2022/1/2 15:46:07.000	
	2022/1/2 15:35:39.502	FIO_KBUSIO_10_4	10,4,K-BUS02	紧急	系统电源A未组态或K-BUS...		
	2022/1/2 15:35:39.502	FIO_KBUSIO_10_2	10,2,K-BUS02	紧急	辅助电源B未组态或K-BUS...		
	2022/1/2 15:35:39.502	FIO_KBUSIO_10_2	10,2,K-BUS02	紧急	辅助电源A未组态或K-BUS...		
	2022/1/2 15:35:39.502	FIO_KBUSIO_10_2	10,2,K-BUS02	紧急	现场电源B2未组态或K-BU...		
	2022/1/2 15:35:39.502	FIO_KBUSIO_10_2	10,2,K-BUS02	紧急	现场电源A2未组态或K-BU...		
	2022/1/2 15:35:39.502	FIO_KBUSIO_10_2	10,2,K-BUS02	紧急	现场电源B1未组态或K-BU...		
	2022/1/2 15:35:39.502	FIO_KBUSIO_10_2	10,2,K-BUS02	紧急	现场电源A1未组态或K-BU...		
	2022/1/2 15:35:39.502	FIO_KBUSIO_10_2	10,2,K-BUS02	紧急	系统电源B未组态或K-BUS...		
	2022/1/2 15:35:39.502	FIO_KBUSIO_10_2	10,2,K-BUS02	紧急	系统电源A未组态或K-BUS...		
	2022/1/2 15:35:37.002	FIO_KBUSIO_11_4	11,4,K-BUS02	紧急	辅助电源B未组态或K-BUS...		
	2022/1/2 15:35:37.002	FIO_KBUSIO_11_4	11,4,K-BUS02	紧急	辅助电源A未组态或K-BUS...		
	2022/1/2 15:35:37.002	FIO_KBUSIO_11_4	11,4,K-BUS02	紧急	现场电源B2未组态或K-BU...		

图 2-4-51　系统报警窗口

(3) 系统日志窗口

系统日志记录系统硬件与软件的诊断信息。如图 2-4-52 所示。

系统日志

正常模式　筛选模式　导出

标志	发生时间	位号	位号说明	类型	恢复时间
SYS	2022/1/2 15:35:05.747	服务器 A(80 #节点)		历史站未授权	
SYS	2022/1/2 15:29:41.653	SYSOPS80	80号操作员在线	设备故障	2022/1/2 15:36:25.471
SYS	2022/1/2 15:27:57.648	SYSOPS80	80号操作员在线	设备故障	2022/1/2 15:28:42.012
SYS	2022/1/2 15:23:30.152	SYSOPS82	82号操作员在线	设备故障	
SYS	2022/1/2 15:23:30.152	SYSOPS81	81号操作员在线	设备故障	
SYS	2022/1/2 15:23:30.152	SYSOPS80	80号操作员在线	设备故障	2022/1/2 15:26:59.525
SYS	2022/1/2 15:23:30.152	SYSFCS11	11号现场控制站	设备故障	2022/1/2 15:36:13.458
SYS	2022/1/2 15:23:30.152	SYSFCS10	10号现场控制站	设备故障	2022/1/2 15:36:13.458

图 2-4-52　系统日志窗口

系统日志窗口中，列出了故障事件的标志、发生时间、位号、位号说明、类型和恢复时间等信息。标志栏显示为红色背景表示故障尚未恢复，绿色背景表示故障已经恢复。

日志窗口有正常模式、筛选模式、导出三个按钮。

正常模式：显示当前所有日志。

筛选模式：通过“日志查询”对话框，可以设置按时间段、位号名与位号说明、操作员、操作员站、操作内容等查询日志。

导出：可以导出当前画面显示的所有日志，也可以选按时间段导出日志。

4.3 现场总线技术基本知识

计算机技术、控制技术及网络通信技术的发展，使得现场测量仪表嵌入 CPU 具有计算控制和通信功能，变成了智能现场设备(Field Device)，成为网络上的节点。在这种情况下，现场总线技术的出现，导致了现场总线控制系统(FCS，Fieldbus Control System)的出现。这里简要介绍现场总线技术的基本知识。

4.3.1 现场总线

IEC 61158 对现场总线的定义是：安装在制造或过程区域的现场设备与控制室内的自动化控制装置之间的数字式、串行、双向、多点通信的数据总线。

现场总线从本质上说是一种数字通信协议，既是信号标准、通信标准，也是自动控制的系统标准。简单地说，现场总线就是从控制室的控制设备连接到现场设备的双向全数字通信总线。现场总线的本质含义主要表现为：现场通信网络、现场设备互连、交互性、分散性、总线供电和开放性。

现场总线技术的主要优势有：以数字信号取代传统模拟信号，信号传输准确度高；通信网络取代信号电缆，工程量减少；现场设备能完成过程的基本控制功能，控制效率高；智能设备数据信息更为丰富，有利于开展预知维护和远程维护。

1. 现场总线的相关标准

数字通信协议是现场总线的核心。不同的通信协议形成了不同的现场总线技术标准。

IEC 61158 中定义了多达 20 种现场总线协议类型，每种总线都有其产生的背景和应用领域。大多数总线成立了相应的国际组织，如 FF 基金会、Profibus 国际用户组织等。设备制造商遵循不同的现场总线协议生产的总线产品，都可应用于相应的现场总线网络。

所采用通信协议的不同形成了不同的现场总线标准，如 Foundation Fieldbus(FF)，Profibus，ControlNet，P-Net，DeviceNet，CAN，LonWorks，HART 等。这些现场总线技术都有各自的特点和适用范围，如对于以离散逻辑控制为主的工程制造过程控制，宜采用 Profibus DP 或 DeviceNet 现场总线技术；对于石油化工等以连续控制为主的流程工业过程控制，宜采用 FF 或 Profibus PA 现场总线技术；HART 是一种模拟及数字信号混合的协议，一般称为“智能(Smart)设备”，将数字通信叠加在常规的 4~20mA 的信号上，通常采用点到点的连接方式，通过手持组态终端或智能设备管理系统(IDM)进行数字化的组态和维护。

2. 现场总线的分类

根据现场总线传送信息的方式，可将其分为位总线、字节总线和数据流总线。

① 位总线　也称传感器总线，可用于传感器和执行器，它的数据宽度仅限于“位”，即“0”或“1”，适用于 On-Off 作用的光电开关、限位开关、接近开关。这种总线的特点是，成

本低，数据信息短，不支持本安回路，非总线供电。这是最简单的现场总线，不提供应用层和用户层，例如 Seriplex、AS-i 等。

② 字节总线　也称设备总线，它的数据宽度为字节，适用于分析器、编码器、流程参数传感器、马达启动器、接触器、电磁阀等的信息传输。其特点是，成本适中，支持总线供电(二线制)，支持本安回路，数据信息为参数值，采用双绞线为传输介质。字节总线的基础是 CAN，许多自动化设备制造商在 CAN 总线的基础上建立了自己的现场总线标准。这类总线包括阿兰-布莱得利的 DeviceNet，霍尼韦尔微开(Honeywell Microswich)公司的 SDS。

③ 数据流总线　也称全功能总线或现场级总线。这类总线提供从物理层到用户层的所有功能，是一种可传输大量数据的网络，其数据信息长，传输距离按不同媒体介质而定，通常可用作过程控制装置和驱动装置的信息输入。这类总线包括 FF，Profibus-PA，WorldFip，P-Net，LonWorks 等。这类总线在过程控制中得到了广泛的应用。

4.3.2　现场总线控制系统的特点

现场总线技术是面向工厂底层自动化及信息集成的数字化网络技术。基于现场总线的全数字式的控制系统，称为现场总线控制系统(FCS)。FCS 是诸多现场总线设备通过现场总线互联与控制室内人-机界面所组成的系统，是一个全分散、全数字化、全开放和可互操作的生产过程控制系统。

数字通信技术在过程控制系统中无处不在，DCS 与 PLC 都是伴随着数字通信技术的发展而发展的。与 DCS 相比，FCS 具有以下特点：

① 全数字化通信。DCS 内部处理数字信号，但其 IO 板上需要进行大量的 A/D 或 D/A 转换，因此，DCS 是半数字系统。在 FCS 中，从变送器到控制阀，始终使用数字信号，因此，FCS 是全数字系统。FCS 采用比较高的数字信号电平，并具有数字通信的检错功能，因此，其控制的准确性和可靠性大为提高。

② 更高的准确性和可靠性。FCS 全数字化，控制准确度更高，可达±0.1%。DCS 信号系统是二进制或模拟式，有模拟/数字、数字/模拟转换环节，控制准确度为±0.5%。FCS 可将 PID 闭环功能放到现场总线变送器或现场总线阀门定位器中，加上双向数字通信，缩短采样和控制周期，改善调节性能。

③ 更为彻底地分散控制。DCS 的控制功能分散在各个控制站上，每个控制站集中控制若干回路。FCS 的控制功能可被分解到现场仪表和操作站中，控制运算彻底分散。因此，从结构上看，FCS 减少了控制总线层次，原来不开放的内部控制总线变为开放的现场总线，图 2-4-53 表示了 DCS 结构与 FCS 结构的主要区别。在 FCS 中，控制功能虽然分散到现场仪表中，但仍允许在控制室内的操作站上以数字通信方式对现场仪表进行操作和调整。

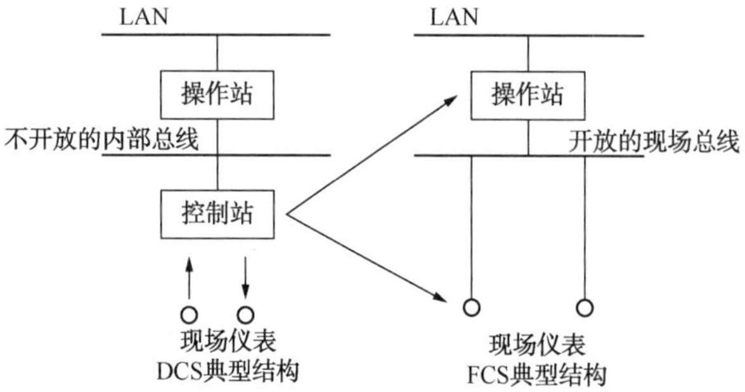

图 2-4-53　DCS 与 FCS 的区别

④ 不同厂家产品的互操作。任何一个仪表生产厂都不可能提供一个工厂所需的全部现场仪表，因此不同生产厂家的产品互联是不可避免的。互操作性是指在一个控制系统中可以使用不同系列或不同厂家生产的仪表。FCS 的互操作性意味着可以用不同厂家的现场仪表去替换出故障的另一厂家的现场仪表，并且系统可以自动识

别新加入的现场仪表。将不同厂家的现场仪表集成到一个 FCS，从而打破厂家对同一品牌仪表的价格垄断，用户可在经济上获得更多益处。

⑤ 控制组态简单一致地操作。因为 FCS 的组态方法是规范的、标准的，所以不需要因为自动化仪表的种类不同或组态方法不同而进行重新培训或重新学习编程语言。因此，FCS 的组态操作非常简单。

FCS 是 DCS 之后的新一代控制系统，是数字化技术向现场设备的延伸。从多年现场实际应用情况来看，FCS 不会完全取代 DCS，而是与 DCS 结合为 DCS/FCS 混合结构，发挥各自的技术和成本优势。

4.4 安全仪表系统的基本知识

4.4.1 安全仪表系统的概念

石油化工生产在生产合格产品的同时，必须保证设备、人员及环境安全。

生产装置在最初的工程设计、设备选型及安装等阶段，都对生产过程和设备的安全性进行了考虑，所以生产装置本身就构成了安全的第一道防线。采用过程控制系统对工艺过程进行连续控制，使装置在设定值下平稳运行，从而使装置的风险又降低一个等级，这是第二道防线。SIS 位于过程控制系统之外，对生产过程进行监测和保护，当生产装置的工艺参数因各种原因超越事先设定的安全值时，SIS 就会动作，把发生事故的可能性降到最低，保证生产、设备、人身和环境安全，使操作人员在最低的也是可以接受的风险下操作，SIS 构成了生产装置的最后一道安全防线。如图 2-4-54 所示。

根据 IEC 61508/61511，SIS 指的是实现一个或多个安全仪表功能的系统，包括传感器(测量仪表)、逻辑运算器(逻辑控制器)、最终元件及相应软件等。

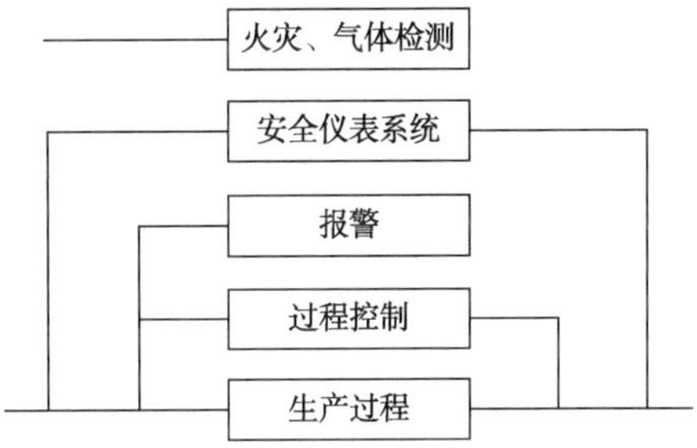

图 2-4-54 生产装置的安全层次

石油化工企业或装置实际应用中，仪表保护系统(IPS，Instrument Protective System)、安全联锁系统(SIS，Safety Interlocking System)、紧急停车系统(ESD，Emergency Shut-Down System)、高完整性压力保护系统(HIPPS，High Integrity Pressure Protective System)等都属于安全仪表系统的范畴。

随着技术的发展，生产装置日益朝着大型化的方向发展，控制准确度要求高。同时，石油化工生产在高温、高压、易燃、易爆环境下进行，生产过程高度复杂，在一个安全的范围内操作越来越困难，因此，石油化工生产对 SIS 的应用越来越广。

1. SIS 的发展过程

SIS 经历了从继电器、固态逻辑系统、PLC 的发展过程。

继电器系统采用单元化结构，较为简单，继电器为基本逻辑元件，通过接线进行编程，具有失效-安全的特点，初始投资低，可以分散安装，抗干扰能力强，电压种类多，适用于输入输出点较少、逻辑功能简单的场合，但是继电器系统故障率较高，响应速度慢，控制方案修改困难，无诊断功能、通信功能、报告文档，系统庞大复杂，缺陷较多。

固态逻辑系统是一种用具有特定逻辑功能的集成电路块组成的专用电路，它是在集成电路技术发展的初期形成的。电路采用模块化结构，结构紧凑，采用独立的固态逻辑集成为基本逻辑元件，也是通过接线编程，灵活性不够。由于采用了集成电路技术，使其具备了一些继电器系统所没有的优点：安装密度高，容易分散布置，低电压、易散热，可串行通信，具有自诊断功能；缺点：灵活性差，无报告文档，大系统费用高，施工复杂。

PLC 系统的出现，使 SIS 发生了质的飞跃，克服了上述两种系统的缺点。PLC 采用模块化结构，通过微处理器及软件执行逻辑运算、软件编程，使用灵活，有自诊断功能，能实施串行通信，有报告文档。但是，其可靠性、保密性不够，与其他设备互相通信时的可操作性不够，程序规模小时初期费用较高。

进入 20 世纪 90 年代，随着计算机硬件技术和诊断技术的发展，在传统 PLC 系统的基础上，出现了专用于工厂安全控制的 SIS。

许多世界著名的仪表厂商都有相应的产品，如：霍尼韦尔的安全管理器(SM，Safety Manager)，康吉森的 Tricon 以及德国黑马(HIMA)公司的 HIMax 系统等。

SIS 本质上是通过了有关的安全认证的专用的 PLC 系统，通过特殊设计的电路、软件、冗余、容错等手段，使其可靠性比一般 PLC 高很多，其可用率达到了 99.999%。

2. SIS 常用术语

(1) 故障类型

由于 SIS 责任重大，因此，人们关心的主要问题不是系统怎样工作，而是系统怎样出故障，以及出故障后系统的状态。SIS 的故障类型有两类，即显性故障和隐性故障。

显性故障也叫安全故障，是能够显示自身存在的故障。当系统出现显性故障时，可立即检测出，系统产生动作进入安全状态。显性故障对于控制对象是一种假性故障，是控制系统本身的故障，故障发生时被控制过程转入预定安全状态。因此，显性故障是失效-安全性故障。

隐性故障也叫危险故障，是不能显示自身存在的故障。当系统出现隐性故障时，只能通过自动测试程序检测出，系统不能产生动作进入安全状态。隐性故障是指故障并不会立即表现出来，只有在生产装置出现异常，需要停车时，才会导致控制系统无法动作，使生产装置和整个工厂陷入危险境地。因此，隐性故障是失效-危险性故障。

(2) 容错

容错是指功能模块在出现故障或错误时，仍继续执行特定功能的能力。真正的容错还具有在不干扰系统运行的情况下，完全恢复的能力。

根据容错的概念，容错系统必须具有如下四个特性：

① 检测在过程安全时间(PST，Process Safety Time)内的任一时刻发生的任一错误；

② 确认完整自测试所发现的故障；

③ 在确认后自动执行相应的程序；

④ 排除在 PST 内发现的故障，并且不影响正在运行的过程。

容错可以通过硬件和软件的方法实现。

(3) 冗余

冗余指用多个相同的模块或部件实现特定功能或数据处理。冗余系统具有故障检测和切换功能。

对于采用微处理器逻辑单元的 SIS，其冗余的选择是基于可靠性、安全性的要求来配置的。SIS 的冗余由两部分组成：其一是逻辑结构单元本身的冗余；其二是传感器和执行器的冗余。同时，还要考虑冗余部件之间的软件逻辑关系。针对不同的场合，多重冗余的设备套数及实现冗余的软逻辑不同。

美国和欧洲已有相当多的标准来规范冗余的配置，我国也制定了相关的国家标准来规范冗余的配置。

(4) SIS 配置的安全性和可用性

安全性指系统在规定的时间间隔内发生隐性故障的概率，是安全生产对控制系统可靠性的要求。

可用性指系统可以使用工作时间的概率，是生产装置连续生产中，误停车概率对系统的要求，也是系统连续工作时间的概率。

安全性和可用性的概念可以用两个接点的串、并联回路说明。两个常闭接点串联对断开信号实现了容错，避免了系统拒动作，提高了安全性，但牺牲了可用性；两个接点并联对闭合信号实现了容错，避免了系统误动作，提高了可用性，但牺牲了安全性。两种连接分别实现了对断开和闭合的“单容错”，串联实现的是“安全性单容错”或“安全性冗余”，并联实现的是“可用性单容错”或“可用性冗余”。

安全装置的安全性和可用性是一对矛盾概念。选择安全系统要兼顾可用性、安全性、投资等多个方面。

(5) 多重冗余的逻辑表决方式

表决指冗余系统用多数原则确定结论的过程和方法。常用的表决逻辑有：

1oo1D(1 out of 1D)	1 选 1 带诊断
1oo2(1 out of 2)	2 选 1
1oo2D(1 out of 2D)	2 选 1 带诊断
2oo2(2 out of 2)	2 选 2
1oo3(1 out of 3)	3 选 1
2oo3(2 out of 3)	3 选 2
2oo4D(2 out of 4D)	4 选 2 带诊断

二选一表决逻辑(1oo2 方式)如图 2-4-55 所示。A、B 正常时状态为“1”，当其中任一信号为“0”时，表决器命令执行器执行相应动作。这种逻辑适用于安全性较高的场合。

二选二表决逻辑(2oo2 方式)如图 2-4-56 所示。A、B 正常时状态为“1”，只有当 A、B 信号同时为“0”时，表决器才命令执行器执行相应动作。适用于安全性要求一般，而可用性较高的场合。

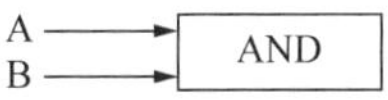

图 2-4-55 二选一表决逻辑

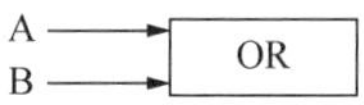

图 2-4-56 二选二表决逻辑

2oo2 选择能有效防止安全故障的发生，从而大大提高系统的可用性，这是从另一角度出发选择的冗余表决逻辑，但系统极有可能导致危险故障的发生。因此，从安全的角度讲，2oo2 方式是不可选的，TÜV(德国技术监督协会)标准禁止在 SIS 系统上使用 2oo2 方式。

通过对以上二重化表决逻辑的分析可以看出，1oo2 和 2oo2 都有缺陷，当出现 A、B 两个状态相异时，表决器无法判断对错。

三选一表决逻辑(1oo3 方式)如图 2-4-57 所示。正常情况下，A、B、C 状态为“1”，只要 A、B、C 任一信号为“0”，表决器就命令执行器执行相应的联锁动作。这种方式适用于安全性很高的场合。

1oo3 表决逻辑出于安全的考虑，有效地防止了严禁故障的发生，比 1oo2 方式更严格，但增大了安全故障发生的机会。它的安全故障发生率是单一系统的 3 倍。

三选二表决逻辑(2oo3 方式)如图 2-4-58 所示。

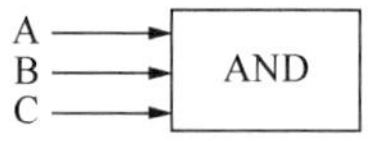

图 2-4-57　三选一表决逻辑

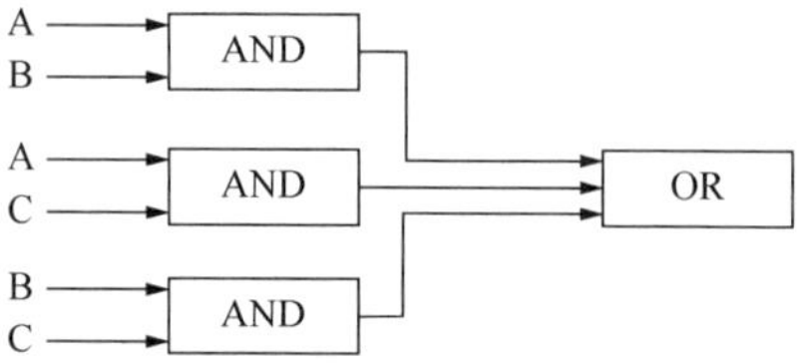

图 2-4-58　三选二表决逻辑

正常时，A、B、C 状态为“1”，当 A、B、C 中任两个组合信号同时为“0”时，表决器命令执行器执行相应的联锁动作。适用于安全性、可用性高的场合。

2oo3 表决逻辑是比较合理的选择，它能弥补二重化系统不辨真伪的缺陷，任一通道不管发生什么故障，系统通过表决后都能照常工作，其安全性和可用性保持在合理的水平。

(6) 故障安全

故障安全能保证 SIS 发生故障时使被控制过程按预定方式进入安全状态。

故障安全是指 SIS 系统发生故障时，不会影响到被控过程的安全。当发生故障时，SIS 系统通过保护开关将其故障部分断电，这称为故障旁路或故障自保险。因而在 SIS 自身故障时，被控过程仍然是安全的，但可能导致一次装置停车，这种停车叫作故障安全停车，这种系统叫作故障-安全型系统。

与故障安全停车不同，如果尽管有故障出现，SIS 仍然按设计的控制策略继续工作，并不使装置停车，这叫作故障连续工作，这种系统叫作容错型系统。

(7) 多重冗余系统安全性

对于多重冗余系统，出现 CPU 故障时，系统的安全性会降低，安全等级会下降。安全性能递减指的是在 SIS 系统 CPU 发生故障时，安全等级降低的一种控制方式。

1oo2D 带自诊断方式的安全性能递减方式为 2-1-0，表示当一个 CPU 被检测出故障时，该 CPU 被切除，另一个 CPU 继续工作；若第二个 CPU 再被检测出故障时，系统停车。

2oo3 方式的安全性能递减方式为 3-2-0，即 3 个 CPU 中若有一个运算结果与其他两个不同，表示该 CPU 故障，然后切除，其余两个继续工作；当其余两个 CPU 运算结果再有不同时，则无法确定哪一个正确，系统停车。

双重化 2 取 1 带自诊断 2oo4D 方式的递减方式为 4-2-0。系统中两个控制模块各有两个 CPU，同时工作又相对独立。当一个控制模块中 CPU 被检测出故障时，该 CPU 被切除，切换到 2-0 工作方式；另一个控制模块中两个 CPU 以 1oo2D 方式投入运行，若这一控制模块中再有一个 CPU 被检测出故障，系统停车。

4.4.2　工艺过程的风险评估及安全完整性等级

任何生产过程都伴随着风险。通常用危害发生的可能性和严重性以及频繁程度和后果来衡量风险的大小。通过对风险大小的定性及定量分析来确定 SIS 的安全等级。

安全完整性是指，在规定的条件下、规定的时间内，安全相关系统成功完成所要求的安全功能的可能性。

安全完整性等级(SIL，Safety Integrity Level)是安全完整性的一种分级表示方法。国际电工委员会 IEC 61508 标准将 SIS 的安全等级分成 4 级，见表 2-4-13。

表 2-4-13　安全完整性等级

安全完整性等级(SIL)	低要求时(每年)的失效概率	高要求时(每小时)的失效概率	安全完整性等级(SIL)	低要求时(每年)的失效概率	高要求时(每小时)的失效概率
4	大于等于 10^{-5} 小于 10^{-4}	大于等于 10^{-9} 小于 10^{-8}	2	大于等于 10^{-3} 小于 10^{-2}	大于等于 10^{-7} 小于 10^{-6}
3	大于等于 10^{-4} 小于 10^{-3}	大于等于 10^{-8} 小于 10^{-7}	1	大于等于 10^{-2} 小于 10^{-1}	大于等于 10^{-6} 小于 10^{-5}

SIS 和 DCS 在生产过程控制中虽然都发挥着重要作用，但也存在着明显不同，表 2-4-14 列出了二者的主要区别。DCS 主要用于生产过程的连续测量、常规控制(连续、顺序、间歇等)、操作控制管理，保证生产装置的平稳运行。而 SIS 系统则是对一些关键的工艺及设备参数进行连续监测，对出现的异常工况迅速进行处理，使危害降到最低，使人员和生产装置处于安全状态。在正常情况下，DCS 是“动态”系统，对过程变量连续进行检测、运算和控制，对生产过程进行动态控制，确保产品的质量和产量。而 SIS 是“静态”系统，正常工况时，它始终监视生产装置的运行，系统输出不变，对生产过程不产生影响；非正常工况下时，它将按照预先设计的程序采取相应的安全动作，使装置保持在一定的安全水平上。由于 SIS 系统是安全生产的最后一道防线，因此，SIS 比 DCS 在可靠性、可用性上要求更严格。

表 2-4-14　DCS 和 SIS 的区别

DCS	SIS	DCS	SIS
动态控制	静态监测，保护	维修时间不太关键	维修时间非常关键
故障自动显示	必须测试潜在故障	可进行自动/手动切换	不允许离线

可见，SIS 和 DCS 在过程工业中所起的作用是不同的，两者既有分工，又互为补充。

4.4.3　SIS 的独立性

从 DCS 使用情况的统计来看，在很多情况下，DCS 控制回路是处于手动操作状态。据科学测试和资料统计，人在紧急情况下犯错误的概率高达 99%。因此，许多国际权威机构在一系列安全标准及规则中明确规定 DCS 和 SIS 应分开。

国际电子技术委员会(适用于工业安全控制系统应用的一个国际标准，1995)规定，所有 4 级工业过程应采取分离措施，应尽可能使安全关联功能及非安全关联功能分离。

国际测量与控制协会(工业过程中安全系统的应用，1996)要求：安全系统的传感器应从基本过程控制系统的传感器中分离出来，安全逻辑应从基本过程控制系统中分离出来。过程控制系统和安全系统功能上的分离减少了控制功能和安全功能同时故障的可能性，从而避免了由于控制系统中的疏漏造成的对安全系统功能的影响。

美国化学工程师学会-化学工业过程安全中心(《化工过程安全自动化应用指南》，1993)规定：一般情况下，基本过程控制系统和安全系统的传感器、执行器、逻辑部分、IO 模块以及机柜等，都应在物理上和功能上加以分离。

4.4.4　SIS 的认证

SIS 的重要性决定了 SIS 必须符合安全标准，并经过有关认证部门的认证。

国际上的安全认证机构有很多，其中 TÜV 是国际公认的权威性 SIS 认证机构。获得 TÜV 认证，已成为用户选用 SIS 统一的重要前提。TÜV 将安全等级分为 8 级（AK1～AK8），AK2、AK3 对应于 SIL1，AK4 对应于 SIL2，AK5、AK6 对应于 SIL3，AK7 对应于 SIL4，AK8 是目前最高级别的安全标准。

4.4.5 安全管理器概述

安全管理器 SM 是霍尼韦尔的 SIS 产品。该系统通过 TÜV SIL3 安全等级认证，具有安全性高、结构简单、维护方便、扩展性强等特点。SM 系统作为 ESD、燃烧器管理系统（BMS，Buner Management System）、火气检测与保护系统（FGS，Fire add Gas System）等广泛应用于能源、化工、矿山、冶炼、交通、机械等工业领域。

SM 基于四重化模块冗余技术，具有以下特点：

① 高度自诊断，超过 99%的安全系统故障诊断率；

② 通过 TÜV 认证的 SIL3 安全网络实现系统间的安全通信；

③ 通过 TÜV 认证的在线修改功能；

④ 远程 IO 功能，通用安全 IO 模块（DI、DO、AI、AO 点可配置在同一块 IO 卡中）；

⑤ 远程管理（程序下传、系统启动、系统诊断、在线监控等）；

⑥ 通道短路保护，回路诊断 DI/DO；

⑦ 符合 IEC 61131-3 标准的功能逻辑图（FLD）符号库；

⑧ 兼容霍尼韦尔 EPKS，SM 可与 EPKS 系统的任意节点实现点对点通信；

⑨ 兼容 HART、Modbus TCP/RTU，可作为 Master/Slave 与其他系统通信；

⑩ SM 系统认证：TÜV，ISA，UL，FM，IEC，CCE。

1. SM 的系统结构

系统主要硬件包括中央控制模块、通用安全接口模块、电源模块和 IO 模块及接线端子板。如图 2-4-59 所示。

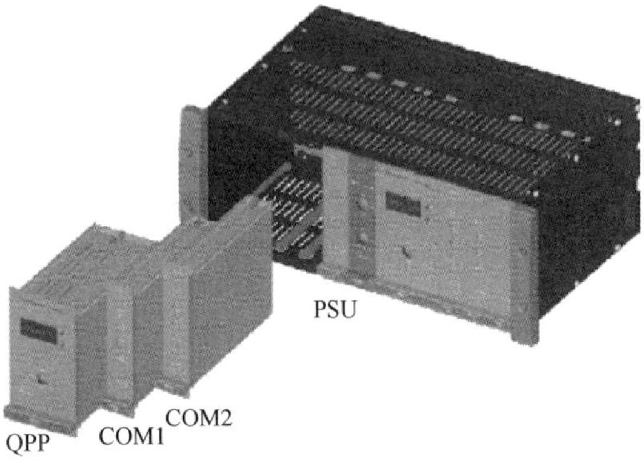

图 2-4-59　SM 硬件结构

中央控制模块即四重化处理器模块（QPP，Quadruplicate Processor Pack）是 SM 系统的心脏，负责控制所有的系统操作。每个 QPP 模块有两个微处理器和两个内存。微处理器的每次读写指令都要先对硬件和逻辑运算进行比较，另外对硬件的诊断测试使 QPP 模块的诊断覆盖率高达 99.99%，因此，在一个 QPP 模块运行的情况下仍可以保证系统的安全等级达到 SIL3。QPP 的硬件和软件具有高可靠性和容错性，控制站具备顺序控制、批量控制和一般连续控制功能，控制站具备顺序事件记录的功能。QPP 卡件可靠性高，可带电插拔，可在-5～70℃环境下稳定工作。

SM 配备独立的通用安全接口模块（USI，Universal Safety Interface）。USI 模块拥有独立于 QPP 的处理器和存储单元，内嵌经过认证的通信安全保护固件，可以进行通过 TÜV SIL3 认证的安全通信和普通 Modbus RTU/TCP 通信，以及与霍尼韦尔 EPKS 的 FTE 通信。每个 USI 模块有两个以太网通信接口和两个 RS232/485 通信接口。

电源模块(PSU, Power Supply Unit)为系统供电。

SM 系统有两种 IO 模块：传统 IO 模块和通用 IO 模块。

传统 IO 模块包括各种类型的数字量和模拟量的输入输出模块以满足不同的现场设备的信号要求。所有的 SM IO 模块采用电隔离的方式，均有 CE 认证标志，SMD 镀膜封装，达到 ANSI/ISA71.04 标准 G3 等级，能在 G3/GX 等腐蚀环境下长期工作。SM 有全系列低密度 IO 模块，输入模块 16 通道，数字输出模块 8 通道，模拟输出 2 通道。包括 DI、DO、AI、AO、回路诊断型 DI、DO 等。

所有 DI 为无源干接点信号。FC-SDI-1624 型为 16 通道 24VDC 故障安全型 DI 模块，所有信号带 LED 灯。每个通道与通道之间安全隔离，信号与现场隔离。

FC-SDO-0824 型是 8 通道故障安全型 24VDC/550mA DO 模块，每通道负荷 13W，卡件输出最大电流为 4.33A，所有信号带 LED 灯。每个通道与通道之间安全隔离，信号与现场隔离。

FC-SAI-1620m 是 16 通道故障安全型 AI 模块。

FC-SAO-0220m 是 2 通道故障安全型 AO 模块。

FTA 现场接线端子板用连接现场的接线到 SM 系统的输入输出模块。FTA 端子板上有电子元件将现场设备的信号转换成 SM 系统接收的标准信号。各种 IO 模件与对应 FTA 的内部连接采用相同的专用电缆。

通用输入输出(UIO)模块包括两种通过 TÜV SIL3 认证的模块：RUSIO-3224 和 RUSLS-3224。UIO 具有逻辑运算能力，每块 UIO 卡 32 通道，用户可以在软件中自由定制通道类型，每个通道都可根据现场要求配置成 DI、DO、AI、AO；可在-40~70℃环境下稳定工作；支持 1ms 级 SOE 事件采集，支持 HART 信号采集，有标准的成套单元(支持本安、隔爆)，每个 SM 控制器可连接 28 套 UIO。支持与控制器的远程光缆连接(最高 100km)。UIO 卡件及成套单元如图 2-4-60 所示。

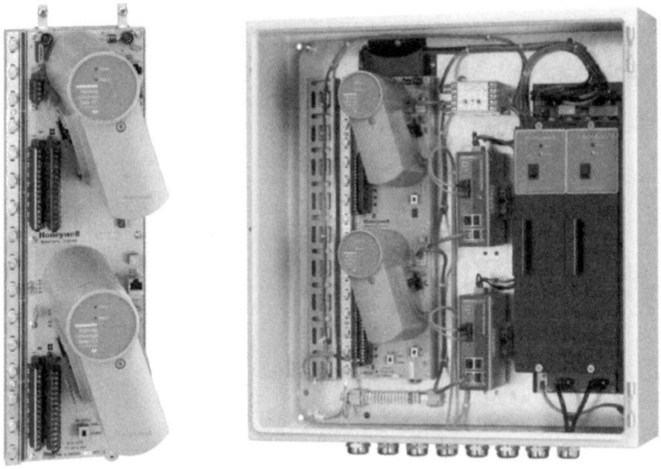

图 2-4-60　UIO 卡件及成套单元

2. SM 系统的配置

不同类型的工艺需求对安全性和可用性的等级有不同的要求，SM 通过不同的结构来满足不同的工艺需求。SM 的控制模块可以配置为非冗余和冗余两种形式。每种控制模块配置可以搭配不同的 IO 模块配置，从而形成多样化的 SM 系统配置，如非冗余控制模块搭配非冗余 IO、冗余控制模块搭配非冗余 IO、冗余控制模块搭配冗余 IO、冗余控制模块搭配冗余和非冗余 IO。SM 系统的每种配置都有不同的特性和安全设备功能，所有配置均可达到 SIL3 安全等级，并具有不同的可用性等级。详见表 2-4-15。

表 2-4-15　SM 系统配置表

控制模块配置	IO 配置	CPU 类型	说明
非冗余	非冗余	QPP-0002	处理器双重化（DMR）结构，适用于最高 SIL3 级别
冗余	非冗余/冗余 非冗余和冗余混合配置	QPP-0002	处理器四重化（QMR）结构，适用于最高 SIL3 级别

非冗余控制模块结构。每一个非冗余控制模块结构中只包含一个 QPP，QPP 中含有双重冗余的处理器，处理器与内存均为 1oo2D 的表决机制。如图 2-4-61 所示。

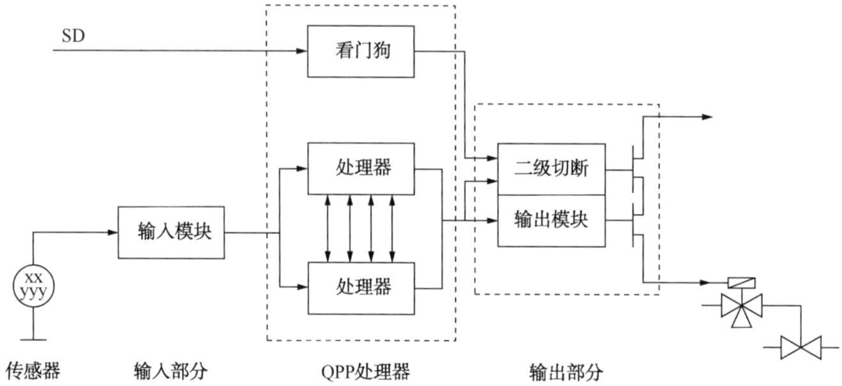

图 2-4-61　非冗余控制模块结构

冗余控制模块结构。该冗余结构包含两个 QPP，从而实现了处理器的四重冗余，可以双重容错。2oo4D 表决机制由结合了每一个 QPP 中的 CPU 间和内存间的 1oo2 表决机制和两个 QPP 间的 1oo2D 表决机制实现。因此，投票是在两个层面进行，即 QPP 模块本身层面和 QPP 之间层面。如图 2-4-62 所示。

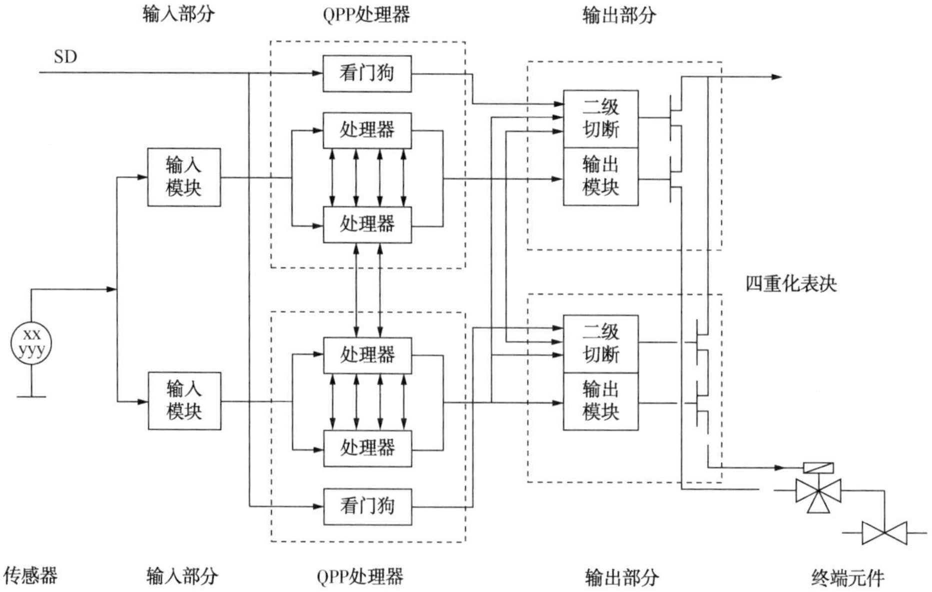

图 2-4-62　冗余控制模块结构

SM 的 IO 模块可配置成冗余或非冗余形式。SM 系统通过 QPP 与 IO 的不同配置可满足不同过程控制的要求。图 2-4-63～图 2-4-65 分别是 QPP 与本地 IO 间的几种典型配置。

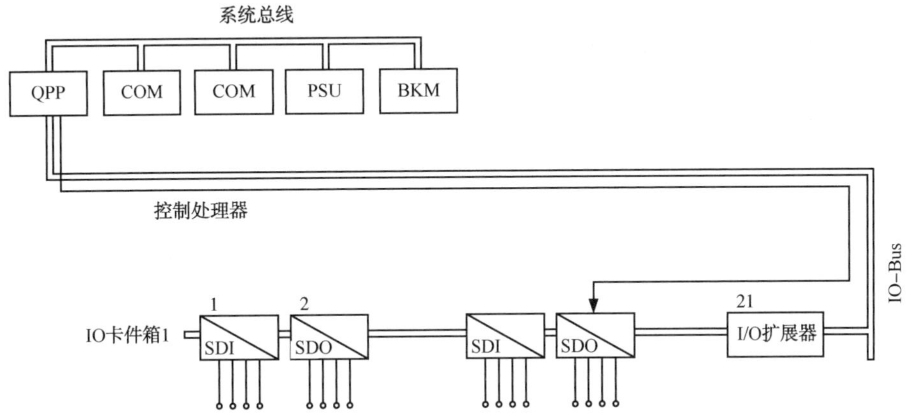

图 2-4-63　非冗余控制器配置非冗余本地 IO

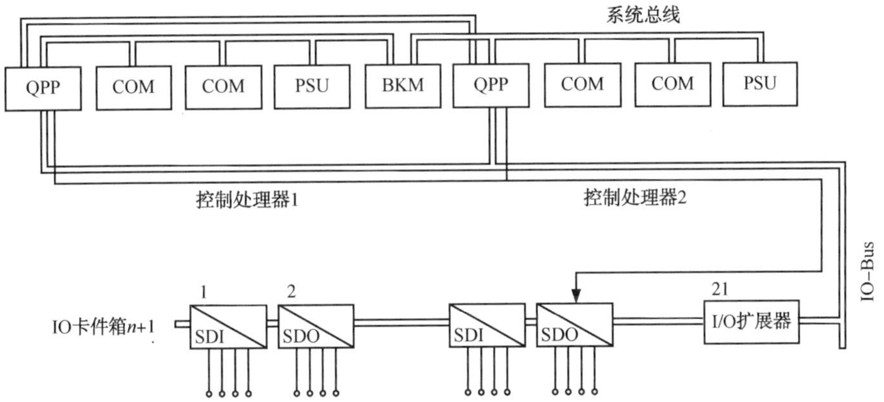

图 2-4-64　冗余控制器配置非冗余本地 IO

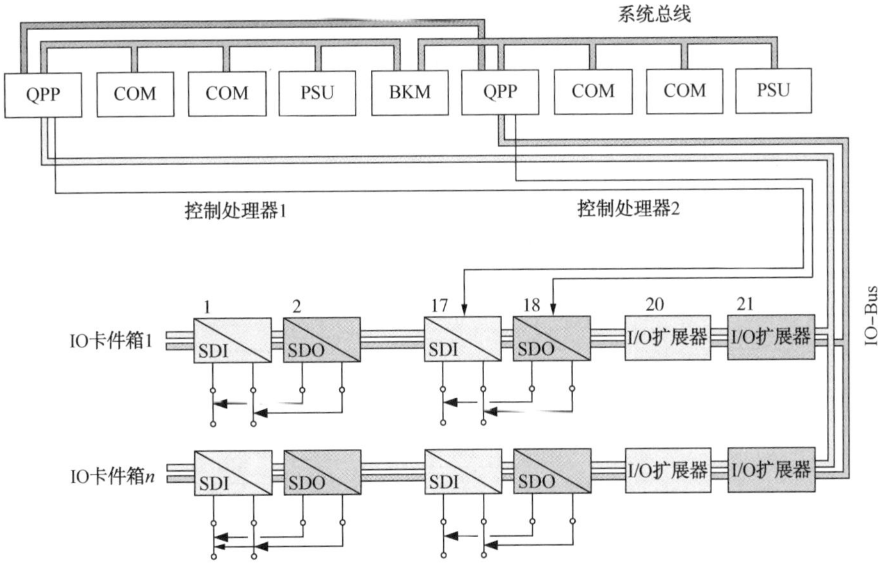

图 2-4-65　冗余控制器配置冗余本地 IO

冗余的 IO 配置在 SM 系统中可与冗余的 QPP 相配合。在这种完全冗余的配置中，每个 QPP 有它自己的 IO 系统，并有专有的访问权。在程序执行周期内，每个 QPP 都从它自己的输入模块读入数据。当两个输入结果完全一致时，两个 QPP 才执行用户定义的控制程序，并将结果输送至输出模块。两个 QPP 还要确保两个输出结果是一致的，只有相同的结果才能通过输出模块输出。

SM 系统支持高级冗余技术（ART，Advanced Redundancy Technique），这种配置的 IO 卡可以由任一 QPP 控制。

4.4.6 Tricon 系统概述

Tricon 是康吉森公司的产品，其控制器采用三重化冗余（TMR，Triple Modular Redundant）容错技术，主要用于石油、化工、天然气、电力、核电、航天等装置的安全保护和紧急停车。

Tricon 通过 TMR 结构提高容错能力。该系统由三个完全相同的系统通道组成（除电源模件是双重冗余外），每个系统通道独立地执行控制程序，并与其他两个通道并行工作，任一通道内发生的任何故障都不会传递给其他两个通道。硬件表决机制对所有数字量 IO 进行表决和诊断，模拟量输入则进行取中值的处理。

Tricon 系统具有以下特点：

① 采用三重化冗余结构，对输入和输出进行三取二表决。

② 能支持 118 个 IO 模件和通信模件。

③ 支持远程 IO 模件。

④ IO 模件具有智能功能，以减轻主处理器的工作负荷。每个 IO 模件都有三个微处理器，每个 IO 模件都有故障诊断能力。输入模件的微处理器对输入信号进行滤波，并诊断模件上的硬件故障；输出模件微处理器对输出数据进行表决、通过输出端的反馈电压检查输出状态的有效性，并对连接的输出电缆进行通断测试。

⑤ 提供全面的在线诊断，并具有修复能力。

⑥ 可在线进行常规维护而不中断控制过程。

1. 结构原理

Tricon 控制器的三重化结构如图 2-4-66 所示，其组成从输入模件经主处理器到输出模件是完全三重化的，不论是部件的硬件故障，还是内部或外部的瞬时故障，单点故障都不会导致控制中断或装置停车。

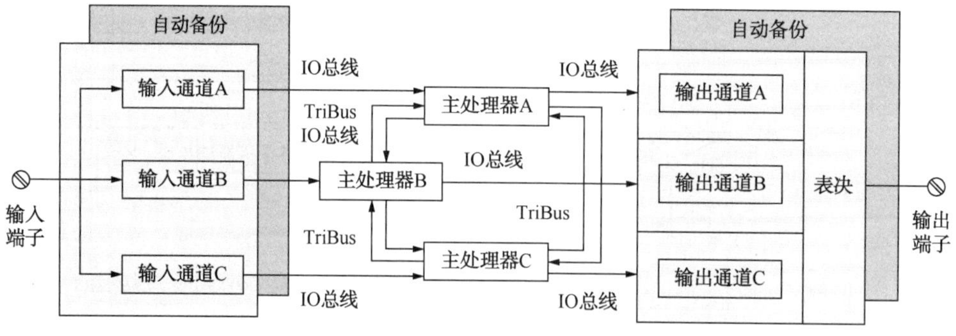

图 2-4-66 Tricon 控制器的三重化结构图

输入信号在输入模块中分成 A、B、C 三路读入，并传送到 A、B、C 三个主处理器，利用其专有的 TriBus(三重化总线)进行相互通信。每个扫描周期，每个主处理器都通过 TriBus 与另外两个主处理器进行通信，以达到同步传送，同时进行数据比较和 3 取 2 表决，如发现不一致，系统可从不同的取样时间用不同数据进行判别以修正存储器内数据。每次扫描后，Tricon 控制器要用内部的差错分析程序判别输入数据，表决出一个正确数据，输入每个主处理器。主处理器执行各种控制算法，并将计算结果送到各输出模件，在输出模件中进行输出数据表决。表决在输出模件中进行，可以检测和补偿 TriBus 表决与驱动现场的最终输出之间可能发生的错误。

2. 系统构成

组成 Tricon 三重化冗余容错控制器系统硬件的模件类型包括处理器模件、通信总线、DI 模件、DO 模件、AI 模件、AO 模件、端子模件、通信模件、电源模件。将这些模块按系统要求和用户需要安装在机架上，就构成了 Tricon 系统的现场控制站。

Tricon 系统有三种形式的机架：主机架、扩展机架和远程机架。一个 Tricon 系统最多可以包含 15 个机架，用以安装各种模件。图 2-4-67 为 Tricon 系统硬件配置示意图。

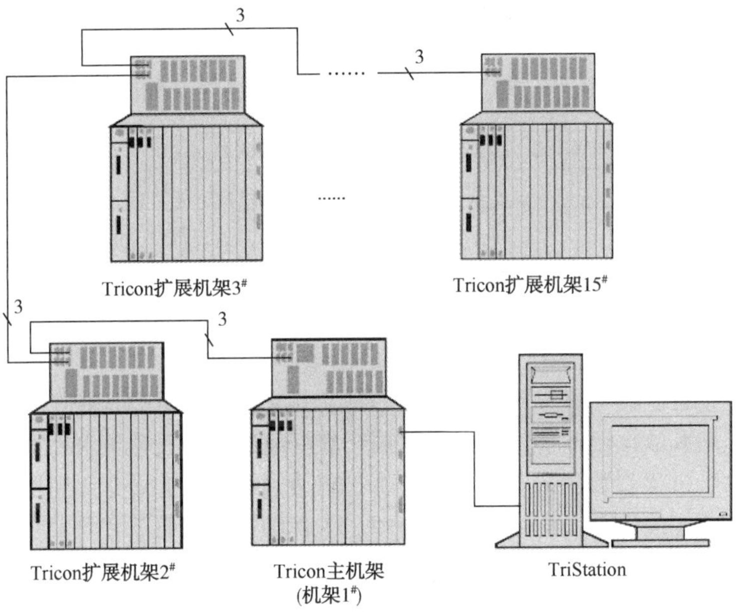

图 2-4-67　Tricon 系统的配置

Tricon 系统的主机架安装主处理器模件以及最多 6 个 IO 模件组，在机架内的各 IO 模件通过三重化的 RS-485 双向通信口连接。

图 2-4-67 中，2# ~ 15# 为 Tricon 扩展机架，1# 为 Tricon 主机架，TriStation 为 Tricon 工作站。

每一个扩展机架(机架 2# ~ 机架 15#)可以支持最多 8 个 IO 组。扩展机架通过三重化的 RS-485 双向通信口和主机架连接。连接主机架和扩展机架的通信电缆的总长最多为 30m(100ft)。

通过远程模块可把系统扩展到远程，远程扩展机架最远可距主机架 12km(7.5mile)。

Tricon 的外部端子板用于和现场设备的连接。

编程工作在装有编程软件的 TriStation 站上进行，监控操作在装有监控软件的 Trivien 工作站上完成。TriStation 站和 Trivien 工作站的硬件采用个人计算机。

Tricon 的编程和检测工具是 TriStation1131 开发平台，支持三种符合 IEC 1131-3 标准的编程语言：功能块图语言、梯形图语言及结构化文本描述语言。其作用主要包括 Tricon 控制程序的开发和调试、系统状态的诊断、回路检测和现场设备维护时点的强制置位、控制程序下装至控制器并校验其是否能正确执行。

4.5 监控与数据采集系统

4.5.1 基本知识

监控与数据采集系统 SCADA 是基于计算机、控制、通信网络等技术的生产过程控制与调度自动化系统，主要应用于距离远、覆盖面广、测控点分散、通信协议多样的过程或设备的数据采集、控制、测量、调节以及各类信号报警等场景，进行实时数据采集、实时数据监视和数据管理。

SCADA 在电力系统、电气化铁道、污水处理、油气管网、石油化工等领域应用广泛，已成为油气管道系统的标准配置。

1. 结构

SCADA 从硬件结构上由上位机、下位机和通信网络组成。如图 2-4-68 所示。

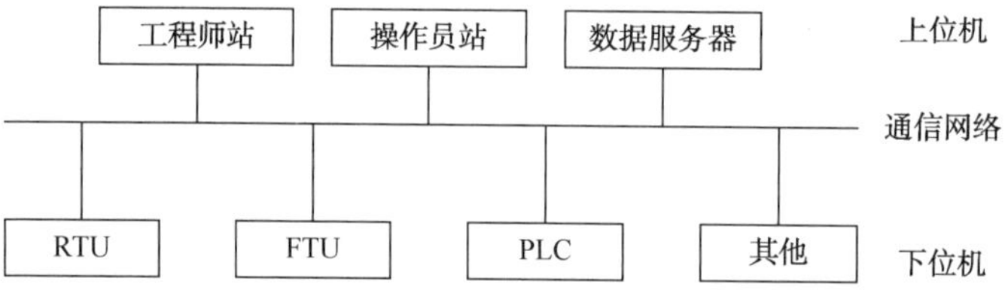

图 2-4-68　SCADA 的硬件结构

上位机指位于控制室负责集中进行数据处理、状态监测和远程监控的计算机系统，包括工程师站、操作站和数据服务器。工程师站用于软件组态、系统诊断和维护、事件记录等工作，操作员站用于过程参数状态监控、联锁保护设置/摘除和复位等常规操作，数据服务器作为数据处理中心完成大部分的过程数据处理。工程师站一般具备操作员站的功能，统称人机界面(HMI，Human Machine Interface)。在小规模应用中，可以用一台计算机同时承担工程师站、操作员站和数据服务器的任务。

下位机通常指处于测控现场的分布式数据采集与控制终端子系统，如各种远程终端控制单元(RTU，Remote Terminal Unit)、馈线终端单元(FTU，Feeder Terminal Unit)、PLC 及其他各种智能设备，这些设备一方面实时检测设备的各种参数，提供过程监控和数据处理的依据；另一方面接收操作人员的指令，实现控制目的。

通信网络指连接上位机和下位机的网络设备及连接介质。通信网络将下位机检测到的信号传递到 HMI 系统中，以声音、图形、图像等方式展示给操作人员，达到监视的目的。同时将控制信号发送到下位机中，达到控制的目的。

一个 SCADA 系统可与其他 SCADA 系统相连组成更大规模的监控系统，也可接入企业管理网络，为企业的生产经营决策提供依据。

国际和国内市场上常用的 HMI 系统有剑维软件(AVEVA)的 InTouch、西门子的 WinCC、

GE 数字集团(GE Digital)的 iFix 等，以及国内力控科技的力控 ForceControl、亚控科技的 KingSCADA 等。

2. 通信

SCADA 系统的内部通信是建立在以太网和 TCP/IP 基础上的以事件驱动的通信方式，决定了其数据采集对实时性的要求不如控制系统高。由于采集数据的数量规模从几十个点到几万点甚至更多，通常在数据变化后再触发通信并进行数据处理。

对现场设备的访问一般采用常用的工业协议标准，如 Modbus、Profibus、CANbus、OPC 等。服务器通过用户组态设定的速率访问现场设备，接受多种不同数据协议格式并将其统一成一种格式存入数据库。服务器支持多种通信协议驱动也是 SCADA 数据处理的一个显著特点。随着连接的现场设备类型日益增多，越来越多的系统支持通过 OPC 访问现场设备。

3. 功能

SCADA 系统具有使用的便捷性，支持通过网络浏览器实施监控的"瘦"客户端解决方案，可实现移动操作；具有架构上的开放性，支持 ActiveX 控件、OPC、DDE、API 等多种接口技术，可实现与 MES、SIS、PIMS 等信息化系统互连；具有资源上的兼容性，支持多种标准文件格式(如：BMP、GIF、JPG、Excel、TXT、HTML 等)，可实现以标准文档格式的嵌入与发布。

SCADA 系统一般都有如下功能：

① 数据采集功能　对生产现场的实时数据、相关设备的参数进行采集和处理。常用的数据类型包括模拟量、数字量、脉冲计数量等。

② 过程监视功能　以图形或文字的方式呈现系统的运行情况，包括对生产过程运行状态、系统设备及通信网络运行状态等的实时监视。过程监视最常用的是流程图和趋势图等。

③ 控制调节功能　可通过对下位机编写脚本程序实现控制及调节功能。由于上位机的行为多由事件触发产生，不能确保严格的实时性，所以严格的实时控制宜置于底层的现场设备控制器中实现。

④ 报警处理功能　报警处理是基于组态中对数据点的范围、变化速度等报警限及报警状态的定义产生的。系统具有报警分级功能，不同级别的报警产生不同的声光效果。为增强报警管理，SCADA 系统一般都具有报警分区功能。

⑤ 记录和存档功能　SCADA 系统对实时数据、报警记录、系统故障记录等内容进行存储形成历史数据，对组态结果、用户登录情况、组态改变等进行存档，为优化生产和事故分析提供依据。系统为了节省存储介质空间，一般都要对数据进行压缩保存。

⑥ 时钟同步功能　系统可接收 GPS(全球定位系统)等授时系统提供的标准时间，并向系统各设备发送对时命令，使全系统在统一时钟基准上同步，确保所有工作协调一致。

⑦ 安全管理功能　系统通过组态为每一个用户设置系统访问权限，依据不同权限实现不同的访问控制，并记录用户的每一个重要操作，以增强系统的安全性。

4. 组态

SCADA 系统借助专门的组态工具完成系统组态。标准的 SCADA 组态工具包含如下主要内容：

① 流程图组态工具　具有可实现点、线、基本图形及常用图形模块的标准图形组态工具，可嵌入标准格式的图形文件作为背景，同时支持趋势、报警、ActiveX 控件和常用脚本开发的动态定义功能；

② 数据库组态工具　具有定义数据点和数据点相关参数的数据库组态功能，包括位号、量程、单位、报警限、数据源链接等基本参数；

③ 脚本编程工具；

④ 支持 C、VC++或 VB 等高级语言的 API(应用程序接口)；

⑤ 支持多种现场设备的设备驱动库。

SCADA 系统的工程组态分三个阶段：系统组态、数据库组态和流程图及其他组态。

系统组态完成系统的权限定义、系统与现场设备连接等功能。在与现场设备连接中，首先要在 SCADA 中查找对应的设备驱动类型，然后定义该驱动的地址和相关参数。

数据库组态完成数据点及相关参数的定义，一般首先建立数据位号和相关量程、单位、报警、转换等参数，然后设定该数据点与设备驱动的实际物理连接。

流程图及其他组态完成流程图绘制，实现画面的静态图形和动态功能设定；实现趋势和图形报警功能；实现脚本扩展功能。在其他组态功能中还可实现基本的策略控制、调节和逻辑控制功能。

与其他系统一样，组态过程完成后，要进行必要的调试。调试的目的是测试 SCADA 与现场设备的连接及检查数据库组态和流程图组态是否存在问题。

4.5.2　InTouch 简介

InTouch 是由 Wonderware 公司于 20 世纪 80 年代推出的一款基于 Microsoft Windows 平台的自动化组态软件。InTouch 应用广泛，版本众多，目前软件名称已演变为 AVEVA InTouch HMI(以下简称 InTouch)，为施耐德(Schneider)电气旗下剑维软件公司的产品。

本小节简要介绍 InTouch 的特点和工程组态的主要内容。

1. InTouch 的特点

InTouch 具有以下主要特点：

① 远程、移动访问。拥有 InTouch Web Client 无限用户授权的用户，可以在包括平板电脑和智能手机的任何设备上，不需安装客户端，通过网页浏览器访问运行态 InTouch 图形。对于操作员，可以借助 InTouch Access Anywhere，通过兼容 HTML5 的网页浏览器，不受时间、地点、设备限制，实现对 InTouch 应用程序的完全读写访问，以监控工厂设备和流程，并对其进行故障排除。

② 组态功能丰富。具有直观的图形动画和脚本设计能力，支持矢量图形、位图图形、库符号、NET 控件和传统 ActiveX 控件，提供预构建的 Web 小部件以及工业图形库，丰富了可视化功能。

③ 高度灵活易用。支持 Microsoft 的虚拟终端技术，利用 Hyper-V 和 VMware 可以在本地或远端设置冗余 HMI 应用程序，实现低成本、高可用性的灾难恢复。具有动态分辨率转换功能，屏幕分辨率可根据运行环境进行调整，用户可以在各种屏幕分辨率的状态下查看 InTouch 应用程序。通过传统的 DDE、扩展的 NetDDE 和 SuiteLink 等方式，可与本机和其他计算机中的应用程序实时交换数据。

④ 本机云支持。支持将 InTouch 应用程序发布到 AVEVA Insight 网站，实现数据的云端共享。在 Integration Studio 中提供云存储，实现跨多个平台的协作。

⑤ 操作员效能态势感知。操作员在态势感知库提供的一组高级构建模块的帮助下，可以更加轻松地专注于性能改进、安全生产和成本控制等最有用的信息，最大限度地降低疲劳程度。

2. InTouch 的组成

InTouch 包括三个主要程序：Application Manager(应用程序管理器)、WindowMaker(组态开发软件)和 WindowViewer(运行监控软件)。

Application Manager 用于创建和管理 InTouch 应用程序，可以配置和使用 InTouch OPC UA (OPC Unified Architecture，OPC 统一架构)服务器，以使第三方客户端与 InTouch HMI 交互。

WindowMaker 是 InTouch 的开发环境，提供图形工具、脚本语言和标记管理实用程序来定义应用程序窗口中对象的行为。可以创建与窗口对象关联的数据点的标记，并在窗口图形与 IO 系统和其他 Microsoft Windows 应用程序之间建立数据连接，用于应用程序中的警报监视、趋势显示等。

WindowViewer 是 InTouch 应用程序的运行时环境，可以运行所有类型的 InTouch 应用程序，用于显示在 WindowMaker 中创建的图形窗口，执行历史数据记录、报警处理记录，并可充当 DDE 与 SuiteLink 通信协议的客户机和服务器。

3. 工程组态

InTouch 的组态内容主要包括组成及运行配置、建立图形、构建标记名字典、创建动画链接、组态实时趋势和历史趋势、组态报警和事件以及配置 IO 通信等。

组态操作过程如下。

(1) 启动应用程序管理器

在 Windows 启动菜单中点击 InTouch 下的 InTouch HMI Application Manager，进入应用程序管理器。其列表显示如图 2-4-69 所示。

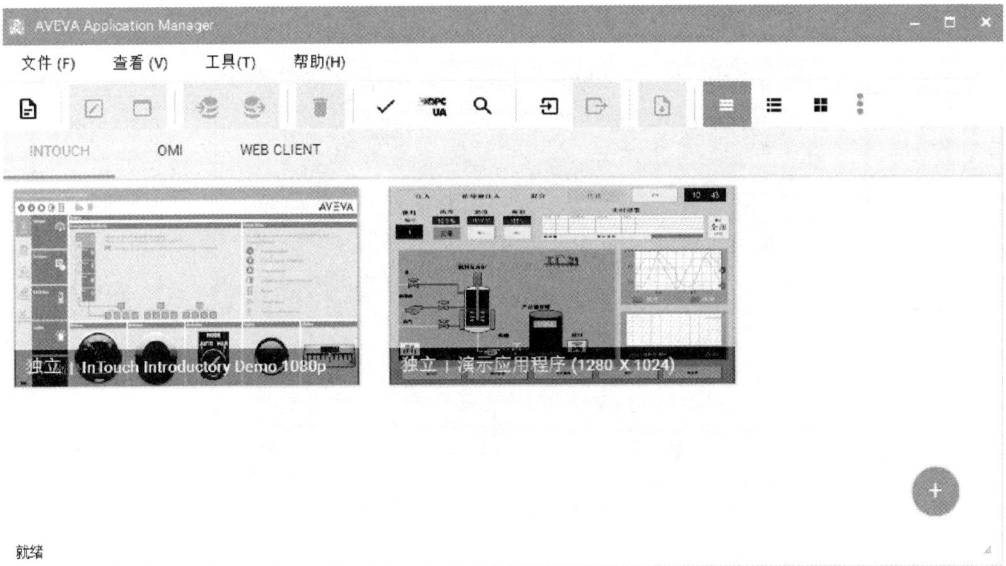

图 2-4-69　应用程序管理器

(2) 创建新的应用程序

在应用程序管理器工具栏上点击“新建”按钮或在菜单栏点击“文件”-“新建”，显示“创建新应用程序”对话框，双击选择应用程序模板，输入应用名称、目录名称、应用路径和描述等信息，完成应用程序创建。InTouch 应用程序管理器出现新建立的应用程序(如“TEST_001”)。其详情显示如图 2-4-70 所示。

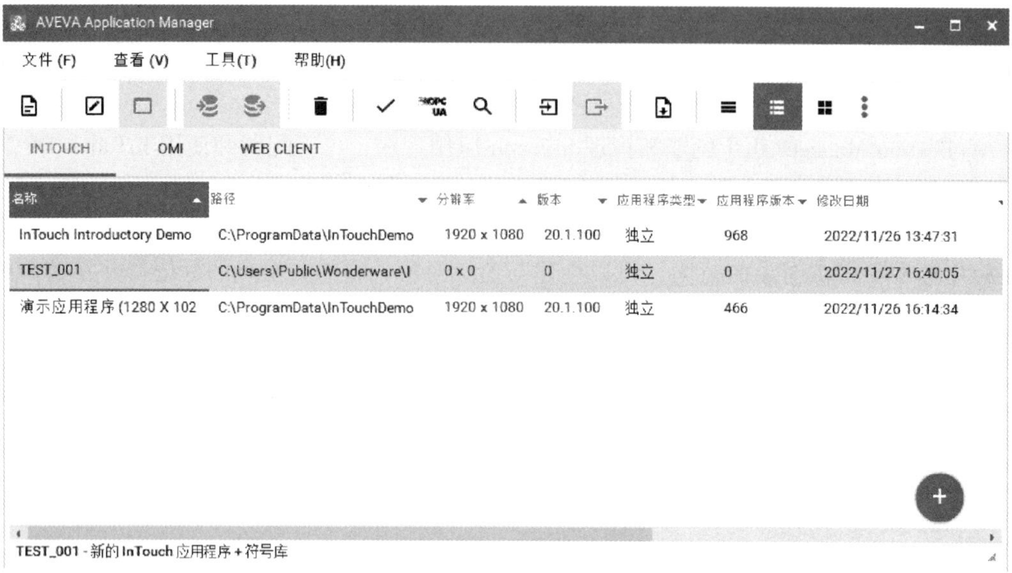

图 2-4-70　创建新的应用程序

（3）创建新项目(窗口)

在应用程序管理器中，双击待组态的应用程序名称（如“TEST_001”），启动 WindowMaker，进入 InTouch 开发环境。如图 2-4-71 所示。

图 2-4-71　InTouch 开发环境

（4）建立图形窗口

在 WindowMaker 界面中，点击“新建”工具按钮，在弹出的窗口属性对话框中，设置名称、窗口类型(替换、覆盖、弹出)、位置大小等属性，创建一个新的图形窗口。然后利用绘图工具绘制操作图形。如图 2-4-72 所示。

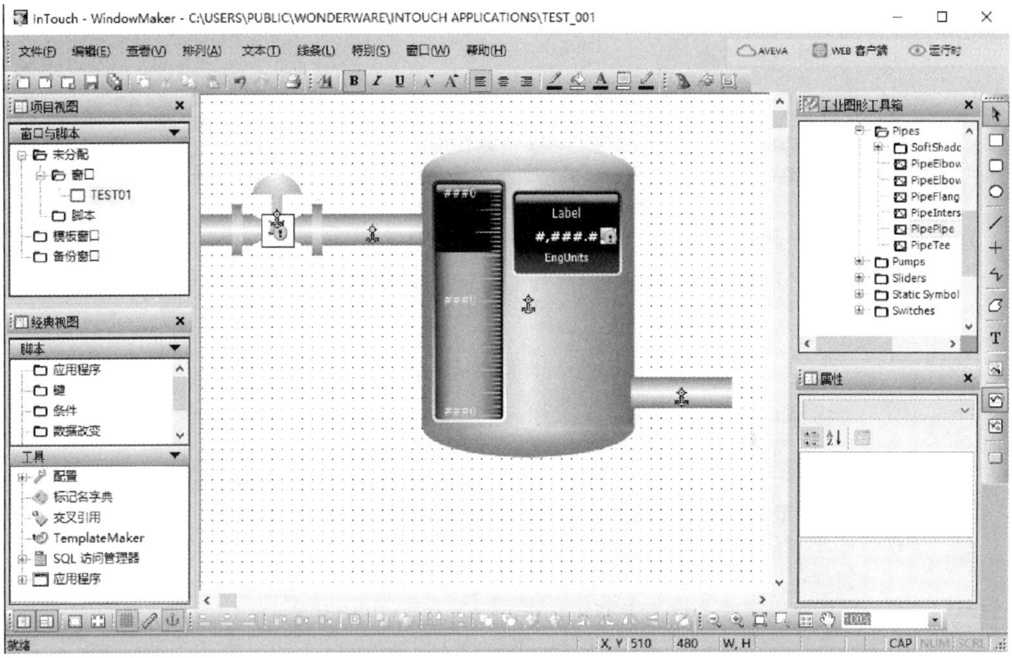

图 2-4-72　绘制操作图形

(5) 创建标记名

标记名字典(运行时数据库)是 InTouch 的核心，是用来输入相关数据详细信息的机制。标记名有多种类型，包括内存类型和 IO 类型(离散型、整型、实型、消息型)、其他类型(组变量、历史趋势、标记 ID、间接)以及复合类型。项目中用到的所有数据都要有自己的标记名。

在 WindowMaker“经典视图”的“工具”列表中双击“标记名字典”，弹出标记名字典对话框，即可创建新的标记名。如图 2-4-73 所示。

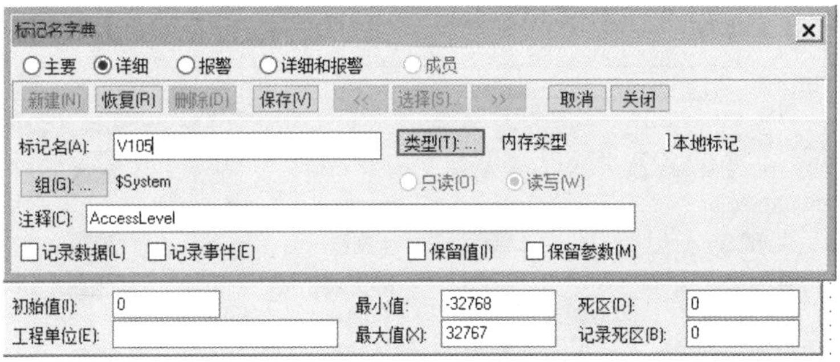

图 2-4-73　创建新的标记名

(6) 创建动画链接

为图形对象或符号赋予动态属性，建立与相关事件的链接，使其随着标记名或表达式值的变化动起来。动画链接包括三类(用户输入、游标、触动按钮)九种触动链接和八种(颜色、位置、大小等)显示链接。

右击图形对象或符号，选择“动画链接”，进入动画链接对话框，根据需要设置相关参数即可建立其动画链接。如图 2-4-74 所示。

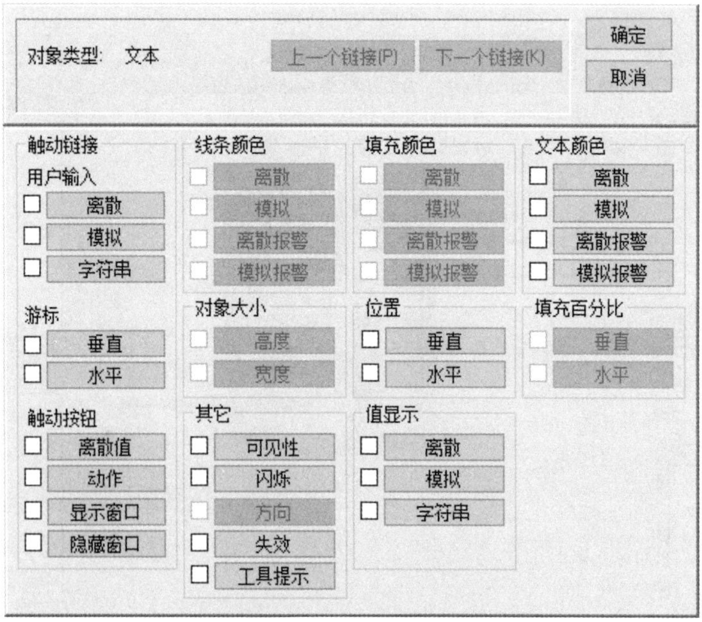

图 2-4-74　动画链接对话框

建立动画链接后，可单击 WindowMaker 窗口右上角的“运行时”菜单命令切换到 Window-Viewer 运行状态，及时检验动画链接的正确性。

(7) 实时趋势和历史趋势

InTouch 提供实时趋势和历史趋势两种显示对象。图形工具箱中提供两种趋势的绘制工具。一个实时趋势窗口最多可以绘制 4 个本地标记名或表达式的变化趋势，一个历史趋势窗口最多可以绘制 8 条趋势曲线。

实时趋势组态　双击趋势窗口中的趋势图部分，在打开的“实时趋势配置”对话框中完成 4 个趋势笔的配置，如图 2-4-75 所示。

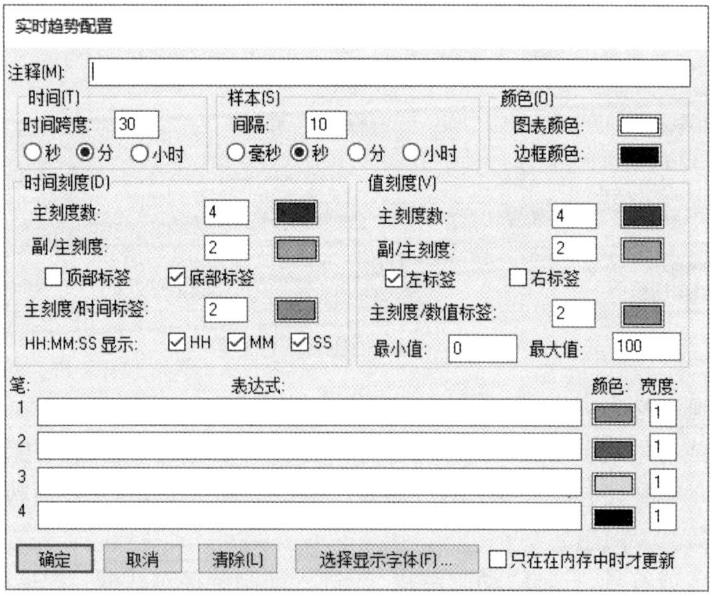

图 2-4-75　实时趋势配置对话框

历史趋势组态　创建一个历史趋势窗口，在标记名字典中设置标记名“允许历史记录”，然后使用历史趋势图表向导、趋势面板向导、趋势图例向导、历史数据面板向导、游标向导，定义相关配置。图 2-4-76 为从“历史趋势图表向导”对话框中打开的“趋势笔”对话框。

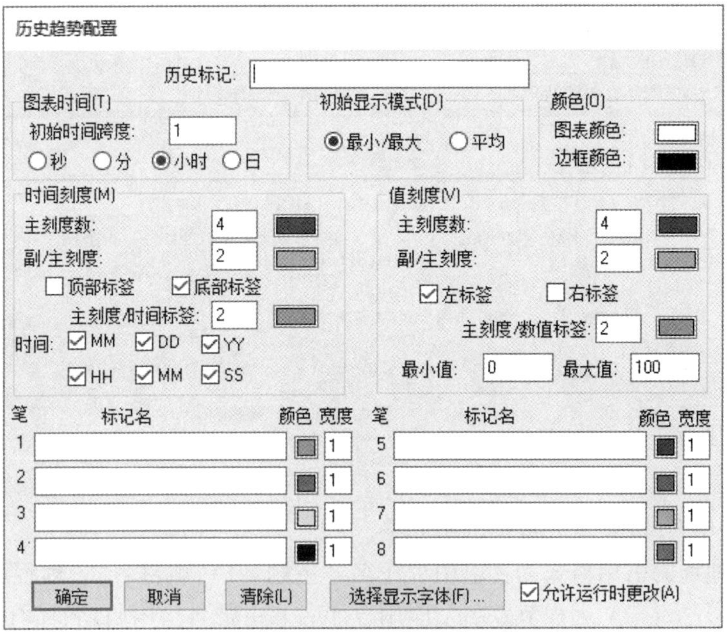

图 2-4-76　历史趋势配置对话框

（8）组态报警和事件

报警为生产过程超出预设条件时发出的警告，要求操作人员做出响应。事件表示正常的系统状态消息(如确认报警 ACK、产生报警 ALM 等)，不要求操作人员响应。报警和事件发生时，InTouch 向操作员发出相关通知信息。

InTouch 共有离散报警、偏差报警(主偏差和副偏差)、值报警(高高报 HiHi、高报 Hi、低报 Lo 和低低报 LoLo)、变化率和 SPC 等 5 类报警。报警级分别用 1~999 表示，“1”为最高级，根据报警严重程度划分为关键、主要、次要和提示性等 4 种优先级，分别对应于 4 个报警级别范围：1~249、250~499、500~749 和 750~999。

报警组态是为每一个报警指定一个严重程度，配置报警级别范围，以便现场操作员很容易地从非关键性报警中过滤出关键性报警。报警组态在标记名的“详细和报警”选项中进行，如图 2-4-77 所示。

组态报警和事件还包括创建报警组、定义事件和通过表达式和脚本访问报警点域等，不再赘述。

（9）IO 通信

InTouch 可以借助 DDE 和 SuiteLink 等协议来与其他本地或远程 Windows 应用程序进行数据通信。InTouch 要从其他程序取得数据时，必须知道提供数据的应用程序名、应用程序中包含数据值的主题名以及主题中的特定项目名。同样，其他程序在从 InTouch 中获取数据时，必须知道 InTouch 应用程序名、每次通信在 InTouch 数据库中读写标记名时使用的名称(主题名)以及在 InTouch 标记名字典中为项目定义的实际标记名(项目名)。

例如：InTouch 要与 Excel 通信，应用程序名是“Excel”，主题名是包含数据的工作表，

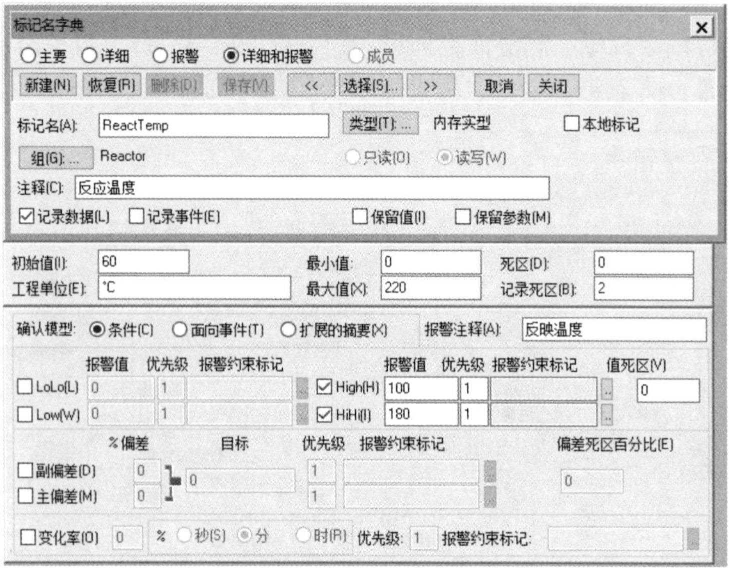

图 2-4-77　报警组态选项

项目名是工作表中要读出/写入数据的单元格。

通信时 IO 地址的引用格式为：应用程序名｜主题名！‘项目名’。远程通信时，地址必须以远程节点名开头：\\ 远程节点名\ 应用程序名｜主题名！‘项目名’，IO 型标记名才能用于 IO 通信。创建 IO 型标记名或远程标记名引用时，必须将其与访问名相关联。访问名等同于一个 IO 地址，包含用于与其他 IO 数据源通信的信息，包括节点名、应用程序名和主题名。为简便起见，访问名通常使用与主题名相同的名称。

图 2-4-78 和图 2-4-79 为 InTouch 与 Tricon 系统的操作站 1131 通信的示例。图 2-4-78 表示添加了一个通过 DDE 协议与本地节点(localhost)上的 TR1DDE 程序通信的访问名“TRICON”，其主题名也为“TRICON”。

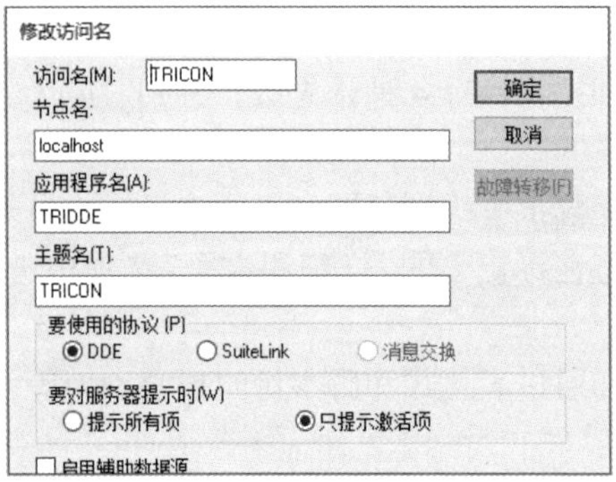

图 2-4-78　添加访问名

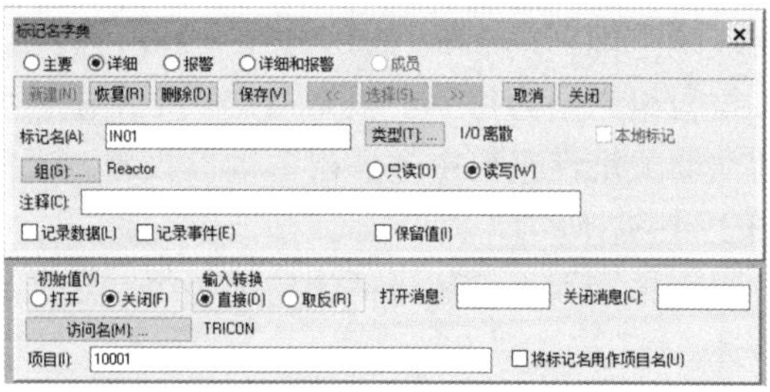

图 2-4-79　定义 IO 型标记名

图 2-4-79 表示 InTouch 中的 IO 离散型标记名 IN01 通过访问名 TRICON 的项目“10001”访问 1131 中通道号为“10001”的 DI 数据(具体在 1131 上对 TR1DDE 组态确定)。

访问名 TRICON 和标记名 IN01 定义完成后，分别运行 InTouch 和 1131，即可看到 1131 中与通道 10001 关联的 DI 数据改变时，InTouch 中标记名 IN01 也会相应变化。

第5章　自动化仪表工程施工

自动化仪表工程施工是一个复杂的过程，专业性强，与管道、设备、电气等专业配合密切，必须符合施工规程，遵守施工程序，控制施工进度，确保施工质量。本章主要介绍仪表安装施工过程管理的基本知识，以及对仪表电源、气源、盘、柜、台、线缆等的施工要求和处理方法。

5.1　自动化仪表工程施工的基本知识

5.1.1　自动化仪表工程施工相关标准与规范

所有施工企业都要按相关标准和规范要求进行施工。中国的标准体系由国家标准、行业标准、地方标准和团体标准、企业标准等四级标准构成。国家标准在全国范围内适用，其他各级标准不得与之相抵触。行业标准是对国家标准的补充，是专业性、技术性较强的标准。国家标准分为强制性标准和推荐性标准，2018年1月1日生效的《中华人民共和国标准化法》去除了强制性行业标准。

标准的编码由标准代号、顺序号和年代号构成。国家标准用代号GB表示，GB同时表示强制性标准。中国石油天然气行业标准用代号SY、石油化工行业标准用代号SH表示等。推荐性标准在标准代号后加“/T”，如GB/T、SH/T等。

石油化工自动化仪表工程施工执行的国内标准、规范主要有以下这些。

(1) 施工规范及质量验收规范

GB 50093—2013《自动化仪表工程施工及质量验收规范》

SH/T 3551—2024《石油化工仪表工程施工及验收规范》

(2) 相关专业的标准规范

GB 50235—2010《工业金属管道工程施工规范》

GB 50236—2011《现场设备、工业管道焊接工程施工规范》

GB 50169—2016《电气装置安装工程 接地装置施工及验收规范》

GB 50254—2014《电气装置安装工程 低压电器施工及验收规范》

SH/T 3081—2019《石油化工仪表接地设计规范》

SH/T 3164—2021《石油化工仪表系统防雷设计规范》

SH/T 3097—2017《石油化工静电接地设计规范》

SH/T 3021—2013《石油化工仪表及管道隔离和吹洗设计规范》

此外，在国内尚未建立相应标准、规范的情况下，执行国际上通用的标准、规范。

5.1.2　自动化仪表工程施工程序

自动化仪表安装工程是一个专业性和技术性很强的工作。仪表安装是否正确，安装工程完成好坏，回路是否能顺利投入运行，将直接影响整个生产装置能否正常运转。仪表安装内容很多，现场施工中必须与其他专业(如：土建、工业管道和设备、电气、防腐蚀、保温、给排水等)相互紧密配合，必须有一个合理的施工程序才能完成安装调试工作。按仪表施工的特点，仪表安装程序如图 2-5-1 所示。

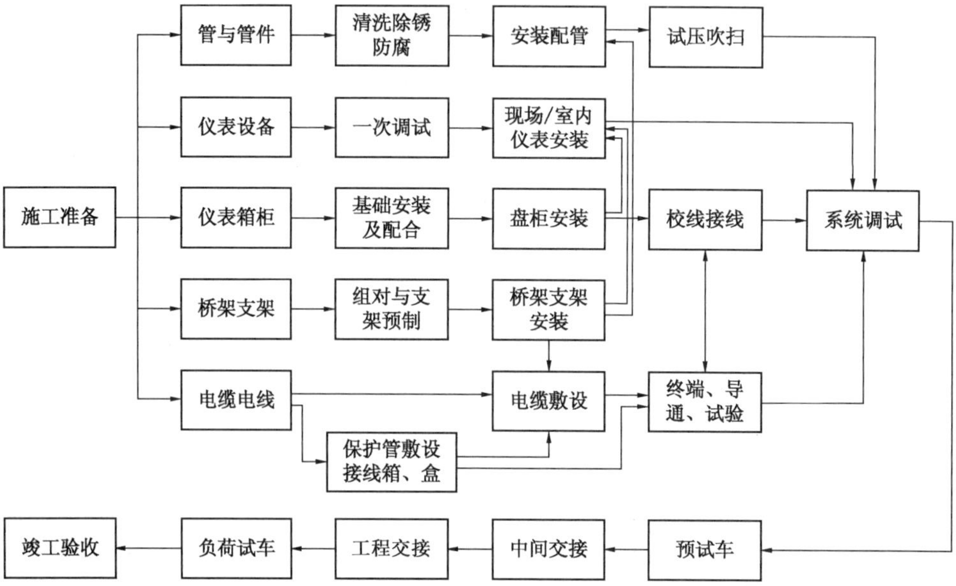

图 2-5-1　自动化仪表主要项目安装施工程序

仪表安装施工包括施工准备阶段、施工阶段、试车阶段和竣工验收阶段。

(1) 施工准备阶段

本阶段是为了满足施工作业条件而作的前期工作，包括两部分：一是技术准备，二是施工和机具准备。

技术准备包括领取施工图纸、参加技术交底、图纸会审、施工组织设计的编制、施工方案的制定、技术资料的准备等。其中：

技术交底、设计交底、图纸会审主要是了解设计的要点，提供的图纸内容和安装标准图、计算书是否完整以及图纸是否存在问题。如与工业管道和设备的一次部件的预留位置、标高和设置内容，土建的预埋件是否正确，以及与其他专业的交叉、供电电源和接地的设计是否符合要求等。

技术资料的准备，包括施工技术要领书、技术规程规范、标准、安装标准图册、调试说明书、样本、手册等。

施工组织设计的编制范围和内容涉及施工准备、施工、预试车三个阶段的工作。具体内容包括：

① 施工项目概况简述，简述仪表安装与调试的规模、大小、工程性质、目的、意义、工程特点、仪表自动化水平、安装与调试要点和一些特殊需要的说明等，并附工程项目一览表和主要的工程量、材料供应及特殊材料的准备情况、劳动力计划、安装与调试用施工设施的安排；

② 施工部署，施工任务的划分、确定施工组织与实施的项目管理、人员组织与定岗；施工计划安排、划分施工阶段、明确重点项目施工及穿插施工项目；

③ 施工方法和施工机械的选择，所采用的安装调试的施工方法及说明其合理性，结合施工单位技术装备和使用情况，编制施工机具、施工机械和调试用标准仪器需用量计划表；

④ 临时设施规划，包括安装调试用临时性生产设施，如供水、供气、供电、临时通信及调试设施等；

⑤ 施工平面布置，应根据整个工程的总施工平面图划定仪表工程临时设施规划，在不影响永久性工程和安全环保的前提下，力求紧凑合理、节约用地和实用；

⑥ 施工总进度控制计划，这是工程安装控制点计划的总安排，以网络图的形式呈现。按工程总进度计划的安排，仪表工程按单项单位工程的主要分部分项工程为工序编制施工进度，在工程总进度网络图上表示仪表安装调试的控制计划，主要控制点应用文字加以说明和叙述；

⑦ 劳动力需用计划，根据施工总进度计划的安排、按预算定额计算出的人月数，测算各主要工种的需要量，编制每年每月每日的劳动力计划表，并标明施工高峰时进施工点的人数；

⑧ 施工技术组织措施，编制包括保证工程进度、工程质量、安全生产、推进技术进步、提高施工技术水平、提高劳动生产率、降低工程成本提高经济效益的措施和冬雨季施工措施及技术培训计划等；

⑨ 施工准备工作计划，包括技术装备、施工现场准备、劳动力组织与调配、主要物资及施工机具、设备的准备和工作计划表；

⑩ 施工技术采用的标准、规程、规范，开列出来并进行编目。

施工及机具准备包括：

① 校验仪器的准备、施工机具的准备；校验间及设施、材料储备室、工作间、工作场地、休息室、堆场等的准备；

② 材料、设备、配件出库检验，运输至指定的地点，分类存放，保管；

③ 按施工技术措施中的计划安排仪器、机具准备；安排施工人员进点的施工准备；

④ 施工图预算编制。

（2）施工阶段

仪表施工在工业设备和管道的安装工程已完成60%~70%，土建工程基本完成后，才能形成施工高潮，这就造成仪表工作大量集中在施工控制网络的后期，施工期短、与其他专业交叉作业多。一般采用先室内后室外，先预制后安装，“见缝插针”，穿插交叉施工的做法，合理安排施工程序。仪表施工分为3个阶段：

① 前期施工阶段。仪表设备和材料陆续出库，室外预制工作和部分安装工作，室内箱柜底座预制安装、仪表一次调试、调节阀试验等。

② 施工高潮期。这是仪表施工的关键和繁忙时期，主要工作有：在室内，仪表盘、柜、台就位，盘、柜、台校接线、配线、配管，已单体调试完毕的控制室仪表安装；在室外，配合一次点开孔、取源部件安装、核对所有的预埋件、预留孔，现场仪表安装就位，管路敷设、桥架支架安装、电缆敷设与电缆终端制作等所有的安装工作，回路模拟试验。

③ 施工后期。主要工作是配合工业管道和设备吹扫，安装孔板、调节阀取代临时短管；同工业管道和设备一起试压和气密性试验；进行工程扫尾和仪表设备、管路的保温工作。

（3）试车阶段

安装工程完工以后，对生产装置规定范围内的管道、设备、电气、自动化仪表进行安装后质量、性能、各项指标的全部检验，包括单机试车、联动试车、负荷试车。单机试车和联动试车又称为预试车。

单机试车是对现场安装的驱动装置空负荷运转或单台设备以水、空气为介质进行试车，主要检查除介质影响外的设备性能和制造安装质量。为配合单机试运转，应启动相关仪表，投入运行，有关的联锁、报警信号系统应能正常使用。该阶段以施工单位为主。

联动试车又称为无负荷试车，在单机试车合格后进行的把设备、电气、仪表联合在一起以水、空气为介质模拟试运行，以检查除介质以外的设备全部性能和制造、安装质量。这时仪表的检测系统、控制系统、联锁及报警系统100%投入运行，正常使用。此阶段甲方应进入现场，全力投入试车。

负荷试车又称为投料试车，使各装置之间相互衔接试运行，对工厂的全部生产装置按设计文件规定的介质使生产流程贯通，以检验除经济指标之外的全部性能，并产出合格产品。负荷试车以甲方为主。在此阶段，全部检测仪表和控制系统投入运行，各工艺参数按各项指标调整至最佳状态并保运。

（4）交工验收阶段

交工验收包括中间交接、工程交接和竣工验收，工作范围分别如下：

① 中间交接　对工厂单项或部分的生产装置按设计文件规定范围的工程全部完成，单机试车合格后甲乙双方作中间移交。

② 工程交接　在工厂全部装置预试车合格后，甲乙双方按规定内容进行交接，并移交部分资料。

③ 竣工验收　工程全部完成，经试车合格和考核合格，生产装置达到稳定运行，并且按合同规定的时间完成对工程质量的保证，经业主和有关上级主管部门验收合格可以交工，并提供交工资料。

5.1.3　自动化仪表安装过程

仪表安装过程是组成信号回路的过程。以一流量检测回路为例，其基本安装环节可用安装方框图表示，如图2-5-2所示。

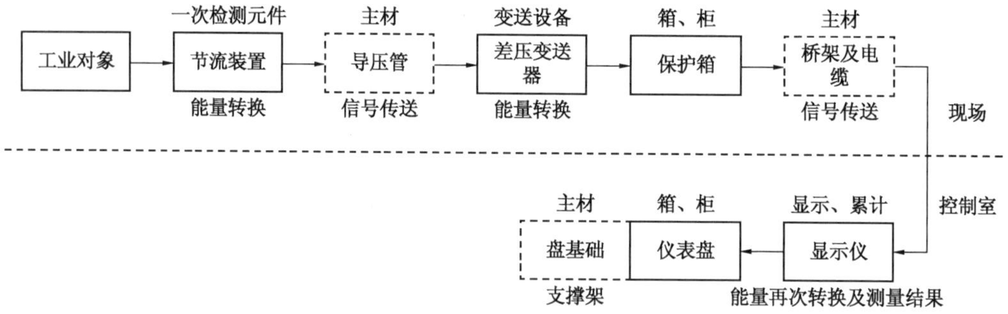

图2-5-2　回路安装程序示意图

在这个回路中，安装过程分为现场安装和控制室安装，安装内容包括：

① 仪表设备安装，包括一次元件节流装置、流量差压变送器；

② 仪表盘、柜、台安装，包括保护(温)箱、仪表盘；

③ 主材安装，包括导压管及加工件、管件、桥架、电缆、槽钢、仪表阀门，在工业管道上安装节流装置用法兰；

④ 附件安装，包括取源部件、穿线盒；

⑤ 其他工作，包括电缆头制作及盘、柜、台校线；

⑥ 调试，包括单体调试、系统调试。

调节回路的安装内容要比检测回路多，调试的复杂程度要大。因此，决定仪表安装工程量的大小与“回路”的硬件配置情况有关，即与仪表的“台件数”或者说与“回路数”的多少有关。

5.1.4 自动化仪表安装方式

自动化仪表设备按安装位置可分为现场仪表和控制室仪表。现场仪表宜在工业管道吹扫后、压力试验前安装，并应随之一起试压。仪表具体安装方式有：

① 现场直接安装方式　仪表直接与工业管道或设备连接，与介质直接接触，称为一次仪表或一次元件的安装。有通过连接件或法兰直接插入(如温度计、电容物位计、皮托管、分析探头、插入式液位计和流量计等)和用法兰连接固定在管道中(如安装在管道上的流量计、法兰液位变送器、节流装置、调节阀、自力式阀等)两种安装形式。

② 从设备或管道上通过导压管引出安装方式　如液位测量仪表、压力测量仪表、流量测量仪表和变送器等。

③ 就地安装固定　在现场操作点或控制点附近安装的仪表或安装在装置附近，如用间接法测量的仪表(高温比色温度计、辐射温度计)；作为传送或就地显示的，在支架上固定的仪表，如变送器、显示仪表等。

④ 在机器或设备上安装　多用于机械量仪表，如称重传感器、振动、轴位移等，或通过连杆连接，如电动执行机构。

⑤ 在仪表上固定　一般为仪表元件或附件，如阀位传送器、阀门定位器、执行机构、气路电磁阀等。

⑥ 在控制室内安装　安装在控制室的盘前、盘后及墙上或支架上的仪表。计算机控制系统及控制室仪表盘面安装的报警联锁装置等，在正常情况下，供操作人员了解工业过程并进行操作。盘后架装或盘后支架上安装的仪表在正常情况下，操作人员不能够接近。

5.1.5 仪表常用材料的选用

1. 仪表常用阀门的选用

阀门型号一般由6个单元组成，其含义见表2-5-1～表2-5-6。

第一单元用汉语拼音字母表示阀件类别，见表2-5-1。

表2-5-1　阀件类别及代号

阀门类别	闸阀	截止阀	止回阀	旋塞阀	减压阀	球阀	电磁阀	疏水阀	安全阀	调节阀	隔膜阀	蝶阀	节流阀
符号	Z	J	H	X	Y	Q	ZCLF	S	A	T	G	D	L

第二单元用一个阿拉伯数字表示阀件的驱动方式，见表2-5-2。

表2-5-2　阀件驱动方式及代号

驱动种类	涡轮传动的机械驱动	正齿轮传动的机械驱动	伞齿轮传动的机械驱动	气动驱动	液压驱动	电磁驱动	电动机驱动
代号	3	4	5	6	7	8	9

第三单元包括两个部分，其中第一部分用阿拉伯数字表示阀件的连接形式，见表2-5-3。

表 2-5-3　阀件连接形式及代号

连接形式	内螺纹	外螺纹	法兰	法兰	法兰	焊接	对夹
代号	1	2	3	4	5	6	7

第三单元第二部分用阿拉伯数字表示结构形式，见表 2-5-4。

表 2-5-4　阀件结构形式及代号

<table>
<tr><th>代号</th><th>闸阀</th><th>截止阀</th><th>旋塞阀</th><th>止回阀</th><th>疏水阀</th><th>减压阀</th><th colspan="2">弹簧式安全阀</th><th>杠杆式安全阀</th><th colspan="2">调节阀</th></tr>
<tr><td>1</td><td>明杆楔式单闸板</td><td>阀瓣非平衡式-直通流道</td><td>直通式</td><td>直通升降式</td><td>浮球式</td><td>外弹簧薄膜式</td><td>微启式</td><td rowspan="4">封闭式</td><td>单杠杆微启式</td><td rowspan="4">薄膜弹簧式</td><td>带散热片气开式</td></tr>
<tr><td>2</td><td>明杆楔式双闸板</td><td>阀瓣非平衡式-Z 形流道</td><td>调节式</td><td>立式升降式</td><td></td><td>内弹簧薄膜式</td><td>全启式</td><td>单杠杆全启式</td><td>带散热片气关式</td></tr>
<tr><td>3</td><td>明杆平行式单闸板</td><td>阀瓣非平衡式-三角流道</td><td>直通填料式</td><td>角通升降式</td><td>浮桶式</td><td>膜片活塞式</td><td>带扳手微启式</td><td>双杠杆微启式</td><td>不带散热片气开式</td></tr>
<tr><td>4</td><td>明杆平行式双闸板</td><td>阀瓣非平衡式-角式流道</td><td>三通填料式</td><td>单瓣旋启式</td><td></td><td>波纹管式</td><td>带扳手全启式</td><td>双杠杆全启式</td><td>不带散热片气关式</td></tr>
<tr><td>5</td><td>暗杆楔式单闸板</td><td>阀瓣非平衡式-直流流道</td><td>保温式</td><td>多瓣旋启式</td><td>钟罩浮子式</td><td>杠杆弹簧式</td><td>微启式</td><td rowspan="4">非封闭式</td><td></td><td rowspan="2">薄膜杠杆式</td><td>阀前</td></tr>
<tr><td>6</td><td>暗杆楔式双闸板</td><td>阀瓣平衡式-直通流道</td><td>三通保温式</td><td>双瓣旋启式</td><td></td><td>气热薄膜式</td><td>全启式</td><td>脉冲式</td><td>阀后</td></tr>
<tr><td>7</td><td>暗杆平行式单闸板</td><td>阀瓣平衡式-角式流道</td><td>润滑式</td><td></td><td></td><td></td><td>带扳手微启式</td><td></td><td rowspan="2">活塞弹簧式</td><td>阀前</td></tr>
<tr><td>8</td><td>暗杆平行式双闸板</td><td></td><td>三通润滑式</td><td></td><td>脉冲式</td><td></td><td>带扳手全启式</td><td></td><td>阀后</td></tr>
<tr><td>9</td><td></td><td></td><td>液面指示计</td><td></td><td>热动力式</td><td></td><td colspan="2">带散热器微启式</td><td></td><td colspan="2">浮子式</td></tr>
<tr><td>10</td><td></td><td></td><td></td><td></td><td></td><td></td><td colspan="2">带散热器全启式</td><td></td><td colspan="2"></td></tr>
</table>

第四单元用汉语拼音字母表示阀件的密封圈材料或衬里材料，见表 2-5-5。

表 2-5-5　阀件密封圈或衬里材料及代号

密封圈或衬里材料	代号	密封圈或衬里材料	代号	密封圈或衬里材料	代号
铜（黄铜或青铜）	T	皮革	P	无密封圈	W
耐酸钢或不锈钢	H	硬质合金	Y	衬胶	CJ
渗氮钢	D	尼龙	NS	衬铅	CQ
巴氏合金	B	橡胶	X	衬塑料	CS
硅铁	G	硬橡胶	J	搪瓷	TC
硬铅	Q	酚醛塑料	SD	石墨石棉（层压）	S
蒙乃尔合金（镍铜合金）	M	聚四氟乙烯	SA		

第五单元直接用公称压力的数值表示，并用短线与前面各单元隔开。阀件的公称压力为：0.1MPa、0.2MPa、0.5MPa、0.6MPa、1.0MPa、1.6MPa、2.5MPa、4.0MPa、6.4MPa、10.0MPa、16.0MPa、20.0MPa、32.0MPa。

第六单元用汉语拼音字母表示阀件材料，见表2-5-6。对于 $PN<1.6$MPa 的灰铸铁阀体和 $PN>2.5$MPa 的碳素钢阀体，则省略本单元。

表2-5-6 阀件材料

阀体材料	铸铁	可锻铸铁	球墨铸铁	铸铜	碳钢	硅铁	铬镍钛钢	铬镍钼钛钢
代号	Z	K	Q	T	C	G	P	R

下面介绍仪表测量管路系统中常用的几种阀门。

① 管路用截止阀　测量管路截止阀具有连接紧固、密封可靠、耐压性能好、安装拆卸方便、现场使用无须另加配件等特点，广泛适用于石油、化工、轻工、电力、医药、冶金等工业装置的自动化仪表系统中。常见的截止阀有：外螺纹截止阀、内外螺纹截止阀、法兰截止阀、角式截止阀、三通截止阀、承插焊截止阀、焊接式截止阀、高温高压截止阀等。

② 测量管路闸阀　在仪表测量管路系统中，闸阀常用于黏性等易堵介质的测量管路以及吹气、冲液式测量、玻璃板液面计、外浮筒液面测量的管路中，其特点是流通口径大、开关敏捷。在这类产品中，对于水、油品、蒸汽管道，最高工作温度可达425℃；对于硝酸类管道，最高工作温度可达100℃。常见的闸阀种类有：承插焊闸阀、承插焊锻钢闸阀、承插焊楔式闸阀、焊接闸阀、多路闸阀等。

③ 测量管路球阀　测量管路球阀具有结构简单、操作方便、连接可靠、流通口径大及价格低廉等优点，但公称压力和使用温度不高。常用球阀有：卡套式球阀、取压球阀、压力仪表球阀、内螺纹球阀等。

④ 气源球阀　该阀门用于仪表供气场合，一端为G½″内螺纹接气源管，另一端连接紫铜管或不锈钢管。

⑤ 疏水阀　也叫阻气排水阀或疏水器，用于蒸汽伴热系统，自动排除冷凝水，防止蒸汽泄漏损失，以提高热效率。包括：内螺纹热动力式疏水阀、承插焊热动力式疏水阀等。

2. 仪表常用管件

① 钢制卡套式管接头　在仪表工程中广泛用于仪表测量管路及其他管路。它与钢管连接时不需要焊接，有利于任何场合、任何时候进行拆换，耐压能力高，密封性和反复性良好，安装和维修方便。

② 非切入卡套式接头　也称双卡套式接头，适用于高温、高压、低温及焙烧等场合。在仪表工程中可用于连接薄壁或厚壁的金属管和塑料管等。接头密封形式为“抵触密封”，极利于特别清洁系统应用。

③ 压垫式管接头　加工工艺比较简单，配用钢管的表面精度要求不高，广泛用于石油、化工、冶金和轻工等行业。但钢管连接时须进行焊接，可用于腐蚀较强的场合。

④ 承插焊管接头　承插焊管接头在仪表工程中广泛用于测量管路及其他管路。包括：承插焊锻制45°弯头、承插焊锻制90°弯头、承插焊锻制三通(包括等径和异径)、承插焊十字形锻制四通(包括等径和异径)、双端承口管箍及管帽、承插焊三通接头、承插焊直通接头、承插焊弯通接头、焊接异径接头、焊接弯通接头等。

⑤ 铜制气动管路卡套式管接头　用于气源及信号管路，配接紫铜管、尼龙管。产品有直通终端接头、弯通终端接头、直通中间接头、弯通中间接头，接头的配管外径为6mm、8mm、10mm等3种规格。

3. 挠性连接管、穿线盒及防爆管件

挠性连接管适用于爆炸性危险场所，作为防爆电气设备进线连接防爆软管，在现场仪表以及钢管穿线弯曲难度较大的场合使用。常用接口尺寸有：G½″、M20×1.5、NPT½″、G¾″和G1″。

穿线盒是电缆电线穿管敷设时，在保护管的连接、分支和拐弯处必须采用的连接管件。穿线盒有直二通，左、右、后盖、三通、四通、弯通、后盖三通等结构形式，适用的水煤气管规格有G½″、G¾″、G1″、G1¼″、G1½″和G2″，适用电线管规格有G½″、G⅝″、G¾″、G1″、G1¼″、G1½″、G2″和G2½″，分等径和异径等产品。

防爆活接头适用于有爆炸性危险的场所，在钢管配线以及各种弯头与直线之间连接用。

防爆隔离密封盒(接头)主要作为电缆(线)保护管防爆隔离密封用。

保护管用来保护电缆、电线和补偿导线，通常采用镀锌焊接钢管(镀锌水煤气管)。保护管的管径选定后，要根据管径计算出进入保护管的仪表电缆数量。

4. 电缆、电线主要类型的选择

(1) 电缆、电线类型选择

在一般情况下，常用的电线为铜芯聚氯乙烯绝缘线。在火灾危险环境下，应采用阻燃型电缆。在爆炸危险场所，采用本安型仪表系统时，选用本安型阻燃控制电缆，或耐火电缆。控制系统如DCS、PLC等的信号回路采用屏蔽电缆。轴位移、轴振动信号传输电缆，采用分屏蔽加总屏蔽电缆。

对于补偿导线，一般环境中，采用普通型补偿导线；高温环境中，采用耐高温补偿导线；在火灾危险环境中，采用阻燃型补偿导线；在爆炸危险环境中，仪表为本安系统时，采用本安型补偿导线；控制系统(如DCS、PLC)信号回路采用屏蔽型补偿电缆。

(2) 线芯截面积选择

电缆电线的线芯截面积应满足检测及控制回路对线路阻抗的要求，以及施工中对其机械强度的要求。

仪表盘、柜、台内配线，采用截面积为1.0mm²或0.75mm²的塑料绝缘多股铜芯软线。

补偿导线的截面积，常用1.5~2.5mm²。如果采用多芯补偿电缆，线路电阻能够满足测量要求，其截面积为0.75~1.0mm²。

(3) DCS电缆、本安电缆、计算机控制电缆和耐火电缆

一般常用的有KVVP、KVVP2、KVVRP型。

DCS电缆的每个线对(或三线组)均有单独屏蔽，主要用于计算机控制系统。

本安电缆为低电容、低电感，具有优异的屏蔽性能和抗干扰性能，防爆安全性能高于一般计算机电缆，用于爆炸危险场合及其他防爆安全要求较高的场合。

计算机控制电缆用于连接计算机外围设备到生产现场，以及各种电器、仪表、自动装置等需要屏蔽的地方。

耐火电缆具有较高的耐火能力，经受火焰直接燃烧的情况下，在一定时间内不发生短路和断路故障，适用于火灾危险性较大、消防安全重要性较高的场合。

5.2 仪表供电

5.2.1 术语和定义

仪表电源　为仪表及控制系统提供直流或交流电力的设备或系统。

不间断电源(UPS)　由电力变流器、储能装置(如蓄电池)和开关(电子式、机械式或混合式)等组合而成。在供电中断后能持续一定供电时间的电源设备。分为交流不间断电源和直流不间断电源两类。

普通电源(GPS)　无后备电池系统的无延迟供电设备或工厂电源。

电源容量　电源输出电力的额定能力。直流电源容量通常以输出电流安培“A”表示，交流电源容量以伏安“VA”或千伏安“kVA”表示。

电源瞬断时间　电源切换过程中产生的瞬间中断供电时间。

瞬时电压降　电源切换过程引起的瞬时电压降。

配电柜(箱)　进行电源分配的开关柜(箱)。

冲击状态　仪表系统接通电源时，引起电流短时增大的状态。

5.2.2 仪表供电范围和负荷等级

1. 供电范围

仪表供电包括仪表控制系统供电、仪表辅助设施供电，以及其他自动化监控系统的供电。

仪表控制系统的供电范围包括：控制室内的电子仪表系统；DCS、PLC、SCADA和监控计算机等系统；SIS；在线分析仪表及其他现场仪表；FGS。

仪表辅助设施供电范围包括仪表盘(柜)内照明和仪表及测量管道的电伴热。

用电仪表及设备必须符合220V，50Hz交流或24V直流的电源规格。仪表及控制系统的用电规格必须符合电源的电压、交流电的频率与波形失真、直流电的波纹电压、电源瞬断时间、瞬时电压降等指标。

不符合供电电源规格的仪表，必须自带电源变换设备，以符合供电电源规格。

2. 负荷等级

仪表控制系统的用电负荷属于一级负荷中的特别重要负荷。这类负荷的供电中断时，为确保安全停车及处理事故，不致造成设备损坏和人身伤害事故，不致造成重大经济损失，需要设置UPS。

仪表用电负荷属于三级负荷。这类负荷在供电中断时，对生产过程影响较小，不会造成设备损坏和经济损失，因此不需要设置UPS，而由普通电源供电。

5.2.3 仪表供电系统的配置

1. 仪表电源的配置原则

仪表电源容量应按仪表及控制系统的用电量总和的1.2~1.5倍确定。

为了降低UPS的容量，某些项目的仪表电源可按不同要求分别采用UPS和普通电源。

当两种电源同时采用时，不能将两种电源并联运行。

下列几种情况下，仪表电源可采用普通电源：

① 无高温高压、无爆炸危险的小生产装置及公用工程系统；

② 采用气动仪表且未设置SIS的生产装置；

③ 一般的分析监视系统。

供给仪表的普通电源应是供给生产装置或单元的同等电源。

仪表电源采用普通电源时，电气供电可采用单回路或双回路。

下列几种情况下，仪表电源宜采用 UPS：

① 大、中型石化生产装置、重要公用工程系统及辅助生产装置；

② 高温高压、有爆炸危险的生产装置；

③ 设置较多、较复杂信号联锁系统的生产装置；

④ 采用 DCS、PLC、SIS 等的生产装置；

⑤ 石化装置中连续生产过程的控制仪表系统、重要公用显示仪表；

⑥ 重要的在线分析仪表(如参与控制、安全联锁)；

⑦ 大型压缩机、泵的监控系统。

仪表电源采用的不间断电源装置应为静止型。

2. 供电系统配置原则

供电系统配置应满足下列要求：

① 仪表及控制系统的供电，应按电源种类(普通电源或交流不间断电源和直流不间断电源)分别独立配电，不得混用配电柜(箱)或开关箱；

② 仪表电源系统应按电气专业的标准、规范设置保护措施和接地。

SIS 的供电应满足下列要求：

① 重要 SIS 的电源单元，应考虑冗余措施。

② 电磁阀电源电压宜采用 24V(特殊需要时可用 48V)直流电或 220V 交流电，且应考虑两个要求：一是重要 SIS 的直流电磁阀应由冗余配置的直流稳压电源或由直流 UPS 供电；二是 SIS 的交流电磁阀应由交流 UPS 供电。

③ 可燃气体和有毒气体检测系统，应采用 UPS 供电。

仪表电源系统应采用 TN-S 或 TN-C-S 系统供电，若有必要应增加漏电保护系统。

3. 智能仪表系统的供电

按用电仪表的电源类型、电压等级设计供电系统，供电系统可按需要采用三级或二级供电方式。

在三级供电系统中设置总配电柜(箱)、分配电柜(箱)、仪表开关板；在二级供电系统中设置总配电柜(箱)、分配电柜(箱)。

保护电器的设置，应符合下列规定：

① 总配电柜(箱)设输入总断路器和输出分断路器；

② 分配电柜(箱)输入端设总开关，不设断路器，输出端设输出开关及断路器，直流电只对正极设断路器；

③ 仪表开关板不设输入总开关和断路器，对交流电输出端分别设双刀开关并对相线加断路器；对直流电输出端正极设单刀开关及断路器，但当负极浮空时，输出端应采用双刀开关。

属于三级负荷的现场仪表的供电，若从控制室供电有困难，可由现场邻近的低压配电箱(盘)供电。

各仪表盘内的仪表开关板，宜留有至少 15%备用回路，各分配电柜(箱)宜留有至少 25%备用回路。

4. DCS、PLC、SIS及计算机系统的供电

DCS、PLC、SIS及监控计算机系统，应采用UPS供电。

按总供电负荷量采用单相或三相交流UPS电源。如采用三相交流电源，应将负荷均匀分配到三相线路上，并使三相间负荷不平衡度小于20%。

不间断电源对DCS、PLC、SIS和监控计算机系统供电时，可采用二级供电方式，即设总配电柜(箱)和分配电柜(箱)。总配电柜(箱)和分配电柜(箱)可合并成一个配电盘(柜)。配电盘(柜)内总供电回路和分供电回路之间，应设保护电器。

保护电器的设置，应确保总配电柜(箱)设输入总断路器和输出分断路器，分配电柜(箱)设输出断路器。分配电柜(箱)输入端不设保护电器。

分配电柜(箱)宜留有至少25%的备用回路。

5.2.4 供电器材的选择及电源系统的配线

1. 供电器材选择的一般原则

选用的供电电器应满足如下正常工作条件的要求：

① 供电电器的额定电压和额定频率，应符合所在网络的额定电压和额定频率。

② 供电电器的额定电流应大于所在回路的最大连续负荷计算电流。

③ 保护电器应满足电路保护特性要求。

断开短路电流的电器，应具有在短路时良好的分断能力。

外壳防护等级应符合环境条件的要求。

2. 供电器材的选择

供电线路中各类开关容量可按正常工作电流的2~2.5倍选用。

断路器的选择，应满足下列要求：

① 断路器中过电流脱扣器的容量应按线路工作(计算)电流确定。正常工作情况下脱扣器的额定电压应大于或等于线路的额定电压；脱扣器整定电流应接近但不小于负荷的额定工作(计算)的电流总和，且应小于线路允许的载流量。

② 断路器额定电流应小于该回路电源开关的额定电流。

③ 断路器的额定电流及断路器过电流脱扣器的整定电流应同时满足正常工作电流和启动尖峰电流两个条件的要求。

④ 多级配电系统中，干线上断路器的额定电流应大于支线断路器的额定电流至少两倍。

⑤ 多级配电系统中支线上采用断路器时，干线上的断路器动作延时时间应大于支线上断路器的动作延时时间。

选择电源(隔离)变压器时，负荷容量应按仪表系统计算容量总和的1.2~1.5倍计算；额定电压应大于或等于用电仪表的额定电压。

配电柜(箱)应安装在环境条件良好的室内。如必须安装在室外时，应避开环境恶劣的场所，并采用适合安装场所环境条件的配电柜(箱)。

供电线路中的电器设备、安装附件，应满足现场的防爆、防护、环境的要求。

3. 电源系统的配线

电源线的长期允许载流量，不应小于线路上游断路器的额定电流或低压断路器内延时脱扣器整定电流的1.25倍。

电源线路不应在易受机械损伤、有腐蚀介质排放、潮湿或热物体绝热层处敷设。当无法避免时，应采取保护措施。

配电线路上的电压降不应使送到用电设备的供电电压小于最低工作电压。

交流电源线应与其他信号线分开敷设，当无法分开时，应采取金属隔离或铠装屏蔽及其他相应措施。

交流电源线上的电压降，应符合以下规定：

① 电气供电点至仪表总配电柜(箱)或 UPS 的电压降应小于 2V；

② UPS 电源间应紧靠控制室，从 UPS 至仪表总配电柜(箱)的电压降应小于 2V；

③ 控制室内从仪表总配电柜(箱)至仪表设备电压降应小于 2V；

④ 从仪表总配电柜(箱)至控制室外仪表设备电压降应小于 2V。

交流电源线宜采用三芯绝缘线，分别为相线、中线和地(PE)线(仪表盘、柜、台内配线除外)。

控制室内的 24V 直流电，其电源设备至配电柜(箱)的电压降和配电柜(箱)(自总配电柜算起)至仪表设备的电压降应小于 0.24V。

控制室内配线，应选用聚氯乙烯或聚乙烯绝缘铜芯线。导线截面积的选择，应满足下列要求：

① 从配电柜(箱)至仪表的电源线截面积

爆炸危险场所：本安回路　0.75~1.5mm^2；

　　　　　　　非本安回路　1.0~2.5mm^2；

非爆炸危险场所：0.75~2.5mm^2；

② 从配电柜(箱)至 DCS 及计算机系统各设备的电源线截面积，应按耗电量计算选择；

③ 特殊仪表(如分析仪表)电源线的截面积，应按耗电量计算选择；

④ 分配电柜(箱)至各仪表盘的电源线截面积，应按其耗电量计算选择。

接地导线截面积的选择，应符合有关规定。

5.3 仪表供气系统

为使气动阀门工作正常，对仪表气源的要求很高。供气系统采用压缩空气，压缩空气由工厂的压缩空气站供给，压力输出为 0.5~0.7MPa 的净化空气。供气方式常为现场供气。

现场供气分为供气总管和供气支管。供气总管分散安装至现场用气仪表附近，单独沿桥架、支架敷设，或集中到现场供气装置或接管箱，再分散至各用气仪表处(二级供气)。供气总管材质多为镀锌管、不锈钢管、紫铜管、黄铜管，规格为 *DN*50 以下，支管按仪表及装置需气量不同选用 *DN*32 以下不锈钢管或 $\phi6\times1$ 紫铜管或管缆。

现场供气较集中时，一般采用空气分配器，为用气仪表设备提供较为理想的供气组件，它与供气总管和支管相连接，支管由 $\phi6\times1$ 和 $\phi8\times1$ 的紫铜管、尼龙管或不锈钢管或管缆引出至附近的各用气仪表设备，供气点数有 6 点、12 点和 24 点。空气分配器多采用 KFQ 系列，产品形式有Ⅰ型螺纹连接，Ⅱ型法兰连接和Ⅲ型螺纹连接，Ⅰ型、Ⅱ型本体材质为钢管，Ⅲ型本体材质为黄铜方体。

空气分配器安装在现场的墙壁或柱上，与供气总管连接采用法兰连接或螺纹连接形式，各支管采用气源球阀或双卡套针形阀。空气分配器有不同的型号，有的安装于垂直位置，进口向上，有的安装方位可以任意选择，安装就位后要固定牢靠。空气分配器安装前各控制点阀门应关闭，待供气总管接通后，打开各阀门，将空气送入仪表设备中。

5.4 仪表及控制系统接地

5.4.1 接地的目的和作用

仪表及控制系统接地的目的主要有两个：一是为人身安全和电气设备的运行安全，包括保护接地、本质安全系统接地、屏蔽接地、防静电接地和防雷接地等，称为安全接地或保护接地；二是为信号传输和减少干扰的接地，称为工作接地或参考接地。

保护接地的作用有三个：

① 在用电设备上形成与地面电位近似相等的电位，当用电设备绝缘损坏漏电时，不会对站在地上并且接触用电设备金属部件的人形成伤害的接触电压；

② 形成漏电回路电流，使漏电保护器件动作，起到保护作用；

③ 用于电涌电流的泄放。电涌电流可能来自电源，也可能来自雷电。

工作接地的作用有三个：

① 为直流用电设备提供用电回路参考点，采用公共汇流排的用电回路方式可以减少配线；

② 为电子电路提供参考点，形成工作回路或消除噪声；

③ 为接地屏蔽层接地，使屏蔽层形成法拉第笼，起到对静电和电场或一定范围电磁场的屏蔽作用。

5.4.2 接地的分类

根据《石油化工仪表接地设计规范》《石油化工仪表系统防雷设计规范》和《石油化工静电接地设计规范》，接地分为保护接地、工作接地、本质安全系统接地、屏蔽接地、防静电接地和防雷接地等。

1. 保护接地

保护接地是为人身安全和电气设备安全而设置的接地。仪表及控制系统的外露导电部分正常时不带电，但在故障、损坏或非正常情况时可能带有危险电压。对这样的设备，均应实施保护接地。

低于安全电压供电的仪表，可不做保护接地，但有可能与高于安全电压的电气设备接触的除外。安全电压是指对人体不构成危险的电压。

如果用电设备已经自然接地了，可以不重复接地。例如，当安装在已接地的金属仪表盘、箱、柜、框架上的仪表，并且与之电气接触良好时，可不做保护接地。

2. 工作接地

仪表及控制系统工作接地，包括仪表信号回路接地和直流供电参考点接地。仪表及控制系统的信号是直流标准信号或低频通信信号(网络通信信号和载波信号另当别论)。非隔离信号通常以直流电源负极为参考点并接地，常规模拟仪表的信号分配常常以此为参考点。隔离信号的电路与其他电路是绝缘的，对地是绝缘的，可以不接地。

隔离信号的本质是，电路系统是浮空的，与接地参考点没有任何电气连接，电路对地电压是不确定的；电源系统是另一个接地系统。

隔离电路两端的两个接地系统之间的电位差是不确定的，是随接地系统条件和环境的变化而变化的。

3. 本安系统接地

采用隔离式安全栅的本质安全系统，输入端和输出端是隔离的，没有电流通路，所以本身不需要专门接地。

采用齐纳式安全栅的本质安全系统，输入端和输出端是电路连通的，为了限制现场端的故障电压，则应设置与参考点的接地连接系统。

4. 屏蔽接地

根据静电屏蔽原理，金属屏蔽体需要接地才能综合有效。屏蔽接地有线路屏蔽和设备屏蔽两种。屏蔽的实质是对线路外界环境的，所以属于保护性质。屏蔽的用途是减少静电、外界电场或部分电磁场对屏蔽目标的干扰，所以既不是电气安全性质的保护接地，也不是仪表系统内部电路所需要的工作接地。一般情况下通过屏蔽层的静电释放及电场涡流的电流比较小，所以既可以接到保护接地，也可以接到工作接地。

在雷电防护的应用中，屏蔽接地有泄放雷电流的作用，某些场合还专门利用外界电磁场产生的屏蔽电流减少干扰，所以接到保护接地更合适。由于屏蔽层电流不是影响电气安全性质的电流以及一些工程习惯，又常常接到仪表工作接地。这就是屏蔽接地工程实施的不确定性。

5. 防静电接地

防止静电对电子设备造成损坏的主要方法是，防止静电的集聚和实现泄放的导电连接。通常，安装 DCS、PLC、SIS、PC 等设备的控制室、机柜室、过程控制计算机的机房，应考虑防静电，这些室内的导静电地面、金属活动地板、工作台、机柜等需要实施接地。

静电的集聚和泄放与空气湿度关系密切。

对地泄放电阻小于 100Ω 就能达到良好的静电泄放效果，所以，已经做了保护接地和工作接地的仪表和设备，不需要另做防静电接地。

6. 防雷接地

雷电防护接地的作用是将雷电流泄放入地。雷击电流分直击雷电流和雷电电磁感应产生的电涌电流。由于雷击电流强度很高，即使是感应产生的电涌电流也有几十到几百安培的幅值，但是雷击电流的时间很短，所以其本质是高频强电流脉冲。为了泄放雷击电涌电流，需要尽可能短的放电路径和尽可能小的通路阻抗。

由于绝大多数的仪表线路并不是直接暴露在空旷地区等容易受到雷击的区域，所以危害仪表的绝大多数雷击电流是电涌电流而不是直击雷电流。

5.4.3 接地连接方法

1. 保护接地的连接方法

仪表及控制系统的保护接地，应按电气专业的有关标准、规范和方法进行，并应接入电气专业的低压供配电系统接地网。控制室用电应采用 TN-S 系统。

仪表保护接地的接线在接到总汇流排之前一般采用铜芯绝缘电线，总汇流排接到接地装置、金属构件之间的连接常采用镀锌扁钢。总汇流排一般不需要与金属构件、框架、机柜等其他物体绝缘。

2. 工作接地的连接方法

工作接地采用星形接地或复合型接地形式的星形部分，工作接地在接到工作接地汇总板之前不应与保护接地混接。工作接地的连线包括各接地线、接地干线、接地汇流排等，在接至总接地板之前，除正常的连接点外，都应当是绝缘的。

信号屏蔽电缆的屏蔽层接地应为单端接地，从而避免地电位在屏蔽层上产生电流，对信号芯线产生干扰。工程实践中，信号屏蔽电缆的屏蔽层在控制室仪表一侧接地。屏蔽层可以接保护接地，也可以接工作接地。

在实施仪表防雷工程的场合，屏蔽层应统一接到保护接地，并应按照《石油化工仪表系统防雷设计规范》规定的内、外屏蔽方式接地。仪表防雷工程可以利用外界电磁场产生的屏蔽电流减少干扰，这种利用异地接地环流的方式就需要屏蔽层两端接地。解决这个矛盾有两种方法：一是采用单层屏蔽，屏蔽层一端直接接地，另一端通过电容接地；二是采用双层屏蔽，内屏蔽层单端接地，外屏蔽层两端接地，外屏蔽可以利用金属保护管、金属电缆槽等，不一定是电缆的屏蔽层。

综上所述，仪表电缆的金属保护管、金属电缆槽应该在两端接到保护接地，较长的保护管或电缆槽还要每隔一段距离（一般规定是20~30m）重复接地。同样，仪表信号用的铠装电缆的金属铠装保护层，也要在两端接至保护接地。

现场仪表接线箱两侧的电缆屏蔽层可在箱内用端子连接在一起，也可以分别按照上述屏蔽接地的规则接地。

3. 本安系统接地的连接方法

齐纳式安全栅的接地汇流排或接地导轨（以下统称接地汇流排）必须与直流电源的负极相连接，并通过接地导线及总接地板最终与交流电源的中线起始端相连接。

齐纳式安全栅的接地连接导线宜为两根。

齐纳式安全栅的各接地汇流排可直接接到本机柜的工作接地汇流排，再经工作接地干线接到工作接地汇总板，也可分别经工作接地干线接到工作接地汇总板，或由工作接地干线串接、两端分别经工作接地干线接到工作接地汇总板。每个汇流排的接地线宜使用两根单独的导线。

在有齐纳式安全栅的本安系统中，直流电源的负端必须接到本机柜的工作接地汇流排或安全栅汇流排上。

4. 防静电接地的连接方法

控制系统防静电接地应与保护接地共用接地系统。

电气保护接地线可用作静电接地线。

不得使用电气供电系统的中线作防静电接地线。

5. 防雷接地的连接方法

仪表用的电涌防护器应采用金属导轨安装，并以此导轨作为接地汇流排。

控制室的仪表系统防雷接地应当采用网型接地，在机柜下面布设网型接地排。机柜内的各种汇流排直接接到机柜下面的网型接地排。防雷接地线应尽可能短，并且避免弯曲敷设。

网型接地排可以采用截面积为40mm×4mm（宽×厚）的铜板、热镀锌扁钢或不锈钢，适用于所有的等电位连接场合，具有良好的电气性能，简便易行，成本合适。连接方法应采用机械或焊接，焊接处应采取防腐蚀措施。

为了提供更多的分流路径，提高接地效能，网型接地采用多条路径接到室外的电气接地装置。

6. 现场机柜室内接地系统布置图

现场机柜室内接地系统示意如图2-5-3和图2-5-4所示。

机柜内保护接地（PG）和工作接地（SG）汇流排分别通过6mm^{2}接地线（黄绿相间外皮）与

机柜下方网型接地排相连接，接地线尽可能短，应采用直线路径敷设，不得保留多余导线或将导线盘成环状。接地线与网型接地排之间应采用镀锌钢连接片，并采用带有防松垫片镀锌螺栓压接固定，压接质量良好可靠，同一压接点不应压接多于两条导线。

网型接地排（40mm×4mm 镀锌扁钢）之间应采用焊接的连接方式，不得采用导线或接线片压接的方式。焊接处的有效截面积应大于 240mm²，焊接部位应做防腐蚀处理。

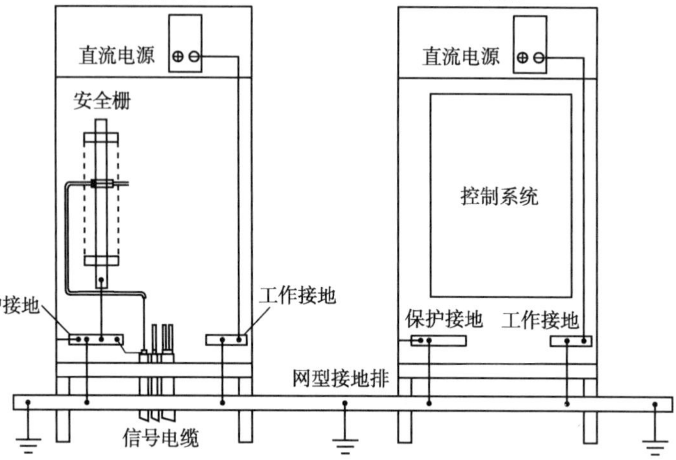

图 2-5-3　机柜与网型结构接地示意图

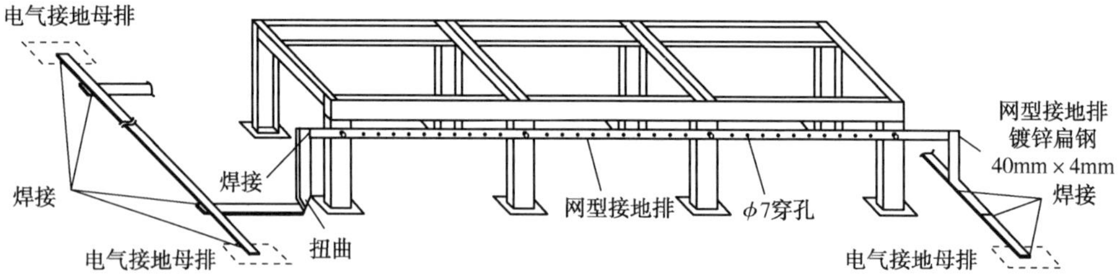

图 2-5-4　机柜基础示意图

7. 现场仪表接地

如果现场仪表是 24VDC 供电的仪表，接地的作用主要是利用金属外壳实现简单屏蔽。仪表内部的电路是不接地的。

如果现场仪表是 220VAC 供电的仪表，则可以利用供电的 PE 线接地，不需要另外接地。

如果现场仪表装有“线-地”保护的电涌防护器，则需要接地。现场仪表的接地线应尽可能短，并且避免弯曲敷设。

现场仪表接地采用分散就近接地的方式。可以接到附近的电气专业接地连接带上，也可以通过金属安装支架、金属框架、金属栏杆或金属设备等自然接地。在没有这些条件的地点，可以利用穿钢管敷设的钢管，延伸到具备接地条件的地方接地。

现场仪表的金属外壳、仪表保护箱、接线箱及机柜的金属外壳，应就近接地或与接地的金属体相连接。

仪表电缆槽之间、电缆保护金属管之间的连接处，应进行可靠的导电连接。仪表电缆槽、电缆保护金属管还应根据规范每隔 30m 进行重复接地。

5.4.4 接地系统接线

接地系统的导线应采用多股绞合铜芯绝缘电线或电缆。

接地系统的各接地汇流排可采用截面为25mm×6mm的铜条制作。

接地系统的各接地汇总板应采用铜板制作，厚度不小于6mm，长、宽尺寸按需要确定。

机柜内的保护接地汇流排应与机柜进行可靠的电气连接。

工作接地汇流排、工作接地汇总板应采用绝缘支架固定。

接地系统的各种连接应牢固、可靠，并应保证良好的导电性。接地线、接地干线、接地总干线与接地汇流排、接地汇总板的连接应采用铜接线片和镀锌钢质螺栓，并应有防松件，或采用焊接。

各类接地线中，严禁接入开关或熔断器。

接地线的截面可根据连接仪表的数量和接地线的长度按下列数值选用：

① 接地线　$1\sim2.5mm^2$；

② 接地干线　$4\sim16mm^2$；

③ 连接总接地板的接地干线　$10\sim25mm^2$；

④ 接地总干线　$16\sim50mm^2$；

⑤ 雷电浪涌保护器接地线　$2.5\sim4mm^2$。

雷电浪涌保护器接地线应尽可能短，并且避免弯曲敷设。

接地系统的标识颜色为绿色或绿、黄两色。

5.4.5 接地电阻

从仪表或设备的接地端子到接地极之间的导线与连接点的电阻总和，称为接地连接电阻。仪表及控制系统的接地连接电阻不应大于1Ω。

接地极对地电阻与接地连接电阻之和称为接地电阻。仪表及控制系统的接地电阻为工频接地电阻，不应大于4Ω。

5.5 仪表盘、箱、柜的安装

在工业过程自动化控制中，凡用于集中安装检测、控制仪表、操作装置及配套附件(安全联锁装置、开关等)的结构设备，统称为工业自动化仪表盘。工业自动化仪表盘主要用于把各类仪表及其附件集中安装在符合要求的位置，以便于观察、检查、操作及维修，或对各类仪表起保护作用。

仪表盘、箱、柜包括仪表盘、柜、台和仪表保温(保护)箱、供电箱、接线箱、分析柜、屋等。除一些小型仪表箱依设计要求在现场制作外，仪表盘、箱、柜几乎全部是由仪表厂或专业制造厂装配和生产，并直接用于工业现场。

5.5.1 仪表盘、柜、台

仪表盘、柜、台是安装仪表和进行数据集中显示、记录、报警、操作的构件，可以是一个独立的构件，也可以是几个构件的组合。仪表盘、柜、台可在控制室集中安装，也可就地安装(即在分区、分系统附近现场安装)。仪表盘、柜、台种类很多，常见的有：

① 柜式盘是组装后，前后左右及顶部都封闭的仪表盘，可在一侧或两侧开门；

② 屏式盘是一种无封闭的板式盘；

③ 框架式盘利用型钢构成框架，前方是面板，为非封闭式结构；

④ 模拟盘一般安装在仪表盘上方，带有工艺流程模拟图，关键部位有醒目的灯光。模拟盘由盘面和边框组成；

⑤ 操作台是具有倾斜或水平台面的仪表盘，用于手动操作和显示工艺参数数据及灯光报警。操作台形式有直柜式、斜柜式、桌式、弧形等，可以组合，也可以单独安装；

⑥ 挂式盘是一种小型仪表板或箱，安装少量的开关、按钮、报警灯或仪表；

⑦ 通道式盘是一种特殊设计的较深的封闭式柜式仪表盘，中间有可供仪表检修的通道，通道内安装辅助仪表。适于仪表的高密度安装；

⑧ 接线端子柜是外部电缆(线)进入控制室内的接线柜；

⑨ 组件箱柜用于插件和组件仪表安装，包括组件箱盒、附件及电源设备等；

⑩ 盘台组合柜是一种为便于操作人员的操作与观察，把盘和操作台组合在一起的仪表柜；

⑪ 附属装置包括角接板、角接柜、侧板、侧门、外照明等。

5.5.2 仪表箱

仪表箱包括安装在室外的保温箱、保护箱、接线箱、管缆接管箱、配电箱和室内的供电箱等。

保温箱是室外现场就地支架上安装的箱子，有保温夹层，夹层内装有保温填充物，对箱内的仪表防冻保温或防止测量的介质结晶、析出、汽化、冷凝，影响测量。保温箱可由玻璃钢、钢板及聚氨酯泡沫等材料制成。保温箱有电加热和蒸汽加热两种。

保护箱是在室外现场就地支架上安装的箱子，内装就地仪表或变送器，构成遮蔽区，保护仪表不受环境影响和防止外部机械损伤。遮蔽区使仪表在工作或储存时免于阳光照射、风吹、雨淋、尘埃等的侵袭，但是温湿度与室外相同，可有自然通风。

接线箱(盒)内装端子排，供现场电缆(线)分支接线。有隔爆防爆型、防水型和普通型。材质有钢板、铝合金、玻璃钢。可就地安装在现场支架上或墙上。

供电箱是单独给仪表或现场设备供电的专用电源箱。

5.5.3 仪表盘、箱、柜的安装方式

仪表盘、柜、台都须固定在基础型钢上，屏式、框架式模拟盘还需要支撑架，挂式盘安装在墙上。控制室盘、箱、柜支撑架及基础要在室内装饰工程完成之前预制安装。如果仪表盘安装在有振动的地方，应有减振措施，要使用防振垫和减振器。盘、箱、柜安装固定的指标应符合安装规范要求。

保护箱、保温箱在室外钢支座上安装，接线箱和接管箱在钢支座上或墙上支架上安装。室外安装仪表盘、箱应考虑周围有足够的空间，便于以后仪表日常维护和拆卸，保温箱和保护箱还要考虑配管、排污和伴热的空间。

仪表盘、箱、柜安装完毕后，需要按配线图、原理图检查接线，排除错误，这种校线称为一次校线。仪表安装完毕，外部电缆与端子板接线之后，需要进行全面校线，再次确认，称为二次校线。

5.6 仪表汇线槽、桥架的制作与安装

汇线槽、桥架的结构形式、规格、选材、涂漆等均应符合设计规定，原材料及产品均应有合格证。

钢板下料应有排板图，并采用机械剪切，不得用气焊切割。

型钢和钢板应平整，使用前应除锈，并喷涂第一遍底漆。加工成形后的构件应再喷涂第二遍底漆和第一遍面漆。汇线槽或桥架交工验收前再喷涂第二遍面漆。每一遍油漆都应干透。当设计有特殊要求时，应按设计选用底漆和面漆。

现场制作汇线槽、桥架时，宜采取工厂化加工，制成标准件(包括弯头、三通、变径等)。汇线槽或桥架的现场组装宜采用螺栓连接，特殊情况下可用焊接，焊接时应有防变形措施。汇线槽底板接缝与侧板接缝应相互错开，采用断续焊时，焊缝间距约为150mm，焊缝长度约30mm。

汇线槽内的隔板应加工成L形，且低于汇线槽高度，边缘应打磨光滑。隔板在L形底边的两侧采用交替定位焊固定，隔板之间的接口应用定位焊连成整体。

汇线槽底板应开漏水孔，漏水孔宜按之字形错开排列，孔径为$\phi 5 \sim 8$mm。开孔时应从里向外进行施工。

汇线槽、桥架的变径、三通、弯头等应能满足电缆敷设弯曲半径的要求，如图2-5-5所示。

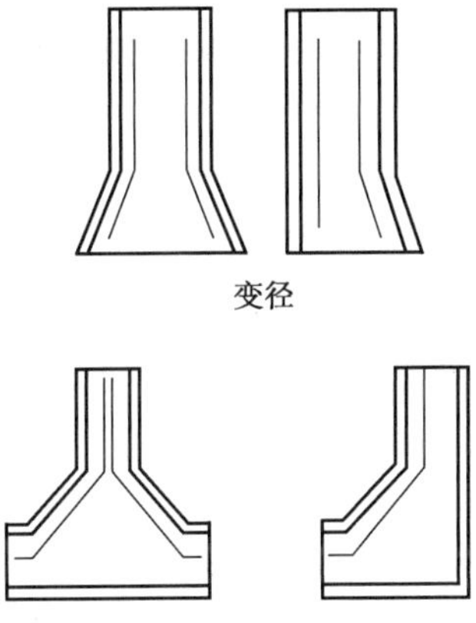

图2-5-5　汇线槽及桥架的变径、三通和弯头

汇线槽预制件应平整，内部光洁、无毛刺，宽度、高度、对角线的尺寸允许偏差为设计尺寸的0.5%，长度按钢板尺寸或下料机械规格在现场确定。

汇线槽或桥架的安装位置应避开强磁场、高温、腐蚀介质以及易受机械损伤的场所。汇线槽安装在工艺管架上时，宜在工艺管道的侧面或上方。

汇线槽或桥架的安装程序应先主干线，后分支线，先将弯头、三通和变径定位，后直线段安装。

汇线槽与桥架之间宜采用半圆头螺栓连接，并应安装加强板，螺母应在槽板的外侧，螺栓应充分紧固。

汇线槽安装直线超过50m时，应采用在支架上焊接滑动导向板的方法固定，并使汇线槽在导向板内能滑动自如，槽板接口处应预留适当的膨胀间隙。

汇线槽或桥架安装应保持横平竖直，底部接口应平整无毛刺。多层桥架安装时，弯曲部分弧度应一致。汇线槽或桥架变标高时，底板、侧板不应出现锐角和毛刺。

汇线槽安装后，应按设计要求焊接接地片和栏杆柱，开好保护管引出孔和隔板缺口。保护管开孔的位置应处于汇线槽高度的2/3以上，并采用油压开孔机或其他机械开孔，不得用电弧焊、气焊切割。开孔后，边缘应打磨光滑，及时修补油漆。

通过预留口进入控制室汇线槽的电缆敷设完毕后，应及时封闭。

汇线槽或桥架与动力电缆桥架的安装间距，应符合设计规定。

5.7　仪表电缆的敷设

仪表电缆敷设方式由设计要求和电缆的结构决定，有沿墙、沿电缆沟、直埋、穿管、沿支架和桥架敷设等。仪表电缆分为总电缆和分支电缆，总电缆是从现场接线箱至控制室之间的连接电缆，分支电缆是从各检测仪表或控制仪表至接线箱之间的连接电缆。

电缆敷设应具备以下条件：

① 桥架或支架已安装完毕、清扫干净。桥架内部应平整、光洁、无杂物、无毛刺；

② 电缆型号、规格、长度等应符合设计要求，外观良好，保护层不得有破损；

③ 绝缘电阻及导通试验检查合格；

④ 控制室机柜、现场接线盒及保护管已安装完毕，仪表设备安装位置已确定。

电缆敷设前应完成下列准备工作：

① 完成技术准备，熟悉图纸资料及有关规范标准，了解有关技术要求；

② 确认电缆敷设路径是否已打通，保护管管端的护套是否齐全，支架、电缆槽、保护管的接地和油漆工作是否已结束等；

③ 确认电缆的型号、规格是否符合设计要求，并在电缆敷设前对其进行绝缘和导通检查；

④ 准备电缆盘的架设工具和敷设电缆所需的其他工机具；

⑤ 对敷设长度和每盘电缆到货的长度进行实测，以保证每盘电缆利用率，避免浪费。

5.7.1　信号电缆敷设

敷设电缆需集中进行，由一名熟悉敷设路径和连接设备的施工人员牵引电缆走在最前面，其余人员均匀、合理地分布于沿线，统一由一名有经验的人员指挥。两端和中间的适当位置，应配置对讲机以便联络。指挥员可利用小旗或口哨指挥施工人员连续、协调地敷设。待敷设到位后，再往回理一理，排放整齐，在沿线的适当位置加以固定，并保证拐弯处有足够的弯曲半径。然后，用皮尺测量另一端剩余的长度，根据此长度切割电缆，贴上铭牌。

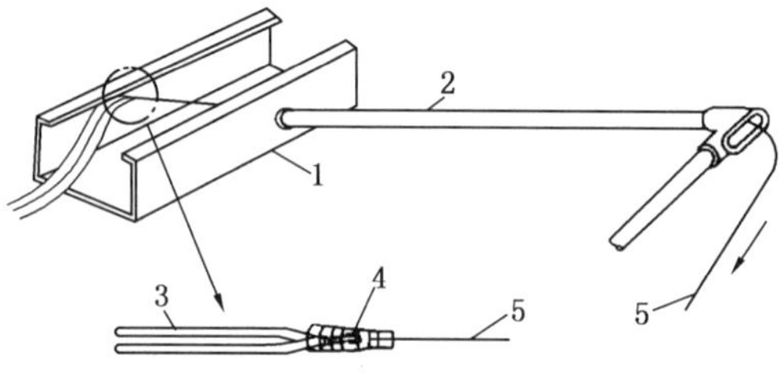

图 2-5-6　多根电缆穿同一保护管

1—桥架；2—电缆管；3—电缆；4—绝缘带；5—铁线

信号电缆敷设主要要求如下：

① 当信号电缆在保护管中敷设时，常在同一根保护管中敷设多根信号电缆(防爆仪表设备除外)。敷设方法是先将镀锌铁线穿过保护管，用其一端将几根需穿此保护管的电缆端头扎在一起，用聚氯乙烯胶带将扎头处包覆，以防止扎头挂住保护管的接头处，然后用牵引铁线将电缆拉过保护管，如图 2-5-6 所示。

② 为减少摩擦力，避免电缆在敷设过程中受损伤，除明敷设时应在转弯处设置电缆滚轮和对暗埋保护管进行特别的清洗外，在穿保护管敷设前，可在其保护管中加一些滑石粉。

③ 敷设电缆的环境温度应符合规范的要求，环境温度超过 65℃时要采取隔热措施，低于设计和规范温度时不宜敷设。

④ 不宜将电缆敷设在高温、易燃、可燃介质的工艺管道和设备的上方或具有腐蚀性介质、油类介质的工艺管道和设备的下方。

⑤ 与工艺管道和设备绝热层表面之间的距离按设计要求施工，或至少大于 150mm。

⑥ 电缆埋地敷设深度不小于 700mm，上下要铺砂 100mm，上面盖砖或混凝土护板。

⑦ 明敷设信号电缆与具有强磁场的电器设备之间的净距离要大于 1.5m，如果屏蔽电缆穿金属管或在汇线槽内敷设，净距离要大于 800mm。

⑧ 电缆首尾两端应挂有设计标志的铭牌。

⑨ 不同信号、不同电压等级的电缆在垂直多层电缆桥架中敷设时，从上到下的排列次序是：仪表信号线路→安全联锁线路→仪表用交流和直流供电线路→动力线路，本安型和非本安型线路敷设应分开，不共穿一根导线管，不在同一接线箱和同一桥架内敷设，必须在同一汇线槽内敷设时，应加隔板有效隔离。

⑩ 防止电缆之间及电缆与其他硬物体之间的摩擦，并保证自然挠度固定，要充分考虑电缆截断后两端的接线富余量和敷设时的松紧度及适当的余量。

⑪ DCS 系统电缆敷设应按设计要求和说明书进行，采用冗余结构的网络通道电缆应单独隔离敷设；网络通道电缆与供电线路的间距应符合要求，避免噪声干扰。

⑫ 本安电缆用于本安防爆系统，电缆在安装时应注意尽量考虑不受或减少静电感应和电磁感应的影响。本安型电缆(线)敷设应有不损伤电缆(线)的保护措施。

⑬ 电缆在支架上或桥架上的固定方式采用电缆卡、电缆扎带、冲孔板等，并按规范规定的间距固定，固定卡、带规格和数量按设计或需要确定。在桥架上也可以采用直接敷设，整齐排列的方式，不需要固定。

5.7.2 电缆终端制作

电缆敷设至仪表设备、元件或部件处的终断头称为终端头，如电缆中间需要连接称为中间接头。终端头需要进行处理，需要进行试验、校验和接线，现场称为电缆头制作。下面以信号电缆头的制作为例加以说明。

信号电缆一般使用非屏蔽电缆，其工作电压和电流都不太高，除铅包钢带铠装信号电缆外，电缆头的制作方法均大致相同。制作线芯数较多的信号电缆头时，因其线芯较多，编号、校接线等工作需花费大量的时间。

信号电缆头的制作，包括材料及工机具准备、电缆定位、量尺寸、锯断、电缆头制作、贴标牌、线芯编号、电缆头固定、校接线、线芯整理和整理记录等工作内容。

现以塑料绝缘信号电缆头为例，说明其制作方法(图 2-5-7)。其制作方法步骤如下：

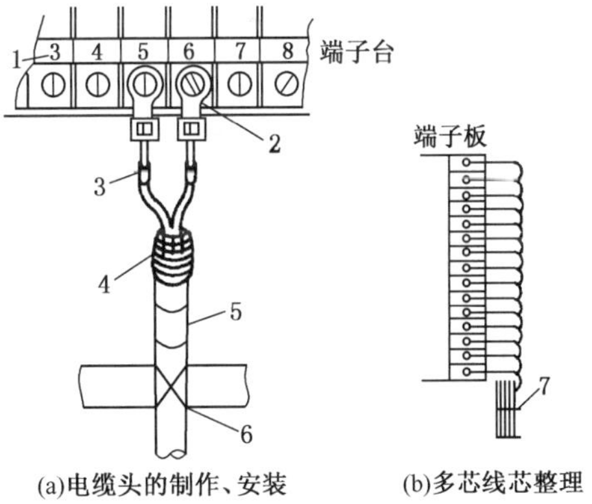

(a)电缆头的制作、安装　　(b)多芯线芯整理

图 2-5-7　塑料绝缘控制电缆头制作、安装示例

1—端子号；2—端子；3—接线编号；

4—内缠聚氯乙烯绝缘带，外套端套；5—电缆铭牌；

6、7—尼龙扎带

① 确定电缆末端尺寸，并留一定余量，然后将其断开，再固定。

② 剥除电缆护套和纸带(对于铅包钢带铠装信号电缆，还包括钢带和铅包的处理)，切除线芯中的黄麻。电缆剥切时，不得伤及线芯绝缘层。

③ 若是钢带铠装信号电缆，应将钢带用黄绿线焊接后作接地引出线。

④ 多芯信号电缆的制造厂一般都将线芯印有 1、2、3、4 等编号，可将线芯按此编号。当线芯无编号时，可利用电缆两端线芯旋转方向相反(图 2-5-8)的特点，按顺序套号箍。

⑤ 编完线芯号后，用聚氯乙烯绝缘带包扎线芯根部小段，使呈橄榄形，以增加电缆头根部的绝缘性能和机械强度。

⑥ 套上信号电缆终端套，将终端套上口线芯接合处和下口电缆护套接合处用聚氯乙烯绝缘带包缠 3~4 层。信号电缆终端套的外形如图 2-5-9 所示。

⑦ 贴电缆铭牌。铭牌外表用透明聚氯乙烯胶带包缠一层即可。

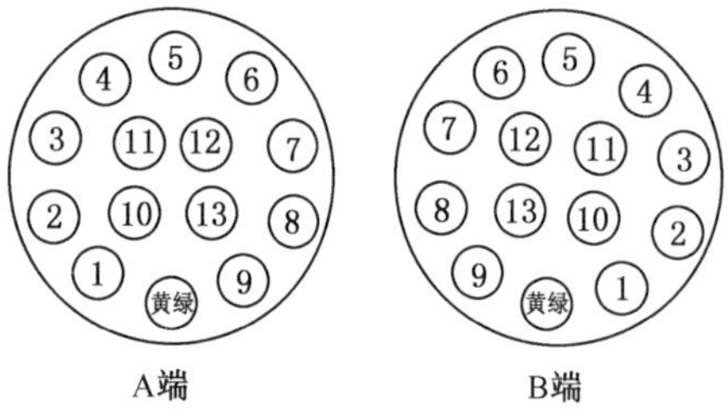

图 2-5-8　控制电缆两端线芯编号顺序

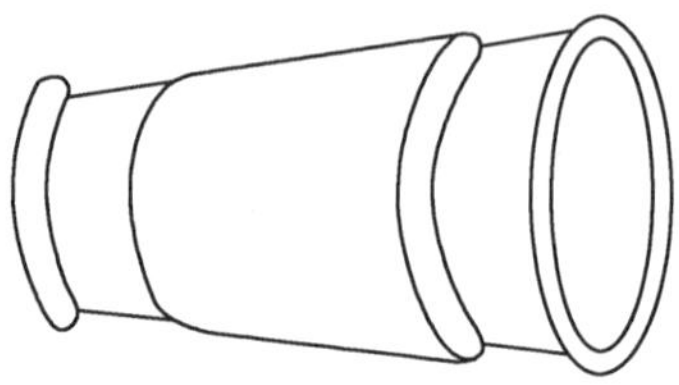

图 2-5-9　控制电缆终端套外形

⑧ 校接线。要求线鼻子型号规格选择正确，电气连接可靠。压接时，线鼻子的压接位置应正确。校线时，通常采用通灯法。如图 2-5-10 所示，可用对讲机进行通信联络。有时也用耳机校线。

图 2-5-10　通灯校线法

1—2.5V 灯泡；2—3V 干电池；3—电缆护层

⑨ 线芯整理要整齐、美观。

⑩ 整理记录。

屏蔽电缆头的制作、安装如图 2-5-11 所示。线芯的整理，制作方法和步骤，与信号电缆头基本相同，详见信号电缆头内容。

屏蔽电缆头和同轴电缆头的制作、安装与信号电缆头基本相同。与信号电缆头不同的是，屏蔽电缆头制作时，要求将同一线路电缆的一端(并且只能一端)屏蔽层作抗干扰接地，接至抗干扰接地系统；同轴电缆屏蔽层引出线不是接抗干扰接地系统，而是作为信号传输的导体之一。当同轴电缆接线采用插头时，其制作方法如图 2-5-12 所示。

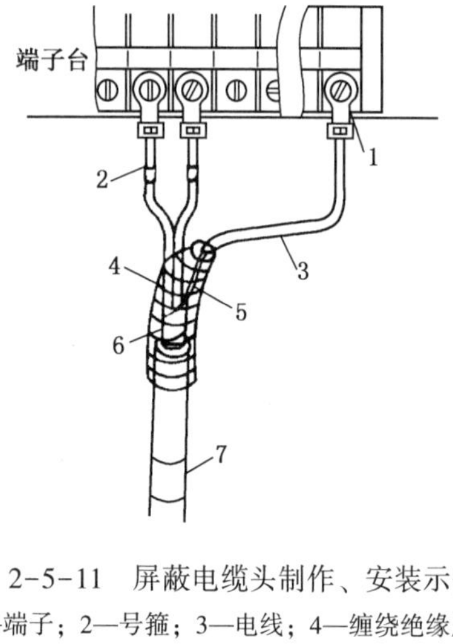

图 2-5-11　屏蔽电缆头制作、安装示例

1—端子；2—号箍；3—电线；4—缠绕绝缘层；5—套管压接或焊接；6—屏蔽层；7—电缆铭牌

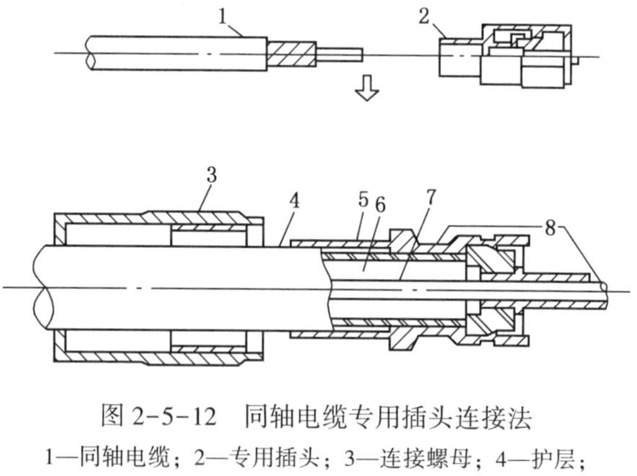

图 2-5-12　同轴电缆专用插头连接法

1—同轴电缆；2—专用插头；3—连接螺母；4—护层；5—外编织导体；6—聚乙烯；7—中心导体；8—灌入焊锡

5.7.3　系统电缆敷设

系统电缆是指 DCS 或其他计算机系统设备间的配线。系统电缆一般由设备制造厂配备，随设备成套供货。除 DCS 中的部分电缆外，其长度都不太长，且大多数带有插头。有时部分要求不太高的电缆也常采用普通电缆，其插头需在电缆敷设完毕后接线。

一般情况下，设备制造商不提供系统电缆的型号规格，仅以特殊标记区别。

DCS 或其他计算机系统设备对工作环境要求较高，一般都是安装在防静电的活动地板上。活动地板与普通地板之间，有 400mm 左右的夹层，系统电缆就在该夹层中敷设。为确保计算机系统电缆的工作性能，增强抗干扰能力，应在夹层中设置金属带盖封闭式电缆槽。不同电压等级的系统电缆，分别敷设在不同的电缆槽中。系统电缆敷设，除不得扭绞外，由于绝大多数是带插头敷设，因此机柜进线处的开孔应保证其插头进出方便。

5.7.4 补偿电缆的敷设

自动化仪表及控制系统工程中的补偿电缆专用于热电偶式温度计的模拟信号传输配线，传输信号为 mV 级电压信号。补偿电缆的作用，就是将热电偶的冷端延长，使之延长到离热源较远的地方或温度比较稳定的地方(如控制室)。

单对补偿电缆，又称作补偿导线，如图 2-5-13 所示。补偿导线只能与相应型号的热电偶配用，切勿搞错。

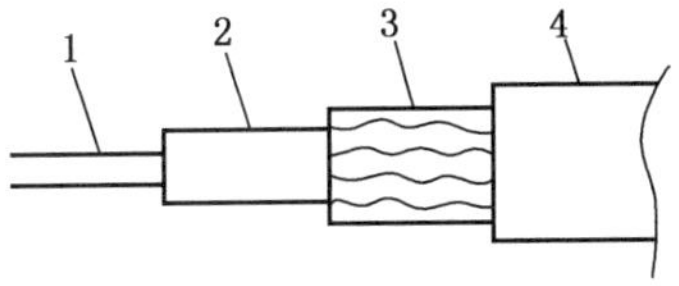

图 2-5-13 单对补偿电缆结构

1—线芯；2—绝缘层；

3—铜丝编织层；4—护套层

补偿电缆的型号有 KX、EX、JX、TX、KC、SC。其中，型号头一个字母与配用热电偶的分度号相对应；字母“X”表示延伸型补偿导线；字母“C”表示补偿型补偿导线。SC 型补偿导线也可配用于 R 型热电偶。

补偿导线按照热电特性的允差不同分为精密级与普通级，按使用温度分为一般用与耐热用。

多对补偿电缆有普通型、总屏蔽型和分对屏蔽型之分。分对屏蔽补偿电缆的抗干扰能力更强。

补偿电缆属信号电缆类，其敷设方法详见本章“信号电缆敷设”部分，敷设中应特别注意以下问题：

① 补偿电缆线芯一般由质脆的合金材料制成，敷设时应特别注意保护。敷设中，不应有曲折、迂回等情况，不能拉得过紧；

② 补偿电缆不应直接埋地敷设；

③ 补偿电缆不应与其他线路在同一根保护管内敷设；

④ 补偿电缆应避免中间接头。若必须接头，线芯应用氧焊的方法连接，氧焊条材质应与补偿导线材质相同或相近，进行中间和终端接线时，严禁接错极性。

5.8 仪表管线的敷设

5.8.1 电缆（线）保护管敷设

电缆、电线、补偿导线保护管(以下简称保护管)，宜选用薄壁镀锌钢管，但防爆区域内应采用厚壁镀锌钢管。管内径应为线束外径的 1.5~2 倍。保护管不应有变形及裂缝，内壁应清洁、光滑、无毛刺。当采用非镀锌钢管时，管外应除锈涂漆；当埋地敷设时，必须采取防腐蚀措施。但埋入混凝土内的保护管，管外不应涂漆。

保护管弯制应采用冷弯法，薄壁管采用弯管机煨弯。*DN*50 以上的管子宜采用标准预制弯头。弯制保护管时，应符合下列规定：

① 弯曲角度不应小于 90°；

② 当穿无铠装的电缆且明敷设时，弯曲半径不应小于保护管外径的 6 倍；当穿铠装电

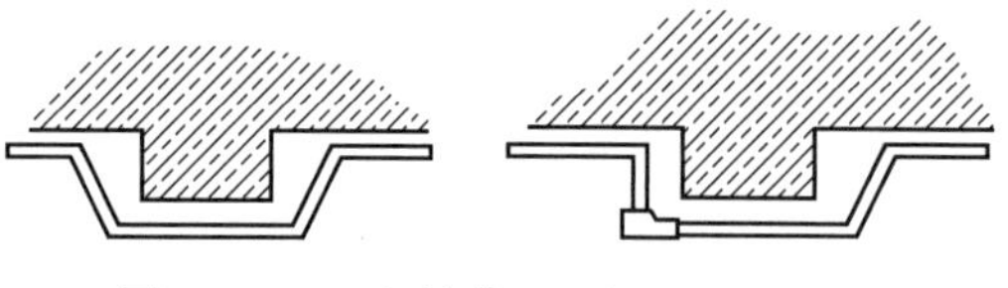

图 2-5-14　保护管通过梁柱时的配置

缆并埋设于地下或混凝土内时，弯曲半径不应小于保护管外径的 10 倍；

③ 保护管弯曲处不应有凹陷、裂缝；

④ 单根保护管的直角弯不得超过两个。

保护管的直线长度超过 30m 或弯曲角度的总和超过 270°时，中间应加穿线盒。遇到梁柱时，应按图 2-5-14 所示方式进行配管，不得在混凝土梁柱或钢结构梁柱上凿孔开孔，但可采用预埋保护管方法。

当保护管直线长度超过 30m，且沿塔、槽、加热炉或过建筑物伸缩缝时，可采取下列措施之一进行热膨胀补偿(见图 2-5-15)：

① 根据现场情况，弯管形成自然补偿；

② 在两管连接处，预留适当的间距；

③ 增加一段软管；

④ 增加一个鹤首弯。

保护管之间及保护管与连接件之间，应采用螺纹连接。管端螺纹的有效长度应大于管接头长度的 1/2，并保持管路的电气连续性。当采用大管径钢管埋地敷设时，可加套管焊接，管子对口应处于套管的中心位置，对口应光滑，焊口应严密。

保护管与仪表盘、就地仪表箱、接线箱、穿线盒等部件连接时应用锁紧螺母固定，管口应加护线帽。保护管与检测元件或就地仪表之间采用挠性管连接时，管口应低于进线口约 250mm。本安系统保护管从上向下敷设时，在管末端应加排水三通，仪表及仪表设备进线口应用密封垫密封。当保护管与仪表之间不采用挠性管连接时，管末端应加工成喇叭口或带护线帽，见图 2-5-16。

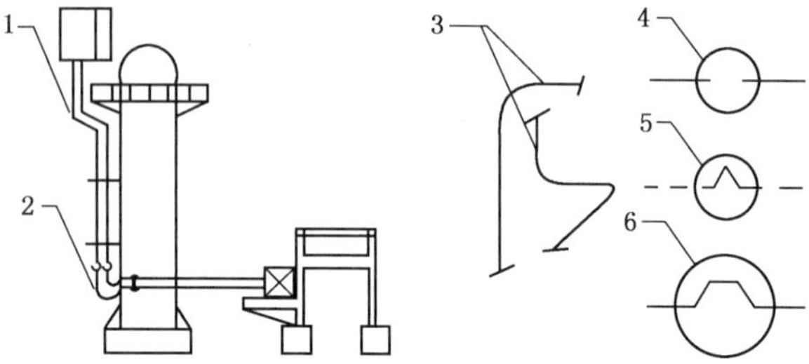

图 2-5-15　保护管的热补偿措施

1—鹤首弯；2—软管；3—自然补偿；4—间断；5—软管；6—鹤首

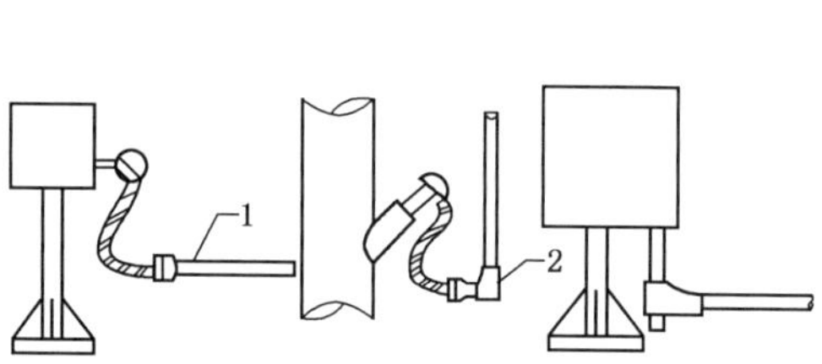

图 2-5-16　保护管与仪表的连接

1—用卡子固定；2—三通

暗配保护管应按最短距离敷设，在抹面或浇灌混凝土之前安装，埋入墙或混凝土的深度应保证离表面的净距离大于 15mm，外露的管端应加木塞封堵或用塑料布包扎保护螺纹。

埋地保护管与公路、铁路交叉时，管顶埋入深度应大于 1m。与排水沟交叉时，管顶离沟底净距离应大于 0.5m，并延伸出路基或排水沟外 1m 以上。保护管与地下管道交叉时，与管道的净距离应大于 0.5m。过建筑物墙基时，应延伸出散水坡外 0.5m。保护管引出地面的管口宜高出地面 200mm。当引入落地式仪表盘(箱)内时，管口宜高出地面 50mm。多根保护管引入时，应排列整齐，管口标高一致。

明配保护管应排列整齐，横平竖直，支架的间距不宜大于 2m，且在拐弯、伸缩缝两侧和管端 300mm 处均应安装支架，固定卡宜用 U 形螺栓或管卡。垂直安装时，可适当增大距离。

保护管穿过楼板和钢平台时，应符合下列要求：

① 开孔准确，大小适宜；

② 不得切割楼板内钢筋或平台钢梁；

③ 穿过楼板时，应加保护套管；穿过钢平台时，应焊接保护套或防水圈，见图 2-5-17。

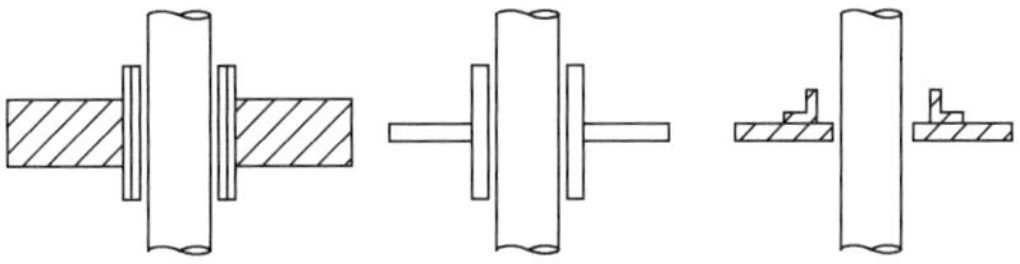

图 2-5-17　保护管穿过楼板或钢平台示意

明敷设电缆穿过楼板、钢平台或隔墙处，应预留保护管。管段宜高出楼面 1m。穿墙保护管段两端伸出墙面净长度应小于 30mm。

在户外和潮湿场所敷设保护管，应采取以下防雨或防潮措施：

① 在可能积水的位置或最低处，安装排水三通；

② 保护管引入接线箱或仪表盘(箱)时，宜从底部进出；

③ 朝上的保护管末端应封闭。电缆敷设后，在电缆周围充填密封填料。

现场分线箱安装，应符合下列规定：

① 周围环境温度不宜高于 45℃；

② 箱体中心距地面的高度宜为 1.2m；

③ 到检测点的距离应尽量短；

④ 不应影响操作、通行和维修，宜设在汇线槽或桥架的两侧；

⑤ 箱体应密封，并标明编号、位号。

5.8.2　仪表气动管路的安装要求

1. 气源管线

仪表空气供气系统采用的管子、阀门、管件等，在安装前均应进行清洗，不应有油、水、铁锈等污物。

仪表空气总管宜采用镀锌管、薄壁不锈钢管或黄铜管，仪表风过滤器下游可采用紫铜管、不锈钢管、铝管和塑料管，但不得选用未镀锌的碳钢管。

供气管采用镀锌管时，应用螺纹连接，且连接处必须密封。缠绕密封带或涂抹密封胶时，不应使其进入管内。支管应从总管顶部引出，总管上应留有备用接头。

仪表气源管线进入仪表前，必须加过滤减压装置。在仪表集中处，可采用流量较大的过滤减压装置，其安装位置应选择在操作方便、不妨碍仪表装拆、检修的地方。

集中过滤减压时，减压装置前后的空气管线上应装有压力仪表和安全阀，分散减压时，在减压装置后应装压力仪表。

安装流量较大的过滤减压装置应采用两套并联法。

供气系统的配管应整齐、美观，其末端和集液处应有排污阀，排污管口应远离仪表、电器设备及接线端子。排污阀与地面之间应留有操作空间。

2. 气动信号管线

气动信号管线宜采用被覆紫铜管、不锈钢管或尼龙塑料管，不得用碳钢管。

信号管线应固定牢固。单根信号管线不得单独悬空安装。管线宜短，横平竖直，尽量减少拐弯和交叉。

金属气动信号管线必须用弯管器冷弯，且弯曲半径不得小于管子外径的3倍。弯曲后，管壁上应无裂纹、凹坑、皱褶、椭圆等现象。

气动信号管线敷设时，应尽量避免接头，如无法避免时，宜采用承插焊或卡套式中间接头，管线与仪表相接处应加可拆卸的活动连接件。

金属气动信号管线、管缆敷设前，应进行外观检查及气密检查，不得有明显的损伤及变形。金属管敷设前应进行校直。

敷设的管缆应避免热源辐射，其周围的环境温度不应高于60℃。

管缆敷设不宜在周围环境温度低于0℃时进行，敷设时应符合下列要求：

① 防止机械损伤及交叉接触摩擦；

② 应留有适当的备用管数与备用长度；

③ 固定时应保持其自然度，弯曲半径应大于管缆外径的8倍；

④ 管缆的分支处应加管缆盒。

气动信号管线用的管子，应采用割管刀切割，切割带保护套的被覆紫铜管或尼龙塑料管时，应将保护层和管端切割整齐，并使管端露出保护层。

安装在腐蚀性大气中的管线，其接头处和管子的露出部分应采取保护措施。

3. 气动管线的压力试验与吹扫

气动管线压力试验的介质应采用空气或惰性气体。

压力试验用的压力仪表应校验合格，其准确度不低于1.5级，刻度上限值宜为试验压力的1.5~2倍。

供气系统安装完毕后应进行吹扫，并应符合下列规定：

① 吹扫前应将供气总管入口、分支供气总入口和接至各仪表供气入口处的过滤减压阀断开敞口，先吹总管，然后依次吹各支管及接至各仪表的管路；

② 应使用符合仪表空气质量标准、压力为0.5~0.7MPa的压缩空气；

③ 当排出口无固体尘粒、水、油等杂质时，吹扫即为合格。

气动信号管线气密性试验时，应使用干燥的净化空气，选用0.16MPa试验压力仪表，试验压力应为仪表的最高压力(即0.1MPa)。当达到试验压力后，停压5min，无降压即为试验合格。

气压试验压力应为设计压力的1.15倍，当达到试验压力后，停压5min无泄漏，目测无变形为合格。

压力试验和气密性试验应作好记录。

5.8.3 导压管的安装要求

1. 导压管安装的一般规定

仪表导压管路(简称导压管)包括用于压力、流量、液位的检测导压管，用于分析仪表的取样管、隔离和吹洗管路，同时包括导压管路系统中使用的阀门、配件和容器等附件。

导压管路所用的管材和部件的材质、规格型号应符合设计要求，并具有质量证明书或合格证。

导压管路敷设前，管子及其部件内外表面应清洁干净，需脱脂的管路应经脱脂合格后再进行敷设。

导压管路敷设前应将管材进行防腐蚀处理，可预制的管路应集中加工。

预制好的管段内部必须清理干净，并采取措施防止杂物进入。

导压管路不得用电、气焊切割。

导压管焊接前，应将仪表设备与管路脱离。

从事导压管路焊接作业的焊工须持有效的焊工合格证书。

耐热合金钢管路焊接作业前，应经焊接工艺评定合格后方可施工。

导压管路除有特殊要求外，一般不做射线检测。

导压管路不应直接埋地敷设。如设计未作规定，管路敷设位置应根据现场情况合理安排，不宜强求集中，但应整齐、美观、固定牢固，尽量减少弯曲和交叉，且不得有急剧和复杂的弯曲部位。

导压管路应敷设在便于操作和维修的位置，不宜敷设在有碍检修、易受机械损伤、腐蚀、振动及影响测量之处。

用于检测的导压管在满足测量要求的条件下应尽量短(过热蒸汽等高温介质除外)，且不宜大于15m。

导压管路在穿墙或过楼板时，应安装保护管(罩)。导压管接头不得置于保护管(罩)内。管线由防爆厂房或有毒厂房进入非防爆或无毒厂房时，在穿墙或过楼板处应进行密封。

导压管路与高温工艺设备、管路连接时应采取热膨胀补偿措施。

除设计另有规定外，导压管路与工艺设备、管道或建筑物表面之间的距离宜大于50mm。易燃、易爆介质的导压管路与热表面的距离宜大于150mm，且不宜平行敷设在其上方。当管路需要隔热时，应适当增加距离。

2. 中、低压导压管路敷设

管路敷设应具备下列条件：

① 工艺设备、管道上一次取源部件的安装经检查验收合格，满足测量导压管安装要求；

② 管子、管件、阀门按设计图纸核对无误；

③ 管子外观检查无裂纹、伤痕和严重锈蚀等缺陷，管件、阀门无机械损伤和铸造缺陷，螺纹连接部分无过松过紧现象；

④ 阀门压力试验合格；

⑤ 设计图纸选用的导压管路敷设方式合理。

无腐蚀性和黏度较小介质的压力、差压、流量、液位测量导压管的敷设应符合下列要求：

① 压力测量宜选用直接取压方式，测量液体压力时取压点宜高于变送器，测量气体时则相反。

② 水平管线的压力测量导压管，敷设取压管引出位置宜采用如图2-5-18所示方式。

③ 测量蒸汽或液体流量时，节流装置宜高于差压仪表，测量气体流量时则相反。

④ 测量蒸汽流量安装的两只平衡容器，必须保持在同一个水平线上。平衡容器入口管水平位置允许偏差为2mm。

⑤ 垂直工艺管道流量导压管取压引出方式见图2-5-19。当介质为液体时，负压管应向下倾斜，见图2-5-19(a)；介质为蒸汽时，正压管应向上倾斜，见图2-5-19(b)。

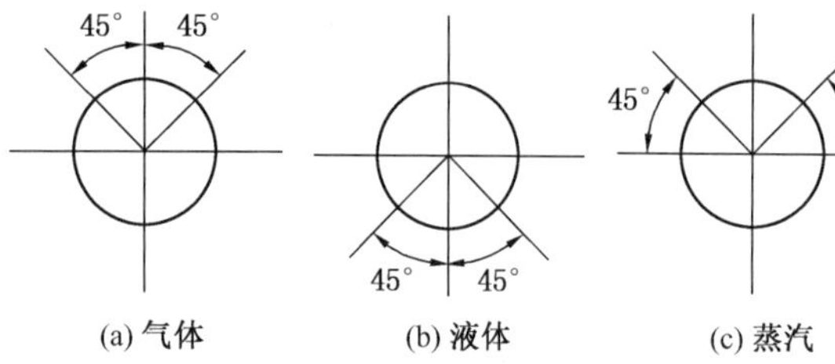

图 2-5-18　压力测量导压管引出位置

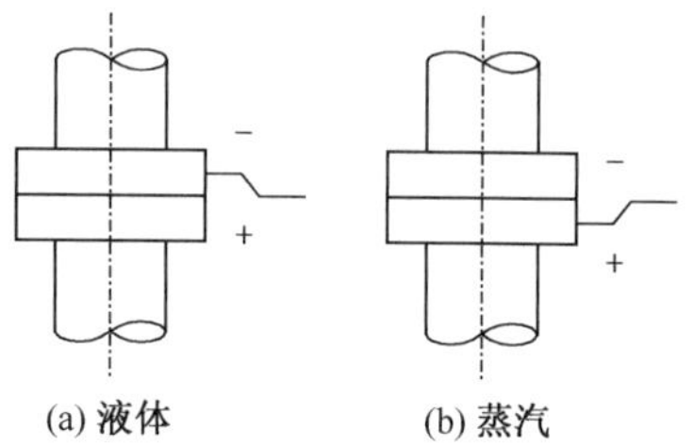

图 2-5-19　垂直工艺管道上的取压管引出方式

⑥ 常压工艺设备液位测量导压管路接至变送器正压室、带压工艺设备液位测量时，宜选用工艺设备下部取压管接至变送器正压室，上部与变送器负压室连接。

⑦ 差压液位取压管一端如接工艺设备底部，则其插入深度应大于 50mm。

导压管应根据不同介质测量要求按 1∶10~1∶100 的坡度敷设，其倾斜方向应保证能排除气体或凝液。当不能满足要求时，应在管路集气处安装排气装置，集液处安装排液装置。

测量差压用的正压管及负压管应敷设在环境温度相同的地方。

弯制导压管宜采用冷弯法，弯曲半径不得小于管子外径的 3 倍。弯曲后，管壁上应无裂纹、凹坑、皱褶、椭圆等现象。

导压管路应装一、二次阀门(变送器直接安装在工艺管道上的除外)。一次阀门装于取源部件之后，尽可能靠近取源部件。二次阀门装于测量仪表之前便于操作的位置。

不锈钢管路安装时，不得用铁质工具敲击，并应用绝缘材料与支架隔离。

壁厚小于 1mm 的不锈钢管宜采用卡套式连接。

导压管路的焊接应符合下列要求：

① $\phi 14\times 2$ 以下碳素钢管一般采用对接焊，焊接时宜使用对口工具防止错边，并检查直线度。不同直径导压管对接焊时，其内径相差应小于 2mm，否则应采用异径接头连接；

② $\phi 18\times 3$ 以上碳素钢管宜采用承插焊接方式，其插入方向应顺介质流向；

③ 不锈钢管或质量要求严格的导压管焊接宜采用氩弧焊或承插焊；

④ 导压管路焊接时，不应承受机械外力；

⑤ 阀门焊接时，应使阀门处于开启状态。

检修时需拆卸的部位可采用卡套、活接头、法兰、螺纹等连接。

导压管的连接部分应轴线一致，保证其严密性，不得有泄漏和节流现象。

安装阀门前，应核对阀门规格、型号(包括垫片)，并符合设计要求，试压合格。安装时应将阀门关闭，以防进入杂物。截止阀和止回阀的安装方向应正确；带手轮的阀门安装位置应便于操作。

3. 高压导压管路敷设

高压管路敷设除应符合本节规定外，还应符合现行国家标准《工业金属管道工程施工规范》(GB 50235—2010)的有关规定。

高压管、管件、阀门的规格、型号、材质必须符合设计规定，并必须有合格证。

高压管应进行外观检查，不得有锈蚀等缺陷。

高压管端需加工螺纹时，应以内圆定心进行加工，并应使用螺纹规、标准螺纹管件等检查螺纹质量。用标准螺纹管件检查时，以徒手拧入为限，且不应过分松动。

高压管的弯制必须一次冷弯成型。

焊接高压管时，管口应加工坡口，坡口角度为 40°~50°，钝边为 0.5~1.0mm，对口间隙为 1.5~2.0mm。

高压导管需要分支时，应采用与管路同材质三通，不得在管路上直接开孔焊接。

安装高压螺纹法兰时，应露出管端螺纹的倒角。安装透镜垫前应在管口及垫片上涂抹防锈脂(脱脂管道除外)，透镜垫应准确地放置在管端密封面上。

设计规定有力矩要求的高压法兰螺栓，安装前应抽查 5%作强度及光谱试验。发现质量不合格，应及时通知监理、业主代表或总承包单位共同确认，并作退货处理。

高压法兰螺栓拧紧后，螺栓、螺母宜齐平。

敷设高压管路时，不允许强制组对或用修改透镜垫厚度的办法补偿安装偏差。

采用卡套连接件时，高压管外径允许偏差为±0.3mm，卡套与钢管的咬合深度应大于 0.2mm。

高压管、管件、阀门、紧固件的螺纹部分，应抹二硫化钼等防咬合剂，但脱脂管路除外。

高压管路安装应有详细的记录，并在导压管路上做明显的标识。

4. 有毒、可燃介质导压管路敷设

管子、管件、阀门在使用前应按现行行业规范 SH/T 3501《石油化工有毒、可燃介质钢制管道工程施工及验收规范》管道级别分类保管，做好标识，不得混淆和损坏。

管路敷设前，应对管子、管件、阀门进行外观检查，其表面应符合下列要求：无裂纹、锈蚀及其他机械损伤；螺纹、密封面加工良好，精度、粗糙度等符合设计要求。

SHA 级管道上的导压管路用的管子应逐根进行外径及壁厚测量，其尺寸应符合制造标准；SHB 级管道上的导压管路用的管子应抽查 5%，且不少于一根。

SHA 级管道上的导压管路的管件应抽 10%测量外径和壁厚；SHB 级管路的管件应抽查 5%，且不少于一件。

管路阀门安装前，应逐个对阀体进行液压强度试验，试验压力为公称压力的 1.6 倍，5min 无泄漏为合格。

管路阀门阀座密封面应作气密试验，并做记录。

SHA 级管道上的导压管弯制时，宜选用壁厚有正偏差的管子。

管路安装前，应逐根清理擦净，不得有砂土、浮锈、铁屑、焊渣、水、油及其他杂物。

管路应尽量短，连接宜选用焊接方式。

螺纹接头如采用密封焊时，不得使用密封带，其露出螺纹不应过长，并全部由密封焊缝覆盖。

管子对接焊时，应清理管子内外表面，在 20mm 范围内不得有油漆、毛刺、锈斑、氧化皮及对焊接有害的物质。

公称直径小于等于 15mm 的高压管可不进行喷砂和表面无损检测，承插焊接部位宜做着色检查。

管路焊接应有焊接工作记录。

管路连接件安装前，应检查其密封面，不得有影响密封性能的缺陷。

连接件选用的垫片、密封填料应符合设计要求。

非金属垫片应平整光滑，边缘应切割整齐。

有毒、可燃介质的导压管路敷设，应做好详细的施工记录，并在导压管上做明显标识。

5. 分析取样管路敷设

分析取样管路敷设包括取样管、取样预处理系统组件、阀门、管件。分析取样管路敷设应按设计文件、分析仪表说明书及有关规定执行。

取样系统管路应整齐布置，并应使气体或液体能排放到安全地点。有毒气体应按设计规定的位置排放。

管路敷设前应测绘系统各组件尺寸，保证系统容量最小。取样系统安装位置应安排合理，使其不受机械损伤，并且操作维修方便。

分析取样管路长度不宜超过 40m，烟气分析仪表管路长度不宜超过 10m。取样系统部件应尽量减少，以保证试样的正确传递和处理。

分析取样系统管路的材质宜采用不锈钢，并应符合下列要求：

① 不得与试样有化学反应；

② 不得从试样中吸取组分；

③ 不得将杂质渗透和扩散进入试样；

④ 不得有着火或其他不安全因素。

管路敷设前应先将管子、阀门、配件、各设备组件清洗干净，保证无油、无锈、无有机物、无杂质。

管路系统连接宜采用承插焊或对接焊。焊缝不得有裂纹，内壁应无杂质。如采用螺纹连接，密封填料不得进入系统内。

在分析仪表入、出口处和试样返回线上应装截止阀，阀门流向应正确。

分析取样系统应有合适的过滤器，系统应畅通无杂质。对固体含量高的试样回路，宜采用并联过滤器。

6. 隔离与吹洗管路敷设

腐蚀性介质和黏稠液体介质宜选用密封毛细管隔膜仪表。易汽化、冷凝或有沉积物介质，宜采用隔离和吹洗方法防止被测物质进入仪表内。

对于位移可以忽略不计的仪表可直接在管路中进行隔离，有显著位移的仪表要采用隔离器，使隔离液位保持水平，避免静液压误差。

隔离管路敷设时。应在管线最低位置安装隔离液排放装置。

被测介质黏度较大时，宜敷设冲洗液管路。

对挥发性较强的液体、气相易凝结的介质进行差压液位测量时，其气相取压管应安装隔离器。

吹洗管路敷设时，先预制好吹洗阀的连接管件，再将其两端分别与吹洗液总管和测量引线连接。

吹洗管阀门的安装位置应便于操作。

吹洗管路系统的限流孔板尺寸应符合设计要求。

7. 导压管路固定

应根据现场实际情况和导压管敷设要求，确定导压管路固定卡或支架形式、尺寸和位置。

导压管路的固定应采用可拆卸的卡子，用螺栓固定在支架上。两导管间不得用定位焊固定。

导压管路支架应固定牢固，并满足管路坡度的要求。在振动场所，管路与支架间应加软垫隔离。

导压管路两支架间的跨距，水平敷设管路宜为 1~1.5m，垂直敷设为 1.5~2m，需保温的导压管路应适当缩小支架跨距。

工艺管道、容器以及需拆卸的设备构件上不应直接焊管路支架。如需在其上敷设管路时可采用抱箍固定支架，并应按要求做隔离处理。

在有保温层的设备、管道上敷设导压管时，其支架尺寸应使导压管能处在保温层之外。

支架应平直，切口处不应有卷边和毛刺。

支架安装在金属结构和混凝土结构的预埋件上时应采用焊接固定，安装在混凝土上无预埋件时，宜用膨胀螺栓固定。

固定不锈钢管路时，应用绝缘材料与碳钢支架、管卡等隔离。

8. 导压管路的系统压力试验

导压管路敷设完成后，应组织有关人员进行检查，符合设计及有关规范规定后，方可进行系统压力试验。试验前应切断与仪表的连接，并将管路吹扫干净。

试验压力小于 1.6MPa 且介质为气体的管路可采用气压试验，其他管路宜采用液压试验。

气压试验宜用净化空气或其他惰性气体，试验压力为设计压力的 1.15 倍，停压 5min，压力下降值不大于试验压力的 1%为合格。

液压试验应选用清洁水，试验压力为设计压力 1.25 倍，当达到试验压力后，停压 5min，无泄漏为合格。管路材质为奥氏体不锈钢时，水中氯离子含量不得超过 25mg/L。试验后应将液体排净。冬天进行水压试验时，必须采取防冻措施，试验后应立即将水排净，并进行吹扫。

试验用的压力计准确度等级不应低于 1.5 级，刻度上限宜为试验压力的 1.5~2 倍，并应有有效的检定合格证书。

压力试验过程中，发现泄漏现象，应先泄压再作处理。处理后，应重新试验。

压力试验合格后，应在管道另一端泄压，以检查管路是否堵塞。然后拆除试验时所加的盲板。

高压管路可随同工艺管线一起做压力试验。

仪表导压管路随同工艺管线一起做压力试验时，在工艺管线开始试压前，应打开管路一次阀和排污阀冲洗管路，检查管路是否畅通无阻，再关闭一次阀，检查阀芯是否关严，然后关闭排污阀，打开一次阀，待压力升至试验压力后，停压 5min，管路各部位应无泄漏现象。

当工艺系统规定进行真空度或泄漏性试验时，仪表管路应随同工艺系统一起进行试验。

压力试验合格后，应做好试验记录。

9. 导压管路及仪表设备的脱脂

凡有氧气作为介质的管道、调节阀、阀门、仪表设备，都必须做脱脂处理。

常用的脱脂溶剂有：

① 工业用二氯乙烷：适用于金属件的脱脂；

② 工业用四氯化碳：适用于黑色金属、铜和非金属件的脱脂；

③ 工业用三氯乙烯：适用于黑色金属和有色金属的脱脂；

④ 工业酒精(浓度不低于95.6%)：适用于要求不高的仪表、调节阀、阀门和管子的脱脂，也可作为脱脂件的补充擦洗液用；

⑤ 浓度为98%的浓硝酸：适用于工作介质为浓硝酸的仪表、调节阀、阀门和管子的脱脂；

⑥ 碱性脱脂液：适用于形状简单、易清洗的零部件和管子的脱脂。

需要注意的是脱脂溶剂不能混合使用，且不能与浓酸、浓碱接触。使用四氯化碳、二氯乙烷和三氯乙烯脱脂时，脱脂件应干燥，无水分。脱脂完的仪表、调节阀、阀门和管子、管件要封闭处理、不能再沾油污。脱脂工具、器具和仪器，必须先脱脂。

常用的脱脂方法有：

① 有明显油污或锈蚀的管子，应先清除油污及锈渍后再脱脂；

② 易拆卸的仪表、调节阀及阀门脱脂时，要将需脱脂的部件、主件、零件、附件及填料拆下，并放入脱脂溶剂中浸泡，浸泡时间为1~2h；

③ 不易拆卸的仪表、调节阀等进行脱脂时，可采用灌注脱脂溶剂的方法，灌注后浸泡时间不应小于2h；

④ 管子内表面脱脂时，可采用浸泡的方法，浸泡时间为1~1.5h，也可采用白布浸蘸脱脂溶剂擦洗的方法，直至脱脂合格为止；

⑤ 采用擦洗法脱脂时，不能使用棉纱，要使用不易脱落纤维的布和丝绸，脱脂后必须仔细检查，严禁纤维附着在脱脂表面上；

⑥ 经过脱脂的仪表、调节阀、阀门和管子应进行自然通风或用清洁、无油、干燥的空气或氮气吹干，直至无溶剂味为止。当允许用蒸汽吹洗时，可用蒸汽吹洗。

经脱脂后的仪表必须检验脱脂是否合格。

采用直接法检验时，符合以下条件之一的视为合格：用清洁、干燥的白滤纸擦拭脱脂表面，纸上无油迹；用紫外线灯照射脱脂表面，无紫蓝荧光。

采用间接法检验时，符合以下条件之一的视为合格：用蒸汽吹洗脱脂件，盛少量蒸汽冷凝液于器皿内，放入数颗粒度小于1mm的纯樟脑，樟脑不停旋转；用浓硝酸脱脂时，分析其酸中所含有机物的总量，不超过0.03%。

5.8.4 仪表伴热系统安装

常用的仪表伴热的热源有两种：一种是蒸汽或热水；另一种是电加热器。

1. 供汽与回水系统安装

采用蒸汽伴热时，若供汽点分散，宜采用分散供汽，如图2-5-20(a)所示；若供汽点较集中，宜采用蒸汽分配器集中供汽，如图2-5-20(b)所示。

供汽管路宜选用$\phi22\times3$、$\phi18\times3$或$\phi14\times2$的无缝钢管，管端应靠近取压阀或仪表，且不得影响操作、维护和拆卸。

供汽点应设在整个蒸汽伴管的最高点，管路不能有下凹部分，否则，应在下凹最低点设置排放阀，并应满足下式要求(图2-5-21)：

$$(H_1 + H_2 + H_3 + \cdots)/10 \leqslant 0.01p$$

式中 H_1、H_2、H_3——各凹处高度，m；

p——蒸汽压力，MPa。

蒸汽伴热管路应采用单回路供汽，不得串联。

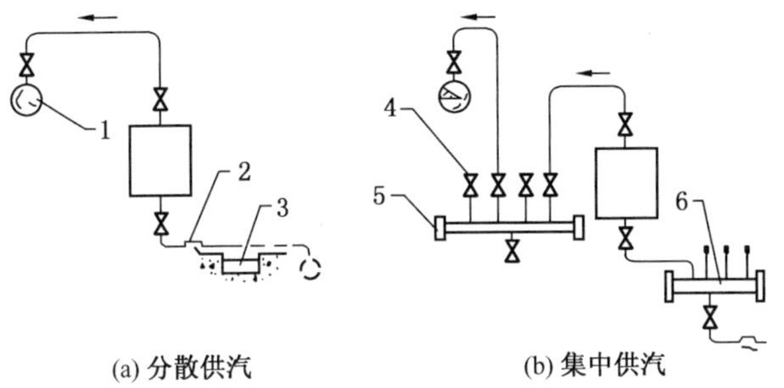

图 2-5-20　蒸汽供汽示意图

1—供汽总管；2—疏水器；3—回水沟；
4—蒸汽分支出口阀；5—蒸汽分配器；6—回水总管

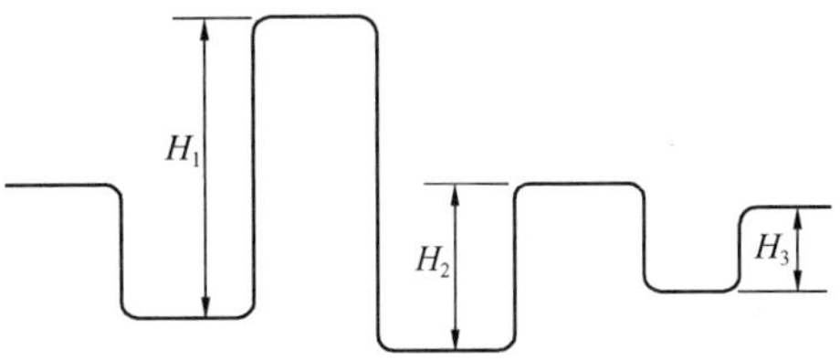

图 2-5-21　蒸汽管路示意

蒸汽伴热回水系统应与供汽系统对应，如图 2-5-20 所示。分散回水时，就近将冷凝液排入排水沟或回水管道；集中回水时，设回水总管或回水架，回水总管应比供汽管径大一级，并加止回阀。

排入排水沟的回水管管端应伸进沟内，距沟底约 20mm。

回水管路应在管线吹扫之后安装疏水器，并宜安装于伴热系统的最低处。疏水器应处于水平位置，方向正确，排污丝堵朝下。

供汽管路应保持一定坡度，便于排出冷凝液。回水管路应保持一定坡度排污。

热水伴热的供水管路宜水平取压，回水系统不设疏水器。

各分支管均应设截止阀。

2. 蒸汽、热水伴热

仪表设备和管路的蒸汽伴热分为四种形式，见图 2-5-22。

① 轻伴热：伴热管线与仪表设备和导压管之间应保持 1～2mm 的间距，可用橡胶石棉板等按约 200mm 的距离隔离。

② 重伴热：伴热管线紧贴仪表设备和导压管敷设。

③ 强伴热：伴热管线缠绕在仪表设备和导压管上。

④ 夹套伴热：在仪表设备和导压管、浮筒、阀体外加蒸汽夹套。导压管在夹套内不应有焊口或接头。夹套应在导压管、浮筒、阀体等试压气密合格后安装。

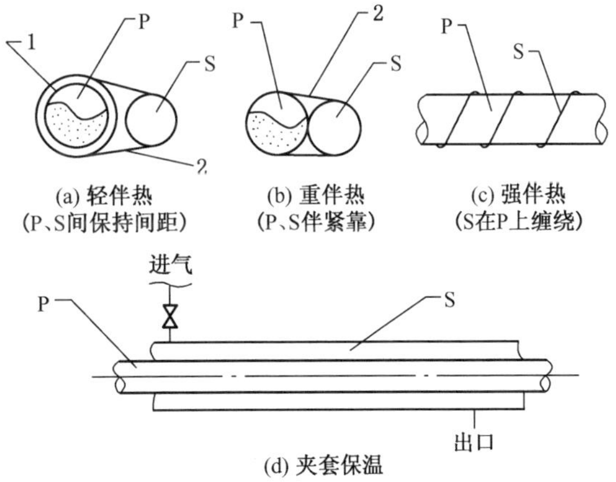

图 2-5-22　仪表管伴热示意

1—硅酸铅纤维编织绳；2—绑线；P—导压管；S—伴热

伴热管线应按设计选材。选用紫铜管时，采用卡套式连接；选用无缝钢管时，采用焊接或接头连接。

差压仪表的导压管与伴热管宜以管束形式敷设，正、负压管分开敷设时，伴热管采用三通接头分支，沿高、低压管并联敷设，长度相近。

伴热管与保温箱、仪表设备之间的连接处，或伴热管道通过管路接头及法兰处，应采用管接头连接。当连接处需经常拆卸时，连接的管接头应伸出保温层外单独保温。

伴热管线应采用镀锌钢丝或不锈钢丝与导压管路捆扎在一起，捆扎间距800mm，捆扎不宜过紧，且不应采用缠绕方式捆扎。

保温箱内伴热，可采用紫铜管、不锈钢管或无缝钢管加工成蛇形盘管，或采用翅片式散热器。

伴热管应在主管道试压和焊口检查合格后进行施工。

需要伴热的导压管路，为不锈钢管、镀锌管及有色金属管时不应涂漆，为其他材料时则应涂底漆。

供汽系统伴热管线安装后，应进行水压试验。试验压力为设计压力的1.5倍。有条件时，可用伴热蒸汽进行系统吹扫试压，通入蒸汽时应逐渐加量，缓慢加热。

供汽系统伴热管线如需修理、补焊，应停汽和排除冷凝液后进行。

供汽和伴热系统投运合格后，应列入正常管理。冬季停汽时应排水、吹扫。

3. 电伴热

电伴热用的器材应有出厂合格证。用于危险区域的电伴热线及附件必须有防爆合格证。

电伴热的安装应严格按照设计和制造厂的有关规定施工。

电伴热安装前应进行外观和绝缘检查。外观应无破损、扎孔等缺陷。用500V兆欧表测试其绝缘电阻值不应小于1MΩ。敷设后应复查电伴热线与被伴热管或仪表设备之间的绝缘电阻值。

电伴热线可平行或缠绕在管道及设备上，平行安装时电伴热线宜紧贴在管线下面。

电伴热线有严格温度要求时，应安装专用的温控器。

多根电伴热线的分支应在分线盒内连接，在电伴热线接头处及电伴热线末端均应涂刷专用密封材料。

5.8.5 隔离与吹洗

化工装置的工艺物料种类多，有腐蚀性物料、黏稠性物料、含固体物料、有毒物料和在环境温度下可能汽化、冷凝、结晶、沉淀的物料等。化工物料多半有腐蚀性，仪表的阀门、管线、一次元件及调节阀等直接与被测物料接触，可能受到腐蚀性物质的侵蚀。为了确保仪表测量系统安全、准确地运行，必须采取相应的防护措施。隔离和吹洗是最常见的防护措施。

1. 隔离

隔离是利用隔离液、隔离膜片使被测物料与仪表的传感元件不直接接触，以保护仪表并实现正常测量的一种方法。对腐蚀性物料，当测量仪表的材质不能满足抗腐蚀的要求时，应采用隔离方法；对测量黏稠性物料、含固体的物料、有毒物料或在环境温度下可能汽化、冷凝、沉淀的物料，也可采用隔离的方法。

(1) 隔离方式

隔离方式大体可分为管内隔离、容器隔离和膜片隔离三种。

① 管内隔离　是利用隔离管充注隔离液的一种隔离方式。采用这种方式，施工时应注意测量管道与隔离管的配管要适当，要使隔离液充注方便、储存可靠。

管内隔离适用于被测物料压力稳定、排液量较小的仪表。隔离管的材质和管径，一般应与测量管道的材质和管径相同。

管内隔离方式常用于流量、压力、液位测量系统，安装示意如图2-5-23所示。

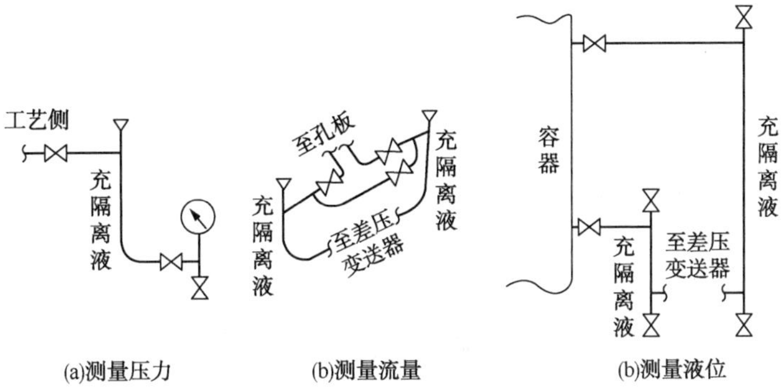

图 2-5-23　管内隔离安装示意图

② 容器隔离　是利用隔离容器充注隔离液的一种隔离方式，适用于被测物料压力波动明显、排液量较大的仪表。

隔离容器的结构形式，应根据被测物料和隔离液的比密度的大小、仪表和隔离容器安装的相对位置等因素进行选择。隔离容器应垂直安装，成对隔离容器的安装标高必须一致。

容器隔离方式常用于压力、流量、液位测量系统，安装示意如图 2-5-24 所示。

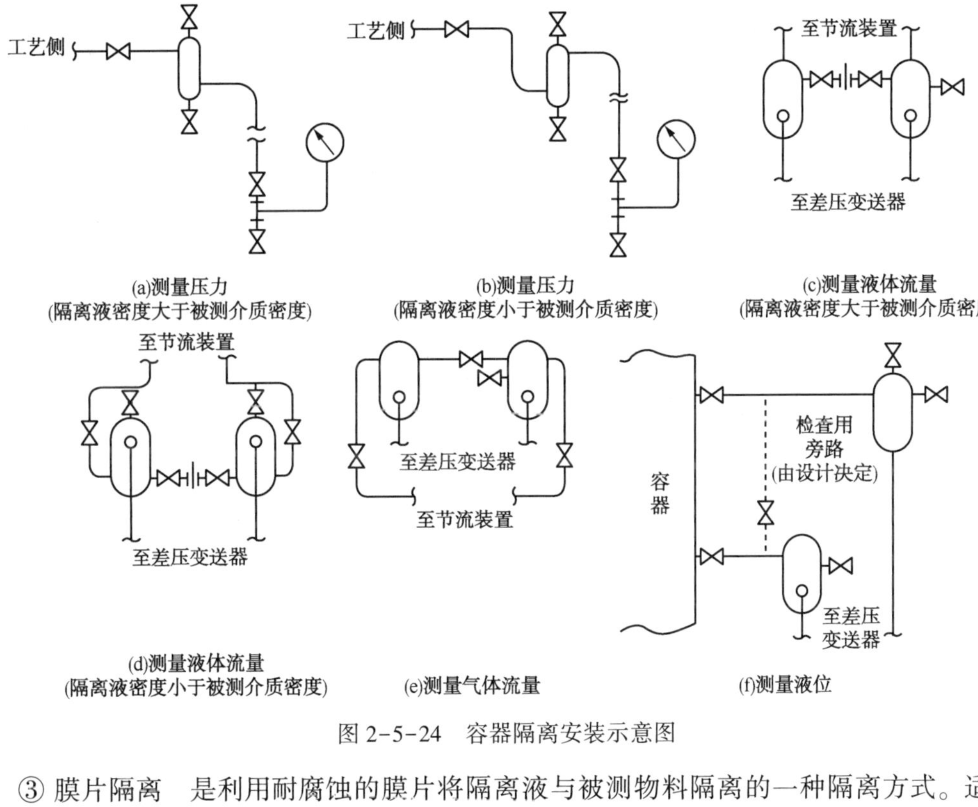

图 2-5-24　容器隔离安装示意图

③ 膜片隔离　是利用耐腐蚀的膜片将隔离液与被测物料隔离的一种隔离方式。适用于强腐蚀性物质、易凝结的黏稠性物质以及其他难以采用管内隔离或容器隔离的场合。在仪表工程施工中，采用膜片隔离的测量方式比较少见。实际上，膜片隔离方式已被膜片式仪表所替代。

（2）隔离液

隔离液选用需满足以下技术要求：

① 化学稳定性好，与被测物料不发生化学作用；
② 与被测物料不发生互溶及物理作用；
③ 与被测物料具有不同的密度，且密度相差较大，分层明显；
④ 沸点高，挥发性小；
⑤ 对仪表和测量管道无腐蚀；
⑥ 在环境温度变化时，不黏稠、不凝结。

常用隔离液的性质及用途见表 2-5-7。

表 2-5-7　常用隔离液的性质及用途一览表

名称	相对密度 15℃/15℃	黏度/(mPa·s)		蒸气压/Pa (20℃)	沸点/℃	凝固点/℃	闪点/℃	性质与用途
		15℃	20℃					
水	1.00	1.125	1.01	2380	100.0	0	—	适用于不溶于水的油
甘油水溶液（密度比 50%）	1.1295	7.5	5.99	1400	106	-23	—	溶于水。适用于油类，蒸汽，水煤气，半水煤气，C_1、C_2、C_3 等烃类，氧
乙二醇	1.117	25.66	20.9	16.3	197.8	-12.95	118	有吸水性，能溶于水、醇及醚。适用于油类物质及液化气体、氨
乙二醇水溶液（质量比 50%）	1.068	4.36	3.76	1773	107	-35.6	不着火	溶于水、醇及醚。适用于油类物质及液化气体
乙二醇二醚溶液（质量比 36%）	1.00	—	—	—	78	-51	—	溶于水。适用于丙烷、丁烷等介质
磷苯二甲酸二丁酯	1.0484 (20℃)	20.3		<1.36 (15℃)	330	-35	171	不溶于水。适用于盐类、酸类等水溶液及硫化氢、二氧化碳等气体介质
乙醇	0.794	1.3	1.2	5853	78.5	<-114.1	12.8	溶于水。适用于丙烯、丁烷等介质
苯	0.884	0.7	0.638	9959	80.0	5.56	11.1	微溶于水，与醚、醇、丙醇、四氯化碳、醋酸可任意混合。适用于液氨等介质
四氯化碳	1.61	1.0	—	—	76.7	-23	—	不溶于水，与醚、醇、苯、油等可任意混合，有毒。适用于酸类介质
煤油	0.82	2.2	2.0	—	149	-28.9	48.9	不溶于水。适用于腐蚀性无机液体
磺化煤油	0.82	—	—	—	—	-10	—	煤油经磺化处理。适用于乙炔、氢等介质
五氯乙烷	1.67 (25℃)	—	—	—	161~162	-29	—	不溶于水，能与醇、醚等有机物混合，有毒。适用于硝酸

名称	相对密度 15℃/15℃	黏度/(mPa·s)		蒸气压/Pa (20℃)	沸点/℃	凝固点/℃	闪点/℃	性质与用途
		15℃	20℃					
甲基硅油	0.93~0.94 (25℃/25℃)	10±1% cSt (25℃)	—	—	≥200/68Pa	-65	≥155	具有优良的电气绝缘性、憎水性和防潮性，黏度温度系数小，挥发性小，压缩率大，表面张力小，可在-50~200℃使用。适用于除湿氯气以外的气体、液体
	0.95~0.96 (25℃/25℃)	20±10% cSt (25℃)	—	—	≥200/68Pa	-60	≥260	
全氟三丁胺	1.856(23℃)	2.74 (25℃)			170~180			不燃烧，不溶于水及一般溶剂，对硝酸、硫酸、王水、盐酸、烧碱不起反应。适用于强酸、氯气
40%$CaCl_2$水溶液	1.36							适用于丙酮、苯、石油气
变压器油	0.9							适用于液氨、氨水、氢氧化钠、硫化胺、硫酸、水煤气、半水煤气等

比较常用的隔离液有乙二醇、硅油、变压器油、四氯化碳、煤油、甘油等。

2. 吹洗

吹洗用于对腐蚀性、高黏度、结晶性、沉淀性物料进行压力、流量、液位的测量，是进行仪表防护的一种必不可少的方式，在许多场合是其他测量方式无法替代的。在磷肥、尿素、炼油等工程中大量使用，常作为防结晶、防腐蚀的主要手段。

吹洗包括吹气、吹蒸汽和冲液。吹气、吹蒸汽是通过测量管道向测量对象连续、定量地吹入气体或蒸汽，冲液是通过测量管道向测量对象连续、定量地冲入液体。两者都是使被测物料与仪表的传感元件不直接接触，达到保护仪表，实现准确、可靠测量的目的。

(1) 对吹洗流体的要求

吹洗流体源应充分可靠、连续稳定，不受工艺状态、过程的影响。吹洗和冲液介质应符合下列规定：

① 与被测物质不发生化学作用；

② 清洁、不污染被测物质；

③ 冲液介质无腐蚀性，在节流减压后，不发生相变；

④ 吹洗流体的压力，应高于被测物质的压力，以保证吹洗流体的流量连续而稳定。

(2) 吹洗管线安装应注意的问题

吹洗管线的材质应按照被测物质的特性和测量要求选用。

吹洗流体进入测量管道的入口点，应靠近仪表取源部件，以便使吹洗流体在测量管道中产生的压降保持最小。

(3) 吹洗管路连接典型示例

1) 测量流量管路连接(压力管路连接同流量管路连接)

吹气法测量气体流量管路连接如图 2-5-25 所示，(a)为差压仪表高于节流装置，(b)为差压仪表低于节流装置。冲液法测量液体流量管路连接如图 2-5-26 所示，(a)为差压仪表高于节流装置，(b)为差压仪表低于节流装置。

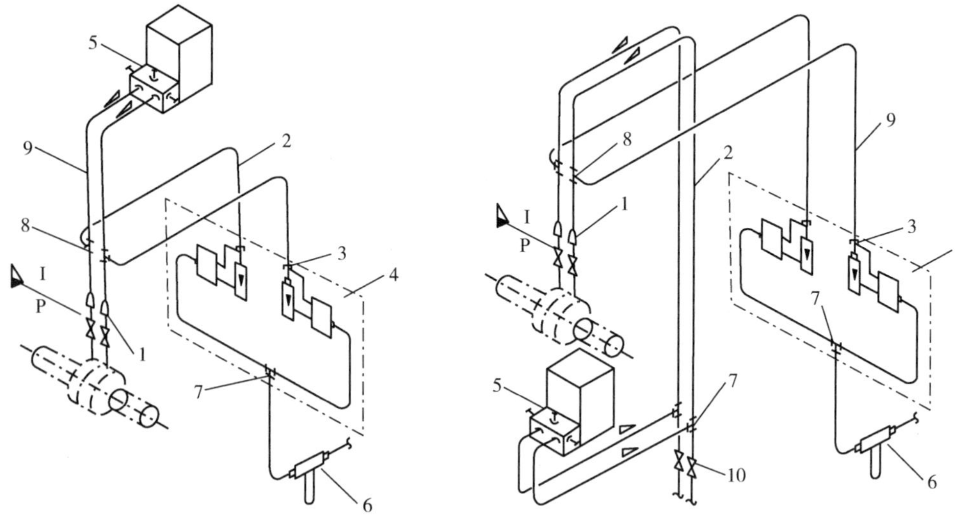

(a)差压仪表高于节流装置　　(b)差压仪表低于节流装置

图 2-5-25　吹气法测量气体流量管路连接图

1—异径短节；2—无缝钢管；3—直通终端接头；4—吹气装置；5—三阀组；6—空气过滤器减压阀；7—三通中间接头；8—异径三通；9—无缝钢管；10—阀门

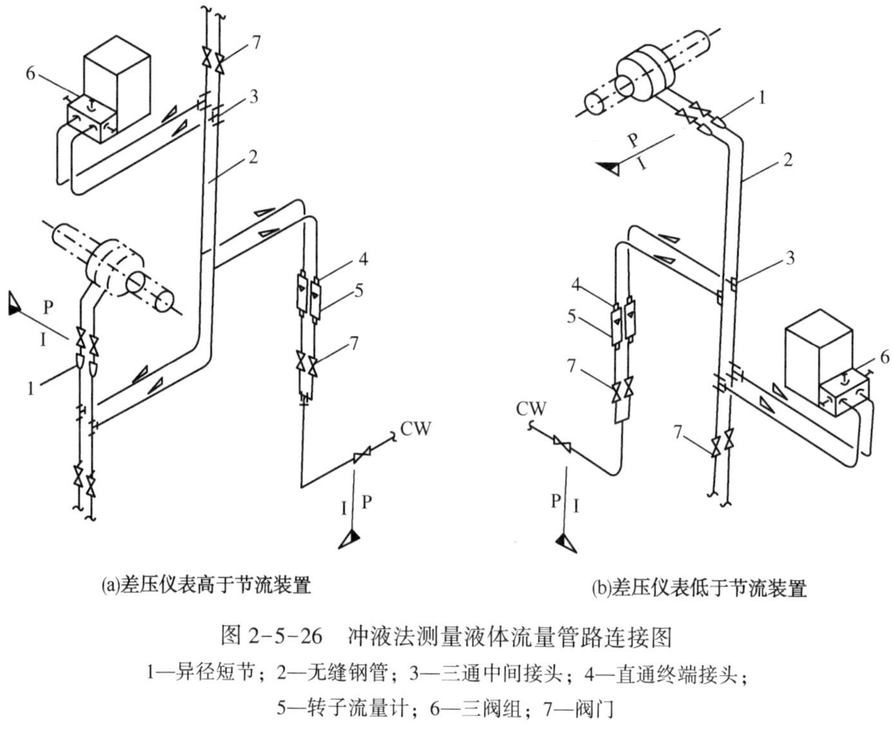

(a)差压仪表高于节流装置　　(b)差压仪表低于节流装置

图 2-5-26　冲液法测量液体流量管路连接图

1—异径短节；2—无缝钢管；3—三通中间接头；4—直通终端接头；5—转子流量计；6—三阀组；7—阀门

2）测量液面管路连接

吹气法测量常压设备液面管路连接如图 2-5-27 所示，(a)为使用限流孔板，(b)为使用吹气装置。吹气法测量有压设备液面管路连接如图 2-5-28 所示，(a)为使用限流孔板，(b)为使用吹气装置。冲液法差压式测量有压设备液面管路连接如图 2-5-29 所示，(a)为差压计配五阀组的情况，(b)为差压计配三阀组的情况。

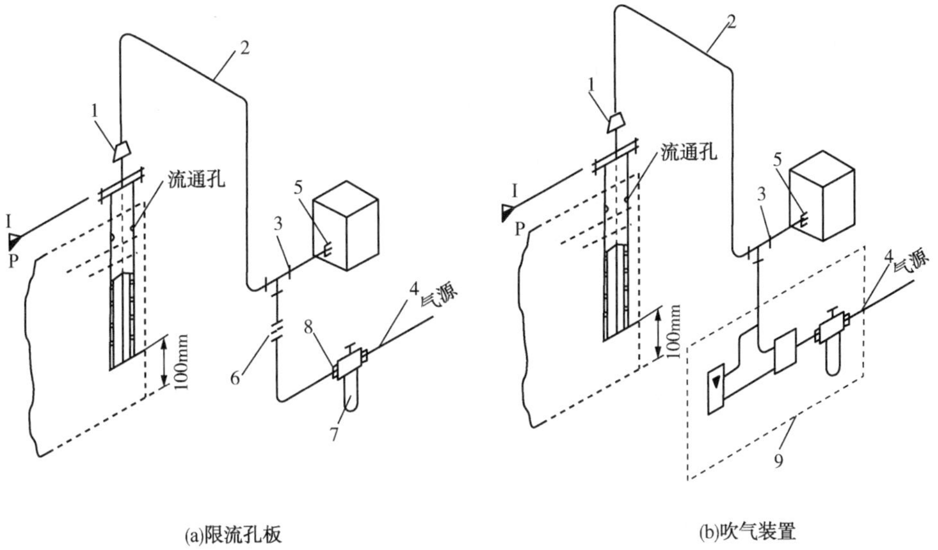

图 2-5-27　吹气法测量常压设备液面管路连接图

1—对焊式异径活接头；2—无缝钢管；3—对焊式异径三通接头(中小)；4—铜管；
5—对焊式直通终端接头；6—限流孔板；7—吹气过滤减压阀；8—压环式直通终端接头；9—吹气装置

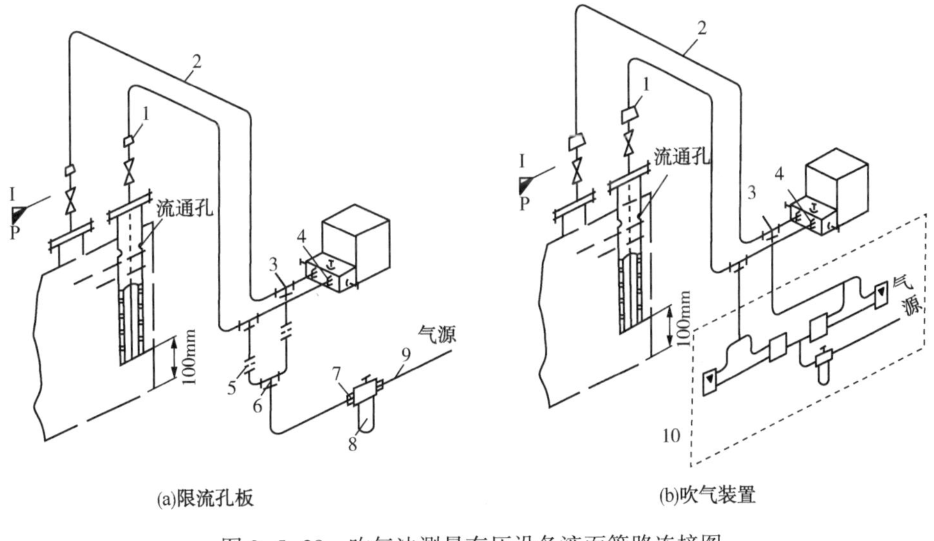

图 2-5-28　吹气法测量有压设备液面管路连接图

1—对焊式异径活接头；2—无缝钢管；3—对焊式异径三通接头(中小)；4—三阀组；5—限流孔板；
6—压环式三通中间接头；7—环式直通终端接头；8—吹气过滤减压阀；9—铜管；10—吹气装置

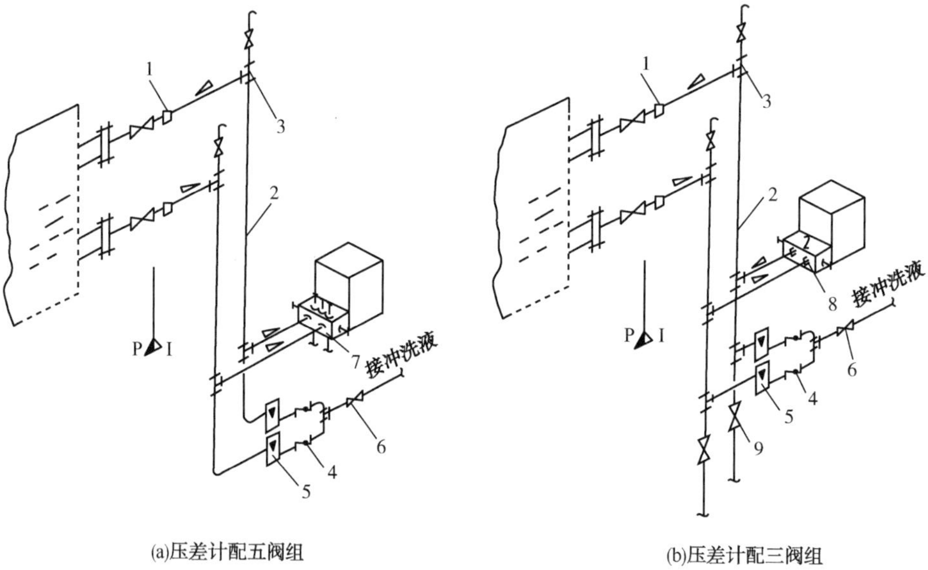

图 2-5-29　冲液法差压式测量有压设备液面管路连接图

1—对焊式异径活接头；2—无缝钢管；3—对焊式三通中间接头；4—对焊式止回阀；
5—金属转子流量计；6—外螺纹截止阀、外螺纹球阀；7—五阀组；8—三阀组；9—闸阀

5.9　信号抗干扰

仪表信号的干扰有差模干扰和共模干扰，会引起信号失真及差错。差模干扰是直接作用在信号线间的电压或电流，共模干扰是信号线与公共参考点或信号线与地线之间的电压或电流。干扰电压或电流的性质有直流、交流、脉冲及不规则干扰等。

信号干扰的来源主要有电场(静电)和电磁场。通过信号电缆的扭绞和隔离，可实现屏蔽和反向电磁场对干扰电磁场的抵消和削弱。

5.9.1　信号电缆扭绞

信号电缆使用双绞线可有效避免电场和电磁场干扰，通过把信号导线扭绞，能使信号回路包围的面积大为减少，同时两根信号导线到干扰源的距离大致相等，分布电容也能大致相等，从而降低感应电势。因此，信号导线的扭绞能使由电场和电磁场通过感应耦合进入回路的干扰大为减少。

5.9.2　信号隔离

1. 电源隔离

控制系统的供电电源采用 UPS 供电，从控制系统至现场仪表的供电电源采用开关电源。UPS 电源及开关电源装置具有良好的隔离及抗干扰能力，能提供良好品质的电源，从源头避免干扰。

2. 合理布线

仪表信号电缆的合理敷设可以有效减少干扰信号的进入。布线时应符合以下要求：

① 仪表信号电缆的敷设路径应避开高压电气设备。

② 仪表信号电缆与电力电缆交叉敷设时，宜呈直角跨越。若不得已必须与电力电缆平

行敷设时，两者之间的最小间距应符合表 2-5-8 中的规定。

③ 仪表信号电缆与动力电缆、强电控制电缆分层敷设。如受条件所限，无法满足分层敷设时，仪表信号电缆与强电控制电缆在同一层电缆桥架中敷设，中间须设置金属隔板，并使隔板可靠接地。铠装电缆可不分开敷设。

④ 不同电压等级及频率特性的信号，不应共用同一信号电缆。

表 2-5-8　仪表电缆与电力电缆平行敷设的最小允许间距　mm

电力电缆电压与工作电流	相互平行敷设的长度			
	<100m	<250m	<500m	≥500m
125V，10A	50	100	200	1200
250V，50A	150	200	450	1200
400V，100A	200	450	600	1200
500V，200A	300	600	900	1200
3000~10000V，800A	600	900	1200	1200

3. 屏蔽

屏蔽也是隔离的一种方式。电缆屏蔽可以减少电场和电磁场的干扰作用，对电场干扰比较有效，而对电磁场的屏蔽作用有限，特别是对雷电产生的高频电磁场的屏蔽作用更小。电缆屏蔽层的接地是实现屏蔽作用的条件之一，必须正确接地以减少干扰源与信号电缆之间的分布电容，从而将干扰衰减至最小。屏蔽层应采用表 2-5-9 所示的接地方式。

表 2-5-9　屏蔽层的接地方式

电缆形式	接地形式		
	内屏蔽层	外屏蔽层	铠装层或金属保护管
单层屏蔽电缆	单端接地	—	两端接地
单层屏蔽铠装电缆	单端接地	—	两端接地
分屏总屏电缆	单端接地	两端接地	两端接地
分屏总屏铠装电缆	单端接地	两端接地	两端接地

5.9.3　设置隔离区

在机柜间和现场压缩机周边设置隔离区，在隔离区内禁止使用对讲机和手机等移动通信设备，避免干扰仪表信号。

技师、高级技师篇

第 1 章　被控对象的数学模型

建立被控对象的模型，通过研究模型的行为表现，达到研究原被控对象特性的目的，这是一种古老而有效的研究方法。数学模型是对研究被控对象相关特性的数学描述，是开展各种研究必不可少的重要工具。本章围绕被控对象数学模型的建立、传递函数与方块图以及典型环节的动态特性分析，介绍数学模型的概念和应用。

1.1　被控对象数学模型的概念

1.1.1　数学模型

在控制系统的分析和设计中，被控对象的数学模型是十分重要的基础研究资料。

在研究被控对象特性时，一般以被控变量作为被控对象的输出量，叫输出变量，而以干扰作用和控制作用作为被控对象的输入量，叫输入变量。干扰作用和控制作用都是引起被控变量变化的因素。被控对象的数学模型，就是用数学的方法来描述被控对象的输入变量对输出变量的影响。

被控对象的数学模型可分为静态数学模型和动态数学模型。静态数学模型描述的是被控对象在静态时的输入变量与输出变量之间的关系，动态数学模型描述的是被控对象在输入变量改变以后输出变量的变化情况。静态与动态是事物特性的两个侧面，可以说，动态数学模型是静态数学模型的发展，静态数学模型是被控对象在达到平衡状态时的动态数学模型的一个特例。

本章介绍的主要是用于控制的数学模型，它与用于工艺设计与分析的数学模型是不完全相同的。尽管在建立数学模型时，用于控制的和用于工艺设计的可能都是基于同样的物理和化学规律，它们的原始方程可能都是相同的，但两者还是有差别的。

用于控制的数学模型多为动态数学模型，一般是在工艺流程和设备尺寸等都已确定的情况下，研究被控对象的输入变量如何影响输出变量，即被控对象的某些工艺变量(如温度、压力、流量等)变化以后是如何影响另一些工艺变量的(一般是指被控变量)，研究的目的是使所设计的控制系统达到更好的控制效果。用于工艺设计的数学模型(一般是静态的)是在产品规格和产量已经确定的情况下，通过模型的计算，来确定设备的结构、尺寸、工艺流程和某些工艺条件，以期实现最大的经济效益。

1.1.2　数学模型的类型

数学模型的表达形式主要有两大类：一类是非参量形式，称为非参量模型；另一类是参量形式，称为参量模型。

1. 非参量模型

当数学模型采用曲线或数据表格等表示时，称为非参量模型。非参量模型可以通过记录实验结果而得到，有时也可以通过计算得到，它的特点是形象、清晰，比较容易看出其定性的特征。但是，由于非参量模型不用数学方程来表示，要直接利用它们来进行系统分析和设计往往比较困难，必要时，需要对它们进行一定的数学处理才能得到其参量模型。

由于被控对象的数学模型描述的是被控对象在受到控制作用或干扰作用后被控变量的变化规律，因此被控对象的非参量模型可以用被控对象在一定形式的输入作用下的输出曲线或数据来表示。根据输入形式的不同，主要有阶跃响应曲线、脉冲响应曲线、矩形脉冲响应曲线、频率特性曲线等，这些曲线一般都可以通过实验直接得到。

2. 参量模型

当数学模型采用数学方程式描述时，称为参量模型。

被控对象的参量模型可以用描述被控对象输入、输出关系的微分方程式、偏微分方程式、状态方程、差分方程等形式来表示。

1.2 被控对象数学模型的建立

1.2.1 建模目的

就过程控制而言，建立被控对象的数学模型，其主要目的如下：

① 控制系统的方案设计　全面和深入地了解被控对象的特性，是设计控制系统的基础。例如控制系统中被控变量及检测点的选择、操作变量的确定、控制系统结构形式的确定等都与被控对象的特性有关。

② 控制系统的调试和控制器参数的确定　为了使控制系统能安全投运而进行必要的调试，必须对被控对象的特性有充分的了解。另外，在控制器控制规律的选择及控制器参数的确定时，也离不开对被控对象特性的了解。

③ 新型控制方案及控制算法的确定　在用计算机构成一些新型控制系统时，往往离不开被控对象的数学模型。例如预测控制、推理控制、前馈动态补偿等都是在已知被控对象数学模型的基础上才能进行的。

④ 故障检测与诊断系统　利用开发的数学模型可以及时发现工业过程中控制系统的故障及其原因，并能提供正确的解决途径。

1.2.2 机理建模

机理建模是根据被控对象或生产过程的内部机理，列写出各种有关的平衡方程，如物料平衡方程、能量平衡方程、动量平衡方程、相平衡方程以及某些物性方程、设备的特性方程、化学反应定律、电路基本定律等，从而获取被控对象的数学模型，这类模型通常称为机理模型。应用这种方法建立的数学模型，其最大优点是具有非常明确的物理意义，所得的模型具有很大的适应性，便于对模型参数进行调整。但是，由于石油化工被控对象较为复杂，某些物理、化学变化的机理还不完全了解，而且线性变化的参数不多，加上很多参数既是位置的函数又是时间的函数，所以对于某些被控对象，人们还难以写出它们的数学表达式，或者表达式中的某些系数还难以确定。

下面通过一些简单的例子来讨论机理建模的方法：

1. 一阶对象

当被控对象的动态特性可以用一阶微分方程式来描述时，该被控对象称为一阶对象。

如图 3-1-1 所示的简单水槽系统中，水经过阀门 V_1 不断地流入水槽，水槽内的水又通

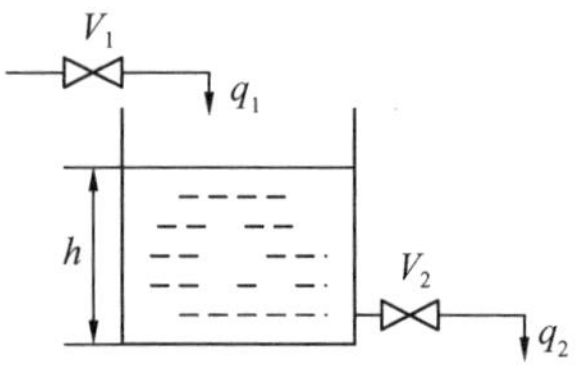

图 3-1-1　水槽对象

过阀门 V_2 不断流出。工艺上要求水槽的水位 h 保持一定数值。这里，水槽是被控对象，水位 h 是被控变量。如果 V_2 的开度保持不变，V_1 的开度变化就是引起 h 变化的干扰因素。所以，这里所说的对象特性，就是指当 V_1 的开度变化时，h 是如何变化的。在这种情况下，对象的输入量是流入水槽的流量 q_1，对象的输出量是水位 h。下面推导描述 h 与 q_1 之间关系的数学表达式。

物料平衡和能量平衡是建立机理模型最基本的关系。当单位时间流入对象的物料(或能量)不等于流出对象的物料(或能量)时，表示对象物料(或能量)累积量的参数就要随时间而变化，找出它们之间的关系，就能写出描述它们之间关系的微分方程式。因此，列写微分方程式的依据可表示为

对象物料累积量的变化率 = 单位时间流入对象的物料-单位时间流出对象的物料

上式中的物料量也可以表示为能量。

截面积为 S 的水槽对象，当流入水槽的流量 q_1 等于流出水槽的流量 q_2 时，系统处于平衡状态，即稳态，这时水位 h 保持不变。

如果某一时刻 V_1 有了变化，q_1 不再等于 q_2，于是 h 也就发生变化。假定在很短一段时间 $\mathrm{d}t$ 内，由于 q_1 不等于 q_2，引起液位变化了 $\mathrm{d}h$。此时，流入和流出水槽的水量之差 $(q_1-q_2)\,\mathrm{d}t$ 应该等于水槽内增加(或减少)的水量 $S\mathrm{d}h$，若用数学式表示，即

$$(q_1 - q_2)\,\mathrm{d}t = S\mathrm{d}h$$

式中　q_1、q_2——单位时间内流入水槽和由水槽流出的水量，$\mathrm{m^3/s}$；

S——水槽的截面积，$\mathrm{m^2}$；

h——水槽的水位，m；

t——时间，s。

上式就是微分方程的一种形式。事实上，在 V_2 开度不变的情况下，随着 h 的变化，静压头也变化，q_2 也会变化。也就是说，在上式中，q_1、q_2、h 都是时间的变量。假设 q_2 与 h 成近似线性正比关系，与 V_2 处的液阻系数成反比关系，则输出变量 h 与输入变量 q_1 的关系式可简化为

$$T\frac{\mathrm{d}h}{\mathrm{d}t} + h = Kq_1$$

上式就是通常用来描述简单水槽对象特性的微分方程式，它是一阶常系数微分方程式。其中，T 为时间常数($T=KS$)，K 为放大系数。

2. 二阶对象

当被控对象的动态特性可以使用二阶微分方程式来描述时，一般称为二阶对象。

对于图 3-1-2 中的两级串联水槽，其描述对象特性的微分方程式的建立，和前面的简单水槽的情况相类似。以第一个水槽的流入流量 q_1 为输入变量，以第二个水槽的水位 h_2 为输出变量，即研究第一个水槽流入流量 q_1 变化时的第二个水槽水位 h_2 的变化情况。为方便研究，假定在输入变量、输出变

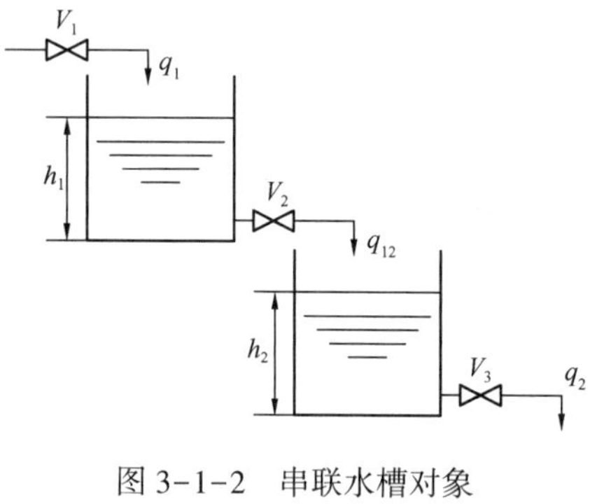

图 3-1-2　串联水槽对象

量变化很小的情况下，水槽的水位与输出流量具有线性关系，即

$$q_{12}=\frac{h_1}{V_2}$$

$$q_2=\frac{h_2}{V_3}$$

关系式中的 V_2、V_3 分别表示的是两个水槽出水阀的开度。另外，假定水槽的截面积都是 S，则对于每个水槽，都有相同的物料平衡关系，即

$$(q_1-q_{12})\mathrm{d}t=S\mathrm{d}h_1$$

$$(q_{12}-q_2)\mathrm{d}t=S\mathrm{d}h_2$$

对以上 4 个公式进行化简消去中间项后，可以得到输出变量 h_2 与输入变量 q_1 之间的关系式，整理后可得

$$SV_2SV_3\frac{\mathrm{d}^2h_2}{\mathrm{d}t^2}+(SV_2+SV_3)\frac{\mathrm{d}h_2}{\mathrm{d}t}+h_2=V_3q_1$$

或者写成如下的形式，即

$$T_1T_2\frac{\mathrm{d}^2h_2}{\mathrm{d}t^2}+(T_1+T_2)\frac{\mathrm{d}h_2}{\mathrm{d}t}+h_2=Kq_1$$

式中 $T_1=SV_2$，第一个水槽的时间常数；

$T_2=SV_3$，第二个水槽的时间常数；

$K=V_3$，整个对象的放大系数。

这就是用来描述两个水槽串联的对象的微分方程式，它是一个二阶常系数微分方程式。

1.2.3 实验建模

在石油化工生产中，许多被控对象的特性很复杂，往往很难通过内在机理的分析，直接得到描述对象特性的数学表达式，且这些表达式(通常是高阶微分方程式或偏微分方程式)也较难求解。同时，在机理推导过程中，还做了许多假定和假设，某些假定可能与实际不完全相符，因此直接利用理论推导得出对象特性的机理建模方法，在实际工作中很难实现。相反，用实验的方法来研究对象的特性，不仅简单易行，还可以对通过机理分析得到的对象特性加以验证或修改。

用实验方法研究对象特性，就是在所要研究的对象上，施加一个人为的输入作用(输入量)。然后，用仪表测取并记录表示对象特性的输出量随时间变化的规律，得到一系列实验数据或曲线，再对这些数据或曲线进行必要的数据处理，将其转化为描述对象特性的数学模型，这就是实验建模方法。

这种通过对象的输入、输出变量的实测数据来确定其模型的结构和参数的方法，通常称为系统辨识。它的主要特点是把被研究的对象视为一个黑匣子，完全从外部特性上来测试和描述它的动态特性，因此不需要深入了解其内部机理，特别是对于一些复杂的对象，实验建模比机理建模要简单和省力。

对象特性的实验测取法通常以所加输入的形式来区分，下面作一简单的介绍：

1. 阶跃响应曲线法

该方法测取对象在阶跃输入作用下，输出变量随时间的变化规律。

例如，要测取图 3-1-1 所示简单水槽的动态特性，就是要测取输入流量 q_1 改变时，输

出变量水位 h 的响应曲线。假定在时间 t_0 之前，对象处于稳定状况即输入流量 q_1 等于输出流量 q_2，水位 h 维持不变。在 t_0 时，突然开大进水阀，然后保持不变。q_1 改变的幅度可以用流量仪表测得，假定为 A。这时，若用液位仪表测得 h 随时间的变化过程，便是简单水槽的响应曲线，如图 3-1-3 所示。

这种方法比较简单。如果输入量是流量，只要将阀门的开度作突然的改变，便可认为施加了阶跃干扰，因此不需要特殊的信号发生器，实施极为容易。输出参数的变化过程可以利用既有的仪表记录下来，不需要增加特殊仪器设备，测试工作量也不大。总的来说，阶跃响应曲线法是一种比较简易的动态特性测试方法。

这种方法也存在一些缺点。主要是对象在阶跃信号作用下，从不稳定到稳定一般所需时间较长，在这样长的时间内，对象不可避免要受到许多其他干扰因素的影响，因而测试准确度受到限制。为了提高准确度，就必须加大所施加的输入作用的幅值，可是这样做就意味着对正常生产的影响增加，工艺上往往是不允许的。一般所加输入作用的大小取额定值的 5%~10%。因此，阶跃响应曲线法是一种简易但准确度较差的对象特性测试方法。

2. *矩形脉冲法*

当对象处于稳定工况下，在时间 t_0 突然加一阶跃干扰，幅值为 A，到 t_1 时突然除去阶跃干扰，这时测得的输出量 y 随时间的变化规律，称为对象的矩形脉冲特性，这种形式的干扰称为矩形脉冲干扰，如图 3-1-4 所示。

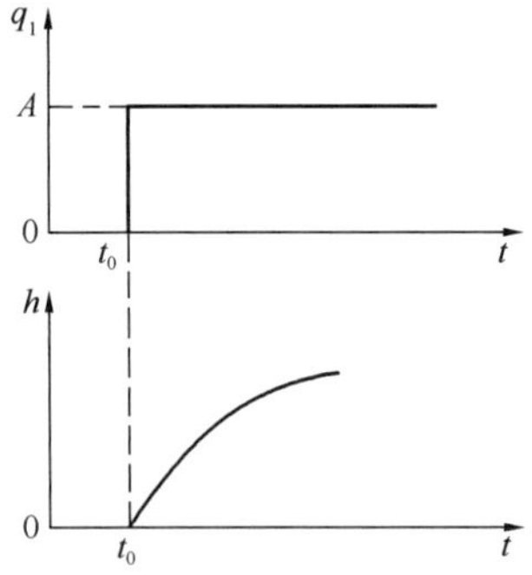

图 3-1-3　水槽的阶跃响应曲线对象

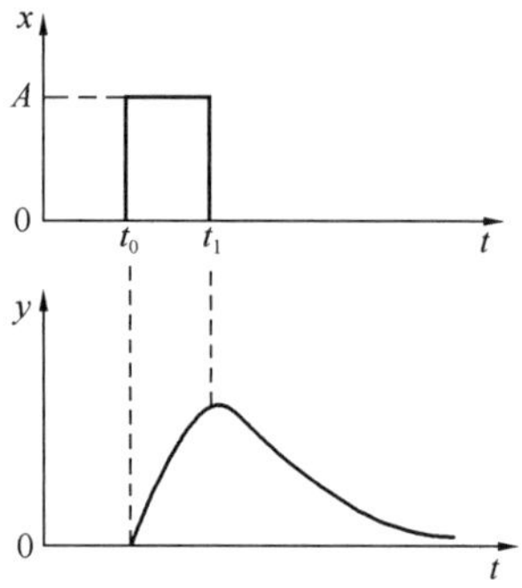

图 3-1-4　矩形脉冲特性曲线

用矩形脉冲干扰来测取对象特性时，由于加在对象上的干扰经过一段时间后即被除去，因此干扰的幅值可取得比较大，以提高实验准确度，对象的输出量又不至于长时间地偏离给定值，因而对正常生产影响较小。目前，这种方法也是测取对象动态特性的常用方法之一。

除了应用阶跃干扰与矩形脉冲干扰作为实验测取对象动态特性的输入信号外，还可以采用矩形脉冲波和正弦信号（见图 3-1-5 与图 3-1-6）等来测取对象的动态特性，分别称为矩形脉冲波法与频率特性法。

上述各种方法都有一个共同的特点，就是要在对象上人为地外加干扰作用（或称测试信号），这在一般的生产中是被允许的，因为施加的干扰量比较小，时间不太长，只要测试人员与工艺人员密切配合，互相协作，根据现场的实际情况，合理地选择以上几种方法中的一种，是可以得到对象的动态特性的。由于对象动态特性对石油化工生产自动化有着非常重要的意义，因此只要有可能，就要创造条件，通过实验来获取对象的动态特性。

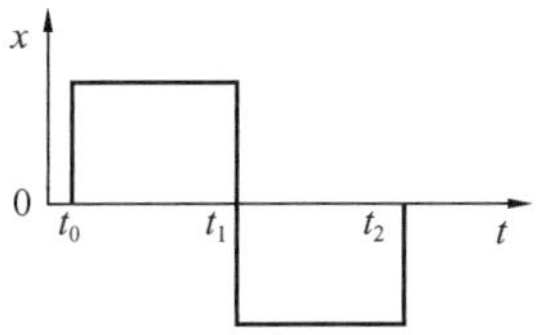

图 3-1-5　矩形脉冲波信号

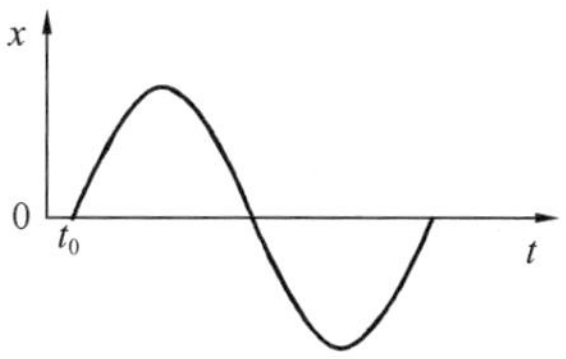

图 3-1-6　正弦信号

在测试过程中必须注意以下几点：

① 加测试信号之前，对象的输入量和输出量应尽可能稳定一段时间，不然会影响测试结果的准确度。当然在生产现场测试时，要求各个变量都绝对稳定是不可能的，只能是相对稳定，不超过一定的波动范围即可。

② 对于存在纯滞后的对象，对象输入量开始变化，而输出量不会立即变化。因此，要在记录上标出响应曲线的起始点，即开始施加输入作用的时刻，以便计算滞后时间。为准确起见，也可用秒表单独测取纯滞后时间。

③ 为保证测试准确度，排除测试过程中其他干扰的影响，测试曲线应是平滑无突变的。最好在相同条件下，重复测试 2~3 次，以重复性较好的曲线作为测试结果。

④ 加测试信号后，要密切注意各干扰量与被控量的变化，尽可能把与测试无关的干扰排除，被控变量变化应在工艺允许范围内，一旦有异常现象，要及时采取措施。如在作阶跃测试时，发现被控变量即将超出工艺允许指标，可马上撤销阶跃作用，继续记录被控变量，从而得到一条矩形脉冲响应曲线，否则测试就会前功尽弃。

⑤ 测试和记录工作应该持续进行到输出量达到新的稳态值为止。

⑥ 在响应曲线测试工作中，要特别注意工作点的选取，因为多数对象不是真正线性的，对象的放大系数是可变的。所以，进行测试的工作点，应该选择正常工况，也就是在额定负荷、正常干扰及被控变量在给定值情况下，这样可使整个测试过程在此工作点附近，实验测得的放大系数较符合实际情况。

对于一些不宜施加人为干扰来测取特性的对象，可以根据在正常生产情况下长期积累下来的记录数据或曲线，用随机理论进行分析和计算，来获取对象的特性。为了提高测试准确度和减少计算量，也可以利用专用的仪器，在系统中施加对正常生产基本上没有影响的一些特殊信号（例如伪随机信号），然后对系统的输入输出数据进行分析处理，可以比较准确地获得对象动态特性。

机理建模与实验建模各有特点，比较实用的方法是将两者结合起来，称为混合建模。混合建模方法是先由机理分析提供数学模型的结构形式，然后对其中某些未知的或不确定的参数利用实测的方法来确定。这种在已知模型结构的基础上，通过实测数据来确定其中某些参数的方法，称为参数估计或模型辨识。以换热器建模为例，可以先列出其热量平衡方程式，而其中的换热系数等可以通过实测的试验数据来确定。

1.3　传递函数与方块图

传递函数是描述对象动态特性的一种数学模型表达形式。利用传递函数，可以更直观、形象地表示一个对象的模型结构和各变量间的数学关系，并使相关运算大为简化。传递函数是研究对象特性的有效工具。

1.3.1 传递函数

用微分方程来描述对象的动态特性，描述的是输入变量与输出变量在时间域内的关系，这个关系一般都是复杂的微积分关系。拉普拉斯变换(简称拉氏变换)可以把时间域内的函数转换成初始条件为零的复变量 s(称拉氏算子)域内的函数，从而把时间域内复杂的微积分关系，简化为用拉氏算子表示的较简单的代数关系。这种在 s 域内描述输入与输出关系的 s 的函数就是传递函数。

对象的传递函数就是在零初始条件下，对象的输出变量的拉氏变换与输入变量的拉氏变换之比，它起着输入到输出的传递作用。传递函数可表示为

$$G(s)=\left.\frac{\text{输出变量的拉氏变换}}{\text{输入变量的拉氏变换}}\right|_{\text{初始条件}=0}=\frac{Y(s)}{X(s)}$$

根据上式，在已知输入变量的函数与对象的传递函数的情况下，就可求出对象输出变量的函数。如果要求出时间域的动态特性 $y(t)$，可对输出变量的函数 $Y(s)$ 求反拉氏变换，即

$$y(t)=L^{-1}[Y(s)]$$

传递函数有以下两种求取方法：

① 直接计算法　对于一般的对象或简单系统，可以由它们的微分方程，利用拉氏变换基本定理、性质，对微分方程各项直接进行拉氏变换，然后求得。

② 间接计算法　对于复杂的系统，则可先求出其各个环节的传递函数，然后根据各环节的连接关系，利用有关运算公式来计算出总的传递函数。

下面利用直接计算法分别求出比例、积分、微分环节的传递函数。

对于比例环节：对式 $y=Kx$ 直接进行拉氏变换，得 $Y(s)=KX(s)$，则传递函数为

$$G(s)=\frac{Y(s)}{X(s)}=K$$

对于积分环节(积分时间常数 T_i)：

对式 $y=\frac{K}{T_i}\int x\mathrm{d}t$ 直接进行拉氏变换，得 $Y(s)=\frac{K}{T_i s}X(s)$，则传递函数为

$$G(s)=\frac{Y(s)}{X(s)}=\frac{K}{T_i s}$$

对于微分环节(微分时间常数 T_d)：

对式 $y=T_d\frac{\mathrm{d}x}{\mathrm{d}t}$ 直接进行拉氏变换，得 $Y(s)=T_d sX(s)$，则传递函数为

$$G(s)=\frac{Y(s)}{X(s)}=T_d s$$

通过上述方法，可以求得

一阶对象的传递函数为　$G(s)=\frac{Y(s)}{X(s)}=\frac{K}{Ts+1}$

一阶纯滞后对象的传递函数为(滞后时间为 τ)　$G(s)=\frac{Y_\tau(s)}{X(s)}=\frac{K}{Ts+1}\mathrm{e}^{-\tau s}$

系统或对象的传递函数与微分方程式有类似的特性，它也是以系统或对象的有关参数表示输入参数和输出参数之间的关系的数学表达式，它也同样表征了系统或对象本身的性质

(与外界干扰形式无关)，所以它是系统或对象动态特性的又一种表示形式。

需要指出的是，传递函数在发挥信号传递或转换作用时，其转换具有单向性，即 $Y(s)$ 不影响 $X(s)$，而 $X(s)$ 影响 $Y(s)$；$X(s)$ 不因连接到该环节或系统而畸变；$Y(s)$ 不因后面连接另一个环节或系统而畸变。

为了书写方便，有时将 $G(s)$ 中的“s”省略而简写成 G。

1.3.2 方块图

对于复杂的系统，可将其分解为各组成环节，然后用相应的方块图结构来表示和研究。用间接计算法求取复杂系统的传递函数就是要通过方块图变换，得到一个等效的方块图单元，从而求得其传递函数。

1. 方块图

方块图由方块图单元构成。每个方块图单元由带环节传递函数的方块和表明信号流向的箭头组成，如图 3-1-7 所示。方块图单元中指向方块的箭头表示该环节的输入信号，离开方块的箭头表示该环节的输出信号，这些箭头上应标明相应的信号符号。信号只能沿箭头方向传递，这就是所谓方块图的单向性。

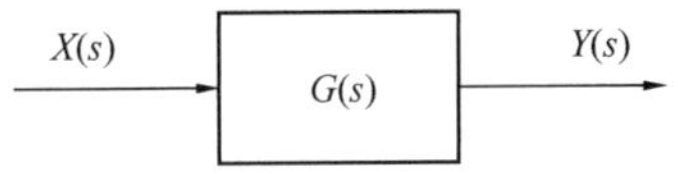

图 3-1-7　方块图单元

方块图的输出信号等于输入信号与方块图中传递函数的乘积，即

$$Y(s)=X(s)G(s)$$

传递函数不代表对象或系统的物理性质，只反映对象或系统的动态特性。无论是什么对象，只要它们具有相同的动态特性，就可以用相同的传递函数来描述。因此，许多完全不同的和根本无关的对象或系统可以用相同的方块图来表示。此外，对于一个确定的系统，方块图也不是唯一的。由于分析角度的不同，同一系统可以画出许多不同的方块图。

2. 方块图中的常用符号及术语

(1) 比较点(又称汇合点)

比较点代表两个或两个以上的输入信号进行加减比较的元件，其符号是一个小圆圈，需要比较的信号用指向圆圈的箭头表示，比较后的信号用离开圆圈的箭头表示。信号线箭头旁边标注“+”或“-” 表示信号进行相加(汇合点)或相减(比较点)。在图 3-1-8 中，$E(s)=X(s)-Z(s)$。

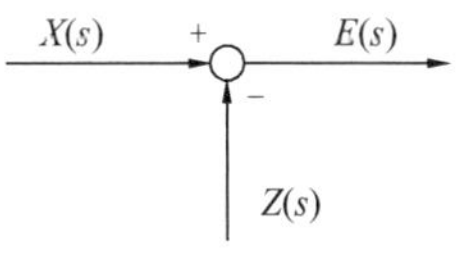

图 3-1-8　比较点

为了简洁起见，在不易引起混淆的地方通常将“+”号省略，只标注“-”号。

比较点并不一定代表一个实物，有时纯粹是为了画方块图的需要而加上去的。对于图 3-1-9(a)所示的方块图，表示有两个输入信号以同样的动态规律影响输出，这时就可以人为地增加一个汇合点，使两个输入信号相加以一个和的信号指向方块，如图 3-1-9(b) 所示。

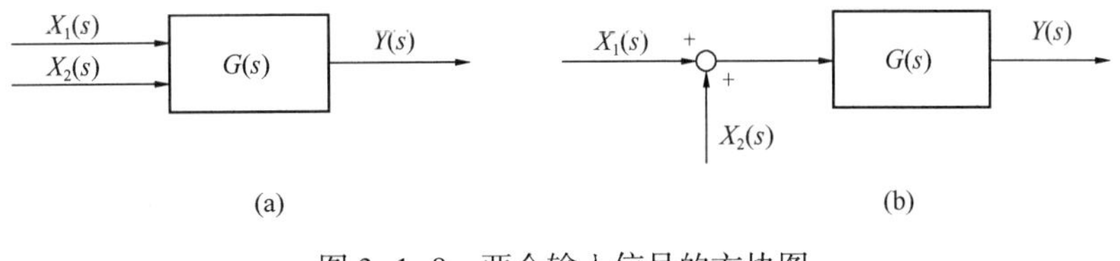

图 3-1-9　两个输入信号的方块图

当然图 3-1-9(a)还可表示为图 3-1-10 的形式。

在不同的资料上，比较点有不同的表示方式，如图 3-1-11 所示。

(2) 分叉点

如果需要把相同的信号同时送至几个不同的目标，可以在信号线上任意一点分叉，如图 3-1-12 所示。信号分出的位置称为分叉点(又称分支点)。从同一个分叉点引出信号，其大小和性质完全一样。

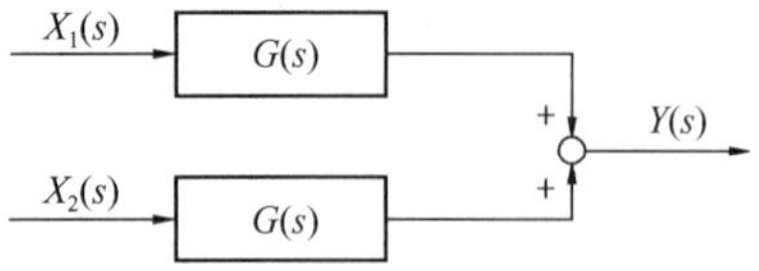

图 3-1-10　两个信号的相加

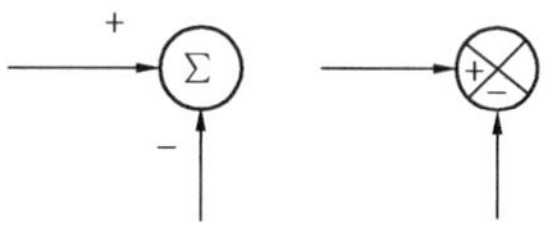

图 3-1-11　其他形式的比较点

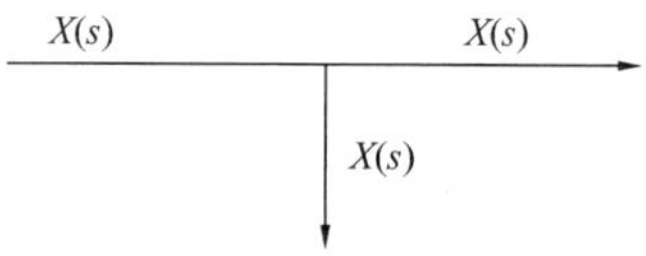

图 3-1-12　分叉点

(3) 方块的串联、并联与反馈

方块图有三种基本连接方式，即串联、并联与反馈。

图 3-1-13 所示连接形式称为串联，就是把前一个环节的输出信号，作为后一个环节的输入信号，依次连接起来。

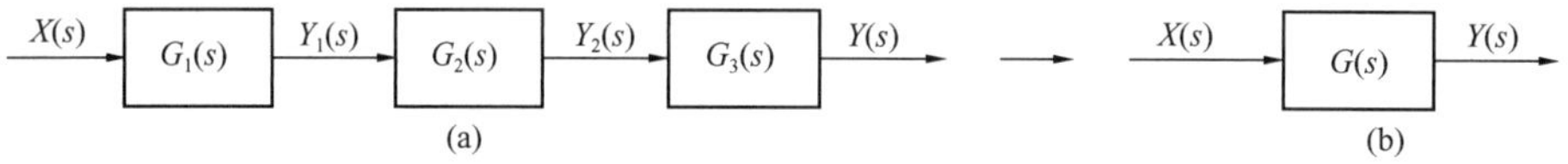

图 3-1-13　环节的串联

图 3-1-14 所示连接形式称为并联，就是把一个输入信号同时作为若干环节的输入，而所有环节的输出端联合在一起，使总的输出信号等于各环节输出信号的总和。

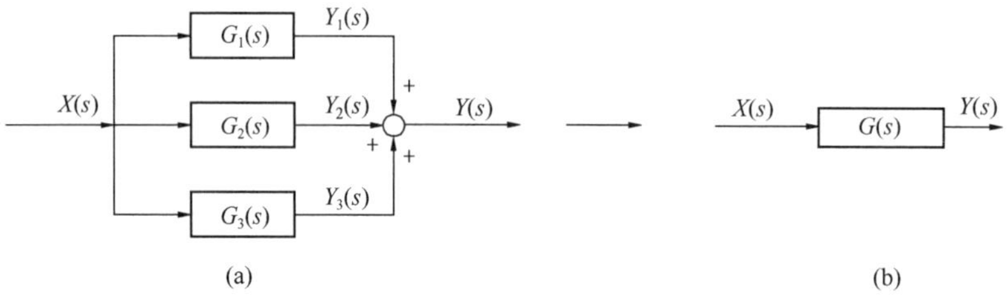

图 3-1-14　环节的并联

图 3-1-15 所示连接形式称为反馈，它是把输出信号取回来和输入信号相比较，再将比较结果作用到对象上去，从而形成一个闭合的回路。如比较结果是两信号之差，称为负反馈，如图 3-1-15(a)所示；如比较结果是两信号之和，称为正反馈，如图 3-1-15(b)所示。

自动控制系统各环节可以上述三种基本连接形式为基础，根据实际需要而构成。

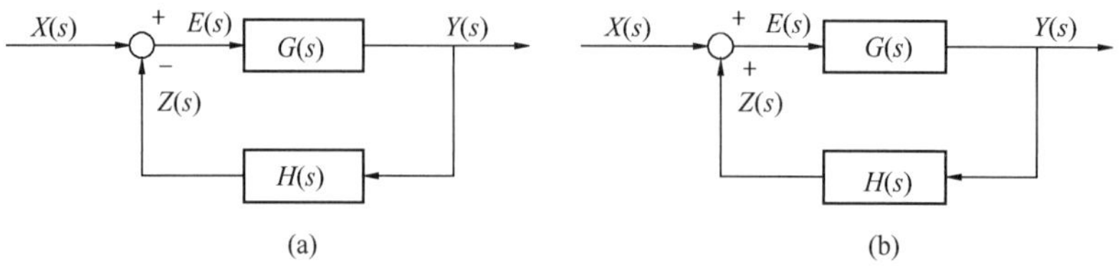

图 3-1-15　环节的反馈连接

1.3.3 方块图的运算及变换

1. 串联系统的传递函数

图 3-1-13(a)所示的串联系统的总的传递函数等于每个环节的传递函数的乘积，即

$$Y(s)=G_3(s)G_2(s)G_1(s)X(s)$$

或

$$G(s)=\frac{Y(s)}{X(s)}=G_3(s)G_2(s)G_1(s)$$

因此，可以将图 3-1-13(a) 变换为图 3-1-13(b)，等效传递函数 $G(s)$ 为 $G_3(s)G_2(s)G_1(s)$，其输入信号是第一个环节的输入，而输出信号则是最后一个环节的输出。

2. 并联系统的传递函数

图 3-1-14(a) 所示的并联系统的总的传递函数等于所有并联环节传递函数之和，即

$$Y(s)=Y_1(s)+Y_2(s)+Y_3(s)=G_1(s)X(s)+G_2(s)X(s)+G_3(s)X(s)$$

或

$$G(s)=\frac{Y(s)}{X(s)}=G_1(s)+G_2(s)+G_3(s)$$

因此，可以将图 3-1-14(a)等效成图 3-1-14(b)。等效方块图中的传递函数 $G(s)$ 为

$$G(s)=G_1(s)+G_2(s)+G_3(s)$$

等效环节的输入信号是并联系统的输入信号，而输出信号是所有环节的输出信号之和。

3. 反馈系统的传递函数

反馈系统的传递函数等于正向通路的传递函数除以 1 加(减)正向通路传递函数和反馈通路传递函数之积。

如图 3-1-15(a)所示，正向通路传递函数为 $G(s)=\dfrac{Y(s)}{E(s)}$，反馈回路传递函数为

$$H(s)=\frac{Z(s)}{Y(s)}$$

对于负反馈系统，比较点为 $E(s)=X(s)-Z(s)$，于是其传递函数为

$$W(s)=\frac{Y(s)}{X(s)}=\frac{G(s)}{1+G(s)H(s)}$$

同理，正反馈系统的传递函数为

$$W(s)=\frac{Y(s)}{X(s)}=\frac{G(s)}{1-G(s)H(s)}$$

图 3-1-16 表示了一个控制系统的典型方块图。其中，$G_c(s)$ 代表控制器的传递函数；$G_v(s)$ 代表执行器的传递函数；$G_m(s)$ 代表测量变送环节的传递函数，$G_o(s)$ 代表对象通道的传递函数；$G_f(s)$ 代表干扰通道的传递函数。

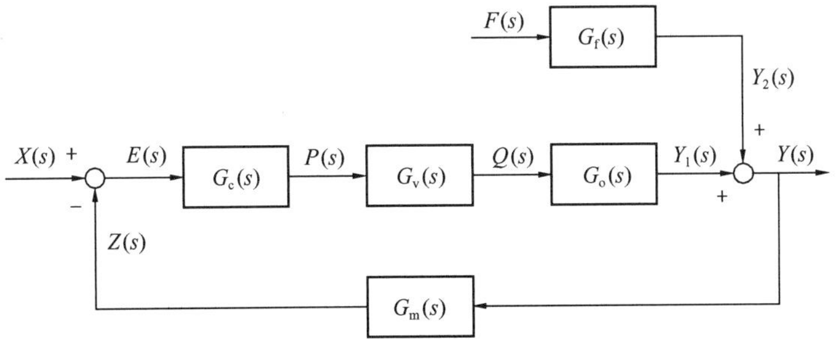

图 3-1-16 控制系统方块图

根据上面的分析，如果知道了组成控制系统的各个环节的传递函数，通过方块图的等效变换，就不难求出系统的开环传递函数、闭环传递函数和偏差传递函数。

1.3.4 自动控制系统开环传递函数

当反馈回路断开后，系统便处于开环状态，其反馈信号 $Z(s)$ 与偏差信号 $E(s)$ 之比，称为开环传递函数，即

$$\frac{Z(s)}{E(s)}=G_c(s)G_v(s)G_o(s)G_m(s)$$

可见，开环传递函数等于正向通路传递函数和反馈回路传递函数之乘积。

正向通路传递函数是指输出变量(被控变量) $Y(s)$ 与偏差信号 $E(s)$ 之比，即

$$\frac{Y(s)}{E(s)}=G_c(s)G_v(s)G_o(s)$$

当反馈传递函数 $G_m(s)=1$ 时，开环传递函数和正向通路传递函数相同。

1.3.5 自动控制系统闭环传递函数

反馈回路接通后，系统的输出变量与输入变量之间的传递函数，称为闭环传递函数。图 3-1-16 中，控制系统有一个输出变量 $Y(s)$，有两个输入变量，一个是给定值 $X(s)$，一个是干扰值 $F(s)$。因此，其闭环传递函数又可分为系统对给定值的闭环传递函数(随动系统传递函数)和对干扰量的闭环传递函数(定值系统传递函数)。当两个输入变量同时作用于线性系统时，可以对每一个输入变量单独进行处理，然后应用叠加原理即可得到闭环系统的总输出响应。

1. 随动系统传递函数

随动系统是把给定值作为系统的输入变量，只考虑给定值 $X(s)$ 对输出变量 $Y(s)$ 的影响，忽略其他干扰作用的影响，如图 3-1-17 所示。这类系统的闭环传递函数为

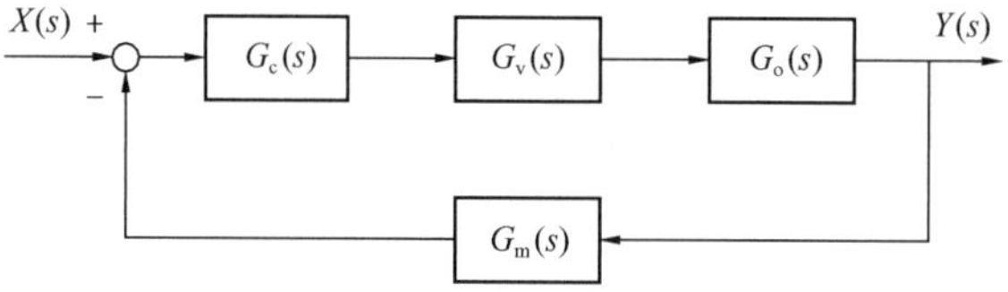

图 3-1-17　随动控制系统方块图

$$\frac{Y(s)}{X(s)}=\frac{G_c(s)G_v(s)G_o(s)}{1+G_c(s)G_v(s)G_o(s)G_m(s)}$$

2. 定值系统的传递函数

由于给定值是生产过程中的工艺指标，需要尽量保持不变，即 $X(s)=0$(给定值的增量为零)，在这段时间内输出变量对它的响应也就等于零，因此，这类系统只把干扰 $F(s)$ 作为系统的输入变量。定值系统的方块图如图 3-1-18 所示，其传递函数为：

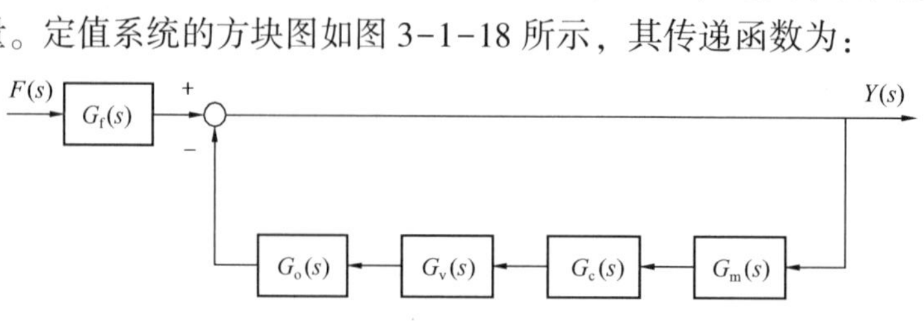

图 3-1-18　定值控制系统方块图

$$\frac{Y(s)}{F(s)}=\frac{G_f(s)}{1+G_c(s)G_v(s)G_o(s)G_m(s)}$$

3. 系统在两个输入量 $X(s)$、$F(s)$ 同时作用下的输出响应

根据线性叠加原理，系统在两个输入量 $X(s)$、$F(s)$ 同时作用下的输出响应为

$$Y(s)=\frac{G_c(s)G_v(s)G_o(s)}{1+G_c(s)G_v(s)G_o(s)G_m(s)}X(s)+\frac{G_f(s)}{1+G_c(s)G_v(s)G_o(s)G_m(s)}F(s)$$

根据以上分析可见：随动系统和定值系统的差别主要在于输入变量进入闭合回路的位置不同，其闭合回路的特性是相同的，两个系统闭环传递函数的分母是相同的，即具有相同的特征方程式。据此，在进行系统分析时，若只涉及闭环系统本身的特性(如稳定性分析)，则两种系统的分析方法是相同的；若涉及输入变量的影响(如控制质量分析)及求取过渡过程，则两种系统应严格区分开来。在研究定值系统时，常借用研究随动系统的经验，只在必要时对不一致的地方进行修正。

在实际工作中，定值系统和随动系统是很难截然分开的。在定值系统中，有时由于生产的需要而调整给定值，这时定值调节就变为了随动调节；在随动系统中，有时会出现较大干扰，此时系统以克服干扰为主要目的，随动调节就变成了定值调节。

1.3.6 自动控制系统偏差的传递函数

以偏差信号 $E(s)$ 为输出变量，以给定值 $X(s)$ 或干扰信号 $F(s)$ 为输入变量的闭环传递函数称为偏差传递函数。偏差传递函数反映了闭环系统的另一个重要关系，它在进行系统分析时非常有用。

1. 随动系统的偏差传递函数

对于图 3-1-16 所示的系统，$F(s)=0$ 时系统变为图 3 - 1 - 19(a) 所示，则以偏差 $E(s)$ 作为输出变量的传递函数为

$$\frac{E(s)}{X(s)}=\frac{1}{1+G_c(s)G_v(s)G_o(s)G_m(s)}$$

上式称为偏差传递函数，该函数对于分析随动系统的偏差是非常重要的。

2. 定值系统的偏差传递函数

若给定信号不变，只考虑扰动 $F(s)$ 的影响，图 3-1-16 变换成图 3-1-19(b)，则可写出定值系统的偏差传递函数为

$$\frac{E(s)}{F(s)}=\frac{-G_m(s)G_f(s)}{1+G_c(s)G_v(s)G_o(s)G_m(s)}$$

定值控制系统的偏差，主要是由外界干扰引起的。上式对于分析定值控制系统的偏差很重要。

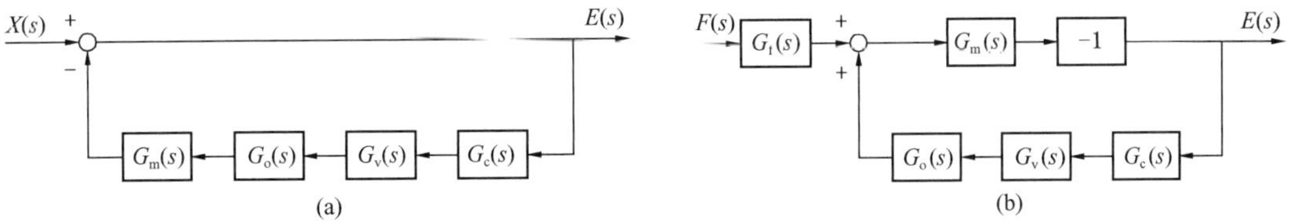

图 3-1-19 以偏差作为输出量的系统方块图

如果 $X(s)$ 与 $F(s)$ 同时作用于系统，则根据叠加原理系统，总的偏差等于它们单独作用下产生的偏差相叠加。

以上各式，如果令 $G_m(s)=1$，即得到单位反馈控制系统的各种传递函数的表达式。

1.4 典型环节的动态特性

1.4.1 比例环节的动态特性

比例环节的特点是，当输入信号变化时，输出信号会同时成比例地反映输入信号的变化。比例环节的输出信号与输入信号的关系可用数学模型表示为

$$Y(s)=K\,X(s)$$

式中 K——比例系数(或称放大系数)；

$X(s)$——输入信号的变化即 Δx；

$Y(s)$——输出信号的变化即 Δy。

当输入端作用一个幅值为 A 的阶跃信号时，输出信号随时间变化的阶跃响应曲线如图3-1-20所示。从图中可见，输出端也是一个阶跃变化，只是幅值为输入信号幅值的 K 倍，它无失真也无滞后。

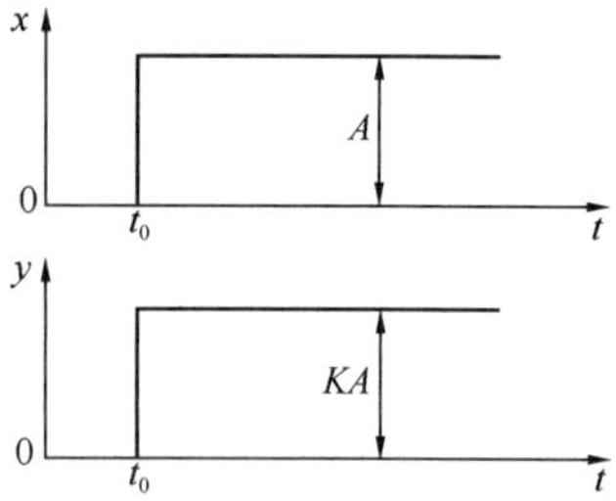

图 3-1-20 比例特性的阶跃响应曲线

比例环节可看作是一阶环节理想化的结果，因此时间常数小的一阶环节可近似地看作比例环节。在讨论控制系统时，由于测量元件、变送器、调节阀等虽然也具有一阶特性，但它们的时间常数比对象的时间常数小很多，可以忽略，为计算方便往往把它们近似成比例环节。

1.4.2 一阶环节（惯性环节）的动态特性

如前所述，对于图 3-1-1 所示的水槽对象，水槽的水位 h 与流入水槽的水量 q_1 之间的动态关系可表示为如下一阶线性微分方程：

$$T\frac{\mathrm{d}h}{\mathrm{d}t}+h=Kq_1$$

其解为

$$h=Kq_1(1-\mathrm{e}^{-\frac{t}{T}})$$

上式中，T=KA，为常数。

上式是对象受到 q_1 的阶跃干扰作用后，输出变量 h 随时间 t 变化的规律。

为了进一步地认识一阶环节对象的特性，对上式做如下分析(假设 q_1 的阶跃干扰幅值为 Δq_1，h 的变化量为 Δh)，即

① 当 $t=0$ 时，$\Delta h(0)=0$ $\qquad \left.\frac{\mathrm{d}\Delta h}{\mathrm{d}t}\right|_{t=0}=\frac{K}{T}\Delta q_1$

② 当 $t=T$ 时，$\Delta h(T)=K\Delta q_1\left(1-\frac{1}{\mathrm{e}}\right)=0.632K\Delta q_1$ $\qquad \left.\frac{\mathrm{d}\Delta h}{\mathrm{d}t}\right|_{t=T}=\frac{K}{T\mathrm{e}}\Delta q_1$

③ 当 $t\to\infty$ 时，$\Delta h(\infty)=K\Delta q_1$ $\qquad \left.\frac{\mathrm{d}\Delta h}{\mathrm{d}t}\right|_{t=\infty}=0$

由以上分析可见：

① 一阶对象的输入参数发生阶跃变化后，其输出参数在输入参数开始变化的瞬间具有最大的变化速度，之后的变化速度随时间的增加而递减。当时间趋于无穷时，变化速度趋近于零，这时输出参数达到新的稳态值。也就是说，输出参数的变化速度具有单调变化的特性，所以这样的对象环节称为一阶惯性环节。

② 在输入参数发生阶跃变化的情况下，输出参数变化的速度与时间常数 T 有关，T 大时输出参数变化慢，达到稳态所需时间长；T 小时输出参数变化快，达到稳态所需时间短。由于常数 T 是影响一阶对象输出参数变化速率的特征参数，并具有时间因次，故称其为一阶对象的时间常数，它表征了一阶对象的动态特性。时间常数的物理意义是，输出参数受到阶跃输入作用的干扰而变化，在经过时间 T 后，输出参数变化了新稳态值的63.2%；或者说输出参数若始终以等于初始变化速度的速度变化，经过时间 T 后，即达到新稳态值，如图3-1-21所示。

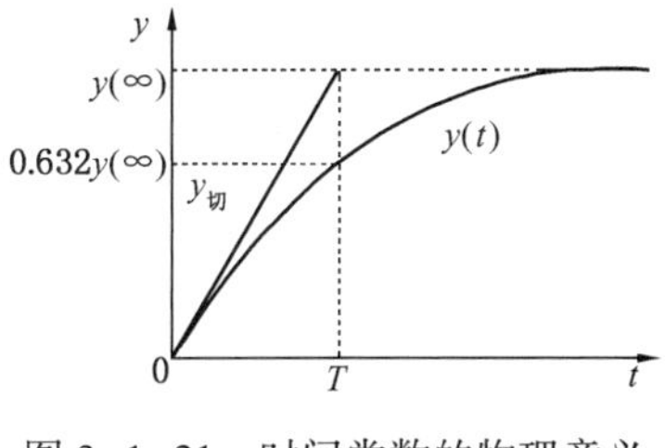

图 3-1-21　时间常数的物理意义

1.4.3　积分环节的动态特性

在图 3-1-22 所示的液体储槽系统中，由于液体由泵抽出，因而从储槽中流出的液体量 q_2 是常数，储槽液位的变化只与流入量 q_1 的变化有关，它的数学模型为

$$S\frac{\Delta h}{\Delta t}=\Delta q_1$$

式中　S——储槽的截面积。

当流入量 q_1 发生幅值为 A 的阶跃变化后，液位随之变化，其变化量为 $\Delta h=\frac{A}{S}\Delta t$，响应曲线如图 3-1-23。曲线表明，当流入量发生改变后，液位将随时间的延长而不断增加，其增加的速度与储槽的截面积成反比。也就是说，只要有一个增量值不为零的输入参数作用在该环节上，其输出参数就随时间无限制地增加，只有当输入参数增量为零(即流入量 q_1 与流出量 q_2 相等)时，输出参数才在一个新的值上稳定下来，这就是对象的积分特性。

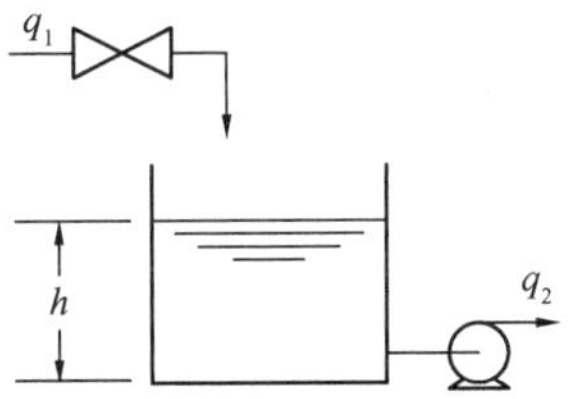

图 3-1-22　出口有泵的液体储罐

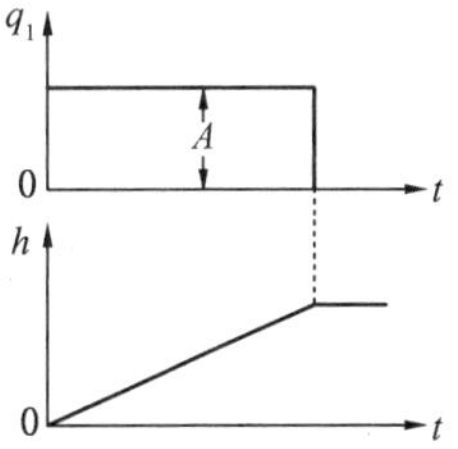

图 3-1-23　积分环节的阶跃响应曲线

具有积分特性的数学模型的一般形式为

$$T_i\frac{\mathrm{d}y}{\mathrm{d}t}=Kx \qquad 或 \qquad y=\frac{K}{T_i}\int x\mathrm{d}t$$

式中　T_i——积分时间，s；

　　K——比例系数。

从式中可以看出，积分环节的输出信号与输入信号对时间的积分成正比，所以将这种特性称为积分特性。

还可以看出，积分环节输出信号的变化速度为

$$\frac{dy}{dt}=\frac{K}{T_i}x$$

当在输入端加入幅值为 A 的阶跃信号时，积分速度为一个常数，即

$$\frac{dy}{dt}=\frac{K}{T_i}A=\text{常数}$$

故输出信号是等速变化的。很显然，积分时间 T_i 越短或 K 越大，输出变化速度越快，阶跃响应曲线越陡，积分作用越强。反之亦然。

当一阶特性的时间常数 T 很大时，可将其近似为积分特性。另外，一阶特性的初始阶段也可近似为积分特性，这可以从它们的阶跃响应曲线中定性地看出。

1.4.4 微分环节的动态特性

在石油化工生产实际中，具有微分特性的对象并不多见，但在自动控制系统中，经常要用微分作用来改善控制系统的动态特性，所以在控制装置和校正装置中，微分环节被广泛使用。

如果对象输出信号与输入信号的变化速度成正比，则称该对象具有微分特性，具有微分特性的环节就称为微分环节。微分环节的数学模型可表示为

$$y=T_d\frac{dx}{dt}$$

式中，T_d 称为微分时间常数，它是反映微分作用强弱的特征参数，T_d 越大微分作用越强。

在阶跃输入信号作用下，微分特性曲线如图 3-1-24 所示。由于阶跃信号的特点是在信号加入瞬间变化速度较大(突然跃变)，所以微分环节的输出信号也很大，但马上输入信号就固定于某一常数，不再变化(即速度等于零)，输出也立即回到零。因此，微分环节的阶跃响应是一个理想脉冲信号。由于惯性的存在，实际上这个现象不会出现。

为了更好地理解微分作用的动态特性，现用斜坡作为输入信号来分析。

斜坡信号即是等速信号，可表示为

$$\frac{dx}{dt}=m=\text{常数}$$

微分环节的斜坡响应曲线如图 3-1-25 所示。从图中可看到：

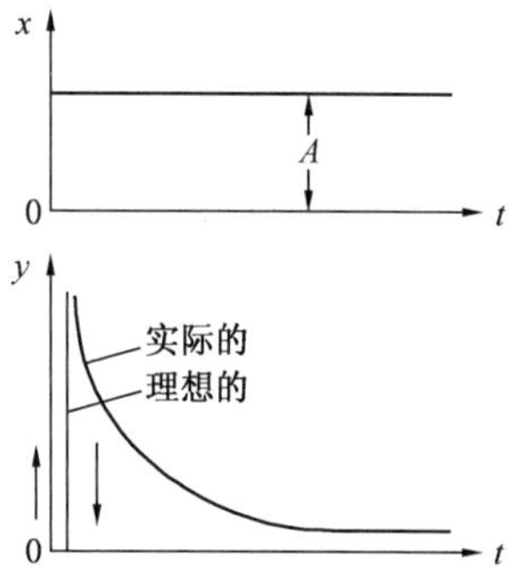

图 3-1-24 微分环节的阶跃响应曲线

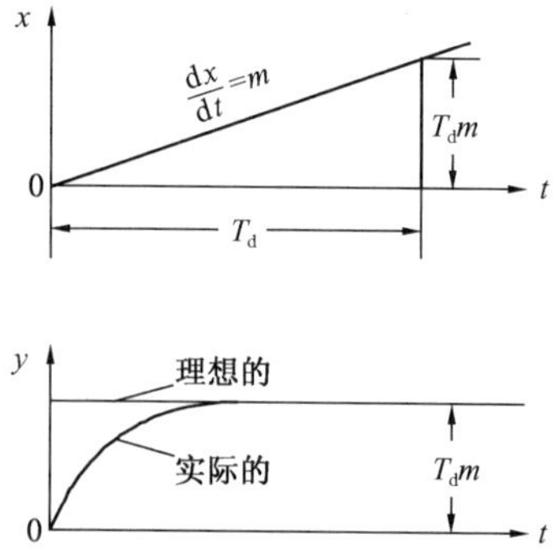

图 3-1-25 微分环节的斜坡响应曲线

① 微分环节的输出变化与微分时间和输入信号的变化速度成比例，与输入信号的大小无关，即 $y=T_dm$。也就是说，输入信号变化速度越快，微分时间越大，则输出信号也越大。

② 在输入信号加入的瞬间，虽然其值不大，但输出信号已有 $T_d m$ 的突变，而输入信号则要经过 T_d 时间后才能达到 $T_d m$，即 y 比 x 超前了一段时间 T_d。因此，微分作用具有超前特性，微分环节也称超前环节，T_d 也称为超前时间。

自动控制系统利用微分环节的超前特性，即利用微分环节的输出可以反映偏差(即微分环节的输入)的变化速度来实现提前调节，并根据具体对象选用不同的 T_d 值，实现不同的提前量，以克服对象的滞后，从而改善调节品质。

以上分析为微分环节的理想特性。由于实际中可以实现的微分环节都具有一定的惯性，其输出信号的变化总有一定滞后性，所以其响应曲线与理想的稍有不同，如图 3-1-25 所示。

1.4.5 纯滞后环节的动态特性

图 3-1-26 所示的溶解槽对象中，若在某一时刻，料斗处加大送料量，溶解槽中的溶液浓度要等增加的溶质由料斗送到加料口并落入槽中才改变。也就是说，溶液浓度的改变比加料量的改变落后一个由料斗到加料口的输送时间 τ，如图 3-1-27 所示。这种现象称为纯滞后现象。输出参数的变化落后于输入参数变化的时间 τ 称为纯滞后时间。

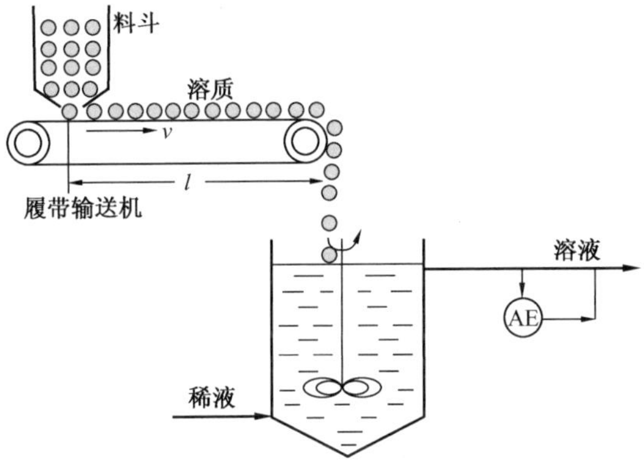

图 3-1-26 溶解槽

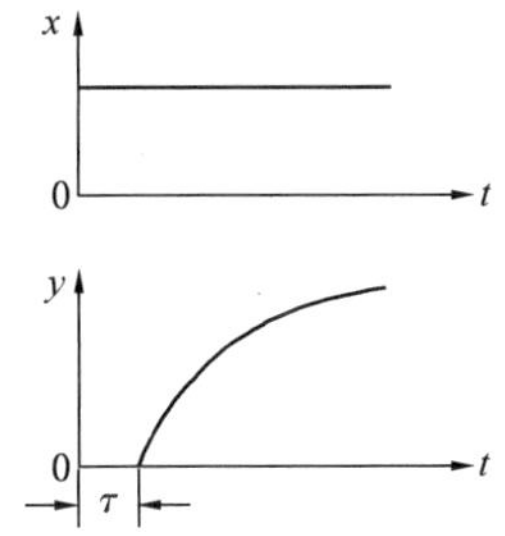

图 3-1-27 系统的纯滞后特性

比较图 3-1-28 中的两条响应曲线，它们除了在时间轴前后相差一个 τ 的时间外，其他部分完全相同。也就是说，纯滞后环节的特性是当输入信号发生变化时，其输出信号并不立即反映输入信号的变化，而是要经过一段纯滞后时间 τ 以后，才开始等量地反映原无纯滞后的输出信号的变化，这一关系用数学关系式表示为

$$y_\tau(t) = \begin{cases} y(t-\tau) & t > \tau \\ 0 & t \leqslant \tau \end{cases}$$

或

$$y(t) = \begin{cases} y_\tau(t+\tau) & t > 0 \\ y_\tau(t+\tau) = 0 & t \leqslant 0 \end{cases}$$

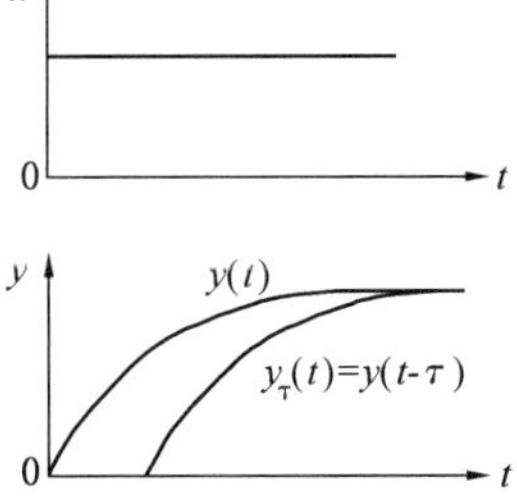

图 3-1-28 有、无纯滞后的一阶阶跃响应曲线

因此，对于有、无纯滞后特性的对象，其数学模型具有类似的形式。如将上式用一阶微分方程式描述，则它们的时间常数和放大系数相等，仅仅在自变量 t 上相差一个时间 τ。把这种关系式推广到一般，对于有纯滞后的对象特性可以通过输出参数的置换，即 $y(t)=y_\tau(t+\tau)$，用无纯滞后的对象导出。

一阶无纯滞后环节特性

$$T\frac{\mathrm{d}y(t)}{\mathrm{d}t}+y(t)=Kx(t)$$

一阶有纯滞后环节特性

$$T\frac{\mathrm{d}y_{\tau}(t+\tau)}{\mathrm{d}t}+y_{\tau}(t+\tau)=Kx(t)$$

纯滞后是响应曲线(阶跃响应曲线)的一个组成部分，所以纯滞后是表征对象动态特性的一个特定常数，由此得出表征对象特性的特征参数有 K、T、τ 三个。

在自动控制系统中纯滞后是不利于控制的。如果测量装置迟迟不能将被控参数的变化及时报送控制器，则控制作用不能立即生效以克服干扰的影响。纯滞后会降低系统控制质量，在实际工作中应尽最大努力来消除或缩短纯滞后时间。

在石油化工生产中，被控变量的滞后和时间常数一般有以下几种情况：

① 压力变量　τ 不大，T 也不大；

② 液位变量　τ 很小，T 稍大；

③ 流量变量　τ 与 T 都较小，约数秒至数十秒；

④ 温度变量：τ 与 T 都较大，约由数分到数十分钟。

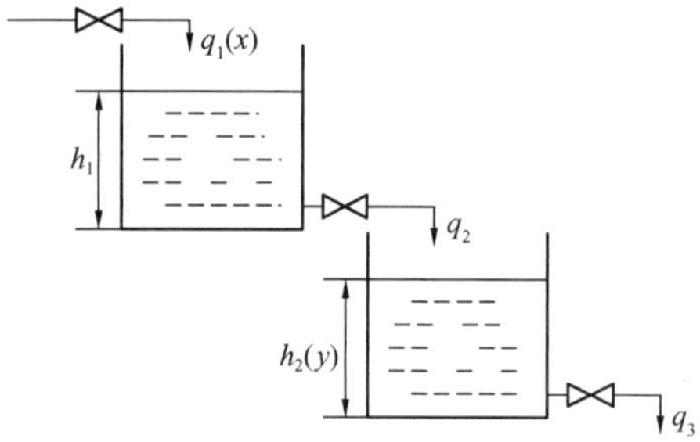

图 3-1-29　串联水槽对象

1.4.6　二阶环节的动态特性

典型的二阶环节是由两个水槽串联形成的对象(如图 3-1-29)，其特性可用二阶微分方程式描述。用 y 表示第二个水槽的水位，用 x 表示第一个水槽的输入量，则方程式为

$$T_1T_2\frac{\mathrm{d}^2y}{\mathrm{d}t^2}+(T_1+T_2)\frac{\mathrm{d}y}{\mathrm{d}t}+y=Kx$$

通过化解方程式，可得

$$y(t)=\left(\frac{T_1}{T_2-T_1}\mathrm{e}^{-t/T_1}-\frac{T_2}{T_2-T_1}\mathrm{e}^{-t/T_2}+1\right)KA=\frac{KA}{T_2-T_1}(T_1\mathrm{e}^{-t/T_1}-T_2\mathrm{e}^{-t/T_2})+KA$$

式中　T_1——第一个水槽的时间常数；

T_2——第二个水槽的时间常数；

K——对象的放大系数；

A——阶跃干扰的幅度。

该式便是串联水槽对象的阶跃响应函数，其解如图 3-1-30 所示。含义为：输入量发生阶跃变化的瞬间，输出量变化的速度等于零，以后随着时间 t 的增加，变化速度慢慢增大，但当 t 大于某一时间后，变化速度又慢慢减小，直至 $t\to\infty$ 时，变化速度减小为零。

对于二阶对象，可以用带纯滞后的一阶对象(K、T、τ)来近似描述。方法如下：在图 3-1-30所示的二阶对象阶跃响应曲线上，经过曲线的拐点 O 作切线并与时间轴相交，交点与被控变量开始变化的起点之间的时间间隔 τ_h 就为容量滞后时间，由切线与时间轴的交点到切线与稳定值 KA 线的交点之间的时间间隔为 T。这样，二阶对象就被近似为滞后时间$\tau=\tau_h$，时间常数为 T 的一阶对象了。

纯滞后和容量滞后尽管本质上不同，但实际上很难严格区分，在容量滞后与纯滞后同时存在时，常常把两者合起来统称滞后时间 $\tau=\tau_0+\tau_h$，如图 3-1-31 所示。

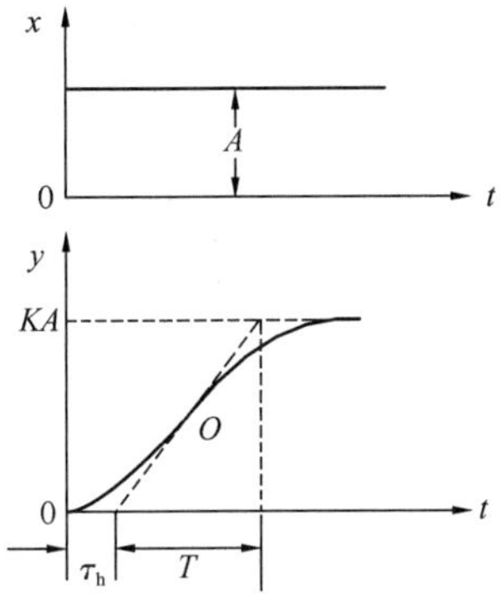

图 3-1-30 串联水槽的响应曲线

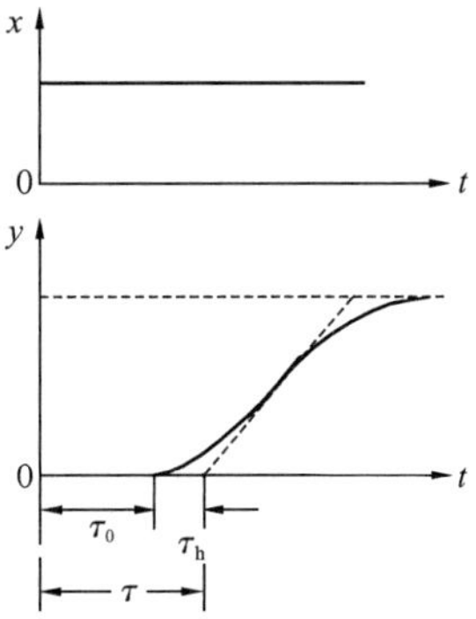

图 3-1-31 滞后时间 τ 示意图

第 2 章　节流装置与调节阀计算

流体流量的测量与控制，在石油化工生产中占有举足轻重的地位。了解流体的物理特性对流量的测量与控制的影响，是做好仪表选型、设计计算、现场使用与维护等工作不可或缺的技能。

本章主要结合孔板和喷嘴介绍节流装置的基本计算方法以及调节阀的计算方法。

2.1　节流装置的基本计算

节流装置计算的目的主要有以下几个：

① 为新装节流装置进行设计计算时，需要根据管道内径、被测流体的物性参数、管道布置条件、流量范围、差压测量上限以及节流装置形式，计算节流件开孔直径；

② 为现场核对流量计的测量值，已知管道内径、节流件开孔直径、被测流体的物性参数，需要根据实际测得的差压值计算被测介质的流量；

③ 为差压计确定测量范围时，需要根据管道内径、节流件开孔直径、被测流体的物性参数、管道布置条件、流量范围，计算差压计测量上限；

④ 为确定现场管道的尺寸，需要根据差压、流量、节流件开孔直径、被测流体的物性参数等条件，计算管道内径。

需要注意的是，角接取压和法兰取压的计算方法不尽相同，各自需用的主要参数图表亦不同。

2.1.1　流量系数

节流装置的流量系数 C 是密度为 ρ 的不可压缩性流体(液体)流过开孔直径为 d 的节流件，在实测得出 q_v 和与之对应的差压 Δp 后，用下述公式计算

$$C=\frac{q_v\sqrt{\rho}}{K_1\varepsilon\sqrt{2\Delta p}}$$

式中　q_v——体积流量，m^3/s；

C——流量系数；

Δp——节流装置前后的压差，Pa；

ρ——节流装置前的流体密度，kg/m^3；

K_1——系数，$K_1=\dfrac{\pi d^2}{4\sqrt{1-\beta^4}}$；

ε——膨胀系数，对不可压缩的液体来说，常取 $\varepsilon=1$；

β——节流装置直径比，$\beta=d/D$；

d——节流件开孔直径，m；

D——管道直径，m。

对于几何相似的节流装置，C 仅和雷诺数 Re 有关。当流体的流动情况可用相当的 Re 表征时，则 C 值相等。节流装置常用的流量系数计算公式见表 3-2-1。

表 3-2-1　节流装置流量系数计算公式

节流件名称	流出系数计算公式	流出系数不确定度计算公式
标准孔板	$C=0.5961+0.02616\beta^2-0.0216\beta^8+0.000521\left(\frac{10^6\beta}{Re}\right)^{0.7}+(0.0188+0.0063A)\beta^{3.5}\left(\frac{10^6\beta}{Re}\right)^{0.3}+(0.043+0.080e^{-10L_1})(1-0.11A)\frac{\beta^4}{1-\beta^4}-0.031(M'_2-0.8M_2'^{1.1})\beta^{1.3}$ 当 $D<71.12$mm 时，应加下列项　$0.011(0.75-\beta)\left(2.8-\frac{D}{25.4}\right)$ $M'_2=\frac{2L'_2}{1-\beta'}$　$A=\left(\frac{19000\beta}{Re}\right)^{0.8}$ 式中　L_1——孔板上游端面到上游取压口的距离除以管道直径得出的商，即 $L_1=l_1/D$； L'_2——孔板下游端面到下游取压口的距离除以管道直径得出的商，即 $L'_2=l'_2/D$； 对于角接取压方式，$L_1=L'_2=0$ 对于 D-$D/2$ 取压方式，$L_1=1$，$L_2=0.47$ 对于法兰取压方式，$L_1=L'_2=25.4/D$	$(0.7-\beta)\%$　$0.1\leqslant\beta\leqslant0.2$ 0.5%　$0.2\leqslant\beta\leqslant0.6$ $(1.667\beta-0.5)\%$ $0.6\leqslant\beta\leqslant0.75$ 当 $D<71.12$mm 时，应加下列项 $0.9(0.75-\beta)\left(2.8-\frac{D}{25.4}\right)$
ISA 1932 喷嘴	$C=0.9900-0.2262\beta^{4.1}-(0.00175\beta^2-0.0033\beta^{4.15})\left(\frac{10^6\beta}{Re}\right)^{1.15}$	$\frac{\delta C}{C}=\pm0.8\%$　$\beta\leqslant0.6$ $\frac{\delta C}{C}=\pm(2\beta-0.4)\%$ $\beta>0.6$
经典文丘里管	① 具有粗铸收缩段的　$C=0.984$ ② 具有机械加工收缩段的　$C=0.995$ ③ 具有粗焊铁板收缩段的　$C=0.985$	$\delta C/C=\pm0.7\%$ $\delta C/C=\pm1\%$ $\delta C/C=\pm1.5\%$
文丘里喷嘴	$C=0.9858-0.196\beta^{4.5}$	$\frac{\delta C}{C}-\pm(1.2+1.5\beta^4)\%$
锥形入口孔板	$C=0.734$	
1/4 圆孔板	$C=0.7382+0.3309\beta-1.1615\beta^2+1.5084\beta^3$	
偏心孔板	$C=0.93548-1.68892\beta+3.0428\beta^2-1.9789\beta^3$ 如果使用粗糙管，应进行粗糙度修正 $C_{粗}=CF_E$ $F_E=1.032+0.0178(\lg\epsilon/D)+0.0939\beta^2+0.0126(\beta^2\lg\epsilon/D)$（式中，$\epsilon$ 为绝对粗糙度）	$\frac{\delta C}{C}=\pm1\%$

2.1.2　膨胀系数

密度为 ρ 的可压缩流体流经节流装置时，在实测得出体积流量 q_v 和与之对应的差压 Δp 后，其流束膨胀系数 ε 可用下式计算

$$\varepsilon = \frac{q_v\sqrt{\rho}}{K_1 C\sqrt{2\Delta p}}$$

对于已知β值的节流装置，ε决定于$\Delta p/p_1$(或p_2/p_1)和等熵指数(也称绝热指数)κ。

2.1.3 流量计算公式

采用差压法测量流量时，根据差压计算流量的公式为

$$q_v = \frac{C\varepsilon}{\sqrt{1-\beta^4}}\frac{\pi}{4}d^2\sqrt{\frac{2}{\rho}\Delta p} \quad 或 \quad q_m = \frac{C\varepsilon}{\sqrt{1-\beta^4}}\frac{\pi}{4}d^2\sqrt{2\rho\Delta p}$$

式中 q_v——体积流量，m^3/s；

q_m——质量流量，kg/s；

C——流量系数；

ε——膨胀系数，对不可压缩的液体来说，常取$\varepsilon=1$；

β——节流装置直径比，$\beta=d/D$，其中D为管道直径；

d——节流件开孔直径，m；

Δp——节流装置前后的压差，Pa；

ρ——节流装置前的流体密度，kg/m^3。

在设计计算中，需要采取迭代计算方法，用$d=\beta D$对流量计算公式进行变换可得

$$\beta = \left[1+\left(\frac{C\varepsilon}{K}\right)^2\right]^{-1/4}$$

式中 K为已知量的组合，$K=\dfrac{4q_v\sqrt{\rho}}{\pi D^2\sqrt{2\Delta p}}$，为不变量。

迭代计算过程如下：

(1) 计算β_0

根据已知条件q_v、D、Δp、ρ等算出K，令$\varepsilon=1$，C取某固定值C_0，可计算得出β_0。各种节流件β_0的公式见表3-2-2(K_2为K的迭代结果)。

表3-2-2 β_0公式表

节流件类型	β_0公式	节流件类型	β_0公式
孔板(角接,法兰,D-$D/2$取压)		文丘里喷嘴	$\beta_0=\left[1+\left(\frac{0.989}{K_2}-0.09\right)^2\right]^{-1/4}$
$Re<2\times10^5$	$\beta_0=\left[1+\left(\frac{0.6}{K_2}+0.06\right)^2\right]^{-1/4}$		
$Re>2\times10^5$	$\beta_0=\left[1+\left(\frac{0.6}{K_2}\right)^2\right]^{-1/4}$	1/4圆孔板($\beta\leqslant0.6$)	$\beta_0=\left[1+\left(\frac{0.760}{K_2}+0.26\right)^2\right]^{-1/4}$
喷嘴			
ISA 1932	$\beta_0=\left[1+\left(\frac{0.9944}{K_2}-0.118\right)^2\right]^{-1/4}$	锥形入口孔板(角接取压,$\beta\leqslant0.3$)	$\beta_0=\left[1+\left(\frac{0.734}{K_2}\right)^2\right]^{-1/4}$
长径	$\beta_0=\left[1+\left(\frac{0.9975}{K_2}\right)^2\right]^{-1/4}$		
经典文丘里管		圆缺孔板(各种取压)	$\beta_0=\left[1+\left(\frac{0.634}{K_2}-0.062\right)^2\right]^{-1/4}$
粗铸收缩段	$\beta_0=\left[1+\left(\frac{0.984}{K_2}\right)^2\right]^{-1/4}$		
机械加工收缩段	$\beta_0=\left[1+\left(\frac{0.995}{K_2}\right)^2\right]^{-1/4}$	偏心孔板(各种取压)	$\beta_0=\left[1+\left(\frac{0.607}{K_2}+0.088\right)^2\right]^{-1/4}$
粗焊铁板收缩段	$\beta_0=\left[1+\left(\frac{0.985}{K_2}\right)^2\right]^{-1/4}$		

(2) 计算β_1

根据β_0、Δp 以及节流装置形式等，按表 3-2-3 计算膨胀系数 ε_0；根据β_0、D 等计算流量系数 C_0，然后计算出β_1。

(3) 计算β_2

根据β_1、Δp 等计算膨胀系数 ε_1；根据β_1、D 等计算流量系数 C_1，然后计算出β_2。

当计算到第 n 步，若$\beta_n-\beta_{n-1}$小于某个值(如 0.0001)时，可停止迭代计算。

计算中，有时要用到最大流量和常用流量、最大差压和常用差压的概念，这里对此做一描述。

最大流量 q_{mmax}(或 q_{vmax})是指工艺生产装置正常运行过程中，最大生产负荷下流体的最大流量；常用流量 q_{mcom}(或 q_{vcom})则是正常生产负荷下流体长期的流量(可以理解为正常生产的最大流量)。这是节流装置计算首先要知道的流量条件：根据生产工艺要求，由工艺技术人员提出正常生产过程中最大负荷下流体最大流量值，和正常生产长期运行负荷状态下常用流量值以及正常工况状态下的最小流量 q_{mmin}(或 q_{vmin})值，以便孔板设计人员确定该节流装置的流量标尺范围。

表 3-2-3　节流装置膨胀系数

节流件名称	膨胀系数 ε 计算公式	膨胀系数不确定度计算公式
标准孔板	$\varepsilon=1-(0.41+0.35\beta^4)\dfrac{\Delta p}{\kappa p_1}$ 使用范围　$p_2/p_1\geqslant 0.75$	$\dfrac{\delta\varepsilon}{\varepsilon}=\pm(4\Delta p/p_1)\%$
标准喷嘴	$\varepsilon=\left[\left(\dfrac{\kappa\tau^{(2/\kappa)}}{\kappa-1}\right)\left(\dfrac{1-\beta^4}{1-\beta^4\tau^{(2/\kappa)}}\right)\left(\dfrac{1-\tau^{\frac{\kappa-1}{\kappa}}}{1-\tau}\right)\right]^{1/2}$ $\tau=p_2/p_1$	$\dfrac{\delta\varepsilon}{\varepsilon}=\pm(2\Delta p/p_1)\%$
经典文丘里管	$\varepsilon=\left[\left(\dfrac{\kappa\tau^{(2/\kappa)}}{\kappa-1}\right)\left(\dfrac{1-\beta^4}{1-\beta^4\tau^{(2/\kappa)}}\right)\left(\dfrac{1-\tau^{\frac{\kappa-1}{\kappa}}}{1-\tau}\right)\right]^{1/2}$	$\dfrac{\delta\varepsilon}{\varepsilon}=\pm(4+100\beta^8)\dfrac{\Delta p}{p_1}\%$
文丘里喷嘴	$\varepsilon=\left[\left(\dfrac{\kappa\tau^{(2/\kappa)}}{\kappa-1}\right)\left(\dfrac{1-\beta^4}{1-\beta^4\tau^{(2/\kappa)}}\right)\left(\dfrac{1-\tau^{\frac{\kappa-1}{\kappa}}}{1-\tau}\right)\right]^{1/2}$	$\dfrac{\delta\varepsilon}{\varepsilon}=\pm(4+100\beta^8)\dfrac{\Delta p}{p_1}\%$
1/4 圆孔板	$\varepsilon=\left[\left(\dfrac{\kappa\tau^{(2/\kappa)}}{\kappa-1}\right)\left(\dfrac{1-\beta^4}{1-\beta^4\tau^{(2/\kappa)}}\right)\left(\dfrac{1-\tau^{\frac{\kappa-1}{\kappa}}}{1-\tau}\right)\right]^{1/2}$	$\dfrac{\delta\varepsilon}{\varepsilon}=\pm 33(1-\varepsilon)\%$
锥形入口孔板	$\varepsilon=\dfrac{1}{2}(\varepsilon_{孔}+\varepsilon_{喷})$	$\dfrac{\delta\varepsilon}{\varepsilon}=\pm 33(1-\varepsilon)\%$
偏心孔板	$\varepsilon=1-(0.41+0.35\beta^4)\dfrac{\Delta p}{\kappa p_1}$	$\dfrac{\delta\varepsilon}{\varepsilon}=33(1-\varepsilon)\%$

最大差压 Δp_{max}和常用差压 Δp_{com}分别指节流装置正常运行状态下(即工艺生产装置正常运行中)，流体以最大流量和常用流量流经节流装置时，节流装置分别产生的差压值。节流装置差压值的选择或差压标尺上限的确定是节流装置设计计算中的关键步骤。差压上限选大时，意味着β 值取得小，将产生以下影响：

① 节流件上下游所需直管段长度较短；

② 有利于提高测量准确度和灵敏度；

③ 在测量静压力不大的气体和蒸汽时，流束膨胀系数 ε 将因被测流量的不同而有明显

的变化，降低了测量准确度；

④ 节流装置造成的压力损失大。

2.1.4 设计计算要点

节流装置设计计算应注意以下几个环节：

(1) 填写“节流装置计算任务书”

根据具体计算要求，如实填写任务书各项内容。由于现场复杂，有些项目投用后可能与实际值不符合，会引起较大的测量误差，甚至需重新设计计算，因此填好任务书是设计计算的重要一环。任务书见表 3-2-4。

表 3-2-4 节流装置计算任务书

序号	名称	符号	数值	单位	备注
1	被测流体名称				
2	被测流体的百分组分			%	对混合介质而言
3	被测流体流量				
3.1	最大流量	q_{mmax}		kg/s	下标“n”表示标准状态，其他为工作状态下的值
		q_{vmax}		m^3/s	
		q_{vnmax}		m^3/s	
3.2	常用流量	q_{mcom}		kg/s	
		q_{vcom}		m^3/s	
		q_{vncom}		m^3/s	
3.3	最小流量	q_{mmin}		kg/s	
		q_{vmin}		m^3/s	
		q_{vnmin}		m^3/s	
4	工作状态				
4.1	工作压力(表压)及其变化范围	$p_1 \pm p'$		Pa	p'为压力变化量的大小
4.2	工作温度及其变化范围	$t_1 \pm t'$		℃	t'为温度变化量的大小
5	工作状态下被测流体密度	ρ_1		kg/m^3	混合介质应提供各组分的单独数据
6	工作状态下被测流体动力黏度	μ		Pa·s	混合介质应提供各组分的单独数据
	工作状态下被测流体运动黏度	ν		m^2/s	
7	工作状态下气体压缩系数	Z		纯数	混合介质应提供各组分的单独数据
8	工作状态下气体等熵指数	κ		纯数	
9	工作状态下气体相对湿度	φ		%	混合介质应提供各组分的单独数据
10	允许的压力损失	δ_p		Pa	
11	节流装置使用地点的平均大气压	p_a		Pa	
12	20℃时管道内径	D_{20}		mm	注明是实测值还是公称值
13	管道材质				
14	管道内表面状况：无缝管、直缝焊接管、螺旋缝焊接管、新的、旧的				在所采用的名称上画“√”
15	要求采用的节流件形式和取压方式				在所采用的名称上画“√”
15.1	孔板				
15.2	喷嘴：环室取压、单独钻孔取压				
16	要求采用的差压计或差压变送器型号及差压上限				
16.1	差压计或差压变送器型号				
16.2	差压上限 Δp_{max} = Pa				

续表

序号	名称	符号	数值	单位	备注
17	安装节流装置用的法兰标准代号				
18	安装节流装置用的管道敷设情况和阻流件类型 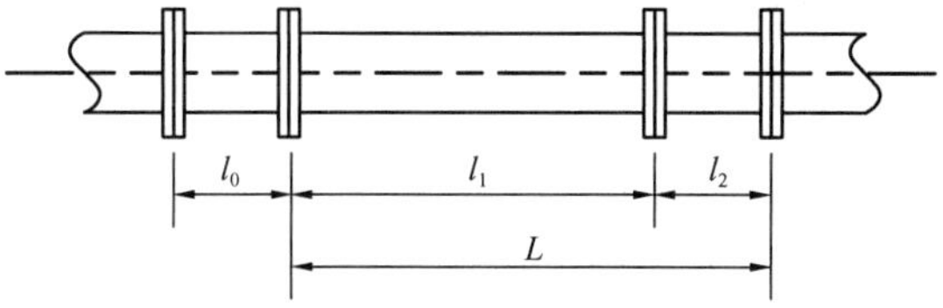 				
18.1	上游侧第一个阻流件类型				
18.2	上游侧第二个阻流件类型				
18.3	下游侧阻流件类型				
18.4	上游侧第一个和第二个阻流件之间的直管段长度 $l_0=$ m				
18.5	供安装节流装置用的直管段总长 $L=$ m				

（2）被测流体物性参数的确定

被测流体物性参数有密度 ρ、黏度 μ、等熵指数 κ、气体压缩系数 Z、湿度 φ 等，其中密度的准确确定最为关键，它直接影响计算的准确度，Z、φ 等也属于密度的内容。其他如 μ、κ 等数值准确度的要求可低些。

（3）管道内径的确定

按照标准规定，管道内径应为实测值，在节流件前(0~0.5)D 长度上至少测量 4 个截面 12 个直径值，然后取其平均值。

（4）差压上限值的选择

差压上限值的确定是设计计算的关键步骤，它由几种相互矛盾的因素所决定。例如，提高差压上限值，对差压的测量准确度、缩短节流件上游侧必要的直管段长度、降低流出系数和最小雷诺数限值等有利，但差压上限值的提高亦带来压损增大的负面影响。根据上述因素选择，一般还可参考以下方法：

若对压损有规定的，可按下面经验式确定差压上限：

对孔板 $\Delta p_{max}=(2\sim2.5)\delta_p$

对喷嘴 $\Delta p_{max}=(3\sim3.5)\delta_p$

式中，δ_p 为压损，其单位和 Δp 一样。

将上述计算结果圆整到系列值。对于气体还应检查，$p_2/p_1>0.75$（p_1、p_2 分别为节流件上下游压力）。

为使大量应用差压变送器的用户减少备件型号和规格数量，应集中选取几个差压上限值：

① 被测流体工作压力较高，允许压损较大，可选 $\Delta p_{max}=40kPa$，$60kPa$；

② 被测流体工作压力中等，允许压损中等，则选 $\Delta p_{max}=16kPa$，$25kPa$；

③ 被测流体工作压力较低，允许压损较小，则选 $\Delta p_{max}=6kPa$，$10kPa$。

已知 q_m、C、ρ、D，差压可按下式计算

$$\Delta p=\left(\frac{4q_m\sqrt{1-\beta^4}}{\pi\beta^2D^2C}\right)^2\frac{1}{2\rho}$$

式中，取 $\beta=0.5$，$C=0.60$（孔板），差压值计算后再圆整到系列值。

2.1.5 节流件开孔直径计算步骤

在已知管道内径、被测流体参数和其他必要条件以及预计的流量范围的条件下，要求选择适当的差压上限，并确定节流件的开孔直径。

首先，需要进行必要的辅助计算。

① 根据 q_{mmax}（或 q_{vmax}）确定流量标尺上限值 q_m（或 q_v）。

② 计算工作状态下管道内径 D。

③ 根据介质压力 p 和温度 T 求介质密度 ρ 和黏度 μ。

④ 计算常用雷诺数 Re_{com}。

⑤ 根据管道内壁状况求相对粗糙度 ϵ/D，检查 ϵ/D 是否符合标准的要求。

⑥ 确定差压上限 Δp，若流体为气体，应检查是否符合 $p_2/p_1 \geqslant 0.75$。

⑦ 计算常用差压 Δp_{com}

$$\Delta p_{com} = 0.64\Delta p \ (q_{mcom} = 0.8q_m)$$

然后进行以下计算：

① 根据 q_{mcom}、D、ρ、Δp_{com}，求 K。

$$K = \frac{4q_{mcom}}{\pi D^2\sqrt{2\Delta p_{com}\rho}}$$

② 根据节流件形式，确定 β_0 的计算公式。

③ 求 β 值，进行迭代计算，直到 $\beta_n - \beta_{n-1} \leqslant 0.0001$ 为止。

④ 求 d 值，$d = \beta D$。

⑤ 验算流量。

$$q'_{mcom} = \frac{C\varepsilon}{\sqrt{1-\beta^4}}\frac{\pi}{4}d^2\sqrt{2\rho\Delta p_{com}}$$

$$\delta = \frac{q_{mcom} - q'_{mcom}}{q_{mcom}} \times 100\%$$

若 $\delta \leqslant \pm 0.2\%$，则计算合格，否则需检查原始数据及计算，然后重新计算。

⑥ 根据节流件材料热膨胀系数 λ_d 和温度 T，求 d_{20}。

$$d_{20} = \frac{d}{1 + \lambda_d (T - 20)}$$

⑦ 确定加工公差。

$$\Delta d_{20} = \pm 0.0005 \times d_{20}$$

⑧ 求压力损失。

⑨ 根据 β、阻流件类型确定节流件上游侧直管段的必要长度。

⑩ 计算流量测量不确定度 E_{qm}（用户有要求时）。

2.1.6 流量计算步骤

在已知管道内径、节流件开孔直径、被测流体等参数的条件下，根据所测得的差压计算流量的主要步骤如下。

首先，进行必要的辅助计算。

① 计算工作状态下的管道内径 D 和节流件开孔直径 d：

$$D = D_{20}[1 + \lambda_D (T - 20)]$$

$$d = d_{20}[1 + \lambda_d (T - 20)]$$

式中　λ_D、λ_d——管道和节流件的材料热膨胀系数。

② 计算直径比β。

$$\beta = d/D$$

③ 根据直径比β、介质等熵指数κ、差压Δp、静压p求ε。对于液体$\varepsilon=1$。

④ 根据管道种类、材料及内壁状况确定管壁粗糙程度ϵ，求ϵ/D，检查ϵ/D是否符合标准的要求。

⑤ 求被测介质工作状态下的密度ρ_1和黏度μ_1。

然后进行以下计算：

① 令$Re=10^6$，根据Re、β、节流件形式和取压方式，计算C_1值(近似值)

② 根据C_1、ε、d、ρ_1、Δp_{com}求常用流量值(近似值)q_{mcom1}(或q_{vcom1})。

③ 根据q_{mcom1}(或q_{vcom1})、D、μ计算常用雷诺数(近似值)Re_{com1}。

④ 根据Re_{com1}、β求C_2。

⑤ 根据C_2、ε、d、ρ、Δp_{com}求实际常用流量q_{mcom2}(或q_{vcom2})。

2.2　气体流量的温度压力补偿计算

流量计测量的气体流量多数为体积流量。由于气体是可压缩的，其体积是工作状态下温度和压力的函数。因此，在实际工作状态下，气体的体积流量不能确切表示实际流量，工程上一般都采用标准状态体积流量。所谓标准状态体积是20℃、一个标准大气压下的气体体积。刻度气体流量计时，选定气体正常温度、压力为设计条件，将设计状态下的体积流量折算为标准体积流量或质量流量，其折算系数中都含有气体密度等因素，当气体介质的工作状态偏离设计状态(p_0、T_0)时，流量示值将产生误差，所以气体流量的测量需要温度压力补偿。

这里所指的气体，是那些物理性质接近理想气体的干空气或其他单质及混合气体。对于理想气体，其密度ρ随压力和温度变化的气体状态方程是，密度ρ与工作压力p成正比，与热力学温度T成反比，即

$$\rho = \frac{p}{ZRT}$$

式中　R——理想气体常数，因气体种类不同而异；

Z——气体的压缩性系数。

从上式可知，只要知道了被测气体的气体常数R和某一基准状态下(p_0，T_0)的气体密度ρ_0，即可通过状态方程求得任一状态(p，T)时的气体密度ρ：

$$\rho = \frac{1}{RZ}\frac{p}{T} = \frac{\rho_0 T_0 Z_0}{p_0 Z}\frac{p}{T}$$

或

$$\frac{\rho}{\rho_0} = \frac{pT_0Z_0}{p_0TZ}$$

令$K_0 = T_0Z_0/p_0$，得

$$\rho = \rho_0 K_0 \frac{p}{TZ}$$

2.3 调节阀流量系数的计算

2.3.1 相关概念

在进行调节阀流量系数计算之前，需要了解调节阀流量系数的定义，以及与流量系数计算有关的相关概念。

1. 调节阀流量系数

调节阀是一个局部阻力可以改变的节流元件。当流体流过调节阀时，由于阀芯、阀座所造成的流通面积的局部缩小，形成局部阻力，使流体的压力和速度产生变化，见图 3-2-1。流体流过调节阀时产生能量损失，通常用阀前后的压差来表示阻力损失的大小。

假设调节阀前后的管道直径一致，流经调节阀的流体不可压缩，且流速相同，则有调节阀的流量方程式为

$$q_v = \frac{A}{\sqrt{\xi}}\sqrt{\frac{2(p_1 - p_2)}{\rho}} = C\sqrt{\frac{\Delta p}{\rho}}$$

式中 q_v——流体的体积流量，m^3/h；

A——节流面积，cm^2；

p_1，p_2——阀前、阀后的压力，kPa；

Δp——调节阀阀前、阀后的压差，$\Delta p = p_1 - p_2$，kPa；

ρ——流体密度，g/cm^3；

ξ——调节阀的阻力系数，与阀门结构形式、流体的性质和开度有关；

C——调节阀的流量系数，$C = \frac{\sqrt{2}}{\sqrt{\xi}}A$。

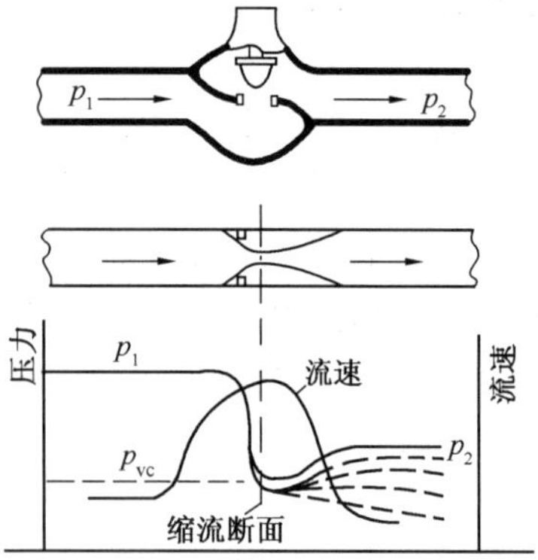

图 3-2-1 流体流过节流孔时压力和速度的变化

调节阀的流量系数与阀芯和阀座结构、阀前后压差、流体的性质等因素有关。它表示阀的流通能力，是调节阀重要的技术参数，也是选择调节阀口径的主要依据。

为了便于计算，流量系数计算公式可改写成一个基型公式，即

$$C = N\frac{A}{\sqrt{\xi}}$$

式中 N——单位换算系数。

采用国际单位制时，流量系数用 K_v 表示，即在给定行程下，阀两端差压为 100kPa 时，温度为 5~40℃的水，每小时流经调节阀的体积(以 m^3 表示)。

采用英制单位时，流量系数用 C_v 表示，即在给定行程下，阀两端差压为 $1lbf/in^2$(7kPa)时，温度为 40~60 ℉(4.4~15.6℃)的水，每分钟流经调节阀的体积(以美国加仑 US gal 表示)。

两种单位制中，我国推荐使用 K_v。

K_v 和 C_v 的换算关系为：$C_v = 1.156K_v$。

流量系数与调节阀形式及口径有关。只有通过对流量系数的计算，才能选定调节阀的口径。

2. 压力恢复和压力恢复系数

在建立流量系数的计算公式时，假定流体为理想流体。实际上，当流体流过调节阀时，其压力变化情况如图 3-2-1 和图 3-2-2 所示。根据流体的能量守恒定律可知，在阀芯、阀座处由于节流作用而在附近的下游处产生一个缩流(图 3-2-1)，流体速度最大，静压最小。在远离缩流处，随着阀内流通面积的增大，流体的流速减小，相互摩擦，部分能量转变成内能，大部分静压被恢复，形成了阀门压差 Δp。流体在节流处的压力急剧下降，并在节流通道中逐渐恢复，但不能恢复到阀前压力 p_1 值。

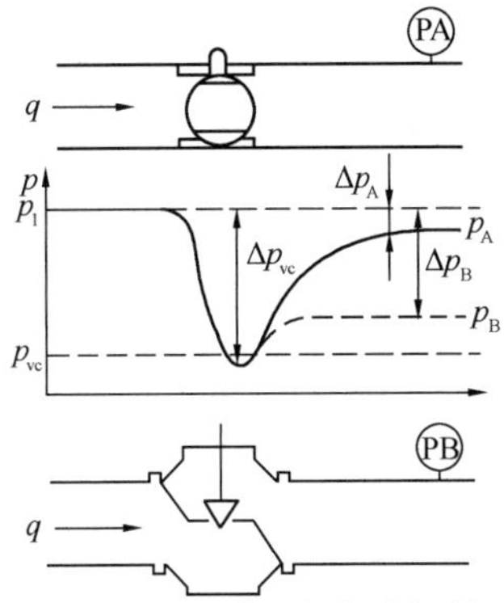

图 3-2-2 单座阀与球阀的压力恢复比较

当介质为气体时，它具有可压缩性，当阀的压差达到某一临界值时，通过调节阀的流量将达到极限，即使进一步增加压差，流量也不会再增加；当介质为液体时，一旦压差增大到足以引起液体汽化，产生闪蒸和空化作用时，将出现阻塞流。阻塞流是指当阀前压力 p_1 保持不变、逐步降低阀后压力 p_2 时，流经调节阀的流量会增加到一个最大极限值，再继续降低 p_2，流量不再增加，此时流动状态称阻塞流。由图 3-2-1 可知，阻塞流产生于缩流处及其下游。产生阻塞流时的压差为 Δp_T，用压力恢复系数 K_L 来描述，即

$$K_L = \sqrt{\frac{p_1 - p_2}{p_1 - p_{vc}}}$$

$$\Delta p_T = K_L^2(p_1 - p_{vc})$$

式中 K_L——压力恢复系数；

Δp_T——产生阻塞流时的阀前后压差，$\Delta p_T = p_1 - p_2$，Pa；

p_1，p_2——阀前、阀后的压力，Pa；

p_{vc}——产生阻塞流时缩流断面的压力，Pa。

K_L 值是阀体内部几何形状的函数，它表示调节阀内流体流经缩流处之后动能变为静压的恢复能力。

各种阀门的结构不同，其压力恢复能力和压力恢复系数也不相同。有的阀门流路好，流动阻力小，具有高压力恢复能力，例如球阀、蝶阀、文丘里角阀等；有的阀门流路复杂，流阻大，摩擦损失大，压力恢复能力差，如单座阀、双座阀等。在图 3-2-2 中可以看出，球阀的压差损失 Δp_A 小于单座阀的压差损失 Δp_B。

各类典型阀门的压力恢复系数 K_L 和临界压差比 X_T 可参照表 3-2-5 选用。

表 3-2-5 压力恢复系数 K_L 和临界压差比 X_T

阀的类型	阀芯形式	流动方向	K_L	X_T
单座阀	柱塞型	流开	0.90	0.72
	柱塞型	流闭	0.80	0.55
	V 形	任意	0.90	0.75
	套筒型	流开	0.90	0.75
	套筒型	流闭	0.80	0.70

续表

阀的类型	阀芯形式	流动方向	K_L	X_T
双座阀	柱塞型	任意	0.85	0.70
	V形	任意	0.90	0.75
角形型	柱塞型	流开	0.90	0.72
	柱塞型	流闭	0.80	0.65
	套筒型	流开	0.85	0.65
	套筒型	流闭	0.80	0.60
	文丘里	流闭	0.50	0.20
球　阀	O形球阀	任意	0.55	0.15
	V形球阀	任意	0.57	0.25
蝶　阀	60°全开	任意	0.68	0.38
	90°全开	任意	0.55	0.20

3. 闪蒸、空化及其影响

在调节阀内流动的液体，常常出现闪蒸和空化两种现象，这两种现象影响阀门口径的选择和计算，将导致严重的噪声、振动、材质的破坏等，直接影响调节阀的使用寿命。因此，在调节阀的计算和选择过程中是应予以重视的问题。

如图3-2-1所示，当压力为 p_1 的液体流经节流孔时，流速增加，静压力下降，当孔后压力 p_2 达到或者低于该流体所在工况下的饱和蒸气压 p_v 时，部分液体就汽化成为气体，形成气液两相共存的现象，这种现象称为闪蒸。产生闪蒸时，对阀芯等材质有侵蚀破坏作用，影响液体计算公式的正确性，使计算复杂化。如果产生闪蒸之后，p_2 不是保持在饱和蒸气压以下，在离开节流孔之后又迅速上升，这时气泡产生破裂并转化为液态，这个过程即为空化作用。空化作用第一阶段是液体内部形成空腔或气泡，即闪蒸阶段；第二阶段是这些气泡的破裂，即空化阶段。

图3-2-3就是一个在节流孔后产生空化作用的示意图。许多气泡集中在节流孔后，影响了流量的增加，产生了阻塞情况。

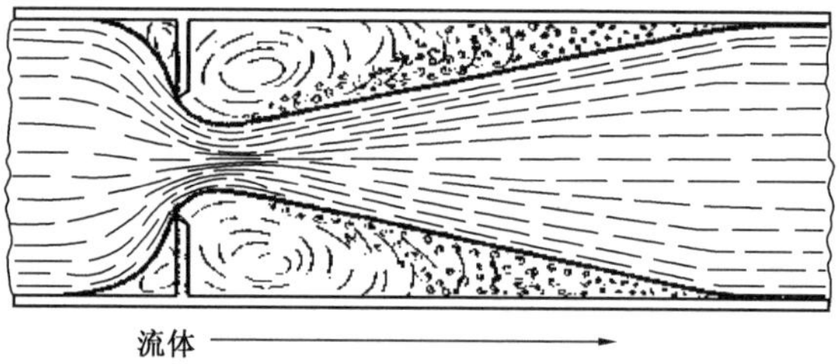

图3-2-3　节流孔后的空化作用

在产生空化作用时，在缩流处的后面，由于压力升高，达到临界尺寸的气泡会突然爆裂，并在破裂点处产生极大的冲击力，造成对阀门的破坏。

4. 阻塞流对计算的影响

调节阀中出现阻塞流之后，流量与 Δp（即 p_1-p_2）之间的关系将发生变化。从图3-2-4可见，当按实际压差计算时，q'_{max} 要比阻塞流量 q_{max} 大很多。因此，为了精确求得此时的 K_v 值，只能把开始产生阻塞流时的阀压降 $\sqrt{\Delta p_T}$ 作为计算用的压降。

① 对于液体，由于是不可压缩流体，它在产生阻塞流时，p_{vc} 值与液体介质的物理性质

有关，即

$$p_{vc} = K_F p_v$$

式中　p_v——液体的饱和蒸气压力，Pa；

K_F——液体的临界压力比系数。

K_F 是阻塞流条件下缩流处压力 p_{vc} 与阀入口温度下的液体饱和蒸气压力 p_v 之比，是 p_v 与液体临界压力 p_c 之比的函数。可以用图 3-2-5 查出 K_F 值，也可通过计算，即

$$K_F = 0.96 - 0.28\sqrt{p_v/p_c}$$

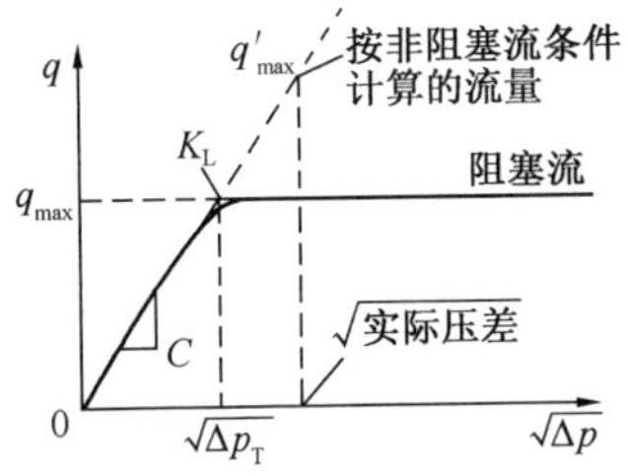

图 3-2-4　p_1 恒定时 q 与 $\sqrt{\Delta p}$ 关系曲线

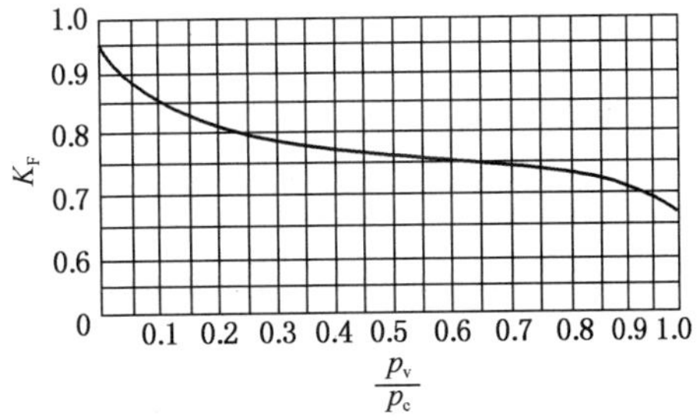

图 3-2-5　K_F 与 p_v/p_c 的关系

按上式计算 K_F 时，常用介质的临界压力 p_c 值可查阅表 3-2-6。

表 3-2-6　部分介质的临界压力 p_c 和临界温度 T_c

名　称	分子式	p_c/MPa	T_c/K	名　称	分子式	p_c/MPa	T_c/K
氩	Ar	4.97	150.8	氢	H_2	1.39	33.2
氯	Cl_2	7.79	417	水	H_2O	22.1	647.3
氟	F_2	5.31	144.3	氨	NH_3	11.4	405.6
氯化氢	HCl	8.39	324.6	二氧化碳	CO_2	7.47	304.2

从压力恢复系数 K_L 计算式可见，只要能求得 p_{vc} 值，便可得到不可压缩流体是否形成阻塞流的判断条件。显然，$K_L^2(p_1-p_{vc})$ 即为产生阻塞流时的阀压降。因此，

当 $\Delta p \geqslant K_L^2(p_1-p_{vc})$，即 $\Delta p \geqslant K_L^2(p_1-K_F p_v)$ 时，为阻塞流情况；

当 $\Delta p < K_L^2(p_1-p_{vc})$，即 $\Delta p < K_L^2(p_1-K_F p_v)$ 时，为非阻塞流情况。

② 对于可压缩流体，引入压差比系数 X，即阀门压降 Δp 与入口压力 p_1 之比：

$$X = \frac{\Delta p}{p_1}$$

试验表明：以空气作为试验流体，对于一个特定的调节阀，当产生阻塞流时，其压差比是一个固定常数，称为临界压差比 X_T。对别的可压缩流体，只要把 X_T 乘一个比热比系数 K_K（$K_K=\kappa/1.4$），即为产生阻塞流时的临界条件。X_T 的数值只取决于阀的流路及结构，可以用表格查出来（表 3-2-5），只要把 X 和 $K_K\ X_T$ 两个值进行比较，就可以判定可压缩流体是否产生阻塞流。当 $X \geqslant K_K X_T$ 时，为阻塞流情况；当 $X<K_K X_T$ 时，为非阻塞流情况。

2.3.2　液体的 C 值计算

为了使流量系数计算公式能适用于各种单位，并考虑到黏度、管道等因素的影响，可把公式演变为

$$C = \frac{q_v}{NK_p K_R}\sqrt{\frac{\rho/\rho_0}{\Delta p}}$$

式中 K_p——管道的几何形状系数，无量纲，当没有附接管件时，$K_p=1$；

K_R——雷诺数系数，无量纲，在紊流状态时，$K_R=1$；

ρ/ρ_0——相对密度，在 15.5℃时，$\rho/\rho_0=1.0$；

N——单位换算常数，采用不同单位时的常数见表 3-2-7。

表 3-2-7 单位换算常数 N

常数	流量系数 C		公制单位			
	K_v	C_v	q	d，D	p_1，p_2，p_v，Δp	ρ
N_1	1×10^{-1}	8.65×10^{-2}	m^3/h	mm	kPa	kg/m^3
	1×10^{0}	8.65×10^{-1}	m^3/h	mm	bar	kg/m^3
N_2	1.6×10^{-3}	2.14×10^{-3}	—	mm	—	—
N_4	7.0×10^{4}	7.6×10^{4}	m^3/h	—	—	—

注：使用本表提供的数字常数和规定的公制单位就能得出规定单位的流量系数。

在采用不同单位时，流量系数的代表符号各不相同，数字常数 N 值也不同。

在计算液体流量系数 C 时，按三种情况分别进行计算：非阻塞流、阻塞流、低雷诺数，用判别式判定之后，选不同的公式进行计算。以下假设调节阀不用附接管件安装（$K_p=1$），存在紊流状态（$K_R=1$），采用法定计量单位（$N_1=0.1$）。

（1）非阻塞流

在 $\Delta p<K_L^2(p_1-K_F p_v)$ 的情况下，是非阻塞流，流量系数计算公式为

$$K_v=\frac{10q_v\sqrt{\rho}}{\sqrt{\Delta p}}$$

式中 q_v——流过调节阀的体积流量，m^3/h；

Δp——调节阀阀前、阀后的压差，kPa；

ρ——液体的密度，kg/m^3。

在此，需要说明如下：

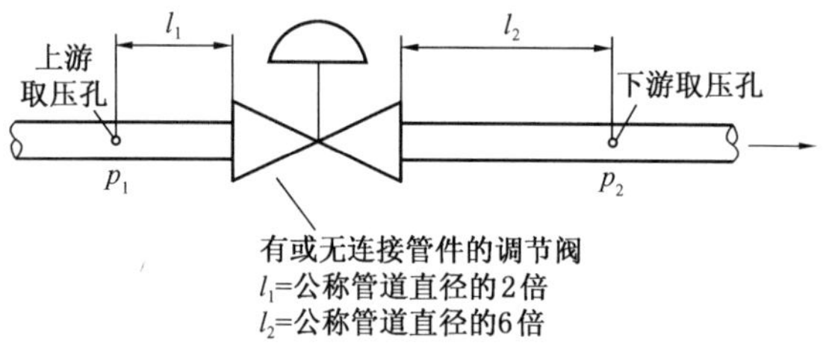

图 3-2-6 取压孔位置

① 上述方程是以不可压缩牛顿流体的伯努利方程式为基础的，当遇到非牛顿流体、混合流体、泥浆或液态-固态输送系统时，则不能用这些公式计算。

② 在用这些方程和关系曲线计算调节阀尺寸时，计算流量系数被假定为包括图 3-2-6所示的两个取压孔之间的全部压力损失。

以上说明对阻塞流计算公式同样适用。

（2）阻塞流

当 $\Delta p\geqslant K_L^2(p_1-K_F p_v)$时为阻塞流情况，此时的压差值为 $K_L^2(p_1-K_F p_v)$，计算式为

$$K_v=\frac{10q_v\sqrt{\rho}}{\sqrt{K_L^2(p_1-K_F p_v)}}$$

式中 K_v——流量系数；

q_v——体积流量，m^3/h；

ρ——液体的密度，kg/m^3；

p_1——阀前压力，kPa；

K_L——压力恢复系数；

p_v——液体的饱和蒸气压力，kPa；

K_F——液体的临界压力比系数。

(3) 低雷诺数液体的计算

雷诺数 Re 是表明流体在管道内流动状态的无量纲数，由雷诺数的大小可以判断流体的流动状态是层流还是紊流。

流量系数 K_v 是在适当的雷诺数、紊流情况下测定的。随着雷诺数 Re 的增大，K_v 值变化不大。然而，当雷诺数减小时，有效的 K_v 值会变小。在极端的情况下，雷诺数很低，例如对黏性很大的流体，流体的流动已经成为层流移动，其流量与阀压降成正比，而不是与阀压降的开方值成正比，这时如果不对 K_v 进行修正，会产生很大的误差。因此，对雷诺数偏低的流体，要对 K_v 值计算公式进行校正。修正后的流量系数 K'_v 为：

$$K'_v = K_v / K_R$$

式中 K'_v——修正后的流量系数；

K_v——非低雷诺数时的流量系数；

K_R——雷诺数修正系数，可以按雷诺数 Re 的大小从图 3-2-7 中查得。

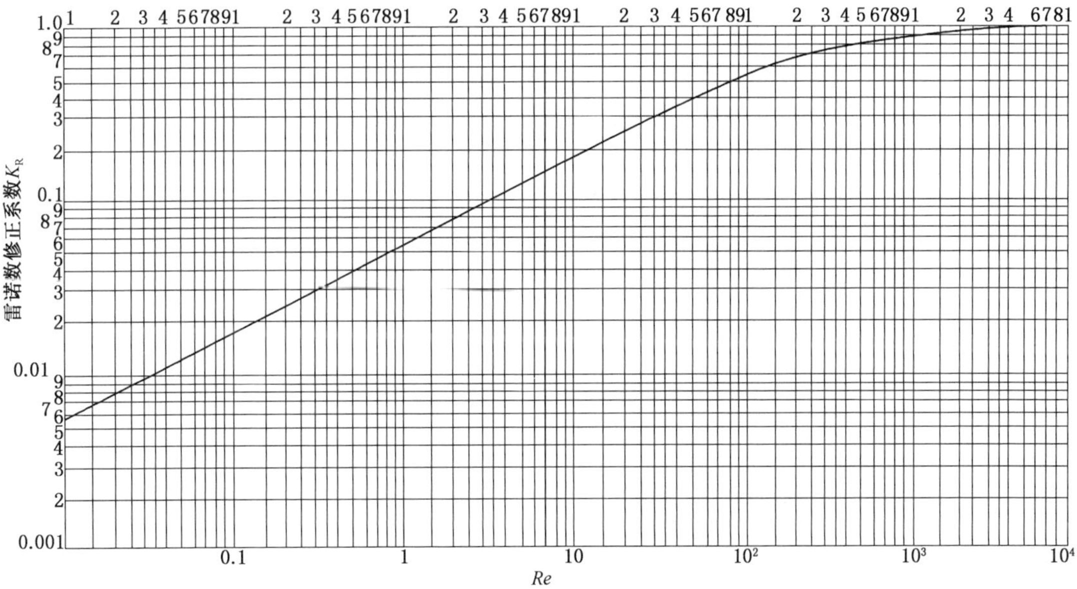

图 3-2-7　雷诺数修正系数 K_R

雷诺数 Re 可以根据阀的结构和黏度等因素，由下列公式求得。

对于两个平行流路的调节阀，如直通双座阀、蝶阀、偏心旋转阀，雷诺数为

$$Re = 49490 \frac{q_v}{\sqrt{K_v}\,\nu}$$

对于一个流路的调节阀，如直通单座阀、套筒阀、球阀、角阀、隔膜阀等，雷诺数为

$$Re = 70700 \frac{q_v}{\sqrt{K_v}\nu}$$

式中 Re——雷诺数；

K_v——流量系数；

q_v——体积流量，m^3/h；

ν——液体在流动温度下的运动黏度，$mm^2/s(cSt)$；

从图 3-2-7 的曲线中可以看出，当雷诺数 Re 大于 3500 以后，修正量已经不大，所以雷诺数大于 3500 就不需要进行修正。

2.3.3 气体的 C 值计算

可压缩流体的流动有非阻塞流和阻塞流两种情况，在两种情况下所用的计算公式是不相同的。当 $X<K_K X_T$时，不会产生阻塞流，当 $X>K_K X_T$时则产生阻塞流。

根据国际电工委员会标准(IEC 534-22)，可压缩流体流量系数的计算方程式为

$$C = \frac{q_m}{N_6 K_p \varepsilon \sqrt{X p_1 \rho}}$$

或

$$C = \frac{q_m}{N_8 K_p p_1 \varepsilon}\sqrt{\frac{T_1 Z}{XM}}$$

或

$$C = \frac{q_v}{N_9 K_p p_1 \varepsilon}\sqrt{\frac{M T_1 Z}{X}}$$

式中 C——流量系数(包括 K_v、C_v)，单位各不相同；

q_m——质量流量，kg/h；

q_v——体积流量，m^3/h；

K_p——管道几何形状系数，无量纲；

ε——膨胀系数，对不可压缩的液体来说，常取 $\varepsilon=1$；

X——压差比(压差与入口绝对压力之比)，$X=\Delta p/p_1$，无量纲；

p_1——阀前压力，kPa 或 bar(10^5Pa=1bar)；

ρ——流体在 p_1 和 T_1 时的密度，kg/m^3；

T_1——阀入口的绝对温度，K；

M——流体相对分子质量；

Z——压缩系数，无量纲；

N_6、N_8、N_9——常数，其值见表 3-2-8。

表 3-2-8 常数 N

流量系数 C			公制单位					
常数	K_v	C_v	q_m	q_v	p，Δp	ρ	T	d,D
N_2	1.60×10^{-3}	2.14×10^{-3}	—	—	—	—	—	mm
N_5	1.80×10^{-3}	2.41×10^{-3}	—	—	—	—	—	mm
N_6	3.16 3.60×10^{1}	2.73 2.73×10^{1}	kg/h kg/h	— —	kPa bar	kg/m^3 kg/m^3	— —	— —
N_8	1.10 1.10×10^{2}	9.48×10^{-1} 9.48×10^{1}	kg/h kg/h	— —	kPa bar	— —	K K	— —

续表

流量系数 C			公制单位					
常数	K_v	C_v	q_m	q_v	p，Δp	ρ	T	d,D
N_9 (T_s=273K)	2.46×10^1 2.46×10^3	2.12×10^1 2.12×10^3	— —	m^3/h m^3/h	kPa bar	— —	K K	— —
N_9 (T_s=288.5K)	2.60×10^1 2.60×10^3	2.25×10^1 2.25×10^3	— —	m^3/h m^3/h	kPa bar	— —	K K	— —

(1) 当 $X<K_K X_T$时，为非阻塞流工况

采用法定计量单位制，则计算公式为

$$K_v=\frac{q_{mg}}{5.19p_1\varepsilon}\sqrt{\frac{T_1\rho_N Z}{X}}$$

或 $$K_v=\frac{q_{mg}}{24.6p_1\varepsilon}\sqrt{\frac{T_1 MZ}{X}}$$

或 $$K_v=\frac{q_{mg}}{4.57p_1\varepsilon}\sqrt{\frac{T_1 GZ}{X}}$$

式中 q_{mg}——气体标准体积流量，Nm^3/h；

ρ_N——气体标准状态下密度(273K，1.013×10^2kPa)，kg/Nm^3；

p_1——阀前绝对压力，kPa；

X——差压比，$X=\frac{\Delta p}{p_1}$；

ε——膨胀系数；

T_1——入口绝对温度，K；

M——气体相对分子质量；

G——气体的相对密度(空气为 1)；

Z——压缩系数。

压缩系数 Z 是比压力 p_r 和比温度 T_r 的函数，可查图 3-2-8。

比压力的定义是，实际入口绝对压力 p_1 与流体的绝对热力临界压力 p_c 之比；而比温度的定义是入口温度 T_1 和绝对热力临界温度 T_c 之比。若比压力为 p_r，比温度为 T_r，则

$$p_r=\frac{p_1}{p_c},\quad T_r=\frac{T_1}{T_c}$$

由于上述气体流量系数计算方程式及另一些计算方程都不包含上游条件下流体的实际密度这一项，而密度是根据理想气体定律由入口压力和温度导出的。在某些条件下，真空气体的性质与理想气体的偏差很大。在这些情况下，要引入压缩系数 Z 来补偿这个偏差。

膨胀系数 ε 用来校正从阀的入口到阀后缩流处气体密度的变化，理论上 ε 值和节流口面积与入口面积之比、流路形状、压差比 X、雷诺数、比热比系数 K_K 等因素有关。气体介质的流速较高，在可压缩流情况下，由于紊流几乎始终存在，雷诺数的影响极小。其他因素与 ε 的关系为：

$$\varepsilon=1-\frac{X}{3K_K X_T}$$

式中 X_T——临界压差比，查表 3-2-6；

X——压差比；

K_K——比热比系数，空气的 $K_K=1$，对非空气介质，$K_K=\frac{\kappa}{1.4}$（κ 是气体的绝热指数）。

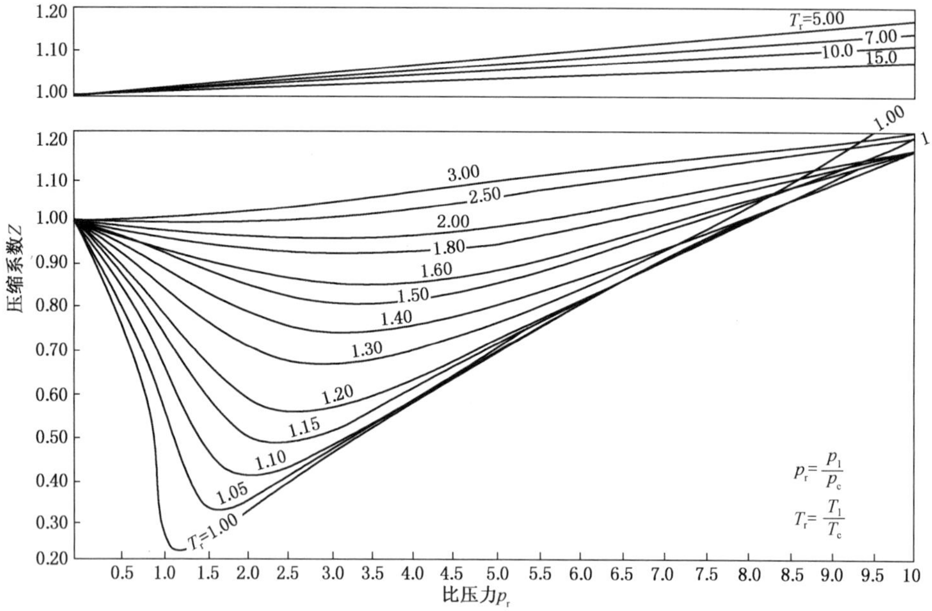

(a)比压力p_r为0~10

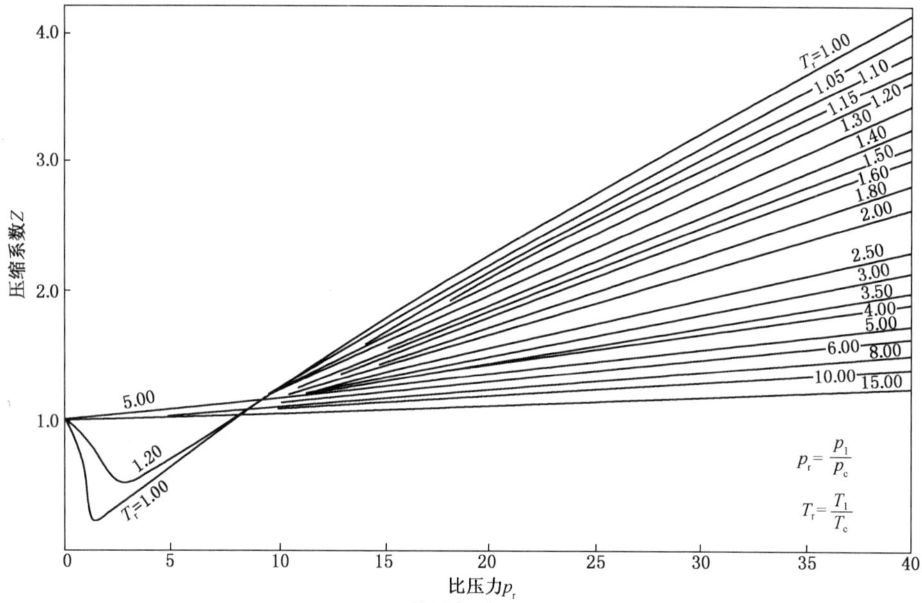

(b)比压力p_r为0~40

图 3-2-8　压缩系数图

（2）当 $X \geqslant K_K X_T$时，为阻塞流工况

如果阀前压力 p_1 保持不变，阀后压力逐步降低，气流就慢慢形成了阻塞流。这时，阀后压力再降低，流量也不会增加。在压差比 X 达到 $K_K X_T$ 值时就达到极限值。使用公式时，X 值要保持在这一极限之内。ε 值在 0.667（当 $X=K_K X_T$时）到 1.0 的范围内。

阻塞流工况下，流量系数的计算公式可简化为

$$K_v = \frac{q_{mg}}{2.9 p_1}\sqrt{\frac{T_1 \rho_N Z}{\kappa X_T}}$$

或
$$K_v = \frac{q_{mg}}{13.9p_1}\sqrt{\frac{T_1MZ}{\kappa X_T}}$$

或
$$K_v = \frac{q_{mg}}{2.58p_1}\sqrt{\frac{T_1GZ}{\kappa X_T}}$$

以上计算式中，X_T 值可通过空气试验来确定，也可以利用无连接管件调节阀的液体压力恢复系数 K_L 近似计算得出。

如果一个调节阀装有渐缩管或其他管件，X_T 值就会受到影响，这时的 X_T 值标为 X_{Tp}。

为达到规定的±5%的允差极限，阀和连接管件应作为一个整体进行试验，如果允许用估计值，可采用下面的公式，即

$$X_{Tp} = \frac{X_T}{K_p^2}\left[1 + \frac{X_T\varepsilon_1}{N_5}\left(\frac{C}{d^2}\right)^2\right]^{-1}$$

在上面的公式中，X_T 为不装渐缩管或其他管件的调节阀的压差比；系数 ε_1 是连接阀入口侧的渐缩管或其他管件入口速度头系数之和（即 $\varepsilon_1+\varepsilon_{B1}$）。关于 ε_1 及 ε_{B1} 的含义和计算可查阅有关资料。

上式中的数字常数 N_5 见表 3-2-8。

第3章　自动控制系统的应用

现代科技的进步，推动了自动化技术的发展，基于现代控制理论的各种新型控制系统不断涌现，并且日益成熟，先进控制系统和优化技术的应用，使石油化工自动控制系统不再以保证生产装置稳定运行为主要目的，而是把降低生产成本、节能降耗作为其更高目标。

本章先简单介绍几种常见的先进控制系统的工作原理和应用案例，然后详细介绍典型化学反应器和大型机组的控制方案。

3.1　先进控制系统

简单控制系统和常规复杂控制系统都是以经典控制理论为理论基础，都是以常规仪表技术为技术基础发展起来的。从20世纪60年代开始，科学技术的迅速发展极大地推动了控制理论和控制技术的发展。主要表现在：①随着数字计算机向小型机、微型机、大容量、低成本方向的发展，计算机技术在自动控制领域得到了越来越多的应用，以微型计算机和网络为基础的DCS、PLC等迅速成为过程控制的主流系统；②以状态空间法为基础的现代控制理论迅速发展，不断完善，同时，人工智能的方法和技术蓬勃发展，在理论和应用上都有很大进展；③过程工业向大型化和精细化两个方向发展，对自动化提出了更高的要求，过程本身的复杂性也在增加。于是各种形式的先进控制系统应运而生。

本节将简单介绍几种常见的先进控制系统。它们在控制性能上比传统的PID控制系统有了明显的提高，在一些复杂工业过程控制中得到了成功的应用。

3.1.1　自适应控制系统

自适应控制，也称适应控制，指的是能适应环境条件或过程参数的变化，自行调整控制算法的控制。它必须能够辨识过程参数与环境条件变化，并在此基础上自动调整控制规律。所以，自适应控制是辨识与控制技术的结合。一个自适应控制系统至少应有下述三个部分：

① 具有一个测量或估计环节，能对过程和环境进行监视，并有对测量数据进行分类以及消除数据中噪声的能力。这通常体现在对过程的输入输出进行测量，基于此进行某些参数的实时估计。

② 具有衡量系统的控制效果好坏的性能指标，并且能够测量或计算性能指标，判断系统是否偏离最优状态。

③ 具有自动调整控制规律或控制器参数的能力。

自适应控制的结构可以非常简单，亦可以相当复杂，主要有简单自适应控制系统、模型参考型自适应控制系统和自校正控制系统三种类型。

1. 简单自适应控制系统

实际的工业过程往往是非线性的，不能用一个线性模型去描述它。实际的工业过程往往也是时变的，某些参数会随时间而变化。比如，催化剂活性、加热炉结焦、换热器结垢、设备磨损等，因此不能用固定参数的控制算法去控制它。这种情况下，可采用简单自适应控制系统对时变参数用一些简单的方法进行辨识，并采用自整定控制器实现控制功能。这种系统有依据偏差和依据扰动两种结构，分别如图3-3-1和图3-3-2所示。

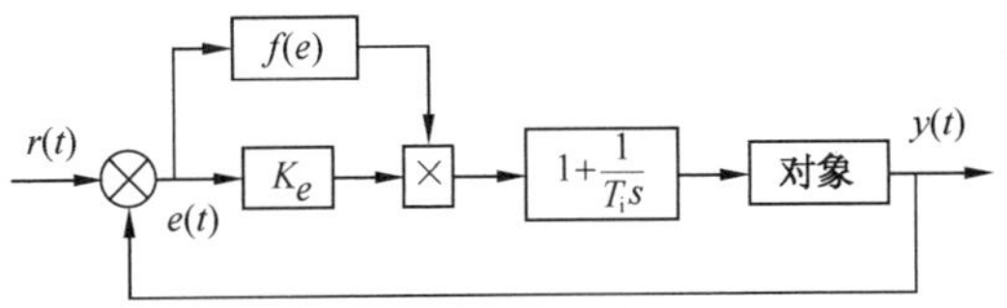

图 3-3-1　依据偏差的简单自适应控制系统

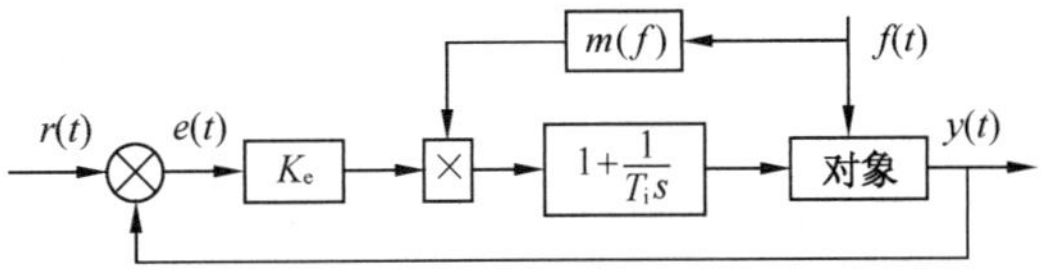

图 3-3-2　依据扰动的简单自适应控制系统

2. 模型参考自适应控制系统

这类系统中，参考模型表示了控制系统的性能要求，它主要用于随动控制，如飞行器的自动驾驶。典型的模型参考型自适应控制系统是参考模型和被控系统并联运行，其基本结构如图 3-3-3 所示。

输入 $r(t)$ 作用于参考模型产生的输出(模型计算的测量值)与实际测量进行比较，其偏差 $e(t)$ 送往自适应机构，进而改变控制器参数，使 $y(t)$ 能更好地接近 $y_m(t)$。

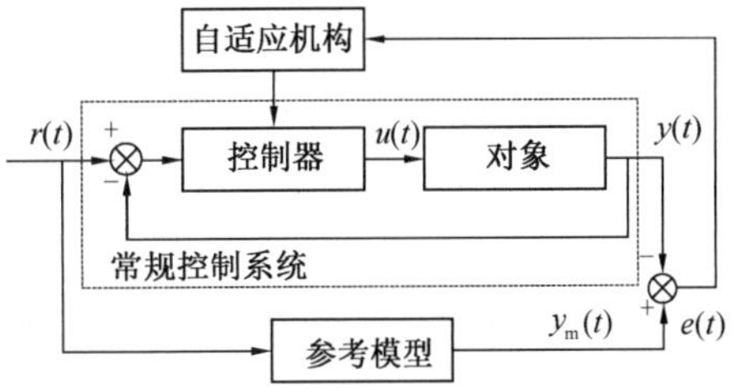

图 3-3-3　模型参考型自适应控制系统

这种系统中，不需要专门的在线辨识装置，用来更新控制系统参数的依据是相对于理想模型的广义误差 $e(t)$，通过调整可调参数，使 $e(t)$ 的目标函数 $J=\int e^2(t)\,\mathrm{d}t$ 趋于极小值。参考模型与控制系统的模型可以用系统的传递函数、微分方程、输入-输出方程或系统的状态方程来表示。

3. 自校正控制系统

自校正控制系统是典型的辨识与控制的结合体。辨识部分采用最小二乘法，依据过程的输入、输出数据，得到数学模型的各个参数。控制部分采用最小方差控制，目标是求 u 使偏差 $e(t)$ 的函数 $J=\int e^2(t)\,\mathrm{d}t$ 的值达到最小。

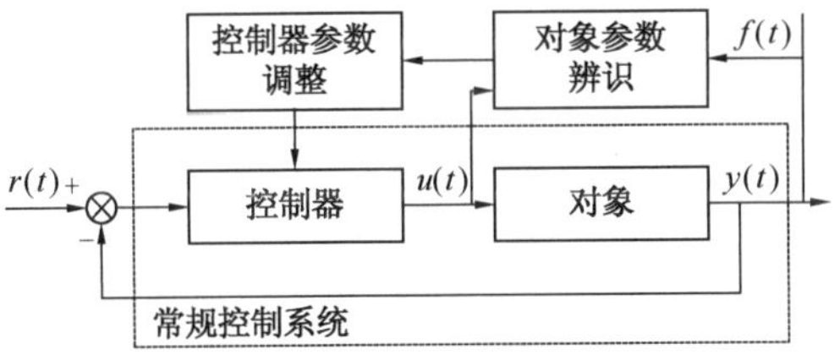

图 3-3-4　自校正控制系统的基本结构

自校正控制系统的基本结构如图 3-3-4 所示。该系统的外回路由被控对象参数辨识器和控制器参数调整机构组成。被控对象的输入信号 u 和输出信号 y 送入被控对象参数辨识器，在线辨识出时变对象的数学模型，控制器参数调整机构则根据辨识结果计算自校正控制律并修改控制器参数。

自适应控制自诞生以来，除了简单自适应控制系统以外，各种复杂的自适应控制系统未能在工业应用上进一步推广。原因主要有两点：第一，自适应控制是辨识与控制的结合，辨识需要有持续不断的激励信号，控制却要求平稳少变，这是一对难以解决的矛盾；第二，在自适应控制中，除了原来的反馈回路外，又增加了调整控制算法的适应作用的回路，后者(外层回路)常常是非线性的，系统的稳定性有时无法保证。总的来说，自适应控制成绩不小，问题不少，还需要新的突破。

3.1.2 预测控制

预测控制的基本思路是利用被控对象的脉冲响应或阶跃响应曲线，建立被控对象的数学模型，根据被控对象与控制器的历史数据以及被控对象的当前状态，预测控制系统在未来的变化，并据此确定控制器当前的控制输出，使被控变量与期望轨迹之间的误差最小。上述优化过程反复在线进行，以期达到控制的目的。预测控制算法原理如图 3-3-5 所示。

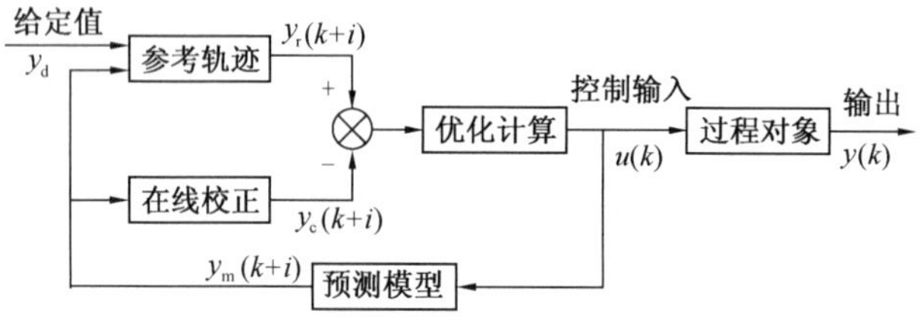

图 3-3-5 预测控制算法原理图

模型预测启发控制(MPHC)、模型算法控制(MAC)、动态矩阵控制(DMC)以及预测控制(PC)等都属于预测控制的范畴。不同预测控制技术的共性体现在以下三个方面：

① 预测模型 都是基于模型的控制算法，需要预测模型。

② 滚动优化 预测控制是一种优化控制算法，控制的优化是滚动进行的。在任一时刻，依据目标、模型和现状可以计算出在今后一段时期应该施加的控制作用量。在预测控制中，只把应采取的即时控制作用量施加于被控对象，完成一个控制周期后，又重新计算，顺次进行。

③ 反馈校正 考虑到预测模型不完全准确，并有未考虑的扰动存在，需要进行反馈校正，修正预测值，以使优化不仅基于模型，而且依据反馈的实际信息，构成闭环优化。

1. 模型算法控制(MAC)

MAC(Model Algorithmic Control)是建立在脉冲响应基础上的一种时域控制技术，适用于线性渐近稳定的系统。它由以下几部分组成：

① 内部模型 MAC 采用的是脉冲响应模型。由于有了内部模型的预测作用，使这种算法可以得到比常规 PID 控制更好的控制效果。对有纯滞后的被控对象，效果更为显著。

② 反馈校正 由于被控对象存在时变或非线性，再加上有些随机干扰，模型的预测值与实际过程总是有差别的。预测控制的一个突出特点就是在每个采样时刻，利用测量到的过程变量，对模型预测值加以修正，用修正后的预测值作为计算最优性能指标的依据，这实际上也是对变量的一种负反馈，故称反馈校正。由于有了反馈校正环节，控制系统的鲁棒性得到很大提高。

③ 滚动优化 由于优化计算不是在离线情况下通过一次计算求得，而是在线反复计算，所以滚动优化算法对模型时变、干扰和失配等影响能及时补偿。由于目标函数中加入控制量的约束，除可限制过大的控制量冲击，使过程输出变化平稳外，还可使采用具有不稳定零点的脉冲响应这类非参数模型对象，仍能获得稳定运行的性能。

④ 参考轨迹 在模型算法控制中，控制的目的是使被控对象的输出沿着一条事先规定好的曲线逐渐达到给定值，这条指定的曲线称为参考轨迹。采用参考轨迹，可减小过量的控制作用，使系统输出能平滑地到达设定值。

2. 动态矩阵控制(DMC)

DMC(Dynamic Matrix Control)系统利用被控对象的脉冲响应和阶跃响应数据来构筑矩阵控制的数学模型。动态矩阵控制算法是一种将离散脉冲系数模型与最小二乘法相结合的多步预测控制技术。动态矩阵控制和模型算法控制一样，也有内部模型、反馈校正、滚动优化和参考轨迹等组成部分。

在实际应用中，要解决的通常是参数间相互关联的多输入多输出系统的控制问题。对此，动态矩阵控制将变量分为三种类型：

① 过程从控制器输入的变量，这些变量对过程来说是独立的，不受其他过程变量的影响。其中，可控的叫操作变量(MV)，不可控的叫干扰变量(DV)。干扰变量会对过程变量产生扰动，因此干扰变量必须是可测量的或是可计算的，以便由控制器对其进行补偿。

② 过程输出到控制器的变量，这些变量间部分或全部是相互影响的。其中，受控制器控制的过程变量叫被控变量(CV)，其他为辅助变量(AV)。辅助变量指的是虽不直接受控，但其数值必须处于约束区域内的过程关键变量。

③ 经济变量，是与操作优化相联系的，包括理想设定值(IRV)和线性经济目标函数等。

对被控变量的控制有两种情况：一是给定点控制，即希望被控变量保持在一个点上；二是区间控制，即只要被控变量在该区间内变化，且它的预测值不超出该区间，控制器就不执行任何动作。

操作变量、被控变量和辅助变量各自都有多种类型的约束限。像操作变量不仅有位置约束，而且有速度约束，即不仅对其绝对数值有限制，且对其增量也有限制。

约束条件有三类：A. 物理上固有的且不能超越的某些限制，例如控制阀最多开到100%；B. 工艺操作条件不允许或不希望某些变量值超出一定的范围；C. 一般希望控制过程比较平稳，不希望变量大起大落，操作人员对过分猛烈的变化不放心。约束又分硬约束与软约束两类。硬约束是在一般情况下应该满足的条件，其优先级别可适当安排，被控变量的硬约束并不是指工艺上或物理上的绝对限制，而是指接近报警限的限制，辅助变量也一样；软约束则是在有富余自由度时应尽量满足的条件，其优先级别也须适当安排。

动态矩阵控制技术在石油化工等领域得到了成功的应用，比较著名的软件 DMCplus、RMPCT 等，都是以 DMC 算法为核心，并已得到广泛的应用与认可，收效显著。国内也已开发出同类软件。

3. 广义预测控制(GPC)

GPC(Generalized Predictive Control)是在自校正控制的基础上，吸收 MAC 和 DMC 中的多步预测和滚动优化思路提出的。

GPC 也采用预测模型，但所用的是输入输出间的差分方程。它的模型也须校正。这里采用参数辨识的方法来确定模型的各个参数。随着控制过程的进行，须重复进行参数估计。

它也采用滚动优化，实施步骤与 DMC 相似。

事实上，预测控制算法有许多种，并有各种变形。DMC、MAC 和 GPC 是最主要的类型。作为工业应用，DMC 使用最广。

4. DMCplus 系统

AspenTech 公司推出的 DMCplus 控制软件包的内核与 DMC 一样，其软件的体系结构如图 3-3-6 所示。

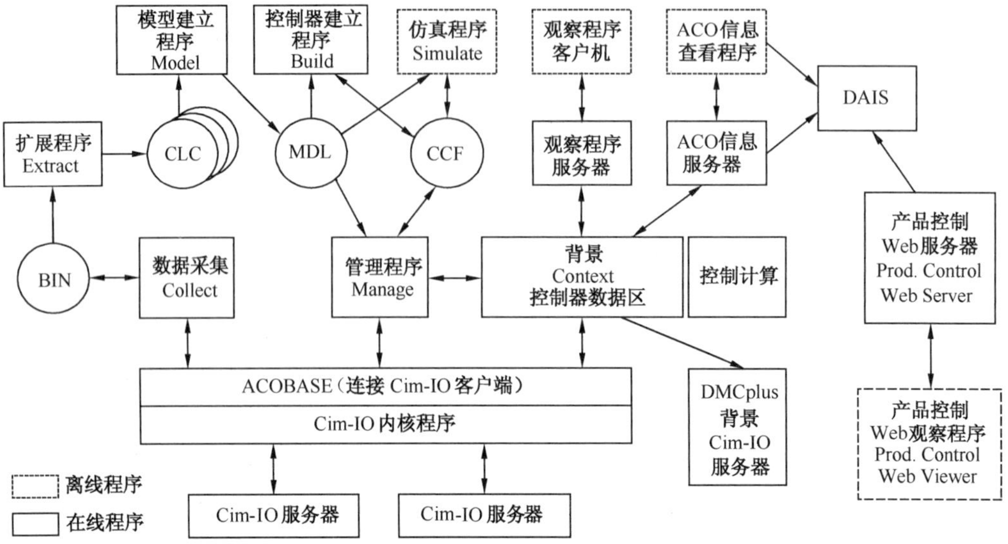

图 3-3-6　DMCplus 控制软件体系结构

DMCplus 软件的离线部分包括建立控制器期间使用的模型建立程序、控制器建立程序、对控制器运行情况进行监控的观察程序客户机、ACO 信息查看程序和产品控制 Web 观察程序。其在线部分包括：

Cim-IO　DMCplus 与过程相连的接口软件，包括 Cim-IO 服务器、Cim-IO 内核以及 Cim-IO客户端；

Manage　模型管理工具；

Control　控制器算法程序；

Context　背景，可容纳多个控制器，是控制器参数的存放区；

Collect　数据采集器程序，还有与之配套的数据文件工具 Extract 程序；

各种界面接口程序　如通过 Product Control Web Server(产品控制服务器)，操作人员可以在 Web 浏览器上对控制器的各种数据进行监控。

DMCplus 控制软件包可以处理大规模工业过程对象，提高其经济效益。它可以准确地辨识过程模型，并控制对象到最优操作点上，从而获得最大的产量、最大的转化率以及最小的能耗。其主要特点有过程模型辨识、处理约束、经济指标优化以及能处理大型控制问题。

5. RMPCT 系统

霍尼韦尔的鲁棒多变量预估控制技术(PMPCT, Robust Multivariable Predictive Control Technology)与 DMCplus 一样，以 DMC 算法为技术内核。

RMPCT 软件由以下六个部分组成：数据采集器，采集指定的 CV、MV 和 DV 值并将它们储存在一个文件中；模型识别器，利用数据采集器产生的文件来识别过程模型；控制器组态器，利用过程模型建立控制器；仿真器，模拟控制器运行，用于检验控制器的有效性；在线控制器，控制与真实过程相连，执行控制任务；图形用户界面，是操作员对控制器进行监控的手段。RMPCT 提供较好的控制器集成开发环境，使控制器的建立过程比较紧凑。RMPCT 的基本结构如图 3-3-7 所示。

RMPCT 是基于 MIN-MAX 算法设计的多变量模型预测控制器，具有较强的鲁棒性，即使装置的操作条件发生较大变化时，也能计算出控制解，以最小的控制作用获得最优的控制

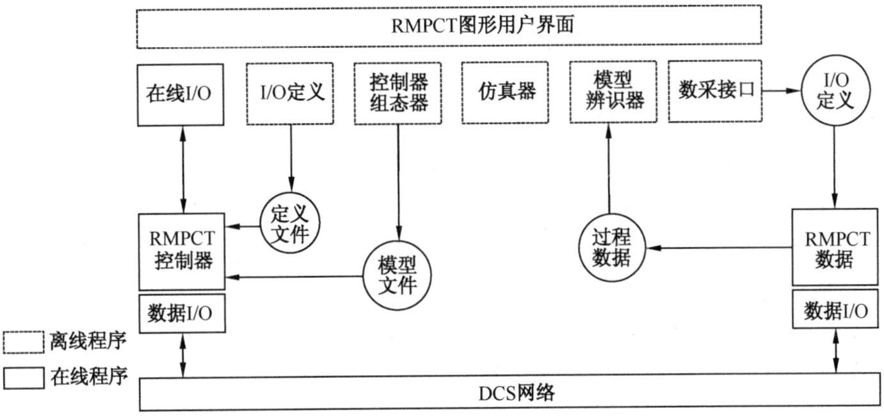

图 3-3-7　RMPCT 软件的基本结构

响应。“鲁棒性”是 RMPCT 的独特之处，这一特点使它能很好地对有严重关联的过程加以控制，甚至在过程模型有很大误差时也能适用。

3.1.3　专家系统

专家系统(Expert System)是一种基于知识的系统，它主要面临的是各种非结构化问题，尤其是处理定性的、启发式或不确定的知识信息，经过推理过程达到系统任务目标。

专家控制系统是将专家系统的设计规范和运行机制，与传统控制理论和技术相结合而成的实时控制系统。

1. 专家系统的基本结构

专家系统的基本结构包括以下几部分(如图 3-3-8)。

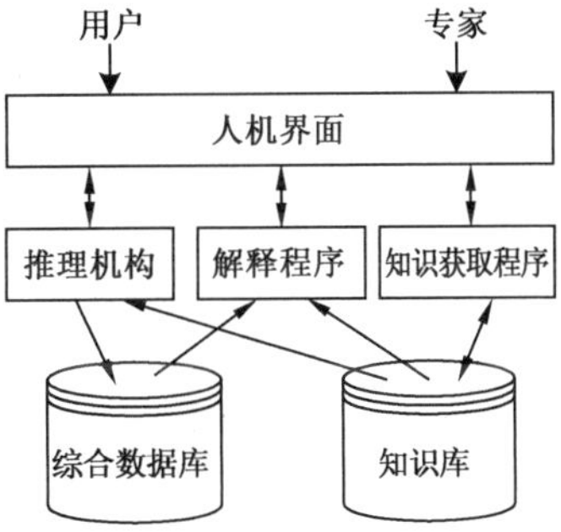

图 3-3-8　专家系统的一般结构

① 人机界面　利用人机界面，专家可以将自己的新知识、新经验加入知识库中，也可以方便地对知识库中的规则进行修改；操作员可以在操作中随时得到专家系统的帮助，了解系统，并应用系统像领域专家一样解决问题。

② 知识库　用以存储某个具体领域的专门知识，包括理论知识和经验知识。专家系统的性能在很大程度上取决于知识库中知识的完备性和知识表示的正确性，一致性和独立性。

③ 知识获取　为保证知识库能对应用对象所有状态的描述具有全面性和正确性，往往需要新知识的获取。一方面是将专家的知识和经验，进行描述并写入；另一方面是进行机器自学习，增添新知识。

④ 综合数据库　用以存储表征应用对象的特性数据、状态数据、求解目标和中间状态数据等，供推理机构和解释机构使用。

⑤ 解释机构　用以检验和解释知识库中相应规则的条件部分，即用推理得到的中间结果对规则的条件部分中的变量加以约束，并将该规则所预言的变化(由动作引起)返回推理机构。

⑥ 推理机构　承担控制并执行专家推理的过程。从数据库来的数据经过一定的推理和计算形成事实，然后与知识库中的相应规则进行匹配，找出可用的规则集，根据一定的优先级别应用各条规则，同时执行各规则的动作(或结论)部分，并更新数据库。

2. 专家系统的分类

按照专家系统所求解问题的性质，它有多种类型，常见的有解释专家系统、预测专家系统、诊断专家系统、设计专家系统、规划专家系统、监视专家系统、控制专家系统、调试专家系统、教学专家系统和修理专家系统等。

3. 专家系统在自动化中的应用

专家系统在自动化中的应用至少有三大方面：①用于控制，依据负荷、进料情况、环境条件和系统工作情况等因素，决定控制作用、决定控制器参数或决定控制系统类型或结构等；②用于工况监测、故障诊断和区域优化，这是诊断型任务，与控制型任务不同，它依据系统工作情况和环境条件等因素，判定工况是否正常，判定工况不正常的根源，以及判定如何使工作情况进入优良区域；③用于计划和调度。

控制专家系统的特点是，能够解释当前情况，预测未来可能发生的情况，诊断可能发生的问题及其原因，不断修正计划，并控制计划的执行。也就是说，控制专家系统具有解释、预报、诊断、规划和执行等多种功能。空中交通管制、商业管理、自主机器人控制、作战管理、生产过程控制和生产质量控制等都是控制专家系统的潜在应用方向。图 3-3-9 是控制专家系统的基本构成示意图。

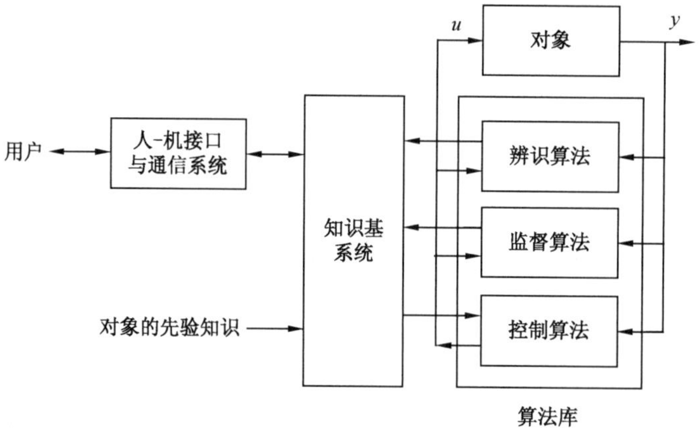

图 3-3-9　控制专家系统基本构成

3.1.4　模糊控制

模糊（fuzzy）词义的理解通常包含“不清晰”“含糊”“不确定”的概念。模糊理论或模糊数学是建立在模糊逻辑的基础上的。模糊逻辑是以一种严密的数学框架来描述和处理人类思维和语言的那些具有模糊特性的概念，比如：好，很好，较好；很多，很少；冷，热等。

模糊控制（Fuzzy Logic Control）主要是模仿人的控制经验而不是依赖于被控对象的数学模型，是模糊理论与控制理论相结合的产物。

1. 模糊集合理论基础知识

模糊集合理论是介于逻辑计算与数值计算之间的一种数学工具。

在普通集合中，一个事物要么属于某集合，要么不属于某集合，二者必居其一，没有模棱两可的情况，这表明普通集合所表达概念的内涵和外延都是明确的。

在人类的思维中，有许多概念都没有明确的外延，即模糊概念。模糊逻辑模仿人类的智慧，引入了隶属度的概念，描述介于“真”与“假”之间的过渡状态。在模糊逻辑中，元素被赋予一个介于 0 和 1 之间的实数来描述其属于一个集合的程度，该实数成为元素属于一个集合的隶属度。集合中所有元素的隶属度全体构成集合的隶属度函数。

正确地确定隶属度函数，是运用模糊集合理论解决实际问题的基础。隶属度函数是对模糊概念的定量描述。隶属度函数的确定过程，本质上应该是客观的，但每个人对于同一个模糊概念的认识和理解又有差异，因此隶属度函数又带有主观性。一般是根据经验或统计进行确定，也可由领域专家给出。隶属度函数确定是否合适，主要看其是否符合实际，并在应用中检验其效果。

隶属度函数有多种形式，常用的隶属度函数有三角形、梯形、高斯形、广义铃形等。

例如，可以用梯形隶属度函数来描述人们对环境温度的感知。把人们对温度变化的感觉分成“凉”“合适”和“热”三个子集(如图3-3-10)。不同温度属于这三个子集的隶属度μ为：

$$凉\begin{cases}\mu=1 & T<20\\ \mu=11-T/2 & 20<T<22\end{cases}$$

$$合适\begin{cases}\mu=(T-21)/2 & 21<T<23\\ \mu=1 & 23<T<25\\ \mu=(27-T)/2 & 25<T<27\end{cases}$$

$$热\begin{cases}\mu=T/2-13 & 26<T<28\\ \mu=1 & T>28\end{cases}$$

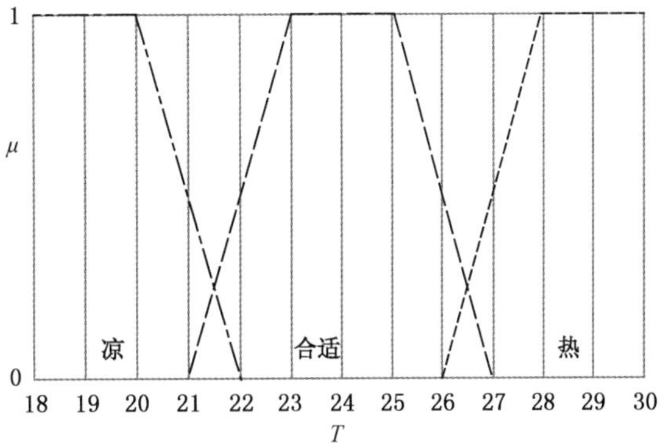

图3-3-10 温度隶属度函数

2. 模糊控制的基本原理

图3-3-11是一个模糊控制系统的基本结构，其中执行机构已包括在被控对象内，检测与变换等功能模块在图中已省略。由图可知，模糊控制器由模糊化、知识库、模糊规则推理和解模糊化(或称清晰化)四个功能模块组成。

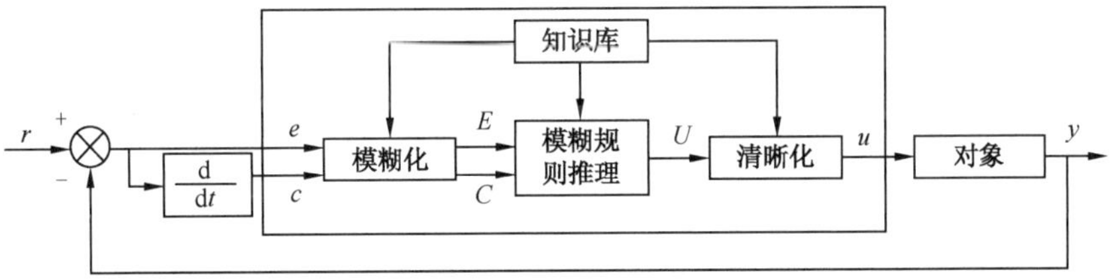

图3-3-11 模糊控制系统结构图

(1) 模糊化

模糊化是将输入的精确量按隶属度函数转换为模糊化量。模糊处理是根据数据库中的变换参数把原有的精确量变换成模糊量，并用相应的模糊集合语言值来表示，例如{PB，PM，PS，ZO，NS，NM，NB}={“正大”，“正中”，“正小”，“零”，“负小”，“负中”，“负大”}。

(2) 模糊规则推理

模糊规则推理是模糊控制器的核心，该推理过程是基于模糊逻辑中的蕴含关系及推理规则来进行的。规则库涉及输入、输出变量的选择，规则的获得，规则的类型和规则库的性能等。

模糊控制规则库由一系列的“IF · THEN”型规则所构成，如

If X is NL And Y is NL

Then Z is PL

(3) 解模糊化(清晰化)

由于实际过程中的控制量是精确量，因此需要将模糊控制量转换为精确量，这就是解模糊化。解模糊化通常有的三种方法，即面积中心法(重心法)、面积等分法(中位数法)和极大平均法(最大隶属度法)。图 3-3-12 给出这三种解模糊化方法的意义。这些解模糊化方法中，面积中心法应用最为普遍。

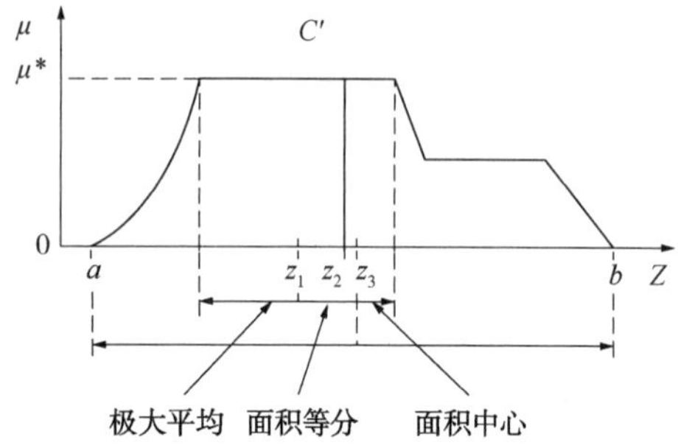

图 3-3-12　三种解模糊化方法

以图 3-3-13 为例说明模糊推理过程。假设控制器有 x_1 和 x_2 两个输入，它们在 A 和 B 两个模糊子集中各有隶属度函数 A_1，B_1，A_2 和 B_2。按照规则库中的规定，根据前提 A_1 和 B_1 得出结论 C_1；根据前提 A_2 和 B_2 得出结论 C_2。推理过程如下：

步骤 1(模糊化)，分别求出两个输入属于两个子集的隶属度；

步骤 2(MIN)，比较它们属于两个子集的隶属度，取小值，求模糊输出 C_1'和 C_2'；

步骤 3(MAX)，两条规则的输出叠加，得到 C'；

步骤 4(清晰化)，求叠加后的面积重心 z_{COA}。

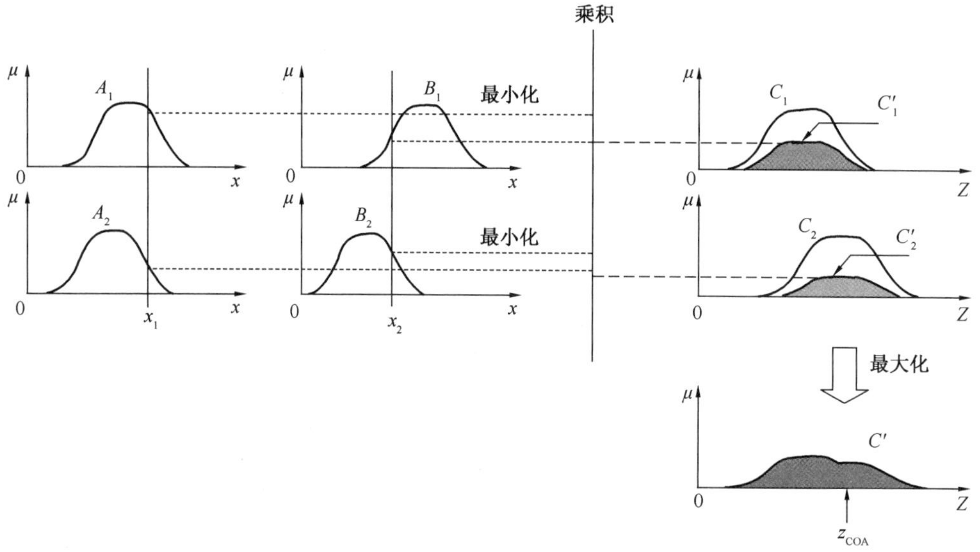

图 3-3-13　模糊推理过程举例

3.1.5　神经网络控制

1. 基本概念

神经元是生物体内广泛分布的“传感器”，人们模拟神经元的结构，建立了神经元模型，并应用于各种信息处理研究领域。神经元模型如图 3-3-14 所示。

对神经元模型而言，其输入为 $x_i(i = 1, 2, \cdots, n)$，输出为 y，y 与 x_i 间的关系为

$$y(t)=f\left[\sum_{i=1}^{n} W_i x_i(t)-\theta\right]$$

式中的 θ 称为神经元的阈值；W_i 是权系数，反映了连接强度，也表明突触的负载。函数 $f(\cdot)$ 通常是取 1 和 0 的非线性双值函数，或是 sigmoid 函数。x 的 sigmoid 函数式为

$$f(x)=\frac{1}{1+e^{-x}}$$

其图形见图 3-3-15。此外，也有用高斯函数的。

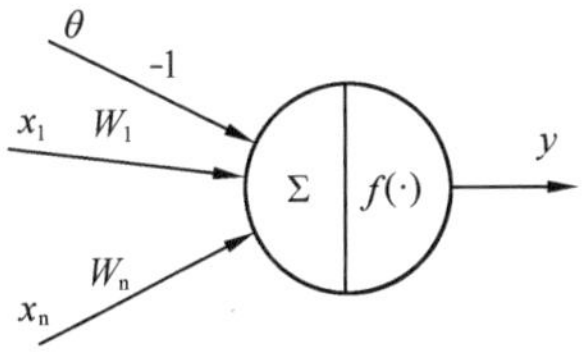

图 3-3-14　神经元模型示意图

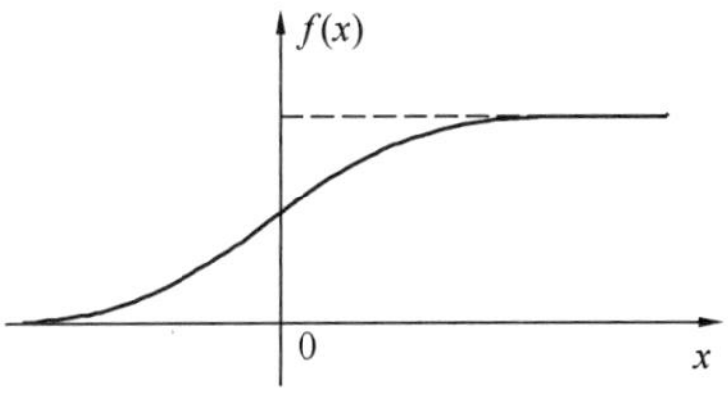

图 3-3-15　sigmoid 函数

若干个神经元连接起来，构成神经网络(Neural Network)。神经网络具有自组织性、层次性和并行处理能力。很多个人工神经元模型，按一定方式连接起来，构成人工神经网络。

2. 人工神经网络

人工神经网络有多种类型，其基本类型有两种，即前馈型神经网络和反馈型神经网络。

最常用的人工神经网络称为 BP(反向传播，Back Propagation)网络。在结构上，从信号的传输方向看，它是一种多层前向网络，图 3-3-16 是它的结构示意图。它由若干层构成，有输入层、输出层，以及一个或若干个隐藏层。每个神经元称为一个节点。对于任意层的任意节点，都有来自上一层各个节点的输入，每个输入都有其权系数；其输出则送往下一层的每个节点。

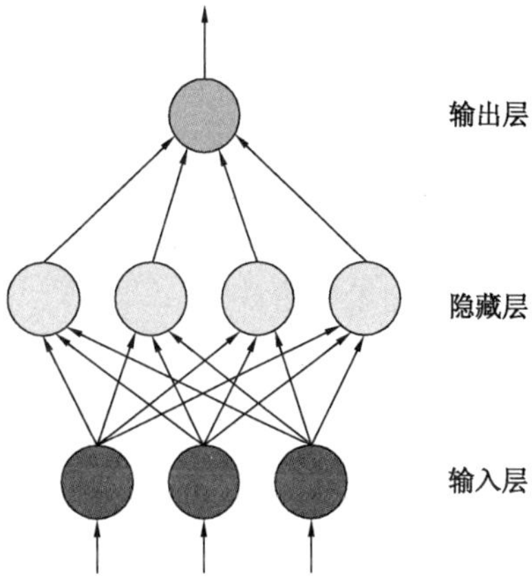

图 3-3-16　BP 网络结构示意

除了 BP 神经网络外，还有径向基函数神经网络、Hopfield 神经网络、动态递归神经网络等多种形式。

神经网络是自适应和可以训练的，它有自修改能力。其特性及能力主要取决于网络的拓扑结构及学习算法。

3. 神经网络的学习方法

神经网络的学习算法或学习规则是神经网络方法极为重要的组成部分。神经网络的学习问题实际上就是网络节点间连接权的调整问题。虽然，随着神经网络的结构和功能的不同，学习算法各不相同，但神经网络的连接权的确定一般有两种方式：一种是通过设计计算确定，即所谓的死记式学习；另一种是网络按一定规则通过学习(训练)得到。

神经网络的学习或训练过程需要大量已知的输入和输出数据，学习的要求是在同样的输入数据下，网络的输出值与提供的输出数据尽量一致。如果不一致，两者间的差值就是偏差。在学习过程中，通过不断调整权系数和阈值，达到偏差最小的目的。训练通常需要不同操作条件下的大量数据及经验，在训练数据集的范围内，神经网络可以有较好的预测效果，

超出范围就可能不够准确。

4. 神经网络在控制中的应用

神经网络由于它很强的非线性函数逼近能力以及具有并行处理工作方式等特点，使其在很多领域得到了应用。在自动化领域的应用主要体现在软测量、故障检测与诊断、用于控制以及优化。

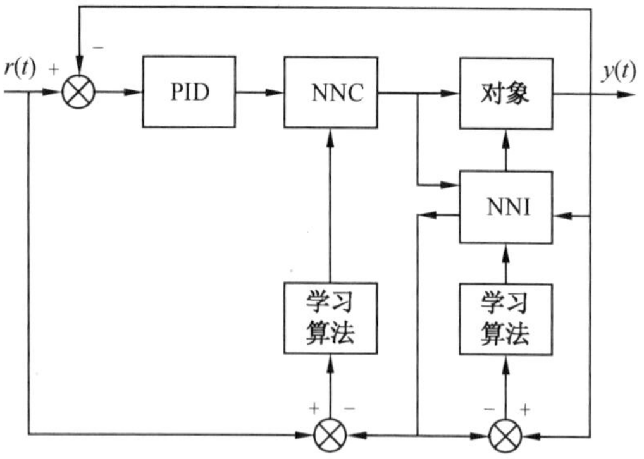

图 3-3-17 神经网络 PID 控制系统

神经网络控制是一种不依赖于模型的控制方法，能用于复杂的具有不确定性或高度非线性的过程。将神经网络的方法与 PID 控制的结构相结合，构成基于神经网络的 PID 控制方法，可以获得最优的 PID 控制参数，从而较好地解决工业过程对象的非线性和时变性问题。

在基于多层前向网的 PID 控制方案中，采用了间接控制方式，它由控制器网络 NNC 和辨识器网络 NNI 组成，其框图如图 3-3-17所示。辨识器网络 NNI 采用三层网络，其辨识算法采用 BP 算法。

3.2 反应器及大型机组的控制方案

3.2.1 化学反应器的自动控制

化学反应器在石油化工生产过程中占有很重要的地位，反应器控制的好坏直接关系到生产的产量和质量指标。

化学反应纷繁复杂，因此在控制上的难易程度相差很大，控制方案也千差万别。有些较易控制，控制方案可以很简单，也很有实效；有些难度较大，反应速度快、放热量大，需要采用复杂的控制系统。

1. 反应器的类型

反应器种类繁多，有多种分类方法。

根据反应器进出料的情况，可以分为间歇式和连续式两大类。间歇式反应器适合于生产批量小、反应时间长或在反应全过程对反应温度有比较严格的程序要求的场合。目前，相当数量的大型的、基本化工产品的反应器采用连续式反应器。

根据物料流程的排列分类，可以分为单程与循环两类。对于反应速度慢、平衡常数比较小的反应，反应物需要多次进入反应器才能充分转化，这时需要采用循环型反应器。如果反应的转化率和收率足够高，则应采用单程型反应器。

根据结构形式，反应器有釜式、塔式、管式、固定床、流化床等多种结构形式，这些结构形式与不同的化学反应相适应。

按照热效应的不同，还可把反应器分为绝热式和非绝热式。反应的热效应大时，必须在反应进行过程中对反应器实行加热或冷却，这即非绝热式。相反，反应热效应不大时，可采用绝热式。

2. 化学反应器的控制要求

化学反应器的控制方案应满足下列要求：

(1) 质量指标

化学反应器的质量指标一般指反应的转化率或反应生成物的规定浓度。在反应器中转化率就是被控变量。但转化率难以直接测量，通常是选取与转化率有关的变量作为转化率的间接指标加以控制。由于化学反应不是吸热就是放热，反应过程总伴有热效应，通常用反应温度(或夹套温度)或进出料的温差作表征化学反应质量的间接指标(如图 3-3-18)，有时也用反应生成物浓度作为被控变量。但因成分分析仪表的取样周期长，滞后大，应用不普遍。

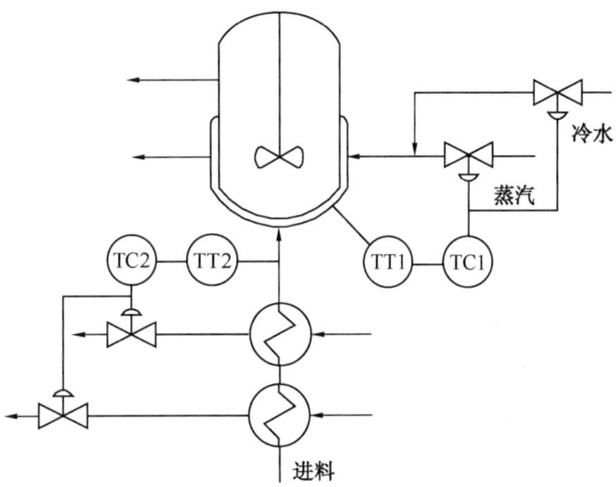

图 3-3-18　丙烯腈聚合釜转化率控制

(2) 物料平衡和能量平衡

为使反应正常进行，并有高转化率，反应器运行过程中必须保持物料与能量的平衡。例如，为了保证物料平衡，需要定时排放系统中的惰性气体。为了保持能量平衡，需要及时带走反应热，以防热量的聚集。

(3) 约束条件

化学反应必须受各种约束条件的限制，在安全的条件下进行，要避免工况不正常时被控变量进入危险区域。例如，催化接触反应中，温度过高会引起催化剂损坏；氧化反应中，物料配比不当会产生爆炸；流化反应中，流速过高会吹跑固相物料，而流速过低，则形不成固体流态化。为此，应当配置一些报警、联锁或选择性控制系统，当工艺参数超越正常范围时，发出信号；当接近危险区域时，把某些阀门打开、切断或者保持在限定位置，以确保装置安全。

3. 化学反应器的被控变量选择

化学反应器的控制指标主要是反应的转化率、产量、收率、主要产品的含量和产物分布等，反应温度是表征反应过程最好的间接指标，所以大多用温度作为反应器控制中的被控变量。

例如，通常一级不可逆反应的转化率表达式为

$$y = 1 - e^{-kt}$$

式中　y——某反应物的转化率；

k——反应速率常数；

t——反应时间。

根据阿累尼乌斯(Svante August Arrhenins，1859~1927)方程，有

$$k = Ae^{-E/RT}$$

其中，R 为气体常数，E 为活化能，T 为反应温度，A 为频率因子。

可见，反应速率常数 k 是温度的函数。如果反应时间恒定，一级不可逆反应的反应温度反映了转化率。控制好温度，转化率就得到保证。另外，对二级反应、连串反应和可逆反

应，在一定的条件下，同样可以用温度反映浓度、转化率等参数。在聚合反应中，聚合后的分子量大小，与温度也有密切的关系。

在实际应用中，反应温度测量点的设置，需根据反应器的结构、类型等具体情况来定。一般来说，对于间歇搅拌反应釜、连续搅拌反应釜、流化床、鼓泡床等内部具有充分混合的反应器，其内部温度分布比较均匀，温度检测点位置变化的影响不大，反应器内的任一温度都能代表反应温度。

对于其他连续生产的反应器(例如固定床、管式反应器)，反应情况好坏并不取决于反应器内某一点的温度，而是取决于整个反应器的温度分布情况。只有在一定的温度分布情况下，反应器才处于最佳的反应状态。对这一类反应器，温度检测点大致有反应器的进口、出口、内部和进出口温差等四种。

在反应变化不大的情况下，出口温度在一定程度上反映了转化率，此时可用出口温度作为被控变量。但是，由于出口温度反映的是反应产物离开反应器时的情况，用来表征反应效果时具有较大的滞后，因此直接用出口温度作为被控变量并不多见。

反应器内部有所谓“热点”和“敏点”，它们是反应器内温度分布的关键点。热点是指反应器内温度最高的一点；敏点是指对干扰比较敏感的点。在控制上常采用热点与敏点构成串级控制回路。热点和敏点的位置往往受一些因素(如催化剂的老化程度)的影响而改变，所以，用热点作为被控变量时，应对反应器多取几个测量点，以确定热点和敏点的位置。对于固定床或管式反应器，在许多场合，两点的位置比较接近，如果过于接近，则串级控制没有意义。

在其他反应条件比较稳定的情况下，反应温度的变化是由反应放热和进入反应器的物料状态的变化引起的。因此，如果进料组分变化不大、流量有自动控制，反应器的入口温度就基本上决定了反应的结果，可以用进口温度作为被控变量来控制反应的进行。这种控制方式，仅适用于反应热比较少的场合。

对于绝热反应器，转化率和进出口温差成正比。用温差作被控变量反映转化率比用反应温度反映转化率更加精确。但是，温差控制不能保证反应温度的稳定，只有在工况比较稳定的情况下，温差控制才能正常运行。

可见，温度作为反应质量的控制指标是有一定条件的，只有在其他许多参数不变的条件下，才能正确地反映反应情况。因此，在温度作为反应器控制指标时，要尽可能保证物料量等其他参数的恒定。

为了保证反应质量，还可以将反应产物的成分等参数引入控制系统，或者作为控制系统的主参数(此时温度为副参数)，或者用于修正被控变量温度的设定值。

4. 化学反应器的基本控制方案

(1) 单回路控制系统

单回路控制方案之一是改变传热量。由于大多数釜式反应器均有传热面，以引入或移去反应热，所以用改变传热量(即控制传热介质的流量)的方法实现对釜内反应温度的控制。图 3-3-19 为一带夹套的反应釜，当釜内温度改变时，用改变加热剂(对于吸热反应)或冷却剂(对于放热反应)流量的方法控制釜内温度。这种方案，系统结构简单，但由于釜容量大，滞

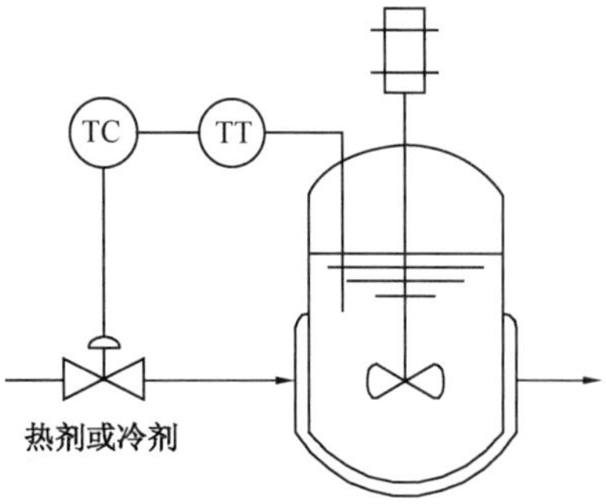

图 3-3-19 反应器单回路控制方案之一

后严重，特别当物料黏度大，传热较差，混合又不易均匀时，控制质量就不高。

单回路控制方案之二是改变进料温度的方案。图 3-3-20 表示了一个固定床催化反应器的反应温度控制方案，在这个控制方案中，进口物料与出口物料进行热交换，以便回收热量，起到节能的作用。由于进料温度会影响到催化剂床层温度，进而影响到反应器出口温度，出口温度通过换热器又要影响到进料温度，因此采用进出料换热方案的流程中，反应器入口温度与出口温度之间是正反馈关系。控制反应器入口实际上切断了这个正反馈通道，可以使反应稳定进行。

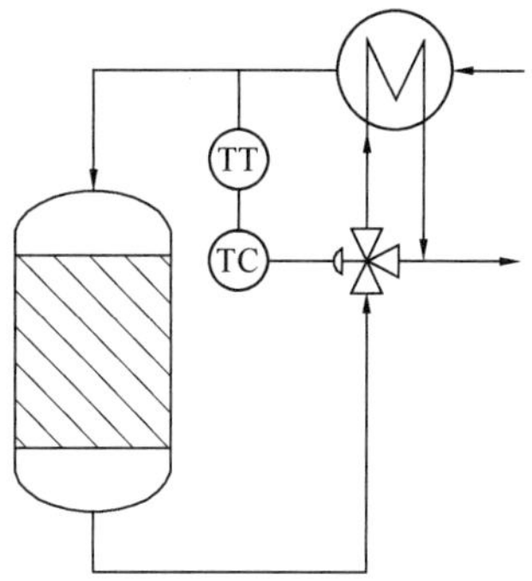

图 3-3-20　反应器单回路控制方案之二

(2) 串级控制系统

在单回路控制系统中，以换热介质流量为操作变量，控制通道较长，滞后时间较大，有时满足不了工艺要求。为此，可采用串级控制。图 3-3-21 就是这种控制方案的基本形式之一。图中，干扰主要来自冷却剂流量，副变量选为冷却剂流量。

(3) 前馈控制系统

如果生产负荷变化较大，引起进料流量波动，这时可采用以进料流量为前馈信号的前馈控制系统。图 3-3-22 为某反应器温度的前馈-反馈控制系统。有时前馈信号也可以是进料的温度、组分等。

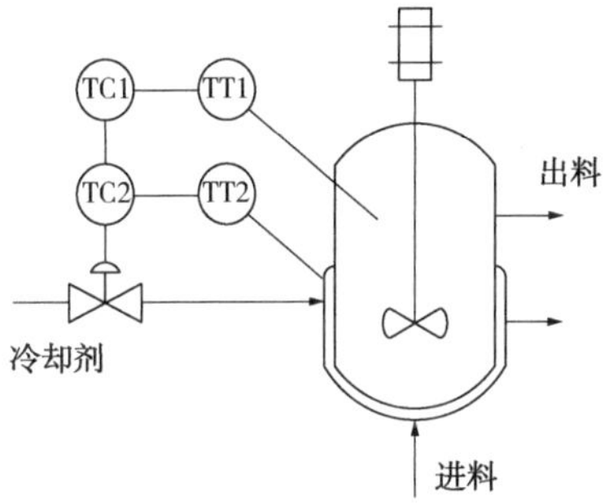

图 3-3-21　反应器串级控制

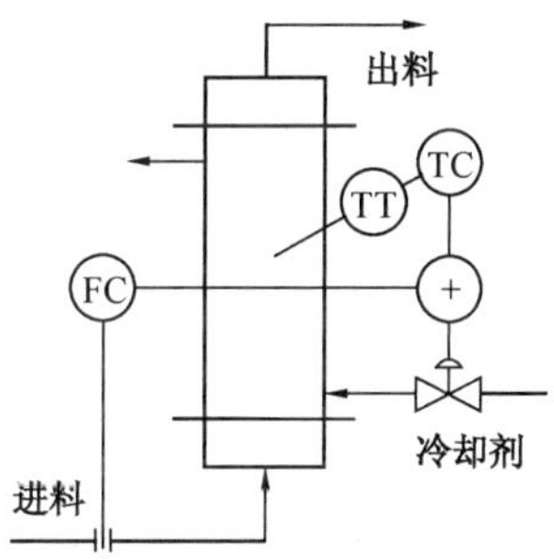

图 3-3-22　反应器温度的前馈-反馈控制

(4) 分程控制系统

分程控制既可以扩大控制范围，也可以有多种控制手段，这很符合化学反应器的特点。不少间歇反应，在反应开始时需要加热来快速启动反应，在反应正常后又必须移出反应热以稳定反应速度。图 3-3-23 是这种分程控制方案的示意图。

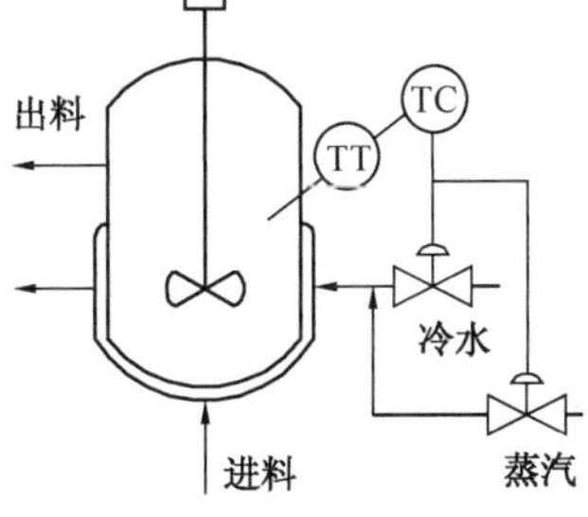

图 3-3-23　分程控制方案

另一种分程控制方案采用大小不同的调节阀。在低负荷或正常情况时，用小阀控制；大负荷或异常情况时，开启大阀。该方案可起到扩大控制范围的作用。

(5) 分段控制方案

某些化学反应要求其反应沿最佳温度分布曲线进行，此时可采用分段控制方案，以使反应器内每段的温度都能达到

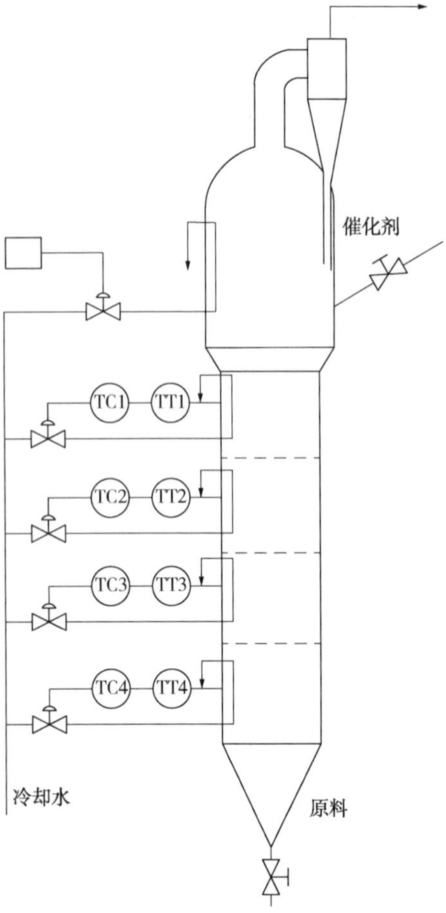

图 3-3-24　反应器温度分段控制

或接近工艺要求。例如，在丙烯腈生产中，丙烯进行氨氧化的沸腾床反应器就常采用分段温度控制，如图 3-3-24 所示。另外，在有些会出现连锁反应的场合，为预防局部发生过热，避免分解、暴聚等现象甚至引起爆炸的情况发生，也常采用分段控制的方案。

5. 绝热化学反应器的控制方案

绝热反应器由于与外界没有热量的交换，要对反应器的温度进行控制，只能通过控制物料的进口状态来实现，即通过控制进口物料中反应物的浓度、进料温度以及负荷量来实现。

(1) 进料中反应物浓度的控制

反应物浓度直接影响反应的进行程度，在其他条件不变的情况下，反应物的浓度越大，反应器温度也越高。因此，可以用反应物浓度作为操作变量来控制反应器温度。

改变进料中反应物浓度的常用方法有：改变主要反应物的量，改变循环操作系统中的循环量，改变均相催化反应中的催化剂的量。

(2) 进料温度的控制

提高进料温度，将使反应温度升高。改变进料温度的常用控制方案一种是使用载热体在换热设备中改变进料温度，还有就是采用进出料换热方式，以改变进料中参与换热部分的流量或改变出料中参与换热部分的流量来改变进料温度。

(3) 改变负荷

负荷的变化同样能用来控制反应温度。它的机理是，随着负荷增大，物料在反应器内的停留时间减少，导致转化率下降，于是反应放热也减少，在其他条件不变的情况下，反应温度就降低。

在实际控制方案中，这种方法一般很少采用，其原因是负荷经常变动，影响生产过程的平稳，并且用改变转化率来控制，经济效益较差。

6. 非绝热化学反应器的控制方案

由于非绝热反应器是在反应器上外加传热，因此可以像传热设备那样来控制反应温度。控制方案中常应用分程控制和分段控制。

3.2.2 典型反应器控制方案

1. 氨合成反应塔的控制方案

合成氨的生产过程是一个典型的化工生产过程，以天然气为原料的大型合成氨装置包括四个工序，即天然气的压缩与脱硫、粗合成气的制备(转化与变换)、合成气的净化(脱碳与甲烷化)以及精合成气的压缩和氨的合成。合成氨生产技术和工艺过程复杂，对控制要求较高。

氨合成反应塔也叫氨合成塔，是合成工序中的主要设备。这里对其三个重要的控制系统加以说明。

（1）氢氮比控制

在合成工段中氢氮比是关键工艺参数之一，氢氮比控制的好坏与整个生产的安全及装置的经济效益都是直接相关的。同时，氢氮比又是一个较难控制的工艺参数。由于惯性滞后大，且又有大时滞以及非自衡的特点，这就使控制难度大为增加。

以天然气为原料的大型合成氨装置为例，从工艺流程来看，合成回路的氢氮比调整，是依靠改变二段炉加入空气量的多少来进行调整的。从空气量的加入，经过二段转换炉、变换炉、脱碳系统、甲烷化及压缩最后才进入合成循环回路，近乎经历了整个流程，它的传送时间很长，所以说它是具有大纯滞后的对象。另一方面，对二段转换炉加入空气量的调整经过一系列反应装置后，使出甲烷化的新鲜空气中氢氮比发生变化，但在进入循环回路后，还需要经过相当长时间才能使进入氨合成塔气体中的氢氮比发生真正变化，这说明它的惯性滞后也很大。至于非自衡特点可从化学反应方程式来加以说明。根据反应式，氨合成过程中总是以3：1的比例消耗氢与氮，如果新鲜气中的氢氮比大于（或小于）3：1，则多余的氢（或氮）就积存在回路中，通过不断地循环，使回路中的氢氮比越加偏离正常值，不可能自动恢复平衡。

图3-3-25是采用串级加前馈的控制方案控制氢氮比。主环信号是采用合成塔进口气的氢氮比，副环信号采用新鲜气的氢氮比，从而构成一个串级系统。同时，对原料天然气组成一个静态前馈控制的结构，用以克服天然气作为主要扰动对系统的影响。通过调节进二段转化炉的空气量，控制新鲜气中的氢氮比稳定。而主环中进合成塔气体中氢氮比发生偏差时，其输出去改变副环中氢氮比的给定值，从而达到最终控制要求。

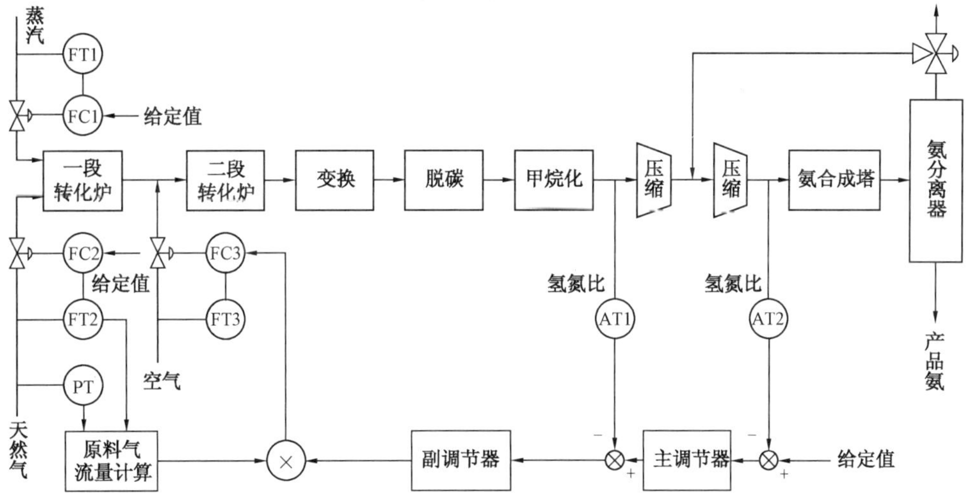

图3-3-25　氢氮比控制方案

（2）合成塔温度控制

为了保证合成反应能稳定地进行，要求合理地控制好合成塔催化剂层温度，从而提高合成效率，充分发挥催化剂作用，延长使用寿命。图3-3-26所示为合成塔温度控制方案，图中主线进口采用手动遥控，同时设计了床层进口温度控制系统及合成塔出口温度与入口温度的串级控制系统。

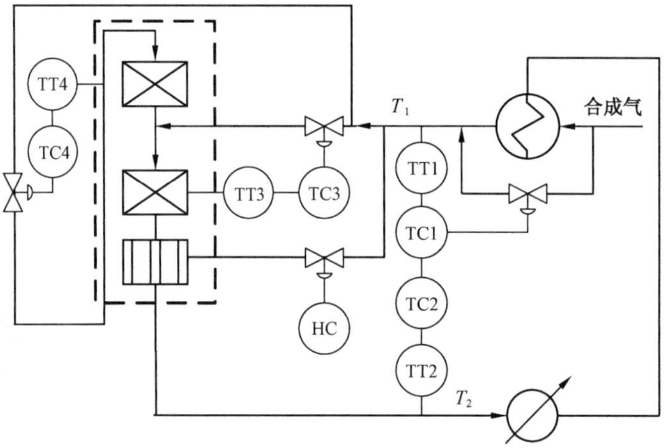

图 3-3-26　合成塔温度控制方案

第一催化剂床的被控变量是入口温度，操作变量是冷副线流量。原因是在初入塔时，离平衡尚远，反应速率为主要因素。入口温度过低，对反应速率不利；入口温度过高，则在入口处反应速率过快，使床层温度上升过猛，影响到催化剂使用年限。

第二催化剂床的被控变量是床内温度，操作变量是冷激量。理由是在第二床层中化学平衡将成为主要因素，故床内温度具有代表性。

此外，还设计了一个合成塔出口温度 T_2、入口温度 T_1 的串级控制系统。操作变量为流过热交换器旁路阀流量。塔出口温度为主被控变量的意义要从整个合成塔的热量平衡角度来看，进口温度 T_1 的气体，依靠合成反应释放的热量，使出口气温度上升为 T_2。T_2 下降则表示转化不够，要解决这个问题，需要把整个床层温度提高，为此要把入口物料的热焓量提高，把 T_1 提高一些。只有在 T_1 上升后，才能使 T_2 回升。反之亦然。这个系统在进行整定时，应该对两个参数适当兼顾，T_2 要稳定，T_1 的变化亦要缓慢，为此 TC2 调节器的参数须放得松一些。

(3) 合成弛放气控制

在合成工艺过程中由于采用循环流程，新鲜气中带来的少量惰性气体(CH_4 与 Ar)虽然不参与反应，但在冷冻分离液氨时的温度又不足以使其分离出来，因此随着循环的进行，在合成回路中惰性气含量将不断累积升高，对合成反应不利。为此，在生产过程中采用了弛放气放空方式，适量地排放掉惰性气，使之达到平衡，从而使合成塔维持在较高的转化率状态下进行生产。

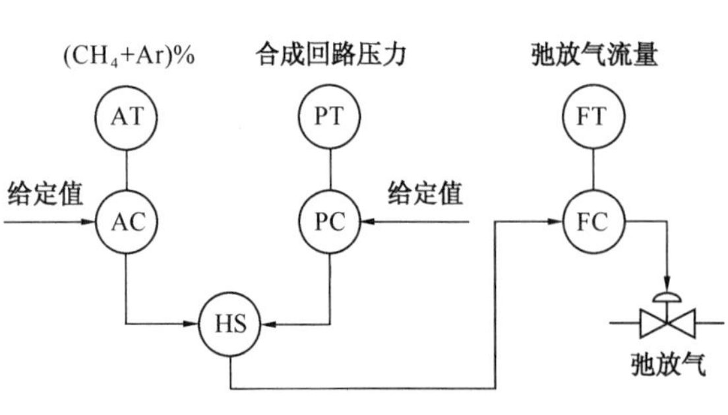

图 3-3-27　惰性气含量控制回路

需要说明的是，在排放时，氢及氮这些有用的气体也同时被排放，过量的排放显然是不经济的。因此，弛放气中惰性气含量控制也是合成氨生产中比较关键的节能回路之一。

图 3-3-27 为采用串级加选择性控制方案的惰性气体含量控制示意图。正常情况下，以回路中惰性气分率作为主被控变量，在实际系统中采用全组分色

谱仪测出合成回路中各组分分率，再将甲烷分率与氩分率相加后作为被控变量，显然该对象时间常数大，纯滞后时间长，采用直接控制方式是难以达到要求的，为此考虑采用串级控制方案，将弛放气流量构成一个回路，改善系统的动态特性，以获得主被控变量的较理想的控制品质。

在控制系统中，设置超弛控制回路，主要为了系统安全起见。倘若有回路压力不断升高超出限定范围时，通过高选器使压力控制器接通，从而增加弛放气量，使系统压力恢复到正常的压力范围。

2. 乙烯裂解炉反应控制方案

对乙烯裂解炉的反应控制主要侧重三个方面。

首先，对于乙烯生产而言，裂解炉的操作应满足下列要求：

(1) 质量指标(乙烯收率)

乙烯裂解炉的生产目的是断开轻柴油、石脑油等原料分子链，获得主要产品乙烯。因此，保证乙烯的收率是最基本的操作要求。要获得预定的乙烯收率，就需要在裂解过程中达到一定的裂解深度。

当裂解原料的组成和进料量一定时，裂解深度或乙烯收率的主要影响因素为裂解炉出口温度、原料在炉管内的停留时间以及烃分压。

最理想的直接质量控制方案，是用成分分析仪测定裂解气中乙烯含量，然后组成自动控制系统。但由于分析仪的测量周期较长，滞后较大，所以这不是理想质量控制方案。不过，在进料组分和流量、停留时间及烃分压一定时，裂解气出口温度能间接地反映出裂解深度(或乙烯收率)，因此常以此温度作为裂解反应的间接质量指标。

从对裂解时结焦生炭情况的研究表明，要得到较高的乙烯收率，采用短停留时间是合适的。停留时间长，会增加焦炭和焦油的生成量，影响乙烯的收率。在炉型一定的情况下，停留时间取决于进料量和操作压力。

裂解炉的操作压力，不仅取决于进料压力，还取决于裂解气压缩机一段吸入口的压力以及它与炉管之间的压差。另外，炉管结焦也将引起系统压力的升高，这是不可控因素。

较低的烃分压有利于主要反应物乙烯的生成，这可通过添加稀释蒸汽和保持裂解炉管总压力较低的方法来达到。然而稀释蒸汽比的增大，将使投资和生产费用增加，所以汽-烃比应选择合适，并保持一定。

裂解气出口温度在一定范围内上升，可增加乙烯收率，但超过一定范围时，反会使乙烯收率降低，这是因为裂解深度太深而引起副反应加剧。以裂解气出口温度作为间接质量指标而组成自动控制系统时，应依具体情况随时修正该温度的给定值，这应由操作条件、结焦情况和裂解气组分分析的数据来决定。

(2) 物料平衡

裂解炉的处理量(即进料轻柴油或乙烷的流量与稀释蒸汽量)应保持稳定。处理量的经常改变对裂解炉的操作及后处理工序的生产都是严重的干扰因素，将会影响整个装置的平稳操作。

(3) 约束条件

为防止裂解炉的操作出现异常现象甚至发生事故，有必要设置报警及自动联锁系统。例如，裂解气出口温度过高可能烧坏炉管并引起严重结焦，需及时发出信号，引起操作人员的注意，以便寻找原因，采取措施。当裂解炉底部烧嘴烧油时，如果油压过低，通过联锁系统自动切断燃料油，同时打开燃料气阀门。

第二，应了解影响裂解反应的干扰因素。主要如下：

（1）裂解原料轻柴油进料情况的变化

进料流量和温度的变化是可控因素，每台炉子的进料线上分别有流量和温度控制系统。进料组分变化为不可控因素，依轻柴油原料情况而变。

（2）稀释蒸汽量的变化

稀释蒸汽的加入是为了在总压力不变的情况下降低烃分压。稀释蒸汽量可以通过流量控制系统，使进入每组炉管的稀释蒸汽量保持不变。一般在轻柴油裂解炉中汽-烃比(水蒸气与烃的重量比)为0.75；乙烷炉中汽-烃比为0.30。

（3）进料总压力的变化

总压力的变化会引起操作压力的变化，影响主反应的进行。压力变化还将引起停留时间的变化。一般情况下，由于轻柴油原料泵出口压力变化不大，加之稀释蒸汽的压力和流量都是自动调节的，所以总压力变化不大。

（4）炉管进出口压差和结焦情况的变化

由于炉管、废热锅炉结焦情况的变化，会引起停留时间的变化，这是不可控因素。由于炉出口与裂解气压缩机入口之间压力是不可控制的，裂解气压缩机吸入口压力的变化会引起停留时间的变化，所以裂解气压缩机入口压力应加以控制。

（5）燃料油和燃料气情况及燃烧情况的变化

燃料品种的变化是不可控因素，但在一定时间内相对变化不大。燃料量、雾化蒸汽量、烧嘴和喷入管阻力、过剩空气量、炉膛负压等都会影响燃料燃烧，但这些参数都有相应的控制手段，因此是可控因素。

其他因素，如大气压力和温度的变化等，一般情况下影响不大。

第三，通过上面的分析可以看出，影响裂解质量指标的因素很多，有些干扰是不可控的，有些虽属可控，但仍会有变化。对于一些变化不大的地方，可不单独设置控制系统。裂解炉的控制系统如图3-3-28所示。下面对其作一简介：

（1）裂解气出口温度控制系统

裂解气出口温度作为间接质量指标是最主要的被控变量，一般采用裂解气出口温度与燃料量串级的控制方案。

裂解炉出口有多路，此处为四路，每路均设有温度检测点，如果对应每个点都分别采用一套温度控制系统，以经济指标衡量，这样做显然是不合理的，而且由于每台炉这四点温度控制值都是相同的，所以这样做也没必要。因此，每台炉只设一个公用的温度控制器。使用时，根据裂解深度的要求(由工艺操作人员确定)，可选择其中任一炉管的温度作为被控变量。在温度控制器上给定好温度操作值，然后手动调节各偏差设定器，以调整相应各阀的开度，改变燃料气量，使各点温度达到给定值后，再将温度控制器投入自动。

（2）裂解气出口温度报警系统

为了防止裂解炉炉管温度过高而被烧坏及导致严重结焦，在炉出口还设有温度记录报警系统，当四组炉管中任一组的出口气体温度超过870℃时，将发出高温报警信号，以引起操作人员注意。记录报警和前面的温度调节所用热偶为双支热偶二者共用。

（3）其他控制系统

除裂解气出口温度控制系统外，还有以下控制系统：

① 轻柴油进料温度控制系统　该系统通过改变进入轻柴油预热器的急冷油量，来保证裂解炉轻柴油进料温度一定。

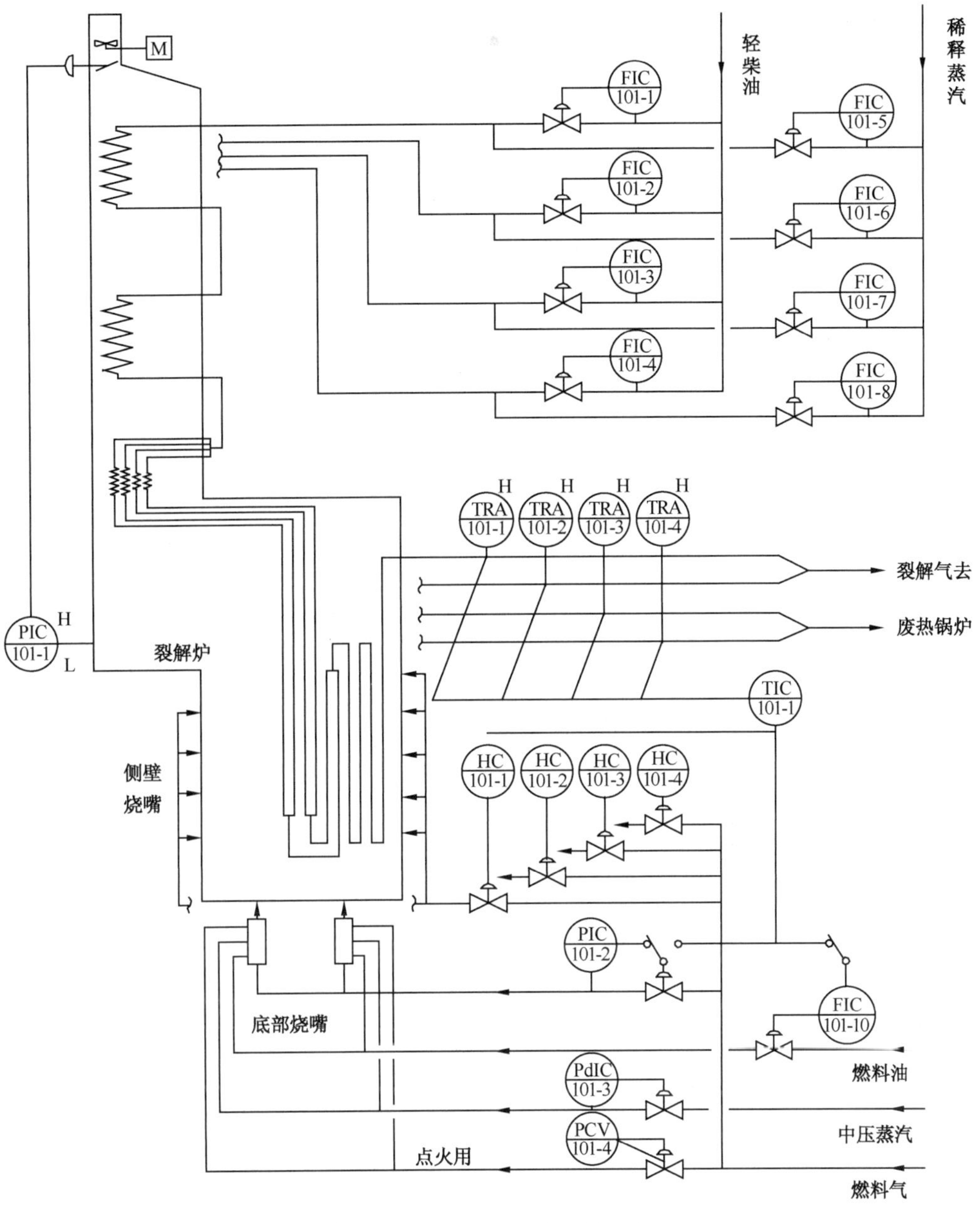

图 3-3-28　裂解炉的控制系统

② 轻柴油(或乙烷)进裂解炉各组炉管流量控制系统。

③ 稀释蒸汽进裂解炉各组炉管流量控制系统　稀释蒸汽的压力在稀释蒸汽发生系统进行控制。

④ 雾化燃料油用的蒸汽压力与燃料油压力差值控制系统　正常操作时，燃料油的压力为 0.5MPa(表)，而雾化用蒸汽压力为 0.7MPa(表)，为了保证燃料油的燃烧情况良好，必须保证二者之间的压差。由于燃料油已设有流量控制系统，故使用一差压控制系统通过调节雾化蒸汽加入的调节阀，便可维持此差压。

⑤ 裂解炉炉膛负压控制系统　维持炉膛的低负压对于燃烧情况是极为有利的。若负压太大，则因过剩空气太多而使热效率降低；若负压太小(甚至出现正压)，则因空气量太少

而燃烧不完全。炉膛负压控制系统通过改变烟道排出口的挡板开度来实现控制功能。

⑥ 当裂解炉底部烧油时，点火用燃料气的压力由自力式压力调节阀维持定值。

随着先进控制技术和实时优化技术的推广应用，乙烯裂解装置上已开始采用裂解深度先进控制技术和优化技术，这里不做介绍。

3. 催化裂化反-再系统多变量预估控制

催化裂化是炼油工业中重要的二次加工过程，是重油轻质化的重要手段。催化裂化装置一般包括反应-再生(简称反-再)、分馏、吸收稳定等部分，其中，反-再系统是完成原料油转化的核心环节，其反应机理和工艺动态过程非常复杂。运用多变量预估控制技术，可以在保证有效控制各工艺指标的前提下，使装置运行在经济目标较理想的状态。

下面简单介绍多变量预估控制技术在某催化裂化装置反-再系统的应用情况。

(1) 工艺流程说明

图 3-3-29 为某催化裂化装置反-再系统流程图。该装置采用同轴式反应-再生系统，即沉降器与再生器为同轴叠置，用塞阀调节催化剂再生量。

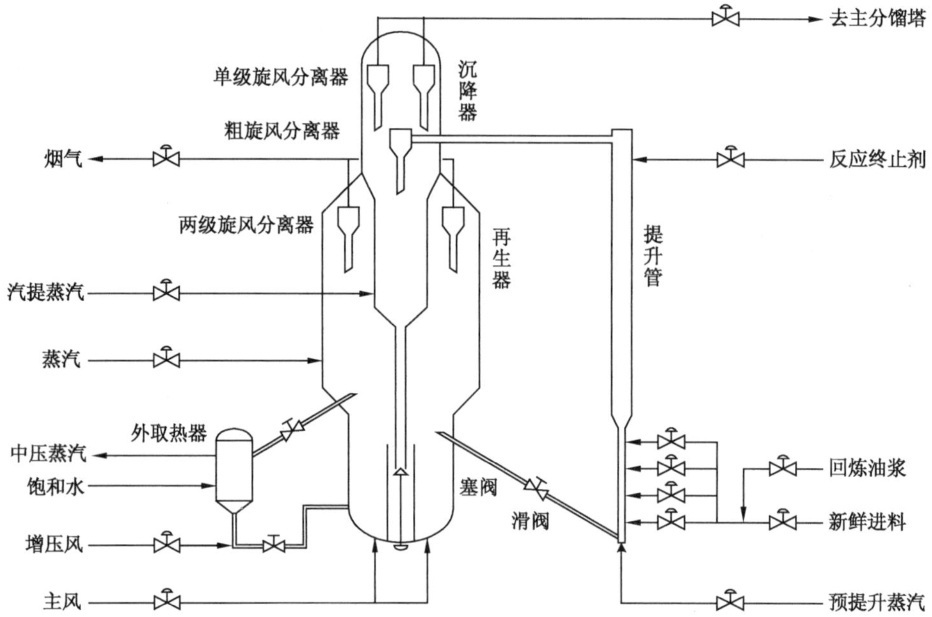

图 3-3-29 催化裂化装置反-再系统工艺流程图

原料油被加热至200℃左右与回炼油浆在混合器混合后，分四路经原料油雾化喷嘴进入提升管反应器反应段，在该段与高温催化剂接触，完成原料的升温、汽化及反应过程。在反应段完成反应后，反应油气与待生催化剂的混合物在反应终止段经反应终止剂降温，然后在提升管出口经粗旋风分离器迅速分离并进入沉降器，再经单级旋风分离器进一步除去携带的催化剂细粉后离开沉降器，进入主分馏塔。

表面覆盖有焦炭的待生催化剂离开粗旋后，经简单汽提与来自沉降器单级旋风分离器回收的催化剂一起进入沉降器汽提段，在此与蒸汽逆流接触以汽提催化剂所携带的油气，汽提后的催化剂沿待生立管下流，经待生塞阀进入再生器的密相床上部，在700℃左右的再生温度、富氧[3%(体)]及CO助燃剂的条件下进行逆流完全再生。烧焦过程中产生的过剩热量由外取热器取走。再生催化剂通过再生斜管及再生单动滑阀，进入提升管反应器底部，在预提升蒸汽的提升作用下，完成催化剂加速、分散过程，然后与雾化原料接触，开始下一循环。

再生器烧焦所需的主风由主风机提供。

再生器产生的烟气经旋风分离器分离催化剂后，再经三级旋风分离器进一步分离催化剂后进入烟气轮机膨胀做功，驱动主风机。从烟气轮机出来的烟气进入余热锅炉进一步回收烟气的热能，最后经烟囱排入大气。

(2) 控制目标

反-再系统的主要控制目标包括：

① 裂化深度/转化率　这是反-再系统的主要控制指标。反应温度、剂油比、原料性质、处理量等都会影响到裂化深度。增加裂化深度的办法是提高反应温度，主要手段有：在催化剂循环量不变的情况下，提高原料预热温度；在原料预热温度不变的情况下，提高剂油比(提高催化剂循环量)；提高再生温度。

② 反-再压力平衡　反应器与再生器之间应维持一定的压差，以保证催化剂正常流动。其影响因素包括：滑阀开度、烟机入口蝶阀的开度变化以及主风量、提升风量变化等。在操作过程中，保持再生滑阀的开度在一定范围内，对平稳装置操作至关重要。

③ 再生密相温度、再生稀相温度　这是反映再生器烧焦效果的主要参数，控制这两个温度既是为了防止超温，保证设备安全，又是为了同时保证催化剂的再生效果。催化剂循环量、外取热器取热量、主风量、空气提升管增压风量、再生器压力、原料掺渣比以及原料处理量的变化会影响再生器密相床和稀相床的温度。

④ 烟气氧含量　再生烟气中氧的浓度与主风流量、反应深度、进料量以及再生效果等密切相关。再生烟气氧含量的降低有助于在原料不足情况下，降低主风量，节约能耗；在原料充足时，控制器会把反应-再生操作条件卡边控制，提高加工能力，增加经济效益。

反-再系统的约束条件主要是主风机和富气压缩机的约束，为保证主风机和富气压缩机的安全，需根据主风机和富气压缩机的最大转速限制，限制主风总量和相应阀位的可操作范围。

经济指标是在操作条件约束范围之内，使产量最大，能耗最小。

(3) 工艺计算

以原有控制和检测仪表为基础，增加必要的工艺计算，建立多变量预估控制器，在确保装置运行平稳的情况下进行优化。控制系统结构如图 3-3-30 所示。

催化裂化装置中有许多重要变量是不可测的，如催化剂循环量、剂油比、转化率、再生器密相床线速及烧焦量等，需要对这些变量进行专门的计算。计算主要依据工艺提供的装置运行数据，再借助相应的工具软件进行。计算结果为多变量预估控制器提供控制指标和优化变量。

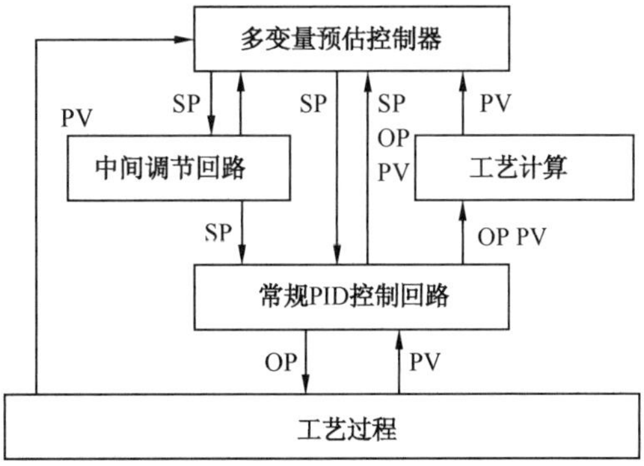

图 3-3-30　先进控制系统控制结构图

在本系统中，需要对总共 13 个工艺参数进行计算，如液化气产率、轻柴油产率及汽油产率的预测值等。

(4) 多变量预估控制器

根据上述分析，该系统的多变量预估控制器由 21 个被控变量(CV)、10 个操作变量(MV)及 2 个干扰变量(DV)组成。控制器的模型是 21×12 的矩阵。

控制器的 10 个 MV 分别是新鲜进料流量、回炼油流量、终止剂流量、原料油预热温度、提升管出口温度、再生主风流量、外取热提升风流量、外取热流化风流量、再生压力、分馏塔顶压力。

控制器的 21 个 CV 中，2 个用于控制目的，它们是再生密相温度和再生烟气氧含量；12 个作为约束条件，分别是再生稀相温度、外取热器密度、反应器与再生器压差、提升管中部与出口温差、待生塞阀压差、再生滑阀压差、外取热器取热负荷、再生器密相床线速、富气压缩机入口流量、富气压缩机入口压力、分馏塔底温度和分馏塔压差；其余 7 个用作优化变量，分别为预估转化率、预估干气产量、预估液化气产量、预估汽油产量、预估轻柴油产量、预估油浆产量和剂油比。

控制器的 2 个 DV 分别是增压风量和油浆循环量。

先进控制系统的投运，提高了生产过程控制水平，实现了主要生产指标和质量指标的卡边控制，提高了目标产品收率，减少了能耗，提高了装置的经济效益。另外，增强了装置的抗干扰能力，提高了装置的平稳性，降低了操作人员的劳动强度。

3.2.3 大型机组的监控与联锁保护

大型机组，如乙烯装置的三机(裂解气压缩机、乙烯压缩机、丙烯压缩机)、化肥装置的五机(原料气压缩机、合成气压缩机、空气压缩机、氨压缩机、二氧化碳压缩机)、炼油厂的三机(烟气轮机、主风机、富气压缩机)以及电厂的汽轮发电机等，是工艺生产中的关键设备。其中，压缩机被用于输送气相物料。

根据结构和工作原理，压缩机可分为离心式压缩机和往复式压缩机两大类。以下结合离心式压缩机的特点，分析其控制系统。

1. 离心式压缩机特性曲线

离心式压缩机的特性曲线是指压缩机出口绝压 p_2 与入口绝压 p_1 之比(也称压缩比)与吸入体积流量 q_1 之间的关系曲线，即 p_2/p_1-q_1 曲线，如图 3-3-31 所示。

图 3-3-31 中 n 是离心机的转速，并且 $n_1<n_2<n_3$。由图可见，压缩机在不同的转速下，有不同的特性曲线，每一条特性曲线都有一个最高点。在该点的右边，随着压缩比 p_2/p_1 的降低，流量 q_1 增大。此时，压缩机有自衡能力，表现在因干扰作用使出口管网的压力下降时，压缩机能自发地增大排出量，提高压力建立新的平衡。在最高点左边，降低压缩比，反而使流量减少，这时压缩机工作不稳定，即，如果因干扰作用使出口管网的压力下降时，压缩机不但不增加输出流量，反而减少排出量，致使管网压力进一步下降，因此，离心式压缩机特性曲线的最高点是压缩机能否稳定操作的分界点。将不同转速下的特性曲线的最高点连接起来，得到一条表征压缩机能否稳定操作的近似抛物线的极限曲线(即图 3-3-31 中的虚线)，在极限曲线的右侧为正常运行区，在极限曲线的左侧，即图中的阴影部分是不稳定区。

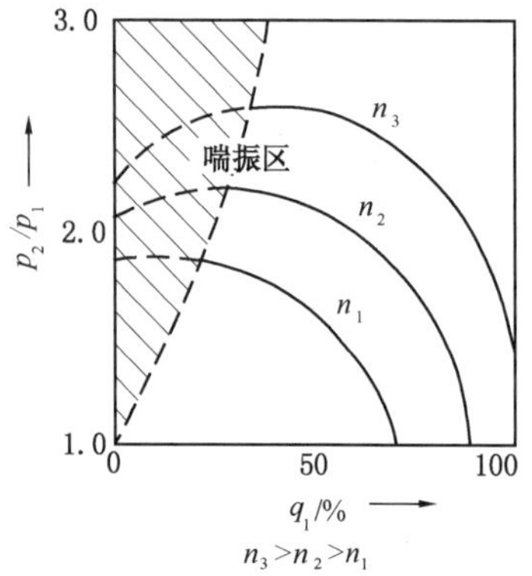

图 3-3-31 离心式压缩机特性曲线

2. 离心式压缩机的喘振

离心式压缩机在运行过程中，当负荷低于某一定值时，可能进入不稳定区，使气体的正常输送遭到破坏。此时，气体的排出量时多时少，忽进忽出，发生强烈振荡，并发出如同哮喘病人“喘气”的噪声。此时，可看到气体出口压力仪表、流量仪表指示大幅度波动。随之，机身也会剧烈振动，并带动出口管道、厂房振动，压缩机将会发出周期性间断的吼响声。如不及时采取措施，将使压缩机遭到严重破坏。这种现象就是离心式压缩机的喘振，或称飞动。喘振现象是离心式压缩机，尤其是大型离心式压缩机安全运行的最大的威胁。

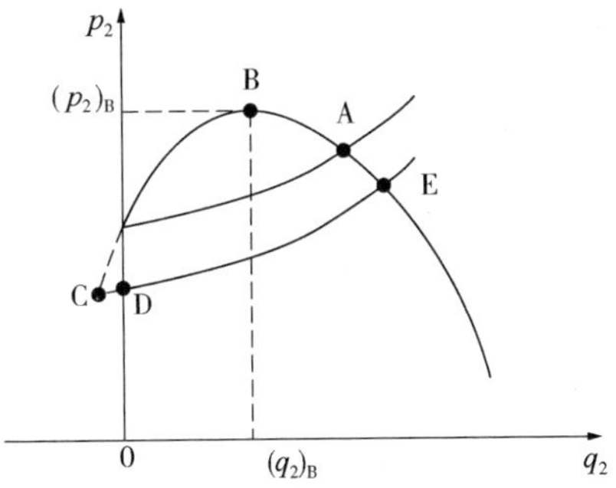

图 3-3-32　喘振现象示意图

图 3-3-32 是离心式压缩机在某固定转速 n 下的出口体积流量 q_2 与出口压力 p_2 之间的关系曲线。图中 $(q_2)_B$ 是在固定转速 n 的条件下对应于最大出口压力 $(p_2)_B$ 的体积流量，它是压缩机正常操作的极限流量。A 点是压缩机正常运行时的工作点。如果负荷减少(压缩机吸入流量减小)，压缩机出口流量也会减小，工作点将沿着曲线 AB 方向移动，在 B 点处压缩机达到最大出口压力。如果继续减小负荷，则将因压缩机排出气量过少，导致压缩机出口压力突然减小，但与压缩机出口相连的管网的压力不会突变，管网压力反而高于压缩机出口压力，于是发生气体从管网向压缩机机体倒流的现象，工作点瞬间移动到 C 点。由于压缩机在继续运转，在倒流气体的补充下，压缩机出口压力回升，倒流流量减小，工作点沿 CD 移动。一旦压缩机出口压力达到管网压力，又立刻向管网输送气体，出口流量迅速增加，工作点由 D 点突变到 E 点。压缩机排出气量的增加，使出口压力升高，工作点将沿 EAB 方向移动。如果此时能使负荷恢复到与 A 点相对应的值，那么压缩机可在 A 点稳定下来，否则，将经过 A 点移至 B 点，并重复上述过程，这就是喘振发生的机理。

喘振是离心式压缩机所固有的特性，每一台离心式压缩机都有一定的喘振区域。负荷减小是离心式压缩机发生喘振的直接原因，也是最常见的原因。此外，被输送气体的吸入状态(如温度、压力等)的变化以及管网阻力的变化，也是造成压缩机喘振的因素。一般来讲，吸入气体的温度或压力越低、管网阻力越大，压缩机越容易进入喘振区。

3. 离心式压缩机的防喘振控制方案

负荷降低导致排气量小于极限值是离心式压缩机喘振的主要原因。如果使压缩机的吸气量大于或等于在该工况下的极限排气量即可防止喘振。按照这个思路，采用压缩机的循环流量法，在负荷减小时，通过加大循环量来保证压缩机的吸入流量。工业生产上常用的控制方案有固定极限流量法和可变极限流量法两种。

(1) 固定极限流量法

对于工作在一定转速下的离心式压缩机，都有一个进入喘振区的极限吸入流量 q_B，为安全起见，规定一个大于 q_B 的压缩机吸入流量的最小值 q_{min}，让压缩机吸入的流量总是大于 q_{min}。当工艺负荷需要减小时，打开旁路阀，将部分出口流量补充到吸入量中，从而防止进入喘振区，这种防喘振控制称为固定极限流量法。固定极限流量法防喘振控制的目的就是在负荷变化时，始终保证压缩机的吸入流量 q_1 不低于 q_{min} 值。图3-3-33所示为固定极限法防喘振控制方案，在压缩机的吸入气量 $q_1>q_{min}$时，旁路阀关

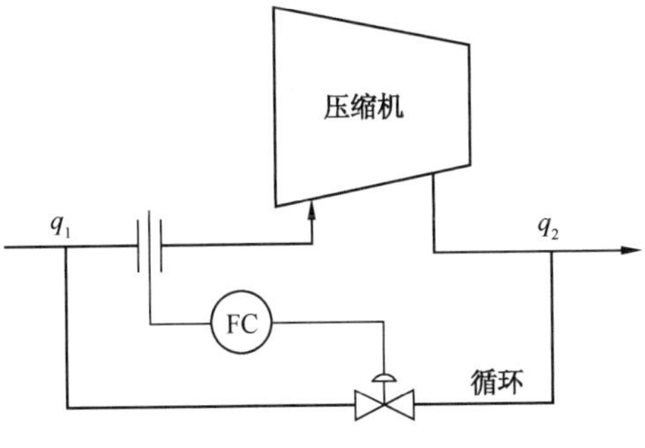

图 3-3-33　固定极限流量法防喘振控制方案

死；当 $q_1<q_{min}$时，旁路阀打开，压缩机出口气体部分经旁路返回到入口处，这就使压缩机的吸入气量增大到大于 q_{min}值，实际向管网系统的供气量减少了，既满足工艺的要求，又防止了喘振现象的出现。

本方案结构简单，运行安全可靠，投资费用较少，但当压缩机的转速变化时，如按高转速取给定值，压缩机低转速运行时给定值偏高，始终有部分气体回流，能耗过大；如按低转速取给定值，则在高转速时仍有因给定值偏低而使压缩机产生喘振的危险。因此，这种防喘振控制适用于固定转速的场合或负荷不经常变化的生产装置。

（2）可变极限流量法

实际生产中，压缩机的转速不可能保持不变，所以实际应用中很少采用固定极限流量防喘振控制方案，而是采用可变极限流量防喘振控制方案。所谓可变极限流量防喘振控制，是指在压缩机的整个负荷变化范围内，设置极限流量跟随转速而变的一种防喘振控制。

实现可变极限流量防喘振控制，关键是确定压缩机喘振极限线方程，如图 3-3-34 所示，喘振极限线的数学表达式可通过理论推导获得。在工程上，为了安全，可在喘振极限线右侧保留 5%～10%的安全裕量。所以，实现压缩机的可变极限流量防喘振控制，需要解决两个问题，一是建立描述安全操作线的数学方程，二是实现该数学方程的运算。

为分析方便，以 $p_2/p_1-q_1^2$ 曲线代替 p_2/p_1-q_1 曲线，于是极限曲线和安全操作线就可用直线来近似表示，如图 3-3-35 所示。安全操作线可用经验公式描述为

$$\frac{p_2}{p_1}=a+b\frac{q_1}{T_1}$$

式中 T_1——吸入气体绝对温度；

q_1——吸入气体流量；

p_1，p_2——压缩机吸入口、出口绝对压力；

a，b——系数，一般由压缩机制造厂提供。

p_1，p_2，T_1 和 q_1 可以用测试方法得到。上式被称作防喘振条件式。如果 $\frac{p_2}{p_1}\leqslant a+b\frac{q_1}{T_1}$，则工况是安全的；反之，则可能发生喘振。

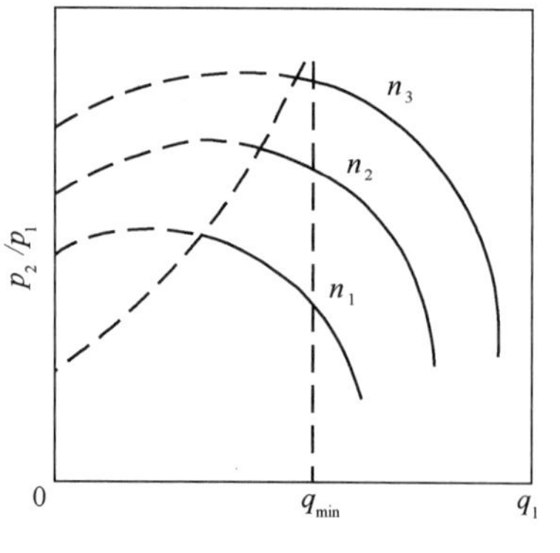

图 3-3-34 喘振极限线

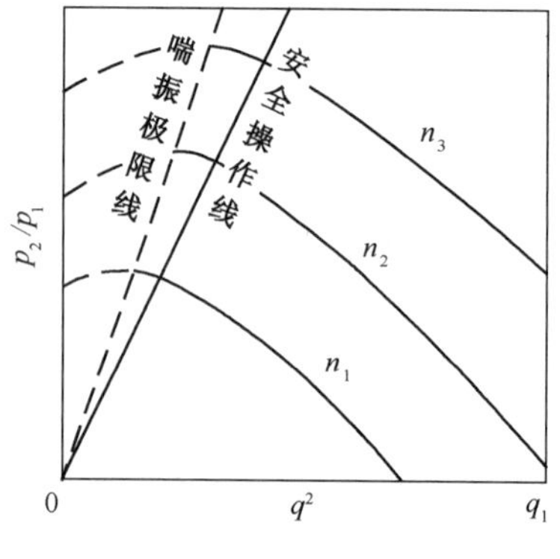

图 3-3-35 极限曲线和安全操作线

引入压缩机吸入流量测量中节流装置测得的压差 Δp，可得

$$\frac{p_2}{p_1} = a + bc\frac{\Delta p}{p_1}$$

式中　c——常数，$c = k^2\frac{ZRg}{M}$；

k——节流装置比例系数；

Z——气体压缩因子；

R——气体常数；

g——重力加速度；

M——气体相对分子质量。

因此，为了防止喘振，应有

$$\Delta p \geqslant \frac{1}{m}(p_2 - ap_1)$$

其中，$m=1/(bc)$。

图 3-3-36 就是根据上式实现的一种防喘振控制方案。压缩机吸入口压力 p_1、出口压力 p_2 经过测量、变送器以后送往加法器Σ，得到(p_2-ap_1)信号，然后乘以系数 1/m，作为防喘振控制器 FC 的给定值。控制器 FC 的测量值是测量吸入口流量的节流装置两端的差压信号。当测量值大于给定值时，压缩机工作在正常运行区，旁路阀关闭；当测量值小于给定值时，这时需要打开旁路阀以保证压缩机的吸入口流量不小于给定值。这种方案就是可变极限流量法防喘振控制方案，其控制器 FC 的给定值是经过运算得到的，因此能根据压缩机负荷的变化情况随时调整吸入口流量的给定值，而且由于这种方案将运算部分放在闭合回路之外，因此可像单回路流量控制系统那样整定控制器参数。

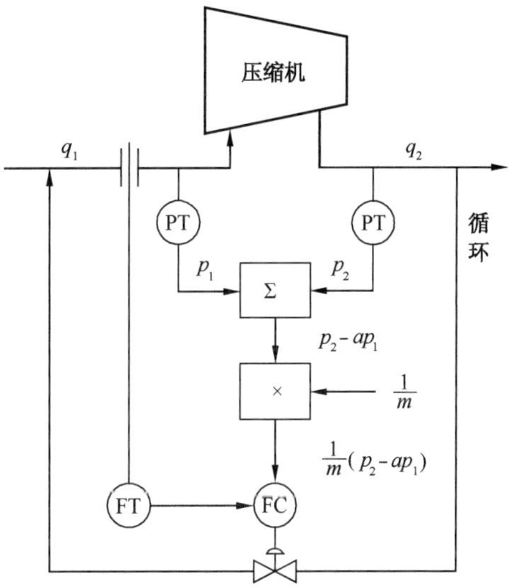

图 3-3-36　可变极限流量法防喘振控制方案

4. 大型机组的其他监视与控制系统

由于大型机组是生产装置中的关键设备，所以，除了防喘振控制系统外，还有负荷控制系统、油路控制系统、轴位移及轴振动监测系统和联锁保护系统。

(1) 压缩机负荷控制系统

即排量或出口压力控制。常用的控制方法有直接节流法、旁路回流法、调节原动机的转速等。其中，调节压缩机转速的方法最节能，特别是大型压缩机现在一般都采用蒸汽透平作为原动机，实现调速较为简单，应用较为广泛。采用旁路回流法时，气体经多级压缩后，出口与入口压力之比即压缩比已很大，不宜从末段出口直接旁路到第一段入口，因为这样做，能量消耗太大，阀座在高压差下磨损也易太大，故一般宜采用分段旁路，或增设降压消音装置等措施。

压缩机的负荷控制有时也可以采用压缩机出口压力控制来实现。

(2) 油路控制系统

一台大型压缩机组一般均附有密封油、润滑油和调速油三个系统，为此机组就有油箱液位、油冷却器后油温、油压等检测控制系统。

(3) 轴位移及轴振动监测系统

由于压缩机是高速运动的机械，有的转速可达每分钟上万转，一旦转子振动或轴位移超量，若不及时停车，就会造成严重损坏，因而大型压缩机组在轴瓦内都设有多个测量探头和一套报警联锁系统，对轴位移和轴振动进行检测。

(4) 联锁保护系统

联锁保护是机组控制的重要内容，一般包括润滑油系统压力低停车、轴位移大停车、超速停车、轴振动高停车、轴瓦温度高停车、紧急手动停车、密封系统停车和其他停车。

机组联锁保护的设计要兼顾安全性和适用性，过多的保护会造成不必要的停车，影响整个装置的运行。

第 4 章　计算机控制系统

计算机控制系统已成为过程控制和现代企业管理的重要基础。本章以 PLC、DCS 以及 FCS 为重点，介绍 PLC、DCS 和 FCS 的编程和组态。本章还简要介绍 OPC 通信技术和数字通信基本概念。

4.1　可编程序控制器的编程

国际标准 IEC 61131 规定了 PLC 的 5 种编程语言(梯形图语言、语句表语言、功能图语言、顺序功能表图语言及结构化文本描述语言)。S7-1200 使用博途软件编程，支持梯形图(LAD)、功能块图(FBD)和结构化控制语言(SCL)三种基本编程语言，本节介绍 S7-1200 的梯形图编程语言的复杂指令及编程方法。

4.1.1　常用复杂指令

S7-1200 的常用指令除了在本书第二篇介绍的位逻辑指令和定时器、计数器，还有一些相对复杂的常用指令。下面简要介绍部分常用的复杂指令。

1. 比较器操作指令

比较指令用来比较数据类型相同的两个数 IN1 与 IN2 的大小，IN1 和 IN2 分别标注在触点的上面和下面。

可以将比较指令视为一个等效的触点，比较运算符可以是“==”(等于)、“<>”(不等于)、“>”(大于)、“>=”(不小于)、“<”(小于)和“<=”(不大于)。满足比较关系式给出的条件时，等效触点接通。如图 3-4-1 所示，当 MW10 的值等于 12375 时，左边的比较触点接通。

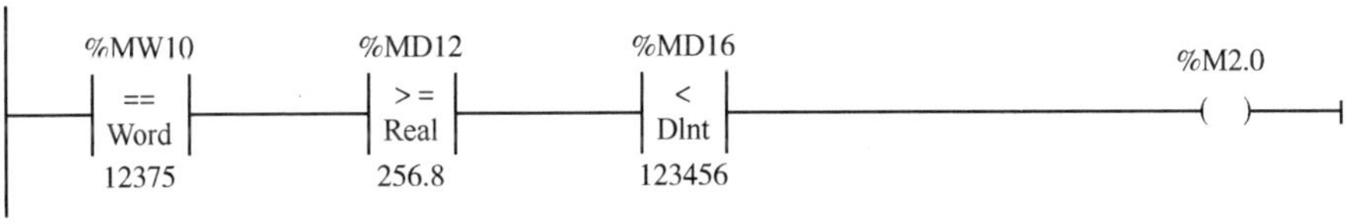

图 3-4-1　比较器操作指令

生成比较指令后，双击触点中间比较运算符下面的问号，可设置要比较的数的数据类型。双击比较运算符，可修改比较指令的比较运算符。

S7-1200 比较指令的操作数可以是 I、Q、M、D、L、P 存储区中的变量或常数，其数据类型可以是位字符串、整数、浮点数、字符串、TIME、DATE、TOD 和 DLT。比较两个字符串是否相等时，实际上比较的是它们各对应字符的 ASCII 码的大小，第一个不相同的字符决定了比较的结果。

2. 转换操作指令

(1) 转换值

“转换值”指令 CONVERT(CONV)的 IN 端为输入，OUT 端为输出，EN 端为输入许可，ENO 端为输出许可。

EN 端为 1 时，允许执行指令，CONV 指令读取 IN 的内容，并根据指令框中选择的数据类型对其进行转换。如果执行时没有出错，ENO = 1，转换结果存储在 OUT 端指定的地址中；如果执行时出错，ENO = 0，转换结果不能存放到 OUT 端地址中。

转换前后的数据类型可以是位字符串、整数、浮点数、CHAR、WCHAR 和 BCD 码等，IN 还可以是常数。

图 3-4-2 中 I0.3 的常开触点接通时，EN = 1，执行 CONV 指令，将 MD40 中的 32 位 BCD 码(Bcd32)转换为双整数(DInt)后送 MD48。

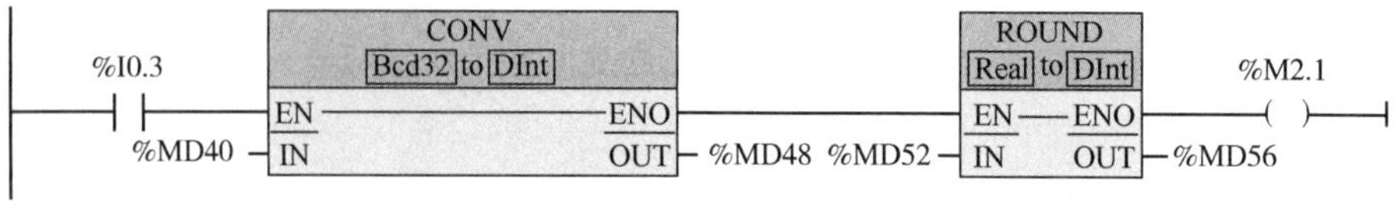

图 3-4-2　数据转换指令

(2) 浮点数转换为双整数

浮点数转换为双整数有 4 条指令：

ROUND(取整)　将浮点数(Real)四舍五入转换为双整数(DInt)(见图 3-4-2)。

TRUNC(截尾取整)　仅保留浮点数的整数部分，去掉其小数部分。

CEIL(浮点数向上取整)　将浮点数转换为大于或等于它的最小双整数。

FLOOR(浮点数向下取整)　将浮点数转换为小于或等于它的最大双整数。

其中，第一条指令应用最多，后两条指令极少使用。

因为浮点数的数值范围远远大于 32 位整数，有的浮点数不能成功地转换为 32 位整数。如果被转换的浮点数超出了 32 位整数的表示范围，就得不到有效的结果，ENO 为 0。

3. 数学函数指令

数学函数指令集支持多种运算功能于一身，下面以加(ADD)、减(SUB)、乘(MUL)、除(DIV)四则运算为例说明数学函数指令的运用。

操作数的数据类型可选整数和浮点数，输入端 IN1 和 IN2 可以是常数。输入端和输出端 OUT 的数据类型应相同。

ADD 和 MUL 指令允许有多个输入，单击输入 IN2 右侧的“ * ”，将会增加输入 IN3，以后的输入端编号依次递增。

整数 DIV 指令将得到的商截尾取整后，作为整数格式的输出 OUT。

例如，压力变送器的量程为 0~10MPa，输出信号为 0~10V，需将 CPU 集成 AI 的通道 0(地址为 IW2)转换为 0~27648 的数字。假设转换后的数字为 N，那么转换后的以 kPa 为单位的压力值为

$$P=(10000\times N)/27648(\text{kPa})$$

值得注意的是，在运算时一定要先乘后除，否则将会损失原始数据的准确度。

上式中，乘法运算的结果可能会大于一个字能表示的最大值，因此应使用数据类型为双整数的乘法和除法。为此首先使用 CONV 指令，将 IW2 转换为双整数(DInt)。

双整数 DIV 指令的运算结果为双整数。由上式可知运算结果实际上不会超过 16 位正整数的最大值 32767，所以 MD20 的高位字 MW20 为 0，运算结果的有效部分在 MD20 的低位字 MW22 中。

将指令列表中的 MUL 和 DIV 指令拖拽到梯形图中后，单击指令方框内指令名称下面的

问号，设置操作数的数据类型为双整数 DInt。在 OB1 的块接口区定义数据类型为 DInt 的临时局部变量 TEMP1 和 TEMP2，用来保存运算的中间结果(如图 3-4-3)。

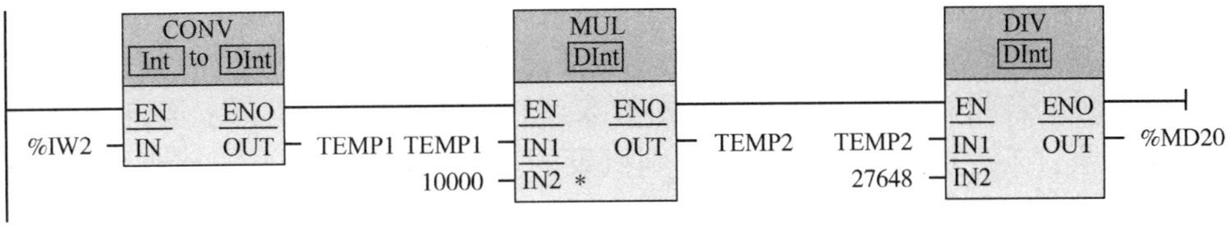

图 3-4-3 数学运算程序

4. 字逻辑运算指令

字逻辑运算指令对两个输入 IN1 和 IN2 逐位进行逻辑运算，运算结果存放在输出端 OUT 指定的地址中(如图 3-4-4)。

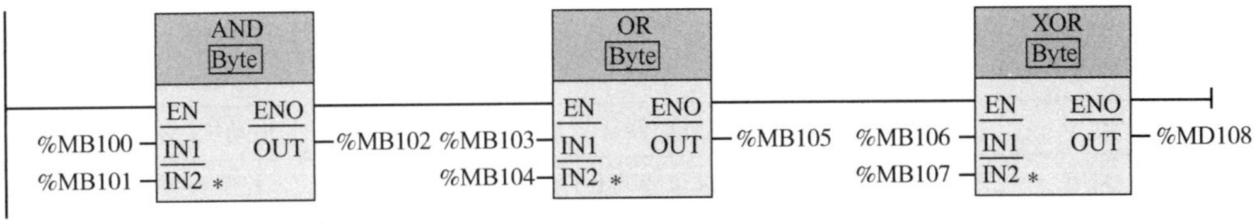

图 3-4-4 字逻辑运算指令

AND(与)指令的两个操作数的同一位如果均为 1，运算结果的对应位为 1，否则为 0。OR(或)指令的两个操作数的同一位如果均为 0，运算结果的对应位为 0，否则为 1。XOR(异或)指令的两个操作数的同一位如果不相同，运算结果的对应位为 1，否则为 0。以上指令的操作数 IN1、IN2 和 OUT 的数据类型为 Byte、Word、DWord 和 LWord。这 3 个指令允许有多个输入，单击最后一个输入端右侧的“ * ”，可增加输入的个数。

INVERT(求反码)指令将输入 IN 中的二进制整数逐位取反，即各位的二进制数由 0 变 1，由 1 变 0，运算结果存放在 OUT 端指定的地址。

4.1.2 程序编制

前面已经讲过，PLC 编程语言有 5 种，S7-1200 支持梯形图等 3 种编程语言，这里介绍梯形图程序编制方法。

1. 梯形图的简单编程

PLC 用于工业控制首先需解决以下几个问题：

① 分配输入输出端口。PLC 作为控制系统三大组成部分之一的控制器，必须在其输入端连接按键、开关及各类传感器，在其输出端连接接触器、电磁阀等执行器，即需解决 PLC 的 IO 端口分配的问题。

② 为控制程序安排内部软元件。PLC 机内设有各类编程软元件。编程前需要确定所用元件的类型，并为所用元件编号。安排软元件的实质是决定程序中要用到的编程软元件的地址。元件的安排要注意元件本身的功能与控制要求相符。

③ 编制控制程序。PLC 的控制功能主要体现在控制程序上。PLC 的程序只能表达内部软元件之间的关系，外部信号则需要通过安排 IO 端口引入。IO 端口安排之后，作为内部软元件的 IO 继电器就代表着控制过程的某一事件而引入控制程序。

例如，利用 PLC 控制 A、B 泵的正常启动，两台泵互为备用，不能同时运转。控制要求如下：

黄键按下时 A 泵启动，蓝键按下时 B 泵启动，红键按下时 A、B 泵均停止。

按下黄键时，若此前 A 泵没有工作，则 A 泵运转启动，并保持运转；若此前 B 泵工作，则不能启动 A 泵；若此前 A 泵已经工作，则机泵的工作状态不变，A 泵将保持运转状态直到红键按下。

按下蓝键时，若此前 B 泵没有工作，则 B 泵运转启动，并保持运转；若此前 A 泵工作，则不能启动 B 泵；若此前 B 泵已经工作，则机泵的工作状态不变，B 泵将保持运转状态直到红键按下。

地址分配见表 3-4-1，逻辑图如图 3-4-5 所示。

表 3-4-1　地址分配表

设备点	外部设备	功能说明
I0. 0	红键	停止命令
I0. 1	黄键	A 泵运转命令
I0. 2	蓝键	B 泵运转命令
I0. 3	热继电器常开	电动机过载保护
Q4. 0	A 泵运转继电器	控制 A 泵运转
Q4. 1	B 泵运转继电器	控制 B 泵运转

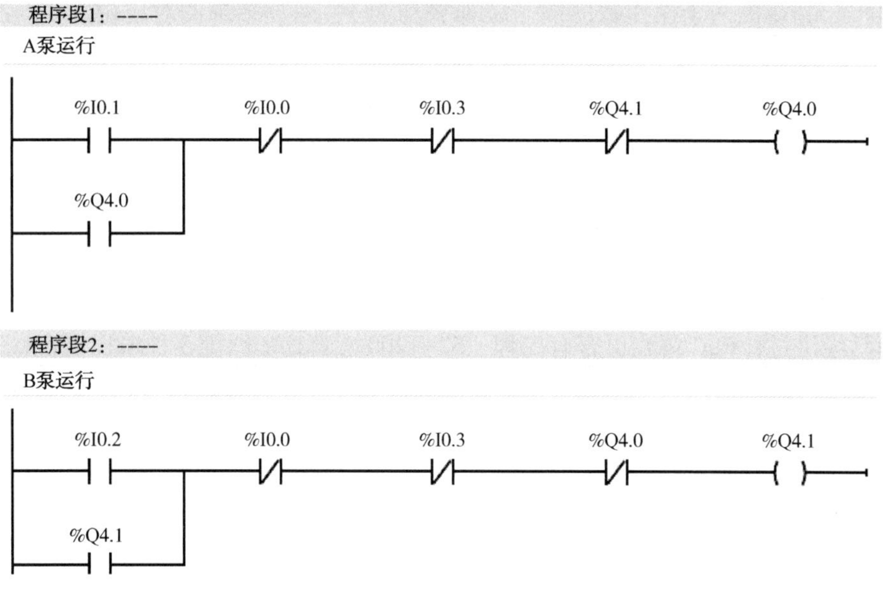

图 3-4-5　A、B 泵的控制逻辑梯形图

2. PLC 的系统设计

PLC 系统设计主要包括以下内容：

① 拟定控制系统设计的技术条件，一般以设计任务书的形式来确定，它是整个设计的依据；

② 选择电气传动形式和电动机、电磁阀等执行机构；

③ 选定 PLC 的型号；

④ 编制 PLC 的 IO 分配表或绘制 IO 端子接线图；

⑤ 编写软件规格说明书，然后用相应的编程语言进行程序设计；

⑥ 了解并尊重用户，优化人机界面的设计；

⑦ 设计操作台、电气柜及非标准电器元部件；

⑧ 编写设计说明书和使用说明书。

根据具体任务，上述内容可适当调整。

PLC 系统设计与调试的主要步骤共有 9 个，如图 3-4-6 所示，分别是：

① 深入了解和分析被控对象的工艺条件和控制要求：被控对象就是受控的机械、电气设备、生产线或生产过程，控制要求主要指控制的基本方式、应完成的动作、自动工作循环的组成、必要的保护和联锁等。对较复杂的控制系统，可将控制任务分成几个独立部分，以利于编程和调试。

② 确定 IO 设备。根据被控对象对 PLC 控制系统的功能要求，确定系统所需的 IO 设备。常用的输入设备有按键、选择开关、行程开关、传感器等，常用的输出设备有继电器、接触器、指示灯、电磁阀等。

③ 选择合适的 PLC 类型。根据已确定的 IO 设备，统计所需 IO 信号的点数，选择合适的 PLC 类型，包括机型的选择、容量的选择、IO 模块的选择、电源模块的选择等。

④ 分配 IO 点。编制 IO 分配表或画出 IO 端子接线图，之后可进行 PLC 程序设计，以及控制柜或操作台的设计和现场施工。

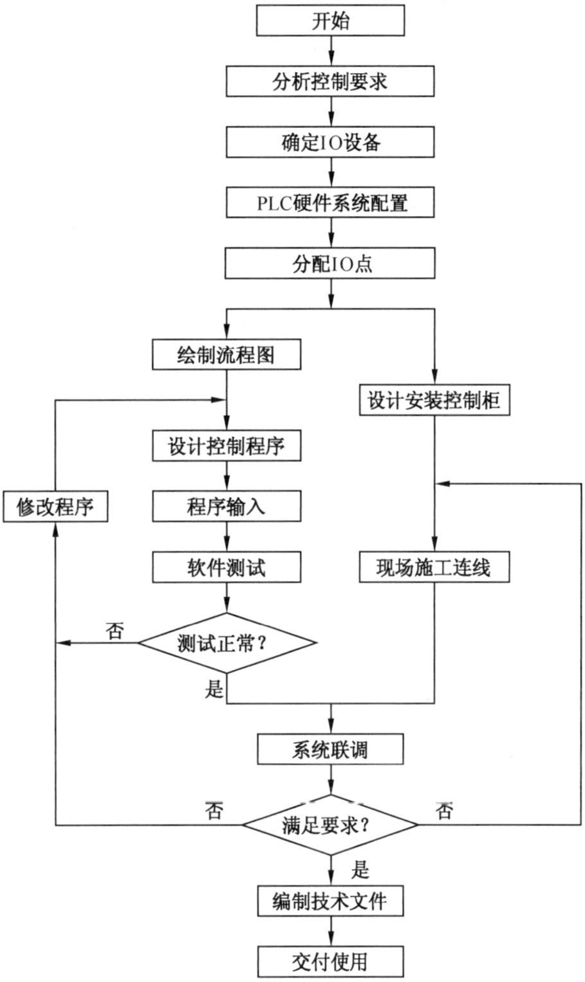

图 3-4-6　系统设计与调试的主要步骤

⑤ 设计控制程序。根据功能图表或状态流程图等设计控制程序，即编程。这是整个系统设计的核心工作。要设计好程序，需要有一定的电气设计实践经验，并熟悉控制要求。

⑥ 程序输入。可使用简易编程器或编程软件向 PLC 输入程序。使用简易编程器时，需要先将梯形图转换成指令助记符，以便输入；使用辅助编程软件在计算机上编程时，可通过计算机与 PLC 的连接电缆将程序下载到 PLC 中去。

⑦ 软件测试。程序输入 PLC 后，应先对程序进行测试，以排除程序中的错误，同时也为系统联调打好基础，缩短系统联调周期。

⑧ 系统联调。在 PLC 软硬件设计和控制柜及现场施工完成后，就可以进行整个系统的联机调试。如果控制系统由几个部分组成，则应先作局部调试，然后再进行整体调试；如果

控制程序的步序较多，则可先进行分段调试，然后再连接起来总调。调试中发现的问题，要逐一排除，直至调试成功。

⑨ 编制技术文件。系统技术文件包括说明书、设备原理图、设备布置图、设备元件明细表、PLC 控制程序等。

4.1.3 外部连接

在石油化工生产过程中，由于控制规模越来越大，有时检测变量和控制变量在地理位置上比较分散，要求多个 PLC 协同完成控制任务。又由于过程控制自动化和信息管理自动化的结合日益紧密，要求 PLC 必须与其他系统交换信息。因此，PLC 需要具备多种数据通信接口和较为完善的数据通信能力，使 PLC 能与远程输入输出单元、同类型的 PLC 以及上位计算机进行通信，构成更为复杂的控制系统。

1. PLC 与远程节点的连接

PLC 主机与远程输入输出单元(即远程节点)的连接，可实现远距离的分散检测与控制。系统中的主机和远程节点一般由制造商配套提供。主机与远程节点的连接介质主要是电缆或光缆，通信接口主要是串行接口(如 RS-485)或光缆接口，结构形式一般为树形结构。

主机是系统的集中控制单元，它负责整个系统的数据通信、信息处理和协调各个远程节点的操作。远程节点是系统的分散控制单元，它们在主机的统一管理下，完成各自的输入输出任务。系统的通信程序由生产厂提供，并安装在主机和远程节点中。用户只需根据系统要求，设置远程节点地址和编制用户的应用程序即可使系统运行。

由于远程节点可以就近安装在检测和控制对象的附近，从而大大地减少了 IO 信号的连接电缆，特别适合于地理位置比较分散的控制系统。

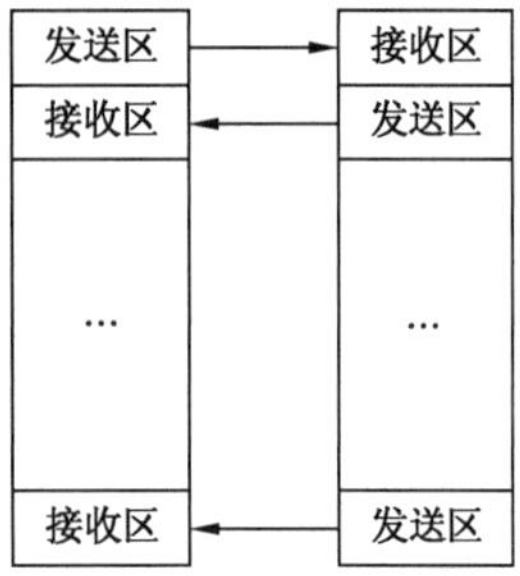

图 3-4-7 连接系统的数据传送

2. PLC 之间的互连

多台 PLC 互连的系统，一般所用的 PLC 是同一厂商的同一系列的产品。在这样的系统中，各 PLC 并行运行，并相互传递数据，以适应大规模控制要求。系统常采用总线形结构，各 PLC 之间的通信一般采用串行接口(如 RS-485)或光缆接口。

系统中，每个 PLC 都有一个唯一的系统识别号。每个 PLC 内部都有一个用作通信缓冲区的公共数据区。PLC 的通信程序把公共数据区的发送区数据发送到通信接口上，并把从通信接口接收到的数据放入公共数据区的接收区中。通信过程不需要用户应用程序干预。用户应用程序中，只需把待发送数据送入发送区并从接收区读取接收的数据即可完成系统的数据通信，实现信息传递，如图 3-4-7 所示。

3. PLC 与上位计算机的通信

上位计算机可通过串行接口与 PLC 相连，实现对 PLC 的监视和管理。在这个系统中，PLC 是直接控制级，它负责现场过程的检测与控制，同时接收上位计算机的信息和向上位计算机发送现场控制信息。上位计算机是协调管理级，是过程控制与信息管理的结合点和转换点，是信息管理与过程控制联系的桥梁，如图 3-4-8 所示。

上位计算机与 PLC 的通信采用 RS-232 或 RS-485 串行接口、以太网接口。使用串行接口时，若用 RS-232 通信接口，一个上位计算机只能连接一台 PLC；若要连接多台 PLC，则需要 RS-232 至 RS-485 的转换装置。使用以太网通信接口时，可以根据 PLC 结构采用直接连接或通过交换器连接。

上位计算机与 PLC 的数据通信格式没有统一的标准。通常，PLC 上的通信程序由制造商编制好，并作为系统程序提供。上位计算机中的通信软件，有的以通信驱动程序的形式提供，有的以通信格式说明文件的形式提供，用户应根据它的内容编制相应的通信程序，并嵌入用户应用软件平台。

上位计算机与信息管理计算机的通信一般采用局域网。

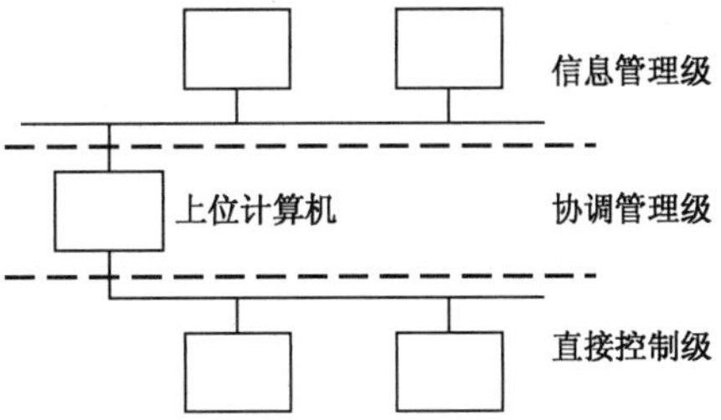

图 3-4-8　PLC 与上位机的通信

4.2　集散控制系统的组态

4.2.1　WebField ECS-700 系统组态

ECS-700 系统组态在 VF 系统软件的系统结构组态软件和组态管理软件中进行，主要包括系统结构组态、控制站硬件组态、位号组态、用户程序组态、操作域组态等。组态流程如图 3-4-9 所示。

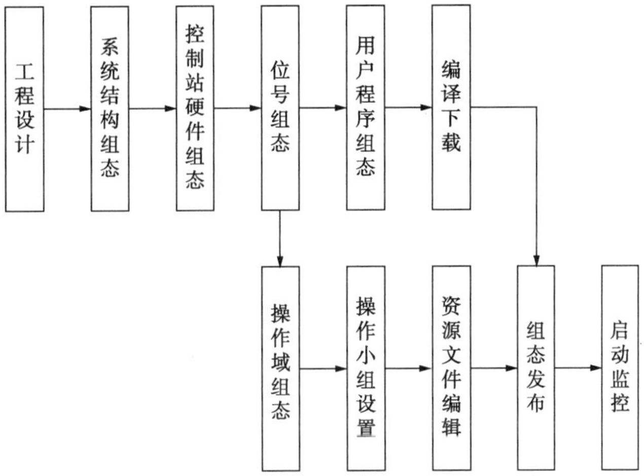

图 3-4-9　ECS-700 系统组态流程

VF 软件支持多人联机协同组态、在线调试和下载。组态服务器和非组态服务器的区别见表 3-4-2。多个工程师通过扩展工程师站(非组态服务器)在各自的权限范围内同时管理一个项目，从组态服务器读取已有的组态信息，并最终统一保存新的组态数据到组态服务器。

表 3-4-2　组态服务器、非组态服务器对比表

节点名称	软件	文件夹	组态设置
组态服务器	系统结构组态软件 组态管理软件 实时监控软件	SUPCON_PROJECT ECSData ECSRun	本机为组态服务器
非组态服务器	组态管理软件 实时监控软件	ECSData ECSRun	需配置组态服务器

SUPCON_PROJECT：用于存放整个工程项目的全部内容。

ECSData：用于存放主工程师站或扩展工程师站从组态服务器打开的控制站、操作域或资源文件（锁定控制站、操作域或资源文件）。组态完成后执行“保存到组态服务器”操作（解除锁定控制站、操作域或资源文件），将该文件夹的内容更新到组态服务器。

ECSRun：用于存放运行生成的文件。

1. 工程操作

常用的工程操作包括新建工程、打开工程、设置默认工程、工程备份和还原等，在系统结构组态软件上完成。

组态管理软件和监控软件读取的是默认工程的工程组态信息，整个系统中只能设置一个默认工程，作为各工程师站当前能进行组态的工程。备份的工程项目通过“还原工程”将组态备份文件还原，然后进行重用、修改等操作。

2. 系统结构组态

系统结构组态主要包括控制域组态、操作域组态、工程师权限组态和全局默认配置等。其主界面如图 3-4-10 所示。

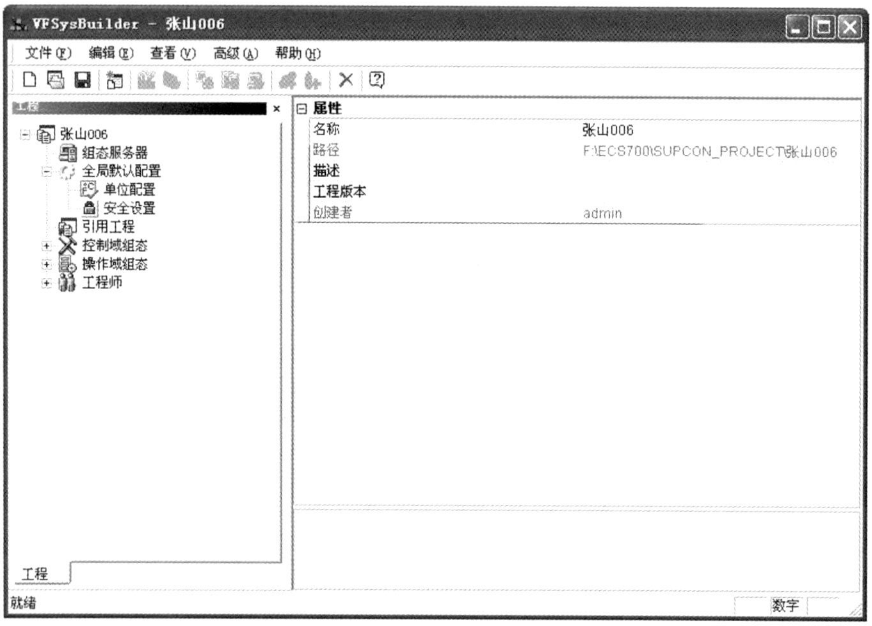

图 3-4-10　系统结构组态软件主界面

（1）控制域组态

控制域组态包括添加控制域和添加控制站两个步骤。

选中工程项目组态树中的“控制域组态”节点，选择“添加控制域”命令，添加控制域，在属性栏填入名称、描述、域地址以及位号分组。对于没有控制站被锁定的控制域，可以执行删除、修改、导入导出操作。

选中一个控制域，添加控制站，在属性栏设置名称、描述、地址和控制器类型，勾选相应的工程师以设置其组态权限。未被锁定的控制站可以删除、修改或导入导出；被锁定的控制站可以强制解锁，强制解锁可能会导致此控制站的部分位号组态信息被破坏，需要通过位号组态软件修复。

（2）操作域组态

选中组态树中的“操作域组态”节点，选择“添加操作域”，组态属性列表窗口中显示对应的组态信息，可在对应的列表中设置相应的属性、可监视控制域及工程师权限。最多可添加 16 个操作域。

没有被锁定的操作域，可以进行单个操作域的导入和导出，导出的文件以压缩包(.ZIP)的形式保存。

添加操作域时，会默认在该操作域下添加一个服务器(数据服务器)节点。选中“操作域”节点，选择右键菜单“添加服务器”可以添加服务器节点，每个操作域下最多只能有一对冗余的服务器。选中服务器节点后，可以在组态属性列表中对服务器的名称、描述和地址等信息进行设置。服务器节点可以同时作为工程师站节点来使用。

操作域添加完成后，选中“操作域”节点，选择“添加操作节点”。添加的操作节点名称默认为“[X.Y]操作节点_X_Y”，X 表示域地址，Y 表示节点地址，“操作节点_X_Y”是该操作节点的名称，可在属性栏进行修改设置。每个操作域下的服务器和操作节点数目不能超过 60 个。

未被锁定操作域中的操作节点可以进行删除、修改操作。当操作域只有一个服务器时，该服务器不能被删除。

（3）工程师权限组态

创建工程时，会自动添加创建工程的工程师用户且不可删除，该用户默认带有工程管理权限，该权限可通过修改用户属性予以取消。每个工程必须至少有一名用户拥有工程管理权限，有工程管理权限的工程师可以设置所有用户的权限，包括设置其对控制站以及操作域的组态权限。

除默认工程师用户，还可以添加独立的工程师或工程师组。工程师的名称、密码、描述、是否有工程管理权限以及对操作域和控制域的权限等设置可以修改。创建的工程师组和独立工程师之和不能超过 32 个。

在对工程师用户执行删除操作时要注意，当前登录用户不能被删除，已锁定某一控制站的用户不能被删除。

工程师组组态可以方便统一配置相同权限的工程师，组内用户与独立的工程师用户在组态管理上没有区别，一个工程最多支持 31 个工程师组，组内最多有 32 个工程师。

（4）全局默认配置

全局默认配置是对工程中的一些全局参数进行配置，如 ON/OFF 的颜色、位号显示的小数位数以及面板报警灯的颜色、时钟同步服务器配置等。如图 3-4-11 所示。

① ON/OFF 颜色　监控画面中对应 DI/DO 以及自定义开关量等位号面板上 ON、OFF 指示颜色。

② 位号模板小数位数　位号组态软件中新添加位号时，为默认的小数位数。

③ 监控主题　设置监控界面底色。

④ 二维码　设置是否允许使用二维码。选择“使能”，支持在位号组态软件中为位号配置二维码，并可在实时监控中扫描二维码查询设备信息；选择“禁止”，则不为位号配置二维码。

⑤ 监控保留区　在实时监控画面中设置监控保留区域。选择“使能”，将实时监控画面的最右侧设置为监控保留区，且仪表面板、全局面板、弹出式趋势、弹出报警和报警帮助等内容显示在保留区中；选择“禁止”，则没有该保留区。

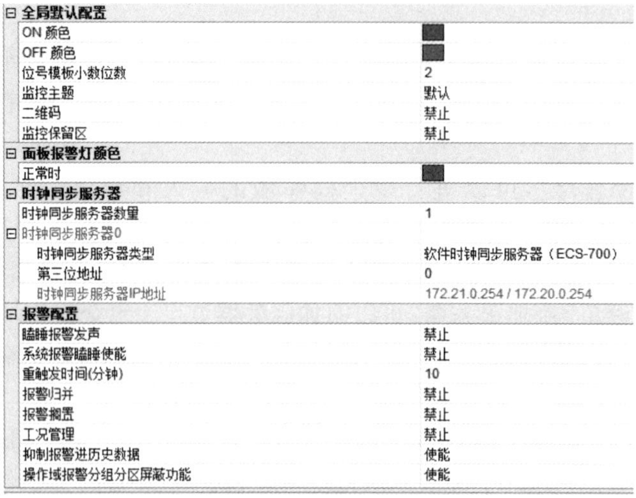

图 3-4-11　全局默认配置

⑥ 面板报警灯颜色　监控中各类型位号处于正常时的面板指示灯颜色和棒状条颜色设置。

⑦ 时钟同步服务器　用来同步局域网内各节点的时间。一个工程必须至少配置一台时钟同步服务器。当配置多台时钟同步服务器时，同一个时刻只有一台为主时钟同步服务器，其他的为备用。

⑧ 报警配置　可以对系统内产生的报警进行统一的配置。报警统一管理主要包括瞌睡报警(未经确认就消除的报警)发声、重触发时间、报警归并、报警搁置、工况管理、报警排序规则。

⑧ 信息网　可以使用与控制网独立的专用网络(单网/冗余)，也可以与控制网共用一个网络。当信息网与控制网共用同一网络时(包括使用单网和冗余网络)，系统将自动启用流量控制功能。使用流量控制将限制信息网数据流量，从而保证控制网的正常通信。

(5) 工程单位配置

除系统默认的工程单位外，可以自行添加需要的单位。左键单击带 * 号的数字旁边的单元格可输入新的单位，其序号由软件自动增加。用户自行添加的单位可以修改或删除。

(6) 安全设置

在安全设置中，可以配置通过面板改值时需要进行二次确认的位号的等级。

3. 控制站组态

组态管理软件(VFExplorer)是系统组态的工作平台，应用于工程师站。可以完成控制站硬件、位号、控制方案、用户功能块等控制组态和监控组态。支持在线下载、多人组态和组态发布、单控制站组态备份和读取、仿真等功能。

根据工程设计的测点清单、控制柜布置图和 IO 测点布置图等可以进行控制组态。

(1) 打开控制站组态

在对控制站进行组态或者组态修改之前，必须先锁定该控制站(从组态服务器打开)，防止其他工程师站同时对该控制站进行组态。如果该控制站已经被其他工程师站锁定，则不能进行编辑。

打开组态管理软件，选中需要编辑的控制站，右键单击选择“从组态服务器打开”，即可显示控制组态的内容，包括用户程序、用户功能块、硬件配置、位号表等。

（2）硬件组态

硬件组态是对控制站内的硬件配置情况进行组态，使用硬件配置软件完成，主要包括控制器的参数设置、机柜与机架以及通信模块、IO 模块等的组态，如图 3-4-12 所示。

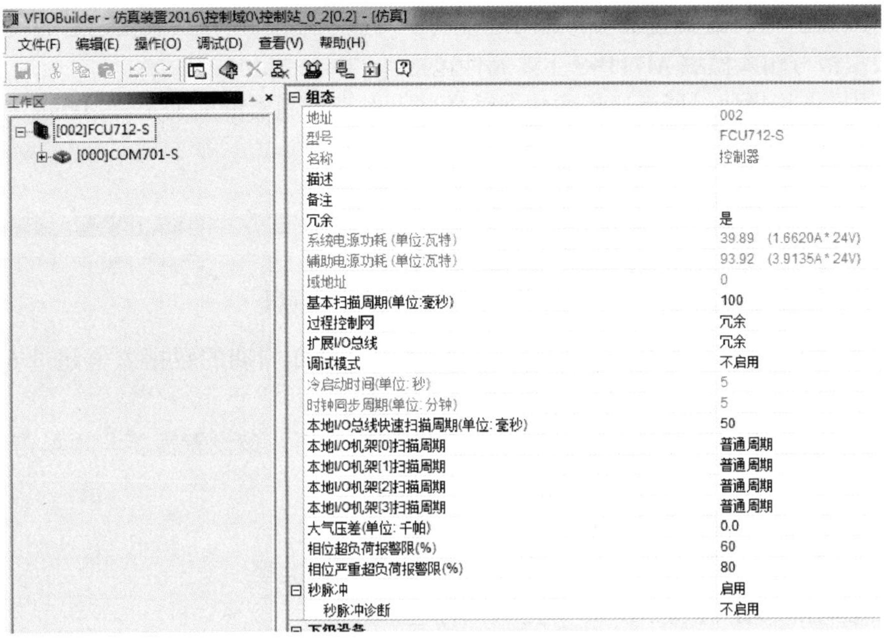

图 3-4-12　硬件组态界面

1）控制器

在控制器的属性设置界面，地址、型号、名称和域地址与系统结构组态软件的设置保持一致，此处无法修改。描述和备注用于对控制器进行文字说明；控制器、过程控制网和扩展 IO 总线的冗余根据实际情况进行配置；电源功耗由软件自动计算。

基本扫描周期：表示控制器的运行周期，有 100ms、200ms 和 500ms 可选。

调试模式：选择“不启用”，为正常工作模式；选择“启用”，位号将不检测通信连接状态，通常用于出厂测试。运行中的控制器不能启用调试模式。

冷启动时间：默认 5s，不能修改，FCU713-S 控制器没有冷启动时间，24V 断电即为冷启动。

时钟同步周期：控制器向时钟同步服务器请求同步的时间间隔，默认 5min。

快速扫描周期：用在需要实现快速控制的场合，本地 IO 总线快周期可以设置为 20ms 或 50ms。扩展机柜不支持快速扫描周期。

2）机柜与机架

在控制器的下级设备选项中可以添加 IO 连接模块和通信模块。本地机柜需要添加虚拟 IO 连接模块，并将地址设置为 0。扩展机柜地址范围为 1~7（FCU711-S 和 FCU712-S）或 1~31（FCU713-S）。IO 连接模块的备注应设置为“SC+数字：备注信息”，符号“+”后的数字为 IO 连接模块的地址。

在虚拟 IO 连接模块或 IO 连接模块的下级设备选项中可以添加机架，一个机柜中最多可添加 4 个机架。机架的备注应设置为“SC+数字-数字：实际备注信息”，符号“-”前的数字为 IO 连接模块的地址，其后的数字为机架地址。

3）模块

在机架的下级设备选项中可以添加 IO 模块，IO 模块可以配置冗余。SOE 模块只能配置在本地机架上，且不支持冗余。

添加 IO 模块后，需要对模块和通道进行属性设置。常用 IO 模块及其通道的设置如下：

① 模拟信号输入模块 AI711-S 主要属性包括：

采样周期　指模块对所有通道的数据采样并上送至控制器的周期，有 200ms 和 50ms 可选，如图 3-4-13 所示。

图 3-4-13　AI711-S 模块采样周期

有效性检测　用于过滤信号的跳变。当相邻两个采样周期的数据差值超过 6.25%时，则认为信号可疑或无效，使用跳变前的数据进行上送。

配电情况　标识该通道是否通过信号线输出 24V 电压。该设置需要与现场信号的实际情况一致。

信号类型　根据实际情况设置。

自由量程　用于在模块可接收信号范围内自由地设置量程。

② 热电偶信号输入模块 AI722-S 主要属性包括：

该模块的冷端补偿可以设置为“就地（禁止修正）”“就地（允许修正）”和“远程”三种模式：

就地（禁止修正）　模块采用自带传感器采集到的冷端温度。

就地（允许修正）　模块接收上位机功能块 TC_CJC 下发的温度作为冷端温度修正值，并使用修正后的冷端温度参与运算得到最终测量值。

远程　模块采用功能块 TC_CJC 中的“远程冷端温度设定值”作为冷端温度。

由于本模块测量的信号是温度信号，在此处和位号表中均应设置为工程量程，如图 3-4-14、图 3-4-15 所示。

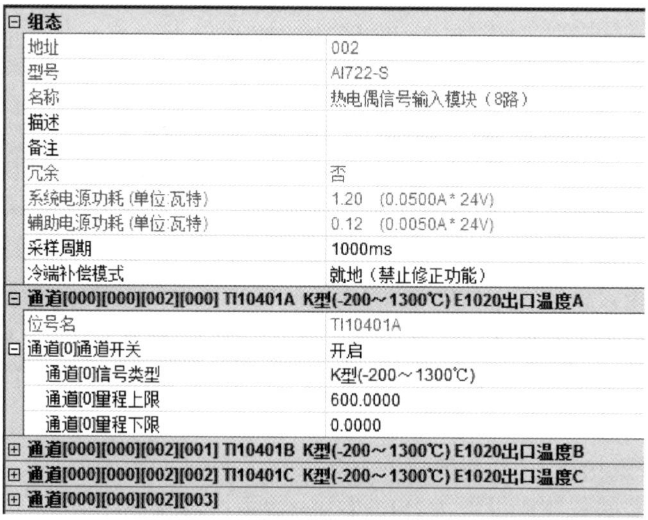

图 3-4-14　热电偶信号量程设置-硬件配置

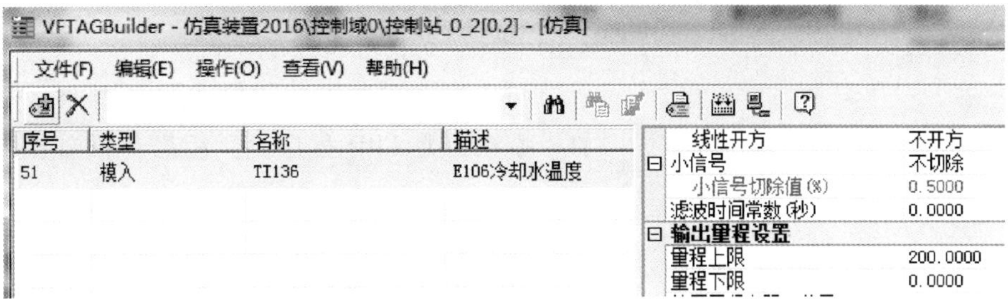

图 3-4-15　热电偶信号量程设置-位号表

③ 热电阻信号输入模块 AI731-S 主要参数“采样模式”可选“三线制”和“四线制”。对于两线制的信号，需要将 B、C 端短接并选择“三线制”。

与 AI722-S 模块类似，也需要在硬件配置和位号表中设置工程量程。

④ 电流信号输出模块 AO711-S 的信号类型、自由量程需要根据现场实际信号进行设置。为保证现场安全，输出模块均有故障安全模式，可以根据实际需要选择“按预置值输出”或“输出保持”。

⑤ 数字信号输入模块 DI711-S 的通道为分组隔离，同一模块内的信号类型必须一致。

模块可配置“信号抖动处理”参数。当数字信号在 1s 内的状态变化次数超过该参数值时，认为该信号处于抖动状态，并自动禁止。如果该信号在 1min 内保持不变，则返回到正常状态。

⑥ 数字信号输出模块 DO711-S 的“输出类型”可选择“状态输出”或“脉宽输出”；“故障安全模式”可以根据需要选择“按预置值输出”或“输出保持”。

(3) 位号表组态

位号表组态是设置与现场信号点对应的每一个 IO 通道的位号，并设置位号的具体参数。位号表组态的内容包括 IO 位号、自定义变量、页间交换变量等。其中，自定义变量、页间交换变量作为程序组态中的中间变量使用，本节介绍常规 IO 位号的组态。

选中需要组态的控制站，选择“位号表”，打开位号表组态软件，可进行如下操作：

扫描通道位号　将硬件配置中所有打开的通道以位号的形式全部扫描到位号表中。

位号表导出　对于少量位号组态或修改，可以在位号列表区一一选中位号，在右侧属性列表中对位号属性进行相应修改；对于大批量位号的组态或修改时，可以选择导出后在 Excel 表格中统一修改。

位号导入　测点清单修改后，把测点导入位号表中。

位号组态软件会实时保存组态信息。位号表组态完成后，可以对位号进行整体检查，确认无误后退出，也可以选择直接退出，直接退出时程序会自动对组态进行整体检查。如果组态存在错误强制退出，会导致组态无法保存到组态服务器，也无法下载。

除此之外，位号组态还提供位号查找、位号批量修改、调试等功能。

(4) 常规控制(PID)组态

控制回路组态在用户程序中进行，本节介绍功能块图(FBD)编程方法，主要步骤如下：

第一步，新建程序页。

锁定需要添加用户程序的控制站，选中“用户程序”，右键选择“新建”，弹出新建程序

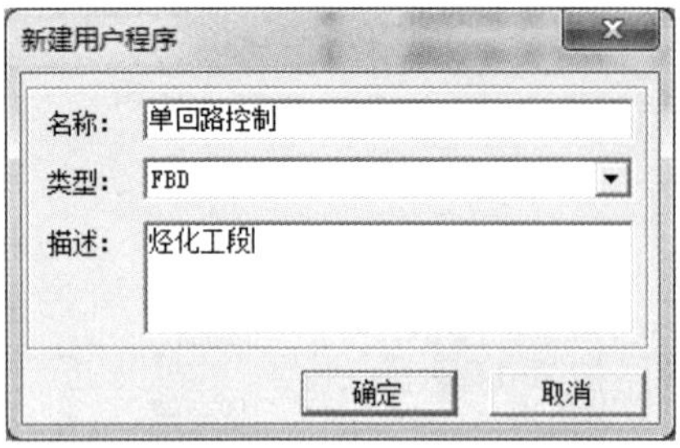

图 3-4-16 新建用户程序对话框图

对话框，输入名称和描述后点“确定”，生成新的 FBD 程序，如图 3-4-16 所示。

可以根据需要设置程序密码、周期、相位等属性。双击打开 FBD 程序页，组态界面如图 3-4-17 所示。

第二步，功能块的添加及设置。

在主界面右侧的功能块库列表，从相应的功能块库中寻找或者直接在检索框输入功能块名进行查找。选中所需的功能块，用鼠标拖至左侧编程区，即可生成一个功能块实例。例如，组态 PID 回路，需要添加一个 PIDEX 功能块。

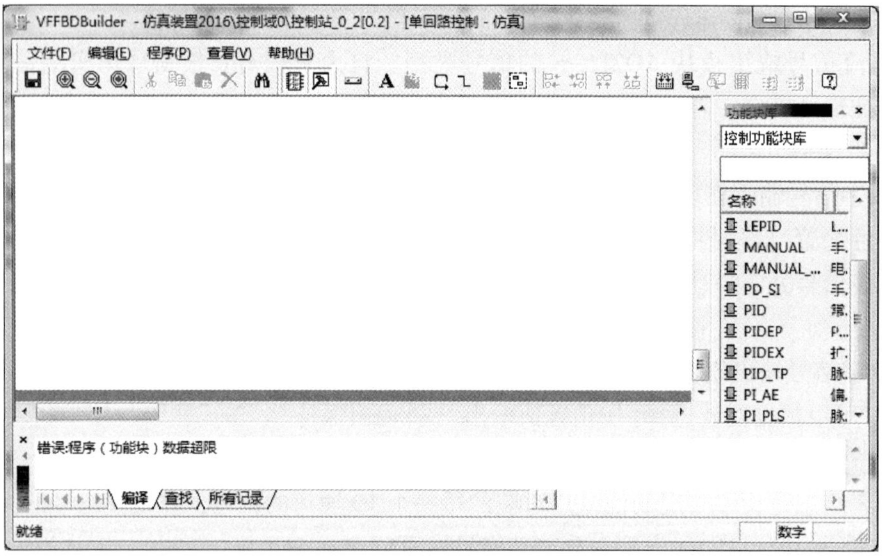

图 3-4-17 FBD 编程软件主界面

功能块库分四大类：系统功能块库、行业功能块库、用户功能块库及 FF 标准功能块库。系统功能块库又可分为控制功能块库、逻辑控制功能块库、模拟量处理功能块库、选择运算功能块库、算术运算功能块库等。常用的系统功能块见表 3-4-3。

表 3-4-3 常用系统功能块汇总表

模块分类	代码	名称
控制功能块库	PID	常规 PID 功能块
	PIDEX	扩展 PID 功能块
	RATIO	比率控制功能块
	SPLIT	分程控制功能块
	MANUAL	手操器功能块
	ASH	高选功能块
	ASL	低选功能块
	FOUT	信号分配功能块

续表

模块分类	代码	名称
逻辑控制功能块库	MOTOR	电机控制功能块
	VALVE	阀门控制功能块
	DIO-11M	单 DI 单 DO 启停控制功能块
	DIO-11V	单 DI 单 DO 开关控制功能块
	DIO-21M	双 DI 单 DO 启停控制功能块
	DIO-21V	双 DI 单 DO 开关控制功能块
模拟量处理功能块库	INTERGRALEX	扩展积分功能块
	FXY	折线表处理功能块
	PVIEX	扩展指示功能块

双击 PIDEX 功能块，打开功能块属性设置对话框，有 3 个标签页，分别是功能块属性、基本参数和扩展参数。

功能块属性标签页用于设定功能块的基本属性，复杂功能块可以添加位号名和描述，进行监控属性如位号分组、报警等级设置。

基本参数标签页可设置量程、限幅和正反作用等参数，包括 MV、SV 量程的高值和低值、工程单位和小数位数；MV、SV 的高限值和低限值、MV 输出速率变化限幅值；控制器的正反作用(OFF 为正作用，ON 为反作用)。

扩展参数标签页可设置的常用参数包括：

① 基本输入引脚：CSV 为串级输入/外给定，用于连接外环控制量 MV；TV 为跟踪输入值，连接测点 AI；SWTR 为跟踪选择开关，SWTR=ON 时 MV 跟踪 TV，SWTR=OFF 时不跟踪。TV 和 SWTR 互为关联参数。

② 高级输入引脚：MAN_OPT 为手自动控制源选择开关，当 MAN_OPT=ON 时，手自动选择受 PSWAM 控制，MAN_OPT=OFF，则手自动选择受 SWAM 控制；SV_OPT 为内外给定控制源选择，为 ON 时，内外给定选择受 PSWSV 控制，为 OFF 时，则内外给定选择受 SWSV 控制。

③ 输出引脚：BKOUT 为反馈值输出，连接上游块的 BKIN；BKOUTERR 为反馈状态输出，连接上游块的 BKINERR。

这两个参数用于实现控制器的无扰动切换。BKIN 必须接下游功能块的 BKOUT，BKIN-ERR 必须接下游功能块的 BKOUTERR，对于单回路，下游功能块即 AO 位号。

④ 操作命令：MODE 为工作模式，优先级从高到低排列分别为：运算停止 OOS、初始态 IMAN、跟踪 TR、手动 MAN/自动 AUTO/串级 CAS，其中，IMAN 模式不能设定；MODE_OPT 为工作模式选择开关，ON 表示自动回退，OFF 表示手动回退(默认)。功能块的工作模式互斥，只能处于其中的一种工作模式。

第三步，数据引用。

选择菜单命令“编辑”-“数据引用”或者点击工具栏中数据引用图标 ，即可在编程区添加一个数据引用。

双击数据引用或右键菜单选择位号，弹出控制站位号选择对话框，如图 3-4-18 所示。通过位号类型一栏可以查看不同类型的位号，也可以直接输入位号进行搜索。点击右上角的 按钮，位号选择器内将显示高级参数，如图 3-4-19 所示。

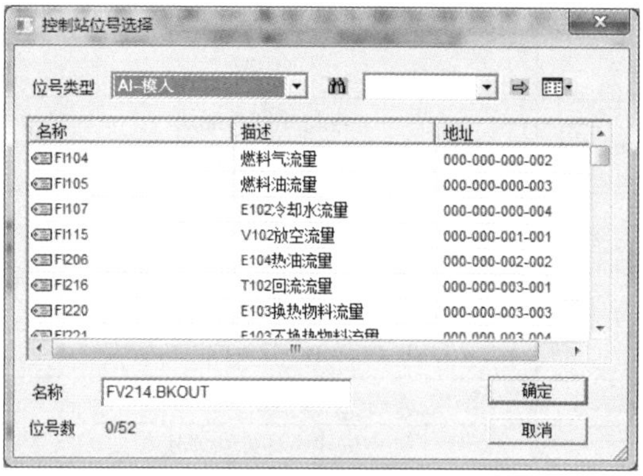

图 3-4-18　控制站位号选择

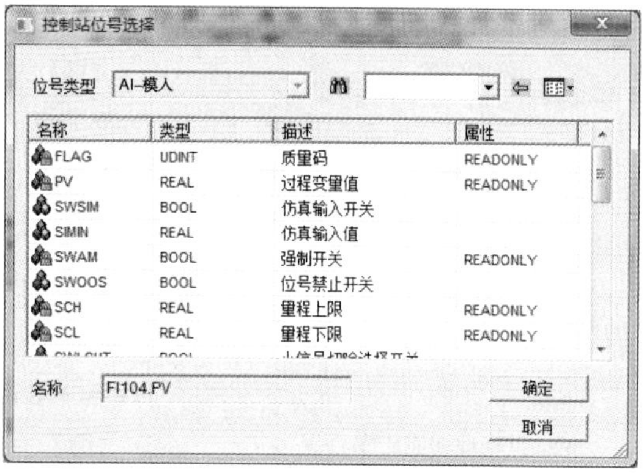

图 3-4-19　位号成员参数

第四步，连线。

数据引用及功能块上均存在突起的小正方形，此小正方形用于数据引用与功能块之间或功能块与功能块之间的连接。选中信号传递的发送端(选中后发送端显示蓝框)，并拖拽到另一功能块的接收端，可建立信号传递连接。若连线显示红色，表示数据类型不一致，不允许连接。

在功能块自动排序模式下，要将连线设置为特殊线，以便消除回环。具体的操作方法是选中指定连线，单击工具栏中的按钮，被选中的线将变为棕色，表示该连线被设置为特殊线。

第五步，编译、下载。

编译用以检查数据引用中的位号是否存在，是否存在程序页内位号名重复。

编译结果显示在输出窗口。选择程序菜单下的编译，进行程序编译。

编译成功后，关闭程序页。鼠标右键选中控制站，可在线下载。

4. 监控组态

监控组态是在各操作域内配置操作小组、域组态和资源文件等信息。选中需要组态的操作域，从组态服务器将其打开。

(1) 操作小组组态

为了给不同的监控人员分配不同的操作权限，可以通过操作小组对操作功能进行划分。

在监控组态软件界面右键单击“操作小组”，在弹出的右键菜单中选择“添加操作小组”，在工具栏中选择小组图标，则添加一个名为的“教师组”操作小组，如图 3-4-20 所示。其名称和切换等级可以修改。

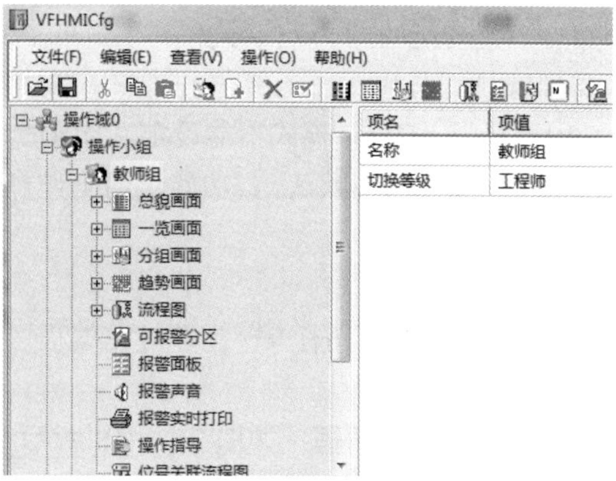

图 3-4-20　添加操作小组

操作小组组态完成后，需要对总貌画面、一览画面、趋势画面、分组画面和流程图画面进行组态，其中，流程图画面以外的四种画面为标准画面，组态时仅需对位号进行关联，画面样式及效果是固定的。

1) 总貌画面

每页总貌画面的 32 个信息块可显示位号的数据和说明，也可作为总貌画面页、分组画面页、趋势画面页、流程图画面页、数据一览画面页等的索引。信息块的设置分别在总貌配置对话框中的“位号选择”标签和“页面选择”标签中进行，如图 3-4-21 所示。

图 3-4-21　总貌配置界面

2）一览画面

每页一览画面的组态信息包括页描述以及最多 32 个位号。

3）趋势画面

添加操作小组时，默认显示趋势画面标签，且自动增加一页趋势画面，之后还可根据需要新增趋势页。

在“趋势组态设置”对话框中完成趋势布局、趋势设置、位号及高级设置。其中，趋势布局方式可选 1＊1、1＊2、2＊1、2＊2 四种方式之一。如图 3-4-22 所示。

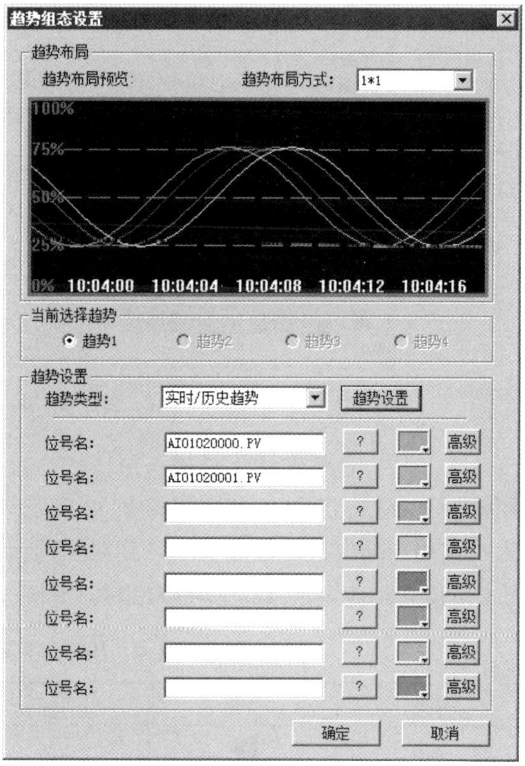

图 3-4-22　趋势组态设置界面

4）分组画面

分组画面在监控中以位号面板的形式显示需要操作的位号，一页分组画面最多可以添加 16 个普通位号或 8 个 PID 回路位号，如图 3-4-23 所示。点击信息块，则“添加”按钮变为可操作。此时点击“添加”按钮(或双击该信息块)，则弹出位号选择器。

5）流程图组态

选择操作小组下的“流程图”，点击右键可添加多个页面。输入流程图名称，点击“编辑”按钮进入流程图组态界面，如图 3-4-24 所示。界面中包括标题栏、菜单栏、工具栏、操作栏、绘图区、线型栏、属性栏、状态栏、常用模板工具栏等。

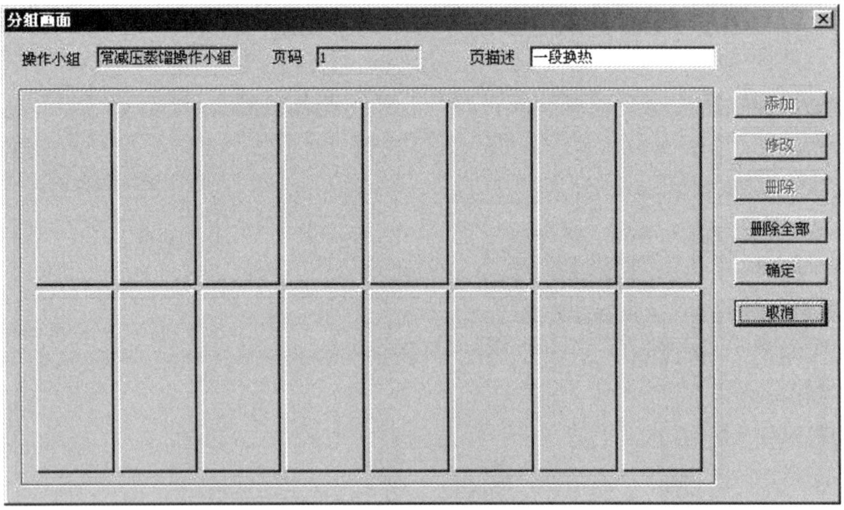

图 3-4-23 分组画面配置界面

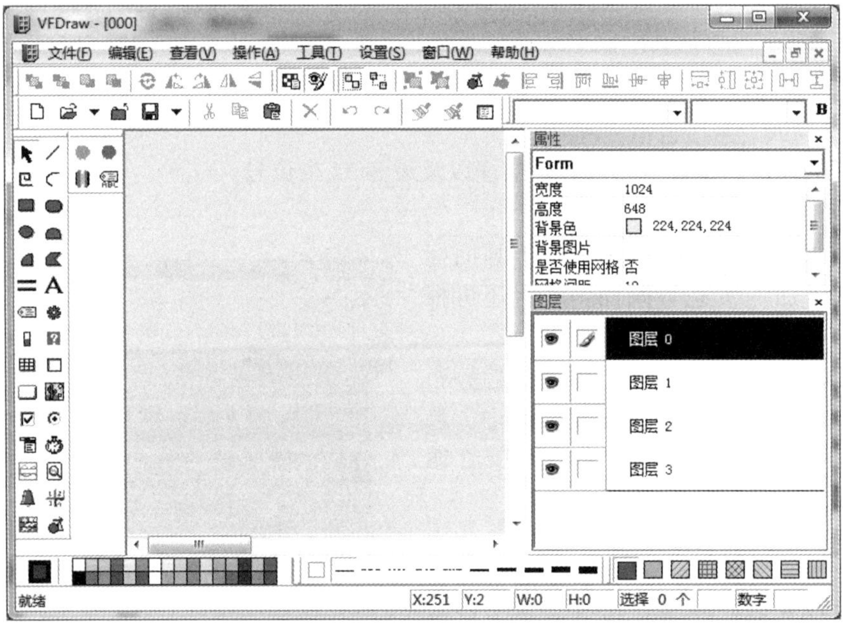

图 3-4-24 流程图绘制界面

工具栏：包括常用工具栏、字体栏、操作栏、颜色栏、线型栏、填充栏、图形对象、常用模板工具栏、属性栏和图层控制。从线、圆、矩形及各种工业装置的绘制，各种字符的输入及常用标准模板的添加引用，到对颜色、填充方式、线型、线宽等的选择，均可使用工具栏内的工具图标来实现。图形对象和控件汇总见表 3-4-4。

表 3-4-4 图形对象和控件的名称与内容对照表

名称	形状	名称	形状	名称	形状
选择		直线		折线	
弧		矩形		圆角矩形	

续表

名称	形状	名称	形状	名称	形状
椭圆		弦		扇形	
多边形		管道		文字	A
数据连接		系统变量		面板	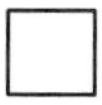
按钮		图片		选择框	
组合框		菜单		定时器	
趋势控件		棒状图		板模对象浏览器	
报警图例		报警统计控件		操作日志控件	
实时报警控件		防喘振控件		HP 棒状图	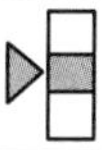
雷达图		剖面图	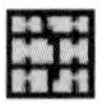	表格	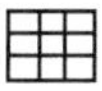

操作栏：对选中的多个对象进行组合、分解、对齐、等间距等操作。

状态栏：显示相关的操作提示，当前鼠标的准确位置，选取图形的左边界点和上边界点坐标、宽、高等信息。

流程图组态过程中，需要通过以下页面进行参数配置：

① 页面属性设置　选择设置菜单下的"页面属性"，在弹出的对话框中设置流程图的页面注释、大小、风格、背景图片等，如图 3-4-25 所示。

② 图层控制　图形具备分层显示功能，可设置图层 0～图层 3 共 4 个图层是否可见。各图层的图形对象绘制完成后，可通过"合并图层"命令将 4 个图层合并为 1 个图层。

③ 用户模板保存及调用　绘制好的图形可以保存到模板库中，方便以后使用。

④ 数据连接(Datalink)　用于关联指定的图形对象与要显示实时数值的位号参数，并设置可视、移动、闪烁、颜色、只读、动作等动态属性。如图 3-4-26 所示。

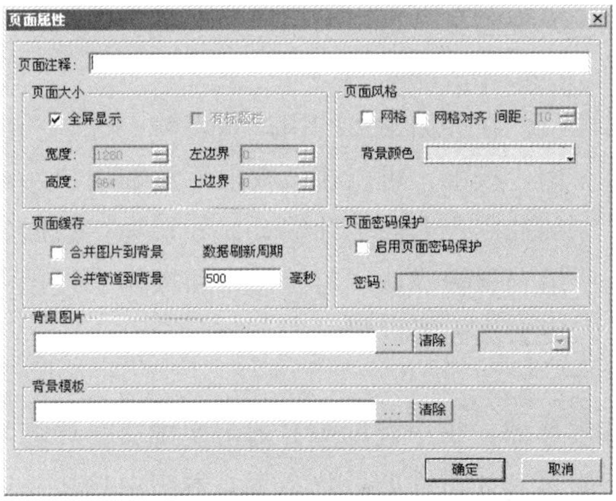

图 3-4-25　页面属性界面

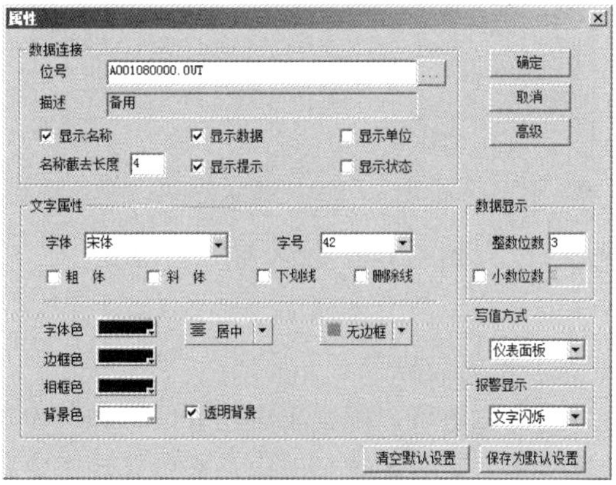

图 3-4-26　数据连接属性对话框

在数据连接属性对话框中，可以：

以直接输入位号标志字段（如：数据字段 . Value）或左键单击 选择数据库位号的方式，设置所要显示数值所在的位号；

根据实际情况，设置在监控运行时需要的显示该位号的数据、单位、名称、状态、字段以及位号描述等信息；

“名称截去长度”设置位号名长度；

“直接编辑”设置是否允许在监控运行时对该位号进行编辑；

“写值方式”设置在监控运行时左键点击数据连接时的响应（无：无响应；仪表面板：弹出位号对应的仪表面板；写值面板：弹出写值面板）；

“报警显示”设置与 Datalink 关联的位号在监控运行处于报警状态时数据的显示方式，包括“背景闪烁”“文字闪烁”或“不显示”选项。报警发生时，数据根据组态自动闪烁；当报警被确认后，闪烁效果消失，保留报警颜色。在使用“文字闪烁”的状态下，Datalink 颜色将使用报警配置中的颜色，而忽略流程图组态时给 Datalink 指定的颜色。在选择“不显示”的状态下，位号报警时不闪烁、不以报警色突出显示，且此时无法通过 Datalink 右键菜单对该位号实行报警确认操作。

⑤ 棒状图　在流程图中以棒图形式动态显示现场控制站 FCS 中的数据。棒状图组态需要设置棒状图所显示数值的位号、棒状图的填充方向（从下到上、从上到下、从左到右和从右到左）、数值报警时的报警变色和报警闪烁状态。

（2）域组态

域组态对涉及整个操作域的监控用户权限和历史趋势进行配置。

1）监控用户授权

监控用户授权的作用是确定监控操作人员，并赋予不同操作人员在登录监控软件后具有相应的操作权限。

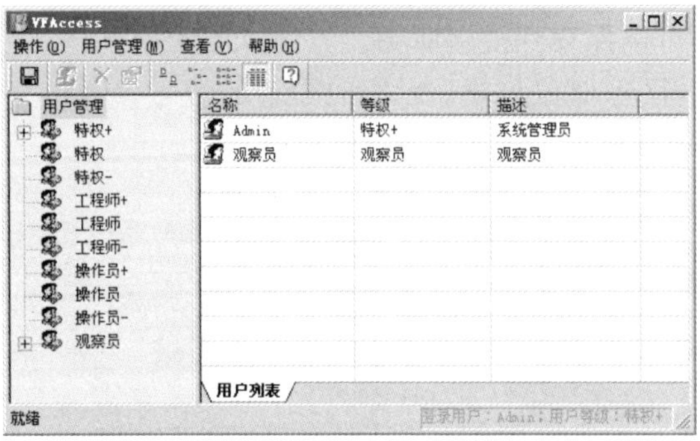

图 3-4-27　监控用户授权界面

双击域组态下的监控用户授权，进入监控用户授权界面，如图 3-4-27 所示。系统默认有两个用户，一个是 Admin，等级为特权+；另一个是观察员用户，等级为观察员，这两个用户为系统引用工程用户，无法删除。

在界面左边的用户列表树中选中一个用户权限，可以在该权限下添加用户。添加的用户有四个标签页，分别为：数据分组、报警确认、监控操作和操作小组，可以根据需要设置。

2）历史趋势

历史趋势可以配置历史趋势位号和历史数据服务器。历史数据服务器可实现历史趋势的数据采集。只有配置了历史趋势位号和历史数据服务器才可在监控状态下查看历史趋势。只有进行了历史趋势位号组态后的位号才有历史趋势记录，否则只可在监控状态下看到位号的实时趋势而无历史趋势。

历史趋势组态界面如图 3-4-28 所示。

① 配置历史趋势位号　在历史趋势组态窗口工具栏中点击 或右击“项目”列表中的“历史趋势位号”，在弹出的菜单中选择“添加趋势库位号”，在弹出的位号选择器上统一设置采样周期和压缩类型。选择多个位号以后，点击“确定”，即可把选中的位号添加到趋势库中。

选择“工具”-“添加 PID 位号到趋势库”，可将所有 PID 位号添加进趋势库。

② 配置历史数据服务器　点击组态树中的“历史数据服务器”，选择“添加历史数据服务器”，弹出历史数据服务器设置对话框，如图 3-4-29 所示。

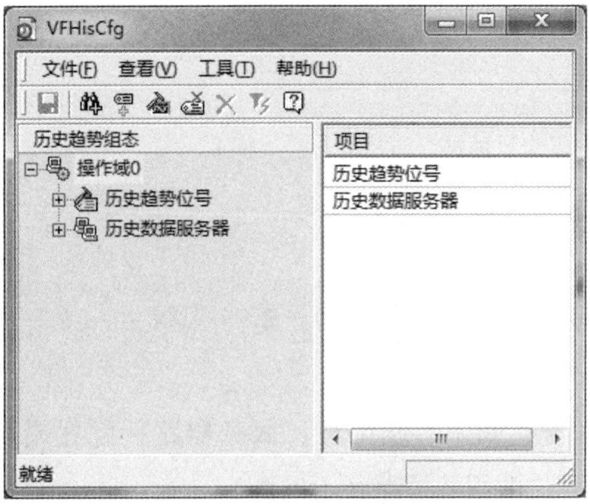

图 3-4-28　历史趋势组态界面

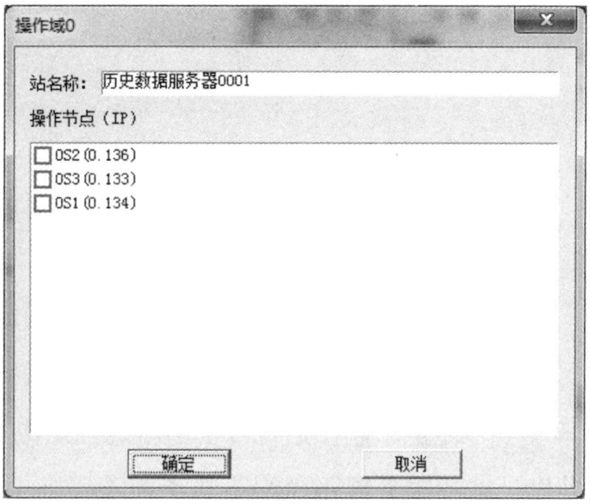

图 3-4-29　历史数据服务器组态

在“操作节点(IP)”列表中，勾选某节点，即把此操作节点配置成本操作域的历史数据服务器。一个历史数据服务器最多可以选择 3 台主机，当选择两台以上主机作为一个历史数据服务器时，在记录历史趋势时为冗余配置。在一个操作域中可以添加 1 个或多个历史数据服务器。

③ 设置趋势数据库　在历史趋势组态窗口工具栏中点击 或点击菜单命令“工具”-“趋势数据库设置”，可以设置文件记录时间和数据库保留数据时间。

(3) 资源文件

在本地组态目录下的 PIC(流程图文件)、POPPIC(弹出式流程图)、BGTemplate(流程图背景模板)、SCH(调度)、TGD(点组)、Template(图形对象模板)等文件夹下所存在的文件都会在对应的资源文件中列出来。

5. 组态发布

组态完毕或组态修改之后，需要向服务器和各个组态节点发布组态信息(告知该节点有新的组态需要更新)，以便各操作节点得到最新的组态文件和信息。工程师可选择某个操作域进行组态发布，向该操作域的各服务器和操作节点发送组态同步消息，并且从各个操作节点到组态服务器上获取更新的组态。

在“监控组态”下选中某个操作域，右键单击该操作域，在弹出菜单中选择“组态发布”，弹出如图 3-4-30 所示的组态发布对话框。

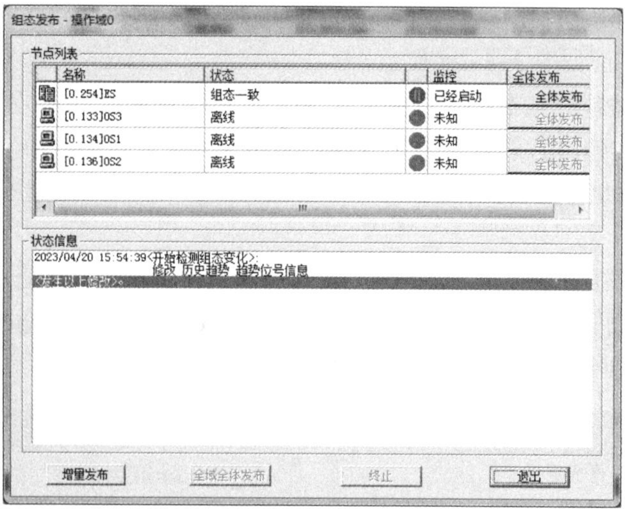

图 3-4-30　组态发布对话框

在组态发布过程中出现的状态提示及对应的图标显示的含义如下：

—服务器　—操作节点

—发布中　—组态不一致或发布出现错误　—开始发布　—离线

—组态一致或待发布　—发布成功

—终止；监控启动中；组态更新中；磁盘空间满；网络忙；服务器路径配置错误(操作员站的服务器路径配置与当前工程师站所对应的服务器路径不匹配)

4.2.2　HOLLiAS MACS 系统组态

以 M6 系统为例，系统组态在工程师站上的工程总控应用程序(以下简称总控程序。如图 3-4-31)中进行，组态内容主要包括物理设备组态、控制算法组态、图形组态和操作组态等。现场控制站内部硬件配置(包括机柜配置和 IO 模块配置)和软件编程在 AutoThink 软件(以下简称 AT)中完成。AT 是控制方案的开发平台，由总控程序调用。组态流程如图 3-4-32 所示。

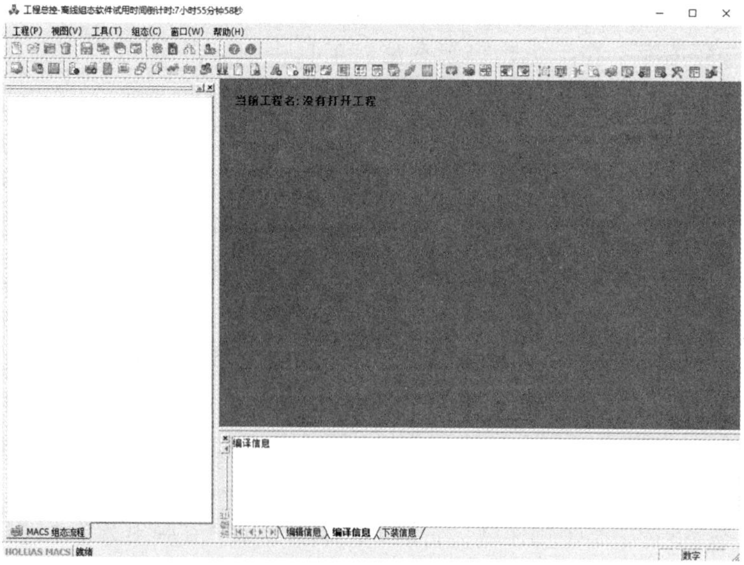

图 3-4-31　工程总控应用程序主界面

M6系统的控制算法组态涉及内容较多，这里只对典型的常规控制中的PID算法组态和顺序功能图SFC识读做简要介绍。

1. 物理设备组态

物理设备组态是对系统的物理构成进行配置，其主要内容包括创建工程以及创建操作站与现场控制站等。

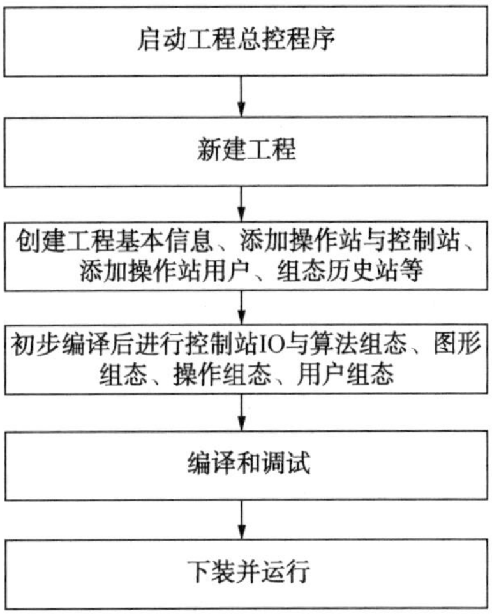

图3-4-32　系统组态流程图

(1) 项目管理

对于一个M6系统的大型应用场景，可以通过项目和域对其进行划分，以便于管理、维护和运行。项目、域、硬件设备间的关系如图3-4-33所示。项目与项目之间不能进行数据交换，同一项目内的域之间可以进行数据交换。

(2) 新建工程

工程创建是工程从无到有的过程，用于存放工程的组态信息。工程总控应用程序提供了流程化的新建工程向导，以引导用户新建工程。

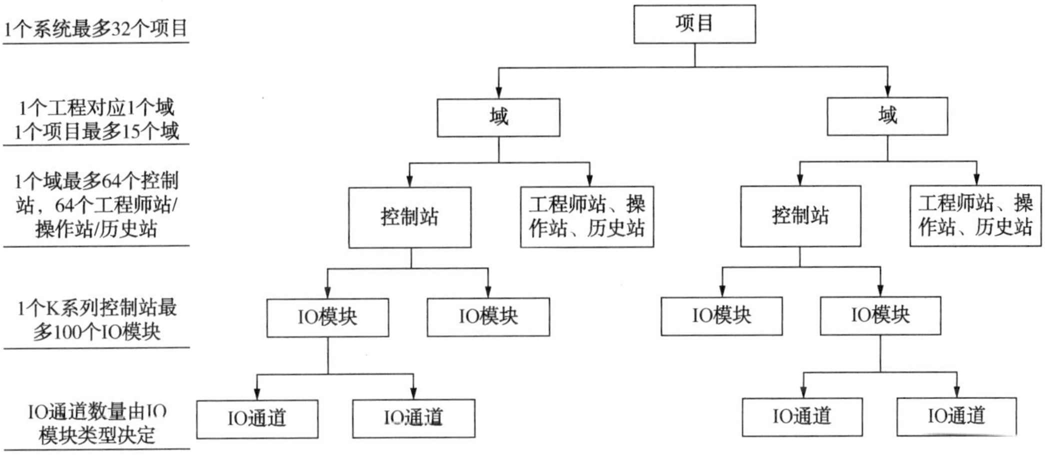

图3-4-33　项目、域、设备间的关系

新建工程包括组态工程基本信息、添加操作站、添加控制站等内容。步骤如下：

① 在“基本信息”选项中，填写项目名称、工程名称与描述、模板比例等信息。其中，模板比例意为根据操作员站显示器分辨率长宽比选择比例与之相同的工程模板。

② 在“添加操作站”选项中，选择站号并添加至右边窗口，用于配置操作站、工程师站、历史站信息。默认已添加80、81号操作站。

③ 在“添加控制站”选项中，根据设计，填入控制站站号、类型、型号以添加控制站。如图3-4-34所示。

④ “操作站用户组态”用来设置在线登录时所使用的用户名、密码、用户级别及所在区域权限，用于后期登录操作员在线，如图3-4-35所示。该信息的设置也可在工程创建后，通过“公用信息”-“操作站用户组态”进行添加或修改。

⑤ 在“历史站组态”选项中选择已添加的操作站作历史站。默认以80号操作站(Node_80)和81号操作站(Node_81)分别为历史站A和历史站B。

新建工程完成后，总控程序主界面左侧的“MACS 组态流程”中将以树形结构显示共用信息、操作站、控制站等条目。

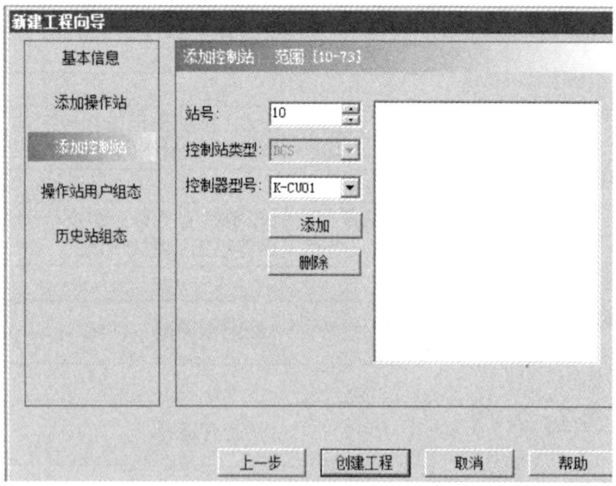

图 3-4-34 添加控制站组态

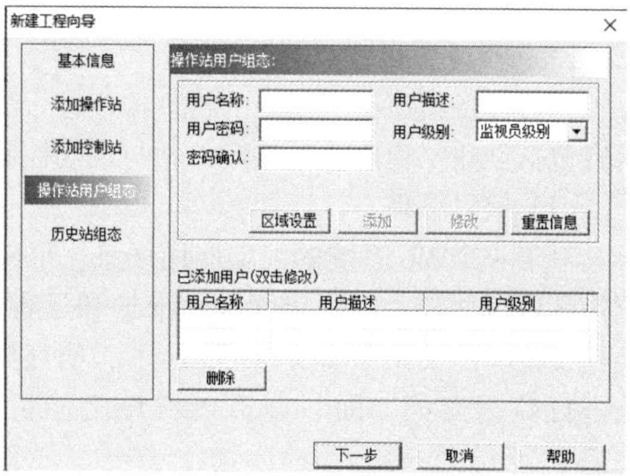

图 3-4-35 操作站用户组态

（3）现场控制站组态

工程创建完成之后，需要根据测点清单及硬件配置表进行控制站硬件组态。

右击总控程序中“MACS 组态流程”标签的“控制站”，可以增加现场控制站。右击某个已有的控制站可以删除该控制站。

控制站添加完成后，需要点击总控程序工具栏中的 按钮进行编译。

1）添加机柜

双击已有的现场控制站，打开 AT 软件。双击“工程管理”-“硬件配置”下的机柜，并从 AT 右侧设备库中选择 K 系列机柜，左键拖拽至中间硬件配置窗口空白位置，完成机柜的添加。如图 3-4-36 所示。

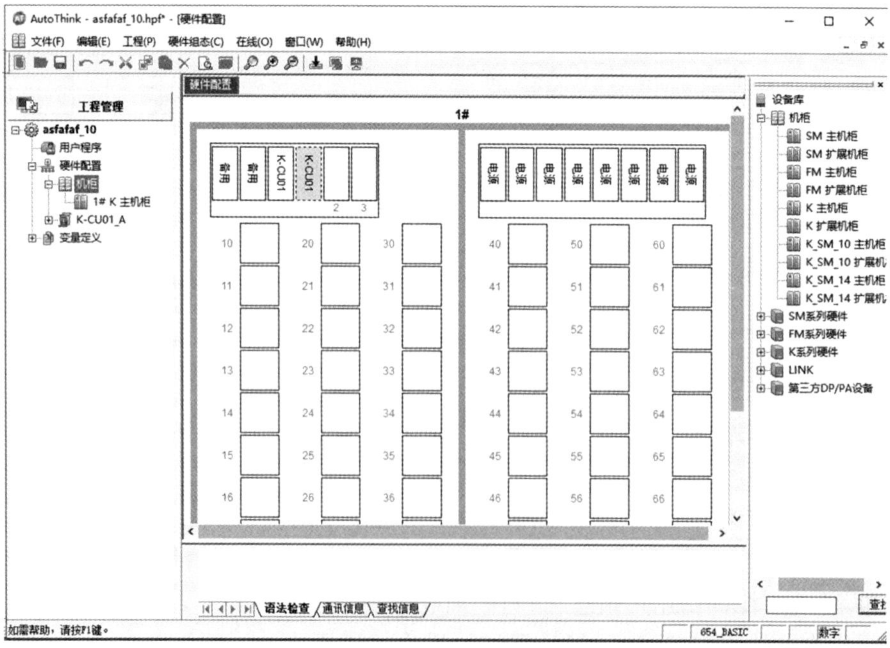

图 3-4-36 添加机柜

硬件配置窗口中机柜最上边显示的是新建工程时添加的控制器型号，此处为 K-CU01。

需要在控制器的右边地址为 2 和 3 的矩形处添加 IO-BUS 模块。右击地址“2”，依次选择“模块添加”-“K 系列硬件”-“HUB”-“K-BUS02”，完成 IO-BUS 模块的添加。如图 3-4-37 所示。

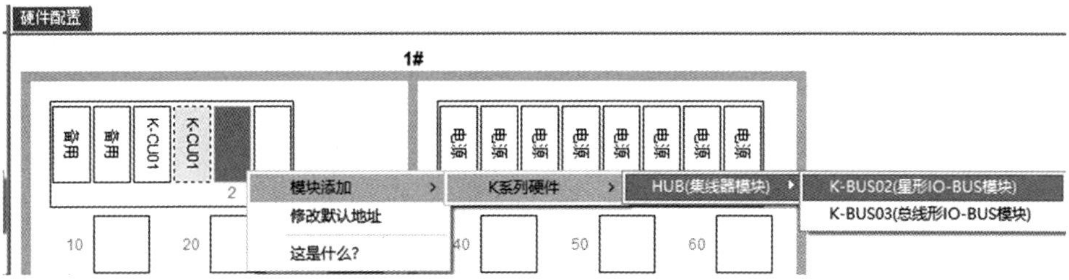

图 3-4-37　添加 K-BUS02

如需删除机柜，选中机柜的外边框，变成蓝色边框时，右击可直接删除。

2）添加 IO 模块

右击机柜 IO 硬件配置框需增加 IO 模块的空白位置，或右击左侧工程管理栏中的主控器名称，都可弹出“模块添加”菜单，根据菜单提示选择需要添加的模块。如图 3-4-38 所示。

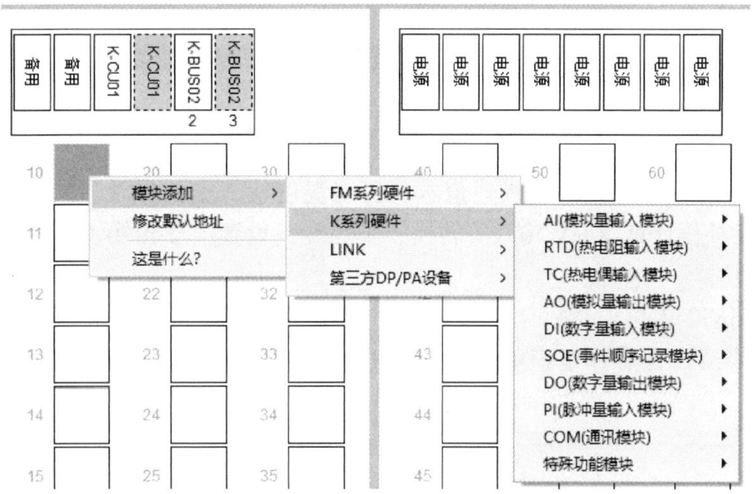

图 3-4-38　添加 IO 模块

（4）工程管理

工程管理组态为工程总控软件“工程”菜单项下的内容，主要包括工程属性管理、工程文件管理、工程用户管理等。

工程属性管理是对工程的域号、项目、描述的修改和对工程文件加密用户的设置。选择“工程”菜单下的“工程管理”，在弹出的“工程管理”窗口中，可进行修改域号、添加工程、移除工程、修改工程描述等操作。

工程文件管理包括工程备份、恢复、删除、打开、关闭等。选择“工程”菜单下的“备份”，在弹出的窗口中设置好工程备份路径及备份文件名称，点击“备份”进行工程备份。备份路径可以根据实际情况修改。备份文件属性优先推荐使用 pbp 格式，该格式不会被杀毒软件破坏，也不易被修改。在“工程”菜单下选择“恢复”，可选用已有备份文件，完成工程恢复。

工程用户管理用于配置访问工程组态信息的用户及其权限。选择“工程”菜单下的“用户管理”，可以添加工程用户名和密码。

（5）操作员权限组态

一个工程最多可以有 128 个操作站用户。不同的用户级别具有不同的操作权限，系统默认规定了他们的权限内容。当某位用户权限不满足实际工程需要时，可以通过“操作员权限组态”进行修改。选择“操作组态”菜单下的“操作员权限组态”，可以修改权限内容。

2. 常规控制(PID)回路组态

每个常规控制回路一般都包含 1 个输入点、1 个控制元件和 1 个输出点。常规控制回路组态包括定义输入输出点、控制回路组态、功能块参数设置和组态文件保存等步骤。

（1）定义回路的输入输出点

回路的输入输出点在 IO 模块中定义。以输入点 150_TT_1161U 为例，其组态信息在测点信息窗口中列出，如图 3-4-39 所示。在该窗口中，可以对输入点的有关信息进行设置，如：点描述(DS)、量程上下限(MU、MD)、单位(UT)、报警值以及报警级等点的参数。

测点信息：

16通道模拟量输入模块 | 冗余和通道品质模块

CN(通道号)	PN(点名)	DS(点描述)	AV(当前值)	MU(量程上限)	MD(量程下限)	UT(单位)	OF(显示格式)	SIGTYPE(信号类型)	AH(报警高限)
5	150_FT_1121	C-1104流化蒸汽	0.000000	20.000000	0.000000	t/h	%-8.2f	S4_20mA	0.000000
6	150_FT_1128	流化蒸汽进E-1101...	0.000000	4000.000000	0.000000	kg/h	%-8.f	S4_20mA	0.000000
7	150_PT_1133	中压蒸汽去反应器外...	0.000000	3.000000	0.000000	MPa	%-8.3f	S4_20mA	0.000000
8	150_TT_1161U	E-1101电加热器	0.000000	800.000000	0.000000	℃	%-8.1f	S4_20mA	0.000000
9	150_TT_1171	蒸汽去C-1104反应...	0.000000	400.000000	-50.000000	℃	%-8.1f	S4_20mA	0.000000

图 3-4-39　测点信息窗口

150_TT_1161U 所在模块的输入通道本身可对温度输入信号做 K、E、T、J、R、S、B、N 型热电偶温度补偿计算及 mV 输入等转换，不需专门设置信号转换。其他类型的模块，如 TC 模块也有此功能。

（2）控制回路组态

AT 软件提供 512 个程序组织单元(POU，Program Organization Unit)来组态用户控制逻辑算法。

图 3-4-40　添加 POU 窗口

首先要添加 POU。右击“用户程序”，选择“添加 POU”，弹出“添加 POU”窗口，如图 3-4-40。

“添加 POU”窗口中的关键参数说明如下：

① 名称：POU 的名称。POU 名只能包含字母、数字、下划线“_ ”，不能以“_AT_”开始，且长度不超过 32 个字符，超出部分无法输入；POU 名不能与变量名、变量组名、数据类型(自定义或系统缺省的)、关键字、指令库名或功能块名重名；POU 名不能使用 Windows 系统保留的设备名称，如：CON、PRN、AUX、NUL、COM0～9、LPT0～9 等。

② 语言：选择编程语言，提供连续功能图 CFC、梯形图 LD、结构化文本 ST 和顺序功能图 SFC 共 4 个选项。

③ POU 类型：选择 POU 编辑的内容(程序块、函数、功能块)类型。

④ 图纸大小：确定编辑时的图纸尺寸。缺省为 A0，可选择 A0、A1、A2、A3、A4、A5、Ax 等。当图纸尺寸确定后，系统会自动按照标准尺寸划分编辑区域。使用 ST 语言时尺寸固定为 A4。

⑤ 图纸方向：选择图纸的打印方向，缺省为纵向打印，可修改为横向打印。

⑥ 数据流排序：设置 CFC 语言元件的调度顺序。“自动”表示在编译时，系统自动调整元件的编号；“手动”表示使用相关命令调整元件的编号。

⑦ 修改人：显示最近一次编辑 POU 的工程师，该项不可手动修改。

⑧ 最后下装时间：显示最近一次 POU 下装到真实控制器并生效的时间。

以下为在 AT 中组态控制回路的主要步骤。

1）功能块选择

系统提供的常规功能块种类见表 3-4-5。

表 3-4-5　常规功能块的种类

模块类型	功能块名称	描述
控制器	PID	普通比例积分微分控制
	PIDA	带过程值报警的 PID 控制
	SPLITPID	分程 PID
	CPID	串级 PID
	SPID	采样 PID
	RPID	比值 PID
	TWCON	两位式控制
	TIMECON	占空比控制
	TUNINGPID	自整定 PID
遥控控制	MAN	手操器
	SCS	顺控设备
	MOT2	二位式马达控制
	MOTD	双速马达控制
	VAL2	二位式阀门控制
	SOV	电磁阀控制
信号处理	TWOSEL	模拟量信号二选一
	THRSEL	模拟量信号三选一
	TWOSEL_H	二取高选
	TWOSEL_L	二取低选
	DGT3SEL2	开关量三取二
	RATIO	比值控制
	RATLIM	速率限制
信号报警	AMALM	幅值报警
	DVALM	偏差报警
	RATALM	速率报警
统计计算	FLOWSUM	流量累计
	FSTMEMY	首出记忆

AT 中打开“TEST_PID”程序，在右侧“库管理器”中依次选择“控制运算”-“常规控制”，将 PID 功能块或 PIDA 功能块拖拽到 AT 界面中部的“TEST_PID”程序中。此时，PIDA 功能块上方显示三个问号，左右两侧有 4 条粉红色短线，分别为输入端的 PV 和 SP、输出端的

OUT 和 SP 的连接引线。如图 3-4-41 所示。

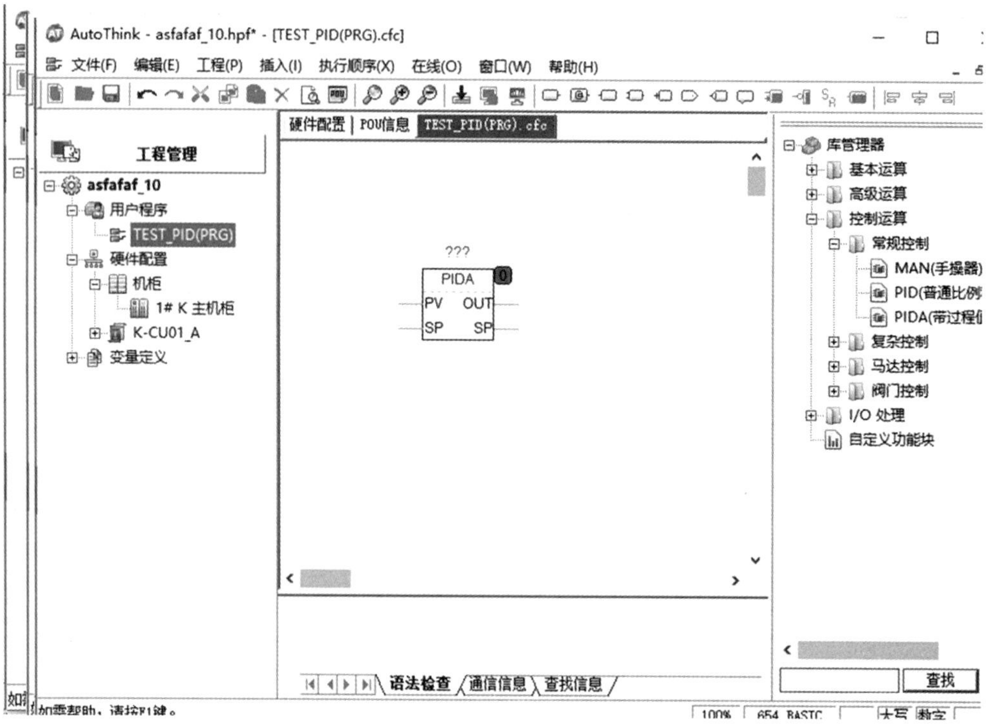

图 3-4-41　PIDA 功能块

右击“功能块”，依次选择“高级”-“设置引脚属性”(如图 3-4-42)，弹出“设置引脚隐藏显示”窗口，为 PIDA 功能块选择输入输出引脚。在输入引脚列表中勾选“PV”和“Q”，输出引脚列表中勾选“OUT”，如图 3-4-43。此时，输入输出连接引线为 PV、SP 和 OUT。

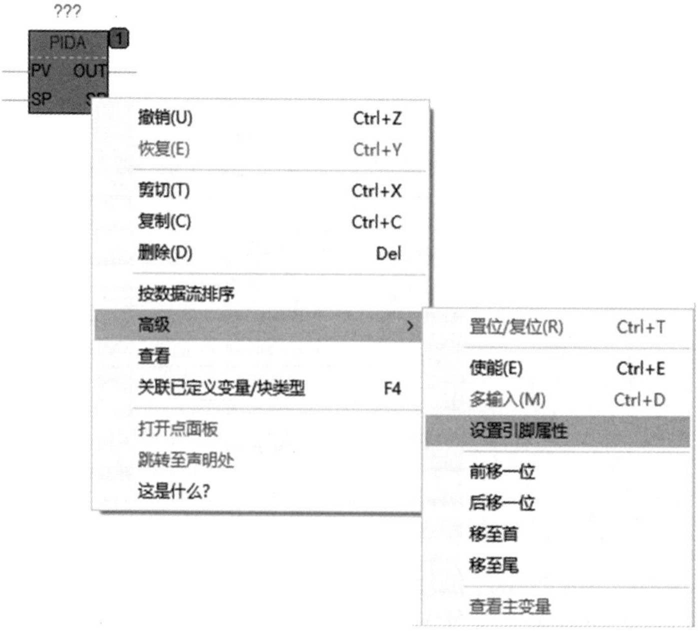

图 3-4-42　设置引脚属性

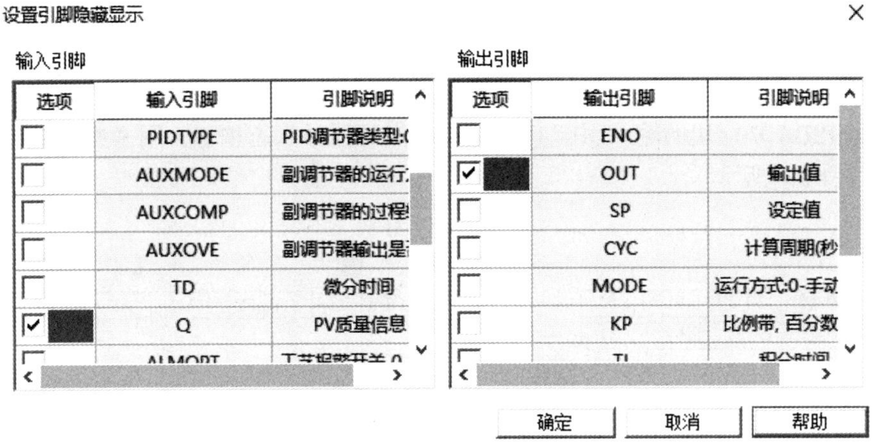

图 3-4-43　设置引脚隐藏显示

将 PIDA 功能块上方的三个问号修改为点名 150_TIC_1161，如图 3-4-44 所示。

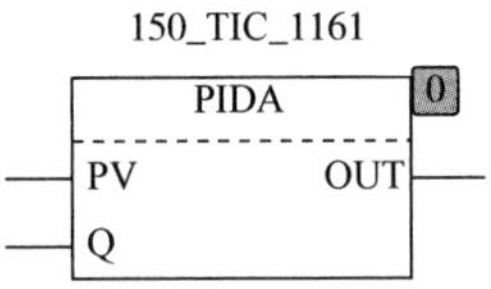

图 3-4-44　设置 PIDA 功能块点名

2）添加 IO 点

右击“TEST_PID”程序的空白处，在菜单中先后选择“输入元件”和“输出元件”，并把输入元件和输出元件里的问号改为 PID 回路需要的 AI 点和 AO 点的点名，IO 点名的右侧是点所属的项名，输入元件项名选“AV”（当前值），输出元件项名选“AI”（输入值）。如图 3-4-45 所示。

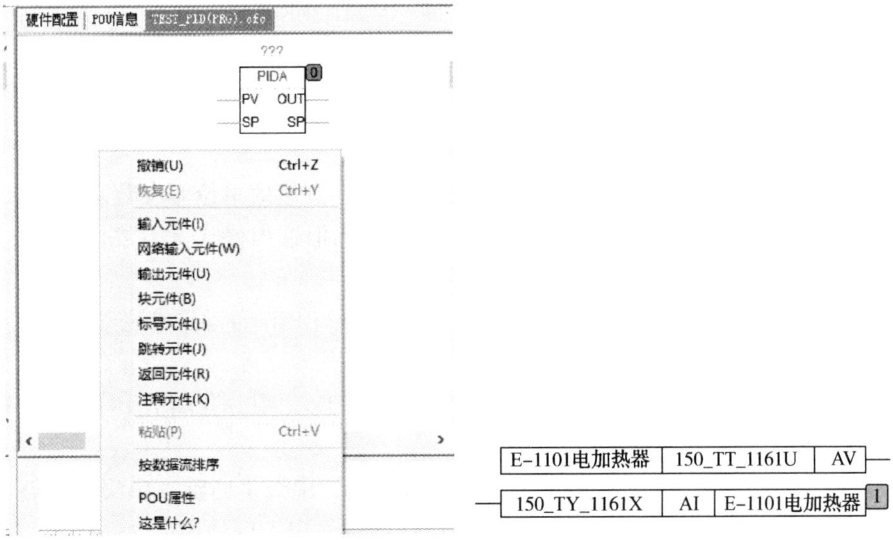

图 3-4-45　添加 IO 点

3）控制回路连接线

用鼠标左键将 AI 点的 AV 引线拖拽至 PIDA 功能块左边的 PV 引线，将 PIDA 功能块的 OUT 引线拖拽至 AO 点的 AI 引线，实现输入、输出元件与 PIDA 功能块的连接。一般情况下，还应将 PIDA 功能块的输入引脚 Q 连接输入点的质量状态项 Q，用来判断被控变量的质量。如图 3-4-46 所示。

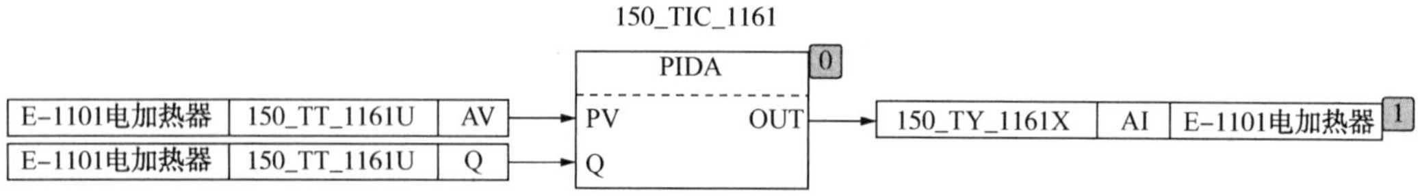

图 3-4-46　连接控制回路

（3）定义功能块参数

双击 PIDA 功能块，弹出 PIDA 功能块的点详细面板，如图 3-4-47 所示。

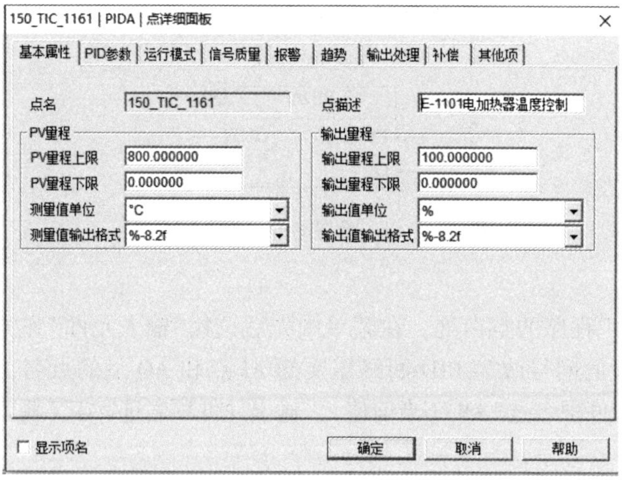

图 3-4-47　PIDA 功能块的点详细面板

在 PIDA 功能块点详细面板中，有 9 个标签页用于内部参数设置：

1）基本属性标签页

本页的主要设置项目有：

① PV 量程　本功能块的点描述、PV 量程上下限、测量值单位等参数。

② 输出量程　输出量程上下限、输出值单位、输出值输出格式等参数。

2）PID 参数标签页

本页主要设置 PID 在自动工作方式下的一些参数，与 PID 自动调节密切相关。包括 PID 参数、PID 属性。

① PID 参数　比例带 KP、积分时间 TI、微分时间 TD、积分分离值 INTEDB、输入死区 DVDB、各参数单位等参数。

② PID 属性　PID 回路类型，可以选择单回路 PID、串级主回路、串级副回路；输出方式，可以选择位置式、增量式；作用方式，可以选择正作用、反作用。

3）运行模式标签页

PIDA 控制模块有手动、自动以及跟踪三种工作模式，跟踪模式具有最高优先级，手动模式次之，自动模式优先级最低。

① 手动　PIDA 模块可以在操作员站上被操作人员切换到手动状态，也可以是由于测量值工艺报警、信号质量坏或者控制偏差变大时自动切换到手动状态，还可以被程序控制其切换到手动状态(需要离线组态时进行组态)。

PIDA 模块处于手动方式工作时，PIDA 停止自动计算，PIDA 模块的输出值是来自操作员站的操作员设定的输出值。

② 自动　PIDA 模块可以在操作员站上被操作人员切换到自动状态，也可以被程序控制切换到自动状态(需要离线组态时进行组态)。

PIDA 模块处于自动方式工作时，PIDA 模块按照比例-积分-微分的规律进行计算，并得出 PIDA 模块的输出值。

PIDA 模块计算结果受到“输出变化率”和“输出幅值限制”限制。

③ 跟踪　回路处于跟踪工作模式时，PIDA 停止自动计算，PIDA 模块的输出值是预先设置的一个数值(一般被称为跟踪量点)。PIDA 模块可以被程序控制切换到跟踪状态。

当某些条件(被称为跟踪开关)满足后，PIDA 模块自动切换到这种工作模式，而当跟踪条件不满足时，PIDA 模块切换到进入跟踪模式前的工作模式或者手动模式。当跟踪条件不满足时，PIDA 模块的切换方式可以在操作员站上进行选择设置。

跟踪模式的一般用法是将一些联锁条件送给跟踪开关输入端，以实现 PID 模块的“联锁”功能。

PIDA 模块的跟踪输出值受到“输出幅值限制”限制。

4）信号质量标签页

在“信号质量”页中显示的是由 AI 测点诊断的测量值的质量信息，且用户可以选择在相应的质量信息坏时是否切到手动工作模式。

信号质量包含 9 项质量信息，当信号质量灯为红色时表示对应的质量信息坏，绿色表示正常。

质量信息坏时切手动包含 3 种情况：模块故障是否切手动，当“信号质量”页中的模块故障灯为红色且选择切手动时会自动切到手动状态；通道故障是否切手动，当“通道断线、通道短路”灯为红色，或者偶校验错连续 3 个周期为红色，且选择切手动时会自动切到手动状态；超量程是否切手动，当超量程上限或超量程下限灯为红色且选择切手动时会自动切到手动状态。

5）报警标签页

设置测量值的限值报警信息及偏差报警显示，限值报警由 PIDA 功能块判断。如果测量值与设定值的绝对差值(｜PV-SP｜)超过偏差限，就可能产生偏差报警。可设置限值报警值和报警级别、偏差报警值和报警级别，以及报警产生后是否切手动工作模式。

① 限值报警　限值报警值的设置项包括：报警高高限、报警高限、报警低限、报警低低限、限值报警死区。限值报警级的设置项包括：高高限报警级、高限报警级、低限报警级、低低限报警级。报警级别可以选择的有：不报警、普通、一般、紧急、特级。

② 偏差报警　设置偏差报警限、偏差报警级别和偏差报警抑制。偏差报警级不可在线修改，只能通过离线组态设置才能生效。只有在设置了可偏差报警级(普通、紧急等)、偏差报警抑制为不抑制的情况下，偏差值超过偏差报警限时才会产生偏差报警。

6）趋势标签页

设置 PIDA 功能块数据采集周期和采集方式。

7）输出处理标签页

设置 PIDA 输出值的速率限制值和幅值限制值。

8）补偿标签页

设置 PIDA 的输入补偿值和输出补偿值。该补偿值也可在线修改。

9）其他项标签页

设置 PIDA 功能块操作面板的选择，一般保持默认。

（4）保存组态文件

完成控制算法的上述 9 个标签页的组态之后，需要保存该组态文件。点击 AT 软件工具栏的“保存”按钮可保存控制算法组态文件。如果修改后的上述组态内容要生效，则需总控程序再保存与编译、下装。

3. 顺序功能图 SFC 简介

（1）识读 SFC

SFC 用于实现顺序控制逻辑。程序由步、跳转、转换、选择分支、并行分支以及动作等构成。

① 步　用于说明程序控制步骤，分初始步(InitStep)和普通步(Step)。InitStep 是 POU 的入口，不能被删除。InitStep 用双线矩形框表示，Step 用单线矩形框表示。如图 3-4-48 所示。

图 3-4-48　步框图

② 跳转　是程序的转移分支，通过该分支可实现程序循环执行。SFC(POU)至少包含一个跳转。跳转可以从某一步直接转移到其他步或带标号的并行分支。跳转用带跳转目标和向下箭头的竖线表示。

③ 转换　表示控制从前驱步沿相应的有向连接转换到后继步所依据的条件。转换方向是从前驱步底部到后继步顶端。每个转换都有一个转换条件，它是一个单布尔表达式的求值结果。转换用代表转换方向的竖向连接线、代表转换条件的横向连接线以及条件名称组成。

④ 选择分支　两个或者两个以上以转换起始并且以转换结束的程序单元，通过相互平行的单实线并行形成选择分支。每一条分支都带有转换条件作为执行分支的依据。如果分支的转换条件(如图 3-4-49 中的 Trans1 和 Trans4)同时满足，则程序执行的优先级是从左到右。如图 3-4-49 所示。

⑤ 并行分支　两个或者两个以上以步起始并且以步结束的程序单元，通过平行的双实线并行形成并行分支。平行线上可以输入分支标号，用来标记跳转位置。如图 3-4-50 所示。

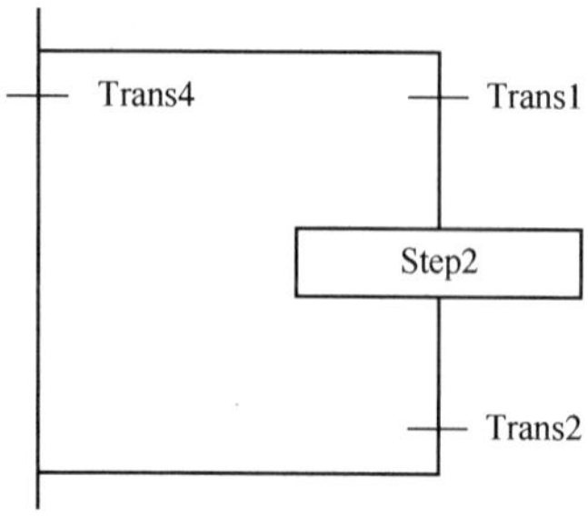

图 3-4-49　选择分支示意图

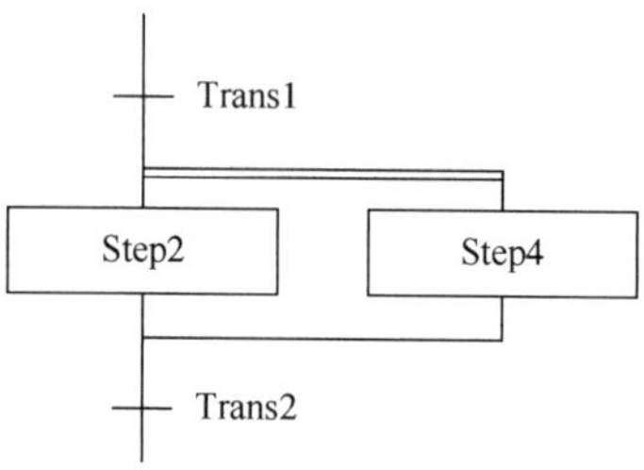

图 3-4-50　并行分支示意图

⑥ 动作　步的动作包括入口动作、动作/转换、出口动作。入口动作指本步刚进入激活状态时执行的动作。添加入口动作的步用其框图左下角[E]标识；动作/转换指本步处于激活状态时执行的动作。添加动作/转换的步用其框图右上角的◥标识；出口动作，指本步即将退出激活状态时执行的动作。添加出口动作的步用其框图右下角的[X]标识。如图 3-4-51 所示。

图 3-4-51　不同动作的标识

双击动作标识，可以编辑动作。动作支持连续功能图 CFC、梯形图 LD 和结构化文本 ST 语言。

(2) SFC 示例

图 3-4-52 为一个 SFC 控制示例，其中以行号和列号表示具体元素的位置。

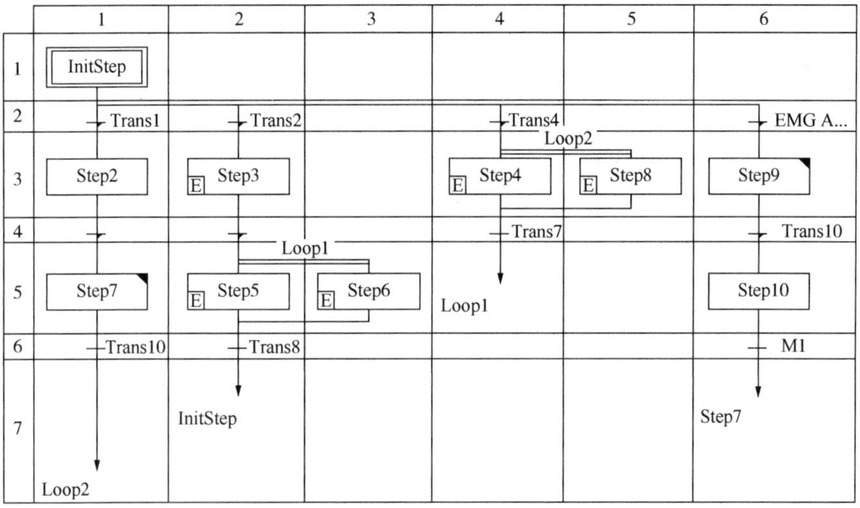

图 3-4-52　SFC 示例

一个 SFC 控制是以 InitStep(第 1 行第 1 列)开始的。

InitStep 后面可以连接转换或步，也可以像本例连接“选择分支”。选择分支包含 4 个子分支，分布于第 2 行的第 1、2、4、6 列。每个子分支都以转换开始。当 InitStep 执行完成后，按照从左到右的优先级执行每个转换条件满足的子分支。

转换和步是成对形式添加或删除的。转换(步)可以添加转换、平行分支(动作、选择分支)。例如，转换可以添加转换条件(如第 2 行第 1 列、第 2 行第 6 列以及第 4 行第 1 列)、平行分支等。

步 Step4(第 3 行第 4 列)和 Step5(第 5 行第 2 列)分别添加了平行分支，依次分布在第 3 行的第 4、5 列和第 5 行的第 2、3 列，分支标号分别是 Loop2 和 Loop1。每个子分支以步开始，表示当转换条件满足时，同时激活所有子分支的第一步。例如，如果 InitStep(第 1 行第 1 列)处于激活状态，此时 Trans4(第 2 行第 4 列)条件满足，则同时激活步 Step4 和 Step8；如果 Step3(第 3 行第 2 列)处于激活状态，转换条件(第 4 行第 2 列)条件满足，则会同时激活步 Step5 和 Step6。

所有选择分支和平行分支的子分支都支持以跳转结束。跳转目标可以是步、平行分支标号、InitStep(默认)。示例中的目标跳转位置分别为:第 7 行第 1 列和第 5 行第 4 列跳转至并行分支标号 Loop2 和 Loop1,第 7 行第 2 列跳转至 InitStep,第 7 行第 6 列跳转至步 Step7。

4. 操作组态

M6 系统操作组态包括趋势组、控制分组、总貌画面、参数成组、工艺流程图等功能的组态。组态结果保存在当前工程文件中。

操作组态在总控程序中进行。展开“操作组态”的方式包括:在菜单栏依次点击“组态”“操作组态”;在工具栏点击按钮;在总控程序最右边的组态流程窗口中展开“操作组态”。在“操作组态”中双击组态项可打开相应的组态窗口。

(1) 趋势组

定义操作员在线显示的趋势组画面。趋势组在“趋势组定义”窗口中设置。

① 增加趋势组　点击“趋势组”区域下方的“增加”,在列表中增加一列趋势组,如图 3-4-53 所示。双击新增的趋势组可修改其描述。每个工程最多可添加 500 个趋势组。

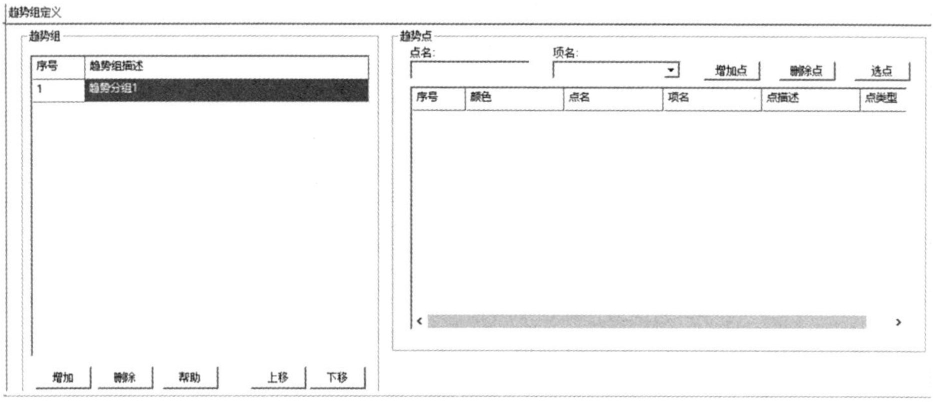

图 3-4-53　增加趋势组

② 添加趋势点　每个趋势组可以添加 8 个测点。在“趋势组定义”窗口左侧选中“趋势组”,以下两种方式均可添加趋势点:

方式一:在“趋势组定义”窗口右侧“趋势点”区域中输入点名和项名,点击“增加点”按钮,将该点增加到列表中。如图 3-4-54 所示。

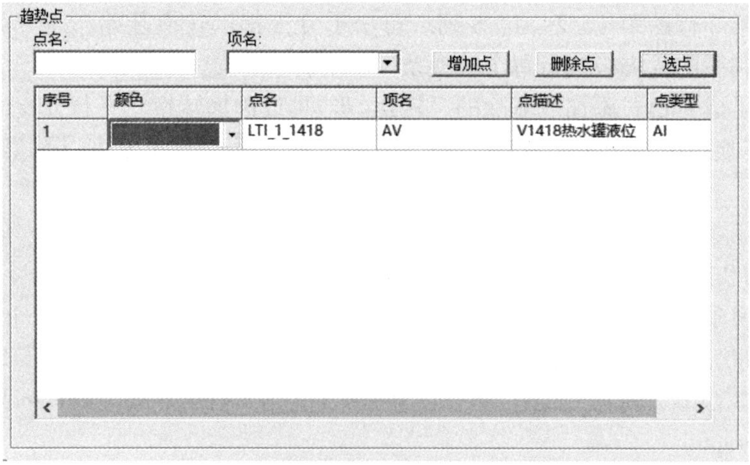

图 3-4-54　添加趋势点之方式一

方式二：点击“趋势点”区域的“选点”按钮，在弹出的“选择点”窗口中搜索所需点名及项名，将其添加至列表中。如图 3-4-55 所示。

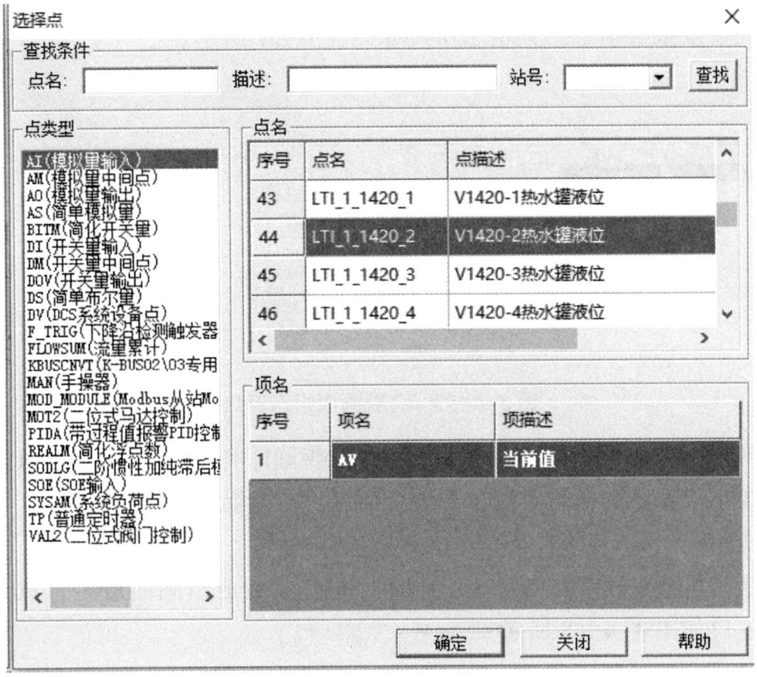

图 3-4-55　添加趋势点之方式二

趋势点添加完成后，在颜色下拉列表中选择该趋势点的显示颜色。

(2) 控制分组

每个工程最多可添加 500 个控制分组，每个控制分组中可添加 8 个点。

在“控制分组组态”窗口左侧“控制分组列表”中选中控制分组，通过分组点列表下的“添加”与“选点”的方式，把选定的点增加到控制组中。如图 3-4-56 所示。

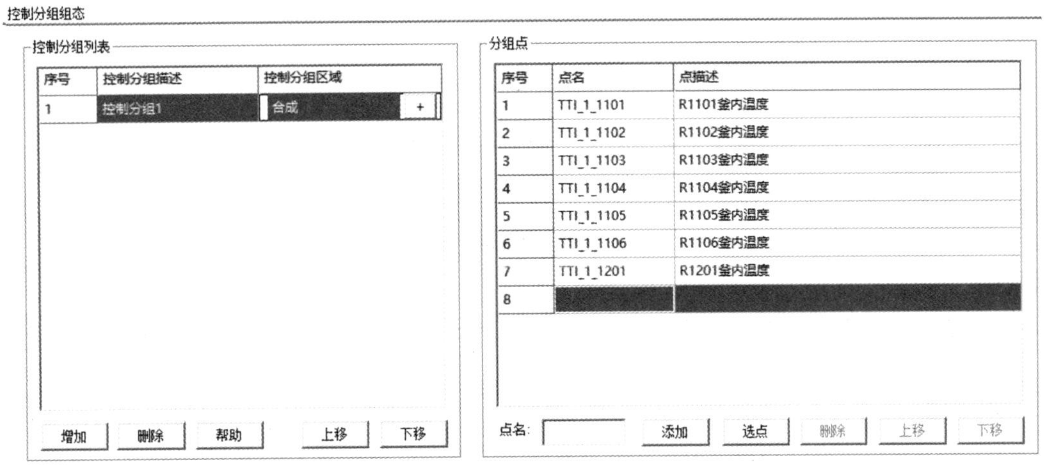

图 3-4-56　控制分组组态窗口

控制分组以及每个控制分组下的点都可以添加、删除与修改。

(3) 总貌画面

总貌画面是在线显示的关于系统某些主要内容的缩略信息显示按钮，按钮内容包括链接画面名称、描述以及报警信息，其组态窗口如图 3-4-57 所示。

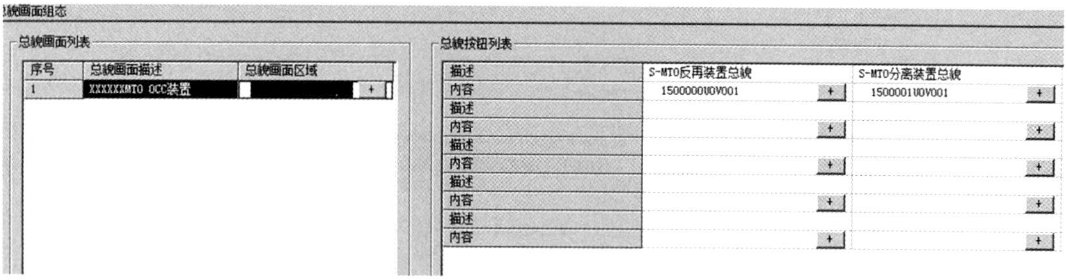

图 3-4-57　总貌画面组态窗口

每个工程最多可添加 100 张总貌画面。每张总貌画面有 25 个按钮，可以链接 25 个总貌项，每个总貌项可以选择的类型有流程图、控制分组、参数成组和系统测点。

(4) 参数成组

每个工程最多可添加 500 张参数成组画面，每张参数成组画面最多有 70 个测点。参数成组画面组态窗口如图 3-4-58 所示。

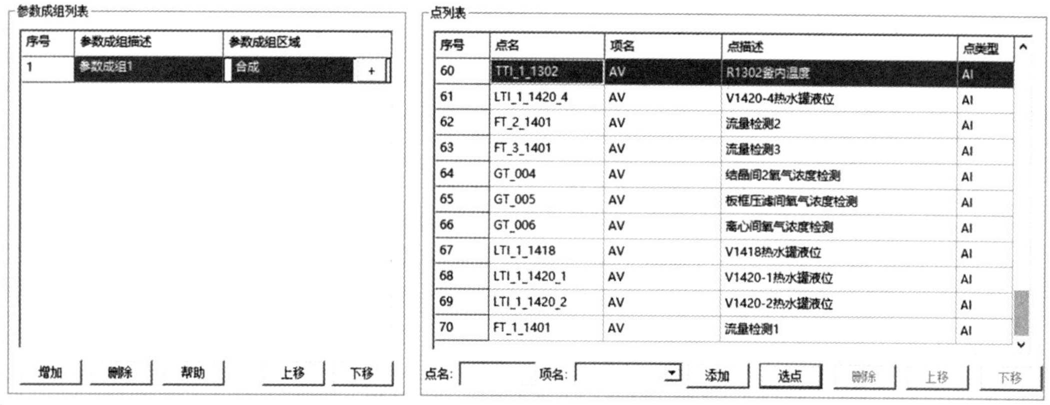

图 3-4-58　参数成组组态窗口

(5) 工艺流程图

对现场进行监控的工艺流程图由图形编辑软件创建、修改、管理、绘制。图形编辑软件如图 3-4-59 所示。

在“操作组态”中选择“工艺流程图”可以打开图形编辑软件，以新建或编辑工艺流程图。

图形编辑软件包含 9 种工具栏：系统、编辑、文字、图形、绘图、布局、视图、对象、设计。其中，绘图工具栏提供绘图用到的各种图形对象，其作用与简单描述见表 3-4-6。

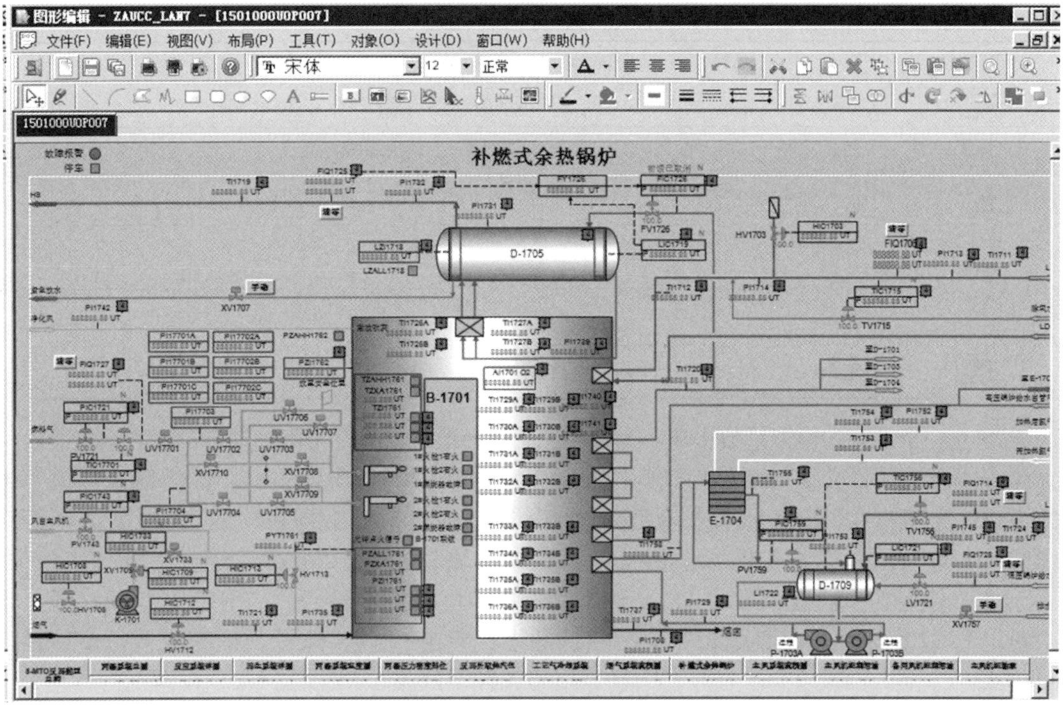

图 3-4-59 图形编辑软件

表 3-4-6 绘图工具栏

按钮图标	名称	描述说明
	选择	对工作区中的图形对象进行选择和编辑
	连续绘图	可连续对选择的图形进行绘制
	直线	绘制不同颜色、线型、宽度的直线
	弧	绘制弧线对象
	多边形	绘制闭合多边形
	折线	绘制所需曲线
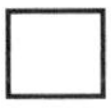	矩形	绘制矩形和正方形
	圆角矩形	绘制圆角矩形
	椭圆	绘制椭圆
	饼图	绘制饼图
A	文字	在空白区域完成文字的输入
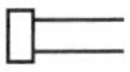	管道	绘制管道
	按钮	绘制按钮
	数值显示	显示模拟量的数值和开关量的状态

续表

按钮图标	名称	描述说明
	图片	在当前画面中插入图片
	图表元素	用于超级用户，画出图表控件
	插入 ActiveX 控件	根据需要将自定义 ActiveX 控件插入图形组态工具
	棒图	绘制棒图
	标尺	绘制标尺
	趋势	显示趋势点的历史曲线

以建立一个动态的模拟量数据显示为例，说明在图形编辑软件中添加动态特性的基本操作。

首先需要使用“文字”工具在图形中添加文字对象（如 PN10_AAA），然后双击该文字对象，弹出“文字属性”窗口，选中“动态特性编辑”选项卡，双击列表中的“模拟量值特性”，如图 3-4-60 所示。接着在模拟量值特性设置参数窗口，左击“点名”右边的“选点”按钮，依次选择“点类型”“点名”和“项名”，例如，选择 AI（模拟量输入）、PN10_AAA 和 AV，点击“确定”。文字属性窗口其他参数保持默认即可，单击“确定”按钮，即完成模拟量值动态特性的设置。

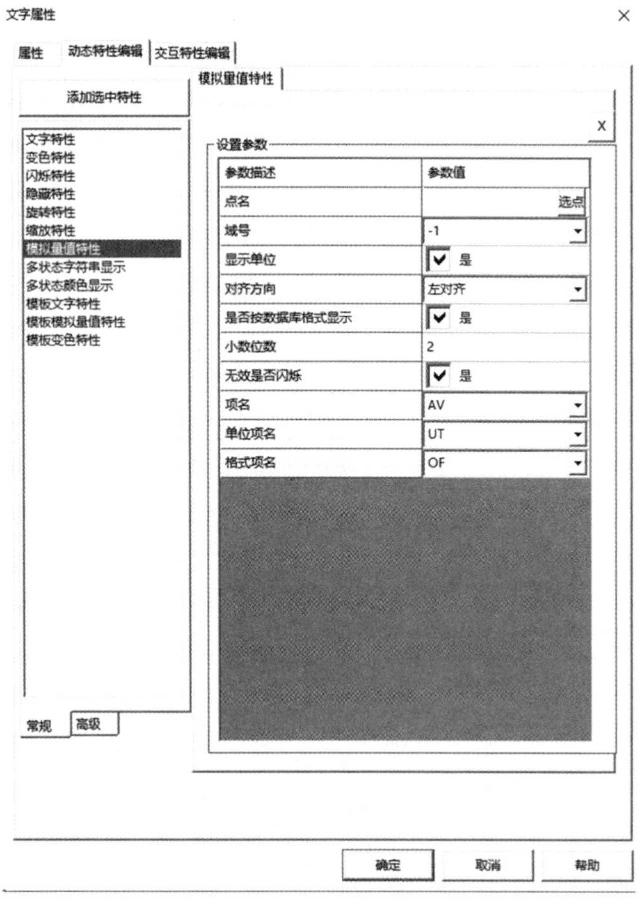

图 3-4-60　图形对象的“动态特性编辑”选项卡

"动态特性编辑"选项卡中，可对选中的图形对象，包括组合对象设置各种动态特性，在此不再赘述。

4.3　现场总线及现场总线控制系统

4.3.1　FF 基金会现场总线

基金会现场总线（FF－H1）的通信模型参照了国际标准化组织（ISO）开放式系统互连（OSI，Open System Interconnection）参考模型（即 ISO/OSI 模型）的 1，2，7 层，另外增加了用户层结构，这是 FF－H1 与其他总线不同之处。FF－H1 通信模型和 OSI 参考模型的关系见图 3－4－61。

物理层（PHY，Physical Layer）与传输介质（电缆、光缆等）相连接，规定了如何收发信号。

数据链路层（DLL，Data Link Layer）规定了总线设备如何共享网络，怎样调度通信。

应用层分为现场总线访问子层（FAS，Fieldbus Access Sublayer）和现场总线报文规范子层（FMS，Fieldbus Message Specification）2 个子层。其中 FAS 规定数据访问的关系模型和规范，在 DLL 与 FMS 之间提供服务；FMS 则规定了标准的报文格式，为用户提供了所需的通信服务。应用层的任务是描述应用进程（AP，Application Process），实现应用进程之间的通信，提供应用接口的标准操作，实现应用层的开放性。应用层规定了设备间交换数据、命令、事件信息和请求应答的信息格式。

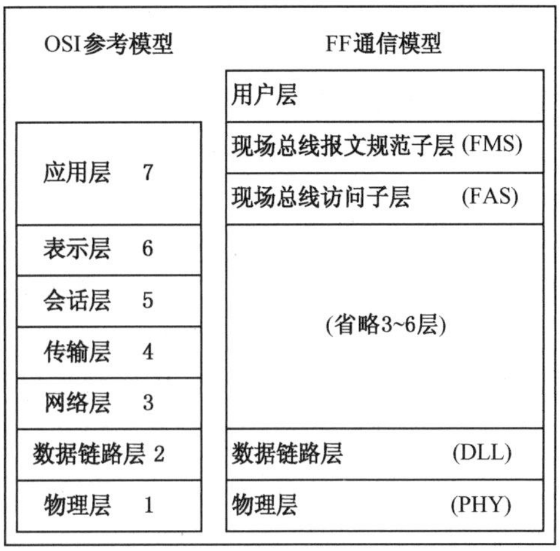

图 3－4－61　基金会现场总线（FF－H1）通信模型和 OSI 参考模型

用户层规定了标准的功能块、对象字典和设备描述，供用户组成所需要的应用程序，并实现网络管理和系统管理。在网络管理中，为了提供一个集成网络各层通信协议的机制，实现设备操作状态的监控和管理，设置了网络管理代理和网络管理信息库，提供组态管理、运行管理和差错管理的功能。在系统管理中，设置系统管理内核、系统管理内核协议和系统管理信息库，提供设备管理、功能管理、时钟管理和安全管理等功能。

FF 将数据链路层、应用层的软件集成为通信栈，其功能是，对用户层报文进行编码和解码，实现对报文传递的控制，进行高效安全的报文传输。

1. 物理层

FF－H1 物理层的主要电气、物理属性见表 3－4－7 所示。

表 3－4－7　FF－H1 物理层主要电气、物理特性

电源供给方式	总线供电	电缆型式	屏蔽双绞线
电源电压	9～32VDC	接线拓扑结构	线形、树形、星形、复合形
数据传输方式	数字化位同步	电缆长度	≤1900m
编码形式	曼彻斯特编码	挂接设备数	≤32 台（无中继器）
物理层帧格式	前同步信号、防错的起止分界符	可用中继器数	≤4 台
信号电压	0. 75～1. 0VPP	适用防爆方式	本质安全型防爆
传输波特率	31. 25kbps		

FF-H1 现场总线网段的构成如图 3-4-62 所示。

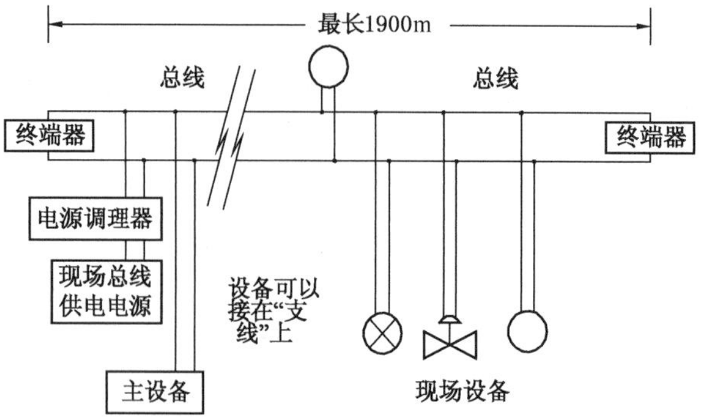

图 3-4-62　典型网段构成

（1）电源及电源调理器

FF 的现场设备提供两种供电方式：总线供电与单独供电。总线供电设备直接从传输数字信号的总线上获取工作能源；单独供电方式的现场设备，其工作电源直接来自外部电源，而不是取自总线。对总线供电的场合，总线上既要传送数字信号，又要向现场设备供电。电源电压范围为 9~32VDC，电源必须对地隔离。对于本质安全应用场合，允许的电源电压应由安全栅额定值确定。如果 FF-H1 的电源采用常规供电电源，为维持恒定的电压电平，该电源会吸收信号。为此，常规电源须经调理后才可为现场总线供电。

电源调理器的功能是现场总线电路与地之间的隔离、电缆短路时网段电流的限制以及对现场总线信号的高阻抗。每个现场总线网段都需要电源调理器。电源调理器允许线路上的 DC 电源通过，但防止 31.25kbps 的信号电流进入供电电源。现场总线供电电源、电源调理器均应采用冗余、均分负载以及输出电流限制措施。FF 电源调理器应提供 FF 信号所需的阻抗匹配属性。

（2）终端器

现场总线终端器包括一个 $R=100\Omega$ 电阻及与其串联的 $C=1\mu F$ 电容。每个网段有两个终端器，两个终端器之间的接线定义为主干线。两个终端器一个在 FF 电源模块中，另一个在现场专用端子箱内。终端器有两个功能：一个功能是由于通信信号以电流信号发送、以电压信号接收，故终端器起到电流/电压转换作用，将 15~20mA 电流转换成 0.75~1V 电压；另一个功能是，当信号沿电缆传输碰到断续时，比如开路或断路，将产生反射。因断续反射回来的该部分信号沿相反的方向传输，因此反射是一种噪声，将引起信号失真。终端器可以防止反射，提高信息传输的可靠性。

（3）FF-H1 现场总线拓扑结构及传输介质

FF-H1 现场总线拓扑形式有总线形、树形、混合形和菊花链形，如图 3-4-63 所示。

FF-H1 网段支持多种传输介质：双绞线、同轴电缆、光缆、无线介质，应用较为广泛的是前两种。H1 标准采用的电缆类型可为无屏蔽双绞线、屏蔽双绞线、屏蔽多对双绞线和多芯屏蔽电缆。

在许多场合，传输介质上既要传输数字信号，又要传输工作电源。由于要使挂接在总线上的所有设备都满足工作电源、信号幅度、波形等方面的要求，必须对在不同工作环境下作为传输介质的导线横截面、允许的最大传输距离等做出规定。传输介质最大距离为主干和所有分支电缆长度的总和。

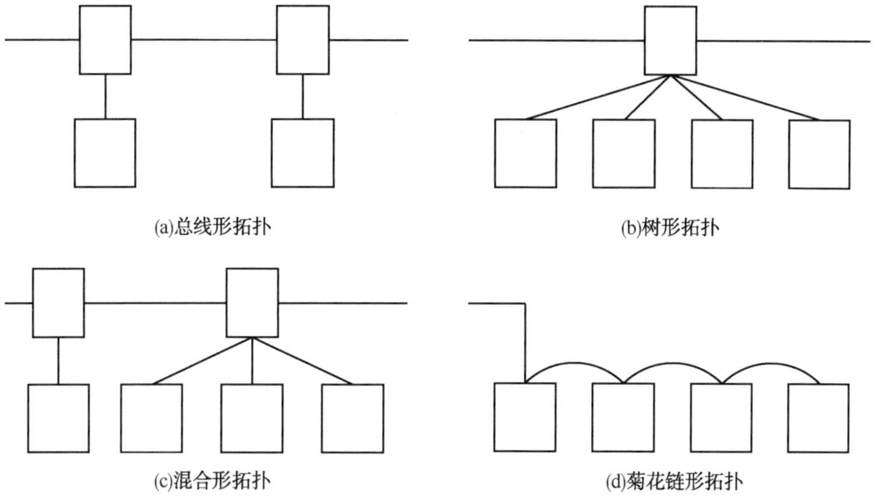

图 3-4-63　H1 现场总线拓扑形式

(4) FF-H1 现场总线的物理信号

按照 31.25 kbps 的技术规范，FF 的信号波形如图 3-4-64(a)所示。携带协议信息的数字信号以 31.25 kHz 频率、峰-峰电压为 0.75～1 V 的幅值加载到 9～32V 的直流供电电压上，形成控制网络的通信信号波形，如图 3-4-64(b)所示。

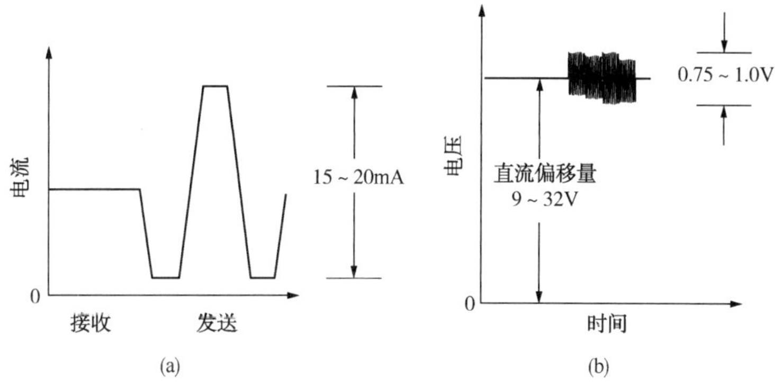

图 3-4-64　FF-H1 现场总线信号传输波形

(5) FF-H1 现场总线的信号编码

FF-H1 通信信号编码采用图 3-4-65 所示的帧结构。

	前导码	帧前定界码	协议数据信息	帧结束码
字节数	1*	1	8～273	1

图 3-4-65　FF 的通信帧结构

FF-H1 采用曼彻斯特编码技术对协议数据进行编码，并将编码信号加载到直流电源上形成物理通信信号。每个通信帧中协议数据的长度为 8～273 字节。

前导码　前导码置于通信帧最前端，是特别规定的一组 8 位数字信号：10101010。一般情况下，前导码的长度是 1 字节。如果采用中继器的话，前导码可以多于 1 字节。接收端的接收器采用前导码，使其内部时钟与正在接收的网络信号同步。

帧前定界码　帧前定界码标明了协议数据信息的起点，长度为 1 字节。接收端的接收器利用帧前定界码信号来找到协议数据信息的起点。

帧结束码　帧结束码标志着协议数据信息的终止，其长度也为 1 字节。

前导码、帧前定界码和帧结束码都是由物理层的硬件电路生成的信号。发送端的发送驱动器要把前导码、帧前定界码、帧结束码增加到发送序列之中；接收端的信号接收器则要从所接收的序列中把前导码、帧前定界码、帧结束码去除，只将协议数据信息送往上层处理。

2. FF-H1 数据链路层

数据链路层(DLL)控制报文在现场总线上的传输。DLL 通过一个叫作链路活动调度器(LAS，Link Active Scheduler)上确定的集中式总线调度程序，管理对现场总线的访问。

在 DLL 规范中定义了三种类型 H1 现场总线设备：基本设备、链路主设备和网桥。链路主设备是能变为链路活动调度器的设备，基本设备不具备变为 LAS 的能力。网桥(也称链接设备)把单个现场总线连在一起形成更大的网络。

LAS 的运作过程如图 3-4-66 所示。

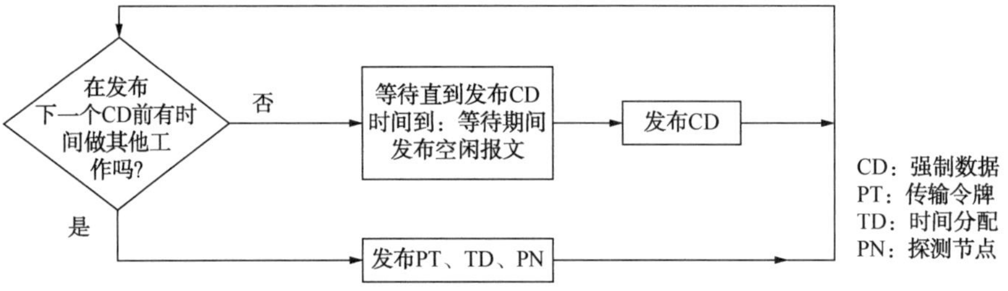

图 3-4-66　链路活动调度器运行机制

通信方式分受调度通信和非调度通信两种。受调度通信是周期性的数据传输(如功能块间的数据连接)，当设备发送数据时刻到时，LAS 向其发出强制数据(CD)，发送设备在收到 CD 后，发布其缓冲区数据到现场总线上的所有设备。非调度通信是利用受调度通信的间隙进行的非周期性数据传输(如响应操作指令)，LAS 通过发布一个传输令牌(PT)给某一设备，允许该设备使用现场总线，该设备接收到 PT 后，就可以发送数据。

CD 相当于 LAS 精确调度周期性活动的“指令”，周期性调度活动是 LAS 执行的最高优先级的活动，其他操作只在受调度传输的间隙进行。数据链路的时间同步信号也是由 LAS 周期性发布的。

现场总线可以添加新设备或撤走已有设备。所有响应 PT 的设备清单称为“活动表”。LAS 周期性地向不在活动表中的地址发送节点探测 PN 信号，若设备做出应答，LAS 就将该设备加到活动表中，并向该设备发送一个节点活化信号以确认此添加。如果已有设备没有使用令牌或连续三次尝试仍未将令牌立即返回 LAS，则 LAS 将该设备从活动表中撤走，并将其视作非活动设备。

无论设备加入活动表或从活动表中撤走，LAS 都会向所有设备广播活动表的改变，使每个设备都保留一个当前活动表的副本。

一条现场总线可以有多台链路主设备，形成一用多备的 LAS 冗余模式。

3. 应用层的现场总线访问子层(FAS)

FAS 使用数据链路层的调度和非调度特点，为现场总线报文规范(FMS)提供服务。FAS 服务类型用虚拟通信关系(VCR，Virtual Communication Relationships)来描述。

VCR 就像电话的快速拨号功能。一个国际电话有很多位数字要拨，比如国际访问号码、国家号码、地区号码、总机号码及最后的专用电话号码，将这些信息输入一次并存储后，就可成为“快速拨号码”，一旦需要，只需输入快速拨号码就行了。同样，在组态 VCR 后，仅需 VCR 号码就可与其他现场总线设备进行通信。

VCR 有以下三种类型：

(1) C/S 类型 VCR

这种类型 VCR 用以实现现场总线设备间的通信，它用于排队的、非调度的、用户初始化的和一对一的通信。

当设备从 LAS 收到一个 PT 时，它可以发送一请求报文给现场总线上的另一台设备，请求者被称为“客户”，而收到请求的设备被称为“服务器”。当服务器收到来自 LAS 的 PT 时，要发送相应的响应。

C/S VCR 类型用于操作员产生的请求，诸如设定点改变、整定参数的存取和改变、报警确认和设备的上载/下载。

(2) 报告分发类型 VCR

报告分发类型 VCR 用于队列化的、非调度的、用户初始化的、一对多的通信。

当设备有事件或趋势报告，且从 LAS 收到一个 PT 时，设备将报文发送给由该 VCR 定义的一个“组地址”。在该 VCR 中被组态为“接收”的设备将接收该报文。

报告分发 VCR 类型一般用于现场总线设备向操作员控制台发送报警信息。

(3) 发布方/接收方类型 VCR

该类型 VCR 用于缓冲式的、一对多的通信。缓冲意味着在网络中只保留数据的最新版本，新数据完全覆盖以前的数据。

当设备收到 CD 后，它向现场总线上的所有设备“发布”或广播它的报文，那些接收报文的设备被称为“接收方”。该 CD 可由 LAS 调度，也可以由基于非调度的接收方发送。VCR 标志指明使用哪一种方法。

发布方/接收方类型 VCR 被现场总线设备用于周期性的、受调度的用户应用功能块在现场总线上的输入和输出，诸如过程变量(PV)和初级输出(OUT)等。

VCR 在实际应用中如图 3-4-67 所示。图中(a)表示变送器内藏 AI 功能块，阀门定位器内藏 PID 及 AO 功能块，AI 功能块与 PID 功能块的通信是属发布方/接收方 VCR 通信模式，发布方为 AI 功能块，接收方是 PID 功能块，这里构成 PID 控制策略只需一个 VCR 通信任务；图中(b)所示是变送器内藏一个 AI 及 PID 功能块，而阀门定位器仅内藏 AO 功能块，在组成 PID 控制策略时需要 2 个 VCR 通信任务；图中(c)变送器内藏一个 AI 功能块，阀门定位器内藏一个 AO 功能块，利用 DCS 控制器提供的 PID 功能块组成 PID 控制策略。采用 C/S 方式，用了 3 个 VCR 通信任务。

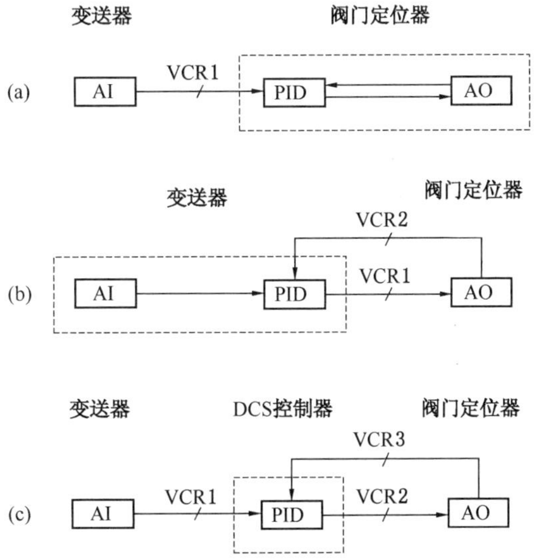

图 3-4-67　虚拟通信关系在实际中的应用

上述三种方式组成的 PID 控制策略中，图 3-4-67(a)用的 VCR 最少，仅为一个。实际组态时，每个网段可支持 20~25 个 VCR 通信任务(如，Delta V 系统)。

4. 应用层的现场总线报文规范(FMS)子层

现场总线报文规范为用户层服务，以标准的报文格式集，在现场总线上相互发送报文。借助它，功能块能通过总线进行通信。它描述了通信服务、报文格式和用户建立报文所必需的协议行为。针对不同的对象类型，定义了相应的总线报文子层通信服务。典型的服务包括对象描述服务、变量访问服务、事件服务、上/下载服务、环境管理服务及程序调用服务等。

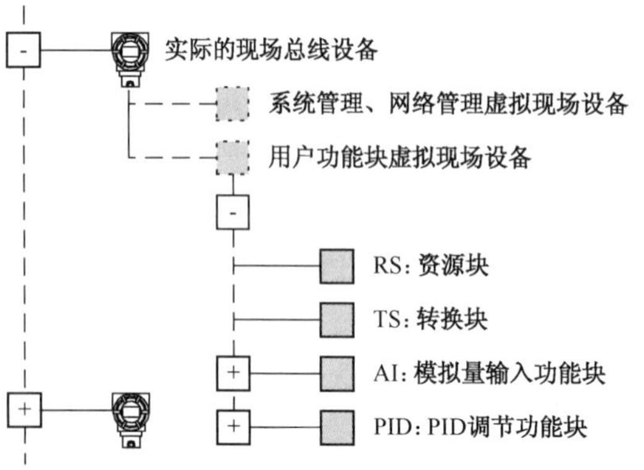

图 3-4-68　一台实际的现场总线设备至少有两个虚拟现场设备

用户层通过 FMS 服务访问应用进程对象及其对象描述。把对象描述汇集在一起形成对象字典。应用进程中网络可视对象和相应的对象字典在 FMS 中称为“虚拟现场设备(VFD，Virtual Field Device)”。从通信伙伴的角度来看，VFD 是一个自动化系统的数据和行为的抽象模型。通过 FMS 服务可以实现对 VFD 的访问。一台典型的现场总线设备至少有两个 VFD，见图 3-4-68。

VCR 通过现场总线网络远程访问 VFD 的数据。

5. 用户层

该层作为 FF 协议的最顶层，用于组成用户所需要的应用程序，实现从底层通信到上层应用的无缝集成，如规定标准的功能块、设备描述(DD，Device Description)，实现网络管理、系统管理等。

(1) 用户程序模块

用户程序模块分为资源块、功能块和转换器块三类。

资源块：主要描述现场总线设备的属性，如名称、制造商及系列号等，每台设备只有一个资源块。

功能块：提供控制系统行为，其输入、输出可通过现场总线相连，各功能块的执行均被精确地调度。一个用户程序中可有多个功能块。在现场设备中，通过建立功能块可实现预计的功能。FF 总线可使用模拟输入、模拟输出、偏差、控制选择器、开关量输入、开关量输出、手操器、比例/微分、比例/微分/积分和比率等标准功能块和若干附加功能块。

转换器块：用来将功能块连到设备的 IO 硬件(如传感器、执行器以及显示器)，是 IO 硬件和功能块软件之间的桥梁。这些模块包含对某种特定的物理属性(如压力或温度)进行测量的信息和功能。转换器不仅完成测量功能，还完成执行和显示功能。

(2) 系统管理

系统管理使功能块的执行和功能块参数的通信保持同步，还处理其他重要的系统功能，如向所有设备广播时间、设备地址的自动分配以及设备位号或参数名称的搜寻等。

系统管理如功能模块调度所需要的所有组态信息，是由每台设备的网络和系统管理虚拟现场设备(VFD)的对象描述所描述。该 VFD 提供了对系统管理信息库以及网络管理信息库的访问。

(3) 设备描述(DD)

为了保证现场总线设备的可互操作性及可互换性，除标准功能块参数与行为定义外，还采用了设备描述技术，这样任何与现场总线兼容的控制系统或主站就可以操作总线设备。FF 为所有的标准功能块和转换块提供设备描述。设备供应商一般参照标准的设备描述制定“加长”的设备描述，从而向设备中加入供应商特定的信息，如标定和诊断程序等。FF 主站及各类支持软件(如 AMS)除了为本公司生产的所有 FF 设备提供设备描述外，还为其他厂商已注册的所有设备提供设备描述，这就使得系统在增加一台新设备时无须开发专有的接口和驱动程序，也无须修改系统软件，大大地简化了设备开发和产品更新。

DD 为 VFD 的每个对象提供了一个扩展描述，也为主站在理解 VFD 中数据的意义时提供必要的信息，它包括如标定和诊断功能的人机接口的数据意义，因此，DD 可被看作设备的一个驱动器。

DD 类似于 PC 上使用不同打印机和连接在 PC 上的其他设备的驱动程序。如果有了设备的 DD，则任何控制系统和主站都能操作该设备。

(4) 功能块的调度

调度建立工具用于功能块的生成和 LAS 的调度。假定调度建立工具已为图 3-4-67(a) 中描述的回路建立了以下调度：

① 该调度包含从“链路调度开始绝对时间”开始的起始时间偏移量。

② “链路调度绝对时间”为所有现场总线上的设备所知。

一个“宏周期”由所谓周期调度通信时间和非调度通信时间构成。

在图 3-4-69 中，变送器的系统管理在 0 偏移量处执行 AI 功能模块。在偏移量 20ms 时，LAS 向变送器中的 AI 功能块缓冲寄存器发出 CD，然后该缓冲区中的数据在现场总线上发布；在偏移量 30ms 时，阀门定位器中的系统管理使 PID 功能模块执行，紧接着在偏移量 50ms 时，使 AO 功能模块执行。

该模式精确地自我重复，保证了控制回路动态过程的整体性。

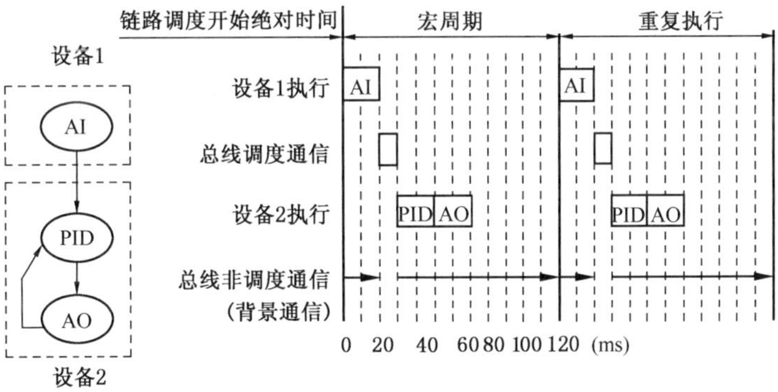

图 3-4-69　总线链路调度时间偏移量

注意，在功能模块执行期间，LAS 将发送 PT 给所有设备，使它们可传输它们的非调度报文，如报警提示或操作员设定值的改变。

在该例子中，唯一不能用来传输非调度报文的时间是偏移量 20～30ms 的时间，其间 AI 功能块数据将在现场总线上发布。

(5) 应用时钟发布

FF 支持应用时钟发布功能。应用时钟通常被设定为本地当日时间。

系统管理者有一个时间发布器，它周期性地向所有现场总线设备发送应用时钟同步信息。数据链路调度时间与应用时钟信息一起发送，使接收设备得以调整它们的本地应用时间。在时间同步间隙，每个设备基于其内部时钟，独立保持应用时钟时间的更新。

应用时钟的同步使设备给通过现场总线网络的数据打上时间标记。如果在现场总线上有后备应用时钟同步发布器，一旦当前工作着的时间发布失效，该后备发布器就变成活动的。

（6）设备地址分配

为保证现场总线正确操作，每台现场总线设备必须有一个唯一的网络地址和物理设备位号。网络地址分配由系统管理自动进行。

将一个网络地址分配给一台新设备的操作顺序如下：

第一步，通过设备组态，将一个物理设备位号分配给一台新设备，该分配工作既可以在工作台上离线进行，也可以在现场总线上通过缺省网址在线实现；

第二步，使用缺省网址时，系统管理要向设备询问它的物理设备位号，系统管理用该物理设备的位号，在组态表上查找新的网络地址，然后系统管理向该设备发送一个专门的“设定地址”报文，强迫设备采用这个新的网络地址；

第三步，对所有的设备反复操作这一过程，使使用缺省地址的设备获得新的网络地址而进入网络。

（7）寻找位号服务

为便利主站和便携式维护设备，系统管理支持通过位号搜索寻找设备或变量的服务。

“寻找位号请求”报文向所有现场总线设备广播，一旦收到该报文，每台设备在其虚拟现场设备（VFD）中查询所需要的位号，并且返回（如果找到的话）包括网络地址、VFD 编号、虚拟通信关系（VCR）和对象字典（OD）索引上的全部路径信息。一旦接收到路径信息，主站或维护设备就能访问与该位号有关的数据了。

4.3.2 Profibus 现场总线

Profibus 现场总线属于 IEC 61158Ed.3 现场总线国际标准中类型 3 部分，得到 Profibus 用户组织 PNO 的支持。

Profibus 早期由三个兼容部分组成，即 Profibus-DP、Profibus-FMS、Profibus-PA 三条总线构成，后来取消了 Profibus-FMS 总线。扩展的 Profibus 总线体系结构示意见图 3-4-70。Profibus-DP 特别适用于装置一级的自控系统与分散的 IO 之间的高速通信。Profibus-PA 是专为连续的工业过程自动化而设计的，它采用公共总线对现场设备完成供电和数据通信，并实现本质安全性能。

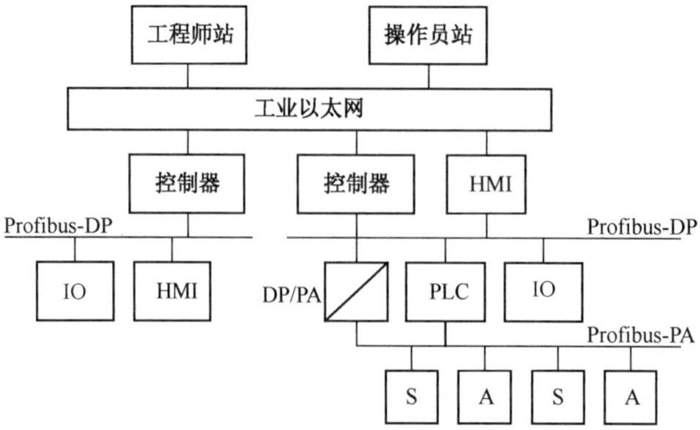

图 3-4-70 Profibus 现场总线体系结构

在防爆方面，采用了 FISCO 模型。在安全方面，推出了 PROFI-safe。

1. Profibus 技术要点

(1) 主站与从站

Profibus 上的设备分为主站设备和从站设备两类。主站设备(Master device)具有对总线的控制权，可主动发送信息。主站在得到控制权时，可以按主-从方式，向从站发送或索取信息，实现点对点通信。主站可采取对所有站点广播(不要求应答)，或有选择地向一组站点广播。主站也称为主动站。从站设备(Slave device)是外围设备，如 IO 设备、阀门、驱动器和测量变送器等，它们没有总线存取权，只能应答所收到的报文或向主站回发报文。从站也称为被动站。

Profibus 支持主-从系统、纯主站系统、多主多从混合系统等几种传输方式。对多主站系统来说，主站之间采用令牌方式传递信息，得到令牌的站点可在一个事先规定的令牌在各主站中循环一周的最长时间内拥有总线控制权。按 Profibus 的通信规范，令牌在主站之间按地址编号顺序，沿上行方向进行传递。

(2) 协议结构

Profibus 通信协议结构依据 ISO/OSI 参考模型，符合国际标准 ISO 7498。在此模型中，每层都处理精确定义的任务。第一层(物理层)定义物理的传输属性；第二层(数据链路层)定义总线存取协议；第七层(应用层)定义应用功能；第三层到第六层未使用。

Profibus-DP 使用第一层和第二层及用户接口，第三层到第七层未使用。直接数据链路映像程序(Direct Data Link Mapper，DDLM)提供了访问第二层的用户接口，在用户接口中规定了用户和系统可使用的应用功能以及各种 DP 设备类型的设备行为属性。

Profibus-PA 用于连接现场仪表，并通过耦合器与 DP 相连(如图 3-4-71)。

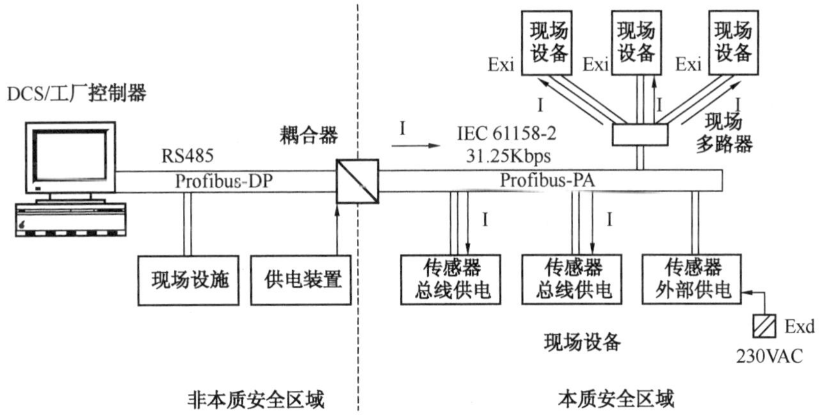

图 3-4-71　Profibus 过程自动化典型结构图

(3) Profibus 的传输技术

Profibus 提供 3 种类型的传输技术，即 DP 和 FMS 的 RS485 传输，PA 的 IEC 61158-2 传输和光缆(FU)传输。

DP 和 FMS 的 RS485 传输　传输介质为一对双绞屏蔽铜芯电缆。RS485 传输技术操作简单，电缆安装容易。总线结构允许随时增加站、撤除站，也就是说系统的分布投运不会影响总线上的其他站，后继站的扩展也不影响已在总线上运行的站。RS485 的传输速度为 9.6kbps 至 12Mbps(总线上所有设备的传输速率必须相同)，对应的电缆最大长度为 1200m。

一个总线段中最多可连接 32 个站(分站或从站)，使用中继器时，可扩展至 126 个站。每个总线段的两端都需要一个有源的总线终端器。

IEC 61158-2 传输　Profibus-PA 应用 IEC 61158-2 传输技术，可用于危险区域，如需防爆的场合。所有用在危险区域的部件都必须经过中立机构按照 FISCO(Fieldbus Intrinsically Safe Concept，现场总线本质安全概念)模型和 IEC 61158-2 的要求进行认证和核准。如果所有使用的部件都按要求进行认证，并对供电装置、电缆长度和总线终端器的选择遵照以下规则，那么 PA 网络的投运就不需要更多的系统实验了。FISCO 模型已被国际承认为用于危险场合现场总线的基本模型。

符合 IEC 61158-2 和 FISCO 模型的传输技术，基于以下的规则：每一段只有一个供电电源作为供电装置；当一个站在发送信息时对总线不供电；在稳定状态下，每个现场设备消耗恒定的基本电流；现场设备的作用如同一个无源的电流吸收器；在主总线的两端各有一个无源的终端器；允许线形、树形和星形拓扑结构。

IEC 61158-2 传输技术的主要属性见表 3-4-8。

表 3-4-8　IEC 61158-2 传输技术的主要属性

数据传输	数字化，位同步，曼彻斯特编码，即利用相位表示二进制信息
传输速率	31.25kbps，电压模式
数据可靠性	前同步码，出错校验，起始和结束定界符
电　缆	屏蔽双绞电缆
远程供电	可选。通过数据线供电
防爆类别	本质安全(EEx ia/ib)和密封(EEx d/m/p/q)
拓　扑	线形、树形或混合形
站点数	每个线形段最多为 6 到 9 个站(防爆型)或 32 个站(非防爆型)
中继器	最多可用 4 个中继器来扩展

(4) 耦合器

耦合器是连接 DP 与 PA 的接口(图 3-4-71)，它是 DP 的延伸，可以将 DP 的 RS485 信号转变为 IEC 61158-2 的电平，同时又是 PA 现场仪表的供电装置，在 RS485 段中最大的波特率应限制在 93.75kbps。如果现场仪表很多，则需要有多个耦合器。为了简化起见，此时可用链接器代替多个耦合器。在 RS485 段内，链接器作为一个从站代表所有连接在 IEC 61158-2 段中的现场仪表；同时又作为主站对待这些现场代表，而且对 RS485 段中的波特率没有限制，这就意味着，对包含由 IEC 61158-2 连接的现场仪表的控制功能可以实现最大传输速度为 12Mbps 的高速通信。

2. Profibus-PA 的实际应用

某化工厂应用西门子的 PCS7 及现场总线 Profibus-DP/PA 技术，其系统如图 3-4-72 所示。

系统包括 PCS7 AS-416CPU 控制器，4 个 DP/PA 链接器和 15 个耦合器，Profibus-PA 现场仪表 47 台(压力/差压变送器、温度变送器)，智能电气阀门定位器 25 个。

整个工程的实施结果显示：项目投资节省，生产成本降低，污染排放得到有效控制，完成了现场调试(软件组态、回路测试、现场验收)。总之，带来较显著的经济效益。

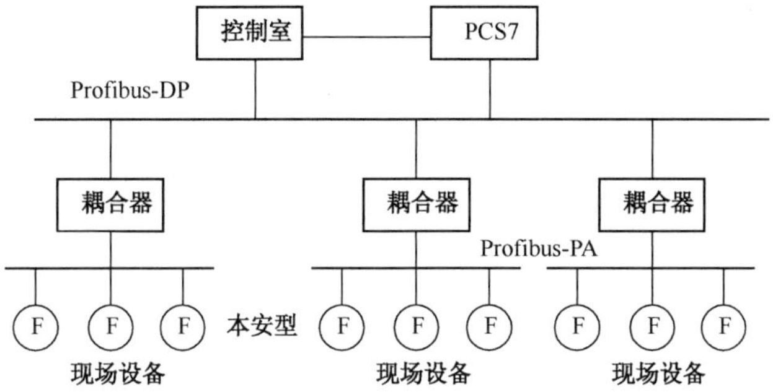

图 3-4-72　某化工厂 Profibus-PA 项目示意图

4.3.3　HART 总线

HART 通信协议的主要特点是在现有模拟信号传输线上实现数字信号通信，属于模拟系统向数字系统转变过程中的过渡产品。

1. HART 通信协议层结构

HART 协议遵循 ISO/OSI 模型，使用其 1、2、7 层，如表 3-4-9 所示。

表 3-4-9　HART 通信模型与 OSI 参考模型的关系

OSI 参考模型			HART 通信模型
层次	名称	说明	
7	应用层	预备形式数据	HART 设备
6	表示层	解释数据	—
5	会话层	控制对话	—
4	传递层	确保信息完整	—
3	网络层	程序传输	—
2	数据链路层	检查错误	协议规则
1	物理层	连接设备	Bell 202

第 1 层是物理层，应用以 Bell 202 通信标准为核心的频移键控(FSK)技术。

大多数现行的电缆都适用于数字通信，而独立屏蔽的 AWG24 或更大的双绞线的通信效果会更好。

第 2 层为数据链路层，规定 HART 框架格式。这种框架具有两维错误检查，包括横向和纵向奇偶校验，以确保通信数据的完整性。

另外，数据链路层还支持仪表、控制系统及手持通信器之间的通信，允许使用询问/回答或成组通信方式。

第 7 层为应用层。使用 HART 命令集。这些命令可使主机获得现场仪表数据，并对其进行解释。

2. HART 通信协议的技术规格

HART 协议的通用规格如下：

① 通信方法　频移键控技术符合 Bell 202 调制解调器标准中的波特率及数字“1”和“0”两种频率规格(如图 3-4-73)，即

波特率　1200bps；

数字“0”频率　2200Hz；

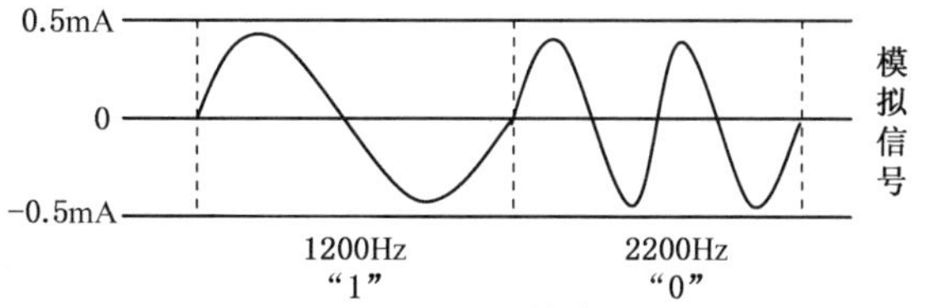

图 3-4-73　频移技术原理

数字“1”频率　1200Hz。

② 信息编码　HART 数据框架格式中包括启动字符、地址、命令、信息长度计数、状态、数据、奇数校验位以及停止位等(如图 3-4-74);

③ 单独数字过程变量更新速率 询问/回答方式为 2.0 次/s，成组方式为 3.7 次/s;

④ 多点工作站设备连接最大数量 15 个带电源的回路;

⑤ 多变量规格 每个智能化设备的最大过程变量数为 256;

⑥ 通信主机最大数量为 2 个。

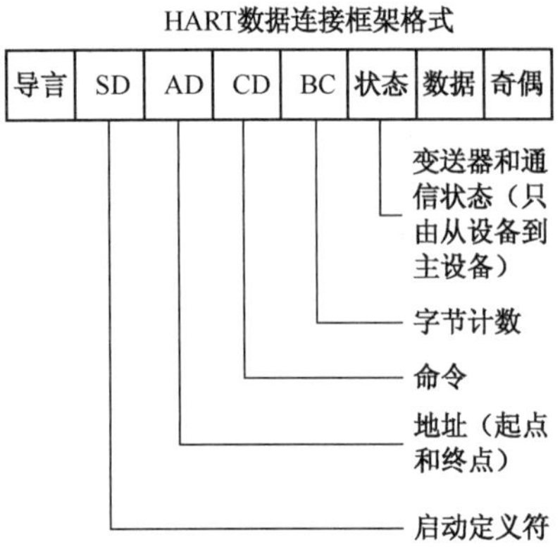

图 3-4-74　HART 协议使用的信息框架

适合 HART 协议的，推荐使用的电缆规格为

① 最小电缆尺寸 24AWG(直径 0.51mm);

② 电缆类型　单双绞线单独屏蔽，或多双绞线总屏蔽;

③ 最大双绞线长度 10000ft(3048m);

④ 最大多点双绞线长度 5000ft(1524m)。

3. HART 协议的优势

① 模拟信号带有过程控制信息，同时，数字信号又允许双向通信，这样就使动态控制回路更灵活、有效和安全。

② 因为 HART 协议能同时进行模拟和数字通信，因此在与智能化现场仪表通信时还可使用模拟表、记录仪及控制器。

③ 既具有常规的模拟性能，又具有全数字性能。用户可以将智能化仪表与模拟系统混合使用，并在不对现场仪表进行更换的情况下逐步实现数字性能。

④ 允许“询问/回答”或成组通信方式。多数情况下使用询问/回答通信方式，在要求过程数据有较快更新速率的情况下可使用成组通信方式。

⑤ 所有的 HART 仪表都使用同一公用报文结构。允许通信主站(例如控制系统或计算机系统)与所有的 HART 兼容现场仪表以相同的方式通信。

⑥ 支持多个数字通信主站。控制系统和手持通信器可同时与现场仪表通信。

⑦ HART 总线为多点网络。在一对双绞线上可同时连接多个智能仪表，以节省线缆费用。

⑧ 可通过电话线连接仪表，使网络可以延伸到很远的距离，从而使远方的现场仪表以更加经济的方式接入网络。

⑨ 在确保与现有仪表兼容的同时，允许增加具有新性能的新颖智能化仪表。

⑩ 采用灵活的报文结构。在一个报文中能处理四个过程变量。多参数仪表可在一个通信报文中进行多个过程变量通信。HART 协议支持最多 256 个过程变量。

4. HART 协议多点工作站网络

多台智能化仪表可同时连接到一条 HART 通信线路上，如图 3-4-75 所示，这就是所谓的多点工作站，这种工作方式尤

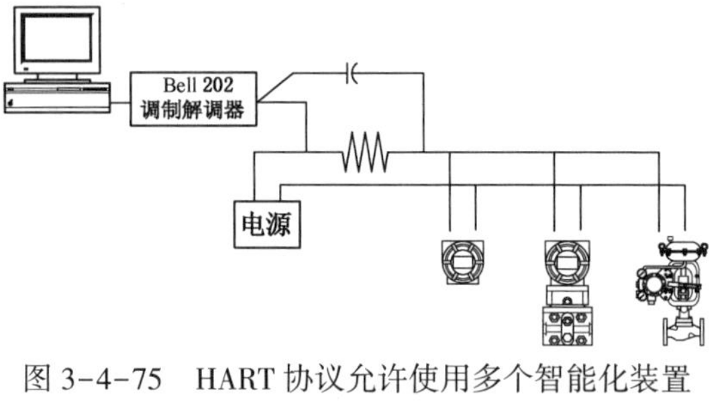

图 3-4-75　HART 协议允许使用多个智能化装置

其适用于远程监控应用场合，如石化企业储罐区等场合。

HART 协议允许智能设备通过电话线进行通信。与电话线直接相连的智能化仪表可以与相距几英里的通信中心通信。电话线的应用，使变送器电源与通信信号隔离，因此可以将任意数量的设备联网。

这种智能化仪表只需要一个电源，不需远程传输单元或其他通信设备。只使用一个电源时，能连接 15 个智能化设备。

传统的点对点网络将零作为智能化设备的访问地址。多工作站网络的智能化设备的访问地址是一个大于零的数字，这就使仪表的输出为 4mA 模拟信号并可采用数字通信方式。

HART 协议允许数字式通信具有询问/回答或成组两种通信方式，这两种方式都可以对过程与维修信息进行访问。在询问/回答方式中，主机请求来自智能化仪表的信息。在成组（或广播）方式中，现场仪表连续不断地向主机传输过程数据，而主机无须发出请求指令。使用成组方式，一个单变量信息的数据通信更新速度为每秒 3.7 次。成组方式不能在多工作站网络上使用。

4.3.4 现场总线控制系统

1. 基金会现场总线控制系统的结构

基金会现场总线控制系统一般基于 DCS/PLC 结构，配合现场总线接口卡件，将 FF-H1 现场总线集成在 DCS/PLC 的 IO 总线上，与 IO 功能块相关的测量值和设定值可以通过接口卡映射成 IO 总线上等价的值。通过这种映射关系，DCS 就能透明地获取现场总线智能仪表传送的信息，如艾默生过程管理的 Delta V 控制系统（图 3-4-76）等。

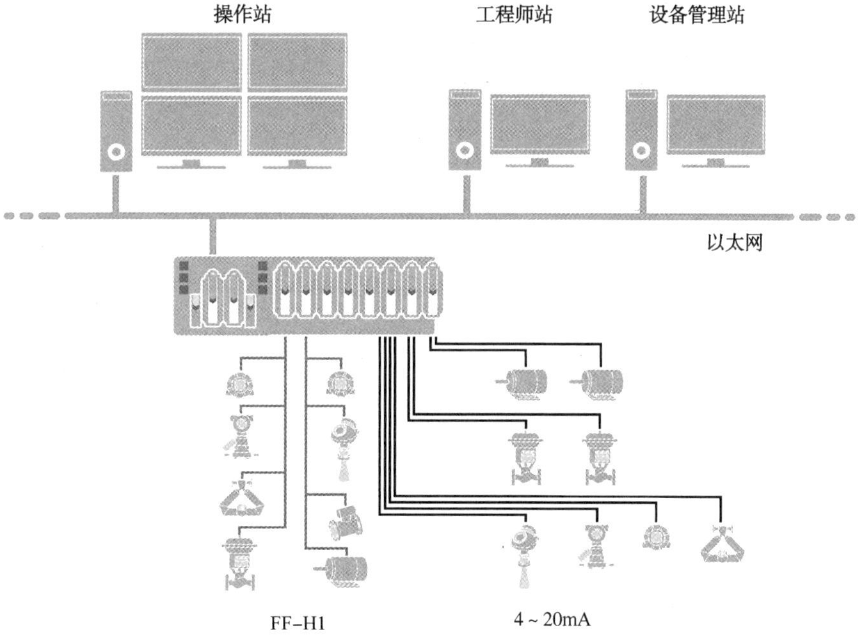

图 3-4-76 Delta V 控制系统框图

其结构的特点是，如果不考虑现场总线接口，可以把它看成由中小控制器网络化构成的 DCS/PLC 控制系统，其电源模块和控制器模块可以冗余，有模块安装背板和出线端子。除了 FF 现场总线接口外，还可以有 HART、Modbus、Profibus 等通信接口。这种结构的优点是充分利用 DCS/PLC 和现场总线的技术优势。

2. 基金会现场总线控制系统的硬件配置

图 3-4-77 所示为由美国国家仪器公司（NI，National Instruments）公司现场总线产品组成的现场总线控制系统。图中：

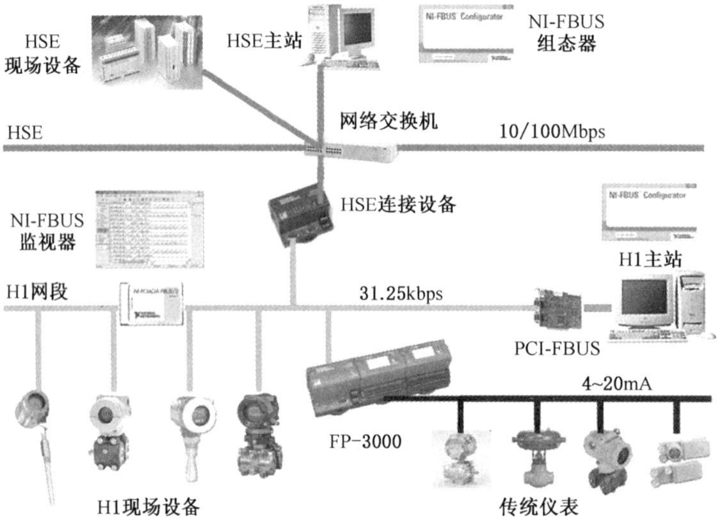

图 3-4-77　典型现场总线控制系统

HSE 主站　高速以太网主站，为内装 HSE 网卡的 PC 机；

H1 主站　FF-H1 主站，内装接口设备 PCI-FBUS（即 H1 网卡）的 PC 机；

HSE 连接设备　内藏 HSE 协议与 H1 协议的转换设备；

HSE 现场设备　内藏 HSE 协议的现场设备；

H1 现场设备　内藏 H1 协议的现场设备；

网络交换机　以太网交换机；

FP-3000　FF-H1 接口模件，既可接 H1 的 AI、AO 等，也可以接常规 IO，实际上 FP-3000 是一个 IO 控制器；

H1 网段　通信速率 31.25kbps；

HSE　高速以太网。

NI 为总线控制系统配置的软件主要有：

NI-FBUS 主站软件，包括通信管理器软件 NI-FBUS、组态器软件 NI-FBUS、监视器软件 NI-FBUS；基于 PC 的 HMI 软件 LookOut。

3. FF 现场总线控制系统组态

现场总线组态是指制定控制策略与通信调度、报警、趋势以及指定 LAS，并将这些信息下载到现场总线设备。

现场总线控制系统通过组态将现场设备作为 FF-H1 网络节点，组成一个 FF-H1 现场总线控制网络，并查找文档中的组态错误，提供在线帮助，记录组态信息的下载及其改变，启用系统组态的维护。

① 显示活动表，显示控制系统的接口设备及现场设备功能块组成情况，见图 3-4-78。

② 显示设备及功能块标记，如图 3-4-79 所示。

③ 显示静态信息，如图 3-4-80 所示。

④ 确定控制策略，设计并实现控制策略（图 3-4-81），包括在控制策略中确定典型 PID 控制回路并连接功能块、设定回路控制参数及相关数值。

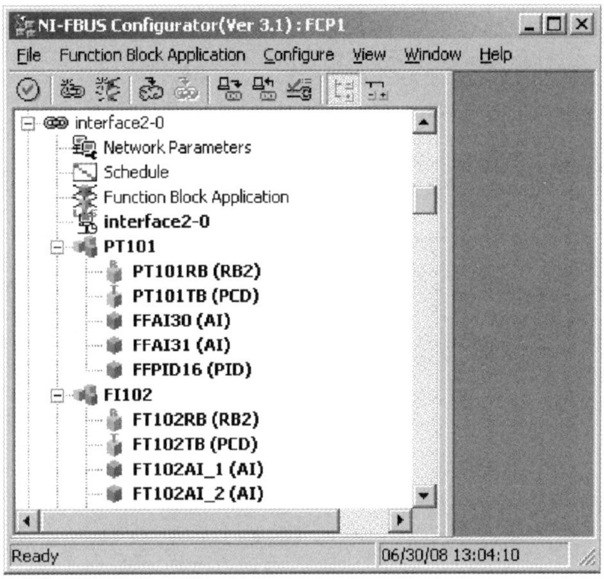

图 3-4-78 显示活动表

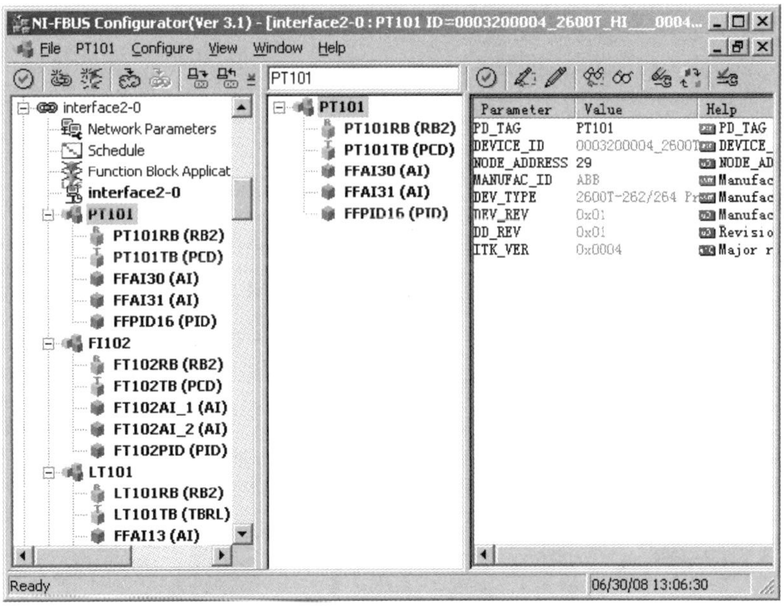

图 3-4-79 显示设备及功能块标记

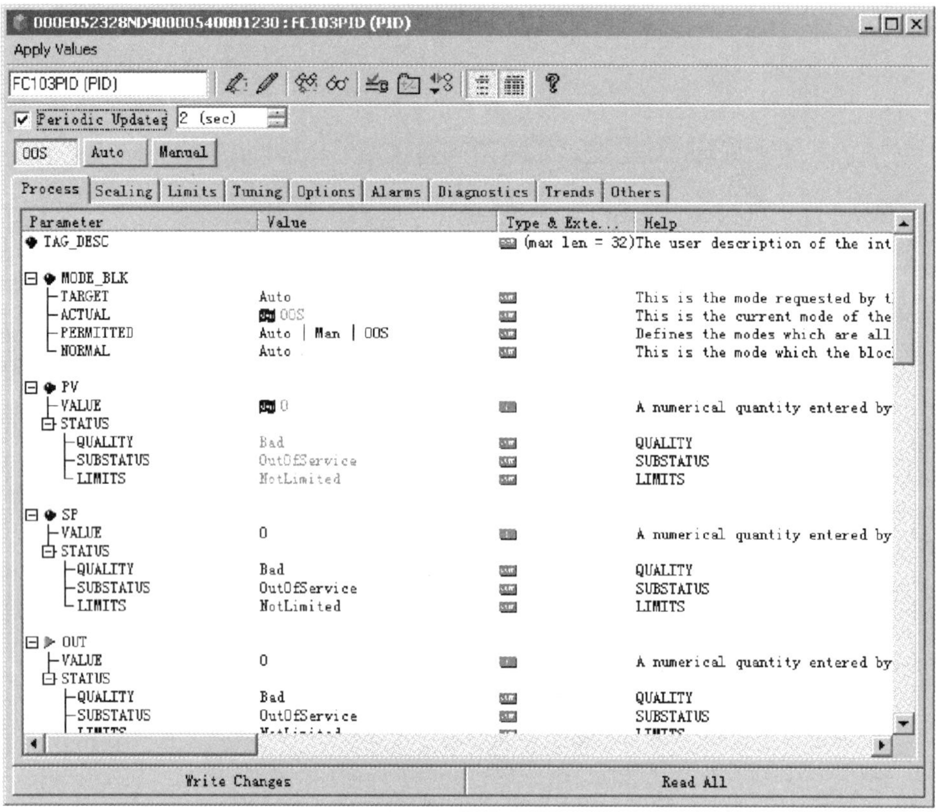

图 3-4-80　静态信息窗口

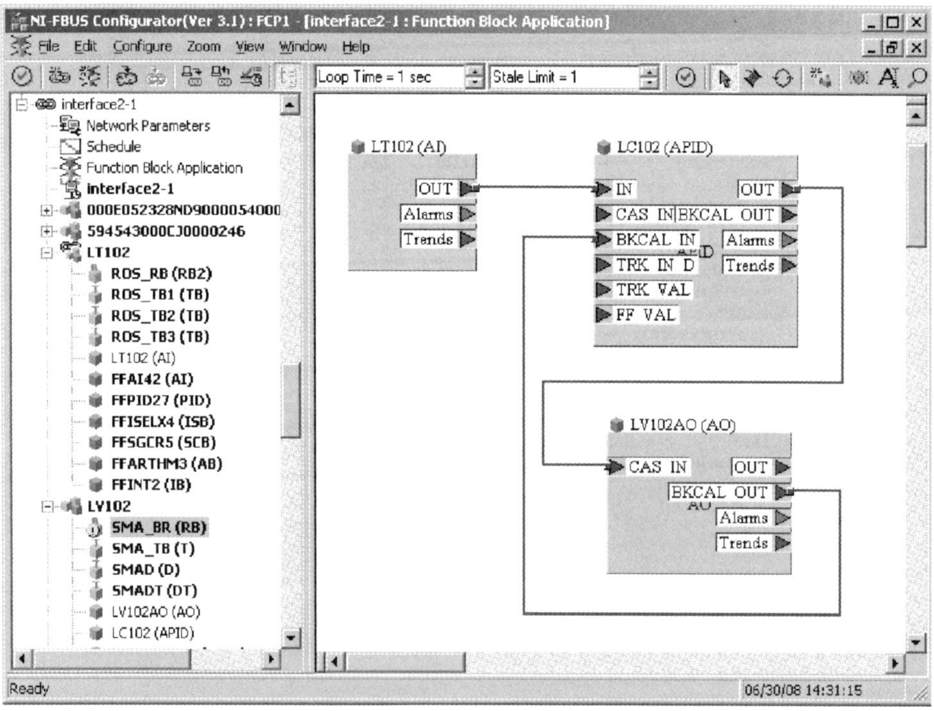

图 3-4-81　控制策略窗口

⑤ 制定功能块运行表(功能块的调度执行时序)。包括显示选择的控制策略的调度窗口、控制策略的最佳选择、功能块的调度执行、相关功能块之间的通信，如图 3-4-82 所示。

⑥ 报警的设定。指明产生报警的功能块和接收报警的主机、连接报警发送器与接收器、输入报警门限值及优先权，如图 3-4-83 所示。

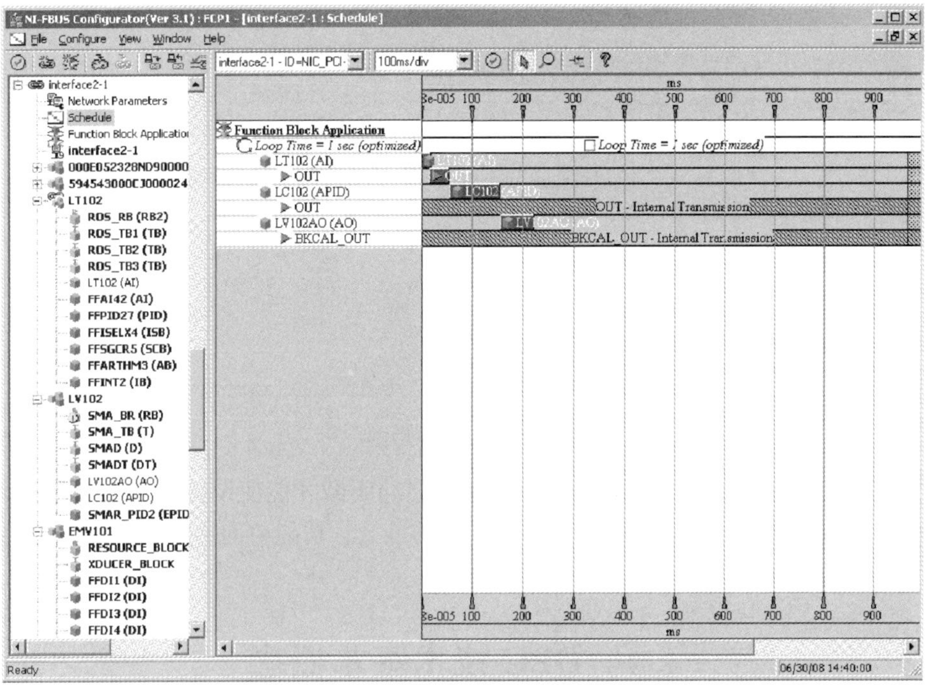

图 3-4-82　制定功能块运行表

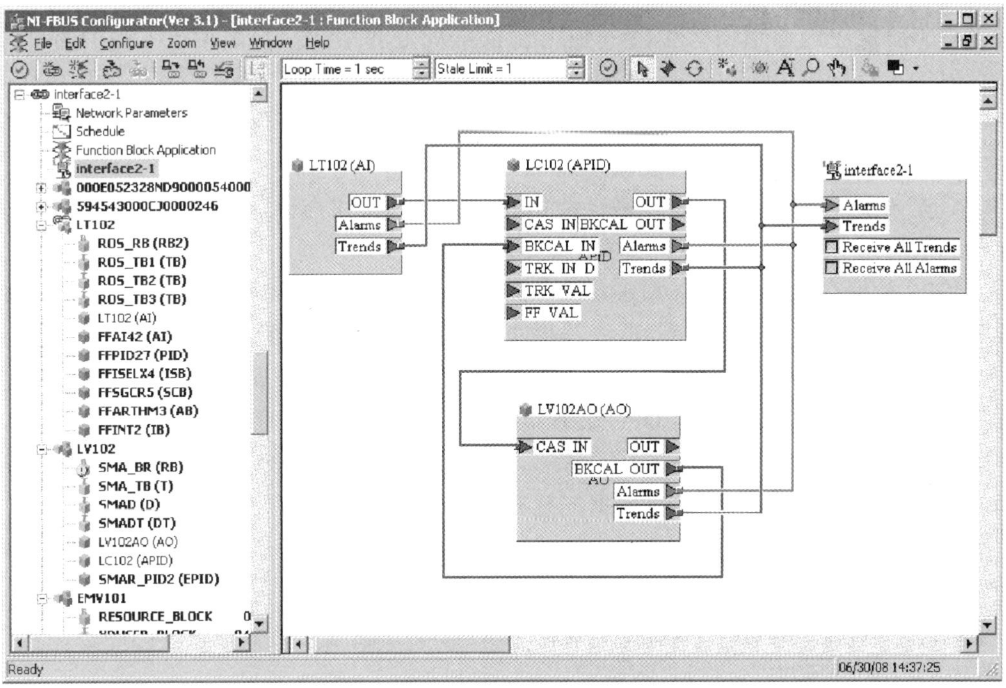

图 3-4-83　报警及趋势设定

⑦ 趋势设定。确定趋势参数、采样速率以及趋势信号的接收器，将收集趋势的功能块与趋势接收器相连接，并确定采样方法，见图 3-4-83。

⑧ 设置网络参数。选择初始的链路活动调度器，选择初始的时间主管，见图 3-4-84。

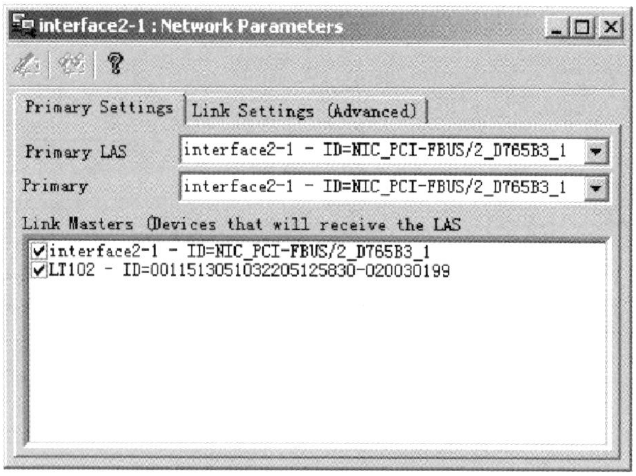

图 3-4-84　设置网络参数

⑨ 下载组态信息。设计完毕的组态信息必须进行下载才能使设备真正按组态设计运行。下载的内容包括新分配的位号、改变后的功能块的参数、功能块的连接、功能块的调度、通信调度、趋势/报警的连接等。

4.4　OPC 技术基本概念

OPC(OLE for Process Control，用于工业过程控制领域的 OLE)是为了解决应用软件与各种设备驱动程序的通信而产生的一项工业技术规范和标准。它采用了 C/S 体系，基于 Microsoft的 OLE(Object Linking and Embedding，对象连接与嵌入)/COM 技术，为硬件厂商和应用软件开发者提供了一套标准接口，在工业客户机和服务器之间进行数据交换。

4.4.1　OPC 规范

OPC 是一个工业标准，它是许多自动化和软、硬件公司与微软公司合作的结晶，管理该标准的组织是 OPC 基金会。OPC 规范主要包括：

① OPC 数据存取规范(Data Access Standard)　该规范定义了 OPC 服务器中一组 COM 对象及其接口，并规定了客户程序对服务器程序进行数据存取时需要遵循的标准。

② OPC 报警与事件规范(Alarms and Events Specification)　该规范提供了一种通知机制，即在指定事件或报警条件发生时 OPC 服务器能够主动通知客户程序。

③ 历史数据存取规范(History Data Access Specification)　该规范提供一种通用历史数据引擎，可以向用户和客户程序提供数据汇总和数据分析等额外的信息。

④ 批量过程规范(Batch Data Access)　该规范基于 OPC 数据存取规范和 ISA-88 系列批量控制标准，提供了一种存取实时批量数据和设备信息的方法。

⑤ 安全性规范(Security Specification)　OPC 安全性规范提供了一种专门的机制来保护其为应用提供的现场数据。

⑥ OPC 数据交换(Data Exchange)　这是相对于 OPC 数据存取的 C/S 通信模式提出的

S/S(Server/Server，服务器/服务器)通信模式，符合网络点对点对等通信和扁平化的技术趋势，使驻留在不同体系的控制器上的实时服务器数据可以直接互联交换，实现统一的基于高速以太网的软件接口技术。

⑦ OPC XML(扩展标识访问)　XML 技术制定了对 Web 网页标识的定义的规则，使 ERP 系统集成和数据共享十分方便快捷，可以避免在网页发布时的组件插入和注册。OPC XML 规范包括了读(Read)、写(Write)、订阅(Subscription)、浏览(Browse)等 4 种数据共享和访问模式，使 Web Server/Web Browser 成为实时人机界面的主流。

1. COM/DCOM 简介

COM 是微软公司推出的一个开放的组件标准。COM 标准包括规范和实现两大部分：规范部分定义了组件之间通信的机制，这些规范不依赖任何特定的语言和操作系统，具有语言无关性；COM 标准的实现部分是 COM 库，COM 库为 COM 规范的具体实现提供了一些核心服务。由于 COM 以 C/S 模型为基础，因此具有良好的稳定性和很强的扩展能力。

DCOM 是建立在 COM 之上的一种规范和服务，提供了一种使 COM 组件加入网络环境的透明网络协议，实现了在分布式计算环境下不同进程之间的通信与协作。

客户程序和 COM 组件程序进行交互的实体是 COM 对象。COM 对象类似 C++中对象的概念，它是某个类(Class)的一个实例，包括一组属性和方法。COM 对象提供的方法就是 COM 接口，它是一组逻辑相关函数的集合。客户程序必须通过接口才能获得 COM 对象的服务。

2. OPC 对象与接口

OPC 规范描述了 OPC 服务器需要实现的 COM 对象及其接口，它定义了定制接口和自动化接口。每种不同的 OPC 规范又分定制接口规范和自动化接口规范两部分，以方便开发者设计和实现 OPC 服务器程序或客户程序。

OPC 客户程序通过接口与 OPC 服务器通信，间接地对现场数据进行存取。OPC 服务器必须实现如图 3-4-85 所示的定制接口，也可有选择地实现自动化接口。一般来说，自动化接口能为 VB 等高级语言客户程序提供极大的便利，但数据传输效率较低；而定制接口则为用 C/C++语言编写的客户程序带来灵活高效的调用手段。在有些情况下，OPC 基金会提供了标准的自动化接口封装器(wrapper. DLL)，以方便自动化接口和定制接口之间的转换，使采用自动化接口的客户程序也可以访问只实现了定制接口的服务器。

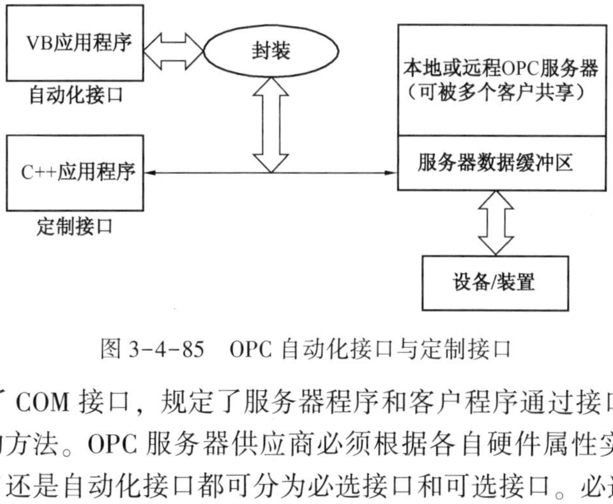

图 3-4-85　OPC 自动化接口与定制接口

OPC 规范定义了 COM 接口，规定了服务器程序和客户程序通过接口交互的标准，但并没有说明具体实现的方法。OPC 服务器供应商必须根据各自硬件属性实现这些接口的成员函数。不论定制接口还是自动化接口都可分为必选接口和可选接口。必选接口包括了客户程序与服务器进行交互的最基本功能，因此此接口必须实现；可选接口则规定了一些额外的高级功能，可根据需要有选择地实现。客户程序应通过查询接口的方式来判断服务器程序是否实现了可选接口的功能。

4.4.2 OPC 数据存取规范

OPC 数据存取(DA，Data Access)规范是 OPC 基金会最初制定的一个工业标准，其重点是对现场设备的在线数据进行存取。该规范也分为定制接口规范和自动化接口规范两部分，两种接口完成的功能类似，下面主要介绍自动化接口规范中基本的对象和接口功能。

OPC 数据存取服务器主要由以下几个对象组成，即服务器对象(Server)、组对象(Group)和项对象(Item)。OPC 服务器对象维护有关服务器的信息并作为 OPC 组对象的包容器，可动态地创建或释放组对象；而 OPC 组对象除了维护有关其自身的信息，还提供了包容 OPC 项的机制，逻辑上管理 OPC 项；OPC 项则表示了与 OPC 服务器中数据的连接。图3-4-86所示是这几个对象的相互关系以及它们和 OPC 客户程序的关系。

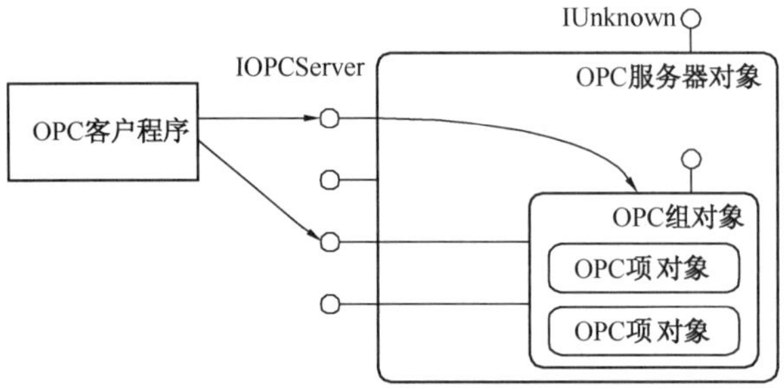

图 3-4-86　OPC 数据存取服务器中对象及 OPC 客户的相互关系

从定制接口的角度来看，OPC 项并不是可以由 OPC 客户直接操作的对象，因此 OPC 项没有定义外部接口，所有对 OPC 项的操作都是通过包容该项的 OPC 组对象进行的。OPC 服务器对象创建 OPC 组后，将组对象的指针传递给客户，由客户直接操纵组对象。这样，既提高了数据存取的速度，也易于功能扩展。

OPC 服务器对象是 OPC 服务器程序暴露的主要对象，客户程序首先创建该对象，再通过其接口完成所需功能。

OPC 组提供了一种让客户组织数据的方法，用户可以将逻辑相关的一组数据作为 OPC 项添加到同一个组当中，例如同一个反应器的各点温度等。客户程序可创建多个组对象，并分别设置其属性。客户程序对服务器进行数据存取时是以组对象为单位进行的，即客户程序对组内感兴趣的 OPC 项进行统一的读写操作，这样无疑提高了数据通信的效率。

IOPCItemDisp 接口为客户提供了 OPC 服务器中数据项的属性和方法的连接，数据项包括值(Value)、品质(Quality)、时间戳(Time Stamp)三个基本属性。值的数据类型为 VARIANT，表示实际的数值；品质则标识数值是否有效；时间戳则反映了从设备读取数据的时间或者服务器刷新其数据存储区的时间。

需要指出的是，OPC 项并不是实际的数据源，只是表示与数据源的连接。OPC 规范中定义了两种数据源，即内存数据(Cache Data)和设备数据(Device Data)。每个 OPC 服务器都有数据存储区，存放着值、品质、时间戳以及相关设备信息，这些数据称为内存数据，而现场设备中的数据则是设备数据。OPC 服务器总是按照一定的刷新频率通过相应驱动程序访问各个硬件设备，将现场数据送入数据存储区。这样对 OPC 客户而言，可以直接读写服务器存储区中的内存数据。这些数据是服务器最近一次从现场设备获得的，但并不能代表现场设备中的实时数据。为了得到最新的数据，OPC 客户可以将数据源指定为设备数据，这样服务器将立刻访问现场设备并将现场数据反馈给 OPC 客户。由于需要访问物理设备，所以 OPC 客户读取设备数据时速度较慢，往往用于某些特定的重要操作。

OPC 数据存取规范详细规定了客户程序和服务器程序进行数据通信的机制。其他类型的 OPC 服务器往往是在数据存取服务器的基础上通过增加对象、扩展接口而来的，所以该规范也是其他 OPC 规范的基础。OPC 数据存取规范本身也在根据实际情况不断地升级和扩展功能。

4.4.3 OPC 数据项的结构和类型

OPC 数据项处理的数据用 1 组 3 个值来代表，如图 3-4-87 所示。

(1) 服务器缓冲区数据和设备数据

OPC 服务器本身就是一个可执行程序，该程序以设定的速率不断地同物理设备进行数据交互。服务器内有一个数据缓冲区，其中存有最新的数据值、数据品质标识和时间戳。时间戳表明服务器最近一次从设备读取数据的时间。服务器对设备数据的读取是不断进行的，时间戳也在不断更新。即使数据值和品质标识都没有发生变化，时间戳也会更新。

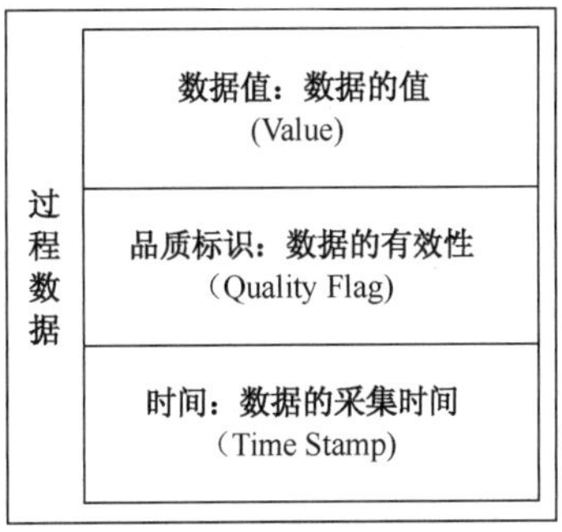

图 3-4-87 OPC 服务器数据项组成

客户机既可从服务器缓冲区读取数据，也可直接从设备读取数据，从设备直接读取数据速度会慢一些，一般只有在故障诊断或极特殊的情况下才会采用。

(2) 同步和异步

OPC 客户机和 OPC 服务器进行数据交互可以有两种不同方式，即同步方式和异步方式。同步方式实现较为简单，当客户数目较少而且同服务器交互的数据量也比较少的时候可以采用这种方式；异步方式实现较为复杂，需要在客户程序中实现服务器回调函数。然而当有大量客户和大量数据交互时，异步方式能提供高效的性能，尽量避免阻塞客户数据请求，并最大可能地节省 CPU 和网络资源。

4.4.4 OPC 数据访问的意义

关于 OPC 数据访问的意义，可以通过对传统的数据访问方式(图 3-4-88)与相应的 OPC 数据访问方式(图 3-4-89)的比较，加深了解。

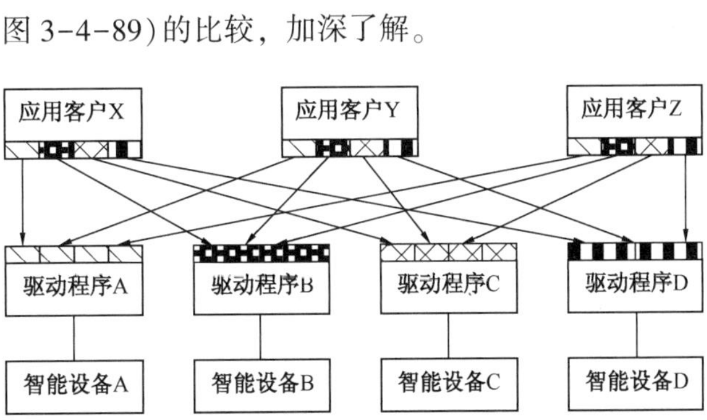

图 3-4-88 传统的数据访问方式

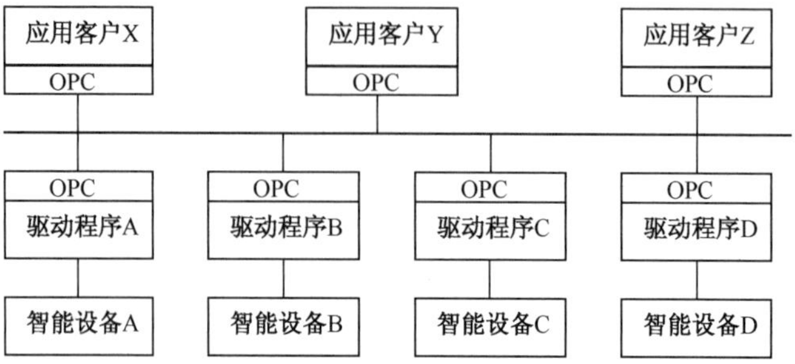

图 3-4-89　OPC 数据访问方式

4.5　计算机控制系统的通信知识

4.5.1　基本知识

1. 通信协议

简单地说，通信协议就是通信双方交换信息时所遵循的一组规则和约定。

通信协议主要由语义、语法和定时三部分组成，语义规定双方准备“讲什么”，亦即确定协议元素的种类，譬如包括用于协调和差错处理的控制信息。语法规定通信双方“如何讲”，确定数据的信息格式、信号电平等。定时包括速度匹配和排序等，总之通信协议就是通信双方之间相互交流的语言。

2. 网络拓扑结构

所谓网络拓扑结构是指网络节点之间实现互连的方式。常见的网络拓扑结构有星形、环形、总线形和树形，现场总线 FF-H1 网络多采用树形和总线形。

3. 传输介质

传输介质是通信网络中数据信号的物理通路，在工业控制网络中常用的通信介质有双绞线、同轴电缆、光缆和射频(无线传输方式)。现场总线 FF-H1 多采用双绞线。

4. 编码

当需要将数据由一地传送到另一地时，必须先将其转换为信号。也就是说，在通过通信媒体发送信息之前，信息必须被编码形成信号。信息和信号都有数字的或模拟的两种类型，所以共有四种编码方式：数字-数字、模拟-数字、数字-模拟和模拟-模拟。

现场总线网络中，采用的是数字-数字编码形式，即用数字信号来表示数字信息。在这种编码方式下，由计算机产生的 0、1 被转换成一串可以在导线上传输的脉冲电压。图 3-4-90 显示了数字信息、数字-数字编码设备和合成的数字信号的关系。

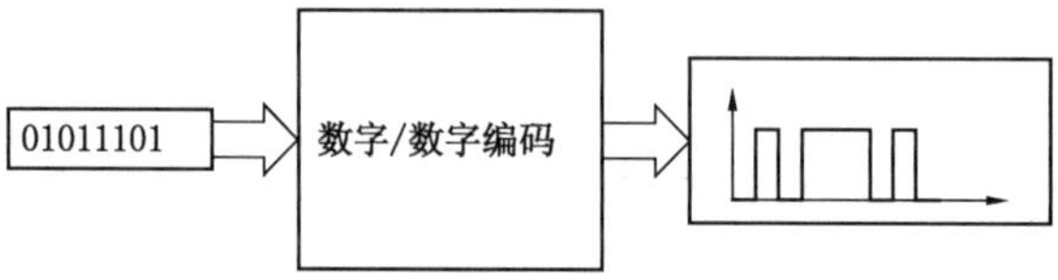

图 3-4-90　编码方法

FF-H1、Profibus-PA 采用的是数字-数字曼彻斯特编码形式。

曼彻斯特编码是一种常用的基带信号编码。在这种编码中，每一位中间有一个跳变，这个跳变既是数字信号的标志，也是时钟信号的标志，这个跳变，把编码的每一位分成前后两个线路信号元素(即两个半位)。曼彻斯特编码规定前后两个半位的电位，如果从高电位到低电位的跳变表示代码“1”，则从低电位到高电位的跳变则表示代码“0”。也就是说，采用曼彻斯特编码的数据与一个周期为 T 的时钟相比较，上升沿代表逻辑“0”，而下降沿代表逻辑“1”，参见图 3-4-91。

FF-H1 网络采用的曼彻斯特编码信号如图 3-4-92 所示，它是通过对基本电流在±9mA 范围内进行适当的调制而获得的。

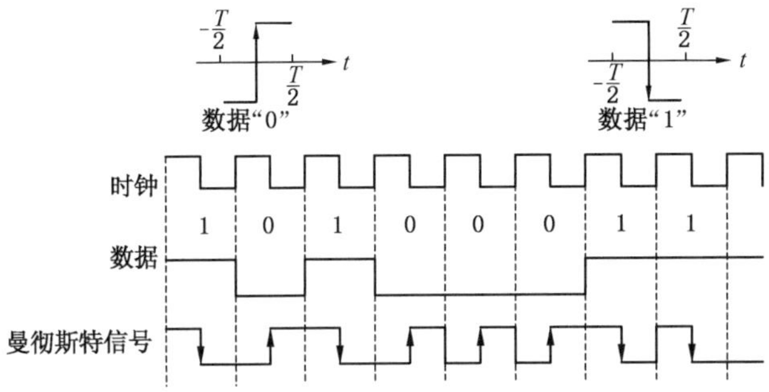

图 3-4-91　现场总线信号编码

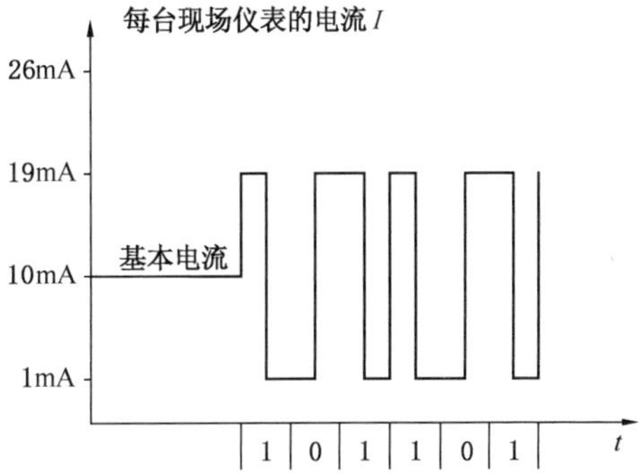

图 3-4-92　曼彻斯特代码信号

5. 同步技术

所谓同步技术是指在两个通信实体中发信、收信双方统一收发动作的措施，即发送端以某一速率在一定的起止时间内发送数据，接收端也必须以同一速率在相同的起止时间内接收数据。为使整个系统正确有效地工作，必须采取保证收发端的动作同时进行的措施。

常用的同步技术有两种：同步传输和异步传输。异步传输又称“起止”方式传输，即在要传送的字符代码前端加一起始位，以表示字符开始，在字符代码后加停止位，以表示该字符代码结束。传输以信息字为单位逐步传输，起始位和停止位兼作线路两端的同步时钟，因此不需要再传输时钟脉冲。异步传输实际上在字符内是同步的，而在字符间是异步的，即各字符之间有长于一位的不确定长度的间隙延迟。

同步传输的信息是一组数据或报文(要传送的信息)，在数据和报文内的每个信息不需要起停标志，但数据块前加有一个或多个同步字符，数据块后加结束控制字符，这种加有前文和后文的数据块称为数据帧。在同步传输时，传输信号中还包含同步时钟信号。同步时钟用来控制字符内的各个位的定时以及字符与字符之间的定时。

异步传输与同步传输相比，异步传输方式开销大(每一个字符都有起停位)，效率低，速度慢。但是，如果有错，只需重发一个字符，控制简单。而同步传输方式开销小，效率高，可获得很高的数据传送率，但如果数据中有一位错，就必须重新传送整块数据，且控制比较复杂。FF-H1 采用同步传输方式。

6. 传输模式

传输模式用来定义两个互相连接的设备之间的信号流动的方向。共有三种传输模式：单工模式、半双工模式和全双工模式。

单工模式是指数据只能沿信道的一个方向传输，而不能进行与此方向相反的传输；半双工模式是指数据可以在两个方向上进行传输，但在指定时刻，数据只能沿某一方向传输。全双工模式指数据可以同时沿两个方向传输。FF-H1 采用的是半双工模式。

7. 数据传输方式

数据传输方式有三种：

① 基带传输　就是在线路上直接传输基带信号。基带就是原始信号所占用的基本频带，数字信号的基带传输就是以原来的“0”和“1”的形式直接用数字信号在信道上传输，即直接将二进制信号以电脉冲信号形式传输，对信号未做任何调制，此时介质的整个频率范围都用来传输数字信号，且传输是双向的，即进入介质的任一点的信号将沿两个方向传播到终点，传输介质被所有节点共享。基带传输网络容量较低。

② 频带传输　由数字数据调制成的模拟信号处在高频段(200~3400Hz)称为频带传输。

③ 宽带传输　由数字数据调制成的模拟信号比高频范围还宽，则可称为宽带传输。宽带传输由于频率高传输速度快，主要用于远距离数据传输。

FF-H1 技术中传输方式为基带传输方式。

8. 串行传输与并行传输

串行传输是把构成数据的各个二进制位依次在信道上进行传输的方式，并行传输是把构成数据的各个二进制位同时在信道上进行传输的方式。从概念上讲，并行传输传输速度比串行传输快，但费用较高。FF-H1 现场总线传输方式为串行传输。

9. 网络控制

总线形网络共享一条通信网络，而且多采用广播式通信方式。广播式通信方式中，每一时刻仅能有一个节点控制网络。如果同一时刻多个节点同时试图访问介质，将产生冲突。所以必须确定在什么时间里，在什么条件下，哪个节点可得到总线控制权，这就是总线形网络控制问题。

总线形网络控制分为集中式和分布(或分散)式两种。集中式控制是指网络中有单独的集中式控制器，由它控制各节点之间的通信；分布式是指网络中没有集中式控制器，各节点之间的通信由它们自身的控制器来控制。

由于工业过程中实时性的重要性，在 FF-H1 现场总线中没有采用分布式控制，而是采用集中式控制。在集中式控制下，设备的通信是在某个控制器的控制下完成的，该控制器被指定拥有准许设备访问网络的控制权，而要求访问网络的设备必须等待，直到收到该控制器的准许为止。在基于 FF-H1 技术的 FCS 中链路主设备中的 LAS(链路活动调度器)就相当于集中控制的控制器。

10. 差错控制

信息在传输过程中，特别是以电信号方式传输时，由传输线上的干扰噪声、线间的串扰等造成传输出错是常见的。对于控制系统网络来说，出现传输数据的错误是不可容忍的。因为网络的任何通信中断和传输出错都可能造成停车，甚至可能引起生产事故，所以，必须进行差错控制。差错控制是以付出时间与传输数据冗余程度为代价换来的。

在数据传送中，有多种方法可发现差错，并加以纠正。第一种是将数据多次发送，在接收端进行多数表决，比如在发送端将某个数据发送三次，如在接收端得到数据为 10101100，10101100 和 10101110，则认为数据为 10101100；第二种是接收端接收到发送数据之后，再传回发送端，如果传回的数据与发送数据相同，则认为传输正确，如果不相同，说明通信发生了错误；第三种方法是对传送的数据进行抗干扰编码，即在信息数据上增加冗余位，然后把信息数据和冗余位一起发送，接收端根据信息数据和冗余位，发现差错或自动纠正错误。

4.5.2 ISO/OSI 标准模型

1984 年，国际标准化组织 ISO 为了解决不同种类计算机的通信问题，建立了一个网络结构的参考模型，即 OSI 参考模型，来促进交互系统的发展。OSI 本身并不是一项具体标准，而是规定了在设计开放系统互连的硬件和软件时应考虑哪些方面的问题，所以也叫标准模型。这个模型的结构分 7 层，如图 3-4-93 所示。

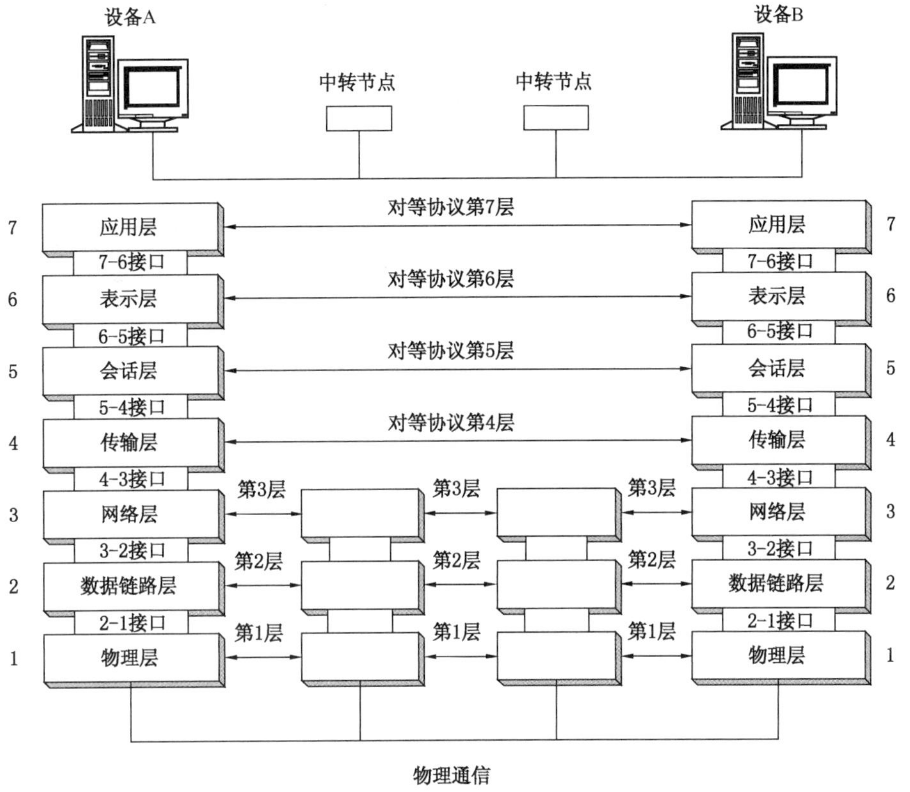

图 3-4-93　OSI 层次

在物理层，通信是直接发生的。设备 A 将位流传送到设备 B。但是，在更高的层次中，通信必须先在设备 A 中从上层传到下层，再传输到设备 B，最后在设备 B 中从下层传输到上层。在发送端，每一层都在从直接上层传来的消息中加上自己的信息，并传到它的直接下层。这些信息以报文头或尾(附加在通信数据的头或尾的控制信息)的形式加入消息。

在第六、五、四、三、二层加报文头，在第二层还要加尾部。

在第一层，通信数据被转换成可以传输到接收端机器的形式。在接收端，消息被一层一层地打开，每一层接收并提取对它有意义的数据。例如，第二层将提取对它有意义的数据，并将剩下的传给第三层，第三层将提取对它有意义的数据，并将剩下的传给第四层，等等。

下面简单介绍各层的主要功能。

(1) 物理层

物理层是 OSI 参考模型的最低一层，也是在同级层之间直接进行信息交换的唯一一层。物理层负责传输二进制位流，它的任务就是为上层(数据链路层)提供一个物理连接，以便在相邻节点之间无差错地传送二进制位流，至于解释数据流中每个位的含义，则不是物理层的任务。物理层要考虑的是多大的电压代表“1”，多大的电压代表“0”，连接电缆的插头尺寸多大，有多少根管脚等。

需要注意的是，传送二进制位流的传输介质，如双绞线、同轴电缆等不属于物理层，传输介质并不在 OSI 的 7 个层次之内。

（2）数据链路层

数据链路层负责在两个相邻节点之间，为网络层实体提供点到点(peer-to-peer)的以“帧”为单位的数据传送，并进行流控制。每一帧包括一定数量的数据和若干控制信息。

数据链路层首先要负责建立、维持和释放数据链路的连接。在传输数据时，如果接收节点发现数据有错，要通知发送方重发出错帧，直到这一帧正确无误地送到为止。数据链路层使网络层看起来就像是一条不出差错的理想链路。

（3）网络层

为传输层实体提供端到端(end-to-end)的交换网络数据的传送功能，使得传输层摆脱路径选择、交换方式、拥挤控制等网络传输细节，可以为传输层实体建立、维持和拆除一条或多条通信路径，对网络传输中发生的不可恢复的差错予以报告。

具体地说就是，通过网络通信的两个计算机之间可能要经过许多节点和链路，或者要经过若干个通信子网。网络层的任务就是把包(网络层的数据传送单位)或分组从发送节点正确无误地发送到接收节点，保证包在源节点与目的节点之间正确传送。为了完成传送任务，网络层最主要的工作就是选择合适的路由及处理好流量控制。

通信子网只拥有网络层以下的低三层。

（4）传输层

传输层为会话层实体提供透明、可靠的数据传输服务，保证端到端的数据完整性，选择网络层能提供的最适宜的服务，提供建立、维护和拆除传输连接功能。

传输层的数据传送单位是报文。报文较长时，要把它分割成适于它所在通信子网的分组，然后再交给下一层(网络层)进行传输。

传输层的任务是为上层提供可靠的端到端服务，使会话层以上看不见传输层以下的通信细节。传输层以上各层不必考虑数据传输的问题。正因为如此，传输层是计算机网络体系结构中最重要的一层，传输层协议也是最复杂的协议。

（5）会话层

为相互合作的表示层实体提供建立、维护和结束会话连接的功能，完成通信进程的逻辑名字与物理名字间的对应，提供会话管理服务。比如，确定通信的双方采用半双工方式工作还是全双工方式，发生意外时从何处开始恢复等。会话层不再参与数据传输，但要对数据传输进行管理。会话层的传送单位是报文。

（6）表示层

为应用层进程提供能解释所交换信息含义的一组服务，如代码转换、格式转换、数据压缩、数据加密与解密等。具体地说就是，表示层处理两个应用实体之间进行数据交换的语法问题，解决数据交换中存在的数据格式不一致以及数据表示方法不同等问题。比如，为解决 IBM 系统的用户使用 EBCD 编码、其他用户使用 ASCII 编码的问题，表示层必须提供这两种编码的转换服务。

（7）应用层

提供 OSI 用户服务，如文件传送、电子邮件等。具体地说就是，应用层为应用实体提供访问 OSI 环境的手段。本层提供一些管理功能及支持分布式应用的一些手段。在七层中应用层包含的协议是最多的，并在不断增加。大家熟悉的文件传送协议 FTP、电子邮件协议等均属应用层协议。

4.5.3 网络设备

（1）网卡（Network Interface Card，NIC）

网卡也叫网络接口卡或网络适配器，它集成在计算机的主板上或插在扩展槽中，并用一根电缆（网线）将它与网络介质相连。网卡是计算机联网的重要设备，它是工作站与网络之间的逻辑和物理链路。网卡的基本功能是数据转换（并-串转换）、包的装配与拆装、数据缓冲、网络存取控制、编码或译码等。简单地说，网卡的作用就是使工作站、服务器或者其他网络节点可以通过网络介质发送和接收数据。

（2）中继器（Repeater）

中继器的功能是将从某一端口接收到的信号放大后转发到其他的端口上。中继器是属于 OSI 模型的物理层的网络设备，工作在 OSI 模型的第一层。

中继器在放大有效数据信号的同时，也会将噪声放大，所以它既不能提高被传输信号的质量，也不能纠正其中的错误信号，不具有任何数据过滤和数据包的转换功能。

中继器的另一作用是连接两个网段，以延长电缆的长度。中继器连接的两个网段必须有相同的媒体访问控制方法，即不能将以太网和令牌网连接在一起，但可连接不同的媒体。中继器只适用于总线形拓扑结构的网络。

（3）网桥（Bridge）

网桥是一种比较简单的设备，它工作在 OSI 模型的数据链路层（第二层），能够进行流控制、纠错处理以及地址分配。

现在的网桥大多数都是智能型的。常用于以太网的是透明型的网桥。网桥在工作的时候将检测其各个端口的数据传输和应答情况，逐一记住可以通过哪些端口到达网络上的各个节点。网桥会对它所处理的每一个数据包进行解析，以发现它的目标地址。获得了相应的地址信息之后，网桥就把目标节点的 MAC 地址和与其相关联的端口信息写入记录，随着工作时间的积累，网桥就会发现网络中的所有节点，并为每个节点建立相关记录。

（4）集线器（HUB）

集线器类似于平面十字路口，其主要作用就是把一组工作站中的各台计算机连接到一个主干网中去。它有一个端口与主干网进行连接，还有若干端口可以和各节点计算机以及网络中的交换机、打印服务器、文件服务器等设备相连。与中继器的非智能化不同，HUB 可以是智能型的，它可以接收远程的管理，对数据进行过滤，还可以一定程度地诊断网络的故障等。

HUB 有一定的带宽，通过 HUB 连接到主干网的计算机共享这个带宽。

（5）交换机（Switch）

交换机类似于立交桥路口，其作用是在一个网络内，把整个网从逻辑上分成几个较小的部分，并在这些部分之间进行数据的传输和交换。以太网交换机的实质就是几个高速的、多端口的网桥的集合。交换机为每一个连接到其上的设备都提供了一个专用的信道，可以有效地解决局域网内的数据传输拥塞、响应时间延迟等问题，还提高了数据传输的安全性。

像 HUB 一样，交换机也有一定的带宽，这个带宽由所有连接到它上面的设备共享。

（6）路由器（Router）

路由器是一种多端口设备，它可以连接不同传输速率的两个网络，而且对这两个网络的环境和协议没有什么特殊的匹配要求，也就是说，它可以连接各种环境、各种速率、采用各种协议的局域网和广域网。路由器工作在 OSI 模型的网络层。

当采用路由器时，每个网络都对应着一个唯一的地址。路由器工作时首先要知道直接与它相连的网络的地址，并且通过其他的路由器得知其他网络的存在和达到某一个网络的最佳途径。路由器不仅能追踪网络的某一个节点，还可以像交换机那样，选择出两个节点之间最近、最快的传输途径。当路由器从其某个端口接收到某个数据包，它会先判断数据包的目标网络地址和源网络地址是否相同，如果不同，路由器接着判断是否可以通过另外一个端口传送，如果可以，路由器就将这个数据包从这个端口发送出去。路由器不会改变数据包中的地址信息，它只要知道数据包的目标地址就可以正确发送数据了。

(7) 网关(Gateway)

从广义上讲，网关除了包括硬件，还包含软件。网关是具有连接不同网络能力的软件和硬件的结合。网关为了适应它所连接的网络的不同协议、不同结构、不同语言和不同数据格式，就要求它必须可以在 OSI 的第 4~7 层上具有通信的能力。网关是定制产品。

(8) 服务器(Server)

服务器是一个软件和硬件的结合体。从硬件的角度说，服务器可以是微机，也可以是大型机，还可以是专用的服务器。从软件的角度说，由于服务器在网络中所实现的具体功能的不同，服务器可以分为文件服务器、数据库服务器、通信服务器、电子邮件服务器、终端服务器、打印服务器、应用服务器等。

从服务器硬件的性质来划分，服务器通常可以分为通用服务器和专用服务器。通用服务器一般由通用硬件组成，它为局域网提供网络用户管理、网络资源管理和网络安全性管理等。专用服务器一般用于规模比较大的网络，或者是对服务器的性能、可靠性、安全性、稳定性都有较高要求的网络。专用服务器一般都要采取容错技术和各种先进的网络安全措施。

(9) 防火墙(Firewall)

防火墙是防止计算机和其中的数据信息遭受来自外部网络上某种性质的破坏而设立的预防措施，包括软件防火墙和物理(硬件)防火墙。下面主要介绍物理防火墙的实现方法：

一种方法是建立一个映像服务器，也就是建立双重服务器环境，一个服务器设在外部网上，另一个设在内部网上。两个服务器之间保持连通，但是它们之间的数据传输只是简单地复制，相当于处理一个内部事务。

另一种方法是把同一台服务器放到外部网和内部网两个网络上，服务器需要安装两个网卡，其中一个用于连接外部网，使其在外部网上可以被识别；另一个网卡作为内部网的网卡使用，它只能被内部网的计算机识别。

第 5 章　安全仪表系统

安全仪表系统(SIS)是为石油化工生产提供安全保证的重要设备，系统的安全性直接关系到生产装置的安全。本章先简要介绍提高 SIS 外部设备安全性的主要措施，然后以 SM 系统和 Tricon 系统为例介绍 SIS 组态的基本内容和方法。

5.1　安全仪表系统的设计

5.1.1　基本原则

如前所述，SIS 包括测量仪表、逻辑控制器、最终元件、关联软件及部件等。

SIS 在生产装置的开车、停车、运行以及维护期间，为人员健康、装置设备及环境提供安全保护。无论是生产装置本身出现的故障危险，还是人为因素导致的危险抑或一些不可抗拒因素引发的危险，SIS 都应立即做出正确反应并给出相应的逻辑信号，使生产装置安全联锁或停车，阻止危险的发生和事故的扩散，使危害减到最小。

SIS 应具备高的可靠性(Reliability)、可用性(Availability)和可维护性(Maintainability)。当 SIS 本身出现故障时，仍能提供安全保护功能。

为此，IEC 61508、IEC 61511、ISA S84.01、GB/T 50770《石油化工安全仪表系统设计规范》强烈推荐 SIS 的硬件设备应独立设置，安全级别 SIL 1、SIL 2、SIL 3 的安全仪表功能不应考虑在 SIS 以外的系统中执行。

SIS 基本设计原则如下：

① SIS 的工程设计应符合安全要求规格书(SRS)的要求，满足石油化工企业或装置的安全仪表功能、安全完整性等级要求。

② SIS 的工程设计兼顾可靠性、可用性、可维护性、可追溯性和经济性，防止设计不足或过度设计。

③ 石油化工企业或装置的安全完整性等级不高于 SIL 3，如果在确定安全完整性等级时有可能到达 SIL 4，应重新分配保护层的安全功能，或采用多个独立的安全仪表功能，使安全完整性等级不高于 SIL 3。

④ SIS 的功能根据危险与可操作性分析(HAZOP)、安全完整性等级要求确定。

⑤ SIS 在实现多个不同安全完整性等级的安全仪表功能时，系统内的共用部分应符合最高安全完整性要求。

⑥ SIS 独立于基本过程控制系统，独立完成安全保护功能。

⑦ SIS 设计成故障安全型。当 SIS 内部产生故障时，按设计预定方式将过程转入安全状态。

⑧ SIS 的硬件、操作系统及编程软件采用正式发布版本。

⑨ SIS 的逻辑控制器具有硬件和软件自诊断功能。

⑩ SIS 的中间环节尽可能少。例如，在爆炸危险场所，SIS 的现场测量仪表和最终元件宜优先选用隔爆型，减少中间环节。

⑪ SIS 的逻辑控制器的中央处理单元、输入输出单元、通信单元及电源单元等应冗余设置。

⑫ SIS 采用双 UPS 电源供电。

⑬ 输入输出信号线路中有可能存在来自外部的干扰信号时，如与 MCC 之间的信号往来，模拟信号配置信号隔离器，开关信号配置继电器。

⑭ SIS 的逻辑控制器应获得权威机构功能安全认证，如中国国家认证、TÜV 认证、IEC 认证等。

⑮ SIS 现场取压口和变送器须独立设置，SIS 与基本过程控制系统的调节阀、切断阀宜分开设置。SIS 与基本过程控制系统共用的变送器、信号分配器、安全栅等设备的供电，以及 SIS 专用变送器、电磁阀等设备的供电，均应由 SIS 提供。

⑯ SIS 的逻辑控制器、工程师站、操作站等设备，可采用逻辑控制器的时钟作为时钟源，使 SIS 内设备的时钟一致，对于大型石油化工企业的 SIS，应与基本控制系统的时钟进行同步。通常采用带北斗和 GPS 卫星接收器的时钟同步系统作为全厂控制系统的统一时钟源。

⑰ SIS 的设计要重视网络信息安全，采取必要手段避免遭受外界的恶意攻击及网络病毒感染，避免 SIS 及系统间因非必要信息的大量传输而导致网络风暴，甚至网络瘫痪。2016 版的 IEC 61511 增加了对网络信息安全的具体要求，如功能安全管理活动中增加了信息安全风险评估的内容。

5.1.2 测量仪表

测量仪表应包括模拟量和开关量测量仪表。SIS 应优先采用模拟量测量仪表，如压力、差压、差压流量、差压液位、温度变送器，不应采用开关仪表。测量仪表应由 SIS 供电。

测量仪表宜采用 4~20mA 叠加 HART 传输信号的智能变送器。测量仪表不应采用现场总线或其他通信方式作为 SIS 的输入信号。

① 测量仪表的独立设置原则。SIL 1 级安全仪表功能，测量仪表可与基本过程控制系统共用；SIL 2 级安全仪表功能，测量仪表宜与基本过程控制系统分开；SIL 3 级安全仪表功能，测量仪表应与基本过程控制系统分开。

② 测量仪表的冗余设置原则。SIL 1 级安全仪表功能，可采用单一测量仪表；SIL 2 级安全仪表功能，宜采用冗余测量仪表；SIL 3 级安全仪表功能，应采用冗余测量仪表。

③ 测量仪表的冗余选择原则。当要求高安全性时，应采用“或”逻辑结构；当要求高可用性时，应采用“与”逻辑结构；当安全性和可用性均需保障时，应宜采用“三取二”逻辑结构。

5.1.3 最终元件

SIS 的最终元件包括控制阀(调节阀、切断阀)、电磁阀、电机等。

① 最终元件的独立设置原则。SIL 1 级安全仪表功能，控制阀可与基本过程控制系统共用，应确保 SIS 的动作优先；SIL 2 级安全仪表功能，控制阀宜与基本过程控制系统分开；SIL 3 级安全仪表功能，控制阀应与基本过程控制系统分开。

② 最终元件的冗余设置原则。SIL 1 级安全仪表功能，可采用单一控制阀；SIL 2 级安全仪表功能，宜采用冗余控制阀；SIL 3 级安全仪表功能，应采用冗余控制阀。

③ 当要求高安全性且为单一控制阀时，控制阀应配 2 台电磁阀，电磁阀控制逻辑结构应为 1oo2，单一电磁阀的动作或失效会引起安全联锁动作；当采用高可用性且为单一控制

阀时，应配 2 台电磁阀，电磁阀控制逻辑结构应为 2oo2，单一电磁阀的动作或失效不会引起安全联锁动作；当兼顾高安全性及可用性时，应配多台电磁阀，电磁阀控制逻辑结构应为 2oo3。

④ 当要求高安全性且执行器为电动执行机构时，电动执行机构的动力电源应有应急电源。

⑤ SIS 中执行器宜具有自诊断功能。当对应安全完整性等级为 SIL 2 及以上的安全仪表功能时，若执行元件的检验测试间隔小于装置检修周期或工艺专利包有要求，气动切断阀形式的执行元件宜配置 PST 功能，执行元件具有在线测试手段的除外。

5.1.4 逻辑控制器

SIS 的逻辑控制器应采用可编程电子系统。对于输入输出点数较少、逻辑功能简单的场合，逻辑控制器可采用继电器系统。逻辑控制器也可采用可编程电子系统和继电器系统混合构成。SIS 的逻辑控制器应取得国家权威机构的功能安全认证。

① 逻辑控制器的独立设置原则。SIL 1 级安全仪表功能，逻辑控制器宜与基本过程控制系统分开；SIL 2 级安全仪表功能，逻辑控制器应与基本过程控制系统分开；SIL 3 级安全仪表功能，逻辑控制器必须与基本过程控制系统分开。

② 逻辑控制器的冗余设置原则。SIL 1 级安全仪表功能，宜采用冗余逻辑控制器；SIL 2 级安全仪表功能，应采用冗余逻辑控制器；SIL 3 级安全仪表功能，必须采用冗余逻辑控制器。

③ 逻辑控制器的响应时间包括通信时间、输入处理时间、输入扫描时间、CPU 扫描时间、应用程序执行时间、输出扫描时间、输出处理时间。石油化工装置的逻辑控制器的响应时间通常为 100~300ms。

④ SIS 响应时间包括变送器响应时间(0.1~5s)，输入关联设备(0.1s)，逻辑控制器响应时间(0.1~1s)，输出关联设备(0.1~1s)，最终元件动作时间(0.2~30s)。

逻辑控制器的中央处理单元负荷不应超过 50%，内部通信负荷不应超过 50%，采用以太网的通信负荷不应超过 20%。

SIS 的逻辑控制器应有以下特点：用于安全防护或安全控制功能；应经国家权威机构(如 TÜV)认证；应有安全手册；应遵循 IEC 61508-2 和 IEC 61508-3 规定；应带自诊断功能；硬件故障裕度(HFT)和诊断覆盖率(DC)应满足 SIL 3 级要求；软件设计应采用输入测试、程序流控制诊断、数据确认等技术；与第三方通信接口具有读写保护，不允许外部直接访问 IO 卡；SOE、HMI 对系统不同层次访问的私密性和对应用程序更改的跟踪等。

5.2 安全仪表系统的安全性

SIS 本身具有较高的安全性和可用性。基于这点，对其外部设备，如传感器、执行机构、电缆等的安全性和可用性提出了更高的要求。通常，在各种故障导致的生产装置停车的次数中，外部设备故障占 95%。因此，提高 SIS 系统外部设备的可靠性是提高工业过程安全性的重要手段。

5.2.1 输入的外部设备

输入信号从传感器到 SIS 系统的输入卡，中间经过了电缆、接线端子、安全栅、中间继电器、报警设定器、旁路开关等环节。尽管 SIS 本身可靠性较高，但它不能判断所接收的信号正确与否，也就无法避免因外部假信号而引起误停车。

为 SIS 提供输入信号的传感器不但要求测量准确度高，其可靠性也要高。工业现场环境一般比较恶劣，其电磁干扰、机械振动、粉尘、腐蚀性介质等都可能造成开关元件的误动作。由于 SIS 系统的扫描周期一般只有十几毫秒，瞬间的干扰就可能引起误停车。通常可以对输入信号延时，来避免传感器误动作引起误停车。

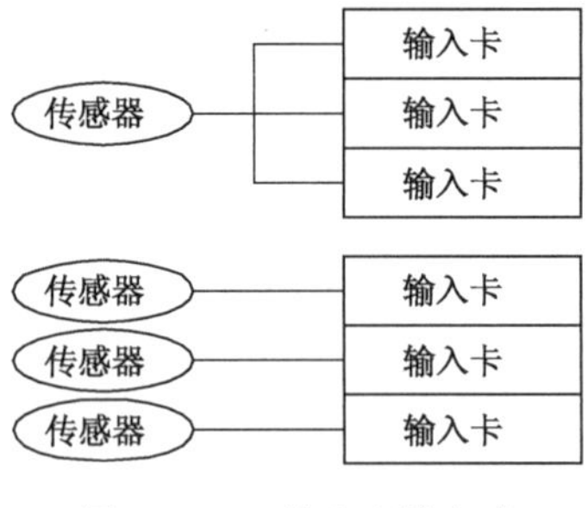

图 3-5-1　输入配线方式

现场的挠性管、端子及过渡接线箱应保持接触良好、稳固，重要位号的传感器应考虑冗余配置。当输入卡是三重配置时，其输入配线可以是图 3-5-1 所示的两种情况。第一种情况，3 个输入卡并联后与一个传感器相连，这种情况下，当传感器有故障或传感器到输入卡的中间环节有故障时，就会导致误停车；第二种情况，3 个传感器冗余，即 3 个输入卡分别对应 3 个传感器，SIS 系统按三取二表决方式运行。

SIS 外部中间环节越多，整个系统的安全性也越低。因此，应减少信号进入 SIS 的中间环节，如用于信号分配的中间继电器以及旁路开关等。模拟信号应直接进入 SIS 的模拟输入卡，而不需外部报警设定器。

5.2.2　输出的外部设备

SIS 的执行元件一般是电磁阀。对于输出的外部设备，也要求从输出卡到执行机构的中间环节越少越好。SIS 的模件都有很好的隔离性能，因此起隔离作用的外部继电器应尽量少用，有时也可采用输出卡到电磁阀双重配置的方式。

根据失效-安全的原则，输出卡、外部继电器、电磁阀等均应设计成失电(或停气)动作型，以使得电源或气源故障时能保证停车。

5.2.3　在线监测功能

SIS 大多有在线监测功能，利用此功能可以容易地处理由电缆短路、断路引起的误动作。在线监测功能需要监视型输入/输出模块，并在现场开关上连接线监视元件，典型的线监视元件是一对电阻，图 3-5-2 所示是输入卡的例子。图中，现场开关闭合、断开动作和线路断路、短路，系统检测到的阻值或电压是不一样的，从而可判断出输入线路的故障。

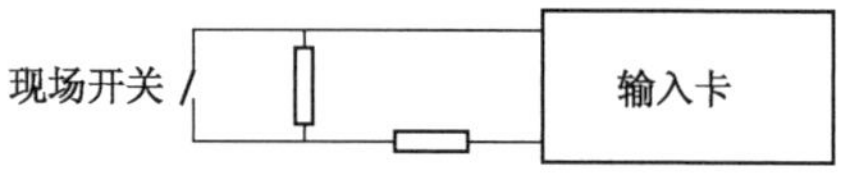

图 3-5-2　线监视设备原理图

5.2.4　故障模块更换与在线操作

三重化的系统是靠三选二表决保证系统可靠性的。当三个模块中的一个出故障时，其系统照常运行，但可靠性降低，安全等级也下降。因此，当某一通道故障时，要及时发出报警信号，及时更换故障模块。更换时不能联动相邻模块。有的安全系统设置了两次故障之间的时间，这个时间用户可以根据自己的情况设定，一般是 72h，当系统有故障时，如果 72h 内不处理，系统将自动停车。

SIS 提供了在线修改、在线下装以及 IO 强制赋值等操作功能，这些功能是对系统的人工干预。在线操作会影响系统的安全性和可用性。

5.3 SM 系统的组态

5.3.1 SM 组态软件

Safety Builder 是 SM 的在线监视和组态软件，可以安装在 Windows7、Windows10 或者更高版本的微软操作系统上，它为 SM 提供了一个用户接口，支持用户执行多种设计和维护任务。

Safety Builder 有离线和在线两大主要功能：离线功能为 SM 的工程师组态工具，包括网络配置、硬件配置、点组态、应用程序编辑和应用程序编译等；在线功能为 SM 的人机接口和维护工具，主要包括控制器管理、点监视和应用程序监视等。

Safety Builder R16 版软件的离线功能主界面如图 3-5-3 所示。

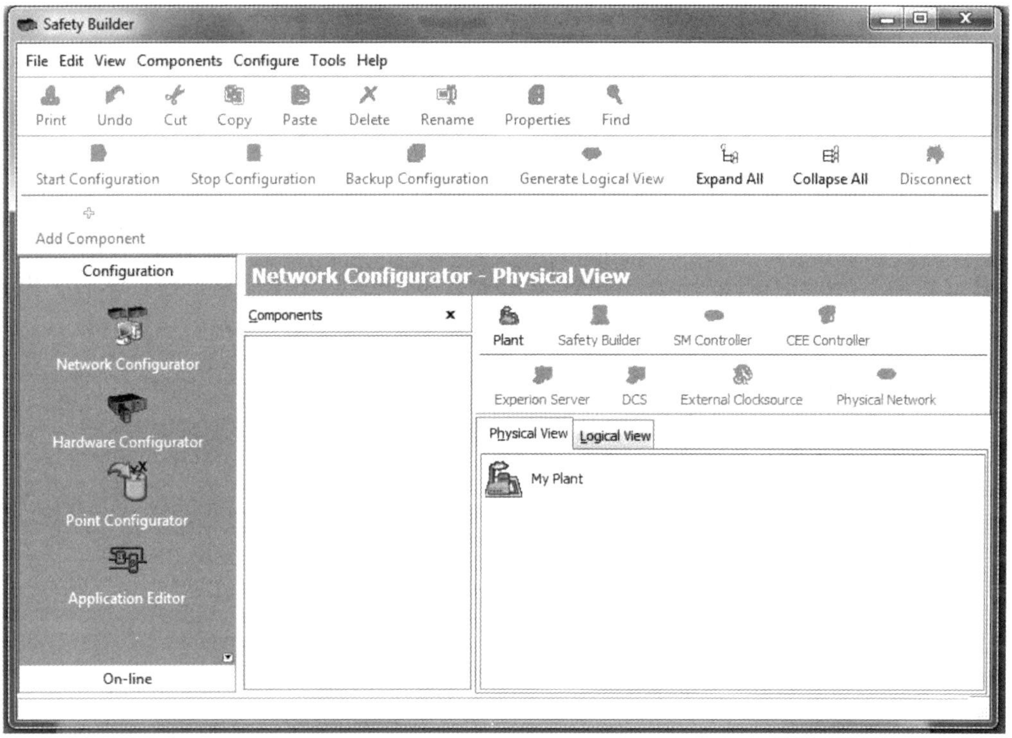

图 3-5-3 Safety Builder 离线功能主界面

5.3.2 SM 系统组态内容及步骤

SM 系统组态内容包括网络配置、硬件配置、点组态、应用程序编辑和应用程序编译等，全部组态工作在离线功能主界面下完成。

1. 网络配置

网络配置包括创建新装置、物理网组态和逻辑网组态三个部分。

(1) 创建新装置

在窗口左侧组态(Configuration)列表中点击“Network Configurator”，打开网络配置，拖拽 Plant 图标到物理视图(Physical View)区域建立一个新的装置，然后设置并保存该新装置的名称(如：My Plant)、数据库路径、符号库等属性参数。

右击物理视图区的“My Plant”图标，选择“Start Configuration”开始组态(图 3-5-4)。

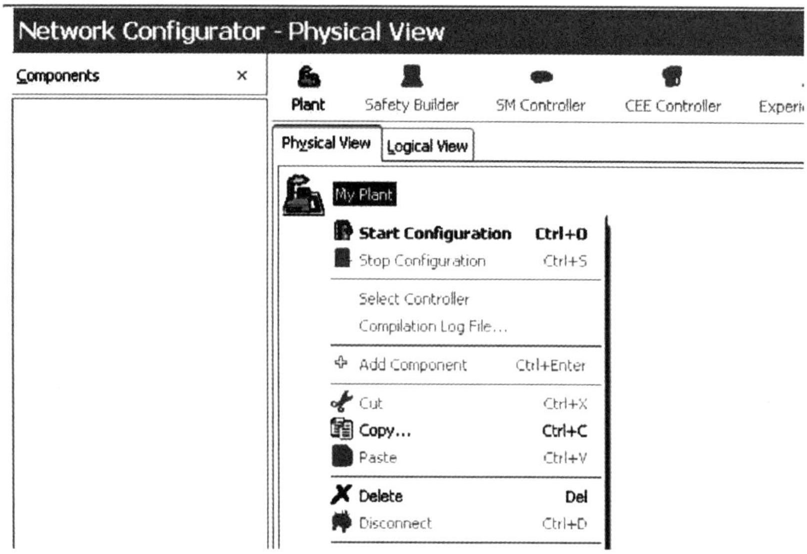

图 3-5-4　开始组态

(2) 物理网组态

通过拖拽添加一个新的 Safety Builder 到“My Plant”(图 3-5-5)，并在“Safety Builder Properties”对话框里设定设备名称(Device name)为 Safety Builder。完成后可见“My Plant”图标下增加了一个“New Safety Builder”图标。

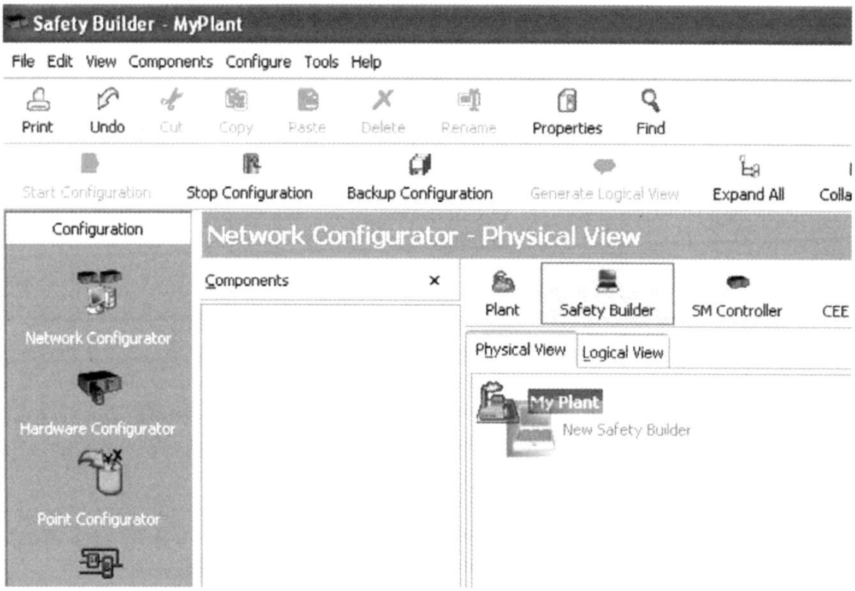

图 3-5-5　添加新的 Safety Builder

拖拽物理网络(Physical Network)图标到物理视图区的 Safety Builder 以添加物理网。在物理网属性(Physical Network Properties)对话框中设定以下参数：

① Network name（网络名称）：Fault Tolerant Ethernet

② Interface（接口）：Ethernet

③ Baudrate（传输速率）：100Mb/s full-duplex

需要特别注意的是，在同一个 Plant 中 Network name 必须唯一。

拖拽 SM Controller 至新增加的“Fault Tolerant Ethernet”图标上以添加 SM 控制器，并在控制器属性对话框“SM Controller Properties”的两个标签页中设定相关参数。

在 General 标签页中，设置以下参数：

① Controller name（控制器名称）：输入 MySMController_××，其中××为控制器的节点号（Controller node number）。

② Controller node number（控制器的节点号）：在下拉菜单中选择相应序号，其中，1 代表 ESD-01，2 代表 ESD-02。

③ Controller architecture（控制器结构）：选择 Redundant（冗余）。

勾选 Remote load enabled（允许远程下装）和 Remote reset enabled（允许远程复位）选框。

在 COM Module 1 标签页中，分别填写 CP1 和 CP2 的 IP 地址。该标签页中，子网掩码和网关地址将自动生成，若无特别说明，应保留默认值。

完成上述设定后，点击“OK”保存组态结果并退出物理网络配置。

（3）逻辑网组态

双击物理视图中的“My Plant”后，选择菜单“File>Generate Logical View…”，弹出的“Logical Architecture Translation Rule”（逻辑结构转换规则）对话框。如图 3-5-6 所示。

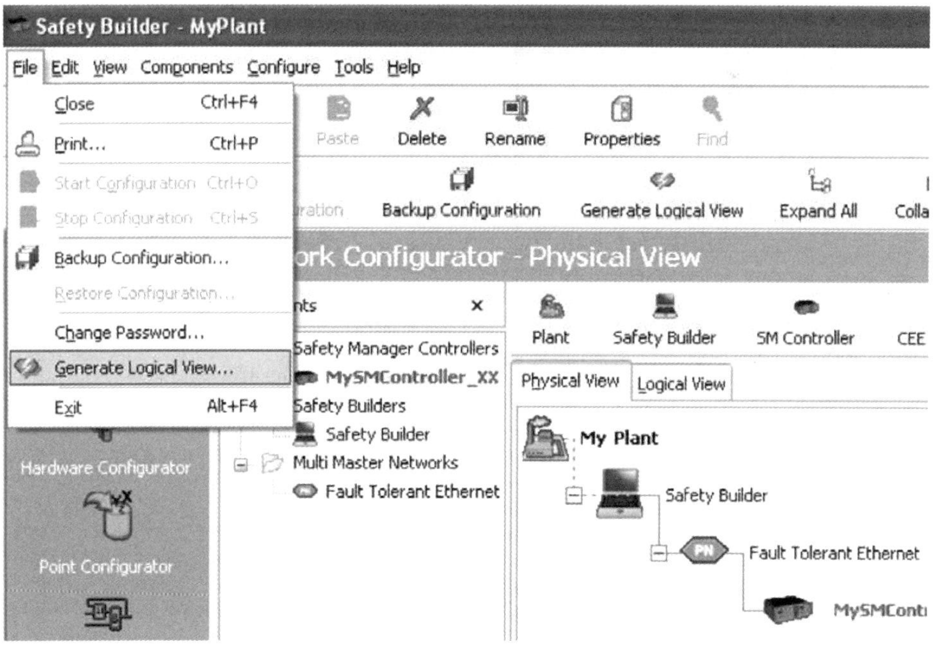

图 3-5-6　生成逻辑网络

在弹出的“Logical Architecture Translation Rule”对话框中，可以选择物理网向逻辑网转换的规则，点击“Translate”按钮即按选定的转换规则生成逻辑网络，见图 3-5-7。

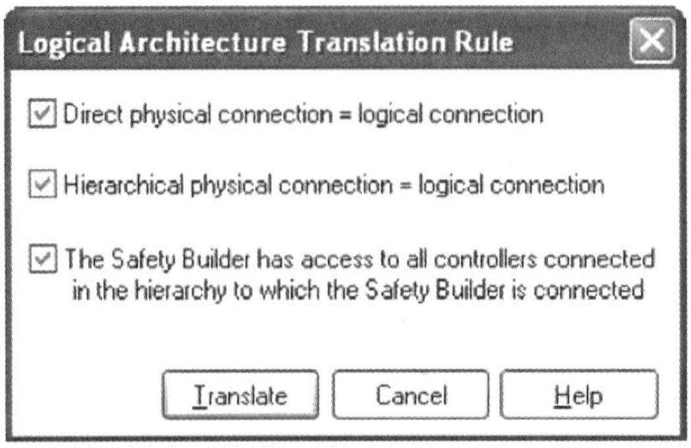

图 3-5-7　设置逻辑结构转换规则

选择逻辑视图(Logic View)标签，右击打开逻辑网属性窗口，按图 3-5-8 所示填写相关参数。

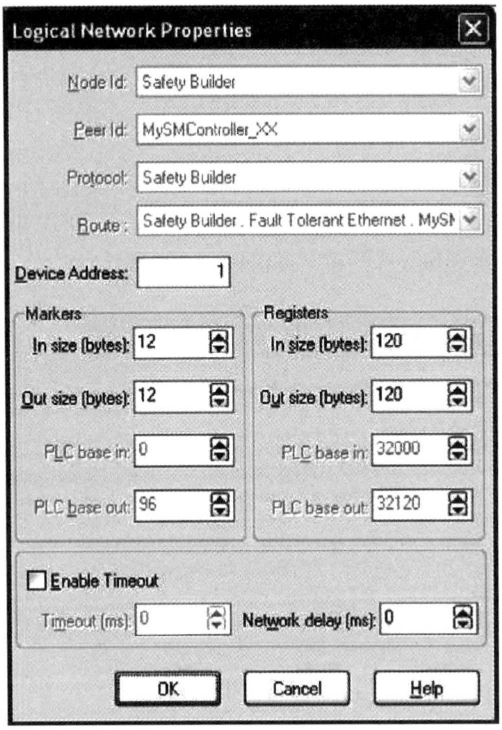

图 3-5-8　设置逻辑网络属性

完成逻辑网络属性设置后，网络配置工作也就完成了。

2. 硬件配置

网络配置完成后，需要对已创建的 SM 控制器进行硬件配置。硬件配置包括配置 SM 控制器机柜、卡件箱以及卡件的种类和位置。

硬件配置前，首先要选定待配置的控制器，并打开硬件配置画面。

(1) 机柜配置

机柜配置的目的是根据项目需要，布置所需卡件箱以及卡件箱中的卡件。

机柜中可以配置的卡件箱有三种类型：控制器卡件箱(CPCHAS)、非冗余 IO 卡件箱(IOCHAS-NR)和冗余 IO 卡件箱(IOCHAS-R)。一个机柜最多可以安装 9 个卡件箱，至少 1 个控制器卡件箱。

把所需卡件箱类型拖拽至相应的卡件箱位置，即可完成卡件箱配置。图 3-5-9 表示在已配置 1 个控制器卡件箱的机柜内配置冗余 IO 卡件箱的情况。

(2) 卡件配置

卡件箱配置完成后，需分别完成各卡件箱中卡件的配置。

控制器卡件箱配置。右击相应槽位，打开卡件属性对话框，选择正确的卡件类型。图 3-5-10所示为第 1 个机柜中第 1 个卡件箱的第 1 个插槽为冗余控制器(QPP-0002)卡件类型。

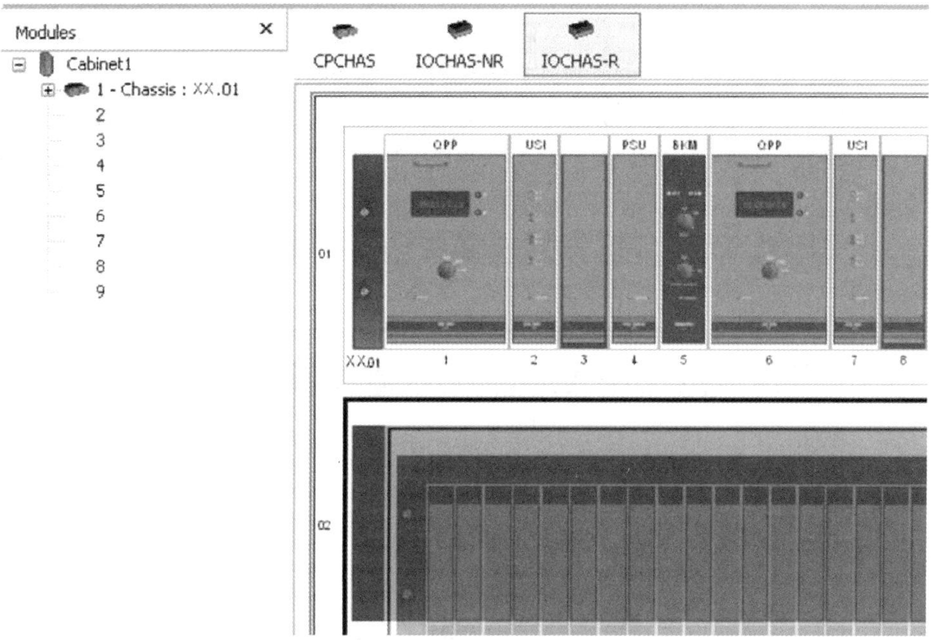

图 3-5-9　配置冗余 IO 卡件箱

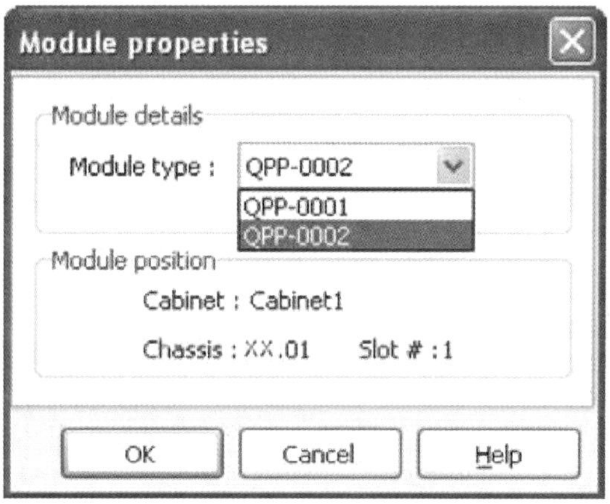

图 3-5-10　选择控制器卡件

IO 卡件箱配置。右击相应槽位，在“添加”(Add)菜单项中选择相应的 IO 卡件类型，如图 3-5-11 所示。

3. 点组态

点组态是完成 SM 控制器所有 IO 卡件的类型和参数设置。

选定控制器后，点击“Point Configurator”打开点组态画面。

点组态画面的左侧为点的不同分类模式，右侧为相应分类模式下的点信息列表。图 3-5-12 为选择“All points sorted on Type and Tag”(所有点按类型和位号排序)模式的点组态画面。

在点组态画面中选择数据点类型即可添加新的点。

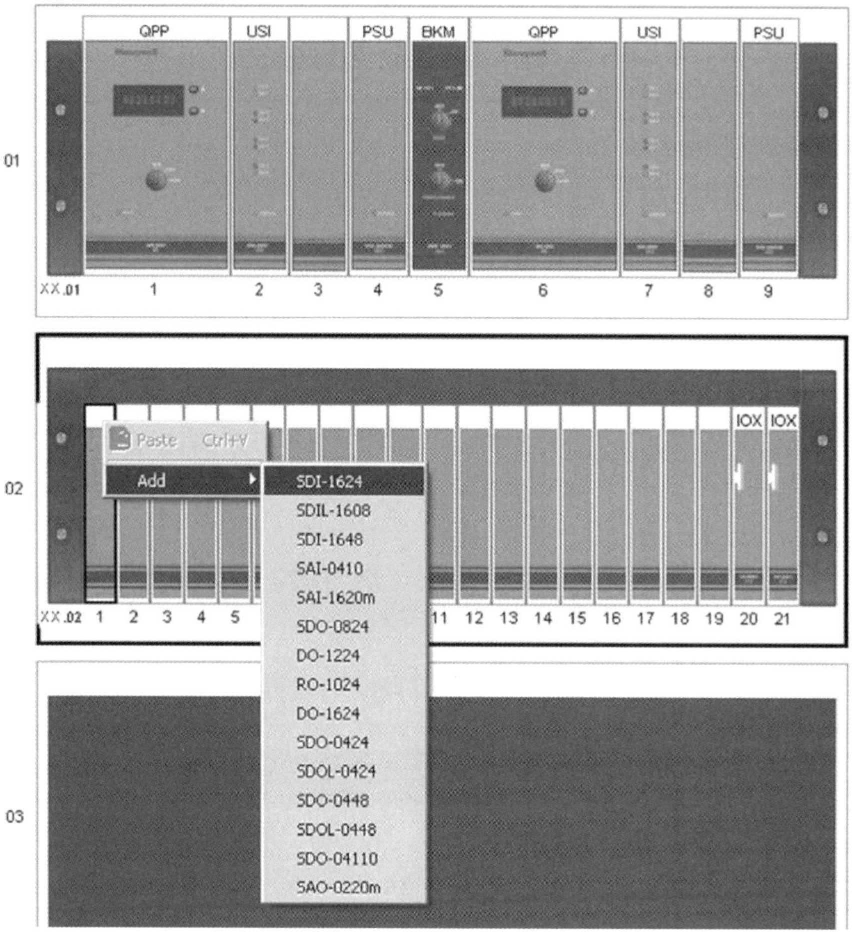

图 3-5-11　配置 IO 卡件

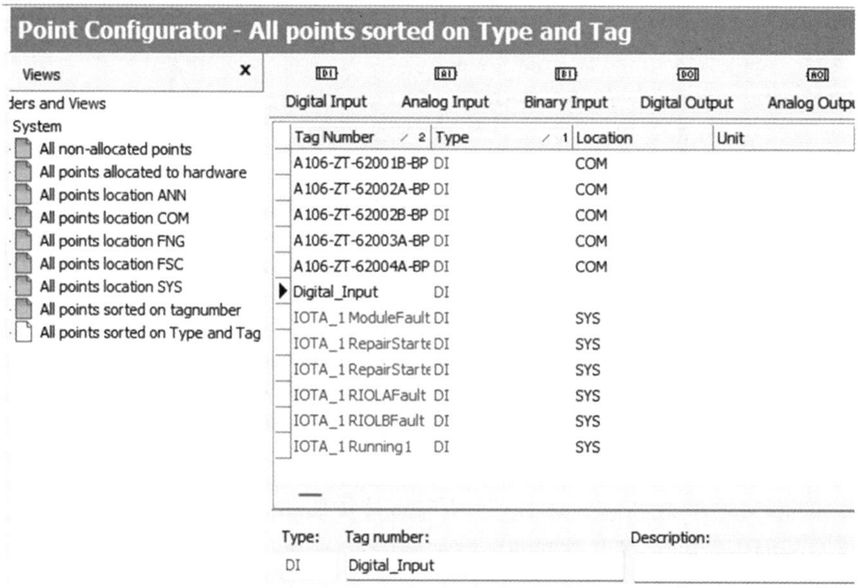

图 3-5-12　点组态画面

点选新增加的点即可编辑该点的属性，设置相应的参数。如图 3-5-13 所示。

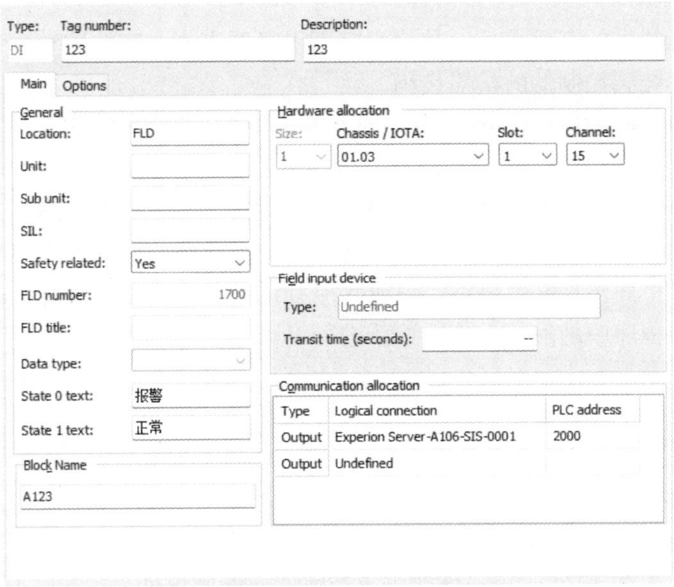

图 3-5-13　编辑 DI 点属性

4. 应用程序编辑

SM 系统的控制功能是通过功能逻辑图(FLD，Functional Logic Diagrams)实现的，设计 FLD 是 SM 系统组态的核心工作。应用程序编辑器(Application Editor)是设计 FLD 的工具。

选定控制器后，点击“Application Editor”打开应用程序编辑器画面。编辑器画面主要有 4 个操作区，分别用于显示当前 FLD 标题、符号库、FLD 列表和设计区。如图 3-5-14 所示。

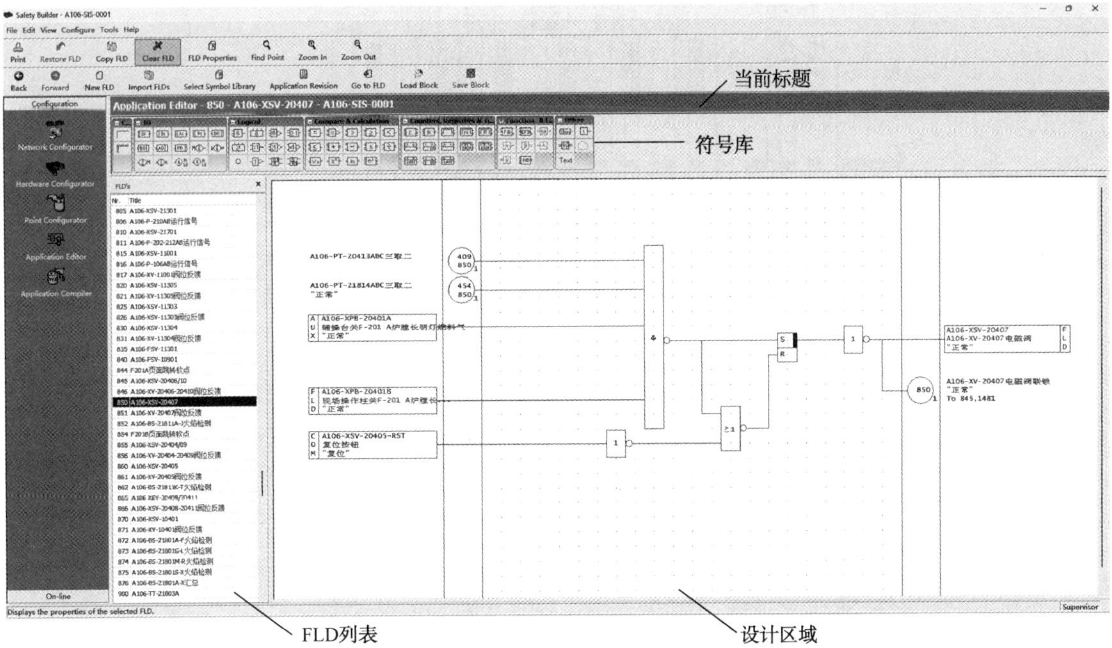

图 3-5-14　应用程序编辑器

通过拖拽符号库内相应的功能块到设计区，即可搭建 FLD 逻辑。

5. 应用程序编译

应用程序编译的目的有两个：一是校验应用程序的语法、完整性和一致性；二是把应用程序转换为可以下装到控制器的机器代码。

选择菜单“Tools>Configuration>Application Compiler”或点击“Application Compiler”按钮开始编译。

随着编译的进行，主界面将显示相应编译信息。如果没有发现问题，编译将成功完成，并生成应用程序版本号。如果应用程序下装完成后，再次修改且编译成功，则版本号加 1。

如果编译信息里面出现红色描述，说明程序有错误存在，编译没有通过。此时，需要分析错误信息，解决程序中的问题，然后重新进行编译。

5.4 Tricon 系统配置及应用

5.4.1 Tricon 系统配置

Tricon 三重化冗余容错控制器系统由以下模件构成：处理器模件、通信总线、DI 模件、DO 模件、AI 模件、AO 模件、端子模件、通信模件、电源模件。

1. 主机架背板布置

Tricon 主机架背板主要有双重化电源轨、电源端子条、IO 终端用 ELCO 接头、系统总线以及主处理器模件、IO 模件以及通信模件的插槽等，如图 3-5-15 所示。

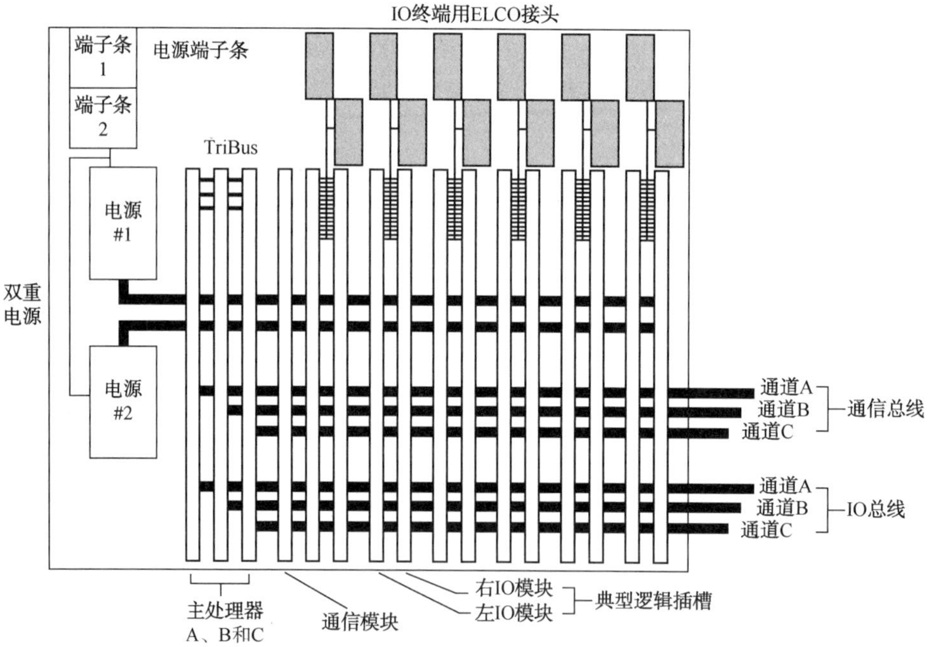

图 3-5-15 Tricon 主机架背板

系统总线分内部处理器总线(TriBus)、IO 总线和通信总线三种。

TriBus 在三重化的主处理器模件间传送数据，包括三条独立的串联的链路，带宽为 4MB。TriBus 完成下列三种功能：

① 传输模拟的、诊断的和通信的数据；

② 传输和表决数字输入数据；

③ 对上次扫描的输出数据和控制程序存储器数据进行比较，并对不同之处进行标识。

主处理器模件之间通过 TriBus 传送数据，其间要进行表决及比较。比较中发现的不一致会被系统标识，在处理周期结束时，由系统的内部故障分析器来判断某一模件是否存在故障。

IO 总线负责主处理器模件和 IO 模件之间的信息传送，速率为 375kbps。IO 总线为三重化配置，不同机架间的 IO 总线通过 IO 线缆连接。IO 模件通过其对应的与 IO 总线相连的端子板接收现场信号或向现场传送数据。机架内相邻的两个 IO 模件物理槽位视作同一个逻辑槽位，前一个槽位对应工作模件，后一个槽位对应热备模件，现场端子板通过背板顶部的 ELCO 插头连接工作模件和热备模件，因此，这两个模件接收的是来自相同端子板的信号。

通信总线在主处理器模件和通信模件之间传输信息，其速率为 2Mbps。

机架上的两个电源分别安装在两个独立的电源轨上，为机架上的各个模件提供双电源供电，一个电源或电源母线出现故障不会影响系统性能。每个 IO 模件上有四组电源调节器，其中三组对应三个支路(A、B 和 C)，另一组用于状态指示灯。

2. 主处理器模件

Tricon 系统包含三个主处理器模件，每个模件相互独立，与其他两个模件并行工作。每个主处理器模件包括主处理器、IO 通信处理器、数据存储器、时钟模块、电源调节器以及后备电池等主要部件，其结构如图 3-5-16 所示。

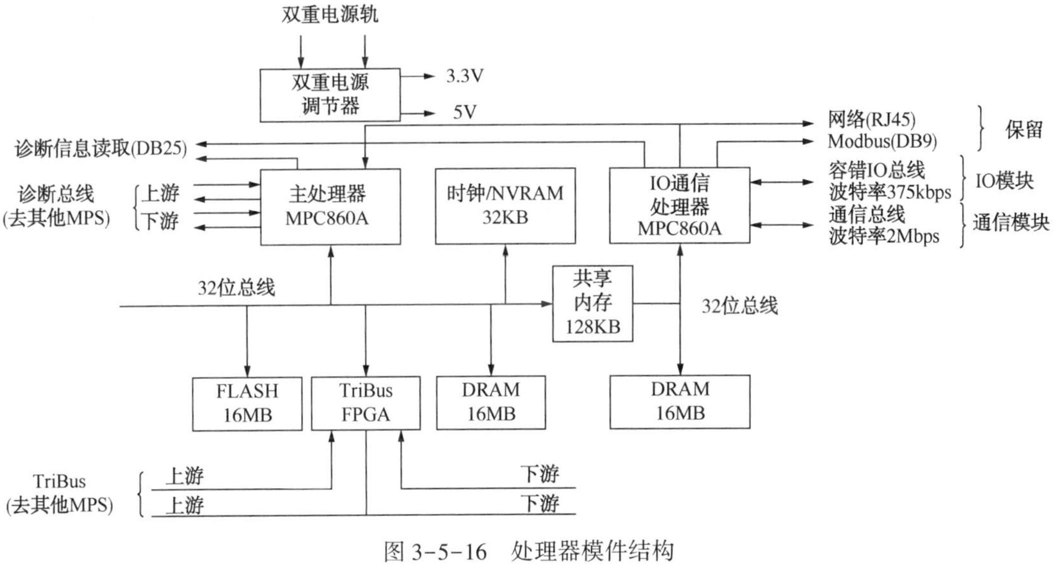

图 3-5-16 处理器模件结构

各主要部件的作用如下：

① 主处理器　负责执行控制程序，并生成基于输入值表的输出值表。

② IO 通信处理器　用以管理在主处理器模件和通信模件、IO 模件之间的数据交换。

③ 数据存储器　存储接收自系统总线的数据和传送系统总线的数据。

④ 时钟模块　同步系统时钟。

⑤ 电源调节器　接入外部电源，并为内部各部件分配不同电压的供电。

⑥ 后备电池　在外部电源发生故障时，由后备电池供电保护存储器数据，后备电池能完整保存数据 6 个月。

主处理器模件的工作过程如下：

① 当输入模件被扫描时，相应的 IO 总线把新的输入数据传递给主处理器，同时存入存储器以备硬件表决之用。

② 主处理器内的输入数据通过 TriBus 传送到相邻的主处理器模件。TriBus 硬件表决电路周期性地对内存的有效性进行验证。

③ 3 个主处理器把表决修正过的数据送入控制程序，一起并行执行。控制程序生成一个基于输入值表的输出值表。每个处理器上的 IO 处理器通过 IO 总线把输出数据送至输出模件。

④ IO 通信处理器根据输出值表产生若干子表，每个子表对应于一个输出模件，并通过 IO 总线将子表传送至输出模件中相应的分电路。例如，主处理器模件 A 的 IO 通信处理器通过 IO 总线 A 传送相应的输出值表给每个输出模件的分电路 A。

3. 输入输出模件

(1) 数字输入模件

Tricon 提供两种基本类型的数字输入模件：TMR 型和简易型。在 TMR 型模件上，全部关键的信道被 100%地三重化，以保证安全性和最大的可用性；在简易型模件上，只有那些保证安全运行所需的信号通路部分才被三重化。

对于 TMR 型数字输入模件，每个数字输入模件内都有 A、B、C 三个相同的分电路。每个分电路在现场和 Tricon 之间采用光电隔离。这三个分电路之间相互隔离，各自独立运行。一个分电路上的故障不会扩散到另外的分电路。此外，每个分电路含有一个 8 位 IO 微处理器(IOP)，用来处理分电路与相应的处理器之间的通信。

每个输入分电路可异步检查输入端子板上的每点信号，以判别其状态并将值放在相应的 A、B、C 输入值表内。每个输入值表都定期地经过 IO 总线，由位于相应的主处理器模件上的 IO 通信处理器访问。例如，IO 通信处理器 A 通过 IO 总线 A 访问输入值表 A。

带自测试的直流数字输入模件，能够检测“ON 粘住”(指模件测量回路无法检测到现场信号断开)的状态，这是安全系统的一个重要特征，因为绝大多数安全系统是“去磁跳闸”。

对于简易型数字输入模件，每个数字模件含有适用于三个分电路(A、B、C)的智能控制电路。三个分电路相互隔离，各自独立运行，因此一个分电路上的故障不会传给另一个。每个分电路含有一个 8 位 IOP，它用来处理分电路与相应的处理器之间的通信。

每个输入分电路独立地通过一组非三重化的信号调节器检测端子板的每一个输入信号。

模件具有专门的自测试电路，可在 500μs 内检测“ON 粘住”和“OFF 粘住”故障。模件检测到输入故障时，将把测量输入值强制在安全状态。

(2) 数字输出模件

数字输出(DO)模件有四种基本形式，即监视型 DO 模件、DC 电压 DO 模件、AC 电压 DO 模件和 DC 电压双通道 DO 模件。

每个 DO 模件都包含有三个完全相同的相互隔离的分电路，每一个分电路含有一个 IOP 微处理器，它从相应的主处理器模件上的 IO 通信处理器接收输出表。所有的 DO 模件(除双通道 DO 模件外)采用“四方输出表决器”，该电路对各个输出信号在它们被送至负载之前进行“3 取 2”表决。

四方输出表决器可保证安全性和最大的可用性，DC 电压双通道 DO 模件通过冗余达到同样的效果。

DO 模件均可对每个输出数据进行输出表决器诊断(OVD)。在 OVD 执行过程中，每个输出数据的状态被逐一保存到输出驱动器，模件根据输出值判断输出电路是否存在潜在故障。

监视型 DO 模件同时具有电压和电流反馈，具备在励磁和非励磁的工作状态下故障的完全诊断。此外，监视型 DO 模件还能对回路进行连续校核，验证是否有现场线路的开路或短路，现场线路开路或短路时，模件将予以指示。

DC 电压 DO 模件专门用来控制那些需要长期保持一种状态的现场设备，即使各通道点接收的信号从不改变，DC 电压 DO 模件的 OVD 诊断也能确保完全的故障诊断覆盖面。在这种模件上，一般只在 OVD 执行期间输出，但信号的跃变时间须低于 2ms(标准的是 500μs)，并且对绝大多数现场设备不产生影响。

对于 AC 电压 DO 模件，一旦被检测出故障来，模件就不再继续进行 OVD。在 AC 电压 DO 模件上的每个点都需要周期性地在 ON 和 OFF 两个状态间循环，以保证 100%的诊断覆盖面。

(3) 模拟输入模件

在 AI 模件上，三个分电路异步地测量各输入信号，并把结果置入输入值表内。三个输入值表通过相应的 IO 总线传送到相应的主处理器模件。每个主处理器模件内的输入值表通过 Tribus 转送给相邻的主处理器模件，对用于控制程序的数据，在 TMR 模件中取中值，在双重化模件中取平均值。

每个 AI 模件采用内置参考电压进行自动电压校正，并用来调整模数转换读数。

不同类型的 AI 模件和端子板用于处理不同的 AI 信号，信号类型包括 0~5VDC、0~10VDC、4~20mA、热电偶(K、J、T、E 等型)以及热电阻(RTD)，模件类型有隔离和非隔离两种。

(4) 模拟输出模件

AO 模件接收来自 3 个主处理器模件的输出值表。每个输出点都有相应的三重化 D/A 转换器。AO 模件以“3 选 2”的机制选择正确的输出分电路，选中的分电路用以驱动模拟输出。所有通道通过回路检测以确保输出的正确性。如果驱动输出的分电路发生故障，那么该分电路即被判定为故障支路，系统将选择别的分电路来驱动输出。

AO 模件具有通过内置参考电压进行自动电压校正功能。

系统的 IO 模件通过端子板与现场信号相连。端子板是无源的电路板，只用以把输入信号传给输入模件，或者把输出信号传到现场设备。端子板的使用，可以使系统在不改变现场接线的情况下拆换 IO 模件。

4. 通信模件

利用通信模件，Tricon 可以和 Modbus 主机或从机、点对点通信网络上的其他 Tricon、在 802.3 网络上运行的其他主机以及第三方 DCS 系统连接。处理器通过通信总线向通信模件传递数据，数据每扫描一次就刷新一次。系统支持以下种类的通信模件：

① Tricon 通信模件(TCM，Tricon Communication Module)　该模件提供 4 个串行接口、2 个以太网接口、1 个诊断口，通过这些接口可和其他 Tricon 系统、TriStation、网络设备以及 Modbus 主从设备通信。2 个以太网端口支持 Triconex 协议及应用。

② 安全管理模件(SMM，Safety Manager Module)　该模件是 Tricon 控制器和霍尼韦尔 TDC3000/TPS 系统的 UCN 网络的接口。UCN 通过 SMM 将 Tricon 作为 UCN 的一个安全节点，从而使 Tricon 可在整个 TDC3000/TPS 范围内访问过程数据。

③ 统一通信模块(UCM，Unified Communication Module)　该模件用于 Tricon 控制器和福克斯波罗(Foxboro)I/A 系列 DCS 之间的通信。UCM 允许 I/A 系统将 Tricon 作为其"安全节点"，UCM 作为网状网络上的控制站出现，在网状网络上作为对等点传 Tricon 控制器的别名数据。每个 UCM 有两个串行端口、四个光缆以太网端口、一个时间同步端口和一个调试端口(供 Invensys 设备使用)。UCM 支持 Triconex 协议和应用。

此外，TCM 和 UCM 还支持包括采用 TCP-IP/UDP-IP 协议的用户应用程序。TCM 和 UCM 的支持协议和用途见表 3-5-1。

表 3-5-1　TCM 和 UCM 的协议和用途

Triconex 协议	TCM	UCM	Triconex 协议	TCM	UCM
Peer-to-Peer	√		Triconex 应用		
时间同步	√		DOS TCP/IP 驱动接口	√	√
TriStation	√	√	SOE	√	√
Tricon 系统存取应用(TSAA)	√	√	SOE 记录	√	√
用户编写的协议(卡专用的)			网络 DDE 记录器	√	√
TCP-IP/UDP-IP	√	√	TriStation	√	√

5. 电源模件

每个 Tricon 机架有 2 个电源模件，以双重冗余方式工作。每个电源能独立为机架中所有模件供电，并有内部的诊断电路用以检查电压的输出范围和工作温度。其他模件从背板获取电源，每个模件都配有两个独立的电压调整器(REG)，一个供电电路发生短路只影响这个电路的电压调整器，而不影响整个电源总线，见图 3-5-17。

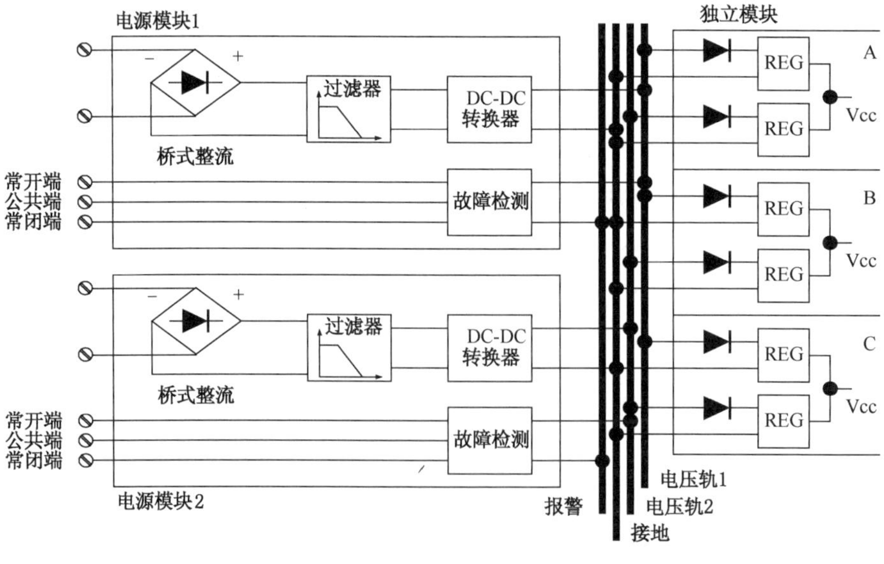

图 3-5-17　电源模件子系统的结构

6. 系统诊断与状态指示灯

Tricon 具有全面的在线诊断能力。故障监控电路可以预先检测出可能发生的故障，此电路包括 IO 回路检测、故障定时器、电源检测器等部件，使得 Tricon 可以自行重新配置并根据各个模件和分电路的工作情况进行一定限度的自我恢复。

每个模件都可激发系统报警。报警装置包括电源模件上的一对常开/常闭继电器触点。发生故障时，继电器动作，从而激发报警，起到提醒系统维护人员的作用。

每个模件的前面板上都有 LED 指示灯，用于指示模件的状态或者与之相连接的外部系统的状态。LED 指示的状态包括 PASS(通过)、FAULT(故障)、ACTIVE(工作)以及由模件类型决定的状态。

所有内部诊断和报警信息都可用于在本地或远程 TriStation 上生成记录和报告。

5.4.2 Tricon 系统的应用

Tricon 作为一个通用的硬件平台，可以与不同的专用软件配合，构成适合于不同行业、不同场合的应用系统。Tricon 的基本应用是用作紧急停车系统(ESD)，其他应用还包括透平与压缩机组合控制系统(ITCCS，Integrated Turbine and Compressor Control System)、火气检测与保护系统(FGS)等。

1. 汽轮机与压缩机组合控制系统(ITCCS)

ITCCS 是指集汽轮机的速度控制及抽汽控制和压缩机防喘振控制、性能控制、解耦控制、负荷分配控制等机组特有的控制，以及辅助控制、联锁保护等于一体的集成组合系统。ITCCS 改变了传统上需要多个分立控制回路并行运行的方式，它将多种控制功能集成在一起，使各种控制协调运行，减少了各个功能模块间的交叉连接和通信，降低了系统的故障率和设备长周期运行成本，使机组运行更加平稳、高效和安全。ITCCS 已在石油化工企业得到广泛应用。TS3000 是基于 Tricon 硬件平台的 ITCCS。

除具有 Tricon 系统的特点外，TS3000 还具有机组控制与状态监测功能，具有专为汽轮机、压缩机、燃机、烟机设计的多种专用软件包。主要的控制功能包括：

机组的安全联锁保护，主要有机组的启动及升速、紧急停车、超速、轴振动/轴位移、润滑油/调节油以及辅助设备等的联锁保护。

① 防喘振控制　能以最少量的放空量或回流量防止机组的喘振，减少对工艺的干扰和能源的消耗。主要有温度压力补偿、任意折线函数、抗积分饱和、安全裕度重校、喘振预报等功能。

② 解耦控制　系统不仅有防喘振控制，还有性能控制、调速控制等，这些控制回路的变量之间是相互关联、相互影响的，所以要消除它们之间的干扰或耦合影响。

③ 速度控制　系统针对汽轮机控制可实现转速测量与控制、辅助控制、负荷分配控制、自动/半自动/手动启动、暖机/额定、临界转速避开等功能。

④ 负荷分配控制　TS3000 针对大型汽轮机和压缩机组的气量负荷分配问题，利用流量控制和压力控制方案，通过流量/压力负荷分配控制和变转速负荷分配控制实现多机组并联运行时的负荷分配控制，优化系统负荷分配方案。

⑤ 协调控制　TS3000 除了实现机组本体的控制和保护外，还考虑了机组各子系统之间的协调控制。

TS3000 在多种石油化工生产装置的大型机组控制中得到了应用。

TS3000 在炼油厂催化装置压缩机群控制上的应用。一般炼油厂的催化裂化装置有主、备风机各 1 台、增压机 2 台、富气压缩机 1 台，有的还配有烟机。根据风量，主风机、备用风机选用轴流或离心式压缩机，驱动机选用烟机/电机/汽轮机。全装置机组的防喘振控制、调速控制、负荷控制、解耦控制、机组发电的同期并网控制和各种油压控制以及机组轴承温度、轴振动、轴位移监测、主机及辅机工艺参数监控、机组启动-运行-停机的顺序控制、联锁逻辑保护等共用一套 TS3000 系统。一般根据压缩机出、入口压力或出、入口流量来调整汽轮机的转速和实现喘振控制，同时在防喘振控制和速度控制间进行解耦控制。

TS3000 在乙烯裂解装置压缩机群控制上的应用。乙烯裂解装置中的主要大型压缩机有三种：裂解气压缩机、乙烯制冷压缩机和丙烯制冷压缩机，有的工艺中还有二元或三元制冷压缩机，这些机组都由汽轮机驱动。装置中的所有压缩机组的防喘振控制、调速控制、性能控制、抽汽控制、机组轴承温度、轴振动、轴位移监测、主机及辅机工艺参数监控、机组启动-运行-停机的顺序控制、机组联锁逻辑控制等可采用独立或共用的几套 TS3000 系统来实现。

在实际应用中，TS3000 系统一般配置为一个主机架加 2~3 个扩展机架，配两套互为备用的操作站，采用工程师站进行编程或诊断故障，并可与 DCS 以及企业的信息网络通信。

2. 火气检测与保护系统(FGS)

FGS 是连接至火警探测器、气体(可燃及有毒)探测器及其他设备的安全系统，既可确保相关设备正常运作，也可根据火灾发生情况，启动局部或全部消防设施。通常用于石油化工等风险较高的行业。Tricon 公司的 FGS 是以采用 TMR 技术的 Triconex 为硬件平台构建的。

Tricon 公司的 FGS 具有系统自诊断功能，可对系统中的故障进行诊断并发出警报；有电路测试功能，可实时检测户外设备的开路及短路状况；有 24h 专用不间断电源，可供应充足的电力，以保证系统发生意外时有可靠的供电。

FGS 是可探测与控制火灾和可燃或有毒气体的安全管理系统。它通常配合其他安全系统及消防设施，互相连接成一个网络，提供组合性消防及气体保护解决方案。

第6章　企业信息管理系统基本知识

石油化工企业的信息管理系统的框架结构如图3-6-1所示。在此系统结构中，企业所有的生产经营活动被分为三个层次，即经营管理层(ERP)、生产执行层(MES)和过程控制层(PCS)，三个层次的管理系统整合统称为现代集成制造系统(CIMS，Contemporary Integrated Manufacturing System)。其中，“现代”的意思是信息化、智能化和计算机化；“集成”包含信息集成、功能集成。设备完整性管理依托于设备完整性管理平台，贯穿于整个生产经营活动的全过程。

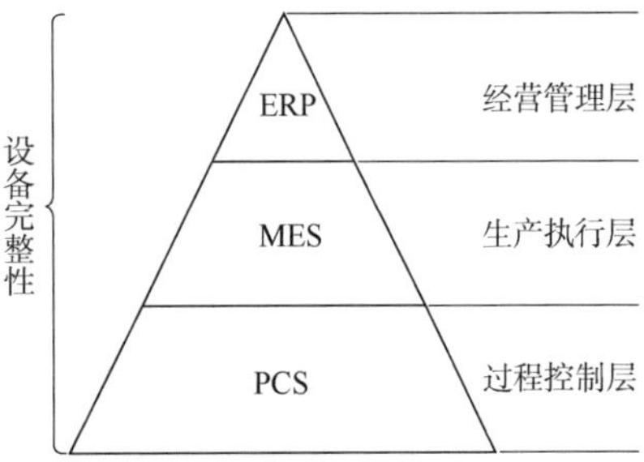

图3-6-1　企业信息管理系统层次图

6.1　企业资源管理系统

ERP即企业资源计划，是一种企业管理信息化的方法和工具。它是在20世纪60~70年代的物料需求计划MRP(Material Requirement Planning)以及80年代的制造资源计划MRPⅡ(Manufacturing Resources Planning)基础上发展而来的。MRP与当时的卖方市场环境相适应，解决大规模生产过程的物料需求问题。何时、何处、需要多少、何种物料是MRP关注的核心。MRPⅡ与成本竞争的市场环境相适应，在MRP的基础上加入了财务管理的内容，要解决生产过程中物料供应“不多不少，不迟不早”的问题。ERP与全球化的买方市场环境相适应，在MRPⅡ的基础上，加入了分销和人力资源等各种与企业资源获取和利用相关的管理内容，力求解决企业资源的最优配置问题，以产生最大的企业效益。

狭义的ERP是一个集成企业内部的所有资源，并加以有效配置与控制的管理系统。广义的ERP则要计划和控制企业内外所有与企业紧密关联的各种资源，既要使企业外部资源能够集成进来为企业所用，也要使企业内部资源能够被集成出去为社会所共享。

ERP可以实现企业经营全过程物流、资金流及信息流的“三流合一”，使财务管理、销售管理、库存管理、采购管理、车间管理、计划管理、成本管理集成统一。ERP作为企业管理的一种理念和方法，可以根据不同企业管理者的要求，建立各具特色的ERP系统，用于不同类型的企业。

国内市场上，主流的ERP厂商有用友、SAP中国、金蝶、Oracle中国、浪潮通软、新中大、神州数码、东软金算盘等。

6.1.1　SAP R/3的功能

SAP R/3是一个基于C/S结构和开放系统的企业资源计划系统，它是一个典型的三层架构系统，包括：

表现层(Presentation Layer)　提供用户与R/3系统交流的接口，这层将用户的命令或者操作传送给R/3系统，然后系统进行相应的处理后把数据返回给用户。

应用层(Application Layer)　包括一个或者多个应用服务器和一个消息服务器。每一个应用服务器包括一系列服务以便运行应用程序。

数据库层(Database Layer)　这是系统的核心，存放所有的系统数据。系统支持 SQL Server，Oracle，Informix，DB2 等主流数据库。

SAP R/3 将企业生产经营和管理活动的四大系统，即生产控制(计划、制造)、物流管理(分销、采购、库存管理)、财务管理(会计核算、财务管理)和人力资源管理的管理功能分解为 12 个功能模块，其功能结构如图 3-6-2 所示。

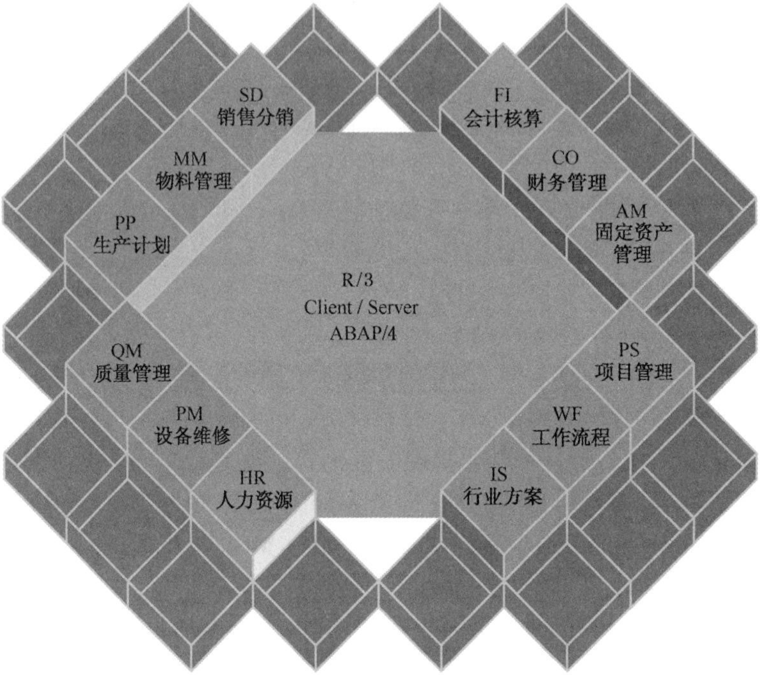

图 3-6-2　SAP R/3 功能示意图

图中：

销售分销(SD，Sales & Distribution)模块，主要完成销售和分销环节管理，包括合同、订单、发货单、发票、价格信息、客户信息、库存信息等管理功能。

物料管理(MM，Materials Management)模块，主要完成原料采购管理功能，包括物料数据、供应商信息、采购申请、收/发货、物料入/出库操作等。

生产计划(PP，Production Planning)模块，主要提供生产计划管理功能，包括计划订单、生产订单、工艺路线、物料清单以及与生产订单相关的作业计划的管理。

质量管理(QM，Quality Management)模块，具有质量管理体系(如 ISO 9000)的重要功能，支持贯穿于企业全部生产经营活动的与质量计划、质量评估和质量控制相关的各种任务，包括质量标准、测试过程、质量认证以及原材料和产品的质量数据。

设备管理(PM，Plant Maintenance)模块，该模块以工单为基础，对设备的建立、修改、停用、报废等变动情况进行管理。

人力资源(HR，Human Resources)模块，提供人力资源决策解决方案，包括人力资源规划、时间管理、招聘管理、员工薪资核算、培训计划、差旅管理等。

财务成本管理(FI，Financial Accounting 和 CO，Controlling)模块，提供会计核算与财务管理两大功能，会计核算主要是记录、核算、反映和分析资金在企业经济活动中的变动过程及其结果，财务管理主要是基于会计核算的数据，再加以分析，从而进行相应的预测、管理和控制活动。该部分包括总账、资产、应收应付、成本等子模块。

固定资产管理(AM, Fixed Assets Management)模块，完成对固定资产的增减变动以及折旧有关基金计提和分配的核算工作，包括登录固定资产卡片和明细账、计算折旧、编制报表以及自动编制转账凭证等。

项目管理(PS, Project System)模块，主要提供项目年度投资总体预算和年度预算功能，包括项目定义、工作分解结构(WBS)、审核并下达 WBS 预算、项目可行性研究报告、基础设计以及与项目相关的合同、物资需求、结算等。

工作流(WF, Workflow)，提供与自动业务流程相关的信息，包括定义步骤顺序、步骤规则、每一步骤的批准规则以及授权批准人等，由此实现严格的过程管理。

行业方案(IS, Industry Solutions)，为不同行业提供不同的解决方案，包括石油与天然气、化工、航空、汽车、银行、政府机构、物流、传媒等 21 个行业解决方案，以满足不同行业的特殊需求。

另外，ABAP/4(Advanced Business Application Program，先进业务应用程序)是 SAP 开发应用程序的工具，它合并了所有通常的控制结构和模块化概念，是第四代支持结构化程序设计的语言。

6.1.2 ERP 的应用

随着市场竞争的加剧和产业结构的调整，中国石化、中国石油等超大型企业已经先后完成了 ERP 的建设工作，并取得了较好的应用效果，ERP 已经成为企业提高应变能力和竞争力的有力武器。

中国石化于 2001 年 8 月启动 ERP 试点项目，2003 年在炼化、销售企业推广，到十一五末，全面完成股份公司、分子公司 ERP 系统建设，110 家企业 ERP 系统成功上线运行，基本覆盖了公司经营管理核心业务，规范了业务流程，实现了资金流、物流、信息流“三流合一”。

中国石化 ERP 的成功上线，对企业的生产经营、加强管理和深化改革起到了重要推动作用。各家 ERP 上线的企业，通过“三流合一”的 ERP 系统做到了财务一套账、物资一个库(虚拟库)、信息一套数，财务、物资、销售等主要经营管理业务在一个统一的信息平台上运作，信息集成共享，管理科学严谨规范，从而推动了财务核算层次上移，强化了内部管理控制。对生产经营过程中的账、物情况进行实时监控，及时发现、正确解决经营中的问题，做到“账账一致、账实一致”。

由于 ERP 的实施，更新了管理理念，摒弃了落后管理方式，建立起了新型高效的工作模式，对生产力的发展起到了促进和提升作用。这种促进和提升是内在的、质的提升。实践表明，ERP 对于推进体制改革、改进业务流程、强化成本控制、规范经营行为堵塞管理漏洞、提高管理水平等起到了积极的促进作用。

6.2 生产执行系统

MES 将生产过程控制、生产过程管理和经营管理活动中产生的诸多信息进行转换、加工、传递，是生产过程控制与管理信息集成的桥梁和纽带。MES 要完成生产计划的调度与统计、生产过程成本控制、产品质量控制与管理、物流控制与管理、设备安全控制与管理、生产数据采集与处理等任务。

具体地说就是，MES 能通过信息传递对从订单下达到产品完成的整个生产过程进行优化管理。当工厂发生实时事件时，MES 能对此及时做出反应、报告，并用当前的准确数据进行指导和处理。这种对状态变化的迅速响应使 MES 能够减少企业内部没有附加值的活动，有效地指导工厂的生产运作过程，从而使其既能提高工厂及时交货能力，改善物料的流通性能，又能提高生产回报率。MES 还通过双向的直接通信在企业内部和整个产品供应链中提供有关产品行为的关键任务信息。

6.2.1 MES 的功能及特点

MES 负责生产管理和调度执行，提供控制系统与业务系统之间的连接，在生产计划和实际生产之间通信，实时提供生产状况的信息，并根据情况的变化加以改善，提供过程的最优化、改善质量和解析数据的可能性，支持最终用户对过程的改善。它通过控制包括物料、设备、人员、流程指令和设施在内的所有工厂资源来提高制造竞争力，提供了在统一平台上集成诸如质量控制、文档管理、生产调度等功能的方式。

流程工业应用 MES 需基于其自身的如下主要特点：

① 流程工业的生产能力大，生产过程连续，生产不可间断，对安全性和稳定性要求较高。

② 流程工业生产工艺长且复杂，不仅包含物理过程，还有化学反应过程。

③ 流程工业的工艺流程基本不变，工艺参数决定产品的规格和性质。

由于流程工业以上的特点，其对 MES 就有如下的特殊要求：

① 实时性要求高，在流程工业的 MES 中都包括实时数据库系统，实时处理生产的数据。

② 对生产工艺的管理比较严格，如对工艺参数管理、配方管理、操作规范的管理。

③ 流程工业 MES 不仅以提高生产效率和降低生产成本为目标，还应将节省能源、减少污染等目标考虑在内。

④ 由于是连续生产过程，为保障设备长周期运行，对设备的在线监控尤为重要。

⑤ 为了使生产过程最优或保障产品质量，必须建立过程的数学模型，并用模型预测和优化过程。

6.2.2 MES 的内容

在流程工业的企业集成信息管理系统三层(ERP/MES/PCS)体系结构中，MES 系统是一个承上启下的中间系统，其关系数据库和实时数据库分别管理与各职能部门相联系的管理信息和与生产过程直接相联系的实时信息。这两个数据库的并行运行是连续工业企业集成信息管理系统的重要特点。如何从原有的、大量的数据中提取有效的信息以支持企业的生产和决策，是流程工业企业的最大需求，也是三层结构体系环境下数据库技术发展的目标。

(1) 关系数据库

是指有组织地、动态地存储在辅助存储器上、能为多个用户共享的，与应用程序彼此独立的一组相互关联的数据集合，其特点是数据的集合，由 DBMS(数据库管理系统)统一管理，多用户共享。

关系数据库是以关系模型为基本结构而形成的数据集合，而关系理论是建立在集合代数理论基础上的，有着坚实的数学基础，应用数学方法来处理数据库中的数据。关系是数学中的一个基本概念，由集合中的任意元素所组成的若干有序偶对表示，用以反映客观事物间的一定关系。如数之间的大小关系、人之间的亲属关系、商品流通中的购销关系等。关系数据库是数字表的集合，所有数据都按“表(即：关系)”进行组织和管理。将各种数据按照特定的方式组织，这些数据才能称为信息。所以一个关系数据库由若干表组成，同时一个数据库系统中可以同时存在多个数据库。

信息集成是 ERP/MES/PCS 三层体系架构的核心，数据库管理系统则是信息集成的基础。C/S 体系一经面世就受到了世界范围内的广泛关注，许多著名的数据库产品都适应了这种体系的需求，如 SQL Server、Oracle、Informix、Ingress 和 SYBASE 等。

（2）实时数据库

实时数据库(RTDB，Real-Time Data Base)是数据和事务都有定时属性或显示的定时限制的数据库。RTDB 的本质属性就是定时限制，定时限制可以归纳为两类：一类是与事务相连的定时限制，典型的就是“截止时间”；另一类为与数据相连的“时间一致性”。时间一致性是作为过去的限制的一个时间窗口，它是由要求数据库中数据的状态与外部环境中对应实体的实际状态要随时一致，以及由事务存取的各数据状态在时间上要一致而引起的。RTDB 在概念、方法和技术上都与传统的数据库有很大的不同，其核心问题是事务处理既要确保数据的一致性，又要保证事务的正确性，而它们都与定时限制相关联。

实时数据库子系统是 SCADA 系统、DCS 系统等的核心之一。实时数据库子系统设计包含实时数据库结构设计和实时数据库管理程序设计两部分，实时数据库结构设计主要根据 SCADA 等系统的特点和要求设计实时数据库的结构。管理程序负责实时数据库的产生，根据现场修改内容，处理其他任务对实时数据库的实时请求以及报警和辅助遥控操作等对外界环境的响应。

实时数据库系统可用于生产过程数据的自动采集、存储和监视。大型实时数据库可以在线存储每个工艺过程点的多年数据。实际上，实时数据库系统对于企业来说就如同飞机上的“黑匣子”。另外，实时数据库系统为最终用户提供了快捷、高效的企业实时信息。由于企业实时数据存放在统一的数据库中，企业中所有的人，无论在什么地方都可以看到和分析相同的信息，客户端的应用程序可使用户很容易在企业级实施管理，诸如工艺改进、质量控制、故障预防维护等。通过实时数据系统可集成 ERP、模拟与优化等应用程序，在业务管理和生产控制之间起到桥梁作用，实现企业数字化管理。实时数据库系统在流程工业信息化工作上有着广阔的应用前景。

流程工业 ERP/MES/PCS 体系中，信息的纵向集成有自底向上(PCS 向 MES、ERP)和自顶向下(ERP、MES 向 PCS)两个方向。如果企业在实施生产过程控制和企业管理信息系统时是分块进行的，那么系统完成之后就形成彼此独立的两个孤岛，两者之间存在一个“狭缝”，而实时数据库是填补两者之间“狭缝”的一个有效的平台工具，把生产装置操作信息、生产数据、实验室数据及事务管理数据有机结合在一起，填补了经营管理层与操作控制层的狭缝，起到上下贯通、管控一体化的作用。实时数据库是一套用于对工厂实时信息监视、存储、分析的商品化软件应用工具，同时提供多种 DCS、PLC 和仪表的接口。应用较为广泛的实时数据库产品有美国的 AspenTech 公司的 InfoPlus、美国 Oil System 公司的 PI。国产实时数据库有中控的 Inplant iSYS、力控科技的 pSpace、亚控科技的 King Historian 等。

总之，实时数据库用于流程工业生产过程数据采集、监控、历史数据的管理，它是工厂信息界区内(ON-SITE)与界区外(OFF-SITE)横向集成的平台，生产过程控制网络与工厂管理信息系统网络纵向集成的桥梁。

6.3 过程控制系统

企业集成信息管理系统的 PCS 主要涉及 DCS、PLC、SIS 等基础自动化与过程自动化内容。

对过程控制而言，DCS 实现了对综合装置控制信息的监视控制。

随着技术的发展，DCS 的含义发生了变化，DCS 除 PID 等控制外，也可以实现先进过程控制，并在一定的范围里发挥了管理作用。随着计算机技术、控制技术、通信技术、网络技术的发展，以及 IT 技术的大量渗透，DCS 可重新理解为分散控制、计算以及协作系统，DCS 正由过去的控制中心向信息中心转化。IT 技术可帮助企业管理者实时掌握操作数据，加快决策速度，取得更大的经济效益，因此 DCS 也是计算中心和协作中心。DCS 逐渐演变成新型信息控制系统(NICS，New Information Control System)。

新型信息控制系统的主要特点是实现横向集成及纵向集成。横向集成通过通信总线、网络互联设备、OPC 等涉及整个生产流程，包括输入物流、主要和辅助流程，直到输出物流的全部网络，如：WEB 服务器网络、远程访问服务网络、中央历史数据库网络、先进控制和优化系统网络、与 DCS 通信的其他监测或控制系统(如 MCC、FGS、LIMS 等)、SIS 的报警和事件历史(SOE)的记录以及现场总线网络。

纵向集成的特点就是通过 OPC 技术等实现 ERP、MES 和 PCS 系统的纵向集成，纵向实现 PCS 实时信息上传到 ERP，为经营决策者提供改善产品质量、提高产率、实现总拥有成本的降低等功能，即达到利润最大化的目的。

智能设备管理系统(IDM，Intelligent Device Management)是在智能设备日益广泛地应用于过程工业的背景下 DCS 系统向设备管理领域的延伸，是 PCS 横向集成的一个新发展。

IDM 是对智能仪表、智能控制阀等智能设备进行维护、校验和故障诊断的管理系统，是全厂性的维护和故障诊断系统的一个组成部分。IDM 具有智能设备组态、状态监测及诊断、校验管理和自动文档记录管理等功能，其依托于 DCS 系统设置，在 DCS 系统中配置 IDM 服务器、管理站、应用软件及相应的辅助设备等。对于 DCS 系统相关的现场智能仪表设备，通过 DCS 系统 IO 接口模件与现场智能仪表设备(如 HART 仪表、现场总线仪表)进行通信；SIS 等其他控制系统的智能仪表信号由相应系统配置智能信号采集器，通过 RS485 接口接入 IDM。

将智能仪表厂商提供的设备描述(DD/EDD)文件、设备类型管理器(DTM)文件、设备告警信息分级策略组态到 IDM，实现对智能仪表控制设备的管理：

① 通过智能设备管理软件实现对智能变送器、流量计、液位计、阀门定位器等智能仪表的状态监测及告警信息管理；

② 通过阀门高级诊断软件对配有诊断功能的智能阀门定位器进行管理，利用自动测试、故障诊断、阀门运行特性诊断、摩擦力分析等功能，实现对调节阀的状态监测和检修预测；

③ 对具备自诊断功能的在线分析仪表、电动执行机构等现场智能设备，通过通信接口采集设备的运行状态及告警信息。

随着智能仪表的推广应用，通过 IDM 可以实现现场仪表设备的状态监控与诊断，日常维护趋于预知性维修。

6.4 设备完整性管理基本概念

设备完整性是指设备在物理上和功能上是完整的、处于安全可靠的受控状态，符合预期的功能，反映设备安全性、可靠性、经济性的综合特性。设备完整性管理体系建设和运行执行基于风险和全生命周期的管理理念，通过要素管理和专业管理相结合，进一步规范设备管理工作，提升管理水平和管理效能，保障装置安全、高效、长周期运行。

6.4.1 设备分级管理

设备分级管理是为了确定设备管理的重点，作为设备风险评估的重要依据和制定预防性维修策略的基础，能够指导设备管理过程中资源的合理分配、明确管理权限、落实管理职责、提高设备管理的有效性。

设备分级是按照设备在生产过程中的重要程度、可靠性状况、发生故障的危害性以及可能性来确定的，通过细化量化评分方法，结合企业生产实际，将在用设备分为关键设备(A)、主要设备(B)、一般设备(C)三类进行分级管理，并动态更新，合理分配相关资源，利用设备分级结果指导开展质量控制点、技术方案、备品配件、预防性维护维修等设备管理工作。

6.4.2 设备风险管理

设备风险管理是对设备管理过程中的风险因素及其影响后果进行识别和分析，确定风险的发生概率和严重程度，采取有效的风险削减与控制措施，降低或控制风险在可接受的程度，确保设备安全运行。

设备风险管理贯穿设备全生命周期，通过使用风险技术工具，在设备全生命周期的各个阶段开展设备风险的识别，制定风险分类分级标准，对识别出的风险进行分类分级管理，合理地分配资源和采取相应的处理措施。当外界条件、生产工艺、设备设施、法律、法规及标准要求发生变化时，应重新进行风险识别。

定期监视与测量风险识别、风险评价、风险控制的有效性，风险监测应采取分层管理、分级防控、动态管理的原则，对过程进行控制并逐级落实，将风险管理纳入设备管理活动和各级管理流程，建立设备风险清单，动态更新。

6.4.3 设备 ITPM 管理

设备 ITPM 管理(Inspection，Testing and Preventive Maintenance，检验、测试和预防性维修)是在设备日常专业管理的基础上，为保证设备持续符合其规定的功能状态，识别、制定并实施主动性的设备检验、检测和预防性维修任务，减少被动检维修活动，提升设备运行可靠性，确保设备的持续完整性。

各专业负责组织设备、工艺、操作、检维修、工程、腐蚀、可靠性、承包商等各专业人员收集整理设备相关信息，确定不同类型设备的 ITPM 任务和工作频率，并制订每台设备的工作计划。组织二级单位、检维修及维保单位，在日常巡检、运行维护、停车检修等期间执行 ITPM 任务，妥善管理延期任务，定期优化工作计划和任务频率、人员职责。

6.4.4 设备缺陷管理

设备缺陷是设备本体或其功能存在欠缺、不符合设计预期或相关的验收标准。设备缺陷执行分级分类管理，一共分为四类。其中一类缺陷是需要立即处理的设备缺陷，根据故障强度分级管控；二类缺陷、三类缺陷和四类缺陷根据设备缺陷风险评价级别进行划分。

设备缺陷管理包括缺陷登记、缺陷确认、缺陷处置和缺陷完善等环节，依据缺陷识别与评价标准，在设备全生命周期各阶段识别、评估设备缺陷，按其对设备完整性的影响程度进行分类分级管理。根据缺陷对安全、生产、经济损失的影响程度建立缺陷响应办法，依据响应的紧急程度对缺陷做出响应。各层级对重复性缺陷和共性缺陷组织原因分析，制定举一反三整改与应对措施，查找其他可能发生的类似问题，并跟踪落实。对典型设备缺陷进行根本原因分析和治理。

6.4.5 设备运行管理

设备运行管理包括设备运行环境管理、设备运行状态管理和设备操作管理，采取技术手段监控设备运行环境和设备运行状态，及时处置异常信息，同时将设备操作要求纳入操作法，不断规范设备操作，提升设备运行可靠性。

为提高企业仪表控制专业设备完整性管理水平，借助工业物联网(IIOT，Industrial Internet of Things)、大数据分析、边缘计算和智能终端等成熟技术，在工业控制网络中规范建设统一的仪表控制设备状态监测平台，为推进预防性维修向预知性维修转变、提升仪表控制设备可靠性提供便利条件。

仪表控制设备状态监测平台具备仪表控制设备告警配置与优化、告警运算、告警统计分析等功能，根据大数据预测分析，提前预判设备故障的功能，并通过设备完整性管理平台缺陷模块自动触发仪表控制设备缺陷信息，实现缺陷的分级管控。

仪表控制设备状态监测平台主要数据来源包括：控制系统运行状态及参数采集、过程量数据采集、智能仪表状态数据采集等。通过对采集数据的预测分析，实现控制系统运行状态及自诊断告警监测、固定式可燃有毒气体报警器监测、联锁回路监测、调节阀小开度监测、控制阀动作时间监测、仪表电源监测、机柜间环境监测、仪表伴热监测、现场智能仪表控制设备状态监测、计量质量流量计监测、自控率监测、仪表回路故障监测、重要仪表趋势监测、环保仪表监测、工业控制网络安全数据监测、仪表控制设备主数据偏差监测、现场接线箱(盒)内部环境监测、轴系仪表系统状态监测、转速系统状态监测等在线监测功能。

第 7 章　自动化仪表工程验收

为确保施工质量，自动化仪表工程需要严格的全过程控制。仪表安装前，要进行校验与测试；施工过程中，要有阶段性检查验收；装置试车前，要进行仪表系统联调。本章主要介绍工程施工各阶段的检查验收内容和质量标准。

7.1　仪表的单体调校

仪表在出厂前，虽经过制造厂的校验，但受长途运输、装卸、颠簸、保管等条件的影响，仪表的零位、量程及准确度可能会有所变动。施工单位应掌握第一手资料，保证安装上去的自动化仪表符合设计要求。只有通过单体调校，才能达到这一目的。

对于引进装置，仪表的单体调校可以与仪表的品质检验结合起来。仪表误差超标，可以作为索赔的依据。

7.1.1　单体调校内容

① 被校仪表应保证外观及封印完好，附件完全，表内零件无脱落和损坏，铭牌清楚完整，型号、规格及材质符合设计规定。

② 被校仪表在调校前，应按下列规定进行性能试验：

电动仪表在通电前应先检查其电气开关的操作是否灵活可靠。电气线路的绝缘电阻值，应符合国家仪表专业标准或仪表安装使用说明书的规定。

被校仪表的阻尼特性及指针移动速度，应符合国家仪表专业标准或仪表安装使用说明书的规定。

③ 仪表的指示和记录部分应达到下列要求：

A. 仪表的面板和刻度盘整洁清新；

B. 指针移动平稳，无摩擦、跳动和卡针现象；

C. 记录机构的划线或打印点清晰，没有断线、漏打、乱打现象；

D. 记录点编号信息与切换开关及接线端子板上所标的输入信号的编号一致。

④ 报警器应进行报警动作试验。

⑤ 电动执行器、气动执行器及气动薄膜控制阀应进行全行程时间试验。

⑥ 控制阀应进行阀体强度试验。

⑦ 有小信号切除装置的开方器及开方积算器，应进行小信号切除性能试验。

⑧ 控制器应进行手动和自动操作的双向切换试验。

⑨ 被校仪表应进行死区(即灵敏限)正行程和反行程基本误差及回差调校。

⑩ 被校控制器应按下列要求进行调校：

A. 手动操作误差试验；

B. 电动控制器的闭环跟踪误差调校；气动控制器的控制点偏差调校；

C. 比例度、积分时间、微分时间刻度误差试验；

D. 当有附加机构时，应进行附加机构的动作误差调校。

此外，还要注意，仪表调校点应在全刻度范围内均匀选取不少于 5 点。

⑪ 由于现场条件的限制，下列仪表一般不进行单体调校：

A. 温度仪表中热电偶和热电阻的热电特性，因“规范”没有明确规定，建设单位有明确要求时，要充分协商，但也只是抽检；

B. 除节流装置外的流量仪表(因缺少标准流量槽)；

C. 部分没有提供样气(品)的分析仪表。

7.1.2 单体调校时间安排与保管

原则上单体校验安排在安装前。但校验过早，超过半年，又得重校。安排过迟，会影响安装进度。一般是积极创造条件，修建简易但合格的现场调整室(或施工单位准备集装箱，可按正规调整室装备)，一般在仪表安装前3~4个月进行。

单体调校后仪表的保管很重要。要做好标记，调校合格的与不合格的和没有调校的表要分别妥善保管。保管仪表的库房要满足基本条件：环境温度为5~35℃；相对湿度低于85%；要有货架，不能放在地上。

校验结果要如实填写，特别是调校不合格但经过修理后合格的仪表。

7.2 仪表的系统调校

系统调校在工艺试车前进行。系统调校时，仪表系统应安装完毕，管道清扫完毕，压力试验合格，电缆(线)绝缘检查合格，附加电阻配置符合要求；电源、气源和液压源已符合仪表运行要求。

系统调校按回路进行。自控系统的回路有三类，即检测回路、控制回路、信号报警与联锁回路。

(1) 检测回路的系统调校

检测回路由现场一次点、一次仪表、现场变送器和控制室的指示仪、记录仪组成。系统调校的第一个任务是贯通回路，即在现场变送器处送一信号，观察控制室相应的仪表是否有指示。其目的是检验接线是否正确，配管是否有误。第二个任务是检查系统误差是否满足要求。在允许误差范围内为合格。

若配线、配管有误，相应指示、记录仪表就没有指示，应检查管与线，排除差错。

若系统误差超过允许误差，则要对组成检测回路的各个仪表逐一重新进行单体调校。

(2) 控制回路的系统调校

控制回路由现场一次点、一次仪表、变送器、控制室里控制器(含指示、记录)和现场执行单位(通常为气动薄膜控制阀)组成。系统调校的第一个任务是贯通回路，其方法是把控制室中控制器手/自动切换开关置于自动，在现场变送器输入端加一信号，观察控制器指示部分有没有指示，现场控制阀是否动作。其目的是检查其配管接线的正确性。然后把手/自动开关置于手动，由手动输送信号，观察控制阀的动作情况。第二个任务是确认控制阀的行程和准确度，检查在输出信号从最小到最大变化的过程中，控制阀的开度是否也从最小到最大(或从最大到最小)，中间是否有卡的现象，控制阀的动作是否连续、流畅。最后，按最大、中间、最小三个信号输出，控制阀的开度指示应符合准确度要求。其目的是检查控制阀的动作是否符合要求。第三个试验是在系统信号发生端(通常选择控制器检测信号输入端)，给控制器一个模拟信号，检查其基本误差、输出保持特性和比例、积分、微分动作趋向以及手/自动操作的双向切换性能。

若线路有问题，控制器手动输出驱动不了相应的控制阀，就必须重新校线、查管。若控制阀的作用方向或行程有问题，要重新核对控制器的正、反作用开关和控制阀的开、关特性，使控制器的输出与控制阀动作方向符合设计要求。若控制器的输出与控制阀行程不一致，而控制阀又不符合其特性，就要对控制阀单独校验。

系统调校过程中，特别是带阀门定位器的控制系统很容易调乱，一旦调乱，再调校就很不容易了。根据定位器的工作原理，当定位器输入为50%时，定位器的传动连杆应该是水平的。此时，把阀门定位器的传动连杆放在水平位置，然后把输入信号定在12mA，再进行校验，就能较快地完成二次调校。

(3) 信号报警与联锁回路的系统调校

报警、联锁回路由仪表、电气的报警接点或报警单元、控制盘上的各种控制器、继电器、按钮、信号灯、电铃(电笛、蜂鸣器)等组成。

报警单元的系统调试，首先是回路贯通。把报警机构的报警值调整到设计位置，然后在信号输入端加模拟信号(报警机构的报警接点短接或断开)，观察相应的指示灯和声响是否有反应。接着，按消除铃声按钮，正确的结果应该是铃声停止，灯光依旧。第二个试验是去掉模拟信号，按试灯按钮，应全部信号灯亮、全部铃响，再按消除铃声按钮，应该是铃停灯继续亮。该试验的目的是检查接线正确与否。

联锁回路的调试与报警回路相同，只是在短接报警机构输入接点后，除观察声光外，还要观察其所带的继电器动作是否正常，特别是所接控制设备的接点，应用万用表检测是否由通到断或由断到通，反复三次，动作无误才算通过。

如果输入模拟信号相应的声光无反应，应首先检查报警单元是否动作，信号灯是否完好，确信不是上述原因后，再对配线做仔细检查。

如果试验按钮或消除铃声按钮没有作用，要重新检查盘后配线，有必要时，要检查逻辑原理图或信号原理图。

对联锁回路的检查尤为重要，这是这个回路检查的重点，检查的内容还应包括各类继电器的动作情况。若用无接点线路，在动作不正确情况下，要仔细核对原理图和接线图。

7.3 “三查四定”与“中间交接”

“三查四定”是交工前必须做的一个施工工序，由设计单位、施工单位和建设单位(监理单位)组成的人员对每一个系统进行全面仔细的检查，检查重点是施工质量是否符合《自动化仪表工程施工及质量验收规范》规定，施工内容是否符合图纸要求，是否有不安全因素和质量隐患，是否还有未完成项目，即“查设计漏项、查施工质量隐患、查未完工程”。对查出的问题必须“定责任、定时间、定措施、定人员”，及时完成整改。

“三查四定”工作完成后，建设单位应对施工单位所施工的工程进行接管。从施工阶段进入试车阶段时，装置由施工单位负责转到由建设单位负责。由于工程进入紧张的试车阶段，建设单位人员大量介入，如果工程保管权还在施工单位，会对试车不利，但又不具备正式交工条件，因此有一“中间交接”阶段。这一阶段是一个特殊的阶段，是建设、施工单位人员携手共同进行试车工作的阶段。中间交接双方要签字，要承担责任。

只有经过“中间交接”的装置，建设单位才有权使用。

7.4 试　　车

7.4.1 试车的三个阶段

《自动化仪表工程施工及质量验收规范》规定：取源部件，仪表管路，仪表供电、供气和供液系统，仪表和电气设备及其附件，均已按设计和本规范的规定安装完毕，仪表设备已经过单体调校合格后，即可进行试运行。

试运行是试车的第一阶段，也就是单体试车，主要标志是传动设备的试车、管道的吹扫、设备和管道的置换、仪表的二次调校。

单体试车时，仪表人员的工作量不大，内容不多，只是进行就地指示仪表的投运。对大型的传动设备，如大型压缩机、高压泵等不应开通报警、联锁系统。在这个阶段，仪表工作人员重点还在完成未完成工程项目和进行系统调校。如管道吹扫完后，工艺管道全部复位，仪表人员应把孔板安装好，控制阀卸掉短节，复位放在首位。此外，把吹扫时堵住口的温度计全部装上，压力仪表按设计要求安装好。控制阀复位后，抓紧做好配管配线工作。总的说来，这个阶段仪表的工作还局限于安装的扫尾工作。技术人员应抓紧时间做好交工资料的整理和竣工图的绘制工作。

联动试车是试车的第二个阶段。联动试车又称无负荷试车，工艺的任务是打通流程，通常用水来代替工艺介质，故又称水联动。这个阶段原则上仪表要全部投入运行。由于试车阶段工艺参数不稳定，有些仪表不能投入运行，如流量仪表。控制器只能放在手动位置，用手动在控制室开启、关闭或控制阀门。报警、联锁系统要全部投入运行，并在有条件的情况下，进行实际试验。

对仪表专业而言，仪表系统经调试完毕，并符合设计和《自动化仪表工程施工及质量验收规范》的规定，即为无负荷试运行合格。

无负荷试车，系统打通流程并稳定运行 48h 即为合格，这时对仪表的考验也已通过。经无负荷试运行合格的仪表系统，已对工艺参数起到检测、控制、报警和联锁作用，并经 48h 连续正常运行后，即为负荷试运行合格。

负荷试车是试车的第三阶段，这时已经投料，开始进行正式的试生产了。对仪表而言，在负荷试车前，已提前通过了“负荷试运行”。

7.4.2 试车中的任务

不同试车阶段有不同的任务。自控专业人员在各阶段的主要任务如下：

① 单体试车阶段　在此阶段，施工单位仪表专业要全面负责单体试车工作，并积极帮助建设单位仪表专业人员尽快熟悉现场，熟悉仪表，尽快进入角色。

② 无负荷试车阶段　在这个阶段，仪表专业应该是正在办理或已经办理完“中间交接”，对装置仪表的使用权和保管权，正逐渐由施工单位向建设单位转移，施工单位协助。

③ 负荷试车阶段　在无负荷试车结束后，仪表专业已完成负荷试车。因此在实际进行负荷试车时，仪表的操作、管理已完全由建设单位全权负责。施工单位仪表人员只是根据建设单位的需要，做“保镖”和进行必要的“维修”工作。

7.5 交工文件

整个系统经无负荷试车合格后，施工单位在统一组织下，仪表专业与其他专业一起，向建设单位交工，由建设单位组织验收。

交工验收的内容包括完整的、运行正常、作用正确的仪表及其系统以及交工资料。交工资料总的来说包括两个内容：一是施工过程中实际的工程记录，包括隐蔽工程记录与调试记录；二是质量评定记录，是按施工时已经划定的分项工程为单位进行质量评定。

仪表工程建设交工技术文件如下：

① 交工技术文件说明；

② 交工验收证书；

③ 隐蔽工程记录；

④ 工程中间交工记录；

⑤ 合格焊工登记表；

⑥ 设计变更一览表；

⑦ 未完工程项目明细表；

⑧ 各种仪表调试记录；

⑨ 报警、联锁系统试验记录；

⑩ 仪表系统调试记录；

⑪ 仪表盘、箱、操作台安装记录；

⑫ 仪表保护箱、保温箱安装记录；

⑬ 仪表管路试压、脱脂、清洗记录；

⑭ 节流装置安装检查记录；

⑮ 电缆(线)绝缘电阻测定记录；

⑯ 接地极、接地电阻安装测定记录；

⑰ 智能仪表、PLC、DCS 组态记录工作单；

⑱ 无损检测报告；

⑲ 工程签证；

⑳ 工程竣工图；

㉑ 仪表设备合格证。

仪表安装工程质量检验评定表主要有：

① 温度取源部件安装质量检查记录；

② 压力取源部件安装质量检查记录；

③ 流量取源部件安装质量检查记录；

④ 物位取源部件安装质量检查记录；

⑤ 分析取源部件安装质量检查记录；

⑥ 成排仪表盘(操作台)安装质量检查记录；

⑦ 差压计、差压变送器安装质量检查记录；

⑧ 旋涡流量计安装质量检查记录；

⑨ 分析仪表安装质量检查记录；

⑩ 供电设备安装质量检查记录；
⑪ 电线(缆)保护管明敷设质量检查记录；
⑫ 电线(缆)保护管暗敷设质量检查记录；
⑬ 硬质塑料保护管敷设质量检查记录；
⑭ 电缆明敷设安装质量检查记录；
⑮ 仪表防爆安装质量检查记录；
⑯ 管路敷设质量检查记录；
⑰ 脱脂质量检查记录；
⑱ 隔离、吹洗、伴热、绝热、涂漆防护工程安装质量检查记录；
⑲ 指示仪表单体调校质量检查记录；
⑳ 记录仪表单体调校质量检查记录；
㉑ 变送器单体调校质量检查记录；
㉒ 分析仪表单体调校质量检查记录；
㉓ 控制仪表单体调校质量检查记录；
㉔ 控制阀、执行机构和电磁阀单体调校质量检查记录；
㉕ 报警装置单体调校质量检查记录；
㉖ 检测系统调试质量检查记录；
㉗ 控制系统调试质量检查记录；
㉘ 报警系统调试质量检查记录。

7.6 质量验收规范

《自动化仪表工程施工及质量验收规范》是自动化仪表工程施工质量验收的规范，是国家强制标准。仪表施工人员要切实按规范要求进行施工，建设单位也应按规范要求进行验收。

《自动化仪表工程施工及质量验收规范》主要内容有总则、术语、基本规定、仪表设备和材料的检验及保管、取源部件安装、仪表设备安装、仪表线路安装、仪表管道安装、脱脂、电气防爆和接地、防护、仪表试验、工程交接验收。

引进项目还要遵照引进国家工业自动化仪表施工的有关规范。如果具体工程中有高于规范的要求，可通过协商解决。

施工方案中应明确规定工程的工程划分、质量控制点确定、质量检验和验收记录表格，作为工程质量管理的工作依据。

工程划分的目的是为了便于过程控制和质量检验。根据工程的规模、类型、工期、承包方式等，工程划分为单位工程、分部工程和分项工程，单位工程由若干分部工程组成，分部工程由若干分项工程组成。工程中只有仪表工程时，仪表工程即为单位工程。同一单位工程中的全部仪表工程为一个分部工程。

划分仪表分项工程时，通常的做法是，对安装工作，将仪表类别和安装工序结合起来划分；对试验工作，按仪表和系统的类别划分；对大中型机组等成套设备，将配套的仪表和控制系统的安装、试验工作集中划分。仪表数量少、施工工期短的小型工程，其分项工程划分可以简化。

确定质量控制点，可以合理分配质量控制资源，确保关键环节的质量得到重点把控，同时提高质量控制效率。质量控制点按照其重要性划分为三个级别：

A 级：重要控制点，对工程质量影响大，一旦出现问题可能导致严重后果。由施工单位、项目质量部门、监理单位或建设单位的质检人员共同检查确认。

B 级：次要控制点，对工程质量有一定影响，需严格把控。由施工单位、项目质量部门的质检人员共同检查确认。

C 级：一般控制点，对工程质量影响较小，但需进行常规检查。由施工单位质检人员检查确认。

质量验收工作按分项工程、分部工程、单位工程的先后顺序依次进行。分项工程质量验收合格要求其所含的全部检验项目合格，分部工程质量验收合格要求其所含的全部分项工程质量合格，单位工程质量验收合格要求其所含的全部分部工程质量合格，同时要求相关质量控制资料齐全、质量验收记录规范、质量验收内容完整。

检验项目的质量检验工作在施工过程中进行。为保证工程的质量和安全，质量验收时需按规范要求的检验数量进行复检。

工程的质量评定结果为合格和不合格，未达到合格要求的为不合格。质量检验不合格时，应及时处理。返工后检验合格的，可作为合格验收；返修后满足安全使用要求的，可按返修方案和协商文件进行验收；存在严重缺陷，返修后仍不能满足安全使用要求的，严禁验收。

第8章 仪表自动化工程的设计知识

石油化工自动化工程设计，就是把实现生产过程自动化的全部内容，用设计图纸和设计文件表达出来的全部工作。

工程设计工作是国家基本建设的一个重要环节。在基本建设项目确定以后，工程设计就成了关键问题。在工程项目建设时，能不能加快进度，保证质量和节省投资；在工程项目建成后，能不能获得最大的经济效益，设计工作起着决定性的作用。

计划建设的工程项目，首先要用设计文件和设计图纸体现出来。这些设计文件和图纸，一方面可以供给上级主管部门对该工程项目进行审批，另一方面作为建设单位施工安装和生产单位进行生产管理的依据。因此，设计工作对当前的工程建设和今后的生产管理起着重要的指导作用。在进行设计时，设计人员必须按照国家的技术标准，结合工艺特点精心设计。

8.1 仪表自动化工程设计的基本任务

仪表自动化工程设计的基本任务是按照工艺生产的要求，对生产过程中的温度、压力、流量、物位、成分等变量的自动检测、反馈控制、顺序控制、人工遥控、自动信号报警、自动联锁保护等进行设计。具体地说，就是要进行下列一些工作：

① 从生产装置的实际情况出发，确定自动化水平；

② 根据工艺要求确定各种被测变量；

③ 主要变量的控制系统设计；

④ 信号报警及联锁系统设计；

⑤ 控制室和仪表盘的设计；

⑥ 各种自控设备和材料的选择；

⑦ 各类自控设备防护的设计。

根据工程项目的性质不同，设计任务一般有以下几种类型：

① 新建项目的工程设计；

② 老装置改建、扩建的工程设计；

③ 国外建设项目的工程设计；

④ 引进项目配套的工程设计；

⑤ 技术开发项目的工程设计和有关试验装置的工程设计等。

在设计工作中，必须严格地贯彻执行一系列技术标准和规定，根据现有同类型工厂或试验装置的生产经验及技术资料，使设计建立在可靠的基础上，并对工程的情况、国内外自动化水平、仪表制造质量和供应情况、当前生产中的一些技术革新情况等内容进行调查研究，从实践中取得第一手资料，这样才能做出正确的判断。在设计工作中还要加强经济观念，自动化水平的确定要适合国情，并注意提高经济效益。

设计工作还应当根据不同的任务类型，区别对待，因地制宜，这样才能做出技术先进、操作简便、经济合理、安全可靠的工程设计。

8.2 仪表自动化工程设计的基本程序

8.2.1 工程设计的依据

开展设计工作的必要条件是依据要落实。一般地，一个工程项目的设计应有设计任务书或计划任务书、可行性研究报告的批文、上一阶段工作的有关审批文件；要有与建设单位、生产单位等签订的设计合同书；要有初步设计的基础资料，例如天文气象、工程地质、水文地质、地形地貌图等；要有主要的工艺过程数据，以及有关的图纸和文件等资料。自动控制专业主要依据的是工艺专业提供的工艺流程图、工艺过程机理介绍、工艺管道及设备安装布置图、工艺操作指标、物性数据、对控制的要求等资料。

8.2.2 工程设计过程

一般大中型工程建设项目设计按两个阶段进行，即基础设计阶段和详细设计阶段。对于采用新技术和复杂的、尚未完全掌握的、不太成熟的工程建设项目，经主管部门指定，可在初步设计前进行方案设计，也可以在施工图设计之前进行技术设计。对于大型的石油化工企业或某些引进的大型工程设计项目，可根据需要，在初步设计之前进行总体规划设计。

设计工作之所以要分阶段进行，主要是为了便于审查，以及各项技术规定的贯彻执行。同时，也便于随时纠正设计中的错误，避免在施工中造成返工，及时协调各专业之间的矛盾，使设计工作能顺利地按计划完成。

1. 基础设计

基础设计是根据设计任务书进行的，主要是作为报请审批的文件资料，并为订货做好准备，是详细设计的依据。基础设计首先要和工艺专业设计人员一起，共同确定工艺生产的自动化水平，确定自动化方案，画出带控制点的工艺流程图，对重要的控制系统要做出较详细的说明，提出检测仪表、控制仪表、显示仪表、电气设备以及主要安装材料的规格和数量。此外，还应完成设计概算，提供设备、材料的单价及有关设备费的汇总，编制设备运杂费、工资、间接管理费、定额依据、技术经济指标等。基础工程设计的自动化专业设计包括以下各项内容。

(1) 仪表设计说明

① 生产装置对仪表和控制系统的要求，生产过程自动化水平，主要仪表选型原则，原料、中间产品、最终产品计量仪表的设置和准确度要求；

② 检测和控制方案，包括特殊测量仪表、复杂控制、顺序控制、先进过程控制、SIS 等的简要说明；

③ 控制室(包括操作室、工程师站室、机柜室、电源室、过程计算机室、交接班室及辅助设施)设计要求，操作站、打印机、辅助操作台、仪表盘、各种机柜的规格、数量等；

④ 根据装置情况设置安全仪表系统；在爆炸危险区内安装的电气仪表应符合防爆要求，在可燃或有毒气体可能泄漏的地方设置可燃气体或有毒气体检测报警器；

⑤ 仪表的防护、保温、保冷、隔热、防堵、防腐蚀、接地、防电磁干扰、防雷、防辐射等的措施；

⑥ 仪表电源的要求，包括种类、电压、频率、容量、UPS、备用容量等；

⑦ 仪表气源的要求，包括进装置压力、气源质量、露点温度、耗气量、备用容量等；

⑧ 仪表伴热要求，包括伴热介质的种类、温度、压力；

⑨ 随设备成套供应的仪表及控制系统范围。

(2) 仪表设计规定

对本规定的适用范围、仪表和控制系统的选用原则、环境和动力要求的标准规范和控制室、现场仪表的安装及安装材料等设计原则做出规定。具体包括：

① 设计选用的标准规范、信号传输标准、测量单位；

② 现场仪表(流量仪表、物位仪表、压力仪表、温度仪表、调节阀、计量仪表、分析仪表及其他仪表)、控制系统(包括 DCS、PLC 等)、SIS 的选用原则，现场仪表防护、防爆、防电磁干扰、接地、防雷等要求；

③ 仪表电源、气源、热(冷)源；

④ 控制室组成、面积、建筑、结构、空调、照明等要求；

⑤ 安装材料(包括电缆、导线、导压配管、空气配管、阀门、管件、伴热及保温等)选用原则。

(3) 仪表索引表

应按工艺流程顺序列出每个检测与控制系统回路的仪表(从检测元件至执行器)，并填写必要的数据，包括位号、用途、仪表名称、信号类型、数量、安装位置(设备或管道号)、所在“管道及仪表流程图(P&ID)”的图号、伴热等数据。

(4) 仪表规格书

应按仪表的种类填写所有仪表的规格和数据，包括位号、名称、用途、所在 P&ID 图号、管道号或设备号、工艺操作条件、管道等级、数量、形式、防护防爆等级、类型或型号、测量范围、信号种类、工艺与电气连接尺寸以及附件等。

在线分析仪表规格书应列出在线分析仪表的被测组分、背景气组分、操作条件、所属附件、技术规格等。

(5) 仪表盘(柜)规格书

应列出仪表盘(柜)及其附件的规格与数量，提出对仪表盘(柜)的技术要求。

(6) 在线分析仪表室规格书

应列出在线分析仪表室内安装的各类分析仪表和应成套供应的取样预处理系统，排放、回收系统，公用设施、电气配线等的数量和技术规格要求。

(7) 仪表及主要材料汇总表

应分类列出各种仪表及控制系统名称和数量，以及仪表安装所需要的主要材料，包括电缆、导线、导压配管、阀门、电信号配管材料、气信号配管材料、伴热保温材料、接线箱、保护(温)箱、接管箱、仪表电缆槽板、钢材等材料的名称、规格和估计数量。

(8) 控制室平面布置图

按比例绘制，标明控制室的组成、面积、标高等尺寸和室内(包括机柜室和辅助间)机柜、操作站、控制台、打印机、辅助盘等的布置。

(9) 气体检测器平面布置图

应标明检测器的位号、位置和安装高度。

(10) 仪表电缆主槽板敷设图或走向图

应标明控制室与各工序(单元)的相对位置，标明电缆主槽板的走向、标高和尺寸。

(11) 安全仪表系统逻辑框图

应用逻辑符号或因果表、流程框图表示安全仪表系统输入与输出间的逻辑关系。

(12) 顺序控制系统逻辑框图

应用逻辑符号或流程框图表示顺序控制中相关设备的操作状态及其逻辑关系。

(13) 复杂控制回路图

应用单线图和仪表符号表示复杂回路的控制关系及组成。必要时可加以文字说明。

(14) 集散控制系统(DCS)规格书

应说明 DCS 总体要求、硬件组成，包括控制器单元、操作站、打印机、通信系统、IO 点的类型和数量，并提出技术规格要求；系统冗余和后备；应用软件的说明，主要包括流程图画面、报表、编程等组态软件；先进过程控制、工程技术服务、系统培训、组态调试、开车和工程文件资料等要求，并附初步的 DCS 系统配置图。

(15) 安全仪表系统(SIS)规格书

应说明系统的总体方案、对系统硬件及软件的基本要求、系统冗余及后备的要求，对控制器、组态及编程终端、事件记录单元、操作台等配置的要求，与其他系统的通信接口等技术规格。列出对供货方的要求，如文件交付、技术服务与培训、联调与试运行、测试与验收、质量保证、备品备件等，并附 IO 清单及初步的 SIS 系统配置图。

(16) 可编程序控制系统(PLC)规格书

应说明 PLC 总体要求、硬件组成，包括中央处理单元、输入输出数量、编程终端、通信接口、编程软件、工程技术服务、编程、培训、下装调试、开车和工程文件资料等要求。

(17) 监控及数据采集系统(SCADA)规格书

应说明 PCS 总体要求和硬件组成，包括主机、服务器、打印机等设备；系统软件、应用软件说明和流程框图、先进过程控制的功能、在线实时优化功能；应用软件、优化软件编制、数据通信、工程技术服务、编程培训、下装调试、开车和工程文件资料等要求。

(18) 可燃及有毒气体检测系统(GDS)规格书

应说明 GDS 总体要求、硬件组成，包括主机、服务器等设备；系统软件、应用软件说明和位置框图、通信接口、工程技术服务、组态、培训、下装调试、开车和工程文件资料等要求。

2. 详细设计

在基础设计完成并经过审批后，就要开始详细设计。详细设计是为施工而编制图纸资料。因此，必须从施工的角度出发，解决设计中的细节问题。在设计完成后，不允许再留下技术上未解决的问题。图纸的多少可根据施工单位的技术安装水平、系统的复杂程度和设计技术规定来确定，有的需要详细些，有的需要简单些。

仪表详细工程设计文件的内容分别如下：

(1) 文件目录

列出设计文件清单。

(2) 说明书

内容应包括控制室及辅助设施、仪表选型、公用系统、施工注意事项等。

说明控制室及辅助设施的规模及具体布置情况，说明仪表供电、供风、伴热及回水、隔离、冲洗等要求，说明特殊的施工要求和注意事项以及专业间的施工配合等。

基础工程设计中已确定的仪表选型，详细工程设计中原则上不再重复详述。选型变更的部分应说明变更原因和内容。

(3) 仪表索引表

应按工艺流程并以被测变量英文字母代号的顺序或其他顺序列出每个检测和控制系统回路的仪表(从检测元件至执行器)以及必要的数据包括位号、用途、仪表名称、仪表规格书编号、安装位置、所在 P&ID 的图号、管道号或设备号、仪表测量管路连接图号等数据。

(4) 仪表规格书

应按仪表的种类列出所有仪表的规格和数据，包括位号、名称、用途、工艺操作条件、数量、形式、防护防爆等级、类型、测量范围、准确度、信号种类、电源、过程连接尺寸、电气连接尺寸和附件等，需要时还可包括仪表所在 P&ID 图号、管道号或设备号、管道等级。

节流装置规格书应列出计算所需的输入条件、计算的结果、形式、选择差压、压力等级、材质及附件等。

调节阀规格书应列出计算所需的输入条件(操作条件、控制要求)、计算的结果、选择调节阀的 C_V 值、调节阀类型、公称直径、阀芯直径、连接形式、压力等级、材质、作用形式和执行机构形式、定位器以及附件等。

(5) 在线分析仪表及分析小屋规格书

应列出所采用的各类在线分析仪表的被测组分、背景气组分、操作条件、公用工程条件、附件、技术规格要求等。成套供货分析小屋内安装的各类在线分析仪表，取样预处理系统，放空系统，样品回收系统，公用设施、电气配线技术规格要求及数量等，并说明分析小屋及配套附件的规格及技术要求等。

(6) 仪表盘(柜)规格书

应列出所采用的仪表盘(柜)及其附件的规格和数量以及对仪表盘(柜)的技术要求。

(7) 报警和联锁一览表

应列出仪表位号、报警联锁信号用途、工艺操作报警值及联锁值等。

(8) 仪表电缆连接表

应列出电缆的编号、型号、规格、长度、起点与终点、端子号等。

(9) 综合材料表

应列出仪表安装所需要的主要材料，包括：电缆、导线、导压管、阀门、管件、电信号配管材料、气信号配管材料、伴热隔热材料、接线箱、保护(温)箱、接管箱、仪表电缆槽板、钢材等材料的名称、规格和数量。

(10) 集散控制系统(DCS)规格书

应说明对系统的总体要求、对系统硬件及软件的基本要求，包括系统冗余、控制器单元、操作站、打印机、通信系统等的技术规格要求、组态软件及应用软件的说明、网络连接与数据存取要求，说明对供货方的要求，如工程技术服务、组态培训、组态输入、调试、联调与试运行、测试与验收、质量保证、备品备件、DCS 系统配置图及 IO 清单。

(11) 安全仪表系统(SIS)规格书

应说明对系统的总体要求、对系统硬件及软件的基本要求，包括系统冗余、控制器、组态及编程终端、事件记录单元、操作台等配置的要求，说明与其他系统的通信接口等技术规格，说明对供货方的要求，如工程技术服务、组态或编程培训、联调与试运行、测试与验收、质量保证、备品备件、SIS 系统配置图及 IO 清单。

(12) 可编程序控制系统(PLC)规格书

应说明对系统的总体要求、对系统硬件及软件的基本要求，包括中央处理单元、编程终端、通信接口、系统冗余等技术规格、对编程软件的要求，说明对供货方的要求，如工程技术服务、编程、培训、调试、试运、测试与验收、质量保证、备品备件、PLC 系统配置图及 IO 清单。

(13) 过程计算机系统规格书

应说明对系统的总体要求，对系统硬件及软件的基本要求，包括主机及外围设备的基本规格、对系统软件及应用软件的要求、过程控制软件的功能、数据通信、工程技术服务、编程培训、调试、工程文件资料、试运、测试与验收、质量保证、备品备件等要求。

(14) DCS、SIS、PLC 系统的输入输出索引表(或 IO 分配表)

应列出仪表位号、信号类型和卡件通道的地址或机柜中的位置，可采用仪表位号卡件分配表的方式，列出卡件位置、通道号、信号类型和仪表位号。

(15) 控制室平面布置图

应标明控制室的组成、尺寸、地面标高和室内(包括机柜室和辅助间)所有仪表设备(如机柜、安全栅柜、端子柜、电源柜、操作站、控制台、打印机、辅助盘等)的安装位置。

(16) 气体检测器平面布置图

应标明检测器的位号、位置和安装高度等。

(17) 仪表电缆主槽板敷设图

应标明控制室与装置各部分(单元)的相对位置、电缆主槽板的总体平面布置及走向、标高和尺寸、槽板及配件的名称和规格及数量，必要时绘制接点详图。

(18) 仪表配管配线平面布置图

应标明现场仪表的安装位置和标高，包括测量元件、基地式仪表、变送器、控制阀、现场安装的仪表盘(箱、柜)等，标明接线箱(供电箱)至电缆槽板、现场仪表至电缆槽板之间的配线平面布置(根据需要)，并按规定的文字代号标注电缆(线)的编号、规格和型号以及穿线保护管的规格，标明仪表供风总管与空气分配器之间的仪表供风管道的平面布置、标高和规格，标明仪表伴热、回水、冲洗、隔离等管线的取源点的平面位置、标高和规格等(根据需要)。

(19) 控制室仪表电缆敷设图

应标明进出控制室仪表电缆及仪表电缆槽板的安装位置、标高及尺寸，说明密封方式及安装要求等。

(20) 仪表盘(柜)布置图

应标明仪表在仪表盘、操作台、框架上的正面和侧面布置，标注仪表位号、型号、数量、仪表开孔尺寸、中心线与横坐标尺寸，并标明仪表盘、操作台和框架的外形尺寸及颜色等，标注仪表及灯屏铭牌。

(21) 仪表盘(柜)接线图

应标明仪表盘、操作台、继电器柜(箱)、端子柜、安全栅柜、控制系统机柜等输入、输出端子的配线，每一端子和接线都应编号呼应或用仪表位号呼应，简单的接线图可用直接连接法表示，但不应简化图示和说明。

(22) 仪表测量管路(或导压配管)连接图

应标明仪表的测量管路(或导压配管)连接图。

(23) 安全仪表系统逻辑框图

应采用逻辑符号或因果关系，标明安全仪表系统的输入与输出间的逻辑关系，包括输入、逻辑功能、输出三部分及简要的文字说明等。

(24) 顺序控制系统逻辑框图

应标明顺序控制系统的工艺操作、执行器和时间(或条件)的程序动作及逻辑关系等。

(25) 系统配置图(或网络结构图)

应标明 DCS、SCADA、CCS、SIS、GDS 等硬件配置及网络结构，包括控制器、操作站、辅助操作台、工程师站、服务器、交换机、打印机等。

(26) 仪表回路图

应标明一个或几个检测或控制回路的构成，并标注这些回路的全部仪表及其端子号和接线，对于复杂的检测和控制系统，必要时可另附相应的图示及文字说明等。

对于 DCS、SIS、PLC 等控制系统，可用表格形式表示机柜端子接线图或回路图。必要时，对复杂回路另附相应的图示。如果绘制机柜端子接线图，可不绘制回路图。

(27) 仪表供电系统图

应标明供电与用电设备间的连接关系，标注供电设备的输入与输出的电源种类、电压等级和容量，标明用电设备的编号和仪表的位号、用电容量或保护电器的额定容量等。

(28) 仪表接地系统图

应标明控制室仪表设备的接地连接关系，包括接地干线的连接线路、汇集方式、接地电缆的敷设及规格、接地连接要求等。

(29) 端子(安全栅)柜布置图

应标明接线端子排(安全栅)在端子(安全栅)柜中的正面布置，标注相对位置及端子排的编号(安全栅的位号)，并标明设备材料表和柜的外形尺寸与色标等。

3. 设计文件的校审、签署和会签

为了保证基础设计和详细设计的质量，各级岗位负责人员应对设计文件和图纸质量层层把关。设计、校核、审核、审定等各级人员要按各自的职责，对设计文件认真负责地进行校审。

为了使各专业之间的设计内容互相衔接，避免错、漏、碰、缺，各专业之间应对设计文件认真会签。

4. 参加施工、试生产考核和设计回访

详细设计完成后，设计单位派出设计代表到现场配合施工，了解设计文件的执行情况，处理施工中出现的设计问题，指导生产开车，参加试生产考核，直到全部基建工程交付生产。设计代表应认真记录，积累在施工、试车中有关设计问题的资料，并加以整理、总结、分析，找出产生问题的原因，改进工作，改善管理，提高设计水平。

当基建工程经过考核验收，移交生产后一年左右的时间，要派出设计人员对所设计的工程进行回访，按专业或专题加以总结，写成技术总结报告，以不断提高设计水平。

8.3 自动控制专业设计与其他专业设计之间的关系

工程设计是一种集体创造性劳动，自控专业的设计内容是整个工程总体设计的一部分。设计工作的各部分具有密切的有机联系，是完整的统一体。因此，自控专业设计人员除了应该精通本专业设计业务知识外，还必须加强与外专业的联系，密切配合，才能做好设计，真正反映出设计人员的集体智慧。

8.3.1 与工艺专业之间的关系

① 工艺专业设计人员必须向自控专业设计人员提供工艺流程图、工艺车间平面配管图。自控专业人员与工艺专业人员一起共同研究，确定检测元件和控制阀安装位置，制定带控制点的工艺流程图，确定控制室、就地仪表盘、仪表管线、电缆电线在现场的安装、敷设位置，确定自动化水平，确定仪表类型和设计的总投资。

② 工艺专业设计人员必须向自控专业设计人员提出自控设计条件，包括提出详细的节流装置计算数据、控制阀计算数据、差压式液位计计算数据以及其他设计计算用条件和数据。根据工艺专业设计人员提供的条件和数据，自控专业设计人员可以提出反条件，要求工艺专业进行相应的修改和补充。各种条件与反条件，应该二级(设计、校核或审核)签字。

③ 工艺专业设计人员必须了解节流装置、控制阀，温度、压力、流量、物位和成分等仪表检出元件根部部件的安装尺寸及与它们配用的管线截止阀、法兰等规格。

④ 自控专业设计人员必须了解工艺流程和车间布置的特点，特别要了解工艺在防爆、防腐蚀、防堵等方面的要求，还应熟悉化工单元的操作和控制。

在设计会签阶段，自控专业设计人员应对各种设计文件和图纸精心细致地核对，发现错误和遗漏及时改正、补充，并在有关图纸、文件上签字。

8.3.2 与设备专业之间的关系

① 自控专业设计人员必须了解车间设备的大概情况，特别是塔设备、反应器、传热设备和传动设备的结构特点及性能。凡有仪表检测元件需要在工艺设备上安装时，必须与设备专业设计人员共同磋商仪表部件在设备上的安装开孔位置和尺寸大小。特别是注意所开安装孔的方位、高低是否合适，是否符合仪表的安装要求，是否有利于仪表安装、调整和维修。对于开孔的要求，自控专业设计人员可根据《自控安装图册》的规定，提出详细的条件表。

② 对于特殊仪表的机械设备和零件，可提请设备专业人员进行设计，自控专业提出设计条件和要求，设备专业设计人员有权提出反条件进行修改。

③ 温度计、液位计等检测元件的插入深度及安装高度等，应由自控专业设计人员根据工艺要求及设备特点来确定。

8.3.3 与电气专业之间的关系

① 自控专业设计人员应向电气专业设计人员提出仪表供电电源的等级、供电电压、允许电压的波动范围和耗电总容量。应向电气专业设计人员提出控制室仪表盘前、后及现场就地仪表的照明要求。

② 自控专业设计人员应与电气专业设计人员共同确定信号报警及联锁系统，泵、压缩机的启动、停止信号和按钮在仪表盘上的布置关系。电气接线以仪表盘电源接线端子排为界限，有关电气设备、元件及电气仪表的配线均由电气专业设计。控制室的接地网络和防雷措施的设计，应由自控专业设计人员提出适当的要求，由电气专业人员设计。

③ 电气专业供电系统电缆应与仪表信号电缆分开敷设，以防止动力电源对仪表信号产生干扰作用。

8.3.4 与建筑结构专业之间的关系

① 自控专业设计人员与建筑结构专业设计人员共同商定控制室的结构、建筑要求和仪表修理车间、辅助房间的土建条件。自控专业设计人员必须提出地沟和预埋件的土建条件。楼板、墙上穿孔大于 300mm×300mm 时，必须向建筑结构专业提出条件予以预留，也可以由

施工决定。

② 根据仪表和管线的安装、敷设位置，自控专业设计人员还应提出防爆、防火、防晒、防雨、防潮、防热辐射、防强电干扰等要求。

③ 建筑结构专业人员有权向自控专业提出反条件，提请自控专业设计人员考虑和修改。有关的土建成品图应由自控专业设计人员会签，予以确认。

8.3.5 与采暖通风专业之间的关系

① 自控专业设计人员必须提出控制室的采暖通风条件、防爆正压通风要求，以及采暖设备、蒸汽、热水、回水管、送风、排风管等在控制室内的安装位置。控制室要求空调时，必须提出室内温度和相对湿度的要求。

② 空调机组和通风工艺过程的自控设计，必须与采暖通风专业密切配合。这里，主导专业是采暖通风专业。其条件关系等，应当同工艺专业一样处理。

8.3.6 与给排水专业之间的关系

给、排水专业设计人员根据实际需要，可以向自控专业提出设置流量计量仪表的要求。给、排水系统所需的温度、压力、流量等仪表的安装位置，由给、排水专业设计人员提出，协商确定。同时，向建筑结构专业提出有关土建条件。

除了上述六个专业外，自控专业与机修、外管、总图、概算、动力等专业之间的关系虽然不十分密切，但设计工作中仍需相互配合，协同处理，此处不再详细叙述。

8.4 仪表自动化工程设计的主要内容

工程设计的主要内容，是指完成仪表自动化工程设计文件的主要工作过程。这里主要讨论控制方案的确定及各类仪表的选型、控制室的设计、信号报警及联锁系统的设计等内容。

8.4.1 控制方案的确定

在做仪表自动化工程设计时，首先要绘制工艺控制流程图。工艺控制流程图的制定是在工艺专业作出的工艺流程图基础上，用专业化的文字符号和图形符号在工艺流程图上描述生产过程的自动化。在技术上主要是考虑每个控制方案中的被控变量、控制手段(操作变量)的确定以及每个控制回路相互之间的关系。

生产过程中影响生产的变量是很多的，但并不是所有的变量都要进行控制，要将工艺变量区分为主要的和次要的。所谓主要变量是指对产品产量、质量及安全具有决定作用的变量。哪些变量要进行控制，要根据它们的重要性及工程项目的自动化水平等因素来确定。对于那些人工操作难以满足要求，或者是人工操作虽然可以，但操作紧张而又频繁的变量要放在考虑的前列。被控变量和操作变量确定以后，组成什么样的控制回路，必须根据工艺过程机理、被控对象的特性、扰动的来源和大小及变量的允许偏差范围，结合有关的生产实践及资料来确定，然后进行控制器和执行器的选择，组成简单的或复杂的控制系统。

次要的辅助变量可用仪表加以测量，供管理生产参考之用。

8.4.2 各类仪表的选型

生产过程自动化的实现，不仅要有正确的测量和控制方案，而且还必须合理选择和使用自动化仪表，在自控设计中习惯上称为仪表选型。

有关温度、压力、流量、物位测量仪表和执行器的选择，见各类型仪表的相关章节。

8.4.3 控制室的设计

随着石油化工生产技术的发展，石油化工企业越来越向着大型化、一体化、智能化转变，传统的过程控制和生产管理模式已经或正在改变。从企业的生产操作、管理、维护的角度出发，要求生产操作自动化、经营管理信息化、生产管理与过程控制管控一体化，建设智能化工厂是石油化工企业的发展方向。因此，就需要建立大型的中心控制室，中心控制室里自动化信息化核心智能设备、操作人员、管理部门人员等越来越多，中心控制室的设计关注的主体是人，其次是设备。既要给人营造一个整体舒适、优雅、美观、绿色的操作环境，又要使功能房间、办公房间布置合理。各种核心智能设备、人机界面布置美观适用。因此，人机工程学(人性化)设计显得尤为重要，控制室设计应以人为中心。

1. 控制室模式

根据石油化工企业(工厂)规模、总图布置和生产管理模式的要求，中心控制室(又称为控制中心)的设计可归纳为以下三种模式：

① 一个中心控制室、多个现场机柜室模式　大型炼化一体化、炼油、化工、煤化工等企业(工厂)的多个工艺装置、公用工程单元、储运单元、辅助单元、动力中心等，其操作监控和生产管理模式适合于全厂集中操作、统一管理的，采用一个中心控制室、多个现场机柜室模式。

② 几个中心控制室、多个现场机柜室模式　大型炼化一体化、炼油、化工、煤化工等企业(工厂)的多个工艺装置、公用工程单元、储运单元、辅助单元、动力中心等，其操作监控和生产管理模式适合于全厂分区域操作和管理的，采用几个中心控制室、多个现场机柜室模式。如炼油区域、化工区域、动力中心各设置一个中心控制室、多个现场机柜室。

③ 一个中心控制室(控制室)、没有现场机柜室模式　规模较小的石油化工工厂、单个装置、各装置距控制室的距离适中(通常≤500m)、其生产操作模式适合于分装置(单元)操作的，采用中心控制室(控制室)、没有现场机柜室模式。

中心控制室的几种设置模式在石油化工企业中都存在。从减少占地和节省投资的角度，选择一个中心控制室、多个现场机柜室的模式更具有优势。

2. 控制室的位置

随着石油化工项目大型化、一体化的发展，控制室的总图位置选择也相应发生了变化。在工程设计中，要求本质安全和HSE的设计理念贯穿于全生命周期，保护人员健康、设备和控制系统的安全。

对中心控制室、现场机柜室及现场控制室的位置确定，根据GB 50160—2008《石油化工企业设计防火标准》、SH/T 3006—2012《石油化工控制室设计规范》和HG/T 20508—2014《控制室设计规范》等要求，主要考虑下列因素：

① 对于含有可燃、易爆、有毒、有害、粉尘、水雾或有腐蚀性介质的工艺装置，控制室宜位于本地区全年最小频率风向的下风侧；

② 远离高噪声源、振动源和存在较大电磁干扰的场所；

③ 不应与危险化学品库相邻布置；

④ 不宜靠近运输物料的主干道布置；

⑤ 不宜与总变电所、区域变配电所相邻，受条件限制，相邻布置时，不应共用同一建筑；

⑥ 中心控制室宜布置在非生产区域；

⑦ 中心控制室宜为单独建筑物；

⑧ 中心控制室内变配电室的变压器应设置在建筑物外。

对于不“相邻”，是要求控制室尽可能远离变配电所。控制室与变配电所之间的距离难以用一个固定的数值限制，原因在于：一方面，变配电所中的设备是不同的，所发出的电磁场强度也不同；另一方面，对电磁干扰的检测及防控并非简单易行的，考量依据是变配电所产生的电磁场干扰不影响 DCS 的正常运行，满足 SH/T 3092—2013《石油化工分散控制系统设计规范》规定的抗扰度能力指标要求。

中心控制室设计，需注意以下几点：

① 合理布线。中心控制室的进出线主要是与各现场机柜室间的通信光缆，采用“一天一地”方式敷设：一组架空，沿管廊在电缆桥架中敷设；另一组在电缆沟中敷设。

② 建筑物结构形式。中心控制室总图位置与建筑物结构形式有关，控制室是否采用抗爆结构直接影响总图的定位。随着标准规范的完善和全社会安全意识的不断加强，抗爆结构控制室越来越得到普及应用。有爆炸危险的石油化工工厂(装置)，控制室建筑物的建筑、结构形式应根据抗爆强度计算、分析结果确定，要以数据为依据。

③ 周边环境。确定控制室总图位置，除了按照 GB 50160—2008《石油化工企业设计防火标准》和 GB 50984—2014《石油化工工厂布置设计规范》的要求外，控制室应远离高噪声源，远离振动源和存在较大电磁干扰的场所；不应与危险化学品库、变配电所相邻布置；不应靠近运输物料的主干道等。控制室周边的空地宜多种植花草，绿化环境。

3. 控制室的面积

中心控制室内设置操作室的主要功能是实现生产控制、监视操作和管理，设计重在适用，便于操作人员工作，便于运行和维护，便于内外操作人员、管理人员的联络，视觉效果良好、舒适、绿色。

操作室的面积根据操作台的数量及布置形式确定，并留有 20%的未来扩建面积。操作站可按直形、岛形或弧形布置。当操作室包括两个或两个以上相对独立工艺装置的操作站时，操作站宜分组布置。

从人性化设计考虑，操作台采用弧形或岛形布置，相对可减少各操作组之间的干扰。操作站背面距墙(柱)的净距离为 1.5~2.5m；侧面距墙(柱)的净距离为 2~2.5m；多排操作站之间的净距离不小于 2m；当设置大屏幕时，操作站背面距大屏幕的水平净距离不宜小于 4m。操作室进门与距门最近一排操作站之间的距离，即操作区域的剩余(空地)净距离，长度小于 30m 的操作室，建议距离不小于 4~6m；长度大于 30m 的操作室，建议距离不小于 6~8m。

4. 控制室的进线和密封方式

控制室的进线有室外地面上进线、室外地面下进线和电缆沟进线三种方式。

对于室外地面上进线，进线口位置是在室外地面以上，便于施工又可解决防水问题。控制室或机柜室的活动地板下地面与室外地面的高差为 0.3~0.6m，要满足“进线口位于室外地面以上”和“活动地板下地面以上的外墙上不得开设电缆进线洞口”的要求，需在活动地板下地面与室外地面之间的“高差”中进线。该“高差”不足时，抬高室内活动地板下地面。

室外地面下进线是常用的进线方式。该方式的电缆入口围堰设计需注意以下几点：

① 电缆进线口的室外区域设置密封围堰，高度为 0.6~1.2m；

② 电缆入口围堰内设置排水井；

③ 电缆进线口洞底标高应高于围堰底标高 0.3m 以上；

④ 地下电缆进线口的位置要尽可能靠上；

⑤ 电缆进线口与建筑物防雷引下线的距离应大于 3m；

⑥ 围堰内外防水，围堰上部采用水泥盖板密封，防水防鼠害。

电缆沟进线方式在工程中较为通用，但在南方多雨地区谨慎采用。在电缆数量较多需要多个电缆进口时，在电缆进口的室外区域设置密封围堰，高度为 1.0~1.2m，宽度不小于 2m，长度根据电缆进口的数量确定，保护围堰内外应进行防水、防渗透处理，抗爆进线密封模块或穿管密封，均充沙。若不充沙时，应设置可燃/有毒气体检测器。

进入控制室的电缆须做密封处理，即对进线口进行封堵。常用的电缆进线口密封形式有三种，即抗爆进线密封模块(MCT)、现场浇注型绝缘阻燃多功能封堵剂和防火电缆胶泥(或加阻火包)。需要注意的是，充沙不能独立作为电缆进线口的防火封堵形式，只是作为防火密封的辅助措施。

电缆密封材料应满足如下性能要求：

① 电缆封堵材料具有防火性能，能够防止或延迟电缆自身发热自燃或外界明火燃烧造成的火灾蔓延。具有国家防火建筑材料质量监督检验中心根据 GB 23864—2009《防火封堵材料》出具的防火证书。

② 防火封堵材料不含有卤族元素，高温下不产生毒性烟气造成次生危害。具有国家建筑材料测试中心根据 GB/T 20285—2006《材料产烟毒性危险分级》出具的无卤检验报告。

③ 能有效阻止有害液体、水或蒸汽通过电缆进线口进入室内。

④ 能防止可燃、有毒气体通过电缆进线口进入室内，满足防尘要求。

⑤ 电缆密封材料方便拆除施工。

⑥ 能防止虫鼠进入室内。

采用抗爆进线密封模块，还需注意以下 2 个问题：一是电缆进口面积需供应商设计验证。抗爆进线密封模块的“单根电缆密封”特性，在电缆数量和规格确定后所需的穿越面积是不可压缩的。根据项目规模估算出电缆进口的数量和规格后，电缆进口的总面积需电缆模块供应商设计验证，供应商提供每个进口的电缆排列工程图，并留 15%余量。二是需提供相关证书，包括：抗爆证书、防火证书、气密水密性检验证书和无卤检验证书。

8.4.4 信号报警系统和联锁系统的设计

为了保护工艺设备和人身安全，联锁及信号报警系统的设计对现代石油化工装置是极为重要的。当一些确保安全生产的重要过程变量和工艺操作的关键变量超过规定值，或者设备运行状态发生异常情况，信号报警系统用灯光及音响警告操作者，采取必要的措施，以改变工况。当越限更为严重需要立即采取措施时，联锁系统将自动启动备用设备或者自动停车，防止事故扩大，保证生产过程处于安全状态。

1. 设计原则

信号报警和联锁点的设置、动作整定值及可调范围必须符合工艺过程的要求。在满足生产需要的前提下，应尽量采用简易的线路，减少中间环节以保证动作可靠。

信号报警、联锁系统的元件和器件应该安装在振动小、灰尘少、无明显腐蚀和电磁场干扰的场所，或者采取措施，防止和克服这些因素的影响。

在现场安装的故障检出元件和执行机构，应符合所在场所的防爆、防火要求。

在易燃易爆的危险场所，信号灯及按钮等电气元件应符合有关防爆规定。

信号报警系统电源和一般仪表供电等级相同，有一个独立的电源回路和保护装置。联锁系统的电源等级应根据工艺装置的要求而定。重要的联锁系统为确保稳定、可靠地供电，应配用不间断供电装置，供电时间视生产装置的要求而确定，一般为30min。

信号报警、联锁系统各元件间用铜芯塑料线相互连接，线芯截面一般为1.0~1.5mm²。

一般情况下电线颜色可按表3-8-1选用。

表3-8-1 常用电线颜色

种类	颜色	内容
信号报警系统	黄色	注意
联锁系统	红色	危险
接地线	黄绿双色	大地
交流电源相线	黑色	
交流电源零线	白色	

2. 信号报警系统的设计

当工艺变量超过规定值(不正常状态)时，信号报警系统用灯光(平光、闪光、旋光)和音响(电铃、蜂鸣器、电笛、电子音响等)表示事故状态，警告操作者。不同形式的灯光、音响信号来帮助值班人员判断故障性质。常见灯光、音响信号的类型及作用见表3-8-2。

表3-8-2 常见灯光、音响类型及作用

状态	灯光		故障性质	音响
正常	灭			不响
试验	亮			响
不正常	亮	闪光	刚出现的故障或第一故障	响
		平光	在“确认”以后继续存在的故障或第二故障	响
		红光	停止、危险	响
		黄光	注意、警告	响
确认	亮		故障存在	不响

同一控制室内的信号报警系统，根据控制室的大小、操作岗位的多少，设置一组或几组确认(消声)按钮和试验按钮。

当工艺过程有区别第一原因事故的要求时，应设置能鉴别第一原因事故的环节。当要求能区别瞬时原因事故时应设置自保持环节。

常见信号报警系统可分为下列类型：一般信号报警系统；能区别第一原因的信号报警系统；能区别瞬时原因的信号报警系统。

(1) 一般信号报警系统

一般不闪光信号报警系统是最简单、最基本的报警系统，在不正常时灯亮(平光)、音响；按确认(消声)按钮后灯光仍亮而音响消除。按试验按钮，灯亮且声响。

一般闪光信号报警系统，不正常时灯闪亮，并发出音响；按“确认”后音响消除，灯光转平光；直到恢复正常以后，灯才熄灭。

(2) 能区别第一原因的信号报警系统

在生产过程中，往往会遇到几个工艺变量几乎同时越限而引起报警的情况。为了便于寻找产生故障的根本原因，需要把首先出现的故障信号(称为第一原因)跟后来相继出现的故障信号(称为第二原因)区别开来。这种情况下可以选用能区别第一原因的报警系统。

在有闪光的能区别第一原因的信号报警系统中，有数个报警参差出现时，几个灯差不多同时亮，则可以从灯光中来区别。闪光所表示的就是第一原因，呈平光的则是从属引起的后继原因(第二原因)，按“确认”后声响消除，但仍有闪光和平光之分。

不闪光信号报警系统要区分第一原因事故，用红色和黄色一组灯来表示区分第一原因。当数点报警几乎同时发生时，有数个灯都亮，但是只有红灯与黄灯一起亮的才表示第一原因。只有黄灯亮表示其余依次出现的后继原因。按“确认”后仍有红灯-黄灯和只有黄灯的区分。这样用红-黄双灯明确地区分了第一原因报警。

(3) 能区别瞬时原因的信号报警系统

有的工艺过程需测知由于工艺变量瞬间突发性的超限。为了了解这一瞬时超限原因，排除可能的隐患，免使隐患扩大而造成更大的事故，信号报警系统可设计自保持环节，使系统能分辨瞬时原因造成的报警。

在闪光系统中，瞬时原因可以用灯的闪光状况来区分。当报警发生后，这个灯就闪光。按确认(消声)按钮，如果灯灭了，则是瞬时原因报警；如果灯从闪光变成平光，则说明是持续报警。

不闪光报警系统要区别瞬时原因，则须设计一个自保持环节。当数个故障出现则数个灯亮。按确认按钮后，如果灯灭了，则是瞬时原因报警，说明是变量瞬间超限波动而动作；如果灯仍亮，则表明是持续报警。

3. 联锁系统的设计

(1) 联锁系统的要求和功能

① 正常运转、事故联锁　联锁系统设计必须保证装置或设备的正常开、停、运转；在工艺过程发生异常情况时，能按规定的程序实现紧急操作自动投入备用系统或安全停车。

② 联锁报警　联锁系统动作时，同时声光报警，引起操作人员注意。联锁系统用的声光报警可以单独设置，也可以与其他工艺变量共用信号报警系统。

③ 联锁动作　联锁动作时，应按工艺要求使相应的执行机构动作，或自动投入备用系统或实现安全停车。重要的执行机构应有安全措施，一旦能源中断执行机构的最终位置可以保证使工艺过程和设备处于安全状态。

④ 运行状态显示　为装置正常开、停、运转所必要的联锁系统，应有运行状态显示，以表示投运的步骤。一般重要的联锁系统的投运，用明显的灯光标志此系统已投入运行。联锁系统的切除开关一般装在盘后，重要系统的联锁系统“投入-切除”转换开关，设计在仪表盘正面，与投入运行标志信号灯布置在一起。

(2) 联锁系统的附加功能

除了联锁系统的基本功能外，根据工艺操作的要求、联锁系统的重要程度以及联锁动作后的影响范围，需对联锁系统设置一些附加的装置，完成附加的功能。

① 联锁复位　联锁复位分自复位和手动复位两类。自复位指当工艺变量为正常状态时，联锁回路自动复位。自复位用于最简单的联锁系统，由于在事故设定点附近检出元件频繁地开闭，使用寿命较短。手动复位用于重要的联锁系统，一旦联锁系统动作以后，必需工作状态符合工艺条件才允许重新投运时，用手动恢复联锁系统使其投入运行。

② 联锁预报警　为了预告工艺事故，以便在事故发生前先采取措施，防止事故的发生

和扩大，减少停车次数，可设置联锁预报警环节。

③ 联锁延时　工艺过程中有时因工艺变量的瞬时波动而动作的联锁动作或停车，应设置延时装置。在规定延时时间内，若波动已恢复正常，则联锁系统不动作。

④ 联锁的投运和切除　联锁系统应设置手动投入和切除联锁的转换开关，重要的联锁系统，切换开关应为钥匙型转换开关，并用蓝色或黄色信号灯表示投入状态。

联锁系统投入和切除转换开关用于：

A. 解除某些工艺变量的联锁，为动力设备的启动创造条件。当动力设备正常运转后再切入联锁状态，如压缩机低速联锁停车系统必须在运行正常后才能投入。

B. 用于检修某些联锁检出元件或者更改事故设定点。

C. 用于分级联锁，大型工厂的复杂联锁系统应用分级设计，通过转换开关，分级投入联锁。也可以利用联锁分级组合转换开关，更改联锁的组合内容等。

⑤ 第一原因的区别　为了识别引起联锁动作的第一原因，系统设计应具有识别第一原因事故的功能。

⑥ 表决识别　为了提高联锁系统本身的可靠性，可以采用多个同类检出元件，通过表决识别出是元件故障还是系统故障。例如为防止热偶断偶引起联锁系统动作，可采用三取二的表决识别环节，只有当其中任二支热电偶的检出元件都显示事故状态时才能使联锁系统动作。

参 考 文 献

[1] 武平丽．过程控制及自动化仪表[M].3版．北京：化学工业出版社，2020.

[2] 厉玉鸣，刘慧敏．化工仪表及自动化[M].6版．北京：化学工业出版社，2022.

[3] 蒋慰孙，俞金寿．过程控制工程[M].2版．北京：中国石化出版社，1999.

[4] 俞金寿．工业过程先进控制[M]．北京：中国石化出版社，2002.

[5] 蔡武昌，孙淮清，纪纲．流量测量方法和仪表的选用[M]．北京：化学工业出版社，2004.

[6] 王森，杨波．环境监测在线分析技术[M]．重庆：重庆大学出版社，2020.

[7] 王强，杨凯．烟气排放连续监测系统(CEMS)监测技术及应用[M]．北京：化学工业出版社，2015.

[8] 中国环境保护产业协会．烟气排放连续检测系统运行维护[M]．北京：中国建筑工业出版社，2020.

[9] 吴国熙．调节阀使用与维修[M]．北京：化学工业出版社，1999.

[10] 何衍庆，戴自祥，俞金寿．可编程序控制器原理及应用技巧[M].2版．北京：化学工业出版社，2010.

[11] 廖常初．S7-1200PLC编程及应用[M].4版．北京：机械工业出版社，2021.

[12] 方垒．和利时过程控制系统(DCS)从零基础到实战[M]．天津：天津大学出版社，2022.

[13] 杨庆柏．现场总线仪表[M]．北京：国防工业出版社，2005.

[14] 斯可克，王尊华，伍锦荣．基金会现场总线功能块原理及应用[M]．北京：化学工业出版社，2003.

[15] 王森．在线分析仪表维修工必读[M]．北京：化学工业出版社，2007.

[16] 乐嘉谦．仪表工手册[M].2版．北京：化学工业出版社，2003.

[17] 符青灵，王森．在线分析仪表工工作手册[M]．北京：化学工业出版社，2013.

[18] 陈洪全，岳智．仪表工程施工手册[M]．北京：化学工业出版社，2005.

[19] 王树青，乐嘉谦．自动化与仪表工程师手册[M]．北京：化学工业出版社，2010.

[20] 黄步余，范宗海，马睿．石油化工自动控制设计手册[M].4版．北京：化学工业出版社，2020.

[21] 中国石油化工集团有限公司，中国石油化工股份有限公司．石油化工设备维护检修规程：仪表(第七册)[M].2019版．北京：中国石化出版社，2022.

[22] 林世雄．石油炼制工程[M].2版．北京：石油工业出版社，1988.

[23] 钱家麟．管式加热炉[M].2版．北京：中国石化出版社，2003.

[24] 中华人民共和国劳动和社会保障部．化工仪表维修工[M]．北京：化学工业出版社，2005.